机器人学译丛

[美] 阿朗佐·凯利（Alonzo Kelly） 著
卡内基·梅隆大学

王巍 北京航空航天大学
崔维娜 北京化工大学
等译

移动机器人学

数学基础、模型构建及实现方法

MOBILE ROBOTICS

MATHEMATICS, MODELS, AND METHODS

机械工业出版社
CHINA MACHINE PRESS

图书在版编目（CIP）数据

移动机器人学：数学基础、模型构建及实现方法 /（美）阿朗佐·凯利（Alonzo Kelly）著；王巍等译．—北京：机械工业出版社，2019.7（2024.11 重印）
（机器人学译丛）
书名原文：Mobile Robotics：Mathematics, Models, and Methods

ISBN 978-7-111-63349-5

I. 移… II. ① 阿… ② 王… III. 移动式机器人 - 研究 IV. TP242

中国版本图书馆 CIP 数据核字（2019）第 165316 号

北京市版权局著作权合同登记 图字：01-2015-5204 号。

本书介绍与移动机器人的控制、感知和规划技术相关的数学基础、系统模型、传感器技术和算法。数学基础方面，涵盖矩阵理论、刚体变换、线性与非线性优化、微分代数与微分方程、最优估计等；系统模型方面，涵盖运动学和动力学模型、控制系统模型、传感器和环境模型等；传感器技术方面，涵盖常用的车轮里程计、超声波传感器、激光雷达以及各种视觉传感器；算法方面，涵盖位姿估计、观测误差估计、同步定位和地图构建、运动规划等。

本书可作为机器人学相关专业高年级本科生和研究生的教材，也可供该领域的科研人员和工程技术人员参考。

出版发行：机械工业出版社（北京市西城区百万庄大街 22 号 邮政编码 100037）

责任编辑：朱秀英	责任校对：李秋荣
印　　刷：北京捷迅佳彩印刷有限公司	版　　次：2024 年 11 月第 1 版第 4 次印刷
开　　本：185mm × 260mm 1/16	印　　张：36.25
书　　号：ISBN 978-7-111-63349-5	定　　价：159.00 元

客服电话：（010）88361066 88379833 68326294

译者序

相对于工业机器人，移动机器人的潜在应用领域更多，对智能化的要求也更高。针对各种特定或非特定场景，学术界在移动机器人领域开展了持续数十年的研究，并已逐渐将其应用到了外星探索、工业物流、商业服务等场景。虽然移动机器人的结构形态会随着应用场景的变化而采用不同的设计，但是它们在系统建模、运动控制、环境感知、智能规划等方面却具有共性。这些涉及多个学科的共性技术是研究智能移动机器人的基础，而这些技术的核心理论，无一例外地需要利用各种数学工具来构建。在一本书中对上述技术领域及其数学基础进行系统化阐述是一项艰巨的任务，而这正是本书最大的特点。

正如书名所指，本书遵循数学基础、模型构建和实现方法的逻辑结构，针对移动机器人运动控制、环境感知和智能规划所涉及的理论问题进行了深入阐述。本书首先介绍了机器人建模和参数优化所需的数学方法，包括矩阵理论、刚体模型表达、运动学模型、位姿变换、函数的线性化和优化、方程组求解方法、非线性优化方法、微分代数和微分方程等。在上述数学基础上，阐述了机器人动力学模型的构建方法。在讲解机器人位姿估计理论之前，本书介绍了以概率论为基础的最优估计方法。在明确系统模型和参数辨识方法的基础上，对移动机器人控制方法进行了系统论述，包括经典控制方法和基于状态空间的现代控制方法。对变化环境的实时感知是移动机器人区别于工业机器人的另一大特征，因此，本书对移动机器人多种感知传感器的技术原理及其数据处理算法进行了系统阐述。基于前面的理论和方法，书中详细介绍了移动机器人的定位和地图构建这一综合性技术。最后，本书对移动机器人运动规划问题进行了探讨。

本书可供机器人学相关专业的高年级本科生、研究生和高校教师作为教材使用，也可供从事移动机器人研究的科研人员和工程技术人员参考。对于数学基础好的读者，本书是一本揭示如何把数学原理应用到移动机器人各个方面的优秀指导书。如果读者对理解书中的数学知识感到困难，则建议以本书为索引，系统地复习本科和研究生阶段所学的数学课程。通过这样的再次学习和理解，相信读者会对如何在工程实践中应用数学原理产生融会贯通之感。

本书译稿由王巍、崔维娜进行统稿和校对，参与本书翻译工作的人员为崔维娜、祁贤雨、李明博、刘光伟、刘艳朋、王林青、张啸宇、廖子维。

虽然我们已经对译稿进行了仔细校对，查阅了大量相关资料，使译文尽可能符合中文习惯并保持术语的一致性，但由于本书涉及的学科和技术领域非常广泛，错误或不当之处仍难以完全避免，敬请各位读者和同行专家谅解，诚挚欢迎读者将相关意见、建议发送到电子邮箱 wangweilab@buaa.edu.cn。

特别感谢机械工业出版社的朱秀英编辑，她耐心、细致的工作使本书得以顺利出版。

译　者

2019 年 5 月于北京

前言

机器人学是一个极具挑战性与成就感的研究领域。在绝大多数机器人学者的经历中，最重要的时刻，莫过于机器人在自己设计的软件和电路的指引下，第一次完成任务的时候。为了富有成效地探究和钻研机器人学，需要了解工程学、数学和物理学。然而，这些学科的内容却并不能带给我们“魔幻”的感觉，也就是当我们与自己亲手创造的那些有灵活反应的半智能设备交互时的奇妙感受。

本书介绍与一类机器人——移动机器人——相关的科学与工程学内容。尽管与机械臂有许多相似的部分，但移动机器人仍然具备相当多的特性，使其足够单独用一本书来讲解。虽然本书聚焦于轮式移动机器人，但是大部分内容与特定的运动本体子系统无关。

移动机器人领域正处于日新月异的快速发展时期，同时，许多专家从事的工作都兼顾研究与商业应用。任何一本涉及该领域的书，都只反映了它的一个方面，并受限于图书出版时对该领域的理解程度。然而，本领域快速发展的态势、持续数十年的研究历史以及日益扩展和流行的现状都表明，现在是时候整理一本初期读本，以一种更易被读者接受的方式来梳理领域中的一些基本思想。

即时性的另一个影响是，本书必然要忽略很多有用的信息。许多主题（如感知）仅做了简要描述，而足式移动、标定、仿真、人机界面和多机器人系统等内容则完全忽略了。这是因为，本书的主旨是从移动机器人的基础要素和深入研究中提取出一系列连贯的概念、方法和问题并进行清晰的阐释，这些内容不仅推动着前沿实践应用，而且代表了本领域独特的核心。

为此，本书的大部分素材都尽可能地限定于二维轮式机器人及结构化环境。这样的假设既可保证本书阐述内容的完整和一致，又使其足够丰富和易懂，同时，也不会使读者受困于针对某一特例的细节描述。

本书模仿构建移动机器人的次序来安排章节的逻辑结构。每一章呈现一个新的主题或一项新的功能，并以它们问世的时间来排序。这些主题包括：数值方法、信号处理、估计和控制理论、计算机视觉和人工智能。

在写作本书之时，名为“好奇号”的科学实验漫游车刚刚抵达火星。这是我们面向火星的第三个移动机器人任务，之前那些任务（火星探测漫游者）的成果已成为历史。本书并不是面向所有人群的读物，而是针对那些有所准备并有志于进入移动机器人领域的读者。如果你能掌握本书的内容，就能了解移动机器人的“大脑”里究竟有些什么，并为制作自己的移动机器人做好充分准备。

目录

Mobile Robotics: Mathematics, Models, and Methods

第 1 章

绪 论

长久以来，用于汽车焊接的机械臂已经随处可见。然而，一种新型的机器人——移动机器人，其重要性和能力正在悄然不断地增长。经过几十年的发展，在遍布世界的机器人实验室的研究场景中，移动机器人已经能够从一个位置自动运动到另一个位置。移动性赋予机器人一种新的与人互动的能力，并使我们能够从一些无法完成的任务中解脱出来。

图 1-1　**科幻小说成为现实**。作者的很多同龄人是通过 1977 年上映的第一部《星球大战》电影知道了机器人和太空旅行。仅仅 20 年之后的 1997 年，我们基本不怀疑，我们自己为探路者任务设计的机器人能够在火星上四处运动 1

火星漫游车所取得的引人注目的巨大成功，使得移动机器人从科幻领域跨入现实，进入了公众的视线（图 1-1）。与此同时，诸如搏斗机器人之类的电视节目、日渐增多的机器人玩具，也越来越受到大众的欢迎。

机器人的移动性改变了一切。每当移动机器人运动时，它都需要面对千差万别的场地环境。与一台静止不动的机器人相比，移动机器人能够影响更大范围的周边环境，同时也更易受周边环境的影响。更为重要的是，对机器人而言充满危险的外部世界无法被人为改变，以迎合机器人的局限性，因此，移动性要求机器人具备更高的智能水平。即便对生物系统而言，在各种地点和环境中都能成功适应不同的需求和风险也是一项严峻的挑战。

1.1　移动机器人应用

所有有动物、人类或者机动车辆等在其中执行任务的环境，都是移动机器人潜在的工作场合。一般而言，使用自动化技术的一些主要原因如下：

- 质量更好。制造商可以提高产品质量——可能源于更好的一致性、更易于检测或更容易控制。
- 速度更快。与其他方法相比，自动化技术由于生产效率的提高、停机时间的减少和资源消耗的降低，能够获得更高的生产力。
- 更安全。一旦机器能够成为一种可行的替代选择，有时人类可免于冒不必要的风险。
- 成本更低。使用机器人可以减少经费开支。机器人的保养维修成本与对应的人力驱动设备相比要低廉得多。
- 适应性。有些场景由于尺度或者环境未知的原因，人类不能涉足。

1.2 移动机器人分类

我们可以从如下维度对移动机器人进行分类，如物理特性和性能、适用的工作环境或者涉及的工作任务。几种不同类型的移动机器人如图 1-2 所示。

1.2.1 地面自主移动机器人

地面自主移动机器人（AGV）被设计用来在室内或室外环境下，以及在工厂、仓库和海
2 运码头等地方进行物料搬运（该应用领域被称为*物流*）。利用 AGV，可以在工厂里运送汽车零部件、在出版公司搬运新闻纸、在核电站运输核废料等（见图 1-3）。

图 1-2　**牵引式 AGV（美国费城 JBT 公司）**。这些激光导引型自主移动机器人在工厂中用于物料搬运

图 1-3　**集装箱跨运车**。用于轮船上集装箱的装卸，这些自动化的运输车可能是目前已投入使用的最大尺寸的 AGV

早期的地面自主移动机器人利用预先埋设在地板上的金属感应线来实现导航。现代的 AGV 系统通常使用激光三角测量系统，或结合了断续安装在地板上的磁性信标的惯性导航系统。

利用无线通信技术，将所有的运输车辆与用于物流控制的中央计算机相连，是现代 AGV 系统的典型做法。AGV 可根据工况的不同进一步细分：拖动装载物料的拖车（牵引式 AGV），利用货叉实现物料的装载和卸载（叉车式 AGV），利用位于小车顶部的平台来传送物料（单元式载货 AGV）。

AGV 或许是移动机器人技术最为成熟的应用市场。一些公司依靠给相互竞争的众多运输车制造商出售器件和控制方案来生存，而运输车辆制造商也竞相给那些为特定应用提供解决方案的增值系统集成商提供产品。地面自主移动机器人不仅仅能够用于物料的搬运，卡车、火车、轮船和飞机的货物装卸，也将为自主移动车辆的后续发展提供潜在的应用空间。

1.2.2 服务机器人

服务机器人可执行服务行业中由人工完成的工作。有些服务工作，例如邮件、食品和药物等的分发投递，被看作一种“轻量型”的物料搬运，这与 AGV 的工作性质相类似。但是，更多的服务型任务具有需要与人进行更高水平的密切接触的特征，其范围涵盖从应对人群到解答问题。

如图 1-4 所示，医疗服务机器人可以给患者分发食物、饮用水、药物和阅读材料等。它

们也可以将生物样品、废弃物、病史档案和行政管理报告从医院的一个地方搬运到另外一个地方。

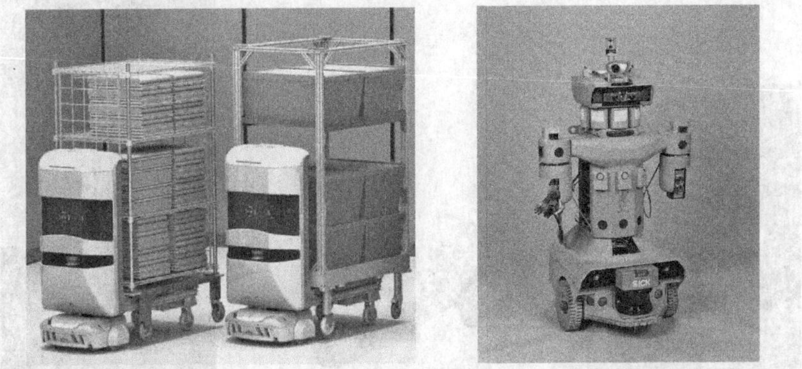

图 1-4　**健康护理和监控服务机器人**。(左图) 来自艾同 (Aethon) 公司，在医院中用于搬运食品、亚麻布、病历报告、生物标本和生物垃圾的“牵引式”自动导引运输车。(右图) 名叫的罗巴特 (Robart) 的监控机器人，定期扫描库房以防不受欢迎的入侵者

监控机器人犹如自动化安全卫士。在有些场景中，它们出色地穿越一片区域并轻易识别外来入侵者的自主能力颇具价值。这是最早被移动机器人制造商关注的应用之一。 3

1.2.3　清洁和草坪护理机器人

其他服务机器人包括那些用于公共场所、家庭地板清洁和草坪护理的机器 (见图 1-5)。清洁机器人主要用于机场、超市、大型购物中心、工厂等。它们执行的任务诸如清洗、扫除、真空处理、地毯清洗和垃圾清运等。

图 1-5　**地板和草坪护理服务机器人**。这种类型的移动机器人关注的是工作区域遍历问题，它们试图“光顾”某预定义区域中的所有位置

这些服务机器人所关注的重点，并不是到哪儿去或者携带什么物品的问题，而是需要到达所有的角落至少一次。为了达到清洁的目的，它们需要覆盖指定地板区域的所有部位。

1.2.4　社交机器人

社交机器人属于服务机器人的一种，专门用于与人类之间的沟通互动 (见图 1-6)。通常它们的主要使命是传达信息或用于娱乐。虽然固定的信息亭也能够传达信息，但是社交机器人由于某种原因需要具备灵活机动性。 4

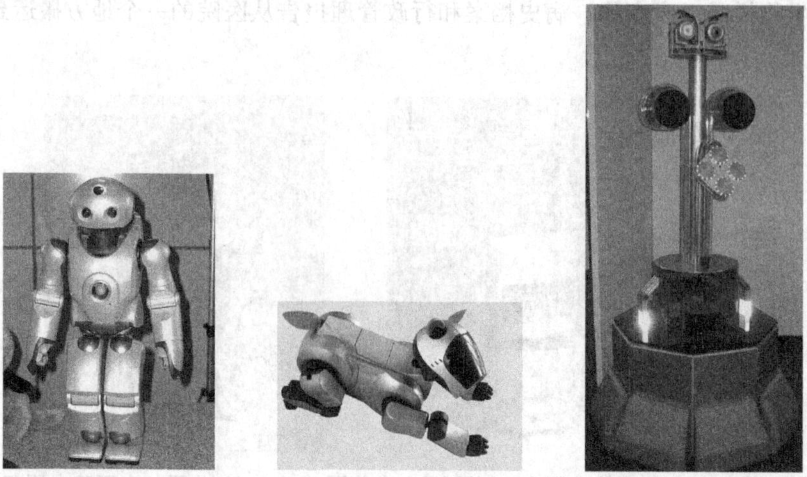

图 1-6　**娱乐和导游机器人**。(左图) 索尼 (SONY) 公司研发的能够依靠双足行走的机器人"克里奥"(QRIO);(中图) 索尼公司推出的电子宠物机器人"爱宝"(AIBO) 正在跳舞和表演;(右图) 导游机器人 EPFL 从一站运动到另外一站,它的周围经常围满了观众,此时 EPFL 正在讲解博物馆的展品

社交机器人的一些潜在应用场合包括在零售店(杂货店、五金店)回答关于商品位置的问题。在餐馆给孩子们发放汉堡的机器人也是非常有意思的。专为老年人和体弱多病者研发的机器人助手,可以帮助它们的主人出行(机器人导盲犬)、活动或记住服药时间。

近年来,索尼公司已经生产出一些令人印象深刻的机器人,并将其投放市场,目标是供机器人的主人娱乐消遣。最早出现的此类机器人被宣传包装为"宠物"。博物馆和展览会的自主导游机器人可以指导顾客游览特定的展区。

1.2.5　野外机器人

野外机器人在室外自然地形中极具挑战的"野外"环境下执行各种任务(见图 1-7)。几乎所有类型的、可在室外场所移动、具有作业能力的运输车辆,都是自动化技术的潜在候选对象。绝大多数任务在户外环境中将变得更加难以实现。在恶劣的天气里很难看清事物,决定如何穿越复杂的自然地形也是一项困难的工作。机器人在室外还很容易被卡住。

图 1-7　**野外机器人**。野外机器人必须与它所处的环境密切结合。(左图) 与左图所示的机器类似的半自动伐木归堆机,被用来收集整理砍伐的树木;(右图) 自动挖掘机的原型机可
5 进行大规模挖掘作业,以应对那些需要在短时间内装载大量泥土的应用场景

各种能执行实际工作的野外移动平台，都要根据任务需求合理配置作业工具。于是，野外机器人从外观上看很像与之对应的人工操作的机器。野外移动机器人通常具有手臂和安装在移动底盘上的工具（一般称之为执行端）。因此，它们是更一般意义上的移动机器人实例，即机器人不仅能够随处移动，而且还能够与实际工作环境进行有效的互动。

在农业方面，野外机器人的现实和潜在应用场合包括种植、除草、施药（除草剂、杀虫剂、化肥等）、剪枝、收割，还有蔬菜、水果的采摘等。与家用割草任务相比，在公园、高尔夫球场以及高速公路的中间隔离带等场合，必须使用大型割草设备。专门用于割草的人工操作设备可以利用自动化技术来实现。对森林和苗圃的护理，以及对已成材树木的采伐，也是野外机器人潜在的应用场合。

野外机器人在矿业开采和洞穴开凿方面也存在各种各样的不同应用潜力。在地面，露天矿山的挖掘机、装载设备、岩石运输卡车都已经实现了自动化；地下钻孔机、锚杆施工机、连续采煤机和用来完成装载 – 拖运 – 倾卸作业的铲运机（LHD）也都已经实现了自动化。

1.2.6 检测、侦查、监控和勘探机器人

检测、侦查、监控和勘探机器人也属于野外机器人，它们都是基于移动平台并配置相应的装置，以对某一区域进行检测，或者查找、探测位于某一区域内的物体（见图 1-8）。通常，使用机器人的最恰当的理由是：由于环境太危险，不能为了完成工作任务而让人类冒如此的风险。很显然，机器人需要面对诸如此类的工作环境，包括遭受强核辐射的地区（需深入核电站内部），某些军队和警察任务场景（如侦查、排爆），以及太空探索。

图 1-8 **勘探机器人**。（左图）军用机器人用于探索对士兵可能具有危险性的环境；（右图）火星科学实验室正在火星上极为恶劣的环境中寻找生命迹象

在能源部门，可以使用机器人检测核反应堆部件或装置，包括蒸汽发生器、压力排管和废物储存罐。机器人还可以用来检测高压输电线，也可以用于供气和输油管道的铺设或维护。遥控式水下无人潜器的自主控制能力日益增强，利用水下潜器可以检测安装在海底的石油钻井设备，如石油钻塔、通信电缆，甚至还可以帮助搜寻失事船只残骸，例如泰坦尼克号。

最近几年中，开发机器人士兵的研究工作开展得尤为火热。机器人车辆被认为可以肩负起承担多种军事任务的使命，例如军事侦查和监控、部队补给、雷区定位测绘、扫雷和救护。军用车辆的生产制造商正在努力攻关，力争在自己的产品中植入各种机器人技术。爆炸物处理是一个业已存在、具有无限商机的市场。

在太空探索中，一些机器人车辆已经能够在火星表面自主移动几公里远；在推进器驱动下围绕太空站运行的空间机器人，其概念也已经摆到设计蓝图上一段时间了。 6

1.3　移动机器人工程

1.3.1　移动机器人子系统

一旦我们尝试构建具备自主移动能力的系统，许多明显的挑战随即纷至沓来。在能力概念层级的最底层，是机器人的自动控制能力。实现自动控制涉及感知驱动器状态，例如转向角、速度或者车轮转速，并给这些驱动器赋予精确的能量，从而使它们输出正确的驱动力。然而，实现有效的四处移动需要的不仅仅是油门、方向盘和发动机都指按照指令运行，还需要有一位驾驶员。本书主要讲述如何构建这样一位驾驶员。

通常，导航的一个目标是能够运动到某一特定的位置，或者遵循确定路径运动。为了实现这一目标，需要建立一个车辆状态估计系统，以实时掌握移动车辆的位置。如果前进道路上没有障碍物，导航和控制技术就能够使移动机器人从一个位置运动到另外一个位置（即便闭着眼睛）。但是如果存在障碍物怎么办？对感知的需求，即理解当前周边环境的能力，来源于多种不同的情况，包括沿视野中的道路运动、避开一棵倒下的大树、成功识别出正在搜寻的对象等。

然而这种对环境的理解感知仅仅能够作为智能的一个方面，智能的另外一个方面是规划。规划是一种从多种可选行动方案中预测结果的能力，也是针对当前状态，从中选择最佳方案的能力。为了预测环境和移动车辆之间的相互作用，机器人规划通常既需要环境模型，也需要车辆模型。环境模型又称为机器人地图，该模型可用于确定移动车辆的运动方向。

机器人地图可以外部构建生成，也可以由车载建图系统产生。车载建图系统利用导航和感知系统，记录移动机器人在正确的相对位置感知的主要对象特征。除了有助于路径规划，机器人地图还有其他用途。如果地图同时记录了感知对象及其所处的位置坐标，机器人就可以据此确定自身在地图中所处的位置。如果机器人能够把它当前实际感知到的对象与应该看
7 见的对象相匹配，就可以据此判断自己是否处于场景中某一特定的假设位置。

1.3.2　全书概述

本书将讨论上述所有子系统的各个方面，按照机器人在样机构建过程中相关系统的研发、集成和测试顺序来介绍。

本书首先介绍数学基础（第2章）、数值方法（第3章）、物理模型（第4章），这些都是其余后续内容的重要基础。此后将根据需要逐步引入数学、建模和方法等相关附加内容。第5章首先引入概率论的相关理论知识，然后介绍了对移动机器人具有重要意义的高级主题——最优估计。利用最优估计技术，能够更为有效地解决移动机器人定位和环境探测问题。接下来讲述状态估计（第6章），因为状态估计为移动控制提供了基本的反馈信息。其中也清楚地讲述了移动机器人的一些特有问题。正如我们即将认识到的，与如何准确地获知机器人真实运动或其所处的位置相比，移动问题通常并不难。

随后的第7章介绍控制系统设计和分析。这一章所介绍的基础技术，用来使被控对象按照可控且有意图的方式运动。控制能够使移动机器人以某一特定速度、曲率运动到指定的目标位置和朝向；也能够使任意关节运动到指定点、打孔或拾取某一空间物体。一旦将感知技术（第8章）附加到基本运动平台，事情就立刻变得有趣了。突然之间，移动系统可能就可以寻找东西、识别对象、跟随或躲避人类。通常而言，机器人在局部区域的运动效果会更加令人满意。这样的系统也可以在小范围内完成地图构建，并基于状态估计的结果规划移动机

器人在地图中的运动。

定位和地图构建主题（第 9 章）主要涉及两个方面的内容：确定感知对象相对于移动机器人的位置，以及机器人相对于对象地图的定位。一旦移动机器人看见了物体，就会记住这些物体的具体位置。下次当该机器人或任何其他机器人进入该区域时，已构建的地图就会派上用场。最后一章介绍运动规划理论（第 10 章），当有大规模地图可用时，无论是由机器人独立构建，还是外在的人为参与实现建图，移动机器人都可以从事一些智能化程度较高的工作。如果构建了一幅准确的地图，机器人不仅能够快速计算出到达任意目标位置所需的最优路径，而且，当机器人在运动过程中收集到新的信息时，它还能够快速对该地图进行自主更新。

自主的层级

对移动机器人和我们而言，需要深入思考的各种问题不可能在顷刻之间得以解决。但是有一些问题，诸如如何避让乱穿马路的行人等，必须立刻解决。然而，由于很难兼顾聪敏和快速，为了实现资源的最优化配置，机器人通常采用感知 – 思考 – 行动的循环分层结构（如图 1-9 所示）。高层级更加倾向于抽象和审慎行为，而低层级则更加倾向于量化和反应式行为。 8

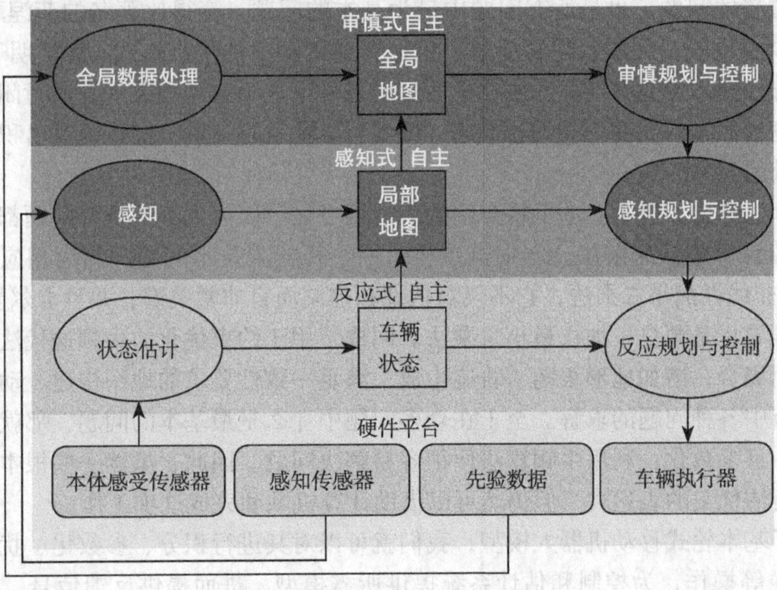

图 1-9 **自主的层级**。整个自主移动控制系统可以用三个嵌套的感知 – 思考 – 行动循环来描述

1）**反应式自主**。这一层负责车辆相对于环境或相关驱动环节的运动控制。它通常仅需要车辆的驱动环节及运动状态（所处位置、运动方向、运动姿态、运动速度）的反馈信号。本书直到控制章节的中间部分，都涉及反应式自主层的相关内容。

2）**感知式自主**。这一层负责对可感知的外界环境做出实时响应，通常需要利用感知到的环境状态作为反馈信号。该层只需要估计短期相对运动，往往使用仅在局部区域有效的环境模型。它的预测仅限于后续的几秒钟。本书中的感知章节将会介绍感知式自主的相关内容。

3）**审慎式自主**。这一层负责实现长期目标，这些目标有时也被称为“任务”。该层需要基于地面固定坐标系的位置估计，而且往往使用扩展到大区域的环境模型。它的预测可以延伸至后续任意时间长度的某个时刻。本书中的运动规划章节涉及审慎式自主的相关内容。

1.3.3 轮式移动机器人基础

从移动机器人学的发展历史来看，目前还不存在公认的基础概念可以构成该领域课程的
9 核心内容。尽管在机械手相关教科书中，齐次变换处于中心位置，但是可移动性改变了一切——甚至连起主导作用的数学也不例外。轮式移动机器人最基本的模型是有约束的非线性运动微分方程，这是本书的视角。本书的绝大部分内容将围绕这个视角展开。

表达轮式移动机器人（WMR）模型的最简单的方法，就是在机器人本体坐标系中推导速度运动学方程，因为执行器和传感器都随着机器人一起移动。通常来说，熟悉运动坐标系的概念会使推导速度运动学方程变得简捷。这些理论方法一旦被掌握，它们在机械动力学、惯性导航及稳定控制等方面也将发挥很大作用。不过，当机器人的移动范围由单一平面转向三维（3D）空间时，速度运动学方程也将变得更为复杂。在许多情况下，基本的轮式移动机器人模型需要显式约束，以解决纯滚动（无滑动的滚动）和地形跟随问题。为此，我们的轮式移动机器人模型将是一种微分代数系统，其中包括速度模型和驱动力模型。

然而，尽管轮式移动机器人的速度运动学方程简洁明了，但是将本体坐标系转换到世界坐标系的旋转矩阵导致了积分的非线性，而且非常难以计算。方向状态的三角函数使得移动至某一特定位置的问题，也是所有问题中最为基本的问题，变得比著名的菲涅耳（Fresnel）积分更加难以解决——无法获得封闭解。机械臂逆运动学的优雅形式（简洁明了），对于移动机器人而言根本不可能实现。即便在平面运动条件下，一系列相关问题的封闭解也无法获得。因而无论何时，只要我们想写出状态（位姿）与输入的关系，就必须写出积分式，所以本书中有大量的积分形式。

于是计算机伸出了援手。本书将介绍数值计算方法，因为大量的重要问题都可以交给少数的基本数值计算方法来解决。本书试图将每一个机器人技术问题归结为相应的通用“方法”。例如，非线性最小二乘法，它不仅对估计和控制而言非常关键，并且卡尔曼（Kalman）滤波本身的推导也是源自于加权最小二乘法。同样，用于约束优化的牛顿迭代法也适用于各种不同的应用场合，诸如地形跟随、轨迹生成、满足一致性要求的地图构建、动态仿真和最优控制等环节中各种问题的求解。至于在众多问题中什么是最基本的问题，那就是数值求根问题。问题一旦参数化，利用牛顿算法便很容易解决问题。因此，虽然一些根本原因导致我们无法写出简洁优美的表达式，但仍然可以借助计算机顺利完成这项工作。

一旦有了基本轮式移动机器人模型，我们就可以对其进行积分、参数化、扰动、取平方期望值、求逆等操作，为控制和估计系统提供所需模型，进而提供反馈信号、控制动作执行，使移动机器人获取自身位置并到达目标位置。在本书中，所有上述问题都采用以线速度和角速度驱动的相同的机器人基础模型来举例说明。

随着本书的介绍，可以发现线性系统理论工具非常强大。这些工具不仅提供移动机器人的控制方法，也使我们能够掌握系统误差和随机误差的传递，进而理解航位推算行为，甚至
10 可以校准处于运行状态下的系统。

之后，机器人将睁开双眼对自己的选择进行评估。如果存在若干选项，我们就需要对其进行优化，并从中选取最优值。最优控制不仅为连续空间中的避障行为，也为离散世界模型中的全局运动规划提供了所需计算模型。本书认为贝尔曼（Bellman）最优化原理为连续轨迹搜索问题提供了基本策略。首先，我们将最优控制问题转换成非线性规划问题，以实现避障、跟随路径和执行操作。然后，我们利用 A* 算法及其派生算法，再次将其变换为序列决

策过程，以实现全局路径规划。完成上述工作后，我们就能揭示一台人工智能机器的思维，并赋予它在复杂环境中智能化地、有目的地、从一个位置成功导航到另外一个位置的能力。

仅通过一本书的学习很难掌握所有相关的知识。足式步行机器人和人形机器人是另一类具有不同基本构型的移动机器人。针对它们需要另外著书探讨。

1.3.4 参考文献与延伸阅读

现在市面上有很多专门介绍机器人学和移动机器人学的优秀图书，以下仅列出其中的一些书目作为参考：

[1] George A. Bekey, *Autonomous Robots: From Biological Inspiration to Implementation and Control,* MIT Press, 2005.

[2] Greg Dudek and Michael Jenkin, *Computational Principles of Mobile Robotics,* Cambridge University Press 2000.

[3] Joseph L. Jones, Bruce A. Seiger, and Anita M. Flynn, *Mobile Robots: Inspiration to Implementation,* A. K. Peters, 1993.

[4] P. J. McKerrow, *Introduction to Robotics,* Addison-Wesley, 1991.

[5] Ulrich Nehmzo, *Mobile Robots: A Practical Introduction,* Springer, 2003.

[6] Bruno Siciliano and Oussama Khatib (eds.), *Springer Handbook of Robotics,* Springer, 2008.

[7] Roland Siegwart and Illah R. Nourbakhsh, *Introduction to Autonomous Mobile Robots,* MIT Press, 2005.

1.3.5 习题

可移动性

用一到两句话说明，为了实现移动的目的，下列子系统在移动机器人中分别起什么作用。

- 位置估计
- 感知
- 控制
- 规划
- 移动
- 动力源 / 计算 11

第 2 章
Mobile Robotics: Mathematics, Models, and Methods

数学基础

运动学是关于运动几何学的研究。因此，运动学建模作为移动机器人学最重要的分析工具之一，发挥着尤为重要的作用（图 2-1）。我们使用运动学方法来建立机器人整体移动以及内部机构运动的模型，包括悬挂机构、转向机构、推进机构、执行机构以及传感器等。运动学模型可在设计、分析以及可视化等场合离线使用。这些模型同样可以在与机器人交互的计算机或机器人本体内置的计算机上在线运行。很多运动学模型都是基于矩阵建立的，同时我们还将用矩阵理论中的部分高深内容来解决其他问题，因此我们将首先回顾矩阵方面的知识。本章介绍的数学工具将在其他章节中使用。

图 2-1　**工作伙伴机器人**。该机器人不仅可以运动到目标地点，并且可以完成相应工作。它的运动学及动力学模型既包括轮式运动，也包括双臂操作。为了控制该机器人，移动模型和操纵性能模型都是必需的

2.1　约定和定义

本节将介绍一些符号表示方面的知识，这些内容对于那些没有学过高等动力学的读者而言可能并不熟悉。在本书中，虽然我们并不需要高等动力学知识，但却需要准确的符号表示。我
12 们也需要足够有效的符号来表示动力学中的众多概念，而不是仅仅使用表达空间点和向量的齐次坐标。基于此，本书与其他机器人学图书不同，我们将使用物理符号来代替计算机图形学中的符号。建议读者跳过这一小节，先阅读图 2-7 以及后面的注释说明。这样根据上下文，再次阅读时思路将变得更加清晰。

2.1.1　符号约定

在本书中，将使用一套严格的符号表示方法来描述机器人的几何状态和运动。绝大多数情况下，我们关心的物理量可以被视为一个对象相对于另一个对象的属性状态。例如，机器人的速度，更确切地说，是机器人相对于它所运行的地形表面或室内地板的一种描述。

1. 待定函数

对函数表示法最基本的描述是，函数 $f()$ 是从一系列给定符号（也称自变量）到这些符号表达式之间的句法映射。因此如果 $f(x)=x^2+6x$，那么 $f(3)=3^2+6\times3$，$f(\text{apple})=\text{apple}^2+6\text{apple}$。

本书中将介绍大量算法，这些算法以待定函数的形式表示，一方面是为了简洁，并以此强调函数的精确形式无关紧要；另一方面是由于函数的精确形式太过复杂，或者未知。我们

通常采用字符$f()$、$g()$和$h()$来表示待定函数。表示某一函数的符号，在不同的应用场合可能表示不同的含义。在微积分学中，这一约定很常见。因为在数学中，当我们讨论函数变换时（例如求导），变换与函数本身无关。

因此在某些情况下，我们可能有函数$f(x)=ax+b$，但是在旁边可能还有另外一个函数$f(x)=x^2$出现。概率论是这种约定的一个极端例子，其中$p(X)$和$p(Y)$完全无关，因为不同的自变量将代表不同的函数。在本书以及绝大多数的其他图书中，概率密度函数都被称为$p()$！因此这一约定并不新鲜。

在这种符号表示方法中，很重要的一点是要认识到，在函数参数列表中的符号将出现在函数的显式表达式中。因此，表达式$f(x,u,t)$意味着所有这些参数都会显式表达。例如：

$$f(x,u,t)=ax+bu+ct$$

如果明确函数$f()$与时间t无关，那么表达式将变为$f(x,u)$。例如：

$$f(x,u)=ax+bu$$

13

如果从计算的角度来看待表达式$f(x,u)$，便很容易理解。这意味着如果x和u已知，只要函数$f()$的显式表达式确定，根据以上信息便可计算出函数$f()$的值。

还有另外一种不同的情况，自变量x和u的其中之一或两者都与时间t有关。如果存在这种情况，这种相关性应该被阐明或表示出来。但是，函数表达式$f(x,u)$既不能清楚表明x或u是否与时间相关，也表示不出相关特性。在这种场合，如果这种相关性的显式表达非常重要，我们就可以将函数写成如下所示：

$$f(x(t),u(t))$$

这样写，很明显表达式$f()$仅仅与时间有关，所以我们可以写成：

$$g(t)=f(x(t),u(t))$$

在这里，使用$g()$可以清楚地表明$g()$的显式形式与$f()$的显式形式完全不同，但是一旦时间t的值确定，两个函数将得到完全相同的结果。更确切地说，根据$x(t)$和$u(t)$计算得到的函数$f(x,u)$的结果，与函数$g(t)$的计算结果完全相同。

总之，语句表达式$y=f(x)$，意味着y以某种待定方式与x相关，但却绝不意味着y与自变量u无关，除非有更为合理的条件用于确定这一结论。使用形如$f(x)$的待定函数可表达相关性的存在，然而确定的函数表达式，如$f(x)=x^2$，则用于表达精确的相关特性。这两个语句表达式都不能说明其他相关性是不存在的。在有些情况下，函数$f(x)$有可能只是函数$f(x,u)$的缩写形式，只不过对u的相关性与当前的表达式无关而已。

2. 泛函数

还存在另外一种大家非常感兴趣的相关形式——*泛函数*。泛函数并不等同于函数，因为泛函数以函数为变元，将整个函数组成的向量空间映射到实数数域。有时，我们使用方括号来更加清楚地加以区分。因此，如果$J[f]$表示J是函数f的泛函数，那么J有可能为$J[\sin(x)]=2$或$J[ax+b]=b/(2a)$。

尽管名称不同，但是泛函数与函数很相似。定积分便是泛函数的一种形式，因为如果：

$$J[f]=\int_0^{\pi} f(x)\mathrm{d}x$$

那么$J[\sin(x)]=2$，并且$J[\mathrm{e}^x]=\mathrm{e}^{\pi}-1$。因此积分将函数映射到了数域。一些物理量，诸如质心和转动惯量，以及统计学概念中的均值和方差，都是由泛函数定义的。

3. 物理量

14 用来表达两个对象 a 和 b 之间的关系的物理量 r，记为 r_a^b。该物理量可以用来表示位置、速度、加速度、角速度、方位、位姿以及齐次变换等。一般情况下，我们感兴趣的物理量是不对称的，因此通常有：

$$r_a^b \neq r_b^a$$

有时，我们会利用图中的一条边（如图 2-2 所示），来记录表达对象 a 到 b 之间关系的物理量 r 的信息。

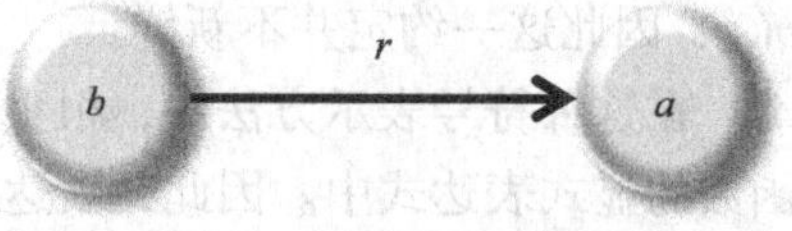

图 2-2　**两个对象间的物理量**。有时用图可以很方便地表示出对象的状态

4. 量的实例

如果 r 是一个量的通用表达，那么 r_a^b 通常表示与两个已命名对象有关的特定量。还存在另外一种情况，有时我们利用 r 表达对象 a 的属性，但是很多时候还需要说明附加条件，因为这一性质可能也取决于对象 b 的取值：

$$r_a^b \neq r_a^c$$

我们将 r_a^b 视为相对于对象 b 而言对象 a 的“r”属性。例如，一个物体的“绝对”速度是没有任何意义的。宇宙中的每个对象都存在一个相对于其他对象的速度。因此当需要准确讨论对象 a 的速度含义时，便涉及两个对象，如表达式 v_a^b 所示。角速度不能相对于一个点测量，同时一个点也没有角速度，因为一个点没有方向，也就不存在方向变化率。因此，点不能作为对象来表达涉及方向及其派生量的状态关系。

我们把与两个确定对象相关的物理量称为*实例*。例如，$v_{car}^{earth}=(10,20)$ 表示一辆汽车相对于地球表面行驶的速度是向东每小时 10 英里（1 英里 =1609.344 米），向北每小时 20 英里。反之，我们称与特定具体对象无关的物理量为*非实例*。例如，$v=(10,20)$ 表示相对于某一对象的速度是向东每小时 10 英里，向北每小时 20 英里。

5. 参考系与坐标系

如上所述，一个对象的速度只有相对于其他对象来表示才具有实际意义。在物理学中，这个关键性的其他相对对象被称为*参考系* [2]。当我们提及 r_a^b 时，对象 b 即为参考系，此时，b 作为对象 a 属性表达的参考基准或原点。我们可以通过对象之间的相互*运动状态*（包括线性位置、角度位置、线速度、角速度、线加速度和角加速度）来区分不同的参考系。

相反，在之前我们提到的非实例化的速度表达 $v=(10,20)$ 中，需要指明东和北两个方向，来赋予数字 10 和 20 具体含义。这些方向在物理学中被称为坐标系。如果方向变成了西
15 和南，这些数字需要相应变成 −10 和 −20，以表明其含义。甚至数字 10 和 20 以及“mph”（英里 / 小时）也需要定义。因为这些数字采用的是特定的计数系统⊖，而“mph”（英里 / 小时）是一种实用的单位。坐标系变换改变的仅仅是描述方法，而并没有改变变量之间基本的内在关系。举例来说，在约定中，我们使用北 – 东（ne）坐标系来指明速度，采用左上角标来表示，即 ${}^{ne}v$。在这里，左上角标用于明确指明特定坐标系。

6. 物理量的维数与阶数

在物理学中，物理量通过其维数与阶数来加以分类。阶数用于指明一个物理量是否可以

⊖ 这里指十进制。——译者注

表示成标量（0阶）或向量（1阶）或矩阵（2阶），等等。质量是一个标量，速度是一个向量，而惯量是一个矩阵。维数是定义一个物理量所需要的参数个数。在平面中，速度是二维的；而在空间中，惯量是一个 3×3 阶的矩阵。

7. 向量、矩阵以及张量

矩阵是按矩形排列的复数或实数集合。它并不仅仅是简单的数的集合，而是一种更为专业的概念。因为这组数的集合需要分为两个维度，来组成一个矩形表达，例如：

$$\boldsymbol{A}=\begin{bmatrix}2 & 3.6\\ 8 & -4.3\end{bmatrix}$$

$\boldsymbol{A}$ 被称为 2×2 矩阵，因为它包含两行两列。这便是矩阵 $\boldsymbol{A}$ 的维数。矩形矩阵在实际应用中也很常见，如 2×3 矩阵。如上所述的正方形矩阵 $\boldsymbol{A}$（行数与列数相等，简称方阵），数字 2 和 −4.3 都位于该方阵的主对角线上。单位矩阵是一种特殊的方阵，位于其主对角线上的元素都为 1，而其他元素都为 0：

$$\boldsymbol{I}=\begin{bmatrix}1 & 0\\ 0 & 1\end{bmatrix}$$

在符号表示中，无论单位矩阵的维数大小，都用 $\boldsymbol{I}$ 来表示。对于如下形式的矩阵：

$$\underline{\boldsymbol{x}}=\begin{bmatrix}2\\ 8\end{bmatrix}$$

有时被称为向量。注意这里的 $\underline{\boldsymbol{x}}$ 同时也是上述矩阵 $\boldsymbol{A}$ 的第一列。我们经常使用这样的向量来表示在某一特定坐标系中的物理向量，例如力。惯量、协方差以及应力都是用矩阵表示的量，就跟向量一样，当坐标系发生改变时，矩阵中的数值也会随之发生变化。

通常，矩阵用大写字母表示，而向量用带有下划线的字母表示。按照惯例，我们认为绝大多数向量是只有一列而不是一行的矩阵[⊖]。因此，在绝大多数的图书及论文中，符号 $\underline{\boldsymbol{x}}^{\mathrm{T}}=[2\ 8]$ 用来表示将列向量变换为行向量。右上角的大写字母 T 表示矩阵的转置运算，即将矩阵的行换成同序数的列，从而得到一个新矩阵。转置运算时，矩阵关于其主对角线作对称变换。在之后会看到，经常需要使用转置来表示特定矩阵的精确乘法运算。需要注意的是，在矩阵或是向量中，可以通过索引标识来表示某一特定元素。实际上，该标识是相对于矩阵左上角建立一个整数值坐标系。例如： 16

$$\boldsymbol{A}[2,2]=\boldsymbol{A}[2][2]=a_{22}=-4.3$$

按照惯例，矩阵中的元素标识在本书中都从 1 开始，然而在绝大多数编程语言中则是从 0 开始，这也是编程时的一个常见错误。需要注意的是，向量只需要一个行标来指明元素，其列标默认为 1：

$$\underline{\boldsymbol{x}}[2,1]=\underline{\boldsymbol{x}}[2]=x_2=8$$

如果说向量就像一条线段，矩阵好像一个矩形，那么张量则好像一个三维盒子。张量具有三个维数，分别称为行、列和深度。一个张量可以视为多个矩阵的堆叠（一摞矩阵）。例如，下面是一摞矩阵（一个张量）中的三个“切片”：

$$\boldsymbol{T}_1=\begin{bmatrix}2 & 3.6 & 7\\ 8 & -4.3 & 0\end{bmatrix}\quad \boldsymbol{T}_2=\begin{bmatrix}3 & -5 & 12\\ 4 & 2 & -1\end{bmatrix}\quad \boldsymbol{T}_3=\begin{bmatrix}7 & 9.2 & 18\\ 8-4 & 0 & 13\end{bmatrix}$$

⊖ 即列向量。——译者注

张量作为一种可以用坐标系来表达的多重线性映射，是在矩阵运算以及高等物理学中自然产生的，我们将很少使用。三阶张量由三个标识来指定元素，当然更高阶的张量也会拥有更多标识。张量中的每一个元素都有与其相对应的整数标识。例如，如果标识为[行][列][深度]，那么：

$$\boldsymbol{T}[1,3,2]=\boldsymbol{T}[1][3][2]=t_{132}=12$$

很显然，矩阵和向量分别为二阶张量和一阶张量，而标量则为零阶张量。

2.1.2　附体坐标系

1. 对象及附体坐标系

我们感兴趣的对象一般是实际的物体，诸如车轮、传感器、障碍物和机器人等。通常情况下，我们会用一个字母表示这些对象，有时也会采用一个具体的词汇，如手（HAND）来表达。我们常常把这些实体对象抽象为坐标轴集合，以便于追踪它们的运动轨迹。这些坐标轴集合固定在车辆本体上（如图2-3所示），并与该对象一同移动。例如，我们通常将坐标轴集合置于机器人的形心上。

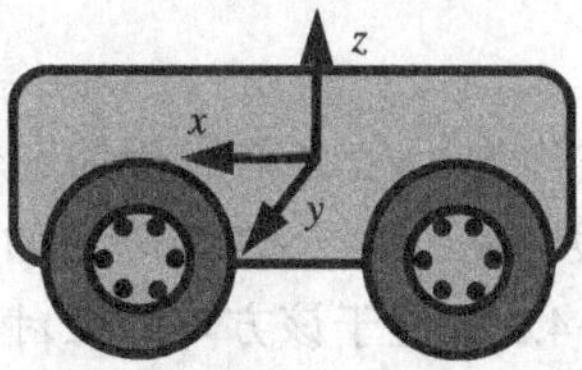

图2-3　**附体坐标系**。坐标系固定于对象上。基于这一概念的对象同时拥有参考系与坐标系的双重特性

这种附体坐标轴集合的概念是对刚体进行运动建模的基础。它们有两个让我们感兴趣的特性。首先，因为它们与实体对象相关，拥有自身的运动状态，因而它们可以作为参考系。这对于考虑某一对象相对它们如何运动，具有非常重要的意义。其次，它们是三个正交轴构
17 成的笛卡儿基准坐标系，这就使得我们可以了解向量在三个坐标轴的分量或投影等问题。因此，附体坐标轴集合也具有一般坐标系的性质。

我们将这些附体坐标轴集合称为*附体坐标系*，并用它们替代其所表示的实体对象。虽然"点"没有方向的概念，但是为方便起见，我们有时也会在一个点上建立坐标系。

2. 不依赖坐标系的变量计算

两个对象之间相对关系的计算，在不考虑坐标系的情形下仍然有意义。这种情况对所有阶的张量都成立，但是在此我们重点考察向量。考虑将相对于坐标系 b 的速度变换到相对于坐标系 c 的计算方法：

$$\vec{v}_a^c=\vec{v}_a^b+\vec{v}_b^c \tag{2.1}$$

在此，一个重要的关注点是，*计算与涉及的具体对象无关*。其中的字母 a、b 和 c 仅用于表示我们想要关注的任意对象。

在物理学中，通常在字母上方加一个小的向量符号来表示*独立于坐标系的相对关系*，如 $\vec{v}$ 和 $\vec{v}_x^y$。这是为了便于表达，这一点非常有意义，因为所有的物理定律（如公式（2.1））*并不考虑所描述的相对关系所在的坐标系*。如图2-4所示，这种向量加法可以用向量首尾依次相接的几何形式进行定义。

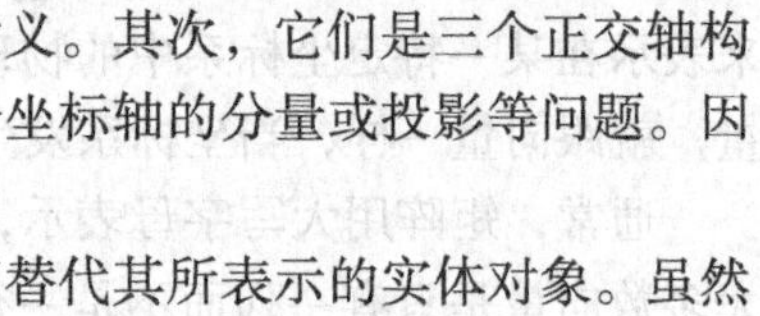

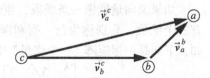

图2-4　**无坐标系的向量加法**。这种从几何意义上定义的向量加法运算可以不需要坐标系

与此相对，变量下划线和左上标，例如符号 ${}^a\underline{v}$，表示坐标系 a 中的向量 $\vec{v}$。如果该向量在另外一个不同的坐标系中表示，如坐标系 b，其表示会发生变化（表现为对应行向量中具体数值的不同），该向量可记为 ${}^b\underline{v}$。

3. 自由与约束变换

我们经常需要从一种相对关系推导出另一种关系。例如，公式（2.1）可以看作将 $\boldsymbol{v}_a^b$ 转化为 $\boldsymbol{v}_a^c$ 的过程。为此，要知道坐标系 b 和 c 的相对速度（$\boldsymbol{v}_b^c$）。这里需要关注两种类型的变换（自由与约束）。图 2-5 所示的位置向量充分地说明了这一点。 18

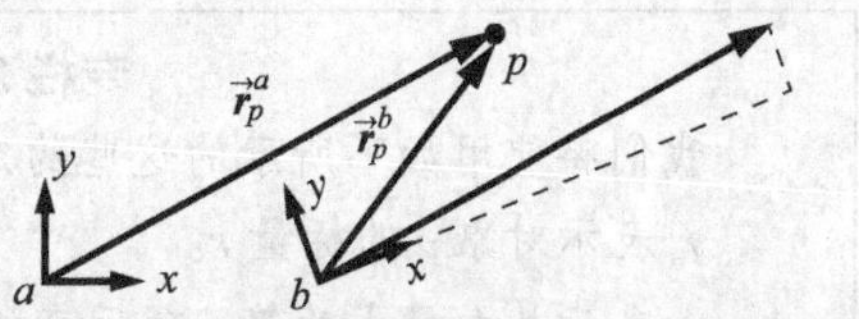

图 2-5　**自由向量与约束向量**。如果向量 $\vec{r}_p^a$ 为约束向量，从坐标系 a 变换到坐标系 b 将改变其大小和方向，从而生成 $\vec{r}_p^b$。如果向量 $\vec{r}_p^a$ 是自由向量，仅仅需要将其平移，使其尾部移动到坐标系 b 的坐标原点。这一新的向量与原向量 $\vec{r}_p^a$ 相同，但它在坐标系 b 中的向量表达式可能与坐标系 a 中的不同

假设点 p 相对于坐标系 a 的位置向量 $\vec{r}_p^a$ 已知，如果现在有另外一个坐标系 b，至少可以通过两种方法将点 p 的位置与坐标系 b 相关联。

在向坐标系 b 进行约束变换时（把向量 $\vec{r}_p^a$ 作为约束向量对待），只需把向量的尾部移动到坐标系 b 中，此时将形成向量 $\vec{r}_p^b$。这是一种参考系的变换。相反，自由变换（把向量 $\vec{r}_p^a$ 作为自由向量对待）是一种不明显的变换。在自由变换中，只需将该向量独立平移到坐标系 b，形成一个新的向量 ${}^b\underline{\boldsymbol{r}}_p^a$。这种变换丝毫没有改变原始向量的定义。在有些文献中将约束向量称作*点*，而将自由向量称作*向量*。正如刚刚阐述的那样，有时我们会对同一个向量进行上述两种变换。

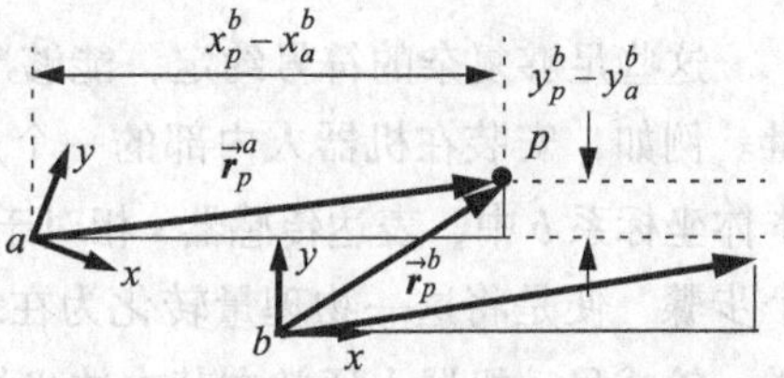

图 2-6　**关于 ${}^b\underline{\boldsymbol{r}}_p^a$ 的说明**。其坐标值与将 $\vec{r}_p^a$ 作为自由向量移动到坐标系 b 原点的坐标值相等

如图 2-6 所示，我们可以把向量 ${}^b\underline{\boldsymbol{r}}_p^a$ 理解为向量 $\vec{r}_p^a$ 在坐标系 b 轴线上的投影。在图 2-6 中，投影的结果可以视为将向量 $\vec{r}_p^a$ 自由移动，并将其尾部直接放置到坐标系 b 的原点。投影后的坐标值为：

$$ {}^b\underline{\boldsymbol{r}}_p^a = \begin{bmatrix} x_p^b - x_a^b \\ y_p^b - y_a^b \end{bmatrix} \tag{2.2} $$

4. 符号约定

如图 2-7 所示的符号约定将贯穿本书。

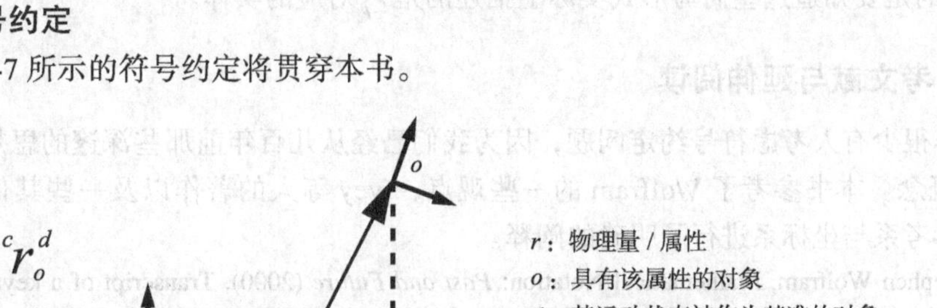

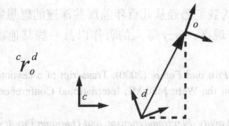

图 2-7　**符号约定**。用于表示物理量的字母，最多可以使用表示三个对象的角标（即左上、右上和右下角标）来表示。其中右下角标用于表示这一物理属性所属的对象；右上角标用于表示其运动状态作为基准的对象；左上角标用于指定在其坐标系中表达物理量取值的对象 19

当坐标系对象没有明确指出时，它将与基准相同，反之亦然。对于相关约定的总结如专栏 2.1 所示。

专栏 2.1　物理量的符号约定

我们将使用如下所示的这些约定符号来表示指定的物理量：

r_a 表示对象 a 的标量 r。

r_n 表示某向量中的第 n 项元素的标量或某序列中的第 n 个实体的标量 r。

r_{ij} 表示一个矩阵中的第 ij 项元素或一个二阶序列中的第 ij 个实体的标量 r。

$\vec{\boldsymbol{r}}_a$ 表示以坐标系无关的形式表达对象 a 的向量 $\boldsymbol{r}$。

$\underline{\boldsymbol{r}}_a$ 表示在与对象 a 相关联的缺省坐标系中表达对象 a 的向量 $\boldsymbol{r}$，于是有 $\underline{\boldsymbol{r}}_a = {}^a\underline{\boldsymbol{r}}_a$。

$\vec{\boldsymbol{r}}_a^{\,b}$ 表示以与坐标系无关的形式表达对象 a 相对于对象 b 的向量 $\boldsymbol{r}$。

$\underline{\boldsymbol{r}}_a^b$ 表示在与对象 b 相关联的缺省坐标系中，表达对象 a 相对于对象 b 的向量 $\boldsymbol{r}$，于是有 $\underline{\boldsymbol{r}}_a^b = {}^b\underline{\boldsymbol{r}}_a^b$。

$\boldsymbol{R}_a^b$ 表示在与对象 b 相关联的缺省坐标系中，表达对象 a 相对于对象 b 的矩阵 $\boldsymbol{R}$。

${}^c\underline{\boldsymbol{r}}_a^b$ 表示在与对象 c 相关联的缺省坐标系中，表达对象 a 相对于对象 b 的向量 $\boldsymbol{r}$。

这些足够复杂的符号约定，能够准确区分本书后续部分将要用到的一些难以定义的物理量。例如，安装在机器人内部的一个加速度传感器的测量值类似于 ${}^b\underline{\boldsymbol{a}}_s^i$——意味着在机器人本体坐标系 b 中，表达传感器 s 相对于惯性空间 i 的加速度 a。在惯性导航中，前期工作的一个步骤，便是将这一物理量转化为在地球坐标系下，本体相对于地球的加速度，即 ${}^e\underline{\boldsymbol{a}}_b^e$。同样，轮式移动机器人通常在其本体坐标系中最易于表达。我们会发现编码器可以测量右前车轮相对于地面的速度 $\vec{\boldsymbol{v}}_{\mathrm{fr}}^e$，而这一物理量在本体坐标系中表达会更方便，记为 ${}^b\underline{\boldsymbol{v}}_{\mathrm{fr}}^e$。

例如，一个向量用于表示点 p 相对于对象 a 的位置（通常情况下该向量用 $\boldsymbol{r}$ 表示）：

$$\underline{\boldsymbol{r}}_p^a = \begin{bmatrix} x & y & z \end{bmatrix}^{\mathrm{T}}$$

如果字母 x、y、z 有具体值，那就说明一定有一个确定的坐标系。如果这些字母没有确定的具体值，便可以以符号形式记为 $\underline{\boldsymbol{r}}_p^a$。有时当 $\underline{\boldsymbol{r}}$ 显然为向量时，$\underline{\boldsymbol{r}}$ 可以不加下划线，而写
20 成 $\boldsymbol{r}$。重要的是要知道这些简写形式实际上描述的是 $\underline{\boldsymbol{r}}_p^a$ 对应的实体。

2.1.3　参考文献与延伸阅读

近些年很少有人考虑符号约定问题，因为我们已经从几百年前那些深邃的思想家那里继承了这些概念。本书参考了 Wolfram 的一些观点；Ivey 等人的著作以及一些其他物理学著作，都对参考系与坐标系进行了明确的阐释。

[1] Stephen Wolfram, Mathematical Notation: *Past and Future* (2000), Transcript of a keynote address presented at MathML and Math on the Web: MathML International Conference, October 20, 2000.

[2] Donald G. Ivey, J. N. P. Hume, *Physics: Relativity, Electromagnetism, and Quantum Physics,* Ronald Press, 1974.

2.2 矩阵基础

2.2.1 矩阵运算

本书假定读者已经掌握了有关矩阵以及向量代数方面的基础知识。本节将会介绍一些相关的符号表示，并巩固一些后续章节中将会用到的高等知识。

1. 分块矩阵符号

对一个行数和列数较多的矩阵，为方便计算，通常采用分块法，将其分割成若干不同子块（小矩阵）。分块矩阵以子块为元素，可用如下方式表示：

$$\boldsymbol{A}=\begin{bmatrix} A_{11} & A_{12} \\ A_{21} & A_{22} \end{bmatrix}$$

这些子块可以任意划分，只要满足行（A_{11}）= 行（A_{12}），并且列（A_{11}）= 列（A_{21}）等条件即可。

2. 张量符号

符号

$$\boldsymbol{A}=\left[a_{ij}\right]$$

表示一个矩阵 $\boldsymbol{A}$，其元素为由所有有效索引对 i、j 确定的 a_{ij}。这种表示法是为了与集合区分，集合的表示法为 $\left\{a_{ij}\right\}$。矩阵中的元素都是以二维（2D）形式呈矩形排列。

在推导某些结论时，这种表示法会非常方便。使用这一符号的一个主要原因是我们有时会用其表示有三个索引项的数组。这样一个三阶张量可用如下形式表达：

$$\boldsymbol{A}=\left[a_{ijk}\right]$$

以书面形式表达更高阶的对象有些困难，但是就我们的目的而言，用现在常用的计算机语言中的多维数组就可以表达清楚。我们只是偶尔需要用到三阶以上的张量，并且不需要在纸面上将其详细写出来。

3. 矩阵基本运算

矩阵运算只有当其运算对象匹配，即操作数一致时才有意义，也就是它们需要具有合适的维数。矩阵的加法和减法运算需要矩阵具有相同的维数，即同型矩阵，运算时将其相应元素逐一进行加减处理即可。矩阵标量乘法是将矩阵中的每一个元素与标量相乘，且矩阵可以是任意维数，由此： 21

$$\boldsymbol{A}+\frac{1}{2}\boldsymbol{B}=\begin{bmatrix} 2 & 3.6 & 7 \\ 8 & -4.3 & 0 \end{bmatrix}+\frac{1}{2}\begin{bmatrix} 2 & 0 & 0 \\ 0 & 4 & 0 \end{bmatrix}=\begin{bmatrix} 3 & 3.6 & 7 \\ 8 & -2.3 & 0 \end{bmatrix}$$

与矩阵的*标量乘法*（一个标量与一个矩阵相乘）不同，*矩阵乘法*（一个矩阵与另一个矩阵相乘）只在第一个矩阵（左乘矩阵）的列数等于第二个矩阵（右乘矩阵）的行数时才有意义，此时这两个矩阵才能相乘，而且相乘的两个矩阵完全没有必要是方阵。

4. 向量点乘

两个矩阵相乘的概念建立在向量*点乘*（也称为内积、点积）的基础上。点乘是两个向量之间的一种运算，其结果是一个标量（实数）。该运算将两个相同长度的向量的对应元素逐个相乘的积进行求和：

$$\underline{\boldsymbol{a}}\cdot\underline{\boldsymbol{b}}=\sum_k a_k b_k$$

上式也可以用矩阵记号表示为 $\underline{\boldsymbol{a}}^{\mathrm{T}}\underline{\boldsymbol{b}}$ ——这是一种矩阵乘法运算，我们将在随后介绍。

5. 矩阵乘法

在矩阵乘法定义中，两矩阵相乘后，其结果矩阵中的元素 (i, j) 是左乘矩阵中的第 i 行与右乘矩阵中的第 j 列的对应元素点乘的结果：

$$\boldsymbol{C}=\boldsymbol{AB}=\left[c_{ij}\right]=\left[\sum_k a_{ik}b_{kj}\right]$$

乘法交换律不适用于矩阵乘法运算。因此，一般情况下，两个矩阵相乘的顺序会影响最终结果，$\boldsymbol{AB} \neq \boldsymbol{BA}$。当然也存在一些特殊情况，其中最简单的便是任意一个方阵与它本身的乘积 $\boldsymbol{AA}=\boldsymbol{AA}$。在这种情况下，即便改变两个矩阵的相乘顺序，也不会影响运算结果。此外，单位矩阵也正如它的名字，在矩阵乘法运算中起到单位元的作用。当 $\boldsymbol{A}$ 为方阵时，有 $\boldsymbol{IA}=\boldsymbol{AI}=\boldsymbol{A}$ 成立。

6. 向量叉乘

为了矩阵运算的完整性，我们简要介绍向量的叉乘（也称为叉积），因为在三维空间中向量叉乘非常有用。如果已知两个向量 $\underline{\boldsymbol{a}}=[a_x \quad a_y \quad a_z]^{\mathrm{T}}$ 和 $\underline{\boldsymbol{b}}=[b_x \quad b_y \quad b_z]^{\mathrm{T}}$，那么：

$$\underline{\boldsymbol{c}}=\underline{\boldsymbol{a}}\times\underline{\boldsymbol{b}}=\begin{bmatrix} a_yb_z-a_zb_y \\ a_zb_x-a_xb_z \\ a_xb_y-a_yb_x \end{bmatrix}$$

22 这一乘积也可以写为一个矩阵乘以一个向量的形式，即 $\underline{\boldsymbol{c}}=\underline{\boldsymbol{a}}\times\underline{\boldsymbol{b}}=\underline{\boldsymbol{a}}^{\times}\underline{\boldsymbol{b}}$，其中我们使用了一个非常巧妙的方法，定义了向量 $\underline{\boldsymbol{a}}$ 的反对称矩阵值函数：

$$\underline{\boldsymbol{a}}^{\times}=\begin{bmatrix} 0 & -a_z & a_y \\ a_z & 0 & -a_x \\ -a_y & a_x & 0 \end{bmatrix}$$

7. 外积

已知两个向量，外积运算后得到一个矩阵：

$$\underline{\boldsymbol{c}}=\underline{\boldsymbol{a}}\underline{\boldsymbol{b}}^{\mathrm{T}}=\begin{bmatrix} a_xb_x & a_xb_y & a_xb_z \\ a_yb_x & a_yb_y & a_yb_z \\ a_zb_x & a_zb_y & a_zb_z \end{bmatrix}$$

8. 分块矩阵乘法

分块矩阵乘法是一种方便的高级符号表示。在进行乘法运算时以分块矩阵为计算单元描述，而不必考虑矩阵内部的元素。在需要用到分块矩阵乘法时，要求所有分块矩阵具有一致性：

$$\boldsymbol{A}=\begin{bmatrix} A_{11} & A_{12} \\ A_{21} & A_{22} \end{bmatrix} \quad \boldsymbol{B}=\begin{bmatrix} B_{11} & B_{12} \\ B_{21} & B_{22} \end{bmatrix} \quad \boldsymbol{AB}=\begin{bmatrix} A_{11}B_{11}+A_{12}B_{21} & A_{11}B_{12}+A_{12}B_{22} \\ A_{21}B_{11}+A_{22}B_{21} & A_{21}B_{12}+A_{22}B_{22} \end{bmatrix}$$

9. 线性映射

涉及矩阵和向量的最常见的应用，是将矩阵作为某一向量映射到另一向量的线性算子。方程如下所示：

$$\underline{\boldsymbol{y}}=\boldsymbol{A}\underline{\boldsymbol{x}}$$

该方程在应用数学中经常出现。矩阵乘法算子提供了一个基本方法，用于表示向量 $\underline{\boldsymbol{y}}$ 中的每一个元素与向量 $\underline{\boldsymbol{x}}$ 中元素的线性相关。当然，点也是一种特殊的向量，即位置向量，因此矩阵也可以将点映射到点。

10. 线性映射阐释

假定矩阵 $\boldsymbol{A}$ 是 $m\times n$ 的，即矩阵 $\boldsymbol{A}$ 有 m 行 n 列。向量 $\underline{\boldsymbol{x}}$ 的长度与矩阵 $\boldsymbol{A}$ 的行的长度（即为列数）相等。熟悉高等线性代数概念的读者，可以从以下两种视角来理解方程 $\underline{\boldsymbol{y}}=\boldsymbol{A}\underline{\boldsymbol{x}}$。 23

第一种视角：矩阵 $\boldsymbol{A}$ 是一个作用于向量 $\underline{\boldsymbol{x}}$ 以生成向量 $\underline{\boldsymbol{y}}$ 的算子。按照这种观点，向量 $\underline{\boldsymbol{x}}$ 不断地与矩阵 $\boldsymbol{A}$ 的各行进行点积计算，获得向量 $\underline{\boldsymbol{x}}$ 在 $\boldsymbol{A}$ 的各行上的投影，输出的结果向量 $\underline{\boldsymbol{y}}$ 是这些投影（点积）的数值列表。根据这个观点，矩阵 $\boldsymbol{A}$ 的各行可以看作某坐标系的坐标轴，通过方程 $\underline{\boldsymbol{y}}=\boldsymbol{A}\underline{\boldsymbol{x}}$，可以计算得到向量 $\underline{\boldsymbol{x}}$ 在这个坐标系中的坐标。

与之相对的第二种视角：因为向量 $\underline{\boldsymbol{y}}$ 的长度必须与矩阵 $\boldsymbol{A}$ 中列的长度⊖相等，所以公式 $\underline{\boldsymbol{y}}=\boldsymbol{A}\underline{\boldsymbol{x}}$ 也可以视为由向量 $\underline{\boldsymbol{x}}$ 作用于矩阵 $\boldsymbol{A}$ 而生成向量 $\underline{\boldsymbol{y}}$。据此，可认为该公式用向量 $\underline{\boldsymbol{x}}$ 中的各元素对矩阵 $\boldsymbol{A}$ 中各行上的列元素进行加权，再把加权结果求和，由此计算出向量 $\underline{\boldsymbol{y}}$。这一过程可以看作一个加权求和的过程，而不是一个投影过程，这样最终将矩阵 $\boldsymbol{A}$ 的各列整合成为单一列。

2.2.2　矩阵函数

在集合论中，基本*函数*可定义为：将集合 $\mathcal{A}$ 中的任意对象映射到另一个集合 $\mathcal{B}$ 中的任意对象：

$$f|\ \mathcal{A}\rightarrow\mathcal{B}$$

根据此定义，我们可以定义一个函数将原子集合中的原子映射到几个斑马组成的集合。集合 $\mathcal{A}$ 可以是标量、向量或矩阵，集合 $\mathcal{B}$ 也可以是标量、向量或矩阵，将集合 $\mathcal{A}$ 映射到集合 $\mathcal{B}$，存在 9 种不同的映射类型组合。实践证明，每一种都具有较高的实用价值。

1. 标量和向量矩阵函数

矩阵值函数的定义简单直观：矩阵某些元素的取值由一个或多个变量确定。例如，一个随时间变化的矩阵可表示为：

$$\boldsymbol{A}(t)=\begin{bmatrix} a_{11}(t) & a_{12}(t) & \cdots \\ a_{21}(t) & a_{22}(t) & \cdots \\ \cdots & \cdots & \cdots \end{bmatrix}=\begin{bmatrix} a_{ij}(t) \end{bmatrix}$$

由空间向量确定的标量被称为*标量域*。由标量域组成的矩阵便是一个向量矩阵值函数：

$$\boldsymbol{A}(\underline{\boldsymbol{x}})=\begin{bmatrix} a_{11}(\underline{\boldsymbol{x}}) & a_{12}(\underline{\boldsymbol{x}}) & \cdots \\ a_{21}(\underline{\boldsymbol{x}}) & a_{22}(\underline{\boldsymbol{x}}) & \cdots \\ \cdots & \cdots & \cdots \end{bmatrix}=\begin{bmatrix} a_{ij}(\underline{\boldsymbol{x}}) \end{bmatrix}$$

我们在本书后续的机构建模部分将多次用到矩阵函数。

2. 矩阵多项式

由矩阵组成的矩阵值函数也十分有用。对于方阵，其相乘的结果与原矩阵大小相同。于是可定义矩阵的指数（幂）函数： 24

$$\boldsymbol{A}^3=\boldsymbol{A}(\boldsymbol{A}^2)=(\boldsymbol{A}^2)\boldsymbol{A}=\boldsymbol{AAA}$$

当我们把这一概念与标量乘法相结合时，便可以写出矩阵多项式。一个矩阵的"抛物线"

⊖ 即矩阵 $\boldsymbol{A}$ 的行数。——译者注

表达如下：

$$Y = AX^2 + BX + C$$

其中 X、Y、A、B、C 都是矩阵；X 必须是方阵，而矩阵 A、B、C 的维数必须相同，同时它们的列数要与方阵 X 的行数相同。

3. 矩阵的任意函数与矩阵指数

读者应该记得，绝大多数有实用价值的函数都可以用泰勒（Taylor）级数的形式展开。这是一个用函数自身导数表达的无穷级数。如果函数 $f(x)$ 在原点的值（或者更为一般的情况，对于任意位置 x 的值）已知，那么可以通过该原点值以及其在原点处的各阶导数计算其他任意点的值：

$$f(x) = f(0) + x\left\{\frac{\mathrm{d}f}{\mathrm{d}x}\right\}_0 + \frac{x^2}{2!}\left\{\frac{\mathrm{d}^2 f}{\mathrm{d}x}\right\}_0 + \frac{x^3}{3!}\left\{\frac{\mathrm{d}^3 f}{\mathrm{d}x}\right\}_0 + \cdots$$

我们刚刚定义了矩阵多项式，而上式则是一个无限多项式。将此概念扩展到矩阵，可以定义关于矩阵的几乎任意函数。

矩阵的指数函数是矩阵领域中一个非常重要的函数。普通标量指数函数的泰勒级数展开式如下：

$$\mathrm{e}^x = \exp(x) = 1 + x + \frac{x^2}{2!} + \frac{x^3}{3!} + \cdots$$

这意味着，方阵 A 的指数函数可以定义如下：

$$\exp(A) = I + A + \frac{A^2}{2!} + \frac{A^3}{3!} + \cdots$$

在实际应用中，通常会舍弃该展开式中的高阶项，或者如果矩阵元素是极限可求的级数，那么就用显式公式来表达该矩阵指数函数。

2.2.3 矩阵求逆

方阵 A 的逆矩阵记作 A^{-1}，即矩阵 A 满足条件 $A^{-1}A=I$。在本书的后续部分我们将看到，对于非方阵，其左广义逆矩阵或右广义逆矩阵也可以这样定义。可以利用显式公式来求矩阵的逆，但是除了阶数非常小的矩阵以外，这些公式通常十分冗长。对于一个 2×2 矩阵：

$$A = \begin{bmatrix} a & b \\ c & d \end{bmatrix} \qquad A^{-1} = \left(\frac{1}{ad - cb}\right)\begin{bmatrix} d & -b \\ -c & a \end{bmatrix}$$

25 用 AA^{-1} 的乘积可以很容易验证上式。矩阵行列式的值 $ad - cb$ 是标量。当且仅当该行列式的值不为零时，矩阵的逆存在。

1. 线性映射的逆

逆矩阵的主要应用之一便是求线性映射的逆。如果 $\underline{y} = A\underline{x}$ 成立，那么在方程两边同时乘以 A^{-1} 可得：

$$A^{-1}\underline{y} = A^{-1}A\underline{x} = \underline{x}$$

$$\underline{x} = A^{-1}\underline{y}$$

可以将这个过程视为是由输出向量映射到其相应的输入向量。

2. 行列式

方阵的行列式 [5] 记为 $\det(A)$ 或 $|A|$，是向量叉乘的推广。行列式尤为重要，它是矩阵的

标量函数。对于一个 2×2 的矩阵：

$$\det(\boldsymbol{A})=\begin{vmatrix}a & b\\ c & d\end{vmatrix}=ad-cb$$

对于维数大于 3×3 的矩阵，其行列式的解析表达式过于冗长而不便使用。非常幸运的是，我们很少需要计算行列式。尽管如此，我们将用到行列式的两项最基本的性质。行列式表示的是由矩阵 $\boldsymbol{A}$（如图 2-8 所示）的各行向量张成的平行面体的体积㊀，并且这一概念可以推广到维度更高的矩阵。

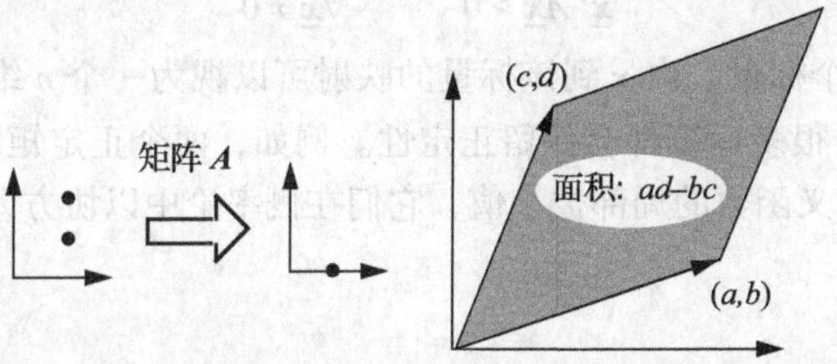

图 2-8　**行列式的直观图解**。（左图）如果两个不同的输入对应相同的输出，则该矩阵不可逆。当输出的维数低于输入时便会出现这种情况。（右图）由矩阵的行向量张成的平行面体的体积便是行列式的值

由此产生两种结果。第一种结果，如果体积为零，把矩阵理解为一种线性映射，当它作用于某一向量时，便会丢失至少一个维度的信息。这种信息丢失意味着不能根据输出信息获取输入信息。也就是说，该矩阵不可逆。

第二种结果，请注意：

$$\boldsymbol{A}\begin{bmatrix}1\\0\end{bmatrix}=\begin{bmatrix}a\\c\end{bmatrix}\quad \boldsymbol{A}\begin{bmatrix}0\\1\end{bmatrix}=\begin{bmatrix}b\\d\end{bmatrix}$$

就像矩阵 $\boldsymbol{A}$ 的各行定义了一个体积（或面积）一样，如果我们把任意两个向量作为某矩阵的两行，也会有上述结果㊁。特别地，由两个单位向量 $[1\quad 0]^{\mathrm{T}}$ 和 $[0\quad 1]^{\mathrm{T}}$ 通过矩阵 $\boldsymbol{A}$ 变换后得到的向量㊂所张成的面积为： 26

$$\begin{vmatrix}a & c\\ b & d\end{vmatrix}=ad-cb=\begin{vmatrix}a & b\\ c & d\end{vmatrix}$$

这在数值上与矩阵 $\boldsymbol{A}$ 的行列式相等，因为 $\det(\boldsymbol{A})=\det(\boldsymbol{A}^{\mathrm{T}})$。可以很容易发现：如果将输入对应的体积（面积）翻倍，则输出的体积（面积）同样翻倍。因此，行列式作为一个比例因子，把输出体积与任意大小的输入体积相关联。两个矩阵相乘后的行列式值等于它们各自行列式值的乘积：$\det(\boldsymbol{AB})=\det(\boldsymbol{A})\det(\boldsymbol{B})$。

3. 矩阵的秩

矩阵的秩是其最高阶可逆子矩阵的维数。假设 $\boldsymbol{A}$ 是一个 $n\times n$ 矩阵。如果矩阵 $\boldsymbol{A}$ 的秩为 n，那么 $\boldsymbol{A}$ 为可逆矩阵。一个秩小于 n 的 $n\times n$ 矩阵被称为降秩矩阵或奇异矩阵。反之，如果

㊀ 对二维向量来说是面积。——译者注

㊁ 以上述两个单位向量 $[1\quad 0]^{\mathrm{T}}$ 和 $[0\quad 1]^{\mathrm{T}}$ 为行向量可构成一个单位矩阵，其行列式值为 1，即两个向量张成的多边形的面积为 1。——译者注

㊂ 即 $[a\quad c]^{\mathrm{T}}$ 和 $[b\quad d]^{\mathrm{T}}$。——译者注

$n \times n$ 矩阵 A 的秩为 n，则 A 为满秩矩阵、可逆矩阵或非奇异矩阵。秩的概念同样可以应用于非方阵，因为其子矩阵也可以为方阵，可以计算出这些方阵（子矩阵）行列式的值。在这种情况下，便会用到术语降秩矩阵或者满秩矩阵。

有关秩的几条规则非常有用。非方阵的秩不超过（小于或等于）其两个维数中的阶数较小矩阵的秩。两个矩阵乘积的秩不会大于两个原矩阵秩的最小值。

4. 正定矩阵

如果一个方阵 A 满足下列条件，则称其为正定矩阵：

$$\underline{x}^{\mathrm{T}} A \underline{x} > 0 \qquad \forall \underline{x} \neq 0$$

二次型 $\underline{x}^{\mathrm{T}} A \underline{x}$ 是一个标量。由 $\underline{x}$ 到该标量的映射可以视为一个 n 维抛物面。正定矩阵是正数的矩阵等价形式，很多运算都会保留正定性。例如，两个正定矩阵的和仍为正定矩阵。我们将用正定矩阵来定义函数的局部极小值，它们在概率论中以协方差的形式出现，而在力学中则通过惯量体现。

5. 齐次线性系统

如果某一特定线性系统的方程组为：

$$A\underline{x} = \underline{0}$$

那么该系统被称为齐次系统。这种情况下，当矩阵 A 可逆时，毫无疑问该系统具有唯一平凡解（即零解）：

$$\boldsymbol{x} = A^{-1}\boldsymbol{0} = \boldsymbol{0}$$

27 如果矩阵 A 为奇异矩阵，则该系统具有无数个非零解。

6. 特征值与特征向量

当向量 e 满足下列条件时，它被称作方阵 A 的特征向量：

$$Ae = \lambda e$$

其中标量 λ 被称作方阵 A 对应于特征向量 e 的特征值。显然，特征向量是一个与矩阵 A 相乘后不发生旋转的向量。对于该向量而言，矩阵 A 与向量 e 相乘的运算结果等同于标量 λ 乘以向量 e 的积。这便是定义中所表达的含义。

需要注意的是，如果 (e, λ) 满足上述条件，则对于任意一个常数 k，(ke, λ) 都是上式的一个解，因此只有特征向量的方向是重要的。根据惯例，我们经常将其标准化为单位长度。为了求出一个矩阵的特征值，我们也可以通过将上式重写成如下所示的形式进行求解：

$$(\lambda I - A)e = 0$$

根据上文介绍的齐次系统的规则，我们知道当满足如下条件时，该式存在非零解 e：

$$\det(\lambda I - A) = 0$$

关于特征向量最重要的一点是，如果矩阵 A 可逆，且有 n 个不同的特征值，那么矩阵 A 的特征向量线性无关，并构成 n 维空间 $\Re^n$ 的基。换句话说，对于任意属于该空间的向量 $v \in \Re^n$，都可以写成矩阵 A 的特征向量的加权和的形式：

$$v = c_1 e_1 + c_2 e_2 + \cdots + c_n e_n$$

2.2.4　秩 – 零化度定理

可将几个子空间与一个已知的 $m \times n$ 矩阵 A（$m<n$）相关联[3]。如果将方程 $\underline{y} = A\underline{x}$ 视为对矩阵 A 上同行的各列元素进行加权求和，那么很显然所有可能的输出向量 $\underline{y}$ 组成的集合，

可以描述为矩阵 A 的 n 个列的所有可能的加权组合。所有这些 $m\times1$ 向量 $\underline{y}$ 组成的集合称为矩阵 A 的值域空间或列空间，记为 $C(A)$。与之相对，每一个向量 $\underline{x}$ 可以由它在矩阵 A 的 m 个行上的投影来描述。因此，矩阵的行可以引出这样一个向量集合，这些向量在矩阵行上的投影不为零。由这些 $n\times1$ 向量 $\underline{x}$ 组成的集合称为矩阵 A 的行空间，记为 $\Re(A)$。⊖

由于行数小于 n 或者行线性相关，所以可能出现矩阵 A 的行不能张成想要的 n 维空间的情况。在这种情况下，在 n 维空间中存在这样一些向量方向，此方向上任意长度的向量都不能在矩阵 A 的任意行上获得投影值。有时，甚至还可能存在几个线性无关的方向。这些线性无关的向量的个数叫作矩阵 A 的*零化度*。这些满足 $A\underline{x}=\underline{0}$ 的所有向量的集合叫作矩阵 A 的零空间，记为 $\mathcal{N}(A)$。

零空间中的向量与矩阵 A 的所有行正交，这意味着它们在矩阵 A 的行上没有投影。矩阵的行空间和零空间被称作*正交补*，因为它们相互正交。也就是说，零空间中的每一个向量与行空间中的每一个向量正交。根据线性代数的基本定理，它们的并集为 $\Re^n$。$\Re(A)$ 至多张成 $\Re^n$ 的 m 维子空间；$\mathcal{N}(A)$ 张成 $\Re^n$ 的一个至少 $n-m$ 维子空间。实际上，矩阵 A 的秩与零化度之和总是等于 n： 28

$$\text{rank}(A)+\text{nullity}(A)=n$$

这被称作*秩－零化度定理*。

2.2.5 矩阵代数

虽然像 $A\underline{x}=\underline{y}$ 这样的简单方程可以通过对 A 求逆来求解，但是事实证明，许多代数法则只有满足一定条件才对矩阵适用，因此需谨慎使用。例如，我们已经发现矩阵乘法不满足交换律，以及只有方阵是可逆的，所以我们需要留心这些特殊情况。

1. 除以一个矩阵

当被一个矩阵“除”的时候（即乘以其逆矩阵），我们必须注意的是，逆矩阵是左乘还是右乘。因此，如果矩阵 A 和矩阵 B 都可逆，并且满足如下条件：

$$AB=CD \tag{2.3}$$

那么 $B=A^{-1}CD$，而 $A=CDB^{-1}$。

2. 奇异矩阵的生成

假设 $m<n$，矩阵 A 为 $m\times n$ 矩阵，矩阵 B 为 $n\times m$ 矩阵，并且矩阵 A 和 B 的秩都为 m。矩阵乘积 AB 是一个 $m\times m$ 矩阵，它有可能是可逆的；而乘积 BA 是一个 $n\times n$ 矩阵，它肯定是不可逆的，因为它的秩不超过 m。例如，考虑一个两个 $n\times1$ 向量点积的方程：

$$\underline{a}^{\mathrm{T}}\underline{x}=b \tag{2.4}$$

其中 $\underline{a}$ 是一个常数向量，而 $\underline{x}$ 包含 n 个未知量。在方程的左右两侧同时乘以一个列向量 $\underline{c}$ 是完全符合运算规则的，从而可以得到：

$$\underline{c}\underline{a}^{\mathrm{T}}\underline{x}=\underline{c}b \tag{2.5}$$

请注意，$\underline{c}\underline{a}^{\mathrm{T}}$ 是一个外积运算，因此也是一个矩阵。现在为了“求解”方程（2.5）中的 $\underline{x}$，我们很有可能想借助下式来实现：

$$\underline{x}=\left(\underline{c}\underline{a}^{\mathrm{T}}\right)^{-1}\underline{c}b \tag{2.6}$$

⊖ 矩阵的行空间 $\Re(A)$ 由矩阵中线性无关的行向量张成。——译者注显然，我们似乎没有违反任何矩阵代数中的任意法则，但是实际上我们的确违背了一条。此方程试图对一个奇异矩阵求逆。在计算过程中，由于一些无法预测的原因，可能会出现这种情况。然而对于上述情况，乘积 $\underline{c}\underline{a}^{\mathrm{T}}$ 是一个秩为 1 的矩阵[⊖]，因此除非它是 $1{\times}1$ 矩阵并且其值不为 0，否则它不可逆，这是显而易见的。直观上讲，方程（2.4）对向量 $\underline{x}$ 的 n 个元
29 素施加了一个单一约束，而根据一个单一约束恢复 n 个未知量的值，这根本不可能实现。

尽管奇异矩阵的生成符合运算规则而且也有用，但是其求逆不可行。一般来说，由矩阵相乘生成的某一矩阵，如果其最小维数超过了这两个运算对象中的任意一个，都将生成一个奇异矩阵。

3. 分块矩阵消元法

在标量方程中用于消除变量的方法，同样适用于消去分块矩阵方程组并对分块矩阵求逆。请考虑如下所示方程的解：

$$\begin{bmatrix} \boldsymbol{A} & \boldsymbol{B} \\ \boldsymbol{C} & \boldsymbol{D} \end{bmatrix}\begin{bmatrix} x_A \\ x_B \end{bmatrix}=\begin{bmatrix} y_A \\ y_B \end{bmatrix}$$

其结构形式看起来如下所示：

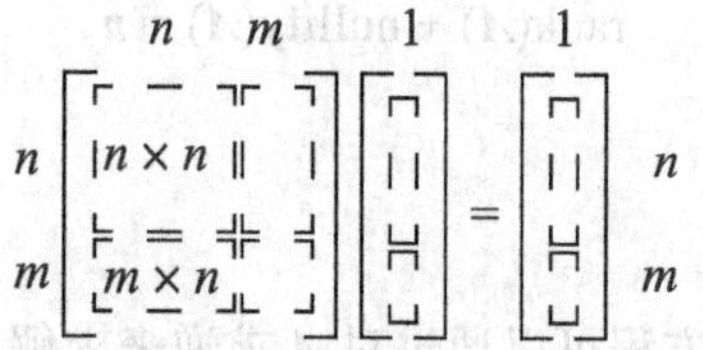

即 $\dim(\boldsymbol{A})=n\times n$，$\dim(\boldsymbol{B})=n\times m$，$\dim(\boldsymbol{D})=m\times m$ 并且 $\dim(\boldsymbol{C})=m\times n$。

假设矩阵 $\boldsymbol{A}$ 为一个方阵并且是可逆的，分块矩阵的第一行左乘一个 $m\times n$ 矩阵 $\boldsymbol{CA}^{-1}$，使其顶块得到简化，从而产生 m 个方程：

$$\begin{bmatrix} \boldsymbol{C} & \boldsymbol{CA}^{-1}\boldsymbol{B} \\ \boldsymbol{C} & \boldsymbol{D} \end{bmatrix}\begin{bmatrix} x_A \\ x_B \end{bmatrix}=\begin{bmatrix} \boldsymbol{CA}^{-1}y_A \\ y_B \end{bmatrix}$$

现在，将分块矩阵的第二行减去 m 行的两个子块，可得：

$$(\boldsymbol{D}-\boldsymbol{CA}^{-1}\boldsymbol{B})x_B=y_B-\boldsymbol{CA}^{-1}y_A$$

在计算机实现时，我们能够在这里停一下，求解 x_B。x_B 的显式解为：

$$x_B=\boldsymbol{E}^{-1}\left[y_B-\boldsymbol{CA}^{-1}y_A\right] \tag{2.7}$$

其中 $\boldsymbol{E}=\boldsymbol{D}-\boldsymbol{CA}^{-1}\boldsymbol{B}$ 叫作 $\boldsymbol{A}$ 的舒尔补。在计算机程序中，现在就可以求解关于 x_A 的第一个原始方程，方法是把方程写成如下所示的形式：

$$\boldsymbol{A}x_A=y_A-\boldsymbol{B}x_B \tag{2.8}$$

为了得到一个封闭解，我们将上式代入第一个原始方程并化简：

30

$$\begin{aligned} \boldsymbol{A}x_A+\boldsymbol{B}x_B&=y_A \\ \boldsymbol{A}x_A+\boldsymbol{BE}^{-1}\left[y_B-\boldsymbol{CA}^{-1}y_A\right]&=y_A \\ \boldsymbol{A}x_A&=\left[\boldsymbol{I}+\boldsymbol{BE}^{-1}\boldsymbol{CA}^{-1}\right]y_A-\left[\boldsymbol{BE}^{-1}\right]y_B \\ x_A&=\left[\boldsymbol{A}^{-1}+\boldsymbol{A}^{-1}\boldsymbol{BE}^{-1}\boldsymbol{CA}^{-1}\right]y_A-\left[\boldsymbol{A}^{-1}\boldsymbol{BE}^{-1}\right]y_B \end{aligned} \tag{2.9}$$

⊖ 简单演算可发现，其各行均线性相关。——译者注

因此，求得逆为：

$$\begin{bmatrix} A & B \\ C & D \end{bmatrix}^{-1} = \begin{bmatrix} A^{-1}+A^{-1}BE^{-1}CA^{-1} & -A^{-1}BE^{-1} \\ -E^{-1}CA^{-1} & E^{-1} \end{bmatrix} \tag{2.10}$$

请注意，经常出现一种特殊情况，如果 $B=C^{\mathrm{T}}$ 并且 $D=0$，那么 $E=-CA^{-1}C^{\mathrm{T}}$ 成立，此时结果如方程（2.11）所示：

$$\begin{bmatrix} A & C^{\mathrm{T}} \\ C & 0 \end{bmatrix}^{-1} = \begin{bmatrix} A^{-1}+A^{-1}C^{\mathrm{T}}E^{-1}CA^{-1} & -A^{-1}C^{\mathrm{T}}E^{-1} \\ -E^{-1}CA^{-1} & E^{-1} \end{bmatrix} \tag{2.11}$$

4. 矩阵求逆引理

我们还可以把第二行块乘以 $-BD^{-1}$，并加到两个方程中，得到如下结果：

$$\begin{bmatrix} A & B \\ C & D \end{bmatrix}^{-1} = \begin{bmatrix} F^{-1} & -F^{-1}BD^{-1} \\ -D^{-1}CF^{-1} & D^{-1}+D^{-1}CF^{-1}BD^{-1} \end{bmatrix} \tag{2.12}$$

其中 $F=A-BD^{-1}C$ 叫作 D 的舒尔补。令方程（2.11）与方程（2.12）的左上子矩阵相等，可得：

$$F^{-1}=A^{-1}+A^{-1}BE^{-1}CA^{-1}$$

分别将 F 和 E 代入上式可得：

$$\left[A-BD^{-1}C\right]^{-1}=A^{-1}+A^{-1}B\left[D-CA^{-1}B\right]^{-1}CA^{-1} \tag{2.13}$$

聚焦信息 2.1　矩阵求逆引理

方程（2.13）被称为矩阵求逆引理。当 A^{-1} 已知，需要计算秩为 m 的矩阵 A 的“校正”矩阵的逆矩阵，即 $\left[A-BD^{-1}C\right]^{-1}$ 时可以使用该公式。利用这个公式可以对矩阵 A 的 $m\times m$ 维舒尔补矩阵 $D-CA^{-1}B$ 求逆，而无须求 $n\times n$ 矩阵 A 的逆矩阵。$m=1$ 时方程对应的特殊情况，被称作谢尔曼－莫里森公式。

在 $B=C^{\mathrm{T}}$ 并且 D 的符号取反的特殊情况下，具有如下结果：

$$\left[C^{\mathrm{T}}D^{-1}C+A\right]^{-1}=A^{-1}-A^{-1}C^{\mathrm{T}}\left[CA^{-1}C^{\mathrm{T}}+D\right]^{-1}CA^{-1} \tag{2.14}$$

2.2.6　矩阵微积分

在许多不同的应用场合，需要用到标量、向量、矩阵，以及它们之间任意组合的导数表示。

1. 隐式求和符号

符号

$$\left[c_{ij}\right]=\left[a_{ik}b_{kj}\right] \tag{2.15}$$

提供了一种非常方便的机制，用于表示张量、矩阵和向量的运算。根据约定，上述 [*a*]、[*b*] 和 [*c*] 全部都是矩阵，因为它们都有两个索引。在绝大多数的参考文献中它们被分别记为 A、B、C。在上述约定中，如果一个索引在右侧位置重复出现，并且该索引没有出现在左侧位置，则表示要在该索引的整个取值范围内对元素求和（式中忽略了求和符号∑）。因此，上面的表达式等价于：

$$C = AB = \left[c_{ij} \right] = \left[\sum_k a_{ik} b_{kj} \right]$$

公式（2.15）以一种紧凑形式表示矩阵乘法运算。对于一个执行特定运算的计算机程序而言，隐式求和符号也是一种非常简洁明了的规范表达方法。如果 $[\boldsymbol{b}]$ 为向量：

$$\left[c_i \right] = \left[a_{ij} b_j \right]$$

那么上式的计算结果也是一个向量。我们可以解释为如同矩阵 $\boldsymbol{A}$ 的列维度在与向量 $\underline{\boldsymbol{b}}$ 运算的过程中发生崩塌。利用这种符号表达方法，点积可表示为：

$$\boldsymbol{c} = \left[a_i b_i \right]$$

(其中 $\boldsymbol{a}$ 是一个向量)，外积可表示为：

$$\left[c_{ij} \right] = \left[a_i b_j \right]$$

进一步，在三维空间中的叉积可表示为：

$$\left[c_i \right] = \left[\varepsilon_{ijk} a_j b_k \right]$$

由于有两个索引重复，所以这是一个在 j 和 k 取值范围之内的双重求和。特殊符号 ε_{ijk} 的定义如下所示：

$$\varepsilon_{ijk} = \begin{cases} 1 & \text{当}i,j,k \in \{(123),(231),(312)\}\text{时} \\ -1 & \text{当}i,j,k \in \{(321),(213),(132)\}\text{时} \\ 0 & \text{其他} \end{cases}$$

2. 张量压缩的运算

当两个阶数不同的矩阵相乘时，结果会出现阶数的减少或者增加。我们已经发现，关于向量的各种乘法运算可以生成标量、向量或矩阵。以此类推，很多关于矩阵的运算也可以用来定
32 义张量运算。关于三阶张量的情况，我们可以将其与向量的乘法运算想象成对它的分量矩阵的加权求和。因此，这样的一个对象 a_{ijk} 乘以一个向量 b_k，生成一个新的矩阵，如下所示：

$$\left[c_{ij} \right] = \left[a_{ijk} b_k \right]$$

上述运算相当于一个张量 $\boldsymbol{A}$ 的第三维被加权崩塌，从而产生一个矩阵。这个过程类似于方程 $\underline{\boldsymbol{y}} = \boldsymbol{A}\underline{\boldsymbol{x}}$ 对矩阵 $\boldsymbol{A}$ 的第二维进行加权崩塌，从而生成一个新的向量。

3. 布局不变的运算

张量（矩阵、向量和标量是其特例）的求导定义为一种基于元素对元素的运算。换句话说，张量的导数也就是张量中各元素导数的张量：

$$\frac{\partial}{\partial \boldsymbol{B}} \boldsymbol{A}(\boldsymbol{B}) = \left[\frac{\partial}{\partial \boldsymbol{B}} a_{i,\cdots,n}(\boldsymbol{B}) \right]$$

上述公式适用于任意阶数张量的任意对象 $\boldsymbol{A}$ 和 $\boldsymbol{B}$。因此，我们总能够在一个张量内进行求导运算。其结果就是：任何对象对一个标量求导的结果，具有与原始对象相同的布局。

4. 矩阵乘积对标量的导数

尽管在本书中很少明确指出，但乘积的求导法则同样适用于矩阵。考虑下述矩阵乘积关于一个标量的导数：

$$\frac{\partial}{\partial x} \boldsymbol{C}(x) = \frac{\partial}{\partial x} \left\{ \boldsymbol{A}(x) \boldsymbol{B}(x) \right\}$$

一般情况下，可以根据矩阵乘法的定义来推导。在隐式求和符号中：

$$\left[c_{ij}(x)\right]=\left[a_{ik}(x)b_{kj}(x)\right]$$

其结果中的每个元素都是两个向量的内积。每一个内积都是标量乘积的和，而我们知道如何对标量乘积求导。

非常方便的是，和的导数也就是导数的和，因此隐式求和符号能够分化产生更多的隐式求和。我们可以纯粹地分别把两个运算对象看作标量，这样，隐式求和的过程具体如下所示：

$$\left[\frac{\partial}{\partial x}c_{ij}(x)\right]=\left[\left(\frac{\partial}{\partial x}a_{ik}(x)b_{kj}(x)\right)+\left(a_{ik}(x)\frac{\partial}{\partial x}b_{kj}(x)\right)\right] \tag{2.16}$$

将上式用矩阵符号表示，则：

$$\frac{\partial}{\partial x}\boldsymbol{C}(x)=\frac{\partial}{\partial x}\{\boldsymbol{A}(x)\boldsymbol{B}(x)\}=\frac{\partial}{\partial x}\{\boldsymbol{A}(x)\}\boldsymbol{B}(x)+\boldsymbol{A}(x)\frac{\partial}{\partial x}\{\boldsymbol{B}(x)\} \tag{2.17}$$

这一结论可以直接扩展到三个或者更多的矩阵相乘。请注意张量乘积求导的过程与之完全相同。显然，矩阵 $\boldsymbol{A}$ 和 $\boldsymbol{B}$ 相等、两者互为转置、两者中的任意一个都与 x 无关，都属于特殊情况。 33

5. 有用的矩阵 – 标量导数

利用上文的结论，可以推导出几个更有用的结果。方程（2.16）中的独立变量 x 用 t 替换，则

$$\frac{\mathrm{d}\{\underline{\boldsymbol{x}}(t)^{\mathrm{T}}\boldsymbol{A}\underline{\boldsymbol{x}}(t)\}}{\mathrm{d}t}=\dot{\underline{\boldsymbol{x}}}^{\mathrm{T}}\boldsymbol{A}\underline{\boldsymbol{x}}+\underline{\boldsymbol{x}}^{\mathrm{T}}\boldsymbol{A}\dot{\underline{\boldsymbol{x}}}$$

当 $\boldsymbol{A}$ 为对称矩阵时，上式可以简化为：

$$\frac{\mathrm{d}\{\underline{\boldsymbol{x}}(t)^{\mathrm{T}}\boldsymbol{A}\underline{\boldsymbol{x}}(t)\}}{\mathrm{d}t}=2\underline{\boldsymbol{x}}^{\mathrm{T}}\boldsymbol{A}\dot{\underline{\boldsymbol{x}}}$$

6. 张量扩张的运算

张量对一个标量求导会保留该对象的阶数，但是对一个向量求导将增加该对象的阶数。以如下符号为例：

$$\left[\frac{\partial}{\partial x_k}y_{ij}(\underline{\boldsymbol{x}})\right]$$

表示张量的元素是矩阵 $\boldsymbol{Y}$ 中的每一个元素关于向量 $\underline{\boldsymbol{x}}$ 中的每一个元素的导数。在这种情况下，矩阵 $\boldsymbol{Y}$ 中的每个元素都生成一个完整的关于 $\underline{\boldsymbol{x}}$ 的微分向量。

7. 关于向量求导

如果 $\underline{\boldsymbol{x}}$ 是一个向量，那么关于 $\underline{\boldsymbol{x}}$ 求导得到的都是偏导数，因为此时没有单一的独立变量。仔细考察如下方程：

$$\frac{\partial \boldsymbol{Y}(\underline{\boldsymbol{x}})}{\partial \underline{\boldsymbol{x}}}=\left[\frac{\partial}{\partial x_k}y_{ij}(\underline{\boldsymbol{x}})\right]$$

上式的结果为一个张量，可以将其想象为一个由矩阵 $\boldsymbol{Y}$ 扩展到页面之外而得到的数字组成的立方体。在该立方体中，每个深度上的切片对应着不同索引值 k，也对应着向量 $\underline{\boldsymbol{x}}$ 中的不同元素。

如果矩阵 $\boldsymbol{Y}$ 分别为一个标量和向量，就是上述结论的两种特殊情况。第一种情况是，一个标量关于向量的导数，生成的对象称为*梯度向量*：

$$\frac{\partial y(\underline{x})}{\partial \underline{x}}=\left[\frac{\partial}{\partial x_j}y(\underline{x})\right]$$

34 第二种情况是，一个向量关于向量的导数，生成的对象称为雅可比矩阵：

$$\frac{\partial \underline{y}(\underline{x})}{\partial \underline{x}}=\left[\frac{\partial}{\partial x_j}y_i(\underline{x})\right]$$

我们有时还需要一个标量关于一个向量的二阶导数——海瑟矩阵：

$$\frac{\partial^2 \boldsymbol{y}(\underline{x})}{\partial x^2}=\left[\frac{\partial^2 \boldsymbol{y}(\underline{x})}{\partial x_i x_j}\right]$$

请注意，当 $\underline{y}(\underline{x})=\underline{x}$ 时，即为雅可比矩阵的特殊情况：

$$\frac{\partial \underline{x}}{\partial \underline{x}}=\left[\frac{\partial x_i}{\partial x_j}\right]=\boldsymbol{I}$$

按照惯例，梯度向量和雅可比矩阵沿原始标量或向量的列维度方向扩展的方式排布在纸面上。这种默认布局意味着它们可以与一个列向量相乘。

8. 导数的名称和符号

（标量、向量、矩阵）关于（标量、向量、矩阵）的所有导数的组合已经定义而且很有意义[4]。书中这些导数用两种方式表示，如表 2-1 所示。

表 2-1　导数符号

符号	含义	符号	含义
$\frac{\partial y}{\partial x}, y_x$	偏导数	$\frac{\partial \boldsymbol{Y}}{\partial x}, \boldsymbol{Y}_x$	矩阵偏导数
$\frac{\partial \underline{y}}{\partial x}, \underline{y}_x$	向量的偏导数	$\frac{\partial \underline{y}}{\partial \underline{x}}, \underline{y}_{\underline{x}}$	雅可比矩阵
$\frac{\partial y}{\partial \underline{x}}, y_{\underline{x}}$	梯度向量	$\frac{\partial \boldsymbol{Y}}{\partial \underline{x}}, \boldsymbol{Y}_{\underline{x}}$	三阶张量
$\frac{\partial^2 y(\underline{x})}{\partial x^2}, y_{xx}$	海瑟矩阵		

为避免与定义在某参考系中的向量下标符号相混淆，在有向量下标的地方，不会使用第二种（下标）形式。只有当 y 是一个仅取决于标量 x 的标量时，才存在结果是一个全导数的特殊情况。除这种情况以外，上述导数都是偏导数。书中，我们对所有的求导运算都使用偏
35 导数符号，读者需要根据上下文来判断 x 是否是唯一的独立变量。

9. 矩阵乘积关于向量的导数

假设 $\underline{x}$ 为一个向量，乘积 $\boldsymbol{A}(\underline{x})\boldsymbol{B}(\underline{x})$ 是关于向量 $\underline{x}$ 的矩阵函数，称为 $\boldsymbol{C}(\underline{x})$。我们知道这个矩阵函数的导数是一个张量，下面对关于它的公式做一些解释。

张量的每个切片可以根据公式（2.16）来计算结果，公式重复如下：

$$\left[\frac{\partial}{\partial x}c_{ij}(x)\right]=\left[\left(\frac{\partial}{\partial x}a_{ik}(x)b_{kj}(x)\right)+\left(a_{ik}(x)\frac{\partial}{\partial x}b_{kj}(x)\right)\right]$$

为了得到对向量求导的结果，我们仅需要在导数部分添加一个索引：

$$\left[\frac{\partial}{\partial x_l}c_{ij}(\underline{x})\right]=\left[\left(\frac{\partial}{\partial x_l}a_{ik}(\underline{x})b_{kj}(\underline{x})\right)+\left(a_{ik}(\underline{x})\frac{\partial}{\partial x_l}b_{kj}(\underline{x})\right)\right] \tag{2.18}$$

这一过程可以简单表达如下：

$$\boldsymbol{C}(\underline{\boldsymbol{x}})=\frac{\partial\{\boldsymbol{A}(\underline{\boldsymbol{x}})\boldsymbol{B}(\underline{\boldsymbol{x}})\}}{\partial\underline{\boldsymbol{x}}}=\frac{\partial}{\partial\underline{\boldsymbol{x}}}\boldsymbol{A}(\underline{\boldsymbol{x}})\boldsymbol{B}(\underline{\boldsymbol{x}})+\boldsymbol{A}(\underline{\boldsymbol{x}})\frac{\partial}{\partial\underline{\boldsymbol{x}}}\boldsymbol{B}(\underline{\boldsymbol{x}}) \tag{2.19}$$

聚焦信息 2.2　矩阵乘积的求导规则

矩阵乘积的求导就像对标量－值函数的乘积求导一样。当然，对于 $\underline{\boldsymbol{x}}$ 为标量 x 的特殊情况，也可以纳入这个公式。

表达式 $\frac{\partial}{\partial\underline{\boldsymbol{x}}}\boldsymbol{A}(\underline{\boldsymbol{x}})\boldsymbol{B}(\underline{\boldsymbol{x}})$ 为一个张量乘以一个矩阵，然而 $\boldsymbol{A}(\underline{\boldsymbol{x}})\frac{\partial}{\partial\underline{\boldsymbol{x}}}\boldsymbol{B}(\underline{\boldsymbol{x}})$ 表达的是一个矩阵乘以一个张量。这两个表达式都通过矩阵乘以张量的每一个切片，并把得到的矩阵堆叠以生成另外一个张量的方式来重构张量。

10. 张量的排布

把张量运算写得像矩阵，有时会引发一些严重的歧义。此时，引入张量和隐式求和符号，在某种程度上能避免这种歧义。考虑矩阵关于向量求导的情况：

$$\frac{\partial\boldsymbol{Y}(\underline{\boldsymbol{x}})}{\partial\underline{\boldsymbol{x}}}=\left[\frac{\partial}{\partial x_k}y_{ij}(\underline{\boldsymbol{x}})\right]$$

对向量 $\underline{\boldsymbol{x}}$ 的每一个元素进行求导都构成一个矩阵，所以，最终会得到一堆摞在一起的矩阵。如果我们把矩阵写在纸面上，对于这些堆叠的矩阵成员而言，确定它们所需的唯一维度是深度——这一维度位于页面之外。之所以首先讨论这类求导运算，主要是因为将其与一个 36
向量的微变量 $\Delta\underline{\boldsymbol{x}}$ 相乘，能使矩阵随之产生微变：

$$\Delta\boldsymbol{Y}=\frac{\partial\boldsymbol{Y}(\underline{\boldsymbol{x}})}{\partial\underline{\boldsymbol{x}}}\Delta\underline{\boldsymbol{x}} \tag{2.20}$$

从理论角度看，上式似乎是合理的。但是当需要编程实现时，需要用代码来完成关于特定索引的循环，而上式并不像它看起来那么直观。根据传统的矩阵代数理论，的确不会把张量的每一个切片（一个矩阵）与向量相乘。如下所示为针对这一结果的隐式求和表达式：

$$\left[\Delta y_{ij}\right]=\left[\frac{\partial y_{ij}(\underline{\boldsymbol{x}})}{\partial x_k}\Delta x_k\right]\neq\left[\frac{\partial y_{ij}(\underline{\boldsymbol{x}})}{\partial x_k}\Delta x_j\right]$$

以这样的方式与向量的微变量 $\Delta\underline{\boldsymbol{x}}$ 相乘，才会使由微分带来的深度维度崩塌[⊖]。虽然对于传统的矩阵乘法来说是必需的，但是对于 $\Delta\underline{\boldsymbol{x}}$ 而言，不需要保证（当然也没有必要）它的长度与 $\boldsymbol{Y}$ 的列数相等。

由此，上述方程的真正含义为：

$$\Delta\boldsymbol{Y}=\frac{\partial\boldsymbol{Y}(\underline{\boldsymbol{x}})}{\partial\underline{\boldsymbol{x}}}\Delta\underline{\boldsymbol{x}}=\sum_k\frac{\partial\boldsymbol{Y}(\underline{\boldsymbol{x}})}{\partial x_k}\Delta x_k$$

矩阵乘法隐含的规则中，要求左操作对象的列数必须等于右操作对象的行数。然而，当我们谈及张量时，通常需要注意其中哪些维度与乘法相关。在隐式求和符号的约定中，具有相同字母的维度才需要结合。上述方程的可视化表达方式如下图所示。

⊖　使一摞矩阵变回一个矩阵。——译者注

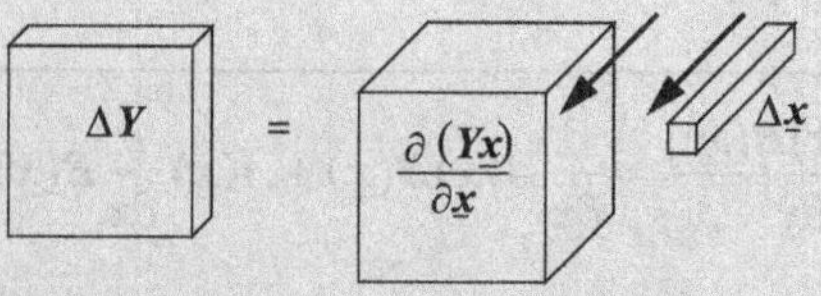

聚焦信息 2.3 张量与向量相乘

当张量由矩阵微分生成时，把微分张量与微变向量 $\Delta\underline{x}$ 相乘的“排布”如上图所示。

11. 隐式表达

当我们在纸上书写张量积时，与矩阵右乘以一个向量从而导致出现列维度崩塌的情况不同。由于崩塌的维度通常位于纸面之外[⊖]，而无法使用类似于向量转置那样的技巧来书写，以使其符合我们书写矩阵乘积的习惯。我们将用参考方程（2.19）中隐式表达的写法来阐释
37 张量乘积表达的含义。

当需要计算矩阵乘积的导数时，情况会变得很复杂。考虑如下情况：

$$\underline{\boldsymbol{y}}(\underline{\boldsymbol{x}})=\boldsymbol{A}(\underline{\boldsymbol{x}})\underline{\boldsymbol{x}}$$

上式的微分有两项，其中的每一项都是一个张量。其全微分形式如下：

$$\Delta\underline{\boldsymbol{y}}=\left\{\frac{\partial\boldsymbol{A}(\underline{\boldsymbol{x}})}{\partial(\underline{\boldsymbol{x}})}\underline{\boldsymbol{x}}+\boldsymbol{A}(\underline{\boldsymbol{x}})\frac{\partial\underline{\boldsymbol{x}}}{\partial\underline{\boldsymbol{x}}}\right\}\Delta\underline{\boldsymbol{x}}$$

其隐式乘积表达如下：

$$\Delta y_i=\left\{\frac{\partial a_{ij}(\underline{\boldsymbol{x}})}{\partial x_k}x_j+a_{ij}(\underline{\boldsymbol{x}})\frac{\partial x_j}{\partial x_k}\right\}\Delta\underline{x}_k=\left\{\alpha_{ik}(\underline{\boldsymbol{x}})+\beta_{ik}(\underline{\boldsymbol{x}})\right\}\Delta\underline{x}_k$$

在这种情况下，向量 $\underline{\boldsymbol{x}}$ 使张量 $\partial\boldsymbol{A}(\underline{\boldsymbol{x}})/\partial\underline{\boldsymbol{x}}$ 的列维度崩塌，矩阵 $\boldsymbol{A}(\underline{\boldsymbol{x}})$ 的列沿着 $\partial\underline{\boldsymbol{x}}/\partial\underline{\boldsymbol{x}}$ 的行崩塌。由此，微分形成了一种“厚的”列，其深度维度随 $\Delta\underline{\boldsymbol{x}}$ 崩塌，从而产生最终结果——一个列向量 $\Delta\boldsymbol{y}$。

这个方程的可视化表达方式如图 2-9 所示。

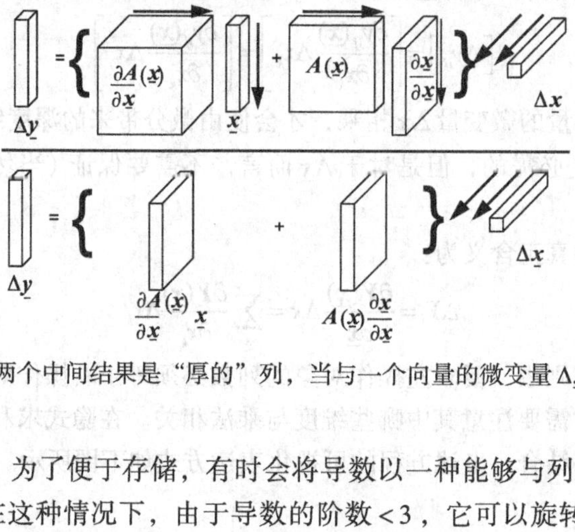

图 2-9 **微分张量**。两个中间结果是“厚的”列，当与一个向量的微变量 $\Delta\underline{x}$ 相乘时，使其崩塌为列向量

更复杂的情况是，为了便于存储，有时会将导数以一种能够与列向量 $\Delta\underline{\boldsymbol{x}}$ 相乘（之后再计算）的形式表达。在这种情况下，由于导数的阶数 <3，它可以旋转到纸面中形成一个常规矩阵，同时 $\Delta\underline{\boldsymbol{x}}$ 可表达成一列。按照这种思路，通过交换 j 和 k 的位置，我们可以把结果改

⊖ 指张量堆叠的深度。——译者注

写成如下所示的形式：

$$\Delta y_i=\left\{\frac{\partial a_{ik}(\underline{\boldsymbol{x}})}{\partial x_j}x_k+a_{ik}(\underline{\boldsymbol{x}})\frac{\partial x_k}{\partial x_j}\right\}\Delta x_j=\left\{a_{ij}^1(\underline{\boldsymbol{x}})+a_{ij}^2(\underline{\boldsymbol{x}})\right\}\Delta x_j$$

总之，只要张量是由微分生成的，我们就将使用隐式表达。如果此方程借助于软件实现，需要读者注意在计算机内存中需生成与之相一致的显式布局。

12. 实用的矩阵——向量导数

上述结论无须写出显式公式便可借助于计算机程序来实现，用于计算极其复杂的导数。然而对于一些推导过程，掌握几个公式还是很有用的。不管 $\underline{\boldsymbol{x}}$ 的原始表达式如何，下面列出的公式都能够使导数乘以一个列向量。根据方程（2.19）可得： 38

$$\frac{\partial\{\boldsymbol{A}\underline{\boldsymbol{x}}\}}{\partial\underline{\boldsymbol{x}}}=\boldsymbol{A}\frac{\partial}{\partial\underline{\boldsymbol{x}}}\left(\{\underline{\boldsymbol{x}}\}\right)=\boldsymbol{AI}=\boldsymbol{A} \tag{2.21}$$

如下所示是上式的所有特例：

$$\begin{gathered}\frac{\partial\{\underline{\boldsymbol{a}}^{\mathrm{T}}\underline{\boldsymbol{x}}\}}{\partial\underline{\boldsymbol{x}}}=\underline{\boldsymbol{a}}_{\mathrm{T}}\quad\frac{\partial\{\underline{\boldsymbol{x}}^{\mathrm{T}}\}}{\partial\underline{\boldsymbol{x}}}=\frac{\partial\{\underline{\boldsymbol{x}}^{\mathrm{T}}\boldsymbol{I}\}}{\partial\underline{\boldsymbol{x}}}=\boldsymbol{I}\\ \frac{\partial\left\{\underline{\boldsymbol{x}}^{\mathrm{T}}\boldsymbol{A}\right\}}{\partial\underline{\boldsymbol{x}}}=\boldsymbol{A}^{\mathrm{T}}\\ \frac{\partial\{\underline{\boldsymbol{x}}^{\mathrm{T}}\underline{\boldsymbol{a}}\}}{\partial\underline{\boldsymbol{x}}}=\underline{\boldsymbol{a}}^{\mathrm{T}}\quad\frac{\partial\{\underline{\boldsymbol{x}}\}}{\partial\underline{\boldsymbol{x}}}=\frac{\partial\{\boldsymbol{I}\underline{\boldsymbol{x}}\}}{\partial\underline{\boldsymbol{x}}}=\boldsymbol{I}\end{gathered} \tag{2.22}$$

根据公式（2.18），当涉及三个矩阵相乘的应用场合，我们可以很容易地表达如下：

$$\frac{\partial\{\underline{\boldsymbol{x}}^{\mathrm{T}}\boldsymbol{A}\underline{\boldsymbol{x}}\}}{\partial\underline{\boldsymbol{x}}}=\underline{\boldsymbol{x}}^{\mathrm{T}}\boldsymbol{A}^{\mathrm{T}}+\underline{\boldsymbol{x}}^{\mathrm{T}}\boldsymbol{A} \tag{2.23}$$

当矩阵 $\boldsymbol{A}$ 为对称矩阵时，则有下式成立：

$$\frac{\partial\{\underline{\boldsymbol{x}}^{\mathrm{T}}\boldsymbol{A}\underline{\boldsymbol{x}}\}}{\partial\underline{\boldsymbol{x}}}=2\underline{\boldsymbol{x}}^{\mathrm{T}}\boldsymbol{A}$$

下面是上式的一种特例：

$$\frac{\partial\{\underline{\boldsymbol{x}}^{\mathrm{T}}\underline{\boldsymbol{x}}\}}{\partial\underline{\boldsymbol{x}}}=2\underline{\boldsymbol{x}}^{\mathrm{T}} \tag{2.24}$$

下面两个有用的技巧值得注意。首先，任何标量必须等于它的转置，因此：

$$\underline{\boldsymbol{y}}^{\mathrm{T}}\boldsymbol{A}\underline{\boldsymbol{x}}=\underline{\boldsymbol{x}}^{\mathrm{T}}\boldsymbol{A}\underline{\boldsymbol{y}}$$

其次，它有助于合并那些与变量无关的分量。因此 $\underline{\boldsymbol{y}}^{\mathrm{T}}\boldsymbol{ABCDEF}\underline{\boldsymbol{x}}$ 在形式上与上一个方程的 $\underline{\boldsymbol{y}}^{\mathrm{T}}\boldsymbol{A}\underline{\boldsymbol{x}}$ 是相同的。同时，如果一旦发现 $\underline{\boldsymbol{y}}^{\mathrm{T}}\boldsymbol{ABCDEF}$ 是一个常数列向量，在方程（2.22）中可记为 $\underline{\boldsymbol{a}}^{\mathrm{T}}$，那么它关于 $\underline{\boldsymbol{x}}$ 的导数都是平凡解。

2.2.7 莱布尼茨法则

我们需要经常使用微积分学中的一个公式，这个公式读者可能在此之前很少使用。给定任意定积分，莱布尼茨法则表明：积分的导数等于导数的积分。 39

$$\frac{\partial}{\partial\underline{\boldsymbol{p}}}\int_a^b\underline{\boldsymbol{f}}\left(\underline{\boldsymbol{x}},\underline{\boldsymbol{p}}\right)\mathrm{d}t=\int_a^b\frac{\partial}{\partial\underline{\boldsymbol{p}}}\underline{\boldsymbol{f}}\left(\underline{\boldsymbol{x}},\underline{\boldsymbol{p}}\right)\mathrm{d}t$$

聚焦信息 2.4　莱布尼茨法则

该法则会被非常频繁地用于微积分运算。

如果变量 $\underline{\boldsymbol{x}}=\underline{\boldsymbol{x}}\left(\underline{\boldsymbol{p}}\right)$ 还取决于 $\underline{\boldsymbol{p}}$，那么在求导时，我们必须将其考虑进去：

$$\frac{\partial}{\underline{\boldsymbol{p}}}\underline{\boldsymbol{f}}\left(\underline{\boldsymbol{x}},\underline{\boldsymbol{p}}\right)=\underline{\boldsymbol{f}}_{\underline{x}}\cdot\frac{\partial\underline{\boldsymbol{x}}}{\partial\underline{\boldsymbol{p}}}+\underline{\boldsymbol{f}}_{\underline{p}}$$

其中有一个粘性符号。我们将使用 $\frac{\partial}{\partial\underline{\boldsymbol{p}}}\underline{\boldsymbol{f}}\left(\underline{\boldsymbol{x}},\underline{\boldsymbol{p}}\right)$ 表示关于 $\underline{\boldsymbol{p}}$ 的“全”导数，$\underline{\boldsymbol{f}}_{\underline{p}}$ 表示当 $\underline{\boldsymbol{x}}$ 为常数时的导数。

对于积分边界 a 和 b，如果两者有任何一个依赖于 $\underline{\boldsymbol{p}}$，那么将在导数中产生更多的项，但是在本书中，我们不需要考虑这种情况。

2.2.8　参考文献与延伸阅读

在线性代数学方面，Strang 的书唾手可得，堪称是最值得阅读的一本书。Poole 的书在讲 n 维空间之前，强调了几何类比问题。Magnus 等人的书涵盖了矩阵微积分的内容。

[3] Gilbert Strang, *Introduction to Linear Algebra,* Wellesley-Cambridge, 2009.

[4] Jan Magnus and Heinz Neudecker, *Matrix Differential Calculus with Applications in Statistics and Econometrics,* 2nd ed., Wiley, 1999.

[5] David Poole, *Linear Algebra: A Modern Introduction,* 2nd ed., Brooks/Cole, 2006.

2.2.9　习题

1. 矩阵指数

请证明：

$$\exp\left\{\begin{bmatrix}6 & 0\\0 & -2\end{bmatrix}\right\}=\begin{bmatrix}\mathrm{e}^{6} & 0\\0 & \mathrm{e}^{-2}\end{bmatrix}$$

2. 雅可比行列式

你可能在多元微积分学这门课程中已经学过，二维线性映射中的体积比由雅可比行列式给出，考虑矩阵：

$$\boldsymbol{A}=\begin{bmatrix}a & b\\c & d\end{bmatrix}$$

40 已知向量 $\mathrm{d}\underline{\boldsymbol{x}}=\left[\mathrm{d}x\quad 0\right]^{\mathrm{T}}$，并且 $\mathrm{d}\underline{\boldsymbol{y}}=\left[0\quad \mathrm{d}y\right]^{\mathrm{T}}$，请利用图 2-8 中两个向量定义了平行四边形的面积的结论，证明由两个向量 $\mathrm{d}\underline{\boldsymbol{u}}=\boldsymbol{A}\mathrm{d}\underline{\boldsymbol{x}}$ 和 $\mathrm{d}\underline{\boldsymbol{v}}=\boldsymbol{A}\mathrm{d}\underline{\boldsymbol{y}}$ 组成的平行四边形的面积为 $\det(\boldsymbol{A})\mathrm{d}x\mathrm{d}y$。

3. 基本定理和投影

如果矩阵 $\boldsymbol{P}$ 为对称矩阵，并满足 $\boldsymbol{P}^2=\boldsymbol{P}$，那么矩阵 $\boldsymbol{P}$ 被称作投影矩阵。这一属性也被称为幂等性。

(i) 如果计算得出 $\underline{\boldsymbol{p}}_1=\boldsymbol{P}\underline{\boldsymbol{x}}$ 并且 $\underline{\boldsymbol{p}}_2=\boldsymbol{P}\underline{\boldsymbol{p}}_1$，那么将会发生什么？

利用关系 $\boldsymbol{P}_A=\boldsymbol{A}\left(\boldsymbol{A}^{\mathrm{T}}\boldsymbol{A}\right)^{-1}\boldsymbol{A}^{\mathrm{T}}$，可以从一个一般的 $n\times m$ 矩阵 $\boldsymbol{A}$（其中 $m<n$）推导出一个很重要的投影矩阵。

(ii) 证明 $\boldsymbol{P}_A$ 满足投影矩阵的两个条件。

(iii) 注意 $\underline{\boldsymbol{p}}_1=\boldsymbol{P}_A\underline{\boldsymbol{x}}$ 必位于矩阵 $\boldsymbol{A}$ 的列空间。$\boldsymbol{P}_A$ 的正交补 $\boldsymbol{Q}_A$ 定义为 $\boldsymbol{Q}_A=\boldsymbol{I}-\boldsymbol{P}_A$，并使得

$Q_A P_A = P_A Q_A = 0$ 成立。请问 $\underline{q}_1 = Q_A \underline{x}$ 位于哪个子空间？

4. 逆矩阵的求导

假设方阵 $A(t)$ 取决于一个标量 t，求 $A^{-1}A$ 的导数并确定 A^{-1} 的表达式。

2.3 刚体变换基础

2.3.1 定义

变换

我们现在来考虑二维平面内两点之间的线性关系。仿射变换[10]是最常用的线性变换。在二维平面内，它是：

$$\begin{bmatrix} x_2 \\ y_2 \end{bmatrix} = \begin{bmatrix} r_{11} & r_{12} \\ r_{21} & r_{22} \end{bmatrix} \begin{bmatrix} x_1 \\ y_1 \end{bmatrix} + \begin{bmatrix} t_1 \\ t_2 \end{bmatrix} \tag{2.25}$$

其中的 r 和 t 都为常量。

该变换可以包含如下所示的所有变换形式：平移、旋转、比例缩放、对称以及切变。该变换会保留初始的直线，即如果三个点最初位于同一条直线上，经过变换后它们仍然在一条直线上，因此该变换也被称为直射变换或共线性变换，但该变换不保证两点之间的距离不变。因此，直线之间的面积及夹角也有可能发生变化。齐次变换也是一种仿射变换，其中的 $t_1 = t_2 = 0$：

$$\begin{bmatrix} x_2 \\ y_2 \end{bmatrix} = \begin{bmatrix} r_{11} & r_{12} \\ r_{21} & r_{22} \end{bmatrix} \begin{bmatrix} x_1 \\ y_1 \end{bmatrix} \tag{2.26}$$

齐次变换并没有包括平移变换，但包含了上文提到的所有其他变换形式。在绝大多数情况下，等式 $Ax = b$ 被称为线性方程，而等式 $Ax = 0$ 被称为齐次方程。与这些变换对应的另外一个名称是"投影"变换，而其中的向量被称作投影坐标。因为它们能够很好地表达图像形成的过程，所以在机器人学和计算机视觉中得到了广泛应用。 41

正交变换将一组直角坐标变换到另外一组直角坐标。它的各列相互垂直，彼此正交并且具有单位长度，因此正交变换满足如下所示的三个约束条件：

$$r_{11}r_{12} + r_{21}r_{22} = 0 \qquad r_{11}r_{11} + r_{21}r_{21} = 1 \qquad r_{12}r_{12} + r_{22}r_{22} = 1 \tag{2.27}$$

该变换保留了两点之间的距离，因此它是刚性的。由此该变换也保留了长度、面积以及角度。该变换不能进行比例缩放、对称以及切变变换操作。在前述变换类型中，旋转是正交变换唯一可以操作的一种变换。

2.3.2 为什么使用齐次变换

矩阵与向量相乘得到另外一个向量，该矩阵可以视为从向量到其他向量之间的映射。也就是可以将矩阵视为一个算子——利用该算子可将一个点映射到其他点。当齐次坐标或投影坐标与一个相同的非零数相乘时，其含义保持不变。它们被认为是"独一无二的比例因子"。三维齐次坐标是一种通过将四维实体向三维子空间投影来表示三维空间实体的方法。我们将从以下几个方面来说明为什么要构建这样一个概念。

1. 平移问题

假设我们用一个最常用的 3×3 阶矩阵来乘以三维空间中一个点的位置坐标 r，所得结果用 r' 表示：

$$r' = \begin{bmatrix} x' \\ y' \\ z' \end{bmatrix} = \boldsymbol{T}r = \begin{bmatrix} t_{xx} & t_{xy} & t_{xz} \\ t_{yx} & t_{yy} & t_{yz} \\ t_{zx} & t_{zy} & t_{zz} \end{bmatrix} \begin{bmatrix} x \\ y \\ z \end{bmatrix} = \begin{bmatrix} t_{xx}x + t_{xy}y + t_{xz}z \\ t_{yx}x + t_{yy}y + t_{yz}z \\ t_{zx}x + t_{zy}y + t_{zz}z \end{bmatrix} \tag{2.28}$$

这个最普通的变换式可以用来表示如下所示的所有变换，诸如比例缩放、对称、旋转、切变以及投影等。为什么呢？因为这些变换都可以用输入向量坐标的常数线性组合表示。然而，该 3×3 阶矩阵不能表示两个常数向量之间的简单相加，如下式所示：

$$r' = r + \Delta r = \begin{bmatrix} x_1 & y_1 & z_1 \end{bmatrix}^{\mathrm{T}} + \begin{bmatrix} \Delta x & \Delta y & \Delta z \end{bmatrix}^{\mathrm{T}}$$

42 点 r' 不能用点 r 坐标分量的线性组合来表示——因为偏移量 Δr 与 r 无关。

2. 齐次坐标简介

位置可以用一个标准的方法来确定。在齐次坐标中，我们将每一个点的坐标添加额外的一个分量 w 以表示一种比例因子：

$$\tilde{r} = \begin{bmatrix} x & y & z & w \end{bmatrix}^{\mathrm{T}}$$

按照惯例，我们可以通过除以比例因子的形式将该四维向量投影到三维子空间中：

$$r = \begin{bmatrix} \frac{x}{w} & \frac{y}{w} & \frac{z}{w} \end{bmatrix}^{\mathrm{T}}$$

通常，我们规定点的比例因子一般为 1，因此

$$\tilde{r} = \begin{bmatrix} \frac{x}{w} & \frac{y}{w} & \frac{z}{w} & 1 \end{bmatrix}^{\mathrm{T}}$$

上式表示齐次坐标中的一个点。符号 $\tilde{r}$ 表示与三维投影 r 相对应的点的四维齐次坐标。从现在起，我们将去掉符号“~”，而通过上下文来区分上述两种情形。

我们也可以通过使用一个值为 0 的比例因子来表示位于无穷远点处的纯方向，于是

$$\tilde{d} = \begin{bmatrix} x & y & z & 0 \end{bmatrix}^{\mathrm{T}}$$

该式便表示齐次坐标中的一个方向。我们会发现这些对象都是自由向量，在齐次坐标中有时也将其简称为“向量”。

3. 表示平移的齐次变换

表达实体的三维矩阵在齐次坐标中为一个 4×4 阶矩阵。现在使用齐次坐标的方法，便可以将两个位置向量以矩阵运算的形式相加，由此：

$$r' = r + \Delta r = \begin{bmatrix} x \\ y \\ z \\ 1 \end{bmatrix} + \begin{bmatrix} \Delta x \\ \Delta y \\ \Delta z \\ 1 \end{bmatrix} = \begin{bmatrix} 1 & 0 & 0 & \Delta x \\ 0 & 1 & 0 & \Delta y \\ 0 & 0 & 1 & \Delta z \\ 0 & 0 & 0 & 1 \end{bmatrix} \begin{bmatrix} x \\ y \\ z \\ 1 \end{bmatrix} = \mathrm{Trans}(\Delta r)r$$

其中 $\mathrm{Trans}(\Delta r)$ 表示齐次变换，等价于与平移向量 Δr 相对应的平移算子。齐次变换还可以表示一些非线性操作，例如中心投影。通过将比例因子标准化，可以隐式地表达非线性。

2.3.3 语义和解释

43 掌握齐次坐标变换的技巧，需要理解它在不同场合下的不同含义。本节我们将从多个方面来理解齐次变换的概念和作用。

1. 三角函数

我们在后面会频繁使用三角函数的简写形式，以使结果更具可读性：

$$s_1 = \sin(\psi_1) \qquad c_{123} = \cos(\psi_1 + \psi_2 + \psi_3)$$

2. 齐次变换算子

假设需要移动一个点来获得一个新的点，并与初始点在同一个坐标系中表示其坐标，上文刚刚讨论的算子 Trans(Δr) 就能实现这一点。

最基本的刚性算子是沿三个坐标轴中的任意轴平移以及绕其旋转。如聚焦信息 2.5 所示，其中的 4 种基本运算足以涵盖几乎所有的实际问题。算子矩阵的前三行和前三列都相互垂直。此处算子符号的首字母大写。

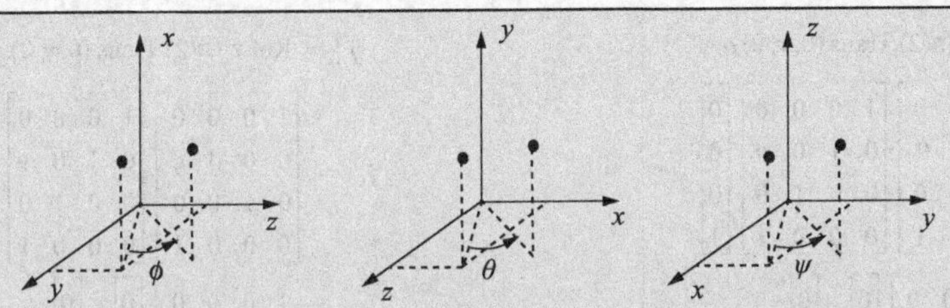

$$\text{Rot}x\,(\phi) = \begin{bmatrix} 1 & 0 & 0 & 0 \\ 0 & c\phi & -s\phi & 0 \\ 0 & s\phi & c\phi & 0 \\ 0 & 0 & 0 & 1 \end{bmatrix} \quad \text{Rot}y\,(\theta) = \begin{bmatrix} c\theta & 0 & s\theta & 0 \\ 0 & 1 & 0 & 0 \\ -s\theta & 0 & c\theta & 0 \\ 0 & 0 & 0 & 1 \end{bmatrix} \quad \text{Rot}z\,(\psi) = \begin{bmatrix} c\psi & -s\psi & 0 & 0 \\ s\psi & c\psi & 0 & 0 \\ 0 & 0 & 1 & 0 \\ 0 & 0 & 0 & 1 \end{bmatrix}$$

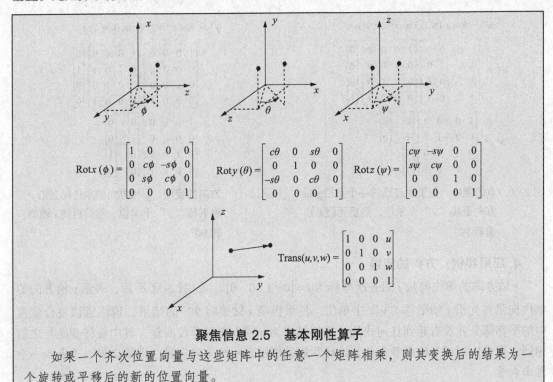

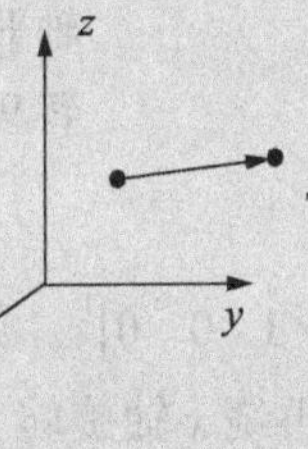

$$\text{Trans}(u,v,w) = \begin{bmatrix} 1 & 0 & 0 & u \\ 0 & 1 & 0 & v \\ 0 & 0 & 1 & w \\ 0 & 0 & 0 & 1 \end{bmatrix}$$

聚焦信息 2.5　基本刚性算子

如果一个齐次位置向量与这些矩阵中的任意一个矩阵相乘，则其变换后的结果为一个旋转或平移后的新的位置向量。 44

3. 应用实例：点的变换

点 o 在原点位置处的齐次坐标非常清楚，可表示为：

$$o = \begin{bmatrix} 0 & 0 & 0 & 1 \end{bmatrix}^{\mathrm{T}}$$

根据约定，原点 o 的位置为 r_o，但我们有时会使用其简写形式，单位向量 $\boldsymbol{i}$、$\boldsymbol{j}$、$\boldsymbol{k}$ 也是如此。o 用来表示原点的位置，而 $\boldsymbol{i}$、$\boldsymbol{j}$、$\boldsymbol{k}$ 分别用于表示相关轴线的方向。

如图 2-10 所示，表示将位于原点处的一个点沿 y 轴方向平移“v”个单位后得到一个新点，然后继续将该新生成的点绕 x 轴旋转 90°。

变换矩阵相乘的顺序非常重要，因为矩阵乘法不满足交换律；但其结合方式并不重要，因为结合律适用于矩阵乘法。因此两个变换矩阵可以先相乘，然后作为一个整体作用到初始点上。

同时需要注意的是，初始点和最后的结果点都是在原始坐标系中表示。在这里，算子具有坐标轴固定的内涵。上述变换的最终结果是：输入对应一个在概念上起 / 止于原点的向量，因此它的长度为零；变换后它成为另外一个向量，该向量起始位置不变，但终止于另外一个不同的其他位置。我们应该很清楚，因为有了单位比例因子我们才可以进行这些变换。因此，单位比例因子表示一个有界向量。

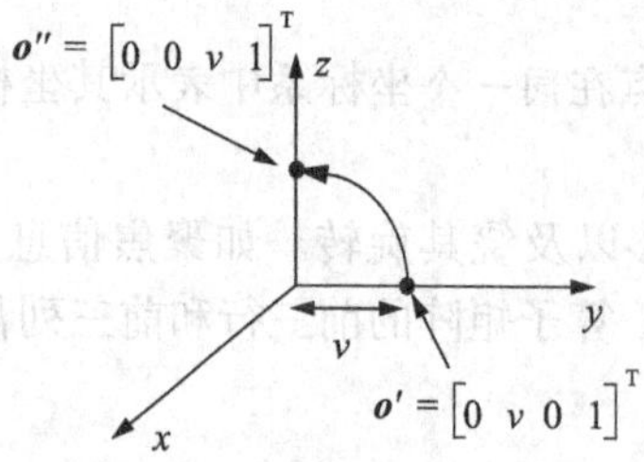

o'' = Rot x ($\pi/2$) Trans $(0, v, 0)$ o

$$o''=\begin{bmatrix}1&0&0&0\\0&0&-1&0\\0&1&0&0\\0&0&0&1\end{bmatrix}\begin{bmatrix}1&0&0&0\\0&1&0&v\\0&0&1&0\\0&0&0&1\end{bmatrix}\begin{bmatrix}0\\0\\0\\1\end{bmatrix}$$

$$o''=\begin{bmatrix}1&0&0&0\\0&0&-1&0\\0&1&0&0\\0&0&0&1\end{bmatrix}\begin{bmatrix}0\\v\\0\\1\end{bmatrix}=\begin{bmatrix}0\\0\\v\\1\end{bmatrix}$$

图 2-10　**点的变换**。位于原点处的一个点沿y轴方向平移“v”个单位，然后再绕x轴旋转90°

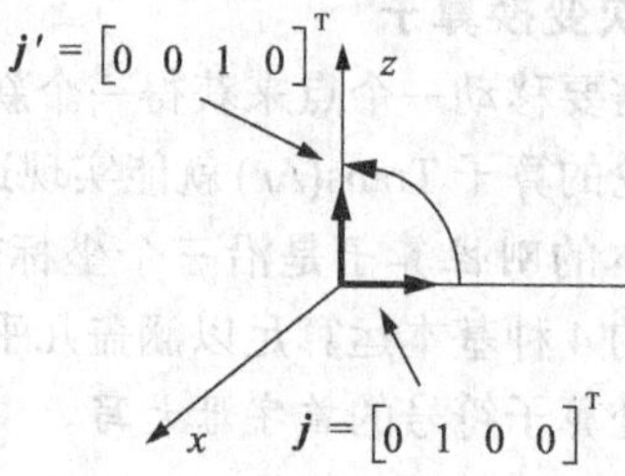

j' = Rot x ($\pi/2$) Trans $(0, v, 0)$ j

$$j'=\begin{bmatrix}1&0&0&0\\0&0&-1&0\\0&1&0&0\\0&0&0&1\end{bmatrix}\begin{bmatrix}1&0&0&0\\0&1&0&v\\0&0&1&0\\0&0&0&1\end{bmatrix}\begin{bmatrix}0\\1\\0\\0\end{bmatrix}$$

$$j'=\begin{bmatrix}1&0&0&0\\0&0&-1&0\\0&1&0&0\\0&0&0&1\end{bmatrix}\begin{bmatrix}0\\1\\0\\0\end{bmatrix}=\begin{bmatrix}0\\0\\1\\0\end{bmatrix}$$

图 2-11　**方向的变换**。y轴方向的单位向量沿y轴平移“v”个单位，然后再绕x轴旋转90°

45

4. 应用实例：方向的变换

y轴方向的单位向量$\boldsymbol{j}$的齐次坐标为$\boldsymbol{j}=\begin{bmatrix}0&1&0&0\end{bmatrix}^{T}$。如图2-11所示，表示$y$轴方向的单位向量首先沿$y$轴平移“$v$”个单位，然后再绕$x$轴旋转90°的结果。请注意该复合变换中的平移部分并没有起到任何作用。最终结果为z轴方向的单位向量，其中旋转变换与之前相同，而零比例因子使平移失效，这样我们就能够表示纯方向向量，即零比例因子表示一个自由向量。

5. 齐次变换中的坐标系

笛卡儿坐标系中的单位向量可以用来表示方向。沿x、y、z轴方向的单位向量可以分别表示为如下所示的形式：

$$\boldsymbol{i}=\begin{bmatrix}1&0&0&0\end{bmatrix}^{T}$$

$$\boldsymbol{j}=\begin{bmatrix}0&1&0&0\end{bmatrix}^{T}$$

$$\boldsymbol{k}=\begin{bmatrix}0&0&1&0\end{bmatrix}^{T}$$

这三个列向量可以和原点的齐次坐标组合到一起，从而形成一个单位矩阵：

$$\begin{bmatrix}\boldsymbol{i}&\boldsymbol{j}&\boldsymbol{k}&\boldsymbol{o}\end{bmatrix}=\begin{bmatrix}1&0&0&0\\0&1&0&0\\0&0&1&0\\0&0&0&1\end{bmatrix}=\boldsymbol{I}$$

我们将单位向量和原点称为基。单位矩阵的各列可以视为单位向量以及坐标系的原点。对这 4 个向量施加变换的结果都有一个类似解释——可以理解为另外一组位于新位置处的单位向量，对此我们将随后加以举例说明。

6. 应用实例：把变换算子理解为坐标系

上述的 4 个向量表示了在原点处的坐标系方向及位置，将前述两个算子作用于单位矩阵，可以同时实现对这 4 个向量的变换（如图 2-12 所示）。

因为是对单位矩阵做变换，所以结果就是两个原始算子的乘积。变换结果中的每一列都由原单位矩阵的相应列转化而来。变换后的向量为：

$$\boldsymbol{i}'=\begin{bmatrix}1 & 0 & 0 & 0\end{bmatrix}^{\mathrm{T}}$$

$$\boldsymbol{j}'=\begin{bmatrix}0 & 0 & 1 & 0\end{bmatrix}^{\mathrm{T}}$$

$$\boldsymbol{k}'=\begin{bmatrix}0 & -1 & 0 & 0\end{bmatrix}^{\mathrm{T}}$$

$$\boldsymbol{o}'=\begin{bmatrix}0 & 0 & v & 1\end{bmatrix}^{\mathrm{T}}$$

也就是说，因为输入矩阵的每一列在乘法中相互独立，所以任意数量的列向量都可以排成一 46
个单位矩阵，并作为一个整体参与运算。

由此我们可以发现：基本算子保留了输入坐标系中前三列的正交性。因此，以任意方式组合的基本算子的列向量，都是由变换后的单位向量和原点组成的齐次坐标。也就是每个标准正交矩阵都可以视为一种关系，用于表达一组坐标轴相对于另外一组坐标轴的位置。据此，我们可以使用齐次变换来表示本章前面提到的附体坐标系的运动。

我们经常用所谓对齐运算的方式，来考虑两个坐标系之间的空间方位关系。该运算是指移动一个坐标系，使其与另一个坐标系一致。只要能想出来如何移动一个坐标系，使其与另一个坐标系一致，就可以写出一个由任意数量的基本变换算子构成的齐次变换矩阵。

7. 基变换

我们把目光再次投向前面提到的两组坐标系。在后面的各种重要应用场合里，我们称初始坐标系为 a，称变换后的坐标系为 b（如图 2-13 所示）。

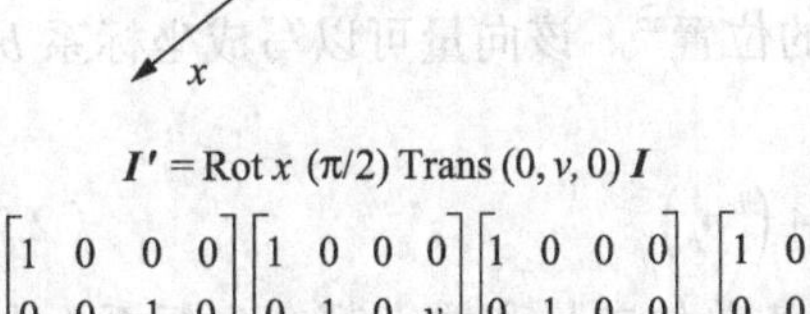

$$\boldsymbol{I}'=\mathrm{Rot}\,x\ (\pi/2)\ \mathrm{Trans}\,(0,v,0)\ \boldsymbol{I}$$

$$\boldsymbol{I}'=\begin{bmatrix}1&0&0&0\\0&0&-1&0\\0&1&0&0\\0&0&0&1\end{bmatrix}\begin{bmatrix}1&0&0&0\\0&1&0&v\\0&0&1&0\\0&0&0&1\end{bmatrix}\begin{bmatrix}1&0&0&0\\0&1&0&0\\0&0&1&0\\0&0&0&1\end{bmatrix}=\begin{bmatrix}1&0&0&0\\0&0&-1&0\\0&1&0&v\\0&0&0&1\end{bmatrix}$$

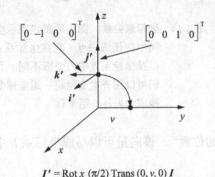

图 2-12 **坐标系的变换**。该结果中的每一列都由原始单位矩阵中的对应列变换而来

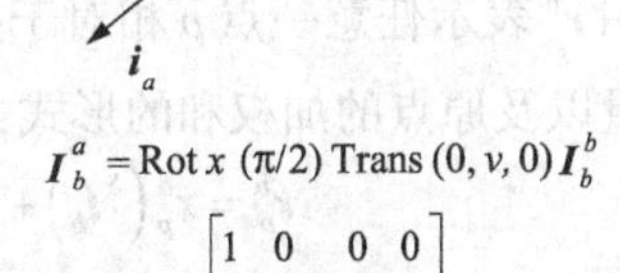

$$\boldsymbol{I}_b^a=\mathrm{Rot}\,x\ (\pi/2)\ \mathrm{Trans}\,(0,v,0)\ \boldsymbol{I}_b^b$$

$$\boldsymbol{I}_b^a=\begin{bmatrix}1&0&0&0\\0&0&-1&0\\0&1&0&v\\0&0&0&1\end{bmatrix}$$

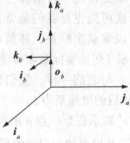

图 2-13 **基变换**。如果将由原点引出的两两相互垂直的三个单位向量称为一组基，那么齐次变换可以视为对基的刚性移动

使用本章前面提出的上/下角标表示法，$\boldsymbol{o}_b^a$ 表示对象 b 的“原点”在对象 a 中的表达。这是一个在 a 坐标系中表示的、从坐标系 a 指向坐标系 b 的向量。特例：根据定义，单位向
47 量的长度为单位长度（并且为自由向量），因此它们不需要用右上角标来指明所属坐标系。对任意坐标系 x 而言，$\boldsymbol{i}_a^x$ 与 $\boldsymbol{i}_a$ 表达相同的含义。

当参考系“为”它本身（或在其自身的坐标系中表达）时，原点以及各坐标轴方向的向量都是确定的，如下所示：

$$\boldsymbol{i}_a^a = \boldsymbol{i}_b^b = \begin{bmatrix}1 & 0 & 0 & 0\end{bmatrix}^{\mathrm{T}}$$

$$\boldsymbol{j}_a^a = \boldsymbol{j}_b^b = \begin{bmatrix}0 & 1 & 0 & 0\end{bmatrix}^{\mathrm{T}}$$

$$\boldsymbol{k}_a^a = \boldsymbol{k}_b^b = \begin{bmatrix}0 & 0 & 1 & 0\end{bmatrix}^{\mathrm{T}}$$

$${}^a\boldsymbol{o}_a^a = {}^b\boldsymbol{o}_b^b = \begin{bmatrix}0 & 0 & 0 & 1\end{bmatrix}^{\mathrm{T}}$$

图 2-13 中的结果是：坐标系 b 的原点与各坐标轴在坐标系 a 中表达。

$$\boldsymbol{I}_b^a = \begin{bmatrix}{}^a\boldsymbol{i}_b & {}^a\boldsymbol{j}_b & {}^a\boldsymbol{k}_b & {}^a\boldsymbol{o}_b^a\end{bmatrix}$$

更确切地说，$\boldsymbol{I}_b^a$ 将坐标系 b 的基变换到了坐标系 a 中，并且变换后的基完全等于 $\boldsymbol{I}_b^a$ 中的各列。

$$\boldsymbol{I}_b^a = \begin{bmatrix}{}^a\boldsymbol{i}_b & {}^a\boldsymbol{j}_b & {}^a\boldsymbol{k}_b & \boldsymbol{o}_b^a\end{bmatrix}\boldsymbol{I}_b^b \qquad \boldsymbol{I}_b^a = \begin{bmatrix}{}^a\boldsymbol{i}_b & {}^a\boldsymbol{j}_b & {}^a\boldsymbol{k}_b & {}^a\boldsymbol{o}_b^a\end{bmatrix}$$

8. 坐标的齐次变换和参考系变换

到目前为止，我们对于齐次变换（HT）已经有了多种理解：

- 点的移动（以算子来解释）。
- 方向的重新定位（以算子来解释）。
- 坐标系的移动及定向（以算子来解释）。
- 不同坐标系之间的关系表示（以坐标系来解释）。
- 坐标系基变换。

其实还需要补充一种解释：齐次变换用于坐标的变换，这可能也是我们最常用的一种。既然齐次变换可以移动坐标系，那就可以确定任意点在两个坐标系（初始坐标系和移动后的坐标系）中坐标的关系。与之前一样，我们仍然称初始坐标
48 系为 a，移动后的坐标系为 b。

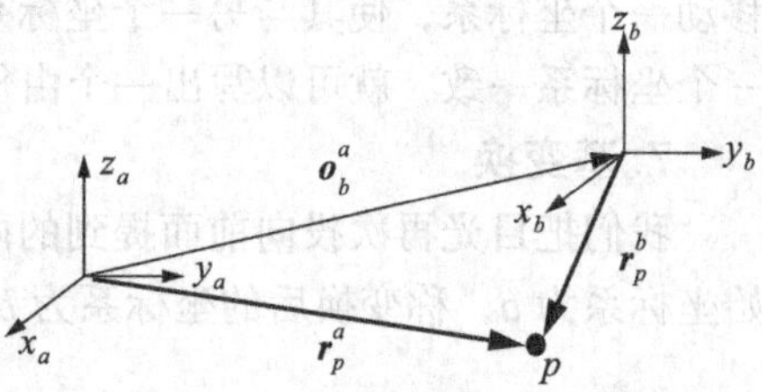

图 2-14　**坐标系变换**。图中的黑点表示空间中的任意一点。它在坐标系 a 以及坐标系 b 中的坐标不同。我们可以用齐次变换将一组坐标变换成为另外一组坐标

我们用 $\boldsymbol{r}_p^b$ 表示任意一点 p 相对于坐标系 b 的原点的位置⊖。该向量可以写成坐标系 b 中的单位向量以及原点的加权和的形式：

$$\boldsymbol{r}_p^b = x_p^b\left({}^b\boldsymbol{i}_b\right) + y_p^b\left({}^b\boldsymbol{j}_b\right) + z_p^b\left({}^b\boldsymbol{k}_b\right) + \left({}^b\boldsymbol{o}_b\right) \tag{2.29}$$

该公式对于任意坐标系都是成立的。若公式中的各单位向量和原点都在坐标系 b 中表示，那么它们的表达式非常简单：

⊖ 根据符号约定，$\boldsymbol{r}_p^b$ 各元素的值是点在坐标系 b 中的坐标值。——译者注

$$i_b = \begin{bmatrix} 1 & 0 & 0 & 0 \end{bmatrix}$$

$$\cdots$$

$$o_b = \begin{bmatrix} 0 & 0 & 0 & 1 \end{bmatrix}$$

p 点在 b 坐标系中的坐标可以写成更为简洁的形式：

$$\boldsymbol{r}_p^b = \begin{bmatrix} x^b & y^b & z^b & 1 \end{bmatrix}$$

如果空间中还有其他单位向量可用[⊖]，有时就需要用这些单位向量显式地表达 p 点坐标。例如有这样一个问题，即如何在坐标系 a 中利用 a 的单位向量和原点来表示从 a 的原点到点 p 的向量 $\boldsymbol{r}_p^a$（如图 2-14 所示）。为此，我们只需要将单位向量从坐标系 b 转换到坐标系 a 中，再加上从 a 的原点到 b 的原点的向量：

$$\boldsymbol{r}_p^a = x_p^b\left({}^a\boldsymbol{i}_b\right) + y_p^b\left({}^a\boldsymbol{j}_b\right) + z_p^b\left({}^a\boldsymbol{k}_b\right) + \boldsymbol{o}_b^a$$

上式只对坐标系中的单位向量进行了变换。因为它们都是单位向量，所以标量部分的权重 $\left(x_p^b, y_p^b, z_p^b\right)$ 保持不变。但是，关于有界向量 $\boldsymbol{o}_b^a$ 的变换与之不同，其含义可参见图 2-14。因为我们将该向量与 $\boldsymbol{r}_p^b$ 相加，所以得到了一个相对于坐标系 a 的原点的表达。上式中相加的 4 个向量现在都是在坐标系 a 中表示，所以结果也在坐标系 a 中表示。于是，我们可以将结果记为 $\boldsymbol{r}_p^a$。

根据前述基变换的结论，这一过程可以写为：

$$\boldsymbol{r}_p^a = x_p^b\left(\boldsymbol{I}_b^a\boldsymbol{i}_b\right) + y_p^b\left(\boldsymbol{I}_b^a\boldsymbol{j}_b\right) + z_p^b\left(\boldsymbol{I}_b^a\boldsymbol{k}_b\right) + \boldsymbol{I}_b^a\boldsymbol{o}_b$$

上式也可以写成更为简洁的形式：

$$\boldsymbol{r}_p^a = \boldsymbol{I}_b^a\left[x_p^b\left({}^b\boldsymbol{i}_b\right) + y_p^b\left({}^b\boldsymbol{j}_b\right) + z_p^b\left({}^b\boldsymbol{k}_b\right) + {}^b\boldsymbol{o}_b \right]$$

将式（2.29）代入此式，就证明了这样一个结论，即基矩阵的变化能够实现任意一点的坐标变换：

$$\boldsymbol{r}_p^a = \boldsymbol{I}_b^a\boldsymbol{r}_p^b$$

9. 坐标系变换

从现在起，我们将使用齐次变换符号 $\boldsymbol{T}_a^b$（$\boldsymbol{T}$ 表示变换）来表示上述基矩阵变换。设定一个 4×4 阶矩阵 $\boldsymbol{T}_a^b$，它表示将某向量相对于坐标系 a 的表达，变换成在坐标系 b 中相对于坐标系 b 的表达。在下式中，符号的上 / 下角标暗示了运算结果，可以想象 a 被消掉： 49

$$\boldsymbol{r}^b = \boldsymbol{T}_a^b\boldsymbol{r}^a$$

请注意，与 $\boldsymbol{T}_a^b$ 相乘后便改变了被变换实体的右上角标（以及隐含的左上角标）。

10. 仅仅变换坐标

严格地说，上述运算是将一个有界向量 $\boldsymbol{r}_p^a$ 转换成为另外一个有界向量 $\boldsymbol{r}_p^b$。这些向量之所以是“有界”向量，是因为它们的定义与原点选择有关，该原点用右上标标识。从原理上讲，这是因为在式（2.29）的定义中包含了一个具有单位比例因子的原点向量。

当变换 $\boldsymbol{T}_a^b$ 刚好是一个旋转矩阵时，我们有时会用符号 $\boldsymbol{R}_a^b$ 代替。因此，当 $\boldsymbol{T}_a^b$ 中最后一列为 $\boldsymbol{o} = \begin{bmatrix} 0 & 0 & 0 & 1 \end{bmatrix}^{\mathrm{T}}$ 时，$\boldsymbol{R}_a^b$ 与 $\boldsymbol{T}_a^b$ 含义相同：

$$\boldsymbol{R}_b^a = \begin{bmatrix} {}^a\boldsymbol{i}_b & {}^a\boldsymbol{j}_b & {}^a\boldsymbol{k}_b & \boldsymbol{o} \end{bmatrix}$$

⊖ 也就是其他坐标系。——译者注

该矩阵进行了旋转操作，将坐标系 b 旋转到与坐标系 a 一致，其中不包含平移操作。这可以视为从坐标系 b 的原点生成一组新的坐标轴，它们的方向与坐标系 a 相同。与此等价，也可以想象一个相对于坐标系 a 原点表示的向量，被释放，然后转动到坐标系 b 的原点。如下所示，是上述推导应用于自由向量时的情况：

$$\begin{aligned}
&\boldsymbol{r}_p^b = x_p^b\left({}^b\boldsymbol{i}_b\right) + y_p^b\left({}^b\boldsymbol{j}_b\right) + z_p^b\left({}^b\boldsymbol{k}_b\right) + \underline{\boldsymbol{0}} \\
&\boldsymbol{r}_p^a = x_p^b\left({}^a\boldsymbol{i}_b\right) + y_p^b\left({}^a\boldsymbol{j}_b\right) + z_p^b\left({}^a\boldsymbol{k}_b\right) \\
&\boldsymbol{r}_p^a = x_p^b\left(\boldsymbol{I}_b^a\boldsymbol{i}_b\right) + y_p^b\left(\boldsymbol{I}_b^a\boldsymbol{j}_b\right) + z_p^b\left(\boldsymbol{I}_b^a\boldsymbol{k}_b\right) \\
&{}^a\boldsymbol{r}_p^b = \boldsymbol{R}_b^a\left[x_p^b\left({}^b\boldsymbol{i}_b\right) + y_p^b\left({}^b\boldsymbol{j}_b\right) + z_p^b\left({}^b\boldsymbol{k}_b\right)\right] \\
&{}^a\boldsymbol{r}_p^b = \boldsymbol{R}_b^a\left[x_p^b\left({}^b\boldsymbol{i}_b\right) + y_p^b\left({}^b\boldsymbol{j}_b\right) + z_p^b\left({}^b\boldsymbol{k}_b\right) + {}^b\boldsymbol{o}_b\right] \\
&{}^a\boldsymbol{r}_p^b = \boldsymbol{R}_b^a\boldsymbol{r}_p^b
\end{aligned}$$

倒数第二步利用了下述公式：

$$\boldsymbol{R}_b^a\left({}^b\boldsymbol{o}_b\right) = \begin{bmatrix}0 & 0 & 0 & 1\end{bmatrix}^{\mathrm{T}}$$

因此，矩阵 $\boldsymbol{R}_b^a$ 将向量 $\boldsymbol{r}_p^b$ 作为一个自由向量，在没有改变其原点的情况下变换其坐标系，
50 生成我们记为 ${}^a\boldsymbol{r}_p^b$ 的量。

11. 位移的坐标变换

我们可以利用同一个参考坐标系中的两个位置向量（有界向量）的差，来获得一个位移（自由向量）的齐次坐标。例如：

$${}^a\underline{\boldsymbol{r}}_p^q = \underline{\boldsymbol{r}}_p^a - \underline{\boldsymbol{r}}_q^a = \begin{bmatrix} x_p^a \\ y_p^a \\ z_p^a \\ 1 \end{bmatrix} - \begin{bmatrix} x_q^a \\ y_q^a \\ z_q^a \\ 1 \end{bmatrix} = \begin{bmatrix} x_p^a - x_q^a \\ y_p^a - y_q^a \\ z_p^a - z_q^a \\ 0 \end{bmatrix}$$

可以很容易地发现，用能表示平移和旋转的一般齐次变换对该位移向量进行操作，将仅仅产生旋转效果：

$$\boldsymbol{T}_a^{b\,a}\underline{\boldsymbol{r}}_p^q = \boldsymbol{T}_a^b\left(\underline{\boldsymbol{r}}_p^a - \underline{\boldsymbol{r}}_q^a\right) = \boldsymbol{T}_a^b\underline{\boldsymbol{r}}_p^a - \boldsymbol{T}_a^b\underline{\boldsymbol{r}}_q^a = \underline{\boldsymbol{r}}_p^b - \underline{\boldsymbol{r}}_q^b = {}^b\underline{\boldsymbol{r}}_p^q$$

因此一个自由向量可以表示成两个有界向量的差。总之，可以通过将变换矩阵的零向量列置为零（从而化为旋转矩阵），或将对象向量中的比例因子置为零的方式，达到不改变对象向量长度的目的。

12. 算子 / 变换的对偶性

这是齐次变换中最重要也是需要记住的部分。

> **专栏 2.2　算子 / 变换的对偶性**
>
> 齐次变换 $\boldsymbol{T}_b^a$ 将坐标系 a 移动到与坐标系 b（算子）一致，这一过程也可以视为将点的坐标按相反的方向移动——从坐标系 b 变换到坐标系 a：
>
> $$\boldsymbol{r}_p^a = \boldsymbol{T}_b^a\,\boldsymbol{r}_p^b$$

上述“反向移动”的感觉可以这样来理解：在坐标系中“向前”移动一个点，完全等价于“向后”移动坐标系。强烈建议读者完成本节有关习题，以利于理解后续的绝大部分运动

学问题。

13. 基本变换

一个旋转矩阵的逆等于它的转置，这一特性被称为正交性。根据这一性质便可以得到第二组四个基本变换矩阵，它们是之前介绍的算子的逆。由此，可将坐标系 a 中的坐标变换成为坐标系 b 中的坐标，如聚焦信息 2.6 所示。 51

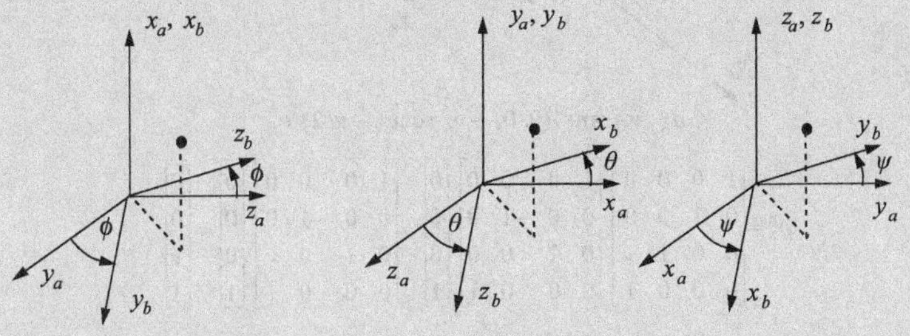

$$\mathrm{rotx}(\phi)=\begin{bmatrix}1&0&0&0\\0&c\phi&s\phi&0\\0&-s\phi&c\phi&0\\0&0&0&1\end{bmatrix}\quad \mathrm{roty}(\theta)=\begin{bmatrix}c\theta&0&-s\theta&0\\0&1&0&0\\s\theta&0&c\theta&0\\0&0&0&1\end{bmatrix}\quad \mathrm{rotz}(\psi)=\begin{bmatrix}c\psi&s\psi&0&0\\-s\psi&c\psi&0&0\\0&0&1&0\\0&0&0&1\end{bmatrix}$$

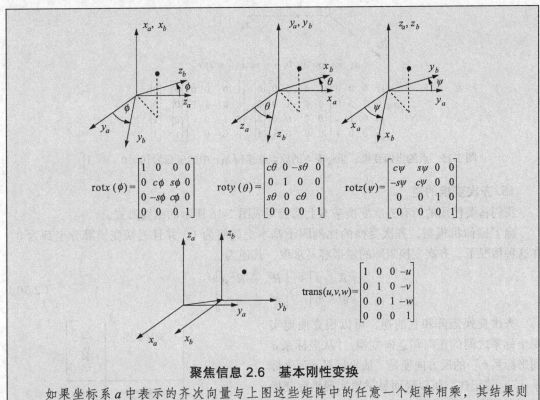

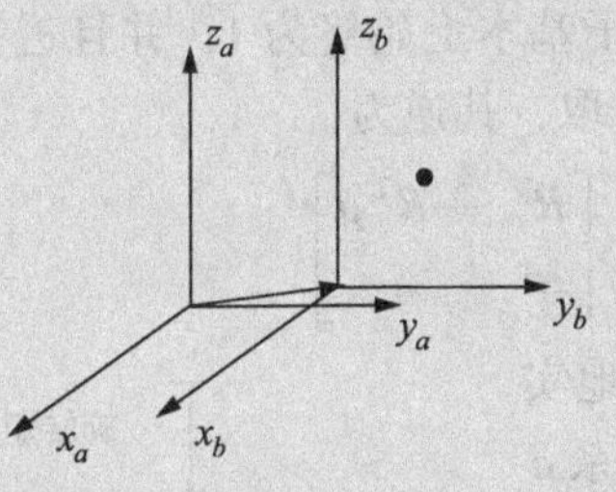

$$\mathrm{trans}(u,v,w)=\begin{bmatrix}1&0&0&-u\\0&1&0&-v\\0&0&1&-w\\0&0&0&1\end{bmatrix}$$

聚焦信息 2.6　基本刚性变换

如果坐标系 a 中表示的齐次向量与上图这些矩阵中的任意一个矩阵相乘，其结果则为在坐标系 b 中表示的相应向量。

14. 应用实例：一个点的坐标变换

原点 o 的齐次坐标为：

$$\boldsymbol{o}=\begin{bmatrix}0&0&0&1\end{bmatrix}^{\mathrm{T}}$$

图 2-15 中，关联两个坐标系的算子按照与图 2-10 相反的顺序，将坐标系 b 的原点变换到坐标系 a 中。坐标系 b 首先绕着它的 x 轴旋转 $-90°$，形成图中的中间参考坐标系，再沿着中间参考坐标系的 z 轴方向平移 $-v$ 个单位后与坐标系 a 一致。

需要注意的是，在变换中，每一次新变换都可以理解为将变换作用于上一个坐标系，然后依次变换，最终将初始坐标系变换到与目标坐标系相一致。变换具有坐标系改变的内涵。⊖ 52

⊖ 此种运算是通过移动坐标系找到原坐标系中某向量在目标坐标系中的表达，而图 2-10 所示运算是移动向量，来获得新的向量位置在原坐标系中的表达。因此，两种变换存在互逆的关系。不仅算子顺序变化，而且算子互逆。——译者注

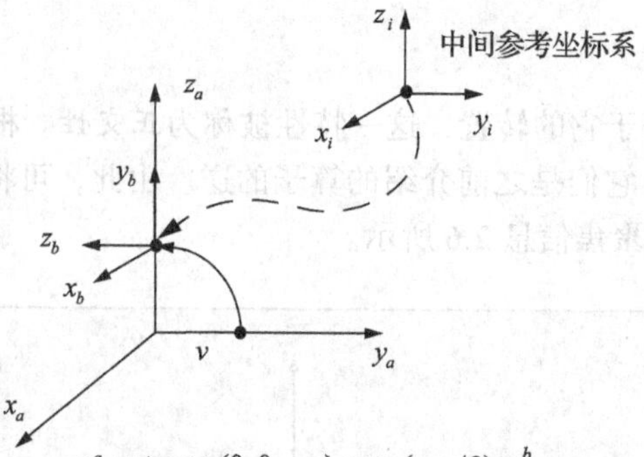

$$\boldsymbol{o}_b^a = \text{trans}(0, 0, -v)\ \text{rot}x(-\pi/2)\ \boldsymbol{o}_b^b$$

$$\boldsymbol{o}_b^a = \begin{bmatrix} 1 & 0 & 0 & 0 \\ 0 & 1 & 0 & 0 \\ 0 & 0 & 1 & v \\ 0 & 0 & 0 & 1 \end{bmatrix} \begin{bmatrix} 1 & 0 & 0 & 0 \\ 0 & 0 & -1 & 0 \\ 0 & 1 & 0 & 0 \\ 0 & 0 & 0 & 1 \end{bmatrix} \begin{bmatrix} 0 \\ 0 \\ 0 \\ 1 \end{bmatrix} = \begin{bmatrix} 1 & 0 & 0 & 0 \\ 0 & 0 & -1 & 0 \\ 0 & 1 & 0 & v \\ 0 & 0 & 0 & 1 \end{bmatrix} \begin{bmatrix} 0 \\ 0 \\ 0 \\ 1 \end{bmatrix} = \begin{bmatrix} 0 \\ 0 \\ v \\ 1 \end{bmatrix}$$

图 2-15　**点的坐标变换**。坐标系 b 的原点在坐标系 a 中的坐标为 $\begin{bmatrix} 0 & 0 & v & 1 \end{bmatrix}^{\mathrm{T}}$

15. 齐次变换的逆

我们将要使用的所有齐次变换基本上都会写成图 2-16 所示的结构形式。

除了摄像机模型，齐次变换的比例因子基本上始终为 1，并且透视变换部分全部为 0。在这种情况下，齐次变换矩阵的逆很容易求取，其逆为：

$$\begin{bmatrix} \boldsymbol{R} & \underline{\boldsymbol{p}} \\ \underline{\boldsymbol{0}}^{\mathrm{T}} & 1 \end{bmatrix}^{-1} = \begin{bmatrix} \boldsymbol{R}^{\mathrm{T}} & -\boldsymbol{R}^{\mathrm{T}}\underline{\boldsymbol{p}} \\ \underline{\boldsymbol{0}}^{\mathrm{T}} & 1 \end{bmatrix} \tag{2.30}$$

齐次变换矩阵和它的逆，可以很方便地实现坐标系之间的正向和逆向变换。“从坐标系 a 到坐标系 b”的反方向便是“从坐标系 b 到坐标系 a”。请记住，可以轻而易举地实现坐标变换
53 的反向转换。

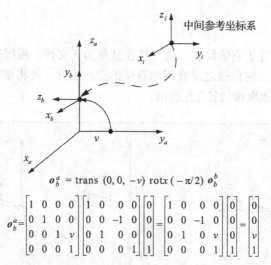

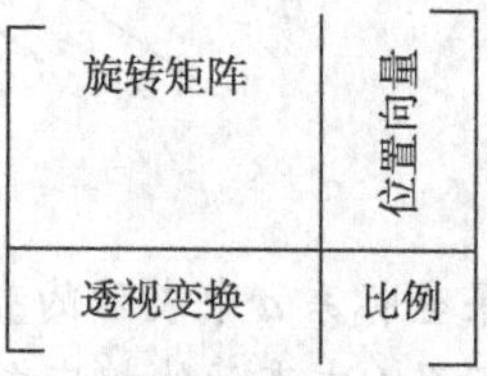

图 2-16　**齐次变换模板**。所有齐次变换都具有如图所示的结构形式

16. 对偶性对组成参数的影响

算子与变换是对同一事物的两个观察视角，对空间关系而言，两者对应着两种不同的描述顺序。将一个特定的矩阵视为算子还是变换，仅仅是一种习惯。但是，在后面的应用实例中将会发现，选择哪种描述顺序，对运动学建模有重要影响。引用前面的示例，为了使坐标系 a 与坐标系 b 一致，需要按照如下所示的步骤移动坐标轴：

- 沿 z 轴方向平移 v 个单位。
- 绕新坐标系的 x 轴旋转 90°。

实际上这仅仅是多种可行操作中的一种。显然，还有很多种方法来移动坐标系使其与目标坐标系位置一致。

将坐标从坐标系 a 移动到与坐标系 b 一致的完整变换可以写为：

$$\boldsymbol{T}_a^b = \text{rot}x(\pi/2)\text{trans}(0, 0, v)$$

其中的 $\text{trans}(0,0,v)$ 将坐标系移动到一个被称为 i 的中间坐标系，如图 2-17 所示，然后通过 $\text{rot}x(\pi/2)$ 将该坐标系转换到坐标系 b。读者可能已经注意到了其中的变换矩阵与之前提到的

算子矩阵看起来几乎完全相同，如下：

$$\text{rot}x(\phi) = \text{Rot}x(-\phi)$$
$$\text{rot}y(\theta) = \text{Rot}y(-\theta)$$
$$\text{rot}z(\psi) = \text{Rot}z(-\psi)$$
$$\text{trans}(0, 0, v) = \text{Trans}(0, 0, -v)$$

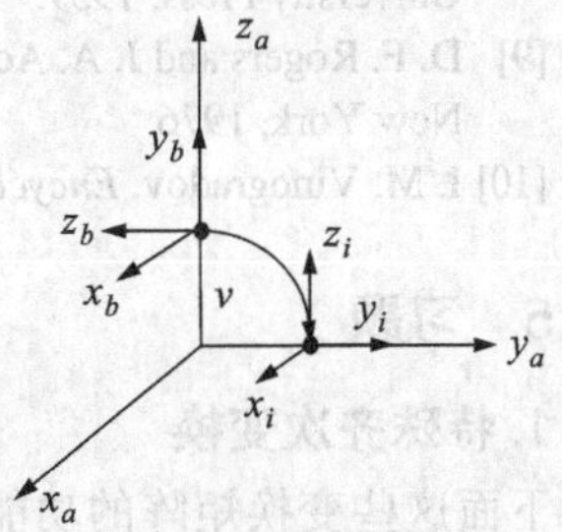

图 2-17　**对齐操作**。将坐标系 a 移动到与坐标系 b 一致的一种方法（多种方法之一）：沿 z 轴方向平移 v 个单位，然后再绕新坐标系的 x 轴旋转 90°

实际上，用以上公式实现逆变换，可以很容易证明它们是互逆的：

$$\text{rot}x(\phi) = \text{Rot}x(-\phi)^{-1}$$
$$\text{rot}y(\theta) = \text{Rot}y(-\theta)^{-1} \quad \text{trans}(0, 0, v) = \text{Trans}(0, 0, -v)^{-1}$$
$$\text{rot}z(\psi) = \text{Rot}z(-\psi)^{-1} \tag{2.31}$$

因此，前面的复合变换也可写成算子的形式： 54

$$\boldsymbol{T}_a^b = \text{Rot}x(-\pi/2)\text{Trans}(0, 0, -v)$$

因为该矩阵将坐标从坐标系 a 转换到坐标系 b，所以该矩阵的逆将坐标从坐标系 b 转换到坐标系 a。就像我们前面已经看到的，其内部的各个参数表示坐标系 b 相对于坐标系 a 的位置与姿态。利用 $[\boldsymbol{AB}]^{-1} = \boldsymbol{B}^{-1}\boldsymbol{A}^{-1}$ 这一已知公式，可以求矩阵乘积的逆。因此，上述复合变换的逆为：

$$\boldsymbol{T}_b^a = \text{Trans}(0, 0, -v)^{-1}\text{Rot}x(-\pi/2)^{-1}$$
$$\boldsymbol{T}_b^a = \text{Trans}(0, 0, v)\text{Rot}x(\pi/2)$$

请注意，对单纯的旋转和平移矩阵而言，改变参数前的符号与矩阵求逆等价，因此若两种运算同时进行将起不到任何作用：

$$\text{Trans}(0, 0, -v)^{-1} = \text{Trans}(0, 0, v)$$
$$\text{Rot}x(-\pi/2)^{-1} = \text{Rot}x(\pi/2)$$

现在，我们得到将坐标从坐标系 b 变换到坐标系 a 的矩阵为：

$$\boldsymbol{T}_b^a = \text{Trans}(0, 0, v)\text{Rot}x(\pi/2)$$

我们已经证明从坐标系 b 到坐标系 a 的变换可以写成从右向左的变换式，也可以写成顺序相反的算子形式。这两种确定复合变换的方法是互补的。在机器人学中习惯使用后者，从现在起，本书也将使用这种方法。

17. 齐次变换的意义

齐次变换不仅是算子也是变换，它们都可以被运算和变换。前面 5 个应用实例是对同一个矩阵的不同解读。如果还没有理解，请翻阅前面的相关内容。

2.3.4　参考文献与延伸阅读

如下所示的直到 Rogers 的一组参考文献，在更为一般的条件下讨论齐次变换，其内容不仅仅适用于机器人学。

[6] James D. Foley and Andris Van Damm, *Fundamentals of Interactive Computer Graphics*, Addison Wesley, 1982.

[7] W. M. Newman and R. F. Sproull, *Principles of Interactive Computer Graphics*, McGraw-Hill, New York, 1979.

[8] E. A. Maxwell, *General Homogeneous Coordinates in Space of Three Dimensions*, Cambridge University Press, 1951.
[9] D. F. Rogers and J. A. Adams, *Mathematical Elements for Computer Graphics*, McGraw-Hill, New York, 1976.
55 [10] I. M. Vinogradov, *Encyclopedia of Mathematics*, Kluwer, 1988.

2.3.5 习题

1. 特殊齐次变换

下面这些变换矩阵的功能是什么？如果看不出来，可以变换方阵的角（对方阵转置）来找到答案。

$$\begin{bmatrix}1&0&0&a\\0&1&0&b\\0&0&1&c\\0&0&0&1\end{bmatrix}\begin{bmatrix}a&0&0&0\\0&b&0&0\\0&0&c&0\\0&0&0&1\end{bmatrix}\begin{bmatrix}1&0&a&0\\0&1&b&0\\0&0&1&0\\0&0&0&1\end{bmatrix}\begin{bmatrix}1&0&0&0\\0&1&0&0\\0&0&1&0\\0&0&1/d&1\end{bmatrix}\begin{bmatrix}1&0&0&0\\0&1&0&0\\0&0&0&0\\0&0&0&1\end{bmatrix}$$

2. 算子与坐标系

（i）二维齐次变换的原理与三维相同，只是在二维空间中刚体只有三个自由度——沿着 x 或 y 轴的平移以及在其坐标平面内的旋转。考虑如下变换：

$$\boldsymbol{T}=\begin{bmatrix}0&-1&7\\1&0&3\\0&0&1\end{bmatrix}$$

回想前面所讲过的内容，单位向量与坐标系的原点可以在其坐标系中表示成一个单位矩阵。令该矩阵表示坐标系 a。我们将矩阵 $\boldsymbol{T}$ 作为一个算子，并令其作用于坐标系 a 的单位向量与原点，而生成另外一个坐标系，称之为 b，其中的单位向量与原点都在其本身的坐标系中表示。写出表示新生成的坐标系 b 的单位向量与原点的显式向量，并用符号表示表达这些向量的坐标系。

（ii）绘制新坐标系。用算子进行变换，计算所得向量在原始坐标系中表示。找一张坐标纸，或者在计算机的绘图工具中画出至少 10×10 的方格。在坐标纸的左下角绘制一个坐标系 a；根据上题的结果，在右侧的位置相对于坐标系 a 绘制出坐标系 b，即为变换坐标系；分别标出两个坐标系的 x 轴和 y 轴。

（iii）坐标系的齐次变换。考虑相对于原始坐标系，表示出变换后的坐标系的单位向量与原点。将这些坐标与齐次变换矩阵的各列相比较。它们是什么关系？请解释：如果某齐次变换可表达两坐标系的关系，为什么用同样的齐次变换也可以实现在两坐标系之间变换任意一点的坐标？提示：任意一点如何与坐标系的单位向量和原点相关联？

3. 位姿的变换和点的操作

（i）求解相对位姿。在习题 2 中，关联两个坐标系的复合齐次变换中的参数使用了逆运动学的方法。请写出一个三自由度的齐次变换表达式（或以算子形式的“参数”）$[a\ b\ \Psi]^{\mathrm{T}}$ 来表示二维空间中两个刚体之间的关系，并使之等同于上述变换。

56 （ii）检查各“参数”，并解出上述表达式。

4. 刚性变换

对一个任意点的操作，与原点的操作一样，没有什么不同。

(i) 将点 $\underline{p}=[3\ \ 2\ \ 1]^{\mathrm{T}}$ 按照习题 2 中的 $\boldsymbol{T}$ 进行变换，并写出变换后的新点 $\underline{p}'$ 的坐标。复制上一次绘制的图，在图纸上绘制出点 $\underline{p}$ 和 $\underline{p}'$ 的位置，并标上符号。

(ii) 与原始坐标系（称为坐标系 a）中点 $\underline{p}$ 的坐标相比，新坐标系（称为坐标系 b）中点 $\underline{p}'$ 的坐标如何呢?

(iii) 当任意两个点进行正交变换后，它们将保留哪些属性？如果对任意的点的集合进行正交变换，这又意味着什么呢?

5. 用于坐标变换的齐次变换

(i) 移动任意一个点。这部分习题值得额外的重视。它阐明了算子与变换式的基本对偶性。在一张新的图纸上复制之前的图形，包括点 p 和 p'。请画出点 $\underline{q}^b=[4\ 1\ 1]^{\mathrm{T}}$。符号中的上角标 b 是指该点相对于坐标系 b 的表示，因此确保该点相对于坐标系 b 来绘制出其正确位置。

(ii) 写出该点与“变换式”的乘积，并将结果记为 $\underline{q}^a$。使用一个与点 $\underline{q}^b$ 不同的标记符号，在相对于坐标系 a 的正确位置绘制出点 $\underline{q}^a$。

(iii) 之前，当把点 p 移动到点 p' 时，点 p 与 p' 都在坐标系 a 中表示。此处，在坐标系 b 中表示点 $\underline{q}^b$ 来生成坐标系 a 中的点 $\underline{q}^a$。现在，下面的内容十分关键。讨论：对于输入（即在不同的坐标系下的输入）的不同，导致*矩阵功能*的不同，这又如何理解?

(iv) 作用于点 $\underline{p}$ 的函数，如果作用于另外一个点 p'，如何重新阐释其功能?

2.4 机构运动学

首先需要区分*刚体运动*和*关节运动*的不同。*刚体运动*是车体整体的移动或转动，*关节运动*引起车体质量分布的变化，而不是车体本身的位置或方向的改变。

2.4.1 正运动学

正运动学是把齐次变换依次连接在一起的过程，用来表示：

- 机构的关节运动。
- 两个坐标系之间直线和旋转参数已知的固定变换。

在此过程中，关节变量已知，问题是需要找出变换关系。 57

1. 非线性映射

到目前为止，我们已经讨论了变换和算子的一般形式：

$$r'=T(\rho)r$$

同时，这种形式也是对 r 的基本线性运算，因为 $T(\rho)$（ρ 为一个参数向量）可视为一个常量。

绝大多数机构都是*非线性的*——因为其中含有一个或多个旋转自由度。通过把参数 ρ 与旋转自由度关联，齐次变换 $T(\rho)$ 就是一个关于变量 ρ 的*矩阵－值函数*，我们仍然可以用齐次变换对机构建模。齐次变换是一个关于一个或多个变量的函数，而正运动学问题就是如何理解该变换引起的变化。

在机构学研究领域，机构运动的真实世界空间通常被称为*任务空间*。一般都在这个空间指定执行机构末端的理想位置和姿态。术语*工作空间*通常用于表示末端执行器所能达到的特定区域，即可以达到的任务空间。但是，表达机构关节运动最方便的参数，是绕关节轴线的转角和沿轴线的位移，这个由关节转角和位移参数构成的空间被称为位形空间⊖。此概念的正式定义是：系统的位形空间（C空间）是这样一个变量集，当位形空间确定后，空间物体上每一个点的位置也就随之确定。

在之前，我们已经讨论了任务空间中的线性变换。本节以及随后的各个小节将考虑一个更为复杂的问题，即如何表达任务空间和位形空间之间的关系。

2. 机构模型

人们会很自然地从轴运动的角度来考虑如何操作一个机构——因为大多数机构都是按照这种思路构建的。也就是说，运动链中任何一个连杆的位置和姿态，取决于在该连杆前面的⊜运动链序列中的所有其他关节。

轴运动导致机构运动。以此来观察机构运动，并应用到机构内置的各坐标系⊜时，通常会移动第一个坐标系，使其依次与机构中其他所有坐标系重合。由此，就可以写出一个算子序列来表示机构的运动学模型。

专栏 2.3 正运动学建模

对一系列相连关节序列进行建模的常用规则是：

- 按顺序给连杆分配固联坐标系，使移动每一个坐标系与其下一个坐标系重合的操作，是一个合理的关节变量函数。
- 按照从左到右的顺序，写出对应这些操作的正交算子矩阵。

此过程生成的矩阵表示最后一个固联坐标系相对于第一个坐标系的位置和姿态，或等价于将位于最后一个坐标系的点转换到第一个坐标系中。

58

3. 机构学的 DH 法

一个机构可以看作由连杆连接在一起的，直线或旋转关节的任意组合（如图 2-18 所示）。可动关节的总数称为自由度数。

在机器人学中，很多场合都会用 4 个基本算子的某个特定乘积作为一个基础单元。所获得的单一矩阵可以表示低副机构中两个固联坐标系之间的一般性空间关系。这一方法与分配固联坐标系的几个规定一起，被称为 Denavit-Hartenberg 方法（简称 DH 法）[12]。

这些特定的算子可用于正运动学中的基本正交运算，因为齐次变换集合在复合运算下封闭，所以它们也是正交算子。假设空间中有两个坐标系，两个坐标系的方向，比如它们的 z 轴，构成三维空间中的两条线。对两条非平行轴线，它们之间的距离由其公法线的长度标明。如果称第一个坐标系为 $k-1$，第二个坐标系为 k。依次进行 4 次运算，就可以将第一个坐标系移动到与第二个坐标系重合：

- 绕 x_{k-1} 轴旋转 ϕ_k。
- 沿 x_{k-1} 轴平移 u_k。
- 绕新的 z 轴旋转 ψ_k。

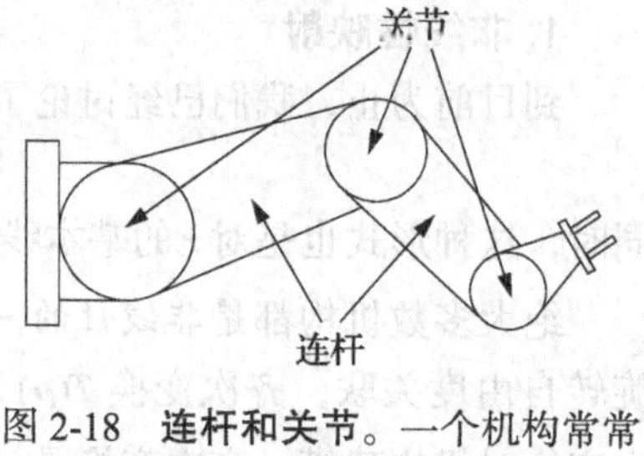

图 2-18 **连杆和关节。**一个机构常常可以被看作由多个连杆连接的多关节线性序列

⊖ 也称为关节空间。——译者注

⊜ 指该连杆到基座之间的。——译者注

⊜ 指与各连杆固联的坐标系。——译者注

- 沿新的 z 轴平移 w_k。

图 2-19 利用图形形象地表示了这个变换序列。

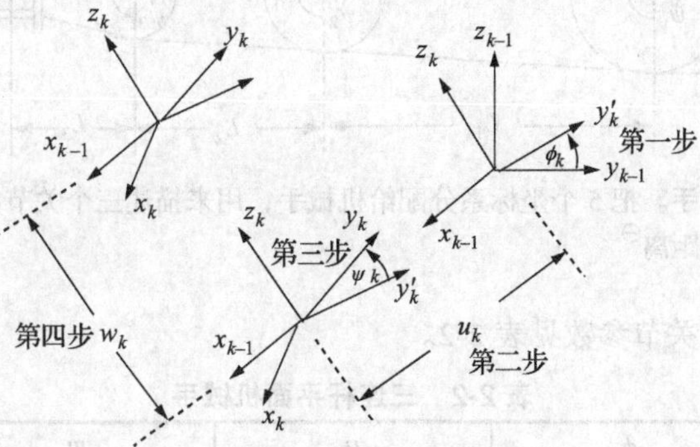

图 2-19 **DH 矩阵的组合变换**。把两个坐标系赋给空间的两根轴。从右上角开始，经过 4 次运算，就可以实现第一个坐标系与第二个坐标系的重合

利用之前介绍的正运动学建模规则，可以写出通常被称作 $\boldsymbol{A}_k$ 的矩阵。该矩阵可以把坐标系 k 中的坐标变换到坐标系 $k-1$ 中。 59

$$\boldsymbol{T}_k^{k-1}=\text{Rot}x(\phi_k)\text{Trans}(u_k,0,0)\text{Rot}z(\psi_k)\text{Trans}(0,0,w_k)$$

$$\boldsymbol{T}_k^{k-1}=\begin{bmatrix}1&0&0&0\\0&c\phi_k&-s\phi_k&0\\0&s\phi_k&c\phi_k&0\\0&0&0&1\end{bmatrix}\begin{bmatrix}1&0&0&u_k\\0&1&0&0\\0&0&1&0\\0&0&0&1\end{bmatrix}\begin{bmatrix}c\psi_k&-s\psi_k&0&0\\s\psi_k&c\psi_k&0&0\\0&0&1&0\\0&0&0&1\end{bmatrix}\begin{bmatrix}1&0&0&0\\0&1&0&0\\0&0&1&w_k\\0&0&0&1\end{bmatrix}$$

$$\boldsymbol{A}_k=\boldsymbol{T}_k^{k-1}=\begin{bmatrix}c\psi_k&-s\psi_k&0&u_k\\c\phi_k s\psi_k&c\phi_k c\psi_k&-s\phi_k&-s\phi_k w_k\\s\phi_k s\psi_k&s\phi_k c\psi_k&c\phi_k&c\phi_k w_k\\0&0&0&1\end{bmatrix}\tag{2.32}$$

其中需要特别注意的是，尽管在一般的三维空间中，两个坐标系之间的关系有 6 个自由度，但是 $\boldsymbol{A}_k$ 矩阵只有 4 个自由度。这种表达可用，因为在实际机构中，其 DH 矩阵中一般只有一个真正的自由度（dof），而其他的 3 个自由度都为常数。从数学角度而言，DH 矩阵表达了空间中两条直线的关系，而不是两个坐标系。因为没有考虑沿两条线方向上的位置，所以只有 4 个自由度。

关于该矩阵的解释如下：

- 该算子描述了坐标系 k 相对于坐标系 $k-1$ 的关系，利用它，可以实现点的移动或者方向的旋转。
- 矩阵的列是坐标系 k 的坐标轴和原点在坐标系 $k-1$ 中的坐标表达。
- 它能够把坐标从坐标系 k 变换到坐标系 $k-1$ 中。

4. 应用实例：三连杆平面机械手

在图 2-20 中，坐标系都被置于每个旋转关节的中心位置，并且关节转角为零。在设定坐标系时，通常使其 z 轴与相关的直线或旋转自由度方向重合。同时，x 轴通常设定在两个 z 轴的公法线方向上。由此，我们可以认为图 2-20 中的坐标系 1 是坐标系 0 的旋转后的版本。

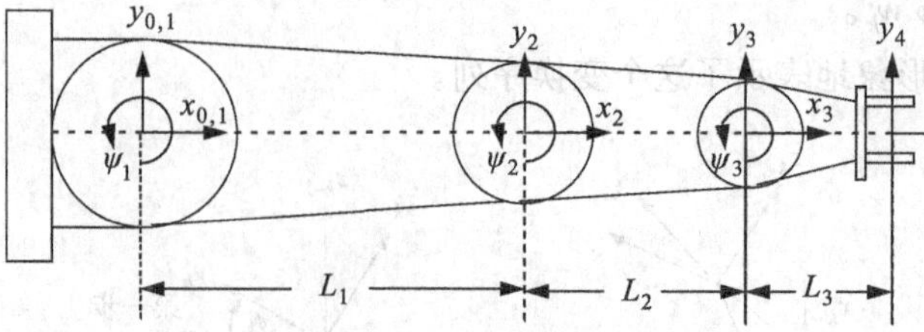

图 2-20 **关节型机械手**。把 5 个坐标系分配给机械手，用来描述三个关节的运动，以及从腕部到手的偏移距离[⊖]

60 这个机械手模型的关节参数见表 2-2。

表 2-2 三连杆平面机械手

连杆	ϕ	u	ψ	w
0	0	0	ψ_1	0
1	0	L_1	ψ_2	0
2	0	L_2	ψ_3	0
3	0	L_3	0	0

将上表参数代入公式（2.32），可以得到如下所示的 DH 矩阵。因为后面会用到它们的逆矩阵，所以也一并给出：

$$A_1=\begin{bmatrix}c_1 & -s_1 & 0 & 0\\ s_1 & c_1 & 0 & 0\\ 0 & 0 & 1 & 0\\ 0 & 0 & 0 & 1\end{bmatrix}\quad A_1^{-1}=\begin{bmatrix}c_1 & s_1 & 0 & 0\\ -s_1 & c_1 & 0 & 0\\ 0 & 0 & 1 & 0\\ 0 & 0 & 0 & 1\end{bmatrix}\quad A_2=\begin{bmatrix}c_2 & -s_2 & 0 & L_1\\ s_2 & c_2 & 0 & 0\\ 0 & 0 & 1 & 0\\ 0 & 0 & 0 & 1\end{bmatrix}\quad A_2^{-1}=\begin{bmatrix}c_2 & s_2 & 0 & -c_2L_1\\ -s_2 & c_2 & 0 & s_2L_1\\ 0 & 0 & 1 & 0\\ 0 & 0 & 0 & 1\end{bmatrix}$$

$$A_3=\begin{bmatrix}c_3 & -s_3 & 0 & L_2\\ s_3 & c_3 & 0 & 0\\ 0 & 0 & 1 & 0\\ 0 & 0 & 0 & 1\end{bmatrix}\quad A_3^{-1}=\begin{bmatrix}c_3 & s_3 & 0 & -c_3L_2\\ -s_3 & c_3 & 0 & s_3L_2\\ 0 & 0 & 1 & 0\\ 0 & 0 & 0 & 1\end{bmatrix}\quad A_4=\begin{bmatrix}1 & 0 & 0 & L_3\\ 0 & 1 & 0 & 0\\ 0 & 0 & 1 & 0\\ 0 & 0 & 0 & 1\end{bmatrix}\quad A_4^{-1}=\begin{bmatrix}1 & 0 & 0 & -L_3\\ 0 & 1 & 0 & 0\\ 0 & 0 & 1 & 0\\ 0 & 0 & 0 & 1\end{bmatrix}\tag{2.33}$$

机械手末端执行器相对于基坐标系的位置和姿态由下式给出：

$$T_4^0=T_1^0T_2^1T_3^2T_4^3=A_1A_2A_3A_4$$

$$T_4^0=\begin{bmatrix}c_1 & -s_1 & 0 & 0\\ s_1 & c_1 & 0 & 0\\ 0 & 0 & 1 & 0\\ 0 & 0 & 0 & 1\end{bmatrix}\begin{bmatrix}c_2 & -s_2 & 0 & L_1\\ s_2 & c_2 & 0 & 0\\ 0 & 0 & 1 & 0\\ 0 & 0 & 0 & 1\end{bmatrix}\begin{bmatrix}c_3 & -s_3 & 0 & L_2\\ s_3 & c_3 & 0 & 0\\ 0 & 0 & 1 & 0\\ 0 & 0 & 0 & 1\end{bmatrix}\begin{bmatrix}1 & 0 & 0 & L_3\\ 0 & 1 & 0 & 0\\ 0 & 0 & 1 & 0\\ 0 & 0 & 0 & 1\end{bmatrix}\tag{2.34}$$

$$T_4^0=\begin{bmatrix}c_{123} & -s_{123} & 0 & (c_{123}L_3+c_{12}L_2+c_1L_1)\\ s_{123} & c_{123} & 0 & (s_{123}L_3+s_{12}L_2+s_1L_1)\\ 0 & 0 & 1 & 0\\ 0 & 0 & 0 & 1\end{bmatrix}$$

⊖ 坐标系 0 通常代表基坐标系，它与基座固联。此图中，坐标系 0 与坐标系 1 的 z 轴重合，并与关节 1 的旋转轴线重合；当关节 1 转角为 0° 时，两个坐标系完全重合。——译者注在使用该矩阵时应注意：矩阵的最后一列表达的是坐标系 4 相对于坐标系 0 的位置（x, y），而位于左上方的 2×2 矩阵表示坐标系 4 和坐标系 0 之间的角度关系。

2.4.2 逆运动学

逆运动学问题是在已知机构运动学模型的齐次变换矩阵的情况下，确定关节参数。换而言之，这个问题是：如果希望手臂末端的手（或一条腿上的脚）达到指定的目标状态，如何确定驱动关节的位置。因此，逆运动学是机器人控制的基础。 61

1. 存在性和唯一性

逆运动学通常会涉及非线性方程组的求解问题。这样的方程组可能无解或不存在唯一解。Pieper[13] 已经在理论上证明：一个六自由度的机械手，如果（不仅仅只存在这种情况）最后三个关节的关节轴相交于一点，则总是可解的。由于绝大多数的机械手都采用这种方法构建，因此它们都是可解的。

任何实际的机构都有一个有限的可到达范围。只有在该空间区域中，机械手才能到达指定位置，此空间被称为机械手的工作空间。初始变换只有在工作空间中才能求解，否则逆运动学问题将没有解。在数学上，这一点表现为一些不可能实现的计算。例如，有可能会遇到变量的反正弦和反余弦值大于 1 的情况。而具有多个旋转关节的机构通常不止有一个解，这个现象被称为冗余。

2. 技巧

利用 DH 法，对一个机构每次可以求解一个或多个关节参数。可以通过多种不同的方式重写正向变换，以分离未知量，进而求解逆运动学问题。尽管只有少数的独立关系存在，但是它们可以用多种不同的方式重写。

例如，对于一个三自由度机构，其正运动学方程可以通过将每个连杆变换矩阵的逆矩阵，按照顺序依次左乘或右乘的方式进行改写：

$$
\begin{aligned}
&\boldsymbol{T}_4^0=\boldsymbol{A}_1\boldsymbol{A}_2\boldsymbol{A}_3\boldsymbol{A}_4 && \boldsymbol{T}_4^0=\boldsymbol{A}_1\boldsymbol{A}_2\boldsymbol{A}_3\boldsymbol{A}_4\\
&\boldsymbol{A}_1^{-1}\boldsymbol{T}_4^0=\boldsymbol{A}_2\boldsymbol{A}_3\boldsymbol{A}_4 && \boldsymbol{T}_4^0\boldsymbol{A}_4^{-1}=\boldsymbol{A}_1\boldsymbol{A}_2\boldsymbol{A}_3\\
&\boldsymbol{A}_2^{-1}\boldsymbol{A}_1^{-1}\boldsymbol{T}_4^0=\boldsymbol{A}_3\boldsymbol{A}_4 && \boldsymbol{T}_4^0\boldsymbol{A}_4^{-1}\boldsymbol{A}_3^{-1}=\boldsymbol{A}_1\boldsymbol{A}_2\\
&\boldsymbol{A}_3^{-1}\boldsymbol{A}_2^{-1}\boldsymbol{A}_1^{-1}\boldsymbol{T}_4^0=\boldsymbol{A}_4 && \boldsymbol{T}_4^0\boldsymbol{A}_4^{-1}\boldsymbol{A}_3^{-1}\boldsymbol{A}_2^{-1}=\boldsymbol{A}_1\\
&\boldsymbol{A}_4^{-1}\boldsymbol{A}_3^{-1}\boldsymbol{A}_2^{-1}\boldsymbol{A}_1^{-1}\boldsymbol{T}_4^0=\boldsymbol{I} && \boldsymbol{T}_4^0\boldsymbol{A}_4^{-1}\boldsymbol{A}_3^{-1}\boldsymbol{A}_2^{-1}\boldsymbol{A}_1^{-1}=\boldsymbol{I}
\end{aligned}
\tag{2.35}
$$

聚焦信息 2.7 机构逆运动学方程

用于分离未知量的基本过程就是按照如上所示的方式改写正运动学方程。

当然，上述这些是多个类似方程组的冗余特例，它们并没有为求解提供新的信息。然而，它们通常能生成一些易于求解的方程，因为 DH 法容易实现各个关节的分离求解。左列的方程更常用，但是对于我们的示例而言，右列的方程更易于理解，所以下述示例将使用右列方程。 62

3. 应用实例：三连杆平面机械手

假设正运动学模型矩阵的参数已知，开始求解。首先，对矩阵中的每个元素命名如下：

$$T_4^0=\begin{bmatrix} r_{11} & r_{12} & r_{13} & p_x \\ r_{21} & r_{22} & r_{23} & p_y \\ r_{31} & r_{32} & r_{33} & p_z \\ 0 & 0 & 0 & 1 \end{bmatrix} \tag{2.36}$$

对于图 2-20 中的应用实例，我们已经知道其中的一些元素值为 0 和 1，因此机械手末端执行器的坐标系为：

$$T_4^0=\begin{bmatrix} r_{11} & r_{12} & 0 & p_x \\ r_{21} & r_{22} & 0 & p_y \\ 0 & 0 & 1 & 0 \\ 0 & 0 & 0 & 1 \end{bmatrix} \tag{2.37}$$

第一个方程已知：

$$T_4^0=A_1A_2A_3A_4$$

$$\begin{bmatrix} r_{11} & r_{12} & 0 & p_x \\ r_{21} & r_{22} & 0 & p_y \\ 0 & 0 & 1 & 0 \\ 0 & 0 & 0 & 1 \end{bmatrix}=\begin{bmatrix} c_{123} & -s_{123} & 0 & (c_{123}L_3+c_{12}L_2+c_1L_1) \\ s_{123} & c_{123} & 0 & (s_{123}L_3+s_{12}L_2+s_1L_1) \\ 0 & 0 & 1 & 0 \\ 0 & 0 & 0 & 1 \end{bmatrix} \tag{2.38}$$

根据（1, 1）和（2, 1）的元素我们知道：

$$\psi_{123}=\operatorname{atan2}(r_{21},r_{11}) \tag{2.39}$$

下一个方程为：

$$T_4^0A_4^{-1}=A_1A_2A_3$$

$$\begin{bmatrix} r_{11} & r_{12} & 0 & -r_{11}L_3+p_x \\ r_{21} & r_{22} & 0 & -r_{21}L_3+p_y \\ 0 & 0 & 1 & 0 \\ 0 & 0 & 0 & 1 \end{bmatrix}=\begin{bmatrix} c_{123} & -s_{123} & 0 & c_1(c_2L_2+L_1)-s_1(s_2L_2) \\ s_{123} & c_{123} & 0 & s_1(c_2L_2+L_1)+c_1(s_2L_2) \\ 0 & 0 & 1 & 0 \\ 0 & 0 & 0 & 1 \end{bmatrix} \tag{2.40}$$

$$\begin{bmatrix} r_{11} & r_{12} & 0 & -r_{11}L_3+p_x \\ r_{21} & r_{22} & 0 & -r_{21}L_3+p_y \\ 0 & 0 & 1 & 0 \\ 0 & 0 & 0 & 1 \end{bmatrix}=\begin{bmatrix} c_{123} & -s_{123} & 0 & c_{12}L_2+c_1L_1 \\ s_{123} & c_{123} & 0 & s_{12}L_2+s_1L_1 \\ 0 & 0 & 1 & 0 \\ 0 & 0 & 0 & 1 \end{bmatrix}$$

63 根据（1, 4）和（2, 4）元素：

$$k_1=-r_{11}L_3+p_x=c_{12}L_2+c_1L_1$$
$$k_2=-r_{21}L_3+p_y=s_{12}L_2+s_1L_1$$

上面两式可以平方相加，从而得到：

$$k_1^2+k_2^2=L_2^2+L_1^2+2L_2L_1(c_1c_{12}+s_1s_{12})$$

或者

$$k_1^2+k_2^2=L_2^2+L_1^2+2L_2L_1c_2$$

由此可计算出 ψ_2 角为：

$$\psi_2=\operatorname{acos}\left[\frac{(k_1^2+k_2^2)-(L_2^2+L_1^2)}{2L_2L_1}\right] \tag{2.41}$$

这个结果表明：对于这个角存在关于 0 对称分布的两个解，分别对应肘部高举和肘部放低的情况。每一个解会生成一组不同的值，所以在后续步骤中，另外两个关节转角的值也不同。于是，会得到两组角度值：一组对应“肘部高举”的情况；而另外一组对应“肘部放低”的情况。

现在，观察 k_1、k_2 的表达式，在简化为一个角度和之前，它们分别为：

$$k_1 = -r_{11}L_3 + p_x = c_1(c_2L_2 + L_1) - s_1(s_2L_2)$$

$$k_2 = -r_{21}L_3 + p_y = s_1(c_2L_2 + L_1) + c_1(s_2L_2)$$

现在由于 ψ_2 已知，上式可以重写成：

$$c_1k_3 - s_1k_4 = k_1$$

$$s_1k_3 + c_1k_4 = k_2$$

可以发现，这是一种在逆运动学问题求解过程中重复出现的标准形式，其解为：

$$\psi_1 = \text{atan2}\left[(k_2k_3 - k_1k_4), (k_1k_3 + k_2k_4)\right] \tag{2.42}$$

最后，剩下的另外一个角的解为：

$$\psi_3 = \psi_{123} - \psi_2 - \psi_1 \tag{2.43}$$

4. 标准形式

在绝大多数机器人机构的逆运动学求解中，经常重复出现一些三角方程的形式。接下来介绍的解集，对于大多数应用来说已经足够了。其中，最复杂的形式是通过平方和相加的方式求解，这已经在上一个应用实例中有所展示。在下面的公式里，字母 a、b、c 分别代表任意的已知表达式。 64

1）**显式正切**。这种形式的三角方程生成一个唯一解，因为正弦和余弦的值都是固定不变的（如图 2-21 所示）。例如，这种情况出现在一个三轴手腕的最后两个关节中，对应的方程为：

$$a = c_n \qquad b = s_n$$

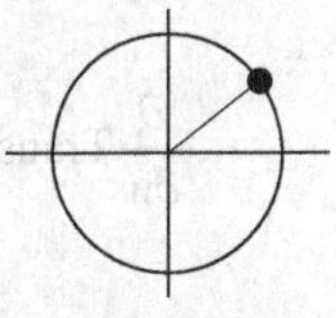

图 2-21 **显式正切**

该方程有一个平凡解：

$$\psi_n = \text{atan2}(b, a) \tag{2.44}$$

2）**点对称冗余**。这种形式的三角方程生成两个关于原点对称的解（如图 2-22 所示）。方程形式为：

$$s_na - c_nb = 0$$

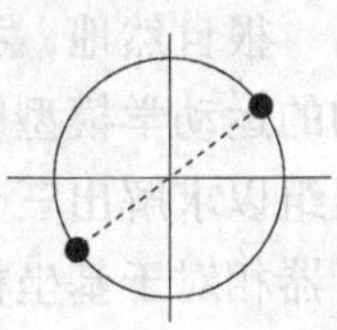

图 2-22 **点对称**

该方程可以利用两个三角函数的比来求解。因为一个周期里存在两个具有相同正切值的角，所以方程有两个解，分别为：

$$\psi_n = \text{atan2}(b, a) \qquad \psi_n = \text{atan2}(-b, -a) \tag{2.45}$$

5. 线对称冗余

这种情况的三角方程生成关于一条轴线对称分布的两个解，相对于对称轴线偏角的正弦或余弦值一定是常数（如图 2-23 所示），图示说明的为正弦情况。

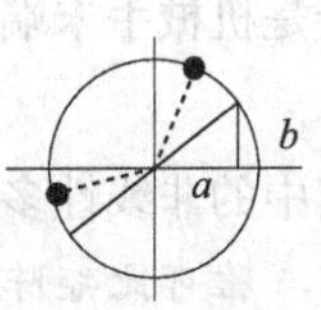

图 2-23 **线对称**

方程为：

$$s_na - c_nb = c$$

方程的解为：

$$\psi_n = \theta - \text{atan2}[c, \pm \text{sqrt}(r^2 - c^2)] \tag{2.46}$$

其中：

65 $$r = \pm \mathrm{sqrt}(a^2 + b^2) \qquad \theta = \mathrm{atan2}(b, a)$$

2.4.3 微分运动学

微分运动学研究机器人运动学模型的导数——雅可比矩阵，其应用场合包括：

- 运动速度控制分解。
- 精度分析和误差传递（不确定性传递）。
- 静力学变换。

1. 基本算子的导数

基本算子关于自身参数的导数非常重要。通过求导的链式法则，可以用它们计算复杂表达式的导数。它们是：

$$\frac{\partial}{\partial u}\mathrm{Trans}(u,v,w)=\begin{bmatrix}0&0&0&1\\0&0&0&0\\0&0&0&0\\0&0&0&0\end{bmatrix} \qquad \frac{\partial}{\partial \phi}\mathrm{Rot}x(\phi)=\begin{bmatrix}0&0&0&0\\0&-s\phi&-c\phi&0\\0&c\phi&-s\phi&0\\0&0&0&0\end{bmatrix}$$
$$\frac{\partial}{\partial v}\mathrm{Trans}(u,v,w)=\begin{bmatrix}0&0&0&0\\0&0&0&1\\0&0&0&0\\0&0&0&0\end{bmatrix} \qquad \frac{\partial}{\partial \theta}\mathrm{Rot}y(\theta)=\begin{bmatrix}-s\theta&0&c\theta&0\\0&0&0&0\\-c\theta&0&-s\theta&0\\0&0&0&0\end{bmatrix} \qquad (2.47)$$
$$\frac{\partial}{\partial w}\mathrm{Trans}(u,v,w)=\begin{bmatrix}0&0&0&0\\0&0&0&0\\0&0&0&1\\0&0&0&0\end{bmatrix} \qquad \frac{\partial}{\partial \psi}\mathrm{Rotz}(\psi)=\begin{bmatrix}-s\psi&-c\psi&0&0\\c\psi&-s\psi&0&0\\0&0&0&0\\0&0&0&0\end{bmatrix}$$

2. 机构的雅可比矩阵

很自然地，我们会关注关节变量的微小变化对机构末端执行器位置和姿态的影响。在机构的运动学模型中，姿态是以三个单位向量的形式间接表示的，因此，需要另外建立一个方程组以求解出三个姿态角。但是，对位置而言，机构模型的最后一列直接给出机械手末端执行器相对于基坐标系的位置坐标。

假定机构的构型由广义坐标向量 $\underline{\boldsymbol{q}}$ 决定[⊖]，而机构末端的位置和姿态，或者简称位姿，由向量 $\underline{\boldsymbol{x}}$ 给出：

$$\underline{\boldsymbol{x}}=[x \;\; y \;\; z \;\; \phi \;\; \theta \;\; \psi]$$

于是机械手末端执行器的位置为：

$$\underline{\boldsymbol{x}}=\underline{\boldsymbol{F}}(\underline{\boldsymbol{q}})$$

66 其中的非线性多维函数 $\underline{\boldsymbol{F}}$ 来自机构模型。

雅可比矩阵是一个多维导数，定义如下：

⊖ $\underline{\boldsymbol{q}}$ 通常指机构关节自由度变量构成的向量。——译者注

$$\boldsymbol{J}=\frac{\partial \underline{\boldsymbol{x}}}{\partial \underline{\boldsymbol{q}}}=\frac{\partial}{\partial \underline{\boldsymbol{q}}}\left(\underline{\boldsymbol{F}}(\underline{\boldsymbol{q}})\right)=\left[\frac{\partial x_i}{\partial q_j}\right]=\begin{bmatrix}\frac{\partial x_1}{\partial q_1} & \cdots & \frac{\partial x_1}{\partial q_n}\\ \vdots & & \vdots \\ \frac{\partial x_n}{\partial q_1} & \cdots & \frac{\partial x_n}{\partial q_n}\end{bmatrix} \tag{2.48}$$

从 $\underline{\boldsymbol{q}}$ 的微变量到 $\underline{\boldsymbol{x}}$ 的微变量的求导映射为：

$$\mathrm{d}\underline{\boldsymbol{x}}=\boldsymbol{J}\mathrm{d}\underline{\boldsymbol{q}} \tag{2.49}$$

利用求导链式法则，雅可比矩阵也给出如下所示的速度关系：

$$\frac{\mathrm{d}\underline{\boldsymbol{x}}}{\mathrm{d}t}=\left(\frac{\partial \underline{\boldsymbol{x}}}{\partial \underline{\boldsymbol{q}}}\right)\left(\frac{\mathrm{d}\underline{\boldsymbol{q}}}{\mathrm{d}t}\right) \tag{2.50}$$

其中，从关节速度到末端机械手执行器速度的映射为：

$$\dot{\underline{\boldsymbol{x}}}=\boldsymbol{J}\dot{\underline{\boldsymbol{q}}} \tag{2.51}$$

请注意，这个表达式对关节位置变量是非线性的，而对关节速度则是线性的。这意味着，如果关节速度降低一半，就会导致末端速度也正好降低一半，而且方向保持不变。

3. 奇异性

在微分运动学方程求解的过程中，冗余性表现为雅可比矩阵的奇异性。如果存在以下条件，机构有可能失去一个或者多个自由度：

- 两个不同的逆运动学方程的解收敛于相同的点。
- 关节轴线共线或平行。
- 到达工作空间的边界。

奇异性意味着雅可比矩阵不满秩或者不可逆。同时，逆运动学求解会失败，因为有轴线对齐变成同一条直线。此时，根据速度控制分解法则，将产生无穷大的关节速度。

4. 应用实例：三连杆平面机械手

对于前述的机械手，其运动学模型的最后一列给出如下所示的两个方程：

$$\begin{aligned}x&=\left(c_{123}L_3+c_{12}L_2+c_1L_1\right)\\ y&=\left(s_{123}L_3+s_{12}L_2+s_1L_1\right)\end{aligned} \tag{2.52}$$

67

容易知道机械手最终的姿态为：

$$\psi=\psi_1+\psi_2+\psi_3 \tag{2.53}$$

当关节运动时，为了确定机械手末端执行器的速度，可以将上述公式对 ψ_1、ψ_2 和 ψ_3 取微分，解如下所示：

$$\begin{aligned}\dot{x}&=-\left(s_{123}\dot{\psi}_{123}L_3+s_{12}\dot{\psi}_{12}L_2+s_1\dot{\psi}_1L_1\right)\\ \dot{y}&=-\left(c_{123}\dot{\psi}_{123}L_3+c_{12}\dot{\psi}_{12}L_2+c_1\dot{\psi}_1L_1\right)\\ \dot{\psi}&=\left(\dot{\psi}_1+\dot{\psi}_2+\dot{\psi}_3\right)\end{aligned} \tag{2.54}$$

上式也可以重写为：

$$\begin{bmatrix}\dot{x}\\ \dot{y}\\ \dot{\psi}\end{bmatrix}=\begin{bmatrix}\left(-s_{123}L_3-s_{12}L_2-s_1L_1\right) & \left(-s_{123}L_3-s_{12}L_2\right) & -s_{123}L_3\\ \left(c_{123}L_3+c_{12}L_2+c_1L_1\right) & \left(c_{123}L_3+c_{12}L_2\right) & c_{123}L_3\\ 1 & 1 & 1\end{bmatrix}\begin{bmatrix}\dot{\psi}_1\\ \dot{\psi}_2\\ \dot{\psi}_3\end{bmatrix} \tag{2.55}$$

5. 雅可比行列式

根据微积分隐函数定理可知，一个多维映射的定义域和值域之间的微分体积比由雅可比行列式给出。这个量广泛应用于导航和测距技术，叫作三角测距。

因此，在位形空间和任务空间中，微分乘积各自构成一个体积，它们之间的关系如下所示：

$$\left(\mathrm{d}x_1\mathrm{d}x_2\cdots\mathrm{d}x_n\right)=\left|\boldsymbol{J}\right|\left(\mathrm{d}q_1\mathrm{d}q_2\cdots\mathrm{d}q_m\right)$$

6. 雅可比张量

有时，计算转换矩阵关于变量向量的导数更为方便。在这种情况下，计算得出的结果是矩阵关于一个向量的导数。例如：

$$\frac{\partial}{\partial \underline{\boldsymbol{q}}}\left[\boldsymbol{T}\left(\underline{\boldsymbol{q}}\right)\right]=\left[\frac{\partial T_{ij}}{\partial q_k}\right]$$

这是一个三阶张量。由于机构模型本身是一个关于向量的矩阵函数，例如，如果下式成立：

$$\boldsymbol{T}\left(\underline{\boldsymbol{q}}\right)=\boldsymbol{A}_1\left(q_1\right)\boldsymbol{A}_2\left(q_2\right)\boldsymbol{A}_3\left(q_3\right)$$

那么，就存在该“雅可比张量”的三个切片，每个切片分别为一个矩阵，可根据下式确定：

$$\frac{\partial \boldsymbol{T}}{\partial q_1}=\frac{\partial \boldsymbol{A}_1}{\partial q_1}\boldsymbol{A}_2\boldsymbol{A}_3 \qquad \frac{\partial \boldsymbol{T}}{\partial q_2}=\boldsymbol{A}_1\frac{\partial \boldsymbol{A}_2}{\partial q_2}\boldsymbol{A}_3 \qquad \frac{\partial \boldsymbol{T}}{\partial q_3}=\boldsymbol{A}_1\boldsymbol{A}_2\frac{\partial \boldsymbol{A}_3}{\partial q_3}$$

68

2.4.4 参考文献与延伸阅读

在机器人学教材中，Craig 的书可以说是最受欢迎的。本书引用的另外两份参考论文也是机器人领域的经典文献。

[11] John Craig, *Introduction to Robotics: Mechanics and Control,* Prentice Hall, 2005.

[12] J. Denavit and H. S. Hartenberg, A Kinematic Notation For Lower-Pair Mechanisms Based on Matrices, *ASME Journal of Applied Mechanics,* June 1955, pp. 215–221.

[13] D. Pieper, The Kinematics of Manipulators Under Computer Control, Ph.D. thesis, Stanford University, Stanford, 1968.

2.4.5 习题

1. 三连杆平面机械手

每位机器人专家都应该不止一次编写过有关机械手运动学的源程序代码。请使用你最喜欢的编程环境，编写三连杆机械手的正运动学和逆运动学代码；随机取一些角度并绘制一张图。根据角度计算末端执行器的位姿，然后根据位姿应用逆解生成角度，并验证根据这个位姿重新生成的角度。第二个解看起来是什么样子？如果你对此感兴趣，试一试奇异点附近的情况，并用机构的雅可比矩阵进行实验。

2. 缩放式腿机构

缩放式腿机构是一种可用于增强运动的四连杆机构。Dante Ⅱ 机器人曾经使用的就是这种机构，它于 1994 年登上并进入一个位于阿拉斯加州斯普尔山上的活火山。三角形 *ABD*、*ACF* 和 *DEF* 都是相似三角形。当执行器拉下连杆时，腿部抬起的高度是执行器运动距离的 4 倍。

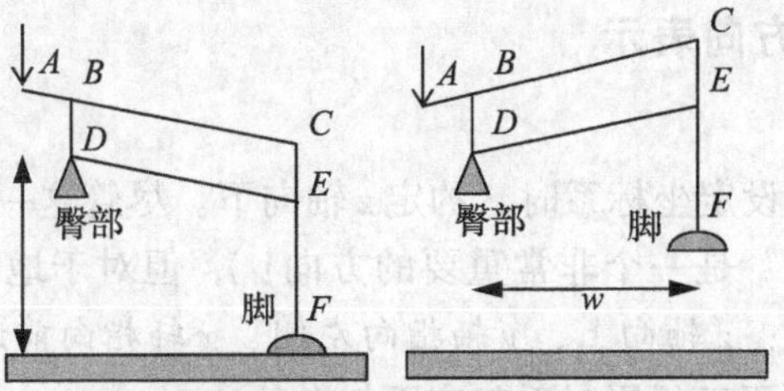

首先请写出“移动轴”运算的集合，该运算能够移动坐标系 D 使其与坐标系 F 相重合；然后，写出 4×4 阶齐次变换 $\boldsymbol{T}_F^D$，将坐标系 F 中的坐标变换到坐标系 D 中；最后，请写出该机构的脚部相对于执行器的雅可比矩阵。

3. 线对称冗余

请使用三角换元法来推导方程（2.45）： 69

$$a = r\cos(\theta) \qquad b = r\sin(\theta)$$

4. DH 逆变换

对于只有一个机构自由度的 DH 变换，可以计算其广义逆矩阵。对于机器人机构而言，该变换可以用来作为完全广义逆运动学求解的基础。整个求解过程可以认为是根据连杆坐标系推导出关节角的过程。

把 DH 变换当作一个具有 4 个自由度的机构来“求解”，并证明：

$$u_i = p_x \qquad w_i = \sqrt{p_y^2 + p_z^2}$$
$$\psi = \operatorname{atan2}(-r_{12}, r_{11}) \qquad \phi = \operatorname{atan2}(-r_{23}, r_{33})$$

5. 同步定位及地图构建的雅可比矩阵

在本书第 9 章用于求解同步定位及地图构建（Simultaneous Localization and Mapping, SLAM）问题的算法中，路标 m 相对于安装在机器人 r 上的传感器坐标系 s 的位姿如下所示：

$$\boldsymbol{T}_m^s = \boldsymbol{T}_r^s \boldsymbol{T}_w^r\left(\underline{\boldsymbol{\rho}}_r^w\right) \boldsymbol{T}_m^w\left(\underline{\boldsymbol{r}}_m^w\right)$$

其中 $\underline{\boldsymbol{\rho}}_r^w$ 表示机器人的位姿；$\underline{\boldsymbol{r}}_m^w$ 表示路标的位置，并且其中的两个变换都取决于这些量。对该矩阵采用链式法则，首先请推导出左侧相对于机器人位姿微小变化的灵敏性表达式，然后推导相对于路标点的位姿。

2.5 方向和角速度

*航向角*表示移动对象前进的方向，而*偏航角*则表示移动对象的朝向，这两者可能为同一个角度，但也可能不是。移动对象的*姿态*表示其相对于地球引力的三维方向。一个移动对象绕它的前后纵轴或左右横轴倾斜，因此描述其姿态需要两个参数，称为*横滚角*和*俯仰角*。把姿态与偏航组合到一起，称为*方向*。

对某些用于定向的传感器或其他设备而言，横滚角往往无关紧要。在这种情况下，偏航方向的转角通常称为*方位角*，而俯仰方向的转角通常称为*俯仰角*。

把被研究对象的位置与方向组合成为一个单元向量，叫作*位姿*。在二维空间中，位姿可表示为 $[x\ \ y\ \ \psi]^{\mathrm{T}}$ 的形式，其方向只有偏航角；而在三维空间中，位姿可表示为 $[x\ \ y\ \ z\ \ \phi\ \ \theta\ \ \psi]^{\mathrm{T}}$ 的形式。

2.5.1　欧拉角形式的方向表示

1. 坐标轴约定

在空天飞行器中，当设定坐标系时，约定z轴向下。尽管这一点对于飞机和人造卫星而
70 言最为合适（因为“朝下”是一个非常重要的方向！），但对于地面移动对象而言却有悖于常理。因此本书的约定是：z轴向上、y轴指向左侧、x轴指向前方。这一约定的好处在于，当三维信息向二维的$x-y$平面投影时看起来更加自然。

偏航角、俯仰角和横滚角通常约定为：移动车辆绕向上、向一侧（左侧）以及向前三个方向向量的旋转角度。这些关于姿态与朝向的称谓，在此约定中相当于欧拉角序列中的$z-y-x$轴，如图2-25所示。

在处理传感器数据时，只有明确姿态和航向传感器输出数据（角度）的含义之后，才可以使用齐次变换进行数据转换。

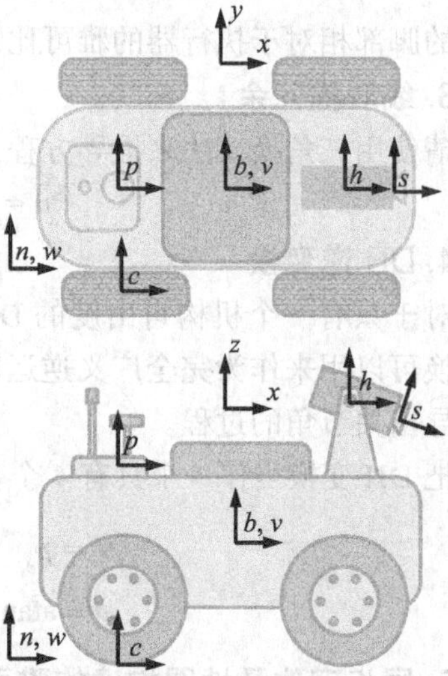

图2-24　**移动车辆的标准坐标系**。这些坐标系通常会在车辆建模中用到

2. 坐标系配置

图2-24中列出了一些常用的坐标系。导航坐标系n，也称为世界坐标系w，在表达移动车辆的位置与姿态时，需要用该坐标系。一般情况下，z轴方向与引力向量共线，但与引力方向相反；y轴（指向北的坐标轴）与地极方向一致；x轴则按照右手坐标系的规定指向东边。

附体坐标系b，也称为车辆本体坐标系v，位于移动小车车身上。该坐标系是最方便使用的，其指向与移动小车车身保持不变。定位坐标系p位于位置估计系统或其附近的一个点上。如果定位系统只生成姿态和姿态变化率，就不需要该坐标系，因为该装置的姿态始终与移动车辆保持一致，是一个刚体。对于惯性导航系统（INS）而言，该点一般位于惯性测量装置的中心位置；而对于全球定位系统（GPS）而言，该点则位于天线的相位中心（也可能位于离GPS接收器距离
71 很远的任意一点）。

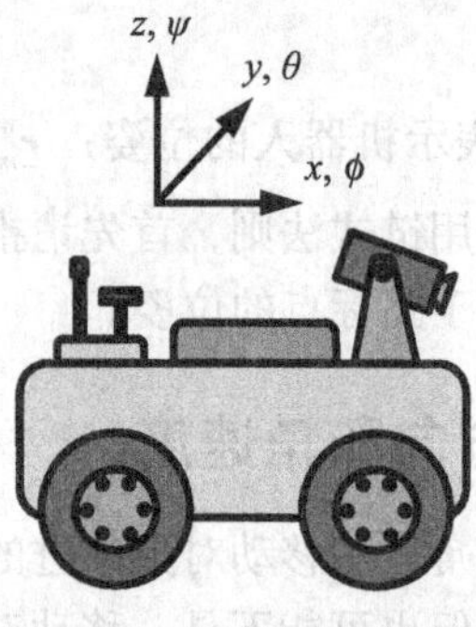

图2-25　**偏航角、俯仰角和横滚角**。这些角度定义为：运动坐标轴相对于同地面初始固连坐标系的运动角度

传感器探头坐标系h通常设定在方便计算的位置，例如传感器两个转轴的交点、安装板的中心或者主传感器的光学中心等。有时，对某些刚性传感器，其探头坐标系应该随传感器倾斜，使之与传感器轴线一致。摄像机的传感器坐标系位于透镜后投影中心的光轴上或在影像平面上；对于立体视觉系统，坐标系位于两台摄像机之间，或者其中一个摄像机影像平面的投影中心；对于激光成像测距仪，如果传感器静止，随着被测物距离的变化，反射光将落在传感器成像平面不同像素点上。因此，它的坐标系应设置在所有成像像素的平均位置。移动车辆的车轮接触点坐标系c位于车轮与地面的接触点。

3. RPY 变换

通常情况下，用横滚角、俯仰角和偏航角这三个特殊角度来表示移动车辆的姿态是最为方便的。我们可以建立一个广义齐次变换，也称作 RPY 变换，其实现原理与 DH 矩阵相似，只是其中包含了三个旋转。利用它可以实现车辆本体坐标系与所有其他坐标系之间的变换。这其中涉及六个自由度，即三个平移与三个旋转，并且其中的每一个自由度可以作为一个参数或一个变量。

假设有两个常用坐标系 a 和 b，考虑如何将坐标系 a 移动到与坐标系 b 一致。按如下顺序，其操作为：

- 将坐标系 a 沿着其（x,y,z）轴分别平移（u,v,w）个单位，直到其原点与坐标系 b 的原点重合。
- 沿着新坐标系的 z 轴旋转 ψ 角，称为偏航角。
- 沿着新坐标系的 y 轴旋转 θ 角，称为俯仰角。
- 沿着新坐标系的 x 轴旋转 ϕ 角，称为横滚角。

按照右手法则，角度度量以逆时针方向为正。下述的这些运算可以把车辆本体坐标系变换到世界坐标系（即导航坐标系）。

根据正运动学的规则，表示该运算序列的正运动学变换为：

$$\boldsymbol{T}_b^a = \text{Trans}(u,v,w)\text{Rotz}(\psi)\text{Roty}(\theta)\text{Rotx}(\phi)$$

$$\boldsymbol{T}_b^a = \begin{bmatrix} 1 & 0 & 0 & u \\ 0 & 1 & 0 & v \\ 0 & 0 & 1 & w \\ 0 & 0 & 0 & 1 \end{bmatrix} \begin{bmatrix} c\psi & -s\psi & 0 & 0 \\ s\psi & c\psi & 0 & 0 \\ 0 & 0 & 1 & 0 \\ 0 & 0 & 0 & 1 \end{bmatrix} \begin{bmatrix} c\theta & 0 & s\theta & 0 \\ 0 & 1 & 0 & 0 \\ -s\theta & 0 & c\theta & 0 \\ 0 & 0 & 0 & 1 \end{bmatrix} \begin{bmatrix} 1 & 0 & 0 & 0 \\ 0 & c\phi & -s\phi & 0 \\ 0 & s\phi & c\phi & 0 \\ 0 & 0 & 0 & 1 \end{bmatrix}$$

最终的结果如方程（2.56）所示：

$$\boldsymbol{T}_b^a = \begin{bmatrix} c\psi c\theta & (c\psi s\theta s\phi - s\psi c\phi) & (c\psi s\theta c\phi + s\psi s\phi) & u \\ s\psi c\theta & (s\psi s\theta s\phi + c\psi c\phi) & (s\psi s\theta c\phi - c\psi s\phi) & v \\ -s\theta & c\theta s\phi & c\theta c\phi & w \\ 0 & 0 & 0 & 1 \end{bmatrix} \tag{2.56}$$

72

专栏 2.4　从车辆本体坐标到世界坐标的 RPY 变换

将坐标在两个坐标系之间变换的矩阵在方程（2.56）中给出，该矩阵与平移和绕 zyx 轴的欧拉角相关联。具体可以这样使用：

$$\underline{\boldsymbol{r}}_p^a = \boldsymbol{T}_b^a \underline{\boldsymbol{r}}_p^b$$

该变换有如下所示的几种解释：

- 它将点根据列出的操作按顺序相对于坐标系 a 的坐标轴进行旋转和平移。
- 它的各列分别表示坐标系 b 的各坐标轴与原点在坐标系 a 中的表示。
- 它将坐标值从坐标系 b 变换到坐标系 a 中。
- 它可以被认为是 $[x \; y \; z \; \phi \; \theta \; \psi]^{\mathrm{T}}$ 形式的位姿向量到坐标系的转化。

该矩阵将在本书中广泛使用。

非常幸运的是，绝大多数姿态传感器的测角机理都是在一个偏航角之后，接着一个俯仰角，而没有横滚角，因此可以对上述矩阵进行简化。

4. RPY 变换的逆运动学

RPY 变换的逆运动学求解至少有两大功能：

- 根据给定目标坐标系的方向余弦，该变换可以给出传感器探头或定向天线应转到的角度。
- 根据给定车辆本体坐标系的各坐标轴方向，该变换可以给出车辆的姿态，该姿态通常对应着车辆当前所在地形的局部切平面。

该求解过程可以认为是从一个坐标系中求解位姿。每一个位姿都是空间中刚体的位形表示。有多种不同的求解方法可以从 RPY 变换的元素中获得所需解。

本书介绍的方法可以跟随车辆的移动完成地形建模。与机械臂逆运动学的求解过程类似，首先假设变换矩阵的各分量已知：

$$\boldsymbol{T}_b^a=\begin{bmatrix} r_{11} & r_{12} & r_{13} & p_x \\ r_{21} & r_{22} & r_{23} & p_y \\ r_{31} & r_{32} & r_{33} & p_z \\ 0 & 0 & 0 & 1 \end{bmatrix}$$

后面将会用到一系列的左乘方程组。其中第一个方程为：

$$\boldsymbol{T}_b^a=\mathrm{Trans}(u,v,w)\mathrm{Rot}z(\psi)\mathrm{Rot}y(\theta)\mathrm{Rot}x(\phi)$$

$$\begin{bmatrix} r_{11} & r_{12} & r_{13} & p_x \\ r_{21} & r_{22} & r_{23} & p_y \\ r_{31} & r_{32} & r_{33} & p_z \\ 0 & 0 & 0 & 1 \end{bmatrix}=\begin{bmatrix} c\psi c\theta & (c\psi s\theta s\phi-s\psi c\phi) & (c\psi s\theta c\phi+s\psi s\phi) & u \\ s\psi c\theta & (s\psi s\theta s\phi+c\psi c\phi) & (s\psi s\theta c\phi-c\psi s\phi) & v \\ -s\theta & c\theta s\phi & c\theta c\phi & w \\ 0 & 0 & 0 & 1 \end{bmatrix} \tag{2.57}$$

73 其中的平移元素为平凡解。根据 (1,1) 和 (2,1) 元素可以得到：

$$\begin{aligned} \psi &= \mathrm{atan2}(r_{21},r_{11}) \quad & c\theta>0 \\ \psi &= \mathrm{atan2}(-r_{21},-r_{11}) \quad & c\theta<0 \end{aligned} \tag{2.58}$$

这表示偏航角可以由一个向量决定，该向量与在坐标系 a 中表示的车辆本体坐标系的 x 轴完全一致。该式有两个解，这很正常。因为如果偏航角加上一个 π，俯仰角与横滚角的值不变。很明显，当 $c\theta=0$ 时，便会出现问题（即当该移动车辆上仰或下俯角度为 90° 时）。这种情况对应着一个奇点，此时横滚和偏航的轴线重合，只能唯一确定这两个角度的和。

第二个方程（该方程没有产生新的约束）为：

$$[\mathrm{Trans}(u,v,w)]^{-1}\boldsymbol{T}_b^a=\mathrm{Rot}z(\psi)\mathrm{Rot}y(\theta)\mathrm{Rot}x(\phi)$$

$$\begin{bmatrix} r_{11} & r_{12} & r_{13} & 0 \\ r_{21} & r_{22} & r_{23} & 0 \\ r_{31} & r_{32} & r_{33} & 0 \\ 0 & 0 & 0 & 1 \end{bmatrix}=\begin{bmatrix} c\psi c\theta & (c\psi s\theta s\phi-s\psi c\phi) & (c\psi s\theta c\phi+s\psi s\phi) & 0 \\ s\psi c\theta & (s\psi s\theta s\phi+c\psi c\phi) & (s\psi s\theta c\phi-c\psi s\phi) & 0 \\ -s\theta & c\theta s\phi & c\theta c\phi & 0 \\ 0 & 0 & 0 & 1 \end{bmatrix} \tag{2.59}$$

下一个方程为：

$$[\text{Rotz}(\psi)]^{-1}[\text{Trans}(u,v,w)]^{-1}\boldsymbol{T}_b^a = \text{Roty}(\theta)\text{Rot}x(\phi)$$

$$\begin{bmatrix} (r_{11}c\psi + r_{21}s\psi) & (r_{12}c\psi + r_{22}s\psi) & (r_{13}c\psi + r_{23}s\psi) & 0 \\ (-r_{11}s\psi + r_{21}c\psi) & (-r_{12}s\psi + r_{22}c\psi) & (-r_{13}s\psi + r_{23}c\psi) & 0 \\ r_{31} & r_{32} & r_{33} & 0 \\ 0 & 0 & 0 & 1 \end{bmatrix} = \begin{bmatrix} c\theta & s\theta s\phi & s\theta c\phi & 0 \\ 0 & c\phi & -s\phi & 0 \\ -s\theta & c\theta s\phi & c\theta c\phi & 0 \\ 0 & 0 & 0 & 1 \end{bmatrix} \tag{2.60}$$

根据 (3,1) 和 (1,1) 元素，可以得到：

$$\theta = \text{atan2}\left(-r_{31}, r_{11}c\psi + r_{21}s\psi\right) \tag{2.61}$$

这表示俯仰角可以由一个向量确定，该向量与在偏航旋转后的中间坐标系中表示的车辆的 x 轴重合。从方程（2.60）可知，反正切的参数是在坐标系 a 中表示的偏航后 x 轴单位向量的 y、z 分量。根据 (2,2) 和 (2,3) 元素，也可以成功求出 ϕ 的值。但是，我们在下一个方程再求 74
解 ϕ，这样便可以根据一个列向量，而不是行向量推导出结果。下一个方程为：

$$[\text{Roty}(\theta)]^{-1}[\text{Rotz}(\psi)]^{-1}[\text{Trans}(u,v,w)]^{-1}\boldsymbol{T}_b^a = \text{Rot}x(\phi)$$

$$\left[\begin{array}{c|c|c|c} c\theta(r_{11}c\psi + r_{21}s\psi) - r_{31}s\theta & c\theta(r_{12}c\psi + r_{22}s\psi) - r_{32}s\theta & c\theta(r_{13}c\psi + r_{23}s\psi) - r_{33}s\theta & 0 \\ (-r_{11}s\psi + r_{21}c\psi) & (-r_{12}s\psi + r_{22}c\psi) & (-r_{13}s\psi + r_{23}c\psi) & 0 \\ s\theta(r_{11}c\psi + r_{21}s\psi) + r_{31}c\theta & s\theta(r_{12}c\psi + r_{22}s\psi) + r_{32}c\theta & s\theta(r_{13}c\psi + r_{23}s\psi) + r_{33}c\theta & 0 \\ 0 & 0 & 0 & 1 \end{array}\right] \tag{2.62}$$

$$= \begin{bmatrix} 1 & 0 & 0 & 0 \\ 0 & c\phi & -s\phi & 0 \\ 0 & s\phi & c\phi & 0 \\ 0 & 0 & 0 & 1 \end{bmatrix}$$

根据 (2,2) 和 (2,3) 元素，可以得到：

$$\phi = \text{atan2}\left(s\theta(r_{12}c\psi + r_{22}s\psi) + r_{32}c\theta, -r_{12}s\psi + r_{22}c\psi\right) \tag{2.63}$$

这意味着横滚角可以由一个向量确定，该向量与在俯仰旋转后的中间坐标系中表示的车辆的 y 轴重合。从方程（2.62）可知，该反正切函数的参数是在坐标系 a 中表示的偏航后车辆 y 轴单位向量的 x、z 分量。

2.5.2　角速度和小角度

1. 欧拉（Euler）定理和坐标轴角度表示

根据欧拉定理，所有刚体在三维空间的旋转都可以由一个旋转轴和绕该轴旋转的角度表示。不管车辆本体如何从初始方向运动到最终方向，这一运动总可以由绕一个向量的旋转完成。通常用一个角度和一个单位向量来表示这一运动，即

$$\text{Rot}(\phi,\theta,\psi) \leftrightarrow \left(\hat{\boldsymbol{\Theta}}, \boldsymbol{\Theta}\right)$$

2. 方向的旋转向量表示

使用*旋转向量*[15]来表示上述的旋转非常有用。该旋转向量可以通过单位向量的各分量按比例缩放获得。缩放后得到的旋转向量的模与旋转角度的弧度值相同。令向量：

$$\underline{\boldsymbol{\Theta}} = \begin{bmatrix} \theta_x & \theta_y & \theta_z \end{bmatrix}^{\text{T}} \tag{2.64}$$ 75

根据上述约定可以表示空间中的一个旋转，它的模$|\underline{\Theta}|$表示旋转的角度大小。由此，可以得到单位向量：

$$\hat{\underline{\Theta}} = \underline{\Theta} / |\underline{\Theta}| \tag{2.65}$$

用来表示旋转轴。

需要特别注意的是，旋转向量并不是一个真正意义上的向量。例如，两个旋转向量以分量方式相加没有任何意义。但是有一种特殊情况除外，旋转向量可以与一个旋转微分进行向量求和，从而获得一个复合旋转。

3. 小角度和角速度

绕三根正交轴的复合微分旋转，可以用下面的微小旋转向量表示：

$$\mathrm{d}\underline{\Theta} = \begin{bmatrix} \mathrm{d}\theta_x & \mathrm{d}\theta_y & \mathrm{d}\theta_z \end{bmatrix}^{\mathrm{T}} \tag{2.66}$$

角速度$\underline{\omega}$定义为一个向量，该向量表示车辆本体的瞬时旋转，它的模等于方向变化率的大小。如果上述的旋转发生在时间段dt内，则角速度向量可以表达为：

$$\underline{\omega} = \frac{|\mathrm{d}\underline{\Theta}|}{\mathrm{d}t}\left(\frac{\mathrm{d}\underline{\Theta}}{|\mathrm{d}\underline{\Theta}|}\right) = \omega \mathrm{d}\hat{\underline{\Theta}} = \omega\hat{\underline{\omega}} \tag{2.67}$$

因此，车辆本体在一段极小的微分时间内，转过了一个极小的角度。

$$\mathrm{d}\underline{\Theta} = \underline{\omega}\mathrm{d}t = \begin{bmatrix} \omega_x & \omega_y & \omega_z \end{bmatrix}^{\mathrm{T}} \mathrm{d}t = \begin{bmatrix} \mathrm{d}\theta_x & \mathrm{d}\theta_y & \mathrm{d}\theta_z \end{bmatrix}^{\mathrm{T}} \tag{2.68}$$

进而，可以认为角速度是旋转向量关于时间的导数。

4. 小角度和反对称矩阵

将三角函数用其一阶近似代替，可以将前面介绍的旋转算子矩阵重写，由此可得：

$$\sin(\delta\theta) \approx \delta\theta \qquad \cos(\delta\theta) \approx 1$$

于是旋转算子变为：

$$\mathrm{Rot}x(\delta\phi) = \begin{bmatrix} 1 & 0 & 0 & 0 \\ 0 & 1 & -\delta\phi & 0 \\ 0 & \delta\phi & 1 & 0 \\ 0 & 0 & 0 & 1 \end{bmatrix} \quad \mathrm{Rot}y(\delta\theta) = \begin{bmatrix} 1 & 0 & \delta\theta & 0 \\ 0 & 1 & 0 & 0 \\ -\delta\theta & 0 & 1 & 0 \\ 0 & 0 & 0 & 1 \end{bmatrix} \quad \mathrm{Rot}z(\delta\psi) = \begin{bmatrix} 1 & -\delta\psi & 0 & 0 \\ \delta\psi & 1 & 0 & 0 \\ 0 & 0 & 1 & 0 \\ 0 & 0 & 0 & 1 \end{bmatrix}$$

76 通常，字母d表示一个微分（无穷小）量，而δ表示一个很小的有限量（通常为误差或扰动）。此外，∧表示一个有限变化量，它可能是也可能不是误差。上式中我们将d换成了δ，因为该结果将在本书的后续部分用于误差分析。请注意，使用上述变换进行的相关角度运算是线性的。现在定义复合旋转的微分：

$$\delta\underline{\Theta} = \begin{bmatrix} \delta\phi & \delta\theta & \delta\psi \end{bmatrix}^{\mathrm{T}} \tag{2.69}$$

将上述三个矩阵相乘，并消除其中产生的二阶项，只保留其一阶项：

$$\mathrm{Rot}x(\delta\phi)\mathrm{Rot}y(\delta\theta)\mathrm{Rot}z(\delta\psi) = \mathrm{Rot}(\delta\underline{\Theta}) = \begin{bmatrix} 1 & -\delta\psi & \delta\theta & 0 \\ \delta\psi & 1 & -\delta\phi & 0 \\ -\delta\theta & \delta\phi & 1 & 0 \\ 0 & 0 & 0 & 1 \end{bmatrix} \tag{2.70}$$

实际上，该结果与旋转顺序无关。虽然在三维空间中有限角度的旋转不满足交换律，但是无限小角度的旋转具有可交换性。

公式（2.70）通常写成一个单位矩阵与一个反对称矩阵的和的形式，这一点非常有用。

$$\mathrm{Rot}(\delta\underline{\boldsymbol{\Theta}}) = \boldsymbol{I} + \left[\delta\underline{\boldsymbol{\Theta}}\right]^{\times} \tag{2.71}$$

其中我们已经定义：

$$\mathrm{Skew}(\delta\underline{\boldsymbol{\Theta}}) = \left[\delta\underline{\boldsymbol{\Theta}}\right]^{\times} = \begin{bmatrix} 0 & -\delta\psi & \delta\theta & 0 \\ \delta\psi & 0 & -\delta\phi & 0 \\ -\delta\theta & \delta\phi & 0 & 0 \\ 0 & 0 & 0 & 0 \end{bmatrix} \tag{2.72}$$

2.5.3　欧拉角形式的角速度与方向变化率

根据之前的定义，横滚角、俯仰角和偏航角都是绕运动轴的旋转。因此，它们是欧拉角系列，更确切地说是 $z-y-x$ 的欧拉角序列。请注意，该序列中角度的命名对应着线性坐标轴的命名。为了方便，在后面会把欧拉角用向量表示：

$$\underline{\boldsymbol{\psi}} = \left[\phi \quad \theta \quad \psi\right]^{\mathrm{T}}$$

之后会在不同的场合使用几种不同的角度向量。有一些在前面已经出现过，每一个向量都会有一个不同的名称。

用欧拉角定义移动车辆的姿态也存在不足之处，横滚角、俯仰角和偏航角都不是积分量，实际上需要使用车载传感器来测定，例如陀螺仪。它们之间的关系也非常复杂。这部分内容将在本书的后续部分进行推导。 77

由角速度得出欧拉角变化率

欧拉角的角速率与角速度向量之间的关系是非线性的。同时，角度的测量既不是关于车辆本体坐标系，也不是关于导航坐标系。

总的角速度由三部分组成，每一部分都是绕中间坐标系的某一个轴测量得到。这些中间坐标系是在将导航坐标系逐步旋转到与车辆本体坐标系一致的过程中产生的。

$$\underline{\boldsymbol{\omega}}^{b} = \begin{bmatrix} \dot{\phi} \\ 0 \\ 0 \end{bmatrix} + \mathrm{rot}(x,\phi)\begin{bmatrix} 0 \\ \dot{\theta} \\ 0 \end{bmatrix} + \mathrm{rot}(x,\phi)\mathrm{rot}(y,\theta)\begin{bmatrix} 0 \\ 0 \\ \dot{\psi} \end{bmatrix}$$

$$\underline{\boldsymbol{\omega}}^{b} = \begin{bmatrix} \omega_x \\ \omega_y \\ \omega_z \end{bmatrix} = \begin{bmatrix} \dot{\phi} - s\theta\dot{\psi} \\ c\phi\dot{\theta} + s\phi c\theta\dot{\psi} \\ -s\phi\dot{\theta} + c\phi c\theta\dot{\psi} \end{bmatrix} = \begin{bmatrix} 1 & 0 & -s\theta \\ 0 & c\phi & s\phi c\theta \\ 0 & -s\phi & c\phi c\theta \end{bmatrix}\begin{bmatrix} \dot{\phi} \\ \dot{\theta} \\ \dot{\psi} \end{bmatrix} \tag{2.73}$$

该结果给出了如何在车辆本体坐标系中，用欧拉角的角速率表示移动车辆的角速度。请注意，当移动车辆位于水平位置时（即 $\phi=\theta=0$），因为车辆本体只绕 z 轴旋转，所以在 x、y 轴的输出分量都为 0，z 轴的输出分量正是我们需要的偏航角速度。把该关系以反向的形式表达出来也非常有用。可以使用替换方程式 $\omega_z c\phi + \omega_y s\phi = c\theta\dot{\psi}$ 和 $\omega_y c\phi - \omega_z s\phi = \dot{\theta}$ 来证明一定有下式成立：

$$\begin{bmatrix}\dot{\phi}\\\dot{\theta}\\\dot{\psi}\end{bmatrix}=\begin{bmatrix}\omega_x+\omega_y s\phi t\theta+\omega_z c\phi t\theta\\\omega_y c\phi-\omega_z s\phi\\\omega_y\dfrac{s\phi}{c\theta}+\omega_z\dfrac{c\phi}{c\theta}\end{bmatrix}=\begin{bmatrix}1 & s\phi t\theta & c\phi t\theta\\0 & c\phi & -s\phi\\0 & \dfrac{s\phi}{c\theta} & \dfrac{c\phi}{c\theta}\end{bmatrix}\begin{bmatrix}\omega_x\\\omega_y\\\omega_z\end{bmatrix} \tag{2.74}$$

专栏 2.5　*zyx* 欧拉角的角速度变换

车辆本体坐标系的角速度与 *zyx* 欧拉角的角速率之间在两个方向上的变换分别为：

$$\underline{\omega}^b=\begin{bmatrix}\omega_x\\\omega_y\\\omega_z\end{bmatrix}^b=\begin{bmatrix}1 & 0 & -s\theta\\0 & c\phi & s\phi c\theta\\0 & -s\phi & c\phi c\theta\end{bmatrix}\begin{bmatrix}\dot{\phi}\\\dot{\theta}\\\dot{\psi}\end{bmatrix}\qquad\begin{bmatrix}\dot{\phi}\\\dot{\theta}\\\dot{\psi}\end{bmatrix}=\begin{bmatrix}1 & s\phi t\theta & c\phi t\theta\\0 & c\phi & -s\phi\\0 & \dfrac{s\phi}{c\theta} & \dfrac{c\phi}{c\theta}\end{bmatrix}\begin{bmatrix}\omega_x\\\omega_y\\\omega_z\end{bmatrix}^b$$

78 这些结论将在本书中广泛使用。

2.5.4 轴角形式的角速度与方向变化率

角速度用三维旋转的轴角形式最容易定义。

1. 反对称矩阵和角速度

回顾小角度三维旋转中的反对称矩阵：

$$\mathrm{Skew}(\mathrm{d}\underline{\boldsymbol{\Theta}})=\left[\mathrm{d}\underline{\boldsymbol{\Theta}}\right]^{\times}=\begin{bmatrix}0 & -\mathrm{d}\theta_z & \mathrm{d}\theta_y\\\mathrm{d}\theta_z & 0 & -\mathrm{d}\theta_x\\-\mathrm{d}\theta_y & \mathrm{d}\theta_x & 0\end{bmatrix}$$

因此角速度也可以写成反对称矩阵的表达形式：

$$\boldsymbol{\Omega}=\mathrm{Skew}\left(\frac{\mathrm{d}\underline{\boldsymbol{\Theta}}}{\mathrm{d}t}\right)=\left[\underline{\omega}\right]^{\times}=\begin{bmatrix}0 & -\omega_z & \omega_y\\\omega_z & 0 & -\omega_x\\-\omega_y & \omega_x & 0\end{bmatrix}$$

2. 旋转矩阵的时间导数

假设有一个旋转矩阵表示两个随时间变化的坐标系之间的相对方向。在瞬时 k，将旋转矩阵记为 $\boldsymbol{R}_k^n$，我们要找一个符号表示该矩阵随时间的变化速率。将该矩阵从瞬时 k 到 $k+1$ 的变化表示为如图 2-26 所示的一个微小扰动。

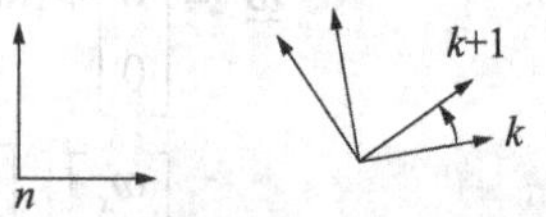

图 2-26　**旋转矩阵的扰动**。表示两坐标系之间关系的旋转矩阵在短时间内发生的微小变化

根据方程（2.71），我们可以用该微小扰动的形式写出在瞬时 $k+1$ 时的复合矩阵：

$$\boldsymbol{R}_{k+1}^n=\boldsymbol{R}_k^n\boldsymbol{R}_{k+1}^k=\boldsymbol{R}_k^n\left[\boldsymbol{I}+\left[\delta\underline{\boldsymbol{\Theta}}\right]^{\times}\right]$$

现在 $\boldsymbol{R}_k^n$ 关于时间的导数为：

$$\dot{\boldsymbol{R}}_k^n=\lim_{\delta t\to 0}\frac{\delta\boldsymbol{R}_k^n}{\delta t}=\lim_{\delta t\to 0}\frac{\left[\boldsymbol{R}_k^n(t+\delta t)-\boldsymbol{R}_k^n(t)\right]}{\delta t}$$

利用之前的结果有：

$$\dot{\boldsymbol{R}}_k^n = \lim_{\delta t \to 0} \frac{\left[\boldsymbol{R}_k^n \left[\boldsymbol{I} + \left[\delta \underline{\boldsymbol{\Theta}}\right]^\times\right] - \boldsymbol{R}_k^n\right]}{\delta t} = \lim_{\delta t \to 0} \frac{\boldsymbol{R}_k^n \left[\delta \underline{\boldsymbol{\Theta}}\right]^\times}{\delta t} = \boldsymbol{R}_k^n \lim_{\delta t \to 0} \frac{\left[\delta \underline{\boldsymbol{\Theta}}\right]^\times}{\delta t}$$

我们可以将 $\boldsymbol{R}_k^n$ 移到极限符号外面，因为它表示的是 k 时刻的旋转矩阵，而不是关于 k 的矩阵－值函数。现在等式右侧的极限仅仅是在坐标系 k 中表示的角速度的反对称矩阵，因为每一个新的扰动都是定义在新的移动轴上的。由此我们可以得出旋转矩阵随时间的变化速率： 79

$$\dot{\boldsymbol{R}}_k^n = \boldsymbol{R}_k^n \frac{\mathrm{d}\left[\underline{\boldsymbol{\Theta}}\right]^\times}{\mathrm{d}t} = \boldsymbol{R}_k^n \boldsymbol{\Omega}_k \tag{2.75}$$

倘若 $\boldsymbol{\Omega}_k$ 的各分量在移动坐标系 k 中表示时，下式成立：

$$\boldsymbol{\Omega}^k = \operatorname{Skew}\left({}^k\underline{\boldsymbol{\omega}}_k^n\right) = \begin{bmatrix} 0 & -\omega_z & \omega_y \\ \omega_z & 0 & -\omega_x \\ -\omega_y & \omega_x & 0 \end{bmatrix} \tag{2.76}$$

3. 由角速度求解方向余弦

我们可以使用之前的结果得出一个非常有用的矩阵积分，该积分式可以直接根据角速度求得表示姿态的旋转矩阵。假设矩阵 $\boldsymbol{\Omega}^k$ 在一个很短的时间段内保持不变。那么对应扰动 $\left[\mathrm{d}\underline{\boldsymbol{\Theta}}\right]^\times = \boldsymbol{\Omega}^k \mathrm{d}t$，我们可以通过一个巧妙的方法 [14] 来求得旋转矩阵的精确解。根据方程（2.75）有：

$$\boldsymbol{R}_{k+1}^n = \boldsymbol{R}_k^n \boldsymbol{R}_{k+1}^k = \boldsymbol{R}_k^n \int_{t_k}^{t_{k+1}} \boldsymbol{\Omega}^k \mathrm{d}\tau = \boldsymbol{R}_k^n \exp\left\{\left[\mathrm{d}\underline{\boldsymbol{\Theta}}\right]^\times\right\} \tag{2.77}$$

这里我们利用了：

$$\int_0^t \boldsymbol{A} \mathrm{d}\tau = \exp\{\boldsymbol{A}t\} \tag{2.78}$$

其中矩阵 $\boldsymbol{A}$ 为一个常数矩阵，$\exp\{\boldsymbol{A}t\}$ 为矩阵指数。非常方便的是，反对称矩阵具有封闭形式的矩阵指数：

$$\exp\left\{\underline{\boldsymbol{v}}^\times\right\} = \boldsymbol{I} + f_1(v)\left[\underline{\boldsymbol{v}}\right]^\times + f_2(v)\left(\left[\underline{\boldsymbol{v}}\right]^\times\right)^2 \tag{2.79}$$

其中

$$f_1(v) = \frac{\sin v}{v} \qquad f_2(v) = \frac{(1-\cos v)}{v^2} \tag{2.80}$$

因此，与角速度相关的微分角度向量可根据下式确定：

$$\boldsymbol{R}_{k+1}^k = \boldsymbol{I} + f_1(\mathrm{d}\Theta)\left[\mathrm{d}\underline{\boldsymbol{\Theta}}\right]^\times + f_2(\mathrm{d}\Theta)\left(\left[\mathrm{d}\underline{\boldsymbol{\Theta}}\right]^\times\right)^2 \tag{2.81}$$

其中 $\mathrm{d}t$ 为时间步长，$\mathrm{d}\Theta = \left|\mathrm{d}\underline{\boldsymbol{\Theta}}\right|$，并且 $\mathrm{d}\underline{\boldsymbol{\Theta}} = \underline{\boldsymbol{\omega}}\mathrm{d}t$。 80

2.5.5 参考文献与延伸阅读

Jordan 关于反对称矩阵的矩阵指数写在了他的 NASA 报告中。另外两篇参考文献讨论了在三维空间中姿态的表示问题。

[14] J. W. Jordan, An Accurate Strapdown Direction Cosine Algorithm, NASA TN-D-5384, Sept. 1969.

[15] M. D. Shuster, A Survey of Attitude Representations, *Journal of the Astronautical Sciences,* Vol. 41, No. 4, pp. 439–517, 1993.

[16] J. R. Wertz, ed., *Spacecraft Attitude Determination and Control,* Dordrecht, Holland, D. Riedel, 1978.

2.5.6 习题

1. 转换欧拉角约定

假设一个表达位姿的盒子按照 zyx 的欧拉角序列旋转，其横滚角为 ϕ、俯仰角为 θ、偏航角为 Ψ。这也意味着，将坐标从车辆本体坐标系转换到世界坐标系的复合旋转矩阵可以由下式确定：

$$R_b^w=\begin{bmatrix} c\psi & -s\psi & 0 \\ s\psi & c\psi & 0 \\ 0 & 0 & 1 \end{bmatrix}\begin{bmatrix} c\theta & 0 & s\theta \\ 0 & 1 & 0 \\ -s\theta & 0 & c\theta \end{bmatrix}\begin{bmatrix} 1 & 0 & 0 \\ 0 & c\phi & -s\phi \\ 0 & s\phi & c\phi \end{bmatrix}$$

$$R_b^w=\begin{bmatrix} c\psi c\theta & (c\psi s\theta s\phi - s\psi c\phi) & (c\psi s\theta c\phi + s\psi s\phi) \\ s\psi c\theta & (s\psi s\theta s\phi + c\psi c\phi) & (s\psi s\theta c\phi - c\psi s\phi) \\ -s\theta & c\theta s\phi & c\theta c\phi \end{bmatrix}$$

但是该盒子在移动车辆上没有正确安装，使得其 y 坐标轴朝前而 x 坐标轴朝向右侧。我们没有时间去更正这一错误，在这种情况下，使用盒子的欧拉角输出，请计算如果盒子正确安装时将会得到的欧拉角结果。安装正确，即盒子的 x 坐标轴朝前，y 坐标轴朝左。提示：不管使用何种形式的欧拉角约定，关联两个坐标系的 RPY 矩阵是唯一确定的。

2. 奇点附近位姿逆运动学

当俯仰角为 90° 或接近 90° 时，式（2.58）不能使用。这种情况下，俯仰角与偏航角的含义相同。请专门针对这种情况推导一种逆运动学特解的求解方法。

3. 反对称矩阵的指数

根据式（2.79）和式（2.80），通过计算 $[\underline{v}]^\times$ 的权重以计算矩阵指数 $\exp\left([\underline{v}]^\times\right)$，并同时需
81 要注意其表示形式。

2.6 传感器的运动学模型

2.6.1 摄像机的运动学模型

视觉成像传感器是移动机器人的常用传感器。为了使用这种传感器，必须对其成像过程进行建模。通常情况下，与此相关的变换都是非线性的。因此，它们不能全都用齐次变换建模。本节介绍对这些传感器进行建模所需的齐次变换和非线性方程。

透视投影

对于被动成像系统，光线通过透镜组，在一个叫 CCD（图像传感器）的敏感元件阵列或者焦平面阵列上形成一幅图像。这些系统包括普通摄像机和红外摄像机。从传感器坐标到图像平面的行、列坐标的变换是文艺复兴时期的艺术家们潜心研究的、广为人知的透视投影。

这种变换的特殊性体现在两个方面：一方面，该变换减少了一个输入向量维数，因此，导致信息的丢失；另一方面，它需要一个归一化步骤，即令输出除以一个系数来获得一个统一的比例因子。

在计算机视觉领域，尽管甚至有多种方法都可以对成像几何中的各种缺陷进行建模，但是这里将使用最简单实用的模型。针孔模型是摄像机最基本的模型（如图 2-27 所示），其中透镜的焦距用 f 表示。这样一个理想化的摄像机可以用齐次变换[18]的方法建模。变换可以通过如图所示的相似三角形原理推导出来。

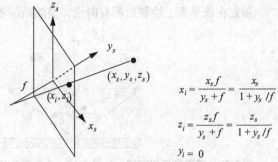

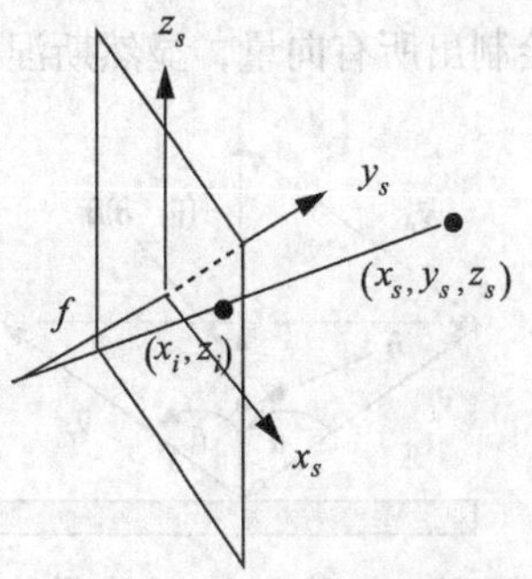

$$x_i = \frac{x_s f}{y_s + f} = \frac{x_s}{1 + y_s / f}$$

$$z_i = \frac{z_s f}{y_s + f} = \frac{z_s}{1 + y_s / f}$$

$$y_i = 0$$

图 2-27 **针孔摄像机模型**。很容易使用相似三角形原理来推导场景坐标和图像坐标之间的关系 82

于是这种变换关系可以表示为从场景坐标到图像坐标的一个矩阵算子。

$$r_i = \boldsymbol{P}_s^i r_s$$

$$\begin{bmatrix} x_i \\ y_i \\ z_i \\ w_i \end{bmatrix} = \begin{bmatrix} 1 & 0 & 0 & 0 \\ 0 & 0 & 0 & 0 \\ 0 & 0 & 1 & 0 \\ 0 & \frac{1}{f} & 0 & 1 \end{bmatrix} \begin{bmatrix} x_s \\ y_s \\ z_s \\ 1 \end{bmatrix} \qquad \boldsymbol{P}_s^i = \begin{bmatrix} 1 & 0 & 0 & 0 \\ 0 & 0 & 0 & 0 \\ 0 & 0 & 1 & 0 \\ 0 & \frac{1}{f} & 0 & 1 \end{bmatrix} \tag{2.82}$$

需要特别注意的一点是，所有的降维投影都是不可逆的。此矩阵第二行的所有元素都为 0，因此矩阵是奇异的。当然，这也是用单个摄像机难以测量场景几何参数的根本原因。为此，该变换使用专门的大写字母 $\boldsymbol{P}$ 来表示。

2.6.2 激光测距传感器的运动学模型

激光束镜面反射是多数两维激光测距仪的基本工作原理。在建模时，至少可以基于如下两种概念来建立变换关系：

- 激光束镜面反射；
- 认为激光束的运动由特定机构实现，进而构建该“机构”的正运动学。

对于这种传感器，了解并掌握*镜面增益*的概念非常重要。当激光束旋转的速度与镜面的旋转速度不同时，便产生了镜面增益。例如，本章后续部分将要讨论的方位扫描仪，其激光束的旋转速度是镜面旋转速度的两倍。

1. 反射算子

当激光束的平移变换可忽略不计时，可以使用这种方法。

根据斯涅耳（Snell）的光反射定律：

- 入射光线、法线与反射光线都位于同一平面内；
- 入射角等于反射角。

根据反射定律的这两条规则，可以用公式表示一个非常有用的矩阵算子，以描述当已知表面单位法向量时，任意表面的反射向量[17]。考虑一个向量 $\vec{v}_i$，该向量不必是单位向量，

撞击在一个反射表面的一点上，这个表面的单位法向量用 $\hat{n}$ 表示。如果入射向量和法向量不
83 平行，那么 $\vec{v}_i$ 和 $\hat{n}$ 共同确定一个平面，这个平面叫作*反射平面*。

首先在该平面上绘制出所有向量，显然斯涅尔定律（如图 2-28 所示）可以写成多种形式：

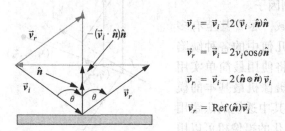

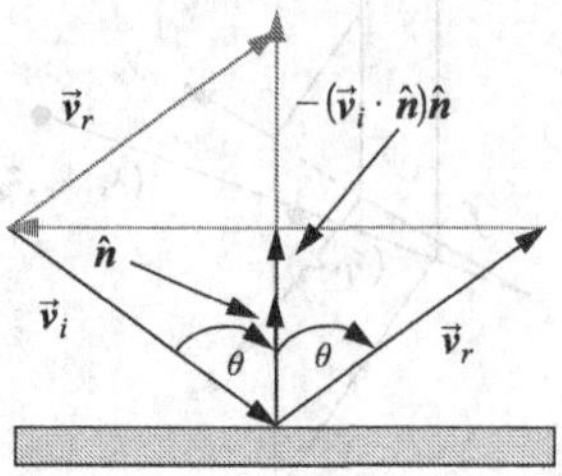

$$\vec{v}_r = \vec{v}_i - 2(\vec{v}_i\cdot\hat{n})\hat{n}$$

$$\vec{v}_r = \vec{v}_i - 2v_i\cos\theta\hat{n}$$

$$\vec{v}_r = \vec{v}_i - 2(\hat{n}\otimes\hat{n})\vec{v}_i$$

$$\vec{v}_r = \mathrm{Ref}(\hat{n})\vec{v}_i$$

图 2-28　**斯涅耳反射定律**。一种表达一个向量的反射向量的方法，即减去它在反射表面的法向量上投影的二倍

反射算子的矩阵表达式如下：

$$\mathrm{Ref}(\hat{n}) = \boldsymbol{I} - 2(\hat{n}\otimes\hat{n}) = \begin{bmatrix} 1-2n_xn_x & -2n_xn_y & -2n_xn_z \\ -2n_yn_x & 1-2n_yn_y & -2n_yn_z \\ -2n_zn_x & -2n_zn_y & 1-2n_zn_z \end{bmatrix} \tag{2.83}$$

上述矩阵就是著名的*豪斯霍尔德*（Householder）*变换*。构建该矩阵时，用到了法向量与其自身的外积 $(x\otimes y)$。所得结果，即反射向量，与法向量和入射向量表达在同一个坐标系中。请注意，反射向量相当于旋转两倍于入射向量与反射平面的法线（并非反射表面的法线）夹角的角度[⊖]。同样，矩阵折射算子也可以采用类似的方法来定义。

可以按如下方式对测距仪进行建模。激光束由一个单位向量表达，因为激光束的长度无关紧要。每一次镜面反射都对应一次反射变换。按照激光束在多个镜面的反射次序，依次将反射算子作用在单位入射向量上。最后，在初始坐标系中表达最终的反射结果。

专栏 2.6　激光测距仪的运动学建模

激光测距仪的运动学建模过程如下所示：

- 定义一个位于传感器安装板上，而且朝向方便的“传感器”坐标系；
- 定义单位向量表达式，其方向与激光束离开激光二极管（激光发生器）的方向相同；
- 在传感器坐标系中，以镜面转角函数的形式，写出各反射面的单位法向量表达式；
- 按照激光束在各反射面反射的次序，连乘各反射算子，计算反射向量；
- 结果是以各反射镜面转角表达的反射激光向量方向。

84 该分析结果给出的是以反射镜面转角函数表达的激光束方向，但没有表明激光束在空间中的精确位置。激光束的精确位置并不难计算，并且对确定反射镜面的尺寸大小也非常重要。然而从运动学计算的角度来看，光束的位置往往可以忽略。

2. 应用实例：方位扫描仪的运动学

*方位扫描仪*是一类有相同运动学特性的激光测距仪的通用名称（如图 2-29 所示）。在这

⊖ 反射平面指入射线、反射线和镜面法线所在的平面。这里的意思是反射向量绕反射平面的法线旋转两倍于入射角余角的角度。——译者注

种扫描仪中，激光光束首先在方位角上被旋转 / 反射，然后在俯仰角上再次被旋转 / 反射。为此，可以采用“多面体”方位镜和平面“俯仰”仰角镜的反射设计。反射镜的运动方式如图 2-29 所示。

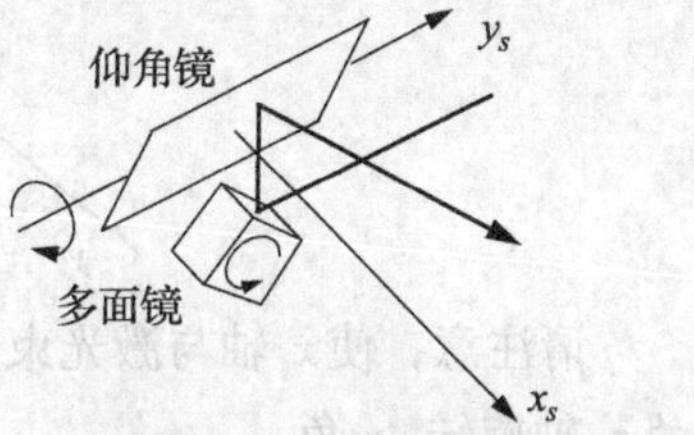

图 2-29 **方位扫描仪的运动学**。在这类设备的运动机制中，发射激光束先在方位方向上被旋转反射，然后在俯仰方向上被旋转反射

1）**正运动学**。坐标系 s 是固定在传感器上的坐标系，它的 x 坐标轴指向传感器前方，而 y 坐标轴指向传感器的左侧。激光束沿着 y_s 轴向负方向入射，被绕 x_s 轴旋转的多面镜的镜面反射，然后再经仰角镜面反射，最后沿着 x_s 轴的指向离开扫描仪外壳。

首先，从激光二极管发射出来的激光束被多面镜反射。通过观察，可以计算出多面镜的输出光束——请注意，输出光束的旋转角是镜面旋转角的两倍，因为这里是一个反射运算。入射向量和法向量都位于 z–y 平面内。设反射光与入射光绝对垂直的位置为转角基准[⊖]，则反射镜面旋转角度的基准位置即可确定。考虑一个输入光束 $\hat{v}_m$ 沿着 y_s 坐标轴方向入射，经过镜面反射后，考察后可知：

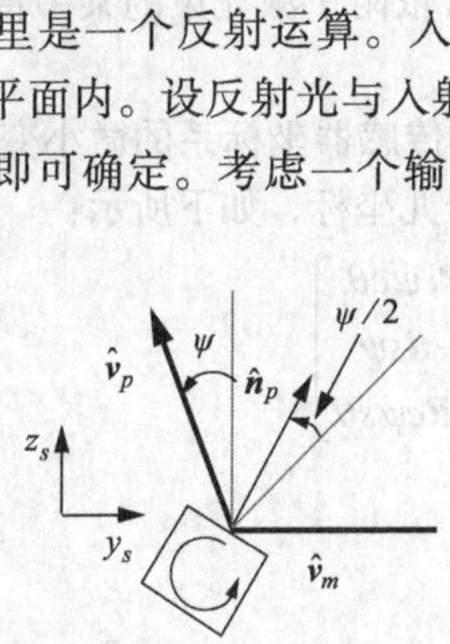

$$\hat{v}_m = \begin{bmatrix}0 & -1 & 0\end{bmatrix}^{\mathrm{T}}$$
$$\hat{v}_p = \mathrm{Ref}\left(\hat{n}_P\right)\hat{v}_m \tag{2.84}$$
$$\hat{v}_p = \begin{bmatrix}0 & -s\psi & c\psi\end{bmatrix}^{\mathrm{T}}$$

请注意，该向量位于上图所示的 y_s-z_s 平面内。现在，该光束还要被仰角镜反射。该反射可以等价于使光束绕一根同时与于 $\hat{v}_p$ 和 $\hat{n}_n$ 相垂直的轴旋转。因为 $\hat{v}_p$ 没有始终位于 x_s-z_s 平面内，所以 y_s 轴并不总是激光束反射的等价旋转轴。 85

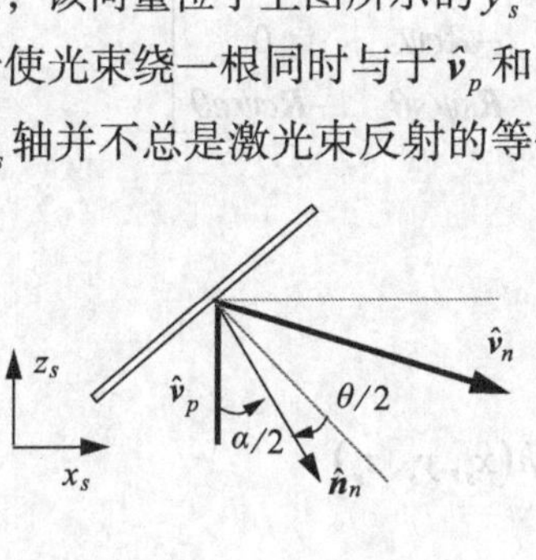

$$\hat{v}_p = \begin{bmatrix}0 & -s\psi & c\psi\end{bmatrix}^{\mathrm{T}}$$

$$\text{代入 } \frac{\alpha}{2} = \frac{\pi}{4} - \frac{\theta}{2}$$

$$\hat{n}_n = \begin{bmatrix}s\frac{\alpha}{2} & 0 & -c\frac{\alpha}{2}\end{bmatrix}^{\mathrm{T}}$$

$$\hat{v}_n = \mathrm{Ref}(\hat{n}_n)\hat{v}_p = \hat{v}_p - 2(\hat{v}_p \cdot \hat{n}_n)\hat{n}_n \tag{2.85}$$

$$\hat{v}_n = \begin{bmatrix}0 \\ -s\psi \\ c\psi\end{bmatrix} + 2c\psi\, c\frac{\alpha}{2}\begin{bmatrix}s\frac{\alpha}{2} \\ 0 \\ -c\frac{\alpha}{2}\end{bmatrix} = \begin{bmatrix}2c\psi\, c\frac{\alpha}{2}\left(s\frac{\alpha}{2}\right) \\ -s\psi \\ c\psi - 2c\psi\, c\frac{\alpha}{2}\left(c\frac{\alpha}{2}\right)\end{bmatrix} = \begin{bmatrix}c\psi\, s\alpha \\ -s\psi \\ -c\psi\, c\alpha\end{bmatrix} = \begin{bmatrix}c\psi\, s\left(\frac{\pi}{2}-\theta\right) \\ -s\psi \\ -c\psi\, c\left(\frac{\pi}{2}-\theta\right)\end{bmatrix}$$

$$\hat{v}_n = \begin{bmatrix}[c\psi\, c\theta] & -[s\psi] & -[c\psi\, s\theta]\end{bmatrix}^{\mathrm{T}}$$

这一结果可总结为方程（2.86），如下所示：

⊖ 如图中虚线所示。——译者注

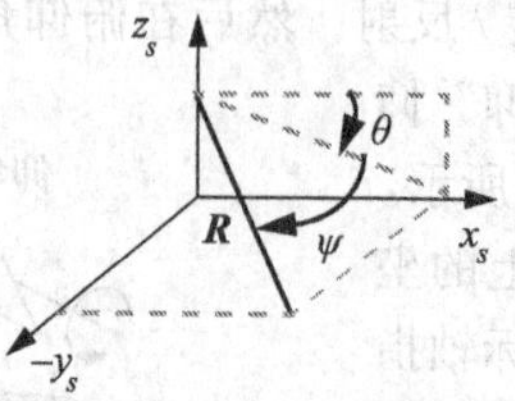

$$\underline{\nu}_s = \begin{bmatrix} x_s \\ y_s \\ z_s \end{bmatrix} = \begin{bmatrix} Rc\psi c\theta \\ -Rs\psi \\ -Rc\psi s\theta \end{bmatrix} \tag{2.86}$$

请注意，使x_s轴与激光束重合的变换运算，可以考虑成先绕y_s轴旋转θ角，然后再绕新的z_s轴旋转$-\psi$角：

$$R_{\text{beam}}^{\text{sensor}} = \text{Roty}(\theta)\text{Rotz}(-\psi) = \begin{bmatrix} c\theta c\psi & s\psi c\theta & s\theta \\ -s\psi & c\psi & 0 \\ -s\theta c\psi & -s\theta s\psi & c\theta \end{bmatrix}$$

该矩阵的第一列为一个沿激光束方向的单位向量（依附于激光束的某一特定坐标系的x轴），在传感器坐标系各个坐标轴上的投影。

2）**正向成像雅可比矩阵**。成像雅可比矩阵提供了传感器坐标系的微小变化量与图像中相应位置变化之间的关系。定义距离“像素”及其笛卡儿坐标，如下所示：

$$\underline{\nu}_i = \begin{bmatrix} R \\ \psi \\ \theta \end{bmatrix} \qquad \underline{\nu}_s = \begin{bmatrix} x_s \\ y_s \\ z_s \end{bmatrix} = \begin{bmatrix} Rc\psi c\theta \\ -Rs\psi \\ -Rc\psi s\theta \end{bmatrix}$$

86 那么雅可比矩阵为：

$$J_i^s = \frac{\partial \overline{\nu}^s}{\partial \overline{\nu}^i} = \begin{bmatrix} \dfrac{\partial x_s}{\partial R} & \dfrac{\partial x_s}{\partial \psi} & \dfrac{\partial x_s}{\partial \theta} \\ \dfrac{\partial y_s}{\partial R} & \dfrac{\partial y_s}{\partial \psi} & \dfrac{\partial y_s}{\partial \theta} \\ \dfrac{\partial z_s}{\partial R} & \dfrac{\partial z_s}{\partial \psi} & \dfrac{\partial z_s}{\partial \theta} \end{bmatrix} = \begin{bmatrix} c\psi c\theta & -Rs\psi c\theta & -Rc\psi s\theta \\ -s\psi & -Rc\psi & 0 \\ -c\psi s\theta & Rs\psi s\theta & -Rc\psi c\theta \end{bmatrix} \tag{2.87}$$

3）**逆运动学**。对正向变换求逆也很容易。

$$\begin{bmatrix} R \\ \psi \\ \theta \end{bmatrix} = \begin{bmatrix} \sqrt{x_s^2 + y_s^2 + z_s^2} \\ \text{atan}\left(-y_s / \sqrt{x_s^2 + z_s^2}\right) \\ \text{atan}\left(-z_s / x_s\right) \end{bmatrix} = h\left(x_s, y_s, z_s\right) \tag{2.88}$$

4）**逆成像雅可比矩阵**。成像雅可比矩阵提供了传感器坐标系的微小变化量与图像中相应位置变化之间的关系。该雅可比矩阵为：

$$\underline{\nu}_i = \begin{bmatrix} R \\ \psi \\ \theta \end{bmatrix} = \begin{bmatrix} \sqrt{x_s^2 + y_s^2 + z_s^2} \\ \text{atan}\left(-y_s / \sqrt{x_s^2 + z_s^2}\right) \\ \text{atan}\left(-z_s / x_s\right) \end{bmatrix} \qquad \underline{\nu}_s = \begin{bmatrix} x_s \\ y_s \\ z_s \end{bmatrix}$$

$$J_s^i = \frac{\partial \bar{v}^i}{\partial \bar{v}^s} = \begin{bmatrix} \frac{\partial R}{\partial x_s} & \frac{\partial R}{\partial y_s} & \frac{\partial R}{\partial z_s} \\ \frac{\partial \psi}{\partial x_s} & \frac{\partial \psi}{\partial y_s} & \frac{\partial \psi}{\partial z_s} \\ \frac{\partial \theta}{\partial x_s} & \frac{\partial \theta}{\partial y_s} & \frac{\partial \theta}{\partial z_s} \end{bmatrix} = \begin{bmatrix} \frac{x_s}{R} & \frac{y_s}{R} & \frac{z_s}{R} \\ \frac{x_s}{R^2}\left(\frac{y_s}{\sqrt{x_s^2+z_s^2}}\right) & \frac{-\sqrt{x_s^2+z_s^2}}{R^2} & \frac{z_s}{R^2}\left(\frac{y_s}{\sqrt{x_s^2+z_s^2}}\right) \\ \frac{z_s}{x_s^2+z_s^2} & 0 & \frac{-x_s}{x_s^2+z_s^2} \end{bmatrix}$$

5）**平坦地形的距离图像解析式**。已知基本运动学变换，可以进行很多分析计算。首先可以计算出完全平坦地形的距离图像的解析表达式（如图 2-30 所示）。

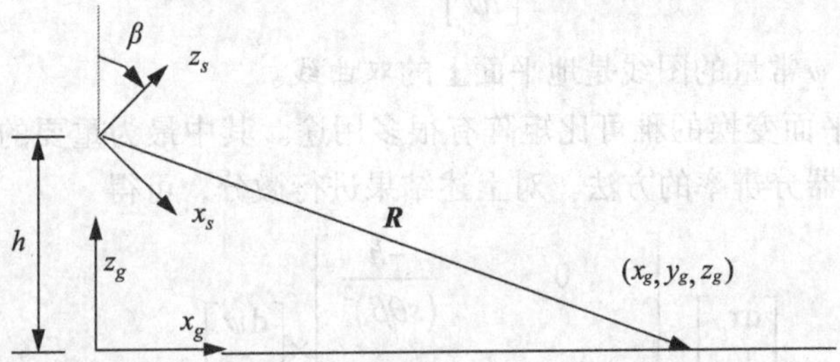

图 2-30 **确定平坦地形的距离图像的几何分析**。一个位于已知高度，并向前方倾斜的方位扫描仪生成的图像，可以通过计算得到封闭解

令传感器固定坐标系记为“s”，安装在一个高度为 h、向前倾角为 β 的位置。那么从传感器坐标到全局坐标的变换为： 87

$$\begin{aligned} x_g &= x_s c\beta + z_s s\beta \\ y_g &= y_s \\ z_g &= -x_s s\beta + z_s c\beta + h \end{aligned}$$

如果将运动学方程代入上式，那么从传感器极坐标到全局坐标的变换可表示为：

$$\begin{aligned} x_g &= (Rc\psi c\theta)c\beta + (-Rc\psi s\theta)s\beta = Rc\theta\beta c\psi \\ y_g &= -Rs\psi \\ z_g &= (-Rc\psi c\theta)s\beta - Rc\psi s\theta c\beta + h = h - Rs\theta\beta c\psi \end{aligned}$$

现在通过设置 $z_g = 0$，并求解 R，就可以得到在平坦地形情况下的 R 的表达式，它是一个关于光束角 ψ 和 θ 的角度的函数。这就是根据光束方位变换关系，获得的平坦地形情况下距离图像的解析表达式，即

$$R = h/(c\psi s\theta\beta) \tag{2.89}$$

请注意，当 R 足够大时，$s\theta\beta = h/R$ 成立。作为距离图像公式的验证，图 2-31 展示了一幅距离图像。其中，h=2.5，β=16.5°，水平（横向）视角为 140°，垂直（纵向）视角为 30°，在两个方向上的距离像素宽度均为 5mrads。它共包含 490 列和 105 行。图像强度的边缘分别对应 20 米、

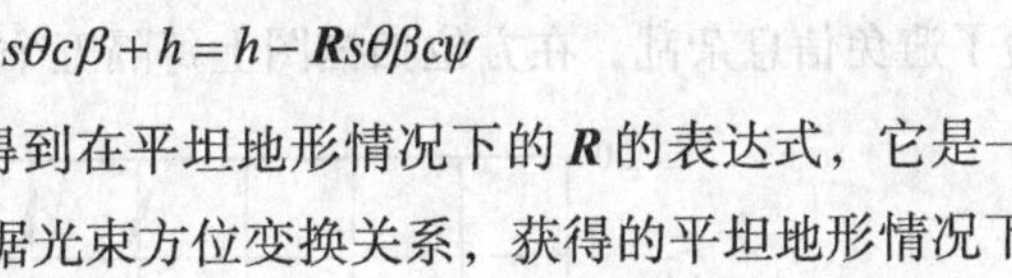

图 2-31 **方位扫描仪的平坦地形图像**。该图像对应一个高为 2.5 米和倾角为 16.5° 的对象。图像强度与距离成正比。为了利于可视化，弧形环绕边缘代表空间的间隔距离相等

40 米、60 米等恒定距离的轮廓。

距离轮廓的曲率是传感器运动学的固有特性，与传感器的倾角无关。把这个距离代入坐标变换方程，得到每束激光与地平面相交的坐标为：

$$x_g = h / t\theta\beta \qquad y_g = -ht\psi / s\theta\beta \qquad z_g = 0 \tag{2.90}$$

请注意，其中的 x 坐标与 ψ 无关，因此图像中的恒定仰角线是位于平坦地形表面上，沿着 x 坐标轴方向的直线。

根据上一个结论，可以通过消元法和代数运算来验证：

$$\left[\frac{y_g}{t\psi}\right]^2 - x_g^2 = h^2 \tag{2.91}$$

88 因此，对应各方位角 ψ 常量的图线是地平面上的双曲线。

6）**分辨率**。地平面变换的雅可比矩阵有很多用途。其中最为重要的是，它提供了一种在地平面上测量传感器分辨率的方法。对上述结果进行微分，可得

$$\begin{bmatrix} \mathrm{d}x_g \\ \mathrm{d}y_g \end{bmatrix} = \begin{bmatrix} 0 & \dfrac{-h}{(s\theta\beta)^2} \\ \dfrac{-h(\sec\psi)^2}{s\theta\beta} & \dfrac{ht\psi c\theta\beta}{(s\theta\beta)^2} \end{bmatrix} \times \begin{bmatrix} \mathrm{d}\psi \\ \mathrm{d}\theta \end{bmatrix} \tag{2.92}$$

雅可比行列式与微分面积之间的关系为：

$$\mathrm{d}x_g \mathrm{d}y_g = \left[\frac{(h\sec\psi)^2}{(s\theta\beta)^3}\right] \mathrm{d}\psi \mathrm{d}\theta \tag{2.93}$$

请注意，当 $\boldsymbol{R}$ 足够大并且 $\psi = 0$ 时，雅可比范数可近似为：

$$\left[\frac{(h\sec\psi)^2}{(s\theta\beta)^3}\right] \approx h^2 / \left(\frac{h}{\boldsymbol{R}}\right)^3 = \boldsymbol{R}^2 / \left(\frac{h}{\boldsymbol{R}}\right) \tag{2.94}$$

因此地面像素密度与距离的立方成正比。

7）**方位扫描模式**。扫描模式如图 2-32 所示，为了便于参考，在图上加了 10 米的网络。为了避免信息杂乱，在方位扫描图上每隔五个像素显示一个。

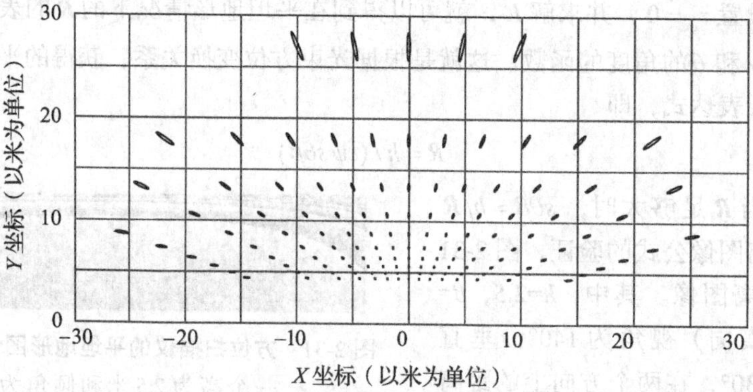

图 2-32　**方位扫描模式**。像素大小随着与扫描仪之间距离的增加，迅速扩散和增加。椭圆阵列（开向两侧）使我们联想到本文推导出的双曲线

2.6.3 参考文献与延伸阅读

Bass 等人的书涵盖辐射探测技术，其中包括反射算子；而 Hausner 等人推出的书从线性代数的视角来表示几何学；Hartley 的书介绍了针孔摄像机模型。

[17] Michael Bass, Virendra N. Mahajan, Eric Van Stryland, *Handbook of Optics: Design, Fabrication, and Testing; Sources and Detectors; Radiometry and Photometry*, McGraw-Hill, 2009.

[18] Richard Hartley and Andrew Zisserman, *Multiple View Geometry in Computer Vision*, Cambridge University Press, 2003.

[19] Melvin Hausner, *A Vector Space Approach to Geometry*, Dover, 1998. 89

2.6.4 习题

1. 仰角扫描仪的运动学

仰角扫描仪在运动学上是方位扫描仪的对偶形式。以这种方式配置时，两个反射镜的功能是相反的，光束与它们相遇的顺序也是相反的，具体如下图所示。

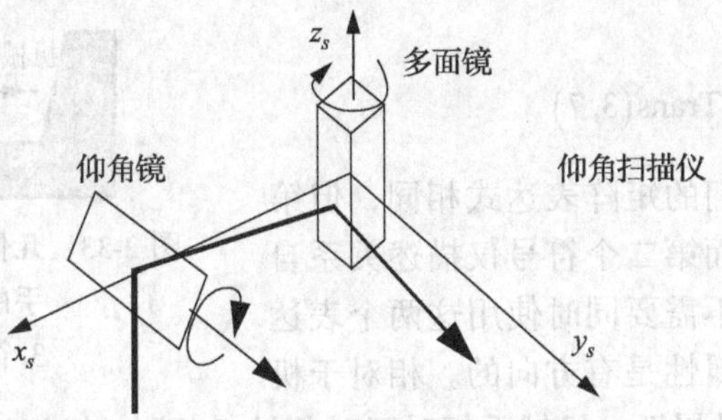

根据如下已知条件，请写出其正运动学方程和逆运动学方程。

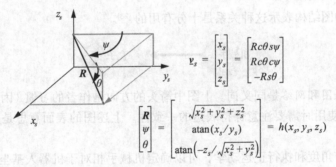

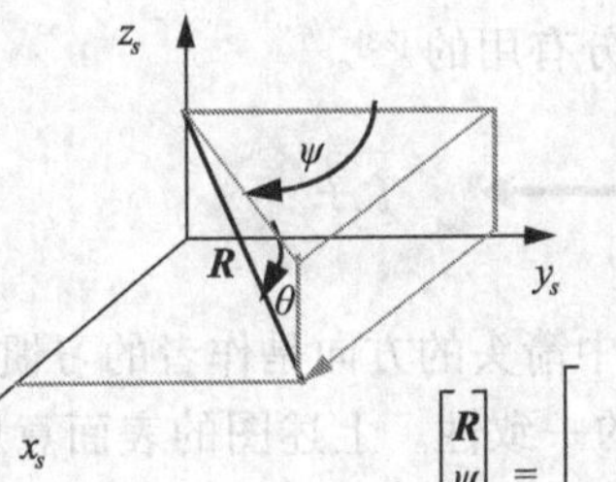

$$\underline{v}_s = \begin{bmatrix} x_s \\ y_s \\ z_s \end{bmatrix} = \begin{bmatrix} Rc\theta s\psi \\ Rc\theta c\psi \\ -Rs\theta \end{bmatrix}$$

$$\begin{bmatrix} \boldsymbol{R} \\ \psi \\ \theta \end{bmatrix} = \begin{bmatrix} \sqrt{x_s^2 + y_s^2 + z_s^2} \\ \mathrm{atan}(x_s/y_s) \\ \mathrm{atan}\left(-z_s/\sqrt{x_s^2 + y_s^2}\right) \end{bmatrix} = h(x_s, y_s, z_s)$$

2. 仰角扫描仪的视角

计算仰角扫描仪对平坦地形的距离图像的表达式，并证明地面图像中的对应某仰角常数的线为弧形，而对应方位角常数的线为径向射线。

2.7 变换图与位姿网络

2.7.1 关系变换

回想一下，正交齐次变换是对两个坐标系之间刚性空间关系的数学表达——可以形象地视为具有对应构型关系的两个刚体。更进一步，也可以用这种变换来表达某些一般属性。例如，按惯例给定坐标系和转角，存在下述二维变换： 90

$$T=\begin{bmatrix} c\frac{\pi}{3} & -s\frac{\pi}{3} & 3 \\ s\frac{\pi}{3} & c\frac{\pi}{3} & 7 \\ 0 & 0 & 1 \end{bmatrix}$$

该数学表达描述了如下属性："相对于某个对象，向右 3 个单位长度，向上 7 个单位长度，并旋转 60° 角"。

可以用两个具有上述相对属性的实际对象，把这种一般关系实例化（创建一个特定的实例）。想象一个安装在机械手上的视觉系统，可以计算出盒子相对于机械手所处的空间位置（如图 2-33 所示）。

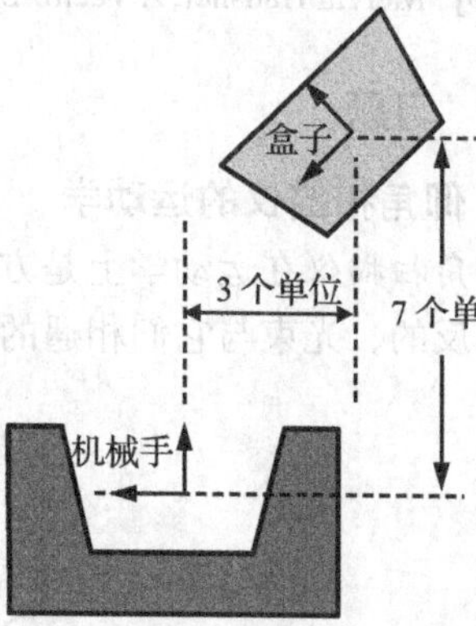

图 2-33　**几何关系实例**。盒子位于机械手的上方 7 个单位长度，右方 3 个单位长度，并旋转了 60°

我们可以利用符号 $T_{\text{box}}^{\text{hand}}$ 来表示这个实例中的关系。将该符号与下述描述非特定对象关系的一般符号进行对比：

$$\text{Rot}\left(\frac{\pi}{3}\right)\text{Trans}(3,7)$$

可以发现，虽然它们的矩阵表达式相同，但第一个符号与对象有关，而第二个符号仅描述关系自身。通常情况下，我们不需要同时使用这两个表达式。需要注意的是，该属性是有方向的。相对于机械手而言，盒子具有这种属性。机械手相对于对象具备不同（但相关）的关系。这一点在符号 $T_{\text{hand}}^{\text{box}}$ 中表现为不同的数字。

用如下所示的图结构表示这种关系是十分有用的[23]。

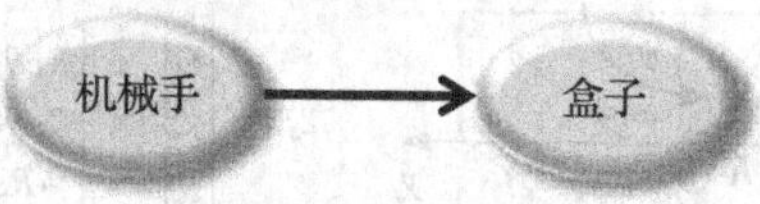

在这里，术语图和网络是同义词。上图中箭头的方向是作者的习惯（因为位姿描述与这个方向相同），在使用时需要注意保持表达的一致性。上述图的表面意思是盒子相对于机械手的位姿已知。

通过测量关节角度和执行正运动学，可以确定机械手相对于机器人基坐标系的位置（如
91 图 2-34 所示）。机器人基坐标系可能固定在一台移动机器人上，或其他位置。

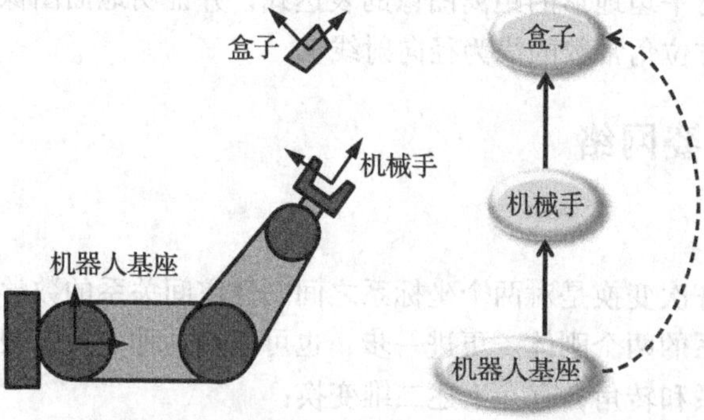

图 2-34　**复合几何关系**。机械手与基座之间的关系类似于盒子与机械手之间的关系

当基座坐标系、机械手坐标系和对象坐标系的相对位姿已知时，可以想象它们是用刚性杆连接的。直观地讲，所有对象相对其他对象的关系都是已知的。在本例中，由盒子到基座的变换（图中的点弧线），可计算如下：

$$\boldsymbol{T}_{\text{box}}^{\text{base}}=\boldsymbol{T}_{\text{hand}}^{\text{base}}\boldsymbol{T}_{\text{box}}^{\text{hand}}$$

尽管在最初的网络中实际上并没有类似的弧线。

1. 拓扑变换

拓扑学研究几何图形变形时保持不变的形状特征。在这里，主要是关于对象几何图形的连通性。连通性可传递。如果机械手与基座相连接，同时盒子又与机械手相连接，那么盒子和基座之间也具有连接关系。在网络的连接节点之间，存在连接路径。当每一对节点之间都存在一个连接路径时，称该网络完全连接。

2. 非线性图

在更为复杂的情况下，关系网络有时看起来更像树状结构（如图 2-35 所示）。在这里，世界坐标系为根节点。为了实现一个视觉跟踪算法，需要预测拐角相对于机器人在时间步长 $i+1$ 时的位姿。对 92 于这样的问题，假设某时间段内机器人在地板上“标记”了一系列坐标，有时非常有用。这样，不仅可以讨论机器人现在所处的位置，还能描述它曾经访问过的位置。

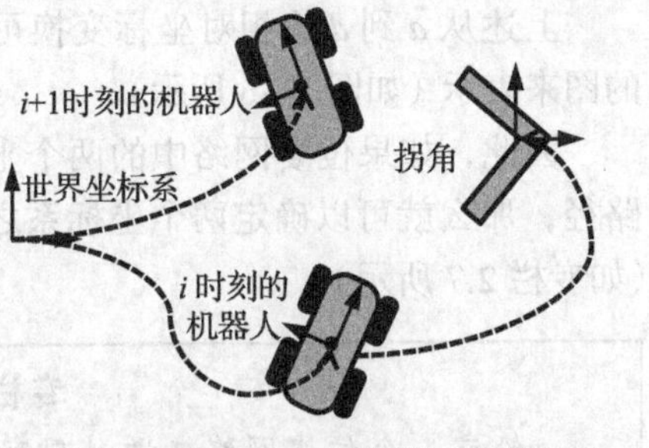

图 2-35 **变换树**。这张变换图为树状结构，经常会出现这种复杂而非循环的配置形式

3. 位姿与变换

三维 RPY 齐次变换包含了 6 个自由度的信息：

$$\boldsymbol{T}_b^a=\begin{bmatrix} c\psi c\theta & (c\psi s\theta s\phi - s\psi c\phi) & (c\psi s\theta s\phi + s\psi s\phi) & u \\ s\psi c\theta & (s\psi s\theta s\phi + c\psi c\phi) & (s\psi s\theta s\phi - c\psi s\phi) & v \\ -s\theta & c\theta s\phi & c\theta c\phi & w \\ 0 & 0 & 0 & 1 \end{bmatrix}$$

通常将它们整理到一个位姿“向量”中：

$$\underline{\boldsymbol{\rho}}_b^a=\begin{bmatrix} u & v & w & \phi & \theta & \psi \end{bmatrix}$$

上述的两个公式是对同一基本概念的两种不同表示方式。

如果给定位姿向量，它对应的变换矩阵 $\boldsymbol{T}_b^a$ 是唯一确定的，但是对于一个给定的变换矩阵，它对应的位姿向量却不是唯一的。这表现在两个方面：首先，得到变换矩阵对应的欧拉角形式共有 12 种，因为实现第一次旋转有三种选择，第二次旋转有两种选择，并且每次旋转都可以选择相对固定轴或移动轴；其次，无论怎么规定旋转，对于相同的 RPY 变换而言，都存在冗余解。

另外一个复杂性表现在：位姿本身并不是真正线性代数意义上的向量。两组有限欧拉角相加没有任何意义，但是把一组有限欧拉角和无穷小欧拉角相加却是合法的。对于三维旋转而言，变换矩阵是对两个位姿相对关系的数学表达，与常规向量相加最接近的运算是变换矩阵的相乘。例如，下列变换组合：

$$\boldsymbol{T}_c^a=\boldsymbol{T}_b^a\boldsymbol{T}_c^b$$

类似于

$$\underline{\boldsymbol{\rho}}_c^a = \underline{\boldsymbol{\rho}}_b^a + \underline{\boldsymbol{\rho}}_c^b$$

实际上，如果定义 $\boldsymbol{\rho}(\boldsymbol{T})$ 是表示根据变换生成位姿的操作，而 $\boldsymbol{T}(\boldsymbol{\rho})$ 为其逆，那么

$$\underline{\boldsymbol{\rho}}_c^a = \boldsymbol{\rho}\left[\boldsymbol{T}\left(\underline{\boldsymbol{\rho}}_b^a\right)\boldsymbol{T}\left(\underline{\boldsymbol{\rho}}_c^b\right)\right]$$

显然，齐次变换及其参数之间的等价适用于所有参数化矩阵，而不仅限于 RPY 矩阵。

2.7.2　位姿网络求解

顺序消去上、下角标的过程相当于在网络中查找一条路径。例如，如果想要下式成立：

$$\boldsymbol{T}_d^a = \boldsymbol{T}_b^a \boldsymbol{T}_c^b \boldsymbol{T}_d^c \tag{2.95}$$

93 上述从 a 到 d 的相对坐标变换可以用有三条边的图来表示（如图 2-36 所示）。

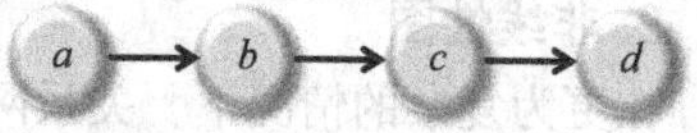

图 2-36　**线性网络**。这是方程式（2.95）的可视化表示

因此，如果位姿网络中的两个坐标系之间存在路径，那么就可以确定两个坐标系之间的相对位姿（如专栏 2.7 所示）。

> **专栏 2.7　位姿网络的求解**
>
> 给定一个位姿网络，通过观察，可以写出任意复杂的运动学方程。根据位姿网络写运动学方程的规则如下：
>
> - 写下已知量。按照大概的空间关系，画出涉及的坐标系。画出关系已知的边。
> - 确定从起点（上标）到终点（下标）的（一条）路径。
> - 按照遍历路径的顺序，从左到右写出算子矩阵。
> - 当边的箭头为相反的方向时，对这个变换矩阵求逆。
> - 代入所有已知的约束条件。
>
> 该过程将生成一个矩阵，表示最后一个本体坐标系相对于第一个坐标系的位置和方向；或者与此等效，把一个点的坐标从最后一个坐标系中变换到第一个坐标系中。

1. 自动化

将上述的求解过程自动化显然是没有问题的。已知一个位姿图数据结构，并且将位姿存储为数据结构的边属性，可以在软件中编写一个函数调用 `getTransform(Frame1, Frame2)`，找到路径并返回变换矩阵。

2. 应用实例：拾取托盘

机器人叉车上安装有视觉系统，可以看到托盘的前部。现在需要找到变换公式，以确定从机器人当前位姿到拾取托盘位姿之间的相对位姿变换。假设机器人必须使叉尖与托盘孔对齐在同一条直线上，摄像头读取的是叉车基座相对于托盘的位置信息。

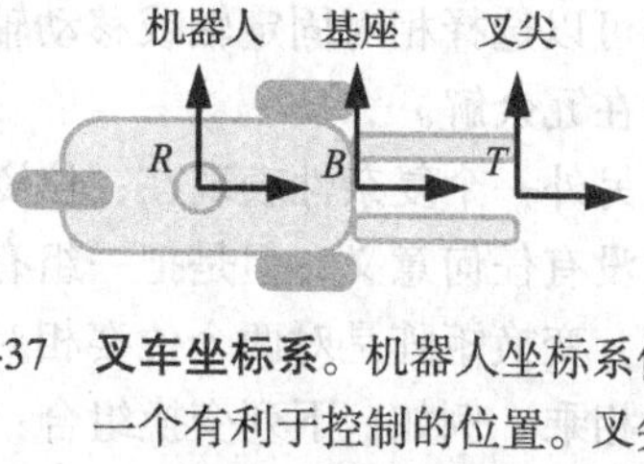

图 2-37　**叉车坐标系**。机器人坐标系位于一个有利于控制的位置。叉尖及其基座坐标系按照简化负载拾取操作的原则定义

首先，叉车上各坐标系的表示方法如图 2-37

94 所示，且它们之间的所有变换都是已知的。

现在，根据实际情况，在大致正确的位置绘制两辆叉车（其中的一辆位于“当前位置”，而另外一辆位于“目标位置”）和一个托盘。位于“目标位置”的叉尖坐标系与托盘表面（P）平齐，如图 2-38 所示。依据前述过程，将所有已知变换都绘制在如图 2-38 所示的位姿网络图中。

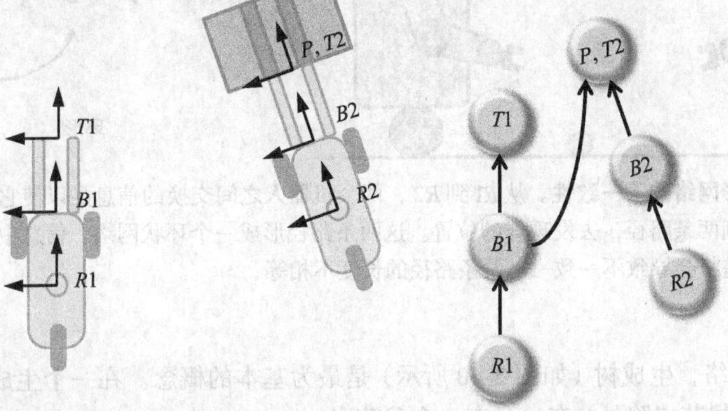

图 2-38 **运动学位置问题**。如果叉尖坐标系（$T2$）与托盘坐标系（P）对齐，相对于 $R1$ 而言，$R2$ 必须处于什么位置

现在，可以通过观察获得从 $R1$ 到 $R2$ 的路径：

$$\boldsymbol{T}_{R2}^{R1} = \boldsymbol{T}_{B1}^{R1}\boldsymbol{T}_{P}^{B1}\boldsymbol{T}_{T2}^{P}\boldsymbol{T}_{B2}^{T2}\boldsymbol{T}_{R2}^{B2}$$

把所有的已知约束代入，以获得更加实用的可计算表达形式。请注意，由于要求第二个叉尖坐标系与托盘面对齐，所以

$$\boldsymbol{T}_{T2}^{P} = \boldsymbol{I}$$

此外，对于依附于机器人本体的坐标系（对于该机器人而言），它们之间的变换关系是固定的。因此

$$\boldsymbol{T}_{B1}^{R1} = \boldsymbol{T}_{B}^{R} \qquad \boldsymbol{T}_{R2}^{B2} = \left(\boldsymbol{T}_{B}^{R}\right)^{-1} \qquad \boldsymbol{T}_{B2}^{T2} = \left(\boldsymbol{T}_{T}^{B}\right)^{-1}$$

把所有这些公式都代入，可以得到解：

$$\boldsymbol{T}_{R2}^{R1} = \boldsymbol{T}_{B}^{R}\boldsymbol{T}_{P}^{B1}\left(\boldsymbol{T}_{T}^{B}\right)^{-1}\left(\boldsymbol{T}_{B}^{R}\right)^{-1} \tag{2.96}$$

这种一个或者多个正 / 逆变换组成的“三明治”形态很常见。在本书后续的 7.2.5 节将介绍：为了完成所需要的运动，如何根据该结果实现转向功能。

2.7.3 过约束网络

在一个完全连接网络中添加边时，可能（几乎总是）会造成网络存在潜在的不一致性（如图 2-39 所示）。此时，网络变为环形网络。 95

不一致并不总是糟糕的事情。这种不一致通常能提供一些最为有用的信息，使我们可以认识到一些被忽略的东西，或者修正误差。通常，不一致性是客观存在的，一旦我们发现了，就可以开展工作来最终解决它。

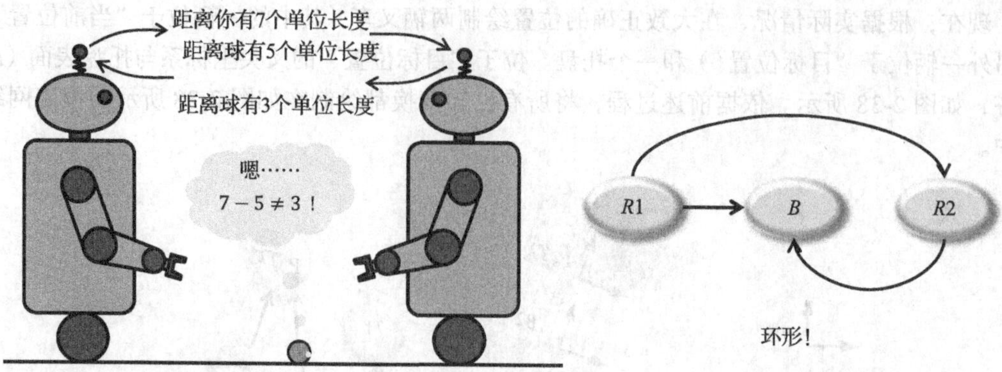

图 2-39 **环形网络的不一致性**。从 $R1$ 到 $R2$，两个机器人之间交换的信息足以使它们在网络中找到两条路径，去发现球的位置。这两条路径形成一个环状网络。信息中出现的任何误差将会导致不一致——两条路径的长度不相等

1. 生成树

对于环形网络，生成树（如图 2-40 所示）是最为基本的概念。在一个生成树中，每个节点（任意选取的根节点除外）有且只有一个父节点：

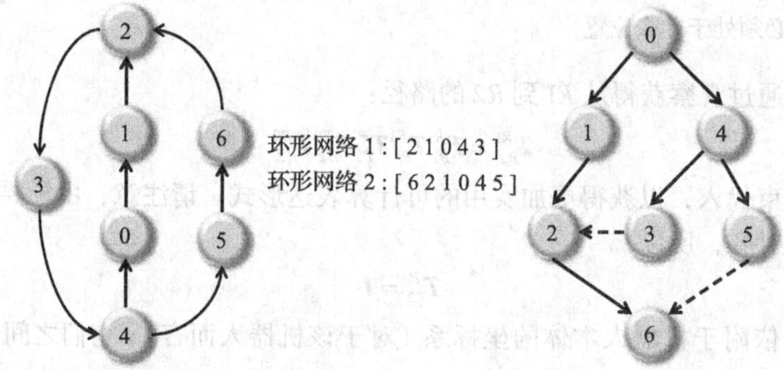

图 2-40 **生成树**。如果任意选定节点 0 为根节点，可获得右侧的生成树。其中被遗漏的两条边意味着这个图中有两个独立的环形网络

一旦生成树构建完成，就可以得到两个重要结论：

- 生成树中的任意两个节点之间只存在一条唯一的无环路径。
- 在初始网络而非生成树中，使一个独立环（回环）闭合的任意一边，是生成树以编码表达的圈基成员之一。

无论多么复杂的网络，总是可以通过选择一个根节点并创建一个生成树的方式，在两个节点之间找到一条唯一的路径。从起始节点到根节点再到结束节点的边，就构成所需路径。如果生成树的边是指向每个节点的父节点的，这条路径很容易找到。

2. 圈基

96 圈基是网络中独立环的集合。请注意，如果有 N 个节点，则生成树含有 $N-1$ 条边。如果初始网络中有 E 条边，则必有

$$L = E - (N - 1) = E - N + 1$$

个独立环。这一结论对后续内容中高效构建稀疏图和稀疏马赛克图非常重要。

2.7.4 用于一般位置坐标系的微分运动学

当存在各种约束时，某个位姿的微小扰动如何影响其他位姿？本节将从这个角度考虑位姿网络的微分运动学问题。

回顾一下，二维平面中的变换矩阵可以表示如下：

$$\boldsymbol{T}_j^i = \begin{bmatrix} c\psi_j^i & -s\psi_j^i & a_j^i \\ s\psi_j^i & c\psi_j^i & b_j^i \\ 0 & 0 & 1 \end{bmatrix}$$

上式对位于“一般位置”的两个坐标系的关系建立了数学表达式。将上述关系进行可视化是非常有用的，这可以通过如下方式来完成：绘制一个坐标系 j，它相对于坐标系 i 沿 x 和 y 轴有正向位移，并有正向的旋转。

与之类似，我们会发现，在一个任意的一般位置，相对于坐标系 j 放置第三个坐标系（如图 2-41 所示）也非常有用。

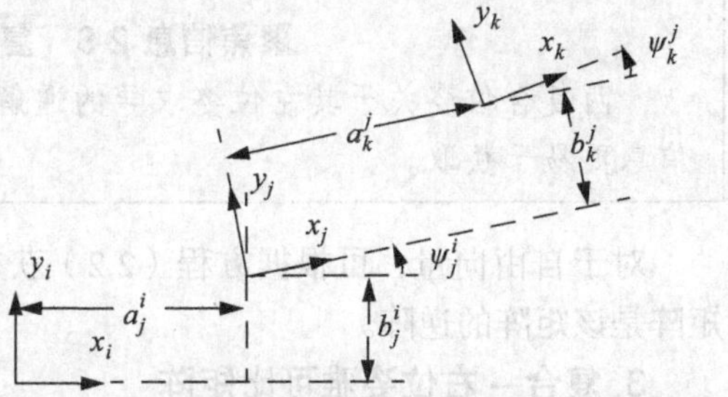

图 2-41 **一般位置坐标系**。三个坐标系如图所示，它们相对于彼此都位于任意的一般位置。图中所有坐标系位姿向量中的元素都为正数

1. 位姿合成

坐标系 k 相对于坐标系 i 的位姿可以根据复合变换进行推导：

$$\boldsymbol{T}_k^i = \begin{bmatrix} c\psi_j^i & -s\psi_j^i & a_j^i \\ s\psi_j^i & c\psi_j^i & b_j^i \\ 0 & 0 & 1 \end{bmatrix} \begin{bmatrix} c\psi_k^j & -s\psi_k^j & a_k^j \\ s\psi_k^j & c\psi_k^j & b_k^j \\ 0 & 0 & 1 \end{bmatrix} = \begin{bmatrix} c\psi_k^i & -s\psi_k^i & c\psi_j^i a_k^j - s\psi_j^i b_k^j + a_j^i \\ s\psi_k^i & c\psi_k^i & s\psi_j^i a_k^j + c\psi_j^i b_k^j + b_j^i \\ 0 & 0 & 1 \end{bmatrix} \tag{2.97}$$

针对相对位姿，引入如下所示的标识符号：

$$\underline{\boldsymbol{\rho}}_j^i = \begin{bmatrix} a_j^i & b_j^i & \psi_j^i \end{bmatrix}$$

此标识符表示在坐标系 i 中，对坐标系 j 的位姿表达。根据方程（2.97），可以直接读取结果， 97
从而相对于坐标系 i 和 k 的相对位姿为：

$$\begin{aligned} a_k^i &= c\psi_j^i a_k^j - s\psi_j^i b_k^j + a_j^i \\ b_k^i &= s\psi_j^i a_k^j + c\psi_j^i b_k^j + b_j^i \\ \psi_k^i &= \psi_j^i + \psi_k^j \end{aligned} \tag{2.98}$$

该结果可以看作定义位姿合成运算的公式，用“*”表示如下：

$$\underline{\boldsymbol{\rho}}_k^i = \underline{\boldsymbol{\rho}}_j^i * \underline{\boldsymbol{\rho}}_k^j \tag{2.99}$$

对于出现在该表达式中的三个位姿向量，会有这样一个合理的问题：当第二个位姿有微小的变化，而第三个位姿保持不变时，第一个位姿会发生怎样的变化？由于上式中的第一项有三种选择，第二项有两种选择，所以最多可以定义 6 种位姿合成表达式。定义 $\underline{\boldsymbol{\rho}}_k^i$ 叫作复合位姿，$\underline{\boldsymbol{\rho}}_j^i$ 叫作复合位姿的*左*位姿，$\underline{\boldsymbol{\rho}}_k^j$ 叫作复合位姿的*右*位姿。

2. 复合 – 左位姿雅可比矩阵

假设坐标系 k 和坐标系 j（*右侧*）之间的关系保持不变，而坐标系 j 和坐标系 i（*左侧*）之

间的关系是可变的。如果相对于坐标系 i 移动坐标系 j，那么坐标系 k 相对于坐标系 i 也会发生移动。

对方程（2.98）求导，其复合 – 左位姿雅可比矩阵为：

$$J_{ij}^{ik}=\frac{\partial \underline{\rho}_k^i}{\partial \underline{\rho}_j^i}=\begin{bmatrix}1 & 0 & -\left(s\psi_j^i a_k^j+c\psi_j^i b_k^j\right)\\ 0 & 1 & \left(c\psi_j^i a_k^j-s\psi_j^i b_k^j\right)\\ 0 & 0 & 1\end{bmatrix}=\begin{bmatrix}1 & 0 & -{}^i b_k^j\\ 0 & 1 & {}^i a_k^j\\ 0 & 0 & 1\end{bmatrix}=\begin{bmatrix}1 & 0 & -\left(b_k^i-b_j^i\right)\\ 0 & 1 & \left(a_k^i-a_j^i\right)\\ 0 & 0 & 1\end{bmatrix}\qquad(2.100)$$

聚焦信息 2.8　复合 – 左位姿雅可比矩阵

两复合位姿关于其左位姿求导的通解。这两种表达形式都非常有用——取决于哪种信息更易于获取。

对于自由向量，可根据方程（2.2）获得后一种表达形式。显然，左 – 复合位姿雅可比矩阵是该矩阵的逆阵。

3. 复合 – 右位姿雅可比矩阵

假设坐标系 j 和坐标系 i 之间的相对关系不变，而坐标系 k 和坐标系 j 之间的关系可变。

98 显然，如果坐标系 k 相对于坐标系 j 移动，那么坐标系 k 相对于坐标系 i 也会发生移动。

复合 – 右位姿雅可比矩阵可表示为：

$$J_{jk}^{ik}=\frac{\partial \underline{\rho}_k^i}{\partial \underline{\rho}_k^j}=\begin{bmatrix}c\psi_j^i & -s\psi_j^i & 0\\ s\psi_j^i & c\psi_j^i & 0\\ 0 & 0 & 1\end{bmatrix}\qquad(2.101)$$

聚焦信息 2.9　复合 – 右位姿雅可比矩阵

两复合位姿关于其右复合位姿求导的通解。

右 – 复合位姿雅可比（Jacobian）矩阵是该矩阵的逆阵。

4. 右 – 左位姿雅可比矩阵

我们还可以令 $\underline{\rho}_k^i$ 的关系保持不变，计算另外其他两种位姿的相对敏感性。重写方程（2.98）来分离 $\underline{\rho}_k^j$：

$$\begin{bmatrix}a_k^i-a_j^i\\ b_k^i-b_j^i\end{bmatrix}=\begin{bmatrix}c\psi_j^i & -s\psi_j^i\\ s\psi_j^i & c\psi_j^i\end{bmatrix}\begin{bmatrix}a_k^j\\ b_k^j\end{bmatrix}\Rightarrow\begin{bmatrix}a_k^j\\ b_k^j\end{bmatrix}=\begin{bmatrix}c\psi_j^i & s\psi_j^i\\ -s\psi_j^i & c\psi_j^i\end{bmatrix}\begin{bmatrix}a_k^i-a_j^i\\ b_k^i-b_j^i\end{bmatrix}=\begin{bmatrix}c\psi_j^i & s\psi_j^i\\ -s\psi_j^i & c\psi_j^i\end{bmatrix}\begin{bmatrix}{}^i a_k^j\\ {}^i b_k^j\end{bmatrix}\qquad(2.102)$$

$$\psi_k^i-\psi_j^i=\psi_k^j\qquad\qquad \psi_k^j=\psi_k^i-\psi_j^i$$

现在如果 $\underline{\rho}_j^i$ 可变，右位姿关于左位姿的右 – 左位姿雅可比矩阵为方程（2.102）的导数：

$$J_{ij}^{ik}=\frac{\partial \underline{\rho}_k^j}{\partial \underline{\rho}_j^i}=\begin{bmatrix}-\begin{bmatrix}c\psi_j^i & s\psi_j^i\\ -s\psi_j^i & c\psi_j^i\end{bmatrix} & \begin{bmatrix}-s\psi_j^i & c\psi_j^i\\ -c\psi_j^i & -s\psi_j^i\end{bmatrix}\begin{bmatrix}{}^i a_k^j\\ {}^i b_k^j\end{bmatrix}\\ \begin{bmatrix}0 & 0\end{bmatrix} & -1\end{bmatrix}=-\begin{bmatrix}\begin{bmatrix}c\psi_j^i & s\psi_j^i\\ -s\psi_j^i & c\psi_j^i\end{bmatrix} & \begin{bmatrix}-s\psi_i^j & -c\psi_i^j\\ c\psi_i^j & -s\psi_i^j\end{bmatrix}\begin{bmatrix}{}^i a_k^j\\ {}^i b_k^j\end{bmatrix}\\ \begin{bmatrix}0 & 0\end{bmatrix} & -1\end{bmatrix}$$

$$\boldsymbol{J}_{ij}^{ik}=\frac{\partial\underline{\boldsymbol{\rho}}_k^j}{\partial\underline{\boldsymbol{\rho}}_j^i}=-\begin{bmatrix} c\psi_j^i & s\psi_j^i & -b_k^j \\ -s\psi_j^i & c\psi_j^i & a_k^j \\ 0 & 0 & 1 \end{bmatrix} \tag{2.103}$$

聚焦信息 2.10　右 – 左位姿雅可比矩阵

如果复合位姿固定，两复合位姿的右位姿关于左位姿求导的通解。

显然，可以定义一个等价的*左* – *右*位姿雅可比矩阵，它是这一矩阵的逆阵。 99

5. 复合内部位姿雅可比矩阵

最一般的情况是：一序列复合位姿关于序列中任意位姿的雅可比矩阵的偏导数。考虑图 2-42。

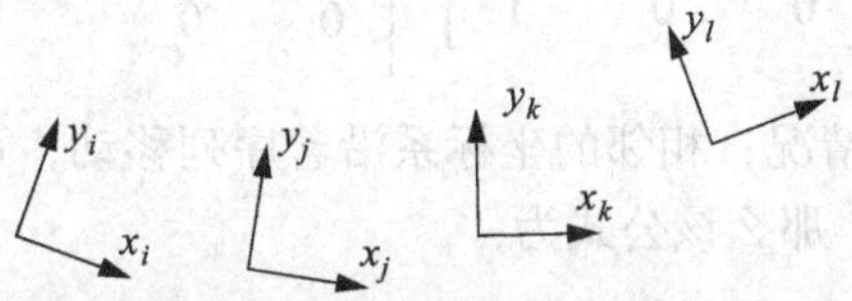

图 2-42　**建立复合内部位姿雅可比矩阵**。如图所示 4 个坐标系，相对于彼此，它们都位于任意的一般位置。我们对微分变元 $\underline{\boldsymbol{\rho}}_l^i$ 相对于微分变元 $\underline{\boldsymbol{\rho}}_k^j$ 的关系感兴趣

通过链式法则，$\underline{\boldsymbol{\rho}}_l^i$ 的雅可比矩阵关于 $\underline{\boldsymbol{\rho}}_k^j$ 的雅可比矩阵为复合 – 左与复合 – 右雅可比矩阵的乘积：

$$\boldsymbol{J}_{jk}^{il}=\frac{\partial\underline{\boldsymbol{\rho}}_l^i}{\partial\underline{\boldsymbol{\rho}}_k^j}=\left(\frac{\partial\underline{\boldsymbol{\rho}}_l^i}{\partial\underline{\boldsymbol{\rho}}_k^i}\right)\left(\frac{\partial\underline{\boldsymbol{\rho}}_k^i}{\partial\underline{\boldsymbol{\rho}}_k^j}\right)=\boldsymbol{J}_{ik}^{il}\boldsymbol{J}_{jk}^{ik}$$

$$\boldsymbol{J}_{jk}^{il}=\frac{\partial\underline{\boldsymbol{\rho}}_l^i}{\partial\underline{\boldsymbol{\rho}}_k^j}=\begin{bmatrix} 1 & 0 & -\left(b_l^i-b_k^i\right) \\ 0 & 1 & \left(a_l^i-a_k^i\right) \\ 0 & 0 & 1 \end{bmatrix}\begin{bmatrix} c\psi_j^i & -s\psi_j^i & 0 \\ s\psi_j^i & c\psi_j^i & 0 \\ 0 & 0 & 1 \end{bmatrix} \tag{2.104}$$

$$\boldsymbol{J}_{jk}^{il}=\frac{\partial\underline{\boldsymbol{\rho}}_l^i}{\partial\underline{\boldsymbol{\rho}}_k^j}=\begin{bmatrix} c\psi_j^i & -s\psi_j^i & -{}^i b_l^k \\ s\psi_j^i & c\psi_j^i & {}^i a_l^k \\ 0 & 0 & 1 \end{bmatrix}=\begin{bmatrix} c\psi_j^i & -s\psi_j^i & -\left(b_l^i-b_k^i\right) \\ s\psi_j^i & c\psi_j^i & \left(a_l^i-a_k^i\right) \\ 0 & 0 & 1 \end{bmatrix}$$

聚焦信息 2.11　复合 – 内部位姿雅可比矩阵

任意数量的复合位姿关于其中任意位姿求导的通解。

该结果中包含从 j 到 i 的旋转矩阵，以及在坐标系 i 中表示的，从 k 到 l 的连接向量。请注意，当 $i=j$ 时，右半部分为一个单位矩阵，我们将得到复合 – 左位姿雅可比矩阵 $\boldsymbol{J}_{ik}^{il}$；当 $k=l$ 时，左半部分为一个单位矩阵，我们将得到复合 – 右位姿雅可比矩阵 $\boldsymbol{J}_{jk}^{ik}$。因此，上文提到的所有 6 种位姿雅可比矩阵都是这种情况的特例。上述矩阵的逆，也就是雅可比矩阵的逆，用矩阵乘积求逆公式可以很容易得到。

100 通过改变链式法则中的中间位姿，可以得到第二种计算该雅可比矩阵的方法。这种方式产生复合－右和复合－左位姿雅可比矩阵的乘积：

$$\boldsymbol{J}_{jk}^{il}=\frac{\partial\underline{\boldsymbol{\rho}}_{l}^{i}}{\partial\underline{\boldsymbol{\rho}}_{k}^{j}}=\left(\frac{\partial\underline{\boldsymbol{\rho}}_{l}^{i}}{\partial\underline{\boldsymbol{\rho}}_{k}^{j}}\right)\left(\frac{\partial\underline{\boldsymbol{\rho}}_{k}^{j}}{\partial\underline{\boldsymbol{\rho}}_{k}^{j}}\right)=\boldsymbol{J}_{jl}^{il}\boldsymbol{J}_{jk}^{jl}$$

$$\boldsymbol{J}_{jk}^{il}=\frac{\partial\underline{\boldsymbol{\rho}}_{l}^{i}}{\partial\underline{\boldsymbol{\rho}}_{k}^{j}}=\begin{bmatrix}c\psi_{j}^{i} & -s\psi_{j}^{i} & 0\\ s\psi_{j}^{i} & c\psi_{j}^{i} & 0\\ 0 & 0 & 1\end{bmatrix}\begin{bmatrix}1 & 0 & -\left(b_{l}^{j}-b_{k}^{j}\right)\\ 0 & 1 & \left(a_{l}^{j}-a_{k}^{j}\right)\\ 0 & 0 & 1\end{bmatrix}\tag{2.105}$$

$$\boldsymbol{J}_{jk}^{il}=\frac{\partial\underline{\boldsymbol{\rho}}_{l}^{i}}{\partial\underline{\boldsymbol{\rho}}_{k}^{j}}=\begin{bmatrix}c\psi_{j}^{i} & -s\psi_{j}^{i} & -{}^{i}b_{l}^{k}\\ s\psi_{j}^{i} & c\psi_{j}^{i} & {}^{i}a_{l}^{k}\\ 0 & 0 & 1\end{bmatrix}=\begin{bmatrix}c\psi_{j}^{i} & -s\psi_{j}^{i} & -\left(b_{l}^{i}-b_{k}^{i}\right)\\ s\psi_{j}^{i} & c\psi_{j}^{i} & \left(a_{l}^{i}-a_{k}^{i}\right)\\ 0 & 0 & 1\end{bmatrix}$$

考虑这样一种更一般的情况：相邻的坐标系沿着序列移动，可以计算一系列这种雅可比矩阵。令 $j=n$ 并且 $k=n+1$，那么该公式为：

$$\boldsymbol{J}_{jk}^{il}=\frac{\partial\underline{\boldsymbol{\rho}}_{l}^{i}}{\partial\underline{\boldsymbol{\rho}}_{n+1}^{n}}=\begin{bmatrix}c\psi_{n}^{i} & -s\psi_{n}^{i} & -\left(b_{l}^{i}-b_{n+1}^{i}\right)\\ s\psi_{n}^{i} & c\psi_{n}^{i} & \left(a_{l}^{i}-a_{n+1}^{i}\right)\\ 0 & 0 & 1\end{bmatrix}$$

矩阵左上 2×2 为旋转矩阵 $\boldsymbol{R}_{n}^{a}$，第三列由位置矩阵 $\underline{\boldsymbol{x}}_{n+1}^{a}$ 确定（这两者都是 $\boldsymbol{T}_{i}^{a}$ 的分量）。它们可以按如下所示的递归方式计算：

$$\boldsymbol{T}_{n+1}^{a}=\boldsymbol{T}_{n}^{a}\boldsymbol{T}_{n+1}^{n}$$

6. 反向位姿雅可比矩阵

有时，虽然位姿网络中的位姿已知，但需要找到相反意义上的位姿，并且对它求逆却并不容易。考虑上面 $\underline{\boldsymbol{\rho}}_{l}^{i}$ 关于 $\underline{\boldsymbol{\rho}}_{i}^{j}$ 的雅可比矩阵，即关于复合位姿的左位姿 $\underline{\boldsymbol{\rho}}_{j}^{i}$ 的逆。通过链式法则可知：

$$\frac{\partial\underline{\boldsymbol{\rho}}_{l}^{i}}{\partial\underline{\boldsymbol{\rho}}_{i}^{j}}=\left(\frac{\partial\underline{\boldsymbol{\rho}}_{k}^{i}}{\partial\underline{\boldsymbol{\rho}}_{j}^{i}}\right)\left(\frac{\partial\underline{\boldsymbol{\rho}}_{j}^{i}}{\partial\underline{\boldsymbol{\rho}}_{i}^{j}}\right)$$

由于左半部分已知，求解的过程就是确定量 $\partial\underline{\boldsymbol{\rho}}_{j}^{i}/\partial\underline{\boldsymbol{\rho}}_{i}^{j}$，称其为反向位姿雅可比。这是一个位姿矩阵元素关于其自身逆元素的导数。

为了计算雅可比矩阵，需要用一个以 $\underline{\boldsymbol{\rho}}_{j}^{i}$ 逆的形式表达的公式来对它微分。基于齐次变换逆的概念，可以用关于其自身逆的形式来表示一个位姿。参考如下对二维空间齐次变换 $\boldsymbol{T}_{i}^{j}$ 求逆的公式：

$$\boldsymbol{T}_{i}^{j}=\begin{bmatrix}c\psi_{i}^{j} & -s\psi_{i}^{j} & a_{i}^{j}\\ s\psi_{i}^{j} & c\psi_{i}^{j} & b_{i}^{j}\\ 0 & 0 & 1\end{bmatrix}\qquad\left(\boldsymbol{T}_{i}^{j}\right)^{-1}=\boldsymbol{T}_{j}^{i}=\begin{bmatrix}c\psi_{i}^{j} & s\psi_{i}^{j} & -c\psi_{i}^{j}a_{i}^{j}-s\psi_{i}^{j}b_{i}^{j}\\ -s\psi_{i}^{j} & c\psi_{i}^{j} & s\psi_{i}^{j}a_{i}^{j}-c\psi_{i}^{j}b_{i}^{j}\\ 0 & 0 & 1\end{bmatrix}$$

101 该逆矩阵的元素就是对位姿 $\underline{\boldsymbol{\rho}}_{j}^{i}$ 的数学表达，只不过是用 $\underline{\boldsymbol{\rho}}_{i}^{j}$ 的分量来呈现：

$$
\begin{aligned}
a_j^i &= -c\psi_i^j a_i^j - s\psi_i^j b_i^j \\
b_j^i &= s\psi_i^j a_i^j - c\psi_i^j b_i^j \\
\psi_j^i &= -\psi_i^j
\end{aligned}
\tag{2.106}
$$

导数求解的结果如下所示：

$$
\frac{\partial \underline{\rho}_j^i}{\partial \underline{\rho}_i^j} = \begin{bmatrix} -c\psi_i^j & -s\psi_i^j & s\psi_i^j a_i^j - c\psi_i^j b_i^j \\ s\psi_i^j & -c\psi_i^j & c\psi_i^j a_i^j + s\psi_i^j b_i^j \\ 0 & 0 & -1 \end{bmatrix} = \begin{bmatrix} -\left(\boldsymbol{R}_i^j\right)^{\mathrm{T}} & -\left(\dot{\boldsymbol{R}}_i^j\right)^{\mathrm{T}} \underline{\rho}_i^j \\ \boldsymbol{0}^{\mathrm{T}} & -1 \end{bmatrix}
$$

$$
\text{其中} \quad \left(\dot{\boldsymbol{R}}_i^j\right)^{\mathrm{T}} = \frac{\mathrm{d}\left(\boldsymbol{R}_i^j\right)^{\mathrm{T}}}{\mathrm{d}\psi_i^j} = \frac{\mathrm{d}}{\mathrm{d}\psi_i^j} \begin{bmatrix} c\psi_i^j & -s\psi_i^j \\ s\psi_i^j & c\psi_i^j \end{bmatrix} \tag{2.107}
$$

或

$$
\frac{\partial \underline{\rho}_j^i}{\partial \underline{\rho}_i^j} = \begin{bmatrix} -c\psi_i^j & -s\psi_i^j & s\psi_i^j a_i^j - c\psi_i^j b_i^j \\ s\psi_i^j & -c\psi_i^j & c\psi_i^j a_i^j + s\psi_i^j b_i^j \\ 0 & 0 & -1 \end{bmatrix} = -\begin{bmatrix} c\psi_i^j & s\psi_i^j & -b_j^i \\ -s\psi_i^j & c\psi_i^j & a_j^i \\ 0 & 0 & 1 \end{bmatrix}
$$

聚焦信息 2.12　反向位姿雅可比矩阵

二维位姿关于其逆阵元素求导的通解。

该结构和刚体变换的形式非常相似。然而，该矩阵为雅可比矩阵。此外，由于 $\left(\boldsymbol{R}_i^j\right)^{\mathrm{T}} = \boldsymbol{R}_j^i$，这个表达式很容易重写为关于 $\underline{\rho}_j^i$ 的元素的形式。

2.7.5　参考文献与延伸阅读

Smith 等提供了机器人学中有关空间关系网络的经典参考论文；Paul 的书介绍了机器人学中的变换图（位姿网络）；Kavitha 的论文是圈基理论的一种来源；Bosse 等和 Kelly 等发表的论文是关于机器人学的论文，用图论实现了地图的构建。

[20] M. Bosse, P. Newman, J. Leonard, M Soika, W. Feiten, and S. Teller. An Atlas Framework for Scalable Mapping, in Proceedings of the IEEE International Conference on Robotics and Automation (ICRA), September 2003.

[21] T. Kavitha, C. Liebchen, K. Mehlhorn, D. Michail, R. Rizzi, T. Ueckerdt, and K. Zweig, Cycle Bases in Graphs: Characterization, Algorithms, Complexity, and Applications, *Computer Science Review*, Vol. 3, No. 4, pp 19

[22] A. Kelly and R. Unnikrishnan, Efficient Construction of Globally Consistent Ladar Maps using Pose Network Topology and Nonlinear Programming, Proceedings of the 11th International Symposium of Robotics Research (ISRR '03), November, 2003.

[23] R. P. Paul, Robot Manipulators: *Mathematics, Programming, and Control,* MIT Press, 1981.

[24] R. Smith, M. Self, and P. Cheeseman. Estimating Uncertain Spatial Relationships in robotics, in I. Cox and G. Wilfong, eds., *Autonomous Robot Vehicles,* pp. 167–193. Springer-Verlag, 1990. 102

2.7.6　习题

从雅可比张量到位姿雅可比矩阵

再次考虑任意一般位置的四个坐标系：

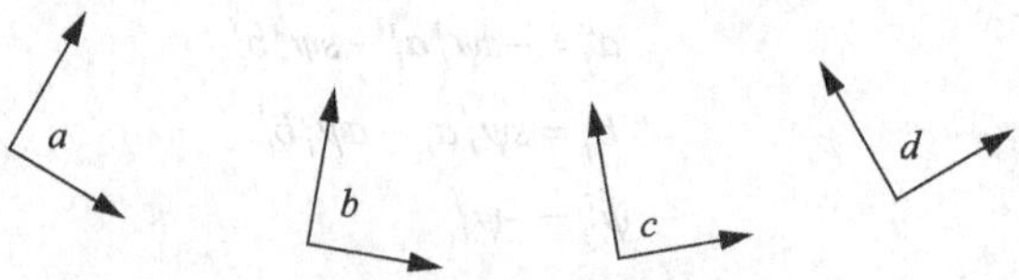

有另外一种方式可以得到位姿雅可比矩阵，这也很容易扩展到三维空间。雅可比张量是一个三阶张量——由数字组成的立方体，也可以理解成有三个索引的数组。对于二维空间问题，张量 $\partial \boldsymbol{T}/\partial \underline{\boldsymbol{\rho}}$ 是一个由三个矩阵组成的集合，可以表示为：

$$\frac{\partial \boldsymbol{T}}{\partial \underline{\boldsymbol{\rho}}}=\left\{\frac{\partial \boldsymbol{T}}{\partial x},\frac{\partial \boldsymbol{T}}{\partial y},\frac{\partial \boldsymbol{T}}{\partial \theta}\right\}$$

因此，雅可比张量的每一个“切片”都是一个矩阵，这个矩阵是 $\boldsymbol{T}$ 的每个元素关于 $\underline{\boldsymbol{\rho}}$ 的其中一个参数的导数。

与前述所有三个子变换对应的全变换的齐次变换为：

$$\boldsymbol{T}_d^a=\boldsymbol{T}_b^a\boldsymbol{T}_c^b\boldsymbol{T}_d^c$$

雅可比张量 $\partial \boldsymbol{T}_d^a/\partial \boldsymbol{\rho}_c^b$ 是位姿雅可比矩阵 $\boldsymbol{J}_{bc}^{ad}$ 的各元素的数学表达。应用链式法则（适用于任意阶数的张量），可以表示为：

$$\frac{\partial \boldsymbol{T}_d^a}{\partial \boldsymbol{\rho}_c^b}=\left(\boldsymbol{T}_b^a\right)\left(\frac{\partial \boldsymbol{T}_c^b}{\partial \boldsymbol{\rho}_c^b}\right)\left(\boldsymbol{T}_d^c\right)$$

尽可能多地写出所需的 $\partial \boldsymbol{T}_d^a/\partial \boldsymbol{\rho}_c^b$；并推导出 $\boldsymbol{J}_{bc}^{ad}$ 的元素，来证明所得结果与本文的结果相同。

2.8　四元数

四元数由爱尔兰数学家 William Rowan Hamilton 在 19 世纪 90 年代发明 [30]，当时他正在尝试寻求一种与（标量）除法相类似的向量运算方法 [28]。

在处理有些问题时，四元数是唯一的解决办法——例如产生周期性间隔三维空间角度问题 [26]。它也是用于解决其他一些问题的最简单的方法。例如，对于有些配准问题，可以求得其封闭的解析解。它们也是解决有些问题时速度最快的方法。尽管对绝大多数的工程领域，四元数仍然较为晦涩，但是对于三维空间中旋转的表示和操作，四元数特别有效。在本书中，研究四元数主要是为了在惯性导航系统中实现四元数循环迭代。它能够以大概每秒 1000 次的速度更新运动对象的姿态。

103

就像齐次变换，四元数作为简单的超复数，既可以作为对象也可以作为算子。作为算子时，四元数可以表示旋转、平移、仿射变换以及投影等——包含齐次变换可以表示的一切；作为对象时，四元数是常见数系的概括，因为四元数中包含了实数和复数。也就是说，标量和复数都是四元数的特殊情况。四元数是向量空间中定义了特殊乘法算子的元素，具有实数和复数除了乘法不符合交换律以外的所有其他性质。

2.8.1　表示和符号

有很多不同的符号可以用来表示四元数，以便于在不同场合以不同的方式来形象地表示它，例如：

- 复数。

- 矩阵代数中的四元向量。
- 一个标量与一个三维向量的"组合"。
- 变量（i, j, k）的多项式。

甚至对同一个四元数以不同的表示方式来回转换也有一定的用处。

1. 元组和多项式

我们在字符上方添加一个波浪号来表示四元数，如 $\tilde{q}$。Hamilton 曾经习惯使用如下所示的一个四元组来表示四元数：

$$\tilde{q} = (q_0, q_1, q_2, q_3) \tag{2.108}$$

四元数也可以被视为由一个实部和三个虚部组成的*超复数*：

$$\tilde{q} = q_0 + q_1 i + q_2 j + q_3 k \tag{2.109}$$

其中的（i, j, k）称为*虚数单位*。通过这种形式，可以把四元数作为以（i, j, k）为变量的多项式来处理。将这种符号表示与标准的复数形式相比较：

$$\tilde{q} = q_0 + q_1 i$$

对于四元数来说，与复数类似，数字 $a+bi$ 仅仅是有序对 (a,b) 的符号表示，我们实际上并不会真将这两部分内容相加来实现化简。这一相加式就是它的最简形式，因为它们的各部分都不能再相加。但是，当涉及分配律时，这个加号可以起到一种助记功能，也就是说，这个加法符号与实数的加法一样也服从分配律，但是它永远不能简化。 104

2. 标量与向量相加以及向量的指数

此外，有些人会把四元数写成传统的标量与三维向量相加的形式。的确，术语标量与向量最初便是用于区分四元数的两个组成部分：

$$\tilde{q} = q + \vec{\boldsymbol{q}}$$

$$\text{其中} \quad q = q_0$$

$$\text{并且} \quad \vec{\boldsymbol{q}} = q_1 i + q_2 j + q_3 k$$

后面需要注意，q、$\vec{\boldsymbol{q}}$ 和 $\tilde{q}$ 分别表示标量、向量和四元数。有些人也将四元数写成实部和虚部有序对的形式：

$$\tilde{q} = (q, \vec{\boldsymbol{q}}) \tag{2.110}$$

需要注意的是，其中的 q 既不表示 $|\vec{\boldsymbol{q}}|$ 也不表示 $|\tilde{q}|$。同时读者需要特别注意，有一些作者使用 $\tilde{q} = (\vec{\boldsymbol{q}}, q)$ 来表示，这一写法将改变所有与运算顺序相关的结果。特别是，它将改变在下文中即将介绍的等价于矩阵乘法算子的 $(\tilde{p}^{\times})$ 的定义。这也意味着四元数软件库需要按照这种约定好的排序方式将四元数存储到内存中。本书假设四元数按照方程（2.108）的方式存储。

与复数的指数表示方法 $z = e^{i\theta}$ 类似，数学家们也经常使用四元数的指数表示，即

$$\tilde{q} = \exp\left(\frac{1}{2}\theta\vec{\boldsymbol{w}}\right)$$

该四元数表示绕 $\vec{\boldsymbol{w}}$ 坐标轴的旋转角为 θ。

2.8.2 四元数乘法

读者可能已经对向量的四种"乘法"运算十分熟悉。标量乘法定义如下：$k\vec{\boldsymbol{v}}$ 改变向量 $\vec{\boldsymbol{v}}$ 的长度，但不改变其方向；点积（或者"数量积"）$\vec{\boldsymbol{a}} \cdot \vec{\boldsymbol{b}}$ 由这两个向量产生一个标量；叉乘（或

者“向量积”）$\vec{a}\times\vec{b}$ 由这两个向量产生一个向量；张量积为矩阵乘法 $\boldsymbol{ab}^{\mathrm{T}}$，由这两个向量产生一个矩阵。

1. 虚数乘法

四元数乘法实际上是第五种向量乘法。如果我们把四元数表示成为（i，j，k）的多项式形式，那么四元数乘积的表达式应为：

$$\tilde{p}\tilde{q}=\left(p_0+p_1i+p_2j+p_3k\right)\left(q_0+q_1i+q_2j+q_3k\right)$$

105 表达式中相乘的结果应为表2-3中所有项的总和。

表2-3　四元数乘法

	q_0	q_1i	q_2j	q_3k
p_0	p_0q_0	p_0q_1i	p_0q_2j	p_0q_3k
p_1i	p_1q_0i	$p_1q_1i^2$	p_1q_2ij	p_1q_3ik
p_2j	p_2q_0j	p_2q_1ji	$p_2q_2j^2$	p_2q_3jk
p_3k	p_3q_0k	p_3q_1ki	p_3q_2kj	$p_3q_0k^2$

为了使该运算结果仍为四元数，其中如 i^2 和 jk 这些项应该以某种方式转化为标量，或以（i，j，k）中的单独一项表示。实际上，我们应用了如表2-4所示的“规则”。

表2-4　四元数乘法表

	i	j	k
i	-1	k	$-j$
j	$-k$	-1	i
k	j	$-i$	-1

该规则可以表示成为更加简洁的形式：$i^2=j^2=k^2=ijk=-1$。表中非对角线上的元素与向量叉乘的规则相同，而位于对角线上的元素则是复数相乘规则的扩展。虚数单位的自乘并不遵循叉乘的运算法则，因为 $i\times i=0$，而 $ii=-1$。当虚部单位成对出现时，结果将是实向量；而当虚部单位单独出现时，结果将是复数。

2. 乘法的矩阵表示

依照上文的表格，我们可以将四元数乘法用一个 4×4 阶的矩阵形式表示，依照之前矩阵乘法的规则 $\omega\times$ 来表示，有：

$$\tilde{p}\tilde{q}=\begin{bmatrix}p_0 & -p_1 & -p_2 & -p_3\\ p_1 & p_0 & -p_3 & p_2\\ p_2 & p_3 & p_0 & -p_1\\ p_3 & -p_2 & p_1 & p_0\end{bmatrix}\begin{bmatrix}q_0\\ q_1\\ q_2\\ q_3\end{bmatrix}=\tilde{p}^{\times}\tilde{q} \tag{2.111}$$

四元数右上角的乘号“×”表示了上述矩阵运算。当 $p_0=0$ 时，这是一个斜对称矩阵。该公式说明四元数旋转与向量的叉乘相类似——向量叉乘便是由两个向量生成一个新的向

106 量。我们也可以定义矩阵来表示右乘 q，这时要用左上角标“×”表示：

$$\tilde{p}\tilde{q}=\begin{bmatrix}q_0 & -q_1 & -q_2 & -q_3\\ q_1 & q_0 & q_3 & -q_2\\ q_2 & -q_3 & q_0 & q_1\\ q_3 & q_2 & -q_1 & q_0\end{bmatrix}\begin{bmatrix}p_0\\ p_1\\ p_2\\ p_3\end{bmatrix}={}^{\times}\tilde{q}\tilde{p} \tag{2.112}$$

2.8.3 其他四元数运算

正如上文所见，四元数的加法和乘法运算在定义时都按照虚数多项式的形式来处理。本节将会继续深入探讨这些定义的含义。

1. 不同符号表示的四元数乘法

两个四元数乘法的书写方式取决于使用哪种符号，但是这些结果都是等价的。以超复数形式表示：

$$\tilde{p}\tilde{q}=(p_0+p_1i+p_2j+p_3k)(q_0+q_1i+q_2j+q_3k)$$
$$\tilde{p}\tilde{q}=(p_0q_0-p_1q_1-p_2q_2-p_3q_3)+(\cdots)i+\cdots$$

如果用标量和向量的形式表示，那么相同的结果可以写成如下所示的形式：

$$\tilde{p}\tilde{q}=(p+\vec{\boldsymbol{p}})(q+\vec{\boldsymbol{q}})$$
$$\tilde{p}\tilde{q}=pq+p\vec{\boldsymbol{q}}+q\vec{\boldsymbol{p}}+\vec{\boldsymbol{p}}\vec{\boldsymbol{q}}$$

该式的前三项易于理解，最后一项可以写成点乘与叉乘组合的形式：

$$\vec{\boldsymbol{p}}\vec{\boldsymbol{q}}=(\vec{\boldsymbol{p}}\times\vec{\boldsymbol{q}})-(\vec{\boldsymbol{p}}\cdot\vec{\boldsymbol{q}})$$

因此，四元数乘法可以认为是所有这些运算的集合。为了方便使用，我们可以将这一结果总结如下：

$$\tilde{p}\tilde{q}=(pq-\vec{\boldsymbol{p}}\cdot\vec{\boldsymbol{q}})+(p\vec{\boldsymbol{q}}+q\vec{\boldsymbol{p}}+\vec{\boldsymbol{p}}\times\vec{\boldsymbol{q}}) \tag{2.113}$$

第一个括号项为标量部分，而第二个括号项为向量部分。此时，读者需要清楚下面这些符号具有各不相同的含义：（$\tilde{p}\tilde{q}, pq, \vec{\boldsymbol{p}}\vec{\boldsymbol{q}}, \vec{\boldsymbol{p}}\cdot\vec{\boldsymbol{q}}, p\vec{\boldsymbol{q}}, \vec{\boldsymbol{p}}\times\vec{\boldsymbol{q}}, \tilde{p}\cdot\tilde{q}$）。

2. 不可交换性

因为式（2.113）中的叉乘不符合交换律，所以四元数乘法也不满足交换律。一般而言：

$$\tilde{p}\tilde{q}\neq\tilde{q}\tilde{p}$$

107

3. 四元数加法

四元数加法与复数、向量和多项式一样遵循相同的模式——可以将这些元素逐个对应相加到一起：

$$\tilde{p}+\tilde{q}=(p_0+q_0)+(p_1+q_1)i+(p_2+q_2)j+(p_3+q_3)k$$

4. 分配律

分配律是非常重要的一个性质：

$$(\tilde{p}+\tilde{q})\tilde{r}=\tilde{p}\tilde{r}+\tilde{q}\tilde{r}$$
$$\tilde{p}(\tilde{q}+\tilde{r})=\tilde{p}\tilde{q}+\tilde{p}\tilde{r}$$

利用这一性质，很多有关四元数的关系式推导会变得简单。

5. 四元数的点积与范数

定义四元数的点积（这一点不要与四元数乘法混淆）为一个标量：

$$\tilde{p}\cdot\tilde{q}=pq+\vec{\boldsymbol{p}}\cdot\vec{\boldsymbol{q}}$$

这正是两个四元数中各元素两两相乘的乘积之和。有了这一定义，我们也可以定义四元数的范数（长度的等价量）：

$$|\tilde{q}|=\sqrt{\tilde{q}\cdot\tilde{q}}$$

6. 单位四元数

范数为 1 的四元数被称为*单位四元数*。需要注意的是，两个单位四元数的积仍然是单位四元数，因此单位四元数构成广义四元数的子群。

7. 四元数的共轭

如同复数，四元数的共轭就是将其复数（向量）部分的符号取成相反数：

$$\tilde{q}^* = q - \vec{\boldsymbol{q}}$$

根据方程式（2.113），四元数与其共轭的乘积将会消除其中的若干项，而得到一个实四元数，其实部为模长的平方：

$$\tilde{q}\tilde{q}^* = \left(qq + \vec{\boldsymbol{q}} \cdot \vec{\boldsymbol{q}}\right) = \tilde{q} \cdot \tilde{q} \tag{2.114}$$

该结果与四元数的点积相同。这也为我们提供了第二种求四元数范数的方法：

$$|\tilde{q}| = \sqrt{\tilde{q}\tilde{q}^*} \tag{2.115}$$

108 **8. 四元数的倒数**

更重要的是，公式（2.115）中由四元数相乘（并非点乘）得到了一个标量，所以标量在理论上也是一种四元数。按照定义，一个四元数（或是任何其他数）与它的倒数相乘等于单位一：

$$\tilde{q}\tilde{q}^{-1} = 1$$

考虑到对于任意四元数 $\tilde{q}$：

$$\tilde{q}\tilde{q}^* / |\tilde{q}|^2 = 1$$

于是，可以得到一个四元数的倒数：

$$\tilde{q}^{-1} = \tilde{q}^* / |\tilde{q}|^2 \tag{2.116}$$

这个结果就是四元数的初衷，它有效定义了两个向量的相除。

9. 乘法的共轭

两个四元数共轭的乘积等于这两个四元数交换顺序后相乘的共轭。这一点在很多证明中十分有用：

$$\tilde{p}^*\tilde{q}^* = \left(p - \vec{\boldsymbol{p}}\right)\left(q - \vec{\boldsymbol{q}}\right) = \left(pq + \vec{\boldsymbol{p}} \cdot \vec{\boldsymbol{q}}\right) + \left(-p\vec{\boldsymbol{q}} - q\vec{\boldsymbol{p}} + \vec{\boldsymbol{p}} \times \vec{\boldsymbol{q}}\right)$$

$$(\tilde{q}\tilde{p})^* = \left[\left(q + \vec{\boldsymbol{q}}\right)\left(p + \vec{\boldsymbol{p}}\right)\right]^* = \left[\left(qp + \vec{\boldsymbol{q}} \cdot \vec{\boldsymbol{p}}\right) + \left(q\vec{\boldsymbol{p}} + p\vec{\boldsymbol{q}} + \vec{\boldsymbol{q}} \times \vec{\boldsymbol{p}}\right)\right]^*$$

$$(\tilde{q}\tilde{p})^* = \left[\left(qp + \vec{\boldsymbol{q}} \cdot \vec{\boldsymbol{p}}\right) + \left(-q\vec{\boldsymbol{p}} - p\vec{\boldsymbol{q}} - \vec{\boldsymbol{q}} \times \vec{\boldsymbol{p}}\right)\right]$$

结果相同。因此

$$(\tilde{q}\tilde{p})^* = \tilde{p}^*\tilde{q}^* \tag{2.117}$$

2.8.4 三维旋转表示

三维旋转可以方便地用单位四元数表示。单位四元数为：

$$\tilde{q} = \cos(\theta / 2) + \hat{\boldsymbol{w}} \sin(\theta / 2) \tag{2.118}$$

可以理解为在三维空间中绕（单位向量）轴 $\hat{\boldsymbol{w}}$ 旋转 θ 角的旋转算子。需要注意的是，$\hat{\boldsymbol{w}}$ 在这里被看作三维空间的一个向量而不是一个超复数。

上式提供了将角度－旋转轴（θ，$\hat{\boldsymbol{w}}$）转换成四元数的表示方法。很显然，其逆运算为：

$$\begin{aligned} \theta &= 2\operatorname{atan2}\left(|\vec{\boldsymbol{q}}|, q\right) \\ \hat{\boldsymbol{w}} &= \vec{\boldsymbol{q}} / |\vec{\boldsymbol{q}}| \end{aligned} \tag{2.119}$$

负的单位四元数 $-\tilde{q}$ 表示相同的旋转（绕负向量以相反方向旋转），而共轭 $\tilde{q}^*$ 表示相反的旋转（就像旋转矩阵的逆）。 109

1. 向量的旋转

把向量 $\vec{x}$ “增广”或者“四元化”，将其扩展为一个四元数，需要把该向量变成对应的四元数的向量部分：

$$\tilde{x} = 0 + \vec{x}$$

对该向量进行绕轴 $\hat{w}$（单位向量）旋转 θ 角的操作，可以用下面单位四元数计算来获得旋转后得到的新向量：

$$\tilde{x}' = \tilde{q}\tilde{x}\tilde{q}^* \tag{2.120}$$

该结果的标量部分也总是为零，与初始四元数 $\tilde{x}$ 相同。

旋转可由四元数乘法实现，同时因为四元数乘法满足结合律，所以复合旋转操作可以通过将两个单位四元数相乘来实现：

$$\tilde{x}'' = \tilde{p}\tilde{x}'\tilde{p}^* = \left(\tilde{p}\tilde{q}\right)\tilde{x}\left(\tilde{q}^*\tilde{p}^*\right) \tag{2.121}$$

根据之前关于两个共轭四元数乘积的结论，可以知道上式中的乘积 $\tilde{p}\tilde{q}$ 表示将向量先按 $\tilde{q}$ 旋转，然后再按 $\tilde{p}$ 旋转。

2. 旋转矩阵的等价

当然，用矩阵也可以表示一个广义三维旋转算子。因此，我们一定可以由四元数计算出旋转矩阵，反之亦然。对于四元数：

$$q = q_0 + q_1 i + q_2 j + q_3 k$$

与其等价的三维旋转矩阵为：

$$\boldsymbol{R} = \begin{bmatrix} 2\left[q_0^2 + q_1^2\right] - 1 & 2\left[q_1 q_2 - q_0 q_3\right] & 2\left[q_1 q_3 + q_0 q_2\right] \\ 2\left[q_1 q_2 + q_0 q_3\right] & 2\left[q_0^2 + q_2^2\right] - 1 & 2\left[q_2 q_3 - q_0 q_1\right] \\ 2\left[q_1 q_3 - q_0 q_2\right] & 2\left[q_0 q_1 + q_2 q_3\right] & 2\left[q_0^2 + q_3^2\right] - 1 \end{bmatrix} \tag{2.122}$$

虽然这个公式看起来枯燥乏味，但很容易证明。只要在代数计算中，有条理地将 $\tilde{q}\tilde{x}\tilde{q}^*$ 展开然后合并同类项即可得到。该问题的逆问题也可解。假设有一个矩阵：

$$\boldsymbol{R} = \begin{bmatrix} r_{11} & r_{12} & r_{13} \\ r_{21} & r_{22} & r_{23} \\ r_{31} & r_{32} & r_{33} \end{bmatrix}$$

将这个矩阵与上一结果比较，然后得出四元数中的各项： 110

$$\begin{matrix} r_{13} + r_{31} = 4q_1 q_3 & r_{21} + r_{12} = 4q_1 q_2 & r_{32} + r_{23} = 4q_2 q_3 \\ r_{13} - r_{31} = 4q_0 q_2 & r_{21} - r_{12} = 4q_0 q_3 & r_{32} - r_{23} = 4q_0 q_1 \end{matrix} \tag{2.123}$$

如果 q_i 的其中一项已知，其余各项便可以根据这些方程式计算出来。可以从对角线上各元素的组合中求出某一 q_i：

$$\begin{matrix} r_{11} + r_{22} + r_{33} = 4q_0^2 - 1 & -r_{11} + r_{22} - r_{33} = 4q_2^2 - 1 \\ r_{11} - r_{22} - r_{33} = 4q_1^2 - 1 & -r_{11} - r_{22} + r_{33} = 4q_3^2 - 1 \end{matrix} \tag{2.124}$$

这些公式假定初始四元数为单位四元数，不过通解的推导也不会更加复杂。在实际应用中，所有这些项都有可能为零，因此可以先计算出其中的最大项，再利用前面介绍的方程式计算出其余各项。可以利用第二组公式先求解其中的一个 q_i，并指定它的符号。其余 q_i 的符号可以任意指定，因为一个四元数的负数也表示相同的旋转角度。

3. 导数与积分

假设四元数的元素由某一标量确定，则四元数关于该标量的导数，例如时间，可定义如下：

$$\frac{\mathrm{d}\tilde{q}}{\mathrm{d}t}=\frac{\mathrm{d}q}{\mathrm{d}t}+\frac{\mathrm{d}\vec{\boldsymbol{q}}}{\mathrm{d}t} \tag{2.125}$$

四元数也可以像向量那样积分：

$$\int_0^t \frac{\mathrm{d}\tilde{q}}{\mathrm{d}t}\,\mathrm{d}t=\int_0^t \frac{\mathrm{d}q}{\mathrm{d}t}\,\mathrm{d}t+\int_0^t \frac{\mathrm{d}\vec{\boldsymbol{q}}}{\mathrm{d}t}\,\mathrm{d}t \tag{2.126}$$

2.8.5　姿态和角速度

在实际应用中，如同表示位姿量一样，用坐标系的名称来明确四元数的含义。于是，单位四元数 $\tilde{q}_b^n$ 表示车辆本体坐标系相对于导航坐标系的姿态。该单位四元数表示算子，应用于导航坐标系中的各个单位向量，以便将它们移动到与车辆本体坐标系相一致的位置。回想一下旋转矩阵中的各转角，可以发现它们具有相同的含义。

1. 姿态四元数的时间导数

我们可以利用第一原理来表示四元数随时间的变化率。对于随时间变化的单位四元数：

$$\tilde{q}(t)=\cos\frac{\theta(t)}{2}+\hat{\boldsymbol{w}}\sin\frac{\theta(t)}{2}$$

111 将 $\tilde{q}(t)$ 与某微分单位四元数 $\tilde{p}$ 组合，就实现了从瞬时 t 到 $t+\Delta t$ 的一个旋转，也表示 $\tilde{q}(t)$ 在 $t+\Delta t$ 时刻的更新值：

$$\tilde{q}(t+\Delta t)=\tilde{p}\tilde{q}(t)$$

其中

$$\tilde{p}=\cos\frac{\Delta\theta}{2}+\hat{\boldsymbol{u}}\sin\frac{\Delta\theta}{2}$$

根据第一原理可得：

$$\frac{\mathrm{d}\tilde{q}}{\mathrm{d}t}=\lim_{\Delta t\to 0}\left[\frac{\tilde{q}(t+\Delta t)-\tilde{q}(t)}{\Delta t}\right]=\lim_{\Delta t\to 0}\left[\frac{\tilde{p}\tilde{q}(t)-\tilde{q}(t)}{\Delta t}\right]$$

实四元数非常简单，就是 $\tilde{i}=(1,0,0,0)$，即表示没有任何旋转。我们可以使用该数来推导出原始的四元数 $\tilde{q}$：

$$\frac{\mathrm{d}\tilde{q}}{\mathrm{d}t}=\lim_{\Delta t\to 0}\left[\frac{\tilde{p}-\tilde{i}}{\Delta t}\right]\tilde{q}(t)=\frac{\mathrm{d}\tilde{p}}{\mathrm{d}t}\tilde{q}(t) \tag{2.127}$$

其中，可以用 $\lim\limits_{\Delta t\to 0}\Delta\tilde{p}=\tilde{i}$ 的概念来理解 $\frac{\mathrm{d}\tilde{p}}{\mathrm{d}t}$。

替换 $\Delta\tilde{p}$，并写出余弦函数的泰勒级数：

$$\frac{\mathrm{d}\tilde{p}}{\mathrm{d}t}=\lim_{\Delta t\to 0}\left[\frac{\left(1-\frac{\Delta\theta^2}{4}+\cdots\right)+\hat{\boldsymbol{u}}\sin\frac{\Delta\theta}{2}-\tilde{i}}{\Delta t}\right]$$

在该式中，$\Delta\theta^2$ 等各项在极限条件 $\Delta\theta^2 \to 0$ 下都趋近于无穷小，同时 $\sin\Delta\theta/2 \to \Delta\theta/2$，因此下式成立：

$$\frac{\mathrm{d}\tilde{q}}{\mathrm{d}t} = \lim_{\Delta t\to 0}\left[\frac{(1-\cdots)+\hat{\boldsymbol{u}}\dfrac{\Delta\theta}{2}-\tilde{i}}{\Delta t}\right] = \lim_{\Delta t\to 0}\left[\frac{\hat{\boldsymbol{u}}\dfrac{\Delta\theta}{2}}{\Delta t}\right] = \frac{1}{2}\lim_{\Delta t\to 0}\left[\frac{\Delta\theta}{\Delta t}\right]\hat{\boldsymbol{u}}$$

但是根据定义，在导航坐标系中表示的车辆本体角速度为：

$$\vec{\boldsymbol{\omega}}_n = \lim_{\Delta t\to 0}\left[\frac{\Delta\theta}{\Delta t}\right]\hat{\boldsymbol{u}}$$

因此可以得到单位四元数关于时间的导数的简洁结果：

$$\frac{\mathrm{d}\tilde{q}(t)}{\mathrm{d}t} = \frac{1}{2}\tilde{\omega}_n(t)\tilde{q}(t) \tag{2.128}$$

该等式的右侧的乘积为四元数乘积，而角速度 $\tilde{\omega}_n(t)$ 是一个在固定坐标系（导航坐标系）中由“四元化”向量转化而来的四元数： 112

$$\tilde{\omega}_n(t) = (0+\omega_1 i+\omega_2 j+\omega_3 k)$$

2. 捷联姿态感测的时间导数

如果车辆本体坐标系中的角速度已知（即安装在某一移动车辆上的传感器），那么对于同样的四元数 $\tilde{q}(t)$，其微分式中：

$$\tilde{\omega}_n(t) = \tilde{q}(t)\tilde{\omega}_b(t)\tilde{q}(t)^*$$

随即可以得到（请注意与方程式（2.75）对比）：

$$\frac{\mathrm{d}\tilde{q}(t)}{\mathrm{d}t} = \frac{1}{2}\tilde{q}(t)\tilde{\omega}_b(t) \tag{2.129}$$

3. 从角速度计算四元数姿态

基于上述公式，移动车辆的姿态可以根据下式得出：

$$\tilde{q}(t) = \frac{1}{2}\int_0^t \tilde{q}(t)\tilde{\omega}_b(t)\mathrm{d}t \tag{2.130}$$

因此可以简单地将车辆本体坐标系下的角速度 $\tilde{\omega}_b$，转化为四元数随时间的变化率 $\mathrm{d}\tilde{q}/\mathrm{d}t$，在所需的任意时间段内对其积分，即可将其转化为欧拉角姿态。

为了获得最高精确度，可以将上式写成如下形式：

$$\tilde{q}_{k+1}^n = \tilde{q}_{k+1}^n\tilde{q}_k^n = \frac{1}{2}\int_{t_k}^{t_{k+1}}\tilde{q}_k^n\tilde{\omega}_k\mathrm{d}t = \frac{1}{2}\int_{t_k}^{t_{k+1}}\left({}^{\times}\tilde{\omega}_b\right)\mathrm{d}t\tilde{q}_k^n = \exp\left\{{}^{\times}\left[\delta\tilde{\Theta}\right]\right\}\tilde{q}_k^n$$

由于四元数乘法对应的矩阵是不对称的，所以在四元数的范畴内再次使用方程式（2.79）。前面已经定义：

$${}^{\times}\left[\delta\tilde{\Theta}\right] = \frac{1}{2}\left({}^{\times}\tilde{\omega}_b\right)\mathrm{d}t = \frac{1}{2}\begin{bmatrix} 0 & -\omega_x & -\omega_y & -\omega_z \\ \omega_x & 0 & \omega_z & -\omega_y \\ \omega_y & -\omega_z & 0 & \omega_x \\ \omega_z & \omega_y & -\omega_x & 0 \end{bmatrix}\mathrm{d}t$$

回顾一下，任意不对称矩阵都具有一个封闭形式的矩阵指数，由此有矩阵：

$$\tilde{q}_{k+1}^{k} = \exp\left\{ {}^{\times}\left[\delta\tilde{\Theta}\right] \right\} = \boldsymbol{I} + f_1(\delta\Theta)^{\times}\left[\delta\tilde{\Theta}\right] + f_2(\delta\Theta)\left({}^{\times}\left[\delta\tilde{\Theta}\right] \right)^2 \tag{2.131}$$

其中

$$f_1(\delta\Theta) = \frac{\sin\delta\Theta}{\delta\Theta} \quad f_2(\delta\Theta) = \frac{(1-\cos\delta\Theta)}{\delta\Theta^2} \tag{2.132}$$

dt 为时间步长，$d\Theta = \left|\delta\tilde{\Theta}\right|$，并且 $\delta\tilde{\Theta} = \frac{1}{2}\underline{\omega}dt$。

113 在这种情况下，跟旋转向量不同：

$$\left({}^{\times}\left[\delta\tilde{\Theta}\right] \right)^2 = -(\delta\Theta)^2 \boldsymbol{I}$$

因此

$$f_2(d\Theta)\left({}^{\times}\left[\delta\tilde{\Theta}\right] \right)^2 = \frac{(1-\cos\delta\Theta)}{\delta\Theta^2}\left(\delta\Theta^2 \boldsymbol{I}\right) = (\cos\delta\Theta - 1)\boldsymbol{I}$$

所以

$$\tilde{q}_{k+1}^{k} = \cos\delta\Theta[\boldsymbol{I}] + f_1(\delta\Theta)^{\times}\left[\delta\tilde{\Theta}\right]$$

上式也可以写成如下形式：

$$\tilde{q}_{k+1}^{k} = \cos\delta\Theta[\boldsymbol{I}] + \sin\delta\Theta\left[\left({}^{\times}[\tilde{\omega}_b] \right) / |\vec{\omega}_b|\right] \tag{2.133}$$

2.8.6 参考文献与延伸阅读

Horn 在他发表的论文中简要介绍了四元数，在他的书中也研究了一种关于配准问题的封闭解析解；Funda 等的文章，还有 Pervin 等在技术报告中探讨了四元数在机器人学中的作用；Hamilton 的著作在图书馆中仍然可以查到；Eves 的书也颇具指导价值。

[25] B. K. P. Horn, Closed-Form Solution of Absolute Orientation Using Unit Quaternions, Journal of the Optical Society of America, Vol. 4, No. 4, pp. 629–642, Apr. 1987.

[26] B. K. P. Horn, *Robot Vision,* pp. 437-438, MIT Press / McGraw-Hill, 1986.

[27] Janez Funda and Richard P. Paul, A Comparison of Transforms and Quaternions in Robotics, *IEEE Transactions on Robotics and Automation,* pp. 886–891, 1988.

[28] E Pervin, and J Webb, Quaternions in Computer Vision and Robotics, *Technical Report* CMU-CS-82-150.

[29] *H. Eves, Foundations and Fundamental Concepts of Mathematics,* 3rd ed., Dover, 1997.

[30] W. R. Hamilton, *Elements of Quaternions,* Chelsea, New York, 1969.

2.8.7 习题

1. 四元数乘法表

据说 Hamilton 把四元数乘法表的核心内容刻在了都柏林（Dublin）的一座石桥上。其精髓言简意赅：

$$i^2 = j^2 = k^2 = ijk = -1$$

请证明本书中整个乘法表的其他内容都依据该公式而来。我们已经讲过四元数乘法不满足交换律，这是因为虚部单位的乘积不满足可交换性（例如 $ij \neq ji$，等等）。然而，虚数和标量

114 （如 −1）的乘积却满足可交换性，因此有 $(-i)j = i(-j)$。

2. 向量的旋转

如果改变四元数相乘的顺序，其结果的实数部分并不改变。尽可能简洁地证明一个四元数向量的旋转结果，必定有 0 标量。

3. 四元数角速度积分

用单位四元数来表示一辆移动车辆的初始方向：

$$\tilde{q}(t)=\tilde{q}(t)=\cos\frac{\theta(t)}{2}+\hat{w}\sin\frac{\theta(t)}{2}=\begin{bmatrix}1 & 0 & 0 & 0\end{bmatrix}$$

请证明下式：

$$\tilde{q}(t)=\frac{1}{2}\int_0^t\tilde{q}(t)\tilde{\omega}_b(t)\mathrm{d}t$$

在微分时间段 dt 内，成功地将车辆的偏航角增加了 ωdt。 115

数值方法

关于移动机器人的很多问题可以归结为几个基本问题。比如，绝大多数问题可以简化为这些问题的组合：参数优化、联立线性或非线性方程组求解、微分方程积分。广为人知的数值算法就是为了解决这些问题而存在的，并且已经在应用软件和通用工具软件中被作为算法黑箱来使用。当然，由于离线工具箱不能用于系统的实时控制，同时，了解问题的本质总是有利于探寻问题的解决方案，因此在许多实时系统中，自行编写数值算法仍然非常常见（图 3-1）。

图 3-1　城市搜救（USAR）机器人。当地震、飓风等自然灾害发生的时候，USAR 可以在废墟中开展搜寻救援工作。数值方法是几乎所有算法的基础，而算法可以使机器人更易于操作，甚至赋予机器人一定程度的智能

本章介绍的各种数值计算方法，将在本书后续部分被多次引用。利用这些方法，可以计算移动机器人的车轮速度、完成动力学模型求逆、生成轨迹、跟踪图像特征、构建全局一致的地图、识别动态模型、标定摄像头等。

3.1　向量函数的线性化和优化

116 或许有点自相矛盾的是，线性化是处理非线性函数的基本方法。线性化和优化密切相关，因为函数的局部最优值与其线性近似的特殊性质相一致。

专栏 3.1　数值方法问题的符号约定

本书后续所有内容将统一使用如下所示的符号约定。这也说明大多数问题可以简化成几类基本算法：

$\underline{x}^* = \text{argmin}\left[f(\underline{x})\right]$	优化问题
优化：$_{\underline{x}}$ $f(\underline{x})$	优化问题
$\underline{g}(\underline{x}) = \underline{b}$	$\underline{g}(\ )$的等值线
$\underline{c}(\underline{x}) = \underline{0}$	求根，约束条件
$\underline{z} = \underline{h}(\underline{x})$	状态测量
$\underline{r}(\underline{x}) = \underline{z} - \underline{h}(\underline{x})$	残差

3.1.1　线性化

1. 向量函数的泰勒级数

对于自变量和函数值均为标量的函数，其基本泰勒级数在 2.2.2 节第 3 点中讨论过。该结论可以扩展并重写成关于任意点，而非仅仅关于原点展开，如下所示：

$$f(x+\Delta x)=f(x)+\Delta x\left\{\frac{\mathrm{d}f}{\mathrm{d}x}\right\}_x+\frac{\Delta x^2}{2!}\left\{\frac{\mathrm{d}^2 f}{\mathrm{d}x^2}\right\}_x+\frac{\Delta x^3}{3!}\left\{\frac{\mathrm{d}^3 f}{\mathrm{d}x^3}\right\}_x+\cdots$$

其中的导数都是一阶、二阶、三阶全导数。这一思路可以扩展到向量的标量函数，其隐式展开形式（相关内容可参见本书 2.2.6 节第 10 点）如下所示：

$$f(\underline{x}+\Delta\underline{x})=f(\underline{x})+\Delta\underline{x}\left\{\frac{\partial f}{\partial\underline{x}}\right\}_{\underline{x}}+\frac{\Delta\underline{x}^2}{2!}\left\{\frac{\partial^2 f}{\partial\underline{x}^2}\right\}_{\underline{x}}+\frac{\Delta\underline{x}^3}{3!}\left\{\frac{\partial^3 f}{\partial\underline{x}^3}\right\}_{\underline{x}}+\cdots$$

其中涉及的导数包括梯度向量、海瑟矩阵和一个三阶张量导数。对于向量的向量值函数，其泰勒展开为：

$$\underline{f}(\underline{x}+\Delta\underline{x})=\underline{f}(\underline{x})+\Delta\underline{x}\left\{\frac{\partial\underline{f}}{\partial\underline{x}}\right\}_{\underline{x}}+\frac{\Delta\underline{x}^2}{2!}\left\{\frac{\partial^2\underline{f}}{\partial\underline{x}^2}\right\}_{\underline{x}}+\frac{\Delta\underline{x}^3}{3!}\left\{\frac{\partial^3\underline{f}}{\partial\underline{x}^3}\right\}_{\underline{x}}+\cdots$$

上式涉及的导数包括一个雅可比矩阵、一个三阶张量和一个四阶张量。 117

2. 泰勒余项定理

在上述讨论中，如果在立方项处截断，就被称为三次泰勒多项式 $T_3(\Delta x)$。泰勒公式的标量形式如下所示：

$$f(x+\Delta x)=T_n(\Delta x)+R_n(\Delta x)$$

其中的余项或截断误差由下式确定：

$$R_n(\Delta x)=\frac{1}{n!}\int_x^{(x+\Delta x)}(x-\zeta)^n\left\{\frac{\partial^{(n)} f}{\partial x^n}\right\}_\zeta \mathrm{d}\zeta$$

换句话说，若函数的第 n 阶导数有界，则其泰勒级数的误差为 Δx^{n+1} 项。因此，如果 Δx 非常小，而当 n 趋近于无穷大时，误差则接近为零。这一结论也可简单地推广到前述的其他两种情况。

3. 线性化

对于余项定理的实际效果，可以认为，只要 Δx 足够小，任意阶数的泰勒级数都能足够理想地逼近一个给定函数。特别需要说明的是，数值方法中的绝大多数技术都是基于对非线性函数的一阶近似。例如，一阶近似如下所示：

$$\underline{f}(\underline{x}+\Delta\underline{x})=\underline{f}(\underline{x})+\Delta\underline{x}\left\{\frac{\partial\underline{f}}{\partial\underline{x}}\right\}_{\underline{x}}$$

上式可以精确到一阶——这也意味着近似误差为一个二阶项，也就是 $\Delta\underline{x}$ 的二次方项。我们将使用术语线性化来表示函数对第一阶的近似，即通过线性泰勒多项式的形式表示。

4. 梯度、等值线和等值面

考虑 $n\times1$ 维向量 $\underline{x}$ 的标量值函数 $g(\underline{x})$，则函数 $g(\underline{x})$ 的解集为：

$$g(\underline{x}) = b \quad \underline{x} \in \Re^n$$

对于某一常数 b 形成 $\Re^n$ 空间的一个 $n-1$ 维子空间，也称为等值面。令上述约束的解集通过参数 s 实现局部参数化，以生成曲线 $\underline{x}(s)$，$\underline{x}(s)$ 被称为等值线。根据链式法则，标量值函数 g 关于参数 s 的导数为：

$$\frac{\partial g(\underline{x}(s))}{\partial s} = \frac{\partial g}{\partial \underline{x}} \frac{\partial \underline{x}^{\mathrm{T}}}{\partial s} = \frac{\partial b}{\partial s} = \underline{\mathbf{0}}^{\mathrm{T}}$$

118 我们可以得出这样的结论：梯度 $\partial g/\partial \underline{x}$ 正交于标量值函数 g 的等值线，向量 $\partial \underline{x}/\partial s$ 与等值线相切。一般来说，向量的任意标量函数的梯度，方向正交于其等值线。

5. 示例

例如，如果

$$g(\underline{x}) = x_1^2 + x_2^2 = R^2$$

其梯度为

$$\frac{\partial g}{\partial \underline{x}} = 2[x_1 \quad x_2]$$

然后使用下式参数化等值线（一个圆）：

$$x(s) = [\cos(\kappa s) \quad \sin(\kappa s)]^{\mathrm{T}}$$

其中 κ 等于 $1/R$，因此其切向量为

$$\frac{\partial \underline{x}}{\partial s} = [-\kappa \sin(\kappa s) \quad \kappa \cos(\kappa s)] = \kappa[-x_2 \quad x_1]$$

切向量与 $\partial g/\partial \underline{x}$ 正交，这一结论可以通过它们的点积来证明。

6. 雅可比矩阵和等值面

当函数 g 在高维空间取值时，相应的解集为：

$$\underline{g}(\underline{x}) = \underline{b} \quad \underline{x} \in \Re^n \quad \underline{g} \in \Re^m$$

对于某一常数 $\underline{b}$，该解集形成 $\Re^n$ 空间的一个 $n-m$ 维子空间，也称为等值面。将上述约束下的解集用向量 $\underline{s}$ 局部参数化，可获得曲面 $\underline{x}(\underline{s})$。该曲面的每一个元素 $\underline{x}(s)$ 是一条等值线。根据链式法则，$\underline{g}$ 关于这些参数的导数为：

$$\frac{\partial \underline{g}(\underline{x}(\underline{s}))}{\partial \underline{s}} = \frac{\partial \underline{g}}{\partial \underline{x}} \frac{\partial \underline{x}^{\mathrm{T}}}{\partial \underline{s}} = \frac{\partial \underline{b}}{\partial \underline{s}} = [0]$$

导数 $\partial \underline{g}/\partial \underline{x}$ 共有 m 行，其中的每一行表示 $\underline{g}$ 的一个元素的 n 维梯度；而 $\partial \underline{x}/\partial \underline{s}$ 是 n 维空间中，与等值面相切的 m 行向量的集合。据此可以得出这样的结论：雅可比矩阵的每一行，构成向量 $\underline{g}(\underline{x})$ 的每个元素的梯度，其垂直于等值面 $\underline{x}(\underline{s})$ 的所有切线。很显然，这也适用于切线的任意线性组合，我们称所有这种线性组合的集合为切平面。结果表明：切平面位
119 于约束雅可比矩阵的零空间中。

3.1.2 目标函数优化

假设希望找到一个或多个 $\underline{x}$ 的最优值，来优化某一函数 $f(\underline{x})$，则可表达为：

$$\text{优化:}_{\underline{x}} \quad f(\underline{x}) \quad \underline{x} \in \Re^n \tag{3.1}$$

上式中的$f()$是向量的标量值函数。通常，该函数也被称为*目标函数*。当该函数取最大值时，被称为*效用函数*；当该函数取最小值时，被称为*代价函数*。请注意，f可以通过使$-f$最小化来使其最大化。因此，为了保持一致性，我们将把所有问题都看作最小化问题。

决定优化问题难度的最重要的问题可能就是函数的*凸性*问题。直观地讲，对于其值域中连接任意两值的一条线段，凸（凹）函数的取值始终位于该线段的上方或下方（如图 3-2 所示）。

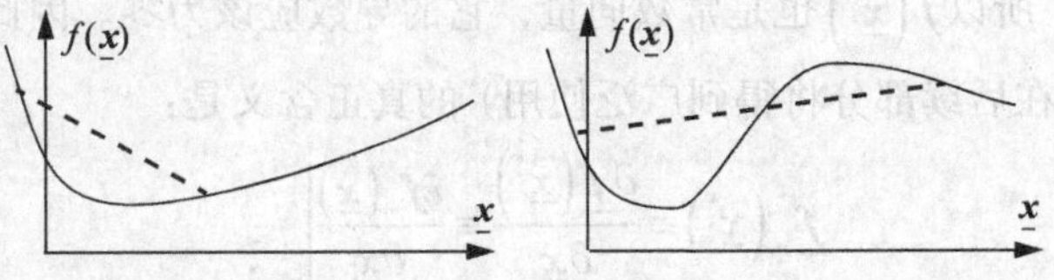

图 3-2　**凸函数和非凸函数**。左图所示函数为凸函数，它位于连接曲线上任意两点的线段的下方；而右图中的函数不是凸函数

该优化问题的任意解$\underline{\boldsymbol{x}}^*$，必须具有如下属性：在自变量$\underline{\boldsymbol{x}}$的全部取值范围内，函数$f(\underline{\boldsymbol{x}})$的值不小于$f(\underline{\boldsymbol{x}}^*)$。这样的一个$\underline{\boldsymbol{x}}^*$被称为*全局最小值*。除非目标函数为凸函数，或相关问题可以转化为一个凸函数，否则找到全局最小值可能是相当困难的一件事情。另外一种形式的最小值为*局部最小值*。在这种情况下，定义局部极小值$\underline{\boldsymbol{x}}^*$的一个邻域，要求在该邻域中的任意位置，目标函数的值不小于$f(\underline{\boldsymbol{x}}^*)$。对于有若干局部最小值的目标函数，算法的初值将决定最终会找到哪一个局部最小值。

一种可用于确定函数全局最小值的技术是*采样*。假设采样足够密集（如图 3-3 所示），则会有足够多的初值会被代入算法，来计算局部最小值。在这些局部最小值中，就很可能存在全局最小值。

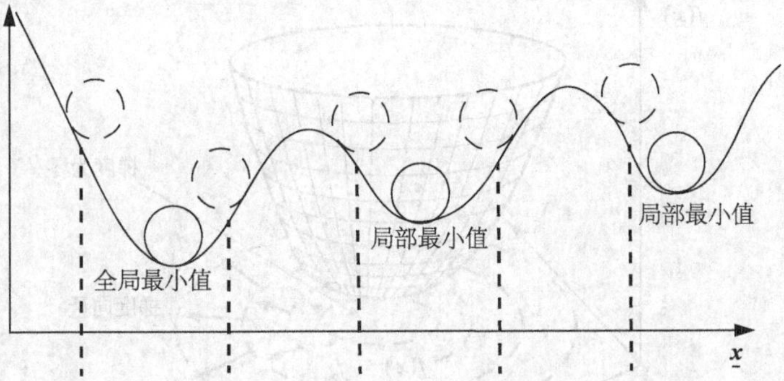

图 3-3　**密集采样以确定全局最小值**。根据选定的初值得到局部最小值的过程，可以表示为在凹谷中的初值处放一个可以滚动的球。在上图中，位于最左侧的局部最小值也是全局最小值，可以通过求解大量的局部最小值来找到全局最小值

基于这样的考虑，我们可以发现：至少在无界域内，函数的全局最小值也是它的一个局部最小值。因此，在某种意义上，搜索局部最小值是一个更为基本的问题。

1. 局部极值的一阶（必要）条件

因此，接下来将关注寻找这样的点，它们满足成为局部最小值的弱化条件。如前所述，在足够小的邻域区间，函数可以用一阶泰勒级数来很好地近似。如果相对于极值点向任意方向移动一个微小的$\Delta\underline{\boldsymbol{x}}$，则函数$f()$的值将产生如下变化： 120

$$\Delta f = f\left(\underline{x}^* + \Delta\underline{x}\right) - f\left(\underline{x}^*\right) = f\left(\underline{x}^*\right) + \left\{\frac{\partial f\left(\underline{x}^*\right)}{\partial \underline{x}}\right\}\Delta\underline{x} - f\left(\underline{x}^*\right) = f_{\underline{x}}\left(\underline{x}^*\right)\Delta\underline{x}$$

其中$f_{\underline{x}}\left(\underline{x}\right) = \partial f\left(\underline{x}\right)/\partial\underline{x}$被称为目标梯度。为了避免使用这种歪斜的偏导数符号，本章的后续部分将使用单个下标来表示（标量或向量的）一阶导数，用双下标来表示二阶导数。严格地讲，由于$\underline{x}^*$为常数，所以$f\left(\underline{x}^*\right)$也是常数向量，它的导数应该为零。因此，这里所使用的紧凑但不严格的符号（在后续部分将得到广泛使用）的真正含义是：

$$\underline{f}_{\underline{x}}\left(\underline{x}^*\right) \equiv \frac{\partial \underline{f}\left(\underline{x}^*\right)}{\partial \underline{x}} \equiv \left.\frac{\partial f_{-}\left(\underline{x}\right)}{\partial \underline{x}}\right|_{\underline{x}=\underline{x}^*}$$

如果$\underline{x}^*$是函数的某个局部最小值所对应的点，那么对于任意扰动$\Delta\underline{x}$，必有$\Delta f \geqslant 0$：

$$\Delta f = f_{\underline{x}}\left(\underline{x}^*\right)\Delta\underline{x} \geqslant 0 \qquad \forall \Delta\underline{x}$$

想象对于某一特定扰动$\Delta\underline{x}$，将导致函数$f()$值的增加。如果情况是这样，那么很显然，扰动$-\Delta\underline{x}$将沿相反方向移动，而引起函数值的等效降低。因此，只有当目标函数$f(\underline{x})$的变化消失时，该函数的一阶近似才会在局部最小值处展开，即

121 $$\Delta f = f_{\underline{x}}\left(\underline{x}^*\right)\Delta\underline{x} = 0 \qquad \forall \Delta\underline{x} \tag{3.2}$$

现在，因为$\Delta\underline{x}$为任意扰动，所以令Δf消失的唯一方式是函数$f()$的梯度为零：

$$f_{\underline{x}}\left(\underline{x}^*\right) = \underline{0}^{\mathrm{T}} \tag{3.3}$$

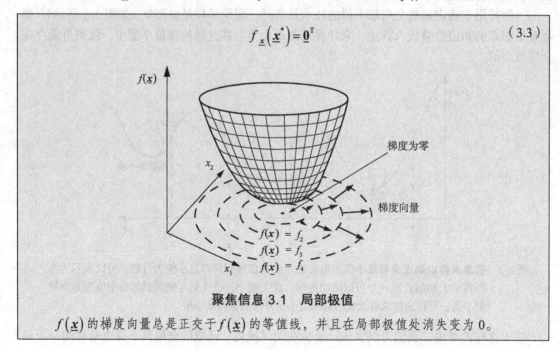

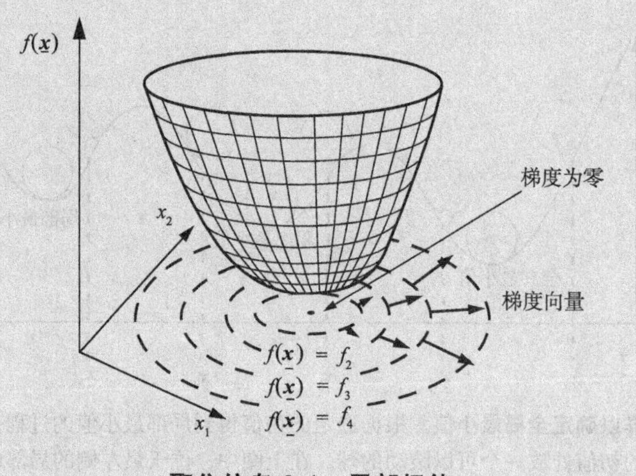

聚焦信息 3.1　局部极值

$f\left(\underline{x}\right)$的梯度向量总是正交于$f\left(\underline{x}\right)$的等值线，并且在局部极值处消失变为0。

如果满足此条件，则$f()$在$\Re^n$空间中沿任意方向扰动的一阶行为满足：

$$f\left(\underline{x}^* + \Delta\underline{x}\right) = f\left(\underline{x}^*\right) + f_{\underline{x}}\left(\underline{x}^*\right)\Delta\underline{x} = f\left(\underline{x}^*\right) \qquad \forall \Delta\underline{x} \tag{3.4}$$

2. 局部极值的二阶（充分）条件

假设满足上述一阶条件，我们可以以隐式展开形式写出函数$f()$的二阶泰勒多项式：

$$f\left(\underline{x}+\Delta\underline{x}\right)=f\left(\underline{x}\right)+\frac{\Delta\underline{x}^2}{2!}\left\{\frac{\partial^2 f}{\partial\underline{x}^2}\right\}_{\underline{x}}$$

依照向量 – 矩阵布局规则可得二阶导数的海瑟矩阵，并用符号 $f_{\underline{x}\underline{x}}$ 表示，则上式可写为：

$$\Delta f=f\left(\underline{x}+\Delta\underline{x}\right)-f\left(\underline{x}\right)=\frac{1}{2}\Delta\underline{x}^{\mathrm{T}}f_{\underline{x}\underline{x}}\left(\underline{x}\right)\Delta\underline{x}$$

则局部最优条件为：

$$\Delta f=\frac{1}{2}\Delta\underline{x}^{\mathrm{T}}f_{\underline{x}\underline{x}}\left(\underline{x}\right)\Delta\underline{x}\geqslant 0\qquad\forall\Delta\underline{x}$$

$\Delta\underline{x}^{\mathrm{T}}f_{\underline{x}\underline{x}}\left(\underline{x}\right)\Delta\underline{x}\geqslant 0$ 成立的条件是 $f_{\underline{x}\underline{x}}\left(\underline{x}\right)$ 为半正定矩阵。这是函数存在局部最小值的二 122
阶必要条件。如果 $f_{\underline{x}\underline{x}}\left(\underline{x}\right)$ 为正定，那么 $\Delta\underline{x}^{\mathrm{T}}f_{\underline{x}\underline{x}}\left(\underline{x}\right)\Delta\underline{x}>0$，这是确保函数存在局部最小值的充分条件。

3. 可行扰动

考虑 m 个非线性约束的一般集合：

$$\underline{c}\left(\underline{x}\right)=\underline{0}\qquad\underline{c}=\Re^m\qquad\underline{x}\in\Re^n\tag{3.5}$$

满足这些约束条件的任意点都被认为是*可行点*，所有这种点的集合点被称为*可行集*。假设已知一个可行点 $\underline{x}'$ 的位置，考察该点 $\underline{x}'$ 附近的可行集的行为。定义*可行扰动* $\Delta\underline{x}$——该扰动对一阶条件仍然可行。将约束在 $\underline{x}'$ 点附近进行泰勒展开：

$$\underline{c}\left(\underline{x}'+\Delta\underline{x}\right)=\underline{c}\left(\underline{x}'\right)+\underline{c}_{\underline{x}}\left(\underline{x}'\right)\Delta\underline{x}+\cdots$$

其中的雅可比矩阵 $\underline{c}_{\underline{x}}$ 为 $m\times n$ 维，所以通常不是方阵。现在，假设该矩阵的秩为 m。如果该矩阵的秩不为 m，就使 m 等于线性无关行的数量，该行数至少为一。如果该扰动沿某可行方向移动，并且在一阶条件下约束仍然满足，可得：

$$\underline{c}\left(\underline{x}'+\Delta\underline{x}\right)=\underline{c}\left(\underline{x}'\right)+\underline{c}_{\underline{x}}\left(\underline{x}'\right)\Delta\underline{x}=\underline{0}$$

由于 $\underline{c}\left(\underline{x}'\right)=\underline{0}$，可知下式对可行扰动成立：

$$\underline{c}_{\underline{x}}\left(\underline{x}'\right)\Delta\underline{x}=\underline{0}\tag{3.6}$$

4. 约束零空间和切平面

对前述的最后结论进行深入分析能给我们进一步的启发，并有助于我们记住：约束雅可比矩阵 $\underline{c}_{\underline{x}}\left(\underline{x}'\right)$ 为 $m\times n$ 维。在 $\Re^n$（在点 $\underline{x}'$ 处取值）空间中，该矩阵的各行组成一个包含 m 个标量 $\left\{c_1\left(\underline{x}\right),c_2\left(\underline{x}\right),\cdots,c_m\left(\underline{x}\right)\right\}$ 的梯度向量集，其元素对应于各约束条件。公式（3.6）右侧零列向量的每个元素，可以根据 $\underline{c}_{\underline{x}}$ 的一个行与扰动的点积计算得出。因此，该条件下的可行扰动意味着：向量 $\Delta\underline{x}$ 必须与约束雅可比矩阵的所有行向量正交。所有这样的向量的集合被称为*约束切平面*：

$$N\left(\underline{c}_{\underline{x}}\right)=\left\{\Delta\underline{x}:\quad\underline{c}_{\underline{x}}\left(\underline{x}'\right)\Delta\underline{x}=\underline{0}\right\}$$

更一般的，该集合也被称为约束雅可比矩阵的零空间。与之相对，$\underline{c}_{\underline{x}}$ 的行空间中的所有向量正交于切平面，它们构成不允许出现扰动的所有方向。此概念可以通过如聚焦信息 3.2 所示的曲线解释。 123

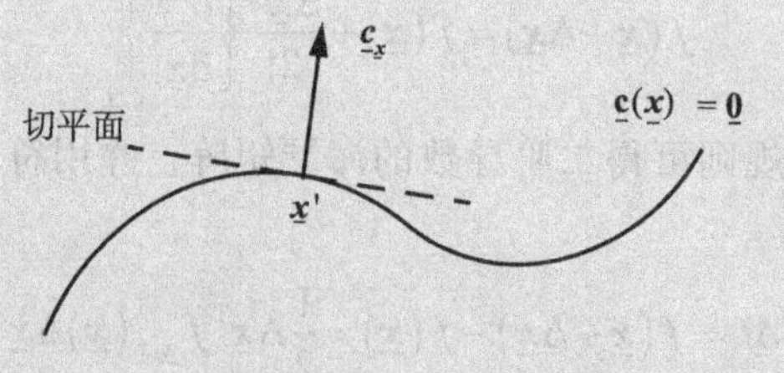

聚焦信息 3.2　约束切平面

约束 $\underline{c}(\underline{x})=\underline{0}$ 的切平面是所有与约束雅可比矩阵 $\underline{c}_{\underline{x}}$ 垂直的向量的集合。假设可行集是三维空间的曲线，则切平面由与图中法向量垂直且绕该法向量旋转的直线形成。由此形成的切平面与约束曲线相切，且垂直于约束雅可比矩阵 $\underline{c}_{\underline{x}}$ 的某一行向量（即图中法向量）。若将此推广到多维空间，则需对约束雅可比矩阵的行空间中的每一个行向量做此操作，进而得到空间约束切面。

专栏 3.2　最优及可行条件

对于标量－值目标函数 $f(\underline{x})$：

在 $\underline{x}^*$ 点位置处，函数取局部最优值的必要条件是：关于 $\underline{x}$ 的梯度在该点处为零：

$$f_{\underline{x}}\left(\underline{x}^*\right)=\underline{0}^{\mathrm{T}}$$

在 $\underline{x}^*$ 点位置处，函数取局部最小值的充分条件是：海瑟矩阵正定，即

$$\frac{1}{2}\Delta\underline{x}^{\mathrm{T}} f_{\underline{x}\underline{x}}(\underline{x})\Delta\underline{x}>0 \qquad \forall\Delta\underline{x}$$

对于约束函数集 $\underline{c}(\underline{x})=\underline{0}$，如果 $\underline{x}'$ 为一个可行点（即满足 $\underline{c}(\underline{x}')=\underline{0}$），那么新点 $\underline{x}''=\underline{x}'+\Delta\underline{x}$ 也是一个可行点（满足一阶条件）。如果状态变化 $\Delta\underline{x}$ 局限于约束切平面，那么

$$\underline{c}_{\underline{x}}(\underline{x}')\Delta\underline{x}=\underline{0}$$

3.1.3　约束优化

很多问题可以用含有若干变量的标量－值函数来表示，要求在满足约束条件的情况下对函数进行优化。当未知量为点、参数或向量时，这种类型的问题被称为*约束优化问题*或者*非线性规划问题*（可互换使用）。对于约束优化问题，最通用的表达形式为：

$$\begin{aligned} &\text{优化目标：}_{\underline{x}}\ f(\underline{x}) &&\underline{x}\in\Re^n \\ &\text{约束条件：}\ \underline{c}(\underline{x})=\underline{0} &&\underline{c}\in\Re^m \end{aligned} \tag{3.7}$$

124 其中 $f()$ 为目标函数，而 $\underline{c}()$ 是约束条件。更一般的情况还涉及不等式约束，如 $\underline{c}(\underline{x})\leqslant\underline{0}$ 等。将问题再进一步一般化，则允许 $\underline{x}$ 为一个未知函数，或者是系统的时变状态向量 $\underline{x}(t)$，而该系统由另一个时变输入 $\underline{u}(t)$ 控制。这种*变分优化*问题将在本书的后续部分加以讨论。

如果约束不存在，则该问题被称为*无约束优化问题*；如果目标不存在，则被称为*约束满足问题*。有时，解决这三类问题所采用的方法是完全不同的。

如果 $\underline{x}$ 为 $n\times1$，那么通常情况下 $\underline{c}$ 为 $m\times1$ 且满足 $m<n$。如果 $m=n$，可行约束集可以简

化为 $\underline{c}()$ 的几个根，或者甚至为单个的点。在后一种情况下，就不存在优化问题了（即没有什么需要优化的）。

1. 受约束局部最优的一阶条件

约束优化问题相当复杂，因为 $c()$ 对 $\underline{x}$ 施加了某些约束，导致只能在剩下的自由度中搜索 $f()$ 的最优值。假设已经找到了函数的一个局部最优值 $\underline{x}^*$。为了解决约束优化问题，所求 $\underline{x}^*$ 必须既为可行点，同时又是局部最小值。因此，需要考虑可使 $\underline{x}^*$ 点成为受约束局部最小值的一阶条件。

为了简化问题，本节及所有后续讨论中，将假定雅可比矩阵满秩。由于 $\underline{c}()$ 对 $\Re^n$ 空间中的一个向量仅施加 m 个约束，于是在约束曲面的切平面中还存在 $n-m$ 个无约束自由度。如果点 $\underline{x}^*$ 为可行点，根据公式（3.6），可行扰动 $\Delta\underline{x}$ 必须满足：

$$\underline{c}_{\underline{x}}\left(\underline{x}^*\right)\Delta\underline{x}=\underline{0}\qquad\forall\Delta\underline{x}\text{ 可行}$$

在受约束最小问题中，不能简单地调用公式（3.3）使梯度为零来找到局部极值点，因为无法确保这样的点是可行点。在受约束情况下，可定义局部最小值为一个可行点，且从该点产生的可行扰动使目标函数 $f()$ 的变化为零。我们仍然可以基于前述方程来论证：如果某一特定扰动 $\Delta\underline{x}$ 是可行的，那么扰动 $-\Delta\underline{x}$ 也一定是可行的。因此，如果 $\Delta\underline{x}$ 导致目标函数 $f()$ 值增加，那么 $-\Delta\underline{x}$ 将导致目标函数 $f()$ 值的减小。该结论不符合局部最小值的假设。因此，可以得出这样的结论：对于任意一个可行扰动，目标函数的变化必须消失为零。

$$f_{\underline{x}}\left(\underline{x}^*\right)\Delta\underline{x}=0\qquad\forall\Delta\underline{x}\text{ 可行}$$

与无约束情况不同，此处的扰动 $\Delta\underline{x}$ 被限制在约束切平面内。该约束条件要求目标梯度必须与切平面中的任意一个向量垂直。切平面中所有向量的集合为 $N\left(\underline{c}_{\underline{x}}\right)$，与 $N\left(\underline{c}_{\underline{x}}\right)$ 中的任意一个向量正交的所有向量的集合为其正交补，即行空间 $R\left(\underline{c}_{\underline{x}}\right)$。因此，目标梯度必须位于行空间 $R\left(\underline{c}_{\underline{x}}\right)$ 中。

目标梯度 $f_{\underline{x}}\left(\underline{x}^*\right)$ 是 $\Re^n$ 空间中一个向量，而 $R\left(\underline{c}_{\underline{x}}\right)$ 的维度为 m。$R\left(\underline{c}_{\underline{x}}\right)$ 中的每一个向量都 125
可以写成 $\underline{c}_{\underline{x}}$ 各行的加权和的形式，即 $\underline{\lambda}^{\mathrm{T}}\underline{c}_{\underline{x}}$，其中常向量 $\underline{\lambda}^{\mathrm{T}}$ 为 $1\times m$ 行向量。由此可以得出结论：目标梯度必须以聚焦信息 3.3 所示的形式给出。

$$f_{\underline{x}}\left(\underline{x}^*\right)=\underline{\lambda}^{\mathrm{T}}\underline{c}_{\underline{x}}\left(\underline{x}^*\right)\tag{3.8}$$

聚焦信息 3.3　受约束局部极值的条件

目标函数 $f\left(\underline{x}\right)$ 的梯度向量与 $f\left(\underline{x}\right)$ 的等值线正交，并且它也与 $\underline{c}(x)$ 的等值线正交。当 $f\left(\underline{x}\right)$ 的梯度垂直于等值线 $\underline{c}(x)=\underline{0}$（其被称为约束）时，出现极值。

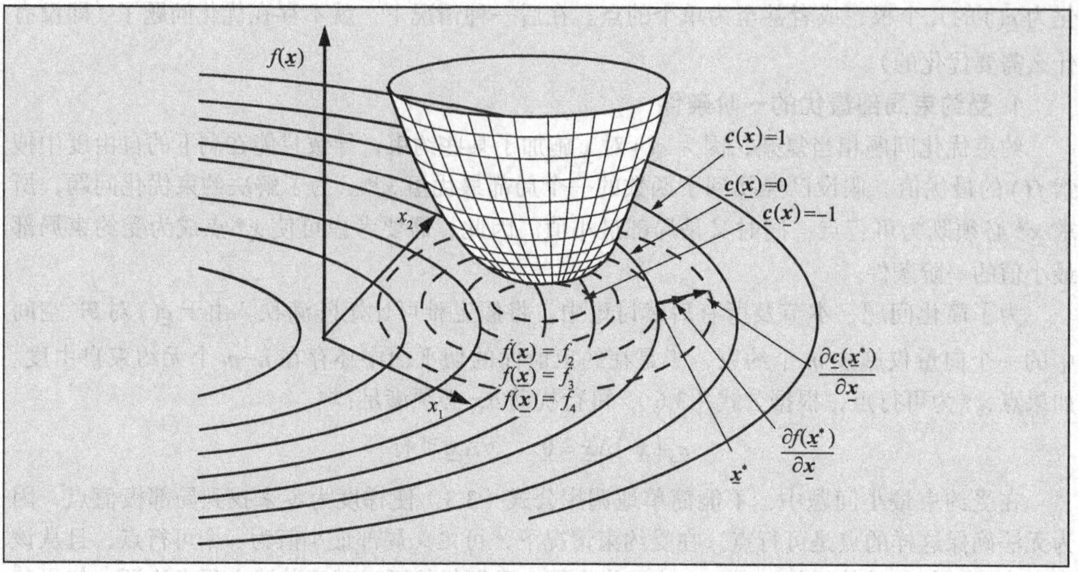

因 $\underline{\boldsymbol{\lambda}}$ 是一个未知量，可以改变其符号而不失一般性，然后对上式进行转置，可以产生如下所示的 n 个方程，其中包含了 $\underline{\boldsymbol{x}}$ 和 $\underline{\boldsymbol{\lambda}}$ 的 $n+m$ 个未知量：

$$f_{\underline{x}}^{\mathrm{T}}\left(\underline{\boldsymbol{x}}^*\right)+\underline{\boldsymbol{c}}_{\underline{x}}^{\mathrm{T}}\left(\underline{\boldsymbol{x}}^*\right)\underline{\boldsymbol{\lambda}}=\underline{\boldsymbol{0}}$$

回顾已知条件，我们知道有 m 个约束：$\underline{\boldsymbol{c}}\left(\underline{\boldsymbol{x}}\right)=\underline{\boldsymbol{0}}$，将它们合并起来，就具备足够的条件，可以对 $\underline{\boldsymbol{x}}$ 和 $\underline{\boldsymbol{\lambda}}$ 中的未知量进行系统地求解。因此，对于约束系统，存在局部最小值的一阶必要条件是：

$$\begin{aligned}&f_{\underline{x}}^{\mathrm{T}}\left(\underline{\boldsymbol{x}}^*\right)+\underline{\boldsymbol{c}}_{\underline{x}}^{\mathrm{T}}\left(\underline{\boldsymbol{x}}^*\right)\underline{\boldsymbol{\lambda}}=\underline{\boldsymbol{0}}\\&\underline{\boldsymbol{c}}\left(\underline{\boldsymbol{x}}^*\right)=\underline{\boldsymbol{0}}\end{aligned}\tag{3.9}$$

通常，对此类问题，可以定义一个拉格朗日标量值函数，记作：

$$l\left(\underline{\boldsymbol{x}},\underline{\boldsymbol{\lambda}}\right)=f\left(\underline{\boldsymbol{x}}\right)+\underline{\boldsymbol{\lambda}}^{\mathrm{T}}\underline{\boldsymbol{c}}\left(\underline{\boldsymbol{x}}\right)\tag{3.10}$$

126 根据该定义，必要条件的紧凑形式可表示为：

$$\frac{\partial l\left(\underline{\boldsymbol{x}},\underline{\boldsymbol{\lambda}}\right)^{\mathrm{T}}}{\partial\underline{\boldsymbol{x}}}=\underline{\boldsymbol{0}}\qquad\frac{\partial l\left(\underline{\boldsymbol{x}},\underline{\boldsymbol{\lambda}}\right)^{\mathrm{T}}}{\partial\underline{\boldsymbol{\lambda}}}=\underline{\boldsymbol{0}}\tag{3.11}$$

2. 约束优化问题的求解

利用计算机，可以用如下四种基本方法解决该问题：

- 代换：在极少数情况下，可以将约束条件代入目标函数中，从而将问题简化为无约束优化问题。
- 下降：在切平面中移动并连续调整解的初始估计值，以逐渐降低目标函数 $f()$ 的值，如此反复优化估计值直至目标函数达到最小值。
- 拉格朗日乘子：将必要条件线性化，并通过迭代求解。
- 惩罚函数：设计一个惩罚函数，使不满足约束条件的扰动增大目标函数的值，由此形成的组合目标函数可作为一个无约束问题进行最小化。

后续内容将研究几个具有封闭解的示例，之后在 3.3.2 节介绍数值方法。

3. 无约束二次型优化

最简单的无约束优化问题是向量二次型优化问题。考虑向量的二次函数：

$$\text{最小化：}_{\underline{x}}\quad f(\underline{\boldsymbol{x}})=\frac{1}{2}\underline{\boldsymbol{x}}^{\mathrm{T}}\boldsymbol{Q}\underline{\boldsymbol{x}}\quad \underline{\boldsymbol{x}}\in\Re^{n}$$

其中 $\boldsymbol{Q}$ 为对称正定矩阵。这样一个连续的向量的标量值函数一定存在梯度向量，且其局部极值出现在梯度为零的某一个点。像一维抛物线一样，二次代价函数具有单个极值。令其导数等于零向量：

$$f_{\underline{x}}=\underline{\boldsymbol{x}}^{\mathrm{T}}\boldsymbol{Q}=\underline{\boldsymbol{0}}^{\mathrm{T}}$$

转置运算后，可得 $\boldsymbol{Q}\underline{\boldsymbol{x}}=\underline{\boldsymbol{0}}$。这是一个齐次线性方程组，因为 $\boldsymbol{Q}$ 为对称正定矩阵，所以它所有的特征值都为正值，并且矩阵非奇异。因此，该二次型的最小值为原点：

$$\underline{\boldsymbol{x}}^{*}=\boldsymbol{Q}^{-1}\underline{\boldsymbol{0}}=\underline{\boldsymbol{0}}$$

对于正定矩阵 $\boldsymbol{Q}$，如果已知 $\underline{\boldsymbol{x}}^{\mathrm{T}}\boldsymbol{Q}\underline{\boldsymbol{x}}>0,\ \underline{x}\neq\underline{\boldsymbol{0}}$，该结论是显而易见的。更为一般的情况是如下所示的向量“抛物线”：

$$\text{最小化：}_{\underline{x}}\quad f(\underline{\boldsymbol{x}})=\frac{1}{2}\underline{\boldsymbol{x}}^{\mathrm{T}}\boldsymbol{Q}_{xx}\underline{\boldsymbol{x}}+\underline{\boldsymbol{b}}^{\mathrm{T}}\underline{\boldsymbol{x}}+c \tag{3.12}$$

令其导数等于零向量： 127

$$f_{\underline{x}}=\underline{\boldsymbol{x}}^{*\mathrm{T}}\boldsymbol{Q}+\underline{\boldsymbol{b}}^{\mathrm{T}}=\underline{\boldsymbol{0}}^{\mathrm{T}}$$

转置并把常量移到方程的另外一侧：

$$\boldsymbol{Q}\underline{\boldsymbol{x}}^{*}=-\underline{\boldsymbol{b}}$$

因此向量“抛物线”的最小值出现在：

$$\underline{\boldsymbol{x}}^{*}=-\boldsymbol{Q}^{-1}\underline{\boldsymbol{b}} \tag{3.13}$$

相比之下，标量抛物线 $f(x)=(1/2)ax^{2}+bx+c$ 的最小值出现在 $x^{*}=-(b/a)$ 处。最一般的情况是，求包含如下线性项和常数项形式的函数的最小值：

$$\text{最小化：}_{\underline{x}}\quad f(\underline{\boldsymbol{x}})=\frac{1}{2}\underline{\boldsymbol{x}}^{\mathrm{T}}\boldsymbol{Q}_{xx}\underline{\boldsymbol{x}}+\underline{\boldsymbol{c}}^{\mathrm{T}}\boldsymbol{Q}_{cx}\underline{\boldsymbol{x}}+\underline{\boldsymbol{x}}^{\mathrm{T}}\boldsymbol{Q}_{xc}\underline{\boldsymbol{c}}+\underline{\boldsymbol{c}}^{\mathrm{T}}\boldsymbol{Q}_{cc}\underline{\boldsymbol{c}} \tag{3.14}$$

其中，$\underline{\boldsymbol{c}}$ 为常数向量，$\boldsymbol{Q}_{cx}$ 为任意矩阵。在这种情况下，目标函数取最小值对应的解为：

$$\underline{\boldsymbol{x}}^{*}=-\boldsymbol{Q}^{-1}\left(\boldsymbol{Q}_{cx}+\boldsymbol{Q}_{xc}^{\mathrm{T}}\right)\underline{\boldsymbol{c}} \tag{3.15}$$

4. 线性约束优化：代换

另外一个典型问题：最简单但备受关注的多变量目标函数（二次），在最简单的多变量约束（线性）下的最小值问题。考虑如下问题：

$$\begin{aligned}&\text{最小化：}_{\underline{x}}\quad f(\underline{\boldsymbol{x}})=\frac{1}{2}\underline{\boldsymbol{x}}^{\mathrm{T}}\boldsymbol{Q}\underline{\boldsymbol{x}}\qquad \underline{\boldsymbol{x}}\in\Re^{n}\\&\text{约束条件：}\boldsymbol{G}\underline{\boldsymbol{x}}=\underline{\boldsymbol{b}}\qquad\qquad \underline{\boldsymbol{b}}\in\Re^{m}\end{aligned} \tag{3.16}$$

其中，矩阵 $\boldsymbol{G}$ 不是方阵。如果矩阵 $\boldsymbol{G}$ 为方阵，并且它是可逆的，那么在约束条件中，目标函数只有一个唯一解，即唯一的一个可行集，也就无任何优化可言。因为矩阵 $\boldsymbol{G}$ 对 $\underline{\boldsymbol{x}}$ 施加了一些约束，我们必须在剩余的自由度中搜索以确定极值，所以这个问题相当复杂。

不过，对于存在线性约束的局部优化问题，可以利用代入法来求解。首先，按照如下所示的方式对未知量进行分块：

$$\underline{x}=\begin{bmatrix}\underline{x}_1^{\mathrm{T}} & \underline{x}_2^{\mathrm{T}}\end{bmatrix}^{\mathrm{T}} \quad \begin{matrix}\underline{x}_1\in\Re^m\\ \underline{x}_2\in\Re^{n-m}\end{matrix}$$

那么，约束以块符号形式可表示为：

$$\begin{bmatrix}G_1 & G_2\end{bmatrix}\begin{bmatrix}\underline{x}_1\\ \underline{x}_2\end{bmatrix}=\underline{b}$$

128 其中 G_1 为 $m\times m$ 方阵。如果方阵 G_1 为可逆矩阵，并且 $\underline{x}_2$ 已知，根据上式我们可以写出：

$$\begin{aligned}&G_1\underline{x}_1+G_2\underline{x}_2=\underline{b}\\&G_1\underline{x}_1=\underline{b}-G_2\underline{x}_2\\&\underline{x}_1=G_1^{-1}\left[\underline{b}-G_2\underline{x}_2\right]=\underline{b}_1-G_3\underline{x}_2\end{aligned}$$

由此，基于选择变量使 G_1 可逆的假设，可由 $\underline{x}_2$ 计算出 $\underline{x}_1$。请注意，其中的 G_3 和 $\underline{b}_1$ 都为已知量。将其代入目标函数，就获得了一个在 $n-m$ 个自由（无约束）未知量 $\underline{x}_2$ 中，寻找极值点的无约束优化问题，如下所示：

$$f(\underline{x})=\frac{1}{2}\underline{x}_2^{\mathrm{T}}Q_{xx}\underline{x}_2+\underline{b}_1^{\mathrm{T}}Q_{bx}\underline{x}_2+\underline{x}_2^{\mathrm{T}}Q_{xb}\underline{b}_1+\underline{b}_1^{\mathrm{T}}Q_{bb}\underline{b}_1 \tag{3.17}$$

现在上式与前面介绍的无约束问题的解决方法相同。

5. 线性约束优化：惩罚函数

再次考虑上一节提出的问题：

$$\begin{aligned}&\text{最小化:}_{\underline{x}}\quad f(\underline{x})=\frac{1}{2}\underline{x}^{\mathrm{T}}Q\underline{x}\quad \underline{x}\in\Re^n\\&\text{约束条件:}\quad G\underline{x}=\underline{b}\qquad \underline{b}\in\Re^m\end{aligned}\tag{3.18}$$

但是，这一次我们设想这样一种情况：约束条件没有得到完全满足。此时，可以获得一个残差向量：

$$\underline{r}(\underline{x})=G\underline{x}-\underline{b}\quad \underline{r}\in\Re^m$$

这样，通过计算其幅值 $\underline{r}^{\mathrm{T}}(\underline{x})\underline{r}(\underline{x})$，或者更为一般的，计算对某一对称正定矩阵 R 的加权幅值 $\underline{r}^{\mathrm{T}}(\underline{x})R\underline{r}(\underline{x})$，可以将残差转换为标量代价函数。将该代价函数加到原始目标函数中，就得到了一个新的无约束问题：

$$\text{最小化:}_{\underline{x}}\quad f(\underline{x})=\frac{1}{2}\underline{x}^{\mathrm{T}}Q\underline{x}+\frac{1}{2}\underline{r}^{\mathrm{T}}(\underline{x})R\underline{r}(\underline{x})\qquad \underline{x}\in\Re^n$$

该问题的最小值计算过程如下所示：

$$\begin{aligned}&f_{\underline{x}}=\underline{x}^{\mathrm{T}}Q+\underline{r}^{\mathrm{T}}(\underline{x})R\frac{\partial\underline{r}(\underline{x})}{\partial\underline{x}}=\underline{0}^{\mathrm{T}}\\&f_{\underline{x}}=\underline{x}^{\mathrm{T}}Q+\left(\underline{x}^{\mathrm{T}}G^{\mathrm{T}}-\underline{b}^{\mathrm{T}}\right)RG=\underline{0}^{\mathrm{T}}\\&\underline{x}^{\mathrm{T}}Q+\underline{x}^{\mathrm{T}}G^{\mathrm{T}}RG=\underline{b}^{\mathrm{T}}RG\\&\left\{Q+G^{\mathrm{T}}RG\right\}\underline{x}=G^{\mathrm{T}}R\underline{b}\end{aligned}$$

由此求出目标函数的最终解：

129 $$\underline{x}=\left\{Q+G^{\mathrm{T}}RG\right\}^{-1}G^{\mathrm{T}}R\underline{b}\tag{3.19}$$

$\boldsymbol{R}$ 和 $\boldsymbol{Q}$ 相对幅值的大小需要折中权衡。高的 $\boldsymbol{R}$ 值，意味着以高的精度来强迫满足约束条件；而这样做的代价是，弱化了对实际目标函数最小值的追求。惩罚函数技术是一种能够通过快速计算，得到足够理想的最优解的有效方法。它避开了解决真实约束优化问题时，极其复杂的计算过程。

3.1.4 参考文献与延伸阅读

下面这两本书都是非常不错的参考著作，其中主要介绍线性化以及最优问题的充分必要条件等方面的内容。

[1] P. E. Gill, W. Murray, and M. H. Wright, *Practical Optimization,* Academic Press, 1981.

[2] D. G. Luenberger, *Linear and Nonlinear Programming,* 2nd ed., Addison Wesley, Reading, MA, 1989.

3.1.5 习题

1. 泰勒余项定理

请写出函数 $y=\cos(x)$ 的二阶和四阶泰勒级数展开式；使用两个展开式分别计算以 $\cos(0+\pi/8)$ 的形式理解的 $\cos(\pi/8)$ 的近似值，即在原点位置处展开级数。请计算近似误差。用 x 的幂和 $\cos(x)$ 的导数来逼近余项边界；泰勒余项定理看起来起作用了吗？注意该函数的各阶导数都一致有界。

2. 代入法与约束优化

请思考如下问题：

$$\text{最小化：}_{\underline{x}} \quad f(\underline{x})=f(x,y)=x^2+y^2$$
$$\text{约束条件：} \quad x+y-1=0$$

怎样推导用于约束优化的运算方法。将目标函数绘制为一个面函数 $z=f(x,y)$，其中的 x 坐标轴指向左下侧，并且 y 坐标轴指向右侧。然后绘制出约束平面在 $x-y$ 平面上的投影。此时目标函数和约束平面的交线看起来是什么形状？求解此类优化问题，首先需要使用代入消元法，然后再用约束优化的必要条件（三个方程）。在这种情况下，目标梯度表现为约束梯度（即位于约束零空间中）的线性组合，这意味着什么？当目标函数取最小值时，拉格朗日乘子的值为多大？

3. 无约束二次型优化的封闭解

请推导最一般的矩阵二次型的最小值：

$$\text{最小化：}_{\underline{x}} \quad f(\underline{x})=\frac{1}{2}\underline{x}^{\mathrm{T}}\boldsymbol{Q}_{xx}\underline{x}+\underline{c}^{\mathrm{T}}\boldsymbol{Q}_{cx}\underline{x}+\underline{x}^{\mathrm{T}}\boldsymbol{Q}_{xc}\underline{c}+\underline{c}^{\mathrm{T}}\boldsymbol{Q}_{cc}\underline{c}$$

其中，$\underline{c}$ 为某常数向量。 130

3.2 方程组

3.2.1 线性系统

矩阵求逆的数值计算方法，技术上相当于求解下述形式线性方程的方阵系统：

$$\underline{z}=\boldsymbol{H}\underline{x} \tag{3.20}$$

如果矩阵的逆存在，则只要计算出矩阵的逆，上述方程的解马上就可以求出：

$$\underline{\boldsymbol{x}} = \boldsymbol{H}^{-1}\underline{\boldsymbol{z}} \tag{3.21}$$

然而在实际应用中，很少对矩阵进行显式求逆。因为事实证明：为求解上述方程，存在一些相对而言效率更高，并且在数值上更加稳定的技术。

1. 方阵系统

读者可能熟悉高斯或者高斯－约当消元法——一种用计算机求矩阵逆的基本技术。这些方法相当于反复使用基本的化简技术，类似于在演算纸上通过消除变量来求解问题。简要说明如下，考虑三个线性方程组成的方程组：

$$\begin{aligned} a_{11}x_1 + a_{12}x_2 + a_{13}x_3 &= y_1 \\ a_{21}x_1 + a_{22}x_2 + a_{23}x_3 &= y_2 \\ a_{31}x_1 + a_{32}x_2 + a_{33}x_3 &= y_3 \end{aligned} \tag{3.22}$$

可以写成 $A\underline{x} = \underline{y}$ 的形式。如果把方程组中的第二个方程的左右两侧同时乘以 a_{31}/a_{21}，可以得到：

$$a_{31}x_1 + \left(\frac{a_{31}}{a_{21}}\right)a_{22}x_2 + \left(\frac{a_{31}}{a_{21}}\right)a_{23}x_3 = \left(\frac{a_{31}}{a_{21}}\right)y_2$$

得到的新方程与第三个方程中的 x_1 项具有相同的系数。将第三个方程减去该新方程，使 x_1 项前面的系数变为0，从而消掉 x_1，获得另一个不含 x_1 项的新方程。线性代数中的一个重要定理表明：如果用这个最新的方程替代原方程组中的第三个方程，那么新方程组的解将与原方程组的解完全相同。新方程组变为：

$$\begin{aligned} a_{11}x_1 + a_{12}x_2 + a_{13}x_3 &= y_1 \\ a_{21}x_1 + a_{22}x_2 + a_{23}x_3 &= y_2 \\ a_{32}^{(1)}x_2 + a_{33}^{(1)}x_3 &= y_3^{(1)} \end{aligned}$$

131 在这个新的方程组中，第三个方程中的上标（1）表明这些系数是计算产生的用于替代旧系数的新系数。然后在第一个方程等式的左右两侧同时乘以 a_{21}/a_{11}，可以对第一、二两个方程执行跟第一次变换相同的运算，从而把第二个方程中的 x_1 项消掉：

$$\begin{aligned} a_{11}x_1 + a_{12}x_2 + a_{13}x_3 &= y_1 \\ a_{22}^{(1)}x_2 + a_{23}^{(1)}x_3 &= y_2^{(1)} \\ a_{32}^{(1)}x_2 + a_{33}^{(1)}x_3 &= y_3^{(1)} \end{aligned}$$

最后，对上面方程组中的第二、三两个方程，也可以执行同样的运算过程，从而消掉其中的 x_2 项：

$$\begin{aligned} a_{11}x_1 + a_{12}x_2 + a_{13}x_3 &= y_1 \\ a_{22}^{(1)}x_2 + a_{23}^{(1)}x_3 &= y_2^{(1)} \\ a_{33}^{(2)}x_3 &= y_3^{(2)} \end{aligned}$$

现在，根据方程组中的最后一个方程，可以求出 x_3。一旦 x_3 已知，可以将第二个方程中的 $a_{23}^{(1)}x_3$ 移到等号的另外一侧（右侧）。然后，可以据此求出 x_2。继续这样的操作，一旦另外两个变量 x_3、x_2 已知，就可以根据第一个方程求出 x_1。

请注意，上述整个运算过程，显然可以推广到规模更大的方程组。由于矩阵 $\boldsymbol{A}$ 中的各个系数可以为任意数，所以从这个意义上而言，该算法是一个完全通用的算法。想可靠地实现这一算法，需要检查矩阵的奇异性，及掌握处理近奇异矩阵的技术。

2. 超定系统的左广义逆

如果对于一个系统：

$$\underline{\boldsymbol{z}}=\boldsymbol{H}\underline{\boldsymbol{x}} \tag{3.23}$$

其中向量 $\underline{\boldsymbol{x}}$ 为 $n\times1$ 维，向量 $\underline{\boldsymbol{z}}$ 为 $m\times1$ 维，则矩阵 $\boldsymbol{H}$ 为 $m\times n$ 维。当 $m\neq n$ 时，该系统不是方阵系统，也难以描述对它进行求解代表什么意义。前文提到的约束优化理论会引出非方阵的所谓*广义逆*矩阵求解，而这恰好可以回答这个问题。

当 $m>n$ 时，方程组被认为是*超定*的。在这一类问题中，除非有正确的冗余方程数，否则 $\underline{\boldsymbol{x}}$ 中的未知量将不足以满足 m 个约束条件。通常情况下，向量 $\underline{\boldsymbol{z}}$ 表示随 $\underline{\boldsymbol{x}}$ 变化，并由矩阵 $\boldsymbol{H}$ 确定的测量值，但是该测量结果因误差而失真。

在这种情况下，原方程不能完全满足，因而有必要定义*残差*向量来解决此问题：

$$\underline{\boldsymbol{r}}(\underline{\boldsymbol{x}})=\underline{\boldsymbol{z}}-\boldsymbol{H}\underline{\boldsymbol{x}} \tag{3.24}$$

可以把残差向量视为关于向量 $\underline{\boldsymbol{x}}$ 的函数，并且进一步将其幅值的平方写成标量二次型的形式：

$$f(\underline{\boldsymbol{x}})=\frac{1}{2}\underline{\boldsymbol{r}}^{\mathrm{T}}(\underline{\boldsymbol{x}})\underline{\boldsymbol{r}}(\underline{\boldsymbol{x}})$$

引入系数 1/2 可以消去一个 2，否则 2 将会出现在后面的表达式中。确定向量 $\underline{\boldsymbol{x}}$ 的值，使该 132
表达式取最小值的问题，被称为*最小二乘*问题。将残差表达式代入，可得：

$$f(\underline{\boldsymbol{x}})=\frac{1}{2}(\underline{\boldsymbol{z}}-\boldsymbol{H}\underline{\boldsymbol{x}})^{\mathrm{T}}(\underline{\boldsymbol{z}}-\boldsymbol{H}\underline{\boldsymbol{x}})$$

接下来，用微分乘法法则求出该标量关于向量 $\underline{\boldsymbol{x}}$ 的梯度：

$$f_{\underline{\boldsymbol{x}}}=-(\underline{\boldsymbol{z}}-\boldsymbol{H}\underline{\boldsymbol{x}})^{\mathrm{T}}\boldsymbol{H}$$

已知在某个局部最小值位置，该梯度将为零，所以将该导数置为零（并转置），得：

$$\boldsymbol{H}^{\mathrm{T}}\left(\underline{\boldsymbol{z}}-\boldsymbol{H}\underline{\boldsymbol{x}}^{*}\right)=\underline{\boldsymbol{0}} \tag{3.25}$$

该方程组通常被称为*正规方程组*，因为它们要求极小值处的残差，与矩阵 $\boldsymbol{H}$ 的列空间（$\boldsymbol{H}^{\mathrm{T}}$ 的行空间）正交（即相互垂直），即 $\boldsymbol{H}^{\mathrm{T}}$ 的每一行与残差的点积为零。将其写成标准线性方程组的形式，得：

$$\boldsymbol{H}^{\mathrm{T}}\boldsymbol{H}\underline{\boldsymbol{x}}^{*}=\boldsymbol{H}^{\mathrm{T}}\underline{\boldsymbol{z}} \tag{3.26}$$

求解该方阵型线性方程组，可以显式地计算出唯一极小值：

$$\underline{\boldsymbol{x}}^{*}=\left(\boldsymbol{H}^{\mathrm{T}}\boldsymbol{H}\right)^{-1}\boldsymbol{H}^{\mathrm{T}}\underline{\boldsymbol{z}}$$

矩阵：

$$\boldsymbol{H}^{+}=\left(\boldsymbol{H}^{\mathrm{T}}\boldsymbol{H}\right)^{-1}\boldsymbol{H}^{\mathrm{T}} \tag{3.27}$$

被称为*左广义逆*矩阵，因为当它左乘 $\boldsymbol{H}$ 时，可得：

$$\boldsymbol{H}^{+}\boldsymbol{H}=\left(\boldsymbol{H}^{\mathrm{T}}\boldsymbol{H}\right)^{-1}\boldsymbol{H}^{\mathrm{T}}\boldsymbol{H}=\boldsymbol{I}_{n}\qquad m>n$$

当 $m>n$ 时，该公式适用。在实际应用中，通常不需要显式计算矩阵的左广义逆阵，而把方程（3.26）作为一个线性方程组进行求解。

3. 欠定系统的右广义逆

当$m < n$时，称为欠定系统，其约束数小于未知量的数量，总存在能够满足所有约束条件的完整解集。在这种情况下，当需要为欠定系统确定一个唯一解时，所用的最基本的技术是引入一个正则化矩阵（即代价函数），来对解集中的所有成员进行排序。之后，在这个序列中寻找最小值。显然，如果代价函数只是解向量的大小，结果将很简洁，即

$$f(\underline{x}) = \frac{1}{2}\underline{x}^{\mathrm{T}}\underline{x}$$

133 为此，设计如下所示的约束优化问题：

$$\begin{aligned}&\text{优化：}_{x} \quad f(\underline{x}) = \frac{1}{2}\underline{x}^{\mathrm{T}}\underline{x} \qquad \underline{x} \in \Re^{n}\\ &\text{约束条件：} \quad \underline{c}(\underline{x}) = \underline{z} - \boldsymbol{H}\underline{x} = \underline{\boldsymbol{0}} \qquad \underline{z} \in \Re^{m}\end{aligned}$$

接下来，构造拉格朗日标量函数：

$$l(\underline{x}, \underline{\boldsymbol{\lambda}}) = \frac{1}{2}\underline{x}^{\mathrm{T}}\underline{x} + \underline{\boldsymbol{\lambda}}^{\mathrm{T}}(\underline{z} - \boldsymbol{H}\underline{x})$$

第一必要条件为：

$$l_{\underline{x}}(\underline{x}, \underline{\boldsymbol{\lambda}})^{\mathrm{T}} = \underline{x} - \boldsymbol{H}^{\mathrm{T}}\underline{\boldsymbol{\lambda}} = \underline{0} \Rightarrow \underline{x} = \boldsymbol{H}^{\mathrm{T}}\underline{\boldsymbol{\lambda}}$$

将第一必要条件代入第二必要条件，即

$$\begin{aligned}&l_{\underline{\lambda}}(\underline{x}, \underline{\boldsymbol{\lambda}})^{\mathrm{T}} = \underline{z} - \boldsymbol{H}\underline{x} = \underline{\boldsymbol{0}}\\ &\underline{z} - \boldsymbol{H}\boldsymbol{H}^{\mathrm{T}}\underline{\boldsymbol{\lambda}} = \underline{\boldsymbol{0}}\\ &\boldsymbol{H}\boldsymbol{H}^{\mathrm{T}}\underline{\boldsymbol{\lambda}} = \underline{z}\end{aligned} \tag{3.28}$$

得到一个解：

$$\underline{\boldsymbol{\lambda}} = \left(\boldsymbol{H}\boldsymbol{H}^{\mathrm{T}}\right)^{-1}\underline{z}$$

现在，将该解回代到第一必要条件中，可得：

$$\underline{x} = \boldsymbol{H}^{\mathrm{T}}\underline{\boldsymbol{\lambda}} = \boldsymbol{H}^{\mathrm{T}}\left(\boldsymbol{H}\boldsymbol{H}^{\mathrm{T}}\right)^{-1}\underline{z} \tag{3.29}$$

矩阵

$$\boldsymbol{H}^{+} = \boldsymbol{H}^{\mathrm{T}}\left(\boldsymbol{H}\boldsymbol{H}^{\mathrm{T}}\right)^{-1} \tag{3.30}$$

被称*右广义逆*矩阵，因为当它右乘$\boldsymbol{H}$时：

$$\boldsymbol{H}\boldsymbol{H}^{+} = \boldsymbol{H}\boldsymbol{H}^{\mathrm{T}}\left(\boldsymbol{H}\boldsymbol{H}^{\mathrm{T}}\right)^{-1} = \boldsymbol{I}_{m} \qquad m < n$$

当$m < n$时，适用该形式。在实际应用中，右广义逆矩阵通常不需要显式计算，而把方程（3.28）作为一个线性方程组进行求解，然后将结果代入方程（3.29）的左侧部分。

4. 关于广义逆矩阵

请注意，当矩阵的$m = n$时，左、右两个广义逆都可以化简为普通矩阵的逆。这两种表达式都要求矩阵$\boldsymbol{H}$满秩，并且它们最后都对方阵求逆，该方阵的维度取矩阵$\boldsymbol{H}$的两个维度中的较小值。

广义逆$\boldsymbol{H}^{+}$的表达式是清晰的，因为它的形式由系数矩阵$\boldsymbol{H}$的维数确定。只要其表达式

中的逆矩阵存在，那么广义逆矩阵就可以计算得出，此时也意味着矩阵 $\boldsymbol{H}$ 一定满秩。 134

5. 加权广义逆矩阵

对于存在左广义逆矩阵的过约束情况，有时会引入对称权重矩阵 $\boldsymbol{R}$，从而获得一个加权代价函数。例如：

$$f(\underline{x})=\frac{1}{2}\underline{r}^{\mathrm{T}}(\underline{x})\boldsymbol{R}^{-1}\underline{r}(\underline{x})$$

推导出其极小值的简单方法就是转置。假设 $\boldsymbol{R}^{-1}$ 为对称正定矩阵，则可将其定义为 $\boldsymbol{D}$ 的平方：

$$\boldsymbol{R}^{-1}=\boldsymbol{D}^{\mathrm{T}}\boldsymbol{D}$$

由此，可获得转置的未加权目标函数为：

$$f(\underline{x})=\frac{1}{2}\underline{r}^{\mathrm{T}}(\underline{x})\boldsymbol{D}^{\mathrm{T}}\boldsymbol{D}\underline{r}(\underline{x})=\frac{1}{2}\underline{r}'^{\mathrm{T}}(\underline{x})\underline{r}'(\underline{x})$$

根据上述替代的结果，可以定义一个新的残差向量：

$$\underline{r}'=\boldsymbol{D}\underline{r}=\boldsymbol{D}(\underline{z}-\boldsymbol{H}\underline{x})=\boldsymbol{D}\underline{z}-\boldsymbol{D}\boldsymbol{H}\underline{x}=\underline{z}'-\boldsymbol{H}'\underline{x}$$

其中，定义了一个新的 $\underline{z}'=\boldsymbol{D}\underline{z}$，同时还定义了一个新的系数矩阵 $\boldsymbol{H}'=\boldsymbol{D}\boldsymbol{H}$。现在，问题转化为未加权的形式，其解集可由左广义逆矩阵给出：

$$\underline{x}^{*}=\left(\boldsymbol{H}'^{\mathrm{T}}\boldsymbol{H}'\right)^{-1}\boldsymbol{H}'^{\mathrm{T}}\underline{z}$$

将原始矩阵 $\boldsymbol{H}$ 代入，解集可表示为：

$$\underline{x}^{*}=\left(\boldsymbol{H}^{\mathrm{T}}\boldsymbol{D}^{\mathrm{T}}\boldsymbol{D}\boldsymbol{H}\right)^{-1}\boldsymbol{H}^{\mathrm{T}}\boldsymbol{D}^{\mathrm{T}}\boldsymbol{D}\underline{z}$$

将权重矩阵的因式分解 $\boldsymbol{R}^{-1}=\boldsymbol{D}^{\mathrm{T}}\boldsymbol{D}$ 代入，可以得到：

$$\underline{x}^{*}=\left(\boldsymbol{H}^{\mathrm{T}}\boldsymbol{R}^{-1}\boldsymbol{H}\right)^{-1}\boldsymbol{H}^{\mathrm{T}}\boldsymbol{R}^{-1}\underline{z} \tag{3.31}$$

欠约束情况下对应的解在专栏 3.3 中列出。

专栏 3.3 矩阵的广义逆

用广义逆对非方阵线性系统（方程组）进行求解：

$$\underline{z}=\boldsymbol{H}\underline{x} \quad \underline{x}\in\Re^{n} \quad \underline{z}\in\Re^{m}$$

对含有权重矩阵 $\boldsymbol{R}$ 的过约束（当 $m>n$ 时）问题，求解：

$$\text{优化：}_{\underline{x}} \quad f(\underline{x})=\frac{1}{2}\underline{r}^{\mathrm{T}}(\underline{x})\boldsymbol{R}^{-1}\underline{r}(\underline{x}) \qquad \text{其中：}\underline{r}(\underline{x})=\underline{z}-\boldsymbol{H}\underline{x}$$

用左广义逆矩阵可得解：

$$\underline{x}^{*}=\left(\boldsymbol{H}^{\mathrm{T}}\boldsymbol{R}^{-1}\boldsymbol{H}\right)^{-1}\boldsymbol{H}^{\mathrm{T}}\boldsymbol{R}^{-1}\underline{z}$$

对含有权重矩阵 $\boldsymbol{R}$ 的欠约束（当 $m<n$ 时）问题，求解：

$$\text{优化：}_{\underline{x}} \quad f(\underline{x})=\frac{1}{2}\underline{x}^{\mathrm{T}}\boldsymbol{R}^{-1}\underline{x} \qquad \text{约束条件：}\underline{c}(\underline{x})=\underline{z}-\boldsymbol{H}\underline{x}=\underline{0}$$

用右广义逆矩阵可得解：

$$\underline{x}^{*}=\boldsymbol{R}\boldsymbol{H}^{\mathrm{T}}\left(\boldsymbol{H}\boldsymbol{R}\boldsymbol{H}^{\mathrm{T}}\right)^{-1}\underline{z}$$ 135

3.2.2 非线性系统

求解非线性方程组总是可以转化为求非线性函数的根。因为，如果 $\underline{\boldsymbol{g}}()$ 关于 $\underline{\boldsymbol{x}}$ 是非线性的，求解问题：

$$\underline{\boldsymbol{g}}(\underline{\boldsymbol{x}})=\underline{\boldsymbol{b}} \quad \underline{\boldsymbol{x}}\in\Re^n, \quad \underline{\boldsymbol{g}}\in\Re^n \tag{3.32}$$

等价于求解如下问题：

$$\underline{\boldsymbol{c}}(\underline{\boldsymbol{x}})=\underline{\boldsymbol{g}}(\underline{\boldsymbol{x}})-\underline{\boldsymbol{b}}=\underline{\boldsymbol{0}} \tag{3.33}$$

当用向量 $\underline{\boldsymbol{x}}$（在本书中通常写为 $\underline{\boldsymbol{p}}$）表示未知参数的集合时，经常会遇到这类问题。

1. 牛顿法

求解非线性方程组最基本的方法就是使其线性化，即找到一个局部的线性近似值，再巧妙地利用它完成求解。在求非线性函数的根时，可用牛顿法（也称为牛顿 – 拉夫逊法）实现线性化。

对于任意一个线性系统，其一阶导数为一个常量。而在这里，因为 $\underline{\boldsymbol{g}}(\underline{\boldsymbol{x}})$ 关于 $\underline{\boldsymbol{x}}$ 非线性，所以其一阶导数是一个雅可比矩阵：

$$\underline{\boldsymbol{c}}_{\underline{x}}=\frac{\partial\underline{\boldsymbol{c}}(\underline{\boldsymbol{x}})}{\partial\underline{\boldsymbol{x}}}=\frac{\partial\underline{\boldsymbol{g}}(\underline{\boldsymbol{x}})}{\partial\underline{\boldsymbol{x}}}=\underline{\boldsymbol{g}}_{\underline{x}} \tag{3.34}$$

该雅可比矩阵的值取决于 $\underline{\boldsymbol{x}}$。这也意味着，任何对于 $\underline{\boldsymbol{g}}(\underline{\boldsymbol{x}})$ 及 $\underline{\boldsymbol{c}}(\underline{\boldsymbol{x}})$ 的局部线性近似，都取决于 $\underline{\boldsymbol{x}}$ 的局部值——$\underline{\boldsymbol{x}}$ 的某一特定值。我们说，该系统关于 $\boldsymbol{x}$ 的这个特定值是“线性化”的。

现在考虑求解方程：

$$\underline{\boldsymbol{c}}(\underline{\boldsymbol{x}})=\boldsymbol{0}$$

假设对该方程的解有一个估计值，然后寻求改进该值。根据当前值，可以写出在某一微小扰动 $\Delta\underline{\boldsymbol{x}}$ 下 $\underline{\boldsymbol{c}}$ 的线性近似值的表达式。对此向量值函数应用泰勒公式展开，可得：

$$\underline{\boldsymbol{c}}(\underline{\boldsymbol{x}}+\Delta\underline{\boldsymbol{x}})=\underline{\boldsymbol{c}}(\underline{\boldsymbol{x}})+\underline{\boldsymbol{c}}_{\underline{x}}\Delta\underline{\boldsymbol{x}}+\cdots \tag{3.35}$$

如果该扰动点是线性近似的一个根，就要满足 $\underline{\boldsymbol{c}}(\underline{\boldsymbol{x}}+\Delta\underline{\boldsymbol{x}})=0$，进而可推导出如下线性方程组：

$$\underline{\boldsymbol{c}}_{\underline{x}}\Delta\underline{\boldsymbol{x}}=-\underline{\boldsymbol{c}}(\underline{\boldsymbol{x}}) \tag{3.36}$$

由此，可得牛顿迭代的基本公式：

$$\Delta\underline{\boldsymbol{x}}=-\underline{\boldsymbol{c}}_{\underline{x}}{}^{-1}\underline{\boldsymbol{c}}(\underline{\boldsymbol{x}})=-\underline{\boldsymbol{c}}_{\underline{x}}{}^{-1}\left[\underline{\boldsymbol{g}}(\underline{\boldsymbol{x}})-\underline{\boldsymbol{b}}\right] \tag{3.37}$$

136 上式表示一个精确增量值，当 $\underline{\boldsymbol{x}}$ 与其求和，将获得线性化 $\underline{\boldsymbol{c}}(\underline{\boldsymbol{x}})$ 的一个根。通常而言，更为明智的做法是，仅移动牛顿法步长的 $\alpha<1$ 部分，以避免当 $\underline{\boldsymbol{c}}_{\underline{x}}$ 非常小时，出现非常大的跳动。由此，基本迭代将变为：

$$\underline{\boldsymbol{x}}_{k+1}=\underline{\boldsymbol{x}}_k-\alpha\underline{\boldsymbol{c}}_{\underline{x}}{}^{-1}\underline{\boldsymbol{c}}(\underline{\boldsymbol{x}}) \tag{3.38}$$

可以通过类比标量函数的情况，来理解牛顿法。牛顿法是一种基于导数的算法，它的每一步迭代都沿着当前点对应的函数值下降的方向进行。如图 3-4 所示，其中每条直线都是函数曲线的切线，切点横坐标是上一个估计值，即函数在切点处线性化获得切线。直线与横轴的交点是函数线性化后的一个根，而根对应的原函数值点又是下一条直线的切点。如此迭代，线性近似直线与横轴的交点将越来越趋近原函数根的实际位置。此方法的思路是：用切线与 x 轴交点的横坐标近似代表曲线与 x 轴交点的横坐标。

当然，许多病态问题会使这个简单图形变得复杂（如图 3-5 所示）。非线性函数可能有若干个根，在求函数所有的根、任意一个根或某一特定根的过程中，有可能会出现病态问题。为此，可以为每一个根定义一个收敛半径。在收敛半径限定的区域内，任意初始估计值将收敛至相应根的位置。

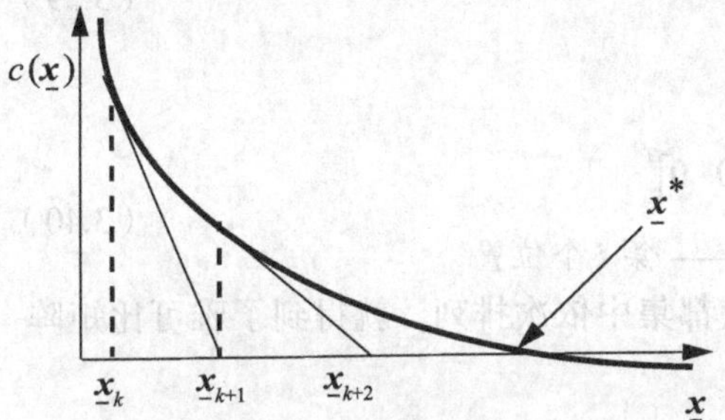

图 3-4　**根的线性化**。局部线性化表现为一条直线，牛顿法也称为切线法，求出与函数相切的若干连续直线，通过逐步快速逼近的方式找到非线性函数 $c()$ 的根

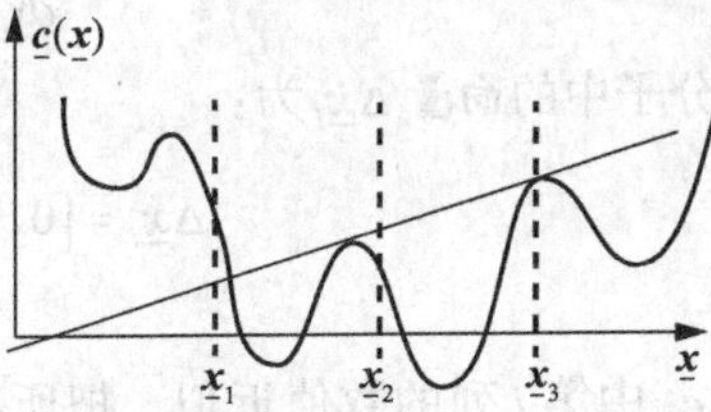

图 3-5　**求根过程存在的病态问题**。起始点从点 $\underline{\boldsymbol{x}}_1$ 处开始与从 $\underline{\boldsymbol{x}}_2$ 处开始，将导致最终找到不同的根。在点 $\underline{\boldsymbol{x}}_3$ 附近，初始点的微小变化将得到不同的结果；而且迭代过程存在很高风险，使得下一次迭代很可能跳至一个点，而该点更靠近与上一次迭代完全不同的根

此外，在 $\underline{\boldsymbol{c}}(\underline{\boldsymbol{x}})$ 的极值位置处，雅可比矩阵不可逆，因此必须使用其他的方法微调估计值，使其偏离极值——不同的调整方案可能会导致产生不同的根。在极值附近，一个牛顿迭代步可能导致估计值产生很大的跳动。

针对这些问题，最基本的预防措施是：确保有一个理想的初值；确保在每次迭代中，函数不断向零点移动；限制 $\underline{\boldsymbol{x}}$ 变化的大小。

牛顿法具有二阶收敛性。这也意味着，当函数在局部被多维二次曲线理想近似时，在每次迭代中，迭代值与真正的根之间的连续偏差将为平方项，并迅速减小。在求根过程中，最直接的搜索终止策略是：当 $\underline{\boldsymbol{c}}(\underline{\boldsymbol{x}})$ 足够趋近于零时，求根程序停止运行。 137

2. 非方阵系统的非线性方程组

在实际求根问题中，有时也会遇到非方阵的雅可比矩阵。在欠定系统中，大量的变量必须满足相对较少的约束条件。例如，当标定参数数量超出了处理独立观测误差所需数量时，就会出现这种情况。这种情况也发生在地图构建过程的回环检测中，此时可能需要一千个位姿序列来形成一个回环。

在处理非方雅可比矩阵时，方程（3.36）可以用右广义逆矩阵进行求解并迭代，以根据需要优化方程的解。对于近似线性系统，只需要很少的几次迭代即可。对于超定系统，方程（3.36）可以使用左广义逆矩阵进行求解，但是需要注意的是：在这种情况下，不可能所有的约束条件都能够得到满足，并且反复迭代可能会变得极其不稳定。相关内容请参见 3.3.1 节第 3 点的第 3 小点中关于小残差假设的讨论。在通常情况下，超定非线性系统的约束问题，可通过转换为最小极值问题来求解。

3. 数值求导

虽然有时可以推导出系统雅可比矩阵的显式公式，但是在通常情况下，公式计算不仅复杂，而且计算代价高。在绝大多数情况下，会使用容易实现且误差较小的数值微分方法。这种技术很容易在计算机中编程实现，同时它也是检查闭式求导结果的理想方法。

在数值求导中，每增加一个单位时间，分别计算约束向量 $\underline{\boldsymbol{c}}$ 关于 $\underline{\boldsymbol{x}}$ 中的每个元素，在当前位置发生微小扰动时的变化：

$$\frac{\partial \underline{\boldsymbol{c}}}{\partial x_i}=\frac{\underline{\boldsymbol{c}}\left(\underline{\boldsymbol{x}}+\Delta \underline{\boldsymbol{x}}_i\right)-\underline{\boldsymbol{c}}\left(\underline{\boldsymbol{x}}\right)}{\Delta x_i} \tag{3.39}$$

式中，分子中的向量 $\Delta \underline{\boldsymbol{x}}_i$ 为：

$$\Delta \underline{\boldsymbol{x}}_i=\begin{bmatrix}0 & 0 & \cdots & \Delta x_i & \cdots 0 & 0\end{bmatrix}^{\mathrm{T}} \tag{3.40}$$

（↑ 第 i 个位置）

这是对 $\underline{\boldsymbol{c}}_{\underline{\boldsymbol{x}}}$ 中第 i 列的数值近似。把所有这些列向量都集中依次排列，就得到了雅可比矩阵 $\underline{\boldsymbol{c}}_{\underline{\boldsymbol{x}}}$。

3.2.3 参考文献与延伸阅读

Golib 等的著作是较为经典的参考书目；Trefethen 等推出的著作更适宜作为教科书；Press 等的书具有很强的实用性。

[3] Gene H. Golib, and Charles F., *Matrix Computations,* Johns Hopkins, 1996.

[4] Loyd N. Trefethen, and David Bau III, *Numerical Linear Algebra*, Society for Industrial and Applied Mathematics, 1997.

[5] W. Press, B. Flannery, S. Teukolsky, and W. Vetterling, *Numerical Recipes in C,* Cambridge
138 University Press, Cambridge, 1988.

3.2.4 习题

1. 标准方程式

求解如下所示的超定系统，系统以 $\boldsymbol{H}\underline{\boldsymbol{x}}=\underline{\boldsymbol{z}}$ 的形式表示：

$$\begin{bmatrix}1 & 2\\ 2 & 4\\ 3 & 9\end{bmatrix}\begin{bmatrix}x\\ y\end{bmatrix}=\begin{bmatrix}4\\ 5\\ 6\end{bmatrix}$$

请利用标准方程证明：

$$\boldsymbol{H}^{\mathrm{T}}\left(\underline{\boldsymbol{z}}-\boldsymbol{H}\underline{\boldsymbol{x}}^{*}\right)=\underline{\boldsymbol{0}}$$

2. 加权右广义逆矩阵

再复习一下欠约束的最小极值问题，其解集为右广义逆矩阵：

$$\text{优化：}_{x}\quad f\left(\underline{\boldsymbol{x}}\right)=\frac{1}{2}\underline{\boldsymbol{x}}^{\mathrm{T}}\underline{\boldsymbol{x}}\qquad \underline{\boldsymbol{x}}\in\Re^{n}$$

$$\text{约束条件：}\quad \underline{\boldsymbol{c}}\left(\underline{\boldsymbol{x}}\right)=\underline{\boldsymbol{z}}-\boldsymbol{H}\underline{\boldsymbol{x}}=\underline{0}\qquad \underline{\boldsymbol{z}}\in\Re^{m}$$

考虑加权代价函数 $f\left(\underline{\boldsymbol{x}}\right)=\frac{1}{2}\underline{\boldsymbol{x}}^{\mathrm{T}}\boldsymbol{R}^{-1}\underline{\boldsymbol{x}}$ 的情况。尽管可以再次通过求导进行计算，但请使用 3.2.1 节第 5 点所介绍的方法，推导出加权欠约束问题的解集。

3. 牛顿法

观察下列以因式形式表示的三次多项式：

$$y=(x-a)(x-b)(x-c)$$

很显然，该多项式的根为 (a,b,c)。在你最喜欢的编程环境中，绘制该三次多项式以清晰地显示不同的根 $(-1,0,1)$。然后，在根的均值附近选择初始估计值，再使用牛顿法执行几次迭代。请尝试以下三种情况：第一种情况，当 $x_0=0.2,\alpha=1$ 时，迭代应该正常进行，请注意在每次迭代中有多少有效数字是正确的？然而，在第二种情况，即当 $x_0=0.5,\alpha=1$ 时，迭代会在一开始就跳离最近的根；第三种情况，逐渐减少步长，直到 $x_0=0.5,\alpha=0.3$ 时，就能够解决上述问题。

4. 数值求导

函数 $y(x)=\mathrm{e}^x$ 对于这个习题特别方便，因为 $y'(x)=\mathrm{e}^x$，它的导数与原函数相同。请用数值法计算函数 $y(x)$ 在点 $x=1$ 处的导数，前进步长取 $\mathrm{d}x=10^{-n},n=2,3\cdots$，直至出现除以零的情况为止。迭代点计算失败所需的迭代次数取决于计算机精度。使用下述公式，其中每一个量都可以显式计算：

$$y(x)\approx\frac{y(x+\mathrm{d}x)-y(x)}{(x+\mathrm{d}x)-x}$$

因为 $y'(1)=y(1)=\mathrm{e}$ 为正确解，所以可以直接计算出误差。请在水平方向以对数尺度来 139
绘制误差曲线，并对结果做出解释。

3.3 非线性优化和约束优化

3.3.1 非线性优化

利用变换，总是能够把函数最大化问题转换另一个函数的最小化问题：

$$\arg\max\{f(x)\}=\arg\min\{-f(x)\} \tag{3.41}$$

为方便起见，可以把所有问题考虑成两种形式中的一种。因为很多引人注意的问题涉及误差或“代价”的最小化，所以这里将仅考虑函数的最小化问题。

从 3.1.3 节第 3 点可知，无约束二次优化问题可以得到封闭解。本节将讨论更为一般的非线性优化问题：

$$\text{最小化:}_{\underline{x}} \quad f(\underline{x}) \qquad \underline{x}\in\Re^n \tag{3.42}$$

请注意，函数 $f(\underline{x})$ 为一个标量。尽管这看起来似乎不是必要条件，但是注意到极小值必须具备一个条件，即目标值“小于”所有其他位置处的值。对于向量而言，所有对于极小值条件的简单定义，最后都会归结为计算向量的幅值或在某向量上的投影。而所有这些操作都相当于把目标函数变换为一个标量。

解决此类问题的基本思路是，在目标域中逐步迭代，生成极值的一系列估计值。在这个过程中，通过控制步长的大小和方向，产生一系列满足下述下降条件的目标函数样本：

$$f(\underline{x}_{k+1})<f(\underline{x}_k)$$

1. 沿下降方向的直线搜索

求解最小化问题最基本的方法是直线搜索迭代。该过程从初始估计值开始，沿某一特定方向 $\underline{d}$ 进行搜索，以降低目标函数值。此过程把函数最小化问题转换成了一维最小化问题：

$$\text{最小化：}_{\alpha}\ f\left(\underline{x}+\alpha\underline{d}\right)\quad \alpha\in\Re^{1} \tag{3.43}$$

从本质上说，总是能够找到使函数值下降的方向，因此可以将搜索限定为 α 总取正值。理想情况下，需要对每个连续方向 $\underline{d}$ 进行计算，以得到一个真正的最小值，但通常不需要这么麻烦。在实际应用中，可以首先在几个方向上做尝试，将其中最理想的解返回，来近似理想的方向。

140 想的方向。

考虑如下所示的由 $f\left(\underline{x}\right)$ 的线性化给出的步长标量函数：

$$\hat{f}\left(\alpha\underline{d}\right)=f\left(\underline{x}\right)+f_{\underline{x}}\cdot\alpha\underline{d} \tag{3.44}$$

只要每一步迭代都满足充分下降条件[10]，就能够保证直线搜索的收敛性。此时，算法更倾向于使用大步长，而非使用小步长来迭代。下降条件规定：每次迭代必须使目标函数值减小，且减小量应不小于线性近似预测的减小量乘以系数 $\eta_{\min}$ $(0<\eta_{\min}<1)$：

$$\eta=\frac{f\left(\underline{x}\right)-f\left(\underline{x}+\alpha\underline{d}\right)}{\hat{f}\left(\underline{0}\right)-\hat{f}\left(\alpha\underline{d}\right)}>\eta_{\min} \tag{3.45}$$

为了实现快速收敛，应当选择满足该试探条件的最大步长的 α 值。回溯法是实现该目标的一种策略⊖。该技术通常在开始时使用一个常用的步长，然后尝试：

$$\alpha_{k+1}=\left(2^{-i}\right)\alpha k\quad i=0,1,2,\cdots$$

算法 3.1 提供了线性搜索的具体细节：

算法 3.1　利用回溯法的线性下降搜索。该算法沿下降方向反复搜索

```
00  algorithm lineSearch ()
01  x ← x_0 // initial guess
02  η_min ← const ∈ [0, 1/4]
03  α_last ← α_0
04  while(true)
05      d ← findDirection(x)
06      α ← α_last ×4 // or α ← 1 for Newton step
07      while (true)
08          η ← (see Equation 3.45)
09          if(η > η_min )break
10          α ← α ÷ 2
11      endwhile
12      x ← x + αd ; α_last ← α
13      if(finished ()) break
14  endwhile
15  return
```

为略微改进上述算法，可以用一段程序替换源程序中的第 06 行。在此程序中，用三次多项式拟合目标函数的最后两个值及其梯度，并用该三次多项式的最小值来代替 α 的最后

⊖ 回溯法是一种选优搜索法，按选优条件向前搜索，以达到目标。但当搜索到某一步，发现原先选择并不是最优或达不到目标时，就退回一步重新选择。这种如果走不通然后退回再走的一种搜索技术为回溯法。——译者注

一个值。

1）**程序终止条件**。这里介绍算法第 13 行未明确的函数 finished()。与求根的情况有所不同，目标函数 $f(\underline{\boldsymbol{x}})$ 在极值处的大小是未知的。因此，直线搜索算法终止的条件是，目标函数值的变化足够小。如下所述，计算梯度并检测梯度值是否足够小，也可以作为算法终止条件。 141

2）**梯度下降法**。梯度下降法也称为*最速下降法*，该搜索技术利用目标函数的梯度来计算下降方向。由于目标函数可以近似为一阶泰勒多项式：

$$f(\underline{\boldsymbol{x}}+\Delta\underline{\boldsymbol{x}})=f(\underline{\boldsymbol{x}})+f_{\underline{\boldsymbol{x}}}\Delta\underline{\boldsymbol{x}}$$

这样，目标函数的变化就是步长 $\Delta\underline{\boldsymbol{x}}$ 到梯度向量的投影。当它们平行且反向时，两者之间夹角的余弦值为 −1，此时投影值最小。因此，在负梯度方向上，可获得最大下降值：

$$\underline{\boldsymbol{d}}^{\mathrm{T}}=-f_{\underline{\boldsymbol{x}}} \tag{3.46}$$

梯度下降技术的优势是非常容易实现，其鲁棒性取决于所使用的直线搜索方法，其不足之处是搜索速度不是特别快。

3）**牛顿方向**。求根技术可用于解决优化问题，因为梯度在目标函数取局部最小值位置处消失为零。此方法的基本思路是，对目标函数 $f(\underline{\boldsymbol{x}})$ 的梯度进行线性化，而非 $f(\underline{\boldsymbol{x}})$ 本身，并要求梯度在一个步长 $\Delta\underline{\boldsymbol{x}}$ 后消失为零：

$$f_{\underline{\boldsymbol{x}}}(\underline{\boldsymbol{x}}+\Delta\underline{\boldsymbol{x}})\approx f_{\underline{\boldsymbol{x}}}(\underline{\boldsymbol{x}})+\Delta\underline{\boldsymbol{x}}^{\mathrm{T}}f_{\underline{\boldsymbol{x}}\underline{\boldsymbol{x}}}=\underline{\boldsymbol{0}}^{\mathrm{T}} \tag{3.47}$$

如前所述，对称矩阵 $f_{\underline{\boldsymbol{x}}\underline{\boldsymbol{x}}}$ 被称为海瑟矩阵。上式可重写为：

$$\boldsymbol{f}_{\underline{\boldsymbol{x}}\underline{\boldsymbol{x}}}\Delta\underline{\boldsymbol{x}}=-\boldsymbol{f}_{\underline{\boldsymbol{x}}}{}^{\mathrm{T}} \tag{3.48}$$

该方程的解（假设海瑟矩阵满秩）为：

$$\Delta\underline{\boldsymbol{x}}=-\boldsymbol{f}_{\underline{\boldsymbol{x}}\underline{\boldsymbol{x}}}{}^{-1}\boldsymbol{f}_{\underline{\boldsymbol{x}}}{}^{\mathrm{T}} \tag{3.49}$$

该解可以作为直线搜索中的下降方向。或者，可以用原函数的二阶泰勒展开得到的二次方程来近似目标函数。我们会发现由它得到的最小值与前者相同。因此，如果目标函数被一个二次多项式很好地近似，所得步长很可能与正确结果非常接近。由于利用了海瑟矩阵的曲率信息，牛顿法比梯度下降法能更快地趋向目标点。

虽然该算法具有二次收敛性，但在实际中很少用它的精确形式，而是代之以微调过的算法。一个原因是：如果海瑟矩阵（或者其近似形式）不是正定矩阵，牛顿步有可能不是下降方向；另一个原因是：海瑟矩阵的计算代价高，或者海瑟矩阵根本不可用。基于海瑟矩阵近似形式的算法称为*拟牛顿法*，是一种每步迭代计算量少（无须二阶导数信息），而又保持超线性收敛的牛顿型迭代法。

2. 信赖域方法

直线搜索技术先根据第一原则选择移动方向，然后选择步长。与之相反，*信赖域方法*首先确定一个最大步长，然后用该步长来约束方向。该方法通过求解一个辅助约束优化问题来确定搜索方向，从而实现对 $f(\underline{\boldsymbol{x}})$ 的近似。在函数的二阶近似中，会用到梯度向量和海瑟矩 142
阵。需要解决的问题是确定步长 $\Delta\underline{\boldsymbol{x}}$，而 $\Delta\underline{\boldsymbol{x}}$ 的大小受信赖域半径 ρ_k 的限制。该问题的隐式表达形式如下：

$$\text{优化：}_{\Delta\underline{x}}\quad \hat{f}\left(\Delta\underline{x}\right)=f\left(\underline{x}\right)+f_{\underline{x}}\Delta\underline{x}+f_{\underline{x}\underline{x}}\frac{\Delta\underline{x}^{2}}{2}\qquad \Delta\underline{x}\in\Re^{n}$$

$$\text{约束条件：}\quad g\left(\Delta\underline{x}\right)=\Delta\underline{x}^{\mathrm{T}}\Delta\underline{x}\leqslant\rho_{k}^{2}\tag{3.50}$$

尽管没有介绍不等式的约束优化问题，我们还是可以证明，该问题的解是下列线性方程组的解：

$$\left(f_{\underline{x}\underline{x}}+\mu I\right)\Delta\underline{x}^{*}=-f_{\underline{x}}^{\mathrm{T}}\tag{3.51}$$

式中，$\mu\geqslant 0$ 的某些值使得左侧的矩阵正定。请注意，这似乎解决了牛顿步的一个重大问题。当目标函数在局部没有被二次多项式很好地近似时，将出现大的 μ 值。在这种情况下，该算法选择梯度向量方向作为下降方向。

还要注意满足下式：

$$\mu\cdot\left(\left|\Delta\underline{x}\right|-\rho_{k}\right)=0\tag{3.52}$$

由此可知，当 $\mu=0$ 时，求得的解是信赖域内的局部最小值；当 $\mu\neq 0$ 时，求得的解出现在信赖域的边界位置。这些点用于提供信息，而无须推导。

信赖域可根据目标函数值的实际下降与预计下降的比进行调整：

$$\eta=\frac{f\left(\underline{x}\right)-f\left(\underline{x}+\Delta\underline{x}\right)}{\hat{f}\left(\underline{0}\right)-\hat{f}\left(\Delta\underline{x}\right)}\tag{3.53}$$

实际上，这也是常用的 L-M（Levenberg-Marquardt，利文贝格 – 马夸特）算法的信赖域公式。该算法的具体内容如算法 3.2 所示。

算法 3.2　L-M 算法。基于信赖域技术的 L-M 算法是一种常用的优化算法

```
algorithm Levenberg-Marquardt()
x ← x_0 // initial guess
Δx_max ← const
ρ_max ← const
ρ ← ρ_0 ∈ [0, ρ_max]
η_min ← const ∈ [0, 1/4]
while(true)
    solve Equation 3.51 for Δx
    compute η using Equation 3.53
    if(η < η_min) then Δx ← 0
    x ← x + Δx // step to new point
    if(η < 1/4) ρ ← ρ/4 // decrease trust
    else if(η > 3/4 and |Δx| = ρ)
        ρ ← min(2ρ, ρ_max) // increase trust
    endif
    if( finished()) break
endwhile
return
```

143

其中，程序运行终止条件之一是变化量的范数小于某一阈值 ε：

$$\left\|\Delta\underline{x}\right\|<\varepsilon$$

3. 非线性最小二乘法

在前文中，线性最小二乘问题的求解方法中用到了左广义逆矩阵。现在考虑，如何用 $\underline{x}$

的非线性函数，从含有 m 个观测值的 $\underline{z}$ 中来恢复 $\underline{x}$ 中的 n 个参数：

$$\underline{z}=\underline{h}(\underline{x}) \qquad \underline{z}\in\Re^m, \underline{x}\in\Re^n,\ m>n \tag{3.54}$$

如果测量存在噪声，这些方程组就不会被精确满足。对此类问题，通常定义如下残差：

$$\underline{r}(\underline{x})=\underline{z}-\underline{h}(\underline{x}) \tag{3.55}$$

其中，$\underline{z}$ 为实际观测结果，$\underline{h}(\underline{x})$ 表示基于特定参数的预期观测值。这样，就可以定义一个基于残差的加权平方的目标函数：

$$f(\underline{x})=\frac{1}{2}\underline{r}^{\mathrm{T}}(\underline{x})\boldsymbol{W}\underline{r}(\underline{x}) \tag{3.56}$$

在实际应用中，可以令权重矩阵 $\boldsymbol{W}$ 等于观测值 $\underline{z}$ 的协方差矩阵的逆阵：

$$\boldsymbol{W}=\boldsymbol{R}^{-1}=\mathrm{Exp}\left(\underline{z}\underline{z}^{\mathrm{T}}\right)^{-1} \tag{3.57}$$

如果希望观测结果权重相同，通常将该矩阵设为单位矩阵。

1）**求导法**。与线性最小二乘法不同，该问题不存在封闭解，而需要将目标函数线性化，并根据参数初值进行迭代。对于对称矩阵 $\boldsymbol{W}$，该目标函数的雅可比矩阵为残差向量与其梯度向量的乘积。根据链式法则，可得：

$$\boldsymbol{f}_{\underline{x}}=\boldsymbol{f}_{\underline{r}}\cdot\underline{r}_{\underline{x}}=\underline{r}^{\mathrm{T}}(\underline{x})\boldsymbol{W}\cdot\underline{r}_{\underline{x}} \tag{3.58}$$

注意，可以将下式代入上式：

$$\underline{r}_{\underline{x}}=-\underline{h}_{\underline{x}} \qquad \underline{r}_{\underline{xx}}=-\underline{h}_{\underline{xx}}$$

进而得到目标函数的海瑟矩阵为：

$$\boldsymbol{f}_{\underline{xx}}=\underline{r}_{\underline{x}}^{\mathrm{T}}\boldsymbol{W}\underline{r}_{\underline{x}}+\underline{r}_{\underline{xx}}\boldsymbol{W}\underline{r}(\underline{x}) \tag{3.59}$$

上式中的第二项包含了张量 $\underline{r}_{\underline{xx}}$。这些求导结果可用于任意的牛顿型最小化算法，例如 L-M 算法。 144

2）**用于小残差的高斯－牛顿约束算法**。对此类问题，由其定义可以设想，残差不为零的唯一原因是观测值中存在噪声。在很多情况下，可以假设残差 $r_i(\underline{x})$ 非常小，且海瑟矩阵的整个第二项 $\underline{r}_{\underline{xx}}\boldsymbol{W}\underline{r}(\underline{x})$ 都忽略不计（计算极为复杂且代价高昂）。海瑟矩阵的第一项很容易计算，因为只涉及雅可比矩阵，而一阶近似只需要计算雅可比矩阵。因此，通常只用海瑟矩阵的近似值：

$$\boldsymbol{f}_{\underline{xx}}\approx\underline{r}_{\underline{x}}^{\mathrm{T}}\boldsymbol{W}\underline{r}_{\underline{x}} \tag{3.60}$$

使用该近似的算法被称为高斯－牛顿算法。采用这种近似方法，则牛顿步变成：

$$\Delta\underline{x}=-\boldsymbol{f}_{\underline{xx}}{}^{-1}\boldsymbol{f}_{\underline{x}}{}^{\mathrm{T}}=-\left[\underline{r}_{\underline{x}}^{\mathrm{T}}\boldsymbol{W}\underline{r}_{\underline{x}}\right]^{-1}\underline{r}_{\underline{x}}^{\mathrm{T}}\boldsymbol{W}\underline{r}(\underline{x}) \tag{3.61}$$

3）**用求根法找最小值**。我们已经看到，求根法可以用于最小化问题，因为梯度向量会在最小值位置处为零。而对于最小二乘问题，目标函数本身在最小值位置处也接近为零。因此，可以试着将方程（3.55）线性化，并求解超定系统方程组的“根”。这样，会得到方程（3.36），其具体形式如下：

$$\underline{r}_{\underline{x}}\Delta\underline{x}=-\underline{r}(\underline{x})$$

利用左广义逆矩阵，可以以迭代的方式对方程进行求解：

$$\Delta\underline{x}=-\left[\underline{r}_{\underline{x}}{}^{\mathrm{T}}\underline{r}_{\underline{x}}\right]^{-1}\underline{r}_{\underline{x}}{}^{\mathrm{T}}\underline{r}(\underline{x})$$

非常遗憾的是，只有当预期残差值相对于实际最小值比较大时，这种方法才发挥作用。当方程在求解过程中不断趋近最小值时，线性近似的根很可能会随机跳离正确的目标解。

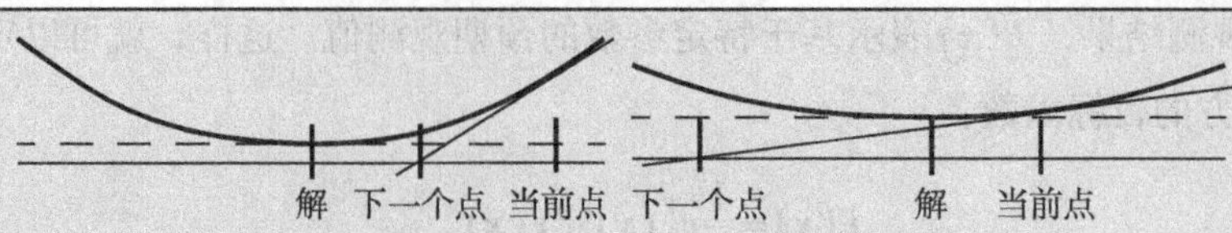

聚焦信息 3.4　用寻根法求最小值

当前残差远大于方程求解所需的残差时，寻根方法正常起作用。然而，随着越来越趋近于最小值，迭代结果可能随机跳离极小值位置——当解不断靠近正确答案时，会出现这种情况。但是，直线搜索是求解最小化问题的必要技术。

在标准直线搜索过程中，如果将更新值$\Delta\underline{x}$视为下降方向，就得到这种方法。然而这并不是一种新的求解思路，因为将$\boldsymbol{W}=\boldsymbol{I}$代入方程（3.61）中时，就可以得到下式：

$$\Delta\underline{x}=-\left[\underline{r}_{\underline{x}}{}^{\mathrm{T}}\underline{r}_{\underline{x}}\right]^{-1}\underline{f}_{\underline{x}}{}^{\mathrm{T}}=-\left[\underline{r}_{\underline{x}}{}^{\mathrm{T}}\underline{r}_{\underline{x}}\right]^{-1}\underline{r}_{\underline{x}}{}^{\mathrm{T}}\underline{r}(\underline{x}) \tag{3.62}$$

145 进一步解释：对于小残差情况，用海瑟矩阵的逆阵乘以梯度向量得到的牛顿步，可再次生成广义逆矩阵，因此这两种实现方法是等效的。寻根法求最小值获得的下降方向，与小残差近似海瑟矩阵逼近最小值所产生的结果相同。究竟把它作为寻根问题还是最小值问题，关键在于确保沿下降方向搜索时，不在最小值附近出现不稳定。

3.3.2　约束优化

如前所述，约束优化问题可以用方程（3.7）的形式表示，重写如下：

$$\begin{aligned}&\text{优化}:_{\underline{x}} && f(\underline{x}) && \underline{x}\in\Re^{n}\\&\text{约束条件}: && \underline{c}(\underline{x})=\underline{0} && \underline{c}\in\Re^{m}\end{aligned} \tag{3.63}$$

最小值的一阶条件由方程（3.9）给出：

$$\begin{aligned}&\underline{f}_{\underline{x}}{}^{\mathrm{T}}+\underline{c}_{\underline{x}}{}^{\mathrm{T}}\underline{\lambda}=\underline{0} && n\text{个方程}\\&\underline{c}(\underline{x})=\underline{0} && m\text{个方程}\end{aligned} \tag{3.64}$$

针对$(\underline{x}^{*},\underline{\lambda}^{*})$中的$n+m$个变量，上述方程组总共给出了$n+m$个方程（通常为非线性）。这样，就得到了与未知量数量一样多的方程式，只要各个方程之间是相互独立的，它们至少在局部，就能够确定方程组唯一的解。

以影响因子作为参数来体现约束的作用，就得到了形式更为紧凑的拉格朗日方程：

$$l(\underline{x},\underline{\lambda})=f(\underline{x})+\underline{\lambda}^{\mathrm{T}}\underline{c}(\underline{x}) \tag{3.65}$$

于是，一阶条件可以写成：

$$\begin{aligned}&l_{\underline{x}}{}^{\mathrm{T}}=\underline{0} && n\text{个方程}\\&l_{\underline{\lambda}}{}^{\mathrm{T}}=\underline{0} && m\text{个方程}\end{aligned} \tag{3.66}$$

1. 约束牛顿法

目前，我们会很自然地想到寻找非线性问题数值解法的第一步是将其线性化。为了实现含有约束的牛顿法，将上述一阶优化条件在某个并不能使条件满足的初始位置处线性化，然后假设对该位置的自变量施加某个扰动增量后能满足该条件。由此推导出的最终结果为：

$$\begin{bmatrix} \underline{l}_{\underline{xx}} & \underline{c}_{\underline{x}}^{\mathrm{T}} \\ \underline{c}_{\underline{x}} & 0 \end{bmatrix} \begin{bmatrix} \Delta\underline{x} \\ \Delta\underline{\lambda} \end{bmatrix} = -\begin{bmatrix} \underline{l}_{\underline{x}}^{\mathrm{T}} \\ \underline{c}(\underline{x}) \end{bmatrix} \tag{3.67}$$

其中 $l_{\underline{xx}} = f_{\underline{xx}} + \underline{\lambda}^{\mathrm{T}} \underline{c}_{\underline{xx}}$ 并且 $l_{\underline{x}} = f_{\underline{x}} + \underline{\lambda}^{\mathrm{T}} \underline{c}_{\underline{x}}$。请注意，这是一个方阵系统，其中左侧的矩阵与方程（3.48）中的海瑟矩阵的作用相同，因此它的解可以作为直线搜索的下降方向。也可以在 146
方程（3.51）中添加一个对角矩阵，以使用信赖域的方法对该系统进行求解。每次迭代计算可以得到未知复合向量 $[\Delta\underline{x}^{\mathrm{T}}, \Delta\underline{\lambda}^{\mathrm{T}}]^{\mathrm{T}}$ 的一个解。2.5.3 节介绍的分块矩阵中，已经讨论过一种能对这种海瑟矩阵进行求逆的有效方法。

1）**拉格朗日乘子的初始估计**。虽然可以想到一些方法来估计向量 $\boldsymbol{x}$ 的初值，但是对于 $\underline{\lambda}$，其初值的选择看起来要复杂得多。一种可行的方法是将向量 $\boldsymbol{x}$ 的初值代入一阶条件，再求解。由于 n 个方程对于 $\underline{\lambda}$ 而言是过约束，所以应当用（$\underline{c}_{\underline{x}}^{\mathrm{T}}$ 的）左广义逆来解算：

$$\underline{\lambda}_0 = -\left[\underline{c}_{\underline{x}} \underline{c}_{\underline{x}}^{\mathrm{T}}\right]^{-1} \underline{c}_{\underline{x}} \underline{f}_{\underline{x}}^{\mathrm{T}} \tag{3.68}$$

其结果表示将目标梯度向量映射到约束雅可比矩阵行空间的最佳拟合解。

2）**约束高斯－牛顿公式**。考虑如下非线性最小二乘中的二次目标函数约束优化问题：

$$\begin{aligned} &\text{最小化：} \quad f(\underline{x}) = \frac{1}{2} \underline{r}(\underline{x})^{\mathrm{T}} \underline{r}(\underline{x}) \\ &\text{约束条件：} \quad \underline{g}(\underline{x}) = \underline{b} \end{aligned} \tag{3.69}$$

其拉格朗日方程的一阶和二阶导数的形式可表示如下：

$$\begin{aligned} l_{\underline{xx}} &= f_{\underline{xx}} + \underline{\lambda}^{\mathrm{T}} \underline{g}_{\underline{xx}} = \underline{r}_{\underline{x}}^{\mathrm{T}} \underline{r}_{\underline{x}} + \underline{\lambda}^{\mathrm{T}} \underline{g}_{\underline{xx}} \\ l_{\underline{x}} &= f_{\underline{x}} + \underline{\lambda}^{\mathrm{T}} \underline{g}_{\underline{x}} = \underline{r}^{\mathrm{T}}(\underline{x}) \underline{r}_{\underline{x}} + \underline{\lambda}^{\mathrm{T}} \underline{g}_{\underline{x}} \end{aligned}$$

其中在第一个方程中用了小残差假设。

2. 惩罚函数法

在惩罚函数方法中，约束条件被融入目标函数中。例如，可以先用约束残差 $\underline{c}(\underline{x})$ 的平方来计算约束代价，然后针对如下无约束问题进行重复迭代计算：

$$f_k(\underline{x}) = f(\underline{x}) + \frac{1}{2} w_k \underline{c}(\underline{x})^{\mathrm{T}} \boldsymbol{W} \underline{c}(\underline{x}) \tag{3.70}$$

计算过程中，应逐渐增加权重 w_k 的值。通过这种方式，约束优化问题可以转换为等价的无约束优化问题。由于许多约束在实际应用中是“软的”，因此可以以牺牲初始约束为代价进行更多的优化，而权重 w_k 可以折中平衡这种优化。惩罚函数方法的主要优点是将方程数量从 $n+m$ 减少至 n。

3. 投影梯度法

投影梯度方法可算是一种求解约束优化问题最为直接的数值分析方法。如同问题所指出的，要解决 n 维未知向量 $\boldsymbol{x}$ 在 m 个约束条件下的欠约束问题。前面介绍的约束牛顿法在 147

$n+m$ 维空间中搜索，其中向量 $\boldsymbol{x}$ 的各参数以及拉格朗日乘子都是未知量。另一方面，原则上可以使用 m 个约束条件，将未知参数的数量减少至 n，然后用这 n 个未知参数来优化目标函数。同样，可以在 n 个一阶条件的过约束情况下，用最佳拟合的方法来获得 m 个拉格朗日乘子的值。那么，我们也可以把目标函数的迭代限定在剩余的 $n-m$ 个自由变量中进行。这就是缩减梯度法的工作原理。虽然还存在其他类似方法，但本书将要讨论的方法是缩减梯度投影法，或者简称为梯度下降法。

1）**参数分区**。首先将向量 $\underline{\boldsymbol{x}}$ 中的所有参数划分为两个集合：非独立（依赖）变量 $\underline{\boldsymbol{x}}$（因变量）和独立变量 $\underline{\boldsymbol{u}}$，其中非独立变量的相关性由约束条件确定：

$$\underline{\boldsymbol{x}}=\left[\underline{\boldsymbol{x}},\underline{\boldsymbol{u}}\right] \tag{3.71}$$

在新向量 $\underline{\boldsymbol{x}}$ 中，存在 m 个相关变量；而在向量 $\underline{\boldsymbol{u}}$ 中，存在 $n-m$ 个不相关的独立变量。今后在这一节中，$\underline{\boldsymbol{x}}$ 仅用来表示相关变量。这里使用的符号类似于控制理论中的状态和输入。向量 $\underline{\boldsymbol{x}}$ 中的元素存在相关性，一旦确定了向量 $\underline{\boldsymbol{u}}$ 中的元素，那么向量 $\underline{\boldsymbol{x}}$ 中的元素就被约束条件确定了。

2）**满足约束条件**。根据变量分区，约束方程采取如下形式表达：

$$\underline{\boldsymbol{c}}\left(\underline{\boldsymbol{x}},\underline{\boldsymbol{u}}\right)=\underline{\boldsymbol{0}} \tag{3.72}$$

假设在某次迭代中，已有 $\left(\underline{\boldsymbol{x}}_k,\underline{\boldsymbol{u}}_k\right)$ 的估计值。在独立变量自由的情况下，使相关变量满足约束条件。

假设独立变量为已知常量，将约束条件关于相关变量线性化，可得下式：

$$\underline{\boldsymbol{c}}\left(\underline{\boldsymbol{x}}+\Delta\underline{\boldsymbol{x}},\underline{\boldsymbol{u}}\right)=\underline{\boldsymbol{c}}\left(\underline{\boldsymbol{x}},\underline{\boldsymbol{u}}\right)+\underline{\boldsymbol{c}}_{\underline{\boldsymbol{x}}}\left(\underline{\boldsymbol{x}},\underline{\boldsymbol{u}}\right)\Delta\underline{\boldsymbol{x}}=\underline{\boldsymbol{0}} \tag{3.73}$$

式中的雅可比矩阵为方阵，假设其可逆，则相关变量的增量需要满足的一阶约束条件为：

$$\Delta\underline{\boldsymbol{x}}=-\underline{\boldsymbol{c}}_{\underline{\boldsymbol{x}}}\left(\underline{\boldsymbol{x}},\underline{\boldsymbol{u}}\right)^{-1}\underline{\boldsymbol{c}}\left(\underline{\boldsymbol{x}},\underline{\boldsymbol{u}}\right) \tag{3.74}$$

利用此式进行迭代计算，可以使靠近约束表面的点移动到约束表面（满足一阶条件）。

3）**最优条件**。定义目标函数的梯度 $f_{\underline{\boldsymbol{x}}}\left(\underline{\boldsymbol{x}},\underline{\boldsymbol{u}}\right)=\partial f/\partial\underline{\boldsymbol{x}}$，$f_{\underline{\boldsymbol{u}}}\left(\underline{\boldsymbol{x}},\underline{\boldsymbol{u}}\right)=\partial f/\partial\underline{\boldsymbol{u}}$，同时对约束条件和拉格朗日方程采用类似的符号。在向量 $\underline{\boldsymbol{x}}$ 分区的基础上，最优条件可以分为两个方程组：

$$\begin{aligned} f_{\underline{\boldsymbol{x}}}^{\mathrm{T}}\left(\underline{\boldsymbol{x}},\underline{\boldsymbol{u}}\right)+\underline{\boldsymbol{c}}_{\underline{\boldsymbol{x}}}^{\mathrm{T}}\left(\underline{\boldsymbol{x}},\underline{\boldsymbol{u}}\right)\underline{\boldsymbol{\lambda}}=\underline{\boldsymbol{0}} \quad & m\text{ 个方程} \\ f_{\underline{\boldsymbol{u}}}^{\mathrm{T}}\left(\underline{\boldsymbol{x}},\underline{\boldsymbol{u}}\right)+\underline{\boldsymbol{c}}_{\underline{\boldsymbol{u}}}^{\mathrm{T}}\left(\underline{\boldsymbol{x}},\underline{\boldsymbol{u}}\right)\underline{\boldsymbol{\lambda}}=\underline{\boldsymbol{0}} \quad & n-m\text{ 个方程} \end{aligned} \tag{3.75}$$

148 这些最优条件是关于 m 个乘子的超定方程。利用前面刚刚修正过的含 m 个元素的相关变量，按照下式计算 m 个乘子，使其满足上述第一组最优条件：

$$\underline{\boldsymbol{\lambda}}=-\underline{\boldsymbol{c}}_{\underline{\boldsymbol{x}}}^{\mathrm{T}}\left(\underline{\boldsymbol{x}},\underline{\boldsymbol{u}}\right)^{-1}f_{\underline{\boldsymbol{x}}}^{\mathrm{T}}\left(\underline{\boldsymbol{x}},\underline{\boldsymbol{u}}\right) \tag{3.76}$$

现在，在第二组最优条件中还有剩余的 $n-m$ 个方程，而向量 $\underline{\boldsymbol{u}}$ 中有相同数量的“独立”参数。到目前为止，因为参数没有发生任何变化，所以约束条件仍然满足，而且第一组（m 个）最优条件也满足。

向量的当前值通常并不满足第二个最优条件，但是此条件公式右侧部分的转置却是拉格朗日方程关于独立变量的梯度，如下式所示。利用该式可计算出独立变量的增量，沿此增量方向，拉格朗日目标函数的值将减小。此方法称为缩减梯度法或梯度下降法。

$$l_u\left(\underline{\boldsymbol{x}},\underline{\boldsymbol{u}}\right)=f_{\underline{\boldsymbol{u}}}\left(\underline{\boldsymbol{x}},\underline{\boldsymbol{u}}\right)+\underline{\boldsymbol{\lambda}}^{\mathrm{T}}\underline{\boldsymbol{c}}_{\underline{\boldsymbol{u}}}\left(\underline{\boldsymbol{x}},\underline{\boldsymbol{u}}\right) \tag{3.77}$$

式中的乘子由公式（3.76）确定，相关变量通过迭代方程（3.74）计算得到。据此，可以使用直线搜索来确定沿该方向的局部最小值。

4）**切平面内的直线搜索**。独立变量变化 $\Delta\underline{\boldsymbol{u}}$ 步长，虽然能够减小拉格朗日目标函数的值，但通常也会导致约束条件被破坏。原因在于，约束条件的全微分方程是：

$$\Delta\underline{\boldsymbol{c}}=\underline{\boldsymbol{c}}_{\boldsymbol{x}}\left(\underline{\boldsymbol{x}},\underline{\boldsymbol{u}}\right)\Delta\underline{\boldsymbol{x}}+\underline{\boldsymbol{c}}_{\boldsymbol{u}}\left(\underline{\boldsymbol{x}},\underline{\boldsymbol{u}}\right)\Delta\underline{\boldsymbol{u}} \tag{3.78}$$

在取上述 $\Delta\underline{\boldsymbol{u}}$ 步长后，为了满足一阶约束条件 $\Delta\underline{\boldsymbol{c}}=0$，必须用下式对自由变量进行调整：

$$\Delta\underline{\boldsymbol{x}}=-\underline{\boldsymbol{c}}_{\underline{\boldsymbol{x}}}\left(\underline{\boldsymbol{x}},\underline{\boldsymbol{u}}\right)^{-1}\underline{\boldsymbol{c}}_{\underline{\boldsymbol{u}}}\left(\underline{\boldsymbol{x}},\underline{\boldsymbol{u}}\right)\Delta\underline{\boldsymbol{u}} \tag{3.79}$$

至此，整个算法完成。

5）**完整算法**。梯度下降法的完整算法如下：从解的初始估计值开始，对方程（3.74）进行迭代计算，直到满足约束条件（如算法 3.3 所示）为止；然后根据方程（3.76）确定拉格朗日乘子，再根据方程（3.77）和乘子得到关于独立变量的拉格朗日梯度；接下来在该梯度方向上进行局部最小值的直线搜索，并根据方程（3.79）对相关变量进行调整，使其再次满足约束条件；不断重复上述过程，直到找到满足约束条件的局部最小值。

算法 3.3　简约梯度法。简约梯度法沿着约束梯度方向搜索，来求解约束优化问题。直线搜索算法应该在试探每一个迭代步之后执行方程（3.79），以确保满足约束条件的一阶展开。通过这种方式，使直线搜索保持在约束条件附近

```
algorithm reducedGradient()
x ← x_0 // initial guess
u ← u_0 // initial guess
while(not converged)
    while(not converged)
        x_{k+1} ← x_k - c_x(x, u)^{-1} c(x, u) // Newton step
    endwhile
    λ ← -c_x^T(x, u)^{-1} f_x^T(x, u) // x is now feasible
    l_u(x, u) ← f_u(x, u) + λ^T c_u(x, u) // reduced gradient
    u ← lineSearch(l_u(x, u)) // optimal point
endwhile
return
```

149

6）**退化形式**。请注意，当目标函数不存在时，也就没有最优条件，也不存在拉格朗日乘子。第一次迭代的目的是为了找到一个可行点。在每次迭代计算中，利用广义逆矩阵对可行点进行微调，就能适应 $\boldsymbol{m}$ 个约束条件与 $\boldsymbol{n}$ 个未知量的关系的所有情况。

另一方面，当不存在任何约束条件时，所有的点都是可行点。最优条件退化为：

$$f_{\underline{\boldsymbol{x}}}\left(\underline{\boldsymbol{x}},\underline{\boldsymbol{u}}\right)=\underline{\boldsymbol{0}}^{\mathrm{T}} \tag{3.80}$$

此时不存在拉格朗日乘子。在这种情况下，只需要使用方程（3.77）计算下降梯度，此时，$\underline{\boldsymbol{u}}$ 等同于 $\underline{\boldsymbol{x}}$，而且方程的数量与未知量数量完全相同。

3.3.3　参考文献与延伸阅读

Madsen 等的著作更多地作为教材使用。Marquardt 的论文则是上述著名算法的原创来源。Madsen 等、Mangasarian 和 Nocedal 等的著作都是有关非线性规划方面的优秀教材。

[6] Stephen Boyd and Lieven Vandenberghe, *Convex Optimization,* Cambridge University Press, 2004.

[7] Kaj Madsen, Hans Bruun Nielsen, and Ole Tingleff, *Methods for Non-Linear Least Squares Problems* (2nd ed.), Informatics and Mathematical Modelling, Technical University of Denmark, DTU, 2004.

[8] Olvi L. Mangasarian, *Nonlinear Programming,* McGraw-Hill 1969, reprinted by SIAM.

[9] Donald Marquardt, An Algorithm for Least-Squares Estimation of Nonlinear Parameters, *SIAM Journal on Applied Mathematics,* pp. 431–441, 1963.

[10] Jorge Nocedal and Stephen J. Wright, *Numerical Optimization,* Springer, 1999.

3.3.4 习题

1. 近似抛物面

利用目标函数f的二阶泰勒级数，可以推导出牛顿方向的表达式，获得一个可近似目标函数局部形状的抛物面。请写出该抛物面表达式，并推导出其最小值表达式，将结果与公式（3.49）进行比较。

2.LM 算法

讨论为什么当μ的取值较大时，能够使得算法趋向于沿梯度方向下降？当μ的取值不断增加时，步长的大小又会发生怎样的变化？

3. 小残差

使用你喜欢的编程环境，利用牛顿法“最小化”目标函数$y(x)=x^2+\varepsilon$，其初始估计值
150 $x=0.5$。在每次迭代中，令$\alpha=0.4$，从而取牛顿步的一部分。开始时，设置$\varepsilon=0$使迭代正常启动，然后设置$\varepsilon=0.015$，并执行牛顿法的 40 次迭代。当目标函数靠近什么值时，估计值跳离目标函数的根，然后再次开始逼近根所处的理想目标位置？该终止进程是否适用于任意的目标函数？请对其鲁棒性进行评价。

4. 约束牛顿法

请再次推导方程（3.67），即

$$\begin{bmatrix} l_{\underline{x}\underline{x}} & \underline{c}_{\underline{x}}^{\mathrm{T}} \\ \underline{c}_{\underline{x}} & 0 \end{bmatrix}\begin{bmatrix} \Delta\underline{x} \\ \Delta\underline{\lambda} \end{bmatrix} = -\begin{bmatrix} l_{\underline{x}}^{\mathrm{T}} \\ \underline{c}(\underline{x}) \end{bmatrix}$$

5. 特征向量作为最优预测

矩阵$\boldsymbol{V}$的行由平面中两个任意向量$\underline{\boldsymbol{v}}_1$和$\underline{\boldsymbol{v}}_2$组成。请使用约束优化来证明：存在一个单位向量，如果该向量在上述两个向量上的投影的平方和最大，则此单位向量为$\boldsymbol{V}^{\mathrm{T}}\boldsymbol{V}$的一个特征向量。

3.4 微分代数系统

对移动机器人的动力学进行仿真是一种预测其运动的方法，但是它颇为复杂和困难。原因在于：涉及的方程是非线性微分方程，同时这些方程都受非线性约束条件的限制。

本节将研究速度运动学和拉格朗日动力学的增广公式。在该公式中，约束相互独立且显式表达。因此，不可行速度以及约束力也可显式表达。这些表达式很有用，例如，如果所需约束力已知，就可以判定地面能否提供产生约束力所需的摩擦力。

增广公式以既高效又完全通用的方式实现。合理利用增广公式，可以计算由已知输入和

约束控制的任意刚体系统的运动。很多通用动力学建模工具都是基于该公式实现的，因为它允许各刚体以及刚体之间的约束，在现实物理条件下任意组合。

3.4.1 约束动力学

由代数约束增广表达的微分方程被称作微分代数方程（DAE）。这类问题的基本结构是，在微分方程问题中融入了约束满足问题。解决这一类问题的基本方法是，一旦计算出了微分方程，就可以将其在一个时间步内进行数值积分，然后重复循环整个过程。在其中，出色地完成积分运算非常重要，下一节将介绍如何实现。 151

1. 增广系统

*增广系统*是具有显式约束的微分方程。与约束优化的情况不同，作用于微分方程的约束的含义不是很清晰。考虑下述含有 n 个状态变量的线性一阶微分方程的积分问题，状态变量同时受 $m < n$ 个代数约束条件的限制：

$$\begin{aligned}\dot{\underline{x}} &= \underline{f}(\underline{x},\underline{u}) \\ \underline{c}(\underline{x}) &= \underline{0}\end{aligned} \tag{3.81}$$

向量 $\underline{u}$ 是一组可控系统输入，它能在一定程度上控制系统的轨迹。与此类似，一个二阶微分增广系统如下所示：

$$\begin{aligned}\ddot{\underline{x}} &= \underline{f}(\underline{x},\dot{\underline{x}},\underline{u}) \\ \underline{c}(\underline{x},\dot{\underline{x}}) &= \underline{0}\end{aligned} \tag{3.82}$$

在约束优化问题中，目标函数需要搜索很多自由度来进行求解。约束可能会在一定程度上限制了自由度，但是仍然存在一些剩余空间可用于寻求最优解。但是在这里，微分方程没有多余的自由度来约束，因为一旦确定了输入和初始状态，微分方程就已经存在一个唯一解。如果对变量施加了约束条件，几乎可以确定它们将与由微分方程确定的状态轨迹不一致，方程将会无解。此时，总会有一个微分方程是错误的！

事实上，将微分代数方程理解为*微分方程*，*并非完全正确*。在每一个时间步，只有与约束条件一致的状态变量的微分分量，可将状态推进至下一个时间步。在实际应用中，这意味着对系统 $\underline{u}_{\text{cons}}$ 还存在一些其他输入，虽然这些输入量的大小未知，但是它们的作用效果类似于施加了约束。这个观点最著名的应用就是拉格朗日动力学公式，而该技术通常适用于微分代数方程。这些方程可以描述移动机器人在平面地形或不平坦地面上运动的情况。

2. 线性约束

如果上述约束是线性（$G\underline{x} = \underline{b}$ 的形式）关系，我们可以像 3.3.2 节的第 3 点所介绍的那样，可将状态划分为 m 个相关状态变量 $\underline{x}_d$ 和 $n-m$ 个不相关（独立）状态变量 $\underline{x}_i$。于是线性约束可以划分如下：

$$\begin{bmatrix} G_i & G_d \end{bmatrix}\begin{bmatrix} \underline{x}_i \\ \underline{x}_d \end{bmatrix} = \underline{b}$$

假设 G_d 为 $m \times m$ 的可逆矩阵，在方程的左、右两侧同时乘以 G_d^{-1}，可得：

$$G_d^{-1}G_i\underline{x}_i + \underline{x}_d = G_d^{-1}\underline{b}$$

据此，可以将形如 $\underline{x}_d = G_d^{-1}(\underline{b} - G_i\underline{x}_i)$ 的约束代入微分方程，从而得到一个降阶的无约束系统。对于一阶系统，结果表现为 $\dot{\underline{x}}_i = \tilde{f}(\underline{x}_i,\underline{u})$ 的形式。然而非常遗憾的是，绝大多数我们感

152 兴趣的实例中都存在非线性约束问题。

3. 非线性约束系统的顺序求解算法

对于非线性约束，一种可能的求解方法是，以顺序计算的方式分别处理微分方程和约束方程：首先对无约束微分方程进行积分运算，然后在每一个时间步之后施加约束。对于一阶微分系统，状态的无约束增量将为：

$$\underline{x}_{k+1} = \underline{x}_k + \Delta\underline{x}_k = \underline{x}_k + \underline{f}\left(\underline{x},\underline{u}\right)\Delta t$$

根据计算出的 $\underline{x}_{k+1}$ 初值，利用求根算法求解约束方程，找到距初值最近的根，使新的状态值返回到约束面 $\underline{c}\left(\underline{x}\right)=\underline{0}$。这种方法将产生一个仅限于可行方向的状态变量 $\Delta\underline{x}_k$，而状态微分 $\dot{\underline{x}}$ 中的不可行分量将会被移除。

4. 非线性约束的映射方法

第二种方法是将状态微分映射到约束切平面上，以去除状态微分中垂直于切平面的分量。对 $n\times1$ 维状态变化量 $\Delta\underline{x}$，如果它对约束方程的一阶泰勒展开可行，则它必位于约束切平面内，因此它与约束梯度的所有 m 行都正交：

$$\underline{c}_{\underline{x}}\Delta\underline{x} = \underline{c}_{\underline{x}}\,\underline{f}\left(\underline{x},\underline{u}\right)\Delta t = \underline{0} \tag{3.83}$$

如果状态变量 $\Delta\underline{x}$ 不位于切平面内，我们可以尝试删除与其正交的分量，从而使约束仍然满足一阶条件。可以将状态变量分为两类：一类是垂直于切平面的不可行分量 $\Delta\underline{x}_{\perp}$；而另一类则是位于切平面内的可行分量为 $\Delta\underline{x}_{\parallel}$：

$$\Delta\underline{x} = \Delta\underline{x}_{\perp} + \Delta\underline{x}_{\parallel}$$

由于状态变量一般不会满足约束条件，因此存在一个残差 $\underline{r}$：

$$\underline{c}_{\underline{x}}\Delta\underline{x} = \underline{c}_{\underline{x}}\left(\Delta\underline{x}_{\perp} + \Delta\underline{x}_{\parallel}\right) = \underline{r}$$

但是，根据定义，$\Delta\underline{x}_{\parallel}$ 满足一阶约束条件，因此 $\underline{c}_{\underline{x}}\Delta\underline{x}_{\parallel}=\underline{0}$。这就意味着，约束残差仅由正交于切平面的分量决定，将 $\underline{c}_{\underline{x}}\Delta\underline{x}_{\parallel}=\underline{0}$ 代入上式，可得：

$$\underline{c}_{\underline{x}}\Delta\underline{x} = \underline{c}_{\underline{x}}\Delta\underline{x}_{\perp} = \underline{r} \tag{3.84}$$

与切平面严格正交的任意分量，都可以写成约束梯度加权和形式：

$$\Delta\underline{x}_{\perp} = \underline{c}_{\underline{x}}^{\mathrm{T}}\underline{\lambda}\Delta t \tag{3.85}$$

为方便计算，上式中用 Δt 来度量 $\Delta\underline{x}_{\perp}$。这样接下来只需要重新定义权重，即未知量 $\underline{\lambda}$。现在将式（3.85）代入式（3.84）中，可得：

$$\underline{c}_{\underline{x}}\Delta\underline{x}_{\perp} = \underline{c}_{\underline{x}}\underline{c}_{\underline{x}}^{\mathrm{T}}\underline{\lambda}\Delta t = \underline{r} = \underline{c}_{\underline{x}}\Delta\underline{x}$$

153 对 $\underline{\lambda}$ 进行求解：

$$\underline{\lambda} = \left[\underline{c}_{\underline{x}}\underline{c}_{\underline{x}}^{\mathrm{T}}\right]^{-1}\underline{c}_{\underline{x}}\frac{\Delta\underline{x}}{\Delta t} \tag{3.86}$$

将式（3.86）代入式（3.85），可得不可行状态变量：

$$\Delta\underline{x}_{\perp} = \underline{c}_{\underline{x}}^{\mathrm{T}}\left[\underline{c}_{\underline{x}}\underline{c}_{\underline{x}}^{\mathrm{T}}\right]^{-1}\underline{c}_{\underline{x}}\Delta\underline{x} \tag{3.87}$$

请注意，矩阵

$$\boldsymbol{P}_C = \boldsymbol{A}\left[\boldsymbol{A}^{\mathrm{T}}\boldsymbol{A}\right]^{-1}\boldsymbol{A}^{\mathrm{T}}$$

它是一个在矩阵 $\boldsymbol{A}$ 的列空间上执行映射的算子（详细内容请参考本书第 2 章 2.2.9 节第 3 题）。在这里，算子在 $\underline{\boldsymbol{c}}_{\underline{x}}^{\mathrm{T}}$ 的列空间产生一个映射——它们是约束雅可比矩阵的行，也称为约束梯度。现在有了 $\Delta\underline{\boldsymbol{x}}_{\perp}$，就可计算出可行状态变量：

$$\Delta\underline{\boldsymbol{x}}_{\parallel} = \Delta\underline{\boldsymbol{x}} - \Delta\underline{\boldsymbol{x}}_{\perp} = \Delta\underline{\boldsymbol{x}} = \boldsymbol{P}_C\Delta\underline{\boldsymbol{x}} = \left(\boldsymbol{I} - \boldsymbol{P}_C\right)\Delta\underline{\boldsymbol{x}} = \boldsymbol{P}_N\Delta\underline{\boldsymbol{x}}$$

其中矩阵 $\boldsymbol{P}_N$ 将状态变量直接映射到约束切平面。常数 $\underline{\boldsymbol{\lambda}}$ 提供了 $\Delta\underline{\boldsymbol{x}}$ 在不可行方向上的映射，因此，其作用与在约束优化中的拉格朗日乘子相同。在此方法中，约束条件下的状态微分 $\boldsymbol{P}_N\Delta\underline{\boldsymbol{x}} = \boldsymbol{P}_N\underline{\boldsymbol{f}}\left(\underline{\boldsymbol{x}},\underline{\boldsymbol{u}}\right)\Delta t$ 可自动计算得到。

3.4.2 一阶和二阶约束运动学系统

在上一节内容的基础上，我们现在进一步介绍求解微分代数方程的技术原理。这里只考虑系统的运动，而不考虑引起系统运动的作用力。也就是说，我们将要关注的是，驱动速度及加速度都已知的条件下，系统的一阶和二阶运动学模型。

1. 一阶增广系统

求解方程（3.81）的第三种方法是，用方程（3.85）表示不可行状态增量，并将其代入微分方程中；然后通过如下方式，可以将不可行分量从状态增量中去除：

$$\Delta\underline{\boldsymbol{x}}_{\parallel} = \underline{\boldsymbol{f}}\left(\underline{\boldsymbol{x}},\underline{\boldsymbol{u}}\right)\Delta t - \Delta\underline{\boldsymbol{x}}_{\perp} = \underline{\boldsymbol{f}}\left(\underline{\boldsymbol{x}},\underline{\boldsymbol{u}}\right)\Delta t - \underline{\boldsymbol{c}}_{\underline{x}}^{\mathrm{T}}\underline{\boldsymbol{\lambda}}\Delta t \tag{3.88}$$

现在请注意，如果将方程（3.83）和方程（3.88）分别除以 Δt，并令 Δt 无限趋近于 0，即 $\Delta t \to 0$ 时，那么结果将为：

$$\begin{aligned}\dot{\underline{\boldsymbol{x}}} + \underline{\boldsymbol{c}}_{\underline{x}}^{\mathrm{T}}\underline{\boldsymbol{\lambda}} &= \underline{\boldsymbol{f}}\left(\underline{\boldsymbol{x}},\underline{\boldsymbol{u}}\right)\\ \underline{\boldsymbol{c}}_{\underline{x}}\dot{\underline{\boldsymbol{x}}} &= \underline{\boldsymbol{0}}\end{aligned} \tag{3.89}$$

该方程中的 $\dot{\underline{\boldsymbol{x}}}$ 实际上就是 $\dot{\underline{\boldsymbol{x}}}_{\parallel}$，即状态微分的可行分量。请注意方程（3.89）以两种互补 154
的方式使用矩阵 $\underline{\boldsymbol{c}}_{\underline{x}}$：在第一个方程中，它导出的约束禁止的速度方向被用来确定不可行速度 $\underline{\boldsymbol{c}}_{\underline{x}}^{\mathrm{T}}\underline{\boldsymbol{\lambda}}$；而在第二个方程中，同样的约束不可行的速度方向却被用来确定可行速度 $\dot{\underline{\boldsymbol{x}}}$。这些速度相互正交，因为：

$$\left[\underline{\boldsymbol{c}}_{\underline{x}}^{\mathrm{T}}\underline{\boldsymbol{\lambda}}\right]^{\mathrm{T}}\dot{\underline{\boldsymbol{x}}} = \underline{\boldsymbol{\lambda}}\left[\underline{\boldsymbol{c}}_{\underline{x}}\dot{\underline{\boldsymbol{x}}}\right] = \underline{\boldsymbol{0}}$$

2. 运动方程的求解

方程（3.89）的这种特殊形式在前面已经见到过，利用块消元法可以很容易地对它进行求解：

$$\begin{bmatrix}\boldsymbol{I} & \underline{\boldsymbol{c}}_{\underline{x}}^{\mathrm{T}}\\ \underline{\boldsymbol{c}}_{\underline{x}} & \boldsymbol{0}\end{bmatrix}\begin{bmatrix}\dot{\underline{\boldsymbol{x}}}\\ \underline{\boldsymbol{\lambda}}\end{bmatrix} = \begin{bmatrix}\underline{\boldsymbol{f}}\left(\underline{\boldsymbol{x}},\underline{\boldsymbol{u}}\right)\\ \underline{\boldsymbol{0}}\end{bmatrix} \tag{3.90}$$

这一新的方程组是关于未知增广变量 $\left(\dot{\underline{\boldsymbol{x}}},\underline{\boldsymbol{\lambda}}\right)$ 的无约束微分方程组。与约束优化情况不同，这里的乘子是关于时间的函数（即在积分过程的每一次迭代中，都需要求解新的值）。它们表示将无约束条件的状态变化的不可行分量映射到约束梯度方向上。

为了对系统进行求解，在第一个方程的两端同时乘以 $\underline{\boldsymbol{c}}_{\underline{x}}$，可得：

$$\underline{\boldsymbol{c}}_{\underline{x}}\dot{\underline{\boldsymbol{x}}} + \underline{\boldsymbol{c}}_{\underline{x}}\underline{\boldsymbol{c}}_{\underline{x}}^{\mathrm{T}}\underline{\boldsymbol{\lambda}} = \underline{\boldsymbol{c}}_{\underline{x}}\underline{\boldsymbol{f}}\left(\underline{\boldsymbol{x}},\underline{\boldsymbol{u}}\right)$$

而根据第二个方程 $\underline{\boldsymbol{c}}_{\underline{x}}\dot{\underline{\boldsymbol{x}}} = \underline{\boldsymbol{0}}$，上式可化简为：

$$\underline{c}_{\underline{x}}\underline{c}_{\underline{x}}^{\mathrm{T}}\boldsymbol{\lambda}=\underline{c}_{\underline{x}}\underline{\boldsymbol{f}}(\underline{\boldsymbol{x}},\underline{\boldsymbol{u}})$$
$$\boldsymbol{\lambda}=\left(\underline{c}_{\underline{x}}\underline{c}_{\underline{x}}^{\mathrm{T}}\right)^{-1}\underline{c}_{\underline{x}}\underline{\boldsymbol{f}}(\underline{\boldsymbol{x}},\underline{\boldsymbol{u}})$$

将 $\underline{\boldsymbol{\lambda}}$ 回代到第一个方程中，可得：

$$\begin{gathered}\underline{\dot{\boldsymbol{x}}}+\underline{c}_{\underline{x}}^{\mathrm{T}}\left(\underline{c}_{\underline{x}}\underline{c}_{\underline{x}}^{\mathrm{T}}\right)^{-1}\underline{c}_{\underline{x}}f(\underline{\boldsymbol{x}},\underline{\boldsymbol{u}})=f(\underline{\boldsymbol{x}},\underline{\boldsymbol{u}})\\ \underline{\dot{\boldsymbol{x}}}=\left[\boldsymbol{I}-\underline{c}_{\underline{x}}^{\mathrm{T}}\left(\underline{c}_{\underline{x}}\underline{c}_{\underline{x}}^{\mathrm{T}}\right)^{-1}\underline{c}_{\underline{x}}\right]f(\underline{\boldsymbol{x}},\underline{\boldsymbol{u}})\end{gathered} \tag{3.91}$$

于是，再次获得了零空间投影矩阵：

$$\boldsymbol{P}_N\left(\underline{c}_{\underline{x}}^{\mathrm{T}}\right)=\boldsymbol{I}-\underline{c}_{\underline{x}}^{\mathrm{T}}\left(\underline{c}_{\underline{x}}\underline{c}_{\underline{x}}^{\mathrm{T}}\right)^{-1}\underline{c}_{\underline{x}} \tag{3.92}$$

聚焦信息 3.5　零空间投影矩阵

对于完整约束，如在 3.4.2 节第 3 点所定义的那样，该方程将去除所有与约束条件不一致的状态微分分量。

这个新的微分方程是一个无约束微分方程，并且在每一个时间步都满足约束条件。后面将会介绍，一个受约束的二阶微分系统，也能以类似的方式，在对约束进行两次微分后
155 求解。

3. 完整约束

可以从另一个视角考察方程（3.83）所做的关键操作，即它是约束关于时间的微分。对能用如下形式表示的向量约束：

$$\underline{c}(\underline{\boldsymbol{x}})=\underline{\boldsymbol{0}}$$

我们称其为完整约束。向量约束方程关于时间求微分可得：

$$\underline{\dot{c}}(\underline{\boldsymbol{x}})=\underline{c}_{x}\dot{\boldsymbol{x}}=\underline{\boldsymbol{0}} \tag{3.93}$$

这是方程（3.89）中的第二组方程，矩阵 $\underline{c}_{\underline{x}}\cong\partial\underline{c}/\partial\underline{\boldsymbol{x}}$ 是已经非常熟悉的约束雅可比矩阵。很显然，对任意一个这样的约束，状态微分必须与约束梯度正交。也就是说，如果微分方程中含有向量 $\underline{\dot{\boldsymbol{x}}}$，那么完整约束就意味着 $\underline{\dot{\boldsymbol{x}}}$ 也必须受到约束，而且微分约束指明了具体的约束规则。

现在比较方程（3.81）和方程（3.89）。可以发现，这样的变换导致了一些重要的变化，就是不再需要显式求解约束。推导过程表明，施加的微分约束仅要求满足一阶微分条件。于是，在数值积分过程中，有限的迭代时间步将使得约束残差稍稍偏离零值。本章下一节的力驱动系统中将介绍解决这种约束漂移问题的原理与方法。

关于这一点，可能有人会问，如果使用微分约束比直接利用约束得到的解精度更低，那为什么还会用微分约束？首先应注意到，无论是利用非线性约束求根法还是对其求微分，都需要约束梯度。其次，只有微分约束能够导出约束条件下的状态微分，而这是微分方程精确解法的基础，如龙格－库塔（Runge-Kutta）法。

当完整约束应用于二阶系统时，也意味着在状态变量的二阶导数上施加约束，而二阶导数可以通过再次微分得到。求约束条件的二阶微分可得：

$$\underline{\ddot{c}}(\underline{\boldsymbol{x}})=\underline{c}_{xt}\dot{\boldsymbol{x}}+\underline{c}_{\underline{x}}\underline{\ddot{\boldsymbol{x}}}=\underline{\boldsymbol{0}} \tag{3.94}$$

其中 $\underline{c}_{xt} \cong \partial^2 \underline{c} / \partial \underline{x} \partial t$ 是一个矩阵，表示约束雅可比矩阵关于时间的导数。如果方程（3.82）受此类约束条件的限制，那么就可以用微分约束将问题变换为如下所示的矩阵形式：

$$\begin{bmatrix} I & \underline{c}_{\underline{x}}^{\mathrm{T}} \\ \underline{c}_{\underline{x}} & 0 \end{bmatrix} \begin{bmatrix} \ddot{\underline{x}} \\ \underline{\lambda} \end{bmatrix} = \begin{bmatrix} \underline{f}(\underline{x}, \underline{u}) \\ -\underline{c}_{\underline{x}t} \dot{\underline{x}} \end{bmatrix} \tag{3.95}$$

4. 非完整约束

另外一种形式的约束如下所示：

$$\underline{c}(\underline{x}, \dot{\underline{x}}) = \underline{0}$$

方程（3.93）所示的完整约束的微分也是这种形式。但是，在很多情况下，会存在一些固有的速度约束，而这类约束并非由状态的完整约束推导而来。这样的速度约束一般不能反向演算为完整约束，此时，它们被称作*非完整约束*。有关非完整约束的更多信息，请参阅本书第 4 章的相关内容。 156

通常，非完整约束以下述特殊形式出现：

$$\underline{c}(\underline{x}, \dot{\underline{x}}) = \underline{w}(\underline{x}) \dot{\underline{x}} = \underline{0} \tag{3.96}$$

其中，权重向量 $\underline{w}(\underline{x})$ 取决于状态变量。对于一阶系统，权重向量 $\underline{w}(\underline{x})$ 已经是不可行的速度变化方向，所以不需要对约束求微分。在方程（3.90）中，只需将其中的两个 $\underline{c}_{\underline{x}}$ 用 $\underline{w}(\underline{x})$ 代替即可。

当约束不是上述特殊形式时，那么对于一阶和二阶系统，都需要对约束求微分。非完整约束的一阶微分如下所示：

$$\dot{\underline{c}}(\underline{x}, \dot{\underline{x}}) = \underline{c}_{\underline{x}} \dot{\underline{x}} + \underline{c}_{\dot{\underline{x}}} \ddot{\underline{x}} = \underline{0} \tag{3.97}$$

对于一阶系统，利用上述约束的一阶微分求解方程时可以忽略其二阶项 $\underline{c}_{\dot{\underline{x}}} \ddot{\underline{x}}$；也可以将二次项移到约束方程的右侧，以表示用上两次迭代的结果进行数值求差，来计算后续的 $\ddot{\underline{x}}$。对于二阶系统，可以将二阶项 $\underline{c}_{\dot{\underline{x}}} \ddot{\underline{x}}$ 移到方程式的右侧，按照与方程（3.95）类似的方式来表达。

3.4.3 拉格朗日动力学

本节将介绍拉格朗日动力学的数值方法。从计算的角度来看，存在几种不同形式的拉格朗日动力学公式，但是在这里，我们将再次使用具有显式约束的增广公式。通过在公式中显式地描述作用于车轮的约束，拉格朗日动力学公式与轮式移动机器人紧密结合在了一起。

在力学中，动力学与运动学的区别在于：在动力学使用的模型中，出现了实际作用力和质量特性。机械动力学模型和前述二阶运动学模型的不同之处正体现在这个方面。

1. 运动方程

当刚体系统的坐标 $\underline{x}$ 为绝对（惯性）坐标时，运动方程表现为一种简单的形式。为了简化问题，我们将重点关注二维平面内的运动。不过在这样的坐标系统中，将运动状态从二维平面扩展到三维空间也非常简捷。令刚体 i 的坐标由下式给出：

$$\underline{x}_i = \begin{bmatrix} x_i & y_i & \theta_i \end{bmatrix}^{\mathrm{T}}$$

假设不存在粘滞力（以 $V_i \dot{\underline{x}}_i$ 的形式出现），则该刚体的运动遵循牛顿第二定律：

$$M_i \ddot{\underline{x}}_i = \underline{F}_i^{\mathrm{ext}} + \underline{F}_i^{\mathrm{con}}$$ 157

其中 $\boldsymbol{M}_i$ 为质量-惯量矩阵；$\ddot{\underline{\boldsymbol{x}}}_i$ 为绝对坐标系中的加速度；$\underline{\boldsymbol{F}}_i^{\text{ext}}$ 表示无约束情况下，外界施加的各种驱动力和扭矩；$\underline{\boldsymbol{F}}_i^{\text{con}}$ 为约束力（和约束力矩）。图3-6说明了驱动力和约束力之间的区别。

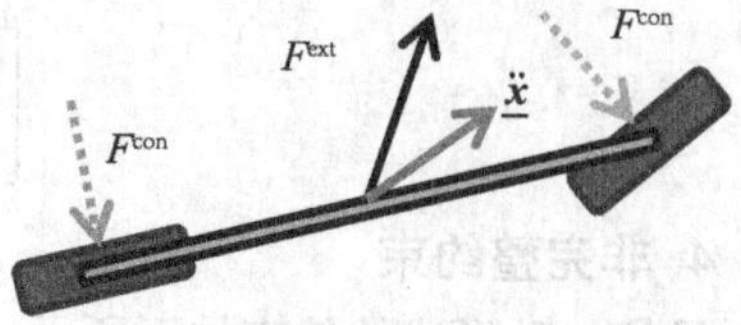

图3-6　**作用力与约束力**。对于自行车，所产生的约束力是为了对抗外界驱动力，并且防止车轮在不可行方向（如车轮侧滑方向）上的运动。因此，合力（方向与加速度平行）并不在外界所施加的驱动力方向上

如果刚体的参考点位于质心，那么质量-惯量矩阵的形式如下：

$$\boldsymbol{M}_i=\begin{bmatrix} m_i\boldsymbol{I} & 0 \\ 0 & J_i \end{bmatrix}$$

其中 m_i 表示刚体 i 的质量；$\boldsymbol{I}$ 为 2×2 阶的单位矩阵；J_i 是物体关于质心的极惯性矩。对于一个由 n 个刚体组成的系统，n 个这样的矩阵方程构成一个块对角系统：

$$\boldsymbol{M}\ddot{\underline{\boldsymbol{x}}}=\underline{\boldsymbol{F}}^{\text{ext}}+\underline{\boldsymbol{F}}^{\text{con}} \tag{3.98}$$

假设质量-惯量矩阵以及系统所受的外界作用力都为已知量，并且系统中存在 n 个未知加速度，而如果这些加速度已知，就可以对它们进行积分以确定刚体的运动状态。如果有 c 个约束力，它们就会构成 c 个附加未知量。因此为了求解这个方程组，需要更多的方程，即额外增加 c 个方程。这些所需的额外方程，可以通过考察由这些未知力对运动所施加的约束来获得。

2. 微分约束

对于完整约束，我们再次思考方程（3.94），并定义：

$$\underline{\boldsymbol{F}}_d=-\underline{\boldsymbol{c}}_{\underline{x}t}\dot{\underline{\boldsymbol{x}}}$$

则方程（3.94）可以写成如下形式：

$$\underline{\boldsymbol{c}}_{\underline{x}}\ddot{\underline{\boldsymbol{x}}}=\underline{\boldsymbol{F}}_d \tag{3.99}$$

表示符 $\underline{\boldsymbol{F}}_d$ 的作用类似于一种伪力（模拟力），这样可以使得微分约束看起来像牛顿第二定律。这样的伪力不应该与实际约束力相混淆，而这些实际约束力与后面将要介绍的乘子有关。

同样，对于方程（3.97）中的非完整约束，我们定义：

$$\underline{\boldsymbol{F}}_d=-\underline{\boldsymbol{c}}_{\underline{x}}\dot{\underline{\boldsymbol{x}}}$$

158　则方程（3.97）变为：

$$\underline{\boldsymbol{c}}_{\dot{\underline{x}}}\ddot{\underline{\boldsymbol{x}}}=\underline{\boldsymbol{F}}_d \tag{3.100}$$

这样，两种微分约束都写成了一个矩阵乘以 $\ddot{\underline{\boldsymbol{x}}}$ 等于另一个矩阵乘以 $\dot{\underline{\boldsymbol{x}}}$ 的形式。为了获得系统方程组，把所有这些以方程（3.99）或方程（3.100）形式表示的微分约束组合在一起，生成一个有 c 个约束的系统，该系统包含一个被称为*系统雅可比矩阵* $\boldsymbol{C}$ 的系数矩阵：

$$\boldsymbol{C}\ddot{\underline{\boldsymbol{x}}}=\underline{\boldsymbol{F}}_d \tag{3.101}$$

请注意，向量 $\underline{\boldsymbol{F}}_d$ 的作用类似于一个作用力，它强迫系统满足约束条件——即使系统在运动时没有受外界的驱动力。

我们应当清楚，只要是针对动力学问题而对速度求微分以获得加速度，就要在惯性坐标系中进行求导运算，因为 $\underline{\ddot{x}}$ 在动力学中一定是一个与实际作用力相关的惯性参考量。更多关于惯性参考系的详细信息，请参阅第 4 章的相关内容。

3. 拉格朗日乘子

这里又一次利用前面约束系统动力学中的技巧，将约束力投影到某些不可行方向上，而不可行方向体现在约束雅可比矩阵的行中。

$$\underline{F}_i^{\text{con}} = -C^{\text{T}}\underline{\lambda} \tag{3.102}$$

在这里，约束力的物理含义是做功为零。这就是著名的*虚功原理*。直观上，矩阵 C 中的每一行（或者是矩阵 C^{T} 中的每一列）均垂直于约束超曲面，表示不可行方向。上述方程将约束力表示为所有不可行方向加权和的形式。只有将约束力限定在这样一组向量集中，才可确保其与约束切平面中任意可行位移量的点积为零。⊖

虚功原理解决了确定未知约束力大小的难题，因为变量 λ_i 的取值决定了与之相关的约束力的大小。也就是说，对于约束 i，它与矩阵 C^{T} 的第 i 列相关，约束力为：

$$\underline{F}_i^{\text{con}} = -\lambda_i C_i^{\text{T}} \tag{3.103}$$

这里的拉格朗日乘子与它们在约束优化问题中起的作用相同。它们是张成约束雅可比行空间的一组向量的待求权重。

4. 增广系统

现在，对于系统中的所有刚体，方程（3.98）变为：

$$M\underline{\ddot{x}} + C^{\text{T}}\underline{\lambda} = \underline{F}^{\text{ext}} \tag{3.104}$$

结合方程（3.101），得到系统表达式如下： 159

$$\begin{bmatrix} M & C^{\text{T}} \\ C & 0 \end{bmatrix}\begin{bmatrix} \underline{\ddot{x}} \\ \underline{\lambda} \end{bmatrix} = \begin{bmatrix} \underline{F}^{\text{ext}} \\ \underline{F}_d \end{bmatrix} \tag{3.105}$$

聚焦信息 3.6 拉格朗日动力学方程的增广形式

在矩阵微分方程的这种标准形式中，加速度和乘子上下相邻构成未知列向量。

在约束优化和约束动力学部分，我们已经见到过这种形式的矩阵。

5. 运动方程的求解

一旦确定了约束条件，矩阵 C 及伪力 $\underline{F}_d$ 都可知。本书的第 2 章已经给出了形如方程（3.105）的显式逆矩阵求法，根据公式（2.6），可得：

$$\underline{\lambda} = \left(CM^{-1}C^{\text{T}}\right)^{-1}\left(CM^{-1}\underline{F}^{\text{ext}} - \underline{F}_d\right) \tag{3.106}$$

在实际应用中，该逆矩阵不会经显式计算得到，而是用联立线性方程算法进行求解。与方程（3.86）比较，可以发现：$\underline{\lambda}$ 就像是作用力（以及派生的伪力）在约束零空间的映射。在一定的条件下[11]，该系统可以在线性时间内进行求解。一旦 $\underline{\lambda}$ 已知，加速度就可根据方程（2.7）计算得到：

⊖ 即满足虚功原理。——译者注

$$\underline{\ddot{x}} = M^{-1}\left(\underline{F}^{\text{ext}} - C^{\mathrm{T}}\underline{\lambda}\right) \tag{3.107}$$

如果这些量都已知，那么就可以对方程在一个时间步内进行积分运算，并不断重复整个过程，以获得刚体的运动学参数。

6. 病态系统的共轭梯度

确定乘子 $\underline{\lambda}$ 时，需要对矩阵（$CM^{-1}C^{\mathrm{T}}$）求逆。而对于轮式移动机器人，矩阵 $CM^{-1}C^{\mathrm{T}}$ 经常会成为一个病态系统。当多个约束梯度平行或相关时，就会出现这种情况。此时，可以采用最小二乘法的思路，求出 $\underline{\lambda}$ 的最小残差范数解：

$$\underline{\lambda}^{*} = \arg\min\left\|CM^{-1}\quad C^{\mathrm{T}}\underline{\lambda} - F\right\|_{2} \tag{3.108}$$

如果已知系数矩阵是对称结构，就可以用一种高效并且稳定的方法，如图 3-4 所示共轭梯度算法，实现上述求解过程。

当矩阵 A 为对称且正定时，该算法可以用来求解线性方程组 $A\underline{x}=\underline{b}$。该算法产生 n 个相互共轭的方向，并将解集表示为在这些方向上的投影。回顾以下概念，两组向量 $\underline{d}_1$ 和 $\underline{d}_2$ 将被认为是关于 A 正交，或者向量组关于 A 共轭，如果：

$$\underline{d}_1^{\mathrm{T}} A \underline{d}_2 = 0 \tag{3.109}$$

160 可以证明：一组 n 个这样的向量构成 $\Re^n$ 空间的一个基，且任意一个 n 维向量，都可以表达为它们的线性组合。于是，原线性方程组的解 $\underline{x}^{*}$ 可以写成如下形式：

$$\underline{b} = A\left(\alpha_0\underline{d}_0 + \ldots + \alpha_{n-1}\underline{d}_{n-1}\right) \tag{3.110}$$

共轭梯度（CG）算法通过依次求解 α 和 $\underline{d}$ 来进行。

1）**通过最小化确定** α。原问题的解可看作二次型最小化问题的等效形式：

$$y = \underline{x}^{\mathrm{T}} A \underline{x} - \underline{b}^{\mathrm{T}}\underline{x} + c$$

因为，令上述二次型的导数为零，就可得到原线性系统。假设对方程的解 $\underline{x}_{k-1}$ 设定了一个估计值，然后选择某一方向 $\underline{d}_k$，并在该方向上进行一维线性搜索以最小化目标函数：

$$y(\alpha) = y\left(\underline{x}_{k-1} + \alpha_k\underline{d}_k\right)$$

于是，可得到新的估计值为：

$$\underline{x}_k = \underline{x}_{k-1} + \alpha_k\underline{d}_k \tag{3.111}$$

现在，我们为 $y(\underline{x})$ 这样一个 n 维抛物面，设定了一条抛物线 $y(\alpha_k)$，在该抛物线的唯一最小值处，其导数为零：

$$\frac{\mathrm{d}y}{\mathrm{d}\alpha_k} = \frac{\mathrm{d}y}{\mathrm{d}\underline{x}}\frac{\mathrm{d}}{\mathrm{d}\alpha_k}(\underline{x}) = \left(A\underline{x}_k - \underline{b}\right)^{\mathrm{T}}\underline{d}_k = \underline{r}_k^{\mathrm{T}}\underline{d}_k = 0$$

很显然残差 $\underline{r}_k$ 也是 $y(\underline{x}_k)$ 的梯度：

$$\underline{r}_k = \underline{b} - A\underline{x}_k \tag{3.112}$$

我们据此得出如下结论：α_k 的正确值应当使新点位置的残差与搜索方向正交。如果共轭梯度（CG）算法得到的 α_k 值不满足上述条件，将不会得到二次型的最小值。由此，可以求解 α_k：

$$\left[A\left(\underline{x}_{k-1} + \alpha_k\underline{d}_k\right) - \underline{b}\right]^{\mathrm{T}}\underline{d}_k = 0$$

$$\left[\underline{r}_{k-1} + \alpha_k A\underline{d}_k\right]^{\mathrm{T}}\underline{d}_k = 0$$

最终求得：

$$\alpha_k = -\underline{\boldsymbol{r}}_{k-1}^{\mathrm{T}}\underline{\boldsymbol{d}}_k / \underline{\boldsymbol{d}}_k^{\mathrm{T}}\boldsymbol{A}\underline{\boldsymbol{d}}_k \tag{3.113}$$

2）**新方向**。接下来，下一个新的方向必须与原来的（旧）方向共轭。假设我们尝试一个新的方向，其形式如下所示：

$$\underline{\boldsymbol{d}}_{k+1} = -\underline{\boldsymbol{r}}_k + \beta_k\underline{\boldsymbol{d}}_k \tag{3.114}$$

这个新方向有一个下标 k+1，因为它是后续重复计算的第一步。如果它是共轭的，那么必有：

$$\underline{\boldsymbol{d}}_{k+1}^{\mathrm{T}}\boldsymbol{A}\underline{\boldsymbol{d}}_k = 0 \Rightarrow \left(-\underline{\boldsymbol{r}}_k + \beta_k\underline{\boldsymbol{d}}_k\right)^{\mathrm{T}}\boldsymbol{A}\underline{\boldsymbol{d}}_k = 0$$

从而求出：

$$\beta_k = \underline{\boldsymbol{r}}_k^{\mathrm{T}}\boldsymbol{A}\underline{\boldsymbol{d}}_k / \underline{\boldsymbol{d}}_k^{\mathrm{T}}\boldsymbol{A}\underline{\boldsymbol{d}}_k \tag{3.115}$$

算法通过计算 $\underline{\boldsymbol{d}}_k$、$\alpha_k$、$\underline{\boldsymbol{x}}_k$、$\underline{\boldsymbol{r}}_k$，最后计算 β_k 的过程进行。以这样的方式循环 n 次，或 161
者直到残差足够小时提前终止算法。可以证明：当所有的 $\underline{\boldsymbol{d}}$ 为共轭时，所有的 $\underline{\boldsymbol{r}}$ 都与 $\underline{\boldsymbol{d}}$ 垂直，并且彼此正交。因此，α 和 β 的表达式可化简为：

$$\alpha_k = \frac{\underline{\boldsymbol{r}}_{k-1}^{\mathrm{T}}\underline{\boldsymbol{r}}_{k-1}}{\underline{\boldsymbol{d}}_k^{\mathrm{T}}\boldsymbol{A}\underline{\boldsymbol{d}}_k} \qquad \beta_k = \frac{\underline{\boldsymbol{r}}_k^{\mathrm{T}}\underline{\boldsymbol{r}}_k}{\underline{\boldsymbol{r}}_{k-1}^{\mathrm{T}}\underline{\boldsymbol{r}}_{k-1}} \tag{3.116}$$

3）**算法**。算法 3.4 展示了完整的共轭梯度（CG）算法。

算法 3.4　共轭梯度法。该算法可产生 n 个共轭搜索方向，其中使用了一种高效的技术以不断更新的方式来校正残差，从而避免矩阵乘法计算。算法可得到 x 的最终值

```
algorithm conjugateGradient()
i ← 0; r ← b − Ax; d ← r; δ_new ← rᵀr
while(i < n and δ_new < tol)
   q ← Ad; α ← δ_new / dᵀq; x ← x + αd
   r ← r − αq  // equivalent to r ← b − Ax
   δ_old ← δ_new; δ_new ← rᵀr; β ← δ_new / δ_old
   d ← r + βd; i ← i + 1
endwhile
return
```

3.4.4　约束

本节将介绍更多关于约束的实际案例，包括以刚性连接或活动连接的形式，将不同物体连接在一起的约束。

1. 去除约束

对约束进行微分计算时存在一种不利的现象，就是计算通常会使约束条件收敛到一个常数，而不能在必要时使其一定为零。随着时间的推移，数值误差往往导致约束条件不能得到充分满足。虽然有少数技术可以解决该类问题，但是最为简捷的处理方法是：在进行积分运算过程中，以没有微分的原始约束形式直接对系统施加含微分项的约束。

完整约束的一阶导数呈现 $\underline{\boldsymbol{c}}_{\underline{x}}\dot{\underline{\boldsymbol{x}}} = \underline{\boldsymbol{0}}$ 的形式，而许多非完整约束在进行微分运算以前，就具有 $\underline{\boldsymbol{w}}(\underline{\boldsymbol{x}})\dot{\underline{\boldsymbol{x}}} = \underline{\boldsymbol{0}}$ 形式。这样一些约束的任意组合，就构成了用约束矩阵 $\boldsymbol{C}$ 简化表达的 $\boldsymbol{C}\dot{\underline{\boldsymbol{x}}} = \underline{\boldsymbol{0}}$ 的约束形式。如果用方程（3.107）计算得到状态向量的二阶导数 $\ddot{\underline{\boldsymbol{x}}}$，那么状态向量的计算

问题可以看作一个低阶系统的约束动力学问题。令 $\underline{f}(t)$ 表示状态导数，它可以通过求解二阶系统计算得到，计算过程如下：

$$\underline{f}(t)=\underline{f}(0)+\int_0^t \underline{\ddot{x}}(t)\mathrm{d}t \tag{3.117}$$

162 则相关受约束的一阶系统为：

$$\underline{\dot{x}}=\underline{f}(t)$$
$$\boldsymbol{C}\,\underline{\dot{x}}=\underline{0}$$

回顾方程（3.91），可知受约束状态的一阶导数可表示如下：

$$\underline{\dot{x}}=\left[\boldsymbol{I}-\boldsymbol{C}^{\mathrm{T}}\left(\boldsymbol{C}\boldsymbol{C}^{\mathrm{T}}\right)^{-1}\boldsymbol{C}\right]\underline{f}(t)$$

利用该过程，可先将状态导数映射到约束的零空间，然后再对其进行积分。

与此类似，如果系统受某完整约束作用，则利用方程（3.117）积分后，再通过数值求根的方法，将约束以最初的形式施加到系统上；或者也可以根据在3.4.4节第2点所介绍的那样利用漂移控制器来处理。

2. 漂移控制器

在每次迭代的过程中，以数值计算方式施加约束的方法虽然可以处理漂移现象[12]，但是接下来将介绍另一种方法，它利用了根据原始（未经微分）约束偏差生成回复力的思想。这种方法更适用于那些在去除约束后的单次迭代中不能获得合适解的非线性约束情况。

在模拟约束力 $\underline{F}_d$ 中增加一项，该项的大小由一种类似闭环比例线性控制系统的计算形式获得。于是，该控制器将产生一个小的回复力，大小与约束误差成正比。对于完整约束或非完整约束，有：

$$\begin{aligned}\underline{F}_d &\leftarrow \underline{F}_d-k_p\underline{c}(\underline{x})\\ \underline{F}_d &\leftarrow \underline{F}_d-k_p\underline{c}(\underline{x},\underline{\dot{x}})\end{aligned} \tag{3.118}$$

当 $k_p>0$ 时，如果约束发生漂移，那么该附加项将使约束返回到零值等位曲线。如果时间步为 Δt，那么：

$$k_p=\frac{\Delta t}{\tau} \tag{3.119}$$

系统将产生一个回复力，该回复力将在时间常数 τ 内将误差减小至零。如果在约束误差中存在常数项，那么可以在回复力中增加一个对约束误差积分的积分项。

系统的时间步和运行速度，不仅关系到积分运算的精度，而且也影响上述的约束闭环回路。在有些时候，闭环的带宽相对于步长的大小显得不够宽，而且模型的准确性下降。因此，如果针对某一特定步长对模型进行了整定，那么该模型可能并不能很好地适应另一个大小明显不同的步长，除非再次整定。

微分约束的另外一个结果是，有时不能通过控制系统状态或速度直接改变系统构型，因
163 为这样会破坏约束条件。一个理想的约束闭环可能会允许上述某些直接操作，但是影响系统构型的正确方法是施加作用力。例如，控制车轮转向的最佳方法是绕其铰接轴轴线施加外力矩。

3. 保持系统的动能不变

在有限时间步内，迭代误差会使模拟约束力包含一些小的分量，这些分量与约束的等值

曲线不正交，所以它们会导致系统总能量发生增减。如果系统模型是由外驱动力主动控制的，那么这种小误差对系统的影响可能无关紧要，但是对于处在某初始状态的无源系统，如果不对误差进行补偿，系统将缓慢地不断加速或减速。

对于在平面内运动的系统（运动方向与重力垂直），其所有的机械能只有动能。系统的动能为：

$$T = \frac{1}{2}\underline{\dot{x}}^{\mathrm{T}} \boldsymbol{M} \underline{\dot{x}} \tag{3.120}$$

在外力作用下，经过时间步 Δt，系统机械能总变化量的期望值为：

$$\Delta T = \boldsymbol{Q}^{\mathrm{ext}} \underline{\dot{x}} \Delta t \tag{3.121}$$

并且如果没有外力作用于系统，机械能的总变化量很显然将为零。假设系统机械能变化量中存在一个误差 δT：

$$\delta T = \Delta T_{\mathrm{act}} - \Delta T \tag{3.122}$$

我们可以通过调整外力或者系统的运行速度来尝试消除误差。因为速度分量通常比力分量多，所以接下来尝试对速度进行微调。

机械能的误差为一个标量，而速度是一个向量，因此该问题是一个欠约束问题。机械能变化与速度变化之间的线性关系，由机械能关于速度的梯度给出：

$$\delta T = \underline{\dot{x}}^{\mathrm{T}} \boldsymbol{M} \left(\Delta \underline{\dot{x}}\right) \tag{3.123}$$

而动能关于速度的梯度是系统的动量：

$$T_{\underline{\dot{x}}} = \underline{\dot{x}}^{\mathrm{T}} \boldsymbol{M} = \underline{\boldsymbol{L}}^{\mathrm{T}} \tag{3.124}$$

由于方程（3.123）为欠定方程，因此该方程存在多个解。补偿机械能量误差所需的最小速度变化，由如下右广义逆矩阵给出：

$$\Delta \underline{\dot{x}} = \left(T_{\underline{\dot{x}}} T_{\underline{\dot{x}}}^{\mathrm{T}}\right)^{-1} T_{\underline{\dot{x}}}^{\mathrm{T}} \delta T = \left(\frac{\underline{\boldsymbol{L}}^{\mathrm{T}}}{\underline{\boldsymbol{L}}^{\mathrm{T}} \underline{\boldsymbol{L}}}\right) \delta T \tag{3.125}$$

这是一个沿 $\underline{\boldsymbol{L}}^{\mathrm{T}}$ 梯度方向，大小由标量 $\delta T / \left(\underline{\boldsymbol{L}}^{\mathrm{T}} \underline{\boldsymbol{L}}\right)$ 确定的向量。

在实际应用中，这个计算过程也会出现数值误差，因此一个明智的做法是将能量误差关于时间进行积分，并基于上述结论构建如下积分控制器：

$$\Delta \underline{\dot{x}} = \left[k_i\right] \left(\frac{\underline{\boldsymbol{L}}^{\mathrm{T}}}{\underline{\boldsymbol{L}}^{\mathrm{T}} \underline{\boldsymbol{L}}}\right) \int_0^t \delta T \mathrm{d}t \tag{3.126}$$

常量 $k_i = 1/\tau_i$ 是一个可调积分增益，它驱动系统的能量误差随时间的推移而趋向于零。该 164
“能量闭环”比约束闭环的速度要慢得多（时间常数要慢一个或是几个数量级），因此它们彼此之间不会产生互相干涉。

4. 初始条件

微分约束需要精确的初始条件。在没有进行约束去除的情况下，如果约束条件的起始状态是零，那么它们就只能保持为零。因此，设定的初始条件能够准确地满足约束条件是至关重要的。约束条件中的任何初始误差都将产生约束梯度误差，进而产生约束力偏差。在形式上，这些附加的约束力不仅会对系统做功，而且还将改变系统的总能量——即使在没有对系统施加外界驱动力的情况下也是如此。

目前，至少有两种方法可以缓解这一问题。第一种方法是首先让模型从零能量状态启动，以确保满足约束条件，然后用外驱动力让系统运动起来。另外一种方法是将初始条件视为估计值，然后运用约束去除方法，使所有约束条件满足指定的数值精度。

$$\underline{\rho}_i^j = \underline{\rho}_w^j * \underline{\rho}_i^w = \left(\underline{\rho}_j^w\right)^{-1} * \underline{\rho}_i^w = \text{const}$$

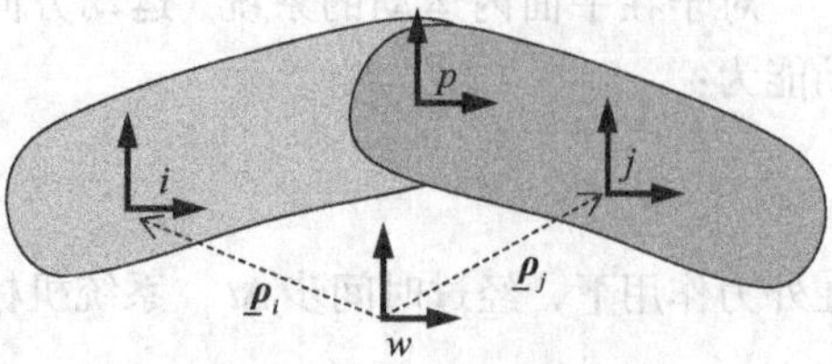

图 3-7　**一般位姿的两个刚体**。如图所示的两个刚体 i 和 j，它们相对于世界坐标系 w 的位姿已知，且它们之间能够施加各种约束。当约束为旋转约束时，坐标系 p 位于转轴的轴心位置

5. 基本的刚体约束

最基本的平面运动车辆由车体以及安装车体上的转向轮和固定轮组成。因此，本节将讨论平面刚性约束和旋转约束。

1）**刚性约束**。考虑如下情况：两个分别用 i 和 j 表示的刚体，被约束成一个整体来运动（如图 3-7 所示），希望在惯性坐标系 w 中，以各自质心位姿 $\underline{\rho}_i^w$ 和 $\underline{\rho}_j^w$ 的形式表达约束关系。此约束可以在形式上用位姿关系非严格地表示如下。

约束的形式可表示为：

$$\underline{g}(\underline{x}) = \text{const} \tag{3.127}$$

这种约束可以视为与非完整约束相同，因为常量将不会对梯度产生影响：

$$\underline{c}(\underline{x}) = \underline{g}(\underline{x}) - \text{const} = \underline{0} \tag{3.128}$$

165 梯度包含两个元素：

$$C_{\underline{\rho}_i} = \frac{\partial \underline{\rho}_i^j}{\partial \underline{\rho}_i^w} \qquad C_{\underline{\rho}_j} = \frac{\partial \underline{\rho}_i^j}{\partial \underline{\rho}_j^w} \tag{3.129}$$

下式将留作习题，要求推导证明：

$$\begin{array}{c} \qquad\qquad \text{Posn } i \qquad\qquad\qquad \text{Posn } j \\ \underline{c}_{\underline{x}} = \begin{bmatrix} \cdots & c\theta & s\theta & 0 & \cdots & -c\theta & -s\theta & y_i^j & \cdots \\ \cdots & -s\theta & c\theta & 0 & \cdots & s\theta & -c\theta & -x_i^j & \cdots \\ \cdots & 0 & 0 & 1 & \cdots & 0 & 0 & -1 & \cdots \end{bmatrix} \\ \underline{c}_{\underline{x}t} = \begin{bmatrix} \cdots & -\omega s\theta & \omega c\theta & 0 & \cdots & \omega s\theta & -\omega c\theta & 0 & \cdots \\ \cdots & -\omega c\theta & -\omega s\theta & 0 & \cdots & \omega c\theta & \omega s\theta & 0 & \cdots \\ \cdots & 0 & 0 & 0 & \cdots & 0 & 0 & 0 & \cdots \end{bmatrix} \end{array} \tag{3.130}$$

其中 $\theta = \theta_j^w$ 并且 $\omega = \dot{\theta}$。

2）**旋转关节**。考虑一个旋转关节（即从上向下观察的自行车前轮），该关节的旋转轴为 z 轴。令 p 表示固连在旋转点的参考坐标系，则旋转关节的约束可以表示为下列方程的前两个元素：

$$\underline{\rho}_p^w - \underline{\rho}_p^w = 0$$
$$\underline{\rho}_i^w * \underline{\rho}_p^i - \underline{\rho}_j^w * \underline{\rho}_p^j = 0$$

下式将留作习题，要求推导证明：

$$
\underline{c}_x = \begin{bmatrix} \ldots & 1 & 0 & -\Delta y_i & \ldots & -1 & 0 & \Delta y_j & \ldots \\ \ldots & 0 & 1 & \Delta x_i & \ldots & 0 & -1 & -\Delta x_j & \ldots \end{bmatrix} \quad (\text{Posn } i,\ \text{Posn } j)
$$

$$
\underline{c}_{xt} = \begin{bmatrix} \ldots & 0 & 0 & -\Delta x_i \omega_i & \ldots & 0 & 0 & \Delta x_j \omega_j & \ldots \\ \ldots & 0 & 0 & -\Delta y_i \omega_i & \ldots & 0 & 0 & \Delta y_j \omega_j & \ldots \end{bmatrix} \tag{3.131}
$$

其中

$$
\Delta x_i = \left(x_p^w - x_i^w\right) \quad \Delta x_j = \left(x_p^w - x_j^w\right) \quad \omega_i = \omega_i^w = \theta_i^w
$$

$$
\Delta y_i = \left(y_p^w - y_i^w\right) \quad \Delta y_j = \left(y_p^w - y_j^w\right) \quad \omega_j = \omega_j^w = \theta_j^w
$$

3.4.5 参考文献与延伸阅读

Featherstone 的著作可作为机器人动力学问题的参考；Pars 的著作是分析动力学领域有关非完整约束的参考资料；下列其他参考著作与论文在本书的正文中都已经讨论过。

[11] D. Baraff, *Linear-Time Dynamics Using Lagrange Multipliers,* In proceedings SIGGRAPH, 1996, New Orleans. 166

[12] J. Baumgarte, Stabilization of Constraints and Integrals of Motion in Dynamical Systems, *Computer Methods in Applied Mechanics and Engineering,* Vol. 1, pp. 1–16, 1972.

[13] Roy Featherstone, *Rigid Body Dynamics Algorithms,* Springer, 2007.

[14] Ahmed Shabana, *Computational Dynamics,* 2nd ed., Wiley, 2001.

[15] L. A. Pars, *A Treatise on Analytical Dynamics,* Wiley, New York, 1968.

[16] Jonathan Shewchuk, An Introduction to the Conjugate Gradient Method Without the Agonizing Pain, CMU-SCS Technical Report, 1994.

3.4.6 习题

1. 求解约束动力学矩阵方程

使用换元法求解方程（3.105）。需要首先求解出 $\ddot{\underline{x}}$，再将这一结果代入第二个方程，然后求解出乘子。第二个方程看起来更简单，为什么不利用第二个方程求解 $\ddot{\underline{x}}$？

2. 预习龙格 – 库塔法

运用类似龙格 – 库塔法这样优秀的积分程序，可以明显提升动力学仿真效果。在下一节将看到，方程必须用如下状态空间的形式表示：

$$
\dot{\underline{x}}(t) = \underline{f}\left(\underline{x}(t), \underline{u}(t), t\right)
$$

请以状态空间的形式，求出其伴随状态向量 $\underline{x}(t) = [\dot{\underline{x}}^{\mathrm{T}}\ \underline{x}^{\mathrm{T}}]^{\mathrm{T}}$ 约束动力学解。

3. 刚体约束

请推导公式（3.130）。雅可比矩阵 $\boldsymbol{J}_{\rho_i}$ 为右位姿雅可比矩阵，而 $\boldsymbol{J}_{\rho_j}$ 为左位姿雅可比矩阵与位姿雅可比逆矩阵相乘的结果。

4. 旋转约束

请推导公式（3.131）。两个刚体的雅可比矩阵都为左位姿雅可比矩阵，只使用这两个矩阵的前两行。

5. 共轭梯度

请证明：

(i) 当 $\boldsymbol{A}$ 为正定矩阵时，关于 $\boldsymbol{A}$ 共轭的向量组形成 $\Re^n$ 空间的一个基。即如果 $\alpha_0\underline{\boldsymbol{d}}_0+\cdots+\alpha_{n-1}\underline{\boldsymbol{d}}_{n-1}=\underline{\boldsymbol{0}}$，那么对于所有的 k，有 $\alpha_k=0$ 成立。

(ii) 利用方程（3.109）、方程（3.111）、方程（3.112）、方程（3.114）证明：因为
167 $\underline{\boldsymbol{r}}_k^{\mathrm{T}}\underline{\boldsymbol{d}}_k=0$，所以一定有下式 $\underline{\boldsymbol{r}}_k^{\mathrm{T}}\underline{\boldsymbol{d}}_{k-1}=0$，并且 $\underline{\boldsymbol{r}}_k^{\mathrm{T}}\underline{\boldsymbol{r}}_{k-1}=0$ 成立。

(iii) 利用第（ii）题中推导出的结论，将方程（3.114）代入方程（3.113），获得方程（3.116）中左侧的结果。然后将该结果代入方程（3.115），并将方程（3.111）乘以 $\boldsymbol{A}$ 并加上 $\underline{\boldsymbol{b}}-\underline{\boldsymbol{b}}$。将上述结论加以综合，从而得出方程（3.116）中右侧所示的结果。

3.5 微分方程的积分

移动机器人运动学模型以微分方程的形式出现，描述的是状态微分随时间的变化。因此，计算状态变量的基本原理就是积分。

3.5.1 状态空间中的动力学模型

如下所示是一种表达机器人模型的通用方法：

$$\dot{\underline{\boldsymbol{x}}}(t)=\boldsymbol{f}\_\left(\underline{\boldsymbol{x}}(t),\underline{\boldsymbol{u}}(t),t\right) \tag{3.132}$$

其中 $\underline{\boldsymbol{x}}(t)$ 被称作状态向量，$\underline{\boldsymbol{u}}(t)$ 为可选输入。这种形式的模型在本书后续部分会经常使用。由于在后面讨论的龙格－库塔算法中就使用了这种形式的系统模型，所以之后介绍的所有积分算法都会使用这种形式，以保持一致性。

如果已知该模型，则可利用下式计算任意时间点的系统状态：

$$\underline{\boldsymbol{x}}(t)=\underline{\boldsymbol{x}}(0)+\int_0^t \boldsymbol{f}\_\left(\underline{\boldsymbol{x}}(t),\underline{\boldsymbol{u}}(t),t\right)\,\mathrm{d}t \tag{3.133}$$

相对于终止状态仅取决于初始条件的非强迫微分方程积分，该表达式要复杂得多。实际上，方程（3.133）是从向量值函数 $\boldsymbol{u}(t)$ 到另外一个向量 $\boldsymbol{x}(t)$ 的映射，每个不同的输入函数将产生可能完全不同的终止状态。因此，可以认为状态变量是关于 $\underline{\boldsymbol{u}}(t)$ 的泛函，用方括号表示如下：

$$\underline{\boldsymbol{x}}(t)=\boldsymbol{J}\left[\underline{\boldsymbol{u}}(t)\right] \tag{3.134}$$

上式表明，为了确定终止状态，必须知道从初始时刻到终止时刻的全时控制信号 $\underline{\boldsymbol{u}}(t)$。如果读者对这个概念比较陌生，回顾以下知识会有助于理解：对任意标量进行积分都会得到一个常数数值，也就是曲线下方区域所围成的面积。而为了计算出这个面积，必须确保整条曲线已知。实际上，积分的基本概念也是一个泛函。

3.5.2 状态空间模型的积分

本节将介绍一些基础的和较为复杂的状态方程积分方法。

1. 欧拉法

考虑如下形式的非线性微分方程：

$$\dot{\underline{\boldsymbol{x}}}(t)=\underline{\boldsymbol{f}}\left(\underline{\boldsymbol{x}},\underline{\boldsymbol{u}},t\right)$$

168 反应状态随时间变化的一种合理方式，是列出状态变量关于时间的一阶泰勒级数：

$$\underline{\boldsymbol{x}}(t+\Delta t)=\underline{\boldsymbol{x}}(t)+\underline{\boldsymbol{f}}\left(\underline{\boldsymbol{x}},\underline{\boldsymbol{u}},t\right)\Delta t \tag{3.135}$$

其中，忽略了二阶项以及其他更高阶项。在用计算机实现时，以离散形式分时执行：

$$\underline{\boldsymbol{x}}_{k+1}=\underline{\boldsymbol{x}}_k+\underline{\boldsymbol{f}}\left(\underline{\boldsymbol{x}}_k,\underline{\boldsymbol{u}}_k,t_k\right)\Delta t_k \tag{3.136}$$

这种方法被称作欧拉法（一种一阶数值方法）。当一阶近似值比较理想时，使用该方法就足够好了。但是，如果其中的高阶项不可忽略，就会带来误差。

根据余项定理，单步计算误差与第一个忽略不计的项——二阶导数的大小有关。此外，如果 $\underline{\boldsymbol{x}}_k$ 存在误差，那么 $\underline{\boldsymbol{x}}_{k+1}$ 的误差将有两个来源：一个是 $\underline{\boldsymbol{x}}_k$ 中的误差，而另一个是当前时刻泰勒级数的截断误差。

示例。确定某一个点沿平面曲线运动的基本微分方程为：

$$\frac{\mathrm{d}\underline{\boldsymbol{x}}}{\mathrm{d}s}=\frac{\mathrm{d}}{\mathrm{d}s}\begin{bmatrix}x\\y\\\theta\end{bmatrix}=\begin{bmatrix}\cos\theta\\\sin\theta\\\kappa\end{bmatrix}=\underline{\boldsymbol{f}}(x,u,s) \tag{3.137}$$

其中，输入 u 为曲率 κ，用位移 s 代替了时间。其积分为：

$$\begin{bmatrix}x(s)\\y(s)\\\theta(s)\end{bmatrix}=\begin{bmatrix}x(0)\\y(0)\\\theta(0)\end{bmatrix}+\int_0^s\begin{bmatrix}\cos\theta(s)\\\sin\theta(s)\\\kappa(s)\end{bmatrix}\mathrm{d}s$$

其离散形式为：

$$\begin{bmatrix}x\\y\\\theta\end{bmatrix}_{k+1}=\begin{bmatrix}x\\y\\\theta\end{bmatrix}_k+\begin{bmatrix}\cos\theta\\\sin\theta\\\kappa\end{bmatrix}_k\Delta s \tag{3.138}$$

假设存在一条由下式给定的恒定曲率轨迹：

$$\kappa(s)=\kappa_0=1$$

对于一个大的步长 Δs，计算得到的解如图 3-8 所示。由于曲率和航向的计算都基于它们关于位移的精确函数，图中 169 所示的结果就显得出人意料。所有的误差都是由积分造成的，图 3-8 表明了误差出现的原因。尽管航向的每一步计算都是基于一个正确的距离函数，但它在每一条近似线段内却保持不变，而不是像实际情况那样沿圆周不断变化。

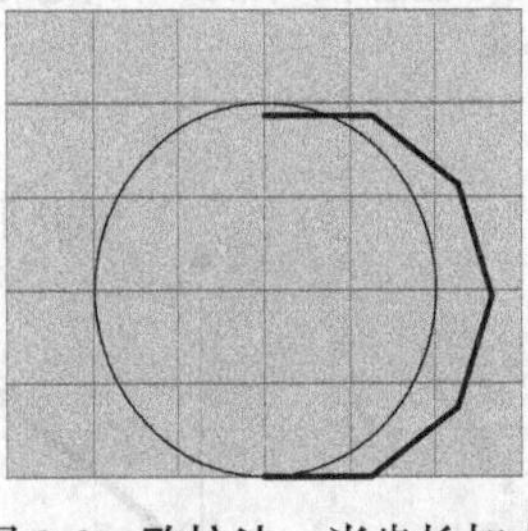

图 3-8 **欧拉法**。当步长加大时，误差将显著增加

2. 中点法

如果被忽略不计的二阶微分是误差的来源之一，那么最好包含二阶项，因为这样可使误差变为三阶。二阶泰勒级数的形式为：

$$\underline{\boldsymbol{x}}(t+h)\approx\underline{\boldsymbol{x}}(t)+\underline{\boldsymbol{f}}(\underline{\boldsymbol{x}},\underline{\boldsymbol{u}},t)h+\frac{\mathrm{d}\underline{\boldsymbol{f}}(\underline{\boldsymbol{x}},\underline{\boldsymbol{u}},t)}{\mathrm{d}t}\frac{h^2}{2} \tag{3.139}$$

其中令 $h=\Delta t$，是为了与其他文献保持一致。注意，上式也可以表示为：

$$\underline{\boldsymbol{x}}(t+h)\approx\underline{\boldsymbol{x}}(t)+\left\{\underline{\boldsymbol{f}}(\underline{\boldsymbol{x}},\underline{\boldsymbol{u}},t)+\frac{\mathrm{d}\underline{\boldsymbol{f}}(\underline{\boldsymbol{x}},\underline{\boldsymbol{u}},t)}{\mathrm{d}t}\frac{h}{2}\right\}h \tag{3.140}$$

很显然，上式括号里的部分，是一阶微分 $\dot{\underline{\boldsymbol{x}}}(t)$ 的一阶泰勒级数，在时间步的中点处进行估算的结果，因为：

$$\underline{\boldsymbol{f}}\left[\underline{\boldsymbol{x}}(t+h/2),\underline{\boldsymbol{u}}(t+h/2),t+h/2\right]\approx\underline{\boldsymbol{f}}(\underline{\boldsymbol{x}},\underline{\boldsymbol{u}},t)+\frac{\mathrm{d}\underline{\boldsymbol{f}}(\underline{\boldsymbol{x}},\underline{\boldsymbol{u}},t)}{\mathrm{d}t}\frac{h}{2}$$

二阶微分 $\mathrm{d}\underline{\boldsymbol{f}}(\underline{\boldsymbol{x}},\underline{\boldsymbol{u}},t)/\mathrm{d}t$ 可以用链式法则进行计算，但由此产生的雅可比矩阵的计算通常都非常复杂。可以将该公式的左右两端通过移项操作交换位置，然后用有限差分法来近似时间导数：

$$\frac{\mathrm{d}\underline{\boldsymbol{f}}(\underline{\boldsymbol{x}},\underline{\boldsymbol{u}},t)}{\mathrm{d}t}\frac{h}{2}\approx\underline{\boldsymbol{f}}\left[\underline{\boldsymbol{x}}(t+h/2),\underline{\boldsymbol{u}}(t+h/2),t+h/2\right]-\underline{\boldsymbol{f}}(\underline{\boldsymbol{x}},\underline{\boldsymbol{u}},t)$$

将其代入方程（3.140），消掉其中的微分项 $\dot{\underline{\boldsymbol{x}}}(t)$，从而得到：

$$\underline{\boldsymbol{x}}(t+h)\approx\underline{\boldsymbol{x}}(t)+h\underline{\boldsymbol{f}}\left[\underline{\boldsymbol{x}}(t+h/2),\underline{\boldsymbol{u}}(t+h/2),t+h/2\right]\tag{3.141}$$

中点位置处的 $\underline{\boldsymbol{x}}$ 值也可以用方程（3.139）在半步时的值近似表示：

$$\underline{\boldsymbol{x}}(t+h/2)\approx\underline{\boldsymbol{x}}(t)+\underline{\boldsymbol{f}}(\underline{\boldsymbol{x}},\underline{\boldsymbol{u}},t)(h/2)$$

最终结果为：

$$\underline{\boldsymbol{x}}(t+h)\approx\underline{\boldsymbol{x}}(t)+h\underline{\boldsymbol{f}}\left[\underline{\boldsymbol{x}}(t)+\underline{\boldsymbol{f}}(\underline{\boldsymbol{x}},\underline{\boldsymbol{u}},t)(h/2),\underline{\boldsymbol{u}}(t+h/2),t+h/2\right]$$

上式也可以表示为：

$$\underline{\boldsymbol{k}}=h\underline{\boldsymbol{f}}(\underline{\boldsymbol{x}},\underline{\boldsymbol{u}},t)$$
$$\underline{\boldsymbol{x}}(t+h)\approx\underline{\boldsymbol{x}}(t)+h\underline{\boldsymbol{f}}\left[\underline{\boldsymbol{x}}(t)+\underline{\boldsymbol{k}}/2,\underline{\boldsymbol{u}}(t+h/2),t+h/2\right]$$

170 该算法首先执行半个时间步，而不是执行一个完整的时间步。算法先基于微分的初始估计执行半个时间步，产生完整时间步 $\boldsymbol{k}$ 的中点，如图 3-9 所示。然后在中点位置计算时间微分的理想估计值，再使用该估计值重启程序，并用一阶泰勒级数来完成全步长计算。

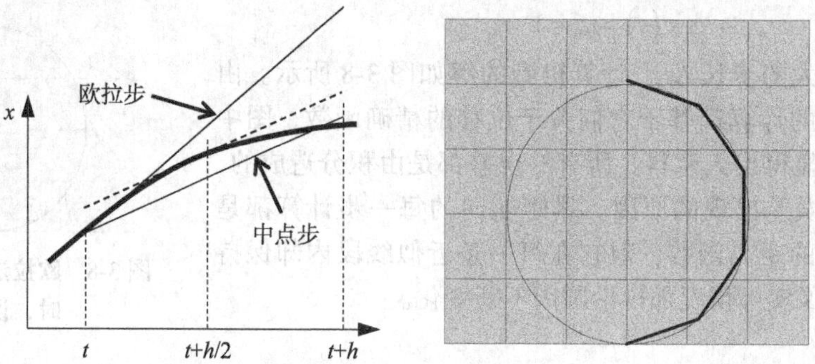

图 3-9　**中点法**。通过采取半步法，并在此处对时间微分进行估计。中点步可以将积分误差降至三阶

该算法被称为*中点算法*，它可以精确到二阶。在图 3-9 中，使用该方法，可将半圆形的最大积分误差从 0.6 降至 0.03。

3. 龙格 – 库塔法

中点法是精确到二阶的龙格 – 库塔法（即其误差为三阶）实例（图 3-10）。采用相同的技术也可以推导出更高阶的方法，而最常用的是四阶龙格 – 库塔法，其公式为：

$$
\begin{aligned}
\underline{\boldsymbol{k}}_1 &= h\underline{\boldsymbol{f}}\left(\underline{\boldsymbol{x}},\underline{\boldsymbol{u}},t\right)\\
\underline{\boldsymbol{k}}_2 &= h\underline{\boldsymbol{f}}\left[\underline{\boldsymbol{x}}(t)+\underline{\boldsymbol{k}}_1/2,\underline{\boldsymbol{u}}(t+h/2),t+h/2\right]\\
\underline{\boldsymbol{k}}_3 &= h\underline{\boldsymbol{f}}\left[\underline{\boldsymbol{x}}(t)+\underline{\boldsymbol{k}}_2/2,\underline{\boldsymbol{u}}(t+h/2),t+h/2\right]\\
\underline{\boldsymbol{k}}_4 &= h\underline{\boldsymbol{f}}\left[\underline{\boldsymbol{x}}(t)+\underline{\boldsymbol{k}}_3,\underline{\boldsymbol{u}}(t+h),t+h\right]\\
\underline{\boldsymbol{x}}(t+h) &= \underline{\boldsymbol{x}}(t)+\underline{\boldsymbol{k}}_1/6+\underline{\boldsymbol{k}}_2/3+\underline{\boldsymbol{k}}_3/3+\underline{\boldsymbol{k}}_4/6
\end{aligned}
\tag{3.142}
$$

聚焦信息 3.7 龙格 – 库塔积分公式

与欧拉法相比，这些神奇的公式可以获得精度高几个数量级的解。

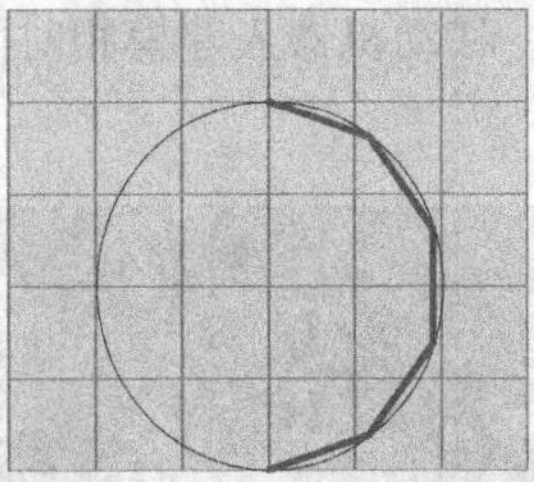

图 3-10 **龙格 – 库塔法**。这种方法的误差比中点法小 300 倍

该算法对航位推测、运动规划和模型辨识非常有用。状态微分通常并不显式依赖于时间，所以 $\underline{\boldsymbol{f}}(\_)$ 的第三个参数经常可以忽略不计。请特别注意，随时间变化的输入是如何处理的。 171

3.5.3 参考文献与延伸阅读

下面是关于数值积分的理想参考文献：

[17] Forman S. Acton, *Numerical Methods That (Usually) Work*, Mathematical Association of America, 1990.

[18] J. C. Butcher, *Numerical Methods for Ordinary Differential Equations,* Wiley, 2008.

[19] E. Hairer, C Lubich, and G. Wanner, *Geometric Numerical Integration,* 2nd ed., Springer, Berlin, 2006.

[20] Arieh Iserles, *A First Course in the Numerical Analysis of Differential Equations,* Cambridge University Press, 1996.

3.5.4 习题

1. 中点法航位推测

请证明：对于方程（3.137）所表示的系统，中点算法可进一步简化为：

$$
\underline{\boldsymbol{x}}(s+\Delta s)=\begin{bmatrix}x(s)\\y(s)\\\theta(s)\end{bmatrix}+h\begin{bmatrix}\cos\left[\theta(s)+\kappa\Delta s/2\right]\\\sin\left[\theta(s)+\kappa\Delta s/2\right]\\\kappa(s)\end{bmatrix}
$$

如果其中的曲率为恒定不变量，会更好吗？为什么？

2. 欧拉法与龙格 – 库塔法的比较

对如图 3-8 所示的常曲率弧，使用龙格 – 库塔算法计算积分。对步长 $\mathrm{d}s=0.63$，龙格 – 库塔法的误差比欧拉法的误差小几千倍？与中点法相比呢？ 172

第 4 章

Mobile Robotics: Mathematics, Models, and Methods

动　力　学

描述轮式移动机器人运动的方程与描述机械手运动的方程截然不同，因为它们是微分方程而不是代数方程，而且通常是欠驱动和受约束方程。与机械手不同，描述移动机器人运动原理的最简模型是非线性微分方程。移动机器人建模相对困难的原因，大部分可归结到这一点（图 4-1）。

图 4-1　**足球机器人**。足球机器人妙趣横生，而且跑得很快——正如图像里模糊的机器人那样。若想出色地控制高速运动机器人，需要了解与机器人有关的动力学知识

本章将从两个不同的角度来探讨动力学这一专业术语。机械学中的动力学是指该学科中某种机械系统模型，往往涉及力、质量和加速度的二阶方程。而在控制理论中，动力学指的是任何描述被研究系统的微分方程。

4.1　动坐标系

移动机器人用的各种传感器都安装在机器人本体上，并随之一起移动，这一事实的影响重大。一方面，它是卡尔曼滤波中非线性模型的来源；另一方面，它也是车轮不完整约束的来源。本章将重点介绍它的第三种效应——需要研究的多数向量的导数取决于机器人的运动
173 状态。

4.1.1　观测问题

假设在上班路上，一位州联邦交通警察用雷达摄像枪检测你的汽车运动速度。速度显示为 30 米 / 秒（70 英里 / 小时）。然后他把你叫过来，并告诉你：“你正在以 30 米 / 秒的速度向南行驶，超过限速 5 英里 / 小时。”正确解读他的观测结果需要大量的背景知识。在物理学中，准确表达任何一个观测结果通常需要如下内容：单位制（例如，米、秒等）；计数制（例如，以 10 为基数的十进制加权位置计数制）；坐标系（例如，北、东等方向）；观测引用的坐标系（例如，你自己的小汽车）；还有一个相对于其进行测量的坐标系（例如，雷达摄像枪）。

对读者而言，虽然计数制和单位制的概念或许并不陌生，但是对坐标系和参考系之间的区别就不一定了。如 2.1.1 节第 5 点所讨论的，这两个概念不仅内容不同，实际上它们彼此之间也不存在相互作用。

1. 坐标系

坐标系就像一种语言，它们是物理量的*表示约定*。在三维空间中，传统的笛卡儿坐标系通过在三个正交坐标轴上的投影来表示向量。姿态的欧拉角表示，以按某种特定顺序绕前述坐标轴的旋转角度来定义。极坐标是笛卡儿坐标的一种替代表示方式。数学法则或定律仅仅描述从一个坐标系到另外一个坐标系的变换。然而，坐标变换的结果不会改变所表示的物理量的大小或方向——只会改变该物理量的表示方式。

在上述超速罚单例子中，坐标系可以理解为其三个方向定义在右手正交笛卡儿坐标系里。被称为*北方*的方向，与地球瞬时自转轴在当地水平面上的投影一致；被称为*上方*的方向与重力方向一致。除了在地球的南、北极，北和上是截然不同的两个概念；被称为*东方*的方向则根据另外两个方向确定，即北 ×= 东。在地球的两极，北和南向都没有任何实际意义。

2. 参考系

假设有两位拿着传感器准备测量的观测员。他们处于不同的运动状态——也就是说，他们可能具有不同的位置 / 方向、线速度 / 角速度或线加速度 / 角加速度。*参考系是一种运动状态*，且非常便于与具有该运动状态的物理实体相关联。我们需要这个概念。因为对于一个物理现象，从一个参考系观测与从另一个参考系观测相比，看起来可能相同，也可能不同。

在上述超速罚单例子中有两个参考系：其中一个是你自己驾驶的汽车；而另外一个是警察的雷达摄像枪。雷达摄像枪显示的测量速度是汽车*相对于*枪的速度（雷达摄像枪正好固定在地球表面）。汽车的速度值并不是唯一的，因为速度的大小和方向取决于测量者。汽车在 174
道路上行驶，道路固连在地球上，而地球绕着太阳转动。如果执法警察在太阳上测速，测到的汽车速度将是惊人的 30 千米 / 秒——快了大约 3600 倍。想象一下罚单吧！

坐标系和参考系之间的区别对于理解物理定律至关重要。事实上，物理定律*无论*在何种坐标系中表达都成立。这种描述被称为*相对性原理*。然而，参考系却会影响物理定律。物理定律*仅仅*在其适用的参考系中成立（例如，牛顿定律仅适用于惯性参考系）。

4.1.2 改变参考系

如果某个观测在两个参考系中结果相同，则称这两个参考系相对于该观测是*等效*的。如果它们不等效，通常可以找到在不同参考系之间的变换方法。在不同的参考系之间进行变换，需要用到*物理定律*（即某观测者可以根据其他观测者的测量结果进行预测）。在上述超速罚单例子中，如果已知小汽车在地球上的行驶速度，那么我们可以计算出它相对于太阳的运行速度。

1. 相对静止的参考系

如图 4-2 所示，有两个参考系——公寓楼 a 和房屋 h。在建筑上空有一个质点 p 在运动。质点 p 的运动可以在两个相对静止参考系中的任意一个中进行表示。

因为两个建筑物（参考系）都处于静止状态，彼此之间不存在相对运动，所以位置向量 $\vec{r}_p^a$ 可以用 $\vec{r}_p^h$ 和恒定的偏移向量 $\vec{r}_h^a$ 表示：

$$\vec{r}_p^a = \vec{r}_p^b + \vec{r}_h^a \tag{4.1}$$

如果该表达式可微分，那么其中常数项的导数将消失，即

$$\vec{v}_p^a = \vec{v}_p^h \tag{4.2}$$

所以，在两个建筑物中的观察者利用合适的传感器将观测到相同的质点速度。即彼此相对静
175 止的参考系，对于质点的运动速度以及其关于时间的导数的测量是等效的。

2. 伽利略变换

考虑如下两个参考系，分别为战斗机 f 和控制塔 t。战斗机 f 相对于控制塔 t 以恒定速度 $\vec{v}_f^t$ 做平移运动。质点 p 的位置可由位置向量 $\vec{r}_p^t$ 和 $\vec{r}_p^f$（如图 4-3 所示）确定。

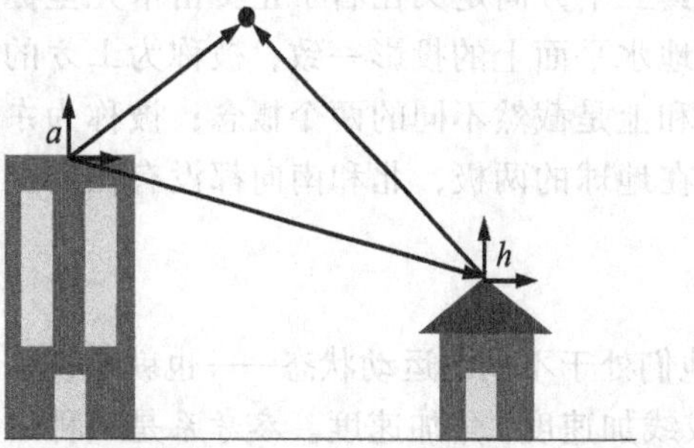

图 4-2　**相对静止的参考系**。位于两个不同建筑物中的观测者，会对质点的运动速度得出相同的结论，但对于运动质点的位置向量却会有不同的观测结果

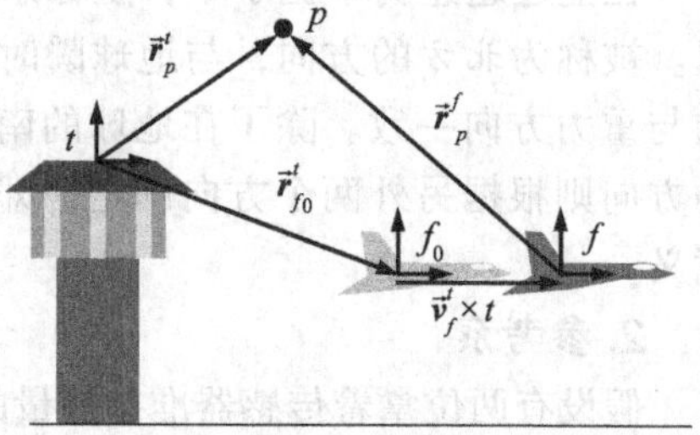

图 4-3　**以恒定速度移动的参考系**。分别位于控制塔 t 和飞机 f 中的两位观测者，对于质点加速度的观测将得到相同结论，而对质点的速度向量将得出不同结果

假设在 t=0 时，飞机的初始位置相对于控制塔的向量为 $\vec{r}_{f0}^t$，该向量为一常量。

假设质点的运动速度保持不变，在任意时刻 t，两个位置向量之间的关系可表达如下：

$$\vec{r}_p^t = \vec{r}_p^f + \vec{r}_{f0}^t + \vec{v}_f^t \cdot t$$

该方程关于时间的一阶导数，把控制塔中观测者测量的质点速度，与飞机上观测者测量的质点速度相关联。

$$\vec{v}_p^t = \vec{v}_p^f + \vec{v}_f^t$$

该方程关于时间的二阶导数，将建立两个不同参考系中的观测者测量的质点加速度之间的关系。

$$\vec{a}_p^t - \vec{a}_p^f$$

因此，做相对等速平移运动的各参考系，对质点的加速度及其关于时间导数的观测，结果是等效的。

3. 旋转参考系：科里奥利（Coriolis）方程

接下来考虑彼此以某一瞬时角速度 $\vec{\omega}$（第二个参考系相对于第一个参考系）相对旋转的两个参考系。处于相对旋转运动状态的两个观测者，对任意向量的导数的观测结果会不一样。当我们想象某向量相对于其中一个观测者固定时，就很容易理解这种不同。此时，由于两个参考系存在相对旋转运动，于是该向量在另一个观测者看来就是运动的。

为方便起见，可以认为两个参考系的原点重合。不过，对于自由向量，如位移、速度、力等，这一点不是必需的。称第一个参考系为固定坐标系，而第二个参考系为运动坐标

系——虽然这两个坐标系完全可以任意假定。在第一个坐标系中观测的向量的导数，通过在括号（ ）的右下方添加一个 f 下标表示；在第二个坐标系中观测的向量的导数，通过下标 m 176
表示。假设 $\vec{u}$ 表示任意一个向量（如位置、速度、加速度和力等），而 $\vec{\omega}$ 表示运动坐标系相对于固定坐标系的瞬时角速度。请证明：两个观测者获得的观测量导数之间的关系可由下式确定。这是一个单调而简单的练习。

$$\left(\frac{\mathrm{d}\vec{u}}{\mathrm{d}t}\right)_f=\left(\frac{\mathrm{d}\vec{u}}{\mathrm{d}t}\right)_m+\vec{\omega}\times\vec{u} \tag{4.3}$$

聚焦信息 4.1　科里奥利方程

使用这个方程时，要注意使两个坐标系对正。该方程将相对旋转的两个观测者对同一个向量观测的导数联系在一起。默认方程式左侧表示的是在固定坐标系“中”计算（或测量）得到的导数。

该导数的另一种表示法如下：

$$\left.\frac{\mathrm{d}}{\mathrm{d}t}\right|_x u=\left(\frac{\mathrm{d}u}{\mathrm{d}t}\right)_x \tag{4.4}$$

尽管该方程[2][3]的作用至关重要，但迄今为止似乎还没有一个标准的称谓。在导航领域，该方程有时被称为*科里奥利方程*；而在物理学中，该方程有时被称为*转换定理*。

下面举一个简单的例子，说明如何使用该公式。考虑有一个相对于“固定”坐标系做旋转运动的幅值为常数的向量。假设某观测者与该向量同步运动，那么：

$$\left(\frac{\mathrm{d}\vec{u}}{\mathrm{d}t}\right)_m=0$$

于是，上述科里奥利定理可化简为：

$$\left(\frac{\mathrm{d}\vec{u}}{\mathrm{d}t}\right)_f=\vec{\omega}\times\vec{u} \tag{4.5}$$

再次说明，其中的 $\vec{u}$ 仍然为任意向量。如果它表示一个位置向量 $\vec{r}$，且该向量从位于旋转中心的固定观测者指向某个质点，那么该定理将给出质点相对于固定观测者的运动速度 $\vec{v}_{\text{fixed}}$：

$$\vec{v}_{\text{fixed}}=\left(\frac{\mathrm{d}\vec{r}}{\mathrm{d}t}\right)_f=\vec{\omega}\times\vec{r} \tag{4.6}$$

4. 一般相对运动的速度变换

将科里奥利方程应用于在空间中相互独立的两个坐标系，会得到更为一般的结论。令两个坐标系的瞬时相对位置用向量 $\vec{r}_m^f$ 表示，假设在*运动坐标系*中的观测者测量得到了被研究对象的位置 $\vec{r}$、速度 $\vec{v}$ 和加速度 $\vec{a}$。此时，我们也希望知道在*固定坐标系*中的另一个观测者对同一运动对象的测量结果，具体如图 4-4 所示。

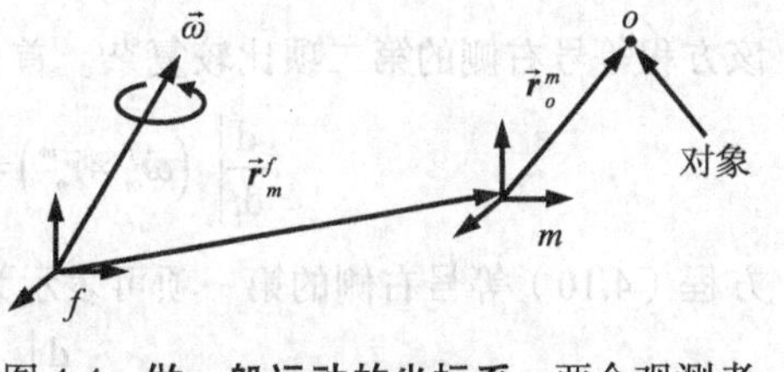

图 4-4　**做一般运动的坐标系**。两个观测者处于一般相对运动状态，两者对同一个对象的运动情况进行观测 177

很显然，通过简单的向量加法可以对位置向

量进行求和：

$$\vec{r}_o^{\,f} = \vec{r}_m^{\,f} + \vec{r}_o^{\,m}$$

在固定坐标系中，计算该向量关于时间的导数，得：

$$\left.\frac{\mathrm{d}}{\mathrm{d}t}\right|_f f\left(\vec{r}_o^{\,f}\right) = \left.\frac{\mathrm{d}}{\mathrm{d}t}\right|_f \left(\vec{r}_m^{\,f} + \vec{r}_o^{\,m}\right) = \left.\frac{\mathrm{d}}{\mathrm{d}t}\right|_f \left(\vec{r}_m^{\,f}\right) + \left.\frac{\mathrm{d}}{\mathrm{d}t}\right|_f \left(\vec{r}_o^{\,m}\right)$$

现在，将科里奥利方程应用于上式右侧的第二项，以得到一般相对运动情况下的速度变换，如下所示：

$$\vec{v}_o^{\,f} = \vec{v}_m^{\,f} + \vec{\omega}_m^{\,f} \times \vec{r}_o^{\,m} + \vec{v}_o^{\,m} \tag{4.7}$$

其中，$\vec{v}_o^{\,f}$ 表示研究对象相对于固定坐标系中观测者的运动速度；$\vec{v}_m^{\,f}$ 表示运动观测者相对于固定观测者的线速度；$\vec{\omega}_m^{\,f}$ 表示运动观测者相对于固定观测者的角速度；$\vec{r}_o^{\,m}$ 表示研究对象相对于运动观测者的位置；$\vec{v}_o^{\,m}$ 表示研究对象相对于运动观测者的速度。在这里，对于任意坐标系 x 和 y，我们利用了如下定义：

$$\left.\frac{\mathrm{d}}{\mathrm{d}t}\right|_x \left(\vec{r}_y^{\,x}\right) = \vec{v}_y^{\,x} \tag{4.8}$$

上述结论说明：除了由运动观测者测量的速度 $\vec{v}_o^{\,m}$ 以外，固定观测者还观测到速度的两个分量，即 $\vec{v}_m^{\,f}$ 和 $\vec{\omega}_m^{\,f} \times \vec{r}_o^{\,m}$。该结论将是轮式移动机器人运动学分析的基础。

5. 一般相对运动的加速度变换

将上述研究对象相对于固定坐标系的速度表达式，对时间进行求导，得：

$$\left.\frac{\mathrm{d}}{\mathrm{d}t}\right|_f \left(\vec{v}_o^{\,f}\right) = \left.\frac{\mathrm{d}}{\mathrm{d}t}\right|_f \left(\vec{v}_m^{\,f} + \vec{\omega}_m^{\,f} \times \vec{r}_o^{\,m} + \vec{v}_o^{\,m}\right)$$

178 上式可写为：

$$\left.\frac{\mathrm{d}}{\mathrm{d}t}\right|_f \left(\vec{v}_o^{\,f}\right) = \left.\frac{\mathrm{d}}{\mathrm{d}t}\right|_f \left(\vec{v}_m^{\,f}\right) + \left.\frac{\mathrm{d}}{\mathrm{d}t}\right|_f \left(\vec{\omega}_m^{\,f} \times \vec{r}_o^{\,m}\right) + \left.\frac{\mathrm{d}}{\mathrm{d}t}\right|_f \left(\vec{v}_o^{\,m}\right) \tag{4.9}$$

接下来，依次对方程（4.9）中的每个元素进行求导运算。根据定义，该方程等号的左侧项可表示为：

$$\left.\frac{\mathrm{d}}{\mathrm{d}t}\right|_f \left(\vec{v}_o^{\,f}\right) = \vec{a}_o^{\,f}$$

根据定义，方程（4.9）等号右侧的第一项可表示为：

$$\left.\frac{\mathrm{d}}{\mathrm{d}t}\right|_f \left(\vec{v}_m^{\,f}\right) = \vec{a}_m^{\,f}$$

该方程等号右侧的第二项比较复杂。首先根据链式法则，有：

$$\left.\frac{\mathrm{d}}{\mathrm{d}t}\right|_f \left(\vec{\omega}_m^{\,f} \times \vec{r}_o^{\,m}\right) = \left.\frac{\mathrm{d}}{\mathrm{d}t}\right|_f \left(\vec{\omega}_m^{\,f}\right) \times \vec{r}_o^{\,m} + \vec{\omega}_m^{\,f} \times \left.\frac{\mathrm{d}}{\mathrm{d}t}\right|_f \left(\vec{r}_o^{\,m}\right) \tag{4.10}$$

方程（4.10）等号右侧的第一项可表示为：

$$\left.\frac{\mathrm{d}}{\mathrm{d}t}\right|_f \left(\vec{\omega}_m^{\,f}\right) \times \vec{r}_o^{\,m} = \vec{\alpha}_m^{\,f} \times \vec{r}_o^{\,m}$$

对于方程（4.10）等号右侧的第二项，变换坐标系进行求导运算，即

$$\vec{\omega}_m^f \times \left.\frac{\mathrm{d}}{\mathrm{d}t}\right|_f \left(\vec{r}_o^m\right) = \vec{\omega}_m^f \times \left[\left.\frac{\mathrm{d}}{\mathrm{d}t}\right|_m \left(\vec{r}_o^m\right) + \vec{\omega}_m^f \times \vec{r}_o^m\right]$$

上式可表示为：

$$\vec{\omega}_m^f \times \left.\frac{\mathrm{d}}{\mathrm{d}t}\right|_f \left(\vec{r}_o^m\right) = \vec{\omega}_m^f \times \left[\vec{v}_o^m + \vec{\omega}_m^f \times \vec{r}_o^m\right] = \vec{\omega}_m^f \times \vec{v}_o^m + \vec{\omega}_m^f \times \left[\vec{\omega}_m^f \times \vec{r}_o^m\right]$$

方程（4.9）等号右侧的第三项可表示为：

$$\left.\frac{\mathrm{d}}{\mathrm{d}t}\right|_f \left(\vec{v}_o^m\right) = \left.\frac{\mathrm{d}}{\mathrm{d}t}\right|_m \left(\vec{v}_o^m\right) + \vec{\omega}_m^f \times \vec{v}_o^m = \vec{a}_o^m + \vec{\omega}_m^f \times \vec{v}_o^m$$

将方程（4.9）的所有项进行整理，便得到了一般运动情况下的加速度变换公式：

$$\vec{a}_o^f = \vec{a}_m^f + \vec{\alpha}_m^f \times \vec{r}_o^m + \vec{\omega}_m^f \times \left[\vec{\omega}_m^f \times \vec{r}_o^m\right] + 2\vec{\omega}_m^f \times \vec{v}_o^m + \vec{a}_o^m \tag{4.11}$$

其中符号 $\vec{a}_o^f$ 表示研究对象相对于固定观测者的运动加速度；$\vec{a}_o^m$ 表示研究对象相对于运动观测者的运动加速度。公式（4.11）中的其余四项都是固定观测者的测量项，而非运动观测者的测量项。这些加速度如此有名，以至于它们都有自己的独特称谓：$\vec{a}_m^f$ 为爱因斯坦加速度，表示运动坐标系相对于固定坐标系的加速度；$\vec{\alpha}_m^f \times \vec{r}_o^m$ 为欧拉加速度；$\vec{\omega}_m^f \times \left[\vec{\omega}_m^f \times \vec{r}_o^m\right]$ 为向心加速度；$2\vec{\omega}_m^f \times \vec{v}_o^m$ 为科里奥利加速度。

该结论是惯性导航所需的基本公式。专栏 4.1 总结了不同坐标系之间相互变换的主要结论。 179

专栏 4.1　向量导数的变换规则

对于一个固定而另一个移动的两个观测者，他们对同一个向量的导数进行观测。科里奥利方程建立了两个向量导数的关系。

$$\left(\frac{\mathrm{d}\vec{u}}{\mathrm{d}t}\right)_f = \left(\frac{\mathrm{d}\vec{u}}{\mathrm{d}t}\right)_m + \vec{\omega} \times \vec{u}$$

对做任意相对运动的两个观测者，他们的测量结果之间的变换由方程（4.12）、方程（4.13）和方程（4.14）确定。

$$\vec{r}_o^f = \vec{r}_m^f + \vec{r}_o^m \tag{4.12}$$

$$\vec{v}_o^f = \vec{v}_m^f + \vec{\omega}_m^f \times \vec{r}_o^m + \vec{v}_o^m \tag{4.13}$$

$$\vec{a}_o^f = \vec{a}_m^f + \vec{\alpha}_m^f \times \vec{r}_o^m + \vec{\omega}_m^f \times \left[\vec{\omega}_m^f \times \vec{r}_o^m\right] + 2\vec{\omega}_m^f \times \vec{v}_o^m + \vec{a}_o^m \tag{4.14}$$

4.1.3　应用实例：姿态稳定裕度估计

在汽车工程的先进车辆控制应用中，经常用到惯性传感技术。先进控制的目标之一是利用控制方法来阻止姿态稳定性的降低。这里的稳定性是指车辆直立，并与地面保持接触。可以在滚动、俯仰或偏航三个方向上定义稳定性。姿态稳定裕度的定义是车辆侧向或前后翻倒的趋势。如果车辆运动导致或倾向于不安全时，可以对其姿态稳定裕度进行评估，以便采取行动。

对于进行货物提升、以一定速度转向或在斜面上行驶的车辆来说，姿态稳定性非常重要。许多车辆工作于上述一种或多种工况中。例如，叉车和升降运送车；用于采矿、林业和农业的野外商用车辆；还有军用车辆都属于这类车辆范畴。对于机器人而言，可以在控制中应用稳定裕度的概念，并据此来选择速度、关节角或轨迹。

姿态稳定裕度的定义之一，与作用于重心处的合外力的角度有关。该角度的计算需要知道重心位置、车轮与地形的接触点形成的凸多边形几何形状、车辆相对于局部重力场的姿态，以及由于加速运动而引起的惯性力。重力和惯性力可以用一个称作加速度计的传感器实时测量。

1. 车轮离地趋势

在车辆侧向或前后翻倒前，它的某些车轮一定会离开地面，因此避免车轮离地可以阻止稳定性降低。可以看到：预测车轮离地相对比较容易。相对于测量车轮受力而言，这里有一种更简单也更基础的方法。

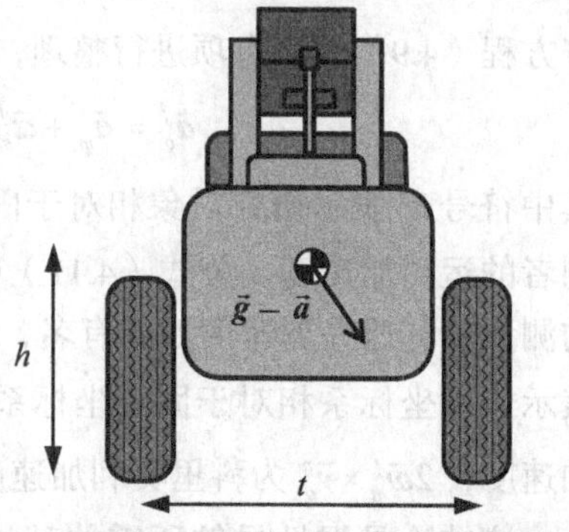

图 4-5 **姿态稳定裕度**。从后方观察一辆正在急速左转的车辆。此时，其滚动稳定裕度为零，因为位于转向内侧（左侧）的车轮即将离地

车轮离地趋势的预测方法是：测量作用于重
180 心处的惯性力与重力的和向量方向，再将其与车轮接触点围成的多边形进行比较。图 4-5 表示了车辆侧翻的一种简单情况。问题的核心是：除了接触力外，作用于重心处的合外力向量的方向，以及它是否会产生绕翻转轴的不平衡力矩。把向量加速度与重力加速度的差定义为比力：

$$\vec{t}=\vec{a}-\vec{g} \tag{4.15}$$

加速度计可以用来预测摆锤的行为，它表示摆锤可以自由摆动的方向。如图 4-5 所示，位于重心处的摆锤指向如图所示的方向。这说明，仅仅将一个两轴加速度计安装在重心处，就可以测量出车辆运行时的姿态稳定裕度。

2. 加速度变换

遗憾的是，传感器通常不方便甚至不可能安装在重心位置。因为重心可能嵌入在结构中，或者由于车辆的部分质量是活动的，造成重心随时间变化。该问题的实际解决方案是：将加速度计安装在任何方便安装的位置，然后通过变换，将其读数转换成在重心位置的假想传感器的读数 [1]。

将传感器坐标系定义为 s，重心坐标系定义为 c，同时，针对该问题，假设固定在地球上的惯性参考系为 i。接下来，可以用方程（4.14）来解决该问题。将惯性参考系作为固定坐标系；将传感器坐标系作为运动坐标系；将重心坐标系作为研究对象坐标系。然后简单地替换上标和下标，就可以得到：

$$\vec{a}_c^i=\vec{a}_s^i+\vec{\alpha}_s^i\times\vec{r}_c^s+\vec{\omega}_s^i\times\left[\vec{\omega}_s^i\times\vec{r}_c^s\right]+2\vec{\omega}_s^i\times\vec{v}_c^s+\vec{a}_c^s \tag{4.16}$$

在上述方程式的左、右两侧同时减去重力加速度 $\vec{g}$，即可得到由 2 轴加速度计读取的虚拟比力和实际比力。

3. 计算要求

为了计算假想传感器读数，除了实际传感器读数 $\vec{a}_s^i$ 以外，还需要知道以下信息：

$\left(\vec{r}_c^s, \vec{v}_c^s, \vec{a}_c^s\right)$：表示重心相对于传感器的平移运动。对于有旋转关节的车辆，该项为非零值，需要用关节传感器（编码器、拉线位移传感器）来测量位置。然后，需要对位置进行微分运算，以获得运动速度；再对速度进行微分运算，以获得运动加速度。 181

$\left(\vec{\omega}_s^i, \vec{\alpha}_s^i\right)$：表示传感器相对于地球的旋转运动。陀螺仪、差动轮的速度编码器或转向角编码器都可以用来测量角速度。对测得的数据进行数值微分，即可得到角加速度（或假设其为零）。

请注意，车辆相对于地球或惯性空间的位置、速度或姿态在任何位置都不需要。

对于重心位置固定的典型运动车辆，如果假设其角加速度 $\vec{a}_s^i$ 可忽略不计，那么结果将非常简单：

$$\vec{a}_c^i = \vec{a}_s^i + \vec{\omega}_s^i \times \left[\vec{\omega}_s^i \times \vec{r}_c^s\right] \tag{4.17}$$

因此，如果给车辆加上角速度传感器，而且重心相对于传感器的位置已知，那么稳定裕度就可以通过计算得出。

4.1.4 运动状态的递归变换

本节将研究三维空间中，移动机器人运动学方程的一般递归形式。方程（4.12）、方程（4.13）和方程（4.14）可以对任意关节运动，在一系列坐标系间的影响进行建模。只需要用坐标系 k 替换坐标系 f，k+1 替换坐标系 m 即可。对坐标系序列中的两个相邻坐标系，其变换形式如下所示：

$$\begin{aligned}\vec{r}_o^k &= \vec{r}_{k+1}^k + \vec{r}_o^{k+1}\\ \vec{v}_o^k &= \vec{v}_{k+1}^k + \vec{\omega}_{k+1}^k \times \vec{r}_o^{k+1} + \vec{v}_o^{k+1}\\ \vec{a}_o^k &= \vec{a}_{k+1}^k + \vec{\alpha}_{k+1}^k \times \vec{r}_o^{k+1} + \vec{\omega}_{k+1}^k \times \left[\vec{\omega}_{k+1}^k \times \vec{r}_o^{k+1}\right] + 2\vec{\omega}_{k+1}^k \times \vec{v}_o^{k+1} + \vec{a}_o^{k+1}\end{aligned} \tag{4.18}$$

数值上标在上面已经介绍过了，在这里要注意的一点是：下标 o 表示的是研究对象，而并非坐标系 0（零）。

1. 转换为坐标形式

在计算机中实现方程运算，需要把涉及的物理向量坐标化——在某一特定坐标系中进行表达。这可以把向量叉乘用它的反对称矩阵等价形式来实现。一旦选定用于表示 $\vec{\omega}$ 和 $\vec{u}$ 的坐标系，我们有：

$$\vec{\omega} \times \vec{u} \Rightarrow \underline{\omega} \times \underline{u} = [\underline{\omega}]^{\times} \underline{u} = -[\underline{u}]^{\times} \underline{\omega}$$

其中

$$[\underline{u}]^{\times} \cong \begin{bmatrix} 0 & -u_z & u_y \\ u_z & 0 & -u_x \\ -u_y & u_x & 0 \end{bmatrix}$$

这样，就可以以矩阵的形式表达前面的转换定理： 182

$$\left(\frac{\mathrm{d}\underline{u}}{\mathrm{d}t}\right)_f = \left(\frac{\mathrm{d}\underline{u}}{\mathrm{d}t}\right)_m + [\underline{\omega}]^{\times} \underline{u} \tag{4.19}$$

利用该矩阵，对方程（4.18）进行重写：

$$\underline{r}_o^k = \underline{r}_{k+1}^k + \underline{r}_o^{k+1}$$

$$\underline{v}_o^k = \left[I \middle| -\left[\underline{r}_o^{k+1}\right]^{\times} \right] \begin{bmatrix} \underline{v}_{k+1}^k \\ \underline{\omega}_{k+1}^k \end{bmatrix} + \underline{v}_o^{k+1}$$

$$\underline{a}_o^k = \left[I \middle| -\left[\underline{r}_o^{k+1}\right]^{\times} \right] \begin{bmatrix} \underline{a}_{k+1}^k \\ \underline{\alpha}_{k+1}^k \end{bmatrix} + \left[\left[\underline{\omega}_{k+1}^k\right]^{\times\times} \middle| 2\left[\underline{\omega}_{k+1}^k\right]^{\times} \middle| I \right] \begin{bmatrix} \underline{r}_o^{k+1} \\ \underline{v}_o^{k+1} \\ \underline{a}_o^{k+1} \end{bmatrix} \tag{4.20}$$

上式中还使用了符号约定：$[\underline{u}]^{\times\times} = [\underline{u}]^{\times}[\underline{u}]^{\times}$。再用分号表示把向量中的各分量垂直级联，那么可以定义：

$$\underline{\rho} \cong [\underline{r};\underline{v};\underline{a}] \qquad \underline{x} \cong [\underline{r};\underline{v};\underline{\omega};\underline{a};\underline{\alpha}]$$

于是，方程（4.20）可以表示为单一矩阵方程的形式：

$$\underline{\rho}_o^k = H\left(\underline{\rho}_o^{k+1}\right)\underline{x}_{k+1}^k + \Omega\left(\underline{x}_{k+1}^k\right)\underline{\rho}_o^{k+1} \tag{4.21}$$

我们甚至可以用 $\underline{x}_i^j$ 替换 $\underline{\rho}_i^j$，因为 $\underline{\rho}$ 的组成元素是向量 $\underline{x}$ 的一个子集。该表达式是一种一般形式，它对于计算机仿真来说非常有用。

通常，量 $\underline{x}_{k+1}^k$ 表示机构的内部关节；$\underline{\rho}_o^k$ 表示对沿运动链连续改变位置的“运动观测者”而言，在每一个阶段递归计算获得的部分解；字母 H 表示可以用这些方程作为状态估计中的测量模型，其中 $\underline{\rho}_o^k$ 表示测量结果；而 $\underline{x}_{k+1}^k$ 等表示的是状态。矩阵 Ω 用于表示离心力和科里奥利表观力与角速度的相关性。

如果当前任务不需要考虑加速度，可以定义：

$$\underline{\rho} \cong [\underline{r};\underline{v}] \qquad \underline{x} \cong [\underline{r};\underline{v};\underline{\omega}]$$

于是，方程（4.21）可表示为：

$$\underline{\rho}_o^k = H\left(\underline{\rho}_o^{k+1}\right)\underline{x}_{k+1}^k + \underline{\rho}_o^{k+1} \tag{4.22}$$

因此，$\Omega\left(\underline{x}_{k+1}^k\right)$ 项消失，$H\left(\underline{\rho}_o^{k+1}\right)$ 丢失了两列。

2. 矩阵形式的一般递归变换

只考虑方程（4.20）的速度分量：

$$\underline{v}_o^k = \left[I \middle| -\left[\underline{r}_o^{k+1}\right]^{\times} \right] \begin{bmatrix} \underline{v}_{k+1}^k \\ \underline{\omega}_{k+1}^k \end{bmatrix} + \underline{v}_o^{k+1} \tag{4.23}$$

183 可将上式表示为：

$$\underline{v}_o^k = H\left(\underline{r}_o^{k+1}\right)\dot{\underline{x}}_{k+1}^k + \underline{v}_o^{k+1} \tag{4.24}$$

在这种情况下，上式中两个量 $H\left(\underline{r}_o^{k+1}\right)$ 和 $\underline{x}_{k+1}^k$ 的定义，与它们在方程（4.22）中的定义相同。

现在，只考虑方程（4.20）的加速度分量：

$$\underline{a}_o^k = \left[I \middle| -\left[\underline{r}_o^{k+1}\right]^{\times} \right] \begin{bmatrix} \underline{a}_{k+1}^k \\ \underline{\alpha}_{k+1}^k \end{bmatrix} + \left[\left[\underline{\omega}_{k+1}^k\right]^{\times\times} \middle| 2\left[\underline{\omega}_{k+1}^k\right]^{\times} \right] \begin{bmatrix} \underline{r}_o^{k+1} \\ \underline{v}_o^{k+1} \end{bmatrix} + \underline{a}_o^{k+1} \tag{4.25}$$

上式可表示为：

$$\underline{\boldsymbol{a}}_o^k = \boldsymbol{H}\left(\underline{\boldsymbol{r}}_o^{k+1}\right)\underline{\ddot{\boldsymbol{x}}}_{k+1}^k + \boldsymbol{\Omega}\left(\underline{\boldsymbol{\omega}}_{k+1}^k\right)\underline{\boldsymbol{\rho}}_o^{k+1} + \underline{\boldsymbol{a}}_o^{k+1} \tag{4.26}$$

在这种情况下，上式中的 5 个量 $\boldsymbol{H}\left(\underline{\boldsymbol{r}}_o^{k+1}\right)$，$\underline{\dot{\boldsymbol{x}}}_{k+1}^k$、$\underline{\ddot{\boldsymbol{x}}}_{k+1}^k$，$\boldsymbol{\Omega}\left(\underline{\dot{\boldsymbol{x}}}_{k+1}^k\right)$ 以及 $\underline{\boldsymbol{\rho}}_o^{k+1}$ 定义，与它们在方程（4.24）中的定义相同。

3. 铰接轮

现在，我们把注意力转向一种对绝大多数实际问题而言，足够复杂且有用的特殊情况。对某一特定系统，令 n 为 k+1 的最大值。当 n=2 时，在位姿网络中有两个中间坐标系，用来连接坐标系 0 与研究对象。在这种情况下，方程（4.24）中的速度变换将采取如下所示的形式：

$$\underline{\boldsymbol{v}}_o^0 = \boldsymbol{H}\left(\underline{\boldsymbol{r}}_o^1\right)\underline{\dot{\boldsymbol{x}}}_1^0 + \underline{\boldsymbol{v}}_o^1$$

$$\underline{\boldsymbol{v}}_o^1 = \boldsymbol{H}\left(\underline{\boldsymbol{r}}_o^2\right)\underline{\dot{\boldsymbol{x}}}_2^1 + \underline{\boldsymbol{v}}_o^2$$

将上面第二个速度变换方程式代入第一个，得到：

$$\underline{\boldsymbol{v}}_o^0 = \boldsymbol{H}\left(\underline{\boldsymbol{r}}_o^1\right)\underline{\dot{\boldsymbol{x}}}_1^0 + \boldsymbol{H}\left(\underline{\boldsymbol{r}}_o^2\right)\underline{\dot{\boldsymbol{x}}}_2^1 + \underline{\boldsymbol{v}}_o^2 \tag{4.27}$$

在 n=2 的情况下，方程（4.26）中的加速度变换就变成如下形式：

$$\begin{aligned}\underline{\boldsymbol{a}}_o^0 &= \boldsymbol{H}\left(\underline{\boldsymbol{r}}_o^1\right)\underline{\ddot{\boldsymbol{x}}}_1^0 + \boldsymbol{\Omega}\left(\underline{\boldsymbol{\omega}}_1^0\right)\underline{\boldsymbol{\rho}}_o^1 + \underline{\boldsymbol{a}}_o^1 \\ \underline{\boldsymbol{a}}_o^1 &= \boldsymbol{H}\left(\underline{\boldsymbol{r}}_o^2\right)\underline{\ddot{\boldsymbol{x}}}_2^1 + \boldsymbol{\Omega}\left(\underline{\boldsymbol{\omega}}_2^1\right)\underline{\boldsymbol{\rho}}_o^2 + \underline{\boldsymbol{a}}_o^2\end{aligned} \tag{4.28}$$

将方程（4.28）中的第二个方程式代入第一个，有下式成立：

$$\underline{\boldsymbol{a}}_o^0 = \boldsymbol{H}\left(\underline{\boldsymbol{r}}_o^1\right)\underline{\ddot{\boldsymbol{x}}}_1^0 + \boldsymbol{\Omega}\left(\underline{\boldsymbol{\omega}}_1^0\right)\underline{\boldsymbol{\rho}}_o^1 + \boldsymbol{H}\left(\underline{\boldsymbol{r}}_o^2\right)\underline{\ddot{\boldsymbol{x}}}_2^1 + \boldsymbol{\Omega}\left(\underline{\boldsymbol{\omega}}_2^1\right)\underline{\boldsymbol{\rho}}_o^2 + \underline{\boldsymbol{a}}_o^2 \tag{4.29}$$

图 4-6 表示了一种中等复杂程度的情况，图中与车体相连的车轮既可能发生转向，也可能悬挂摆动。在图 4-6 的下方给出了对应的位姿网络，其中的箭头表示我们感兴趣的关键位姿。坐标系 c 位于车轮接触点。之所以引入坐标系 s，是为了能够方便地表示俯视图中的典 184
型情况。其中，车轮绕一条轴线转向，而该轴线相对车轮的地面接触点有一定的偏移距离。在侧视图中，可以看到 s 指的是悬挂坐标系。这两种情况的关键点是，允许某一坐标系 s 相对于坐标系 v 任意移动。

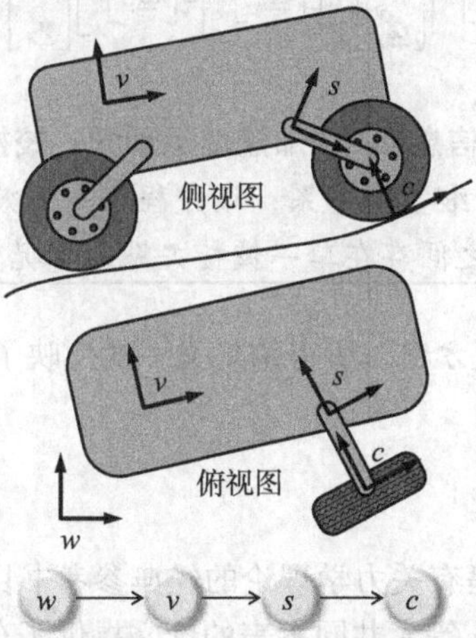

图 4-6　**运动学建模坐标系**。图中表示了车辆、转向 / 悬挂和接触点坐标系

如果车轮在处于悬挂状态的同时发生偏置转向，就有可能需要两个不同的坐标系。从更一般的角度考虑，在车体和车轮接触点之间，甚至可以存在多重铰接。

4. 铰接轮速度变换

上一节已经推导出了适用于这种情况的运动学变换方程。令坐标系 0 表示世界坐标系 w；而坐标系 1 表示车体坐标系 v；对象坐标系 o 表示车轮接触点坐标系 c；坐标系 2 表示悬挂或转向坐标系 s。

通过替换，方程（4.27）可表示为：

聚焦信息 4.2　速度运动学：铰接轮

$$\underline{v}_c^w = H\left(\underline{r}_c^v\right)\dot{\underline{x}}_v^w + H\left(\underline{r}_c^s\right)\dot{\underline{x}}_s^v + \underline{v}_c^s$$

$$\underline{v}_c^w = \left[I \middle| -\left[\underline{r}_c^v\right]^\times\right]\begin{bmatrix}\underline{v}_v^w \\ \underline{\omega}_v^w\end{bmatrix} + \left[I \middle| -\left[\underline{r}_c^s\right]^\times\right]\begin{bmatrix}\underline{v}_s^v \\ \underline{\omega}_s^v\end{bmatrix} + \underline{v}_c^s \tag{4.30}$$

对所有坐标系之间的任意三维空间关系，该方程都有效。该形式描述了车体与接触点（可能正处于运动状态）之间存在单一铰接关系的情况。

方程（4.30）被称为*铰接轮速度方程*。如果需要引入更多的坐标系来表示多重铰接的影响，可以采用与之类似的推导过程。这里的关键点是：利用数量不限的中间坐标系建立一个将世界坐标系和接触点坐标系相关联的位姿图，以隔离各铰接自由度。所得结果反映了运动
185 状态、铰接情况以及滚动接触等因素的综合影响。

5. 铰接轮的加速度变换

用相同的坐标系名替换，方程（4.29）可表示为：

$$\underline{a}_c^w = H\left(\underline{r}_c^v\right)\ddot{\underline{x}}_v^w + \Omega\left(\underline{\omega}_v^w\right)\underline{\rho}_c^v + H\left(\underline{r}_c^v\right)\ddot{\underline{x}}_c^v + \Omega\left(\underline{\omega}_s^w\right)\underline{\rho}_c^s + \underline{a}_c^s$$

$$\begin{aligned}\underline{a}_c^w = &\left[I \middle| -\left[\underline{r}_c^v\right]^\times\right]\begin{bmatrix}\underline{a}_v^w \\ \underline{\alpha}_v^w\end{bmatrix} + \left[\left[\underline{\omega}_v^w\right]^{\times\times} \middle| 2\left[\underline{\omega}_v^w\right]^\times\right]\begin{bmatrix}\underline{r}_c^v \\ \underline{v}_c^v\end{bmatrix} \\ &+ \left[I \middle| -\left[\underline{r}_c^s\right]^\times\right]\begin{bmatrix}\underline{a}_s^v \\ \underline{\alpha}_s^v\end{bmatrix} + \left[\left[\underline{\omega}_s^v\right]^{\times\times} \middle| 2\left[\underline{\omega}_s^v\right]^\times\right]\begin{bmatrix}\underline{r}_c^s \\ \underline{v}_c^s\end{bmatrix} + \underline{a}_c^s\end{aligned} \tag{4.31}$$

聚焦信息 4.3　加速度运动学：铰接轮

对所有坐标系间的任意三维空间关系，该方程都是有效的。该形式描述了车体与接触点（可能正处于运动状态）之间存在单一铰接关系的情况。

该方程被称为*铰接轮加速度方程*。所得结果又一次反映了运动状态、铰接情况以及滚动接触等因素的综合影响。

4.1.5　参考文献和延伸阅读

Goldstein 等人共同的著作是有关力学理论的经典参考书目；而 Gregory 的书则为更多力学教程提供参考；Diaz-Calderon 等人共同发表的论文提供了车辆侧翻的应用实例。

[1] A. Diaz-Calderon and A. Kelly, On-line Stability Margin and Attitude Estimation for Dynamic Articulating Mobile Robots, *The International Journal of Robotics Research,* Vol. 24, No. 10, pp. 845–866, 2005.

[2] Herbert Goldstein, Charles P. Poole, and John L. Safko, *Classical Mechanics*, 3rd ed., Addison-Wesley, 2002.

[3] Douglas Gregory, *Classical Mechanics: An Undergraduate Text,* Cambridge, 2006.

4.1.6 习题

1. 科里奥利方程

令 $\hat{\boldsymbol{i}}_m$ 表示沿运动坐标系的 x 轴方向的单位向量。根据定义，单位向量的幅值为固定值。因此，从固定观测者的角度看，向量 $\hat{\boldsymbol{i}}_m$ 关于时间的导数一定与其自身正交（即它只能旋转，而不能拉长）。运用第一原理，请证明其关于时间求导的结果，实际上可表示为：

$$\left.\frac{\mathrm{d}}{\mathrm{d}t}\right|_f\left(\hat{\boldsymbol{i}}_m\right)=\vec{\boldsymbol{\omega}}\times\hat{\boldsymbol{i}}_m$$

之后，针对幅值大小恒定的任意向量，运用向量叉乘的线性表示推导科里奥利方程，然后再扩展到任意向量。

2. 刚体速度场

如果待观测的研究对象是机器人车辆上的点时，相对于在机器人本体上的观测者而言，它们的相对速度 $\vec{\boldsymbol{v}}_o^m$ 变为零。如果 w 表示固定世界坐标系，v 表示处于运动状态的车体坐标系，速度变换的形式如下所示： 186

$$\vec{\boldsymbol{v}}_o^w=\vec{\boldsymbol{v}}_v^w+\vec{\boldsymbol{\omega}}_v^w\times\vec{\boldsymbol{r}}_o^v$$

（i）请证明：对于在平面中运动的刚体，位于任意两点连线上的线速度向量，随这两点间的位移向量呈线性变化。

（ii）速度向量的角度是否也呈线性变化？速度向量角度的正切值呈线性变化吗？

4.2 轮式移动机器人运动学

本节开始讨论以微分代数方程的形式对轮式移动机器人进行建模。回顾前面已介绍过的内容，该方程是一个受约束微分方程。轮式移动机器人在无滑动约束情况下，其一阶（速度）运动学方程具有如下形式：

$$\begin{aligned}\dot{\underline{x}}&=\underline{f}\left(\underline{x},\underline{u}\right)\\ w\left(\underline{x}\right)\dot{\underline{x}}&=0\end{aligned}\tag{4.32}$$

本节将主要考虑如下情况：假定车轮运动与本体的刚体运动一致，从而构造了约束条件。在这种情况下，式（4.32）中的第二个方程可忽略不计。此外，我们将用向量 $\underline{x}(t)$ 表示车体（车架）的线速度和角速度，而输入量为车轮的运动速度。这样，式（4.32）中的第一个方程也变得更加简单——该方程仅仅是一种速度变换，进行这种变换的依据是上一节刚刚介绍的规则。

本小节将介绍在车体坐标系中的运动学方程。这种方法从整体上消除了运动车辆的位置和方位，使所建模型最简。这同时也意味着：如果将该节所得的结论推广用于三维空间，也是完全有效的。因为在对其积分以生成轨迹之前，移动车体的运动速度可以变换至任意世界坐标系中。

4.2.1　刚体运动概况

本节将与读者一起回顾关于力学的一些重要概念，它们也是本节大部分内容的基础。

1. 瞬时转动中心

假设质点 p 绕平面中的某一个点做纯转动。很显然，因为该质点的运动轨迹为一个圆周，它相对于圆心的位置向量 $\vec{r}_p$ 由下式确定：

$$\vec{r}_p = r\left(\cos(\psi)\hat{i} + \sin(\psi)\hat{j}\right)$$

187 其中 ψ 表示位置向量 $\vec{r}_p(t)$ 相对于指定的 x 轴夹的角度。因为半径 r 为定值，所以质点 p 的运动速度可表示为：

$$\vec{v}_p = r\omega\left(-\sin(\psi)\hat{i} + \cos(\psi)\hat{j}\right)$$

请注意，速度向量总是与 $\vec{r}_p$ 正交。很容易证明，这一结论等价于：

$$\vec{v}_p = \vec{\omega} \times \vec{r}_p$$

需要特别注意的是，速度向量的大小与下式有关：

$$v_p = r_p\omega \qquad (4.33)$$

现在，考虑一个替代质点 p 的研究对象：在平面中做一般运动的刚体（如图 4-7 所示）。力学基本定理表明：在平面中，所有刚体的运动都可以看作绕某一特定点——瞬心（瞬时转动中心（ICR））的转动。为理解这一点，可以针对运动车体上的某一点，将其在世界坐标系中的线速度与角速度之比定义为 r，从而得到：

$$r = v_p^w / \omega \qquad v_p^w = r\omega$$

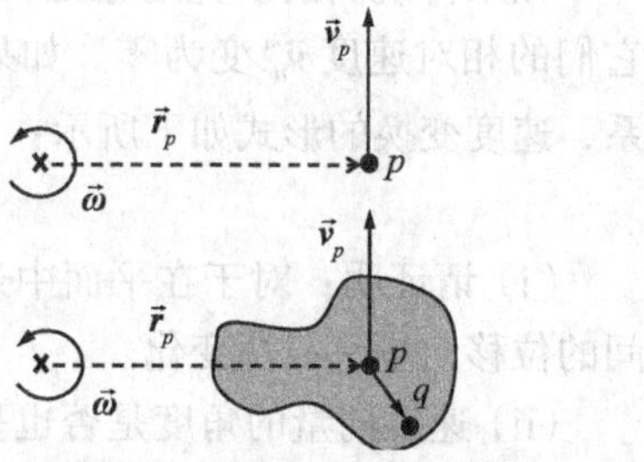

图 4-7　**纯转动与瞬时转动中心**。所有平面运动都可以看作运动对象绕瞬心的纯转动。（上图）正在进行纯转动的运动质点；（下图）位于该运动对象上的所有质点，都绕瞬时转动中心做纯转动

根据公式（4.33），可知上面的公式描述了物体上点的运动，如果该点绕其瞬时速度向量法线方向上距离该点 r 个单位长度的某点做旋转运动。该公式的向量表达式如下：

$$\vec{v}_p^{\text{icr}} = \vec{\omega} \times \vec{r}_p^{\text{icr}}$$

在这种情况下，由于点运动轨迹的曲率为 $\kappa = 1/r$，所以称 r 为曲率半径。对运动刚体上的任意一点来说，这都是成立的。考虑该刚体上的另一个临近点 q，则 q 的位置向量可表示为：

$$\vec{r}_q^{\text{icr}} = \vec{r}_p^{\text{icr}} + \vec{r}_q^{p}$$

在世界坐标系中，求上式关于时间的导数：

$$\left.\frac{\mathrm{d}}{\mathrm{d}t}\right|_w \left(\vec{r}_q^{\text{icr}}\right) = \left.\frac{\mathrm{d}}{\mathrm{d}t}\right|_w \left(\vec{r}_p^{\text{icr}}\right) + \left.\frac{\mathrm{d}}{\mathrm{d}t}\right|_w \left(\vec{r}_q^{p}\right)$$

188 上式中的最后一项导数，可以根据本体坐标系中已计算出的导数进行重写：

$$\left.\frac{\mathrm{d}}{\mathrm{d}t}\right|_w \left(\vec{r}_q^{p}\right) = \left.\frac{\mathrm{d}}{\mathrm{d}t}\right|_b \left(\vec{r}_q^{p}\right) + \vec{\omega} \times \vec{r}_q^{p} = \vec{\omega} \times \vec{r}_q^{p}$$

因此，导数可表示为：

$$\vec{v}_q^{\text{icr}} = \vec{v}_p^{\text{icr}} + \vec{\omega} \times \vec{r}_q^{\,p}$$

将质点 p 相对于其瞬时转动中心的速度代入上式，得：

$$\vec{v}_q^{\text{icr}} = \vec{\omega} \times \vec{r}_p^{\text{icr}} + \vec{\omega} \times \vec{r}_q^{\,p} = \vec{\omega} \times \left(\vec{r}_p^{\text{icr}} + \vec{r}_q^{\,p}\right) = \vec{\omega} \times \vec{r}_q^{\text{icr}}$$

注意，运动刚体上的其他任意点 q，其运动也是绕瞬时转动中心的纯转动！我们已经证明：在任意瞬时，*刚体上所有质点的运动，都可以描述为绕被称为瞬时转动中心的某特定点的纯转动*。

2. 杨特图

假定刚体是车辆。注意到，只需要确定两个点的线速度方向，就可以确定瞬时转动中心的位置。如果两个点的运动速度方向不明确，就需要已知速度的大小；如果速度方向平行、大小相等，则瞬时转动中心位于无穷远处，运动车辆将沿直线方向行驶。

在车轮转向时，为了减少或消除车轮打滑现象（以及由此造成的能量损失），通常会尝试让所有的车轮都协同转向，以使其轴线指向单个瞬时转动中心。如果所有车轮转向角都协同一致，就可以根据任意两个转向角度和一个线速度，实现运动预测。

在杨特（Jeantaud）图中，将所有车轮线速度的法线在转向内侧方向上延伸并相交，交点即为瞬时转动中心。如图 4-8 所示，其中考虑了车辆四轮同时转向的情况。

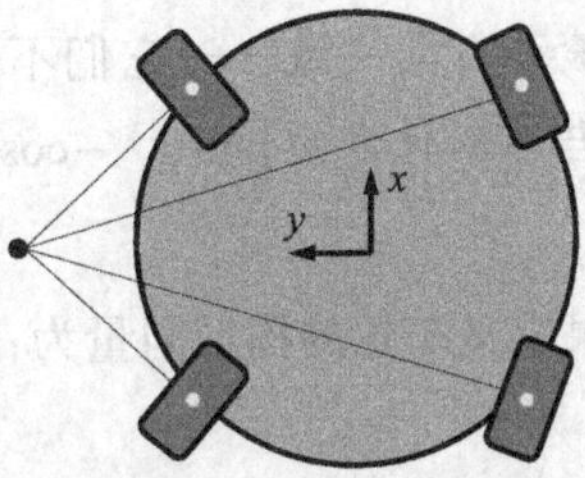

图 4-8 **杨特图**。当车轮转角状态与刚体运动协调一致时，车轮不打滑。在这种状态下，所有车轮的轴都指向同一个瞬时转动中心

这辆装有四个转向轮的车辆，在不改变朝向（航向）的情况下，可以沿任意方向运动。这样的设计具有很灵活的操作性。车辆甚至可以绕本体轮廓内的任意一点转动。但是，如果车轮转向角有限制，就会存在一个没有瞬时转动中心的禁区。

3. 滚动接触

相对于车体，车轮通常有两个自由度（转向和驱动）。当车轮在地面上滚动时，一种典型的简化方法就是定义*接触点*，这样一个单一的点既在车轮上也在地面上。实际上，这也意味着车轮和地面在该点相接触。 189

接触点在地面上是任意移动的，但在平坦地面上，它相对于车轮中心的位置却是固定不变的。车轮旋转角速度与接触点线速度之间的名义关系，如图 4-9 所示。因为实际情况要复杂得多，所以此处使用了限定词*名义*。

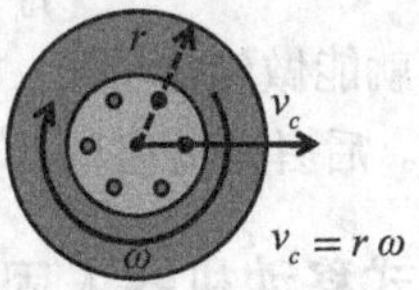

图 4-9 **车轮的线速度与角速度**。假设点接触发生在车轮正下方，且车轮的半径已知，则车轮线速度和角速度的关系如图中所示

从以下几个方面来看，接触点是一种理想化的模型。首先，当车辆在不平坦地面运行时，接触点相对于车轮中心的位置有可能发生改变；其次，车轮和地面的实际结构都不是理想刚性结构，因此真正与地面接触的是车轮表面的一个区域，即*接触面*，而并非接触点。在这种情况下，接触点可定义为特定接触面的质

心。明白了前面的假设条件后，我们将接受接触点这样一个理想化的定义。

接触点可以用来定义表达约束的自然坐标系。在接触点处的地面法线方向上，车轮相对于地面的速度必须为零。车轮的运动速度必须限定在地面的切平面内。

4. 无侧滑滚动

更进一步，在运行时，如果在车轮轴线的地面切平面投影方向上，车轮速度分量不为零，则意味着车轮在该方向上存在滑动，因为车轮无法在该方向上滚动。下面考虑轮式车辆在平面上做无侧滑滚动的情况（如图 4-10 所示）。

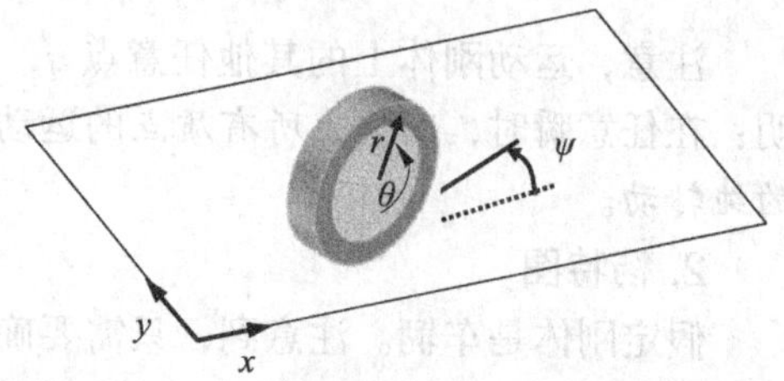

图 4-10　**无侧滑的滚动运动**。在无侧滑条件下，车轮速度的横向分量为零

这种思想的一种表示方法是：将车轮不能（或不应该）产生横向运动写入约束方程式。

“无侧滑滚动”约束意味着车轮的 $\dot{x}$ 和 $\dot{y}$ 必须与其滚动方向一致——它们不是相互独立的。用数学专业术语表示，即车轮的速度向量 $\begin{bmatrix}\dot{x} & \dot{y}\end{bmatrix}^{\mathrm{T}}$ 与不容许方向 $\begin{bmatrix}\sin\psi & -\cos\psi\end{bmatrix}^{\mathrm{T}}$ 的点积必须消失为零：

$$\dot{x}\sin\psi-\dot{y}\cos\psi=0 \tag{4.34}$$

190　如果定义车轮的构型向量为：

$$\underline{\boldsymbol{x}}=\begin{bmatrix}x & y & \psi & \theta\end{bmatrix}^{\mathrm{T}} \tag{4.35}$$

同时定义权重向量：

$$\underline{\boldsymbol{w}}(\underline{\boldsymbol{x}})=\begin{bmatrix}\sin\psi & -\cos\psi & 0 & 0\end{bmatrix} \tag{4.36}$$

那么，上述约束形式可表示为：

$$\underline{\boldsymbol{w}}(\underline{\boldsymbol{x}})\dot{\underline{\boldsymbol{x}}}=0 \tag{4.37}$$

这种精确表达的约束被称为普法夫（Pfaffian）约束。更一般的，在拉格朗日动力学中，此类约束属于非完整约束的范畴，因为它不能写成如下形式：

$$c(\underline{\boldsymbol{x}})=0 \tag{4.38}$$

本来，如果想获得 $\underline{\boldsymbol{x}}$，可以通过积分运算来消除 $\dot{\underline{\boldsymbol{x}}}$——但是上式却不能通过对非完整约束的积分运算获得。约束（4.37）的积分可表示为：

$$\int_0^t \underline{\boldsymbol{w}}(\underline{\boldsymbol{x}})\dot{\boldsymbol{x}}\mathrm{d}t=\int_0^t\left(\dot{x}\sin\psi(t)-\dot{y}\cos\psi(t)\right)\mathrm{d}t$$

我们也就能做到这里了。正弦函数对时间的积分比二次多项式更复杂，且不存在封闭解（即解析解）。后者是著名的菲涅耳（Fresnel）积分，但是我们却用不到它。

4.2.2　轮式移动机器人固定接触点的速度运动学

本节考虑移动机器人估计和控制中的两个核心问题：

- 正运动学：如何把测量到的车轮转动转化为机器人的实际运动？
- 逆运动学：如何将所需的机器人运动转化为车轮的等效转动？

解决该问题将遇到以非线性和超定方程组形式表现的难题。不过，此处介绍的方法与技术，对于轮式移动机器人的状态驱动和估计而言，在很多情况下已经绰绰有余。

再次考虑如图 4-11 所示的铰接轮。考虑一般性，假定在车体坐标系和接触点坐标系之间，只存在一个单自由度铰接。对参考坐标系 w、v、s 和 c 的详细定义请参阅 4.1.4 节第 3 点。c 坐标系与转向坐标系方向相同。

在本小节的全部内容中，将采纳*接触点固定不变假设*。虽然车轮接触点是一个在车轮和地板上都移动的点，但它相对于转向坐标系而言是固定不变的。如果车轮下方的地形有局部凸起，该假设意味着：从车体坐标系观测时，接触点都将位于车轮的“底部”。

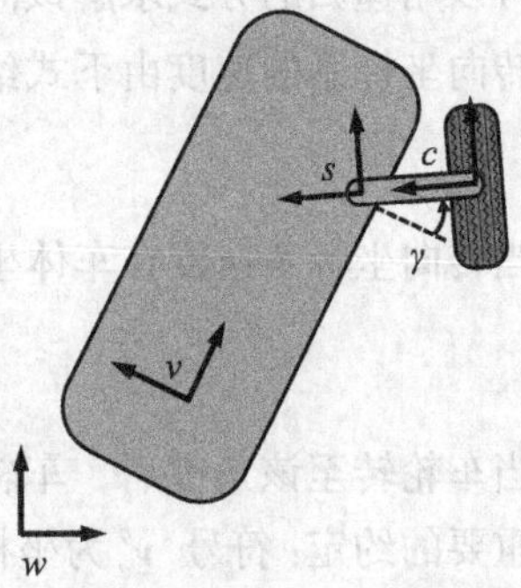

图 4-11　**轮式移动机器人运动学坐标系**。图示表示了将车轮转速与车辆运行线速度和角速度相关联，所必须的四个坐标系

1. 逆运动学

*逆运动学*问题与控制相关，关注的是如何根据车体的速度来确定车轮速度。如果已知车体在世界坐标系中的线速度 $\underline{\boldsymbol{v}}_v^w$ 和角速度 $\underline{\boldsymbol{\omega}}_v^w$，那么我们可以计算得到车轮接触点处的线速度。该问题的解是铰接轮方程（4.30）的一种特殊情况。将 $\underline{\boldsymbol{v}}_s^v = \underline{\boldsymbol{v}}_c^s = \underline{\boldsymbol{0}}$ 代入方程（4.30），便可以得到： 191

$$\underline{\boldsymbol{v}}_c^w = \underline{\boldsymbol{v}}_v^w - \left[\underline{\boldsymbol{v}}_c^v\right]^\times \underline{\boldsymbol{\omega}}_v^w - \left[\underline{\boldsymbol{r}}_c^s\right]^\times \underline{\boldsymbol{\omega}}_s^v \tag{4.39}$$

聚焦信息 4.4　逆运动学：偏置轮方程

适用于偏置轮的，接触点线速度与车体（v）和铰接关节（s）坐标系运动的关系。

该方程被称为*偏置轮方程*，它适用于接触点相对于车体坐标系固定的铰接轮。针对偏置轮应用该方程时，需要知道铰接杆相对于车体坐标系的转向角速度 $\underline{\boldsymbol{\omega}}_s^v$。该速度通常可测量；如果偏置轮没有转向，就认为它等于零。方程中的其他两个向量 $\underline{\boldsymbol{r}}_c^v$ 和 $\underline{\boldsymbol{r}}_c^s$ 为已知车体尺寸。

当 s 和 c 坐标系重合，即 $\underline{\boldsymbol{r}}_c^s = \underline{\boldsymbol{0}}$ 的特殊情况下，偏置轮方程甚至可以进一步化简为：

$$\underline{\boldsymbol{v}}_c^w = \underline{\boldsymbol{v}}_v^w - \left[\underline{\boldsymbol{r}}_c^v\right]^\times \underline{\boldsymbol{\omega}}_v^w \tag{4.40}$$

聚焦信息 4.5　逆运动学：车轮方程

对非偏置轮，接触点线速度与车体（v）坐标系运动的关系。

1）**轮转向控制**。车轮的运动控制涉及两个方面：车轮的转向和车轮绕轮轴的转动。根据方程（4.39）这样的运动学方程来完成车轮转向控制，看起来很困难。因为必须选择车轮转向角度 γ，使 c 坐标系的 x 轴与车轮的速度向量方向一致。同样，车轮速度在接触点坐标系 y 轴方向的分量必须消失为零。之后，需要根据所需的转向角对时间进行求导，以事先确定车轮转向角速度 $\underline{\boldsymbol{\omega}}_s^v$。最后，表示转向轮偏置 $\underline{\boldsymbol{r}}_c^s$ 的 $\underline{\boldsymbol{r}}_c^v$ 分量也必须协调变化。所有上述三个量必须与未知量 $\underline{\boldsymbol{v}}_c^w$ 保持一致。换句话说，除了车体的整体运动和转向坐标系的位置以外，其他的都是未知量。 192

为解决这一问题，需要认识到：（a）我们只需要车轮速度的方向，以实现正确转向；（b）如果车轮与铰接连杆之间的连接是刚性的，那么在世界坐标系中，c 坐标系与 s 坐标系

的速度方向必须总是平行的；（c）s 坐标系的速度完全由车体坐标系的速度决定。也就是说，我们可以用递归的方式求解该问题，将已知量 $\underline{v}_v^w$ 和 $\underline{\omega}_v^w$ 沿运动链向上传递，直到车轮为止。

转向坐标系的速度由下式给出：

$$\underline{v}_s^w = \underline{v}_v^w - \left[\underline{r}_s^v\right]^{\times} \underline{\omega}_v^w \tag{4.41}$$

当转向坐标系速度在车体坐标中表示时，接触点速度相对于车体坐标系的角度为：

$$\gamma = \operatorname{atan2}\left[\left({}^v\underline{v}_s^w\right)_y, \left({}^v\underline{v}_s^w\right)_x\right] \tag{4.42}$$

当车轮转至该角度后，车轮将只有滚动而不会有任何横向滑动。在介绍符号约定时，有一个重要的约定：符号 ${}^c\underline{v}_a^b$ 为坐标系 a 相对于坐标系 b（即 $\vec{v}_a^b$）的速度，在坐标系 c 中的表示。在方程（4.42）中，速度 ${}^v\underline{v}_s^w$ 是转向 / 悬挂坐标系相对于世界坐标系的速度在车体坐标系中的表示。

2）**车轮轮速控制**。一旦车轮的转向角度已知，则根据微分运算即可得转向速度，同时整个运动链的几何形状都已知。这样就可以计算 $\underline{v}_c^w$ 在 c 坐标系中沿 x 轴方向的分量。由于已知 $\underline{v}_c^w$ 沿 y 轴分量为零，所以可以很容易计算出速度的大小。此外，我们可以在任意坐标下计算速度。在车体坐标系中，接触点速度可计算如下：

$${}^v\underline{v}_c^w = {}^v\underline{v}_v^w - \left[\underline{r}_c^v\right]^{\times} {}^v\underline{\omega}_v^w - \left[\boldsymbol{R}_s^v \underline{r}_c^s\right]^{\times} {}^v\underline{\omega}_s^v \tag{4.43}$$

然后可计算出车轮的移动速度为：

$$v_c^w = \sqrt{\left({}^v\underline{v}_c^w\right)_x^2 + \left({}^v\underline{v}_c^w\right)_y^2} \tag{4.44}$$

接下来，就可以通过下式获得车轮绕其轮轴的旋转速度：

$$\omega_{\text{wheel}} = v_c^w / r_{\text{wheel}} \tag{4.45}$$

193 其中 r_{wheel} 为车轮半径。可以根据车轮旋转正方向的规定，对其符号进行调整。

2. 正运动学

现在考虑相反的问题：与状态估计相关的*正运动学*问题，是根据已知车轮速度确定车体的运动速度。假设已经测量得知车轮旋转角速度 ω_k 和转向角 γ_k，希望据此确定车辆运行的线速度和角速度。

1）**车轮感测**。通常，车轮的角速度和转向角度可以设法直接测量。在该假设条件下，车轮的线速度通过对方程（4.45）进行求逆运算即可推导得出：

$$v_k = r_k \omega_k \tag{4.46}$$

假设车轮在整个运动过程中不存在滑动现象，那么车轮的速度方向就是接触点坐标系的 x 轴方向。在车体坐标系中，它们分别为：

$$(v_k)_x = v_k \cos(\gamma_k) \qquad (v_k)_y = v_k \sin(\gamma_k)$$

2）**多轮**。通常情况下，车体的运动速度 $\left(\underline{v}_v^w, \underline{\omega}_v^w\right)$ 存在三个未知量，而每个车轮的测量结果仅提供两个约束条件 (γ_k, v_k)。因此，为了确定车体的运动状态，我们通常需要至少两组车轮的测量结果。但是，这样就变成了针对三个未知量要满足四个约束条件的超定问题。在实际中，转向轴不可能全部与瞬时转动中心对正，因此，有必要寻求最佳拟合解，来兼顾各测量结果的不一致性。

再次考虑偏置轮方程，该方程在车体坐标系中可表示为：

$$ {}^{v}\underline{v}_{c}^{w} = {}^{v}\underline{v}_{v}^{w} - \left[\underline{r}_{c}^{v}\right]^{\times} {}^{v}\underline{\omega}_{v}^{w} - \left[R_{s}^{v}\underline{r}_{c}^{s}\right]^{\times} {}^{v}\underline{\omega}_{s}^{v} \quad (4.47) $$

聚焦信息 4.6 车体坐标系中的偏置轮方程

该公式是后续推导出的所有轮式移动机器人运动学模型的基础。

该方程的最后一项先在转向坐标系中写出，然后利用旋转矩阵 R_s^v 变换到车体坐标系。欲求 R_s^v，需已知转向角 γ。注意，$\underline{r}_c^v$ 也取决于转向角 γ。具体形式如下：

$$ {}^{v}\underline{v}_{c}^{w} = H_{c}^{v}(\gamma)\begin{bmatrix} {}^{v}\underline{v}_{v}^{w} \\ \underline{\omega}_{v}^{w} \end{bmatrix} + Q_{c}^{s}(\gamma)\,{}^{v}\underline{\omega}_{s}^{v} \quad (4.48) $$

如果车体运动速度已知，就可以针对每个车轮确定一个方程（4.47）。这样，就能在一个矩阵方程中计算出每个车轮接触点的速度。将所有方程叠加，并将其前两项组合在一起，就得到了如下形式的矩阵方程：

$$ {}^{v}\underline{v}_{c} = H_{c}^{v}(\underline{\gamma})\underline{\dot{x}}_{v}^{w} + Q_{c}^{s}(\underline{\gamma})\underline{\dot{\gamma}} \quad (4.49) $$

因为上式的左侧以及转向角都为已知量，所以对于这种同时约束车辆线速度和角速度 $\underline{\dot{x}}_v^w$ 的联立方程组，有合适的方法进行求解，包括广义逆：

$$ \underline{\dot{x}}_{v}^{w} = \left[H_{c}^{v}(\underline{\gamma})^{\mathrm{T}} H_{c}^{v}(\underline{\gamma})\right]^{-1} H_{c}^{v}(\underline{\gamma})^{\mathrm{T}}\left[\underline{v}_{c}^{w} - Q_{c}^{s}(\underline{\gamma})\underline{\dot{\gamma}}\right] \quad (4.50) $$

该解最终产生与测量结果最吻合（在最小二乘法的意义上而言）的线速度和角速度，即便各测量结果本身不一致。上述结论总结在专栏 4.2 中。 194

专栏 4.2 轮式移动机器人正运动学及逆运动学：偏置轮

将所有车轮的偏置轮方程叠加组合在一起，可以获得：

$$ \underline{v}_{c}^{w} = H_{c}^{v}(\underline{\gamma})\underline{\dot{x}}_{v}^{w} + Q_{c}^{s}(\underline{\gamma})\underline{\dot{\gamma}} $$

其中，H_c^v 和 Q_c^s 对应的每一行，来自车体坐标系中表示的偏置轮方程；$\underline{v}_c^w$ 为车轮速度；$\underline{\dot{x}}_v^w$ 表示运动车辆的线速度和角速度；$\underline{\gamma}$ 为转向角。

逆映射（对于两个或两个以上的多车轮）可以用如下公式进行计算：

$$ \underline{\dot{x}}_{v}^{w} = \left[H_{c}^{v}(\underline{\gamma})^{\mathrm{T}} H_{c}^{v}(\underline{\gamma})\right]^{-1} H_{c}^{v}(\underline{\gamma})^{\mathrm{T}}\left[\underline{v}_{c}^{w} - Q_{c}^{s}(\underline{\gamma})\underline{\dot{\gamma}}\right] $$

对于非偏置轮，上式中的 H_c^v 项可以简化，且 Q_c^s 项消失。

4.2.3 常用转向系统配置

本节提供了速度运动学的几个重要实例。下述问题在瞬时地形切平面中以二维形式表示。

1. 差速转向

差速转向的情况非常简单（如图 4-12 所示）。

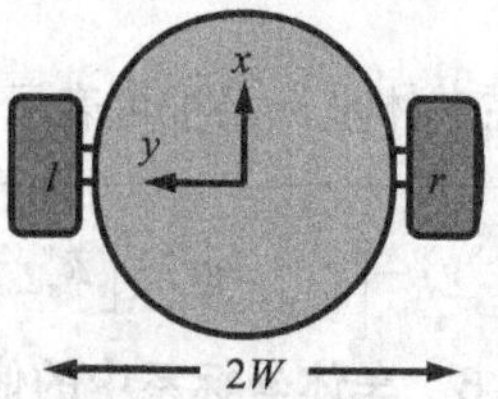

图 4-12　**差速转向**。在这种非常简单的构型中，有两个轮轴固定、不能转向的车轮

1）**逆运动学**。令两个车轮坐标系分别称为 l（左侧轮）和 r（右侧轮）。车体的**前进**速度为 v_x、角速度为 ω，尺寸为：

$$\underline{\boldsymbol{r}}_r^v = \begin{bmatrix} 0 & -W \end{bmatrix}^{\mathrm{T}} \qquad \underline{\boldsymbol{r}}_l^v = \begin{bmatrix} 0 & W \end{bmatrix}^{\mathrm{T}} \tag{4.51}$$

在车体坐标系中，对每个车轮而言，方程（4.40）可以简化为速度沿 x 轴方向的两个标量方程：

$$\begin{bmatrix} v_r \\ v_l \end{bmatrix} = \begin{bmatrix} v_x + \omega W \\ v_x - \omega W \end{bmatrix} = \begin{bmatrix} 1 & W \\ 1 & -W \end{bmatrix} \begin{bmatrix} v_x \\ \omega \end{bmatrix} \tag{4.52}$$

195 其中 v_x 为机器人中心沿 x 轴的线速度；ω 为绕 z 轴的角速度。如果假设车轮不能侧（横）向运动，那么表示侧（横）向车轮速度的方程将消失（在车体坐标系中表示时）。从本质上说，是将该约束代入运动学方程，来消除一个未知量。因此，我们能够仅使用两个测量值，来求解通常是 3 个自由度的运动问题。

2）**正运动学**。在车体坐标系中，作用于两个车轮的约束条件产生两个标量方程。很容易对方程（4.52）进行求逆运算：

$$\begin{bmatrix} v_x \\ \omega \end{bmatrix} = \frac{1}{2W} \begin{bmatrix} W & W \\ 1 & -1 \end{bmatrix} \begin{bmatrix} v_r \\ v_l \end{bmatrix} = \frac{1}{2} \begin{bmatrix} 1 & 1 \\ \frac{1}{W} & -\frac{1}{W} \end{bmatrix} \begin{bmatrix} v_r \\ v_l \end{bmatrix} \tag{4.53}$$

这个示例是一种特殊情况，因为上述方程并非超定方程。

2. 阿克曼转向

阿克曼（Ackerman）转向是普通汽车的转向系统构型。

如图 4-13 所示，可以用图中最右侧的两轮模型来对汽车进行建模，这就是所谓的自行车模型。

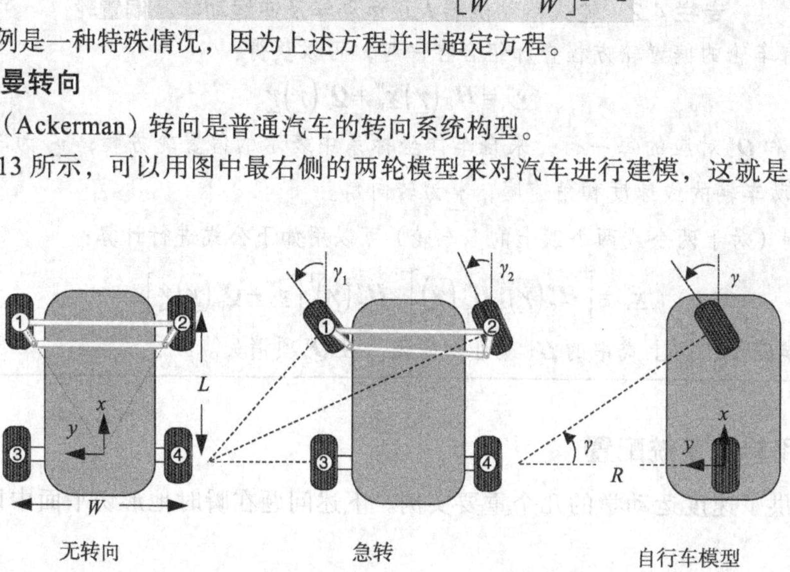

图 4-13　**阿克曼转向**。车辆的两个前轮通过一个机构相连，确保两轮转向角一致。这样可以使车轮侧滑的可能性降至最低。左、右转向角度差随路径曲率的增大而增大

1）**逆运动学**。在此例中，将车体坐标系置于车辆后桥中心位置会很方便。车体的前进速度用 v_x 表示，角速度以 ω 表示。前轮的位置向量为：

$$\underline{\boldsymbol{r}}_f^v=\begin{bmatrix}L & 0\end{bmatrix}^{\mathrm{T}} \tag{4.54}$$

因此，叉乘矩阵为：

$$\left[\underline{\boldsymbol{r}}_f^v\right]^{\times}=\begin{bmatrix}0 & -\left(\underline{\boldsymbol{r}}_f^v\right)_z & \left(\underline{\boldsymbol{r}}_f^v\right)_y \\ \left(\underline{\boldsymbol{r}}_f^v\right)_z & 0 & -\left(\underline{\boldsymbol{r}}_f^v\right)_x \\ -\left(\underline{\boldsymbol{r}}_f^v\right)_y & \left(\underline{\boldsymbol{r}}_f^v\right)_x & 0\end{bmatrix}=\begin{bmatrix}0 & 0 & 0 \\ 0 & 0 & -L \\ 0 & L & 0\end{bmatrix}$$ 196

在车体坐标系中，逆运动学方程（4.47）可简化为：

$${}^v\underline{\boldsymbol{v}}_f^w={}^v\underline{\boldsymbol{v}}_v^w-\left[\underline{\boldsymbol{r}}_c^v\right]^{\times}\,{}^v\underline{\boldsymbol{\omega}}_{v^w}\Rightarrow v_f=\begin{bmatrix}v_x & \omega L\end{bmatrix}^{\mathrm{T}} \tag{4.55}$$

如果定义 $\underline{\dot{\boldsymbol{x}}}_v^w=\begin{bmatrix}v_x & \omega\end{bmatrix}^{\mathrm{T}}$，上式可以用 ${}^v\underline{\boldsymbol{v}}_f^w=\boldsymbol{H}_c^v\underline{\dot{\boldsymbol{x}}}_v^w$ 的形式表示：

$$\begin{bmatrix}v_{fx} \\ v_{fy}\end{bmatrix}=\begin{bmatrix}1 & 0 \\ 0 & L\end{bmatrix}\begin{bmatrix}v_x \\ \omega\end{bmatrix} \tag{4.56}$$

在这种情况下，$\boldsymbol{H}_c^v$ 并不取决于转向角，因为转向轴的偏移量为零。前轮速度向量与车体的夹角为 $\gamma=\operatorname{atan2}(\omega L, v_x)$，或者用下式表达：

$$\tan(\gamma)=\frac{\omega L}{v_x}=\kappa L=\frac{L}{R} \tag{4.57}$$

其中 R 为瞬时曲率半径。该结论将曲率与转向角关联，可以根据图示的几何关系推导得出。对于任何无侧滑的两轮车辆，都可以推导出类似的曲率公式。

2）**正运动学**。对这种系统构型，由于选择后轮作为车体参考点，方程（4.48）中的 $\boldsymbol{H}_c^v$ 变成了对角矩阵，从而把线速度和角速度控制对系统的影响进行了解耦。这使得系统的正运动学方程非常简单。

$$\begin{bmatrix}v_x \\ \omega\end{bmatrix}=\begin{bmatrix}1 & 0 \\ 0 & L\end{bmatrix}^{-1}\begin{bmatrix}v_{fx} \\ v_{fy}\end{bmatrix}=\begin{bmatrix}v_{fx} \\ v_{fy}/L\end{bmatrix} \tag{4.58}$$

3. 广义自行车模型

根据前面对瞬时转动中心的讨论，可以清楚地看到：对于任何车轮无侧滑、纯滚动的车辆，其移动方式都可以用与原车辆有相同瞬时转动中心的两轮模型描述。下面考虑广义自行车模型（如图 4-14 所示）。 197

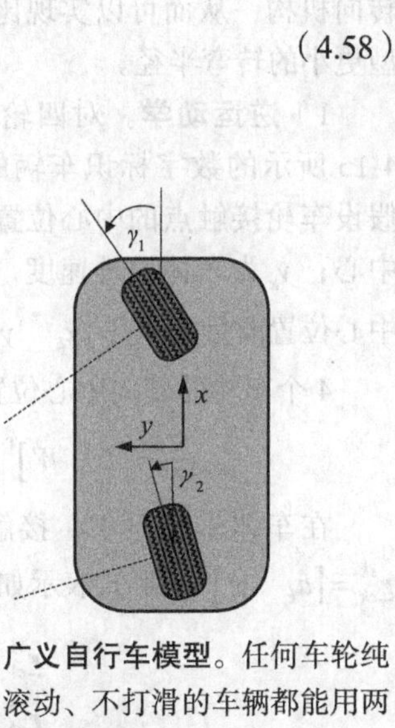

图 4-14 **广义自行车模型**。任何车轮纯滚动、不打滑的车辆都能用两轮构型建模

1）**逆运动学**。如果将车体坐标系置于其中的一个车轮上，那么该模型会更简单。但是这种方式并不总是可行，所以对车轮位置的设定应该更具普遍性。因此假设车轮的位置向量为：

$$\underline{\boldsymbol{r}}_1^v=\begin{bmatrix}x_1 & y_1\end{bmatrix}^{\mathrm{T}}\quad \underline{\boldsymbol{r}}_2^v=\begin{bmatrix}x_2 & y_2\end{bmatrix}^{\mathrm{T}} \tag{4.59}$$

于是，车轮 i 的叉乘矩阵为：

$$\left[\underline{\boldsymbol{r}}_i^v\right]^\times = \begin{bmatrix} 0 & 0 & y_i \\ 0 & 0 & -x_i \\ -y_i & x_i & 0 \end{bmatrix}$$

车轮的速度根据方程（4.47）确定，可进一步化简为：

$${}^v\underline{\boldsymbol{v}}_i^w = {}^v\underline{\boldsymbol{v}}_v^w - \left[\underline{\boldsymbol{r}}_i^v\right]^\times {}^v\underline{\boldsymbol{\omega}}_{v^w}$$

$$v_i = \left[\left(V_x - \omega y_i\right)\left(V_y + \omega x_i\right)\right]^{\mathrm{T}}$$

整理两个车轮方程，得：

$$\underline{\boldsymbol{v}}_c^w = \boldsymbol{H}_c^v \dot{\underline{\boldsymbol{x}}}_v^w$$

$$\begin{bmatrix} v_{1x} \\ v_{1y} \\ v_{2x} \\ v_{2y} \end{bmatrix} = \begin{bmatrix} v_x - \omega y_1 \\ v_y + \omega x_1 \\ v_x - \omega y_2 \\ v_y + \omega x_2 \end{bmatrix} = \begin{bmatrix} 1 & 0 & -y_1 \\ 0 & 1 & x_1 \\ 1 & 0 & -y_2 \\ 0 & 1 & x_2 \end{bmatrix} \begin{bmatrix} v_x \\ v_y \\ \omega \end{bmatrix} \tag{4.60}$$

2）**正运动学**。这种情况需要用到非偏置轮构型的通解：

$$\dot{\underline{\boldsymbol{x}}}_v^w = \left[\left(\boldsymbol{H}_c^v\right)^{\mathrm{T}}\left(\boldsymbol{H}_c^v\right)\right]^{-1}\left(\boldsymbol{H}_c^v\right)^{\mathrm{T}} \underline{\boldsymbol{v}}_c^w$$

4. 四轮转向

四轮转向系统有4个可独立操纵的车轮。除了受车轮转向角度的限制外，此车辆构型具有很强的可操控性。它可以实现原地转向，也可以实现车头朝向一个方向，而车辆往另一个
198 方向运动（如图4-15所示）。

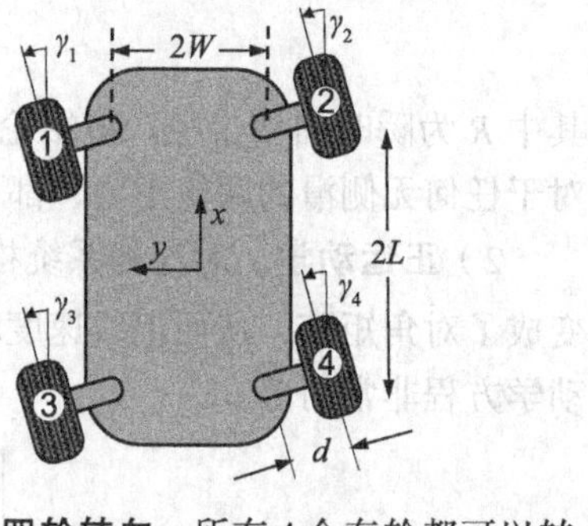

图4-15　**四轮转向**。所有4个车轮都可以转向。因此，无论车辆朝向何方，它都可以沿任意方向行驶。该图表示在车头朝前的情况下，车辆向左方行驶。此时，车轮接触点偏离车轮转动中心的距离为 d

与此相关的一种转向构型为双阿克曼模型。在该构型中，车辆的前后各有一个阿克曼转向机构，从而可以实现比单一阿克曼转向模型更小的转弯半径。

1）**逆运动学**。对四轮转向构型，用如图4-15所示的数字标识车辆的4个车轮坐标系；假设车轮接触点的中心位置位于其垂直投影的中心；v_x 为车体前进速度，ω 为角速度；转向中心位置向量为 $\underline{\boldsymbol{r}}_{sk}^v = \left[x_k \quad y_k\right]^{\mathrm{T}}$。

4个车轮的转向中心位置向量分别如下：

$$\underline{\boldsymbol{r}}_{s1}^v = \left[L \quad W\right]^{\mathrm{T}} \quad \underline{\boldsymbol{r}}_{s2}^v = \left[L \quad -W\right]^{\mathrm{T}} \quad \underline{\boldsymbol{r}}_{s3}^v = \left[-L \quad W\right]^{\mathrm{T}} \quad \underline{\boldsymbol{r}}_{s4}^v = \left[-L \quad -W\right]^{\mathrm{T}} \tag{4.61}$$

在车体坐标系中，接触点偏移量的大小取决于转向角。四轮转向中的4个偏移量以 $\underline{\boldsymbol{r}}_{ck}^{sk} = \left[a_k \quad b_k\right]^{\mathrm{T}}$ 的形式表示如下：

$$\begin{aligned} \underline{\boldsymbol{r}}_{c1}^{s1} &= d\left[-s\gamma_1 \quad c\gamma_1\right]^{\mathrm{T}} \quad \underline{\boldsymbol{r}}_{c2}^{s2} = d\left[s\gamma_2 \quad -c\gamma_2\right]^{\mathrm{T}} \\ \underline{\boldsymbol{r}}_{c3}^{s3} &= d\left[-s\gamma_3 \quad c\gamma_3\right]^{\mathrm{T}} \quad \underline{\boldsymbol{r}}_{c4}^{s4} = d\left[s\gamma_4 \quad -c\gamma_4\right]^{\mathrm{T}} \end{aligned} \tag{4.62}$$

在车体坐标系中，对每一个车轮，方程（4.47）可简化如下：

$$
{}^{v}\underline{\boldsymbol{v}}_{c}^{w} = {}^{v}\underline{\boldsymbol{v}}_{v}^{w} - \left[{}^{v}\underline{\boldsymbol{r}}_{c}^{v}\right]^{\times} \underline{\boldsymbol{\omega}}_{v}^{w} - \left[{}^{v}\underline{\boldsymbol{r}}_{c}^{s}\right]^{\times} \underline{\boldsymbol{\omega}}_{s}^{v}
$$

$$
\begin{bmatrix} v_{ix} \\ v_{iy} \end{bmatrix} = \begin{bmatrix} 1 & 0 & -\left(y_{si}^{v} + b_i\right) \\ 0 & 1 & \left(x_{si}^{v} + a_i\right) \end{bmatrix} \begin{bmatrix} v_x \\ v_y \\ \omega \end{bmatrix} + \begin{bmatrix} -b_i \\ a_i \end{bmatrix} \dot{\gamma}_i \tag{4.63}
$$

将所有车轮对应的矩阵分别代入上式，可得：

$$
\begin{aligned}
\begin{bmatrix} v_{1x} \\ v_{1y} \end{bmatrix} &= \boldsymbol{H}_{c1}^{v} \underline{\dot{\boldsymbol{x}}}_{v}^{w} + \boldsymbol{Q}_{c1}^{s} \underline{\dot{\boldsymbol{\gamma}}} = \begin{bmatrix} 1 & 0 & -\left(y_1 + b_1\right) \\ 0 & 1 & x_1 + a_1 \end{bmatrix} \underline{\dot{\boldsymbol{x}}}_{v}^{w} + \begin{bmatrix} -b_1 & 0 & 0 & 0 \\ a_1 & 0 & 0 & 0 \end{bmatrix} \underline{\dot{\boldsymbol{\gamma}}} \\
\begin{bmatrix} v_{2x} \\ v_{2y} \end{bmatrix} &= \boldsymbol{H}_{c2}^{v} \underline{\dot{\boldsymbol{x}}}_{v}^{w} + \boldsymbol{Q}_{c2}^{s} \underline{\dot{\boldsymbol{\gamma}}} = \begin{bmatrix} 1 & 0 & -\left(y_2 + b_2\right) \\ 0 & 1 & x_2 + a_2 \end{bmatrix} \underline{\dot{\boldsymbol{x}}}_{v}^{w} + \begin{bmatrix} 0 & -b_2 & 0 & 0 \\ 0 & a_2 & 0 & 0 \end{bmatrix} \underline{\dot{\boldsymbol{\gamma}}} \\
\begin{bmatrix} v_{3x} \\ v_{3y} \end{bmatrix} &= \boldsymbol{H}_{c3}^{v} \underline{\dot{\boldsymbol{x}}}_{v}^{w} + \boldsymbol{Q}_{c3}^{s} \underline{\dot{\boldsymbol{\gamma}}} = \begin{bmatrix} 1 & 0 & -\left(y_3 + b_3\right) \\ 0 & 1 & x_3 + a_3 \end{bmatrix} \underline{\dot{\boldsymbol{x}}}_{v}^{w} + \begin{bmatrix} 0 & 0 & -b_3 & 0 \\ 0 & 0 & a_3 & 0 \end{bmatrix} \underline{\dot{\boldsymbol{\gamma}}} \\
\begin{bmatrix} v_{4x} \\ v_{4y} \end{bmatrix} &= \boldsymbol{H}_{c4}^{v} \underline{\dot{\boldsymbol{x}}}_{v}^{w} + \boldsymbol{Q}_{c4}^{s} \underline{\dot{\boldsymbol{\gamma}}} = \begin{bmatrix} 1 & 0 & -\left(y_4 + b_4\right) \\ 0 & 1 & x_4 + a_4 \end{bmatrix} \underline{\dot{\boldsymbol{x}}}_{v}^{w} + \begin{bmatrix} 0 & 0 & 0 & -b_4 \\ 0 & 0 & 0 & a_4 \end{bmatrix} \underline{\dot{\boldsymbol{\gamma}}}
\end{aligned} \tag{4.64}
$$

将上述方程叠加在一起，可得：

$$
\underline{\boldsymbol{v}}_{c}^{w} = \boldsymbol{H}_{c}^{v}\left(\underline{\boldsymbol{\gamma}}\right) \underline{\dot{\boldsymbol{x}}}_{v}^{w} + \boldsymbol{Q}_{c}^{s}\left(\underline{\boldsymbol{\gamma}}\right) \underline{\dot{\boldsymbol{\gamma}}} \tag{4.65}
$$

其中 199

$$
\underline{\dot{\boldsymbol{x}}}_{v}^{w} = \begin{bmatrix} v_x & v_y & \omega \end{bmatrix}^{\mathrm{T}} \quad \underline{\dot{\boldsymbol{\gamma}}} = \begin{bmatrix} \dot{\gamma}_1 & \dot{\gamma}_2 & \dot{\gamma}_3 & \dot{\gamma}_4 \end{bmatrix}^{\mathrm{T}}
$$

$$
\underline{\boldsymbol{v}} = \begin{bmatrix} v_{1x} & v_{1y} & v_{2x} & v_{2y} & v_{3x} & v_{3y} & v_{4x} & v_{4y} \end{bmatrix}^{\mathrm{T}}
$$

$$
\boldsymbol{H}_{c}^{v}\left(\underline{\boldsymbol{\gamma}}\right) = \begin{bmatrix} 1 & 0 & -\left(y_1 + b_1\right) \\ 0 & 1 & x_1 + a_1 \\ 1 & 0 & -\left(y_2 + b_2\right) \\ 0 & 1 & x_2 + a_2 \\ 1 & 0 & -\left(y_3 + b_3\right) \\ 0 & 1 & x_3 + a_3 \\ 1 & 0 & -\left(y_4 + b_4\right) \\ 0 & 1 & x_4 + a_4 \end{bmatrix} \quad \boldsymbol{Q}_{c}^{s}\left(\underline{\boldsymbol{\gamma}}\right) = \begin{bmatrix} -b_1 & 0 & 0 & 0 \\ a_1 & 0 & 0 & 0 \\ 0 & -b_2 & 0 & 0 \\ 0 & a_2 & 0 & 0 \\ 0 & 0 & -b_3 & 0 \\ 0 & 0 & a_3 & 0 \\ 0 & 0 & 0 & -b_4 \\ 0 & 0 & 0 & a_4 \end{bmatrix} \tag{4.66}
$$

在估计或控制应用中，车轮的转向角和转向速度 $\underline{\dot{\boldsymbol{\gamma}}}$ 都为已知量，因此可以据此利用上述方程来计算车轮速度。

2）**正运动学**。按照 4.2.2 节第 2 点第 2 小点介绍的一般情况，可得上述方程的逆解：

$$
\underline{\dot{\boldsymbol{x}}}_{v}^{w} = \left[\boldsymbol{H}_{c}^{v}\left(\underline{\boldsymbol{\gamma}}\right)^{\mathrm{T}} \boldsymbol{H}_{c}^{v}\left(\underline{\boldsymbol{\gamma}}\right)\right]^{-1} \boldsymbol{H}_{c}^{v}\left(\underline{\boldsymbol{\gamma}}\right)^{\mathrm{T}} \left[\underline{\boldsymbol{v}}_{c}^{w} - \boldsymbol{Q}_{c}^{s}\left(\underline{\boldsymbol{\gamma}}\right) \underline{\dot{\boldsymbol{\gamma}}}\right] \tag{4.67}
$$

该解最终产生与测量结果最吻合的线速度和角速度，即便各测量结果本身不一致。

4.2.4 参考文献和延伸阅读

作为教材，本节介绍的大部分内容与相关文献的公式约定存在明显的不同。B.d'Andrea-

Novel 等人共同发表的论文是移动机器人领域表示普法夫约束的早期文献；Murray 等著写的书也提到了普法夫约束问题；Alexander 等发表的论文，还有 Muir 等发表的论文都提出了用约束来生成运动学模型的思想；Campion 等发表的论文基于轮式移动机器人的约束度对它们进行了分类。

[4] J. C. Alexander and J. H. Maddocks, On the Kinematics of Wheeled Mobile Robots, *The International Journal of Robotics Research,* Vol. 8, pp. 15–27, 1989.

[5] B. d'Andrea-Novel, G. Bastin, and G. Campion, Modelling and Control of Non Holonomic Wheeled Mobile Robots, in Proceedings of 1991 International Conference on Robotics and Automation, pp. 1130–1135, Sacramento, CA, April 1991.

[6] G. Campion, G. Bastin and B. d'Andrea-Novel, Structural Properties and Classification of Kinematic and Dynamic Models of Wheeled Mobile Robots, *IEEE Transactions on Robotics and Automation,* Vol. 12, No. 1, pp. 47-62, 1996.

[7] P. F. Muir and C. P. Neuman, Kinematic Modeling of Wheeled Mobile Robots, Journal of Robotic *Systems,* Vol. 4, No. 2, pp. 281–333, 1987.

[8] R. M. Murray, Z. Li, and S. S. Sastry, *A Mathematical Introduction to Robotic Manipulation*, CRC Press, 1994.

[9] A. Kelly and N. Seegmiller, A Vector Algebra Formulation of Mobile Robot Velocity Kine-
200 matics, in *Proceedings of Field and Service Robots,* 2012.

4.2.5 习题

1. 利用编码器检测车轮打滑

轮式移动机器人有 4 个车轮——每个车轮分别由编码器进行检测，机器人在完全平坦的地板上移动。如果有车轮出现打滑现象，你如何判断？

2. 极限转角条件下的可行命令

考虑一台四轮转向小车，在其横向速度分量必须总为零的约束条件下，请推导当内侧车轮达到极限转角时，车辆转弯的线速度与角速度之间的关系。

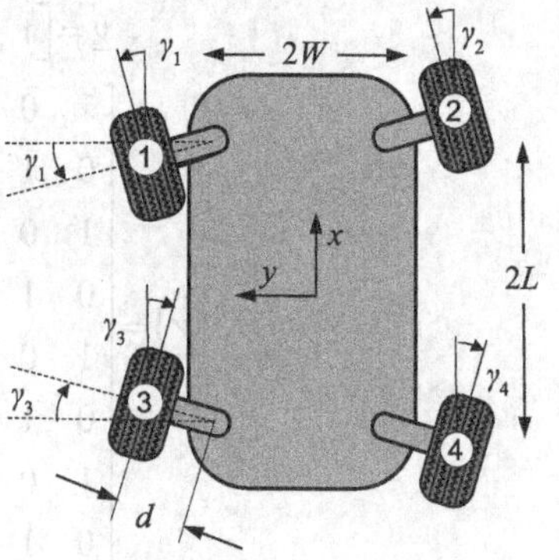

3. 偏置轮转向

对于偏置轮，转向控制问题与驱动控制问题是密切相关的，因为所需车轮轴偏转速率取决于转向角的大小。与非偏置情况一样，为了得到转向角，对系统设定如下约束条件：在车轮坐标系中，车轮相对地面的速度沿 y 轴方向分量为零。换一种表示方法，即 $\left({}^{c}\underline{v}_c^{w}\right)_y = 0$。

通过代入 $\vec{r}_c^{v} = \vec{r}_s^{v} + \vec{r}_c^{s}$ 来重写方程（4.39），将转向坐标系的速度移至左侧。利用 $\underline{\omega}_c^{w} = \left(\underline{\omega}_v^{w} + \underline{\omega}_c^{v}\right)$，然后在便于表示无侧滑约束的接触点坐标系中，表达最终结果。对系统施加上述约束，并证明：

$$\left(v_x + \omega_y r_z\right) c\gamma + \left(v_y - \omega_y r_z\right) s\gamma = \omega_z r_y$$

4.3 约束运动学与动力学

本节讨论轮式移动机器人运动中的显式约束。再次回顾其模型：

$$\underline{\dot{x}} = \boldsymbol{f}\_(\underline{x}, \underline{u}) \tag{4.68}$$

$$w(\underline{x})\underline{\dot{x}} = 0$$

我们会发现，该模型常常出现在控制 / 建模和状态估计中。

需要表达约束的原因有两个，而约束也有两种不同类型。我们已经发现，车轮的横向运动通常受到形如 $\vec{v}_c \cdot \hat{y}_c = 0$ 的约束。在某种意义上，这种约束随机器人移动，因为禁止方向 $\hat{\boldsymbol{y}}_c$ 设定在车轮坐标系中。这种类型的约束为非完整约束，可以抽象表示为：

$$\underline{c}(\boldsymbol{x}, \dot{\boldsymbol{x}}) = \underline{\boldsymbol{0}}$$

其中，$\underline{x}$ 用于表示机器人的位置和方向（即姿态）。 201

我们所关注的第二种约束条件是地面接触。以现在绝大多数机器人的速度，不会发生抛物线运动的情况（作用在车辆上的唯一作用力是重力）。相反，车辆在 6 自由度世界中的 3 自由度子空间中移动。因为它们始终与一个确定的支撑表面保持接触，既不会上升脱离地面，也不会陷入地面内部。这种类型的约束为完整约束，可以抽象表示为：

$$\underline{c}(\underline{x}) = 0$$

4.3.1 禁止方向的约束

可以对完整约束关于时间进行微分运算，从而产生一个看起来像非完整约束的形式：

$$\underline{c}_{\underline{x}} \dot{\underline{x}} = 0$$

其中，约束梯度 $\underline{c}_{\underline{x}}$ 的作用等同于禁止方向。上式显然也是 $\underline{c}(\boldsymbol{x}, \dot{\boldsymbol{x}}) = \underline{\boldsymbol{0}}$ 的形式。但是，可以对此微分形式进行积分运算，以恢复原始的完整约束，因此，它仍然是完整约束。关键的区别在于，涉及 $\dot{\underline{x}}$ 的约束是否是更简单的全导数形式。无论在哪种情况下，当完整约束以微分形式呈现时，它与非完整约束具有相同的形式。知道这一点，有助于我们理解移动机器人的约束形态。

1. 固定接触点的速度约束

正如前面介绍的，纯滚动、无滑动条件是一种普法夫约束。它的数学表达形式是，禁止车轮速度在 $\vec{w}$ 方向上存在分量：

$$\vec{w}_c \cdot \vec{v}_c^{w} = 0 \tag{4.69}$$

一旦选定了表示向量的坐标系，就能以矩阵的形式写出上式：

$$\underline{w}_c^{\mathrm{T}} \underline{v}_c^{w} = 0 \tag{4.70}$$

在前面，禁止方向也被称为普法夫权重向量 $\vec{w}_c$。其幅值大小通常无关紧要，在微分运算时，假定其大小固定不变。把公式（4.30）中的速度运动学方程简单地代入其中，就可以将该约束转换为车辆状态约束：

$$\underline{w}_c^{\mathrm{T}} \underline{v}_c^{w} = \underline{w}_c^{\mathrm{T}} \boldsymbol{H}(\underline{r}_c^{v}) \dot{\underline{x}}_v^{w} + \underline{w}_c^{\mathrm{T}} \boldsymbol{H}(\underline{r}_c^{s}) \dot{\underline{x}}_s^{v} + \underline{w}_c^{\mathrm{T}} \underline{v}_c^{s} = 0 \tag{4.71}$$

该公式是任意地形上铰接轮的一般三维状态表达。在使用该公式时，需要在每次迭代的过程中，基于地面几何形状计算车轮接触点。

下面阐述一种特殊情况下的详细表达式，即在车体坐标系中车轮接触点固定不变。方程（4.30）的第二部分，以车辆运动及铰接向量的形式给出了 $\underline{v}_c^{w}$ 的详细表达。对于固定接触点， 202
该方程的后两项（即 $\underline{v}_c^{v}$）会变为零。当满足以下三个条件时，将出现这种情况：条件一，接触点固定在车轮上（即 $\underline{\boldsymbol{v}}_c^s=\underline{\boldsymbol{0}}$）；条件二，$s$ 坐标系相对于 v 坐标系固定（即 $\underline{\boldsymbol{v}}_s^v=\underline{\boldsymbol{0}}$）；条件三，车轮偏置量为零（即 $\underline{\boldsymbol{r}}_c^s=\underline{\boldsymbol{0}}$）。满足这些条件，车轮接触点速度可化简为：

$$\underline{\boldsymbol{v}}_c^w=\boldsymbol{H}_c^v\dot{\underline{\boldsymbol{x}}}_v^w=\left[\boldsymbol{I}\middle|-\left[\underline{\boldsymbol{r}}_c^v\right]^\times\right]\left[\underline{\boldsymbol{v}}_v^w\middle|\underline{\boldsymbol{\omega}}_v^w\right]^{\mathrm{T}}=\underline{\boldsymbol{v}}_v^w-\left[\underline{\boldsymbol{r}}_c^v\right]^\times\underline{\boldsymbol{\omega}}_v^w \tag{4.72}$$

将上式代入方程（4.70），可得：

$$\underline{\boldsymbol{w}}_c^{\mathrm{T}}\left(\underline{\boldsymbol{v}}_v^w-\left[\underline{\boldsymbol{r}}_c^v\right]^\times\underline{\boldsymbol{\omega}}_v^w\right)=0 \tag{4.73}$$

为了便于符号表达，定义**普法夫半径**为 $\underline{\boldsymbol{\rho}}_c$，它是由车体旋转所引起的车轮运动，在禁止方向上的投影：

$$\underline{\boldsymbol{\rho}}_c^{\mathrm{T}}=\underline{\boldsymbol{w}}_v^{\mathrm{T}}\left[\underline{\boldsymbol{r}}_c^v\right]^\times \tag{4.74}$$

于是，速度约束在任意一个方便表达的坐标系中，可以写成如下矩阵形式：

$$\underline{\boldsymbol{w}}_c^{\mathrm{T}}\underline{\boldsymbol{v}}_v^w-\underline{\boldsymbol{\rho}}_c^{\mathrm{T}}\underline{\boldsymbol{\omega}}_v^w=0 \tag{4.75}$$

在三维状态空间中，对于在车体坐标系中接触点固定的铰接轮，该表达式是有效的。上式说明，对于因平移速度 $\underline{\boldsymbol{v}}_v^w$ 而导致的铰接轮沿禁止方向的运动趋势，会被旋转角速度 $\underline{\boldsymbol{\omega}}_v^w$ 的反作用抵消。

2. 固定接触点的速度微分约束

接下来就需要用到速度约束对时间求导的表达式。特别地，需要在世界坐标系中对方程（4.69）进行微分运算。选择任意移动坐标系 m，$\vec{\boldsymbol{w}}_c$ 在该坐标系中为常量，然后微分：

$$\left.\frac{\mathrm{d}}{\mathrm{d}t}\right|_w\left(\vec{\boldsymbol{w}}_c\cdot\vec{\boldsymbol{v}}_c^w\right)=\vec{\boldsymbol{w}}_c\cdot\left.\frac{\mathrm{d}}{\mathrm{d}t}\right|_w\vec{\boldsymbol{v}}_c^w+\left.\frac{\mathrm{d}}{\mathrm{d}t}\right|_w\vec{\boldsymbol{w}}_c\cdot\vec{\boldsymbol{v}}_c^w$$

根据转换定理，速度约束关于时间的导数为：

$$\vec{\boldsymbol{w}}_c\cdot\vec{\boldsymbol{a}}_c^w+\left(\vec{\boldsymbol{\omega}}_m^w\times\vec{\boldsymbol{w}}_c\right)\cdot\vec{\boldsymbol{v}}_c^w=0 \tag{4.76}$$

将 $\vec{\boldsymbol{w}}_c=\left(\vec{\boldsymbol{\omega}}_m^w\times\vec{\boldsymbol{w}}_c\right)$ 定义为**普法夫速率**，则其矩阵形式为：

$$\dot{\underline{\boldsymbol{w}}}_c^{\mathrm{T}}=\left[\left[\underline{\boldsymbol{\omega}}_m^w\right]^\times\underline{\boldsymbol{w}}_e\right]^{\mathrm{T}}=-\underline{\boldsymbol{w}}_c^{\mathrm{T}}\left[\underline{\boldsymbol{\omega}}_m^w\right]^\times \tag{4.77}$$

于是，方程（4.76）变换成矩阵形式：

$$\underline{\boldsymbol{w}}_c^{\mathrm{T}}\underline{\boldsymbol{a}}_c^w+\dot{\underline{\boldsymbol{w}}}_c^{\mathrm{T}}\underline{\boldsymbol{v}}_c^w=0 \tag{4.78}$$

对方程（4.69）进行微分运算也可以得到上式。将方程（4.30）和方程（4.31）分别代入方程（4.78）可得：

$$\begin{aligned}&\underline{\boldsymbol{w}}_c^{\mathrm{T}}\left(\boldsymbol{H}\left(\underline{\boldsymbol{r}}_c^v\right)\ddot{\underline{\boldsymbol{x}}}_v^w+\boldsymbol{\Omega}\left(\underline{\boldsymbol{\omega}}_v^w\right)\underline{\boldsymbol{\rho}}_c^v+\boldsymbol{H}\left(\underline{\boldsymbol{r}}_c^s\right)\ddot{\underline{\boldsymbol{x}}}_s^v+\boldsymbol{\Omega}\left(\underline{\boldsymbol{\omega}}_s^v\right)\underline{\boldsymbol{\rho}}_c^s+\underline{\boldsymbol{a}}_c^s\right)\\&+\dot{\underline{\boldsymbol{w}}}_c^{\mathrm{T}}\left(\boldsymbol{H}\left(\underline{\boldsymbol{r}}_c^v\right)\dot{\underline{\boldsymbol{x}}}_v^w+\boldsymbol{H}\left(\underline{\boldsymbol{r}}_c^s\right)\dot{\underline{\boldsymbol{x}}}_s^v+\underline{\boldsymbol{v}}_c^s\right)=0\end{aligned} \tag{4.79}$$

203 该公式是任意地形上铰接轮的一般三维状态表达。在使用该公式时，需要在每次迭代的过程中，基于地面几何形状计算车轮接触点。

下面阐述一种特殊情况下的详细表达式，即在车体坐标系中车轮接触点固定不变。方程（4.31）以车辆运动及铰接向量的形式给出了 $\underline{\boldsymbol{a}}_c^w$ 的详细表达。对于固定接触点，方程（4.31）的后三项（即 $\underline{\boldsymbol{a}}_c^v$）消失。而且，因为 $\underline{\boldsymbol{v}}_c^v=\underline{\boldsymbol{0}}$，所以 $\underline{\boldsymbol{a}}_c^w$ 的表达式可进一步简化为：

$$\underline{a}_c^w = \underline{a}_v^w - \left[\underline{r}_c^v\right]^{\times} \underline{\alpha}_v^w + \left[\underline{\omega}_v^w\right]^{\times\times} \underline{r}_c^v$$

将上式代入方程（4.77）的第一项中，同时利用普法夫半径 $\underline{\rho}_c$ 的定义，可得：

$$\underline{w}_c^{\mathrm{T}} \underline{a}_c^w = \underline{w}_c^{\mathrm{T}} \underline{a}_v^w - \underline{\rho}_c^{\mathrm{T}} \underline{\alpha}_v^w + \underline{w}_c^{\mathrm{T}} \left[\underline{\omega}_v^w\right]^{\times\times} \underline{r}_c^v \tag{4.80}$$

将方程（4.71）代入方程（4.77）的第二项中，可得：

$$\underline{\dot{w}}_c^{\mathrm{T}} \underline{v}_c^w = \underline{\dot{w}}_c^{\mathrm{T}} \left(\underline{v}_v^w - \left[\underline{r}_c^v\right]^{\times} \underline{\omega}_v^w\right) = \underline{\dot{w}}_c^{\mathrm{T}} \underline{v}_v^w - \underline{\dot{\rho}}_c^{\mathrm{T}} \underline{\omega}_v^w \tag{4.81}$$

其中定义了普法夫半径变化率（转置）：

$$\underline{\dot{\rho}}_c^{\mathrm{T}} = \underline{\dot{w}}_c^{\mathrm{T}} \left[\underline{r}_c^v\right]^{\times} \tag{4.82}$$

现在，利用方程（4.80）和方程（4.81），重写方程（4.78），有：

$$\underline{w}_c^{\mathrm{T}} \underline{a}_v^w - \underline{\rho}_c^{\mathrm{T}} \underline{\alpha}_v^w + \underline{w}_c^{\mathrm{T}} \left[\underline{\omega}_v^w\right]^{\times\times} \underline{r}_c^v + \underline{\dot{w}}_c^{\mathrm{T}} \underline{v}_v^w - \underline{\dot{\rho}}_c^{\mathrm{T}} \underline{\omega}_v^w = 0 \tag{4.83}$$

在三维状态空间中，对于在车体坐标系中接触点固定的铰接轮，该表达式是有效的。该结论使我们能够对移动机器人约束进行微分运算，从而获得二阶微分代数方程模型。

3. 应用实例：利用禁止方向约束实现地形接触

地形跟随是对位姿的一个完整约束。我们利用该约束，防止车轮沿地形表面的法线（禁止）方向产生运动。正如本书第 3 章介绍的那样，微分约束并不完全等效于迫使车轮与地面相接触。尽管如此，我们会发现使用微分约束会有一些好处。下面就是一个很好的示例。

令车辆的所有车轮都处于非悬挂状态，于是 $\underline{\dot{x}}_s^v = \underline{0}$ 成立；令车轮间的局部地形呈凸起形状，但是 $\underline{v}_c^s \approx \underline{0}$ 成立。然后，用 $\hat{\boldsymbol{n}}_i$ 表示车轮接触点的第 i 个表面法线方向，将 $\underline{w}_c^{\mathrm{T}} = \underline{n}_i^{\mathrm{T}}$ 代入方程（4.75），可得：

$$\underline{n}_i^{\mathrm{T}} \underline{v}_v^w + \underline{\rho}_i^{\mathrm{T}} \underline{\omega}_v^w = 0 \tag{4.84}$$

当车辆运行的地面平坦时，有 $\hat{\boldsymbol{n}}_i \| \vec{\omega}$，因此 $\underline{\rho}_i^{\mathrm{T}} \underline{\omega}_v^w = \underline{0}$。所以约束简化为，车辆速度在行驶表面的法线方向上没有分量，即 $\underline{n}_i^{\mathrm{T}} \underline{v}_v^w = 0$。考虑车辆在二维的平面空间内并仅限于立面（高 204
程平面）的运动情况（如图 4-16 所示）。车辆的两个车轮半径为 r，已知移动速度为 v，车轮与地面保持接触，而地形可用方程 $z = \zeta(x)$ 确定。则速度方程为：

$$\dot{x} = vc\theta \qquad \dot{z} = -vs\theta$$

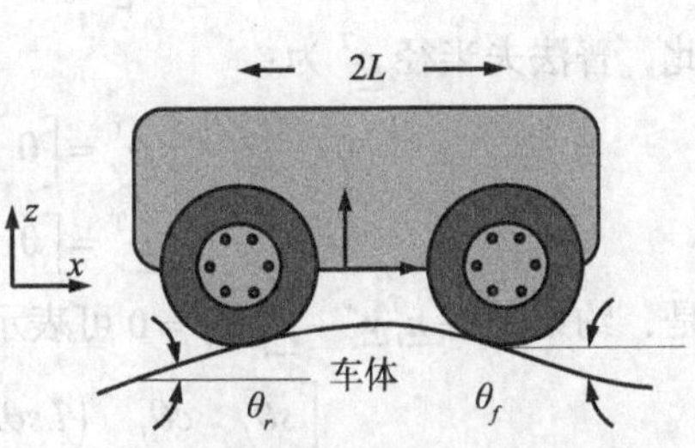

图 4-16 **约束运动学示例**。车辆在地面上移动时，两个车轮与地面保持接触。状态向量的微分始终局限于约束切平面内

其中状态向量为 $\underline{x} = \begin{bmatrix} x & z & \theta \end{bmatrix}^{\mathrm{T}}$ 并且正方向朝下。令车体坐标系位于车体的中心位置，坐标系的高度与车轮中心的高度位置相同，车身长度为 $2L$。

1）**显式接触约束**。第一种解决方案是将接触约束进行微分运算，从而获得速度约束。车轮中心到车轮底部的接触点之间的连线就是地面法线方向。因此，接触点坐标为：

$$x_f = x + Lc\theta - rs\theta_f \quad x_r = x - Lc\theta - rs\theta_r$$
$$z_f = z - Ls\theta - rc\theta_f \quad z_r = z + Ls\theta - rc\theta_r$$

地面的接触约束以标准形式可表示为：

$$\underline{c}(\underline{x})=\begin{bmatrix}\zeta(x_f)-z_f\\ \zeta(x_r)-z_r\end{bmatrix}=\begin{bmatrix}0\\0\end{bmatrix}$$

利用约定表示符 $t\theta=\tan(\theta)$，则约束雅可比矩阵（关于 $\begin{bmatrix}x & z & \theta\end{bmatrix}^{\mathrm{T}}$）为：

$$C_{\underline{x}}=\left[\begin{array}{c|c|c}\dfrac{\partial\zeta(x_f)}{\partial x_f}\dfrac{\partial x_f}{\partial x} & -1 & \dfrac{\partial\zeta(x_f)}{\partial x_f}\dfrac{\partial x_f}{\partial\theta}+Lc\theta\\ \hline \dfrac{\partial\zeta(x_r)}{\partial x_r}\dfrac{\partial x_r}{\partial x} & -1 & \dfrac{\partial\zeta(x_r)}{\partial x_r}\dfrac{\partial x_r}{\partial\theta}-Lc\theta\end{array}\right]=\begin{bmatrix}-t\theta_f & -1 & \left(-t\theta_f(-Ls\theta)+Lc\theta\right)\\ -t\theta_r & -1 & \left(-t\theta_r(Ls\theta)-Lc\theta\right)\end{bmatrix} \tag{4.85}$$

2）**禁止方向**。该方法利用了表达车轮速度禁止方向的公式。将方程（4.84）用于立面（高程平面）情况，则在世界坐标系中可表示为：

$$\begin{bmatrix}n_x & n_z & \rho_i\end{bmatrix}\begin{bmatrix}v_x & v_z & \omega\end{bmatrix}^{\mathrm{T}}=0$$

205 注意，其中 $\vec{\omega}$ 的方向是指向页面的，这种情况下的普法夫半径为 $\underline{\rho}_i^{\mathrm{T}}=\left[\underline{n}_i^{\mathrm{T}}\left[\underline{i}_i^{v}\right]^{\times}\right]$。当运动情况仅限于立面（高程平面），即 $n_z=0$ 且 $z_c^{v}=0$ 时，下式成立：

$$\underline{\rho}_i^{\mathrm{T}}=\left[\begin{bmatrix}n_x & n_y & 0\end{bmatrix}\begin{bmatrix}0 & 0 & y_i^{v}\\ 0 & 0 & -x_i^{v}\\ -y_i^{v} & x_i^{v} & 0\end{bmatrix}\right]=\begin{bmatrix}0 & 0 & \left(n_x y_i^{v}-n_y x_i^{v}\right)\end{bmatrix}$$

假设 $\underline{v}_c^{s}=\underline{0}$，则车轮接触点的速度与车轮中心的速度完全相等，因此可以只针对车轮展开讨论。在世界坐标系中，车轮中心位置向量以及与它们对应的地形法向量可分别表示为：

$$\underline{r}_f=\begin{bmatrix}Lc\theta & -Ls\theta\end{bmatrix}^{\mathrm{T}}\quad \underline{r}_r=\begin{bmatrix}-Lc\theta & Ls\theta\end{bmatrix}^{\mathrm{T}}$$

$$\hat{\underline{n}}_f=\begin{bmatrix}s\theta_f & c\,\theta_f\end{bmatrix}^{\mathrm{T}}\quad \hat{\underline{n}}_r=\begin{bmatrix}s\theta_r & c\theta_r\end{bmatrix}^{\mathrm{T}}$$

因此，普法夫半径 $\underline{\rho}_i^{\mathrm{T}}$ 为：

$$\underline{\rho}_f^{\mathrm{T}}=\begin{bmatrix}0 & 0 & -\left(Ls\theta s\theta_f+Lc\theta c\theta_f\right)\end{bmatrix}$$

$$\underline{\rho}_r^{\mathrm{T}}=\begin{bmatrix}0 & 0 & \left(Ls\theta s\theta_r+Lc\theta c\theta_r\right)\end{bmatrix}$$

于是，约束条件 $\underline{n}_i^{\mathrm{T}}\underline{v}_v^{w}-\underline{\rho}_i^{\mathrm{T}}\underline{\omega}_v^{w}=0$ 可表示为：

$$\begin{bmatrix}s\theta_f & c\theta_f & \left(Ls\theta s\theta_f+Lc\theta c\theta_f\right)\\ s\theta_r & c\theta_r & -\left(Ls\theta s\theta_r+Lc\theta c\theta_r\right)\end{bmatrix}\begin{bmatrix}v_x & v_y & \omega\end{bmatrix}^{\mathrm{T}}=\begin{bmatrix}0\\0\end{bmatrix}$$

约束雅可比矩阵中，只有行方向是有用的。其所对应的方程分别除以常量 $-c\theta_f$ 或者 $-c\theta_r$，将重新获得方程（4.85）。

3）**数值结果**。假设 $L=1$ 并且 $\theta=0$，后轮斜率 $\zeta_x(x_r)=-0.1$，前轮斜率 $\zeta_x(x_f)=0.2$。则约束雅可比矩阵为：

$$c_{\underline{x}}=\begin{bmatrix}-t\theta_f & -1 & \left(-t\theta_f(-Ls\theta)+Lc\theta\right)\\ -t\theta_r & -1 & \left(-t\theta_r(Ls\theta)-Lc\theta\right)\end{bmatrix}=\begin{bmatrix}-t\theta_f & -1 & L\\ -t\theta_r & -1 & -L\end{bmatrix}=\begin{bmatrix}-0.2 & -1 & 1\\ 0.1 & -1 & -1\end{bmatrix}$$

其约束投影为：

$$\boldsymbol{P}_c = c_{\underline{x}}^{\mathrm{T}}\left(c_{\underline{x}}c_{\underline{x}}^{\mathrm{T}}\right)^{-1}c_{\underline{x}} = \begin{bmatrix} 0.0244 & 0.0488 & -0.1463 \\ 0.0488 & 0.9976 & 0.0073 \\ -0.1463 & 0.0073 & 0.9780 \end{bmatrix}$$

如果不考虑车体坐标系中的约束微分，假设系统输入为：

$$f\left(\underline{\boldsymbol{x}},\underline{\boldsymbol{u}}\right) = \begin{bmatrix}1 & 1 & 0\end{bmatrix}^{\mathrm{T}}$$

加上约束微分，则 206

$$\dot{\underline{\boldsymbol{x}}} = \left[\boldsymbol{I} - \boldsymbol{P}_c\right]f\left(\underline{\boldsymbol{x}},\underline{\boldsymbol{u}}\right) = \begin{bmatrix}0.9268 & -0.0463 & 0.1390\end{bmatrix}^{\mathrm{T}}$$

因此，车体的瞬时速度方向朝下，且角度 θ 为：

$$\theta = \operatorname{atan}\left(\frac{0.0463}{0.9268}\right) = 0.05$$

这与几何学的推断相符，即两个地形表面切线之和的一半。为了校验，进行直接求解。车轮中心的速度为：

$$\vec{\boldsymbol{v}}_f = \vec{\boldsymbol{v}} + \vec{\boldsymbol{\omega}} \times \vec{\boldsymbol{r}}_f$$

$$\vec{\boldsymbol{v}}_r = \vec{\boldsymbol{v}} + \vec{\boldsymbol{\omega}} \times \vec{\boldsymbol{r}}_r$$

在地形跟随时，车轮中心速度沿 x 轴和 z 轴方向的分量取决于接触点的瞬时地形坡度。在世界坐标系中，根据已知条件重写第一个方程：

$$\begin{bmatrix} v_{fx} \\ -v_{fx}t\theta_f \end{bmatrix} = \begin{bmatrix} v_x \\ v_z \end{bmatrix} - \omega\begin{bmatrix} 0 \\ L \end{bmatrix}$$

上式包含两个方程，其中有两个未知量 v_{fx} 和 ω。根据第一个方程 $v_{fx}=v_x$，第二个方程可以变换为：

$$-v_x t\theta_f = v_z - \omega L \Rightarrow \omega = \frac{\left(v_z + v_x t\theta_f\right)}{L}$$

$$\omega = \left(-0.0463 + 0.9268(0.2)\right) = 0.1390$$

这一结果与利用零空间投影方法计算得到的值相同。

4.3.2 纯滚动（无侧滑）约束

当车轮做纯滚动（只有滚动而无侧滑）时，另一种类型的禁止方向约束以非完整约束的形式出现。本节将把这种类型的约束扩展成微分代数系统的形式，并以此来为轮式移动机器人建模。

1. 平面内的滚动约束

考虑仅在平面内运动的轮式移动机器人的运动建模问题。如图 4-17 所示，车轮位于车体坐标系中的任意位置。假设车轮没有铰接杆；此外，接触点相对于车轮不会发生平移，因此 $\vec{v}_c^s=0$，但是可以旋转。在上述条件下，可以直接使用方程（4.75），但本节将尝试以车体固定坐标系和地面固定坐标系进行更为详细地描述。将第 i 个车轮的接触点指定为 i。

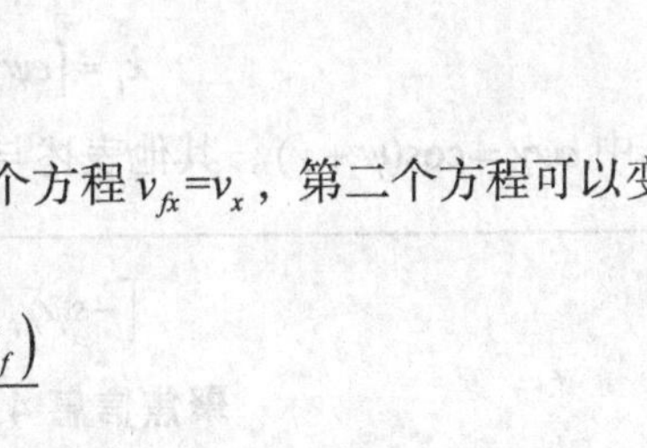

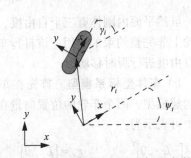

图 4-17 **车轮模型**。车轮无侧滑条件要求沿车轮横向的速度分量为零 207

1）**车体坐标系中的普法夫约束**。在这种情况下，禁止方向 $\vec{w}_c$ 即为 $\hat{y}_i$。车轮的位置向量为：$\underline{r}_i^v = \begin{bmatrix} x_i^v & y_i^v \end{bmatrix}^T$，在车体坐标系中，第 i 个车轮坐标系的两个单位向量为：

$$\hat{x}_i = \begin{bmatrix} c\gamma_i & s\gamma_i \end{bmatrix}^T \qquad \hat{y}_i = \begin{bmatrix} -s\gamma_i & c\gamma_i \end{bmatrix}^T$$

那么，普法夫半径 $\underline{\rho}_i^T = \begin{bmatrix} \hat{y}_i^T \begin{bmatrix} \underline{r}_i^v \end{bmatrix}^\times \end{bmatrix}$ 为：

$$\underline{\rho}_i^T = \begin{bmatrix} \begin{bmatrix} -s\gamma & c\gamma & 0 \end{bmatrix} \begin{bmatrix} 0 & 0 & y_i^v \\ 0 & 0 & -x_i^v \\ -y_i^v & x_i^v & 0 \end{bmatrix} \end{bmatrix} = -\begin{bmatrix} 0 & 0 & (c\gamma x_i^v + s\gamma y_i^v) \end{bmatrix} = \begin{bmatrix} 0 & 0 & -(\vec{r}_i^v \cdot \hat{x}_i) \end{bmatrix}$$

因此，方程（4.75）可表示为：

$$\underline{w}_c^T \underline{v}_v^w - \underline{\rho}_c^T \underline{\omega}_v^w = 0$$
$$\begin{bmatrix} -s\gamma_i & c\gamma_i \end{bmatrix} \begin{bmatrix} v_x & v_y \end{bmatrix}^T - \begin{bmatrix} 0 & 0 & -(\vec{r}_i^v \cdot \hat{x}_i) \end{bmatrix} \omega_v^w = 0 \tag{4.86}$$

将车辆状态表示为 $\begin{bmatrix} v_x & v_y & \omega \end{bmatrix}^T$，则约束在车体坐标系中可表示为：

$$\begin{bmatrix} -s\gamma_i & c\gamma_i & (\underline{r}_i \cdot \hat{x}_i) \end{bmatrix} \begin{bmatrix} v_x & v_y & \omega \end{bmatrix}^T = 0 \tag{4.87}$$

2）**惯性坐标系中的普法夫约束**。本书的后续部分中，在世界坐标系内描述的无侧滑约束也非常重要。在该坐标系中，c 坐标系的两个单位向量可分别表示为：

$$\hat{x}_i = \begin{bmatrix} c\psi\gamma_i & s\psi\gamma_i \end{bmatrix}^T \qquad \hat{y}_c = \begin{bmatrix} -s\psi\gamma_i & c\psi\gamma_i \end{bmatrix}^T$$

其中 $c\psi\gamma = \cos(\psi + \gamma)$，其他表述与之类似。现在约束可表示为：

$$\begin{bmatrix} -s\psi\gamma_i & c\psi\gamma_i & (\underline{r}_i \cdot \hat{x}_i) \end{bmatrix} \begin{bmatrix} v_x & v_y & \omega \end{bmatrix}^T = 0 \tag{4.88}$$

聚焦信息 4.7　惯性坐标系中的平面普法夫约束

208 以这种形式，作用在车轮上的约束被转换成对车体坐标系中惯性速度的约束。

2. 应用实例：已知速度的自行车建模

考虑如图 4-18 所示的自行车模型，该系统可由一阶模型描述：

$$\dot{\underline{x}} = \underline{f}(\underline{x}, \underline{u}) = \underline{u}$$
$$\underline{c}_r(\underline{x}, \dot{\underline{x}}) = \underline{w}_r(\underline{x}) \dot{\underline{x}} = 0 \tag{4.89}$$
$$\underline{c}_f(\underline{x}, \dot{\underline{x}}) = \underline{w}_f(\underline{x}) \dot{\underline{x}} = 0$$

虽然平面内刚体有三个自由度，但是由于车轮上非完整约束的作用，该自行车只能以一个自由度进行瞬时移动。

1）**车体坐标系模型**。首先在车体坐标系中构建模型，两个车轮的位置向量在车体坐标系中可表示为：

$$\underline{r}_r = \begin{bmatrix} -L & 0 \end{bmatrix}^T \qquad \underline{r}_f = \begin{bmatrix} L & 0 \end{bmatrix}^T \tag{4.90}$$

根据方程（4.87），约束可表示为：

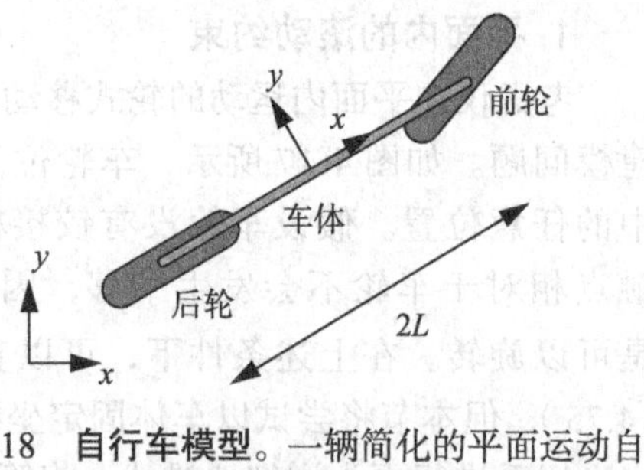

图 4-18　**自行车模型**。一辆简化的平面运动自行车可以认为由三个刚体组成，车体坐标系的 x 轴与后轮方向一致

$$\underline{c}_r(\underline{x},\dot{\underline{x}}) = \underline{w}_r(\underline{x})\dot{\underline{x}} = \begin{bmatrix}0 & 1 & -L\end{bmatrix}\begin{bmatrix}v_x & v_y & \omega\end{bmatrix}^{\mathrm{T}} = 0$$

$$\underline{c}_f(\underline{x},\dot{\underline{x}}) = \underline{w}_f(\underline{x})\dot{\underline{x}} = \begin{bmatrix}-s\gamma & c\gamma & Lc\gamma\end{bmatrix}\begin{bmatrix}v_x & v_y & \omega\end{bmatrix}^{\mathrm{T}} = 0 \tag{4.91}$$

使用3.4.2节第1点中的符号约定，其约束雅可比矩阵为：

$$\underline{c}_{\dot{x}} = \begin{bmatrix}0 & 1 & -L \\ -s\gamma & c\gamma & Lc\gamma\end{bmatrix} \tag{4.92}$$

对于在车体坐标系中表示的任意输入速度 $\underline{u}$，方程（3.91）确定了与约束一致的速度分量：

$$\dot{\underline{x}} = \left[\boldsymbol{I} - \underline{c}_{\dot{x}}^{\mathrm{T}}\left(\underline{c}_{\dot{x}}\underline{c}_{\dot{x}}^{\mathrm{T}}\right)^{-1}\underline{c}_{\dot{x}}\right]\underline{u}$$

如图所示，假设 $L=1$ 并且 $\gamma=0.1$，那么约束投影为：

$$\boldsymbol{P}_C = \underline{c}_{\dot{x}}^{\mathrm{T}}\left(\underline{c}_{\dot{x}}\underline{c}_{\dot{x}}^{\mathrm{T}}\right)^{-1}\underline{c}_{\dot{x}} = \begin{bmatrix}0.005 & -0.050 & -0.050 \\ -0.050 & 0.997 & -0.0025 \\ -0.050 & -0.0025 & 0.997\end{bmatrix}$$

209

如果不考虑车体坐标系中的约束微分，假设系统输入为：

$$\underline{f}(\underline{x},\underline{u}) = \underline{u} = \begin{bmatrix}1 & 0 & 0\end{bmatrix}^{\mathrm{T}}$$

加上约束微分，则：

$$\dot{\underline{x}} = \left[\boldsymbol{I} - \boldsymbol{P}_c\right]f(\underline{x},\underline{u}) = \begin{bmatrix}0.995 & 0.050 & 0.050\end{bmatrix}^{\mathrm{T}}$$

将上式在一个时间步内进行积分，并重复循环该过程。在车体坐标系中，车体的瞬时速度与 x 轴呈一定的角度 θ：

$$\theta = \mathrm{atan}\left(\frac{0.097}{0.980}\right) = 0.05$$

可以看到自行车的方向稍微向左侧偏斜。这正是我们略微向左转动前轮时所期望的运动。上述速度向量是在车体坐标系中计算出的，因此只要转向角不变，该向量就是一个恒定不变的常量。可以证明出前述角度 θ 的显式表达式为 $\theta = \mathrm{atan}\left[\left(\tan(\gamma)\right)/2\right]$，具体推导过程留作课后练习。

注意，如果将自行车本体坐标系移动到自行车后轮（可通过改变 $\underline{c}_{\underline{x}}$ 的第三行参数来实现），那么约束解如下：

$$\dot{\underline{x}} = \left[\boldsymbol{I} - \boldsymbol{P}_c\right]f(\underline{x},\underline{u}) = \begin{bmatrix}0.9975 & 0.0 & 0.050\end{bmatrix}^{\mathrm{T}}$$

此时，后轮运行的路径曲率可由下式给出：

$$\kappa = \omega/V = \frac{0.050}{0.9975} = 0.050167$$

这一结果恰好与 $\kappa = \tan(\gamma)/2L$ 一致。这也是当 $\kappa = 1/R$ 时，求解方程（4.57）所得到的解。

2）**世界坐标系模型**。幸运的是，方程（4.88）中的点积 $\underline{r}_i\hat{x}_i$ 可以在任意坐标系中进行计算，因此上面推导出的结论对任意坐标系都有效。我们只需要改变 $\hat{y}_c$ 的表达式，从而将状态速度转换到世界坐标系中表示即可。于是，约束变为：

$$\underline{c}_r\left(\underline{x},\dot{\underline{x}}\right)=\underline{w}_r\left(\underline{x}\right)\dot{\underline{x}}=\begin{bmatrix}-s\psi & c\psi & -L\end{bmatrix}\begin{bmatrix}v_x & v_y & \omega\end{bmatrix}^{\mathrm{T}}=0$$

$$\underline{c}_f\left(\underline{x},\dot{\underline{x}}\right)=\underline{w}_f\left(\underline{x}\right)\dot{\underline{x}}=\begin{bmatrix}-s\psi\gamma & c\psi\gamma & Lc\gamma\end{bmatrix}\begin{bmatrix}v_x & v_y & \omega\end{bmatrix}^{\mathrm{T}}=0$$

(4.93)

而约束雅可比矩阵可表示为：

$$\underline{c}_{\dot{x}}=\begin{bmatrix}-s\psi & c\psi & -L \\ -s\psi\gamma & c\psi\gamma & Lc\gamma\end{bmatrix}$$

(4.94)

3. 应用实例：实现已知速度的自行车运动模型

算法 4.1 提供了在世界坐标系中，自行车运动模型的伪代码。即使是这种最简单约束条件的车辆动力学问题，推导其封闭解的过程也非常繁琐且枯燥。因此，我们鼓励读者用计算机对该模型进行实验。该模型在原点处开始运动，初始运动速度的方向沿 x 轴。显式求解约束，以确定与此初始条件一致的正确起始航向和角速度。这里运用了简单的欧拉积分方法。根据假设条件，转向角没有任何变化，因此自行车将绕圆圈运行。此例中设定理想测试条件为 $\Delta t=0.1$，$\gamma=0.1$。

为了方便与后面将要提到的拉格朗日自行车模型进行比较，求解过程分两步进行：

$$\underline{\lambda}=\left(CC^{\mathrm{T}}\right)^{-1}C\underline{u}$$

$$\dot{\underline{x}}=\left(\underline{u}-C^{\mathrm{T}}\underline{\lambda}\right)$$

算法 4.1   单体自行车的一阶模型。该模型可以很快用程序实现出来。调试成功后，它将驱动自行车绕圆圈运动。可尝试通过设置参数 $\gamma=\cos(2\pi t/t_{\max})$ 来控制自行车的转向角

```
00    algorithm VelocityDrivenBicycle()
01    L ← 1 ; γ ← 0.1 ; ψ₀ ← -atan[(tan(γ))/2]
02    x ← [0  0  ψ₀]; vₓ ← 1; ẋ ← [vₓ  0  -vₓ sin(ψ₀)/L]
03    Δt ← 0.01 ; tₘₐₓ ← 2π/ẋ(3)
04    for(t ← 0 ; t < tₘₐₓ ; t ← t + Δt)
05        ψ ← x(3) ; C ← C_ẋ = [-sψ  cψ  -L; -sψγ  cψγ  Lcγ];
06        v̂ ← [ẋ(1)  ẋ(2)]ᵀ ; v̂ ← v̂/|v̂|
07        fₓ ← fₓ(t) ;// or just 1; u ← fₓv̂ ;
08        λ ← (CCᵀ)⁻¹(Cu)
09        ẋ ← (u - Cᵀλ)
10        x ← x + ẋΔt
11    endfor
12    return
```

4.3.3   拉格朗日动力学

车辆动力学的拉格朗日公式对轮式移动机器人非常有用，因为约束力（通常情况下为未知量）可以自动计算得出，这与常见的牛顿-欧拉动力学公式不同。尽管牛顿-欧拉公式更为简单，但是在用虚功原理确定约束力之前，该公式不起作用。3.4.3 节介绍了通用数值计

算方法的框架。回顾方程（3.105），该公式为一个二阶（即涉及加速度）约束动态系统： 211

$$\begin{bmatrix} \boldsymbol{M} & \boldsymbol{C}^{\mathrm{T}} \\ \boldsymbol{C} & 0 \end{bmatrix}\begin{bmatrix} \ddot{\underline{\boldsymbol{x}}} \\ \underline{\boldsymbol{\lambda}} \end{bmatrix}=\begin{bmatrix} \underline{\boldsymbol{F}}^{\mathrm{ext}} \\ \underline{\boldsymbol{F}}_d \end{bmatrix}$$

本节将介绍拉格朗日动力学公式中，适用于轮式移动机器人的特性。

1. 平面内的可微分滚动约束

后面会用到纯滚动约束的时间微分表达式（在世界坐标系中）。如果令定义普法夫速率时用到的移动坐标系 m 是与车轮固定的 s 坐标系，那么方程（4.83）就可用于图 4-18 所示的自行车。根据这些条件，前面推导出的方程（4.83）中的两个关键分量（$\underline{\boldsymbol{w}}_i$ 和 $\underline{\boldsymbol{\rho}}_i$）为：

$$\underline{\boldsymbol{w}}_c^{\mathrm{T}}=\hat{\boldsymbol{y}}_i=\begin{bmatrix}-s\psi\gamma_i & c\psi\gamma_i\end{bmatrix}^{\mathrm{T}} \qquad \underline{\boldsymbol{\rho}}_i^{\mathrm{T}}=\begin{bmatrix}0 & 0 & -\left(\vec{\boldsymbol{r}}_i^{\,v}\cdot\vec{\boldsymbol{x}}_i\right)\end{bmatrix}$$

另外两个关键分量为：

$$\dot{\underline{\boldsymbol{w}}}_c^{\mathrm{T}}=-\underline{\boldsymbol{w}}_c^{\mathrm{T}}\left[\underline{\boldsymbol{\omega}}_m^{w}\right]^{\times}=\begin{bmatrix}-s\psi\gamma_i \\ c\psi\gamma_i \\ 0\end{bmatrix}^{\mathrm{T}}\begin{bmatrix}0 & \omega_s^w & 0 \\ -\omega_s^w & 0 & 0 \\ 0 & 0 & 0\end{bmatrix}=-\omega_s^w\begin{bmatrix}c\psi\gamma_i \\ s\psi\gamma_i \\ 0\end{bmatrix}^{\mathrm{T}}$$

$$\dot{\underline{\boldsymbol{\rho}}}_c^{\mathrm{T}}=\dot{\underline{\boldsymbol{w}}}_c^{\mathrm{T}}\left[\underline{\boldsymbol{r}}_c^{v}\right]^{\times}=-\begin{bmatrix}\omega_s^w c\psi\gamma_i \\ \omega_s^w s\psi\gamma_i \\ 0\end{bmatrix}^{\mathrm{T}}\begin{bmatrix}0 & 0 & y_i^v \\ 0 & 0 & -x_i^v \\ -y_i^v & x_i^v & 0\end{bmatrix}=-\omega_s^w\begin{bmatrix}0 \\ 0 \\ \left(\vec{\boldsymbol{r}}_i^{\,v}\cdot\hat{\boldsymbol{y}}_i\right)\end{bmatrix}$$

此外，因为 $\underline{\boldsymbol{\omega}}_v^w\perp\underline{\boldsymbol{r}}_c^v$，因此其中的 $\omega\cong\left|\underline{\boldsymbol{\omega}}_v^w\right|$：

$$\underline{\boldsymbol{w}}_c^{\mathrm{T}}\left[\underline{\boldsymbol{\omega}}_v^w\right]^{\times}\left[\underline{\boldsymbol{\omega}}_v^w\right]^{\times}\underline{\boldsymbol{r}}_c^v=-\underline{\boldsymbol{w}}_c^{\mathrm{T}}\omega^2\underline{\boldsymbol{r}}_c^v=-\omega^2\begin{bmatrix}-s\psi\gamma_i & c\psi\gamma_i & 0\end{bmatrix}\underline{\boldsymbol{r}}_c^v=-\omega^2\left(\underline{\boldsymbol{r}}_i\cdot\hat{\boldsymbol{y}}_i\right)$$

按照如下形式重写方程（4.83）：

$$\underline{\boldsymbol{w}}_c^{\mathrm{T}}\underline{\boldsymbol{a}}_v^w-\underline{\boldsymbol{\rho}}_c^{\mathrm{T}}\underline{\boldsymbol{\alpha}}_v^w=\dot{\underline{\boldsymbol{\rho}}}_c^{\mathrm{T}}\underline{\boldsymbol{\omega}}_v^w-\dot{\underline{\boldsymbol{w}}}_c^{\mathrm{T}}\underline{\boldsymbol{v}}_v^w-\underline{\boldsymbol{w}}_c^{\mathrm{T}}\left[\underline{\boldsymbol{\omega}}_v^w\right]^{\times\times}\underline{\boldsymbol{r}}_c^v$$

那么，该方程变成：

$$\begin{bmatrix}-s\psi\gamma_i \\ c\psi\gamma_i \\ \left(\underline{\boldsymbol{r}}_i\cdot\hat{\boldsymbol{x}}_i\right)\end{bmatrix}^{\mathrm{T}}\begin{bmatrix}a_x \\ a_y \\ \alpha\end{bmatrix}=\omega_s^w\begin{bmatrix}\omega_s^w c\psi\gamma_i \\ \omega_s^w s\psi\gamma_i \\ -\left(\underline{\boldsymbol{r}}_i\cdot\hat{\boldsymbol{y}}_i\right)\end{bmatrix}^{\mathrm{T}}\begin{bmatrix}v_x \\ v_y \\ \omega\end{bmatrix}+\omega^2\left(\underline{\boldsymbol{r}}_i\cdot\hat{\boldsymbol{y}}_i\right) \tag{4.95}$$

但是因为 $\omega_s^w=\omega+\dot{\gamma}$，所以方程（4.95）可进一步化简为：

$$\begin{bmatrix}-s\psi\gamma_i \\ c\psi\gamma_i \\ \left(\underline{\boldsymbol{r}}_i\cdot\hat{\boldsymbol{x}}_i\right)\end{bmatrix}^{\mathrm{T}}\begin{bmatrix}a_x \\ a_y \\ \alpha\end{bmatrix}=\begin{bmatrix}\left(\omega+\dot{\gamma}_i\right)c\psi\gamma_i \\ \left(\omega+\dot{\gamma}_i\right)s\psi\gamma_i \\ -\dot{\gamma}_i\left(\underline{\boldsymbol{r}}_i\cdot\hat{\boldsymbol{y}}_i\right)\end{bmatrix}^{\mathrm{T}}\begin{bmatrix}v_x \\ v_y \\ \omega\end{bmatrix} \tag{4.96}$$

聚焦信息 4.8　惯性坐标系中可微分的平面普法夫约束

通过这种形式，作用于车轮的微分约束被转换成了在车体坐标系中表达的对惯性加速度的约束。

2. 应用实例：力驱动自行车的建模 212

自行车动力学模型的难度足以阐明一些概念，但又简单到可以避免一些复杂的陷阱。再次思考如图 4-18 所示的自行车模型。为了把复杂问题简单化，依然对自行车施加无侧滑约束，同时将自行车当作一个单独的研究对象，并且车轮的质量忽略不计。容许自行车前轮铰接，且它对约束的影响可以用转向速率 $\dot{\gamma}$ 体现。

运动方程的形式如下所示：

$$\boldsymbol{M}\ddot{\underline{\boldsymbol{x}}}=\underline{\boldsymbol{F}}^{\text{ext}}+\underline{\boldsymbol{F}}^{\text{con}}$$

$$\begin{bmatrix} m & 0 & 0 \\ 0 & m & 0 \\ 0 & 0 & \boldsymbol{I} \end{bmatrix}\begin{bmatrix} a_x \\ a_y \\ \alpha \end{bmatrix}=\begin{bmatrix} F_x \\ F_y \\ \tau \end{bmatrix}^{\text{ext}}+\begin{bmatrix} F_x \\ F_y \\ \tau \end{bmatrix}^{\text{con}} \tag{4.97}$$

其中参考点位于质心，$\boldsymbol{I}$ 为极惯性矩。当参考点设在质心位置时，上述方程将呈现简单的对角矩阵形式。

通过方程（4.90）可计算得到车轮的位置向量，通过方程（4.94）可计算约束。根据方程（4.96），约束的微分为：

$$\begin{bmatrix} -s\psi & c\psi & -L \\ -s\psi\gamma & c\psi\gamma & Lc\gamma \end{bmatrix}\begin{bmatrix} a_x \\ a_y \\ \alpha \end{bmatrix}=\begin{bmatrix} \omega c\psi & \omega s\psi & 0 \\ (\omega+\dot{\gamma})c\psi\gamma & (\omega+\dot{\gamma})s\psi\gamma & \dot{\gamma}Ls\gamma \end{bmatrix}\begin{bmatrix} v_x \\ v_y \\ \omega \end{bmatrix} \tag{4.98}$$

使用 3.4.3 节介绍的约定符号，其对应的雅可比矩阵为：

$$\underline{\boldsymbol{c}}_{\underline{x}}=-\begin{bmatrix} \omega c\psi & \omega s\psi & 0 \\ (\omega+\dot{\gamma})c\psi\gamma & (\omega+\dot{\gamma})s\psi\gamma & \dot{\gamma}Ls\gamma \end{bmatrix} \qquad \underline{\boldsymbol{c}}_{\dot{\underline{x}}}=\begin{bmatrix} -s\psi & c\psi & -L \\ -s\psi\gamma & c\psi\gamma & Lc\gamma \end{bmatrix}$$

一旦计算出雅可比矩阵，接下来的状态更新计算如下所示：

$$\underline{\boldsymbol{F}}_d=-\boldsymbol{C}_{\underline{x}}\dot{\underline{\boldsymbol{x}}}$$

$$\underline{\boldsymbol{\lambda}}=\left(\boldsymbol{C}\boldsymbol{M}^{-1}\boldsymbol{C}^{\mathrm{T}}\right)^{-1}\left(\boldsymbol{C}\boldsymbol{M}^{-1}\underline{\boldsymbol{F}}^{\text{ext}}-\underline{\boldsymbol{F}}_d\right)$$

$$\ddot{\underline{\boldsymbol{x}}}=\boldsymbol{M}^{-1}\left(\underline{\boldsymbol{F}}^{\text{ext}}-\boldsymbol{C}^{\mathrm{T}}\underline{\boldsymbol{\lambda}}\right)$$

将该结论在一个时间步内进行积分，并重复循环该计算过程即可。因为许多矩阵取决于状态，所以它们在每次迭代中都会发生变化。

3. 应用实例：力驱动自行车的实现

算法 4.2 提供了用于该拉格朗日模型的伪代码。

该算法与算法 4.1 中的一阶自行车模型存在很多相似之处。如 3.4.4 节第 1 点所述，在
213 伪代码的第 12 行中出现的约束修剪投影是一种很好的技术，在对约束条件进行微分时可恢复信息。这种技术会立即删除任何不满足不可微分约束的运动，使我们不需要对相关约束进行漂移补偿。对于此例，一种理想的测试条件是：$\Delta t=0.1$，$\gamma=0.1$。假定满足这些条件的路径是高度准确的，并且约束误差可以忽略不计。然而，如果没有像龙格–库塔法一样好的积分方法，那么系统能量就不会得到很好的保存。

本例中考虑了一个较为复杂的模型，其中给出了车轮的质量，并通过约束将车轮与车体连接起来。自行车前轮通过一个销轴连接到车体，而其后轮与车体实现刚性连接。将方程（4.97）所示的 3 个方程叠加组合后，共获得 9 个方程。刚性连接施加了 3 个约束，而一个销轴连接施加了 2 个约束，共计 5 个约束。加上自行车前后两个车轮上简单形式的非完整约束，这里的总约束数量增加到了 7。剩余的其他两个自由度：其中一个是前轮的转向角；而另外一个则是车辆正向前进速度。

算法 4.2 单体自行车的拉格朗日模型。该模型便于通过编程实现，调试成功后，可驱动自行车绕圆圈运行

algorithm LagrangeBicycle()

$m \leftarrow I \leftarrow L \leftarrow 1;\ \gamma \leftarrow 0.1;\ \psi_0 \leftarrow -\mathrm{atan}[(\tan(\gamma))/2]$

$x \leftarrow \begin{bmatrix} 0 & 0 & \psi_0 \end{bmatrix};\ v_x \leftarrow 1;\ \dot{x} \leftarrow \begin{bmatrix} v_x & 0 & -v_x \sin\dfrac{(\psi_0)}{L} \end{bmatrix}$

$\Delta t \leftarrow 0.01;\ \boldsymbol{M} \leftarrow \mathrm{diag}\left(\begin{bmatrix} m & m & I \end{bmatrix}\right);\ t_{max} \leftarrow 2\pi/\dot{x}(3)$

$\boldsymbol{M}^{-1} \leftarrow \mathrm{inverse}\,(\boldsymbol{M})$

for$(t \leftarrow 0;\ t < t_{\max};\ t \leftarrow t + \Delta t)$

$\quad \psi \leftarrow x(3);\ \boldsymbol{C} \leftarrow \boldsymbol{C}_{\dot{x}} \leftarrow \begin{bmatrix} -s\psi & c\psi & -L \\ & & \omega \\ -s\psi\gamma & c\psi\gamma & Lc\gamma \end{bmatrix};\ \omega \leftarrow \dot{x}(3)$

$\quad \boldsymbol{C}_x \leftarrow -\begin{bmatrix} \omega c\psi & \omega s\psi & 0 \\ (\omega+\dot{\gamma})c\psi\gamma & (\omega+\dot{\gamma})s\psi\gamma & \dot{\gamma}Ls\gamma \end{bmatrix}$

$\quad \hat{\boldsymbol{v}} \leftarrow \begin{bmatrix} \dot{x}(1) & \dot{x}(2) \end{bmatrix}^{\mathrm{T}};\ \hat{\boldsymbol{v}} \leftarrow \hat{\boldsymbol{v}}/|\hat{\boldsymbol{v}}|$

$\quad f_x \leftarrow f_x(t)$; // or just 0; $F^{\mathrm{ext}} \leftarrow f_x \hat{\boldsymbol{v}};\ F_d \leftarrow -\boldsymbol{C}_x \dot{x}$

$\quad \lambda \leftarrow (\boldsymbol{C}\boldsymbol{M}^{-1}\boldsymbol{C}^{\mathrm{T}})^{-1}(\boldsymbol{C}\boldsymbol{M}^{-1}\boldsymbol{F}^{\mathrm{ext}} - \boldsymbol{F}_d)$

$\quad \ddot{x} \leftarrow \boldsymbol{M}^{-1}(\boldsymbol{F}^{\mathrm{ext}} - \boldsymbol{C}^{\mathrm{T}}\boldsymbol{\lambda})$

$\quad \dot{x} \leftarrow \dot{x} + \ddot{x}\Delta t;\ \dot{x} \leftarrow [\boldsymbol{I} - \boldsymbol{C}^{\mathrm{T}}(\boldsymbol{C}\boldsymbol{C}^{\mathrm{T}})^{-1}\boldsymbol{C}]\,\dot{x}$

$\quad x \leftarrow x + \dot{x}\Delta t$

endfor

return

4. 作用于车轮的实际约束力

如果两组力对同一个点的作用效果相同，那么这两组力被称为等效力。由乘法器计算得出的约束力是作用在物体重心处，体现约束效果的力和力矩。这些约束力是作用于车轮上实际作用力的变换。借助刚刚介绍过的上一个示例，我们现在思考关于自行车实际受力的计算问题。 214

假设有真实约束力作用于车轮无侧滑约束所禁止的 $\hat{\boldsymbol{y}}_i$ 轴方向上，那么在车体坐标系原点处的等效力为：

$$\begin{bmatrix} \boldsymbol{F}_x \\ \boldsymbol{F}_y \end{bmatrix}_i^b = \begin{bmatrix} c\psi\gamma & -s\psi\gamma \\ s\psi\gamma & c\psi\gamma \end{bmatrix}\begin{bmatrix} 0 \\ f_i \end{bmatrix} = f_i\begin{bmatrix} -s\psi\gamma \\ c\psi\gamma \end{bmatrix}$$

同样，车轮约束力绕车体坐标系原点的力矩为：

$$\tau_i^b = \underline{\boldsymbol{r}}_i \times f_i \hat{\boldsymbol{y}}_i = f_i\left(\underline{\boldsymbol{r}}_i \times \hat{\boldsymbol{y}}_i\right) = f_i\left(\underline{\boldsymbol{r}}_i \times \left(\hat{\boldsymbol{z}}_i \times \hat{\boldsymbol{x}}_i\right)\right) = f_i\left(\underline{\boldsymbol{r}}_i \cdot \hat{\boldsymbol{x}}_i\right)\hat{\boldsymbol{z}}_i$$

因此，由该实际约束力引起的作用于车体的总的力和力矩为：

$$\begin{bmatrix} \boldsymbol{F}_x & \boldsymbol{F}_y & \tau \end{bmatrix}_i^b = f_i\begin{bmatrix} -s\psi\gamma & c\psi\gamma & \underline{\boldsymbol{r}}_i \cdot \hat{\underline{\boldsymbol{x}}}_i \end{bmatrix} = f_i \underline{\boldsymbol{c}}(\underline{\boldsymbol{x}}) \tag{4.99}$$

据此，我们可以得出结论：借助作用于车体的普法夫约束向量 $\underline{\boldsymbol{c}}(\underline{\boldsymbol{x}})$，可以在车体坐标系中，获得与车轮实际约束力等效的力和力矩。请回顾：在拉格朗日公式中，约束力根据方程 $\underline{\boldsymbol{F}}^{\mathrm{con}} = -\boldsymbol{C}^{\mathrm{T}}\underline{\boldsymbol{\lambda}}$ 确定，其中 $\boldsymbol{C}$ 为微分约束中 $\underline{\dot{\boldsymbol{x}}}$ 的系数。在车轮约束情况下，$\boldsymbol{C}$ 的各行是普法夫权重向量 $\underline{\boldsymbol{w}}(\underline{\boldsymbol{x}})$。通常，约束力的作用方向与状态向量坐标系中表示的约束表面正交，所

以它们与作用在车体坐标系原点的力等效。

实际的约束力作用于车轮，有时我们希望知道这些约束力的大小。在方程（4.99）中可以发现：作用于车体原点的车轮实际约束力的等效力的幅值大小为$f_i\underline{c}(\underline{x})$。因此，$m$ 个车轮的等效力的总和可表示为：

$$\boldsymbol{F}^{\text{con}}=\left[\underline{c}_1(\underline{x})\quad \underline{c}_2(\underline{x})\quad \cdots\quad \underline{c}_m(\underline{x})\right]\left[f_1\quad f_2\quad \cdots\quad f_m\right]^{\mathrm{T}}=\boldsymbol{C}^{\mathrm{T}}\underline{\boldsymbol{f}}$$

显然，拉格朗日乘子等同于作用于各车轮的实际约束力幅值的负值。一旦这些力皆为已知量，用它们就能够实现一个更加简单的牛顿－欧拉公式，那是极具诱惑力的一件事情，但是当然，无论如何这也正是约束动力学公式（方程）的魅力所在。

5. 容许车轮打滑

虽然施加在车轮上的名义约束是不存在打滑，但约束动力学公式中的约束条件可以是任意形式。如果确有必要对车轮打滑进行建模，那么可以写出如下形式的约束：

$$g(\underline{x},\dot{\underline{x}})=v_y(\underline{x},\dot{\underline{x}},\underline{u})$$

$v_y(\underline{x},\dot{\underline{x}},\underline{u})$为取决于状态和输入的任意车轮横向速度函数。当然，也可以很容易地按照标准
215 形式表示如下：

$$c(\underline{x},\dot{\underline{x}},\underline{u})=g(\underline{x},\dot{\underline{x}})-v_y(\underline{x},\dot{\underline{x}},\underline{u})=0$$

可见，容许车轮打滑是很容易的。例如，文献[10]中神奇的轮胎模型，表达了对小侧滑角而言，作用于轮胎的横向力如何与侧滑角成正比：

$$f=(kv_y)/v_x$$

在该模型中，滑移速度与横向力成正比。因为横向力为一个负的拉格朗日乘子，所以可以写出：

$$v_y=-(1/k)fv_x=-k_c\lambda v_x$$

之后，根据方程（4.88），用$\hat{\boldsymbol{y}}_i$替换方程中的$\hat{\boldsymbol{x}}_i$，代入上式中车轮v_x：

$$v_y=-k_c\lambda v_x=-k_c\lambda\left[c\psi\gamma_i\quad s\psi\gamma_i\quad (\underline{r}_i\cdot\hat{\boldsymbol{y}}_i)\right]\left[v_x\quad v_y\quad \omega\right]^{\mathrm{T}}$$

于是，该约束分量的梯度可表示为：

$$\underline{c}_{\underline{x}}=\left[c\psi\gamma_i\quad s\psi\gamma_i\quad (\underline{r}_i\cdot\hat{\underline{y}}_i)\right]$$

与其在约束表达式中引入对乘子的依赖性，不如直接使用从上一次迭代计算中获得的乘子的值更简单。在自行车实例中，设置 k_c=0.5 将使圆的半径增加 25%。这在不需要微分约束的一阶模型中最容易发现。在这种情况下，乘子是速度而不是力。

6. 虚约束和不一致性约束

在约束微分方程的状态增广方程中，会出现针对状态微分禁止分量的消除项：

$$\boldsymbol{M}\ddot{\underline{x}}=\underline{\boldsymbol{F}}^{\text{ext}}-\boldsymbol{C}^{\mathrm{T}}\underline{\boldsymbol{\lambda}}$$

上式中的$\boldsymbol{C}^{\mathrm{T}}\underline{\boldsymbol{\lambda}}$项既有施加力的不可行分量，又有约束力（作用于车体坐标系原点）。对于车轮而言，每个车轮上的约束本身表现为$\underline{\boldsymbol{w}}(\underline{x})\cdot\dot{\underline{x}}=0$的形式。

这些方程叠加组合在一起形成系统$\boldsymbol{C}\dot{\underline{x}}=\underline{\mathbf{0}}$。设系统有 n 个自由度，当有 $n-1$ 个车轮按应有的方式协调对齐，就形成了一个约束切平面，而约束方程$\boldsymbol{C}\dot{\underline{x}}=\underline{\mathbf{0}}$存在一个位于其零空间中的不平凡解。在这种情况下，用于计算乘子的矩阵$\boldsymbol{C}\boldsymbol{M}^{-1}\boldsymbol{C}^{\mathrm{T}}$的秩为 $m=n-1$，且为满秩，因此该矩阵为可逆矩阵。在平面内运动的自行车有 $n-1=2$ 个车轮，而我们在算法 4.1 中使用

了一个。对于受合理约束的系统，由于约束不做功，所以在没有其他外力作用的情况下，系统将遵循约束条件、以恒定不变的总能量永远运动下去。然而，当平面内运行的车轮数量超过两个，往往会出现下面两种复杂情况。

1）**虚约束**。转向轮应该在任何瞬时都保持协调。因此，通常情况下，许多车辆，包括小汽车都有能保证车轮协调的设计（如图 4-19 所示）。在平面中，如果将单个虚约束添加到其他符合规则的约束集合中，那么矩阵 $\boldsymbol{C}$ 将变成方阵，并且将出现秩亏。于是矩阵 $\boldsymbol{CM}^{-1}\ \boldsymbol{C}^{\mathrm{T}}$ 将不再是可逆矩阵。 216

我们可以找到并去除虚约束，然后对降阶系统进行求解，但是通过在乘法器中使用共轭梯度算法来求解系统会更简单，因为这种算法容易接受存在虚约束的情况。

2）**不一致性约束**。如果对自行车添加一个非虚约束，那么将会出现另外一个不同的问题。例如，除非汽车的两个前轮以正确的方式准确转向（如图 4-19 所示），否则车轮约束将对车体速度施加过度限制，从而妨碍车轮的任意运动。在这种情况下，约束的零空间消失。

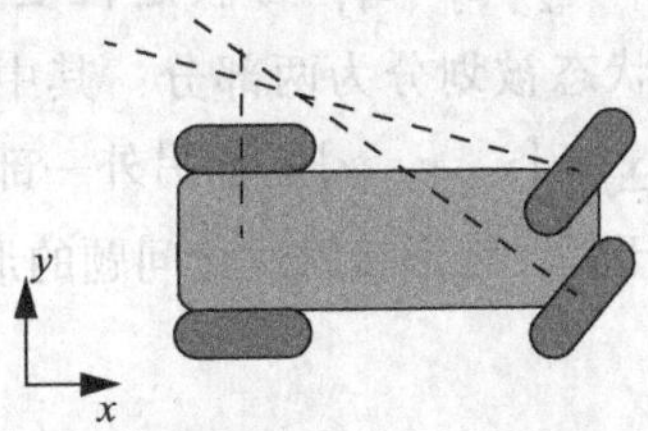

图 4-19 **汽车模型**。除非汽车两个前轮的转向角协调，否则三条速度约束线不会相交于同一个点，也就不存在可行速度

两种简单的解决方案是：（a）去除约束，直至产生零空间；（b）在各车轮垂线上，用最小二乘法计算最佳拟合的瞬时转动中心来修正杨特图。也许最本质的方法是找到与 $\boldsymbol{C}$“最为接近”的近似值 $\boldsymbol{C}^{*}$，其秩为 $n-1$。根据埃卡特－杨（Eckart-Young）定理，该问题可以使用线性代数中一种重要的矩阵分解技术——奇异值分解来求解。此处省略具体的技术实现细节，但我们知道其基本原理是将 $\boldsymbol{C}$ 进行分解，然后遍历所有奇异值，找到超过 $n-1$ 个最大值，并将新得到的 $\boldsymbol{C}$ 重新构建为 $\boldsymbol{C}^{*}$。根据 3.3.4 节第 5 题，与 $\boldsymbol{C}^{\mathrm{T}}\boldsymbol{C}$ 的 $n-1$ 个最大特征值相关的特征向量，将构成最接近的近似值。

4.3.4 地形接触

我们已经看到，地形接触可以看作垂直于地形表面的、车轮速度的禁止方向。然而，在前面已论证过，所有的微分约束都有漂移。我们也知道，为了解决漂移问题，需要直接施加约束。所有这一切说明，将地形接触作为一个真正的完整约束非常重要。

粗略地讲，地形接触约束是对车辆姿态以及高度施加的约束。它要求所有车轮在运行时与地面保持接触状态。在三维空间中，为稳定地支撑车体的重量，真实车辆的车轮数量通常为三个以上，且所涉及的关系都是非线性的。因此，问题的形式如下所示：

$$\underline{c}(\underline{x})=\underline{0}$$

其中 $\underline{x}=[z\quad\theta\quad\phi]$。这样的约束数量通常有四个或者更多。剩余的车辆位姿表现为位置和偏航（$[x\quad y\quad\psi]^{\mathrm{T}}$）。在考虑地形跟随问题时，可以简单地认为这些信息为已知量。鉴于这是一个过约束问题，在通常情况下，使所有约束条件都得到满足是不可能的。相反，地形接触问题必须定义为另外一种优化问题。解决此问题的一种可行方法是：为四个车轮接触点找到一个拟合平面，然后再从拟合平面中提取姿态和高度信息。本节介绍受这种方法的启发而形成的两种技术。 217

最小残差地形跟随

对超定系统，如果不通过某种形式的悬挂系统引入额外的自由度，就不可能实现地形接触。不过，为了避免对悬挂系统建模，这里仍然用一种简捷方法：通过非线性最小二乘法调整未知状态，使接触残差的平方最小化（如图 4-20 所示）。假设车辆有四个车轮，其约束条件的形式为 $\underline{z}=h(\underline{x}_f,\underline{x})$，其中 $\underline{z}=[z_1\quad z_2\quad z_3\quad z_4]^{\mathrm{T}}$ 为假定位姿处的地形高度，状态被划分为两部分：其中之一是固定部分 $\underline{x}_f=[x\quad y\quad \psi]$；而另外一部分则是需要优化的部分 $\underline{x}=[z\quad \theta\quad \phi]^{\mathrm{T}}$。

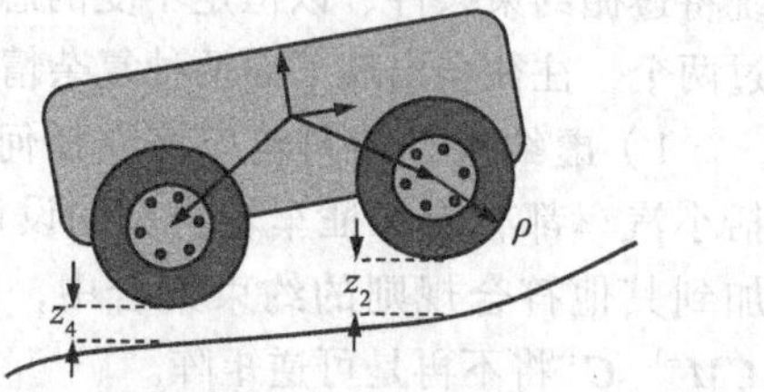

图 4-20　**地形跟随简易模型**。图中表示出了车轮接触点位置的高度误差，使所有四个车轮的误差范数最小，是非线性最小二乘问题

于是，地形接触优化问题的形式如下所示：

$$\begin{aligned}&\text{最小化}:_{\underline{x}}\quad f(\underline{x})=\frac{1}{2}\underline{r}^{\mathrm{T}}\underline{r}\\&\text{其中}:\quad \underline{r}(\underline{x})=\underline{z}-h(\underline{x}_f,\underline{x})\\&\qquad\qquad z_i=\left(\boldsymbol{R}_b^w\underline{\boldsymbol{r}}_i^b\right)_z-\rho\end{aligned}\tag{4.100}$$

其中，$\underline{\boldsymbol{r}}_i^b$ 为在车体坐标系中表示的车轮 i 的中心点位置；$\left(\boldsymbol{R}_b^w\underline{\boldsymbol{r}}_i^b\right)_z$ 表示其在世界坐标系中的 z 坐标，而 ρ 为车轮半径。为了与本书中其他部分的符号约定保持一致，这里依然用约定符号 $\underline{\boldsymbol{r}}$ 表示残差。这是一个无约束优化问题，可以用非线性最小二乘法求解。

很显然，即使对于纯刚性地面，车轮接触点也不一定恰好位于车轮底部。如果地形坡度较大，在垂直方向上测算接近度（或透入度）将不正确。一种理想的解决方案是：搜索车轮圆周边缘，并计算地形到车轮表面法向上的有符号最大偏差（如图 4-21 所示）。

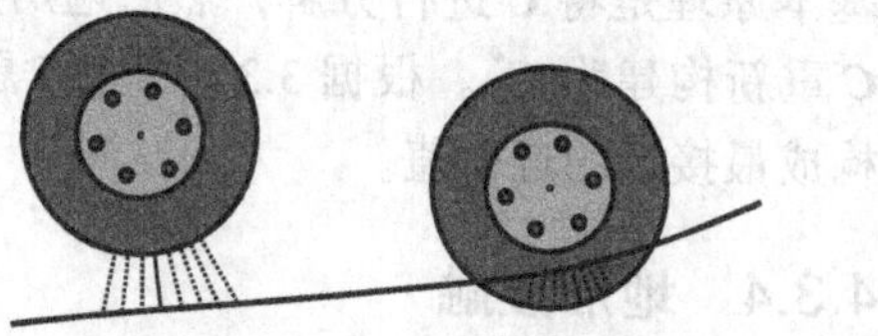

图 4-21　**车轮接触点计算**。对如图所示的地形表面采样模型，可以计算出从地面上方或内部到车轮表面垂直距离的局部最小或最大值。知道这些极值位置处的地面法线（即接触法线）方向，对于力驱动模型也非常有用

最小能量地形跟随。车辆悬挂系统的功能包括确保所有车轮与地面接触以提高牵引力，控制不平坦地面上的车辆姿态以及缓冲
218 颠簸和振动。修正滚动、俯仰和高度这三个自由度只需要三个约束。然而，许多车辆有四个甚至更多的车轮。如果地形表面不是局部平坦的，那么一辆不具备悬挂系统的车辆，将无法使其所有的四个车轮与地面同时保持接触。这既是一个数学问题，也是一个机械问题。

从数学建模的角度看，如果每个车轮都具有悬挂系统，那么就不存在足够的约束以确定车辆的姿态。自然界通常通过能量最小化来解决此类问题，因此，我们也可以采取同样的方法（如图 4-22 所示）。

假设所有车轮都通过弹簧阻尼系统与车体相连。这样做会额外增加 4 个自由度，从而将一个过约束（4>3）问题转换成为一个欠约束（4<7）问题。通过寻求使悬架系统保持最小能量，可以解决这种多解歧义问题。

令 $\underline{x}=\left[x_1 \quad x_2 \quad x_3 \quad x_4\right]^{\mathrm{T}}$ 表示四个弹簧的压缩量，每根弹簧的弹性系数均为 k。这里，我们只考虑准静态情况，在这种情况下，速度很小，以致阻尼器不产生任何力的作用。于是，弹簧力 kx_i 的竖直分量可以写成：

$$^{w}f_i=\left[\boldsymbol{R}_b^w(\theta,\phi)kx_i\right]_z$$

为支撑车体重量而带来的约束为：

$$^{w}f_1+{}^{w}f_2+{}^{w}f_3+{}^{w}f_4=mg$$

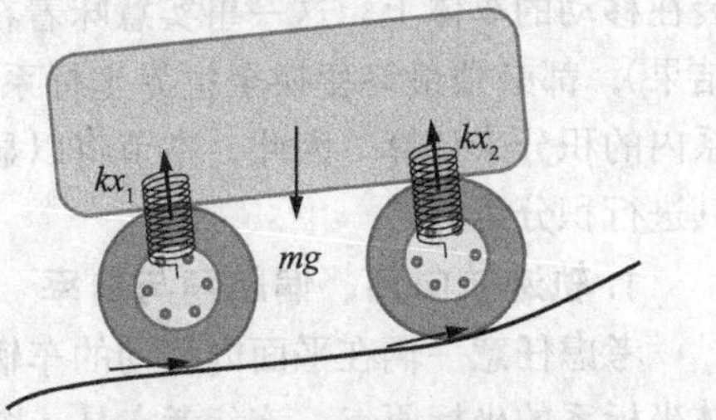

图 4-22 **弹簧悬架的建模**。如果车辆的每个车轮都用一个弹簧与底盘相连，则可以根据地形表面的几何形状以及最小能量原理来预测车辆的静态姿态

至此，还没有写出来任何要求车轮跟随地形的条件。由于安装了悬挂系统，现在可以合理地认为车辆的四个车轮都能够与地形接触。实现的方法是，利用上一节内容所采用的形式，把对四个车轮施加的车轮接触约束表示为：

$$\underline{c}(\underline{x})=\underline{z}-h(\underline{x}_f,\underline{x})=\underline{0}$$

于是上述问题可表示为如下所示的形式：

$$\text{最小化：}\quad \underset{\underline{x}}{} \quad f(\underline{x})=\frac{1}{2}\underline{x}^{\mathrm{T}}\underline{x} \qquad (4.101)$$

$$\text{约束条件：}\left({}^{w}f_1+{}^{w}f_2+{}^{w}f_3+{}^{w}f_4=mg\right)$$

$$\underline{c}(\underline{x})=\underline{z}-h(\underline{x}_f,\underline{x})=\underline{0}$$

这是一个约束优化问题，该问题可以用受约束的非线性最小二乘法进行求解。另外一种选择是将其中的第二个约束条件移动到目标函数，使得目标函数变成一个如同 $\underline{c}^{\mathrm{T}}\boldsymbol{K}\underline{c}$ 一样的对角权重矩阵。这种方法相当于把车轮接触点看作另外一组“弹簧”，这些“弹簧”将阻止车轮穿透地面或位于地面上方。因为这第二组弹簧代表着约束，所以它们相对于悬架系统实 219
际使用的弹簧，必须具有足够大的刚度（非常坚硬）。通常而言，以某种形式表示的重量支撑约束是有必要的。它可以防止为达到能量最小化，而导致弹簧趋向于零形变。

高通过性车辆的悬挂系统会有特殊设计的铰接自由度，能使四个车轮始终与地面保持接触。

4.3.5 轨迹估计与预测

到目前为止，本章已经讨论了如何正确地获得描述系统运动的微分方程这一问题。本节将考虑如何实现微分方程的积分运算。这种积分运算通常是为了实现下列两个目标之一：

- 在里程计和卡尔曼滤波系统模型中实现状态估计，进而在更一般的情况下，实现任意条件下的位姿估计；
- 在预测控制或运动模拟器中预估状态。

在状态估计中，轮速和转向角或移动速度等测量结果，都被用于计算车体线速度和角速度。然后，对这些信息进行积分运算，以确定车辆当前位置与朝向。与之相反，在控制过程中，给定轮速和转向角或油门等指令，然后用这些指令计算车体线速度和角速度。之后，又一次对该信息进行积分运算，以预测车辆将要出现的位置和朝向。

在本节之前创建的多个模型中，利用的都是在车体坐标系中表示的速度。这是消除细节的一种有效方法。然而，轮式移动机器人的模型终究是非线性的，原因很简单，即驱动器安装在移动的车体上。这一事实意味着在对速度进行积分运算之前（无论是驱动信号还是测量结果），都必须最终变换至世界坐标系中。实际应用环境中的轨迹跟踪只能通过在世界坐标系内的积分来计算。因此，本节将以显式表达如何将速度信息变换至世界坐标系，然后再对其进行积分运算。

1. 轨迹航向角、偏航角与曲率

考虑任意一辆在平面内移动的车辆，为了描述其运动状态，需要选取一个参考点——车
220 体坐标系的坐标原点，该参考点是一个沿空间中某一路径移动的质点。

航向角 ζ 是固定在地球上的某一特定基准方向与路径切线之间的夹角。与之相对，车体的偏航角 ψ 指车体前视轴与固定于地面的某一特定基准方向之间的夹角。这两个角度可能相互关联，或彼此完全独立（见图 4-23）。在实际使用中，有些车辆被要求必须运行到指定位置，而有些车辆则不需要。对第一种情况，它只适用于车辆上的某些点；而即使对于这些点，如果我们容许车轮侧滑，这两个角也是完全不同的。

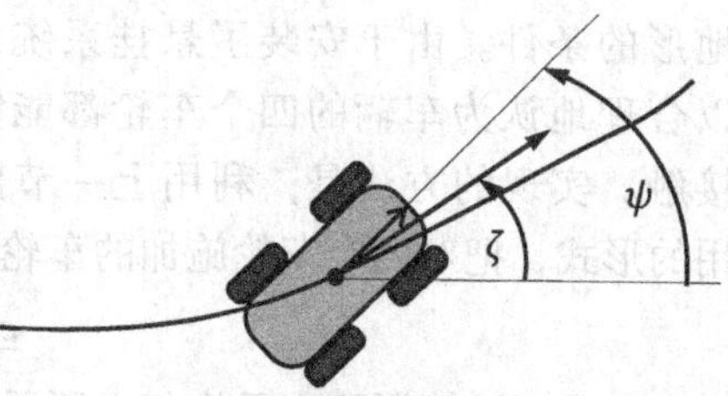

图 4-23　**航向角与偏航角的区别。偏航角是车辆指向的方向，而航向角则是速度向量的方向**

曲率 κ 是车辆参考点所跟随的二维平面空间路径属性——而与运动期间车辆所处的方向无关：

$$\kappa = \frac{d\zeta}{ds} \tag{4.102}$$

其中 s 为沿路径方向的距离。此外，曲率半径定义为曲率的倒数：

$$R = 1/\kappa \tag{4.103}$$

时间微分 ζ 正好表示航向变化率。它可能等于角速度，但对于某些车辆或者运动，它也可能与角速度无关。有些车辆可以在沿任意方向移动（线速度）的同时，随意转向（角速度）。根据微分运算的链式法则，可以用速度 v 表达路径切向量的旋转速度：

$$\zeta = \frac{d\zeta}{ds}\frac{ds}{dt} = \kappa v \tag{4.104}$$

2. 平面内的全驱动轮式移动机器人

到目前为止，介绍的多种运动学模型是根据车轮测量结果产生车体线速度和角速度；而在之后的控制部分中，为满足预测的要求，将基于控制输入产生相同的信息。如果忽略驱动机理的具体细节，而像对待任意其他刚体那样处理车体，就可以写出通用的二维平面内车辆运动模型。为此，在车体参考点处设定车体坐标系，并指定其方向。

在全驱动车辆（其速度指令有三个自由度）这种一般情况下，可以写出：

$$\frac{d}{dt}\begin{bmatrix} x(t) \\ y(t) \\ \psi(t) \end{bmatrix} = \begin{bmatrix} \cos\psi(t) & -\sin\psi(t) & 0 \\ \sin\psi(t) & \cos\psi(t) & 0 \\ 0 & 0 & 1 \end{bmatrix} \begin{bmatrix} v_x(t) \\ v_y(t) \\ \dot{\psi}(t) \end{bmatrix} \tag{4.105}$$

聚焦信息 4.9 通用平面车辆运动微分方程

这是平面内移动的——有可能是地形切平面，最基本的机器人车辆模型称为通用平面车辆模型。其中的矩阵将坐标从车体坐标系转换到切平面坐标系（见图 4-24）。

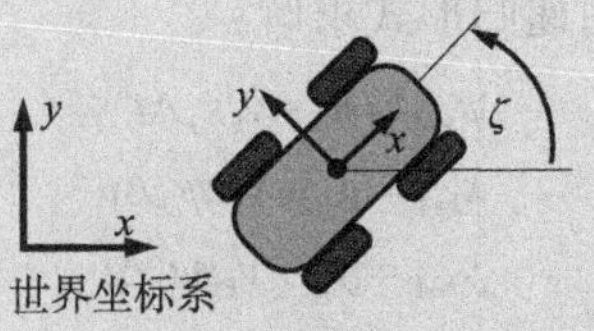

图 4-24 **通用二维速度运动学**。如果所使用的速度、曲率和航向都是参考点的参数，那么此通用模型也适用于所有在平面内运动的车辆

其中状态向量 $\begin{bmatrix} x & y & \psi \end{bmatrix}^{\mathrm{T}}$ 表示相对于某一特定世界坐标系，车辆所处的位置以及偏航 221
角。该模型是非线性的，因为在旋转矩阵的三角函数中有航向状态。

如果航向 $\zeta(t)$ 表示方位状态，那么可以写出一个类似的模型。在这种情况下，根据航向的定义，车轮的横向速度为零，因此模型可表示为：

$$\frac{\mathrm{d}}{\mathrm{d}t}\begin{bmatrix} x(t) \\ y(t) \\ \zeta(t) \end{bmatrix} = \begin{bmatrix} \cos\zeta(t) & -\sin\zeta(t) & 0 \\ \sin\zeta(t) & \cos\zeta(t) & 0 \\ 0 & 0 & 1 \end{bmatrix}\begin{bmatrix} v_x(t) \\ 0 \\ \dot{\zeta}(t) \end{bmatrix} \tag{4.106}$$

其中状态向量 $\begin{bmatrix} x & y & \zeta \end{bmatrix}^{\mathrm{T}}$ 表示相对于某一特定世界坐标系，车辆所处的位置以及航向。上式中最右边包含 $v_x(t)$ 的向量不再在车体坐标系中，而是在一个与速度向量一致的坐标系中表示。

3. 二维平面内的欠驱动轮式移动机器人

多数轮式车辆是欠驱动的，这是车轮横向运动不受驱动的结果。假设车辆参考点位于后轴中心位置，其前轮能够像汽车一样转向。假定车轮不侧滑，那么车辆的速度就一定指向车体正方向。在上述条件下，航向角和偏航角意义相同，即 $\zeta(t) = \psi(t)$，并且有下式成立：

$$v_x(t) = v \qquad v_y(t) = 0$$

代入方程（4.104）之后，系统微分方程变为：

$$\frac{\mathrm{d}}{\mathrm{d}t}\begin{bmatrix} x(t) \\ y(t) \\ \psi(t) \end{bmatrix} = \begin{bmatrix} \cos\psi(t) & 0 \\ \sin\psi(t) & 0 \\ 0 & 1 \end{bmatrix}\begin{bmatrix} v(t) \\ \kappa(t)v(t) \end{bmatrix} \tag{4.107}$$

于是，对微分方程的积分运算将变得简单：

$$\begin{bmatrix} x(t) \\ y(t) \\ \psi(t) \end{bmatrix} = \begin{bmatrix} x(0) \\ y(0) \\ \psi(0) \end{bmatrix} + \int_0^t \begin{bmatrix} \cos\psi(t) \\ \sin\psi(t) \\ \kappa(t) \end{bmatrix} v(t)\mathrm{d}t \tag{4.108}$$

请注意，这些方程是一种特殊的解耦形式，可以直接进行回代计算。偏航角 $\psi(t)$ 独立于其他两种状态，可以完全根据曲率和速度确定。一旦偏航角 $\psi(t)$ 已知，便可以计算出位置坐标 $\begin{bmatrix} x(t) & y(t) \end{bmatrix}^{\mathrm{T}}$。

事实上，尤为重要的一点是，这里的两个输入量控制了三个输出量。由于这一原因，该
222 系统被称为欠驱动系统。这个公式并没有提供一种真正的解决方案，因为积分必须在已知输入$\left[v(t)\quad \kappa(t)\right]^{\mathrm{T}}$的情况下才能够得到解决，而这样通常也不可能获得方程的封闭解。在离散时间条件下，方程的欧拉积分采用递归形式求解：

$$
\begin{aligned}
\psi_{k+1} &= \psi + v_k \kappa_k \Delta t \\
x_{k+1} &= x_k + v_k c\psi_k \Delta t \\
y_{k+1} &= y_k + v_k s\psi_k \Delta t
\end{aligned}
\tag{4.109}
$$

现在上式与实际使用的计算机代码已经非常接近。请注意，曲率被积分一次以获得航向角，并且航向角被积分一次进一步得到位置信息——也就是说，实际上对曲率进行了两次有效积分运算。结果证明正是因为如此，在经过两次积分之后，曲率的微小变化将会累积产生相对较大的位置信息变化。

4. 三维空间的全驱动轮式移动机器人

假设姿态(θ,ϕ)（不是偏航角）以及高度z都由地形接触约束确定，位置(x,y)和偏航角ψ不受约束条件限制。在地面局部区域切平面的三自由度（dof）子空间中，在车辆不打滑前提下，车体坐标系内的车辆基本运动学模型可以表示（基于方程（4.105））为：

$$
\frac{\mathrm{d}}{\mathrm{d}t}\begin{bmatrix} x(t) \\ y(t) \\ \beta(t) \end{bmatrix} = \begin{bmatrix} v_x(t)c\psi(t) - v_y(t)s\psi(t) \\ v_x(t)s\psi(t) + v_y(t)c\psi(t) \\ v(t)\kappa(t) \end{bmatrix}
\tag{4.110}
$$

其中$v=\sqrt{v_x^2+v_y^2}$。与方程（4.105）不同，上述速率是在车体坐标系中表示；角速度$\dot{\beta}$是在车体坐标系中表示的角速度在z轴的分量：

$$
\dot{\beta} = \left({}^{v}\underline{\omega}_{v}^{w}\right)_z
$$

在每一个时间步，车辆的姿态通常都会发生变化。所以在每一个计算步中，这些方程都可以转换至世界坐标系，并在世界坐标系中对其进行积分运算。这样，机器人将实时绕其三维空间中的垂直轴旋转，并且在三维空间中沿车辆前进的航向瞬时移动。图4-25表示了这
223 种抽象的曲率——速度驱动型三维模型：

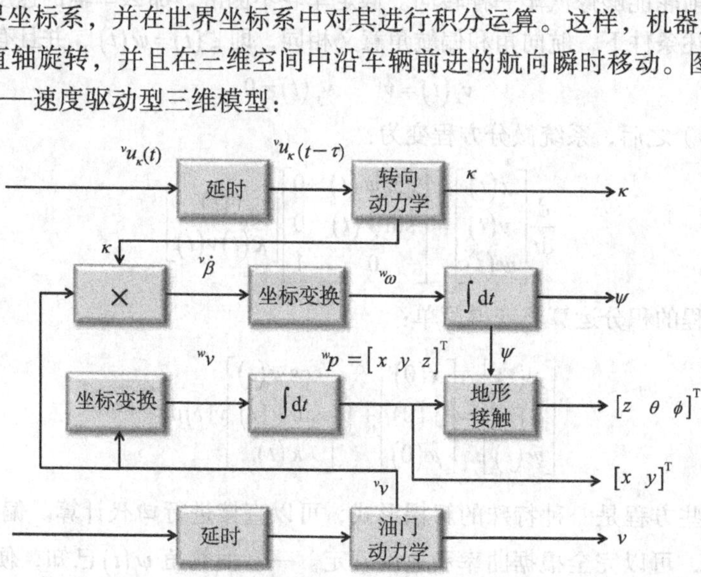

图4-25　**在刚性滚动地面上的理想运动预测模型**。这种由速度驱动的模型反映了延时、驱动器动力学、地形跟随和三维效应等因素的综合影响

由于本章的上一节内容提供了将任意的转向和驱动构型转换为曲率和速度的方法，因此上述模型相当通用。

坐标变换。上述示意图包含了两个坐标变换。基于方程（2.56），使用下式，可将线速度从车体坐标系转换至世界坐标系：

$$
{}^{w}\underline{v}_{w}^{w} = \text{Rotz}(\psi)\text{Roty}(\theta)\text{Rotx}(\phi)\,{}^{v}\underline{v}_{v}^{w}
$$

$$
{}^{w}\begin{bmatrix} v_x \\ v_y \\ v_z \end{bmatrix}_{v}^{w} = \begin{bmatrix} c\psi c\theta & (c\psi s\theta s\phi - s\psi c\phi) & (c\psi s\theta c\phi + s\psi s\phi) \\ s\psi c\theta & (s\psi s\theta s\phi + c\psi c\phi) & (s\psi s\theta c\phi - c\psi s\phi) \\ -s\theta & c\theta s\phi & c\theta c\phi \end{bmatrix}^{v} \begin{bmatrix} v_x \\ v_y \\ v_z \end{bmatrix}_{v}^{w}
$$

基于方程（2.74），使用下式，可将车体坐标系中的角速度转换为欧拉角速度：

$$
\begin{bmatrix} \dot{\phi} \\ \dot{\theta} \\ \dot{\psi} \end{bmatrix} = \begin{bmatrix} 1 & s\phi t\theta & c\phi t\theta \\ 0 & c\phi & -s\phi \\ 0 & \dfrac{s\phi}{c\theta} & \dfrac{c\phi}{c\theta} \end{bmatrix}^{v} = \begin{bmatrix} \omega_x \\ \omega_y \\ \omega_z \end{bmatrix}_{v}^{w}
$$

假设车辆在切平面内瞬时移动，也意味着在车体坐标系中，约束可表示为：

$$
\underline{c}(\underline{x}) = {}^{v}\begin{bmatrix} v_z \\ \omega_x \\ \omega_y \end{bmatrix}_{v}^{w} = \underline{0} \tag{4.111}
$$

这样就得到了如下结果：

$$
{}^{w}\begin{bmatrix} v_x \\ v_y \\ v_z \end{bmatrix}_{v}^{w} = \begin{bmatrix} c\psi c\theta & (c\psi s\theta s\phi - s\psi c\phi) \\ s\psi c\theta & (s\psi s\theta s\phi + c\psi c\phi) \\ -s\theta & c\theta s\phi \end{bmatrix}^{v} \begin{bmatrix} v_x \\ v_y \end{bmatrix}_{v}^{w} \begin{bmatrix} \dot{\phi} \\ \dot{\theta} \\ \dot{\psi} \end{bmatrix} = \begin{bmatrix} c\phi t\theta \\ -s\phi \\ \dfrac{c\phi}{c\theta} \end{bmatrix}^{v} [\omega_z]_{v}^{w} \tag{4.112}
$$

可以根据运动速度和曲率指令来预测这些方程式右侧的内容。然后将上述方程关于时间进行积分运算，把任意的命令序列映射成车辆的运动。请注意，这些关系成立的前提条件，是基于车辆在切平面中移动的假设。在满足车轮地面接触约束的前提条件下，通过对俯仰角、横滚角以及 z 坐标的解进行微分，也可以用于估计姿态以及姿态变化率。

4.3.6 参考文献和延伸阅读

Bakker 等发表的论文是神奇轮胎公式的来源；Yun 等发表的论文在移动机器人建模中最早应用了鲍姆加特（Baumgarte）约束；Tarokh 等的论文提供了对于在不平坦地形表面运动 224
建模的来源；而 Choi 等发表的论文讨论了运动与约束切平面的相容性；Sidek 等在国际会议上发表的论文是将车辆的滑移与拉格朗日模型相结合的最新文献。

[10] E. Bakker, H. B. Pacejka, and L. Lidner, A New Tyre Model with an Application in Vehicle Dynamics Studies, SAE paper 890087, 1989.

[11] B.J. Choi and S.V. Sreenivasan, Gross Motion Characteristics of Articulated Mobile Robots with Pure Rolling Capability on Smooth Uneven Surfaces, *IEEE Transactions on Robotics and Automation,* Vol. 15, No. 2, pp. 340–343, 1999.

[12] Naim Sidek and Nilanjan Sarkar, Dynamic Modeling and Control of Nonholonomic Mobile Robot with Lateral Slip, Third International Conference on Systems (ICONS 2008), pp. 35–40, 2008.

[13] Mahmoud Tarokh and G. J. McDermott, Kinematics Modeling and Analyses of Articulated Rovers, in *IEEE Transactions on Robotics,* Vol. 21, No. 4, pp. 539–553, 2005.
[14] X. Yun and N. Sarkar, Unified Formulation of Robotic Systems with Holonomic and Nonholonomic Constraints, *IEEE Transactions on Robotics and Automation,* Vol. 14, pp. 640–650, Aug. 1998.

4.3.7 习题

1. 普法夫车轮约束

根据图 4-17 来回顾一下车轮约束的基本几何形状，其基本约束方程在世界坐标系中以普法夫形式可表示为：

$$\left[\left(\hat{\boldsymbol{y}}_i^w\right)_x \quad \left(\hat{\boldsymbol{y}}_i^w\right)_y \quad \left(\hat{\boldsymbol{x}}_i^w \cdot \underline{\boldsymbol{r}}_i\right)\right]\left[{}^w v_x \quad {}^w v_y \quad \omega\right]^{\mathrm{T}}=0$$

其中下标 i 表示第 i 个车轮。基本约束方程还能以转向角和车体的偏航角表示为：

$$\left[-s\psi\gamma_i \quad c\psi\gamma_i \quad \left(\underline{\boldsymbol{r}}_i \cdot \hat{\boldsymbol{x}}_i\right)\right]\left[{}^w v_x \quad {}^w v_y \quad \omega\right]^{\mathrm{T}}=0$$

对于给定的已知车轮，其普法夫权重向量（即 $\left(\underline{\boldsymbol{r}}_i \cdot \hat{\boldsymbol{x}}_i\right)$）的第三个分量是恒定不变的，请对满足此条件的所有点 (x,y) 集合做出几何意义上的解释；并推导出能够确定所有这些点 (x,y) 集合的显式公式。

2. 广义自行车的初始化

前面介绍的自行车示例并没有推导出满足初始条件的所有方程。现在考虑任意双车轮构型的广义自行车，这一更一般的情况。在这种更具代表性的一般情况下，自行车的两个车轮约束为：

$$\begin{bmatrix}-s_1 & c_1 & r_1\\ -s_2 & c_2 & r_2\end{bmatrix}\begin{bmatrix}v_x\\ v_y\\ \omega\end{bmatrix}=\underline{\mathbf{0}}$$

在世界坐标系中，车轮的方向为：

$$\psi_1=\psi+\gamma_1$$
$$\psi_2=\psi+\gamma_2$$

225 使用两个约束消除角速度（实际上为 $L\omega$），并对线速度的两个分量产生约束。然后，使用可用的自由度将线速度的 y 分量置零，并确定自行车的初始运动方向 ψ，该方向与沿 x 轴的线速度方向相一致。假设车轮的各个约束是相互独立的，请证明仿真过程中所使用的公式 $\psi_0=-\operatorname{atan}\left[\left(\tan(\gamma)\right)/2\right]$。

3. 自行车运动学模型

对于自行车模型，通过约束方程获得的重心位置合外力与力矩，不会产生违反约束条件的运动。因为速度是加速度对时间的积分，这也意味着，线加速度和角加速度一定都会精确地在线速度和角速度的容许方向上起作用。

如果假设作用于重心位置的合外力和力矩已知（或可以控制），那么对它们进行积分运算，就可以获得线速度和角速度，并且对其再次进行积分即可计算出自行车的运动状态，甚至无须借助于约束力的计算。这将是一件非常简单的事情。

在车体坐标系中，写出自行车的两个约束条件，并确定所容许的线速度方向；当自行车前轮的转向角不为零时，那么所施加的外力和力矩之间存在什么关系呢？

4. 使用移动坐标微分约束

对于两个车轮都位于车体坐标系 x 轴上的自行车几何构型，可对约束进行微分：

$$(\vec{v}+\vec{\omega}\times\vec{\rho})\cdot\hat{y}=0$$

利用移动坐标系，证明关于时间的微分：

$$\vec{a}\cdot\hat{y}+\alpha\rho-\omega(\vec{v}+\vec{\omega}\times\vec{\rho})=0$$

其中 $\vec{a}$ 为线性加速度；并且 α 为角加速度。假设不存在转向速度，并将所得结论与方程（4.98）进行比较。

5. 基本地形跟随

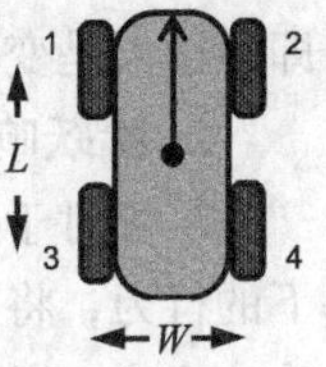

避免地形表面接触过度约束问题的一种简单方法是：对车辆前、后轮的滚动取平均，并对左、右侧车轮的俯仰角取平均。根据车轮运行地面的已知高度，写出上述方程式。

4.4 线性系统理论概述

机械手通常可以通过（代数）运动学方程进行建模，而轮式移动机器人最适合用非线性 226
微分方程建模。此外，这种模型的扰动动力学模型适用于里程计误差传播。基于这些原因，我们需要回顾有关系统论方面的一些概念。

4.4.1 线性定常系统

我们关注的许多系统都是由线性时不变常微分方程（ODE）描述的，其具体表现形式为：

$$\frac{\mathrm{d}^{(n)}y}{\mathrm{d}t^n}+a_{n-1}\frac{\mathrm{d}^{(n-1)}y}{\mathrm{d}t^{n-1}}+\cdots+a_1\frac{\mathrm{d}}{\mathrm{d}t}(y)+a_0y=u(t) \tag{4.113}$$

对于这样的方程，可以发现它主要是建立了 $y(t)$ 与其时间微分之间的关系。即使不存在 $u(t)$，$y(t)$ 在某一时刻具有某一特定值的事实，也可能意味着其时间微分不为零，也就是说，在不同的时刻它会处于不同的状态，因而可以找到其状态导数。因此，该方程式描述了一个在所有时刻都可能处于运动状态的系统。

我们称 $u(t)$ 为*驱动力函数*、*输入函数*或*控制函数*，其称谓取决于具体的应用环境。把驱动力函数看作微分方程的“输入”，是控制论的观点。在控制工程学科中，我们通常假设控制那些能够决定系统行为的量。在添加了这样的输入后，这种系统被称为*力驱动（受迫）*系统，尽管输入参数可以是任意物理量，而不仅仅限于力。

像这样随时间变化的系统被称为*动态系统*。在物理学领域，存在很多这种被人熟知的实例。但是，我们将从一个更加抽象的角度对它们进行初步探究。

1. 一阶系统

最简单的动态系统可能是一阶系统，其行为由如下条件确定：

$$\tau\frac{\mathrm{d}y}{\mathrm{d}t}+y=u(t) \tag{4.114}$$

这样的系统被称为*一阶系统*、*一阶滤波系统*或*一阶时滞系统*。常数 τ 被称为*时间常数*。用差分方程来近似常微分方程是一种极具启迪性，且很有用的方法：

$$\frac{\tau}{\Delta t}(y_{k+1}-y_k)+y_k=u_{k+1}$$

上式可改写为：

$$y_{k+1}=y_k+\frac{\Delta t}{\tau}(u_{k+1}-y_k)$$

注意该方程可能仅需一行源代码，就能用几乎任意一种编程语言将其转换成为计算机程
227 序。其计算结果可解释为：从需要走的距离（即输入与输出之间的差值）中取一个微小量，添加到下一个时间步的输出上。系统按照与剩余差值成正比的速度，持续逼近输入参考值。即便输入是变化的，该方程也可正确响应。

2. 阶跃响应

尽管对于任意输入，都可以计算出其解，但是，针对代表性的实例，研究其在标准输入下的行为，将有利于比较不同系统的特性。两种典型实例是：系统在 $t=0$ 时刻冲击输入下的*脉冲响应*，以及 $t\geqslant 0$ 恒定输入下的*阶跃响应*（见图 4-26）。

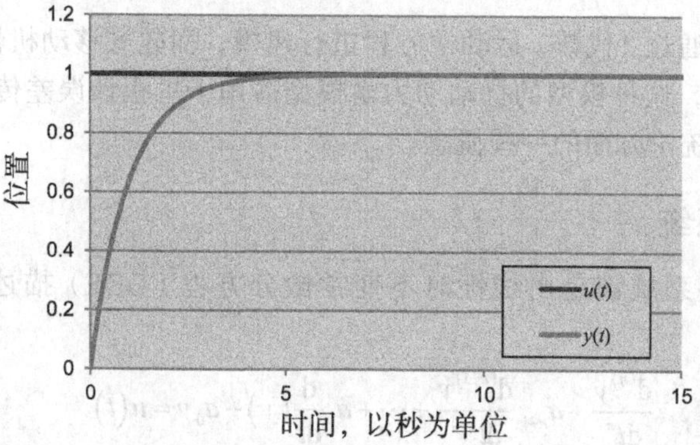

图 4-26 一阶阶跃响应。系统以渐近方式逼近理想最终状态

上述系统（方程（4.114））可以用常系数线性微分方程理论以封闭形式求解。因为非受迫系统（即 $u(t)=0$）的任意解都可以添加到受迫系统（即 $u(t)\neq 0$）的解中，以获得一个新解，而通解是所有特解的总和。

对于非受迫系统，我们需要一种在微分后仍能保持其形式的解，以便使其导数的加权和为零。由于指数具有这一特性，因此，假设解的形式可表示为：

$$y(t)=e^{st} \tag{4.115}$$

其中 s 为未知常量，将方程（4.115）代入方程（4.114）可得：

$$e^{st}(\tau s+1)=0 \tag{4.116}$$

我们发现，*特征方程* $\tau s+1=0$ 的根起到了核心作用。在这种情况下，方程的根为 $s=-1/\tau$，因此非受迫系统的解可表示为如下形式：

$$y(t)=ae^{-t/\tau} \tag{4.117}$$

其中 a 是一个系数，其值可以利用初始条件确定。

对于受迫系统的解，我们需要一个在形式上与 $u(t)$ 类似的函数。对于阶跃输入，$u(t)$ 为常量 u_{ss}（ss 表示稳态），那么如 $y(t)=y_{ss}$（也是一个常量）形式的解也满足常微分方程。

可假设解的形式如下，并以此来求方程的全解：

$$y(t)=a\mathrm{e}^{-t/\tau}+y_{ss}$$

如果系统从 $y(0)=0$ 开始，那么我们有 $a=-y_{ss}$，因此系统的最终解为：

$$y(t)=y_{ss}\left(1-\mathrm{e}^{-t/\tau}\right)$$

现在就可以解释时间常数的意义了。当 $t=\tau$ 时，系统变化到最终状态值的 $1-1/\mathrm{e}$ 或 63% 处。

请注意，在方程（4.116）中，如果 $\tau<0$，那么方程的根 $s=-1/\tau$ 为正值。在这种情况下，方程（4.117）所示表示的系统的输出将呈指数级增长，这样的系统被称为不稳定系统。 228

3. 拉普拉斯变换

拉普拉斯变换是系统动力学分析中极其有效的数学工具。它将时域微分方程转化为复数域的代数方程。对任意一个时间函数 $y(t)$，用 $y(s)$ 表示该函数的拉普拉斯变换，定义为：

$$y(s)=\mathrm{L}\left[y(t)\right]=\int_0^{\infty}\mathrm{e}^{-st}y(t)\,\mathrm{d}t \tag{4.118}$$

上式中的变量 $s=\sigma+\mathrm{j}\omega$ 是一个复数，而核函数 e^{-st} 表示阻尼正弦曲线，因为

$$\mathrm{e}^{-st}=\mathrm{e}^{-\sigma t}\mathrm{e}^{-\mathrm{j}\omega t}=\mathrm{e}^{-\sigma 1}\left[\cos(\omega t)-\mathrm{j}\sin(\omega t)\right]$$

对 s 的任意特定值，该变换将计算 $y(t)$ 在阻尼正弦波上的投影（函数的点积运算），而 $y(s)$ 则表征了对应着每个 s 值的点积。

在实际应用中，很少计算该积分。相反，所有常见函数的变换（以及它们的求逆运算）都可以在表中找到，因此只需通过查表来获得其变换结果。本书的前面已经定义了向量和矩阵的积分（以及与标量的乘积），所以向量和矩阵的拉普拉斯变换也遵照相应的定义，对任意向量有：

$$\underline{y}(s)=\mathrm{L}\left[\underline{y}(t)\right]=\int_0^{\infty}\mathrm{e}^{-st}\underline{y}(t)\,\mathrm{d}t$$

4. 传递函数

从我们的目的来看，拉普拉斯变换最有价值的特性是它能够将动态系统的不同成分转换成多项式乘积，据此可以很容易地提取系统的主导行为。该特性源自于拉普拉斯变换的如下特性：

$$\mathrm{L}\left[\dot{y}(t)\right]=s\mathrm{L}\left[y(t)\right]-y(0)=sy(s)-y(0) \tag{4.119}$$

其中 $y(0)$ 表示当 $t=0$ 而不是 $s=0$ 时，y 的初始条件。根据惯例，在下面定义的传递函数中，往往忽略初始条件。这样，我们就可以在时域和拉氏域中随意使用小写字母 y 这一标识符。 229

根据上述结论，时域中的微分相当于在复频域（也称为 s 域），中乘以 s。这一事实反映了这样一个结论：微分倾向于放大信号的高频成分，而不是低频成分。

利用拉普拉斯变换公式，我们可以很容易地对完整微分方程进行变换。一阶系统（方程（4.114））的变换是一个代数方程：

$$\tau sy(s)+y(s)=u(s)$$

定义传递函数 $T(s)$ 为输出 y 与输入 u 的比值：

$$T(s)=\frac{u(s)}{y(s)}=\frac{1}{1+\tau s} \tag{4.120}$$

特别需要注意的是，特征多项式出现在传递函数的分母中。很容易发现，特征多项式总

是会出现在分母中。也很容易发现，一个 n 阶常微分方程将产生一个 n 阶特征多项式，而该方程将有 n 个根。特征多项式方程的根称为系统的极点。可以证明：除非特征多项式的所有根都有负的实部，否则其对应的系统是不稳定的。

5. 方框图

为便于分析，可将原始常微分方程或者其拉普拉斯变换表示为如图 4-27 所示的方框图。

请注意方框图是如何巧妙地用 u 作为输入、用 y 作为输出绘制而成，以及如何根据每个微分方程中的 y 计算得到 $\dot{y}$，然后再对其再次积分以生成 y。对于微分方程而言，这种反馈回路是其固有特性，因为状态及其微分之间存在显式关系。无论在哪里出现 $\dot{y}$，它都会被积分并且反馈至需要 y 的地方。

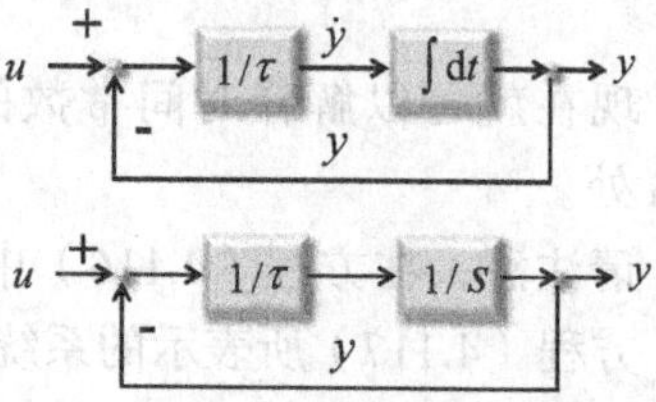

图 4-27　**一阶系统的方框图**。这种类型的方框图是动态系统分析和设计中的一种标准工具。上面的方框图表示时域，而下面的方框图表示 s 域

我们对如下所示形式的方框图尤其感兴趣。

230 如图 4-28 所示，该方框图可以被简化，以消除闭环回路。其输出状态可以写成如下所示形式：

$$y(s)=G(s)\big(u(s)-H(s)y(s)\big)$$

$$y(s)\big(1+G(s)H(s)\big)=G(s)u(s)$$

故传递函数为：

$$T(s)=\frac{G(s)}{1+G(s)H(s)}$$

特别注意到，将 $G(s)=1/\tau s$、$H(s)=1$ 代入图 4-28 所示的传递函数中，将重新获得方程（4.120）。因此，与一阶系统等效的方框图如图 4-29 所示。

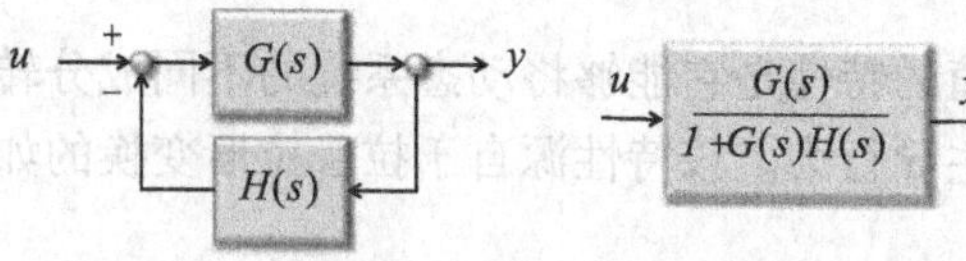

图 4-28　**方框图的代数表达**。右侧方框图与左侧方框图等效

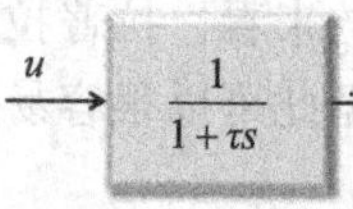

图 4-29　**一阶系统的等效方框图**。该方框图等效于如图 4-27 所示的方框图

6. 频率响应

频率响应是传递函数作为一种关于频率的函数而表现出的增益。为计算频率响应，将 $s=\mathrm{j}\omega$ 代入传递函数，从而把传递函数的幅值 $|T(\omega)|$ 与实际频率 ω 相关联，然后进行计算：

$$T(\mathrm{j}\omega)=\frac{u(\mathrm{j}\omega)}{y(\mathrm{j}\omega)}=\frac{1}{1+\tau(\mathrm{j}\omega)}$$

$$|T(\mathrm{j}\omega)|=\frac{1}{|1+\tau(\mathrm{j}\omega)|}=\frac{1}{\sqrt{1+(\tau\omega)^2}}$$

该幅值隐含的效力如图 4-30 所示。绘制图 4-30 时，其纵轴以 dB（分贝）为单位，即把幅值取以 10 为底的对数，然后乘以 20。我们会发现当信号频率为 $1/\tau$ 时，输出已经下降到 3 dB。超过该点，增益将以最大速度降低。

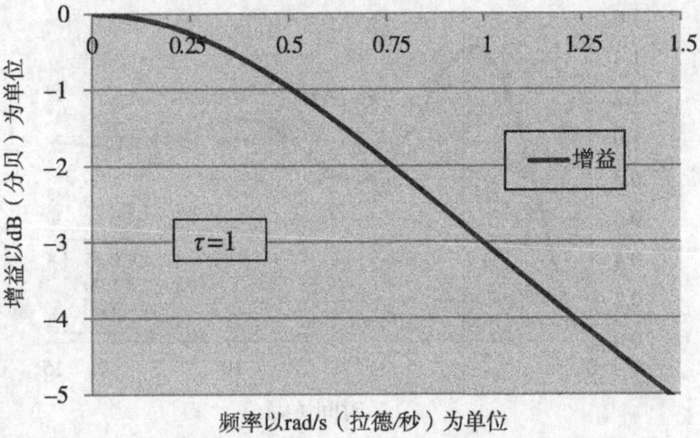

图 4-30 **一阶系统的频率响应**。这种方框图是动态系统分析和设计的标准工具。增益通常以分贝表示

7. 二阶系统 231

从满足研究目的的角度看，一个足够复杂、能展示所有待研究行为的最简单的机械系统可能就是弹簧－质量－阻尼系统。如图 4-31 所示，假设有一个物体通过弹簧和阻尼器连接到墙上。

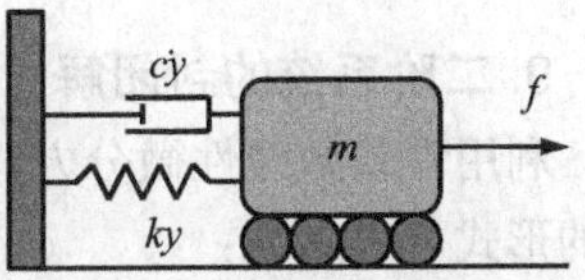

图 4-31 **阻尼质量－弹簧系统**。施加到物体上的作用力受到弹簧和阻尼器的抵抗

假设施加在物体上的外力 f 的方向为正。由于弹簧施加的反向作用力正比于弹簧变形量 y，而阻尼器产生的反向作用力正比于变化率 $\dot{y}$，根据牛顿第二定律可得：

$$m\ddot{y} = f - c\dot{y} - ky \tag{4.121}$$

其中 c 为阻尼系数；k 为弹性系数。该方程是一个二阶线性微分方程，也简称为二阶系统。也可以把该方程表示为下面更熟悉的形式：

$$\ddot{y} + \frac{c}{m}\dot{y} + \frac{k}{m}y = \frac{f}{m} \tag{4.122}$$

在比力学更通用的情景中，二阶系统也称为阻尼振荡器，并可写成：

$$\ddot{y} + 2\zeta\omega_0\dot{y} + \omega_0^2 y = u(t) \tag{4.123}$$ 232

其中 ζ 称为阻尼比；ω_0 称为固有频率。系统行为由阻尼比 ζ 和固有频率 ω_0 这两个参数共同决定。

8. 阶跃响应

三个具有不同阻尼比的阻尼振荡器的阶跃响应如图 4-32 所示。

假设对于持续输入而言，瞬态变化最终会消失，那么，设 $\ddot{y} \to 0$ 且 $\dot{y} \to 0$，即可获得与阶跃输入 u_{ss} 对应的输出。利用这些假设，可将微分方程进一步简化为：

$$y_{ss} = u_{ss} / \omega_0^2 \tag{4.124}$$

或者，简化为等效的机械系统微分方程：

$$y_{ss} = f_{ss} / k \tag{4.125}$$

其中的下标 ss 表示稳态。

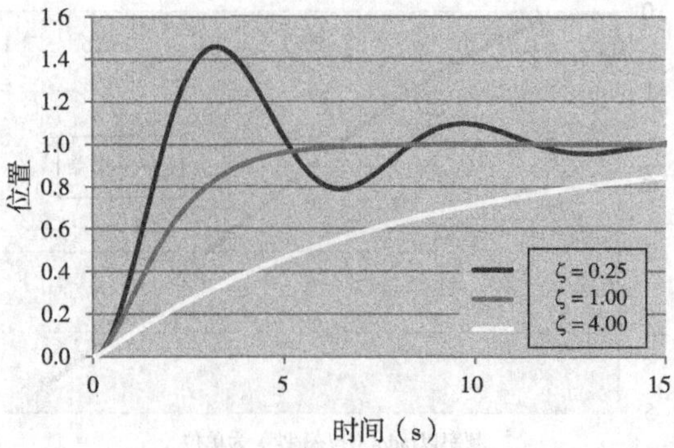

图 4-32 **二阶系统的阶跃响应**。对于 $\zeta<1$ 的欠阻尼系统，固有频率 ω_0 决定响应的振荡频率；对于 $\zeta>1$ 的过阻尼系统，系统响应不振荡，但上升较为缓慢；而对 $\zeta=1$ 的临界阻尼系统，系统响应上升非常迅速，并且不振荡

9. 二阶系统的封闭解

利用常系数线性微分方程理论，可以求出二阶系统的封闭解。对于非受迫系统，假设其解的形式可表示为：

$$y(t)=\mathrm{e}^{st} \tag{4.126}$$

s 为未知常量，将上式代入方程（4.123），则有

$$\mathrm{e}^{st}\left(s^2+2\zeta\omega_0 s+\omega_0^2\right)=0 \tag{4.127}$$

我们将再次发现，特征方程 $(s^2+2\zeta\omega_0 s+\omega_0^2)$ 的根的作用至关重要。根据该二次方程可以得到两个特征根：

$$s=\frac{-2\zeta\omega_0\pm\sqrt{4\zeta^2\omega_0^2-4\omega_0^2}}{2}=-\zeta\omega_0\pm\omega_0\sqrt{\left(\zeta^2-1\right)} \tag{4.128}$$

或者，将上述两个根写成更简化的形式：

$$s=\omega_0\left(-\zeta\pm\sqrt{\zeta^2-1}\right) \tag{4.129}$$

当 $\zeta^2<1$ 时，特征方程的解为一对共轭复数，此时，系统会振荡。当临界阻尼条件 $\zeta=1$ 成立时，特征方程的解是重实根。当解的虚部消失，即判别式 ζ^2-1 为零时，会出现这种情况。

假设解具有如下形式，就可以得到特征方程的全解：

$$y(t)=a\mathrm{e}^{s_1 t}+b\mathrm{e}^{s_2 t}$$

根据初始条件，可以求解常量 a 和 b。

对于受迫系统，可以假设解的形式与 $u(t)$ 类似，进而确定受迫系统的解。很显然，方程（4.124）为受迫系统的一个解。在图 4-32 中，二阶系统的阶跃响应行为，显然对应这两种
233 解的总和。振荡最终会消失，并且系统稳定在稳态位置。

10. 传递函数

利用拉普拉斯变换计算二阶阻尼振荡器的传递函数，有非常重要的意义。对微分方程等号两端进行拉普拉斯变换，得：

$$s^2y(s)+2\zeta\omega_0 sy(s)+\omega_0^2 y(s)=u(s)$$

传递函数定义为响应（即输出）与输入的比值：

$$T(s)=\frac{y(s)}{u(s)}=\frac{1}{s^2+2\zeta\omega_0 s+\omega_0^2}$$

特征方程再次出现在传递函数的分母位置。

11. 线性状态方程的解：标量情况

到目前为止，我们所讨论微分方程的系数都为常数。然而，含有时变系数的微分方程也非常重要。在本节中，我们将输出变量 y 写成 x，以便与后续部分的结论进行比较。考虑标量情况下的线性时变微分方程：

$$\dot{x}(t)=f(t)x(t)+g(t)u(t)$$

定义如下积分函数，可以推导出该微分方程的通解：

$$\phi(t,t_0)=\exp\left[\int_{t0}^{t} f(\tau)\mathrm{d}\tau\right] \tag{4.130}$$

利用该积分函数，通解可表示如下：

$$x(t)=\phi(t,t_0)x(t_0)+\int_{t0}^{t}\phi(t,\tau)g(\tau)u(\tau)\mathrm{d}\tau \tag{4.131}$$

读者可能见过如下形式的结果：

$$\dot{x}(t)=f(t)x(t)+g(t) \qquad p(t)=\mathrm{e}^{\int f(\tau)\mathrm{d}\tau} \quad x(t)=\int p(t)g(t)\mathrm{d}t \tag{4.132}$$

当 $f(\tau)$ 为常数（与时间无关）时，那么下式成立：

$$\phi(t,t_0)=\exp\left[f\cdot(t-t_0)\right]=\mathrm{e}^{f\cdot(t-t_0)}$$

这是一个常见的指数函数。

4.4.2 线性动态系统的状态空间表示

在前面数值积分算法中，曾经用向量微分方程的形式来表示系统：

$$\dot{\underline{x}}(t)=\underline{f}\left(\underline{x}(t),\underline{u}(t),t\right) \tag{4.133}$$

这种表示形式比线性时不变常微分方程更具有普遍性，而且线性时不变常微分方程只是 234
它的一种特殊情况。这种形式也被称为系统的*状态空间*表示。正式地讲，系统的*状态*是在给定输入和时间的情况下，能够对系统的未来状态进行预测的一组最小变量集。非正式地讲，系统状态的元素与求解控制微分方程所需的初始条件的元素相同。如果预测系统行为需要已知初始速度，那么速度就是一个状态量。事实证明状态空间表示非常有用，其应用将贯穿本书。

1. 常微分方程到状态空间的变换

现在考虑线性形式的状态空间表示。将任意阶数的线性时不变常微分方程变换为状态空间的形式，是非常简单的事情。回顾已有知识，会发现求解微分方程时，需要知道包括 0 阶在内的所有 $n-1$ 阶微分的初始条件。这也充分说明，状态空间形式只是方程中包含除最高阶微分之外的，所有微分量的一个向量。为简单起见，首先考虑二阶常微分方程的情况：

$$\frac{\mathrm{d}^2y}{\mathrm{d}t^2}+a_1\frac{\mathrm{d}y}{\mathrm{d}t}+a_0 y=u(t)$$

选择状态变量为：

$$x_1(t)=y(t)$$
$$x_2(t)=\dot{y}(t)=\dot{x}_1(t)$$

现在，重写上述第二个表达式以及原始常微分方程，如下：

$$\dot{x}_1(t)=x_2(t)$$
$$\dot{x}_2(t)=-a_1x_2(t)-a_0x_1(t)+u(t)$$

上式也可以写成向量形式：

$$\frac{\mathrm{d}}{\mathrm{d}t}\begin{bmatrix}x_1\\x_2\end{bmatrix}=\begin{bmatrix}0&1\\-a_0&-a_1\end{bmatrix}\begin{bmatrix}x_1\\x_2\end{bmatrix}+\begin{bmatrix}0\\1\end{bmatrix}u(t) \tag{4.134}$$

该向量形式还可表示为：

$$\underline{\dot{x}}(t)=\boldsymbol{F}\underline{\boldsymbol{x}}(t)+\boldsymbol{G}u(t)$$

按照上述过程，可以类似地推导出任意 n 阶系统的一般情况。注意，线性时不变常微分方程总是会产生一个初始系数都位于最底行的稀疏矩阵 $\boldsymbol{F}$。因此，一个任意稀疏矩阵 $\boldsymbol{F}$ 可以表示更具普遍性的系统。

2. 一般线性动态系统

235 连续时间、线性、集中参数型动态系统是应用数学中最常用的表示形式之一。线性系统虽然不像非线性情况那样具有表现力，但它的优点在于其存在通解。线性系统用来表示那些行为可以用时变向量捕获的、实际的或假想的过程。

在该领域中，可用的变体有很多。但是在这里，我们对这种以线性方式，从状态中推导出输出向量 $\underline{\boldsymbol{y}}(t)$ 的形式更感兴趣。对连续时间系统，状态空间描述可表示为：

$$\begin{aligned}\underline{\dot{\boldsymbol{x}}}(t)&=\boldsymbol{F}(t)\underline{\boldsymbol{x}}(t)+\boldsymbol{G}(t)\underline{\boldsymbol{u}}(t)\\\underline{\boldsymbol{y}}(t)&=\boldsymbol{H}(t)\underline{\boldsymbol{x}}(t)+\boldsymbol{M}(t)\underline{\boldsymbol{u}}(t)\end{aligned} \tag{4.135}$$

该系统可以用如图 4-33 所示的方框图表示。

这些方程将被称为线性状态方程。请注意，其中的第一个方程为微分方程，而第二个方程则不是。过程或者系统由系统时变状态 $\underline{\boldsymbol{x}}(t)$ 来描述。矩阵 $\boldsymbol{F}(t)$，作为系统动力学矩阵，决定着系统的非受迫响应；输入向量 $\underline{\boldsymbol{u}}(t)$ 代表驱动力函数，它通过控制（或者输入）分布矩阵 $\boldsymbol{G}(t)$ 映射到状态向量。

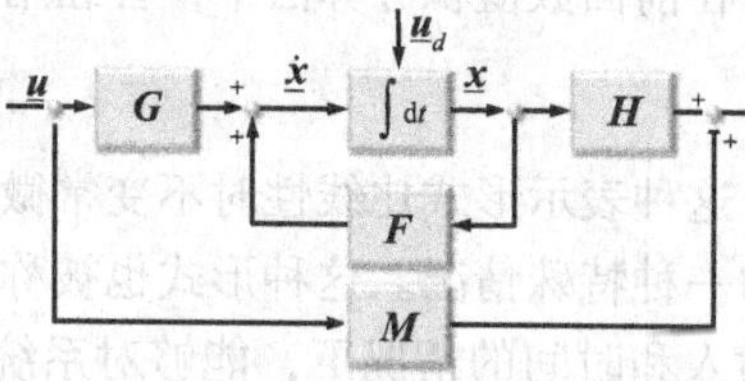

图 4-33 **状态空间模型**。这种方框图表示了描述线性多变量动态系统行为的方程组

对我们而言，会频繁使用第二个方程，因为我们对利用各种传感装置观测系统状态的过程更感兴趣。在这种情况下，输出向量 $\underline{\boldsymbol{y}}(t)$ 可以表示为测量向量 $\underline{\boldsymbol{z}}(t)$。输出向量反映了传感器获取的信息，测量矩阵 $\boldsymbol{H}(t)$ 对观测过程进行了建模，并使观测与当前状态 $\underline{\boldsymbol{x}}(t)$ 相关联。有时需要对行为模式进行建模，以便利用变换矩阵 $\boldsymbol{M}(t)$ 间接观测输入向量 $\underline{\boldsymbol{u}}(t)$。

系数矩阵与时间无关的特例，就是理论上非常重要的“常系数”情况。请注意，即便系数矩阵与时间相关，这些方程仍然是线性的，因为矩阵并不取决于状态。

3. 线性状态方程的解：向量情况

现在考虑线性状态方程显式解的推导问题：

$$\underline{\dot{x}}(t)=\boldsymbol{F}(t)\underline{\boldsymbol{x}}(t)+\boldsymbol{G}(t)\underline{\boldsymbol{u}}(t) \tag{4.136}$$

考虑这样被称为*转移矩阵*的时变矩阵函数，其定义为把状态从某时刻 τ 直接映射（或者转移）到任意其他时刻 t 的矩阵：

$$\underline{\boldsymbol{x}}(t)=\boldsymbol{\Phi}(t,\tau)\underline{\boldsymbol{x}}(\tau)$$

根据定义，时变矩阵函数的另一个属性是，该矩阵以及它所有的列都满足非受迫状态方程：

$$\frac{\mathrm{d}}{\mathrm{d}t}\boldsymbol{\Phi}(t,\tau)=\boldsymbol{F}(t)\boldsymbol{\Phi}(t,\tau) \qquad \boldsymbol{\Phi}(t,t)=\boldsymbol{I} \tag{4.137}$$

通常情况下，转移矩阵仅取决于时间差 $t-\tau$，而不是特定的时间。在常系数情况下，转移矩阵采用以指数形式表示的恒定动力学矩阵的简捷风格： 236

$$\boldsymbol{\Phi}(t,\tau)=\mathrm{e}^{\boldsymbol{F}(t-\tau)} \tag{4.138}$$

请注意，如果时间差足够小（即 $t-\tau=\Delta t$），那么就可以假设 $\boldsymbol{F}(t-\tau)$ 近似恒定不变，并能以线性项截断近似泰勒级数展开式：

$$\boldsymbol{\Phi}(t,\tau)\approx\boldsymbol{I}+\boldsymbol{F}\Delta t \tag{4.139}$$

对于时间差较长的情况，列出少数几个指数级数项，就会在矩阵部分和的每个元素中发现可识别的级数。于是，通过观察，就可以得到每一项的一般形式。在其他时候，$\boldsymbol{F}$ 的高次幂会很容易消掉。

在系数与时间相关的情况下，即便知道 $\boldsymbol{\Phi}(t,\tau)$ 是存在的，但是也可能不容易确定。然而，有一种特殊情况非常重要，方程（4.130）的矩阵可等价为：

$$\psi(t,\tau)=\exp\left(\int_{\tau}^{t}\boldsymbol{F}(\tau)\mathrm{d}\tau\right) \tag{4.140}$$

当该矩阵与动力学矩阵（其自身的导数）满足交换律时：

$$\psi(t,\tau)\boldsymbol{F}(t)=\boldsymbol{F}(t)\psi(t,\tau)$$

该矩阵便为 $\boldsymbol{F}(t)$ 的转移矩阵。为方便起见，也可定义另外一种特殊的矩阵乘积，我们称之为*输入转移矩阵*：

$$\boldsymbol{\Gamma}(t,\tau)=\boldsymbol{\Phi}(t,\tau)\boldsymbol{G}(\tau)$$

知道了转移矩阵相当于解出了线性系统，因为一般线性时变系统的解为：

$$\underline{\boldsymbol{x}}(t)=\boldsymbol{\Phi}(t,t_0)\underline{\boldsymbol{x}}(t_0)+\int_{t_0}^{t}\boldsymbol{\Gamma}(t,\tau)\underline{\boldsymbol{u}}(\tau)\mathrm{d}\tau \tag{4.141}$$

聚焦信息 4.10 向量叠加积分

线性动态系统的通解。

将该方程与方程（4.131）进行比较会发现：因为 $\boldsymbol{G}$ 是已知的，所以当 $\boldsymbol{\Phi}(t,\tau)$ 确定后，该积分就完全描述了系统的行为。在其他文献著作中，该方程被称为*矩阵叠加积分*。而我们将其称为*向量叠加积分*，以说明它与本书后面用于协方差矩阵的等价积分的关系。 237

4. 稳定性

基本稳定性是非受迫系统的属性，同时它也是 $\boldsymbol{F}(t)$ 的属性。对于定常（时不变）自主系统 $\dot{\underline{\boldsymbol{x}}}(t)=\boldsymbol{F}\underline{\boldsymbol{x}}(t)$，可以很直观地发现，如果存在特征值 λ 为正，那么它对应的特征向量 $\underline{\boldsymbol{e}}$ 就代表着一个具有不好特性的方向。对于某一确定的 $k>0$，如果 $x(t)=k\underline{\boldsymbol{e}}$ 成立，那么根据特征向量的定义，可得 $\dot{\underline{\boldsymbol{x}}}(t)=\lambda x(t)$。因此，如果状态向量指向该特征向量方向，那么它将受限于该方向，并且根据特征值符号的不同，出现幅值无限增大（或者缩小）的现象。一个具有正特征值的定常（时不变）系统显然是不稳定的；相反，系统的基本稳定条件是其所有的特征值必须有负的实部。

1）**李雅普诺夫（Lyapunov）稳定性**。线性和非线性系统稳定性的一般定义，通常适用于原点状态。对任意时刻 t_1 和每一个实数 $\varepsilon>0$，可以找到某一确定的任意小的 $\delta>0$，使得对所有的 $t_2>t_1$，如果有 $\|\underline{\boldsymbol{x}}(t_1)\|<\delta$，那么 $\|\underline{\boldsymbol{x}}(t_2)\|<\varepsilon$ 成立，则称原点 $\underline{\boldsymbol{x}}(t_1)=\underline{\boldsymbol{0}}$ 在李雅普诺夫意义上是稳定的。换句话说，$\underline{\boldsymbol{x}}(t_2)$ 可以任意靠近原点，前提条件是只要 $\underline{\boldsymbol{x}}(t_1)$ 也可以。换一种说法就是，对于每一个起始状态，都存在一个系统永远不会超越的范围。

2）**转移矩阵对稳定性的影响**。当我们将注意力转向 $\boldsymbol{F}(t)$ 取决于时间的时变系统，会发现其特征向量也将随时间推移而不断变化。在这种情况下，我们可以借助转移矩阵来探讨稳定条件。转移矩阵的基本属性可以写成：

$$\underline{\boldsymbol{x}}(t_2)=\boldsymbol{\Phi}(t_1,t_2)\underline{\boldsymbol{x}}(t_1)$$

即通过矩阵乘法运算，可将 t_1 时刻的状态转移为 t_2 时刻的状态。很显然，如果 $x(t_1)$ 是有界的，并且转移矩阵的范数也是有界的，那么 $x(t_2)$ 也将是有界的。转移矩阵的范数不能超过最大特征值，因此

$$\|\boldsymbol{\Phi}(t_1,\ t_2)\|=\max_i(\lambda_i)$$

可以很容易证明：如果转移矩阵的范数是有界的，那么从李雅普诺夫意义上而言，系统处于稳定状态。

5. 线性系统的传递函数

在定常（时不变）系统情况下，我们可以轻而易举地推导出线性系统的传递函数。当 $\boldsymbol{F}$ 和 $\boldsymbol{G}$ 与时间无关时，对方程（4.135）使用拉普拉斯变换：

$$s\underline{\boldsymbol{x}}(s)=\boldsymbol{F}\underline{\boldsymbol{x}}(s)+\boldsymbol{G}\underline{\boldsymbol{u}}(s)$$

因为 $\underline{\boldsymbol{x}}(s)[s\boldsymbol{I}-\boldsymbol{F}]=\boldsymbol{G}\underline{\boldsymbol{u}}(s)$，所以可得 $\underline{\boldsymbol{x}}(s)=[s\boldsymbol{I}-\boldsymbol{F}]^{-1}\boldsymbol{G}\underline{\boldsymbol{u}}(s)$。将该结论代入输出方程的拉普拉斯变换中，可得：

$$\underline{\boldsymbol{y}}(s)=\boldsymbol{H}\underline{\boldsymbol{x}}(s)+\boldsymbol{M}\underline{\boldsymbol{u}}(s)=\left\{\boldsymbol{H}[s\boldsymbol{I}-\boldsymbol{F}]^{-1}\boldsymbol{G}+\boldsymbol{M}\right\}\underline{\boldsymbol{u}}(s)$$

238 传递函数是输出与输入的“比值”。或者更一般地说，把该算子应用于 $u(s)$，会得到 $y(s)$。基于这样的解释，可以得出如下结论：

$$T(s)=\boldsymbol{H}[s\boldsymbol{I}-\boldsymbol{F}]^{-1}\boldsymbol{G}+\boldsymbol{M} \tag{4.142}$$

4.4.3 非线性动态系统

现在回到非线性动态系统的情况。通过增加一个输出方程，可把非线性动态系统表示为：

$$\dot{\underline{\boldsymbol{x}}}(t)=\underline{\boldsymbol{f}}\left(\underline{\boldsymbol{x}}(t),\underline{\boldsymbol{u}}(t),t\right)$$
$$\dot{\underline{\boldsymbol{y}}}(t)=\underline{\boldsymbol{h}}\left(\underline{\boldsymbol{x}}(t),\underline{\boldsymbol{u}}(t),t\right)$$

1. 非线性动态系统的解

虽然对线性系统，尤其是常系数线性系统的求解问题，我们已经有了详尽的了解，但是由此得到的一般结论并不适用于非线性系统。实际上，与线性情况不同的是，非线性微分方程从根本上而言，并不能保证存在显式解。不过，直接对第一个方程取积分运算，即可获得数值解：

$$\underline{\boldsymbol{x}}(t)=\underline{\boldsymbol{x}}(0)+\int_0^t\underline{\boldsymbol{f}}\left(\underline{\boldsymbol{x}}(\tau),\underline{\boldsymbol{u}}(\tau),\tau\right)\mathrm{d}\tau \tag{4.143}$$

因为非线性情况包含了线性情况，所以任何适用于上述系统的结论也将适用于线性系统。

2. 非线性动态系统的相关特性

移动机器人动力学方程是典型的非线性方程，通常还具备下述一些非常特殊的性质。

1）**齐次性**。当移动机器人非线性动态系统满足如下条件：

$$\underline{\boldsymbol{f}}\left[\underline{\boldsymbol{x}}(t),k\times\underline{\boldsymbol{u}}(t)\right]=k^n\times f\left[\underline{\boldsymbol{x}}(t),\underline{\boldsymbol{u}}(t)\right] \tag{4.144}$$

对于某一恒定的常数 k，可以说系统是关于 $\underline{\boldsymbol{u}}(t)$ 的 n 阶齐次方程。齐次性也表示 $f()$ 内的 $\underline{\boldsymbol{u}}(t)$ 一定以其 n 次幂因子的形式出现。

$$\underline{\boldsymbol{f}}\left[\underline{\boldsymbol{x}}(t),\underline{\boldsymbol{u}}(t)\right]=\underline{\boldsymbol{u}}^n(t)g\left(\underline{\boldsymbol{x}}(t)\right) \tag{4.145}$$

于是，在 $f()$ 关于 $\underline{\boldsymbol{u}}(t)$ 的泰勒级数展开式中，凡是幂的阶数不超过 n 的所有展开项都为零。这将产生非常重要的影响。 239

2）**无漂移**。任意非零阶齐次系统关于其输入都是无漂移的。它们的零输入响应也为零，因此，可以通过使输入置零（即零输入）的方式，使系统立即停止：

$$\underline{\boldsymbol{u}}(t)=0\Rightarrow\dot{\underline{\boldsymbol{x}}}(t)=0 \tag{4.146}$$

这里并不必要求 $f()$ 与系统状态无关（即系统没有动力学特性），因为状态可以与输入相乘以满足齐次性。

3）**可逆性和单调性**。奇阶齐次系统是关于 $\underline{\boldsymbol{u}}(t)$ 的奇函数，而且也是可逆的。因为只需适时地反转输入信号 $\underline{\boldsymbol{u}}(t)$，就可以精确地驱动系统返回至初始轨迹。

$$\underline{\boldsymbol{u}}_2(t)=-\underline{\boldsymbol{u}}_1(\tau-t)\Rightarrow\underline{\boldsymbol{f}}_2(t)=-\underline{\boldsymbol{f}}_1(\tau-t)$$

偶阶齐次系统是关于 $\underline{\boldsymbol{u}}(t)$ 的偶函数，并且为单调函数，因为当输入信号发生变化时，状态微分的符号保持恒定不变。

$$\underline{\boldsymbol{u}}_2(t)=-\underline{\boldsymbol{u}}_1(t)\Rightarrow\underline{\boldsymbol{f}}_2(t)=\underline{\boldsymbol{f}}_1(t)$$

4）**正则性**。假设一个系统是关于某一特定输入 $u_i(t)$ 的齐次系统，该输入可以记为另外一个参数（诸如 s 之类）随时间的变化率。那么系统方程除以输入 $u_i(t)$ 不会产生奇点：

$$\frac{\underline{\boldsymbol{f}}\left[\underline{\boldsymbol{x}}(t),\underline{\boldsymbol{u}}(t)\right]}{u_i(t)}=\frac{\underline{\boldsymbol{f}}\left[\underline{\boldsymbol{x}}(t),\underline{\boldsymbol{u}}(t)\right]}{(\mathrm{d}s)/(\mathrm{d}t)}=\text{finite} \tag{4.147}$$

在这种情况下，可以改变变量，于是系统也可以用如下形式表示：

$$\frac{\mathrm{d}}{\mathrm{d}s}\underline{\boldsymbol{x}}(s)=\underline{\tilde{\boldsymbol{f}}}\left[\underline{\boldsymbol{x}}(s),\underline{\boldsymbol{u}}(s)\right] \tag{4.148}$$

借用微分几何学领域的一个专业术语，这种行为表现良好的系统被称为*正则系统*。

5）**运动依赖**。通过分析其响应的几何特性，而无须考虑时间，就可以很容易地从几何角度研究一个正则系统。我们称这样的系统为*运动依赖系统*。这种区别在里程计中非常有用。因为当运动停止时，惯性导航传感器误差（惯性导航）的影响将持续增大，而相对地面的测量装置（里程计）的误差影响则不会继续增大。

4.4.4 非线性动态系统的扰动动力学

对于任意一个非线性系统，通常可以获得相应的“线性化”版本，用于解决相对于参考轨迹（即已知输入所对应的解）的微小扰动问题。

再次考虑非线性系统：

240

$$\underline{\dot{\boldsymbol{x}}}(t)=\boldsymbol{f}_{-}\left(\underline{\boldsymbol{x}}(t),\underline{\boldsymbol{u}}(t),t\right) \tag{4.149}$$

假设名义输入 $\underline{\boldsymbol{u}}(t)$ 及与对应的名义解 $\underline{\boldsymbol{x}}(t)$ 已知。也就是说，$\underline{\boldsymbol{u}}(t)$ 和 $\underline{\boldsymbol{x}}(t)$ 都满足方程（4.149）（甚至对非线性系统，也可以通过数值计算方法生成），从而构成了参考轨迹。现在假设对于一个稍有不同的输入，需要得到其对应的解。

$$\underline{\boldsymbol{u}}'(t)=\underline{\boldsymbol{u}}(t)+\delta\underline{\boldsymbol{u}}(t)$$

其中 $\underline{\boldsymbol{u}}'(t)$ 被称为“扰动输入”，而 $\delta\underline{\boldsymbol{u}}(t)$ 被称为“输入扰动”，并且这两个量 $\underline{\boldsymbol{u}}'(t)$ 和 $\delta\underline{\boldsymbol{u}}(t)$ 都是关于时间的函数。定义与该输入对应的解为如下形式：

$$\underline{\boldsymbol{x}}'(t)=\underline{\boldsymbol{x}}(t)+\delta\boldsymbol{x}(t)$$

该表达式相当于状态扰动 $\delta\underline{\boldsymbol{x}}(t)$ 的定义，即状态扰动 $\delta\underline{\boldsymbol{x}}(t)$ 是扰动状态和名义状态之差。很显然，该解关于时间的导数是名义解与扰动的时间导数的和。根据定义，这一稍微不同的解也满足初始状态方程，于是可以写出：

$$\underline{\dot{\boldsymbol{x}}}'(t)=\underline{\dot{\boldsymbol{x}}}(t)+\delta\underline{\dot{\boldsymbol{x}}}(t)=\boldsymbol{f}_{-}\left[\underline{\boldsymbol{x}}(t)+\delta\underline{\boldsymbol{x}}(t),\underline{\boldsymbol{u}}(t)+\delta\underline{\boldsymbol{u}}(t),t\right]$$

$\delta\underline{\boldsymbol{x}}(t)$ 的近似将生成 $\underline{\boldsymbol{x}}'(t)$ 的一个近似。利用泰勒级数展开式可以得到该近似值，具体如下所示：

$$\boldsymbol{f}_{-}\left[\underline{\boldsymbol{x}}(t)+\delta\underline{\boldsymbol{x}}(t),\underline{\boldsymbol{u}}(t)+\delta\underline{\boldsymbol{u}}(t),t\right]\approx\boldsymbol{f}_{-}\left[\underline{\boldsymbol{x}}(t),\underline{\boldsymbol{u}}(t),t\right]+\boldsymbol{F}(t)\delta\underline{\boldsymbol{x}}(t)+\boldsymbol{G}(t)\delta\underline{\boldsymbol{u}}(t)$$

其中的两个新矩阵分别是 $\underline{\boldsymbol{f}}$ 分别关于状态和输入的雅可比矩阵——相对于名义轨迹进行评价：

$$\boldsymbol{F}(t)=\frac{\partial}{\partial\underline{\boldsymbol{x}}}\underline{\boldsymbol{f}}\bigg|_{\underline{\boldsymbol{x}},\underline{\boldsymbol{u}}}\qquad\boldsymbol{G}(t)=\frac{\partial}{\partial\underline{\boldsymbol{u}}}\underline{\boldsymbol{f}}\bigg|_{\underline{\boldsymbol{x}},\underline{\boldsymbol{u}}}$$

关于这一点，有：

$$\underline{\dot{\boldsymbol{x}}}(t)+\delta\underline{\dot{\boldsymbol{x}}}(t)=\boldsymbol{f}_{-}\left(\underline{\boldsymbol{x}}(t),\underline{\boldsymbol{u}}(t),t\right)+\boldsymbol{F}(t)\delta\underline{\boldsymbol{x}}(t)+\boldsymbol{G}(t)\delta\underline{\boldsymbol{u}}(t)$$

最终，通过消除初始状态方程，得到一个逼近扰动行为的线性系统。

$$\delta\underline{\dot{\boldsymbol{x}}}(t)=\boldsymbol{F}(t)\delta\underline{\boldsymbol{x}}(t)+\boldsymbol{G}(t)\delta\underline{\boldsymbol{u}}(t) \tag{4.150}$$

聚焦信息 4.11 线性扰动方程

用于表示线性和非线性动态系统的系统误差的一阶动态特性。

由于线性化后的动力学方程是线性的，所以它必然存在转移矩阵。因此一旦计算得到转移矩阵，动态系统中的系统误差一阶传播问题就已经解决了。线性系统的所有求解方法，包括公式（4.141）在内，现在都可以用来确定这个扰动的行为： 241

$$\delta\underline{\boldsymbol{x}}(t)=\boldsymbol{\Phi}(t,t_0)\delta\underline{\boldsymbol{x}}(t_0)+\int_{t_0}^{t}\boldsymbol{\Gamma}(t,\tau)\delta\underline{\boldsymbol{u}}(\tau)\mathrm{d}\tau \tag{4.151}$$

聚焦信息 4.12 向量叠加积分

线性的以及线性化后的动态系统的系统误差一阶动态特性通解。

使用相同的方法，输出方程可表示为：

$$\underline{\boldsymbol{y}}(t)=\underline{\boldsymbol{h}}\left(\underline{\boldsymbol{x}}(t),\underline{\boldsymbol{u}}(t),t\right)$$

对输出方程线性化，可得：

$$\delta\underline{\boldsymbol{y}}(t)=\boldsymbol{H}(t)\delta\underline{\boldsymbol{x}}(t)+\boldsymbol{M}(t)\delta\underline{\boldsymbol{u}}(t)$$

其中

$$\boldsymbol{H}(t)=\frac{\partial}{\partial\underline{\boldsymbol{x}}}\underline{\boldsymbol{h}}\bigg|_{\underline{\boldsymbol{x}},\underline{\boldsymbol{u}}}\qquad \boldsymbol{M}(t)=\frac{\partial}{\partial\underline{\boldsymbol{u}}}\underline{\boldsymbol{h}}\bigg|_{\underline{\boldsymbol{x}},\underline{\boldsymbol{u}}}$$

应用实例：平面内的全驱动轮式移动机器人

回顾在平面内运行的全驱动轮式移动机器人，其瞬时速度变换由下式给出：

$$\frac{\mathrm{d}}{\mathrm{d}t}\begin{bmatrix}x(t)\\ y(t)\\ \psi(t)\end{bmatrix}=\begin{bmatrix}c\psi(t) & -s\psi(t) & 0\\ s\psi(t) & c\psi(t) & 0\\ 0 & 0 & 1\end{bmatrix}\begin{bmatrix}V_x(t)\\ V_y(t)\\ \omega(t)\end{bmatrix} \tag{4.152}$$

其中 $\psi(t)$ 为航向角或偏航角，状态向量为 $\underline{\boldsymbol{x}}(t)=\begin{bmatrix}x(t) & y(t) & \psi(t)\end{bmatrix}^{\mathrm{T}}$，输入向量为 $\underline{\boldsymbol{u}}(t)=\begin{bmatrix}V_x(t) & V_y(t) & \omega(t)\end{bmatrix}^{\mathrm{T}}$，状态向量和输入向量都在车体坐标系中表示。

状态雅可比矩阵为：

$$\boldsymbol{F}(t)=\frac{\partial\dot{\underline{\boldsymbol{x}}}}{\partial\underline{\boldsymbol{x}}}=\begin{bmatrix}0 & 0 & -\left[s\psi(t)V_x(t)+c\psi(t)V_y(t)\right]\\ 0 & 0 & \left[c\psi(t)V_x(t)-s\psi(t)V_y(t)\right]\\ 0 & 0 & 0\end{bmatrix}=\begin{bmatrix}0 & 0 & -\dot{y}(t)\\ 0 & 0 & \dot{x}(t)\\ 0 & 0 & 0\end{bmatrix}$$

输入雅可比矩阵为：

$$\boldsymbol{G}(t)=\frac{\partial\dot{\underline{\boldsymbol{x}}}}{\partial\underline{\boldsymbol{u}}}=\begin{bmatrix}c\psi(t) & -s\psi(t) & 0\\ s\psi(t) & c\psi(t) & 0\\ 0 & 0 & 1\end{bmatrix}$$ 242

定义矩阵积分：

$$\chi(t,\tau)=\int_{\tau}^{t}\boldsymbol{F}(\tau)\mathrm{d}\tau=\int_{\tau}^{t}\begin{bmatrix}0 & 0 & -\dot{y}(t)\\ 0 & 0 & \dot{x}(t)\\ 0 & 0 & 0\end{bmatrix}\mathrm{d}\tau=\begin{bmatrix}0 & 0 & -\Delta\left[y(t,\tau)\right]\\ 0 & 0 & \Delta\left[x(t,\tau)\right]\\ 0 & 0 & 0\end{bmatrix}$$

这里已经定义了历史点位移的符号：

$$\Delta x(t,\tau)=\left[x(t)-x(\tau)\right]\quad \Delta y(t,\tau)=\left[y(t)-y(\tau)\right]$$

这些符号提供了一个点从时刻 τ 到时刻 t 这段时间内，沿运动轨迹所产生的位移。基于 $\chi(t,\tau)$，积分函数可表示为：

$$\psi(t,\tau)=\exp\left(\int_\tau^t \boldsymbol{F}(\tau)\mathrm{d}\tau\right)=\exp\left(\begin{bmatrix}0 & 0 & -\Delta\left[y(t,\tau)\right]\\ 0 & 0 & \Delta\left[x(t,\tau)\right]\\ 0 & 0 & 0\end{bmatrix}\right)=\begin{bmatrix}1 & 0 & -\Delta y(t,\tau)\\ 0 & 1 & \Delta x(t,\tau)\\ 0 & 0 & 1\end{bmatrix}\tag{4.153}$$

这种简化之所以成立，是因为：

$$\exp\chi=\boldsymbol{I}+\chi+\frac{\chi^2}{2}+\cdots$$

除一次幂外，χ 的其他所有次幂都消失了。χ 被称为 2 阶幂零群，这一结论与方程（4.152）无漂移的事实一致。最后需要注意的是，$\boldsymbol{\Psi F}=\boldsymbol{F\Psi}=\boldsymbol{F}$，由此便可确定：

$$\psi(t,\tau)=\boldsymbol{\Phi}(t,\tau)$$

上式为线性系统的转移矩阵，其输入转移矩阵为：

$$\boldsymbol{\Gamma}(t,\tau)=\boldsymbol{\Phi}(t,\tau)\boldsymbol{G}(\tau)=\begin{bmatrix}c\psi(t) & -s\psi(t) & -\Delta y(t,\tau)\\ s\psi(t) & c\psi(t) & \Delta x(t,\tau)\\ 0 & 0 & 1\end{bmatrix}\tag{4.154}$$

基于此，根据方程（4.141），立刻能够写出：

$$\delta\underline{\boldsymbol{x}}(t)=\begin{bmatrix}1 & 0 & -y(t_0)\\ 0 & 1 & x(t_0)\\ 0 & 0 & 1\end{bmatrix}\delta\underline{\boldsymbol{x}}(t_0)+\int_{t_0}^t\begin{bmatrix}c\psi(t) & -s\psi(t) & -\Delta y(t,\tau)\\ s\psi(t) & c\psi(t) & \Delta x(t,\tau)\\ 0 & 0 & 1\end{bmatrix}\delta\underline{\boldsymbol{u}}(t)\mathrm{d}\tau\tag{4.155}$$

聚焦信息 4.13　通用平面运动车辆的扰动动力学

状态扰动轨迹 $\delta\underline{\boldsymbol{x}}(t)$ 的通解，是对输入扰动轨迹 $\delta\underline{\boldsymbol{u}}(t)$ 产生的响应。

矩阵是根据参考轨迹 $\underline{\boldsymbol{x}}(t)$ 的元素计算得出的，因此在计算扰动轨迹之前，必须首先对
243 非线性系统进行求解以求出参考轨迹。

4.4.5　参考文献与延伸阅读

Thornton 等著的书是有关阻尼振荡器的经典力学教材之一；Luenberger 的书提供了非常易于理解的线性系统简介；Brogan 的书涵盖了本书使用的有关转移矩阵的参考资料；Gajic 的书和许多介绍卡尔曼滤波的教材都涉及本书中提到的线性化问题。

[15] Stephen T. Thornton, and Jerry B. Marion, *Classical Dynamics of Particles and Systems,* Brooks/Cole, 2004.

[16] William L. Brogan, *Modern Control Theory,* Prentice Hall, 1991.

[17] Zoran Gajic, *Linear Dynamic Systems and Signals,* Prentice Hall, 2003.

[18] David G. Luenberger, *Introduction to Dynamic Systems: Theory, Models, & Applications,* Wiley, 1979.

4.4.6 习题

1. 动态系统模拟器

对于那些以前没有从事过这项工作的人，值得花时间编写一个简单的仿真程序，实现阶跃输入下的方程（4.123）的积分运算，以重现图 4-32；写出微分方程的一个有限差分近似；使用你最喜欢的电子表格或编程语言，在零初始条件下，对三种不同阻尼比的系统的阶跃输入响应进行积分运算。

2. 阻尼振荡器

对方程（4.123）中的阻尼振荡器：

（i）基于 4.4.2 节第 1 点所介绍的内容，写出微分方程的状态空间形式，它会涉及 2×2 矩阵；

（ii）基本稳定条件是：所有特征值的实部都为负。这听起来与传递函数的极点条件非常相似，并且理由充分。请利用刚推导出的阻尼振荡器的状态空间表示方法，证明：动力学矩阵 $\boldsymbol{F}$ 的特征值必须与系统的极点相同。

3. 转移矩阵

考虑齐次线性状态空间系统：

$$\dot{\underline{\boldsymbol{x}}}(t)=\boldsymbol{F}\underline{\boldsymbol{x}}(t)$$

请注意，当 $\underline{\boldsymbol{x}}(t)\in\Re^n$ 时，所有可能的初始条件都可以写成任意 n 个线性无关向量的加权和的形式：

$$\underline{\boldsymbol{x}}(t_0)=a\underline{\boldsymbol{x}}_1(t0)+b\underline{\boldsymbol{x}}_2(t_0)+c\underline{\boldsymbol{x}}_3(t_0)+\cdots=\boldsymbol{U}(t_0)\begin{bmatrix}a & b & c & \cdots\end{bmatrix}^{\mathrm{T}}$$

其中 $\boldsymbol{U}(t_0)$ 为一个矩阵，该矩阵的各列由 n 个线性无关的向量组成。如果 $\underline{\boldsymbol{x}}_i(t)$ 是对应 $\underline{\boldsymbol{x}}_i(t_0)$ 的解，那么请证明：系统的任意两个解向量与如下所示的矩阵相关： 244

$$\underline{\boldsymbol{x}}(t)=\boldsymbol{\Phi}(t,t_0)\underline{\boldsymbol{x}}(t_0)$$

4. 扰动动力学

常见的摆是一种非受迫二阶非线性动态系统，可描述如下：

$$\frac{\mathrm{d}^2x}{\mathrm{d}t^2}=\frac{g}{l}\sin(x)$$

其中，x 为摆锤与竖直方向所成的夹角，g 为重力加速度，l 为摆锤的长度。请将该系统转换为状态空间的二阶非线性系统。令 $g=l=10$，在 $x(t_0)=1$ 且 $\dot{x}(t_0)=0$ 成立的初始条件下，将该非线性系统按照时间步为 0.01 秒进行积分运算。接下来，将 $\delta x=0.1$ 添加到初始角度以干扰初始条件，然后重新对系统进行求解，并绘制出对应这两种情况的解的差值。最后推导出线性化误差动力学方程：

$$\delta\dot{\underline{\boldsymbol{x}}}=\boldsymbol{F}(\underline{\boldsymbol{x}})\delta\underline{\boldsymbol{x}}$$

对该系统进行求解，并证明：它能够很好地逼近两种不同解的差值。

4.5 预测模型与系统辨识

移动机器人需要利用预测模型来预测待选行为可能导致的结果。通常很多过程都需要建模。对系统中的信息传播进行建模是必需的，因为感知、决策和执行都需要时间，而在上述过程中，移动机器人通常都处于运动状态。

执行选定行为的物理过程也必须建模，因为从输入到响应的映射非常复杂，而且我们期望的最终结果（例如，停止），可能在命令全部执行完毕，再滞后几秒钟后才会发生。外界环境最终会做出反应，并对车辆施加作用力，以改变其运动轨迹。环境是否能够做到，以及在多大程度上做到这一点，将取决于多种因素。

4.5.1　制动

车辆的制动性能取决于地形和输入这两个要素。车辆需要制动的情况包括：需要停止运行、需要转向、在斜坡上需要减速。当遇到意外或不希望发生的情况时，刹车也是最后的响应手段。发生这种情况的原因可能包括：识别出障碍物时已经太晚了，在前进路径上出现的动态障碍，前方的引导车辆意外减速，或者没能准确跟踪预定轨迹。

1. 制动以避免碰撞

在制动操纵中，制动距离取决于车辆运行的初始速度、地表材质和坡度。车辆必须让障碍物位于制动距离之外，以保证在发生碰撞之前，有足够的
245 停车空间。为避免碰撞而实施有效制动，需要精确掌握停车所需的时间和空间。

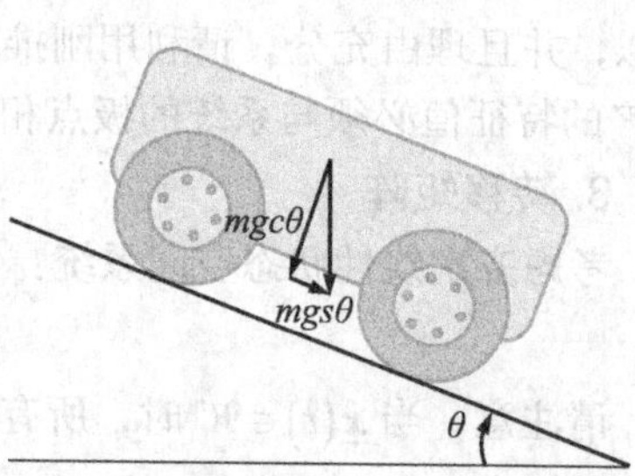

图 4-34　**制动车辆的自由车体受力图**。车辆处于下坡状态，此时作用于车辆的重力方向朝下，而摩擦力作用于切线方向

考虑车辆在某位置启动刹车，此时其移动速度V已知。假设在对车辆施加制动的同时撤销推进力，于是车辆进入滑动摩擦模式。假定车辆平动，所以质点模型就足以说明问题。

在自由车体示意图（如图4-34所示）中，作用于车辆的外力为重力和摩擦力。如果瞬时俯仰角为θ，车辆无侧倾，那么法向力大小为$F_n = mgc\theta$。因此，车辆所受的摩擦力为：

$$f = \mu_s F_n = \mu_s mgc\theta \tag{4.156}$$

需要特别注意的是，法向力和摩擦力是耦合的，所以车体的质量越大，它产生的摩擦力也将越大。重力分量$F_t = mgs\theta$也会导致车辆运动。

2. 斜坡制动距离

为了计算制动距离，令外力所做的功等于初始动能。令运动车辆的初始运行速度为v，我们知道，功是力与距离的乘积。对于俯仰角固定的情况，力显然是恒定不变的。重力沿斜坡向下的分量和摩擦力都做功。

$$\frac{1}{2}mv^2 = (\mu_s mgc\theta - mgs\theta)s_{\text{brake}} \tag{4.157}$$

可求出：

$$s_{\text{brake}} = \frac{v^2}{2g(\mu_s c\theta - s\theta)} = \frac{v^2}{2\mu_{\text{eff}} g} \tag{4.158}$$

当$\theta = 0$时，即车辆运行地面为水平面的情况，分母中括号内的量就是“有效”摩擦系数。

$$\mu_{\text{eff}} = (\mu_s c\theta - s\theta) \tag{4.159}$$

随着下坡（俯仰角为正）坡度增大，制动距离急剧增大（如图 4-35 所示）。很显然，这里存在一个临界角度，如果下坡坡度超出这个角度，那么重力就能克服摩擦力。当 $\mu_s c\theta - s\theta = 0$ 时，就对应着该临界角度，即下式成立： 246

$$\tan\theta = \mu_s \tag{4.160}$$

对应上图中的各参数，其临界角大约为 25°。

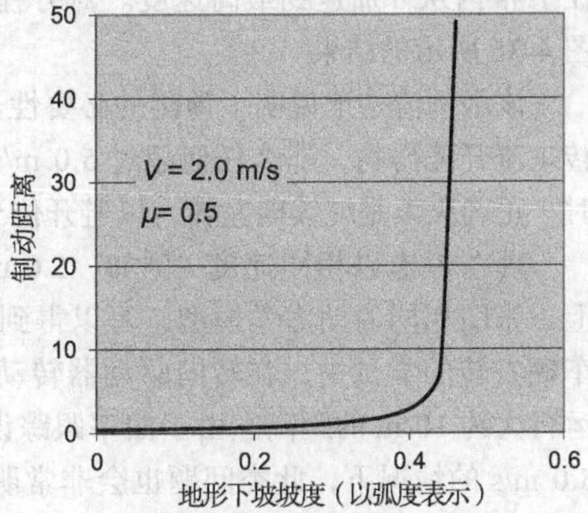

图 4-35 **制动距离与坡度的关系**。存在一个临界角度，如果坡度超出这个角度，那么无法实现制动

4.5.2 转向

为了实现转向，需要地表对车辆施加一个转向力矩，从而使运动车辆产生偏航角速度。该力矩可以通过控制车轮转向角度获得，该转角可以直接映射到轨迹曲率。在差速或滑动转向车辆中，也可以通过改变车轮转速获得转向力矩，进而获得转向角速度。

这里，我们尤为感兴趣的是转向指令的综合作用。考虑下述较为简单的情况：方程（4.108）描述了以速度和曲率驱动的车辆平面跟随轨迹。重写方程（4.108）如下：

$$\begin{bmatrix} x(t) \\ y(t) \\ \psi(t) \end{bmatrix} = \begin{bmatrix} x(0) \\ y(0) \\ \psi(0) \end{bmatrix} + \int_0^t \begin{bmatrix} \cos\psi(t) \\ \sin\psi(t) \\ \kappa(t) \end{bmatrix} v(t)\mathrm{d}t \tag{4.161}$$

这是对汽车的一个简单近似。

1. 转向运动学中的驱动器

驱动器的速度不可能无限大，对于车轮转向角这样一个特例，其一阶和二阶微分都存在实际限制条件（使用范围）。我们考虑一个非常简单的自行车模型。假设车轮转向角（车轮“转向角”记作 α）满足如下不等式约束：

$$\dot{\alpha} \leqslant \dot{\alpha}_{\max}$$

任何实际驱动器都不可能在瞬间达到最大速度，所以其二阶导数也受不等式约束限制：

$$\ddot{\alpha} \leqslant \ddot{\alpha}_{\max}$$

对于类似汽车的车辆，这样的限制条件显著地影响了其快速改变方向的能力。如果假设 α 很小，并且在方程（4.57）中 $L=1$ 成立，那么曲率将变得非常简单：

$$\kappa(t) = \alpha(t)$$

于是，κ 的微分也将受到限制。如果命令信号 $\alpha_r(t)$ 发出后，系统不能完美执行，那么随之出现的误差为： 247

$$\delta\alpha(t) = \alpha_r(t) - \alpha(t)$$

该误差被积分两次之后才变成位置误差。这也意味着，转向角度的微小误差将迅速累积成较大的位置误差。

2. 应用实例：转向逆动力学

车辆急转弯最恶劣的情况是，运行轨迹曲率从最大正值瞬时变化到最大负值。考虑下面这样一个“逆转弯”问题：车辆的最大转向角速度为30°/s，根据速度微分，可知车辆能在1/4s内从0加速到最高速度。对方程（4.161）中的实际动力学方程进行积分，可以得到图4-36所示的结果。

该示例清楚地说明了预测的必要性。如果此类机器人没有建立预测模型，并试图通过右转来避开障碍物，那么任何超过5.0 m/s的运行速度，都会由于转向速度过慢导致碰撞。此时，正确决策是继续向左转，以避开位于左侧的障碍物。

现在考虑以相同速度（例如，5.0 m/s）运行的车辆，对不同转向指令的响应。使用与上一张图相同的动力学模型，可以得到图4-37所示的结果。在任何试图改变曲率符号并使车辆右转的尝试中，在转向驱动器转动到中间角度以及曲率符号反向前，很显然需要车辆运行大约10 m的距离。由于曲率跟踪误差的双重积分效应，即使在车辆的运行速度远低于5.0 m/s的情况下，此类问题也会非常明显。基于此，完成车辆运动自主推理的明智选择是依据线性曲率多项式，也称*回旋曲线*，而不是常曲率圆弧。当曲率变化率有限时，这些曲线能更好地近似待跟踪路径。

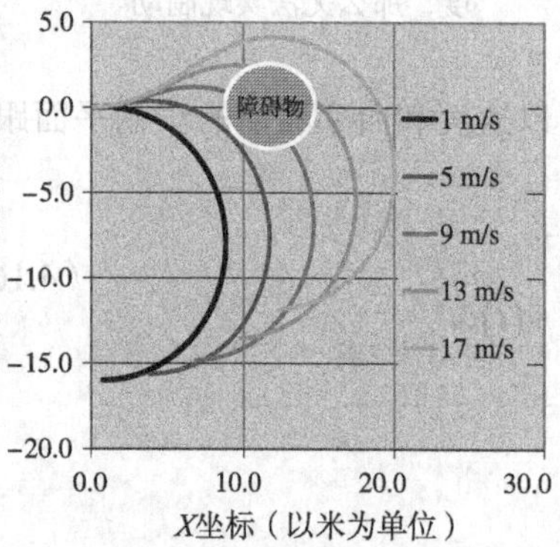

图4-36 **恒速下的反向转向**。表示了机器人在不同运行速度下，对向右急转弯命令的不同响应

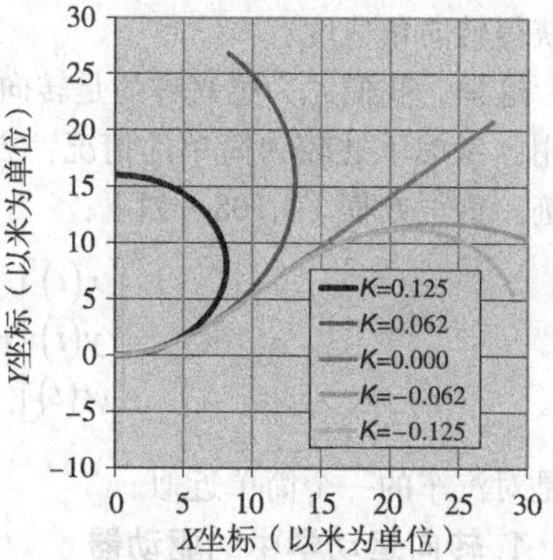

图4-37 **恒速下的部分反向转向**。表示了机器人以5 m/s的速度运行时，对不同曲率指令的不同响应

248 **3. 应用实例：横移**

为了实现小的横向移动，横移操作需要迅速转向。在高速行驶时，这是一种比停车更好的选择，因为它要求的距离较短——这意味着不需要在很远的距离上识别障碍物。

根据转向时不发生侧向打滑和车轮离地两个条件，可以写出两个形式相似的横向加速度约束。在平坦路面上，如果车辆将要发生侧向滑移，则其横向加速度将在侧滑发生之前达到最大值。此时，横向摩擦力幅值为$f=\mu mg$，因此：

$$a_{ss}=\mu g$$

其中μ表示横向滑动摩擦系数。同样，在平坦路面上，在如下所示的情况下将发生车轮离地抬起（在车辆侧翻之前）：

$$a_{roll}=\left(\frac{t}{2h}\right)g$$

其中t表示车辆轮距；h表示重心距地面的高度。在任何情况下，转弯车辆的横向加速度都可由下式给出：

$$a_{\text{lat}} = \frac{v^2}{R} = \kappa v^2$$

将上式代入之前两个表达式，可以求出加速度极限，进而可求解曲率：

$$\kappa_{\text{ss}} = \mu\left(g/v^2\right) \quad \kappa_{\text{roll}} = \left(\frac{t}{2h}\right)\left(g/v^2\right)$$

很显然，最安全的曲率极限取决于 μ 和 $T/2h$ 两个量中的较小值，也就是所谓的静态稳定系数（SSF）(相关内容请参考 4.5.3 节)。

上面推导出的曲率极限是为了横移绕过障碍物（之后再次转回到初始航向），车辆可执行的最剧烈的转向动作。在高速行驶时，该曲率将非常小，并且在几分之一秒的时间内就可以转到该曲率。与之相关的轨迹是圆的一部分，即圆弧，将零初始条件、恒定速度和曲率代入方程（4.162），并假设偏航角很小，可以很好地近似该轨迹：

$$\begin{bmatrix} x(t) \\ y(t) \\ \psi(t) \end{bmatrix} = \begin{bmatrix} s \\ \left(\kappa s^2\right)/2 \\ \kappa s \end{bmatrix} \tag{4.162}$$

在曲率固定并且横向偏移量 y 已知的情况下，实现横移所需的前向运行距离为：

$$s_{\text{ss}}{}^2 = (2y)/\kappa = \left[(2y)/(\mu g)\right]v^2 = 4y\left[v^2/(2\mu g)\right] = 4ys_{\text{brake}} \tag{4.163}$$

其中使用侧滑阈值来确定曲率。很显然，所需的运行距离与横向偏移量 y 以及制动距离的平 249
方根成正比。当写成如下形式时，它与速度也呈线性关系：

$$s_{\text{ss}} = v\sqrt{\left[(2y)/(\mu g)\right]} \tag{4.164}$$

将速度 60 mph（32m/s），$\mu = 0.5$，$y = 2.5\text{m}$ 代入上式，可算出实现横移所需的距离为 32m。相比之下，车辆以该速度运行时直线制动距离为 100m。

4.5.3 车辆翻倒

如果车辆的侧面甚至顶部着地，我们就说车辆发生了翻倒。虽然有少数车辆在设计时被赋予了从这样灾难中恢复的能力，但是绝大多数都不行，因此避免翻倒是确保车辆安全和正常运行的唯一手段。导致翻倒的因素可归结为作用在车辆上的重力以及其他作用力的综合影响。部分其他作用力由车辆运行状态决定。车辆的几何形状和质量分布也起一定的作用。

1. 翻倒的原因

虽然移动缓慢的室内移动机器人通常不会出现严重的翻倒风险，但工业用室内搬运车辆却肯定会面临此类风险，因为它们的任务主要是将货物（负载）吊起，再放到高高的货架上。在户外环境中，野外机器人在斜坡上运行、吊起并提升负载，或在与环境存在相互作用力的过程中，也同样面临翻倒风险。由于行驶速度高，汽车在转弯时也存在翻倒风险。

对于由地形引起的翻倒事故，如果不能提前预测，那基本上没有什么补救办法。例如，汽车侧滑，撞上了一个短而坚硬的障碍物；沿斜坡上行的野外机器人的前轮压到了岩石上；叉车的提升架或货物（负载）与拱门相撞等。

车辆翻倒也可能是由于操作引起的，比如对当前速度而言，转向过急；或者，等效地说，在当前曲率下，车速过快。当车辆沿斜坡下行时，刹车太急或急转弯，也有可能引起翻倒。

2. 失稳（不稳定）形式

有必要对下面两种情况区分开来：1）车轮离地（这可能是可逆的）；2）车辆已经开始滚动，翻倒已不可避免。第二种情况更严重，且更难以预测，因为在这种情况下，需要清楚车辆的惯量；第一种情况是一种较为保守的检验条件，也更容易预测。因此，我们将专注于车轮离地检测，而不是翻倒。

3. 静态情况

对于静态车辆，其物理学原理相对比较简单。现在考虑斜坡上的一辆矩形轮廓的车辆，如图 4-38 所示。假设车辆及其悬挂都是刚性结构，且图中所示的作用力对前后轮而言是一
250 样的。

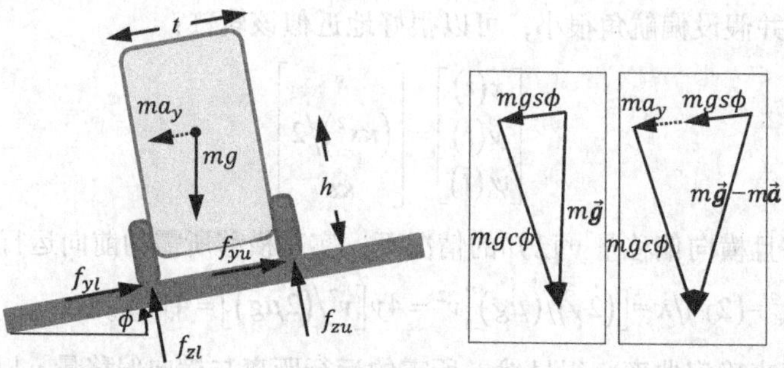

图 4-38 **翻倒的物理学原理**。（左）正视图。车辆位于平斜坡（不是水平面）上。当车辆不运动时，向量 ma_y 不存在；（中）在车体坐标中表示的重力分量；（右）附加了惯性力向量

下标 l 和 u 分别表示车辆位置“较低”和“较高”的车轮。为了使该刚体处于平衡状态，所需的力平衡关系如下所示：

$$f_{z_u} + f_{z_l} = mg\cos\phi \quad f_{y_u} + f_{y_l} = mg\sin\phi \tag{4.165}$$

为了满足刚体转动平衡，绕任意轴线的力矩和必须为零。一个明智的选择是，以较低位置的车轮接触点为参考，求绕该接触点的力矩和：

$$f_{z_u} t + mg\sin\phi h = mg\cos\phi \frac{t}{2} \tag{4.166}$$

现在假设缓坡的斜率缓慢持续增大。直观地，下方车轮所受的力逐渐增大，而上方车轮受力逐渐减小，以抵消不断增大的车辆侧翻趋势。在某一特定位置，上方车轮所受作用力变为零。此时，重力向量直接指向下方两个车轮的连线，因为上方车轮的作用力就是由重力力矩引起的。此刻的力矩平衡关系可表示为：

$$mg\sin\phi h = mg\cos\phi \frac{t}{2} \tag{4.167}$$

因此，在上方车轮即将离地的瞬间，缓坡的斜率可由下式给出：

$$\tan\phi = \frac{t}{2h} \tag{4.168}$$

在汽车制造行业，这是一个众所周知的结论。$t/2h$ 被称为*静态稳定系数*。很显然，它是静态倾翻角度的正切值。此外，如果车轮的轮距 t 已知，通过调整缓坡斜率（确保安全的前提下）直至车轮离地，就可以求解 h，以精确确定重心位置。

4. 动态情况

动态情况比静态情况稍微复杂些。令同一辆车在倾斜平面上执行向左急转的操作，假设不存在滚转加速度（即稳定转向）。使用达朗贝尔（D'lembert）定律，可将该问题转化为一个相对简单的等效静力学问题。假定由此产生的惯性力 ma_y 与基准面平行，则力的方向与车体坐标系中的 y 轴方向一致。该假设相当于假设车辆在一个局部平坦的地面行驶，而不是侧倾转弯。 251

虽然加速度实际上是向右的，但它与达朗贝尔定律中的惯性力方向相反，因此在绘制时指向左侧。如图 4-38 所示，将其下标 l 替换为 o，表示车辆的“外侧”轮；将下标 u 替换为 i，表示“内侧”轮。

求作用在外侧（较低的）车轮接触点的合力矩，并在车体坐标系中表示各力分量，有：

$$f_{z_i}^t + ma_y h + mgs\phi h - mgc\phi\frac{t}{2} = 0 \tag{4.169}$$

以 g 的倍数表示横向加速度，有：

$$\frac{a_y}{g} = \left[\frac{t}{2}c\phi - hs\phi - \frac{tf_{z_i}}{mg}\right] / h \tag{4.170}$$

又一次，当作用于内侧车轮的垂直反力为零时，车轮开始离地。此时，地面支反力不能抵消使车辆向转弯外侧翻倒的力矩。令 $f_{z_i} = 0$，可得到横向加速度的临界值，即车辆开始翻倒：

$$\frac{a_y}{g} = \left[\frac{t}{2}c\phi - hs\phi\right] / h \tag{4.171}$$

重写上式，可得：

$$\frac{a_y + gs\phi}{gc\phi} = \frac{t}{2h} \tag{4.172}$$

再一次，该结论可以由除接触力外的合力的方向来解释。此力向量由下式给出：

$$\vec{f} = \vec{g} - \vec{a} \tag{4.173}$$

它表示位于重心位置处、可自由摆动的摆锤所指的方向。当该向量指向外侧车轮接触点时，车辆的内侧车轮开始抬起离地。静态情况只是该结论的一种特例。注意，降低重心高度、加宽车轮间距、斜坡角反向或者减小加速度（减速相对不太明显或者转弯相对不急），都会提高车辆运行的稳定性。在平坦地面上，车辆在转弯期间有时不会发生侧翻——因为车轮会首先出现横向打滑。

5. 稳定锥

车辆的车轮布局不一定都是矩形，但是上述理论可以推广用于任意车轮布局[20]。其中的基本问题是，除接触力外，作用在重心处的合力是否仍然位于稳定锥内（如图 4-39 所示）。以重心位置为锥顶，以车轮接触点为角点，将角点连接成凸多边形，并与锥顶构成金字塔状结构，这就是所谓的稳定锥。

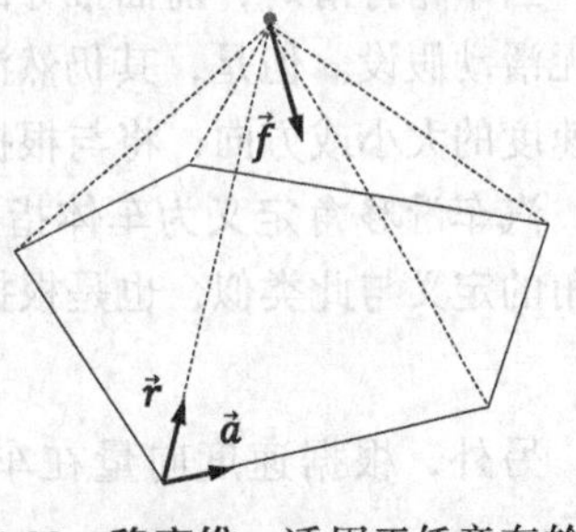

图 4-39 **稳定锥**。适用于任意车轮布局的最通用情况

252

车轮并不一定在同一平面内。任意两相邻车轮之间连线都可能是车辆的侧翻轴线，因为当刚性车辆的

车轮抬起离地时，只有某两个相邻车轮与地面保持接触。如果定义 $\vec{a}$ 是沿可能的侧翻轴从上方观察逆时针指向的向量，且 $\vec{r}$ 是从侧翻轴上的某点指向车辆重心向量，则：

$$\vec{M}=\vec{r}\times\vec{f} \tag{4.174}$$

上式表示比力绕侧翻轴的力矩。此外，定义如下量：

$$\vec{M}\cdot\vec{a} \tag{4.175}$$

当车辆所受的合力矩不平衡时，该量为正值；而当车轮抬起离地时，该量为零。车轮离地前的剩余倾角也是一种稳定裕度。该公式适用于所有惯性加速度，无论惯性加速度是由转弯、制动还是由其他操作所引起的。

6. 稳定控制

如果移动机器人所受合比力已知或者可测量，就可以据此应用上述理论，以采取一些补偿措施，如减速等。如果机器人包含运动质量，那么必须在线计算重心位置。这需要对其他一些量进行测量，如关节位移或关节质量。利用这些方法，机器人在相对较低的硬件和软件条件下，实现反应式稳定控制。

该理论也可以用于预测。如果后续地形能够测量，那么就可以预测车辆姿态（进而可以预测车体框架的重力方向），并能够根据输入预测加速度。如果通过计算发现稳定裕度太小，那么机器人可以选择更稳定的行为，如缓慢减速或者转弯相对不太急。可以很方便地将该过程用于模型预测控制算法。

4.5.4 车轮打滑和偏航稳定性

车轮的基本设计理念是使车轮绕其轮轴滚动，从而以滚动摩擦代替滑动摩擦，而不在垂直于轮轴的方向滑动。尽管有这样一个理想的设计概念，但是在实际应用中，无论如何车轮都会出现打滑现象，其原因有如下几个方面：

- 由于表面属性（如冰）或材质属性（如粉末状砂土）等方面的原因，车轮运行的地面可能无法产生运动所需的作用力（剪切力）；
- 253 车轮轮胎与地面的接触点实际上不是单纯意义上的一个点，而是一个接触面（与地面实际接触的轮胎表面），所以一定会有打滑现象，否则车轮或轮胎就会被撕开；
- 由于转向控制的问题，可转动轮轴可能与车轮在地面上的行进方向不垂直；
- 作为车辆转向的基本机理，设计中需要考虑车轮的侧向力，而侧向力会导致车轮横向打滑。

1. 滑移角

当车轮打滑时，前面推导的简单运动学方程将不再适用，因为车轮速度向量已经不再满足无滑动假设。但是，其仍然满足车轮有一定速度而车辆是刚体的情况。当车轮打滑时，车辆速度的大小或方向，将与根据车轮角速度和无滑动模型推测的结果不同。

汽车滑移角定义为车体指向（偏航）的方向与其运动方向（航向）之间的夹角。轮胎滑移角的定义与此类似，也是根据轮胎的指向来定义。在图4-23中，车辆的滑移角为：

$$\beta=\psi-\zeta \tag{4.176}$$

另外，根据速度向量在车体坐标系中的横向分量 v_y 和纵向分量 v_x，也可以计算出滑移角：

$$\beta=\operatorname{atan2}(v_y, v_x) \tag{4.177}$$

2. 广义速度误差

如果将滑移角定义为期望速度 $\underline{\nu}$ 和实际速度 $\dot{\underline{x}}$ 之间的夹角，那么滑移角的概念就可以推广至任意形式的车辆：

$$\beta = \operatorname{acos}\left[\left(\dot{\underline{x}} \cdot \underline{\nu}\right) / \left|\dot{\underline{x}}\right|\left|\underline{\nu}\right|\right] \tag{4.178}$$

在更一般的情况下，当刚体运动被限定在局部地形的切平面中时，该刚体具有三个运动自由度。对于最一般、最可能出现的车轮打滑情况，可用如下扰动运动微分方程表示：

$$\begin{bmatrix} \dot{x} \\ \dot{y} \\ \dot{\psi} \end{bmatrix} = \begin{bmatrix} c\psi & -s\psi & 0 \\ s\psi & c\psi & 0 \\ 0 & 0 & 1 \end{bmatrix} \left(\begin{bmatrix} v_x \\ v_y \\ \omega \end{bmatrix} + \begin{bmatrix} \delta v_x \\ \delta v_y \\ \delta\omega \end{bmatrix} \right) \tag{4.179}$$

其形式如下所示： 254

$${}^{w}\dot{\underline{\rho}} = \boldsymbol{R}(\psi)\left(\underline{v} + \delta\underline{v}\right) \tag{4.180}$$

3. 侧滑和打滑模型

扰动（打滑）速度的瞬时值本质上取决于地面和车轮的固有机械性能，以及地面对车轮施加的作用力。反过来，这些影响因素又取决于：

- 车辆运行速度和车辆运行轨迹的曲率（惯性力）。
- 地面的湿度（含水量）与温度（如泥土）。
- 车体坐标系中的瞬时重力方向（地面的坡度）。
- 悬挂状态以及相应的载荷传递效应。

虽然表达车轮与地面之间的相互作用以及车辆动力学的完整物理学模型相当复杂，但是，有一个简单的模型总比一个都没有要好。例如，在平坦的砾石地面上，某横向转向车辆将产生稳定的滑移速度，该速度取决于速度和曲率，并基本上呈线性特征。

例如，车辆的横向滑转速度，其数量级大约仅为其前进速度的百分之几，该模型可表示为：

$$\delta\underline{v} = \boldsymbol{A}\dot{\underline{\rho}} \tag{4.181}$$

更为细化的模型是非线性状态模型。例如，该模型实际上反映了这样一个事实：纵向滑移的符号相对于曲率的符号保持不变，而横向滑移量取决于横向加速度——乘积 ωv。

$$\delta\underline{v} = h\left(\dot{\underline{\rho}}\right) \tag{4.182}$$

4. 模型预测控制器中的滑移补偿

如果期望速度状态已知，那么就可以根据方程（4.180）求解指令速度，以得到期望输出：

$$\underline{v} = \boldsymbol{R}^{-1}(\psi)\,{}^{w}\dot{\underline{\rho}} - \delta v = \dot{\underline{\rho}} - \delta\underline{v} \tag{4.183}$$

从本质上而言，这意味着，为了计算补偿输入，应该从期望的速度状态 $\dot{\underline{\rho}}$（这些量在车体坐标系中表示）中减去滑移量的投影。如果车辆的车轮是直接驱动的，那么就可以将该结果反馈到车辆的逆运动学模型中，从而获得车轮指令速度。

如果一直滑移模型是线性的，那么上述状态控制器也是线性的：

$$\underline{v} = \dot{\underline{\rho}} - \boldsymbol{A}\dot{\underline{\rho}} = \left(\boldsymbol{I} - \boldsymbol{A}\right)\dot{\underline{\rho}} \tag{4.184}$$

如果滑移模型非线性，那么就可以把它作为一个数值求根问题来求解：

$$\underline{g}\left(\dot{\underline{\rho}}\right) = \dot{\underline{\rho}} - h\left(\dot{\underline{\rho}}\right) = \underline{\mathbf{0}} \tag{4.185}$$

5. 偏航稳定性控制

相对于翻倒，另一种车辆失控形式是丧失偏航稳定性。在这种情况下，车辆的车轮打滑严重到使车辆的航向难以控制，甚至完全失去控制。偏航失控到一定程度，会使得车辆无法
255 按照需要转向；或者由于后轮发生侧滑，导致比预期更急的转向。

针对此种情况，可以采用预测式或者反应式补偿措施。在模型预测控制器中，可以根据滑移预测模型，来预测并避免车辆出现滑移现象。此外，根据速度或车轮编码器或者陀螺仪，利用多种测算机制，可以估算滑移量或偏航速率误差，进而能够指示偏航控制失灵的情形。当这种情况发生时，可以采取刹车制动或独立车轮控制的方法来产生恢复力矩，以阻止失效滑移的恶化。

4.5.5　动力学模型的参数化和线性化

在后续章节中将反复使用的一种方法是，把微分方程参数化，进而针对这些参数线性化。我们将利用这一基础技术来揭示如何驱动机器人到精确的位置、跟踪指定路径或者避开路线上的各种障碍物。我们还可以利用该方法校准车辆的里程计和动态模型。

1. 关于参数的状态空间模型的线性化

现在考虑依赖于某些参数的系统状态空间模型：

$$\dot{\underline{x}} = \underline{f}\left(\underline{x}, \underline{u}, \underline{p}, t\right) \tag{4.186}$$

在实际工程应用中，状态空间模型总是取决于一些参数。对于移动机器人，这些参数可以是车轮半径、摩擦系数或者惯性矩。在这种情况下，模型可按如下形式写出：

$$\dot{\underline{x}}(t) = \underline{f}\left(\underline{x}(t), \underline{u}(t), \underline{p}, t\right) \tag{4.187}$$

在许多情况下，我们会对参数发生变化时状态微分如何变化的问题感兴趣。它们之间的一阶关系是雅可比矩阵：

$$\frac{\partial \dot{\underline{x}}(t)}{\partial \underline{p}} = \frac{\partial}{\partial \underline{p}} \underline{f}\left(\underline{x}(t), \underline{u}(t), \underline{p}, t\right) \tag{4.188}$$

对于该雅可比矩阵，对泛函 $f()$ 中的任意参数直接进行微分运算，是一种粗浅而不正确的求解方式。例如，如果：

$$\dot{x} = 2ax + 3b$$

那么，可能会得到 $\partial \dot{\underline{x}}(t) / \partial b = 3$。然而，在计算雅可比矩阵时，需要重点关注的是，如果假定函数 $\underline{f}()$ 取决于 $\underline{p}$，那么意味着 $\dot{\underline{x}}$ 也取决于 $\underline{p}$，于是 $\underline{x}$ 也取决于 $\underline{p}$。在更一般的情况下，$\underline{u}$ 也取决于 $\underline{p}$。因此，正确的雅可比矩阵为：

$$\frac{\partial \dot{\underline{x}}(t)}{\partial \underline{p}} = \underline{f}_x \underline{x}_p + \underline{f}_u \underline{u}_p + \underline{f}_p \tag{4.189}$$

256 雅可比矩阵 $\underline{f}_{\underline{x}}$、$\underline{f}_{\underline{u}}$、$\underline{f}_{\underline{p}}$ 和 $\underline{u}_{\underline{p}}$，可以根据这些量的显式表达式非常简捷地获得。为了得到 $\underline{x}_{\underline{p}}$，注意如下推导过程：

$$\frac{\partial \dot{\underline{x}}(t)}{\partial \underline{p}}=\frac{\partial}{\partial \underline{p}}\left(\frac{\mathrm{d}}{\mathrm{d}t}\underline{x}(t)\right)=\frac{d}{dt}\left(\frac{\partial \underline{x}(t)}{\partial \underline{p}}\right)=\frac{\mathrm{d}}{\mathrm{d}t}\left(\underline{x}_{\underline{p}}\right)=\dot{\underline{x}}_{\underline{p}}(t)$$

这意味着，一旦其他微分量已知，就可以通过对时间的积分得到 $\underline{x}_{\underline{p}}$。在通常情况下，之所以初始条件为零，是因为初始状态不取决于参数。为了获得状态方程关于各参数的雅可比矩阵，实际上需要计算同一雅可比矩阵微分的积分。在本书的许多地方，都会利用该机制或与之相关的方法完成微分的积分运算。

2. 关于参数的状态空间模型积分的线性化

对于状态空间模型的积分，可以得到与前述类似的结论。很显然，对于上述参数化状态方程，其任意时刻的状态由下式给出：

$$\underline{x}(t)=\underline{x}(0)+\int_0^t \underline{f}\left(\underline{x}(t),\underline{u}(t),\underline{p},t\right)\mathrm{d}t \tag{4.190}$$

计算其雅可比矩阵的过程，也是对积分进行求导运算的过程。根据莱布尼茨法则，只需将导数移到积分符号中，然后对被积函数 $\underline{f}()$ 的导数进行积分运算即可。假设零初始条件为：

$$\frac{\partial \underline{x}(t)}{\partial \underline{p}}=\int_0^t \frac{\partial}{\partial \underline{p}}\underline{f}\left(\underline{x}\left(\underline{p},t\right),\underline{u}\left(\underline{p},t\right),t\right)\mathrm{d}t \tag{4.191}$$

正如在前一节看到的，该被积函数的导数为：

$$\frac{\partial}{\partial \underline{p}}\underline{f}\left(\underline{x}\left(\underline{p},t\right),\underline{u}\left(\underline{p},t\right),t\right)=\underline{f}_{\underline{x}}\underline{x}_{\underline{p}}+\underline{f}_{\underline{u}}\underline{u}_{\underline{p}}+\underline{f}_{\underline{p}}$$

上式左边是关于参数向量的“全”导数，而参数向量似乎没有公认的约定表示符。量 $\underline{f}_{\underline{p}}$ 是设 $\underline{x}$ 和 $\underline{u}$ 为常数而得到的偏导数。现在我们有：

$$\frac{\partial \underline{x}(t)}{\partial \underline{p}}=\underline{x}_{\underline{p}}(t)=\int_0^t\left(\underline{f}_{\underline{x}}\underline{x}_{\underline{p}}+\underline{f}_{\underline{u}}\underline{u}_{\underline{p}}+\underline{f}_{\underline{p}}\right)\mathrm{d}t \tag{4.192}$$

聚焦信息 4.14 关于模型参数的系统响应雅可比矩阵

该积分运算给出了由系统微分方程中，参数的微小变化引起的状态变化。

该结果只是方程（4.189）对时间的积分。当然，方程左边的项也出现在右边的积分符号中。在实际应用中，可以通过用 $\underline{x}\underline{p}(t)$ 的前一个值来计算下一个值的数值方法来求解该问题。当动力学方程为线性时，可以在通解中消除这种自引用。也可以根据 3.2.2.3 节第 3 点所介绍的内容，对积分式进行关于参数的数值微分运算。 257

3. 状态空间模型输入的参数化

将状态空间模型参数化的一种有效方法是输入的参数化。一般来说，对某任意参数向量 $\underline{p}$，可以写出：

$$\underline{u}(t)=\underline{u}\left(\underline{p},t\right) \tag{4.193}$$

例如，如果输入向量是方程（3.126）中的曲率，那么可以将其表示为如下多项式形式：

$$\underline{u}\left(\underline{p},t\right)=\kappa\left(\underline{p},t\right)=a+bt+ct^2 \tag{4.194}$$

上式中的参数为 $\underline{p}=\begin{bmatrix}a & b & c\end{bmatrix}^{\mathrm{T}}$。非常关键的一点是：这种机制建立了参数向量与整个时间函数之间的映射。一旦各参数已知，那么曲率的全部信号就知道了。更进一步，如果用该输入函数来驱动状态空间模型，那么就可以生成某一特定的完整状态轨迹。于是，可以写出：

$$\underline{x}(t)=\underline{x}(0)+\int_0^t \underline{f}\left(\underline{x}\left(\underline{p},t\right),\underline{u}\left(\underline{p},t\right),t\right)\mathrm{d}t=\underline{g}\left(\underline{p},t\right) \tag{4.195}$$

换句话说，我们已经将方程（3.133）中的泛函转换为函数。该表达式建立了从参数向量值 $\underline{p}$ 以及时间到当前结果状态之间的映射。

4. 关于输入参数的路径积分线性化

知道了上述参数化积分方法之后，就可以研究当参数发生微小变化时，积分方程的一阶行为。考虑下面的雅可比矩阵：

$$\frac{\partial \underline{x}(t)}{\partial \underline{p}}=\underline{x}_{\underline{p}}(t)=\frac{\partial \underline{g}\left(\underline{p},t\right)}{\partial \underline{p}} \tag{4.196}$$

这是一个关于时间的矩阵值函数，它将参数的微小变化 $\Delta\underline{p}$，映射到经积分运算得到的终端状态的变化 $\Delta\underline{x}(t)$。这是方程（4.192）的一种特殊情况，因此可以得到：

$$\frac{\partial \underline{x}(t)}{\partial \underline{p}}=\underline{x}_{\underline{p}}(t)=\int_0^t\left(\underline{f}_{\underline{x}}\underline{x}_{\underline{p}}+\underline{f}_{\underline{u}}\underline{u}_{\underline{p}}\right)\mathrm{d}t \tag{4.197}$$

对于线性系统动力学方程，其积分表达式可以仅依赖于输入。在这种情况下，路径积分可表示为如下形式：

$$\underline{x}(t)=\underline{x}(0)+\int_0^t \underline{f}\left(\underline{u}\left(\underline{p},t\right)\right)\mathrm{d}t=\underline{g}\left(\underline{p},t\right) \tag{4.198}$$

258 然后，对路径进行线性化处理：

$$\frac{\partial \underline{x}(t)}{\partial \underline{p}}=\underline{x}_{\underline{p}}(t)=\int_0^t\left(\underline{f}_{\underline{u}}\underline{u}_{\underline{p}}\right)\mathrm{d}t \tag{4.199}$$

5. 输入参数化路径的松弛

前面的结论可以作为驱动机器人到达理想终端状态的基本理论。可以简单写成：

$$\underline{x}\left(t_f\right)=\underline{g}\left(\underline{p},t_f\right) \tag{4.200}$$

其中，为了清楚起见而隐藏了 $\underline{g}()$ 的积分属性。该方程是一个简单的求根问题，可以用牛顿法求解，而前述内容已经介绍了如何计算所需的雅可比矩阵。这个过程被称为路径松弛。因为随着参数 $\underline{p}$ 在迭代过程中的变化，路径的几何形状也沿长度方向不断变化。

6. 关于输入参数的代价积分线性化

在其他某些情形中，沿路径的积分是某种任意积分，比如可能希望设计一个标量代价函数来对路径进行评估。例如，沿路径的曲率平方和可以表示为如下线积分：

$$J(s)=\int_0^s L\left(\underline{x}\left(\underline{p},s\right),\underline{u}\left(\underline{p},s\right),s\right)\mathrm{d}s \tag{4.201}$$

这是一个二重积分，因为 $\underline{x}()$ 本身就是一个积分算式。可以利用莱布尼茨法则对该代价积分进行线性化处理：

$$\frac{\partial J(s)}{\partial \underline{p}} = J_{\underline{p}}(s) = \int_0^s \frac{\partial}{\partial \underline{p}} L\left(\underline{x}\left(\underline{p},s\right), \underline{u}\left(\underline{p},s\right), s\right) \mathrm{d}s \tag{4.202}$$

上式也可以写成：

$$\underline{g}\left(\underline{p},s\right) = J_{\underline{p}}(s) = \int_0^s \left(L_{\underline{x}} \underline{x}_{\underline{p}} + L_{\underline{u}} \underline{u}_{\underline{p}}\right) \mathrm{d}s \tag{4.203}$$

于是，寻找最低代价路径的问题可表示为：

$$\underline{p}^* = \arg\min\left[\underline{g}\left(\underline{p},s\right)\right] \tag{4.204}$$

该问题是一个优化问题，可以用本书第 3 章中介绍过的任意优化方法求解。

4.5.6 系统辨识

在前面介绍的所有实际操作中，车辆的运动预测取决于表征车辆（时间常数，重心）、环境（摩擦系数），或者车辆和环境两者之间关系（如滑动比）的各参数。这些参数永远无法精确确定，即便可以，它们也会随时间不断变化。然而，准确预测其自身动作行为，对移动机器人而言非常重要，因此，如何确定这些参数尤为重要。 259

确定系统各参数正确值的过程通常被称为*标定*，在动力学模型中，这被称为*系统辨识*。本节将介绍移动机器人系统辨识技术。

1. 基本原理

假设所研究的系统是关于未知参数向量 $\underline{p}$ 和 $\underline{q}$ 的多变量非线性系统：

$$\begin{aligned} \dot{\underline{x}} &= \underline{f}\left(\underline{x}, \underline{u}, \underline{p}, t\right) \\ \underline{y} &= \underline{h}\left(\underline{x}, \underline{u}, \underline{p}, \underline{q}, t\right) \end{aligned} \tag{4.205}$$

基本辨识过程是将系统模型的计算结果与系统的测量结果进行比较，以便优化模型中所用参数的估计值（如图 4-40 所示）。

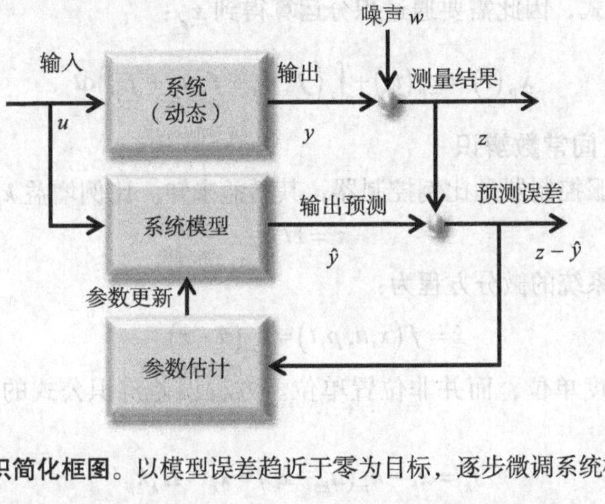

图 4-40 **系统辨识简化框图**。以模型误差趋近于零为目标，逐步微调系统模型中的各参数

根据系统的数字部分是否也需要被识别可以测量或指定系统输入 $\underline{u}$。状态 $\underline{\hat{x}}$ 可以通过测量或者根据输入信号和状态方程预测得到，而输出 $\underline{\hat{y}}$ 则通过测量得到。

在线辨识系统是一种利用标准的输入－输出操作信号，来实时识别模型的系统。而离线辨识系统则利用事先收集的存储数据以及专门设计的测试信号来实现系统辨识。

2. 方程误差法

系统辨识的经典方法是尝试对其中的各个参数进行调整，使系统模型保持一致。有时，输出方程如同方程 $\underline{y}=\underline{x}$ 一样简单，因为系统状态可以直接用含噪声的测量结果观测得到。*方程误差公式*可以根据系统微分方程，在一定的时间步后得到残差。对于这样的系统，可以单独标定状态方程。

针对这种情形，可以在每个时间步 k 对输入 $\underline{u}$、状态 $\underline{x}$ 以及状态导数 $\dot{\underline{x}}$ 进行测量，并得到如下残差表达式：

$$\underline{r}_k\left(\underline{p}\right)=\dot{\underline{x}}_k-\underline{f}\left(\underline{x}_k,\underline{u}_k,\underline{p},t_k\right) \tag{4.206}$$

260 将每次观测得到的方程进行叠加，从而形成残差向量 $\underline{r}(\underline{p})$：

$$\underline{r}=\dot{\underline{x}}-\underline{f}\left(\underline{p}\right) \tag{4.207}$$

测量结果有可能充斥噪声，而且模型也可能不正确，因此这样处理并不会获得精确解。系统有可能欠定或超定，这取决于采集数据量的大小以及测量的相关程度。

可以利用前述雅可比矩阵，并求解最小化问题，可以估计各未知参数：

$$\underline{p}=\arg\min\left[\underline{r}^{\mathrm{T}}\left(\underline{p}\right)\underline{r}\left(\underline{p}\right)\right] \tag{4.208}$$

为此，需要针对各参数对方程（4.207）进行线性化处理：

$$\underline{r}_{\underline{p}}=-\partial\underline{f}/\partial\underline{p}$$

再一次，根据方程（4.189），该方程可表示如下：

$$\frac{\partial\underline{f}}{\partial\underline{p}}=\frac{\partial\dot{\underline{x}}(t)}{\partial\underline{p}}=\underline{f}_{\underline{x}}\underline{x}_{\underline{p}}+\underline{f}_{\underline{u}}\underline{u}_{\underline{p}}+\underline{f}_{\underline{p}} \tag{4.209}$$

雅可比系数 $\underline{f}_{\underline{x}}$、$\underline{f}_{\underline{u}}$、$\underline{f}_{\underline{p}}$ 以及 $\underline{u}_{\underline{p}}$ 可以用直接法获得。为了得到 $\underline{x}_{\underline{p}}$，需要注意，方程（4.209）是 $\dot{\underline{x}}_{\underline{p}}$ 的表达式，因此需要通过积分运算得到 $\underline{x}_{\underline{p}}$：

$$\underline{x}_{\underline{p}}(t)=\underline{x}_{\underline{p}}(t_0)+\int_{t_0}^{t}\left(\underline{f}_{\underline{x}}\underline{x}_{\underline{p}}+\underline{f}_{\underline{u}}\underline{u}_{\underline{p}}+\underline{f}_{\underline{p}}\right)\mathrm{d}t \tag{4.210}$$

3. 应用实例：时间常数辨识

假设车轮速度伺服控制器是比例控制器，其增益未知。比例增益 k_p 与时间常数相关：

$$\tau=1/k_p$$

我们知道描述该系统的微分方程为：

$$\dot{x}=f\left(x,u,p,t\right)=k_p\left(u-x\right) \tag{4.211}$$

其中 x 和 u 都具有速度单位，而并非位置单位。方程误差辨识公式的目的是为了形成大值残差：

$$r_k=\dot{x}_k-k_p\left(u_k-x_k\right)=\dot{x}_k-\boldsymbol{H}_k k_p$$

不过，在这种情况下，将其重写为如下简化形式会更方便：

$$z_k=\dot{x}_k=k_p\left(u_k-x_k\right)=\boldsymbol{H}_k k_p$$

尽管一次观测便足以确定其中的某一参数，但是更加精确的解将来自于超定解。多次观测可表示为如下形式：

$$\underline{z} = \boldsymbol{H} k_p$$

其中雅可比矩阵 $\boldsymbol{H}$ 中的每一行皆为标量 $u_k - x_k$。现在，因为上式是一个线性超定方程组，所以方程组的解可以根据左广义逆矩阵求出： 261

$$k_p = \boldsymbol{H}^{+} \underline{z}$$

4. 输出误差辨识法

*输出误差辨识法*建立在输出方程残差的基础上。回顾方程（4.205）中的 $\underline{\boldsymbol{p}}$ 和 $\underline{\boldsymbol{q}}$，可将系统的复合参数向量定义为：

$$\underline{\boldsymbol{\rho}} = \left[\underline{\boldsymbol{p}}^{\mathrm{T}} \quad \underline{\boldsymbol{q}}^{\mathrm{T}} \right]^{\mathrm{T}} \tag{4.212}$$

尽管有可能测量状态，但是，只有在状态也能被预测的情况下，才可能得到参数 $\underline{\boldsymbol{\rho}}$。对状态方程进行积分运算可以预测状态：

$$\underline{\boldsymbol{x}}(t) = \underline{\boldsymbol{x}}(t_0) + \int_{t_0}^{t} \underline{\boldsymbol{f}}\left(\underline{\boldsymbol{x}}, \underline{\boldsymbol{u}}, \underline{\boldsymbol{\rho}}, t\right) \mathrm{d}t$$

从而可以得到输出残差：

$$\underline{\boldsymbol{r}}_k\left(\underline{\boldsymbol{\rho}}\right) = \underline{\boldsymbol{y}}_k - \underline{\boldsymbol{h}}\left(\underline{\boldsymbol{x}}_k, \underline{\boldsymbol{u}}_k, \underline{\boldsymbol{\rho}}, t\right) \tag{4.213}$$

多个这样的测量结果将产生残差向量：

$$\underline{\boldsymbol{r}} = \underline{\boldsymbol{y}} - \underline{\boldsymbol{h}}\left(\underline{\boldsymbol{\rho}}\right) \tag{4.214}$$

与方程误差辨识公式一样，上式可以按照非线性最小二乘问题来处理，以获得最小化参数。

采用与方程误差辨识公式的类似方法，将输出方程关于各参数线性化，如下所示：

$$\underline{\boldsymbol{h}}_{\rho} = \underline{\boldsymbol{h}}_{\underline{x}} \underline{\boldsymbol{x}}_{\rho} + \underline{\boldsymbol{h}}_{\underline{u}} \underline{\boldsymbol{u}}_{\rho} + \underline{\boldsymbol{h}}_{\rho} \tag{4.215}$$

除了 $\underline{\boldsymbol{x}}_{\rho}$ 以外，所有的雅可比矩阵都简洁明了。就像在方程误差辨识法中所做的那样，$\underline{\boldsymbol{x}}_{\rho}$ 必须根据状态方程梯度的数值积分得到：

$$\underline{\boldsymbol{x}}_{\rho}(t) = \underline{\boldsymbol{x}}_{\rho}(t_0) + \int_{t_0}^{t} \left[\underline{\boldsymbol{f}}_{\underline{x}} \underline{\boldsymbol{x}}_{\rho} + \underline{\boldsymbol{f}}_{\underline{u}} \underline{\boldsymbol{u}}_{\rho} + \underline{\boldsymbol{f}}_{\rho} \right] \mathrm{d}t \tag{4.216}$$

于是，辨识问题就转化成为如下所示的非线性最小二乘问题：

$$\underline{\boldsymbol{\rho}} = \arg\min \left[\underline{\boldsymbol{r}}^{\mathrm{T}}\left(\underline{\boldsymbol{\rho}}\right) \underline{\boldsymbol{r}}\left(\underline{\boldsymbol{\rho}}\right) \right]$$

因为在这种情况下的状态预测取决于初始条件 $\underline{\boldsymbol{x}}_0 = \underline{\boldsymbol{x}}(t_0)$。如果初始条件不准确，那么可以将初始条件添加到参数向量中，一并进行估计。关于初始条件的状态雅可比矩阵可以根据方程（4.216）求出，方程（4.216）可简化为： 262

$$\underline{\boldsymbol{x}}_{\underline{x}_0}(t) = \underline{\boldsymbol{x}}_{\underline{x}_0}(t_0) + \int_{t_0}^{t} \underline{\boldsymbol{f}}_{\underline{x}} \underline{\boldsymbol{x}}_{\rho} \mathrm{d}t$$

因为在这种情况下，$\underline{\boldsymbol{u}}_{\underline{x}_0} = 0$ 并且 $\underline{\boldsymbol{f}}_{\underline{x}_0} = 0$。

5. 积分方程误差辨识公式

积分方程误差（IEE）辨识公式是与方程误差辨识公式非常相似的一种非标准公式，它们之间的不同之处在于：

- 积分方程误差辨识公式形成基于状态（即状态方程的积分）的残差。
- 积分方程误差辨识公式可预测的时间段更长，超过一个时间步。

之所以会应用该公式，其原因在于：它非常适用于预测模型的辨识，或者用于那些状态观测太不频繁或间隔过大，而无法获得有效微分的情况。

在该公式中，假设状态是可测量的，并且给定一段时间之前的状态以及从那时一直到现在的所有输入，然后根据当前的状态测量值与模型预测状态值计算得到残差：

$$\underline{e}_k = \underline{x}_k - \left(\underline{x}_{k-n} + \int_{t_{k-n}}^{t_k} \underline{f}\left(\underline{x}, \underline{u}, \underline{p}, t\right) \mathrm{d}t\right) \tag{4.217}$$

在这种情况下，测量结果由两个状态：$\underline{x}_k$ 和 $\underline{x}_{k-n}$ 组成，并且假设输入已知。把残差关于未知参数线性化，从而得到：

$$\frac{\partial \underline{e}_k}{\partial \underline{p}} = \int_{t_{k-n}}^{t_k} \left(\underline{f}_{\underline{x}} \underline{x}_{\underline{p}} + \underline{f}_{\underline{u}} \underline{u}_{\underline{p}} + \underline{f}_{\underline{p}}\right) \mathrm{d}t$$

6. 应用实例：里程计模型辨识

该示例将积分方程误差辨识公式应用于里程计标定问题。里程计系统是一个根据某些未知参数，对微分方程进行积分运算的过程。例如，将方程（4.53）代入方程（6.20）中，就可以获得推测差分航向里程计的微分方程：

263

$$\frac{\mathrm{d}}{\mathrm{d}t}\begin{bmatrix} x(t) \\ y(t) \\ \psi(t) \end{bmatrix} = \begin{bmatrix} V(t)\cos\psi(t) \\ V(t)\sin\psi(t) \\ \omega(t) \end{bmatrix} = \begin{bmatrix} c\psi & 0 \\ s\psi & 0 \\ 0 & 1 \end{bmatrix}\begin{bmatrix} v(t) \\ \omega(t) \end{bmatrix} = \begin{bmatrix} c\psi & 0 \\ s\psi & 0 \\ 0 & 1 \end{bmatrix}\begin{bmatrix} 1 & 1 \\ 1/W & -1/W \end{bmatrix}\begin{bmatrix} v_r \\ v_l \end{bmatrix}$$

上式可表示为：

$$\underline{\dot{x}} = \begin{bmatrix} \dot{x} \\ \dot{y} \\ \dot{\psi} \end{bmatrix} = \begin{bmatrix} c\psi & c\psi \\ s\psi & s\psi \\ 1/W & -1/W \end{bmatrix}\begin{bmatrix} v_r \\ v_l \end{bmatrix}$$

其中 $\underline{p} = W$，且 $\underline{u} = [v_r \quad v_l]^{\mathrm{T}}$。假设初始条件已知，于是可以写出：

$$\begin{bmatrix} x(t) \\ y(t) \\ \psi(t) \end{bmatrix} = \begin{bmatrix} x(0) \\ y(0) \\ \psi(0) \end{bmatrix} + \int_0^t \begin{bmatrix} (v_r + v_l)c\psi \\ (v_r + v_l)s\psi \\ (v_r - v_l)/W \end{bmatrix} \mathrm{d}t$$

利用方程（4.216），将上式关于轮距 W 线性化，以对其实现校准。作为另一种选择，也可以将终点位置与 W 的两个微变值进行两次积分运算，对其进行数值微分：

$$\underline{x}_W(t) \approx \frac{1}{\Delta W}\left[\underline{x}(W + \Delta W, t) - \underline{x}(W, t)\right]$$

请注意，其中的位置坐标（x, y）看起来似乎与轮距 W 无关。但是，它们取决于 θ，而 θ 又取决于轮距 W，所以位置坐标实际上也取决于轮距 W。尽管在该示例中只有单个参数，但是当系统满足可观测条件时，就可以辨识任意数量的参量，如稍后所述。

7. 应用实例：车轮打滑辨识

这是一个输入也取决于参数的例子。假设有一辆车正在平坦地面上运行，进一步假设车辆的滑移量可以表征为车辆的预测速度与实际速度的偏差。假设状态方程对应着平面内速度和运动全驱动的一般情况。

$$\frac{\mathrm{d}}{\mathrm{d}t}\begin{bmatrix} x \\ y \\ \psi \end{bmatrix} = \begin{bmatrix} c\psi & -s\psi & 0 \\ s\psi & c\psi & 0 \\ 0 & 0 & 1 \end{bmatrix}\begin{bmatrix} v_x \\ v_y \\ \omega \end{bmatrix} \tag{4.218}$$

1）**扰动动力学方程**。该方程将预测误差模拟为输入扰动所导致的误差：

$$\underline{\boldsymbol{u}}(t)=\underline{\boldsymbol{u}}(t)+\delta\underline{\boldsymbol{u}}(t) \tag{4.219}$$

这种方法的优点之一是无须考虑状态方程的形式，因为任意输入都可以用这种方式扰动；它的第二个优点是，利用扰动动力学能够获得一个可线性化的通解的积分。解的积分可作为观测的预测，因为它预测了状态中的误差。即使系统中的参数不断变化，通解仍然能够 264
以递增的方式在线计算出所需的雅可比矩阵。

现在，令“参数”为滑移率：

$$\underline{\boldsymbol{p}}=\delta\underline{\boldsymbol{u}}(t)=\begin{bmatrix}\delta v_x & \delta v_y & \delta\omega\end{bmatrix}^{\mathrm{T}} \tag{4.220}$$

我们知道线性化误差是按照下述方程动态传播的：

$$\delta\dot{\underline{\boldsymbol{x}}}(t)=\boldsymbol{F}\delta\underline{\boldsymbol{x}}(t)+\boldsymbol{G}\delta\underline{\boldsymbol{u}}(t) \tag{4.221}$$

此外，该系统的过渡矩阵已知，同时，由滑移速度引起的预测状态偏差可由方程（4.155）给出：

$$\delta\underline{\boldsymbol{x}}(t)=\begin{bmatrix}1 & 0 & -y(t_0)\\ 0 & 1 & x(t_0)\\ 0 & 0 & 1\end{bmatrix}\delta\underline{\boldsymbol{x}}(t_0)+\int_{t_0}^{t}\begin{pmatrix}c\psi(t) & -s\psi(t) & -\Delta y(t,\tau)\\ s\psi(t) & c\psi(t) & \Delta x(t,\tau)\\ 0 & 0 & 1\end{pmatrix}\delta\underline{\boldsymbol{u}}(\tau)\mathrm{d}\tau \tag{4.222}$$

该表达式可以理解为对某标称模型的状态偏差 $\delta\underline{\boldsymbol{x}}(t)$ 的预测，该偏差来源于滑移速度 $\delta\underline{\boldsymbol{u}}(t)$。

假设输入扰动为常量，我们可以求取方程（4.222）左侧关于“参量” $\delta\underline{\boldsymbol{u}}$ 的雅可比矩阵：

$$\delta\underline{\boldsymbol{x}}(t)=\boldsymbol{H}(t)\delta\underline{\boldsymbol{u}} \tag{4.223}$$

其中 $\boldsymbol{H}(t)$ 为对方程（4.154）中输入转移矩阵的积分，可表示如下：

$$\boldsymbol{H}(t)=\int_{t_0}^{t}\Gamma(t,\tau)\mathrm{d}\tau=\int_{t_0}^{t}\begin{pmatrix}c\psi(t) & -s\psi(t) & -\Delta y(t,\tau)\\ s\psi(t) & c\psi(t) & \Delta x(t,\tau)\\ 0 & 0 & 1\end{pmatrix}\mathrm{d}\tau \tag{4.224}$$

尽管初始状态方程是非线性的，但扰动动力学方程却是线性的，并且由此获得了一个它们之间的线性测量函数。通过观测，如果已经给出了预测状态和测量状态之间的观测差值，就可以利用上述雅可比矩阵获得一个线性观测结果：

$$\underline{\boldsymbol{x}}_{\mathrm{meas}}(t)-\underline{\boldsymbol{x}}_{\mathrm{pred}}(t)=\boldsymbol{H}\delta\underline{\boldsymbol{u}}(t) \tag{4.225}$$

其中 $\underline{\boldsymbol{x}}_{\mathrm{pred}}(t)$ 是在假设不存在扰动的条件下，对方程（4.218）进行积分运算产生的。既然这里有三个方程，而方程中含有三个未知量，那么问题就可以通过对矩阵 $\boldsymbol{H}$ 求逆来求解，于是就获得了能够理想地解释观测残差的滑移率。

如果不能准确地获知所有的初始条件，那么就将它们添加到参数向量中，而雅可比矩阵则直接变为过渡矩阵：

$$\boldsymbol{H}_{\delta\underline{\boldsymbol{x}}_0}=\frac{\partial z}{\partial\delta\underline{\boldsymbol{x}}_0}=\boldsymbol{\Phi}(t,t_0) \tag{4.226}$$

在这种情况下，一个观测结果不足以求解方程中的所有参数。把多个观测结果叠加在一 265
起，可构成一个超定方程组，然后用广义逆获得最小二乘残差，来求解最佳拟合参量：

$$\underline{p} = H^{+}\underline{z} \tag{4.227}$$

2）**非线性动力学方程**。上述公式也可以用非线性系统理论获得。假设状态可以直接测量，并将“参数”设置为上面用到的三个滑移速度，则非线性系统模型为：

$$\frac{\mathrm{d}}{\mathrm{d}t}\begin{bmatrix} x \\ y \\ \psi \end{bmatrix} = \begin{bmatrix} c\psi & -s\psi & 0 \\ s\psi & c\psi & 0 \\ 0 & 0 & 1 \end{bmatrix}\begin{bmatrix} v_x + \delta v_x \\ v_y + \delta v_y \\ \omega + \delta\omega \end{bmatrix} \tag{4.288}$$

对于该问题，方程的右侧为 $\underline{f}(\underline{x},\underline{u},\underline{p},t)$ 。

我们将观测到的残差表示为预测状态 $\hat{\underline{x}}_k = h(\underline{p})$ 与观测状态 $\underline{x}_k$ 之间的差值：

$$\underline{e}_k = \underline{x}_k - \hat{\underline{x}} \tag{4.229}$$

预测方程为状态方程的积分：

$$\hat{\underline{x}}_k = h(\underline{p}) = \underline{x}_0 + \int_{t_0}^{t}\begin{bmatrix} c\psi & -s\psi & 0 \\ s\psi & c\psi & 0 \\ 0 & 0 & 1 \end{bmatrix}\begin{bmatrix} v_x + \delta v_x \\ v_y + \delta v_y \\ \omega + \delta\omega \end{bmatrix}\mathrm{d}t \tag{4.230}$$

利用下式，可以将方程关于各参量进行线性化处理：

$$h_{\underline{p}} = h_{\underline{p}}(t_0) + \int_{t_0}^{t}\left(\underline{f}_{\underline{x}}\underline{x}_{\underline{p}} + \underline{f}_{\underline{u}}\underline{u}_{\underline{p}} + \underline{f}_{\underline{p}}\right)\mathrm{d}t \tag{4.231}$$

其中 $\underline{u}_{\underline{p}} = I$，因为输入信息包含一些以求和形式出现的参量，$\underline{f}_{\underline{p}} = 0$ 且：

$$\underline{f}_{\underline{x}} = F = \begin{bmatrix} 0 & 0 & -\dot{y} \\ 0 & 0 & \dot{x} \\ 0 & 0 & 0 \end{bmatrix} \quad \underline{f}_{\underline{u}} = G = \begin{bmatrix} c\psi & -s\psi & 0 \\ s\psi & c\psi & 0 \\ 0 & 0 & 1 \end{bmatrix}$$

由于 $\underline{x}_{\underline{p}}$ 为未知量，所以测量雅可比矩阵还是无法写出。但是在这种情况下，因为 $\underline{x}_{\underline{p}} = h_{\underline{p}}$，所以在利用数值方法求解时，$\underline{x}_{\underline{p}}$ 的最后一个计算值可用于计算下一个 $h_{\underline{p}}$ 值。于是，有：

$$h_{\underline{p}} = \underline{x}_{\underline{p}} = \underline{x}_{\underline{p}}(t_0) + \int_{t_0}^{t}\begin{bmatrix} 0 & 0 & -\dot{y} \\ 0 & 0 & \dot{x} \\ 0 & 0 & 0 \end{bmatrix}\underline{x}_{\underline{p}} + \begin{bmatrix} c\psi & -s\psi & 0 \\ s\psi & c\psi & 0 \\ 0 & 0 & 1 \end{bmatrix}\mathrm{d}t$$

266　用这种方式可以计算梯度，但是有一点需要注意的是，积分意味着梯度必须满足线性矩阵微分方程：

$$\frac{\mathrm{d}}{\mathrm{d}t}\underline{x}_{\underline{p}}(t) = F(t)\underline{x}_{\underline{p}}(t) + G(t)$$

对于特定的 $F(t)$ 和 $G(t)$，由于过渡矩阵已知，因此通解为：

$$h_{\underline{p}}(t) = \underline{x}_{\underline{p}}(t) = \Phi(t,t_0)\underline{x}_{\underline{p}}(t_0) + \int_{t_0}^{t}\Gamma(t,\tau)\mathrm{d}t$$

如果假定零初始条件 $\underline{x}_{\underline{p}}(t_0) = 0$，就会得到与扰动动力学公式相同的结论。该结论是通过计算非线性动力学方程的梯度得到的，而非先对动力学方程进行线性化处理来实现。

如果已知初始条件不准确，就将它们添加到参数向量中。因为输入并不取决于初始条件，所以方程（4.231）可表示为：

$$h_{\underline{x}_0} = \underline{\boldsymbol{x}}_{\underline{x}_0}(t_0) + \int_{t_0}^{t} \begin{bmatrix} 0 & 0 & -\dot{y} \\ 0 & 0 & \dot{x} \\ 0 & 0 & 0 \end{bmatrix} \underline{\boldsymbol{x}}_{\underline{x}_0} \mathrm{d}t \tag{4.232}$$

用这种方式计算得到梯度，但需要注意的是，积分意味着梯度必须满足线性矩阵微分方程：

$$\frac{\mathrm{d}}{\mathrm{d}t} \underline{\boldsymbol{x}}_{\underline{x}_0}(t) = \boldsymbol{F}(t) \underline{\boldsymbol{x}}_{\underline{x}_0}(t) \tag{4.233}$$

对于没有输入（即 $\boldsymbol{G}(t)=0$）的特定 $\boldsymbol{F}(t)$，由于过渡矩阵已知，所以通解为：

$$h_{\underline{x}_0}(t) = \underline{\boldsymbol{x}}_{\underline{x}_0}(t) = \boldsymbol{\Phi}(t,t_0) \underline{\boldsymbol{x}}_{\underline{x}_0}(t_0) = \boldsymbol{\Phi}(t,t_0)$$

因为 $\underline{\boldsymbol{x}}_{\underline{x}_0}(t_0) = \boldsymbol{I}$，于是，再次得到与扰动动力学公式相同的结果。不过，上述推导过程表明，即使在过渡矩阵未知的情况下，也能够确定方程的解。

通常情况下，虽然系统可能是非线性的，但状态方程的梯度必须是线性矩阵微分方程，其过渡矩阵与初始状态方程的线性化动力学方程相同。

考虑到梯度必须满足线性矩阵微分方程，所以过渡矩阵一定存在，并且该矩阵可以通过求解如下系统方程组进行数值计算：

$$\frac{\mathrm{d}}{\mathrm{d}t} \boldsymbol{\Phi}(t,t_0) = \boldsymbol{F} \boldsymbol{\Phi}(t,t_0) \qquad \boldsymbol{\Phi}(t_0,t_0) = \boldsymbol{I}$$

因此，这正是方程（4.232）所要计算的内容，而这并非巧合。此外，方程（4.233）也容许我们把 $\underline{\boldsymbol{x}}_{\underline{x}_0}(t)$ 本身作为过渡矩阵看待。 267

3）**滑移表面**。上述公式假定滑移率与车辆的运行轨迹无关，但事实并非如此。例如，即便最简单的可用滑移模型，也把滑移表示为速度的一部分。

在更一般的情况下，滑移关系可以看作关于状态和参量的函数：

$$\delta \underline{\boldsymbol{u}}(t) = \delta \underline{\boldsymbol{u}}(\underline{\boldsymbol{u}}, \underline{\boldsymbol{p}}) \tag{4.234}$$

该公式使系统可以了解所有输入空间内的全部滑移场。虽然该公式假定各参量为恒定不变的常量，但它不再假设输入量也是常量。因此，该公式适用于任意轨迹。在该条件下的测量雅可比矩阵可表示为：

$$\boldsymbol{H} = \frac{\partial \delta\, \underline{\boldsymbol{x}}(t)}{\partial \underline{\boldsymbol{p}}} = \int_0^t \boldsymbol{\Gamma}(t,\tau) \frac{\partial \delta\, \underline{\boldsymbol{u}}(\underline{\boldsymbol{u}}, \underline{\boldsymbol{p}})}{\partial \underline{\boldsymbol{p}}} \mathrm{d}\tau \tag{4.235}$$

如果方程（4.234）关于各参量的导数是非线性的，那么该方程对于各参量也将呈非线性关系。如果方程中的参量超过三个，那么系统为欠定系统。在试图求解各参量之前，需要采集多次观测结果。

利用后面将要介绍的卡尔曼滤波算法，该公式还用于在线判定滑移面情况。此外，尽管研究该公式是为了辨识车轮打滑模型，但是，同样的数学原理也可以用来解决下列里程计标定问题，例如，待定参数是轮距和车轮半径一类的几何特征，或者传感器误差参数中的偏差或比例因子。

4.5.7 参考文献与延伸阅读

Gillespie 的书和 Wong 的书都是关于地面车辆动力学的参考文献；Papadopoulos 推导了

本文中涉及的稳定裕度技术；Raol 等的书是关于系统辨识的教程之一；本章介绍的积分方程误差技术参考了 Seegmiller 等发表的论文。

1. 参考书目

[19] Thomas Gillespie, *Fundamentals of Vehicle Dynamics,* Society of Automotive Engineers, 1992.

[20] J. R. Raol, G. Girija, J. Singh, *Modelling and Parameter Estimation of Dynamic Systems,* IEEE Control Series 65.

[21] J. Y. Wong, *Theory of Ground Vehicles,* Wiley, 1993.

2. 参考论文

[22] E. G. Papadopoulos, D. A. Rey, The Force-Angle Measure of Tipover Stability Margin for Mobile Manipulators, *Vehicle System Dynamics,* Vol. 33, pp 29–48, 2000.

[23] Neal Seegmiller, Forrest Rogers-Marcovitz, Greg Miller and Alonzo Kelly, A Unified Perturbative Dynamics Approach to Online Vehicle Model Identification, Proceedings of International Symposium on Robotics Research, 2011.

268 ### 4.5.8 习题

1. 重量对制动距离的影响

请推导车辆在平坦地面上的制动距离。车辆越重，制动时需要花费更长时间或者需要经过更远的距离才能停下来吗？

2. 一种在斜坡上的粗略制动方法

当斜坡斜率发生较小变化时，针对那些导致制动距离增加的因素，推导出粗略的规则。

3. 起伏地面的制动距离

概述当俯仰角随距离不断发生变化时，如何计算车辆的制动距离。

4. 微分方程的全导数

根据零初始条件求解微分方程 $\dot{x}=2ax+3b$。然后将结果关于 b 进行求导，并证明只有当
269 $t=0$ 时，$\partial\dot{x}(t)/\partial b=3$ 才成立。

最优估计

不确定性是一个包罗万象的专业术语，它指的是机器人传感器、模型和执行器等没有按照理想状态运行的任何以及所有情况。例如，传感器不可能给出完全精确并且没有噪声的观测值；环境模型不可能囊括所有的重要信息；机器人车轮不打滑的条件不可能完全满足。就像对待人类众多的其他能力一样，我们很少注意到自身在处理噪声、信息缺失和冲突等方面的能力。本章将介绍随机过程的一些基本概念和经典技术，这些技术能够使机器人拥有更加强大的能力，以适应我们这个充满不确定性的世界（图 5-1）。

图 5-1　导游机器人。众多游客阻碍了机器人对墙壁的观测。这激发了研究人员将贝叶斯（Bayesian）估计技术应用于机器人定位，以应对这一挑战

不确定性模型可以应用于多种形式的误差，无论是随机的还是系统的，时间的还是空间的。每一次观测都伴有一定程度的随机噪声，就像基本热力学问题一样。对噪声建模可有效提高系统性能，而性能的改进又促进了系统安全性、可用性和鲁棒性的提升。

5.1　随机变量、随机过程与随机变换

5.1.1　不确定性的表征

误差的实际大小通常是未知的。从这个意义上来说，不确定性与误差相关。把不同类型的误差区分开来，将有助于我们更好地处理它们。 270

1. 不确定性的类型

观测值可以用一般的附加误差模型来建模，例如：

$$x_{\text{meas}} = x_{\text{true}} + \varepsilon \tag{5.1}$$

符号 $\hat{x}$（发音为“x 帽”）有时用于表示对实际值 x_{true} 的估计，这也是本书的使用方式。由此，估计值可以如下表达：

$$\hat{x} = x_{\text{true}} + \varepsilon \tag{5.2}$$

通常情况下，ε 可以是零、常数或函数。它可以是确定性的（系统的）、偶然性的（随机的），或者上述两者的组合。我们一般假定 ε 的随机分量是*无偏的*（即均值为 0）。通常这种假设是有道理的，因为绝大多数的系统误差（即 ε 的分布均值）可通过标定来消除。当然，ε 是未

知的，不然我们只需要从观测值中减去它，就能够得到正确值。

这些误差的类型包括：

- 当误差偶尔与实际值之间相差非常大时，它被称为异常值。
- 当误差遵循某一确定性关系时，我们通常把它称为系统误差。校准或模型误差就是系统误差的例子，而斜率误差和偏移误差通常是为线性模型定义的。
- 当误差具有随机分布特征时，它被称为噪声，但随机误差中也定义了比例因子（斜率）和偏置（偏移量）。

需要注意的是，不能混淆未知性和随机性。误差可以是未知的，但是是系统误差。随机误差模型可有效逼近未知量，但它们不是一回事。

假设用一个典型的轮编码器和一个理想的传感器来同时观测车轮的旋转速度。图 5-2 给出了可能出现的几种误差类型。

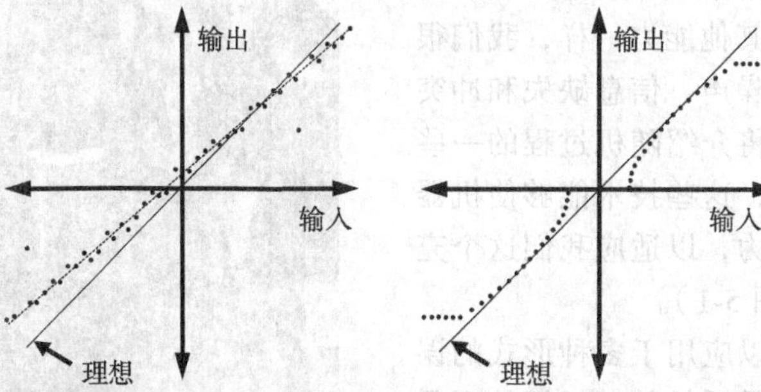

图 5-2　**实际观测中的误差类型**。（左图）偏置误差和比例误差，其中存在两个异常值；（右图）非线性、死区和饱和

对于左图的情况，忽略异常值，可以建立如下误差模型：

$$\varepsilon = a + b\theta + N(\mu, \sigma)$$

其中，N 表示正态分布函数，又名高斯（Gaussian）概率分布函数。需要注意，未知量既包
271 含系统误差参数 (a, b)，也包含随机过程参数 (μ, σ)。

2. 调整和消除不确定性

通过标定，可以消除一些系统误差。为了进行标定，通常需要以下几个条件：

- ε 的系统误差分量模型，该模型必须基于针对预期行为的先验知识；
- 一组由参考设备采集的观测值，该设备具有你希望达到的精度；
- 一个估计过程，用于计算与观测值相匹配的模型的最佳拟合参数。

可以通过滤波方法去除一些随机误差和异常值。此外，如果在不同时间或不同位置得到的两个观测值相互关联，那么可以通过差分测量的方法消除误差的相关部分。如果两个观测值被相同的常量误差所破坏，利用这种方式，它们之间的差值将不包括这部分误差。

5.1.2　随机变量

随机变量（或随机向量，是由若干随机变量组成的一个向量单元）可以是连续型的，也可以是离散型的。连续型随机变量可以通过概率密度函数（pdf）来表示。一个任意的概率密度函数如图 5-3 所示。

概率密度函数下方的面积（即概率密度函数在这个区域的积分）表示随机变量 x 的取值

落在某一区间 (a, b) 的概率。如果 $a \to -\infty$ 且 $b \to \infty$，那么积分值将取一个无限趋近于 1 但小于 1 的正值。该函数描述单个随机事件的各种潜在结果的概率。

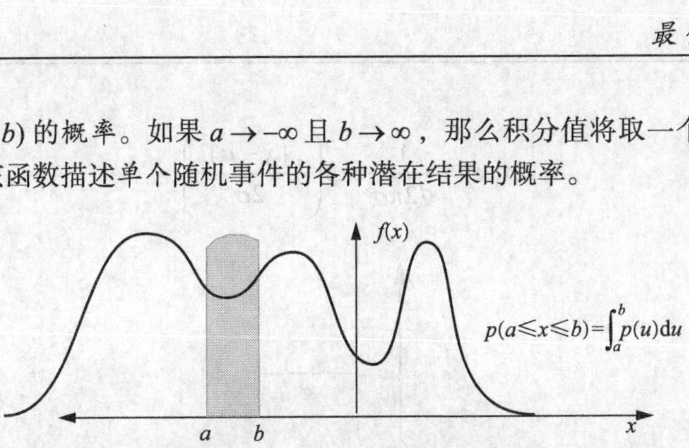

图 5-3 **任意的连续概率密度函数**：多峰（具有多个凸点）的概率密度函数

这里需要注意符号中的一个关键点。与绝大多数数学表示法不同的是，$p(A)$ 和 $p(B)$ 中的 $p()$ 并不一定表示同一个函数，就像我们理解 $f()$ 在 $f(x)$ 和 $f(y)$ 中的含义不同一样。在这里，$p(A)$ 泛指一个*未确定*的概率函数，而不是指某一特定的概率函数，而 $p(B)$ 通常指一个与 $p(A)$ 完全不同的函数。在概率表示中，重点是函数的参数，而不是函数的名称。

离散型随机变量可以用*概率质量函数*（pmf）来表示。一个任意的概率质量函数如图 5-4 所示。 272

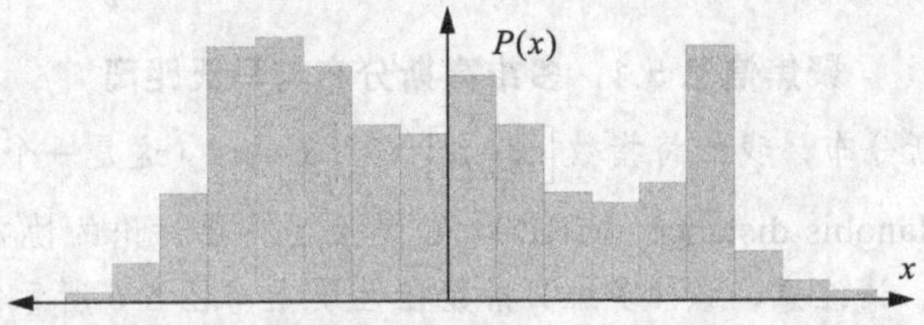

图 5-4 **任意的离散型概率质量函数**：多峰（具有多个凸点）的概率质量函数

其表达式与连续型类似：

$$P(a \leqslant x \leqslant b)=\sum_i P(x_i) \tag{5.3}$$

例如，利用上式可表示一个骰子掷出 3、4 或 5 的概率。重要的是，在计算概率和时，应当注意各个可能的结果之间是互斥的。我们用大写字母 P 表示离散情况。

二维及多维的概率密度函数非常重要。例如，考虑用平面内的点密度来表示二维概率密度函数（如图 5-5 所示）。

在这种情况下，会用到联合概率密度函数，它是向量的一个标量函数：

$$P(a \leqslant x \leqslant b \wedge c \leqslant y \leqslant d)=\int_c^d \int_a^b p(u, v) \mathrm{d} u \mathrm{d} v \tag{5.4}$$

也会用到条件概率密度函数，例如：

$$P(a \leqslant x \leqslant b \mid y)=\int_a^b p(u, y) \mathrm{d} u \Big/ \int_{-\infty}^{\infty} p(u, y) \mathrm{d} u \tag{5.5}$$

在条件概率计算中，会把一个或多个坐标确定在已知值上。

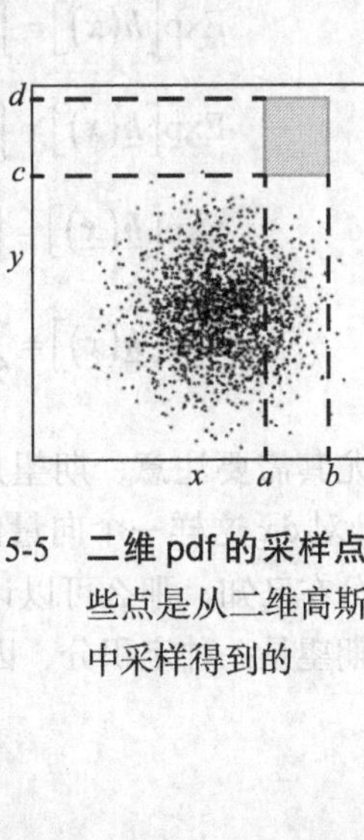

图 5-5 **二维 pdf 的采样点**：这些点是从二维高斯分布中采样得到的 273

1. 高斯分布

对于一维连续标量，所谓的*高斯分布*概率密度函数如下所示：

$$p(x)=\frac{1}{\sqrt{2\pi}\sigma}\exp\left(-\frac{(x-\mu)^2}{2\sigma^2}\right)$$

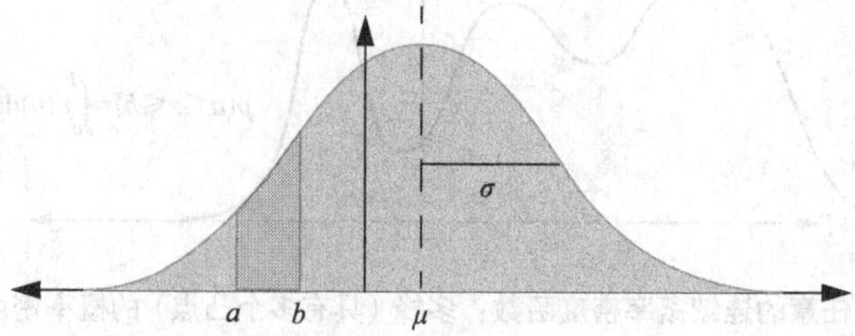

图 5-6　**高斯分布**。这就是著名的“钟形曲线”（又称正态分布曲线），也是最常用的概率密度函数

图中的参数 μ 和 σ 分别是期望值和标准差，其定义如下。对于 n 维情况，我们有公式：

$$p(\underline{x})=\frac{1}{(2\pi)^{n/2}\sqrt{|C|}}\exp\left(-\frac{\left[\underline{x}-\underline{\mu}\right]^{\mathrm{T}}C^{-1}\left[\underline{x}-\underline{\mu}\right]}{2}\right) \tag{5.6}$$

聚焦信息 5.1　多维高斯分布与马氏距离

对于 n 维的高斯分布，我们将指数 $\left[\underline{x}-\underline{\mu}\right]^{\mathrm{T}}C^{-1}\left[\underline{x}-\underline{\mu}\right]$（这是一个数值）的平方根称为马氏距离（Mahalanobis distance，MHD）。C 是后面将要讨论的协方差矩阵，$|C|$ 为该矩阵对应的行列式。请注意，该（多维）指数在性质上与图 5-6 所示的标量情况下的指数相类似。

2. 随机变量的期望和方差

我们一定要始终谨记下面两个概念的不同：理论总体分布的参数与对该分布采样的统计参数。后者通常可用来估计前者，但它们并不一样。前者通过已知概率密度函数计算得到，而后者通常要在其计算公式中除以采样数量 n。

函数 $h(x)$ 的期望是它的加权平均值，其中概率密度函数提供了加权函数：

$$\begin{aligned}
&\mathrm{Exp}\left[h(x)\right]=\int_{-\infty}^{\infty}h(x)p(x)\mathrm{d}x && \text{标量－标量　连续型}\\
&\mathrm{Exp}\left[\underline{h}(x)\right]=\int_{-\infty}^{\infty}\underline{h}(x)p(x)\mathrm{d}x && \text{向量－标量　连续型}\\
&\mathrm{Exp}\left[\underline{h}(\underline{x})\right]=\int_{-\infty}^{\infty}\underline{h}(\underline{x})p(\underline{x})\mathrm{d}\underline{x} && \text{向量－向量　连续型}\\
&\mathrm{Exp}\left[\underline{h}(x)\right]=\sum_{i=1}^{n}\underline{h}(\underline{u}_i)P(\underline{u}_i) && \text{向量－向量　离散型}
\end{aligned} \tag{5.7}$$

274

尤其需要注意，期望是一个泛函（即一种矩），因此为了确定期望，需要已知整个分布 $p(x)$。对 $\mathrm{d}\underline{x}$ 这样一个向量值微分进行积分，意味着沿向量 $\underline{x}$ 的所有维度上的体积分。如果整个分布已知，那么可以计算所有类型的“矩”。期望和方差是两种重要的矩。

期望是一种定积分，因此它具有如下所示的性质：

$$
\begin{aligned}
&\operatorname{Exp}[k]=k\\
&\operatorname{Exp}[kh(x)]=k\operatorname{Exp}[h(x)]\\
&\operatorname{Exp}[h(x)+g(x)]=\operatorname{Exp}[h(x)]+\operatorname{Exp}[g(x)]
\end{aligned}
\tag{5.8}
$$

总体均值即为平凡函数 $g(x)=x$ 对应的期望值，一般是该分布的质心。

$$
\begin{aligned}
&\mu=\operatorname{Exp}[x]=\int_{-\infty}^{\infty}[xp(x)]\mathrm{d}x && \text{标量　连续型}\\
&\underline{\boldsymbol{\mu}}=\operatorname{Exp}(\underline{\boldsymbol{x}})=\int_{-\infty}^{\infty}\underline{\boldsymbol{x}}p(\underline{\boldsymbol{x}})\mathrm{d}\underline{\boldsymbol{x}} && \text{向量　连续型}\\
&\underline{\boldsymbol{\mu}}=\operatorname{Exp}[\underline{\boldsymbol{x}}]=\sum_{i=1}^{n}\underline{\boldsymbol{x}}_iP(\underline{\boldsymbol{x}}_i) && \text{向量　离散型}
\end{aligned}
\tag{5.9}
$$

注意，期望并不是 x 的最大可能值。x 的最大可能值由分布模式决定——它位于概率密度函数或概率质量函数的最高点。因此，“期望”是一种很容易被误解的称谓，其表示的含义主要是“均值”。对于双峰分布情况，其期望值可以是一个可能性非常小（甚至不太可能发生）的值，如图 5-7 所示。

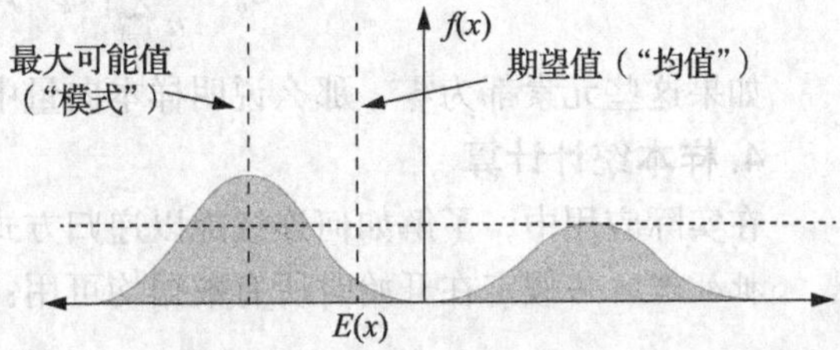

图 5-7　**多峰分布**。在这种情况下，其期望值和最大可能值相差非常大

高斯分布是单峰分布，并且 x 的期望值就是其极大似然估计值（即最大可能值）。

对于标量型随机变量，其分布的*总体方差*是偏离均值的平方偏差 $g(x)=(x-\mu)^2$ 对应的期望值：

$$
\sigma_{xx}=\int_{-\infty}^{\infty}\left[(x-\mu)^2\cdot p(x)\right]\mathrm{d}x \tag{5.10}
$$
275

需要注意，我们也经常使用方差的替代符号 $\sigma^2(x)$。此外，*标准差*（又常称均方差）定义为方差的平方根：

$$
\sigma_x=\sigma(x)=\sqrt{\sigma_{xx}} \tag{5.11}
$$

对于向量，*总体协方差*（矩阵）是两个偏差向量的外积（矩阵）的期望值：

$$
\begin{aligned}
&\boldsymbol{\Sigma}_{\underline{\boldsymbol{x}}\underline{\boldsymbol{x}}}=E\left([\underline{\boldsymbol{x}}-\underline{\boldsymbol{\mu}}][\underline{\boldsymbol{x}}-\underline{\boldsymbol{\mu}}]^{\mathrm{T}}\right)=\int_{-\infty}^{\infty}[\underline{\boldsymbol{x}}-\underline{\boldsymbol{\mu}}][\underline{\boldsymbol{x}}-\underline{\boldsymbol{\mu}}]^{\mathrm{T}}p(\underline{\boldsymbol{x}})\mathrm{d}\underline{\boldsymbol{x}} && \text{连续型}\\
&\boldsymbol{\Sigma}_{\underline{\boldsymbol{x}}\underline{\boldsymbol{x}}}=E\left([\underline{\boldsymbol{x}}-\underline{\boldsymbol{\mu}}][\underline{\boldsymbol{x}}-\underline{\boldsymbol{\mu}}]^{\mathrm{T}}\right)=\sum_{i=1}^{n}[\underline{\boldsymbol{x}}-\underline{\boldsymbol{\mu}}][\underline{\boldsymbol{x}}-\underline{\boldsymbol{\mu}}]^{\mathrm{T}}P(\underline{\boldsymbol{x}}) && \text{离散型}
\end{aligned}
\tag{5.12}
$$

3. 抽样分布与统计

所谓统计，是指根据观测值的一组采样计算得到一些量，这些量可以用来估计从其中获取样本的总体分布的参数。样本通常不是连续的，所以我们只考虑如何处理离散值。

*样本均值*为

$$
\overline{\underline{\boldsymbol{x}}}=\frac{1}{n}\sum_{i=1}^{n}\underline{\boldsymbol{x}} \tag{5.13}
$$

样本协方差为

$$S_{\underline{x}\underline{x}}=\frac{1}{n}\sum_{i=1}^{n}\left[\underline{x}-\underline{\mu}\right]\left[\underline{x}-\underline{\mu}\right]^{\mathrm{T}} \tag{5.14}$$

在上式中，如果用样本均值 $\overline{\underline{x}}$ 来作为总体分布均值 $\underline{\mu}$ 的估计值，则要除以 $n-1$ 而不是 n。在此，假设总体分布均值已知，那么 $\boldsymbol{S}$ 的主对角线元素表示的是样本分量到相应分量均值的平均平方距离（即*方差*）：

$$S_{ii}=\frac{1}{n}\sum_{k=1}^{n}\left[x_{ik}-\mu_i\right]\left[x_{ik}-\mu_i\right] \tag{5.15}$$

$\boldsymbol{S}$ 的非对角元素用于表示两个不同分量的均值偏差的*协方差*：

$$S_{ij}=\frac{1}{n}\sum_{k=1}^{n}\left[x_{ik}-\mu_i\right]\left[x_{jk}-\mu_j\right] \tag{5.16}$$

如果这些元素都为零，那么说明样本向量中的各个变量*互不相关*。

4. 样本统计计算

276 在实际应用中，了解如何连续地以递归方式动态计算样本的均值和协方差非常重要。*批处理方法*假定在开始时所有数据均可用：

$$\begin{aligned}&\text{样本均值：}\quad \overline{\underline{x}}=\frac{1}{n}\sum_{i=1}^{n}\underline{x}\\&\text{样本协方差：}\quad \boldsymbol{S}=\frac{1}{n}\sum_{i=1}^{n}\left[\underline{x}-\underline{\mu}\right]\left[\underline{x}-\underline{\mu}\right]^{\mathrm{T}}\end{aligned} \tag{5.17}$$

各种*递归方法*则持续计数，并在需要时每次添加一个采样点。这些方法都与卡尔曼滤波有关：

$$\begin{aligned}&\text{样本均值：}\quad \overline{\underline{x}}_{k+1}=\frac{k\overline{\underline{x}}_k+\underline{x}_{k+1}}{k+1}\\&\text{样本协方差：}\quad \boldsymbol{S}_{k+1}=\frac{k\boldsymbol{S}_k+\left[\underline{x}_{k+1}-\underline{\mu}\right]\left[\underline{x}_{k+1}-\underline{\mu}\right]^{\mathrm{T}}}{k+1}\end{aligned} \tag{5.18}$$

*计算器方法*在数据到达时更新统计累加器，然后随时按需计算统计值：

$$\begin{aligned}&\text{样本均值：}\quad \underline{\boldsymbol{T}}_{k+1}=\underline{\boldsymbol{T}}_k+\underline{x}_{k+1}\quad&\text{得到新数据时}\\&\qquad\qquad \overline{\underline{x}}_{k+1}=\frac{T_{k+1}}{k+1}\quad&\text{需要返回值时}\\&\text{样本协方差：}\quad \boldsymbol{Q}_{k+1}=\boldsymbol{Q}_k+\left[\underline{x}_{k+1}-\underline{\mu}\right]\left[\underline{x}_{k+1}-\underline{\mu}\right]^{\mathrm{T}}\quad&\text{得到新数据时}\\&\qquad\qquad \boldsymbol{S}_{k+1}=\frac{\boldsymbol{Q}_{k+1}}{k+1}\quad&\text{需要返回值时}\end{aligned} \tag{5.19}$$

以递归方式循环计算标准差（并非方差）并不是一种理想的方法，因为它需要平方根运算——需要付出较大的计算代价。此外，这些直观的算法对舍入误差的鲁棒性不强。

5. 为什么用高斯分布来对不确定性进行建模

一般来说，均值和协方差是任意概率密度函数的一阶和二阶矩。仅使用它们来表征一个实际的概率密度函数是线性假设的一种形式。这种线性假设正好适于使用高斯分布，因为其高阶矩均为 0。许多实际的噪声信号都或多或少遵循高斯分布。根据中心极限定理，大量的独立随机变量之和可以看作服从高斯分布（近似于正态分布）——不管这些独立变量各自服从何种分布。

6. 恒定概率密度等值线

对一维高斯分布，考虑在 x 轴上对称区间内的概率（如图 5-8 所示）。 277

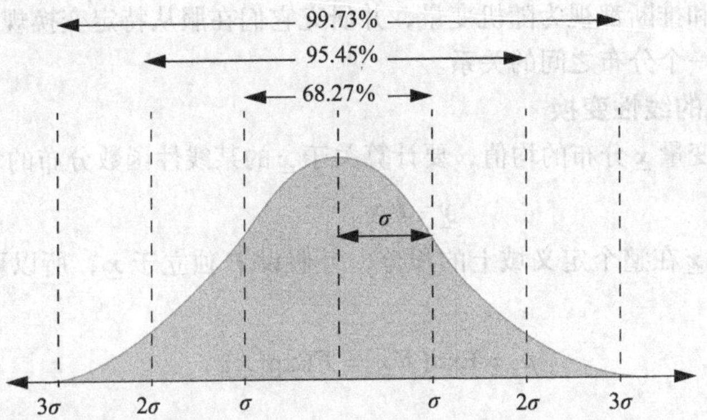

图 5-8 **恒定概率等值线：一维情况**。对于一维高斯分布，随机事件有 99.73% 的概率落入 3 倍标准差的区间范围内，即 $(\mu-3\sigma,\mu+3\sigma)$

一般来说，多维高斯分布中常数指数的等值线呈现一个 n 维椭球形，因为当指数（平方马氏距离）为取决于概率 p 的常数 k 时，$p(\underline{x})$ 为一定值。

$$\left[\underline{x}-\underline{\mu}\right]^{\mathrm{T}}\boldsymbol{\Sigma}^{-1}\left[\underline{x}-\underline{\mu}\right]=k^2(p) \tag{5.20}$$

可以证明上式是一个 n 维椭圆的方程。由于在二维的平面中只能绘制一个椭圆，因此从 $\boldsymbol{\Sigma}$ 中移除其他参数（简化所有无关参数），只保留相应的两行和两列，就得到了二维平面空间中概率为定值 p 的椭圆：

$$k^2(p)=-2\ln(1-p) \tag{5.21}$$

图 5-9 表示了几个聚集椭球。之所以取这个名字，是因为绝大多数的概率密度分布在此椭球内。

协方差矩阵代表了椭球分布，如果取该椭球分布的各长、短轴为坐标轴，则在该直角坐标系中表达的协方差矩阵为对角阵。假定这些坐标轴由某旋转矩阵 $\boldsymbol{R}$ 的列向量给出，那么可以利用如下相似变换将协方差矩阵转换为对角阵：

$$\boldsymbol{\Sigma}^{-1}=\boldsymbol{R}\boldsymbol{D}^{-1}\boldsymbol{R}^{\mathrm{T}} \tag{5.22}$$

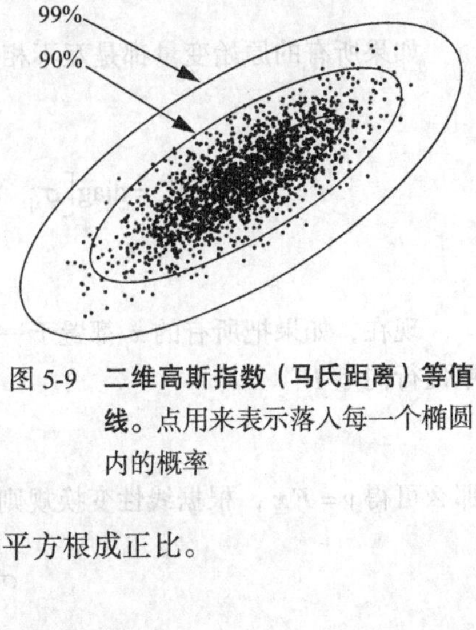

图 5-9 **二维高斯指数（马氏距离）等值线**。点用来表示落入每一个椭圆内的概率

278

$\boldsymbol{D}$ 的对角线元素是 $\boldsymbol{\Sigma}$ 的特征值，$\boldsymbol{R}$ 的列向量是其对应的特征向量。由协方差矩阵 $\boldsymbol{\Sigma}$ 给出的椭球具有如下所示的属性：

- 椭球以均值 $\hat{\underline{x}}$ 为中心；
- 椭球的长、短轴与矩阵 $\boldsymbol{R}$ 的列向量一致；
- 椭球沿各个轴的伸长率，与 $\boldsymbol{D}$ 的相应对角元素的平方根成正比。

5.1.3 不确定性变换

我们可以用协方差矩阵来表示数据的“扩散性”，以了解观测结果中存在多大程度的不确定性。通常情况下，我们面临的难题是：对感兴趣的物理量无法进行直接测量，而只能推断得到。这一事实引出了这样一个问题，即如何理解这些推论的不确定性。解决该问题的一种思路是：将观测和推断都视为随机变量，并研究它们在服从特定变换规则的前提下，一个随机变量分布与另一个分布之间的关系。

1. 均值和方差的线性变换

假设已知随机变量 $\underline{x}$ 分布的均值，要计算关于 $\underline{x}$ 的某线性函数分布的均值：

$$\underline{y} = \boldsymbol{F}\underline{x} \tag{5.23}$$

因为期望是对向量 $\underline{x}$ 在整个定义域上的积分，且假设 $\boldsymbol{F}$ 独立于 $\underline{x}$，所以可以将 $\boldsymbol{F}$ 提到积分运算外：

$$\mu_{\underline{y}} = \operatorname{Exp}(\boldsymbol{F}\underline{x}) = \boldsymbol{F}\operatorname{Exp}(\underline{x}) \tag{5.24}$$

上式也可以表示为：

$$\mu_{\underline{y}} = \boldsymbol{F}\mu_{\underline{x}} \tag{5.25}$$

接下来进一步假设已知上述 $\underline{x}$ 的协方差矩阵，如何计算 $\underline{y}$ 的协方差矩阵？与上面同理，再次假设 $\boldsymbol{F}$ 独立于 $\underline{x}$，故可以将 $\boldsymbol{F}$ 提到积分运算外，也就是说：

$$\boldsymbol{\Sigma}_{\underline{y}\underline{y}} = \operatorname{Exp}\left(\boldsymbol{F}\underline{x}\underline{x}^{\mathrm{T}}\boldsymbol{F}^{\mathrm{T}}\right) = \boldsymbol{F}\operatorname{Exp}\left(\underline{x}\underline{x}^{\mathrm{T}}\right)\boldsymbol{F}^{\mathrm{T}} \tag{5.26}$$

因此 $\underline{y}$ 的协方差矩阵为

$$\boldsymbol{\Sigma}_{\underline{y}\underline{y}} = \boldsymbol{F}\boldsymbol{\Sigma}_{\underline{x}\underline{x}}\boldsymbol{F}^{\mathrm{T}} \tag{5.27}$$

2. 应用实例：随机变量总和的方差

现在思考一下如何求随机变量总和的方差。这个问题在后续的航位推算误差建模中非常
279 重要。假设已知 n 个随机变量，每个随机变量 x_i 的方差为 $\sigma_{x_i}^2$。接下来定义一个新的随机变量 y，它是所有这些随机变量 x_i 的总和，即

$$y = \sum_{i=1}^{n} x_i$$

如果所有的原始变量都是互不相关的，那么有

$$\boldsymbol{\Sigma}_{\underline{x}} = \operatorname{diag}\left[\sigma_{x_1}^2 \quad \sigma_{x_2}^2 \quad \cdots \quad \sigma_{x_n}^2\right] = \begin{bmatrix} \sigma_{x_1}^2 & 0 & 0 & 0 \\ 0 & \sigma_{x_2}^2 & 0 & 0 \\ 0 & 0 & \ddots & 0 \\ 0 & 0 & 0 & \sigma_{x_n}^2 \end{bmatrix}$$

现在，如果把所有的 x_i 都置于一个列向量 $\underline{x}$ 中，同时巧妙地定义一个由若干个 1 组成的单位行向量 $\boldsymbol{F}$：

$$\boldsymbol{F} = \begin{bmatrix}1 & 1 & \cdots & 1\end{bmatrix}$$

那么可得 $y = \boldsymbol{F}\underline{x}$，根据线性变换规则，又可得：

$$\sigma_y^2 = \boldsymbol{F}\boldsymbol{\Sigma}_{\underline{x}\underline{x}}\boldsymbol{F}^{\mathrm{T}} = \sum_{i=1}^{n}\sigma_{x_i}^2 \tag{5.28}$$

可以看出，对于 n 个不相关的标量随机变量的总和，其方差为各个随机变量方差的加和。在特殊情况下，当所有随机变量的方差相同，且都为 σ_x^2 时：

$$\sigma_y^2 = n\sigma_x^2 \tag{5.29}$$

3. 应用实例：随机变量均值的方差

接下来探讨多个随机变量均值的方差，这对后续将要讨论的测量数据处理模型非常有用。假设已知 n 个随机变量，每个随机变量 x_i 的方差为 $\sigma_{x_i}^2$。接下来定义一个新的随机变量 y，它是所有随机变量 x_i 的均值：

$$y = \frac{1}{n}\sum_{i=1}^{n} x_i$$

现在，使用一个可缩放的单位行向量 $\boldsymbol{F}$：

$$\boldsymbol{F} = \frac{1}{n}\begin{bmatrix}1 & 1 & \cdots & 1\end{bmatrix}$$

那么再次根据 $y = \boldsymbol{F}\underline{\boldsymbol{x}}$，并假设各随机变量互不相关，可得：

$$\sigma_y^2 = \boldsymbol{F}\boldsymbol{\Sigma}_{\underline{x}\underline{x}}\boldsymbol{F}^{\mathrm{T}} = \frac{1}{n^2}\sum_{i=1}^{n}\sigma_{x_i}^2 \tag{5.30}$$ 280

因此，对于 n 个互不相关的标量型随机变量的均值，其方差就是把每个随机变量的方差之和除以 n^2。在特殊情况下，当所有随机变量的方差相同且都为 σ_x^2 时，有

$$\sigma_y^2 = \frac{1}{n}\sigma_x^2 \tag{5.31}$$

这意味着当我们将若干随机变量的总和除以它们的数量时，将发生非常重要的事情。相对于被求和的单个随机变量，总和的方差不除以 n，所以变大了，而均值的方差除以 n，从而减小了。从数学的角度来看，总和的方差会随 n 增大，而把总和除以 n，则会在方差中引进一个新系数 $1/n^2$，从而抵消了求和造成的方差变大。这些基本事实有更深层次的含义。直观而言，平均可以减少“噪声”，但是，这是通过克服求和实质上会增加“噪声”这一更基本的趋势才实现的。

4. 坐标变换

通常情况下，将观测量转化成需要的数据，是一个坐标变换过程。假设已知在某坐标系中某点观测值的协方差矩阵（在这个坐标系中便于表示或观测），希望在另一个坐标系中表达它（因为需要在该坐标系中使用该点）。

定义从坐标系 a 到坐标系 b 的变换如下：

$$^{b}\underline{\boldsymbol{x}} = \boldsymbol{R}\,^{a}\underline{\boldsymbol{x}} + \underline{\boldsymbol{t}}$$

那么观测及其协方差矩阵的变换如下：

$$\begin{aligned} ^{b}\mu_{\underline{x}} &= \boldsymbol{R}\,^{a}\mu_{\underline{x}} + \underline{\boldsymbol{t}} \\ ^{b}\boldsymbol{\Sigma}_{\underline{x}\underline{x}} &= \boldsymbol{R}\,^{a}\boldsymbol{\Sigma}_{\underline{x}\underline{x}}\boldsymbol{R}^{\mathrm{T}} \end{aligned} \tag{5.32}$$

需要特别注意的是，这样的变换将使非对角线项上出现非零值。这些非零元素表明，新的分布是互相关的。这表明如果该协方差椭圆在坐标系 a 中对正，那么它在坐标系 b 中将不再对正（如图 5-10 所示）。

5. 非线性变换

更一般地，假设已知 $\underline{\boldsymbol{x}}$ 的不确定性，希望得到 $\underline{\boldsymbol{x}}$ 的非线性函数的不确定性：

281

$$\underline{\boldsymbol{y}} = \boldsymbol{f}_{-}(\underline{\boldsymbol{x}})$$

可将 $\underline{\boldsymbol{x}}$ 的任一特定值表示成参考值 $\underline{\boldsymbol{x}}'$ 加上噪声的形式：

$$\underline{\boldsymbol{x}} = \underline{\boldsymbol{x}}' + \underline{\boldsymbol{\varepsilon}}$$

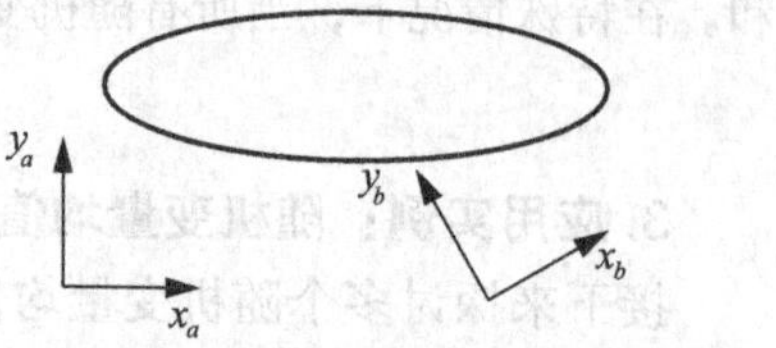

图 5-10　**对角协方差矩阵**。对于分布在示意椭圆中的数据，如果在坐标系 a 中表示，则其协方差矩阵为对角阵。而在坐标系 b 中，它为非对角阵

可以用截断泰勒级数和雅可比矩阵表达 $\underline{\boldsymbol{y}}$ 的线性近似，如下所示：

$$\underline{\boldsymbol{y}} = \boldsymbol{f}_{-}(\underline{\boldsymbol{x}}) = \boldsymbol{f}_{-}(\underline{\boldsymbol{x}}' + \underline{\boldsymbol{\varepsilon}}) \approx \boldsymbol{f}_{-}(\underline{\boldsymbol{x}}') + \boldsymbol{J}\underline{\boldsymbol{\varepsilon}} \tag{5.33}$$

于是 $\underline{\boldsymbol{y}}$ 的均值为：

$$\mu_{\underline{y}} = \mathrm{Exp}(\underline{\boldsymbol{y}}) \approx \mathrm{Exp}\left[\boldsymbol{f}_{-}(\underline{\boldsymbol{x}}') + \boldsymbol{J}\underline{\boldsymbol{\varepsilon}}\right] = \mathrm{Exp}\left[\boldsymbol{f}_{-}(\underline{\boldsymbol{x}}')\right] + \mathrm{Exp}(\boldsymbol{J}\underline{\boldsymbol{\varepsilon}}) \tag{5.34}$$

因为 $\underline{\boldsymbol{x}}'$ 不是随机量，所以式（5.34）等号右侧的第一部分可表示为：

$$\mathrm{Exp}\left[\boldsymbol{f}_{-}(\underline{\boldsymbol{x}}')\right] = \boldsymbol{f}_{-}(\underline{\boldsymbol{x}}')$$

当我们用参考值 $\underline{\boldsymbol{x}}'$ 来表示均值 $\mu_{\underline{x}}$（即 $\underline{\boldsymbol{x}}' = \mu_{\underline{x}}$），且假设误差 $\underline{\boldsymbol{\varepsilon}}$ 是无偏（其均值为零）的时，式（5.34）等号右侧的第二部分可化简为：

$$\mathrm{Exp}(\boldsymbol{J}\underline{\boldsymbol{\varepsilon}}) = \boldsymbol{J}\mathrm{Exp}(\underline{\boldsymbol{\varepsilon}}) = 0$$

因此，可以得出结论，利用 $\underline{\boldsymbol{f}}()$ 的一阶近似，$\underline{\boldsymbol{y}}$ 的均值可表达为：

$$\mu_{\underline{y}} = \mathrm{Exp}(\underline{\boldsymbol{y}}) = \boldsymbol{f}_{-}(\mu_{\underline{x}}) \tag{5.35}$$

如果定义 $\underline{\boldsymbol{y}}' = \boldsymbol{f}_{-}(\underline{\boldsymbol{x}}')$，那么根据方程（5.33），可知一阶近似的误差为 $\underline{\boldsymbol{y}} - \underline{\boldsymbol{y}}' = \boldsymbol{J}\underline{\boldsymbol{\varepsilon}}$，因此变换变量 $\underline{\boldsymbol{y}}$ 的协方差可表示为：

$$\boldsymbol{\Sigma}_{\underline{y}\underline{y}} = \mathrm{Exp}\left(\left[\underline{\boldsymbol{y}} - \underline{\boldsymbol{y}}'\right]\left[\underline{\boldsymbol{y}} - \underline{\boldsymbol{y}}'\right]^{\mathrm{T}}\right) = \mathrm{Exp}\left(\boldsymbol{J}\underline{\boldsymbol{\varepsilon}}\underline{\boldsymbol{\varepsilon}}^{\mathrm{T}}\boldsymbol{J}^{\mathrm{T}}\right)$$

也就是

$$\boldsymbol{\Sigma}_{\underline{y}\underline{y}} = \boldsymbol{J}\boldsymbol{\Sigma}_{\underline{x}\underline{x}}\boldsymbol{J}^{\mathrm{T}} \tag{5.36}$$

请注意，上一节的线性情况就是这种情况的一种特例，只是这里的雅可比矩阵就是前面的变换矩阵。

6. 不相关分块输入的协方差

假设 $f()$ 是一个由向量 $\underline{\boldsymbol{x}}$ 确定的函数，且该向量可分成两个长度不等的低维向量：

$$\underline{\boldsymbol{y}} = f(\underline{\boldsymbol{x}}) \quad \underline{\boldsymbol{x}} = \left[\underline{\boldsymbol{x}}_1 \quad \underline{\boldsymbol{x}}_2\right]^{\mathrm{T}}$$

于是，也可以分别对协方差矩阵 $\boldsymbol{\Sigma}_{xx}$ 和雅可比矩阵 $\boldsymbol{J}_x$ 进行分块：

282

$$\boldsymbol{J}_x = \left[\boldsymbol{J}_1 \quad \boldsymbol{J}_2\right] \quad \boldsymbol{\Sigma}_{xx} = \begin{bmatrix} \boldsymbol{\Sigma}_{11} & \boldsymbol{\Sigma}_{12} \\ \boldsymbol{\Sigma}_{21} & \boldsymbol{\Sigma}_{22} \end{bmatrix}$$

其中分块协方差矩阵为 $\boldsymbol{\Sigma}_{ij} = \mathrm{Exp}\left(\underline{\boldsymbol{x}}_i \underline{\boldsymbol{x}}_j^{\mathrm{T}}\right)$。那么，$\underline{\boldsymbol{y}}$ 的协方差矩阵为：

$$\boldsymbol{\Sigma}_{yy} = \boldsymbol{J}_x \boldsymbol{\Sigma}_{xx} \boldsymbol{J}_x^{\mathrm{T}} \qquad \boldsymbol{\Sigma}_{yy} = \begin{bmatrix} \boldsymbol{J}_1 & \boldsymbol{J}_2 \end{bmatrix} \begin{bmatrix} \boldsymbol{\Sigma}_{11} & \boldsymbol{\Sigma}_{12} \\ \boldsymbol{\Sigma}_{21} & \boldsymbol{\Sigma}_{22} \end{bmatrix} \begin{bmatrix} \boldsymbol{J}_1^{\mathrm{T}} \\ \boldsymbol{J}_2^{\mathrm{T}} \end{bmatrix}$$

假定 $\underline{\boldsymbol{x}}_1$ 和 $\underline{\boldsymbol{x}}_2$ 不相关，也就是当 $i \neq j$ 时，$\boldsymbol{\Sigma}_{ij}=0$。在这种情况下：

$$\boldsymbol{\Sigma}_{12} = \boldsymbol{\Sigma}_{21} = [0] \qquad \therefore \ \boldsymbol{\Sigma}_{yy} = \begin{bmatrix} \boldsymbol{J}_1 & \boldsymbol{J}_2 \end{bmatrix} \begin{bmatrix} \boldsymbol{\Sigma}_{11} & 0 \\ 0 & \boldsymbol{\Sigma}_{22} \end{bmatrix} \begin{bmatrix} \boldsymbol{J}_1^{\mathrm{T}} \\ \boldsymbol{J}_2^{\mathrm{T}} \end{bmatrix}$$

需要注意的是，右侧输入矩阵的大小取决于参数 $\underline{\boldsymbol{x}}$ 的长度，但输出矩阵的大小取决于 $\underline{\boldsymbol{y}}$ 的大小。结果可以理解为两个输入协方差矩阵经过相应雅可比变换后，再进行加和。

$$\boldsymbol{\Sigma}_y = \boldsymbol{J}_1 \boldsymbol{\Sigma}_{11} \boldsymbol{J}_1^{\mathrm{T}} + \boldsymbol{J}_2 \boldsymbol{\Sigma}_{22} \boldsymbol{J}_2^{\mathrm{T}} \tag{5.37}$$

这个结果意味着，可以认为 $\underline{\boldsymbol{y}}$ 的总协方差是两个不相关输入量对误差实际贡献的叠加。

专栏 5.1　不确定性变换公式

如下所示，对于将随机向量与 $\underline{\boldsymbol{x}}$ 随机向量 $\underline{\boldsymbol{y}}$ 相关联的非线性变换：

$$\underline{\boldsymbol{y}} = \boldsymbol{f}_{-}(\underline{\boldsymbol{x}})$$

$\underline{\boldsymbol{y}}$ 的均值和协方差与 $\underline{\boldsymbol{x}}$ 的均值和协方差有关：

$$\mu_{\underline{y}} = \boldsymbol{f}_{-}(\mu_{\underline{x}}) \qquad \boldsymbol{\Sigma}_{\underline{yy}} = \boldsymbol{J} \boldsymbol{\Sigma}_{xx} \boldsymbol{J}^{\mathrm{T}}$$

请记住，使用此结果时，除非除 $\boldsymbol{J}$ 以外的所有导数都为零（即除非原始映射确实是线性的），否则结果就仅仅是对实际均值和协方差的线性近似。

当 $\underline{\boldsymbol{x}}$ 可以被分块，从而得到两个不相关的分量时，可得：

$$\boldsymbol{\Sigma}_{\underline{yy}} = \boldsymbol{J}_1 \boldsymbol{\Sigma}_{11} \boldsymbol{J}_1^{\mathrm{T}} + \boldsymbol{J}_2 \boldsymbol{\Sigma}_{22} \boldsymbol{J}_2^{\mathrm{T}}$$

7. 应用实例：在方位扫描仪中，从图像到地平面的不确定性变换

x 中的坐标不像上一个示例中那样是笛卡儿坐标。下面考虑如何将不确定性从激光测距仪的极坐标变换为地平面的笛卡儿坐标。如图 5-11 所示。 283

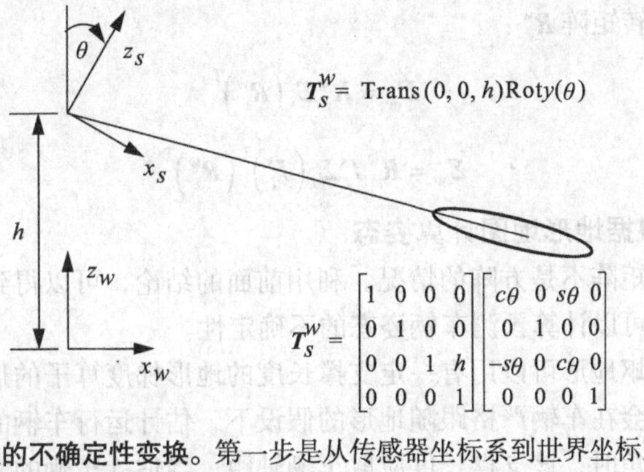

图 5-11　**方位扫描仪的不确定性变换**。第一步是从传感器坐标系到世界坐标系的坐标变换。注意图中的传感器倾斜角为负值

首先，考虑将坐标从极径（即极坐标的长度范围）、方位角、仰角（i）变换为与传感器（s）固联的笛卡儿坐标系（如图 5-12 所示）。

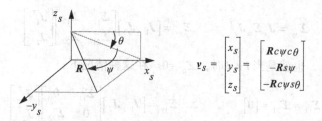

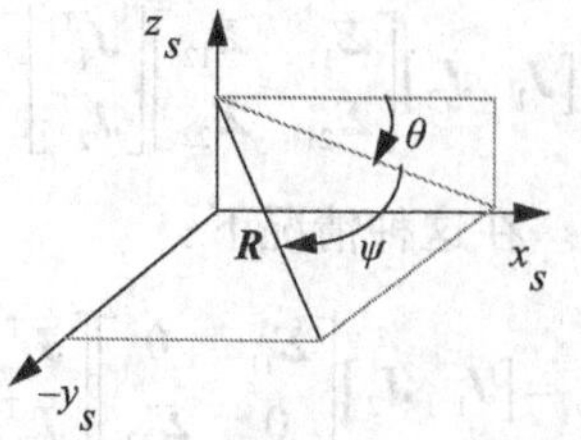

$$\underline{v}_s=\begin{bmatrix}x_s\\y_s\\z_s\end{bmatrix}=\begin{bmatrix}\boldsymbol{R}c\psi c\theta\\-\boldsymbol{R}s\psi\\-\boldsymbol{R}c\psi s\theta\end{bmatrix}$$

图 5-12　**方位扫描仪传感器到图像的变换**。图示将极坐标变换为与传感器固联的笛卡儿坐标

下面考虑用一个对角矩阵来表示距离范围和两个扫描角的不确定性：

$$\boldsymbol{\Sigma}_i=\begin{bmatrix}\sigma_{RR} & 0 & 0\\0 & \sigma_{\theta\theta} & 0\\0 & 0 & \sigma_{\psi\psi}\end{bmatrix}$$

在这里，有一个隐含的假设：在原（极坐标）参考坐标系下，误差是不相关的（也是无偏的），因为使用了对角矩阵。注意，因为每一个协方差矩阵都是正定的，所以它们可对角化。因此，总是存在某一特定坐标系，原来相互关联的变量在其中可以变得互不相关，即任意两个量之间是否相关，取决于坐标系的选择。

回顾一下，从极坐标系变换到传感器固联坐标系的雅可比矩阵为：

$$\boldsymbol{J}_i^s=\begin{bmatrix}c\psi c\theta & -\boldsymbol{R}s\psi c\theta & -\boldsymbol{R}c\psi s\theta\\-s\psi & -\boldsymbol{R}c\psi & 0\\-c\psi s\theta & \boldsymbol{R}s\psi s\theta & -\boldsymbol{R}c\psi c\theta\end{bmatrix}$$

284

因此

$$\boldsymbol{\Sigma}_s=\boldsymbol{J}_i^s\boldsymbol{\Sigma}_i\left(\boldsymbol{J}_i^s\right)^{\mathrm{T}}$$

从传感器固联坐标系到地面坐标系 w 的变换，涉及 RPY 变换以及传感器在移动车辆上的安装位置，定义该齐次变换为 $\boldsymbol{T}_s^w$。当车辆处于水平位置，且其控制点直接位于传感器下方时，可给出一个与上述情况对应的简化版本。问题的这一部分与公式（5.32）相同，因此只使用其中包含的旋转矩阵 $\boldsymbol{R}_s^w$：

$$\boldsymbol{\Sigma}_w=\boldsymbol{R}_s^w\boldsymbol{\Sigma}_s\left(\boldsymbol{R}_s^w\right)^{\mathrm{T}}$$

$$\boldsymbol{\Sigma}_w=\boldsymbol{R}_s^w\boldsymbol{J}_i^s\boldsymbol{\Sigma}_i\left(\boldsymbol{J}_i^s\right)^{\mathrm{T}}\left(\boldsymbol{R}_s^w\right)^{\mathrm{T}}$$

8. 应用实例：根据地形地图计算姿态

这是一种雅可比矩阵不是方阵的情况。利用前面的结论，可以得到地形地图中海拔高度的不确定性。由此，可以计算预测车辆姿态的不确定性。

对车辆而言，崎岖地形可以用有一定支撑长度的地形梯度算子的形式来描述。例如，在静态稳定性问题中，会在车辆严格跟随地形的假设下，估计运行车辆的俯仰角和横滚角。当估计车辆的实时俯仰角时，该支撑长度应取车辆轴距；当估计车辆的实时横滚角时，该长度应取车辆宽度。

考虑在某一特定距离内，地形沿某一方向倾斜角的估计问题（如图 5-13 所示）。距离 L 表示车轮之间的间距，令两轮外公切线与水平线的夹角为倾斜角（向下为正方向），可得：

$$\theta = \frac{z_r - z_f}{L}$$

可以认为两个高程参数构成一个二维向量，它的协方差为：

$$\Sigma_{zz} = \begin{bmatrix} \sigma_f^2 & 0 \\ 0 & \sigma_r^2 \end{bmatrix}$$

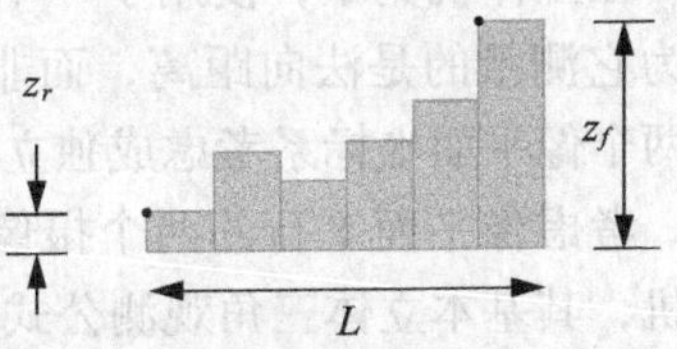

图 5-13　**地形坡度立面（高程）图**。车辆的前轮和后轮与图中所示的点相接触

运用不确定性传递技术，可以计算得出俯仰角的协方差 $\Sigma_{\theta\theta}$ 是一个标量。根据海拔高度的协方差 Σ_{zz}，$\Sigma_{\theta\theta}$ 可以计算为：

$$\Sigma_{\theta\theta} = J\Sigma_{zz}J^{\mathrm{T}}$$

在此例中，上式中的 J 是相对于高程的俯仰梯度向量：

$$J = \begin{bmatrix} \dfrac{\partial\theta}{\partial z_f} & \dfrac{\partial\theta}{\partial z_r} \end{bmatrix} = \begin{bmatrix} \dfrac{1}{L} & -\dfrac{1}{L} \end{bmatrix}$$

因此，俯仰角的不确定性仅为如下简单形式：

$$\sigma_\theta^2 = \frac{1}{L^2}\left[\sigma_f^2 + \sigma_r^2\right]$$

利用这个简单公式可以在任意一点对预测俯仰角的置信度进行评估。

9. 应用实例：测距仪测距误差

到目前为止，我们一直有这样一个假设：传感器读数的方差为恒定不变的常量。然而，将方差表达为其他变量——特别是传感器读数本身——的函数，则更符合实际应用情况。对于激光测距仪，接收到的激光辐射强度与观测距离的四次方成反比（来自雷达方程）。此外，由于落在目标上的激光光点实际上分布在一定区域范围内，所以测距读数噪声还与反射强度和局部地形倾角有关。综上所述，合理的测距误差模型之一是根据强度信号 ρ、距离 R 和激光束入射角 α 来表示距离的不确定性（如图 5-14 所示）。

$$\sigma_R \propto \left[\frac{\lambda R^2}{\rho\cos\alpha}\right] = \frac{k}{\cos\alpha}$$

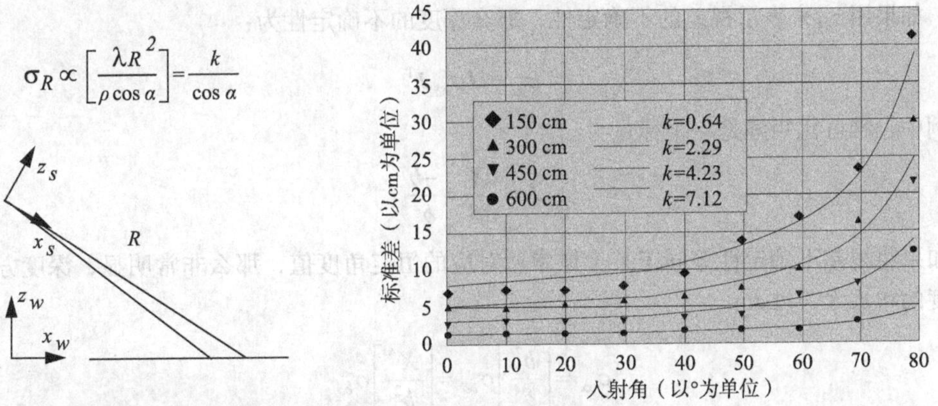

图 5-14　**激光测距仪的不确定性分析**。不确定性随距离和强度而非线性增加，如图所示，该模型已经通过实验验证

10. 应用实例：立体视觉

在立体视觉中，使用了一个完全不同的距离误差模型。我们使用术语深度而不是距离，因为它测量的是法向距离，而非径向距离。有几种方法可以对该问题进行建模。Matthies[3]将两个像平面坐标系考虑成独立变量，而我们这里则利用它们之间的差异（称为视差）。

286 考虑像平面平行的两个摄像机，图 5-15 是它们的几何示意图。对于严格校准的双目摄像机，其基本立体三角观测公式如下。该公式可以根据相似三角形原理简单推导得出。

$$\frac{Y_L}{X_L}=\frac{Y_L}{X}=\frac{y_l}{f}\qquad\frac{Y_R}{X_R}=\frac{Y_R}{X}=\frac{y_r}{f}$$

因此：

$$Y_L-Y_R=\frac{X\left[y_l-y_r\right]}{f}$$

这给出了视差 d 与深度 X 之间的关系：

$$b=\frac{Xd}{f}\qquad X=\frac{bf}{d}\qquad(5.38)$$

其中，大写字母表示实际场景（三维）中的数值，而小写字母表示像平面内的数值。

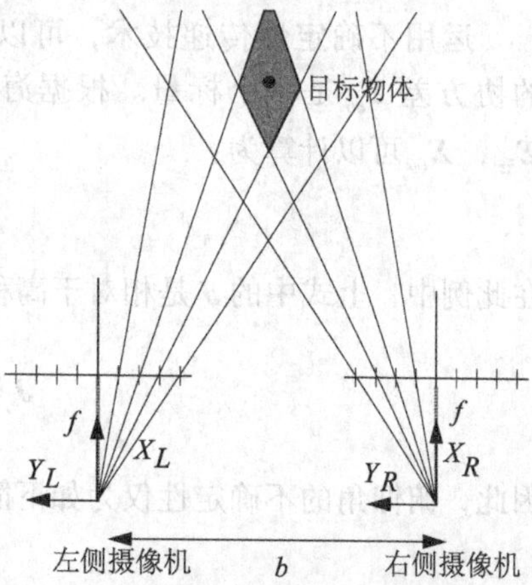

图 5-15　**立体视觉中的距离不确定性与距离。与像素对应的目标脚点随距离的增大而迅速增加**

一旦完成脚点立体匹配，就可以根据每个像素的视差 d 确定深度坐标。而 y 和 z 坐标可通过由摄像机运动学模型给出的各像素单位向量计算。有时，会将视差定义为角度的正切，由此可得：

$$\delta=\frac{d}{f}=\frac{b}{X}$$

上式的优点是把镜头焦距参数隐藏了。于是，基本三角测量方程变成：

$$X=\frac{b}{\delta}$$

因此，如果用 $s_{\delta\delta}$ 来表示视差的不确定性，那么深度的不确定性为：

$$\sigma_{xx}=\boldsymbol{J}\sigma_{\delta\delta}\boldsymbol{J}^{\mathrm{T}}$$

在此例中，雅可比矩阵是一个标量：

287
$$\boldsymbol{J}=\frac{\partial X}{\partial\delta}=\frac{-b}{\delta^2}$$

如果将视差不确定性等同于某个像素所对应的恒定角度值，那么非常明显，深度方差随着深度的*四次方而增大*：

$$\sigma_{xx}=\left[\frac{b^2}{\delta^4}\right]\sigma_{\delta\delta}=\left[\frac{X^4}{b^2}\right]\sigma_{\delta\delta}$$

所以，深度的标准差随深度的*二次方增大*——这是一个众所周知的重要结论。对于严格校准的摄像机，只要像素坐标定义合理，计算出的距离对两个摄像机模型都可用。

11. 应用实例：传感器坐标系中的立体视觉不确定性

与测距仪的情况不同，在立体视觉传感器坐标系中计算目标位置时，会很自然地考虑如何使用 x 坐标值，而不是真实的三维空间距离 R，因为利用视差直接得到的是 x 坐标。如图 5-16 所示，绕方位角和仰角投射图像坐标，可计算得到传感器坐标系中目标的三维坐标值：

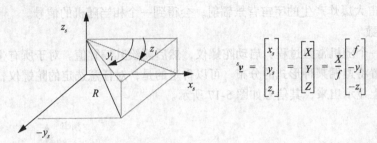

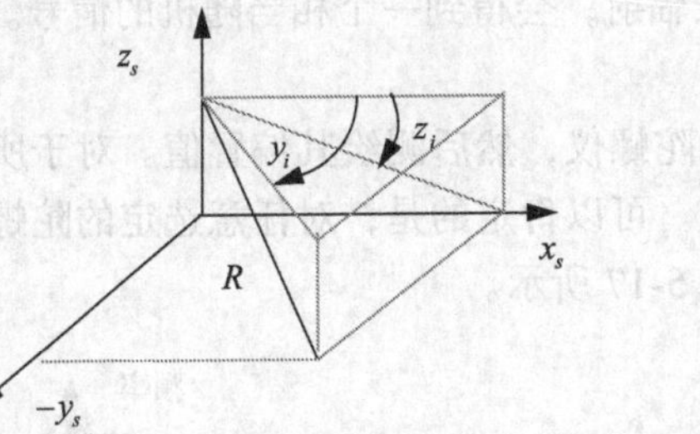

$$
{}^s\boldsymbol{v} = \begin{bmatrix} x_s \\ y_s \\ z_s \end{bmatrix} = \begin{bmatrix} X \\ Y \\ Z \end{bmatrix} = \frac{X}{f}\begin{bmatrix} f \\ -y_i \\ -z_i \end{bmatrix}
$$

图 5-16 **立体视觉图像到传感器坐标的变换**。图中表明了如何将深度和像素坐标变换为传感器坐标系中的三维空间点坐标

成像雅可比矩阵提供了传感器坐标系中的微分量与图像中相关位置变化之间的关系。雅可比矩阵为：

$$
\boldsymbol{J}_i^s = \begin{bmatrix} \partial x_s / \partial X & \partial x_s / \partial y_i & \partial x_s / \partial z_i \\ \partial y_s / \partial X & \partial y_s / \partial y_i & \partial y_s / \partial z_i \\ \partial z_s / \partial X & \partial z_s / \partial y_i & \partial z_s / \partial z_i \end{bmatrix} = \frac{1}{f}\begin{bmatrix} f & 0 & 0 \\ -y_i & -X & 0 \\ -z_i & 0 & -X \end{bmatrix}
$$

如果假定唯一的传感器误差是深度观测值，那么传感器坐标系内的不确定性为：

$$
\boldsymbol{\Sigma}_s = \boldsymbol{J}_i^s \sigma_{yy} \boldsymbol{J}_i^{s\mathrm{T}} = \left[\frac{X^4}{b^2}\right]\sigma_{\delta\delta}
$$

完成乘法运算，再忽略其中的小项，可得：

$$
\boldsymbol{\Sigma}_s \approx \left[\frac{X^4}{f^2 b^2}\right]\boldsymbol{\Sigma}_{\delta\delta}\begin{bmatrix} f^2 & 0 & 0 \\ 0 & X^2 & 0 \\ 0 & 0 & X^2 \end{bmatrix}
$$

288

5.1.4 随机过程

随机变量的值（可以是向量值）是从被称为全体样本的所有理论可能点的集合中，随机选择的一个而得到。与之相对，随机过程（随机序列、随机信号）描述随时间变化的随机变量。随机过程是一族随机变量的全体，其取值随着偶然因素的影响而改变，它通常是以时间为参数的函数。一般而言，函数集合在任意时刻的统计学方差是已知的。对于某随机过程，当选择了某个"结果"，也就意味着确定了用什么函数来定义该随机变量——而不仅仅是一个值。

如果选择信号这件事本身就是一个随机变量，那么在所有的实验的任意时刻，被选择用来表达信号的函数的值也是一个随机变量。从全体样本中提取的信号值可以是随机的，也可以不是随机的；如果信号值是随机的，那么它可以是独立的，也可以不是独立的。下面是一些实例：

- 启动陀螺仪并测量其偏置。对任意一个陀螺仪而言，偏置是一个常量，但在观测前是未知的，因为不同陀螺仪的偏置各不相同。

- 随机测量墙上插座的电压。可以发现：电压的频率固定不变，是 60Hz；其峰值振幅可能会发生缓慢变化；而相位是一个均匀分布的随机变量，因为相位完全取决于对它进行测量的随机时刻。
- 抛一枚硬币 100 次，会获得一个均匀分布的二进制随机信号。
- 观测宇宙大爆炸产生的宇宙背景辐射，会得到一个相当随机的信号。

1. 随机常数

考虑这样一个随机常数过程：启动陀螺仪，然后测绘其偏置值。对于所有生产好的陀螺仪，它们的偏置将遵循某种形式的分布。可以肯定的是，对任意选定的陀螺仪，它的偏置都可以在示波器上显示出来，其信号如图 5-17 所示。

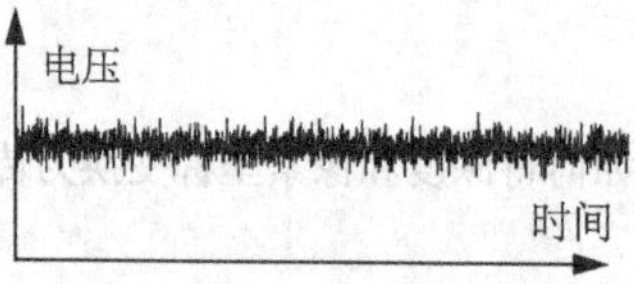

图 5-17 **测量选定陀螺仪偏置的随机过程。**任意随机选择的陀螺仪，都会在非工作状态下，产生有噪声的非零输出

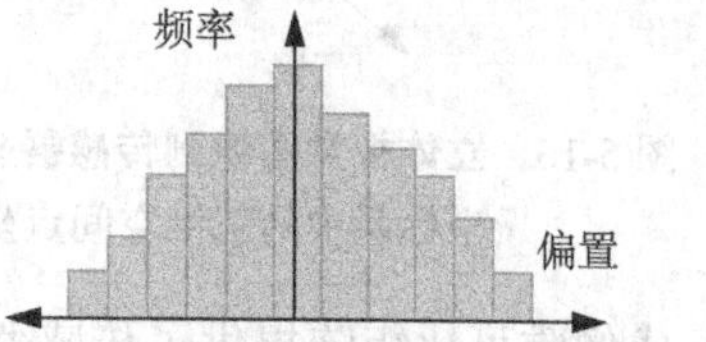

图 5-18 **陀螺偏置直方图。**一组受测陀螺仪的偏置的直方图

虽然信号有小幅的随机变化，但是，我们认为其输出在本质上是一个非零常数。假设购买了多个陀螺仪，然后将这些陀螺仪同时连接到示波器，等待 10 秒钟，记录示波器的输出值。将 $t=10$ 秒时的偏置值绘制在直方图中，会得到如图 5-18 所示情况。

该分布是当 $t=10$ 秒时，对应的随机常数过程的概率分布。在这种情况下，虽然函数总
289 体集合中的任意一个成员在时间上是确定性的，但函数的选择是随机的。⊖

通常，用以表示随机过程的一系列相关时间函数中，有一些重要参数是随机变化的，例如，一族具有随机振幅的正弦波。对应某个样本，即使没有办法预测哪个函数将被选中，但我们可以知道，所有函数都是通过一个单一的随机参数相关的。据此，可以计算出该过程作为时间函数的分布。

2. 随机过程的特性

熟悉随机信号的下列特性是非常重要的。

1）**偏差、平稳度、遍历性（清晰度）和白度。**如果随机过程的预期值（即平均值）始终为零，则是*无偏的*。如果在样本集合中，各随机变量函数值的分布不随时间变化，则称随机过程是*平稳的*。从此概念上来看，上述各陀螺仪偏置直方图随时间变化的连续画面是一幅静止图像。*遍历*随机过程是一个时间平均等于集合总体平均的过程，也就是说，通过观察单个函数的所有时刻，或者通过观察任意一个瞬间的所有信号，可以解释关于该随机过程的所有信息。这与傅里叶级数或泰勒级数在已知函数在某点处的系数时，可以在任何位置推测函数的值的情况类似。*白*信号是包含所有频率的信号。

熟练掌握这些概念，需要从以下三个不同的角度来考虑一个随机过程：从概率分布的角度，从随时间的演变角度，以及从其频率特性的角度。对于同一过程的不同考察角度，以及在它们之间来回转换的方法，将在本书的后续章节加以讨论。

2）**相关函数。**相关性既考虑随机过程的概率分布，又考虑其随时间的演变。随机过程

⊖ 不同的陀螺仪有不同的偏置参数。——译者注

$x(t)$的自相关函数定义为：

$$R_{xx}(t_1,t_2)=\mathrm{Exp}\left[x(t_1)x(t_2)\right] \tag{5.39}$$

因此它就是两个随机数的乘积的预期值——其中的每一个随机数都可以认为是关于时间的函数，其结果是关于两个时间的函数。设：

$$x_1=x(t_1) \qquad x_2=x(t_2)$$

参照期望的定义，自相关函数为：

$$R_{xx}(t_1,t_2)=\int_{-\infty}^{\infty}\int_{-\infty}^{\infty}x_1x_2f(x_1,x_2)\mathrm{d}x_1\mathrm{d}x_2 \tag{5.40}$$

其中$f(x_1,x_2)$为联合概率分布。

自相关函数给出了一个函数在两个不同时刻，具有相同符号和幅值大小（即相关性）的“趋势”。对于光滑函数，可以预见，当两个时刻接近时，自相关函数将取最大值，因为光滑函数在短时间内的变化很小。这种思路的正式表达方法应当用信号的频率作为参数，而之 290
所以用自相关函数，是因为它可以充分地反映一个函数的平滑程度。自相关函数同样表明了函数的变化速度，也相当于明确了函数的泰勒级数、傅里叶级数或傅里叶变换中系数的幅值大小。所有这些概念都是相互关联的。

3）**互相关函数**。互相关函数以类似方式关联两个不同的随机过程：

$$R_{xy}(t_1,t_2)=E[x(t_1)y(t_2)] \tag{5.41}$$

对于一个平稳过程，相关函数仅取决于时间的差值，即$\tau=t_1-t_2$。对于无偏过程，相关函数给出了指定随机变量的方差和协方差——在方差的通用公式中将均值设置为零，即可发现这一点。因此，对于平稳无偏过程，相关函数是以时间差函数的形式表示的方差和协方差：

$$R_{xx}(\tau)=\sigma_{xx}^2(\tau) \qquad R_{xy}(\tau)=\sigma_{xy}^2(\tau) \tag{5.42}$$

此外，对于平稳无偏随机过程，将时间差设置为零，就恢复成为相关随机变量的传统方差：

$$\sigma_{xx}^2=R_{xx}(0) \qquad \sigma_{xy}^2=R_{xy}(0) \tag{5.43}$$

4）**功率谱密度**。功率谱密度就是自相关函数的傅里叶变换（此处记作F），所以：

$$S_{xx}(\mathrm{j}\omega)=F\left[R_{xx}(\tau)\right]=\int_{-\infty}^{\infty}R_{xx}(\tau)\mathrm{e}^{-\mathrm{j}\omega\tau}\mathrm{d}\tau \tag{5.44}$$

功率谱密度是对信号的频率成分以及功率成分的直接观测。当然，傅里叶逆变换可再次恢复信号的自相关性。

$$R_{xx}(\tau)=\frac{1}{2\pi}\int_{-\infty}^{\infty}S_{xx}(\mathrm{j}\omega)\mathrm{e}^{\mathrm{j}\omega\tau}\mathrm{d}\omega \tag{5.45}$$

类似地，互功率谱密度函数是互相关函数的傅里叶变换：

$$S_{xy}(\mathrm{j}\omega)=F\left[R_{xy}(\tau)\right]=\int_{-\infty}^{\infty}R_{xy}(\tau)\mathrm{e}^{-\mathrm{j}\omega\tau}\mathrm{d}\tau \tag{5.46}$$

3. 随机游走

随机游走是最简单，并且也是最重要的一种随机过程。我们会发现：随机游走是定义随机积分的基础。 291

1）**单位脉冲函数**。狄拉克德尔塔（delta）函数 $\delta(t)$，或单位脉冲函数，是一个广义函数，其定义为当它与其他函数结合时，两个函数之间的关系。作为一种特殊情况，我们仅需要研究下面属性，即

$$\int_{-\infty}^{\infty} f(t)\delta(t-T)\mathrm{d}t = f(T)$$

根据上式，单位脉冲的性质为：当 delta 函数的参数为零时，它返回被积分函数的值（即 $f(t)$）。

2）**白噪声**。白噪声被定义为一种平稳随机过程，该过程的功率谱密度函数为定值（如图 5-19 所示）。也就是说，它包含所有频率信息，且各频率幅值相等。如果已知白噪声的频谱幅度常数为 A，那么由常量的傅里叶逆变换可以得到相应的自相关函数，该函数为狄拉克德尔塔形式的函数。

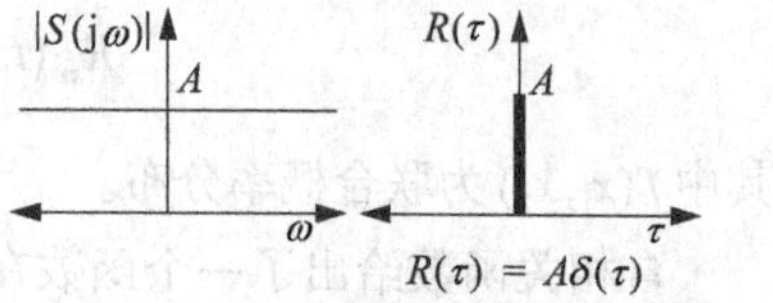

图 5-19　**白噪声的频谱幅度和自相关性。白噪声包含所有频率，这是一种在自然界中不存在的数学化的理想情况**

该自相关函数意味着：根据白噪声信号在某个时刻的值，无法获得其他任意时刻值的任何信息，因为白噪声可以以“无限”频率跳跃。

3）**白噪声过程协方差**。令白噪声无偏高斯随机过程 $x(t)$ 具有的功率谱密度为 S_p，那么方差为：

$$\sigma_{xx}^2 = R_{xx}(0) = \frac{1}{2\pi}\int_{-\infty}^{\infty} S_p\delta(t)\mathrm{e}^{\mathrm{j}\omega\tau}\mathrm{d}\omega = S_p\delta(0) = S_p \tag{5.47}$$

因此，白噪声过程的方差在数值上等同于其频谱幅度。但是，积分是关于频率的，因此结果单位将发生变化：去除“单位频率”（Hz^{-1}），而得到以振幅的平方为单位的 σ_{xx}^2。

4）**随机游走过程协方差**。现在假设白噪声过程与某个感兴趣的实际变量的时间导数 $\dot{x}$ 相关联，那么：

$$\sigma_{\dot{x}\dot{x}}^2 = S_p \tag{5.48}$$

292 在这种情况下，一个非常有趣的问题是：什么是 $\sigma_{\dot{x}x}^2$、$\sigma_{x\dot{x}}^2$、σ_{xx}^2？这些量可以根据第一原理推导得出。请注意，根据定义，任意时刻的 x 值都必须是对 $\dot{x}$ 的积分。那么，方差一定是：

$$\sigma_{xx}^2 = E\left(x^2\right) = E\left[\int_0^t \dot{x}(u)\mathrm{d}u\int_0^t \dot{x}(v)\mathrm{d}v\right] \tag{5.49}$$

因为积分变量是相互独立的，所以可以很容易地将上式写成二重积分的形式，可得：

$$\sigma_{xx}^2 = E\left[\int_0^t\int_0^t \dot{x}(u)\dot{x}(v)\mathrm{d}u\mathrm{d}v\right] \tag{5.50}$$

交换期望与积分符号的先后顺序，可得：

$$\sigma_{xx}^2 = \int_0^t\int_0^t E\left[\dot{x}(u)\dot{x}(v)\right]\mathrm{d}u\mathrm{d}v \tag{5.51}$$

现在的内部被积函数正是自相关函数，对于白噪声而言，是通过频谱幅值缩放的狄拉克德尔塔函数，因此方差为：

$$\sigma_{xx}^2 = \int_0^t \int_0^t S_p \delta(u-v) \mathrm{d}u\mathrm{d}v = \int_0^t S_p \mathrm{d}v = S_p t \tag{5.52}$$

聚焦信息 5.2 随机游走过程

白噪声过程积分的方差随时间线性增大，此外，标准差随时间的平方根增大。

上述过程 $x(t)$ 为随机游走过程，其在任意时刻的时间导数 $\dot{x}(t)$ 都是白噪声过程。

5）**陀螺仪的 ARW 和噪声密度**。陀螺仪的角度随机游走（Angle Random Walk，ARW）$\dot{\sigma}_\theta$ 是对角速度观测中出现的噪声幅度等级（标准差）的量度，只不过它是以产生的随机游走信号的斜率（相对于时间）来表示的。假设将该噪声幅度等级近似为一个常量，那么根据角速度计算出的角度，将是一个方差将随时间线性增长的量：

$$\sigma_{\theta\theta} = \dot{\sigma}_\theta^2 \times t \tag{5.53}$$

$\dot{\sigma}_\theta^2$ 的单位必须是平方角度 / 时间。因此，$\dot{\sigma}_\theta$ 的单位应当是角度 / 时间的平方根。因此，符号 $\dot{\sigma}_\theta$ 就很尴尬，因为这个量包含时间的平方根，而不是真正的时间导数。将“时间的平方根”表示为以时间除以平方根时间是很常规的一种方式。以度和秒为例：

$$\frac{\text{deg}}{\sqrt{\text{sec}}} = \frac{\text{deg}}{\text{sec}/\left(\sqrt{\text{sec}}\right)} = \frac{\text{deg}}{\text{sec}\sqrt{\text{Hz}}}$$

293

当以最右侧的单位形式表示时，ARW 称为*噪声密度*。噪声密度的平方是*功率谱密度*，它的单位是角度平方 /（频率 × 时间），或 $\text{deg}^2/\left(\text{sec}^2\cdot\text{Hz}\right)$。在设备性能规格表中会经常看到这些术语。

性能理想的陀螺仪的随机游走，在一个小时内通常不超过几度，所以这些是可用来对传感器性能进行直观比较的单位。下面这个变换是有用的：

$$\frac{\text{deg}}{\text{hr}\sqrt{\text{Hz}}} = \frac{\text{deg}}{\text{hr}/\left(\sqrt{\text{sec}}\right)} = \frac{\text{deg}}{\text{hr}}\sqrt{\text{sec}} = \frac{\text{deg}}{\text{hr}}\sqrt{\frac{\text{hr}}{3600\,\text{sec}}} = \left(\frac{1}{60}\right)\frac{\text{deg}}{\sqrt{\text{hr}}}$$

这样，将单位为 $\text{deg}/\left(\text{hr}\sqrt{\text{Hz}}\right)$ 的数值除以 60，就得到了 $\text{deg}/\sqrt{\text{hr}}$ 单位的结果。例如，7.5deg/hr-rt(Hz) 的频谱密度等同于 0.125deg/ rt(hr) 的角随机游走。可以为加速度计定义*速率随机游走*，它等效于角度随机游走，但其速度方差随时间线性增大。

6）**综合随机游走过程协方差**。如果 $x(t)$ 相对于时间的二阶导数是一个白噪声过程，那么 $x(t)$ 的方差为：

$$\sigma_{xx}^2 = E\left(x^2\right) = E\left[\int_0^t \dot{x}(u)\mathrm{d}u \int_0^t \dot{x}(v)\mathrm{d}v\right] \tag{5.54}$$

速度来自于加速度：

$$\sigma_{xx}^2 = E\left(x^2\right) = E\left[\int_0^t\left(\int_0^u \ddot{x}(u)\mathrm{d}u\right)\mathrm{d}u \int_0^t\left(\int_0^v \ddot{x}(v)\mathrm{d}v\right)\mathrm{d}v\right] \tag{5.55}$$

若想要推导出正确的结果，需要后面将要讨论的随机微积分知识。现在，只简单地将结果引述如下：

$$\sigma_{xx}^2 = \frac{S_p t^3}{3} \tag{5.56}$$

因此，方差随时间的三次方增大。这个过程，白噪声信号（例如，加速度）的双重积分被称为综合随机游走。该过程是一个非常理想的模型，它通过对噪声加速度进行两次积分运算，而计算出位置估计的方差。

5.1.5　参考文献与延伸阅读

Ross 的著作是关于概率论的理想基础教材；而 Papoulis 等的著作是一本更具权威的参考书。本书引用的关于随机过程的相关资料基于 Brown 等人推出的著作。Duda 等的著作则是本书对于随机向量、不确定性变换和多元（向量）高斯分布等相关内容的参考来源。

[1] R. G. Brown and P. Y. C. Hwang, *Introduction to Random Signals and Applied Kalman Filtering,* Wiley, 1997.

294 [2] R. O. Duda and P. E. Hart, *Pattern Classification and Scene Analysis,* Wiley, 1973.

[3] L. Matthies and Steven Shafer, Error Modeling in Stereo Navigation, *IEEE Journal of Robotics and Automation,* Vol. RA-3, No. 3, pp. 239–250, June 1987.

[4] Athanasios Papoulis and S. Unnikrishna Pillai, *Probability Random Variables and Stochastic Processes,* McGraw-Hill, 2001.

[5] S. Ross, *A First Course in Probability,* Prentice Hall, 2002.

5.1.6　习题

1. GPS 观测的相关性

GPS 位置观测中的误差在短时间内是相关的。假设你的机器人 GPS 系统，在时间 t_1 提供误差为 $\underline{x}_1$ 的位置估计，在时间 t_2 提供误差为 $\underline{x}_2$ 的位置估计；已知误差的相关性为：$\mathrm{Exp}[\underline{x}_1 \underline{x}_2^{\mathrm{T}}]$。去除不相关假设，请重新推导方程（5.37），然后提供相对位置观测的协方差公式，如下所示：

$$\Delta\underline{x} = \underline{x}_2 - \underline{x}_1$$

2. 离散型随机变量的概率分布

使用你喜欢的任何编程语言或电子表格，用它们生成单位方差的高斯随机变量。将其元素分离成宽度为 0.5，范围跨越从 −4 到 +4 的区间段，绘制至少 1 000 000 个高斯随机数的归一化直方图。用段的宽度来归一化概率质量函数，这样在一段区域内概率一致。调整段的数量，观察概率分布会发生怎样的变化。

3. 随机过程

序列是有序集。生成长度不低于 400（为 400 或以上）的至少 200 个归一化（方差 = 1，均值 = 0）随机序列；长度为 400 的 200 个随机序列即为 8 万个随机数。将它们分成 200 个序列，每个序列具有 400 个随机数。对于下列问题，假设序列中的位置等同于时间。

（i）在一个图中绘制 3 个代表性序列，每个序列使用不同的颜色或符号表示，并将它们绘制为关于时间的函数。

（ii）随机过程的方差是一个关于时间的函数，其中任意时刻的方差值，就是在同一时间点的所有序列中当时值的方差。请在整个序列上计算方差。假设我们想知道当时间为 $t = 6$

时的方差，可以在当 $t=6$ 时，取每个随机序列的值（如果有 200 个序列，将有 200 个这样的随机数），并计算这个值样本的方差。当 $t=7$ 时也按上述的方式处理，并依此类推。

在独立的图中，请将 200 个序列的方差绘制为一个关于时间的函数，这个方差是关于时间的单一函数。根据平滑度和总体趋势来解释结果（即方差如何随时间变化？）。

（iii）当你将序列的数量从 200 增加到你的计算机能够处理的最大数量时，过程方差曲线会发生什么变化？ 295

（iv）现在生成第二组 200 个序列，其中的每个序列是与原始序列相关联的积分（和）。这些积分序列中的每一个序列都称为*随机游走*。直观地，假设原始序列表示速度观测（对于固定车辆），你的任务是计算与每个噪声速度序列对应的位置（在一个维度上）。对于每个序列，在图中使用不同的颜色或符号绘制 3 个代表性随机游走序列。

（v）在一个单独的图中，请将 200 个随机游走序列的方差绘制为一个关于时间的函数，根据平滑度和总体趋势来解释结果（即方差如何随时间的推移而变化？）。当积分序列结束时，对偏离原点的偏差有什么限制？

（vi）当随机游走信号的方差是一个时间函数，思考它将如何变化，并解释该结论是否合理。

5.2 协方差传播与最优估计

变换规则为我们提供了所有必要工具，以计算从观测导出的连续变量估计值的不确定性。出于计算效率的考虑，通常用*递归*算法实现连续估计。递归算法是根据最近的估计和新的观测结果，计算得到一个新的估计，而不考虑任何更早的观测结果。不确定性也可以递归计算。

在本节中，我们将介绍多种方法来计算系统状态 $\hat{\underline{x}}_k$ 的新估计值以及它的不确定性 P_k。为此，我们将任意点处的结果看作上一个状态估计 $\hat{\underline{x}}_{k-1}$ 及其不确定性 P_{k-1}、当前观测值 $\underline{z}_k$ 及其不确定性 R_k 的函数。

5.2.1 连续积分与平均过程的方差

本节将利用不确定性的变换规则，从时间序列的角度来推导某一特定连续随机过程的行为。

1. 连续求和过程的方差

对于具有相同分布的随机变量之和的方差，可以考虑之前方程（5.29）中的结论。在新的符号表示方法中，输出 y 变成状态估计 $\hat{x}$，输入 x 变成观测 z。按这种符号约定，结果为：

$$\sigma_x^2 = n\sigma_z^2 \tag{5.57}$$

我们可以将求和视为一个连续过程，在这个过程中逐个添加观测结果。和中包含的元素数量 $n=t/\Delta t$ 与时间成正比，因而方程（5.57）表明和的方差在时间上是线性的。

同样，标准差将随着时间的平方根而增大，最初迅速增大，然后随着时间的推移而逐渐趋向平稳（如图 5-20 所示）。这种渐趋平稳的情况源自这样的事实：如果在其中添加了足够多的真正的随机误差，那么它们往往会相互抵消。 296

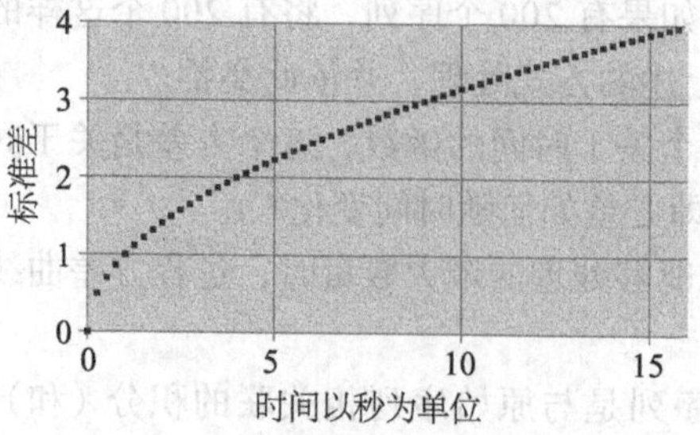

图 5-20 **连续总和的标准差。**标准差随着时间的平方根增长

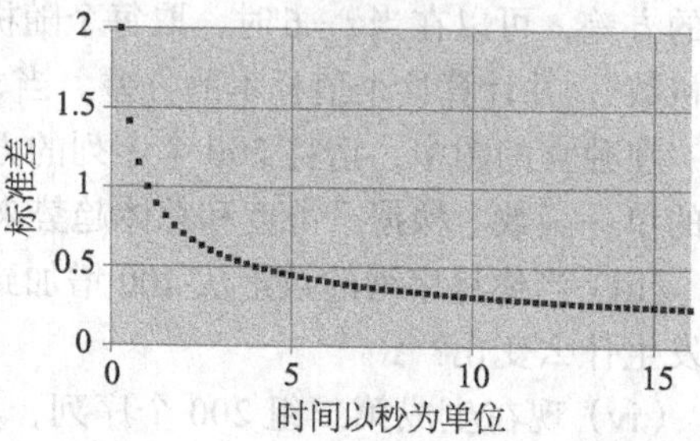

图 5-21 **连续均值的标准差。**标准差随着时间的平方根而减小

2. 递推积分

积分过程很容易转换为递归求和形式，求和过程可以以递归方式写出，如下所示：

$$\hat{x}_k = \sum_{i=1}^{k} z_i = \sum_{i=1}^{k-1} z_i + z_k = \hat{x}_{k-1} + z_k \tag{5.58}$$

不确定度传递可以以递归方式表示如下：

$$\sigma_k^2 = \sum_{i=1}^{k} \sigma_z^2 = \sum_{i=1}^{k-1} \sigma_z^2 + \sigma_z^2 = \sigma_{k-1}^2 + \sigma_z^2 \tag{5.59}$$

3. 连续平均过程的方差

对于具有相同分布的随机变量平均值的方差，可以考虑前面方程（5.31）中的结论。在新的符号表示中，结果是：

$$\sigma_x^2 = \frac{1}{n}\sigma_z^2 \tag{5.60}$$

联系前面介绍过的求和过程，我们可以将平均过程设想为一个逐个添加观测结果的连续过程。和中的元素数量 $n = t/\Delta t$ 仍然与时间成正比，因而方程（5.60）表明：随着时间的推移，平均值的方差相对于时间将成反比例减小。

同样，平均值的标准差将随着时间的平方根的倒数而减小（如图 5-21 所示），最初迅速减小，然后随着时间的推移而逐渐趋向平稳。这种渐趋平稳的情况源自这样的事实：测量中的误差被平均去除。

4. 递归平均

平均过程不太容易变换为递归形式，它可以写成：

297 $$\hat{x}_k = \frac{1}{k}\sum_{i=1}^{k} z_i = \frac{1}{k}\left(\sum_{i=1}^{k-1} z_i + z_k\right) = \frac{1}{k}\left(\frac{k-1}{k-1}\sum_{i=1}^{k-1} z_i + z_k\right)$$

现在，我们可以看出括号中的上一个估计值 $\hat{x}_{k-1}$，然后在括号内分别加上和减去这个 $\hat{x}_{k-1}$ 项：

$$\hat{x}_k = \frac{1}{k}\left[(k-1)\hat{x}_{k-1} + z_k\right] = \frac{1}{k}\left[(k-1)\hat{x}_{k-1} + \hat{x}_{k-1} + z_k - \hat{x}_{k-1}\right]$$

上式可进一步化简为：

$$\hat{x}_k = \hat{x}_{k-1} + \frac{1}{k}\left(z_k - \hat{x}_{k-1}\right)$$

当前观测与上一个观测之间的差值，即 $z_k - \hat{x}_{k-1}$ 被称为*新息*。当 k 较大时，新息被大大稀释，权重逐渐下降，z_k对结果的影响越来越小。

对上述公式的一种直观解释是：原有旧的估计值以“k”倍的价值投票，而新估计值为其价值仅计量投票一次。按下式重写上述结果是有意义的：

$$\hat{x}_k = \hat{x}_{k-1} + K\left(z_k - \hat{x}_{k-1}\right) \tag{5.61}$$

其中K在本书的后续部分被称为卡尔曼增益。请注意，在这种简单的情况下，它只是时间步长k的倒数，并预先计算得出。

现在讨论递归协方差结果。令σ_z^2为单个观测值z_k的方差。之后，经k次观测后的方差为：

$$\sigma_k^2 = \frac{1}{k^2}\sum_{i=1}^{k}\sigma_z^2 = \frac{1}{k}\sigma_z^2$$

首先，请注意：

$$\sigma_k^2 = \frac{\sigma_z^2}{k} \Rightarrow \frac{1}{\sigma_k^2} = \frac{k}{\sigma_z^2} = \frac{k-1}{\sigma_z^2} + \frac{1}{\sigma_z^2}$$

这意味着：

$$\frac{1}{\sigma_k^2} = \frac{1}{\sigma_{k-1}^2} + \frac{1}{\sigma_z^2}$$

因此，平均过程中的方差累积，可以认为是遵循倒数加法规则，就像电路中的电导一样。

我们也注意到：

$$\sigma_k^2 = \frac{\sigma_z^2}{k} \quad \sigma_{k-1}^2 = \frac{\sigma_z^2}{k-1}$$

因此：

$$\frac{\sigma_k^2}{\sigma_{k-1}^2} = \frac{k-1}{k} \Rightarrow \sigma_k^2 = \left(\frac{k-1}{k}\right)\sigma_{k-1}^2 = \left(1-\frac{1}{k}\right)\sigma_{k-1}^2$$ 298

上式也意味着：

$$\sigma_{k+1}^2 = (1-K)\sigma_k^2 \tag{5.62}$$

其中$K = 1/k$，与它在平均公式中的定义一样。每个新的迭代将方差减小到其前值的$1-K$倍。公式（5.61）和公式（5.62）形成递归滤波器，当所有观测的不确定性相等时，该滤波器适用。

递归滤波器的主要优点是：

- 它们几乎不需要内存，因为不需要存储以前的所有观测值；
- 它们随着时间的推移，将计算分散开来，这样每一个新的估计只需要少量的几个操作；
- 它们不仅在观测序列结束时提供输出结果，而且在序列处理过程中的每一个点也能提供一个输出结果。

5. 应用实例：惯性传感器性能表征

阿伦方差$\sigma_{\mathrm{A}}^2(\tau)$是对时钟和惯性传感器稳定性的经验测度。买来传感器之后，可以很容易对该传感器完成方差计算，进而可以评估出几项重要的误差特性。它既可以用于加速度计，也可用于陀螺仪，不过以下演示将集中在陀螺仪上。

假设我们收集到来自某静态传感器的一长串数据。该计算过程把数据按照时间历程 τ 分成段。定义 $\bar{y}_k(\tau)$ 是第 k 段中所有传感器读数的平均值：

$$\bar{y}_k(\tau)=\frac{1}{m}\sum_{i=0}^{m}y\left[t_0(k)+i\Delta t\right]$$

阿伦方差为相邻两段平均值之差的样本方差的 1/2：

$$\sigma_{\mathrm{A}}^2(\tau)=\frac{1}{2(n-1)}\sum_{k=0}^{n}\left(\bar{y}_{k+1}(\tau)-\bar{y}_k(\tau)\right)^2$$

阿伦方差的平方根称为阿伦偏差。如果我们假设 $\bar{y}_k(\tau)$ 和 $\bar{y}_{k+1}(\tau)$ 都是方差为某一特定值 $\sigma^2(\tau)$ 的两个随机变量，那么它们之间差值的方差由下式给出：

$$\mathrm{Var}\left[\bar{y}_{k+1}(\tau)-\bar{y}_k(\tau)\right]=\sigma^2(\tau)+\sigma^2(\tau)=2\sigma^2(\tau)$$

此外，如果随机变量 $\bar{y}_k(\tau)$ 和 $\bar{y}_{k+1}(\tau)$ 都包含一个缓慢变化的偏差，则它们在差值中抵消，因此差值的样本均值趋近为 0。在这种情况下，阿伦方差计算的是随机变量的样本方差，其方差为 $2\sigma^2(\tau)$，然后除以 2。因此，它相当于计算了 $\sigma^2(\tau)$ 的一个估计值。

对于一个规模非常大的段宽 τ，计算阿伦方差是一种常规方法，其结果可以绘制为对
299 数 – 对数尺度上的一个关于 τ 的函数。陀螺仪的典型阿伦偏差图如下所示。

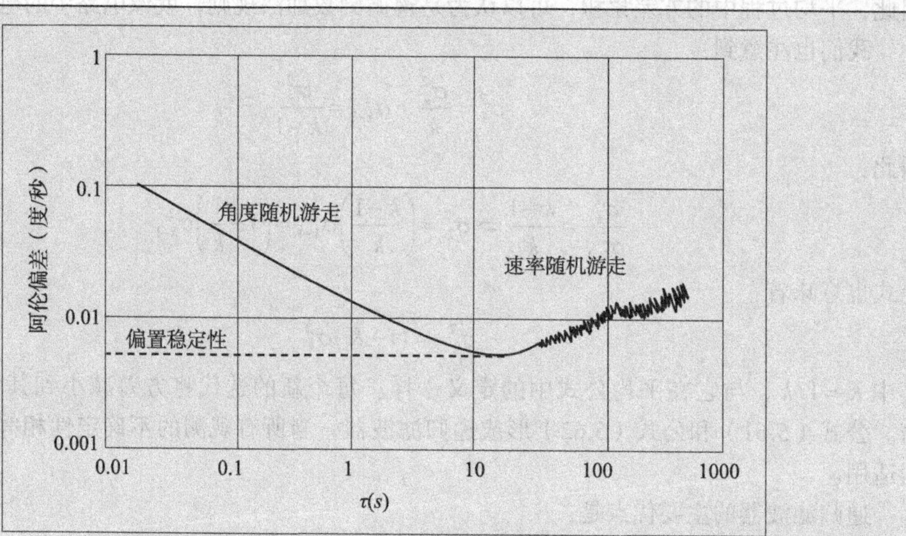

聚焦信息 5.3　阿伦偏差图

惯性传感器的这种曲线提供了关于其性能的许多有用信息——特别是角度随机游走和偏置稳定性。

1）**角度随机游走区域**。我们注意到，初始的趋势是，偏差随段尺寸的增大而减小。在这个区域，偏差正在缓慢变化，阿伦偏差主要由传感器输出中的随机噪声决定。有人认为，如果偏差正发生缓慢变化，那么阿伦方差就能估计段位均值的方差。如果传感器的噪声密度为 $\dot{\sigma}_0^2$，那么段位平均值的方差预计将随着时间的平方根而减小：

$$\sigma_{\bar{y}} = \dot{\sigma}_{\theta} / \left(\sqrt{\tau}\right)$$

这种关系在对数 – 对数图中的斜率为 $-1/2$。事实上，正如我们在前面所做的那样，这正是我们通常在测绘图中能看到的情况。

当然，我们也可以求出噪声密度：

$$\dot{\sigma}_{\theta} = \sigma_{\bar{y}}\sqrt{\tau}$$

因此，我们可以在图形区域内的任意一点读取斜率为 $-1/2$ 的噪声密度，这是通过将阿伦偏差乘以段宽度的平方根来实现的。在上图中最容易实现这一点的位置是 $\tau = 1$ 处，并且 τ 的单位与 $\sigma_{\bar{y}}$ 的单位一致时。根据上图，我们有：

$$\dot{\sigma}_{\theta} = \sigma_{\bar{y}}(1)\frac{\text{deg}}{\text{sec}}\sqrt{1\text{sec}} = 0.015\frac{\text{deg}}{\sqrt{\text{sec}}}$$

2）**速率随机游走区域**。在图的最右侧，段位的尺寸规模非常大，并且持续的时间相对较长。在这个时间尺度上，传感器噪声被有效地平均为零，但传感器偏差对于所有的 τ 不再是恒定的常量，并且段的平均值成为衡量平均偏差的指标。在相邻两个段之间，传感器平 300
均偏差是否增大和减小，以及增大和减小的程度，实际上是一个随机变量，其偏差 $y_{k+1} - y_k$（在阿伦方差公式中取平方的项）会随 τ 的增加而开始增加，而不是像在角度随机游走区域中的那样减小。这个传感器的非稳定偏置区域被称为速率随机游走区域。

3）**偏置稳定性区域**。考虑到曲线的上述两个区域，应该非常清楚的是，在它们中间会有一个混合点，其中一个的效果让位于另一个。在该区域的正中间精确位置，由于偏置变化导致的段平均方差的增加，使得由于噪声导致的段平均方差的降低得到了平衡。在平均方差平衡相抵消的这个区域，斜率为零，这也是传感器偏差能够得到最佳测量的点。在这一点上，在偏置本身开始发生变化以前，就出现了噪声平均值的最大量。传感器制造商通常将此时的段平均方差作为*偏置稳定性*指标。该值表示在有源偏置估计中，期望误差的最佳情况。在上图中，偏置稳定性为 0.005 度 / 秒。

5.2.2 随机积分

本节我们将把对随机游走现象的理解，扩展到随机向量和连续时间的情况。我们将这种更一般的情况称为*随机积分*。每当被观测系统处于运动状态时，就经常需要进行随机积分。

此外，有些观测不能降低不确定性，它们只能减缓其增长速度。当我们对一个感兴趣量的一阶或多阶时间导数进行观测，然后通过对微分方程进行积分以计算该状态时，就会出现这种现象。例如，在随机游走的情况下，考虑到所用观测值的不确定性，可以计算状态中存在的不确定性随时间的变化。

1. 离散随机积分

可以利用方程（5.37）中的结果，在一个连续积分过程中传播协方差。用某一特定状态向量的下一个估计 $\underline{\boldsymbol{x}}_{i+1}$ 来标识输出 $\underline{\boldsymbol{y}}$，同时，令输入 $\underline{\boldsymbol{x}}_1$ 和 $\underline{\boldsymbol{x}}_2$ 分别对应于上一个状态估计 $\underline{\boldsymbol{x}}_i$ 和当前输入 $\underline{\boldsymbol{u}}_i$，则积分过程可表示为：

$$\underline{\boldsymbol{x}}_{i+1} = f\left(\underline{\boldsymbol{x}}_i, \underline{\boldsymbol{u}}_i\right) \tag{5.63}$$

我们可以将这个非线性差分方程线性化，以表示在给定输入误差的状态下，所产生的误差的演变：

$$\delta \underline{\boldsymbol{x}}_{i+1} = \boldsymbol{\Phi}_i \delta \underline{\boldsymbol{x}}_i + \boldsymbol{\Gamma}_i \delta \underline{\boldsymbol{u}}_i \tag{5.64}$$

因为是线性的，所以如果假设状态和输入的误差不相关，那么可以立刻写出协方差传递方程：

301 $$\boldsymbol{P}_{i+1} = \boldsymbol{\Phi}_i \boldsymbol{P}_i \boldsymbol{\Phi}_i^{\mathrm{T}} + \boldsymbol{\Gamma}_i \boldsymbol{Q}_i \boldsymbol{\Gamma}_i^{\mathrm{T}} \tag{5.65}$$

这仅仅是将来自于方程（5.37）的协方差传播结论，应用于差分方程情况的一种方式：

$$\boldsymbol{\Sigma}_{i+1} = \boldsymbol{J}_x \boldsymbol{\Sigma}_i \boldsymbol{J}_x^{\mathrm{T}} + \boldsymbol{J}_u \boldsymbol{\Sigma}_u \boldsymbol{J}_u^{\mathrm{T}} \tag{5.66}$$

2. 应用实例：仅具有里程计误差的航位推算

考虑如下情况：在被称为*航位推算*的过程中，通过将微小的位移向量相加，从而生成移动机器人的位置。假设位移的长度由带噪声的传感器观测，但它们的方向完全已知。该过程可以用两个向量表示，即当前位置 $\underline{\boldsymbol{x}}_i$ 和当前观测值 $\underline{\boldsymbol{u}}_i$，将这两个向量组合在一起，可生成新的位置 $\underline{\boldsymbol{x}}_{i+1}$（如图 5-22 所示）。

假设，令第 i 步的状态为 $\underline{\boldsymbol{x}}_i = \begin{bmatrix} x_i & y_i \end{bmatrix}^{\mathrm{T}}$，且对应的观测向量为 $\underline{\boldsymbol{u}}_i = \begin{bmatrix} l_i & \psi_i \end{bmatrix}^{\mathrm{T}}$。系统的动力学特性可以用非线性输入的离散时间差分方程表示：

$$\underline{\boldsymbol{x}}_{i+1} = \boldsymbol{f}\left(\underline{\boldsymbol{x}}_i, \underline{\boldsymbol{u}}_i\right) = \begin{bmatrix} x_i + l_i \cos(\psi_i) \\ y_i + l_i \sin(\psi_i) \end{bmatrix} = \begin{bmatrix} 1 & 0 \\ 0 & 1 \end{bmatrix} \begin{bmatrix} x_i \\ y_i \end{bmatrix} + \begin{bmatrix} -l_i s_i \\ l_i c_i \end{bmatrix}$$

雅可比矩阵为：

$$\boldsymbol{\Phi}_i = \frac{\partial \underline{\boldsymbol{x}}_{i+1}}{\partial \underline{\boldsymbol{x}}_i} = \begin{bmatrix} 1 & 0 \\ 0 & 1 \end{bmatrix} \qquad \boldsymbol{G}_i = \frac{\partial \underline{\boldsymbol{x}}_{i+1}}{\partial \underline{\boldsymbol{u}}_i} = \begin{bmatrix} c_i & -l_i s_i \\ s_i & l_i c_i \end{bmatrix}$$

如果航向完全精确，则当前位置和观测的不确定性为：

$$\boldsymbol{P}_i = \begin{bmatrix} \sigma_{xx} & \sigma_{xy} \\ \sigma_{yx} & \sigma_{yy} \end{bmatrix}_i \qquad \boldsymbol{Q}_i = \begin{bmatrix} \sigma_l^2 & 0 \\ 0 & 0 \end{bmatrix}$$

因此，对于不相关的误差（即如果新观测值的误差与当前位置无关），新位置误差可以写成：

$$\boldsymbol{P}_{i+1} = \boldsymbol{\Phi}_i \boldsymbol{P}_i \boldsymbol{\Phi}_i^{\mathrm{T}} + \boldsymbol{G}_i \boldsymbol{Q}_i \boldsymbol{G}_i^{\mathrm{T}} \tag{5.67}$$

对上一项进行展开，可得：

$$\boldsymbol{P}_{i+1} = \boldsymbol{P}_i + \begin{bmatrix} c_i^2 \sigma_l^2 & c_i s_i \sigma_l^2 \\ c_i s_i \sigma_l^2 & s_i^2 \sigma_l^2 \end{bmatrix}$$

这个结果给出了新的位置估计的不确定性。请注意，对于沿任意坐标轴方向的运动，非对角线项将保持为零。此外，对角线项总是为正值，并且它们的总和（即“*总*”的*不确定性*）单调递增。

当沿着慢速转向的路径模拟这样的系统（如图 5-23 所示）时，协方差将无限增大。此外，协方差椭圆向右转的速度，比路径转得慢，因为协方差累计了所有过去观测的贡献，这
302 些观测结果大部分都指向上方。

3. 连续随机积分

从数学发展史上看，公式（5.65）的连续时间版本比它看起来难度要大得多，而完整的解决方案需要用到被称为*随机微积分*的数学分支。到目前为止已经完成的讨论都是为了避免一些棘手的问题。例如，随机游走的讨论避免了如何通过还原为傅里叶变换，来对白噪声进

行积分的问题。本节将介绍这些颇为棘手的问题。

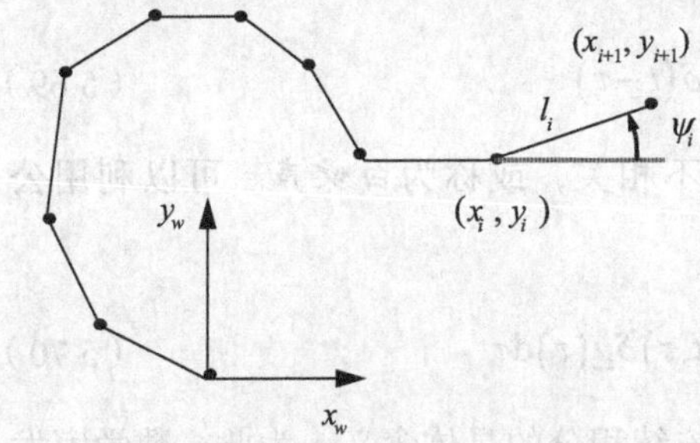

图 5-22　**计算测距不确定性的情况。**如图所示，距离和角度的观测可用于航位推测中的位置估计

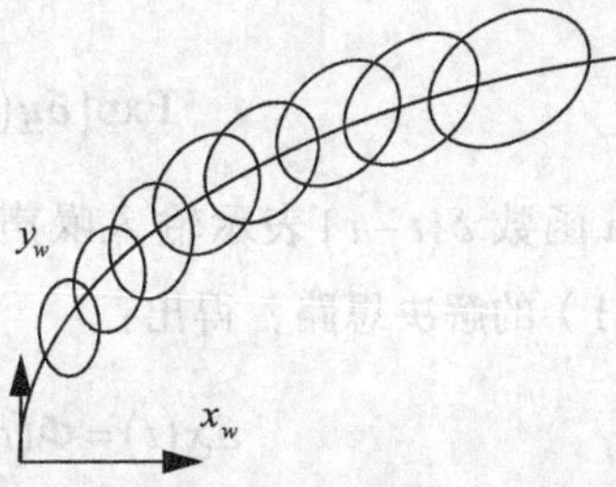

图 5-23　**测距方差的增大。**椭圆表示等概率为 99% 的轮廓曲线。在任意时间点，该时刻的正确答案将以 99% 的概率落在椭圆范围内

1）**连续随机游走的方差**。接下来考虑如何为连续随机游走过程的方差设计一个表达式。回顾公式（5.57），随机游走方差的离散时间版本为：

$$\sigma_x^2 = n\sigma_z^2$$

如果用 $n = t/\Delta t$ 代替时间步的数量，上式可化为：

$$\sigma_x^2(t) = \left(\sigma_z^2 t\right)/\Delta t$$

如上所述，当 $\Delta t \to 0$ 时，自然可以得出这样的结论：$\sigma_x^2 \to \infty$。因此，该方差与所有类似的“积分”一样，会变为无穷大。如果注意到聚焦信息 5.3 中的趋势，可以使这个问题变得更加真实，因为 τ 在随机游走区域的左侧边缘范围之外减小。

解决这个问题有两种方法。从工程的角度来看，问题在于 σ_z^2 独立于采样周期 Δt 的假设。而事实上，对于任何有噪声的实际过程，较快的采样速度都会减小方差，因为如果过程的采样频率过低，就会需要无穷大的功率。对于有限功率的理想化噪声生成过程，其方差将取决于采样时间，于是：

$$\frac{\mathrm{d}\sigma_x^2}{\mathrm{d}t} = \dot{\sigma}_x^2 = \text{finite}$$

如果 $\sigma_z^2(\Delta t) = \dot{\sigma}_z^2(t)\Delta t$，即噪声的方差随采样周期线性增大，将会发生这种情况。最重要的是，$\dot{\sigma}_x^2$ 只是产生的随机游走的斜率。在这种形式的噪声源下：

$$\sigma_x^2(t) = \left(\sigma_z^2 t\right)/\Delta t = \int_0^t \frac{\dot{\sigma}_z^2(t)\Delta t}{\Delta t}\mathrm{d}t = \int_0^t \dot{\sigma}_z^2(t)\mathrm{d}t$$ 303

我们将 $\dot{\sigma}_z^2(t)$ 称为传感器的*噪声密度*，或*扩散度*（布朗运动），或者当以频率而不是时间为单位时的*频谱密度*。请注意，当采用这种变量替换，且噪声密度恒定不变时，新的连续时间随机游走表达式为：

$$\sigma_x^2(t) = \dot{\sigma}_z^2 \cdot t$$

2）**随机微分方程的积分**。现在应用上述思想，说明随机噪声微分方程的概念。首先，将线性扰动方程（方程（4.150））中的状态扰动 $\delta\underline{\boldsymbol{x}}(t)$，再次诠释为一个随机变量：

$$\delta\dot{\underline{\boldsymbol{x}}}(t) = \boldsymbol{F}(t)\delta\underline{\boldsymbol{x}}(t) + \boldsymbol{G}(t)\delta\underline{\boldsymbol{u}}(t) \tag{5.68}$$

并且定义协方差为：

$$\mathrm{Exp}\left(\delta\underline{\boldsymbol{x}}(t)\delta\underline{\boldsymbol{x}}(t)^{\mathrm{T}}\right)=\boldsymbol{P}(t)$$

$$\mathrm{Exp}\left(\delta\underline{\boldsymbol{u}}(t)\delta\underline{\boldsymbol{u}}(\tau)^{\mathrm{T}}\right)=\boldsymbol{Q}(t)\delta(t-\tau) \tag{5.69}$$

delta 函数 $\delta(t-\tau)$ 表示输入噪声 $\delta\underline{\boldsymbol{u}}(t)$ 在时间上不相关，或称为白噪声。可以利用公式（4.141）的解决思路，得出：

$$\delta\underline{\boldsymbol{x}}(t)=\boldsymbol{\Phi}(t,t_0)\delta\underline{\boldsymbol{x}}(t_0)+\int_{t_0}^{t}\boldsymbol{\Gamma}(t,\tau)\delta\underline{\boldsymbol{u}}(\tau)\mathrm{d}\tau \tag{5.70}$$

但是，我们还不清楚在上式右侧出现的白噪声信号的连续积分的具体含义。为此，数学家发明了一个称为随机微积分的数学分支，以严格定义这样的变量。就我们的目的而言，只需知道该方程式被改写为：

$$\delta\underline{\boldsymbol{x}}(t)=\boldsymbol{\Phi}(t,t_0)\delta\underline{\boldsymbol{x}}(t_0)+\int_{t_0}^{t}\boldsymbol{\Gamma}(t,\tau)\mathrm{d}\boldsymbol{\beta}(\tau) \tag{5.71}$$

其中 $\mathrm{d}\boldsymbol{\beta}(\tau)=\delta\underline{\boldsymbol{u}}(\tau)\mathrm{d}\tau$ 是随机游走的微分元，结果就是原始随机微分方程的解。因此，虽然不能严格定义白噪声信号的导数，但其积分可以。之后，我们就将连续的白噪声过程作为一种噪声源，该噪声源的积分为随机游走。

3）**随机微分方程的方差**。有了这个理解，现在就可以得出一个非常有用的结论。状态的协方差，可以通过方程（5.71）外积的期望来推导得出：

$$\mathrm{Exp}\left[\delta\underline{\boldsymbol{x}}(t)\delta\underline{\boldsymbol{x}}(t)^{\mathrm{T}}\right]=\mathrm{Exp}\left[\boldsymbol{\Phi}(t,t_0)\delta\underline{\boldsymbol{x}}(t_0)\delta\underline{\boldsymbol{x}}(t_0)^{\mathrm{T}}\boldsymbol{\Phi}(t,t_0)^{\mathrm{T}}\right]$$
$$+\mathrm{Exp}\left[\int_{t_0}^{t}\boldsymbol{\Gamma}(t,\xi)\delta\underline{\boldsymbol{u}}(\xi)\mathrm{d}\xi\left(\int_{t_0}^{t}\boldsymbol{\Gamma}(t,\xi)\delta\underline{\boldsymbol{u}}(\xi)\mathrm{d}\xi\right)^{\mathrm{T}}\right]$$

304

其中有两个交叉项被省略，因为由此产生的随机游走将与初始条件无关。

现在，在这个方程中，所有的矩阵都没有不确定项，所以期望可以在积分中得到：

$$\mathrm{Exp}\left[\delta\underline{\boldsymbol{x}}(t)\delta\underline{\boldsymbol{x}}(t)^{\mathrm{T}}\right]=\boldsymbol{\Phi}(t,t_0)\boldsymbol{P}(t_0)\boldsymbol{\Phi}(t,t_0)^{\mathrm{T}}$$
$$+\int_{t_0}^{t}\int_{t_0}^{t}\boldsymbol{\Gamma}(t,\tau)\mathrm{Exp}\left[\delta\underline{\boldsymbol{u}}(\tau)\delta\underline{\boldsymbol{u}}(\xi)^{\mathrm{T}}\right]\boldsymbol{\Gamma}(\tau,\xi)^{\mathrm{T}}\mathrm{d}\xi\mathrm{d}\tau$$

把公式（5.69）中的相关项代入 $\boldsymbol{Q}$，可得：

$$\boldsymbol{P}(t)=\boldsymbol{\Phi}(t,t_0)\boldsymbol{P}(t_0)\boldsymbol{\Phi}(t,t_0)^{\mathrm{T}}+\int_{t_0}^{t}\int_{t_0}^{t}\boldsymbol{\Gamma}(t,\tau)\boldsymbol{Q}(\tau)\delta(\xi-\tau)\boldsymbol{\Gamma}(\tau,\xi)^{\mathrm{T}}\mathrm{d}\xi\mathrm{d}\tau$$

如果我们首先选择进行关于 ξ 的积分，那么它的积分将随 delta 函数一起消失：

$$\boldsymbol{P}(t)=\boldsymbol{\Phi}(t,t_0)\boldsymbol{P}(t_0)\boldsymbol{\Phi}(t,t_0)^{\mathrm{T}}+\int_{t_0}^{t}\boldsymbol{\Gamma}(t,\tau)\boldsymbol{Q}(\tau)\boldsymbol{\Gamma}(t,\tau)^{\mathrm{T}}\mathrm{d}\tau \tag{5.72}$$

聚焦信息 5.4 矩阵叠加积分

线性及线性化动力学系统随机误差协方差一阶行为的通解。将它与聚焦信息 4.12 比较。

现在，我们得到了一个矩阵积分方程，可描述方程（5.68）中定义的随机微分方程的方差随时间的演变。原始方程本身就是任意系统模型的线性化。这个结论对于任何非线性动力学系统的方差，在随机噪声激励下的行为提供了一阶解。

这是个具有非凡意义的结论。我们将发现它是表征航位推算系统的误差动态特性的关键。

4）**线性方差公式。**现在考虑的问题是，我们是否可以对方差积分进行微分，生成矩阵微分方程以求解协方差矩阵。回顾一下，当时间差 $\Delta t = t - \tau$ 较小时，$\boldsymbol{\Phi}(t,\tau) \approx \boldsymbol{I} + \boldsymbol{F}\Delta t$。

因此，对于一阶情况：

$$\boldsymbol{\Gamma}(t,\tau) = \boldsymbol{\Phi}(t,\tau)\boldsymbol{G}(t) = \left(\boldsymbol{I} + \boldsymbol{F}(t)\Delta t\right)\boldsymbol{G}(t) = \boldsymbol{G}(t)$$

将其代入上式，可得：

$$\boldsymbol{P}(t+\Delta t) = \left(\boldsymbol{I} + \boldsymbol{F}(t)\Delta t\right)\boldsymbol{P}(t)\left(\boldsymbol{I} + \boldsymbol{F}(t)\Delta t\right)^{\mathrm{T}} + \int_t^{t+\Delta t} \boldsymbol{G}(t)\boldsymbol{Q}(t)\boldsymbol{G}(t)^{\mathrm{T}}\,\mathrm{d}t$$ 305

可以把等号右侧的第一部分重写为一阶，从而有：

$$\boldsymbol{P}(t+\Delta t) = \boldsymbol{P}(t) + \boldsymbol{F}(t)\Delta t\boldsymbol{P}(t) + \boldsymbol{P}(t)\boldsymbol{F}(t)\Delta t + \int_t^{t+\Delta t} \boldsymbol{G}(t)\boldsymbol{Q}(t)\boldsymbol{G}(t)^{\mathrm{T}}\,\mathrm{d}t$$

现在，将 $\boldsymbol{P}(t)$ 移动到方程的另外一侧，除以 Δt，并取 $\Delta t \to 0$ 时的极限，作为公式（4.150）中随机误差的近似，这就是线性方差方程：

$$\dot{\boldsymbol{P}}(t) = \boldsymbol{F}(t)\boldsymbol{P}(t) + \boldsymbol{P}(t)\boldsymbol{F}(t)^{\mathrm{T}} + \boldsymbol{G}(t)\boldsymbol{Q}(t)\boldsymbol{G}(t)^{\mathrm{T}} \tag{5.73}$$

聚焦信息 5.5　线性方差方程

决定线性及线性化动力学系统随机误差的一阶连续时间传播。将其与聚焦信息 4.11 进行比较。

该方程是连续时间卡尔曼滤波中不确定性传递的基础。

5）**连续白噪声的离散时间等效。**基于上述结论，对于非常小的时间间隔 Δt 值，以及缓慢变化的 $\boldsymbol{G}(t)$ 和 $\boldsymbol{Q}(t)$，频谱密度矩阵 $\boldsymbol{Q}$ 和等效离散时间协方差矩阵之间的关系为：

$$\boldsymbol{Q}_k \cong \boldsymbol{G}(t_k)\boldsymbol{Q}(t_k)\boldsymbol{G}(t_k)^{\mathrm{T}}\Delta t$$

对方差 $\boldsymbol{R}_k$ 的离散测量噪声进行等效计算的结论，与对 Δt 取极小间隔的操作恰恰相反。任何实际应用中的装置都将尽其所能，通过滤波的方法以减少其输出中的噪声，并且采样之间的时间间隔越长，可执行的滤波就越多。系统的观测关系可以写成：

$$\underline{\boldsymbol{z}} = \boldsymbol{H}\underline{\boldsymbol{x}}(t) + \underline{\boldsymbol{v}}(t) \qquad \underline{\boldsymbol{v}} \sim N(0,\boldsymbol{R})$$

其中观测协方差为：

$$\mathrm{Exp}\left[\underline{\boldsymbol{v}}(t)\underline{\boldsymbol{v}}(\tau)^{\mathrm{T}}\right] = \boldsymbol{R}\delta(t-\tau) \tag{5.74}$$

考虑一段短的时间间隔 Δt 内的平均结果：

$$\underline{\boldsymbol{z}}_k = \frac{1}{\Delta t}\int_{t_{k-1}}^{t_k}\left[\boldsymbol{H}\underline{\boldsymbol{x}}(t) + \underline{\boldsymbol{v}}(t)\right]\mathrm{d}t = \boldsymbol{H}_k\underline{\boldsymbol{x}}_k + \frac{1}{\Delta t}\int_{t_{k-1}}^{t_k}\underline{\boldsymbol{v}}(t)\,\mathrm{d}t$$

因此，离散噪声为：

$$\underline{\boldsymbol{v}}_k = \frac{1}{\Delta t}\int_{t_{k-1}}^{t_k} \underline{\boldsymbol{v}}(t)\mathrm{d}t$$

其方差为：

306 $$\boldsymbol{R}_k = \mathrm{Exp}\left[\underline{\boldsymbol{v}}_k \underline{\boldsymbol{v}}_k^{\mathrm{T}}\right] = \frac{1}{\Delta t^2}\int_{t_{k-1}}^{t_k}\int_{t_{k-1}}^{t_k} \mathrm{Exp}\left[\underline{\boldsymbol{v}}(u)\underline{\boldsymbol{v}}(v)^{\mathrm{T}}\right]\mathrm{d}u\mathrm{d}v = \frac{1}{\Delta t^2}\int_{t_{k-1}}^{t_k}\int_{t_{k-1}}^{t_k} \boldsymbol{R}\delta(u-v)\mathrm{d}u\mathrm{d}v$$

从而得到结果：

$$\boldsymbol{R}_k = \frac{\boldsymbol{R}}{\Delta t} \tag{5.75}$$

上式的解释是，如果采样速度降至一半，那么滤波（平均）传感器产生具有一半方差的输出。

5.2.3　最优估计

本节讨论从连续的观测序列中产生最优估计的问题。正如在求均值时所发现的那样，某些计算可以产生不确定性的净减少。在本节中，我们将泛化这个过程，将任意数量的观测结果，以任意方式包含在与之相关的任意数量的状态中。获得最佳总体估计的过程称为*估计*，所使用的工具称为*估计器*。

1. 随机向量的极大似然估计

再次考虑从一组观测数据中得到状态的最优估计的问题。在众多复杂的难点问题中，其中有一个问题是：当观测结果具有各不相同的不确定性时，如何对这样的估计进行计算？而另一个问题是：对于观测结果仅与状态间接相关的情况，该如何解决。

现在将估计问题概括如下：

- *状态* $\underline{\boldsymbol{x}} \in \Re^n$ 以及*观测* $\underline{\boldsymbol{z}} \in \Re^m$ 现在都是向量；
- 观测通过观测矩阵 $\boldsymbol{H}$ 与状态相关联；
- 假设这些观测值伴有随机噪声，随机噪声向量为 $\boldsymbol{v}$，其协方差矩阵为 $\boldsymbol{R} = \mathrm{Exp}\left(\boldsymbol{v}\underline{\boldsymbol{v}}^{\mathrm{T}}\right)$：

$$\underline{\boldsymbol{z}} = \boldsymbol{H}\underline{\boldsymbol{x}} + \underline{\boldsymbol{v}} \qquad \underline{\boldsymbol{v}} \sim N(0, \boldsymbol{R}) \tag{5.76}$$

符号 $N(0,\boldsymbol{R})$ 表示具有零均值和协方差的正态分布。现在假设：已有观测结果的数量比状态的数量要多，即 $m>n$。

当然，与观测相关的新息正是噪声 $\underline{\boldsymbol{z}} - \boldsymbol{H}\underline{\boldsymbol{x}} = \underline{\boldsymbol{v}}$，因此根据假设，新息通常为无偏高斯分布。现在我们回忆一下*条件概率* $p(\underline{\boldsymbol{z}} \mid \underline{\boldsymbol{x}})$，它表示假定真实状态为 $\underline{\boldsymbol{x}}$ 时，观察到某一特定观测 $\underline{\boldsymbol{z}}$ 的概率。由于新息服从高斯分布，则在真实状态 $\underline{\boldsymbol{x}}$ 已知时，观测到某一特定观测值 $\underline{\boldsymbol{z}}$ 的条件概率，由下式给出：

$$p(\underline{\boldsymbol{z}} \mid \underline{\boldsymbol{x}}) = \frac{1}{(2\pi)^{m/2}|\boldsymbol{R}|^{1/2}}\exp\left[-\frac{1}{2}(\underline{\boldsymbol{z}} - \boldsymbol{H}\underline{\boldsymbol{x}})\boldsymbol{R}^{-1}(\underline{\boldsymbol{z}} - \boldsymbol{H}\underline{\boldsymbol{x}})^{\mathrm{T}}\right] \tag{5.77}$$

307 最优估计的定义是能够最好地阐释观测的状态值。当指数中的二次型最小化时，上述指数函数将最大化。因此，状态的*极大似然估计*（MLE）为：

$$\underline{\hat{x}}^* = \arg\min_{\underline{x}} \left(\frac{1}{2} (\underline{z} - \boldsymbol{H}\underline{x}) \boldsymbol{R}^{-1} (\underline{z} - \boldsymbol{H}\underline{x})^{\mathrm{T}} \right) \tag{5.78}$$

这就是众所周知的加权最小二乘问题。假设系统超定，我们根据公式（3.31）得知，该解是由加权左广义逆给出的：

$$\underline{\hat{x}}^* = \left(\boldsymbol{H}^{\mathrm{T}} \boldsymbol{R}^{-1} \boldsymbol{H} \right)^{-1} \boldsymbol{H}^{\mathrm{T}} \boldsymbol{R}^{-1} \underline{z} \tag{5.79}$$

我们已经证明：当信号中伴有的噪声服从高斯分布时，状态的极大似然估计为加权最小二乘问题的解，其中的权重是观测协方差的逆。此时在代价函数中，最具不确定性的观测值的权重最小（即最不重要）。

极大似然估计协方差。很显然，上述结论就是将 $\underline{z}$ 映射到 $\underline{\hat{x}}^*$ 的函数，因此如果定义：

$$\boldsymbol{J}_z = \left(\boldsymbol{H}^{\mathrm{T}} \boldsymbol{R}^{-1} \boldsymbol{H} \right)^{-1} \boldsymbol{H}^{\mathrm{T}} \boldsymbol{R}^{-1}$$

那么结果的协方差为：$\boldsymbol{\Sigma}_{xx} = \boldsymbol{J}_z \boldsymbol{\Sigma}_{zz} \boldsymbol{J}_z^{\mathrm{T}}$，但是 $\boldsymbol{\Sigma}_{zz} = \boldsymbol{R}$，并且 $\boldsymbol{H}^{\mathrm{T}} \boldsymbol{R}^{-1} \boldsymbol{H}$ 是对称的，因此协方差公式 $\boldsymbol{\Sigma}_{xx} = \boldsymbol{J}_z \boldsymbol{\Sigma}_{zz} \boldsymbol{J}_z^{\mathrm{T}}$ 可简化如下：

$$\boldsymbol{\Sigma}_{xx} = \boldsymbol{J}_z \boldsymbol{\Sigma}_{zz} \boldsymbol{J}_z^{\mathrm{T}} = \left(\boldsymbol{H}^{\mathrm{T}} \boldsymbol{R}^{-1} \boldsymbol{H} \right)^{-1} \boldsymbol{H}^{\mathrm{T}} \boldsymbol{R}^{-1} \boldsymbol{R} \boldsymbol{R}^{-1} \boldsymbol{H} \left(\boldsymbol{H}^{\mathrm{T}} \boldsymbol{R}^{-1} \boldsymbol{H} \right)^{-1}$$

$$\boldsymbol{\Sigma}_{xx} = \boldsymbol{J}_z \boldsymbol{\Sigma}_{zz} \boldsymbol{J}_z^{\mathrm{T}} = \left(\boldsymbol{H}^{\mathrm{T}} \boldsymbol{R}^{-1} \boldsymbol{H} \right)^{-1} \boldsymbol{H}^{\mathrm{T}} \boldsymbol{R}^{-1} \boldsymbol{H} \left(\boldsymbol{H}^{\mathrm{T}} \boldsymbol{R}^{-1} \boldsymbol{H} \right)^{-1}$$

从中得到了一个绝妙的结果：

$$\boldsymbol{\Sigma}_{xx} = \left(\boldsymbol{H}^{\mathrm{T}} \boldsymbol{R}^{-1} \boldsymbol{H} \right)^{-1} \tag{5.80}$$

聚焦信息 5.6　最小二乘解的协方差

这对于根据观测值的协方差计算最小二乘解的方差是非常有用的。

请注意，假设 $\underline{\hat{x}}^*$ 比 $\underline{z}$ 短，那么 $\underline{\hat{x}}^*$ 是一个超定系统。我们不可能将这种关系反转为根据 $\boldsymbol{\Sigma}_{xx}$ 来确定 $\boldsymbol{R}$。另外也请注意：

$$\underline{\hat{x}}^* = \boldsymbol{\Sigma}_{xx} \boldsymbol{H}^{\mathrm{T}} \boldsymbol{R}^{-1} \underline{z}$$

换句话说，解协方差出现于解本身的公式中。

2. 随机标量的递归最优估计

现在再考虑多个观测值的平均问题的另一种情况：观测的不确定性不相等。假设我们希望以最优方式处理连续的观测序列，即在每次迭代中都会产生最优可能的系统状态估计。有很多方法可以解决这个问题，但是我们将使用这样一种技术：它再次利用了前面结论。这样可以强化我们对其运行原理的理解。

考虑合并单一观测的问题。在这种情况下，如果两个观测的方差已知，那么我们可以基 308
于先前的极大似然估计和新的观测，利用上述结论得到新的极大似然估计。将当前状态记为 x，其协方差矩阵为 σ_x^2；观测记为 z，协方差矩阵为 σ_z^2。假设发生了第二次观测，正好产生了具有相同协方差的当前状态估计。现在可以将这两次观测结果以最小二乘的形式进行组合，以确定新的状态最优估计 x' 及其不确定性。

观测关系如下所示：

$$\begin{bmatrix} z \\ x \end{bmatrix} = \begin{bmatrix} 1 \\ 1 \end{bmatrix} x'$$

假设新的观测和原有状态的误差不相关，但这一假设很容易被削弱。对于 $\boldsymbol{H}' = \begin{bmatrix} 1 & 1 \end{bmatrix}^{\mathrm{T}}$ 和 $\boldsymbol{R}' = \mathrm{diag}\begin{bmatrix} \sigma_z^2 & \sigma_x^2 \end{bmatrix}$，根据方程（5.79），加权最小二乘解为：

$$x' = \left(\boldsymbol{H}^{\mathrm{T}}\boldsymbol{R}^{-1}\boldsymbol{H}\right)^{-1}\boldsymbol{H}^{\mathrm{T}}\boldsymbol{R}^{-1}\underline{\boldsymbol{z}} = \left(\begin{bmatrix} 1 & 1 \end{bmatrix}\begin{bmatrix} \frac{1}{\sigma_z^2} & 0 \\ 0 & \frac{1}{\sigma_x^2} \end{bmatrix}\begin{bmatrix} 1 \\ 1 \end{bmatrix}\right)^{-1}\begin{bmatrix} 1 & 1 \end{bmatrix}\begin{bmatrix} \frac{1}{\sigma_z^2} & 0 \\ 0 & \frac{1}{\sigma_x^2} \end{bmatrix}\underline{\boldsymbol{z}}$$

即

$$x' = \left(\left[\frac{1}{\sigma_z^2} + \frac{1}{\sigma_x^2}\right]\right)^{-1}\left[\frac{1}{\sigma_z^2}z + \frac{1}{\sigma_x^2}x\right] \tag{5.81}$$

且新估计的不确定性为：

$$\sigma_{x'}^2 = \left(\boldsymbol{H}^{\mathrm{T}}\boldsymbol{R}^{-1}\boldsymbol{H}\right)^{-1} = \left(\left[\frac{1}{\sigma_z^2} + \frac{1}{\sigma_x^2}\right]\right)^{-1} \tag{5.82}$$

请注意，新的估计值只是一个加权平均值，并且新的不确定性可以通过添加倒数的方式来产生：

$$\frac{1}{\sigma_{x'}^2} = \frac{1}{\sigma_z^2} + \frac{1}{\sigma_x^2} \tag{5.83}$$

3. 应用实例：用两个传感器估算温度

下例摘自参考文献 [18] 的第 1 章，说明了如何通过加权平均来利用不同精度的观测，从而逐步产生对标量更为精确的估计。一个远洋机器人负责观测南极水温，它有两个不同的传感器。

假设初始观测值 $z_1 = 4$，是某一器件测量的温度值，并且该观测值具有一定程度的不确定性，用方差 $\sigma_{z_1}^2 = 2^2$ 来表示这次观测的不确定性。如果误差分布服从高斯分布，那么条件概率 $p(x \mid z_1)$ 将以观测值为中心，如图 5-24 所示。仅仅根据这些信息，温度的最优估计是观测值本身：

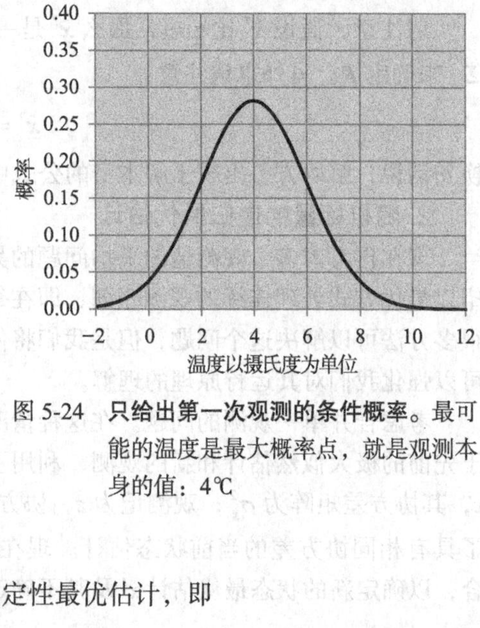

图 5-24　**只给出第一次观测的条件概率。**最可能的温度是最大概率点，就是观测本身的值：4℃

309

$$\hat{x}_1 = z_1$$

对其不确定性的最优估计是观测值本身的不确定性最优估计，即

$$\sigma_1^2 = \sigma_{z_1}^2$$

现在，假设有另一个观测值 $z_2 = 6$，它与第一个观测值同时产生，其不确定性用方差 $\sigma_{z_2}^2 = (1.5)^2$ 表示。该观测是通过更好的传感器获得的，并且观测结果略有不同。该观测的条件概率在不确定性上更窄，且以另一个位置为中心（如图 5-25 所示）。

接下来，一个显而易见的问题是：当纳入这些新信息之后，对温度及其不确定性的最佳估计是多少？利用方程（5.81）和公式（5.83），获得方差为 $\sigma_{x'}^2 = (1.2)^2$ 的新估计 x'=5.28。新估计更接近于更加精确的第二次观测值，其不确定性小于两次观测中的任意一个。对应于这个新估计的分布如图 5-26 所示。

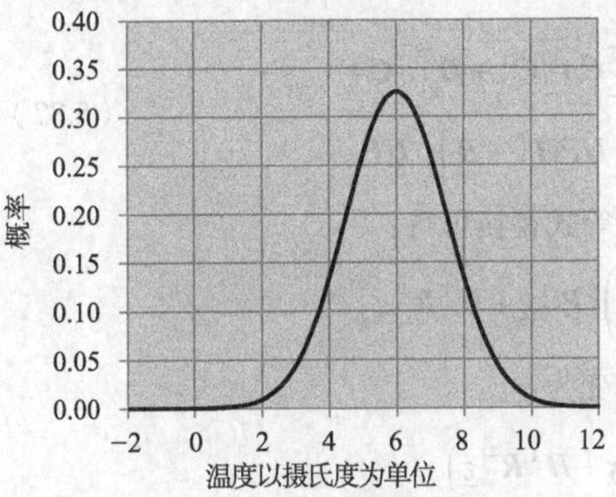

图 5-25 **只给出第二次观测的条件概率**。对这次观测，最可能的温度是 6℃

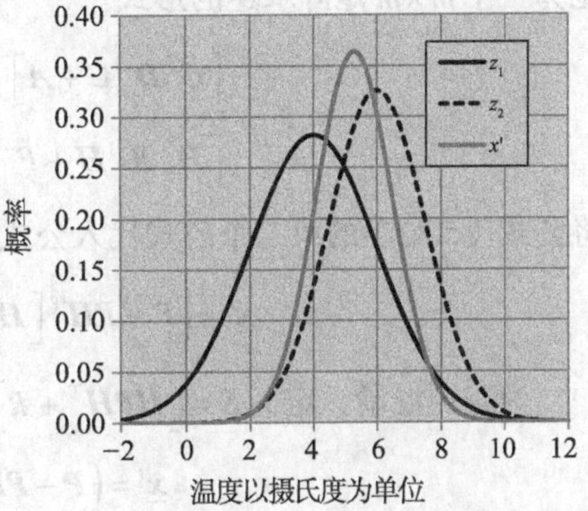

图 5-26 **给出了两次观测的条件概率**。这些观测的最优估计是 5.28℃

4. 随机向量的递归最优估计

现在，假设希望结合向量测量来估计向量状态。我们可以使用与之前相同的技巧：假装对先验估计有一个伪测量，然后，采用跟前面结论相同的方式得到新的解。观测关系为： 310

$$\begin{bmatrix} \underline{z} \\ \underline{x} \end{bmatrix} = \begin{bmatrix} \boldsymbol{H} \\ \boldsymbol{I} \end{bmatrix} \underline{x}'$$

其中，将先验估计 $\underline{x}$ 视为一次观测，将新估计 $\underline{x}'$ 视为新的未知状态。令观测 $\underline{z}$ 具有协方差 $\boldsymbol{R}$，先验估计 $\underline{x}$ 具有协方差 $\boldsymbol{P}$。假定新的观测和原有状态的误差不相关，但这种假设容易被削弱。只要有任何实际的测量数据，那么该系统肯定会超定。其加权左广义逆解为：

$$\underline{x}' = \left(\boldsymbol{H}'^{\mathrm{T}} \boldsymbol{R}'^{-1} \boldsymbol{H}'\right)^{-1} \boldsymbol{H}'^{\mathrm{T}} \boldsymbol{R}'^{-1} \underline{z}$$

$$\underline{x}' = \left(\begin{bmatrix} \boldsymbol{H} \\ \boldsymbol{I} \end{bmatrix}^{\mathrm{T}} \begin{bmatrix} \boldsymbol{R} & 0 \\ 0 & \boldsymbol{P} \end{bmatrix}^{-1} \begin{bmatrix} \boldsymbol{H} \\ \boldsymbol{I} \end{bmatrix} \right)^{-1} \begin{bmatrix} \boldsymbol{H} \\ \boldsymbol{I} \end{bmatrix}^{\mathrm{T}} \begin{bmatrix} \boldsymbol{R} & 0 \\ 0 & \boldsymbol{P} \end{bmatrix}^{-1} \underline{z} \tag{5.84}$$

反转协方差矩阵：

$$\underline{x}' = \left(\begin{bmatrix} \boldsymbol{H} \\ \boldsymbol{I} \end{bmatrix}^{\mathrm{T}} \begin{bmatrix} \boldsymbol{R}^{-1} & 0 \\ 0 & \boldsymbol{P}^{-1} \end{bmatrix} \begin{bmatrix} \boldsymbol{H} \\ \boldsymbol{I} \end{bmatrix} \right)^{-1} \begin{bmatrix} \boldsymbol{H} \\ \boldsymbol{I} \end{bmatrix}^{\mathrm{T}} \begin{bmatrix} \boldsymbol{R}^{-1} & 0 \\ 0 & \boldsymbol{P}^{-1} \end{bmatrix} \underline{z} \tag{5.85}$$

简化二次型：

$$\underline{x}' = \left(H^{\mathrm{T}}R^{-1}H + P^{-1}\right)^{-1}\left[H^{\mathrm{T}}R^{-1} \quad P^{-1}\right]\begin{bmatrix}\underline{z} \\ \underline{x}\end{bmatrix}$$

然后，乘以其他矩阵（将上式的后两项相乘），可获得：

$$\underline{x}' = \left(H^{\mathrm{T}}R^{-1}H + P^{-1}\right)^{-1}\left(P^{-1}\underline{x} + H^{\mathrm{T}}R^{-1}\underline{z}\right) \tag{5.86}$$

请注意，该结果看上去像是计算测量值和状态的加权平均值，它们各自的权值是由其自身的逆协方差除以总协方差。

1）**有效状态更新**。可以按照式（5.86）的形式求解新的状态估计，但是请注意，它需要求 $n \times n$ 矩阵的逆，而通常情况下 $m \ll n$。利用矩阵求逆引理（公式（2.14）），可将结果转化为一个 $m \times m$ 矩阵求逆的形式。

$$\begin{aligned}\left[C^{\mathrm{T}}D^{-1}C + A\right]^{-1} &= A^{-1} - A^{-1}C^{\mathrm{T}}\left[CA^{-1}C^{\mathrm{T}} + D\right]^{-1}CA^{-1} \\ \left[H^{\mathrm{T}}R^{-1}H + P^{-1}\right]^{-1} &= P - PH^{\mathrm{T}}\left[HPH^{\mathrm{T}} + R\right]^{-1}HP\end{aligned} \tag{5.87}$$

将公式（5.87）的第二个公式代入公式（5.86），进行等式替换可得：

311 $$\underline{x}' = \left(P - PH^{\mathrm{T}}\left[HPH^{\mathrm{T}} + R\right]^{-1}HP\right)\left(P^{-1}\underline{x} + H^{\mathrm{T}}R^{-1}\underline{z}\right)$$

为避免混淆，定义 $S = \left[HPH^{\mathrm{T}} + R\right]$。因此，上式变为：

$$\underline{x}' = \left(P - PH^{\mathrm{T}}S^{-1}HP\right)\left(P^{-1}\underline{x} + H^{\mathrm{T}}R^{-1}\underline{z}\right)$$

然后，将上式中的两项相乘并展开，得到四个项：

$$\underline{x}' = \underline{x} - PH^{\mathrm{T}}S^{-1}H\underline{x} + PH^{\mathrm{T}}R^{-1}\underline{z} - PH^{\mathrm{T}}S^{-1}HP\left(H^{\mathrm{T}}R^{-1}\underline{z}\right)$$

将上式中的后两项提取公共因子，进行适当合并：

$$\underline{x}' = \underline{x} - PH^{\mathrm{T}}S^{-1}H\underline{x} + PH^{\mathrm{T}}\left[I - S^{-1}HPH^{\mathrm{T}}\right]R^{-1}\underline{z}$$

接下来的诀窍就是：在方括号内加上然后再减去 $S^{-1}R$ 项：

$$\underline{x}' = \underline{x} - PH^{\mathrm{T}}S^{-1}H\underline{x} + PH^{\mathrm{T}}\left[I - S^{-1}HPH^{\mathrm{T}} + S^{-1}R - S^{-1}R\right]R^{-1}\underline{z}$$

注意到前面关于 S 的定义，上式可化简为：

$$\underline{x}' = \underline{x} - PH^{\mathrm{T}}S^{-1}H\underline{x} + PH^{\mathrm{T}}\left[S^{-1}R\right]R^{-1}\underline{z}$$

现在我们定义卡尔曼增益：

$$K = PH^{\mathrm{T}}S^{-1} = PH^{\mathrm{T}}\left[HPH^{\mathrm{T}} + R\right]^{-1} \tag{5.88}$$

并且结果可以简化为：

$$\underline{x}' = \underline{x} + K\left(\underline{z} - H\underline{x}\right) \tag{5.89}$$

再次，$\underline{z} - H\underline{x}$ 的形式又被称为*新息*，它表示当前观测值与基于当前状态估计预测的观测值之间的差。此外，卡尔曼增益中的量 $S = HPH^{\mathrm{T}} + R$ 称为*新息协方差*。基于雅可比矩阵对不确定性进行变换的知识，很明显，它的这一命名恰如其分，因为这正是量 $\underline{z} - H\underline{x}$ 的不确定性。

下面对此结果做进一步解释。将增益公式代入状态更新方程并乘以 PP^{-1}，从而得到：

$$\underline{x}' = P\left[P^{-1}\underline{x} + H^{\mathrm{T}}S^{-1}\left(\underline{z} - H\underline{x}\right)\right]$$

因此，很明显，卡尔曼滤波其实是在计算新息的加权平均（由逆协方差加权）和先验估计。如果新息是基于高质量的观测，那么它将被赋予更高的权重，反之亦然。

2）**协方差更新**。在递归估计的情况下，我们也想知道在合并测量之后，新估计值的协方差。可以相对于 $\underline{z}$ 和 $\underline{x}$ 计算公式（5.89）的雅可比矩阵，然后将其代入公式（5.37），但是有一个更加直接的方法。我们已经知道，MLE 估计的协方差是这个解中的第一个矩阵。因此，根据公式（5.85）和公式（5.84），可以立刻写出下式：

$$P' = \left(H^{\mathrm{T}}R^{-1}H + P^{-1}\right)^{-1} \tag{5.90}$$

并且可以使用上述的矩阵求逆引理来表示：

$$\left[H^{\mathrm{T}}R^{-1}H + P^{-1}\right]^{-1} = P - PH^{\mathrm{T}}\left[HPH^{\mathrm{T}} + R\right]^{-1}HP = P - KHP$$ 312

从中，可以得出结论：

$$P' = \left(I - KH\right)P \tag{5.91}$$

公式（5.89）和公式（5.91），结合相关的定义和假设，共同构成了著名的卡尔曼滤波[7]。这个结果是基于假设条件，在给定上一个状态及其不确定性和观测及其不确定性的情况下，得出的最优估计。

有几点值得注意。首先，新的协方差看上去似乎是减去一定数量的原有的旧协方差。因此，这种操作的不确定性似乎在降低。其次，协方差的估计并非完全取决于观测，而状态估计肯定取决于计算卡尔曼增益时的协方差。再次，状态的先验估计提供了足够的约束条件，使得我们可以处理单一的标量观测值。换句话说，完全不需要累积长度为 n 的总观测向量——而可以包含甚至单个的标量观测。

3）**应用实例：直接观测的协方差更新**。在 $H=I$ 的情况下，（公式（5.86））可以精确计算加权估计：

$$\underline{x}' = \left(R^{-1} + P^{-1}\right)^{-1}\left(P^{-1}\underline{x} + R^{-1}\underline{z}\right) \tag{5.92}$$

且公式（5.91）形式的协方差更新是：

$$P' = \left(R^{-1} + P^{-1}\right)^{-1}$$

尤其需要注意，上式可以写成：

$$\left(P'\right)^{-1} = \left(R^{-1} + P^{-1}\right)$$

这样，就构建了反协方差（也称为*信息矩阵*）直接相加的思想。

假设状态的初始估计存在，并且具有协方差：

$$P_0 = \begin{bmatrix} 10 & 0 \\ 0 & 10 \end{bmatrix}$$

用协方差 $R_1 = \mathrm{diag}\begin{bmatrix}10 & 1\end{bmatrix}$ 处理观测结果，这里说明 y 坐标的精度很高。更新的状态协方差为：

$$P_1 = \left(R_1^{-1} + P_0^{-1}\right)^{-1} = \left[\begin{bmatrix} 10 & 0 \\ 0 & 10 \end{bmatrix}^{-1} + \begin{bmatrix} 10 & 0 \\ 0 & 1 \end{bmatrix}^{-1}\right]^{-1} = \begin{bmatrix} 5 & 0 \\ 0 & 0.9 \end{bmatrix}$$

用协方差 $\boldsymbol{R}_2 = \mathrm{diag}[1 \quad 10]$ 处理另一个观测结果，表明 x 坐标的精度很高。更新的状态协方差为：

$$\boldsymbol{P}_2 = \left(\boldsymbol{R}_2^{-1} + \boldsymbol{P}_1^{-1}\right)^{-1} = \left[\begin{bmatrix} 5 & 0 \\ 0 & 0.9 \end{bmatrix}^{-1} + \begin{bmatrix} 1 & 0 \\ 0 & 10 \end{bmatrix}^{-1}\right]^{-1} = \begin{bmatrix} 0.83 & 0 \\ 0 & 0.83 \end{bmatrix}$$

313 随后的观测具有 $\boldsymbol{R}_3 = \mathrm{diag}[1 \quad 0.1]$ 和 $\boldsymbol{R}_4 = \mathrm{diag}[0.1 \quad 1]$ 的协方差。

回想一下，恒定高斯概率的轮廓曲线是高斯指数中二次型的轮廓曲线。这样的轮廓曲线是椭圆，所以可以将二维平面空间中的协方差表示为一个具有适当尺寸大小和方向的椭圆。在这个示例中，如图 5-27 所示，使用这种方法来表示协方差的演变。

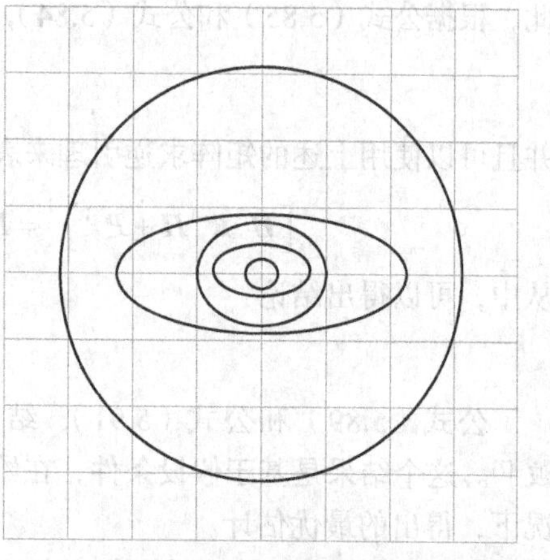

图 5-27 **方差缩减的卡尔曼滤波**。顺序测量的精度在 y 坐标提高了一个数量级，然后在 x 坐标提高了一个数量级。状态协方差沿着观测精度最高的轴方向缩减，直至协方差椭圆变成一个很小的圆为止

5. 非线性最优估计

当观测关系是非线性时，可以用非线性优化理论来产生最优估计。令观测值 $\underline{z}$ 通过非线性函数与状态向量 $\underline{x}$ 间接相关，并伴有已知协方差为 $\boldsymbol{R}$ 的随机噪声向量 $\underline{\boldsymbol{v}}$：

$$\underline{z} = h(\underline{x}) + \underline{\boldsymbol{v}} \qquad \boldsymbol{R} = \mathrm{Exp}\left(\boldsymbol{v}\boldsymbol{v}^{\mathrm{T}}\right)$$

我们知道非线性最小二乘法可以导出解决方案，并且看起来和我们迄今为止已经用过的方法完全一样。这或许不足为奇，但只有下面一种情况例外。即将线性情况下的观测矩阵替换为如下定义的*测量雅可比矩阵*：

$$\boldsymbol{H} = \frac{\partial}{\partial \underline{x}}\left[h(\underline{x})\right]\Big|_{\underline{x}}$$

当雅可比基于当前状态估计进行评估时，滤波器称为*扩展卡尔曼滤波器*（EKF）。如果雅可比基于某一特定基准轨迹进行评估，那么滤波器称为*线性化卡尔曼滤波器*。与线性滤波器不同，EKF 不一定是最优的，并且它会表现出多种错误形式。即使测量噪声是完全服从高斯分布的，它们对状态估计的影响也不符合高斯分布（由于测量函数中的非线性），但是 EKF 却不会考虑这一点。

EKF 的协方差估计确实取决于状态，但是与线性滤波不同，它是以雅可比取决于状态的形式体现。这一事实导致了这样一种可能性，即如果状态估计不够正确，那么雅可比矩阵
314 同样也将不正确，这将导致不正确的协方差，甚至更加不正确的状态估计。这种潜在的非收敛性是 EKF 算法脆弱的主要原因。尽管如此，EKF 仍然在工程方面有着巨大而广泛的应用，是几大工程分支的主力之一，包括制导技术、计算机视觉和机器人学领域。

移动机器人的许多观测关系都是非线性的。但是，对于 EKF 而言，其测量雅可比矩阵仍然是以一种特殊的线性化形式对测量矩阵进行评估。因此从现在开始，我们将只使用扩展卡尔曼滤波。

5.2.4 参考文献与延伸阅读

本书有关随机积分的资料是基于 Stengel 的著作；Gelb 的书是关于卡尔曼滤波的参考书目。

[6] A. Gelb, *Applied Optimal Estimation,* MIT Press, 1974.

[7] Kalman, R. E., A New Approach to Linear Filtering and Prediction Problems, *Journal of Basic Engineering,* pp. 35–45, March 1960.

[8] Robert F. Stengel, *Optimal Control and Estimation,* Dover, 1994.

5.2.5 习题

1. 非线性不确定性变换

考虑从极坐标到笛卡儿坐标的变换：$x = r\cos(\theta)$ 且 $y = r\sin(\theta)$。分别从均值为 0、标准差为 0.3rads，以及均值为 0、标准差为 0.01m 的两个分布中，生成两个高斯随机数序列 ε_{θ_k} 和 ε_{r_k}，其中每个序列至少包含 400 个随机数。

(i) 蒙特卡洛分析，作为一种采用随机抽样统计来估算结果的计算方法，可用于计算派生序列的过程：

$$x_k = \left(r + \varepsilon_{r_k}\right)\cos\left(\theta + \varepsilon_{\theta_k}\right) \quad y_k = \left(r + \varepsilon_{r_k}\right)\sin\left(\theta + \varepsilon_{\theta_k}\right)$$

并直接计算其分布。对于在基准点 $r = 1$，且 $\theta = 0.0$ 处计算的初始极坐标序列，通过使用上述变换，绘制由此所产生的派生序列 x_k 和 y_k；并绘制 y 随 x 的变化曲线。

(ii) 均值变换。卡尔曼滤波使用基准点本身作为分布均值的估计。从结构上看，随机向量 $\underline{\boldsymbol{\rho}} = [r \quad \theta]^{\mathrm{T}}$ 的分布均值为零。我们现在研究随机向量 $\underline{\boldsymbol{x}} = [x \quad y]^{\mathrm{T}}$ 的分布均值。计算派生序列的均值（二维向量）（即派生数据序列 (x, y) 的均值），并将其与基准点的坐标 (x, y) 进行比较。仔细观察 x 坐标均值及其相对于 y 坐标均值的误差。如果增大角度方差（至 0.9），会发生什么情况？请根据图中的分布直观地解释结果。一般而言，在什么情况下，$f(x)$ 的均值会等于 x 均值的 $f()$？你可以假设距离噪声和角度噪声是不相关的。

(iii) 使用线性的不确定性变换规则（即雅可比），在已知向量 $\boldsymbol{\rho} = \left[r \quad \theta\right]^{\mathrm{T}}$ 的协方差条件 315
下，推导计算向量 $\underline{\boldsymbol{x}} = \left[x \quad y\right]^{\mathrm{T}}$ 的协方差公式。接下来，对极坐标下的观测加入噪声，以计算在基准点 x 和 y 处的数值方差。在上一个 x-y 坐标图的副本上，请绘制一个位于基准点处的 99% 椭圆（其主轴为相关标准差的 3 倍的椭圆），评论其与抽样分布拟合的程度，并分析其中之所以出现这种情况的原因。

2. 协方差更新的约瑟夫（Joseph）形式

有时使用协方差更新的约瑟夫形式，因为它的对称形式能够在一定程度上确保状态协方差正定，且滤波不发散。约瑟夫形式的协方差更新采用如下形式：

$$\boldsymbol{P}' = \left(\boldsymbol{I} - \boldsymbol{KH}\right)\boldsymbol{P}\left(\boldsymbol{I} - \boldsymbol{KH}\right)^{\mathrm{T}} + \boldsymbol{KRK}^{\mathrm{T}}$$

计算方程（5.89）中关于 $\underline{\boldsymbol{z}}$ 和 $\underline{\boldsymbol{x}}$ 的雅可比矩阵，然后将其代入公式（5.37），得到约瑟夫形式。

3. 协方差更新的替代推导

乘以约瑟夫形式，并分离出其中的通项 $\left(\boldsymbol{HPH}^{\mathrm{T}} + \boldsymbol{R}\right)$。然后代入卡尔曼增益公式，以替

换其中的相关项，从而恢复协方差更新公式：

$$P' = (I - KH)P$$

4. 卡尔曼增益的替代形式

将卡尔曼增益表示成 $K = PH^{\mathrm{T}}\left[HPH^{\mathrm{T}} + R^{-1}\right]$ 的形式，并左乘 $P'P'^{-1}$。然后在公式（5.90）中用 P'^{-1} 替代其中的相关项，化简上式从而生成 $K = P'H^{\mathrm{T}}R^{-1}$ 的形式。

5.3 状态空间卡尔曼滤波器

本节将上一节的卡尔曼滤波器推广到状态空间的形式，以估计运动系统的状态。卡尔曼滤波器（KF）是由 R.E.Kalman 于 20 世纪 60 年代发明的 [7]。它是一种基于噪声测量，用递归法来估计动态系统状态的算法。该算法遍及机器人技术的各个应用领域，在诸如感知、定位、控制、状态估计、数据关联、校准和系统识别等方面都有广泛的应用。

5.3.1 引言

回想一个随机过程的线性系统模型或状态空间模型，其形式如下：

$$\begin{aligned} \dot{\underline{x}} &= F\underline{x} + G\underline{w} \\ \underline{z} &= H\underline{x} + \underline{v} \end{aligned} \tag{5.93}$$

316 假设观测和系统动力学模型都受噪声的影响（如图 5-28 所示）。在这两种情况下，假设噪声是无偏的，并服从高斯分布。除非对有色噪声进行特定观测，否则滤波器也假定噪声为白噪声。

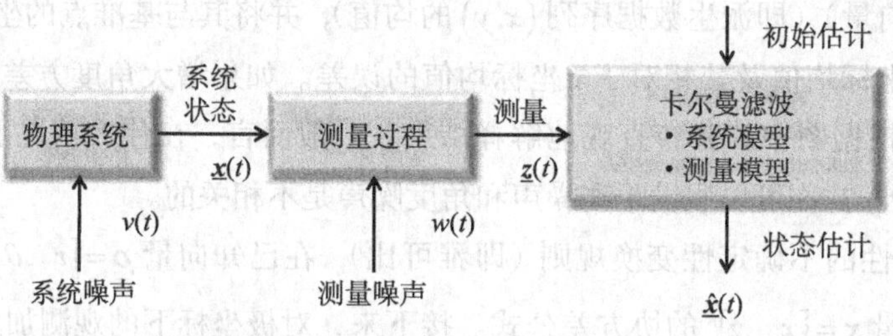

图 5-28　**卡尔曼滤波器**。滤波器对系统和测量过程建立的随机模型

系统模型是一个矩阵形式的线性微分方程。状态向量是足以完全描述系统的非受迫（自然）运动的任意量的集合。给定任意时间点的状态，未来任何时间的状态都可以由控制输入和状态空间模型确定。时间可以是连续的或离散的，一种形式的模型可以转换成另一种形式。

滤波器的状态空间形式具有如下附加功能：

- 它可以预测与测量无关的系统状态。
- 它可以非常方便地使用所需状态变量的导数的测量结果。以这种方式，航位推算的计算可以直接合并到投影步中。
- 它是一种自然的公式形式，可以处理对相同的单个或多个状态的冗余测量，并可用于集成航位推算和三角测量。
- 它可以用比“噪声”更精确的方式，明确地阐释建模时的假设和扰动。它可以对不同状态或不同时刻的误差相关性进行建模。

- 它可以实时校准参数，并且以自然的方式对传感器的频率响应建模。
- 它的前向测量模型使其可以直接补偿动态效应的影响。
- 在状态协方差中累积的相关性，可以消除来自所有受影响状态的历史误差的效应。

1. 状态预测的需求

假设测量结果至少间歇可用，并且它们可能仅约束整个状态向量的一部分。当测量结果有效时，该算法可更新状态及其协方差。令下标表示时间，考虑当前（t_k 时刻）系统状态和测量值，以及计算得到的上一个（t_{k-1} 时刻）估计，以 $x_{k-1}=x(t_{k-1})$ 表示上一个状态估计、$z_k=z(t_k)$ 表示最新（最近的）测量值。

并非所有 x_1 和 z_2 之间的差异都是由状态估计误差引起的，因为系统会移动，使得 $x_2 \neq x_1$。该问题的解决方案是以某种方式根据 x_1 计算得到 x_2，然后将 z_2 与预测状态 x_2 进行比 317 较。为此，要做到这一点，需要系统动力学模型来执行预测，并且还需要对预测过程的误差进行估计。在观测之间的这个时间段内，可以用随机积分来传递随时间推移的不确定性。

2. 符号

本小节将使用如下符号：如上所述，下标用于表示时间；通常用状态向量上方加一个帽（$\hat{x}_k$）的形式，表示它是一个估计值；在处理测量值时，时间不会发生变化，因此用上标表示测量被处理之前（−）或之后（+）的量。

3. 离散系统模型

上述连续时间模型便于分析，但不适合直接用计算机实现。现代技术实现通常在离散时间内以数字方式进行。如果认为时间是离散的，那么系统将以如下形式描述：

$$\begin{aligned}\underline{\hat{\boldsymbol{x}}}_{k+1} &= \boldsymbol{\Phi}_k \underline{\hat{\boldsymbol{x}}}_k + \boldsymbol{G}_k \underline{\boldsymbol{w}}_k \\ \underline{\boldsymbol{z}}_k &= \boldsymbol{H}_k \underline{\boldsymbol{x}}_k + \underline{\boldsymbol{v}}_k\end{aligned} \tag{5.94}$$

表 5-1 中定义了向量和矩阵的名称和维度。

表 5-1　与卡尔曼滤波相关的数学量

符号	大小	名称	注释
$\underline{\hat{\boldsymbol{x}}}_k$	$n\times 1$	t_k 时刻的状态向量估计	
$\boldsymbol{\Phi}_k$	$n\times n$	转移矩阵	在不存在强制函数的情况下，将 $\underline{\boldsymbol{x}}_k$ 与 $\underline{\boldsymbol{x}}_{k+1}$ 相关联
$\boldsymbol{G}_k$	$n\times n$	过程噪声分布矩阵	将 $\underline{\boldsymbol{w}}_k$ 向量变换成 $\underline{\boldsymbol{x}}_k$ 坐标系下的坐标
$\underline{\boldsymbol{w}}_k$	$n\times 1$	扰动序列或过程噪声序列	白噪声，已知协方差结构
$\underline{\boldsymbol{z}}_k$	$m\times 1$	t_k 时刻的测量	
$\boldsymbol{H}_k$	$m\times n$	测量矩阵或观测矩阵	在没有测量噪声的情况下，将 $\underline{\boldsymbol{x}}_k$ 和 $\underline{\boldsymbol{z}}_k$ 相关联
$\underline{\boldsymbol{v}}_k$	$m\times 1$	测量噪声序列	白噪声，已知协方差结构

白噪声序列的协方差矩阵为：

$$E\left(\underline{\boldsymbol{w}}_k \underline{\boldsymbol{w}}_i^{\mathrm{T}}\right)=\delta_{ik}\boldsymbol{Q}_k \quad E\left(\underline{\boldsymbol{v}}_k \underline{\boldsymbol{v}}_i^{\mathrm{T}}\right)=\delta_{ik}\boldsymbol{R}_k \quad E\left(\underline{\boldsymbol{w}}_k \underline{\boldsymbol{v}}_i^{\mathrm{T}}\right)=0,\forall(i,k)$$

在上式中，消失的交叉互协方差反映了 5.2.3 节第 4 点推导中的假设，即测量和状态误 318 差不相关。符号 δ_{ik} 表示克罗内克（Kronecker）delta 函数。当 $i=j$ 时，该函数为 1；当 $i\neq j$ 时，该函数为 0。因此，以上结论意味着：假定过程噪声序列和测量噪声序列在时间上不相关（白噪声），并且它们彼此之间也不相关。

4. 转移矩阵

为了实现卡尔曼滤波，必须将连续时间系统模型转换为离散时间系统模型，而这样做的关键是转移矩阵。有关转移矩阵的更加详细的信息，请参阅 4.4.2 节第 3 点的相关内容。即使系统的动力学矩阵 $\boldsymbol{F}(t)$ 是时变的，我们也可以用转移矩阵写出：

$$\underline{\boldsymbol{x}}_{k+1}=\boldsymbol{\Phi}_k\underline{\boldsymbol{x}}_k \tag{5.95}$$

回想一下，当 $\boldsymbol{F}$ 矩阵为恒定不变时，转移矩阵可由矩阵指数给出：

$$\boldsymbol{\Phi}_k=\mathrm{e}^{F\Delta t}=\boldsymbol{I}+\boldsymbol{F}\Delta t+\frac{(\boldsymbol{F}\Delta t)^2}{2!}+\cdots \tag{5.96}$$

即使 $\boldsymbol{F}(t)$ 是随时间变化的，如果 Δt 远小于系统中的主时间常数，那么仅使用如下所示的两项近似就足够了：

$$\boldsymbol{\Phi}_k\approx\mathrm{e}^{F\Delta t}\approx\boldsymbol{I}+\boldsymbol{F}\Delta t \tag{5.97}$$

在卡尔曼滤波中，转移矩阵通常仅用于在两次测量之间非常短的时间内传递状态，因此上述近似非常有用。

5. 使状态欠定的预测测量模型

请注意，测量模型也具有预测性，因为它表示在已知当前状态的情况下，所观测到的预期的测量结果。通常情况下，根据状态预测测量值比反过来要容易得多。因为 $\boldsymbol{m}<\boldsymbol{n}$，所以逆问题是欠定的。滤波器能够利用欠定的状态测量结果，自动反转欠定的观测关系以更新整个状态向量。例如，如果仅有单个距离测量可用，则滤波器也可以利用这个测量数据，尝试估计两个位置坐标，甚至更多。在为某些原因而设定的假设条件下，往往一次只需要处理一个测量数据，从而完全避免矩阵求逆计算。

5.3.2 线性离散时间卡尔曼滤波

在给定状态初始估计的情况下，状态空间卡尔曼滤波在时间上前向同步传递状态及其协方差。

1. 滤波方程

线性卡尔曼滤波方程可分成两组，如专栏 5.2 所示。其中，前两个方程是系统模型，而
319 后三个方程就是卡尔曼滤波。

专栏 5.2 线性卡尔曼（Kalman）滤波

线性系统模型的卡尔曼滤波方程如下所示：

系统模型	$\hat{\underline{\boldsymbol{x}}}_{k+1}=\boldsymbol{\Phi}_k\hat{\underline{\boldsymbol{x}}}_k$	预测状态
	$\boldsymbol{P}_{k+1}=\boldsymbol{\Phi}_k\boldsymbol{P}_k\boldsymbol{\Phi}_k^{\mathrm{T}}+\boldsymbol{G}_k\boldsymbol{Q}_k\boldsymbol{G}_k^{\mathrm{T}}$	预测协方差
卡尔曼滤波	$\boldsymbol{K}_k=\boldsymbol{P}_k^-\boldsymbol{H}_k^T\left[\boldsymbol{H}_k\boldsymbol{P}_k^-\boldsymbol{H}_k^{\mathrm{T}}+\boldsymbol{R}_k\right]^{-1}$	计算卡尔曼增益
	$\hat{\underline{\boldsymbol{x}}}_k^+=\hat{\underline{\boldsymbol{x}}}_k^-+\boldsymbol{K}_k\left[\underline{\boldsymbol{z}}_k-\boldsymbol{H}_k\hat{\underline{\boldsymbol{x}}}_k^-\right]$	更新状态估计
	$\boldsymbol{P}_k^+=\left[\boldsymbol{I}-\boldsymbol{K}_k\boldsymbol{H}_k\right]\boldsymbol{P}_k^-$	更新状态协方差

2. 时间与更新

将时间传导与观测数据处理两部分区分开来非常重要，因为上面这些方程并非全部在同

一时刻一起运行。除了在后面将要讨论的强制公式外，系统模型通常以更高的频率运行，以便能够及时向前投影系统状态。它的运行完全以时间为依据。而另一方面，只有在允许间歇观测，且测量值可用时，卡尔曼滤波才运行。每当有测量可用时，将在系统模型对该周期进行状态预测之后，再对测量数据进行处理（如图 5-29 所示）。

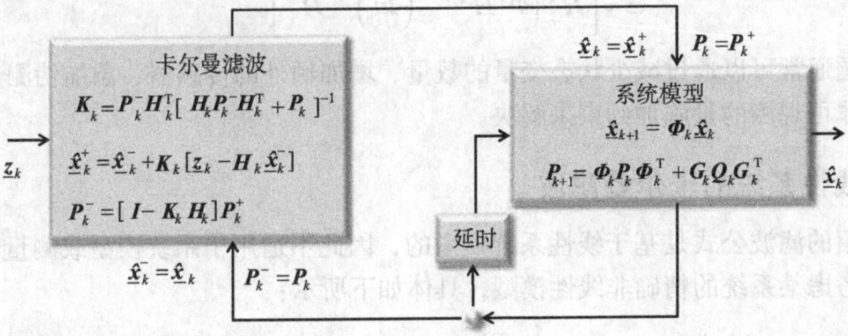

图 5-29 **区分时间和更新**。每当有观测到达时，卡尔曼滤波就会运行。系统模型运行的速度，根据积分运算过程控制数值误差所需的速度来确定

3. 不确定性矩阵

Q_k 矩阵对影响系统模型的不确定性进行建模，而 R_k 矩阵对观测的不确定性进行建模。因此，设计开发人员必须根据所用系统模型和传感器模型的相关知识，来建立这些矩阵。Q_k 就像 P_k 的时间导数，使得 P_k 在两次观测之间扩大，以反映系统运动的不确定性。R_k 则反映了传感器的质量，其内容对于不同的传感器，通常也是不同的。它的取值既取决于该传感器测量值本身，也可由其他测量决定。

最后，P_k 矩阵作为一个关于时间的函数，给出了状态估计的总的不确定性。该矩阵主要 320
由滤波器本身来管理，但是设计开发人员必须提供它的初始条件 P_0。在有些情况下，必须非常谨慎地确定 P_0 的值。在任何时候，卡尔曼增益都可以用作一种加权机制，并根据 P_k 和 R_k 的相对大小，以增强或减弱用于状态估计的新息占比。

4. 可观测性

可能会出现这样的情况：在全部传感器组件中都没有足够多的测量数据，来长期预测系统状态。这些问题被称为可观测性问题，它们常常会引起 P_k 的对角元素随时间的推移而不断增大。可观测性是包括系统模型和测量模型在内的整个模型的属性，所以可观测性随着传感器的不同而改变。

正式地，如果能够通过观测某一有限时间段内的输出，来确定系统初始状态，那么就称系统具有可观测性。考虑一个有 m 次测量值、离散的 n 阶常系数线性系统：

$$\underline{x}_{k+1} = \Phi \underline{x}_k$$
$$\underline{z}_k = H\underline{x}_k \quad k = 0, m-1$$

其中，前 n 个测量序列可表示为：

$$\underline{z}_0 = H\underline{x}_0$$
$$\underline{z}_1 = H\underline{x}_1 = H\Phi\underline{x}_0$$
$$\cdots$$
$$\underline{z}_{n-1} = H\underline{x}_{n-1} = H(\Phi)^{n-1}\underline{x}_0$$

这些方程叠加在一起，从而生成系统：

$$\underline{z} = \Xi^{\mathrm{T}}\underline{x}_0 \quad \text{或} \quad \underline{z}^{\mathrm{T}} = \underline{x}_0{}^{\mathrm{T}}\Xi$$

如果根据这个观测序列确定初始状态 $\underline{x}_0$，那么对于如下所示的矩阵，其秩必须为 n：

$$\Xi = \left[\boldsymbol{H}^{\mathrm{T}} \mid \boldsymbol{\Phi}^{\mathrm{T}}\boldsymbol{H}^{\mathrm{T}} \mid \cdots \left(\boldsymbol{\Phi}^{\mathrm{T}}\right)^{n-1} \boldsymbol{H}^{\mathrm{T}} \right] \tag{5.98}$$

可观测性问题通常可以通过减少状态变量的数量、增加额外的传感器、添加伪测量（假测量）的方式，对非可观测的量施加约束来解决。

5.3.3　非线性系统的卡尔曼滤波

前面介绍的滤波公式是基于线性系统模型的，因此不适用于系统模型或测量关系是非线性的情况。考虑某系统的精确非线性模型，具体如下所示：

321

$$\begin{aligned} \dot{\underline{x}} &= \underline{f}\left(\underline{x},t\right)+\boldsymbol{g}\left(\underline{w},t\right) \\ \underline{z} &= \boldsymbol{h}\left(\underline{x},t\right)+\underline{v}\left(t\right) \end{aligned} \tag{5.99}$$

其中的 f、g 和 h 为向量值非线性函数；$\underline{w}$ 和 $\underline{v}$ 是互相关为零（即不相关）的白噪声过程。将实际轨迹写成参考轨迹 $\underline{x}_r(t)$ 加上误差轨迹 $\delta\underline{x}(t)$ 的形式，如下所示：

$$\underline{x}(t) = \underline{x}_r(t) + \delta\underline{x}(t) \tag{5.100}$$

将上式代入模型中，并用它们在参考轨迹上取值的雅可比矩阵来近似地 $f()$ 和 $h()$，可得：

$$\begin{aligned} \delta\dot{\underline{x}} &= \frac{\partial f}{\partial \underline{x}}\left(\underline{x}_r,t\right)\delta\underline{x} + \frac{\partial \boldsymbol{g}}{\partial \underline{w}}\left(\underline{x}_r,t\right)\underline{w}(t) \\ \underline{z} - h\left(\underline{x}_r,t\right) &= \frac{\partial h}{\partial \underline{x}}\left(\underline{x}_r,t\right)\delta\underline{x} + \underline{v}(t) \end{aligned} \tag{5.101}$$

根据常规雅可比矩阵的定义，上式可写成：

$$\begin{aligned} \delta\dot{\underline{x}} &= \boldsymbol{F}(t)\delta\underline{x} + \boldsymbol{G}(t)\underline{w}(t) \\ \underline{z} - h\left(\underline{x}_r,t\right) &= \boldsymbol{H}(t)\delta\underline{x} + \underline{v}(t) \end{aligned} \tag{5.102}$$

这是一个新的动力学系统，其状态是原状态的误差，其观测结果是相对于参考轨迹的观测新息。根据误差轨迹和参考轨迹之间的区别，可以定义多种不同形式的卡尔曼滤波器。卡尔曼滤波器的状态包含实际关注状态的滤波，被称为全状态滤波或直接型滤波。相反，状态仅包含实际状态的误差的滤波，被称为误差状态滤波或间接型滤波。

1. 直接型与间接型滤波

直接滤波的优点是能计算实际状态的最优估计。然而，这种方法也存在严重的缺陷。通常，实际状态的变化速度非常快，如果这些状态由 KF 提供给系统的其他部分，那么 KF 必须以非常快的速度运行。在通常情况下，按照应用程序所需要的速度来运行 KF 是不可行的，也是不可能的。

直接滤波公式存在的一个甚至更大的问题是：对于我们所关注的绝大多数系统，其模型是非线性的，所以不能获得 KF 算法所依赖的线性系统模型。由于上述问题，通常建议使用间接滤波公式，除非状态变化缓慢，并且建立了恰当的全状态动力学线性模型。

对于任意一个间接型滤波公式有：（a）状态向量偏离参考轨迹（误差状态）；（b）观测为

新息（观测值比观测的预测值要少）。

2. 线性化与扩展卡尔曼滤波

根据测量函数 $h(\underline{x}_r)$ 中使用的参考轨迹，可以把间接法分为两种形式。线性化滤波器是一种前馈构型，如下图所示。其中，参考轨迹并没有被更新以反映滤波器计算出的误差估计（如图 5-30 所示）。 322

这种滤波器可能难以适用于扩展型的滤波任务，因为参考轨迹可能将最终偏离到某位置，以至于在状态向量变化时，线性假设不再有效。然而，当确实事先已知实际的参考轨迹时，这却是一种很好的选择，因为已知的参考轨迹可以在一定程度上确保系统不发散。

在扩展卡尔曼滤波（EKF）中，随着时间的演变，轨迹误差估计被用于更新参考轨迹。这种方法的优点是它更适用于完成扩展型滤波任务。扩展滤波的可视化表示，如图 5-31 中的反馈构型所示。

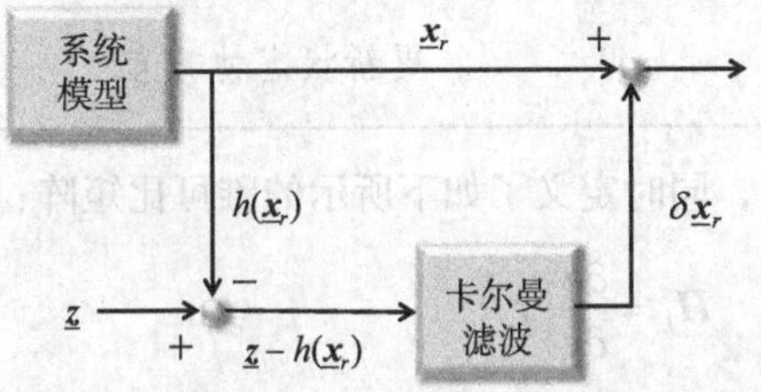

图 5-30　**前馈（线性化）卡尔曼滤波**。计算出的误差在输出时被添加至参考轨迹，但不会反馈给系统模型

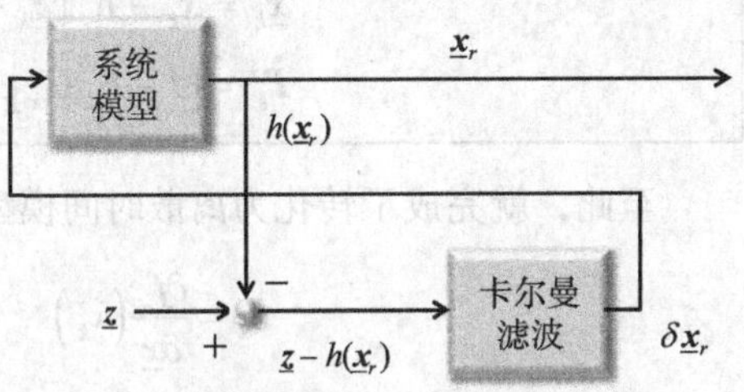

图 5-31　**反馈（扩展）卡尔曼滤波**。所计算的误差被反馈到系统模型，以改变参考轨迹

3. 扩展卡尔曼滤波

扩展卡尔曼滤波（EKF）可能是最为简单的滤波器，其通用性使其可以应用于许多场合。EKF 是误差状态滤波器，但是可以使用状态变量本身，而不是误差状态来表示它的运作过程。

根据公式（5.102），时间离散型线性化系统为：

$$\delta\dot{\underline{x}}_k = \boldsymbol{F}_k\delta\underline{x}+\boldsymbol{G}_k\underline{w}_k$$
$$\underline{z}_k - h\left(\underline{x}_r(t_k),t_k\right)=\boldsymbol{H}_k\delta\underline{x}_k+\underline{v}_k \tag{5.103}$$

离散时间状态更新方程为：

$$\delta\hat{\underline{x}}_k^+=\delta\hat{\underline{x}}_k^-+\boldsymbol{K}\left[\underline{z}_k-h\left(\underline{x}_r(t_k),t_k\right)-\boldsymbol{H}_k\delta\hat{\underline{x}}_k^-\right]$$

现在，如果将括号中的后两项而不是前两项相关联，就可以将预测的观测值定义为：参考状态下的理想观测值，与由 $h(\underline{x}_r,t)$ 的雅可比矩阵计算出的一阶偏差之和：

$$h\left(\hat{\underline{x}}_k^-\right)=h\left(\underline{x}_r(t_k),t_k\right)+\boldsymbol{H}_k\delta\hat{\underline{x}}_k^-$$

那么新息为预测测量值与实际测量值之间的差：

$$\delta\underline{z}_k=\underline{z}_k-h\left(\hat{\underline{x}}_k^-\right)$$

经过这种替代，状态更新方程可以写成：

$$\delta\hat{\underline{x}}_k^+=\delta\hat{\underline{x}}_k^-+\boldsymbol{K}\left[\underline{z}_k-h\left(\hat{\underline{x}}_k^-\right)\right]$$ 323

如果将 $\underline{x}_r(t_k)$ 同时添加到上式的两端，可以得到：

$$\hat{\underline{x}}_k^+ = \hat{\underline{x}}_k^- + K\left[\underline{z}_k - h\left(\hat{\underline{x}}_k^-\right)\right]$$

专栏 5.3 提供的 EKF 方程与 LKF 非常相似，除了两个方面的变化：

专栏 5.3 扩展卡尔曼滤波

扩展卡尔曼滤波方程如下所示：

系统模型	$\hat{\underline{x}}_{k+1} = \phi_k\left(\hat{\underline{x}}_k\right)$	预测状态
	$\boldsymbol{P}_{k+1} = \boldsymbol{\Phi}_k \boldsymbol{P}_k \boldsymbol{\Phi}_k^{\mathrm{T}} + \boldsymbol{G}_k \boldsymbol{Q}_k \boldsymbol{G}_k^{\mathrm{T}}$	预测协方差
卡尔曼滤波	$\boldsymbol{K}_k = \boldsymbol{P}_k^- \boldsymbol{H}_k^{\mathrm{T}}\left[\boldsymbol{H}_k \boldsymbol{P}_k^- \boldsymbol{H}_k^{\mathrm{T}} + \boldsymbol{R}_k\right]^{-1}$	计算卡尔曼增益
	$\hat{\underline{x}}_k^+ = \hat{\underline{x}}_k^- + \boldsymbol{K}_k\left[\underline{z}_k - h\left(\hat{\underline{x}}_k^-\right)\right]$	更新状态估计
	$\boldsymbol{P}_k^+ = \left[\boldsymbol{I} - \boldsymbol{K}_k \boldsymbol{H}_k\right]\boldsymbol{P}_k^-$	更新状态协方差

至此，就完成了转化为离散时间模型的一般变换，同时定义了如下所示的雅可比矩阵：

$$F_k = \frac{\partial \boldsymbol{f}_-}{\partial \underline{x}}\left(\hat{x}_k^-\right) \quad G_k = \frac{\partial \boldsymbol{g}}{\partial \underline{w}}\left(\hat{x}_k^-\right) \quad H_k = \frac{\partial \boldsymbol{h}}{\partial \underline{x}}\left(\hat{x}_k^-\right)$$

为了方便起见，定义雅可比矩阵 $\boldsymbol{G}_k$，用来实现驱动噪声的变换。

1）**非线性问题的状态转换**。相对于 LKF 的第一个变化就是状态的传递。由于系统微分方程的非线性，状态传递方程可表示为：

$$\hat{\underline{x}}_{k+1} = \phi_k\left(\hat{\underline{x}}_k\right)$$

这个表达式意在表示用于积分系统动力学的任何过程。一种简单的方法是欧拉积分：

$$\underline{x}_{k+1} = \underline{x}_k + \boldsymbol{f}_-\left(\underline{x}_k, t_k\right)\Delta t \tag{5.104}$$

2）**EKF 中的测度概念化**。相对于 LKF 的第二个变化是新息的计算。测量预测计算 $h\left(\hat{\underline{x}}_k^-\right)$ 被认为是 EKF 的组成部分，并且新息也作为其操作的一部分而被计算出来。所有这些都发生在状态更新公式中：

$$\hat{\underline{x}}_k = \hat{\underline{x}}_k^- + \boldsymbol{K}_k\left[\underline{z}_k - h\left(\hat{\underline{x}}_k^-\right)\right] \tag{5.105}$$

324 3）**非线性问题的不确定性传递**。不确定性的传播也发生了微妙的变化。虽然对滤波器进行了重新整形，以使其看起来是像是一个全状态滤波器，但重要的是：必须认识到，不确定性的传播是基于对方程（5.103）的误差动态特性的研究。转移矩阵 $\boldsymbol{\Phi}_k$ 就是从系统雅可比矩阵 $\boldsymbol{F}$ 获得的线性化动力学。计算它的方法之一是公式（5.97）。

4. 互补卡尔曼滤波

互补卡尔曼滤波（CKF）在某种意义上与 EKF 相反，因为它不计算滤波器内部的全状态动力学。它的名字来源于信号处理中的一个概念，即可以使用互补的两个（或多个）滤波器，实现噪声去除且不会导致信号失真。在 CKF 中，线性化的系统动力学可以显式地实现误差状态传播。其滤波方程如专栏 5.4 所示，其中使用了线性化卡尔曼滤波（LKF）的方程。除了使用误差状态和误差测量以外，这些方程与 EKF 非常相似。

专栏 5.4 线性化卡尔曼滤波

线性化卡尔曼滤波方程如下所示：

系统模型	$\delta\hat{\underline{x}}_{k+1}=\boldsymbol{\Phi}_k\delta\hat{\underline{x}}_k$	预测状态
	$\boldsymbol{P}_{k+1}=\boldsymbol{\Phi}_k\boldsymbol{P}_k\boldsymbol{\Phi}_k^{\mathrm{T}}+\boldsymbol{G}_k\boldsymbol{Q}_k\boldsymbol{G}_k^{\mathrm{T}}$	预测协方差
卡尔曼滤波	$\boldsymbol{K}_k=\boldsymbol{P}_k^-\boldsymbol{H}_k^{\mathrm{T}}\left[\boldsymbol{H}_k\boldsymbol{P}_k^-\boldsymbol{H}_k^{\mathrm{T}}+\boldsymbol{R}_k\right]^{-1}$	计算卡尔曼增益
	$\delta\hat{\underline{x}}_k^+=\delta\hat{\underline{x}}_k^-+\boldsymbol{K}_k\left[\delta\underline{z}_k\right]$	更新状态估计
	$\boldsymbol{P}_k^+=\left[\boldsymbol{I}-\boldsymbol{K}_k\boldsymbol{H}_k\right]\boldsymbol{P}_k^-$	更新状态协方差

误差观测值 $\delta\underline{z}_k$，可根据新息 $\underline{z}_k-h\left(\underline{x}_r\left(t_k\right),t_k\right)$ 计算如下：

$$\delta\underline{z}_k=\left[\left(\underline{z}_k-h\left(\underline{x}_r\left(t_k\right),t_k\right)\right)-\boldsymbol{H}_k\delta\hat{\underline{x}}_k^-\right]$$

但新息是在滤波器之外计算的。这意味着 LKF 不包含观测过程的模型。线性化滤波器的“互补”表现为在 LKF 之外实现的系统动力学模型，因此 LKF 也并没有全状态动力学模型。然后，CKF 通过参考轨迹和“误差”，对整个状态向量进行简单的合成：

$$\hat{\underline{x}}_k=\hat{\underline{x}}_r\left(t_k\right)+\delta\hat{\underline{x}}_k \tag{5.106}$$

请注意，在这种情况下，可以将误差定义为一个添加到参考轨迹中的量，目的是生成实际轨迹。

外部系统模型可以基于强制函数（对系统的实际输入）的相关知识，或者基于用来计算参考轨迹的一组额外的传感器来实现。前者的一个例子就是使用移动机器人的指令速度和曲率。

后者的一个例子是将惯性导航系统（INS）的输出视为参考轨迹。在这里，互补 CKF 滤波方法会更有效，因为惯性导航传感器通常能够对全状态的快速变化做出响应，而惯性导航状态中的误差变化相对较慢。这种滤波器通常被用来估计 INS 传感器中的误差，以及位置、速度和姿态误差。 325

互补滤波器可以被构建为前馈或反馈两种形式。由于全状态动力学（即系统模型）是外部的，所以误差状态估计通常能够以较慢的、不同于系统模型的速率运行。在反馈情况下，会将部分或全部误差状态定期传输到系统模型，然后立即将误差状态重置为零。这样做，实际上反映了一个事实：即参考轨迹已经被重新定义，从而消除当前的所有已知误差。在复位之后，LKF 中的协方差传播保持不变。

5. 确定性输入

另一种发挥互补滤波器配置优势的办法是将确定性输入（也称为强制函数）合并到滤波器构型中。考虑非线性系统模型的情况：

$$\dot{\underline{x}}=f\left(\underline{x},\underline{u},t\right)+g\left(\underline{w},t\right) \tag{5.107}$$

在互补滤波中，当去除噪声项之后，外部系统模型可以用于对该方程进行积分。对于 EKF，就是在投影步骤中使用确定性输入。假设使用欧拉积分，这种方法的实现方式为：

$$\hat{\underline{x}}_{k+1}=\phi_k\left(\hat{\underline{x}}_k\right)=\hat{\underline{x}}_k+f\left(\underline{x},\underline{u},t\right)\Delta t$$

通常情况下，虽然难以获得精确的非线性系统模型，但是还存在另外一种选择。任意的高速率传感器都可以作为输入源，而不是作为传感器。这样，状态对未经滤波的输入将立即做出响应。这样的快速响应需要承担可能将不良数据传入算法的风险。因此，在提供给EKF之前，可能有必要对这些测量结果进行预滤波，至少需要对异常值进行预滤波处理。

舍弃EKF中的这些测量值后，需要将状态向量缩减，以去除所有与其关联的状态。此外，还建议用矩阵$\boldsymbol{Q}$，来表示确定性输入或被移除状态中某种程度的不确定性。可以将协方差更新重写为：

$$\boldsymbol{P}_{k+1} = \boldsymbol{\Phi}_k \boldsymbol{P}_k \boldsymbol{\Phi}_k^{\mathrm{T}} + \boldsymbol{\Psi}_k \boldsymbol{U}_k \boldsymbol{\Psi}_k^{\mathrm{T}} + \boldsymbol{G}_k \boldsymbol{Q}_k \boldsymbol{G}_k^{\mathrm{T}}$$

其中

$$\boldsymbol{\Psi}_k = \frac{\partial \boldsymbol{f}}{\partial \underline{\boldsymbol{u}}}\left(\hat{\underline{\boldsymbol{x}}}_k^-\right) \qquad \boldsymbol{U}_k = \mathrm{Exp}\left[\delta \underline{\boldsymbol{u}} \delta \underline{\boldsymbol{u}}^{\mathrm{T}}\right]$$

在通常情况下，会发现$\boldsymbol{\Psi}_k = \boldsymbol{G}_k$，并且矩阵$\boldsymbol{Q}$的值会增加，以反应确定性输入中的误差模型，就好像它们是附加的驱动噪声一样。

具有确定性输入的EKF实质上等价于互补滤波器，而实现起来更简单。它集合了针对
326 非线性情况的所有通用优点，诸如：可以直接自动处理误差，使其传递到全状态，以及对高频输入的快速响应等。因此从现在开始，它将成为我们的首选形式。

5.3.4 简单应用实例：二维平面的移动机器人

在这一节，我们针对实际机器人开发了一个最为简单但是相当有效的卡尔曼滤波器。做这件事需要用到前面章节中讨论过的大量内容。然而，因为移动机器人的第一项任务就是要清楚它自己的运动，所以这项复杂的工作应该是值得的。

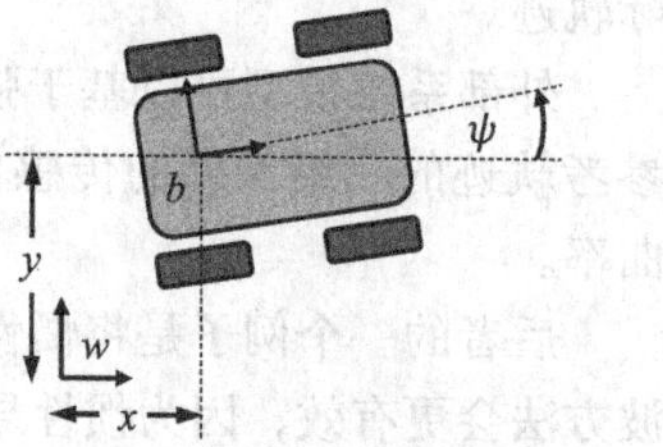

图5-32　二维平面内的移动机器人。图示展示了移动机器人卡尔曼滤波器的最简单情况

1. 系统模型和测量模型

考虑一个在平面内运动的移动机器人，如图5-32所示。状态向量包括机器人的位置和方向，以及其线速度和角速度：

$$\underline{\boldsymbol{x}} = \begin{bmatrix} x & y & \psi & v & \omega \end{bmatrix}^{\mathrm{T}} \tag{5.108}$$

假设当在车辆本体坐标系中表示时，机器人的横向速度在设计上应当为零，因此速度只有一个分量。此外，该模型也隐含地假设车轮不打滑，因为打滑会产生一个横向速度，即使机器人驱动器在名义上不能产生横向运动。

假设可以直接观测机器人运行的线速度（来自速度编码器）和角速度（来自陀螺仪）：

$$\underline{\boldsymbol{z}} = \begin{bmatrix} z_e & z_g \end{bmatrix}^{\mathrm{T}} \tag{5.109}$$

现代光纤陀螺仪的性能很好（并且买得起）。用它来获取航向变化速率，比根据多个车轮转速计算要好得多。它通常也比使用罗盘直接测量航向要好，因为罗盘会受明显的系统误差的影响，而这种误差在实际应用中不能很好地建模。

本质上，编码器观测的是与行进距离s成比例的车轮转角。这个读数可以变换成自上次读数以来所发生的距离变化Δs，或者也可以将其变化量除以时间变化Δt而得到速度。为了

简单起见，我们假设使用后一种方法。

虽然刚体上每一个点的角速度相同，但是如果有旋转运动，那么线速度将随位置的不同而不同。因此，有必要考虑速度传感器的安装位置，或更准确地说，测速点的位置。327

阐明了问题之后，为简单起见，假设编码器安装车辆本体坐标系的原点位置。在这种情况下，系统的动力学模型（如果有）如下：

$$\underline{\dot{x}} = \frac{d\underline{x}}{dt} = f(\underline{x},t) \Rightarrow \frac{d}{dt}\begin{bmatrix} x & y & \psi & v & \omega \end{bmatrix}^{T} = \begin{bmatrix} vc\psi & vs\psi & \omega & 0 & 0 \end{bmatrix}^{T} \tag{5.110}$$

这是一个恒定速度模型，但恒定速度假设只存在于系统模型。它只控制观测之间的状态传递。观测将改变速度，以反映实际运动。

请注意，虽然这个模型非常简单，但是它也是非线性的，因为它用到了其中一个状态量——机器人航向 $\boldsymbol{\Psi}$ ——的三角函数。于是，需要用到该模型的雅可比矩阵 $\boldsymbol{F} = \partial\underline{\dot{x}}/\partial\underline{x}$。该矩阵可表示为：

$$\boldsymbol{F} = \begin{bmatrix} \partial\dot{x}/\partial x & \partial\dot{x}/\partial y & \partial\dot{x}/\partial\psi & \partial\dot{x}/\partial v & \partial\dot{x}/\partial\omega \\ \partial\dot{y}/\partial x & \partial\dot{y}/\partial y & \partial\dot{y}/\partial\psi & \partial\dot{y}/\partial v & \partial\dot{y}/\partial\omega \\ \partial\dot{\theta}/\partial x & \partial\dot{\theta}/\partial y & \partial\dot{\theta}/\partial\psi & \partial\dot{\theta}/\partial v & \partial\dot{\theta}/\partial\omega \\ \partial\dot{v}/\partial x & \partial\dot{v}/\partial y & \partial\dot{v}/\partial\psi & \partial\dot{v}/\partial v & \partial\dot{v}/\partial\omega \\ \partial\dot{\omega}/\partial x & \partial\dot{\omega}/\partial y & \partial\dot{\omega}/\partial\psi & \partial\dot{\omega}/\partial v & \partial\dot{\omega}/\partial\omega \end{bmatrix} = \begin{bmatrix} 0 & 0 & -vs\psi & c\psi & 0 \\ 0 & 0 & vc\psi & s\psi & 0 \\ 0 & 0 & 0 & 0 & 1 \\ 0 & 0 & 0 & 0 & 0 \\ 0 & 0 & 0 & 0 & 0 \end{bmatrix} \tag{5.111}$$

2. 离散化与线性化

在计算机中，不能以上述形式使用这些方程式。可以用线性逼近实现状态传递：

$$\underline{x}_{k+1} \approx \underline{x}_k + f(x,t)\Delta t \Rightarrow \begin{bmatrix} x_{k+1} \\ y_{k+1} \\ \psi_{k+1} \\ v_{k+1} \\ \omega_{k+1} \end{bmatrix} \approx \begin{bmatrix} x_k \\ y_k \\ \psi_k \\ v_k \\ \omega_k \end{bmatrix} + \begin{bmatrix} v_k c\psi_k \\ v_k s\psi_k \\ \omega_k \\ 0 \\ 0 \end{bmatrix} \Delta t_k \tag{5.112}$$

为了便于编程，这可以用伪“转移矩阵”来表示，因此：

$$\underline{x}_{k+1} \approx \hat{\boldsymbol{\Phi}}\underline{x}_k \Rightarrow \hat{\boldsymbol{\Phi}} \approx \begin{bmatrix} 1 & 0 & 0 & c\psi\Delta t & 0 \\ 0 & 1 & 0 & s\psi\Delta t & 0 \\ 0 & 0 & 1 & 0 & \Delta t \\ 0 & 0 & 0 & 1 & 0 \\ 0 & 0 & 0 & 0 & 1 \end{bmatrix} \tag{5.113}$$

但是，这不是一个准确的解，因为它仅限于线性情况。对于状态协方差传递方程，我们使用：

$$\boldsymbol{P}_{k+1}^{-} = \boldsymbol{\Phi}_k \boldsymbol{P}_k \boldsymbol{\Phi}_k^{T} + \boldsymbol{G}_k \boldsymbol{Q}_k \boldsymbol{G}_k^{T}$$

$$\boldsymbol{\Phi}_k \approx \boldsymbol{I} + \boldsymbol{F}\Delta t \Rightarrow \boldsymbol{\Phi}_k \approx \begin{bmatrix} 1 & 0 & -vs\psi\Delta t & c\psi\Delta t & 0 \\ 0 & 1 & vc\psi\Delta t & s\psi\Delta t & 0 \\ 0 & 0 & 1 & 0 & \Delta t \\ 0 & 0 & 0 & 1 & 0 \\ 0 & 0 & 0 & 0 & 1 \end{bmatrix} \tag{5.114}$$

328

在计算机实现过程中，如果矩阵 $\boldsymbol{\Phi}$ 和 $\boldsymbol{\Phi}_k$ 之间发生混淆，不是一个容易发现的错误。这样，就完成了滤波器的理想化系统模型部分。

3. 初始化

我们还必须指定初始条件 $\underline{\boldsymbol{x}}_0$ 和 $\boldsymbol{P}_0$，以及系统扰动模型。前者很简单；而对于 $\boldsymbol{P}_0$，必须要小心谨慎。如果将 $\boldsymbol{P}_0$ 设置为零矩阵，就表示在初始状态下有完美的置信度。很容易证明，在这种情况下所有的观测都会被忽略，这样的滤波器将永远报告初始条件。因此，通常将 $\boldsymbol{P}_0$ 设置为某一特定对角矩阵，矩阵中的元素表示在初始状态下，对误差的合理估计。

$$\boldsymbol{P}_0 = \text{diag}\begin{bmatrix}\sigma_{xx} & \sigma_{yy} & \sigma_{\psi\psi} & \sigma_{vv} & \sigma_{\omega\omega}\end{bmatrix}$$

约定符号 diag[] 表示一个对角矩阵，其对角线元素在方括号内指定。

4. 系统扰动

对于系统扰动，我们希望 $\boldsymbol{G}_k\boldsymbol{Q}_k\boldsymbol{G}_k^{\mathrm{T}}$ 项能够解释二维世界假设中的误差（例如，地面粗糙度）、无侧滑假设（隐含在模型中）和恒速假设（在加速期间将违反）等。令系统扰动随时间步变化：

$$\boldsymbol{Q}_k = \text{diag}\begin{bmatrix}k_{xx}, k_{yy}, k_{\psi\psi}, k_{vv}, k_{\omega\omega}\end{bmatrix}\Delta t$$

该式表示误差在时间步之间的增加值。在车辆本体坐标系中，k_{xx} 和 k_{yy} 分别表示沿车体前进方向和侧向轴线的非对称扰动。该符号意在表达这些都为常量，它们的值必须由设计人员的设计来确定。

除了速度变量在机器人坐标系和全局坐标系之间的映射部分，过程噪声分布矩阵与之前一致。这里涉及一个我们非常熟悉的旋转矩阵：

$$\boldsymbol{G} = \begin{bmatrix} c\psi & -s\psi & 0 & 0 & 0 \\ s\psi & c\psi & 0 & 0 & 0 \\ 0 & 0 & 1 & 0 & 0 \\ 0 & 0 & 0 & 1 & 0 \\ 0 & 0 & 0 & 0 & 1 \end{bmatrix} \tag{5.115}$$

5. 测量模型

在本例中，可用的观测工具是速度编码器和陀螺仪，每个测量模型的推导如下。

329 1）**速度编码器**。如果速度编码器位于车辆基准点（即车辆本体坐标系的原点），就可以对车辆运行速度进行直接观测（如图5-33所示）。其测量模型及雅可比矩阵分别为：

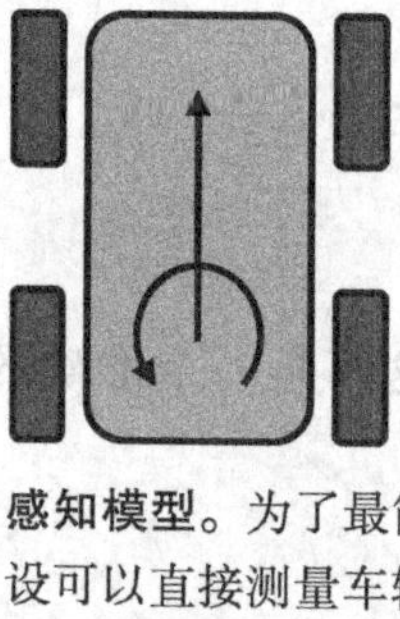

图5-33 **感知模型**。为了最简化，假设可以直接测量车辆本体坐标系的线速度和角速度

$$z_e = v$$

$$\boldsymbol{H}_e = \frac{\partial z_e}{\partial \underline{\boldsymbol{x}}} = \begin{bmatrix}0 & 0 & 0 & 1 & 0\end{bmatrix}$$

注意，这里采用了以状态当前值的形式表示观测的习惯表示法。这是一个前向模型。

现在考虑不确定性问题。一般来说，如果 $\boldsymbol{R}(t)$ 表示某个连续观测的不确定性矩阵，那么，具有相同效果的离散时间矩阵可由公式（5.75）给出：$\boldsymbol{R}_k = \boldsymbol{R}(t)/\Delta t_e$，其中 Δt_e 代表两个观测之间所经过的时间间隔。但是，编码器是一个计数器（积分器），其误差随距离积分而增加。因此，对于这样一个与距离成比例的方差，可以表示成与距离相关的随机游走。其连续时间形式如下：

$$\dot{\boldsymbol{R}}_e = \dot{\sigma}_{ee} = \alpha|v|$$

将上式乘以时间增量 Δt_e，可以很容易转换为离散时间形式：

$$\boldsymbol{R}_e = \sigma_{ee} = \alpha|\Delta s|$$

这样的误差模型，将使相关计算距离的方差，随样本之间的距离增量而线性增大。

2）**陀螺仪**。对于陀螺仪，其测量模型和雅可比矩阵分别为：

$$z_g = \omega \qquad \boldsymbol{H}_g = \frac{\partial z_g}{\partial \underline{\boldsymbol{x}}} = \begin{bmatrix} 0 & 0 & 0 & 0 & 1 \end{bmatrix}$$

它通常是一个平均值传感器，因此我们可以使用角度随机游走 $\dot{\sigma}_{gg}$ 来表示其方差：

$$\dot{\boldsymbol{R}}_g = \dot{\sigma}_{gg} / \Delta t_g$$

其中 Δt_g 是陀螺仪两次观测的时间间隔。

3）**车轮编码器**。陀螺仪和速度编码器的一个替代方案是观测部分或全部车轮的速度和转向角。如图 5-34 所示，在车辆上安装一个有两个旋转自由度（滚动和转向）的车轮。假设在选定的车辆本体坐标系中不能产生横向速度，尽管这是一个很容易被削弱的假设。 330

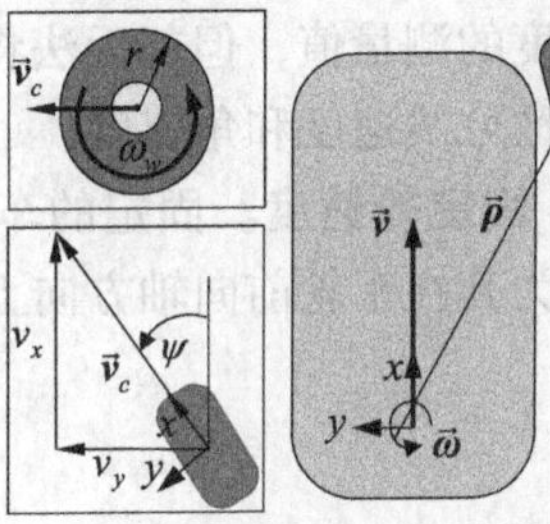

图 5-34 **对车轮转动和转向角的观测。该图定义了推导车轮角度编码器测量模型的符号**

假设 $\vec{\boldsymbol{\rho}}$ 表示车轮相对于车辆本体坐标系的位置向量；令 $\vec{\boldsymbol{\omega}}$ 表示角速度，假定角速度与车辆本体坐标系垂直。从多个车轮转角值中能获得多种数据。令固定轮只能绕与前向运动有关的滚动轴旋转；自由轮既可以绕垂直的转向轴，也可以绕与前向运动有关的滚动轴旋转。自由轮的任何一个自由度，都可以是主动或从动的，也可以被测量或不被测量。

在车辆本体坐标系中，测量的公式化表示是最简单的。车轮轴相对于世界坐标系的速度由下式给出：

$$\vec{\boldsymbol{v}}_c = \vec{\boldsymbol{v}} + \vec{\boldsymbol{\omega}} \times \vec{\boldsymbol{\rho}} = v\hat{i} + \omega\hat{k} \times \left(\rho_x\hat{i} + \rho_y\hat{j}\right)$$

$$\vec{\boldsymbol{v}}_x = \left(v - \omega\rho_y\right)\hat{i} \qquad \vec{\boldsymbol{v}}_y = \left(\omega\rho_x\right)\hat{j}$$

4）**转向角**。上述关系的逆是有效测量值。假定车轮不会发生横向滑动。令 σ 表示转向角 γ 的正切值。这是对角速度与线速度比值的量度，因此是与阿克曼转向角度一样的对曲率的度量。车轮的转向角为：

$$\gamma = \operatorname{atan}(\sigma) = \operatorname{atan}\left(v_y / v_x\right)$$

正切导数为：

$$\frac{\partial \sigma}{\partial v} = -\frac{\omega\rho_x}{\left(v - \omega\rho_y\right)^2} = -v_y / \left(v_x^2\right) \qquad \frac{\partial \sigma}{\partial \omega} = \frac{\rho_x}{\left(v - \omega\rho_y\right)} = v_y / \left(\omega v_x\right)$$

因此，其雅可比矩阵为：

$$\frac{\partial\theta}{\partial v}=\frac{\partial\theta}{\partial\sigma}\frac{\partial\sigma}{\partial v}=\left(\frac{1}{1+\sigma^2}\right)\left(\frac{-v_y}{v_x^2}\right)=-\left(\frac{1}{\omega\rho_x}\right)\left(\frac{\sigma^2}{1+\sigma^2}\right)$$

$$\frac{\partial\theta}{\partial\omega}=\frac{\partial\theta}{\partial\sigma}\frac{\partial\sigma}{\partial\omega}=\left(\frac{1}{1+\sigma^2}\right)\left(\frac{v_y}{\omega v_x}\right)=\left(\frac{1}{\omega}\right)\left(\frac{\sigma}{1+\sigma^2}\right)$$

5）**自由轮速度**。由于摩擦力的作用，自由轮将以必要的转向角度，自动绕车辆本体坐标系的z轴旋转。以弧度表示的测量关系为：

$$\omega_w=\frac{1}{r}\left(\sqrt{v_x^2+v_y^2}\right)=\frac{1}{r}\left[\sqrt{\left(v-\omega\rho_y\right)^2+\left(\omega\rho_x\right)^2}\right]$$

$$\frac{\partial\omega_w}{\partial v}=\frac{1}{r}\left(\frac{2v_x}{2v}\right)=\frac{1}{r}\cos(\gamma)$$

$$\frac{\partial\omega_w}{\partial\omega}=\frac{1}{r}\left(\frac{2v_x\left(-\rho_y\right)+2v_y\left(\rho_x\right)}{2v}\right)=\frac{1}{r}\left(\cos(\gamma)\left(-\rho_y\right)+\sin(\gamma)\left(\rho_x\right)\right)=-\left({}^w\vec{\rho}\right)_y/r$$

其中$\left({}^w\vec{\rho}\right)_y$表示车轮位置向量沿车轮坐标系的$y$轴方向的分量。这是能同时反映车辆线速度和角速度的测量值，但却无法将它们区分开。当观测两个或多个车轮的运行速度时，滤波器
331 将自动区分线速度和角速度。

6）**固定轮速度**。固定的车轮不会自动绕车辆本体坐标系的z轴旋转。以弧度表示的测量关系为其在车轮前向轴方向上的投影：

$$\omega_w=\vec{v}_c\cdot\hat{i}_w=v_x/r=\frac{1}{r}\left(v-\omega\rho_y\right)$$

$$\frac{\partial\omega_w}{\partial v}=\frac{1}{r}\qquad\frac{\partial\omega_w}{\partial\omega}=\frac{-\rho_y}{r}$$

同样，这也是能同时反映车辆线速度和角速度的测量值，但却无法将它们区分开。当观测两个或多个车轮的运行速度时，滤波器将自动区分线速度和角速度。

6. 合并地图

该滤波器实际上并没有多大价值。其问题在于，它只能进行航位推算计算，因为我们只有与线速度和角速度相关的测量结果。正如我们在随机积分中发现的那样，任何仅对速度积分的过程，都会在位置和方向上产生无限的误差增长。实际的解决方案和问题本身一样古老，那就是使用地图。本书的后续部分将讨论不同类型的地图，但定位地图用于帮助机器人导航。

假设有一张地图，它可以告诉我们一些相对精确的位置“路标”（环境中独特的定位特征）。然后，进一步假设，机器人上安装有一个传感器，可用于测量路标相对于其自身的距离和方向。

一般来说，路标可能是一个物体，该物体具有一定大小和某一确定方位。我们在路标上建一个模型坐标系（下标以m表示）。假设机器人坐标系和模型坐标系与世界坐标系之间的关系已知，同时传感器坐标系相对机器人坐标系的关系也已知。假设在每个路标上都有一个观测点坐标系（下标以d表示），该坐标系相对路标模型的关系是已知且固定的。现在的情况如图5-35所示。

1）**强制规定**。在介绍如何处理路标之前，我们首先改变处理其他测量结果的方式。在前面的例子中，速度状态被包含在状态向量中，以便于阐述概念、介绍测量模型和不确定性模型。然而我们发现，若将来自编码器和陀螺仪的相关测量结果作为确定性输入 $\underline{\boldsymbol{u}}$，而不是测量结果 $\underline{\boldsymbol{z}}$，会是一种有效的设计思路。这样做需要用矩阵 $\boldsymbol{Q}$ 而不是矩阵 $\boldsymbol{R}$，来对这些测量结果中的误差进行建模，其结果就是系统将更加灵敏。这么做的缺点是只有路标测量值被滤波，但是只要速度输入的合理性检查到位，这就是一种具有实用价值的解决方案。

在这个设计中，需要处理的唯一的测量结果是路标，因此状态向量较小：

$$\underline{\boldsymbol{x}}=\begin{bmatrix}x & y & \psi\end{bmatrix}$$ 332

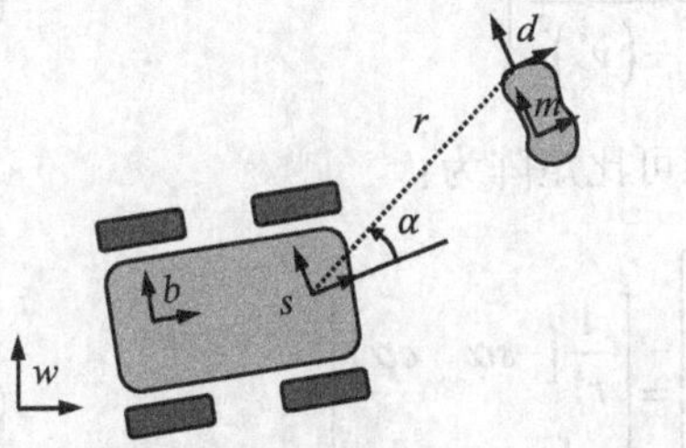

图 5-35 **用于路标观测的坐标系**。安装在车辆上的传感器，可以测量地图中到路标的方位和距离

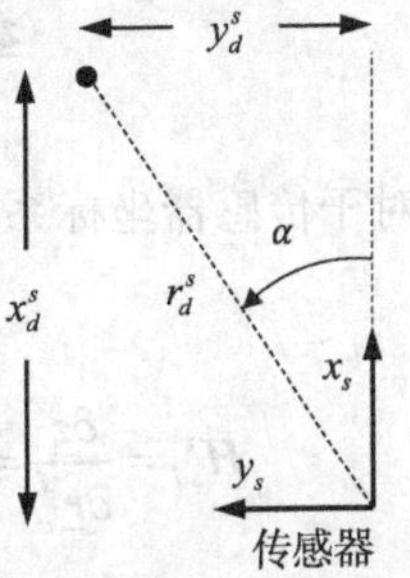

图 5-36 **传感器几何关系**。传感器测量到路标的距离和方位

实际上，这个公式相当于简单地把前面所有矩阵中与速度相关的行和列去掉。其状态模型为：

$$\underline{\boldsymbol{x}}_{k+1}\approx\underline{\boldsymbol{x}}_k+f\left(x,u,t\right)\Delta t\Rightarrow\begin{bmatrix}x_{k+1}\\y_{k+1}\\\psi_{k+1}\end{bmatrix}\approx\begin{bmatrix}x_k\\y_k\\\psi_k\end{bmatrix}+\begin{bmatrix}v_k c\psi_k\\v_k s\psi_k\\\omega_k\end{bmatrix}\Delta t_k$$

该模型以速度测量的频率运行。上式以矩阵形式表示如下：

$$\underline{\boldsymbol{x}}_{k+1}\approx\hat{\boldsymbol{\Phi}}\underline{\boldsymbol{x}}_k+\boldsymbol{G}u_k\Rightarrow\hat{\boldsymbol{\Phi}}\approx\begin{bmatrix}1&0&0\\0&1&0\\0&0&1\end{bmatrix}\quad\boldsymbol{G}\approx\begin{bmatrix}c\psi_k\Delta t_k&0\\s\psi_k\Delta t_k&0\\0&\Delta t_k\end{bmatrix}$$

系统雅可比矩阵可表示为：

$$\boldsymbol{F}=\frac{\partial\dot{\underline{\boldsymbol{x}}}}{\partial\underline{\boldsymbol{x}}}=\begin{bmatrix}\partial\dot{x}/\partial x&\partial\dot{x}/\partial y&\partial\dot{x}/\partial\theta\\\partial\dot{y}/\partial x&\partial\dot{y}/\partial y&\partial\dot{y}/\partial\theta\\\partial\dot{\theta}/\partial x&\partial\dot{\theta}/\partial y&\partial\dot{\theta}/\partial\theta\end{bmatrix}=\begin{bmatrix}0&0&-vs\psi\\0&0&vc\psi\\0&0&0\end{bmatrix}$$

由此，可得矩阵 $\boldsymbol{\Phi}_k$：

$$\boldsymbol{\Phi}_k\approx\boldsymbol{I}+\boldsymbol{F}\Delta t=\begin{bmatrix}1&0&-vs\psi\Delta t\\0&1&vc\psi\Delta t\\0&0&1\end{bmatrix}$$

这样，编码器或陀螺仪不再有测量模型。下面介绍的路标观测模型比较难，但值得为之付出努力。该技术界定了两种机器人的不同之处：一个总是清楚其自身位置，而另一个会逐渐丢失位置。

2）**观测传感器与雅可比矩阵**。非接触式导航传感器通常测量相对于路标的方位和距离。

333 令传感器坐标系的x轴指向前方，如图5-36所示。现在，假设检测点的坐标(x_d, y_d)在传感器坐标系中已知。可以表示如下：

$$\cos\alpha = x_d^s / r_d^s \\ \sin\alpha = y_d^s / r_d^s \tag{5.116}$$

因此，角度和距离的观测为：

$$\underline{\boldsymbol{z}}_{\text{sen}} = \begin{bmatrix} \alpha \\ r_d^s \end{bmatrix} = f\left(\underline{\boldsymbol{r}}_d^s\right) = \begin{bmatrix} \operatorname{atan}\left(y_d^s / x_d^s\right) \\ \sqrt{\left(x_d^s\right)^2 + \left(y_d^s\right)^2} \end{bmatrix} \tag{5.117}$$

观测值相对于传感器坐标系中的参考检测点$\left(\underline{\boldsymbol{r}}_d^s\right)$的雅可比矩阵为：

$$\boldsymbol{H}_{sd}^z = \frac{\partial \underline{\boldsymbol{z}}}{\partial \underline{\boldsymbol{r}}_d^s} = \begin{bmatrix} \boldsymbol{H}_s^\alpha \\ \boldsymbol{H}_s^r \end{bmatrix} = \begin{bmatrix} \dfrac{1}{\left(r_d^s\right)^2}\begin{bmatrix} -y_d^s & x_d^s \end{bmatrix} \\ \dfrac{1}{r_d^s}\begin{bmatrix} x_d^s & y_d^s \end{bmatrix} \end{bmatrix} = \begin{bmatrix} \dfrac{1}{r_d^s}\begin{bmatrix} -s\alpha & c\alpha \end{bmatrix} \\ \begin{bmatrix} c\alpha & s\alpha \end{bmatrix} \end{bmatrix} \tag{5.118}$$

3）**传感器参考观测**。检测点在传感器坐标系中的参考位姿可以用一系列的变换来获得。这些坐标变换的顺序是：将检测位姿从模型坐标系到世界坐标系，再到车辆本体坐标系、最后到传感器坐标系。用姿势组合符号表示如下：

$$\underline{\boldsymbol{\rho}}_d^s = \underline{\boldsymbol{\rho}}_b^s * \underline{\boldsymbol{\rho}}_w^b * \underline{\boldsymbol{\rho}}_m^w * \underline{\boldsymbol{\rho}}_d^m \tag{5.119}$$

我们将关注随着机器人位姿$\underline{\boldsymbol{\rho}}_b^w$的变化，这个量是如何变化的。机器人位姿$\underline{\boldsymbol{\rho}}_b^w$在刚刚介绍过的滤波器公式中被称为状态向量$\underline{\boldsymbol{x}}$。当特征表现为一个点特征时，我们将用$\underline{\boldsymbol{r}}_d^m = [x \quad y]^{\mathrm{T}}$代替$\underline{\boldsymbol{\rho}}_d^m = [x \quad y \quad \psi]^{\mathrm{T}}$，并且用$\underline{\boldsymbol{r}}_d^s$来代替$\underline{\boldsymbol{\rho}}_d^s$。

在本书的后续部分，我们将会发现：在一个被称为SLAM的过程中也可以确定路标位置。为此，我们还将在这里导出上述量相对于路标位姿$\underline{\boldsymbol{\rho}}_m^w$的变化。为了简化计算，我们将分成三步重写上式，以便可以利用链式法则推导出雅可比矩阵：

$$\underline{\boldsymbol{\rho}}_d^s = \underline{\boldsymbol{\rho}}_b^s * \underline{\boldsymbol{\rho}}_d^b \qquad \underline{\boldsymbol{\rho}}_d^b = \underline{\boldsymbol{\rho}}_w^b * \underline{\boldsymbol{\rho}}_d^w \qquad \underline{\boldsymbol{\rho}}_d^w = \underline{\boldsymbol{\rho}}_m^w * \underline{\boldsymbol{\rho}}_d^m \tag{5.120}$$

也可以用一个内部位姿雅可比矩阵和一个位姿雅可比矩阵逆阵的积，不过，这需要分离并再次利用$\boldsymbol{H}_{bd}^{sd}$。现在，定义除$\boldsymbol{H}_{sd}^z$之外的另外四个雅可比矩阵：

$$\boldsymbol{H}_{bd}^{sd} = \frac{\partial \underline{\boldsymbol{\rho}}_d^s}{\partial \underline{\boldsymbol{\rho}}_d^b} \qquad \boldsymbol{H}_w^b = \frac{\partial \underline{\boldsymbol{\rho}}_d^b}{\partial \underline{\boldsymbol{\rho}}_d^w} \qquad \boldsymbol{H}_x^{bd} = \frac{\partial \underline{\boldsymbol{\rho}}_d^b}{\partial \underline{\boldsymbol{\rho}}_b^w} \qquad \boldsymbol{H}_m^w = \frac{\partial \underline{\boldsymbol{\rho}}_d^w}{\partial \underline{\boldsymbol{\rho}}_m^w} \tag{5.121}$$

334 后面将用下标x表示位姿$\underline{\boldsymbol{\rho}}_b^w$，以强调这一特定位姿正是我们最关注的机器人状态。实际上，我们感兴趣的是由上述四个式子组成的下面两个雅可比矩阵。一个是相对于机器人位姿的观测雅可比矩阵：

$$\boldsymbol{H}_x^z = \left(\frac{\partial \underline{\boldsymbol{z}}}{\partial \underline{\boldsymbol{\rho}}_d^s}\right)\left(\frac{\partial \underline{\boldsymbol{\rho}}_d^s}{\partial \underline{\boldsymbol{\rho}}_d^b}\right)\left(\frac{\partial \underline{\boldsymbol{\rho}}_d^b}{\partial \underline{\boldsymbol{\rho}}_b^w}\right) = \boldsymbol{H}_{sd}^z \boldsymbol{H}_{bd}^{sd} \boldsymbol{H}_x^{bd} \tag{5.122}$$

另一个是关于路标位姿的观测雅可比矩阵：

$$\boldsymbol{H}_{wm}^{z}=\left(\frac{\partial \boldsymbol{z}}{\partial \underline{\boldsymbol{\rho}}_{d}^{s}}\right)\left(\frac{\partial \underline{\boldsymbol{\rho}}_{d}^{s}}{\partial \underline{\boldsymbol{\rho}}_{d}^{b}}\right)\left(\frac{\partial \underline{\boldsymbol{\rho}}_{d}^{b}}{\partial \underline{\boldsymbol{\rho}}_{d}^{w}}\right)\left(\frac{\partial \underline{\boldsymbol{\rho}}_{d}^{w}}{\partial \underline{\boldsymbol{\rho}}_{m}^{w}}\right)=\boldsymbol{H}_{sd}^{z}\boldsymbol{H}_{bd}^{sd}\boldsymbol{H}_{wd}^{bd}\boldsymbol{H}_{wm}^{wd} \tag{5.123}$$

4）**机器人到传感器**。考虑如图 5-37 所示的位姿网络，$\partial\underline{\boldsymbol{\rho}}_{d}^{s}/\partial\underline{\boldsymbol{\rho}}_{d}^{b}$ 是关联传感器参考坐标系和机器人本体参考坐标系的观测雅可比矩阵，它是矩阵 $\partial\underline{\boldsymbol{\rho}}_{d}^{b}/\partial\underline{\boldsymbol{\rho}}_{d}^{s}$ 的逆阵——根据该图，该矩阵是一个易于求逆（因为它是一个旋转矩阵）的复合–右位姿雅可比矩阵。

因此：

$$\frac{\partial \underline{\boldsymbol{\rho}}_{d}^{b}}{\partial \underline{\boldsymbol{\rho}}_{d}^{s}}=\begin{bmatrix} c\psi_{s}^{b} & -s\psi_{s}^{b} & 0 \\ s\psi_{s}^{b} & c\psi_{s}^{b} & 0 \\ 0 & 0 & 1 \end{bmatrix} \quad \boldsymbol{H}_{bd}^{sd}=\left(\frac{\partial \underline{\boldsymbol{\rho}}_{d}^{b}}{\partial \underline{\boldsymbol{\rho}}_{d}^{s}}\right)^{-1}=\frac{\partial \underline{\boldsymbol{\rho}}_{d}^{s}}{\partial \underline{\boldsymbol{\rho}}_{d}^{b}}=\begin{bmatrix} c\psi_{s}^{b} & s\psi_{s}^{b} & 0 \\ -s\psi_{s}^{b} & c\psi_{s}^{b} & 0 \\ 0 & 0 & 1 \end{bmatrix} \tag{5.124}$$

对于点特征，上式中的最后一行和最后一列可忽略不计。

5）**世界到机器人**。在如图 5-38 所示的位姿网络中，涉及两个雅可比矩阵。一个是相对于世界参考坐标系，机器人本体参考坐标系中检测点的雅可比矩阵为 $\partial\underline{\boldsymbol{\rho}}_{d}^{b}/\partial\underline{\boldsymbol{\rho}}_{d}^{w}$。该矩阵是 $\partial\underline{\boldsymbol{\rho}}_{d}^{w}/\partial\underline{\boldsymbol{\rho}}_{d}^{b}$ 的逆阵——根据上图，该矩阵是一个复合–右位姿雅可比矩阵。

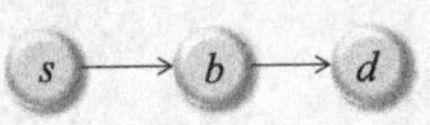

图 5-37 **机器人本体到传感器的雅可比位姿网络**。这个由三个参考坐标系组成的网络用于定义位姿雅可比矩阵

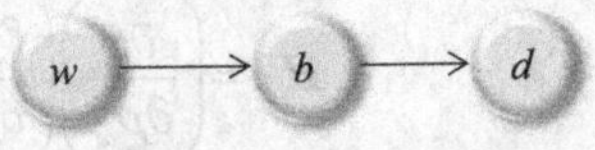

图 5-38 **世界到机器人本体的雅可比位姿网络**。这个由三个参考坐标系组成的网络用于定义位姿雅可比矩阵

因此：

$$\frac{\partial \underline{\boldsymbol{\rho}}_{d}^{w}}{\partial \underline{\boldsymbol{\rho}}_{d}^{b}}=\begin{bmatrix} c\psi_{b}^{w} & -s\psi_{b}^{w} & 0 \\ s\psi_{b}^{w} & c\psi_{b}^{w} & 0 \\ 0 & 0 & 1 \end{bmatrix} \quad \boldsymbol{H}_{wd}^{bd}=\left(\frac{\partial \underline{\boldsymbol{\rho}}_{d}^{w}}{\partial \underline{\boldsymbol{\rho}}_{d}^{b}}\right)^{-1}=\frac{\partial \underline{\boldsymbol{\rho}}_{d}^{b}}{\partial \underline{\boldsymbol{\rho}}_{d}^{w}}=\begin{bmatrix} c\psi_{b}^{w} & s\psi_{b}^{w} & 0 \\ -s\psi_{b}^{w} & c\psi_{b}^{w} & 0 \\ 0 & 0 & 1 \end{bmatrix}$$

对于点特征，上式中的最后一行和最后一列可忽略不计。接下来，相对于世界坐标系中 335
的机器人位姿，机器人本体参考坐标系中检测点的导数为 $\partial\underline{\boldsymbol{\rho}}_{d}^{b}/\partial\underline{\boldsymbol{\rho}}_{b}^{w}$——一个右–左位姿雅可比矩阵。可以得到：

$$\boldsymbol{H}_{x}^{bd}=\frac{\partial \underline{\boldsymbol{\rho}}_{d}^{b}}{\partial \underline{\boldsymbol{\rho}}_{b}^{w}}=-\begin{bmatrix} c\psi_{b}^{w} & s\psi_{b}^{w} & -y_{d}^{b} \\ -s\psi_{b}^{w} & c\psi_{b}^{w} & x_{d}^{b} \\ 0 & 0 & 1 \end{bmatrix} \tag{5.125}$$

对于点特征，上式中的最后一行可忽略不计。路标和地图的重要性在于：与之相关联的观测结果会直接映射到位置状态——它们告诉机器人所处的具体位置，无须任何积分。这一点从观测雅可比矩阵前两列中的非零元素，可以得到明显的体现。距离和方位测量值随速度状态的变化为零，因此并没有写入。

6）**模型到世界**。在如图 5-39 所示的位姿网络中，与世界参考坐标系和模型参考坐标系观测有关的雅可比矩阵 $\partial\underline{\boldsymbol{\rho}}_{d}^{w}/\partial\underline{\boldsymbol{\rho}}_{m}^{w}$ 是一个复合–左位姿雅可比矩阵：

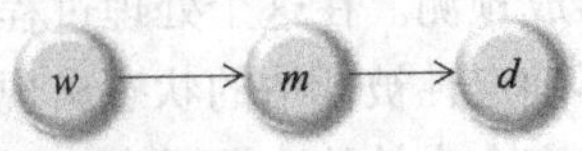

图 5-39 **模型到世界的雅可比位姿网络**。这个由三个参考坐标系组成的网络，用于定义位姿雅可比矩阵

因此：

$$\boldsymbol{H}_{wm}^{wd}=\frac{\partial\underline{\boldsymbol{\rho}}_d^w}{\partial\underline{\boldsymbol{\rho}}_m^w}=\begin{bmatrix}1 & 0 & -\left(y_d^w-y_m^w\right)\\ 0 & 1 & \left(x_d^w-x_m^w\right)\\ 0 & 0 & 1\end{bmatrix}\tag{5.126}$$

对于点特征，上式中的最后一行和最后一列可忽略不计，因为这样的特征没有方向性。

7）**点特征**。对于点特征，如专栏 5.5 所示，完整的测量模型是公式（5.119）的点版本（使用 $\underline{\boldsymbol{r}}_d^s$ 而不是 $\underline{\boldsymbol{\rho}}_d^s$）。

专栏 5.5　用于创建和使用地图的测量模型和雅可比矩阵

完整的测量模型是公式（5.119）的点版本形式：

$$\underline{\boldsymbol{r}}_d^s=\boldsymbol{T}_b^s*\boldsymbol{T}_w^b\left(\underline{\boldsymbol{\rho}}_b^w\right)*\boldsymbol{T}_m^w\left(\underline{\boldsymbol{r}}_m^w\right)*\underline{\boldsymbol{r}}_d^m$$

$$\underline{\boldsymbol{z}}_{\text{sen}}=f\left(\underline{\boldsymbol{r}}_d^s\right)=\begin{bmatrix}\operatorname{atan}\left(y_d^s/x_d^s\right)-\pi/2\\ \sqrt{\left(x_d^s\right)^2+\left(y_d^s\right)^2}\end{bmatrix}$$

$$\boldsymbol{H}_x^z=\left(\frac{\partial\underline{\boldsymbol{z}}}{\partial\underline{\boldsymbol{\rho}}_d^s}\right)\left(\frac{\partial\underline{\boldsymbol{\rho}}_d^s}{\partial\underline{\boldsymbol{\rho}}_d^b}\right)\left(\frac{\partial\underline{\boldsymbol{\rho}}_d^b}{\partial\underline{\boldsymbol{\rho}}_b^w}\right)=\boldsymbol{H}_{sd}^z\boldsymbol{H}_{bd}^{sd}\boldsymbol{H}_x^{bd}$$

$$\boldsymbol{H}_{wm}^z=\left(\frac{\partial\underline{\boldsymbol{z}}}{\partial\underline{\boldsymbol{\rho}}_d^s}\right)\left(\frac{\partial\underline{\boldsymbol{\rho}}_d^s}{\partial\underline{\boldsymbol{\rho}}_d^b}\right)\left(\frac{\partial\underline{\boldsymbol{\rho}}_d^b}{\partial\underline{\boldsymbol{\rho}}_d^w}\right)\left(\frac{\partial\underline{\boldsymbol{\rho}}_d^w}{\partial\underline{\boldsymbol{\rho}}_m^w}\right)=\boldsymbol{H}_{sd}^z\boldsymbol{H}_{bd}^{sd}\boldsymbol{H}_{wd}^{bd}\boldsymbol{H}_{wm}^{wd}$$

以上这些，就是通过对方位和距离的观测，利用和更新路标地图，所涉及的主要
336 公式。

这一结论给出了已知路标位置 $\underline{\boldsymbol{r}}_m^w$ 和机器人位姿 $\underline{\boldsymbol{\rho}}_b^w$ 情况下的预测传感器读数 $\underline{\boldsymbol{z}}_{\text{sen}}$。第一个雅可比矩阵用于根据路标确定机器人位置，而第二个雅可比矩阵用于根据机器人位姿确定路标位置。稍后我们将发现，这两者都可以一次完成。

8）**观测不确定性**。最后，在最简单的情况下，观测不确定性可以假设为一个恒定且不相关的常量：

$$\boldsymbol{R}=\begin{bmatrix}\sigma_{\alpha\alpha} & 0\\ 0 & \sigma_{rr}\end{bmatrix}\tag{5.127}$$

这种类型的传感器通常既不需要进行积分运算，也不需要求均值。在使用时，传感器采集图像的时间是固定的，且与车辆的运行速度无关。

7. 数据关联

滤波器将基于预测的传感器读数形成新息，因此直接实现的问题是：应该使用哪一个路标来形成预测。在这个处理过程中，卡尔曼滤波对错误的鲁棒性不高。不正确的关联可能会导致不确定性被低估的状态出现严重误差，并且进一步导致更多的错误关联，甚至有可能出现系统完全失效的连锁反应。因此，必须要做好数据关联。

通常，路标识别信息并不包含在传感器的数据流中，虽然有一些例外情况，但是必须进行路标识别的推断。对应着传感器的每一组距离和方位数据，可以想象存在一条射线。很显

然，可以选择最接近于射线末端估计位置的障碍物作为路标。但在许多情况下这种方法是无效的。

一种比较直观的方法是研究新息协方差：

$$S = HPH^{\mathrm{T}} + R \tag{5.128}$$

这已经在滤波器内的卡尔曼增益中被计算出来了。它表示新息的协方差。回想一下，新息为：

$$\Delta \underline{z} = \underline{z}_k - h\left(\underline{x}_k^-\right)$$

这一预测的不确定性涉及状态估计的不确定性和观测的不确定性。实际上，我们根据方程（5.37）进行推导，可以证明公式（5.128）表示新息协方差。要使用该结论，我们需要用到针对多维变量的标量均值偏差。回顾马哈拉诺比斯距离（MD）的定义：

$$d = \sqrt{\Delta \underline{z}^{\mathrm{T}} S^{-1} \Delta \underline{z}} \tag{5.129}$$

在观测空间中，它表示被缩减成一维“长度”值、以标准差为单位的均值偏差（即每个变量与平均值之差）。如果新息服从高斯分布，那么 d^2 服从卡方分布 [10]。卡方分布的自由度数为 $\Delta \underline{z}$ 的维数。卡方检验跟踪门技术是将 d^2 的幅值，与从该分布中提取的置信度阈值进行比较。如表 5-2 所示，其中提供了置信度阈值的几个数值（对 d^2 而不是 d）。 337

表 5-2　卡方检验门

自由度	95% 置信	99% 置信
1	5.02	7.87
2	7.38	10.60
3	9.35	12.38
4	11.14	14.86

假设 $\Delta \underline{z}$ 有两个自由度，基于上面的表格，我们可以设计一个具有高鲁棒性的数据关联程序。如果存在下列情况，会拒绝关联对应的路标观测值：

- 其 $d > 3$ 或者……
- 如果 $d \leqslant 3$，则存在具有 $d < 6$ 的第二个候选关联。这种情况意味着存在一个太近的匹配，无法确定当前成像来自哪一个路标。
- 匹配路标呈现的读数在几个周期内不稳定。

在实现中，诊断误差的一种好方法是：将某一特定传感器的 MD（即马氏距离）绘制为一个关于时间的函数。如果实际误差明显小于方差（MD < 约 3），那么滤波器将高估观测中的误差，而不是以最优的方式使用它们。如果实际误差高于方差（MD> 约 3），则滤波器将低估观测中的误差，并对它们形成过度依赖。后一种情况往往导致迅速发散。

5.3.5　关于卡尔曼滤波的实用信息

本节将介绍在应用最优估计方法时，与工程应用高度相关的几个内容。

1. 状态向量增广

卡尔曼滤波假设：随机建模的误差是无偏的。我们已经发现，在状态估计中，随机误差的累积速率与时间平方根成正比。然而，我们又不难发现，速度观测中的确定性标量误差将导致位置误差随时间线性增长。因此，当存在明显的系统误差，或对重要信息的观测频率不高时，低估 $\boldsymbol{P}$ 矩阵中存在的误差会导致发散。

在适当的感测条件下，卡尔曼滤波公式提供了一种称为状态向量增广的机制，允许实时辨识未知的系统参数。这些参数的错误值是系统误差的主要来源，因此这种标定形式可以消
338 除相关的系统误差。

1）**非白噪声源的建模**。该技术允许对非白（时间相关的）噪声源进行建模。假设连续时间模型中存在相关的测量噪声 $\underline{v}$，如下所示：

$$\dot{\underline{x}} = \boldsymbol{F}\underline{x} + \boldsymbol{G}\underline{w}$$

$$\underline{z} = \boldsymbol{H}\underline{x} + \underline{v}$$

对这种相关测量噪声的建模，通常可以在系统的线性动力学模型中，附加不相关的白噪声 $\underline{w}_1$ 来实现（即通过对其滤波），即

$$\dot{\underline{v}} = \boldsymbol{E}\underline{v} + \underline{w}_1$$

利用该模型，可以认为噪声的相关分量构成状态向量中的一个随机元素。将该元素添加到现有的状态，以形成增广状态向量 $[\underline{x} \quad \underline{v}]^{\mathrm{T}}$。那么新的系统模型变成：

$$\frac{\mathrm{d}}{\mathrm{d}t}\begin{bmatrix}\underline{x}\\ \underline{v}\end{bmatrix} = \begin{bmatrix}\boldsymbol{F} & 0\\ 0 & \boldsymbol{E}\end{bmatrix}\begin{bmatrix}\underline{x}\\ \underline{v}\end{bmatrix} + \begin{bmatrix}\boldsymbol{G} & 0\\ 0 & \boldsymbol{I}\end{bmatrix}\begin{bmatrix}\underline{w}\\ \underline{w}_1\end{bmatrix}$$

测量方程从而变为：

$$\underline{z} = \begin{bmatrix}\boldsymbol{H} & \boldsymbol{I}\end{bmatrix}\begin{bmatrix}\underline{x}\\ \underline{v}\end{bmatrix}$$

2）**参数辨识**。运用该技术，可以将未知的系统参数建模为新的确定性状态变量。对于一个新的常量状态 x_i，其（标量）状态微分方程为：

$$\dot{x}_i = 0$$

更新所有传感器的测量矩阵 $\boldsymbol{H}$，以反映新状态的存在。滤波器的基本操作是将测量残差投影到状态上，从而确定该常量的值，甚至允许它随时间的推移而发生缓慢变化。

3）**应用实例：编码器比例因子标定**。假设我们要标定速度编码器所使用的比例因子，以实时补偿车轮打滑——或者简单地标定平均车轮半径。我们可以将比例因子放在一个新的增广状态向量中。该过程定义了一个新的比例因子状态，将其称为 k，并添加至状态向量中：

$$\underline{x} = \begin{bmatrix}x & y & \psi & v & \omega & k\end{bmatrix}$$

为方便起见，可以将 k 看作一个将正确速度转换为编码器名义速度，大小接近于1的值。因为系统模型依赖于真实速度状态，所以它在很大程度上基本上保持不变。不过，对于新状态还有一个额外的状态方程，以表明我们期望它是固定不变的常量：

339

$$\dot{k} = 0$$

编码器的测量模型是唯一出现这种新状态的地方，因为它只与此传感器相关联：

$$z_e = kv \qquad \boldsymbol{H}_e = \frac{\partial z_e}{\partial \underline{x}} = \begin{bmatrix}0 & 0 & 0 & k & 0 & v\end{bmatrix}$$

只要存在至少一个其他传感器，可以直接或间接地提供有关速度的信息（例如，地标），滤波器就能够根据对编码器残差的处理结果，确定比例因子。

系统可以从初始条件 $k(t_0)=1$ 开始，并在相关位置，给 $\boldsymbol{P}_0$ 赋予足够大的值，以告知系统，比例因子取值的置信度很低。当车辆行驶时，编码器读数的处理过程，会将部分残差投影到比例因子上，将另一部分残差投影到速度上。此外，因为其他传感器中的误差是无偏的，因此它们将快速消除误匹配到速度误差的编码器残差。卡尔曼滤波将很快确定 k 的值，该值能够最好地反映残差的偏置量，进而可以消除偏置。

如果 $\boldsymbol{Q}$ 中与 k 相关的值不为零，那么系统将继续不断更新比例因子。这意味着可以标定车轮打滑，就好像对比例因子误差进行标定一样。可以使用类似的公式来明确车轮半径、轴距、轮距等。

2. 对观测的特殊处理

在处理观测数据时，会存在以下几种特殊情况。

1）**伪观测**。尽管可以将约束条件直接纳入 KF 的公式中，但也存在一种更简单有用的方法。假设有一个如下所示形式的约束方程：

$$\underline{\boldsymbol{c}}(\underline{\boldsymbol{x}})=\underline{\boldsymbol{h}}(\underline{\boldsymbol{x}})=\underline{\boldsymbol{0}}$$

我们可以尝试通过代入上式来重写系统动力学方程，这样就可以隐式地满足约束条件。然而正如我们在拉格朗日动力学中所发现的那样，这并不总是那么容易做到的。通常，写成下列形式的观测模型会更简单：

$$\underline{\boldsymbol{z}}=\underline{\boldsymbol{h}}(\underline{\boldsymbol{x}})$$

这样，就可以定期生成一个假的观测，称之为*伪观测*，其值为 0，并将其传递给 KF，就好像它是真实的观测一样。这个处理过程就像存在一个用于测量约束残差的传感器一样，它迫使状态以最优方式遵守约束条件。例如，这是一种在系统中强制添加无车轮打滑或低打滑约束的方法，否则就会假定横向速度是可能的。

在有些情况下，伪观测应该只能在特殊条件下生成。*零速更新*或者*零速修正*是一种很有用的伪观测，可用于辅助确定惯性导航中的传感器偏差。此时，KF 被告知实际速度为零，而如果状态并非如此，那么 KF 将认为存在传感器偏差，进而将其消除。 340

2）**观测延迟**。当各观测值存在不同延迟时间的情况下，就会带来如何对它们按时间进行排序的问题。最简单的解决方案就是，维护一个测量队列，并在必要时按时间标签对其检索，然后根据需要继续处理观测值，以计算最近一段时间内的状态。在最复杂的情况下，如果一个极度延迟的观测值在其他未延迟的观测值之后到达，可以把最近的状态和观测存储值重置到更早的状态，然后重新处理后续观测值。

3）**到传感器坐标系的坐标变换**。在实际使用中，传感器的安装位置几乎从来不会与机器人坐标系重合，所以绝大多数观测模型都包含了对传感器位置的补偿。之前，我们在将路标添加到基于地图的滤波器时，也发现了此问题。对于速度和加速度，需要用到基于科里奥利方程的变换。

此外，在通常情况下，不同的观测值无法被有效地打包，以实现同步达到。例如，由于滤波的原因，多普勒（Doppler）雷达的读数可能没有编码器读数的频率高。GPS 测量值的更新速度可能不会超出 2 ～ 20Hz 的范围，而惯性系统则比它快 100 倍。

4）**角度运算**。无论何时，每当在滤波器中加上或减去角度时，都必须将结果转换为一种标准表示，以排除超出 360° 的额外转角值，否则滤波器将发生灾难性的错误。此问题在状态更新 $\underline{\hat{\boldsymbol{x}}}_k=\underline{\hat{\boldsymbol{x}}}_k^-+\boldsymbol{K}_k\left[\underline{z}_k-h\left(\underline{\hat{\boldsymbol{x}}}_k^-\right)\right]$ 的过程中可能会出现两次。如果观测值是一个角度，那么

当在上述减法中计算新息时，就会出现角度运算。如果状态为一个角度，那么角度运算是在加法中进行状态更新时发生的。

例如，假设测量到地标的方位角为 181°，并且预测方位角为 −181°。这两个角度实际上仅相差 2°。如果不经任何处理直接求差值，会产生 362° 的新息，这将导致状态变化值是正确值的 181 倍。很显然，对所有的角度加和减运算，都必须立即进行归一化处理。当基于角速度状态进行状态更新时，在系统模型中也会出现这样的计算。

3. 延迟状态滤波公式

在有些情况下，传感器自身就会返回一些差分量。这些差分量不同于时间导数，用除以时间差的方式来获取它们，是不方便或不正确的。例如，视觉里程计会产生一些差分量，如果带时钟节拍的处理器没有接收到反复延迟的观测结果，那么确定观测之间的时间差可能是一件非常困难的事情。

差分观测的更为一般的情形是，假设观测量既取决于当前状态，也取决于上一个状态：

$$z_k = \boldsymbol{H}_k x_k + \boldsymbol{H}_m x_{k-1} + \upsilon_k$$

这不是卡尔曼滤波的标准形式。为解决这个问题，一个可行的办法是，将两个状态简单地置于单一状态向量中。于是，上式所表示的差分观测变为：

341

$$z_k = \begin{bmatrix} \boldsymbol{H}_k & \boldsymbol{H}_m \end{bmatrix} \begin{bmatrix} x_k \\ x_{k-1} \end{bmatrix} + \upsilon_k = \boldsymbol{H}_{km} x_{km} + \upsilon_k$$

现在，又回到了一般情形，只是状态向量的长度增加了一倍。然而，观测对延迟状态的依赖，引入了对延迟状态中误差的依赖，而且违反了前面推导卡尔曼滤波时的一个基本假设。

紧随文献 [1] 的思路，可以让我们了解这个问题。求解延迟状态的状态方程：

$$x_{k-1} = \boldsymbol{\Phi}_{k-1}^{-1} x_k - \boldsymbol{\Phi}_{k-1}^{-1} w_{k-1}$$

并将上式代入观测模型中，可得：

$$z_k = \boldsymbol{H}_k x_k + \boldsymbol{J}_k x_{k-1} + \upsilon_k$$

$$z_k = \boldsymbol{H}_k x_k + \boldsymbol{J}_k \left[\boldsymbol{\Phi}_{k-1}^{-1} x_k - \boldsymbol{\Phi}_{k-1}^{-1} w_{k-1} \right] + \upsilon_k$$

$$z_k = \left[\boldsymbol{H}_k + \boldsymbol{J}_k \boldsymbol{\Phi}_{k-1}^{-1} \right] x_k + \left[-\boldsymbol{J}_k \boldsymbol{\Phi}_{k-1}^{-1} w_{k-1} + \upsilon_k \right]$$

现在，我们得到了正确的形式，其中新的有效观测雅可比矩阵为：

$$\boldsymbol{H}_k^{\mathrm{eff}} = \boldsymbol{H}_k + \boldsymbol{J}_k \boldsymbol{\Phi}_{k-1}^{-1} \tag{5.130}$$

请注意，上式方括号中的最后一项清楚地表明，测量中的误差与延迟状态下的误差相关联。这一新的有效噪声项的协方差矩阵为：

$$\boldsymbol{R}_k^{\mathrm{eff}} = \mathrm{Exp}\left[\left(-\boldsymbol{J}_k \boldsymbol{\Phi}_{k-1}^{-1} w_{k-1} + \upsilon_k \right) \left(-\boldsymbol{J}_k \boldsymbol{\Phi}_{k-1}^{-1} w_{k-1} + \upsilon_k \right)^{\mathrm{T}} \right]$$

在上式中，方括号中的量展开后共产生四个项，其中有两个项会被消除，因为根据假设，w_{k-1} 和 υ_k 是不相关的。因此：

$$\boldsymbol{R}_k^{\mathrm{eff}} = \boldsymbol{J}_k \boldsymbol{\Phi}_{k-1}^{-1} \boldsymbol{Q}_{k-1} \boldsymbol{\Phi}_{k-1}^{-1\mathrm{T}} \boldsymbol{J}_k^{\mathrm{T}} + \boldsymbol{R}_k \tag{5.131}$$

在交叉协方差中得到相关性：

$$\boldsymbol{C}_k^{\mathrm{eff}} = \mathrm{Exp}\left[\left(w_{k-1} \right) \left(-\boldsymbol{J}_k \boldsymbol{\Phi}_{k-1}^{-1} w_{k-1} + \upsilon_k \right)^{\mathrm{T}} \right]$$

再次，根据假设，上式可进一步简化为：

$$\boldsymbol{C}_k^{\text{eff}} = -\boldsymbol{Q}_{k-1}\boldsymbol{\Phi}_{k-1}^{-1\text{T}}\boldsymbol{J}_k^{\text{T}} \tag{5.132}$$

请注意：

$$\boldsymbol{P}_k^- = \boldsymbol{Q}_{k-1} + \boldsymbol{\Phi}_{k-1}\boldsymbol{P}_{k-1}\boldsymbol{\Phi}_{k-1}^{\text{T}}$$

该矩阵可用于一个更通用的，允许相关观测且过程存在噪声的 KF。返回利用前面的方程（5.84），再利用上述以 $\boldsymbol{C}$ 来表示的交叉协方差，可以推导得出：

$$\underline{\boldsymbol{x}}' = \left(\begin{bmatrix} \boldsymbol{H} \\ \boldsymbol{T} \end{bmatrix}^{\text{T}} \begin{bmatrix} \boldsymbol{R} & \boldsymbol{C} \\ \boldsymbol{C}^{\text{T}} & \boldsymbol{P} \end{bmatrix}^{-1} \begin{bmatrix} \boldsymbol{H} \\ \boldsymbol{I} \end{bmatrix} \right)^{-1} \begin{bmatrix} \boldsymbol{H} \\ \boldsymbol{I} \end{bmatrix}^{\text{T}} \begin{bmatrix} \boldsymbol{R} & 0 \\ 0 & \boldsymbol{P} \end{bmatrix}^{-1} \underline{\boldsymbol{z}}$$

与标准滤波的情况相比，求解这个更通用表达形式会稍微复杂一些：

$$\begin{aligned} \boldsymbol{K}_k &= \left(\boldsymbol{P}_k^-\boldsymbol{H}_k^{\text{T}} + \boldsymbol{C}_k\right)\left[\boldsymbol{H}_k\boldsymbol{P}_k^-\boldsymbol{H}_k^{\text{T}} + \boldsymbol{R}_k + \boldsymbol{H}_k\boldsymbol{C}_k + \boldsymbol{C}_k^{\text{T}}\boldsymbol{H}_k^{\text{T}}\right]^{-1} \\ \boldsymbol{P}_k &= \left(\boldsymbol{I} - \boldsymbol{K}_k\boldsymbol{H}_k\right)\boldsymbol{P}_k^- - \boldsymbol{K}_k\boldsymbol{C}_k^{\text{T}} \end{aligned} \tag{5.133}$$

342

在 $\boldsymbol{C}$ 的计算过程中，通过更多的操作可以消除转移矩阵的求逆运算。

4. 顺序观测的处理

可以发现，如果多个并行观测值是不相关的，那么就可以一次只处理一个观测，所得结果与把它们作为观测向量处理是相同的。这样就可以把处理过程用模块化的软件实现，以便在任意时间步内，实时适应某个观测的出现或消失。这种技术在计算上也有优势，因为对 $n/2$ 阶的两个矩阵求逆，比对 n 阶的一个矩阵求逆代价要低得多。

状态方程可以按照系统其余部分需要的任意速率运行，而观测则以传感器产生信号的速率并入。下面的算法 5.1 给出了基本的算法实现：

算法 5.1　用于适应观测有效性的卡尔曼滤波伪代码。无论何时，只要观测有效，都可以对其独立处理

```
algorithm estimateState()
    predict state with x̂_(k+1) = Φ_k x̂_k
    predict covariance with P_(k+1) = Φ_k P_k Φ_k^T + G_k Q_k G_k^T
    for each sensor
        if(sensor has measurement z available)
            kalmanFilter(z)
return
algorithm kalmanFilter(z)
    compute predicted measurement h(x)
    compute Jacobian H(x)
    compute innovation z − h(x)
    compute Kalman gain K_k = P_k^- H_k^T [H_k P_k^- H_k^T + R_k]^(-1)
    update state x̂_k^+ = x̂_k + K_k [z_k − H_k x̂_k]
    update covariance P_k^+ = [I − K_k H_k] P_k^-
    return
```

5. 与单一状态相关的观测

我们经常发现，滤波器处理程序的时间主要花费在计算不确定性矩阵、卡尔曼增益以及各种矩阵的求逆和相乘运算上。如果可以将观测雅可比矩阵投影到一个单一状态，就像在前述的简单机器人应用实例中，处理速度编码器和陀螺仪信息那样，就可以用一些方法来提升效率。

1）**卡尔曼增益**。对于扩展卡尔曼滤波（EKF），其矩阵卡尔曼增益公式为：

$$\boldsymbol{K}_k = \boldsymbol{P}_k^- \boldsymbol{H}_k^{\mathrm{T}} \left[\boldsymbol{H}_k \boldsymbol{P}_k^- \boldsymbol{H}_k^{\mathrm{T}} + \boldsymbol{R}_k \right]^{-1}$$

令单一观测与状态估计整合，那么，$\boldsymbol{R}$ 矩阵就变成了一个标量：

$$\boldsymbol{R} = [r]$$

假设观测被投影到单一状态上，其索引为 s，并存在归一化系数。那么 $\boldsymbol{H}$ 矩阵就是一个在 s 处具有单一单位元素的行向量：

343

$$\boldsymbol{H} = [0\ \ 0\ \ 0\ \ 0\ \ 0\ \ 0\ \ 1\ \ 0\ \ 0\ \ 0\ \ 0\ \ 0]$$

表达式 $\boldsymbol{P}_k^- \boldsymbol{H}_k^{\mathrm{T}}$ 是 $\boldsymbol{P}_k^-$ 的第 s 列，而表达式 $\boldsymbol{H}_k \boldsymbol{P}_k^- \boldsymbol{H}_k^{\mathrm{T}}$ 是 $\boldsymbol{P}_k^-$ 的第 (s,s) 个元素。定义：

$$p = \boldsymbol{P}_{ss}$$

基于如上所述，卡尔曼增益是一个列向量，等于 $\boldsymbol{P}_k^-$ 中第 s 列的常数倍：

$$\boldsymbol{K} = \left(\frac{1}{p+r} \right) \boldsymbol{P}(:,s)$$

在这里，使用了 MATLAB 的冒号表示法表示索引范围。在这种表示法中，$\boldsymbol{A}(i,:)$ 表示矩阵 $\boldsymbol{A}$ 的第 i 行，$\boldsymbol{A}(:,j)$ 表示矩阵 $\boldsymbol{A}$ 的第 j 列。

2）**不确定性传递**。对于 EKF，其矩阵不确定性传递方程为：

$$\boldsymbol{P} = \left[\boldsymbol{I} - (\boldsymbol{KH}) \right] \boldsymbol{P}$$

上式的计算速度可以更快，如下所示：

$$\boldsymbol{P} = \boldsymbol{P} - \boldsymbol{K}(\boldsymbol{HP})$$

无论观测矩阵 $\boldsymbol{H}$ 的形式如何，都可以这样重写 $\boldsymbol{P}$ 矩阵。在单一标量测量的前提下，可以进行进一步简化。令一个单一的观测与状态估计整合。再一次，观测被投影到单一状态上，其索引为 s，包含归一化系数。于是表达式 $\boldsymbol{HP}$ 就是 $\boldsymbol{P}_k^-$ 的第 s 行。重复使用上一个结论，表达式 $\boldsymbol{KHP}$ 仅仅是矩阵 $\boldsymbol{P}_k^-$ 的第 s 列和第 s 行外积的常数倍，可得：

$$\boldsymbol{KHP} = \left(\frac{1}{p+r} \right) \boldsymbol{P}(:,s) \boldsymbol{P}(s,:)$$

5.3.6 其他形式的卡尔曼滤波

自从卡尔曼滤波发布以来，人们开发了很多有用的 KF 变体。约瑟夫形式能从数值上确保状态协方差的正定性。滤波的各种平方根形式比标准形式在数值上更具稳定性。信息滤波非常受欢迎，因为它对有些操作的效率相对较高，从而在机器人技术领域得到了广泛应用；无迹滤波执行正确均值的非线性传播，并且可以导出更一致的估计，并降低发散的风险；协方差交叉信息滤波在相关性未知时，是一种有优势的数据融合技术；迭代卡尔曼滤波器用迭代方式计算更加精确的中间结果和最终结果；级联滤波和联邦滤波是将系统与其他卡尔曼滤波集成在一起的体系架构方法；滑动窗口滤波对于视觉运动估计非常有用。

5.3.7 参考文献与延伸阅读

Grewal 等的著作是第一本，也是为数不多的全面介绍卡尔曼滤波的出版物；Farrel 等的

著作对各种滤波器架构进行了比较。Bar-Shalom 等的著作讨论了基于卡方测试的新息合理性测试。 344

[9] Jay Farrell and Matthew and Barth, *The Global Positioning System and Inertial Navigation*, McGraw-Hill, 1998.

[10] Yaakov Bar-Shalom and Xiao-Rong LI, *Estimation and Tracking: Principles, Techniques, and Software,* YBS Publishing, 1993.

[11] Mohinder S. Grewal and Angus P. Andrews, *Kalman Filtering: Theory and Practice using MATLAB,* 2nd ed., Wiley, 2001.

5.3.8 习题

1. 速度测量

下列情况中，将速度或旋转传感器安装在车辆的某一位置，其输出值反映的是其他某个位置的速度。

（i）将一个旋转编码器安装在一个小圆盘上，再将该圆盘连接在车轮外侧的挡泥板上。圆盘就像一个能在车轮上滚动的小轮子。当圆盘始终与车轮保持接触时，车轮的旋转就会使圆盘以相反的方向旋转。计算圆盘半径与车轮半径之比，即可将盘速转换为轮速。应该使用什么位置向量（传感器相对于车辆本体坐标系）来表达此种情况？圆盘？轮毂？车轮接触点？这是否重要？为什么？

（ii）在车体上安装一个速度编码器，使其可测量后桥差速器的输出。这样，它将表示一个与两车轮的平均角速度成正比的量。如果希望它也能够测量两个车轮线速度的平均值，那么应该满足两个什么样的条件？

（iii）双阿克曼转向车辆上的速度编码器，指示四个车轮之间的几何中心点的速度大小，但是由于前后转向角不一定相等，所以其方向在车辆本体坐标系中并不固定。陀螺仪可用于观测角速度。是否有足够的信息来确定车辆本体坐标系中的速度方向？

2. 差速转向的车轮半径识别

我们知道，差速转向车辆通常会有一个左轮和一个右轮，再加上一个万向轮作为第三个地面接触支撑点。请写出车辆运行的线速度和角速度，相对于左、右车轮角速度的测量关系，其中考虑车轮半径。

（i）可以把车轮半径与车轮横向偏置间距区分开吗？

（ii）根据前向线速度和角速度的测量值是否足以观测车轮半径？如果不能，应当添加什么测量量，才能创建一个能观系统？

3. 三维系统模型

为了使三维运动的位姿估计卡尔曼滤波具备可观性，作如下明显的假设：

- 车辆只能沿车辆本体坐标系的 x 轴方向平移；
- 车辆只能绕车辆本体坐标系的 z 轴方向旋转。 345

在该模型中，状态变量为 $\underline{x}=\begin{bmatrix}x & y & z & v & \phi & \theta & \psi & \dot{\beta}\end{bmatrix}^{\mathrm{T}}$，其中 v 是车辆速度在车辆本体坐标系中 x 轴上的投影，$\dot{\beta}$ 为车辆角速度在车辆本体坐标系中 z 轴上的投影。使用公式（2.56）与公式（2.74），列出系统模型及其雅可比矩阵的显式公式。

5.4 贝叶斯估计

著名的贝叶斯定理（或规则）[12]是对一般规律的精彩总结。在机器人技术中，它代表了比卡尔曼滤波器更为通用的最优估计技术。与卡尔曼滤波器不同，贝叶斯方法可适用于任意的概率分布，而不仅是高斯分布。它可以对多模态分布进行计算，并且能够产生相同的多模态特征的结果。例如，在位置估计中，贝叶斯方法具有计算机器人全工作空间概率场的能力。利用此类技术，甚至可以让我们在高度模糊的环境中捕捉细微的线索，以最终确定机器人所处的具体位置。

5.4.1 定义

令A和B是两个随机事件，需要研究其发生概率。先假设它们为离散变量。例如，事件A表示一个随机选择的软心糖豆的颜色值。用$P(A)$表示事件A发生的概率，即“事件A发生了”这一命题为真的可能性。对于任意事件A，定义$0\leqslant P(A)\leqslant 1$。同时，将事件$A$没有发生的命题记作事件$\bar{A}$。根据概率定义，有：

$$P(\bar{A})=1-P(A)$$

事件A的发生比记作$O(A)$，表示预期事件A发生的次数与事件A不会发生的次数之间的比率，即

$$O(A)=\frac{P(A)}{P(\bar{A})}=\frac{P(A)}{1-P(A)}=\frac{1-P(\bar{A})}{P(\bar{A})}$$

抛硬币得到硬币正面的发生比为1/1（写为1:1），而从装有数量相等的红、绿、蓝三种颜色软心糖豆的包中，拿到红色软心糖豆的发生比为1:2。因此，如果已知$P(A)$、$P(\bar{A})$、$O(A)$这三个量中的任意一个，就一定能够确切地得知另外两个量。

1. 两个随机变量

对于两个随机变量，则两个随机变量中的任意一个发生的概率如下：

$$P(A\vee B)=P(A)+P(B)-P(A\wedge B) \tag{5.134}$$

上式中最后一项删除了所有重复计算的A、B发生
346 概率，即A、B同时发生的概率。其中的符号$\vee$表示“或”，而符号$\wedge$表示“与”。当A和B所代表的命题是随机对象在一个指定集合中取值时，上式中第三项的必要性就很清楚了。参考图5-40，在实验中，将在矩形中随机选择任意一个点，假设点落在某区域的概率与每个区域的面积成正比。

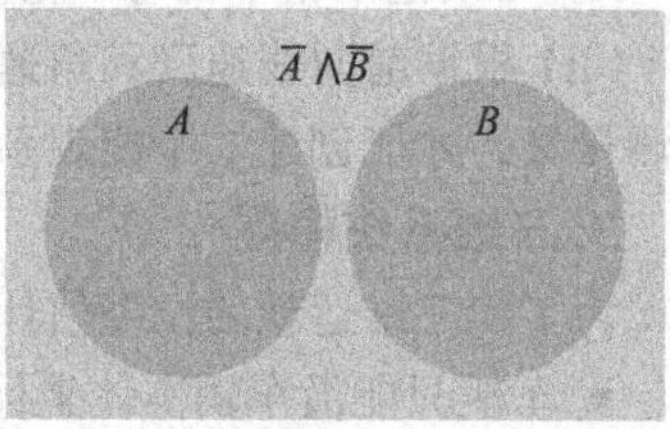

图 5-40　**韦恩图。**该图以一种直观的方式使集合及其相关概率可视化

如果这两个事件是相互排斥的，那么有：

$$P(A\vee B)=P(A)+P(B) \tag{5.135}$$

如果圆圈不重叠，就会发生这种情况。当事件A和事件B彼此相互独立时，可以很容易计算出两者都发生的概率：

$$P(A \wedge B) = P(A) \cdot P(B) \tag{5.136}$$

用以下两种方式重写上面的结论，得到：

$$P(A) = \frac{P(A \wedge B)}{P(B)}$$

$$P(B) = \frac{P(A \wedge B)}{P(A)}$$

对于连续型随机变量 x，概率质量函数（pmf）$P(A)$ 的等价形式是概率密度函数（pdf）$p(x)$。将概率密度函数在某一特定区域内积分，就能获得概率：

$$P(a < x < b) = \int_a^b p(x)\mathrm{d}x$$

请注意，当域为离散时，使用大写的 P 表示，而小写的 p 表示域为连续的。将这两种类型的函数统称为分布。

2. 条件概率

参见图 5-41。当两个圆重叠时，A 中的任意一点同时也在 B 中的概率是有限的，反之亦然。当有两个随机变量时，可以讨论在 B 已经发生的前提下，A 事件发生的概率。这个条件概率可表示为 $P(A|B)$，读作"在事件 B 发生的条件下，事件 A 发生的概率"。这是一个用于机器人技术的核心概念，因为当把传感器观测建模为随机过程时，就需要考察"在机器人处于某种特定状态的条件下，传感器产生某观测结果的概率"。

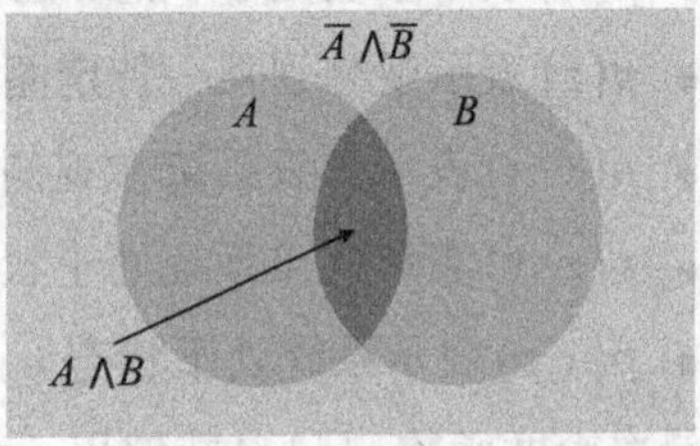

图 5-41　**直观表示贝叶斯法则的韦恩图**。如果一个随机点落在 B 圆内，那么它同时也在 A 圆内的概率是多少

当这两个变量是相互独立的时候，条件概率可化简为"无条件"概率：

$$P(A|B) = P(A)$$

因为事件 A 实际上完全不依赖于事件 B。例如，排他性是一种极端的依赖形式。如果 A 和 B 是互斥的，那么 $P(A|B)$ 为零；B 为真，即可得 A 为假。

对于存在依赖的情况，可以这样理解：假设事件 B 已经发生，这在某种程度上会改变我们对事件 A 发生的概率的估计。例如，一个人更有可能从当地餐厅的某一位特定的服务生那里，得到一个装满咖啡的咖啡杯。当一个变量为固定的时候，无论另一个变量如何取值，其条件概率都必须是互补的，也就是：

$$P(A|B) + P(\neg A|B) = 1$$

适用于 B 为任意值的情况。但是 $P(A|B) + P(A|\neg B)$ 通常可以取 0 ～ 2 之间的任意值。 347

3. 解释

可以用条件概率对下列几种情况进行建模。

1）**分段实验**。在分段实验中，一个变量在另一个变量之前被抽样。例如，假设 $P(B)$ 是指选择某一特定软心糖豆桶的概率，而 $P(A)$ 表示从任意桶中选择一颗红色软心糖豆的概率。在这种情况下，$P(A|B)$ 表示从标记为 B 的某一特定桶中挑出红色软心糖豆的发生概率。

2）**联合概率密度函数的切面**。在离散型随机变量的情况下，$P(A|B)$ 的含义与联合概率质量函数 $P(A,B)$ 的含义有很大不同。其中 $P(A,B)$ 是指每一个可能的 (A,B) 对的发生概率。与之相类似，对于连续型随机变量，$p(x,y)$ 表示一个曲面，而 $p(x|y)$ 是通过该表面在某一特定值 y 处的一个切片（切面）。为使其包含一个单位面积，该切面被重新归一化处理（通过缩放）(如图 5-42 所示)。

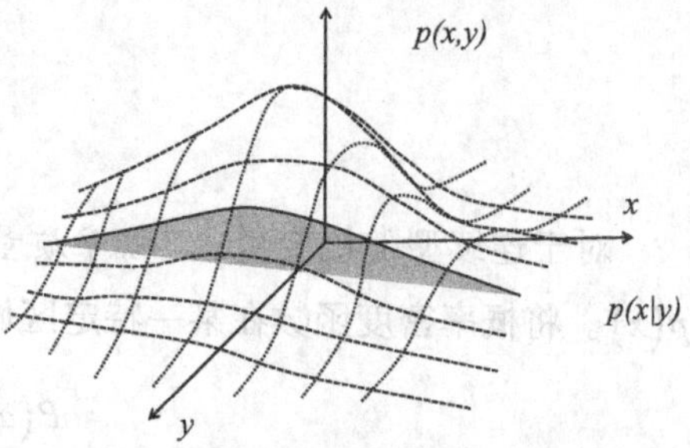

图 5-42　**联合概率与条件概率。**条件概率实质上是通过联合概率曲面的一个切片

这解释了所谓的条件概率：变量 y 不再被认为是随机变量——因为它的值是已知的，进而，新的分布 $p(x|y)$ 确定性地取决于变量 y。

3）**估计过程**。现在转而讨论连续型随机变量，用系统状态符号 x 标识事件 A，观测符号 z 标识事件 B。于是，几种常见的典型概率密度可表示如下：

- $p(x)$ 表示系统处于状态 x 的概率；
- $p(z)$ 表示观测到某一特定测量值的概率；
- $p(x|z)$ 表示假设系统在观测到测量值 z 的条件下，系统处于 x 状态的概率；
- $p(z|x)$ 表示假设系统处于状态 x 的情况下，观测到测量值 z 的概率；
- 348 $p(x,z)$ 表示系统处于状态 x，并且同时观测到测量值 z 的概率。

概率密度函数 $p(x|z)$ 能够以一种非常明了的方式，跟踪每个可能状态的概率，从而实现对系统状态的估计。通常用先验概率 $p(x)$ 来表示当前状态知识，密度 $p(z)$ 表示某种新的证据或信息。此外，可以将 $p(x|z)$ 视为对知识的诊断，而 $p(z|x)$ 通常可视为一种因果内涵关系——而且它通常更易于获得。例如，因果概率模型与前向感知模型之间具有密切的联系。

4. 全概率和边缘概率

如果有一组彼此相互排斥的完备事件群 $B_1,\cdots,B_n$，所有事件的并集是整个样本空间（必然事件）。如果它们中的某个（未知）事件发生，则在这种条件下，事件 A 发生的概率可根据下式计算：

$$P(A|B_1,\cdots,B_n)=P(A|B_1)P(B_1)+P(A|B_2)P(B_2)+\cdots+P(A|B_n)P(B_n)$$

这是*全概率公式*的一个版本。在连续情况下，我们有：

$$p(x|a<z<b)=\int_a^b p(x|z)p(z)\mathrm{d}y$$

可以把这个过程想象为：将 z 维上的分布“积分”，然后将得到的体积值投影到包含 x 轴的平面上。这一过程被称为*边缘化*。所得到的分布相对于原始分布在维度上进行了缩减，实际上进行了降维操作，由此产生的这种相对于原始分布的降维分布称为*边缘分布*。任何忽略了真实概率依赖参数的分布，都是更高维分布的边缘分布。

5.4.2　贝叶斯法则

再次考察图 5-41 所示的韦恩图。假设知道事件 B 已经发生，即一个随机选择的点落在某一标记为B的圆形区域内的某个确定位置。假设我们想知道事件A在事件B发生的条件下的概率。很显然，考虑到事件B已经发生，现在只有当$A \wedge B$发生时，事件A才会发生。因此，考虑到在事件B已经发生的情况下，事件A发生的概率是图中右边两个区域的比率：

$$P(A|B)=\frac{P(A \wedge B)}{P(B)} \tag{5.137}$$

这就是所谓的贝叶斯法则，从现在开始，将在本节中广泛地使用这一法则。当点在A圆内的某个位置时，相应地，也有：

$$P(B|A)=\frac{P(A \wedge B)}{P(A)} \tag{5.138}$$

349

由此，根据公式（5.137）和公式（5.138），消除公共表达式$P(A \wedge B)$可得：

$$P(A)\times P(B|A)=P(B)\times P(A|B) \tag{5.139}$$

整理公式（5.139），得到贝叶斯法则的另一种常见形式：

$$P(A|B)=\frac{P(B|A)}{P(B)}\times P(A) \tag{5.140}$$

聚焦信息 5.7 贝叶斯法则

贝叶斯法则说明了事件A和事件B在条件概率中角色的转换。称$P(A)$为事件A的先验或先验概率——它是基于不了解事件B的情况下，事件A的发生概率。$P(A|B)$因为由B的取值确定，所以被称作A的后验或后验概率。它是已知事件B发生后，事件A的条件概率。

在后面，将使用如下所示的约定符号表示估计量：

$$p(x|z)=\frac{p(z|x)}{p(z)}\times p(x)$$
$$P(X|Z)=\frac{P(Z|X)}{P(Z)}\times P(X) \tag{5.141}$$

1. 归一化

对于贝叶斯法则右侧两个分母中出现的边缘分布$p(z)$，利用全概率定理来计算通常比较方便。

$$p(z)=\int_{-\infty}^{\infty}p(z|x)p(x)\mathrm{d}x=\int_{-\infty}^{\infty}p(z,x)\mathrm{d}x$$
$$P(Z)=\sum_{\text{对于所有的}X}P(Z|X)P(X)=\sum_{\text{对于所有的}X}P(X \wedge Z) \tag{5.142}$$

然后，贝叶斯法则将条件概率与联合概率和先验概率相关联：

$$p(x|z)=\frac{p(z,x)}{p(z)}$$

$$P(X|Z)=\frac{P(X\wedge Z)}{P(Z)} \tag{5.143}$$

贝叶斯法则的前一种形式（公式（5.141）），是计算在状态X中Z很可能被观测到的次数，相对于Z在任何状态下可能被观测到的次数的比例。请注意，尽管我们可能对x和z取特定值的$p(x|z)$更感兴趣，但计算公式（5.143）中的分母时，要求满足对于x的所有取值，$p(x)$都已知。

350 例如，再次考察盛有软心糖豆的一组圆桶。联合概率$P(X\wedge Z)$表示观测为Z并且同时状态为X的概率（并不是已知状态为X的前提下观测到Z）。拿到一粒绿色软心糖豆，"它来自第一个桶"的概率，不同于"已知软心糖豆取自第一个桶时"，拿到一粒绿色软心糖豆的概率。第一种情况下，软心糖豆取自哪个桶是随机的，再计算其来自第一个桶的概率。

请注意，许多文献定义了归一化函数：

$$\eta(z)=\frac{1}{p(z)} \quad 或 \quad \eta(Z)=\frac{1}{P(Z)}$$

2. 应用实例：博物馆导游

托马斯（Thomas）是一个博物馆导游机器人，该机器人的命名是为了纪念在实际运作过程中所使用的功能强大的估计理论的鼻祖。托马斯必须应对高强度的背景噪声、模棱两可的人类行为、嘈杂的不精确感知感测，以及质量异常低下的运动控制和估计系统。尽管存在这些挑战，但是托马斯已经做好了充分的准备（可以反转条件概率分布），并且拥有敏锐的头脑（强大的处理器）。

我们的机器人面临的第一个问题是：估计是否有人已经进入房间，以确定是否应该发起问候行为。为了简洁起见，我们用变量的值来指示所提到的变量，于是：

$$P(X=\text{visitor})\leftrightarrow P(\text{vis})$$
$$P(X=\neg\text{visitor})\leftrightarrow P(\neg\text{vis})$$
$$P(Z=\text{motion})\leftrightarrow P(\text{mot})$$
$$P(Z=\neg\text{motion})\leftrightarrow P(\neg\text{mot})$$

1）**X的先验**。这个房间在清晨的这个时刻90%的可能是空的：

$$P(\neg\text{vis})=0.9$$

因此房间被占用的先验概率为：

$$P(\text{vis})=0.1$$

于是，先验可以概括在表5-3中。

表5-3　X的先验

X	$P(X)$
vis	0.1
¬vis	0.9

2）**传感器模型**。机器人拥有声呐传感器阵列，可以在机器人停止运动期间将其作为运动探测器。它通过检查测量值的变化来感测运动。机器人附近有一个大风扇，吹的风在超声波的探测范围内，从而形成测量噪声，破坏了声呐的测量结果。因此，声呐在正确的时间探测到运动的概率很高，但并不完全一致：

$$P(\text{mot} \mid \text{vis}) = 0.7$$ 351

很显然，在这种情况下，检测不到运动的概率一定是：

$$P(\neg\text{mot} \mid \text{vis}) = 0.3$$

这种不寻常的假阴性漏检概率，在一定程度上也是由于挂在墙上的那些绘画作品，因为许多游客是静静地站在那里欣赏博物馆展出的艺术品。在购物中心，虽然风扇运行产生的噪声相同，但是 $P(\neg\text{mot} \mid \text{vis})$ 会更低（且 $P(\text{mot} \mid \text{vis})$ 则会相应更高）。这一分析指出了有多少因素影响了这些概率，以及它们彼此之间如何相互关联。

此外，还需要知道当房间里没有游客光临时，由于将风扇的噪声错误地记录为游客，而检测到运动的概率为：

$$P(\text{mot} \mid \neg\text{vis}) = 0.6$$

这一概率值并不比实际确有游客光临的情况低很多，因为风扇在运行过程中产生的噪声相当高。因此，传感器模型可以总结为表 5-4 所示。

表 5-4 传感器模型 $P(Z|X)$

		Z	
		mot	¬ mot
X	vis	0.7	0.3
	¬vis	0.6	0.4

3）**处理第一次测量**。现在假设：传感器产生了第一个运动探测读数 Z_1，目标是计算后验概率 $P(X \mid Z_1)$，即在已知传感器读数的情况下，房间处于任意状态的概率。按如下形式使用贝叶斯法则：

$$P(X \mid Z_1) = \frac{P(Z_1 \mid X)}{P(Z_1)} \times P(X)$$

在通常情况下，我们并不针对 Z_1 的两个值分别计算结果，因为测量已经确定了 Z_1 取某一特定值。然而为了方便后续使用，我们在表 5-5 中提供两个值的结果，它们只是将传感器模型的每一行乘以先验概率的相应行中的标量。

表 5-5 第一步得到的未归一化的概率质量函数 $\left[P(Z_1 \mid X) \times P(X)\right]$

		Z	
		mot	¬ mot
X	vis	(0.7)(0.1)	(0.3)(0.1)
	¬vis	(0.6)(0.9)	(0.4)(0.9)

接下来，利用上述概率质量函数表，根据 Z_1 的取值对相应的列求和，计算对应某 Z_1 值的归一化因子：

$$P(Z_1) = \sum_{\text{对于所有的 } x} P(Z_1 \mid X) P(X)$$ 352

尽管通常并不需要针对 Z_1 的两个值计算结果，但为了方便后续使用，我们在表 5-6 中提供了 Z_1 分别取两个值时的计算结果：

表 5-6 归一化因子 $P(Z_1)$

Z_1	$P(Z_1)$
mot	0.61
¬mot	0.39

因为 $P(\neg\text{mot}) = 1 - P(\text{mot})$，所以第二个值可以根据第一个值推导得出，但是这个补码规则只对二进制变量有用。通过将未归一化概率质量函数表中的每一列除以与其相关的归一化因子，即可得后验概率：

$$P(X \mid Z_1) = \frac{\left[P(Z_1 \mid X) \times P(X)\right]}{P(Z_1)}$$

表 5-7 列出了 Z_1 分别取两个值时对应的结果。

表 5-7 第一次得到的后验概率 $P(X|Z_1)$

		Z	
		mot	¬ mot
X	vis	0.11	0.08
	¬vis	0.89	0.92

表 5-7 的第二行可以根据第一行推导得出，但只适用于二进制变量的情况。该表告诉我们，如果传感器检测到运动，则有访问者的概率从 0.1 跳到 0.11；而如果传感器检测不到任何运动，那么其概率将从 0.1 下降至 0.08。假设如果第一个结果被用作传感器第二次读数的先验，那么连续的正读数或负读数，最终会使概率变化至 1 或 0。接下来将讨论这种情况。

5.4.3 贝叶斯滤波

可以用贝叶斯滤波 [17]，以迭代的方式处理连续的观测数据流。假设现在有一个涉及大量观测的实验，本节将分步介绍这种情况。

1. 两个顺序观测

假设有两个观测是按顺序进行的。用下标表示时间，写出第一个测量：

353

$$P(X|Z_1)=\frac{P(Z_1|X)}{P(Z_1)}\times P(X) \tag{5.144}$$

当第二个观测 Z_2 可用时，可以以 $P(X|Z_1)$ 为先验概率，再次使用贝叶斯法则：

$$P(X|Z_1,Z_2)=\frac{P(Z_2|X,Z_1)}{P(Z_2|Z_1)}P(X|Z_1) \tag{5.145}$$

遵循机器人技术中的标准表示符号，我们使用符号 A、B 而不是 $A\wedge B$。在实际应用中，使用马尔可夫（Markov）假设有利于简化问题：当 X 已知时，事件 Z_2 独立于事件 Z_1（即 Z_2 与 Z_1 无关）。这意味着：

$$P(Z_2|X,Z_1)=P(Z_2|X)$$

因此，法则变成：

$$P(X|Z_1,Z_2)=\frac{P(Z_2|X)}{P(Z_2|Z_1)}P(X|Z_1) \tag{5.146}$$

我们不能得出这样的结论：当状态未知时，观测彼此之间是相互独立的：

$$P(Z_2|Z_1)=P(Z_1)P(Z_2) \quad \text{错！}$$

实际上，利用确定的传感器模型 $P(Z|X)$ 和最新估计 $P(X|Z_1)$，就已经可以确定真正的关系 $P(Z_2|Z_1)$：

$$P(Z_2|Z_1)=\sum_{\text{对于所有的}x}P(Z_2|X,Z_1)P(X|Z_1)=\sum_{\text{对于所有的}x}P(Z_2|X)P(X|Z_1)$$

2. 两个连续观测

假设两个独立的观测是同时进行的，且测量数据在同一“批次”中进行处理。在这种情况下，在贝叶斯法则公式中，这两个观测值会在表示条件的竖线两侧同时切换：

$$P(X|Z_1,Z_2)=\frac{P(Z_1,Z_2|X)}{P(Z_1,Z_2)}P(X) \tag{5.147}$$

如果事件Z_1与事件Z_2相互独立（无关），那么可得：

$$P(Z_1,Z_2|X)=P(Z_1|X)P(Z_2|X)$$
$$P(Z_1,Z_2)=P(Z_1)P(Z_2) \tag{5.148}$$

因此，更新法则的批处理形式采用如下格式：

$$P(X|Z_1,Z_2)=\left[\frac{P(Z_1|X)}{P(Z_1)}\right]\left[\frac{P(Z_2|X)}{P(Z_2)}\right]P(X)$$

接下来，应用贝叶斯法则的原始形式（公式（5.141）），把右侧的两个条件概率反转，可得：

$$P(X|Z_1,Z_2)=\left[\frac{P(X|Z_1)}{P(X)}\right]\left[\frac{P(X|Z_2)}{P(X)}\right]P(X) \tag{5.149}$$ 354

3. 应用实例：博物馆导游（第二次测量）

第二次测量可以使用更一般的法则来处理。我们现在的目标是在已知两个传感器读数顺序的情况下，计算后验概率$P(X|Z_1,Z_2)$，以确定处于任意状态的概率。使用如下所示的形式：

$$P(X|Z_1,Z_2)=\frac{P(Z_2|X)}{P(Z_2|Z_1)}P(X|Z_1)$$

现在，如果Z_2来自于同一个传感器，则条件概率$P(Z_2|X)$采用相同的传感器模型。在通常情况下，我们并不需要针对序列Z_1、Z_2的所有可能值计算相应的结果。但是，在表5-8中提供了Z_2两种取值相应的结果：第二次运动读数检测到或检测不到任何运动。表5-8简单地将传感器模型的每一行，乘以由第一次读数计算出的联合概率$P(X|Z_1)$的相应行中的标量。

表 5-8　第二个未归一化的概率质量函数 $[P(Z_2|X)\times P(X|Z_1)]$

		Z_1Z_2	
		mot^2	$\neg mot^2$
X	vis	0.08	0.02
	¬vis	0.53	0.37

接下来，利用上述联合分布表，根据Z_2的取值对相应的列求和，计算对应某Z_2值的$Z_2|Z_1$归一化因子：

$$P(Z_2|Z_1)=\sum_{\text{对于所有的}x}P(Z_2|X)P(X|Z_1)$$

通常，并不需要计算序列Z_1、Z_2的所有可能值的对应结果。但是，在表5-9中计算了Z_2两种取值相应的结果：第二次运动读数检测到或检测不到任何运动。该表与上次相比没有发生任何变化，只有两个有效数字。

表 5-9　归一化因子 $P(Z_2|Z_1)$

Z_1, Z_2	$P(Z_2\|Z_1)$
mot^2	0.61
$\neg mot^2$	0.39

后验概率再次为：

$$P(X|Z_1,Z_2)=\frac{[P(Z_2|X)\times P(X|Z_1)]}{P(Z_2|Z_1)}$$

通过将未归一化表中的每一列除以对应的归一化因子，计算得到后验概率。于是，对于

355 Z_2的两个值，计算结果如表 5-10 所示。

该表意味着，如果传感器连续两次探测到运动，那么房间内有客人的概率从 0.1 提高至 0.13；而如果传感器连续两次探测不到任何运动，那么房间内的访客概率将从 0.1 下降至 0.06。

表 5-10 第二次观测后的后验概率

$P(X \mid Z_1, Z_2)$

		Z_1, Z_2	
		mot^2	$\neg mot^2$
X	vis	0.13	0.06
	¬vis	0.87	0.94

如果重复这一过程，数字会不断发生变化，如图 5-43 所示。在任何时间点，房间状态的估计可以根据极大似然估计——即最高概率状态——取$P(\text{vis} \mid Z_{1,n})$和$P(\neg\text{vis} \mid Z_{1,n})$这两者之间的较大值来确定。根据最开始假定的先验概率，在能利用这一规则确定房间内有访客之前，需要检测到大约 15 个直接的运动读数。这是因为根据传感器模型，传感器几乎不能从噪声中提取信号；同时，根据先验模型，不太可能从一开始就有访客。有运动以及无运动的顺序观测值，将分别向上和向下推动概率变化。

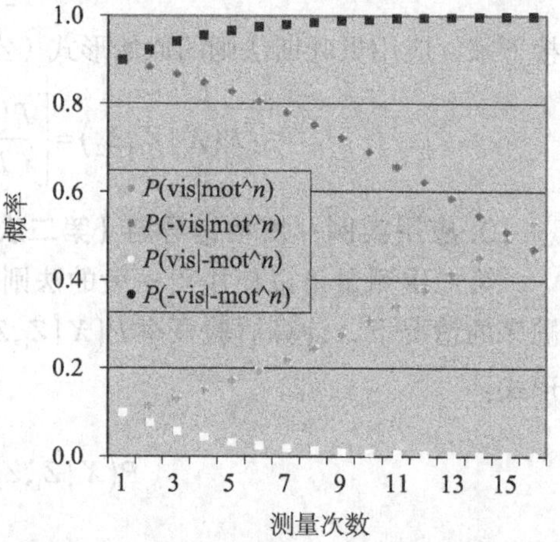

图 5-43 **贝叶斯访客检测**。该图表明了对于房间占用情况初始假设的贝叶斯访客检测算法的效果。其中展示了两种情况——运动探测器反复检测到以及没检测到运动的情况。经过连续 16 次检测到运动，才能推翻先验估计——"房间是空的"

4. 多重顺序观测

上述结果很容易一般化。如果把到当前时刻为止所获得的所有证据都表示为：

$$Z_{1,\dots,n} = Z_1, Z_2, \cdots, Z_n$$

那么公式（5.145）通常可以写成递归形式：

$$P(X \mid Z_{1,\cdots,n}) = \frac{P(Z_n \mid X, Z_{1,\cdots,(n-1)})}{P(Z_n \mid Z_{1,\cdots,(n-1)})} P(X \mid Z_{1,\cdots,(n-1)})$$

356

根据马尔可夫假设，那么将有：

$$P(X \mid Z_{1,\cdots,n}) = \left[\frac{P(Z_n \mid X)}{P(Z_n \mid Z_{1,\cdots,(n-1)})}\right] P(X \mid Z_{1,\cdots,(n-1)}) \tag{5.150}$$

其中的分母为：

$$P(Z_n \mid Z_{1,\cdots,(n-1)}) = \sum_{\text{对于所有的}x} P(Z_n \mid X, Z_{1,\cdots,(n-1)}) P(X \mid Z_{1,\cdots,(n-1)})$$

再次运用马尔可夫假设，上式可表示为：

$$P(Z_n \mid Z_{1,\cdots,(n-1)}) = \sum_{\text{对于所有的}x} P(Z_n \mid X) P(X \mid Z_{1,\cdots,(n-1)}) \tag{5.151}$$

专栏 5.6 递归贝叶斯更新

如下所示是基于观测序列，以递归方式更新条件概率密度所需要的公式。新的观测值以下列方式被融合进系统：

$$P(X \mid Z_{1\cdots n})=\left[\frac{P(Z_n \mid X)}{P\left(Z_n \mid Z_{1,\cdots,(n-1)}\right)}\right]P\left(X \mid Z_{1,\cdots,(n-1)}\right)$$

其中，归一化算子为：

$$P\left(Z_n \mid Z_{1,\cdots,(n-1)}\right)=\sum_{\text{对于所有的}x} P(Z_n \mid X)P\left(X \mid Z_{1,\cdots,(n-1)}\right)$$

通过将每一个之前的估计代入下一次计算，可以将递归计算展开，其结果如下：

$$P(X \mid Z_{1,\cdots,n})=\left\{\prod_{k=1}^{n}\left[\frac{P(Z_k \mid X)}{\sum\limits_{\text{对于所有的}x} P(Z_n \mid \mathrm{X})P\left(X \mid Z_{1,\cdots,(n-1)}\right)}\right]\right\}P(X) \tag{5.152}$$

其中大 π 符号 $\prod$ 表示乘积，正如大 Σ 符号 $\sum$ 表示求和。但是在实际应用中，通常按照接下来讨论的方式递归地使用这些公式。

5. 多重同步观测

前面介绍的关于两个同步观测的结论，很容易一般化。如果一次同时有 n 个观测数据可用，在贝叶斯法则中，可以将它们在条件竖线两边同时切换：

$$P(X \mid Z_{1,\cdots,n})=\frac{P(Z_{1,\cdots,n} \mid X)}{P(Z_{1,\cdots,n})}P(X)$$ 357

如果所有从 Z_1 到 Z_n 的事件都是相互独立的，那么可以这样表示：

$$P(Z_{1,\cdots,n} \mid X)=P(Z_1 \mid X)P(Z_2 \mid X)\cdots P(Z_n \mid X)$$

$$P(Z_{1,\cdots,n})=P(Z_1)P(Z_2)\cdots P(Z_n)$$

因此，更新法则的批处理形式为：

$$P(X \mid Z_{1,\cdots,n})=\left[\frac{P(Z_1 \mid X)}{P(Z_1)}\right]\left[\frac{P(Z_2 \mid X)}{P(Z_2)}\right]\cdots\left[\frac{P(Z_n \mid X)}{P(Z_n)}\right]P(X)$$

接下来，应用贝叶斯法则的原始形式（公式（5.141）），将等号右侧的所有条件概率倒置，可得：

$$P(X \mid Z_{1,\cdots,n})=\left[\frac{P(X \mid Z_1)}{P(X)}\right]\left[\frac{P(X \mid Z_2)}{P(X)}\right]\cdots\left[\frac{P(X \mid Z_n)}{P(X)}\right]P(X) \tag{5.153}$$

聚焦信息 5.8 批处理形式的贝叶斯更新

这是基于一批同步独立测量，以更新条件概率密度所必需的公式。

6. 贝叶斯滤波的标准形式

按照传统，通常会定义“置信度函数”：

$$\mathrm{Bel}(X_n)=P(X \mid Z_{1,\cdots,n})$$

还有归一化因子：

$$\eta\left(Z_{1,\cdots,n}\right) = \left\{P\left(Z_n \mid Z_{1,\cdots,(n-1)}\right)\right\}^{-1}$$

在实际应用中，只处理实际的观测序列；同时，η是一个标量，而不是关于每个可能序列$Z_{1,n}$的函数。回顾上一个示例可以发现，涉及状态的循环有三个。分析依赖关系，很显然前两者可以合并。基于此，算法5.2给出了贝叶斯估计算法的实现过程。

算法5.2　贝叶斯滤波。 贝叶斯滤波持续将证据纳入置信度函数。在任意时刻，置信度函数都可以用来计算出关联状态的最优估计

```
01    algorithm BayesFilter(Bel(X),Z)
02        η⁻¹ ← 0
03        for all x
04            Bel'(X) ← P(Zₙ|X) · Bel(X)
05                η⁻¹ ← η⁻¹ + Bel'(X) //accumulate normalizer
06        endfor
07        for all x do Bel'(X) ← η⁻¹ · Bel'(X) // normalize
08        return Bel'(x)
```

5.4.4 贝叶斯建图

如果前面提到的博物馆机器人决定四处走动，比如说迎接来访的游客，它可能需要跟踪周围的物体（人物、陈列柜）。贝叶斯滤波可用于构建包含瞬态对象和持久对象在内的环境地图。有时候，机器人在移动之前，就已经配备了环境地图；而有时，机器人必须构建地图，或至少在第一次进入环境时需要构建地图。在动态环境中，机器人可能会持续地定期对地图进行更新。对于本节将要介绍的内容，我们假定机器人能够确定自身的位置和方向，并尝试使用有严重噪声的声呐距离传感器构建博物馆地图。

1. 证据栅格

占据栅格是一种证据（也称为确定度）网格。它们是机器人环境的离散化表示，其中每个单元栅格包含被墙、固定物品或移动物体占用的概率信息。除了追踪随时间推移而不断变化的证据之外，它们还保留了在空间上的概率信息。本质上，栅格中的每个单元都是一个单独的贝叶斯滤波器。

最初提出的证据栅格，是作为处理声呐测距的角分辨率低的一种机制。由于声呐的波束较宽，用声呐传感器来为机器人构建高分辨率的世界模型是极其困难的。例如，如图5-44所示，物体的方位不能由单个距离读数确定。

但是，原则上，如果在两个不同的有利位置进行观测，获得两个距离读数，那么就可以根据以传感器位置为中心、以恒定距离为半径的两个圆的交点，准确确定物体的位置（如图5-45所示）。然而，实际的物体并非仅仅是一个点，因此不仅需要确定物体的位置，还需要了解它的空间延伸范围。

结果表明，上述思想也可以用来恢复物体在空间延伸的范围。其基本思想是，每个传感器的读数对物体的位置及其空间延伸范围，都提供一定程度的约束，所有这些约束联合起来，共同表示该物体最有可能的状态。一般情况下，环境不仅仅由物体组成，还包括概率场，例如，可表示任意信息的证据栅格。

2. 贝叶斯滤波器组

我们把讨论局限于证据栅格，并对这些栅格进行编码，以表示特定单元格的被占用概

率。通过采用这种概率模型，可以根据低分辨率传感器的信息，如声呐和雷达，恢复对实际环境的详尽描述。

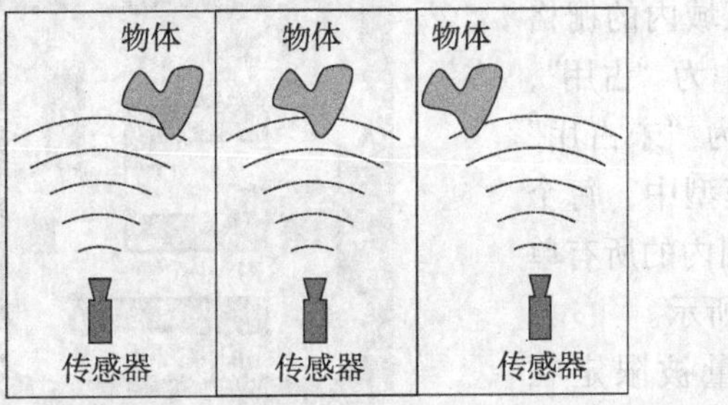

图 5-44 **声呐角分辨率**。物体能够反射声音能量，据此可以确定发射源到物体之间的距离。但是物体所处的具体方位无法唯一确定，如上图所示的这三种情况都产生相同的距离读数

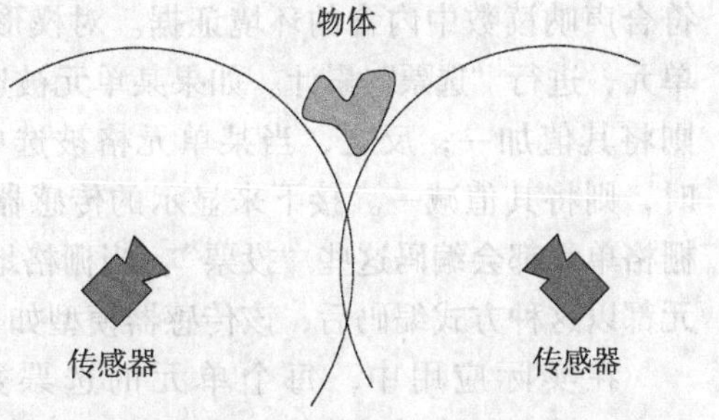

图 5-45 **三角测距**。根据来自不同观测位置的两个距离读数可以限定物体的空间位置

在实现证据栅格建图算法时，需要两个要素——传感器模型与更新规则。每当获取传感器读数后，将根据传感器模型确定视场内的哪些单元格被更新，并明确与地图中该位置已有值相融合的确信度值（用于表示该区域内存在障碍物的可能性）；之后，更新规则确定融合算法。

下文中，将针对如图 5-46 所示博物馆大厅地图，按照复杂度从低到高的顺序，介绍四种不同的地图构建方案。在该大厅空间中，每边的边长为 16 米。在所有建图过程中，都会使用由 32 个声呐组成的环形模拟量超声波传感器组。在高反射性的环境中，为机器人配置大量声呐，能提高机器人在任意位姿状态下收到回波的可能性。32 个读数为一组，在获得两组读数的时间间隔里，机器人的运动距离被限定在 0.25 米以内。

1）**解决方案 1：具有累积更新规则的理想传感器**。假定有一个理想的声呐（即超声波）传感器，它会沿每条射线，精确地返回从传感器到第一反射表面的距离，并且对视野内物体和墙壁的偏角信息不敏感。该传感器的读数包含两个方面的信息：第一，有物体位于测量范围内的某一位置；第二，在距离相对较近的任意位置处不存在任何物体。

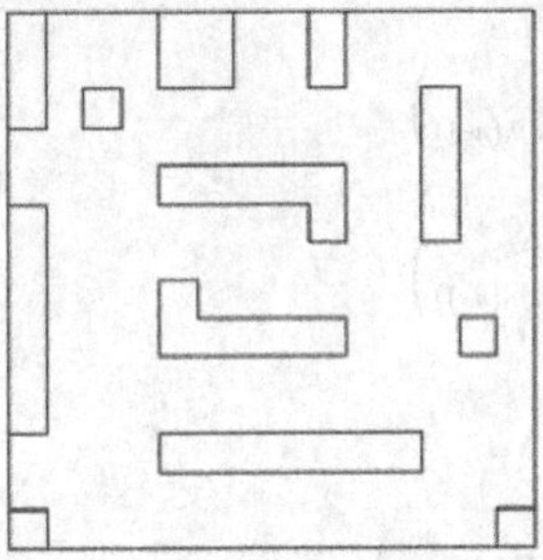

图 5-46 **博物馆走廊**。在这个二维环境中，黑色线条表示实体墙的俯视投影。它们为后续实验提供了真实地图参考

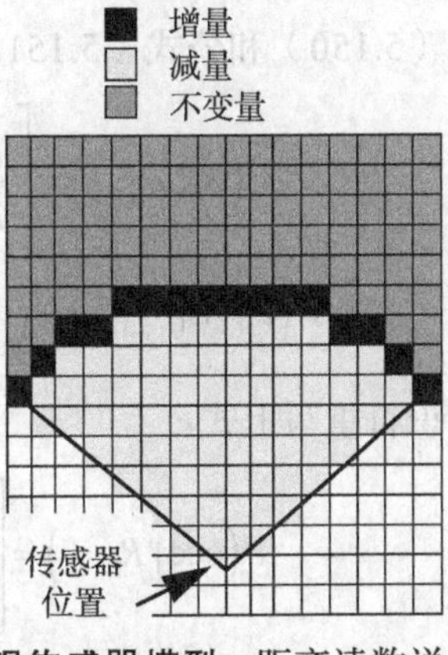

图 5-47 **直观传感器模型**。距离读数说明：在指定距离处存在一个或多个障碍物，且障碍物位于传感器波束宽度圆弧（圆弧以传感器位置为中心）上的某一位置处

360 在第一个算法（如图 5-47 所示）中，将处理一个距离和角度范围与传感器读数一致的楔形区域。楔形区域内的每一个栅格单元都会被更新，以符合声呐读数中内含的环境证据。对楔形区域内的栅格单元，进行“选票”累计。如果某单元被选中为“占用”，则将其值加一；反之，当某单元格被选中为“未占用”时，则将其值减一。接下来显示的传感器模型中，每个栅格单元都会编码这些“投票”。当栅格地图内的所有单元都以这种方式编码后，该传感器模型如下所示。

图 5-48 **直观模型的结果**。尖转角点的标识效果不好，虽然其定义不是很准确，但地图总体上可识别

在实际应用中，每个单元的选票数量被限定在 0 ～ 10 之间；声呐的楔形宽度与传感器的波束宽度一致。图 5-48 给出了这种方法的结果。图中的地图质量还很不完善。角点反射导致墙壁的定位效果很差；而更新规则的低保真度，使得一些最初被认为处于占用状态的单元格，之后又被认为处于未占用状态。

2）**解决方案 2：采用结合贝叶斯更新规则的理想传感器**。为了改进更新规则，可以考虑将最大投票数量扩展至无穷大，这样可以消除由于将投票数限制在 0 ～ 10 的有限范围，而造成的信息丢失。为此，可以用浮点数表示单元格的占用状态。这里用 0 ～ 1 之间的浮点数来表示单元格的占用概率。令 $P(\text{occ})$ 表示一个单元格的占用概率，接下来就可以利用贝叶斯法则来融合声呐测量。此外，假设任意两个单元的占用概率是相互独立的，也就是说：

$$P\left(\text{occ}\left[x_i, y_i\right] \mid \text{occ}\left[x_j, y_j\right]\right) = P\left(\text{occ}\left[x_i, y_i\right]\right) \qquad i \neq j$$

根据该假设，设想存在这样一个贝叶斯滤波器组，地图中的每个单元格中都对应一个滤波器，每个滤波器都独立运行，而不考虑其相邻区域的滤波器的状态。令 X 表示单元格的占用状态，Z 表示机器人在非特定位置获得的声呐测量值。由于 X 只有两个可能的取值（占用和未被占用），如果知道了其中的一个就可以确定另外一个，所以在每个栅格单元中，只要保存单个 $P(\text{occ})$ 信息就足够了。此外，令 r_k 表示在时间步 k 时的距离值，而 $R_{1,k}$ 表示到目前为止的所有距离值。

回顾公式（5.150）和公式（5.151）：

$$P\left(X \mid Z_{1,\cdots,n}\right) = \left[\frac{P\left(Z_n \mid X\right)}{P\left(Z_n \mid Z_{1,\cdots,(n-1)}\right)}\right] P\left(X \mid Z_{1,\cdots,(n-1)}\right)$$

$$P\left(Z_n \mid Z_{1,\cdots,(n-1)}\right) = \sum_{\text{对于所有的}x} P\left(Z_n \mid X\right) P\left(X \mid Z_{1,\cdots,(n-1)}\right) \qquad (5.154)$$

361

用新的约定标识符重写上式：

$$P\left(\text{occ} \mid R_{1,\cdots,k}\right) = \left[\frac{P\left(r_k \mid \text{occ}\right)}{P\left(r_k \mid R_{1,\cdots,(k-1)}\right)}\right] P\left(\text{occ} \mid R_{1,\cdots,(k-1)}\right)$$

$$P\left(r_k \mid R_{1,\cdots,(k-1)}\right) = \sum_{\text{对于所有的}x} P\left(r_k \mid X\right) P\left(X \mid R_{1,\cdots,(k-1)}\right)$$

在每次更新中，归一化参数只是两个乘积的加和。尽管已经很简便，不过还可以用一个巧妙的技巧来消除分母中的归一化参数。

对于状态的其他取值，有：

$$P\left(\overline{\text{occ}} \mid R_{1,\cdots,k}\right)=\left[\frac{P\left(r_k \mid \overline{\text{occ}}\right)}{P\left(r_k \mid R_{1,\cdots,(k-1)}\right)}\right] P\left(\overline{\text{occ}} \mid R_{1,\cdots,(k-1)}\right)$$

现在，可以看到两个公式中的分母是一样的。将贝叶斯法则的两个版本相除，可以得到：

$$\frac{P\left(\text{occ} \mid R_{1,\cdots,k}\right)}{P\left(\overline{\text{occ}} \mid R_{1,\cdots,k}\right)}=\left[\frac{P\left(r_k \mid \text{occ}\right)}{P\left(r_k \mid \overline{\text{occ}}\right)}\right] \frac{P\left(\text{occ} \mid R_{1,\cdots,(k-1)}\right)}{P\left(\overline{\text{occ}} \mid R_{1,\cdots,(k-1)}\right)}$$

回顾优势比（即比值比或交叉乘积比）的定义：

$$O\left(\text{occ} \mid R_{1,\cdots,k}\right)=O\left(r_k \mid \text{occ}\right) \cdot O\left(\text{occ} \mid R_{1,\cdots,(k-1)}\right) \tag{5.155}$$

这是一个极为高效的更新规则，其中，新的占用概率只是用先前的占用概率乘以以占用为条件的测量值的优势比。当单元确定被占用，即概率值为 1 时，优势比为无穷大；当确定未被占用，即概率值为 0，优势比为 0；占用概率为 0.5 时，优势比为 1。

该规则的使用方式如下：最初存储在单元格中的值记为 $O(\text{occ})$，表示在获得距离读数之前的先验占用概率。该值可以设为 1，表示占用状态未知。但是有一种初始估计会更理想，即根据环境中已知单元格的平均密度确定相对应的占用概率。该估计值可以设为：环境周长除以环境面积的倍数——这两个量都以单元格为单位进行表示。对于本例，初始估计值为 0.05。

传感器模型 $O\left(r_k \mid \text{occ}\right)$ 仍有待确定。对于理想传感器，可以这样考虑：如果单元格离传感器距离为 r_k，且在一个单元范围内，则占用概率大约为 1，否则为零。对于到传感器的距离超出了读数范围的单元格，就认为它们都被较近的单元格挡住了，因此其值保持不变，即：

$$P\left(r_k \mid \text{occ}\right)=\begin{bmatrix} 0.5, & \text{range}(\text{cell})>r_k \\ 1.0, & \text{range}(\text{cell})=r_k \\ 0.0, & \text{range}(\text{cell})<r_k \end{bmatrix}$$

在实际处理中，波束宽度以外的单元格保持不变，同时，为避免除数为 0，将上述概率值中的 1.0 调整至 0.9，0.0 增加到 0.1。图 5-49 给出了使用这种模型得到的结果。归因于正确的初始化过程，这次地图的背景颜色更接近现实情况。但是，角点反射仍然会导致一系列问题。 362

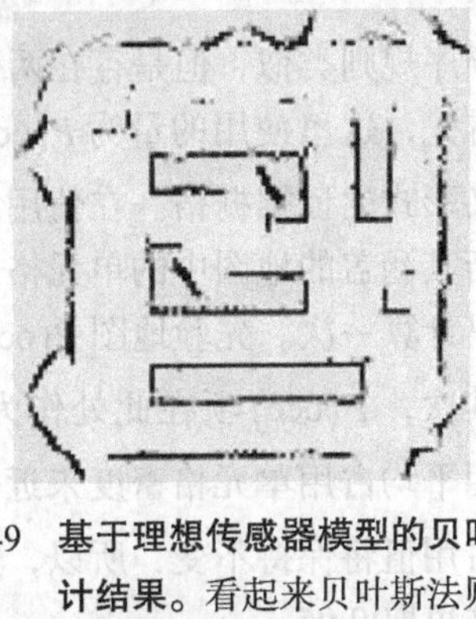

图 5-49 **基于理想传感器模型的贝叶斯估计结果。看起来贝叶斯法则似乎工作得更好一些，但角点问题仍然没有得到很好地解决**

3）**解决方案 3：结合贝叶斯更新法则的高斯传感器模型**。为了改善角点反射问题，必须利用程序体现如下思想：由于波束中心的能量更强，所以当有更多的波束能量集中在波束中心时，位于波束中心的单元格反射的能量也会更强，其距离也更容易获取。在此方案中，随着栅格单元偏

离读数位置和中心轴，让其对应的$P(r_k|\text{occ})$值平滑衰减。令r_k为测距结果；ρ表示传感器到某单元格的距离；θ表示单元格相对于波束中心轴的方位；σ_r和σ_θ分别表示当某一单元格远离测距值和波束中心轴时，占用概率衰减的比例因子。

根据上述条件，可写出传感器的极坐标模型，如下所示：

$$P(r_k|\text{occ})=\begin{bmatrix} 0.5, & \rho>r_k \\ 0.99\exp\left[-\dfrac{1}{2}\left(\dfrac{\theta}{\sigma_r}\right)^2\right], & r_k-\rho<\sigma_r \\ 0.05, & \text{其他} \end{bmatrix}$$

超出读数范围的区域，将栅格值设置为0.5，以确保其值不被影响。楔形内部的先验概率被设置为未占用。

基于该模型的结果如图5-50所示。

4）解决方案4：基于贝叶斯更新规则的高斯传感器地图模型。证据栅格方法也可以用来将两个不同传感器产生的地图合并在一起，或者依次融合已转换为地图形式的声呐数据。这里只研究第二种情况。该方案与方案2和方案3的主要区别在于，不对$P(\text{occ}|r_k)$进行处理，而是处理它的相对量$P(r_k|\text{occ})$。这种方法的主要优点是，无须假设每个单元的值之间是相互独立的（在实际应用中，它们也确实不独立）。

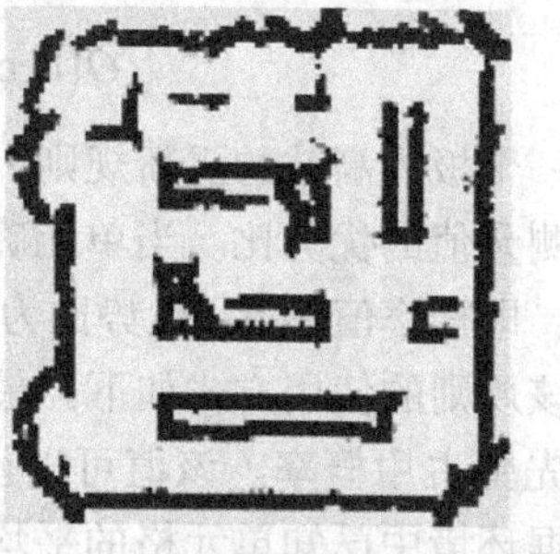

图5-50 **基于高斯传感器模型的贝叶斯估计结果**。探测到的对象不太可能位于远离波束中心的位置，对这一常识进行编程实现，可以得到更准确的地图

363

如前所述，两次独立测量的贝叶斯更新规则的批处理形式（公式（5.149））如下：

$$P(X|Z_1,Z_2)=\left[\frac{P(X|Z_1)}{P(X)}\right]\left[\frac{P(X|Z_2)}{P(X)}\right]P(X)$$

如果定义X表示新得到的占用估计，Z_1是最近的地图估计，Z_2为根据最新的传感器读数生成的地图，那么有：

$$P(\text{occ}|R_{1,\cdots,k})=P(\text{occ}|R_{1,\cdots,(k-1)})\times P(\text{occ}|r_k)/P(\text{occ})$$

这与顺序规则类似，但是存在两个重要区别。

首先，这里使用的量为$P(\text{occ}|r_k)$，而非$P(r_k|\text{occ})$。这是与描述实际环境的栅格具有相同语义形式的证据栅格。在使用它时，必须将传感器地图定位在已有地图栅格上，并用它的值更新其涵盖的地图中的单元格。在这个过程中，非常重要的是要确保栅格地图中的每个单元格只计算一次。先验地图$P(\text{occ}|R_{k-1})$与之前的地图具有相同的形式。

其次，$P(\text{occ})$项在此处作为归一化参数出现。该项用于表示栅格被占用的先验概率，可以用平均占用单元格密度来近似。请注意，当新纳入的地图单元格$P(\text{occ}|r_k)$等于该值时，栅格占用值将保持不变，所以，这说明该值不包含任何信息。栅格的初始占用值就被设为该值，这里取0.05。

操作机器人在大厅内四处移动，然后分析针对所有的可能距离读数建立平均地图，即可

得到传感器地图 $P(\mathrm{occ}\,|\,r_k)$。下面将利用基于直观参数的第一原理构建传感器地图。首先定义函数：

$$p_1 = \begin{bmatrix} 0.05\exp\left[-\frac{1}{2}\left(\frac{\rho - r_k}{\sigma_r}\right)\right] - 0.05(\rho < r_k) \\ 0.0, \rho > r_k \end{bmatrix} \quad p_2 = 0.95\exp\left[-\frac{1}{2}\left(\frac{\rho - r_k}{\sigma_r}\right)^2\right]$$

利用归一化变量 $(\rho - r_k)/\sigma_r$，得到上述函数的和，如图 5-51 所示。接下来，考虑到这样一个事实：距离读数越长，就越容易出现如下所示的多次反射。其模型如下所示：

$$\sigma_r = 2 \times \left(\frac{r_k}{R_{\max}}\right)^2$$

其中 $R_{\max}$ 为传感器最大量程。

然后，使波峰的峰值高度和波谷的深度随距离衰减，以此来表达信息在更远距离处更不确定的事实，其模型可表示如下：

$$p_3 = \exp\left[-6\frac{r_k}{R_{\max}}\right]$$

最后，让整个分布随波束中心轴的角偏置（即零位偏差）衰减，模型如下：

$$p_4 = \exp\left[-\frac{\theta}{\theta_{3dB}}\right]$$ 364

其中 $\theta_{3\mathrm{dB}}$ 为传感器的标称（公称）波束宽度。至此，获得的非归一化分布可由下式给出：

$$P(\mathrm{occ}\,|\,r_k) = (p_1 + p_2) \times p_3 \times p_4 + 0.05$$

通过在传感器地图边界内的每个位置进行采样，再除以概率曲面围成的体积，可以实现归一化。利用此模型实现的建图结果如图 5-52 所示。

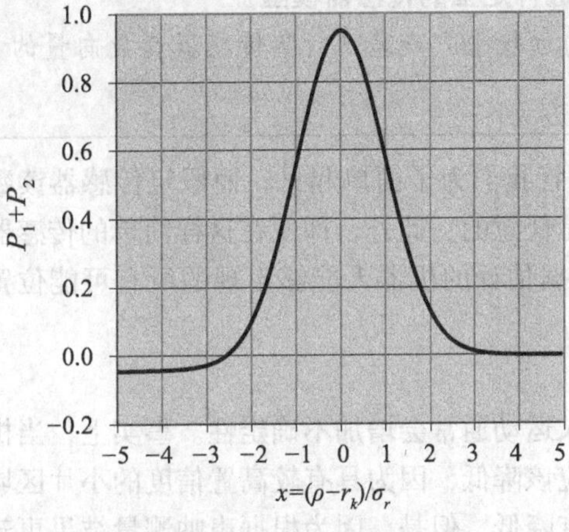

图 5-51 **逆向传感器模型**。该模型采用 $P(\mathrm{occ}\,|\,r_k)$ 的语义形式，即针对传感器读数直接构建地图。在上式的后面加上了值 0.5，以确保它不是负值

图 5-52 **依赖传感器地图模型的贝叶斯估计结果**。把根据距离读数获得的地图 $P(\mathrm{occ}\,|\,r_k)$ 与基础世界模型（地图）融合，得到该地图模型

5.4.5　贝叶斯定位

地图构建的对偶问题是定位。在具备有效地图的假设下，前述的博物馆导游机器人可以利用贝叶斯估计进行定位。从该问题的两个组成部分来看，它与卡尔曼滤波的形式相同——利用地图进行位姿修正，在两次位姿修正中间考察运动情况。针对这两个问题，本节介绍基本的贝叶斯定位方法。

贝叶斯定位的目标是产生并维持一个离散的置信域 $P\left(\underline{\boldsymbol{X}}, R_{1,k-1}\right)$，来描述机器人在环境中每个潜在位姿 $\underline{\boldsymbol{X}}$ 的概率。无论在任何时候，只要接收到来自声呐的新观测 r_k，且执行了控制机器人的新指令 $\underline{\boldsymbol{U}}_k$ 后，置信域都将得到更新。

1. 基于已知地图的定位

当基于已知地图对机器人进行定位时，贝叶斯估计的作用会变得非常清晰。假设某机器人装备了 $m=16$ 的环形声呐组，各声呐可以大致在同一时刻测量各个方向的障碍物距离。将距离读数向量表示为 $m\times1$ 的向量 $\underline{\boldsymbol{z}}_k$，于是置信域可记为 $P\left(\underline{\boldsymbol{X}}, \underline{\boldsymbol{Z}}_{1,k}\right)$。

虽然不容易想象如何计算置信域，但是贝叶斯法则使我们可以用一种非常简化的形式解
365 决该问题。对此，我们只需要生成传感器模型 $P\left(\underline{\boldsymbol{z}}_k, \underline{\boldsymbol{X}}\right)$，贝叶斯估计的机制将完成剩余的其
他工作。这个反演过程相当于卡尔曼滤波中的测量模型反演。

如果给定环境地图，根据已知的机器人位姿 $\underline{\boldsymbol{X}}$，可以用传感器模拟器来预测可能产生的距离读数。令 $m\times1$ 的向量 $\hat{\underline{\boldsymbol{z}}}_k$ 表示预测距离读数：

$$\hat{\underline{\boldsymbol{z}}}_k = \underline{\boldsymbol{h}}\left(\underline{\boldsymbol{X}}\right)$$

一个合理的传感器模型应表现为多维正态分布的形式：

$$P\left(\underline{\boldsymbol{z}}_k, \underline{\boldsymbol{X}}\right) = \frac{1}{(2\pi)^{m/2}\left|\boldsymbol{R}\right|^{1/2}} \exp\left[-\frac{1}{2}\left(\underline{\boldsymbol{z}}_k - \underline{\boldsymbol{h}}\left(\underline{\boldsymbol{X}}\right)\right)\boldsymbol{R}^{-1}\left(\underline{\boldsymbol{z}}_k - \underline{\boldsymbol{h}}\left(\underline{\boldsymbol{X}}\right)\right)^{\mathrm{T}}\right]$$

聚焦信息 5.9　基于已知地图进行定位的传感器模型

该分布根据相对于预测传感器值（图像）的加权平方残差，对某传感器读数向量的概率进行估计。

其中 $\boldsymbol{R}$ 描述距离读数的预期协方差。请注意，尽管我们为了简单起见，而假定传感器读数误差符合高斯分布，但实际上这种分布通常可以是任意的。此外，即便在这样简单的传感器模型下，计算出来的置信域，在基于过往观测数据估计的机器人能够出现的所有可能位置上，都会出现峰值，而在其他位置的值则较小。

2. 运动建模

与位姿修正观测会减小不确定性相反，机器人运动通常会增加不确定性。事实上，当机器人在两次声呐观测时间间隔内移动时，置信域应该降低，因为具有较高置信度的小片区域将变成更大范围的置信区域，所以置信度相对略有降低。但是，因为根据声呐测量结果更新机器人位姿需要付出很高的计算成本，所以有必要在两次位姿修正之间，允许机器人做明显的运动。

可以在贝叶斯框架中将运动看作另一种证据，来对运动（或者更一般的动作行为）的效果进行建模。在实际应用中，机器人通常安装了能够测量车轮转速、速度或角速度等的传感

器。虽然用这些传感器可以测量出执行运动的结果，但是它们还不够完善。后面我们将使用一般性的输入符号 $\underline{\boldsymbol{U}}_k$，它既可以表示计算出的输入，也可以表示测量出的运动结果。

在上一节中，形如 $P\left(\underline{\boldsymbol{Z}}_{1,k} \mid \underline{\boldsymbol{X}}\right)$ 的传感器模型描述了以状态为条件的传感器读数的概率质量函数。为了对机器人的运动进行建模，我们希望确定一个新状态，该新状态同时以指令输入和上一个状态为条件。因此，如下条件概率表达式为我们提供了正在寻找的概率质量函数：

$$P\left(\underline{\boldsymbol{X}}_k \mid \underline{\boldsymbol{X}}_{k-1}, \underline{\boldsymbol{U}}_{k-1}\right)$$

该条件概率表示在已知输入 $\underline{\boldsymbol{U}}_{k-1}$ 被执行，且上一个状态为 $\underline{\boldsymbol{X}}_{k-1}$ 的情况下，结束于状态 $\underline{\boldsymbol{X}}_k$ 的发生概率。 366

该模型在概率框架中准确地捕获了动态系统的行为特点。它抓住了这样一个观念：没有任何一个预期行为会被完美执行。执行某输入后的最终效果，可以通过对前一个状态的边缘化来获得。条件概率采用卷积积分或代数和的形式表示：

$$p\left(\underline{\boldsymbol{x}}_k \mid \underline{\boldsymbol{u}}_{1,\cdots,k}\right) = \int_{\text{对于所有的}\underline{\boldsymbol{x}}_{k-1}} p\left(\underline{\boldsymbol{x}}_k \mid \underline{\boldsymbol{x}}_{k-1}, \underline{\boldsymbol{u}}_{1,\cdots,(k-1)}\right) p\left(\underline{\boldsymbol{x}}_{k-1}\right) \mathrm{d}\underline{\boldsymbol{x}}_{k-1}$$

$$P\left(\underline{\boldsymbol{X}}_k \mid \underline{\boldsymbol{U}}_{1,\cdots,k}\right) = \sum_{\text{对于所有的}\underline{\boldsymbol{X}}_{k-1}} P\left(\underline{\boldsymbol{X}}_k \mid \underline{\boldsymbol{X}}_{k-1}, \underline{\boldsymbol{U}}_{1,\cdots,(k-1)}\right) P\left(\underline{\boldsymbol{X}}_{k-1}\right)$$

该求和是对最近一次遍历运动的所有可能的出发位置进行评估——并以它们各自发生的概率来加权。在这里，马尔可夫假设采取了一种合理的形式，即假设转移概率完全由上一个动作决定，而非取决于整个动作序列。因此运动模型变为：

$$p\left(\underline{\boldsymbol{x}}_k \mid \underline{\boldsymbol{u}}_{1,\cdots,k}\right) = \int_{\text{对所有的 }\underline{\boldsymbol{x}}_{k-1}} p\left(\underline{\boldsymbol{x}}_k \mid \underline{\boldsymbol{x}}_{k-1}, \underline{\boldsymbol{u}}_{k-1}\right) p\left(\underline{\boldsymbol{x}}_{k-1}\right) \mathrm{d}\underline{\boldsymbol{x}}_{k-1}$$

$$P\left(\underline{\boldsymbol{X}}_k \mid \underline{\boldsymbol{U}}_{1,\cdots,k}\right) = \sum_{\text{对所有的 }\underline{\boldsymbol{X}}_{k-1}} P\left(\underline{\boldsymbol{X}}_k \mid \underline{\boldsymbol{X}}_{k-1}, \underline{\boldsymbol{U}}_{k-1}\right) P\left(\underline{\boldsymbol{X}}_{k-1}\right)$$

聚焦信息 5-10　条件行为模型

状态信度函数以转移概率 $p\left(\underline{\boldsymbol{x}}_k \mid \underline{\boldsymbol{x}}_{k-1}, \underline{\boldsymbol{u}}_{k-1}\right)$ 和先验概率 $p\left(\underline{\boldsymbol{x}}_{k-1}\right)$ 为基础。

直观上看，该过程就是设想将概率质量从每个可能的先验位姿 $\underline{\boldsymbol{X}}_{k-1}$，移动到一个新的位姿 $\underline{\boldsymbol{X}}_k$，并在移动过程中按照先验位姿的概率进行加权。在这种情况下，对于所有的 $\underline{\boldsymbol{X}}_k$ 都有一个外回路，而对于所有可能的 $\underline{\boldsymbol{X}}_{k-1}$ 都有一个内回路。另一种同样有效的视角是：将此过程看作通过指令运动来移动整个置信域，然后结合运动的不确定性对所得结果进行平滑化处理。在这种情况下，对于所有的 $\underline{\boldsymbol{X}}_{k-1}$ 都有一个外回路，而对于所有可能的 $\underline{\boldsymbol{X}}_k$ 都有一个内回路。在实际应用中，边缘化区域可以被限制在一定范围之内，在此范围外，机器人的先验占用概率很小以致可以忽略不计（如图 5-53 所示）。 367

3. 结合运动行为的贝叶斯滤波

在最一般的情况下，系统表现为一系列的传感器观测数据流 $Z_{1,n}$ 和行为数据流 $U_{1,n}$。如果用 D_n 表示任意一种信息，那么，可以获得如算法 5-3 所示的更为通用的贝叶斯滤波算法。

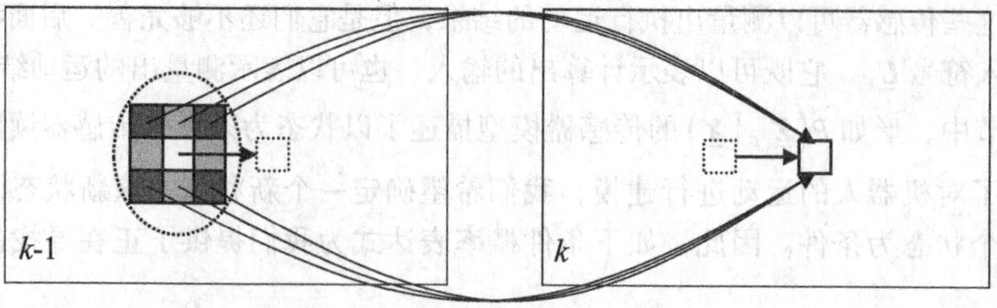

图 5-53　**贝叶斯运动模型**。机器人执行完某运动后的特定终止状态的概率，与以下几个因素有关：机器人的可能初始运动位置、机器人处于该初始位置的概率以及运动后所导致的特定终止状态的发生概率 366

算法 5.3　结合运动行为的贝叶斯滤波器。当滤波器输入包含运动行为时，将使用一种单独的更新规则

```
algorithm BayesFilterWithActions(Bel(X),D)
η^-1 ← 0
if D is a perceptual data item Z
    for all X
        Bel'(X) ← P(Z_n|X) · Bel(X)
        η^-1 ← η^-1 + Bel'(X)
    endfor
    for all X do Bel'(X) ← η^-1 · Bel'(X)
else if D is an action data item U
    for all X do Bel'(X) ← Σ_{all X_{n-1}} P(X_n|X_{n-1}, U_n)P(X_{n-1})
endif
return Bel'(x)
```

4. 其他形式的贝叶斯滤波

相对于卡尔曼滤波，贝叶斯滤波的优势在于它能够处理非高斯分布，可用于表示多个假设，同时贝叶斯滤波不依赖于初始条件。一方面，贝叶斯滤波可以在没有初始条件的情况下，自行发现机器人所处的具体位置，这种能力在有些情况下非常重要；而另一方面，当假设条件有效时，适当调整的卡尔曼滤波会更加精确，并且对机器内存的要求更低且计算量更小。

用于表示置信域的数据结构中的每个单元格，都表示机器人可能出现在该位置的一种假设，并且会针对这些假设运行指定的处理过程。这样，将导致与贝叶斯滤波相关的计算复杂度，随环境地图的表示规模迅速增大。从直觉上看，似乎贝叶斯滤波中的大部分计算，在某种意义上都浪费在了更新那些信度函数很低、极不可能发生的假设上。这就引出了几种非常实用的贝叶斯滤波变体。

在粒子滤波器中，通过寻找一组在状态空间中传播的随机样本，近似表示概率密度函数，使用样本均值代替积分运算，信度函数以一组粒子集的形式表示。这些粒子在状态空间指定区域中的密度，与机器人位于该区域内的概率有关。每个粒子都给出了机器人可能所处位置的清晰假设。同时，由于粒子的数量保持固定不变，所以计算量与环境的规模无关。与贝叶斯滤波一样，粒子滤波可用于表示任意分布，粒子可以实现精确的非线性变换。

通常，随着滤波器的运行，信度函数很快就会到达某种阶段，在这个阶段，会存在几个高概率的主要假设状态，而机器人一定会在这些位置或其附近。在这种情况下，可以用多种高斯分布的加权和，来更好地近似该信度函数——每一种分布包含对应着某个主要假设的概率峰值。这被称为高斯表示的混合模型。这种情况的一个特例是只有一种高斯分布的情况，而这就是卡尔曼滤波。 368

5.4.6 参考文献与延伸阅读

Maybeck 的著作是贝叶斯方法的经典参考资料；Thrun 等的书可能是第一本将概率方法应用于机器人技术的综合性教材，其中涉及许多相关技术，包括无迹、粒子与贝叶斯滤波；Pearl 的著作提供了专注于递归贝叶斯估计的知识；Jazwinsky 的著作是贝叶斯滤波应用于机器人领域之前的早期研究成果。置信度栅格的例子在很大程度上来源于 Moravec 的研究成果。贝叶斯定位的例子受 Burgard 等人共同撰写的论文的启发。

[12] Reverend Thomas Bayes (1702–1761), Essay Toward Solving a Problem in the Doctrine of Chances, in *Landmark Writings in Western Mathematics 1640–1940,* I. Grattan-Guinness, ed., Elsevier, 2005.

[13] W. Burgard, D. Fox, D. Hennig, and T. Schmidt, Estimating the Absolute Position of a Mobile Robot Using Position Probability Grids, in Proceedings of the Fourteenth *National Conference on Artificial Intelligence* (AAAI-96), pp. 896–901, 1996.

[14] Hans Moravec, Sensor Fusion in Certainty Grids for Mobile Robots, *AI Magazine,* 1988.

[15] J. Pearl, *Probabilistic Reasoning in Intelligent Systems: Networks of Plausible Inference,* Morgan Kaufmann, San Mateo, CA, 1988.

[16] S. Thrun, W. Burgard, and D. Fox, *Probabilistic Robotics*, MIT Press, 2005.

[17] A. H. Jazwinsky, *Stochastic Processes and Filtering Theory,* Academic Press, New York, 1970.

[18] P. Maybeck, *Stochastic Models, Estimation, and Control*, Academic Press, 1982.

5.4.7 习题

1. 贝叶斯定理

西雅图每年有 150 天的可测降雨。下雨的时候，正确预报率可达 90%；然而，即使不下雨的时候，仍然会有 30% 的可能预报有雨。现在预报明天有雨，那么明天确实会下雨的概率为多少？

2. 独立性和相关性

考虑联合分布 $p(x,y)$ 的两个实值随机变量 x 和 y。根据定义，它们的协方差为：

$$\operatorname{cov}(x,y)=\operatorname{Exp}\left[(x-\operatorname{Exp}[x])(y-\operatorname{Exp}[y])\right]$$

随机变量 x 的边缘分布由下式给出：

$$p(x)=\int_{\text{对于所有的 } y} p(x,y)\mathrm{d}y$$

请证明：

$$\operatorname{cov}(x,y)=\operatorname{Exp}[xy]-\operatorname{Exp}[x]\operatorname{Exp}[y]$$

如果它们是相互独立的，请根据这一结论证明：它们的协方差为零（即它们互不相关）。 369

第 6 章

Mobile Robotics: Mathematics, Models, and Methods

状态估计

评估自身运动情况是一台移动机器人最基本的能力。否则，它如何判断选择哪条路径，或者是否到过那儿？在平面内，机器人的位姿可定义为机器人本体上某特定参考系的位置和方位坐标（x, y, Ψ）。在有些情况下，还需要知道其速度或更高阶微分，甚至其他可能的关节表达式，这类更一般性的问题被称为*状态估计*。通常，不可能获得机器人的精确位姿。最好的可行方式是对位姿进行估计，所以，通常将定位问题称为*姿态估计*。大部分估计理论都可以直接应用到定位和位姿估计问题中（图 6-1）。

图 6-1　**Boss 自动驾驶汽车**。Boss 是完成了 2007 DARPA 城市挑战赛项目全程的六台机器人之一。这项挑战赛是为了测试无人驾驶汽车，在有其他机器人和汽车的城市路面上的行驶能力。Boss 以及它的大部分竞争对手都使用了高性能的惯性和卫星导航系统

对机器人位姿中的任何一个元素而言，其观测值是直接映射到位姿本身，还是映射到位姿的时间微分，存在很重要的区别。对前一种情况，将位姿与各测量项相关联的是代数方程，因此，该方法与三角测量技术类似；对后一种情况，把位姿与各测量项相关联的是微分方程，于是，此类方法被称为航位推算技术。这两种基本方法产生的误差，其表现形式非常不同。

6.1　位姿估计的数学基础

在穿过周围环境的过程中，机器人需要估计其位姿，以实现总体运动控制。位姿估计在建图中同样非常重要。因为机器人需要知道自己的位置，这样才能把物体正确地投影到地
370 图中。位姿向量中的方向分量也非常重要，因为系统只有知道了移动方向，才可能向目标移动。此外，机器人还需要知道自己的姿态，以推断当前地形坡度，进而评估发生倾覆的危险程度。

本节将介绍误差传播的部分基础理论，这也是我们理解位姿估计难点问题的基础。

6.1.1　位姿修正与航位推算法

机器人位姿估计方法可以划分为两大类（如图 6-2 所示）。通常，位姿修正是三角测量

或三边测量的某种组合，而位姿的航位推算则是基于积分的数学过程。

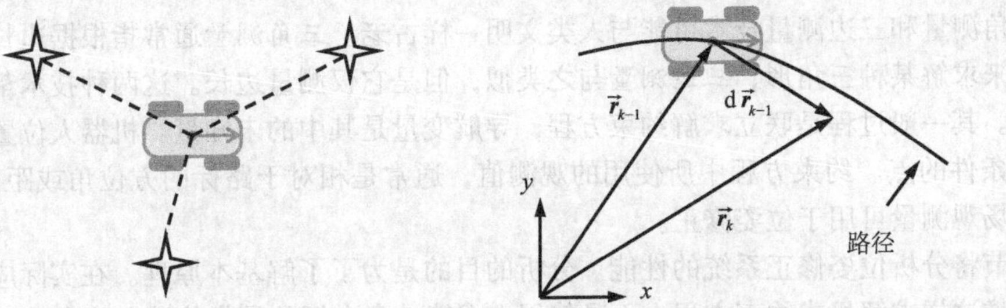

图 6-2 **位姿修正与航位推算**。位姿修正所用的观测值能直接映射到待定状态，而航位推算所用观测值只能映射到状态的时间导数，并且只能提供微分更新

在位姿修正中，状态通过代数方程 / 超越方程与观测值相关。在这种情况下，为了实现导航，通常需要求解非线性方程组。在航位推算中，状态通过微分方程与观测值相关，对观测结果进行积分运算是实现导航的必要手段。在这两种情况下，涉及观测关系属于运动学范畴（即仅仅涉及线位移、角位移及其微分量，而没有质量或力等）。

位姿估计所用的观测量，可能与线性 / 角度位置及方向，或它们的微分量有关。因此，可以对陀螺仪输出量进行积分以获得角度，对加速度积分以获得速度。利用多普勒接近速度进行速度三边测量的例子则更不常见。观测量是否足够多，则是 5.3.2 节第 4 点讨论的可观性（observability）问题。

1. 互补性

从误差的表现形式来看，航位推算和位姿修正在各个方面都是根本对立的。这实际上是一个好消息，因为这意味着在实际应用中，它们能够很好地相互补充。表 6-1 总结了两种位姿估计方法的差异。

最重要的区别在于，位姿修正需要能够在给定姿态或者地图的时候，对观测值进行预测，而航位推算则不需要。 371

表 6-1 两种技术之间的差异

属性	航位推算	位姿修正
处理过程	积分	求解非线性系统
初始条件	需要	不需要
误差	（经常）取决于时间	取决于位置
更新频率	由所需精度决定	仅由应用决定
误差传播	取决于前一步估计	独立于前一步估计
需要地图	否	是

在有地图的情况下，观测量通常是光（摄像头、激光雷达）、磁、无线电（雷达、GPS）、声音，甚至重力形式的辐射（或场），而机器人必须知道在给定姿态下，哪种场对应的观测量应该被检测到。

航位推算需要初始条件，而位姿修正则不需要。除非知道是从哪儿开始的，否则航位推算永远不能告诉机器人当前所处位置。另一个显著的差别是，航位推算的误差取决于时间或位置，因此它会随着机器人的移动而不断增大，并且通常没有上限。由于这个根本原因，大多数实际系统都会用某种形式的位姿修正，来辅助位姿估计系统中的航位推算算法。

6.1.2　位姿修正

三角测量和三边测量技术可能与人类文明一样古老。三角测量通常指根据边长或角度的测量值来求解某种三角形；三边测量与之类似，但是它仅测量边长。这两种技术都被称为位姿修正。其一般过程是联立求解约束方程，导航变量是其中的未知量。机器人位置是满足所有约束条件的点。约束方程中所使用的观测值，通常是相对于路标的方位角或距离。不过，有多种场观测量可用于位姿修正。

本节将分析位姿修正系统的性能。分析的目的是为了了解基本原理。在实际应用中，通常不会像这样求解显式约束方程，而是使用本书第 5 章介绍的最优估计方法来估计位姿。

1. 回顾非线性约束系统

求解非线性方程的一般问题是联立约束方程的求根问题：

$$\underline{c}(\underline{x}) = \underline{0} \tag{6.1}$$

对于此类问题，没有有效的理论能解决根的存在性和唯一性。因为从数学的角度来看，
372 无法确保方程的根一定存在或者是唯一的。

约束方程的独立性也可能存在问题，包括它们是否过约束或欠约束。本节主要关注方程的条件问题，即约束是如何将观测值的误差转换成姿态估计误差。在多数情况下，可能位姿的最优解有显著优势，因此通常不会使用位姿的近似值。

下面将介绍平面内位姿修正系统的例子。在所选示例中，很容易用可视化的形式呈现概念，而且它们的解有直观的几何形式。只有在这些更简单的示例中，高维情况才会变得直观。

1）**显式情况**。假设我们已经有了确定二维平面姿态所需的最少观测数——3 个。在极个别情况下，可以直接写出由观测向量 $z=[z_1 \quad z_2 \quad z_3]^{\mathrm{T}}$ 确定状态向量 $x=[x \quad y \quad \Psi]^{\mathrm{T}}$ 的显示表达式：

$$x = f_1(z_1, z_2, z_3)$$
$$y = f_2(z_1, z_2, z_3)$$
$$\Psi = f_3(z_1, z_2, z_3)$$

即为如下形式：

$$\underline{x} = \underline{f}(\underline{z})$$

这个系统很容易求解。我们只需要把观测向量值代入函数 $\underline{f}()$ 即可估算出状态向量。

2）**隐式情况**。隐式情况与之恰好相反，它是在已知状态的情况下，预测观测结果：

$$z_1 = h_1(x, y, \psi)$$
$$z_2 = h_2(x, y, \psi)$$
$$z_3 = h_3(x, y, \psi)$$

在卡尔曼滤波器中，这正是观测方程：

$$\underline{z} = h(\underline{x})$$

我们可以用非线性最小二乘法求解该系统。其线性化形式为：

$$\Delta\underline{z} = \boldsymbol{H}\Delta\underline{x}$$

即便观测结果少于三个，仍然可以用广义逆以迭代方式求解该系统：

$$\Delta\underline{x} = (\boldsymbol{H}^{\mathrm{T}}\boldsymbol{H})^{-1}\boldsymbol{H}^{\mathrm{T}}\Delta\underline{z} \quad 超定$$

$$\Delta\underline{x} = \boldsymbol{H}^{\mathrm{T}}(\boldsymbol{H}\boldsymbol{H}^{\mathrm{T}})^{-1}\Delta\underline{z} \quad 欠定$$

我们已经知道了如何把观测的协方差 $\boldsymbol{R}$ 作为权重矩阵来使用，并且从本质上来说，在给定观测雅可比矩阵 $\boldsymbol{H}$ 的情况下，卡尔曼滤波器能自动求解该方程。 373

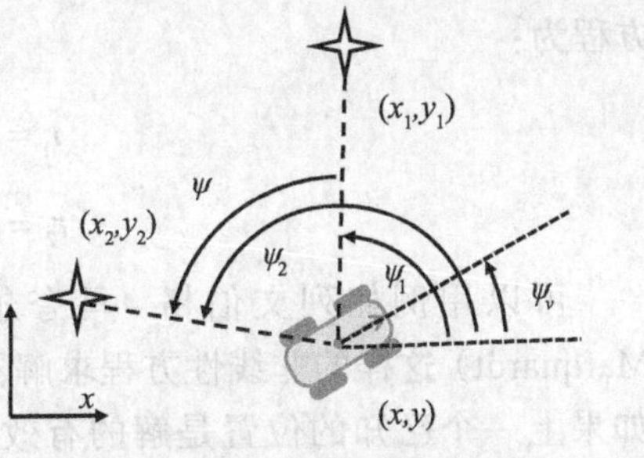

图 6-3 **已知偏航角时的方位观测**。车辆可以测量相对于两个路标的方位角，而且还能测量自身的偏航角

2. 应用实例 1：已知偏航角时的方位观测

假设车辆除了能测量路标相对于自身的方位角，还装备有可以测量车辆偏航角 ψ_v 的传感器。偏航角的观测值约束方向值，而方位角约束位置值。把路标方位角的观测值添加到航向方位角上，即可确定车辆相对于路标的地面参考方位 ψ_1 和 ψ_2（如图 6-3 所示）。

该配置的约束方程为：

$$\tan\psi_1=\frac{\sin\psi_1}{\cos\psi_1}=\frac{y_1-y}{x_1-x}\qquad \tan\psi_2=\frac{\sin\psi_2}{\cos\psi_2}=\frac{y_2-y}{x_2-x}$$

关于未知量（x,y）的两个联立方程可以写成：

$$\begin{aligned}(x_1-x)s_1&=(y_1-y)c_1\\(x_2-x)s_2&=(y_2-y)c_2\end{aligned}\Rightarrow\begin{bmatrix}-s_1 & c_1\\-s_2 & c_2\end{bmatrix}\begin{bmatrix}x\\y\end{bmatrix}=\begin{bmatrix}-s_1x_1+c_1y_1\\-s_2x_2+c_2y_2\end{bmatrix}=\begin{bmatrix}b_1\\b_2\end{bmatrix}\tag{6.2}$$

其中采用了与前面一样的简写方式，例如 $s_1=\sin(\psi_1)$。该系统总存在一个解，除非方程左边的系数矩阵行列式值为零。这种情况在下述条件下会发生：

$$-s_1c_2+s_2c_1=0\Rightarrow\sin(\psi_2-\psi_1)=0\Rightarrow\psi=n\pi\tag{6.3}$$

这是一个约束退化的例子。在这种情况下，方程无解，因为各约束条件不再相互独立。实际上，当机器人在路标连线上的任意位置时，无论它是否在路标之间，都会发生这种情况。根据此例可以得出一条实用的设计规则：路标的布置位置，应该避免机器人运动到路标连线上的情况发生。如果这一点不能避免，就需要用第三个路标以产生一个附加约束。

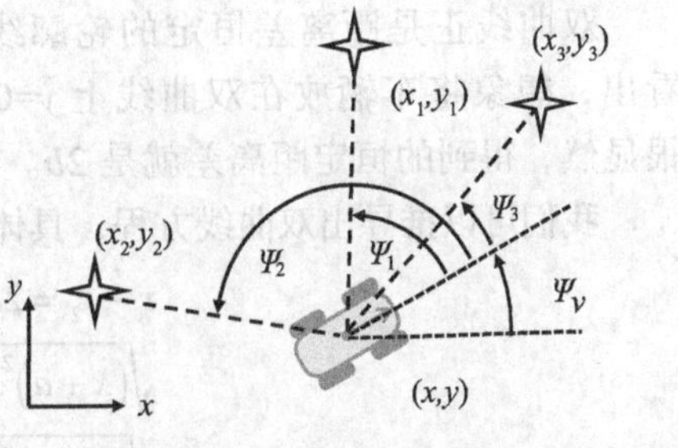

图 6-4 **未知偏航角时的方位观测**。车辆可以测量相对于三个路标的方位角 374

3. 应用实例 2：未知偏航角时的方位观测

如果没有偏航角传感器，则需要用第三个路标来创建第三个约束条件（如图 6-4 所示）。在这种情况下，我们利用路标相对于车辆的实际方位观测值。约束方程为：

$$\begin{aligned}\tan(\psi_v+\psi_1)&=\frac{\sin(\psi_v+\psi_1)}{\cos(\psi_v+\psi_1)}=\frac{y_1-y}{x_1-x}\\\tan(\psi_v+\psi_2)&=\frac{\sin(\psi_v+\psi_2)}{\cos(\psi_v+\psi_2)}=\frac{y_2-y}{x_2-x}\\\tan(\psi_v+\psi_3)&=\frac{\sin(\psi_v+\psi_3)}{\cos(\psi_v+\psi_3)}=\frac{y_3-y}{x_3-x}\end{aligned}\tag{6.4}$$

4. 应用实例 3：圆弧约束

当观测值是从车辆到路标的距离时，约束是以路标为中心的圆形轮廓。仅根据该距离无法确定车辆的偏航角（如图 6-5 所示），除非能测量出路标到车辆上两点的距离。此时，约束方程为：

$$r_1 = \sqrt{(x - x_1)^2 + (y - y_1)^2}$$
$$r_2 = \sqrt{(x - x_2)^2 + (y - y_2)^2} \tag{6.5}$$

可以用例如列文伯格 – 马夸尔特（Levenberg-Marquardt）这样的非线性方程求解器来求解该方程。如果上一个已知的位置是解的有效初始估计值，求解会更容易。如果路标是唯一的，那么约束也是唯一的。但是，对于这两个约束方程而言，可能存在没有解或有两个解的情况。对后一种情况，可以用粗略的初始估计来剔除不正确的解。不过，可以直观地看到，当机器人位置靠近两个路标的连线时，方程的两个解会很接近，此时初始估计值可能会收敛到错误答案。

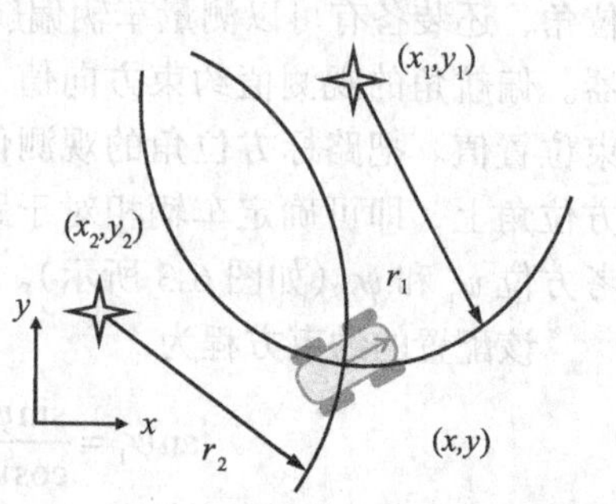

图 6-5　**距离观测**。车辆可以测量到两个路标之间的距离，此时不能确定偏航角

5. 应用实例 4：双曲线约束

像 LORAN（低频脉相双曲线远程导航系统）和 OMEGA 这样的船舶无线电导航系统，可以利用船载无线电接收机，测量无线电相位差或飞行时间，进
375 而推导出与成对路标的距离差。距离差恒定的边界线是如图 6-6 所示的双曲线。首先，在两个路标连线的中点建立一个坐标系。

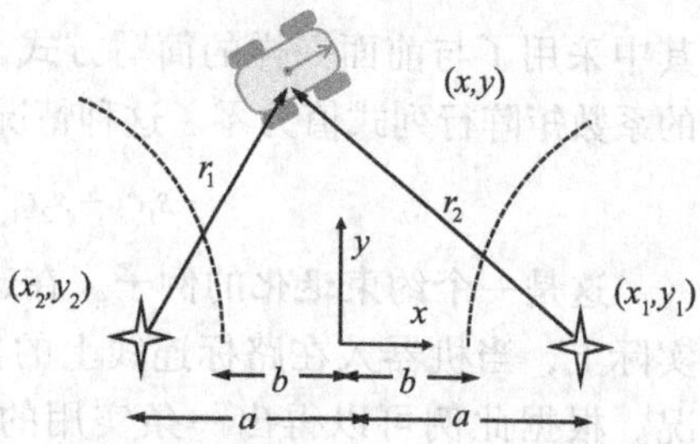

图 6-6　**距离差观测**。车辆可以测量到两个路标的距离差，不能确定偏航角

双曲线正是距离差恒定的轮廓线。从图中可以看出，想象将车辆放在双曲线上 y=0 的位置，那么很显然，得到的恒定距离差就是 $2b$。

我们可以推导出双曲线方程，具体过程如下所示：

$$r_1 - r_2 = 2b$$
$$\sqrt{(x+a)^2 + y^2} - \sqrt{(x-a)^2 + y^2} = 2b$$
$$\sqrt{(x+a)^2 + y^2} = 2b + \sqrt{(x-a)^2 + y^2} \tag{6.6}$$
$$b^2 - ax = -b\sqrt{(x-a)^2 + y^2}$$
$$\frac{x^2}{b^2} - \frac{y^2}{(a^2 - b^2)} = 1$$

倒数第二个方程是倒数第三个方程两边取平方后化简得到的。对倒数第二个方程再次取平方，消去 $2ab^2x$ 项，合并 x 项，然后在方程的两边同时除以（a^2-b^2），即可得到最后一行的结果。

6.1.3　三角测量中的误差传播

本节将研究位姿修正所用观测值的误差与解的误差之间的关系。

1. 系统误差的一阶响应

确定系统误差的影响要用到的数学理论，与利用线性化求解非线性问题相同。我们可以用雅可比矩阵研究扰动（由观测误差引起的解的误差）响应：

$$\delta \underline{x} = \left(\frac{\partial \underline{x}}{\partial \underline{z}}\right)\delta \underline{z} = \boldsymbol{J}\delta \underline{z} \tag{6.7}$$

对于形如 $\boldsymbol{x}=\boldsymbol{f}(\boldsymbol{z})$ 的完全确定的显式情况，其线性化结果为：

$$\begin{bmatrix}\delta x\\ \delta y\\ \delta\psi\end{bmatrix} = \begin{bmatrix}\partial f_1/\partial z_1 & \partial f_1/\partial z_2 & \partial f_1/\partial z_3\\ \partial f_2/\partial z_1 & \partial f_2/\partial z_2 & \partial f_2/\partial z_3\\ \partial f_3/\partial z_1 & \partial f_3/\partial z_2 & \partial f_3/\partial z_3\end{bmatrix}\begin{bmatrix}\delta z_1\\ \delta z_2\\ \delta z_3\end{bmatrix} \tag{6.8}$$ 376

通常情况下，雅可比矩阵是位置的函数，因此在不同的位置其表现也不同。

与之相对的，在隐式情况下，有：

$$\delta \underline{z} = \left(\frac{\partial \underline{z}}{\partial \underline{x}}\right)\delta \underline{x} = \boldsymbol{H}\delta \underline{x} \tag{6.9}$$

对于状态，假设观测结果是完全确定的或超定的，则状态的最佳拟合误差由左广义逆给出：

$$\delta \underline{x} = \left(\boldsymbol{H}^{\mathrm{T}}\boldsymbol{H}\right)^{-1}\boldsymbol{H}^{\mathrm{T}}\delta \underline{z} \tag{6.10}$$

2. 几何精度因子

根据方程（5.80），上述位置的协方差由下式给出：

$$\mathrm{Exp}\left[\delta \underline{x}\delta \underline{x}^{\mathrm{T}}\right] = \left(\boldsymbol{H}^{\mathrm{T}}\boldsymbol{R}^{-1}\boldsymbol{H}\right)^{-1}$$

其中 $\boldsymbol{R}=\mathrm{Exp}\left[\delta_{\underline{z}}\delta_{\underline{z}}^{\mathrm{T}}\right]$ 是观测值的协方差。当把观测误差单位化后，矩阵（$\boldsymbol{H}^{\mathrm{T}}\boldsymbol{H}$）$^{-1}$ 就表示位姿误差的协方差。我们希望找到一个数字量来表征几何观测是否有利。粗略地说，这种几何精度因子（GDOP）就是状态误差“大小”与观测面积“大小”的比值。有两种标准方法可用来描述协方差矩阵的“尺度”——矩阵的迹及其行列式。参考方程（6.10），GDOP 在卫星导航中被定义为 [6]：

$$\mathrm{GDOP} = \sqrt{\mathrm{trace}\left[\boldsymbol{H}^{\mathrm{T}}\boldsymbol{H}^{-1}\right]} = \sqrt{\sigma_{xx}+\sigma_{yy}+\sigma_{\theta\theta}} \tag{6.11}$$

但是，这里将采用更简单的方法。利用行列式形式对方阵 $\boldsymbol{H}$ 定义精度因子：

$$\mathrm{DOP} = \sqrt{\det\left[\left(\boldsymbol{H}^{\mathrm{T}}\boldsymbol{H}\right)^{-1}\right]} = \sqrt{\det\left[\boldsymbol{H}^{-1}\right]\det\left[\boldsymbol{H}^{-\mathrm{T}}\right]}$$

上式可进一步简化为：

$$\mathrm{DOP} = \det\left[\boldsymbol{H}^{-1}\right] = \frac{1}{\det\left[\boldsymbol{H}\right]} \tag{6.12}$$

1）**映射理论**。在多维微积分运算中，经常需要将微分列向量从一组坐标系变换到另外一组坐标系中（如图 6-7 所示）。众所周知，在多维映射的应用场合，定义域（输入）的微分面积（列）与映射后的范围（输出）的比值由雅可比行列式给出。

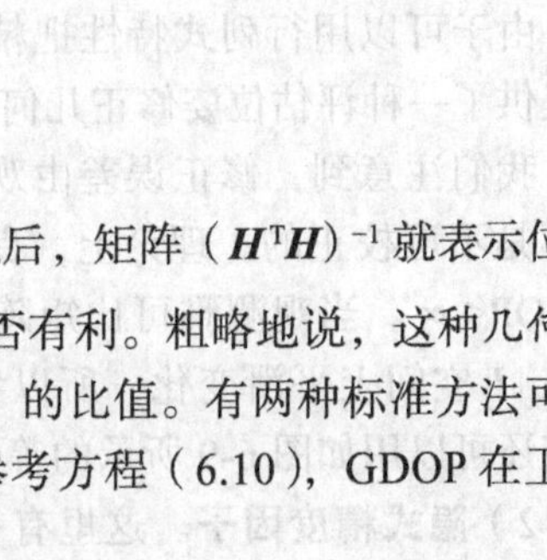

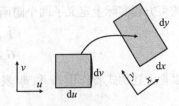

图 6-7　**从 $\boldsymbol{R}^m$ 到 $\boldsymbol{R}^n$ 的映射**：从（u, v）空间中的输入面积映射到（x, y）空间中的输出面积 377

在这里，$\boldsymbol{H}$ 是观测雅可比矩阵，因此由方程（6.12）定义精度因子，就把姿态的微分列与观测空间关联起来了：

$$\mathrm{DOP} = \frac{\|\delta \underline{\boldsymbol{x}}\|}{\|\delta \underline{\boldsymbol{z}}\|} \tag{6.13}$$

对于三维空间的情况，$\|\delta \underline{\boldsymbol{x}}\| = \delta x_1 \delta x_2 \delta x_3$，并且 $\|\delta \underline{\boldsymbol{z}}\| = \delta z_1 \delta z_2 \delta z_3$。精度因子是测量误差增益或衰减因子。粗略来说，如果认为“精度”的定义在某种程度上与精度因子的定义一致，那么修正量 $\delta \underline{\boldsymbol{x}}$ 的精度就是观测精度 $\delta \underline{\boldsymbol{z}}$ 乘以精度因子：

$$\|\delta \underline{\boldsymbol{x}}\| = \left|\left(\frac{\partial \underline{\boldsymbol{x}}}{\partial \underline{\boldsymbol{z}}}\right)\right| \|\delta \underline{\boldsymbol{z}}\| = |\boldsymbol{J}| \|\delta \underline{\boldsymbol{z}}\| \tag{6.14}$$

该表达式仅适用于微分列，因此，当观测误差趋近于零时，精度因子的极限就是（显式）雅可比行列式：

$$\lim_{\delta \underline{z} \to 0} \mathrm{DOP} = \frac{\|\delta \underline{\boldsymbol{x}}\|}{\|\delta \underline{\boldsymbol{z}}\|} = |\boldsymbol{J}| = \frac{1}{|\boldsymbol{H}|} \tag{6.15}$$

> **专栏 6.1　计算精度因子**
>
> 在小观测误差取极值时，位姿修正中的精度因子是显式雅可比矩阵 $\boldsymbol{J}$ 的行列式，它也是观测（隐式）雅可比矩阵 $\boldsymbol{H}$ 行列式的倒数。

由于可以用行列式特性把精度因子与观测雅可比矩阵 $\boldsymbol{H}$ 相关联，所以，该结论也为我们提供了一种评估位姿修正几何精度的方法。

我们注意到，修正误差由观测误差和精度因子两者共同决定。因此精度因子过大的情况不是不可校正的。理论上，良好的传感器能够克服恶劣的条件。精度因子的取值范围是 $0<\mathrm{DOP}<\infty$。当观测雅可比矩阵 $\boldsymbol{H}$ 临近奇点时，可能会出现非常大的精度因子值。精度因子在 $|\boldsymbol{J}|$ 空间上平滑变化，所以我们可以在姿态空间中做出一个可视化的精度因子标量场。我们还可以用如图 6-9 所示的等值线图形在二维平面空间中可视化精度因子。

2）**隐式精度因子**。这里有一个聪明的方法可用来评估精度因子，因为我们只需要 $|\boldsymbol{J}|$，而不需要 $\boldsymbol{J}$ 本身。这种方法最初源于微积分的隐函数定理。通常情况下，实际约束方程是隐式的，因为绝大多数的测量模型都是非线性的，导致 $\boldsymbol{J}$ 很难确定或者根本无法确定。但是不管怎么样，我们都可以计算出精度因子。考虑关于 4 个变量的两个非线性约束方程：

$$\boldsymbol{F}(x, y, z, w) = 0$$
$$\boldsymbol{G}(x, y, z, w) = 0$$

该约束方程实际上定义了两个隐函数 $z(x,y)$ 和 $w(x,y)$。对方程取全微分，可写成：

$$\boldsymbol{F}_x \delta x + \boldsymbol{F}_y \delta y + \boldsymbol{F}_z \delta z + \boldsymbol{F}_w \delta w = 0$$

378

$$\boldsymbol{G}_x \delta x + \boldsymbol{G}_y \delta y + \boldsymbol{G}_z \delta z + \boldsymbol{G}_w \delta w = 0$$

可以把上述两式看作用 δx 和 δy 表示 δz 和 δw 的两个联立线性方程：

$$[f_x]\delta \underline{\boldsymbol{x}} = -[f_z]\delta \underline{\boldsymbol{z}}$$

$$\begin{bmatrix} \boldsymbol{F}_x & \boldsymbol{F}_y \\ \boldsymbol{G}_x & \boldsymbol{G}_y \end{bmatrix} \begin{bmatrix} \delta x \\ \delta y \end{bmatrix} = -\begin{bmatrix} \boldsymbol{F}_z & \boldsymbol{F}_w \\ \boldsymbol{G}_z & \boldsymbol{G}_w \end{bmatrix} \begin{bmatrix} \delta z \\ \delta w \end{bmatrix}$$

因此

$$\begin{bmatrix}\delta z\\ \delta w\end{bmatrix}=-\begin{bmatrix}\boldsymbol{F}_z & \boldsymbol{F}_w\\ \boldsymbol{G}_z & \boldsymbol{G}_w\end{bmatrix}^{-1}\begin{bmatrix}\boldsymbol{F}_x & \boldsymbol{F}_y\\ \boldsymbol{G}_x & \boldsymbol{G}_y\end{bmatrix}\begin{bmatrix}\delta x\\ \delta y\end{bmatrix}$$

利用行列式乘积和求逆法则，得：

$$|\boldsymbol{H}|=\begin{bmatrix}\boldsymbol{F}_x & \boldsymbol{F}_y\\ \boldsymbol{G}_x & \boldsymbol{G}_y\end{bmatrix}\Bigg/\begin{bmatrix}\boldsymbol{F}_z & \boldsymbol{F}_w\\ \boldsymbol{G}_z & \boldsymbol{G}_w\end{bmatrix}=\frac{\|f_x\|}{\|f_z\|}$$

或者，我们可以从另一个角度求解：

$$\begin{bmatrix}\delta x\\ \delta y\end{bmatrix}=-\begin{bmatrix}\boldsymbol{F}_x & \boldsymbol{F}_y\\ \boldsymbol{G}_x & \boldsymbol{G}_y\end{bmatrix}^{-1}\begin{bmatrix}\boldsymbol{F}_z & \boldsymbol{F}_w\\ \boldsymbol{G}_z & \boldsymbol{G}_w\end{bmatrix}\begin{bmatrix}\delta z\\ \delta w\end{bmatrix}$$

从而可得：

$$|\boldsymbol{J}|=\begin{bmatrix}\boldsymbol{F}_z & \boldsymbol{F}_w\\ \boldsymbol{G}_z & \boldsymbol{G}_w\end{bmatrix}\Bigg/\begin{bmatrix}\boldsymbol{F}_x & \boldsymbol{F}_y\\ \boldsymbol{G}_x & \boldsymbol{G}_y\end{bmatrix}=\frac{\|f_z\|}{\|f_x\|}$$

因此，我们甚至可以在没有显式计算 $\boldsymbol{J}$ 的情况下，计算出精度因子。

3. 随机误差的一阶响应

当输入误差为随机的，我们可以用不确定性变换公式来计算状态中的协方差。对于隐式情况：

$$\delta \underline{\boldsymbol{z}}=\boldsymbol{H}\delta \underline{\boldsymbol{x}}$$

很显然，观测协方差为：

$$\boldsymbol{C}_{\underline{z}}=\boldsymbol{H}\boldsymbol{C}_{\underline{x}}\boldsymbol{H}^{\mathrm{T}}$$

如果观测矩阵是确定或超定状态，则可以将其反转（可参考方程（5.80）），从而根据观测的协方差产生状态的协方差：

$$\boldsymbol{C}_{\underline{x}}=\left(\boldsymbol{H}^{\mathrm{T}}\boldsymbol{C}_{\underline{z}}^{-1}\boldsymbol{H}\right)^{-1}$$

4. 应用实例 6.1：偏航角已知的方位观测

如前所述，这种情况的约束方程如图 6-8 所示。我们可以针对隐函数 $x(\psi_1,\psi_2)$ 和 $y(\psi_1,\psi_2)$ 利用上述公式确定精度因子： 379

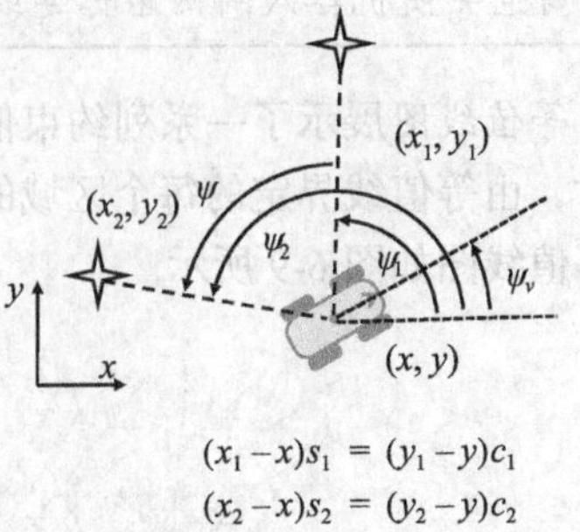

图 6-8　**已知偏航角及方程时的方位观测。**车辆可以测量相对于两个路标的方位角，并且可以测量其自身的偏航角

$$\boldsymbol{F}(x,y,\psi_1,\psi_2)=0$$
$$\boldsymbol{G}(x,y,\psi_1,\psi_2)=0$$

即

$$s_1(x_1-x)-c_1(y_1-y)=0$$
$$s_2(x_2-x)-c_2(y_2-y)=0$$

写出其全微分形式：

$$\boldsymbol{F}_x\delta x+\boldsymbol{F}_y\delta y+\boldsymbol{F}_{\psi 1}\delta\psi_1+\boldsymbol{F}_{\psi 2}\delta\psi_2=0$$
$$\boldsymbol{G}_x\delta x+\boldsymbol{G}_y\delta y+\boldsymbol{G}_{\psi 1}\delta\psi_1+\boldsymbol{G}_{\psi 2}\delta\psi_2=0$$

据此计算雅可比行列式如下：

$$|\boldsymbol{J}|=\frac{\begin{vmatrix}\boldsymbol{F}_{\psi 1} & \boldsymbol{F}_{\psi 2}\\ \boldsymbol{G}_{\psi 1} & \boldsymbol{G}_{\psi 2}\end{vmatrix}}{\begin{vmatrix}\boldsymbol{F}_{x} & \boldsymbol{F}_{y}\\ \boldsymbol{G}_{x} & \boldsymbol{G}_{y}\end{vmatrix}} \quad 令：\quad \begin{matrix}\Delta x_1=(x_1-x)\\ \Delta y_1=(y_1-y)\end{matrix}，等等$$

$$|\boldsymbol{J}|=\frac{\begin{vmatrix}c_1\Delta x_1+s_1\Delta y_1 & 0\\ 0 & c_2\Delta x_2+s_2\Delta y_2\end{vmatrix}}{\begin{vmatrix}-s_1 & c_1\\ -s_2 & c_2\end{vmatrix}}$$

相乘后可得：

$$|\boldsymbol{J}|=\frac{[c_1\Delta x_1+s_1\Delta y_1][c_2\Delta x_2+s_2\Delta y_2]}{\sin(\psi_2-\psi_1)}$$

注意，采用如下简写形式：$c_1\Delta x_1+s_1\Delta y_1=r_1$ 等，于是，上述结果可进一步简化为：

$$|\boldsymbol{J}|=\frac{r_1r_2}{\sin(\psi)}$$

得出的主要结论总结在专栏 6.2 中。

专栏 6.2　用于方位测量的精度因子

对于偏航角已知的方位观测，精度因子由下式给出：

$$|\boldsymbol{J}|=\frac{r_1r_2}{\sin(\psi)}$$

当机器人坐标点位于路标连线上时，精度因子取无穷大；当在连线附近时，精度因子的值也很大。在任何情况下，精度因子都与机器人到路标的距离的平方成正比。大的距离也会使机器人到两路标连线的夹角变小，这会使精度因子进一步增大。

等值线图展示了一系列约束值等距分布的约束等值曲线。当等值线以这种方式等间距分布时，由等值线界定的每个区域的大小也反映了该区域中心精度因子的大小。与此对应的完
380 整等值线图如图 6-9 所示。

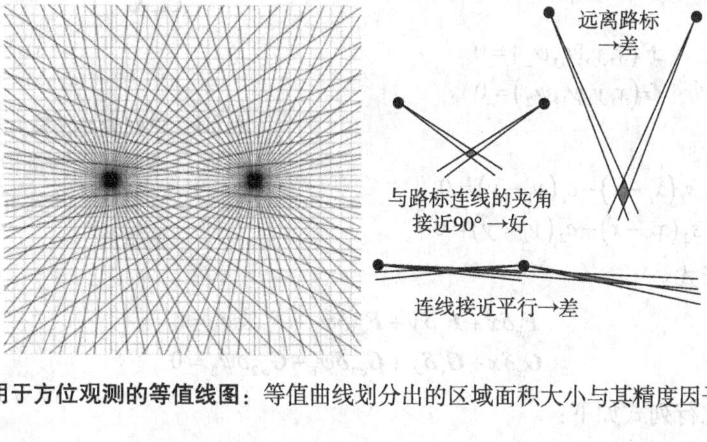

图 6-9　**用于方位观测的等值线图**：等值曲线划分出的区域面积大小与其精度因子成正比

5. 应用实例 6.2：偏航角未知的方位观测

再次考虑如图 6-10 所示情况下的测量方程。

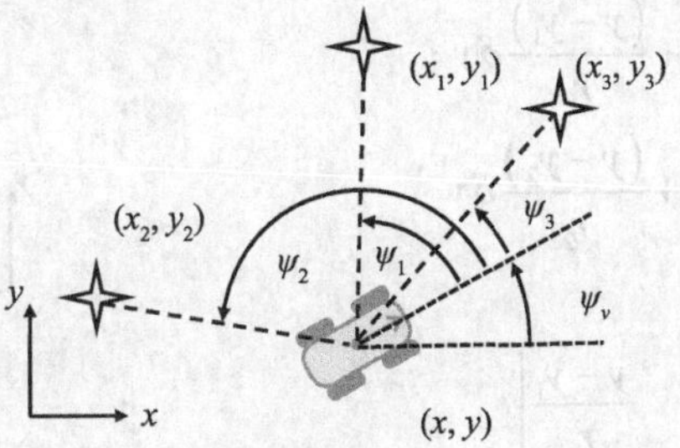

图 6-10　**偏航角和方程未知时的方位观测**：车辆可以测量相对于三个路标的方位

令 $\beta_1=\psi_v+\psi_1$，并且 $c_1=\cos(\beta_1)$ 等，则约束方程可以写成：

$$\boldsymbol{F}_1(x,y,\psi,\psi_1,\psi_2,\psi_3)=0$$
$$\boldsymbol{F}_2(x,y,\psi,\psi_1,\psi_2,\psi_3)=0$$
$$\boldsymbol{F}_3(x,y,\psi,\psi_1,\psi_2,\psi_3)=0$$ 381

$$\tan(\psi_v+\psi_1)=\frac{\sin(\psi_v+\psi_1)}{\cos(\psi_v+\psi_1)}=\frac{y_1-y}{x_1-x}$$

$$\tan(\psi_v+\psi_2)=\frac{\sin(\psi_v+\psi_2)}{\cos(\psi_v+\psi_2)}=\frac{y_2-y}{x_2-x}\quad 其中：\begin{matrix}\Delta x_1 s_1-\Delta y_1 c_1=0\\ \Delta x_2 s_2-\Delta y_2 c_2=0\\ \Delta x_3 s_3-\Delta y_3 c_3=0\end{matrix}$$

$$\tan(\psi_v+\psi_3)=\frac{\sin(\psi_v+\psi_3)}{\cos(\psi_v+\psi_3)}=\frac{y_3-y}{x_3-x}$$

从上一个例子可知，当 $|\boldsymbol{J}|$ 表达式的分母中的矩阵行列式值为 0 时，会出现问题。分母 $\boldsymbol{D}$ 是：

$$\begin{bmatrix}(\boldsymbol{F}_1)_x & (\boldsymbol{F}_1)_y & (\boldsymbol{F}_1)_\theta\\ (\boldsymbol{F}_2)_x & (\boldsymbol{F}_2)_y & (\boldsymbol{F}_2)_\theta\\ (\boldsymbol{F}_3)_x & (\boldsymbol{F}_3)_y & (\boldsymbol{F}_3)_\theta\end{bmatrix}=\begin{bmatrix}-s_1 & c_1 & (\Delta x_1 c_1+\Delta y_1 s_1)\\ -s_2 & c_2 & (\Delta x_2 c_2+\Delta y_2 s_2)\\ -s_3 & c_3 & (\Delta x_3 c_3+\Delta y_3 s_3)\end{bmatrix}=\begin{bmatrix}-s_1 & c_1 & r_1\\ -s_2 & c_2 & r_2\\ -s_3 & c_3 & r_3\end{bmatrix}$$

其行列式的值为：

$$|\boldsymbol{D}|=\begin{vmatrix}-s_1 & c_1 & r_1\\ -s_2 & c_2 & r_2\\ -s_3 & c_3 & r_3\end{vmatrix}=r_1\sin(\psi_3-\psi_2)+r_2\sin(\psi_1-\psi_3)+r_3\sin(\psi_2-\psi_1)$$

这种情况似乎有更好的表现，因为即使机器人在两个路标的连线上，与其他路标有明显区别的第三个路标也会阻止上述行列式的值变为 0。然而，如果车辆在很远的位置，而不是在路标群内，那么所有的角度差将变得很小。分子的行列式结果将变成 $r_1r_2r_3$ 的积，进而导致误差随距离快速增长。回头来看，会发现第三个路标方位提供的信息比绝对航向要多，因为它对另外两个路标连线上的位置提供了约束。

6. 应用实例 6.3：圆弧约束

这种情况下的约束方程如图 6-11 所示。为了获得其精度因子，需要用到一个有用的技巧。在这里，我们将研究雅可比矩阵的逆 $\boldsymbol{H}=\boldsymbol{J}^{-1}$，而不是雅可比矩阵本身，因为约束方程是 382

以间接的形式呈现的。

对其取全微分：

$$\delta r_1 = \frac{(x-x_1)}{r_1}\delta x + \frac{(y-y_1)}{r_1}\delta y$$

$$\delta r_2 = \frac{(x-x_2)}{r_2}\delta x + \frac{(y-y_2)}{r_2}\delta y$$

于是，行列式可表示为：

$$|\boldsymbol{J}^{-1}| = \begin{vmatrix} \dfrac{x-x_1}{r_1} & \dfrac{y-y_1}{r_1} \\[2mm] \dfrac{x-x_2}{r_2} & \dfrac{y-y_2}{r_2} \end{vmatrix}$$

请注意，平面内的向量叉乘通常由此行列式给出，
因此结果是：

$$|\boldsymbol{J}^{-1}| = \frac{\vec{r}_1 \times \vec{r}_2}{|\vec{r}_1||\vec{r}_2|} = \sin(\psi)$$

其中 ψ 是从两个路标到车辆的向量的夹角。由上述结果得到的结论总结在专栏 6.3 中。

$$r_1 = \sqrt{(x-x_1)^2 + (y-y_1)^2}$$
$$r_2 = \sqrt{(x-x_2)^2 + (y-y_2)^2}$$

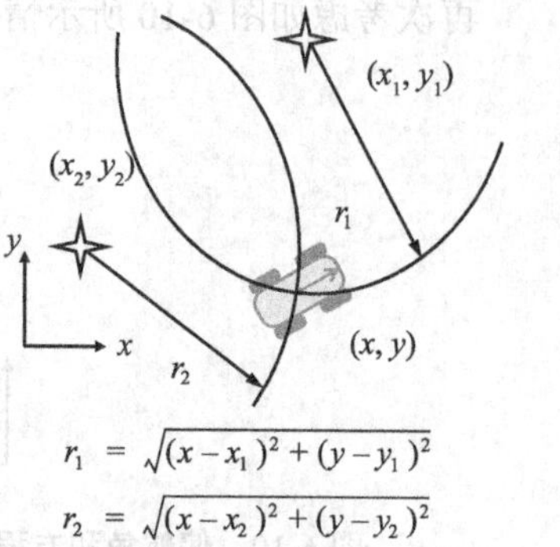

图 6-11　距离观测和方程：车辆可以测量到两个路标之间的距离，但是不能确定偏航角

专栏 6.3　距离测量的精度因子

对于距离观测而言，精度因子由下式给出：

$$|\boldsymbol{J}| = \frac{1}{\sin(\psi)}$$

在两个路标连线上的精度因子仍然为无穷大。虽然距离并不是敏感因子，但是存在一个隐藏的影响因素，因为 ψ 随着与路标之间距离的增大而减小。

这种情况下的等值曲线图如图 6-12 所示。

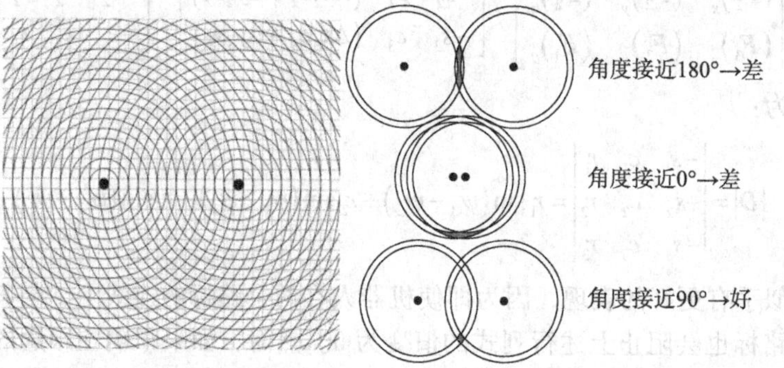

图 6-12　距离观测的等值曲线图：两条等值曲线之间面积的大小与精度因子成正比

7. 应用实例 6.4：双曲线约束

从精度因子的角度而言，双曲线约束（对于两个发射机对）的等值线图表明这是一种非常有利的导航配置（如图 6-13 所示）。

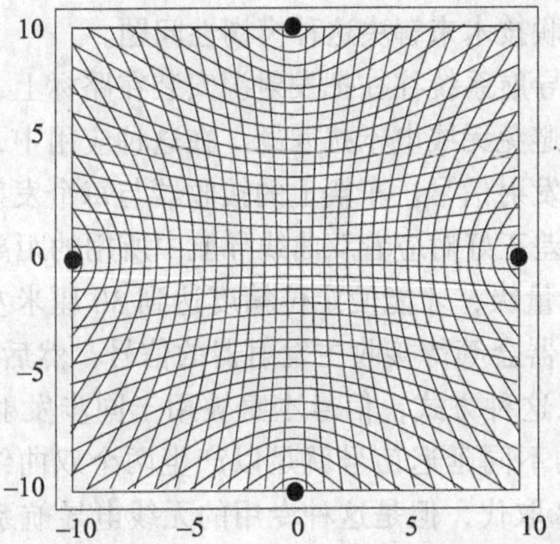

图 6-13　**距离差观测的等值线图**：精度因子在原点附近是最理想的，它会随着离轴线距离的增加而增大。除了无穷远之外，没有奇点，但是很显然，在离开路标围绕的区域后，精度因子将变得很差

6.1.4　实际位姿修正系统

全球定位系统是一个三边距离测量系统，相关内容将在后续部分介绍。对于活动范围限于室内或有限区域的机器人，还有其他选择。

1. 反射器三角测量

在实际应用中，经常使用相对多个路标的方位观测系统（如图 6-14 所示）。通常在机器人上安装一个激光发射源，而路标则是能够反射激光信号的被动反射器。对于室内移动机器人，基于反射器的激光三角测量是自主引导车辆（AGV）的常用技术。

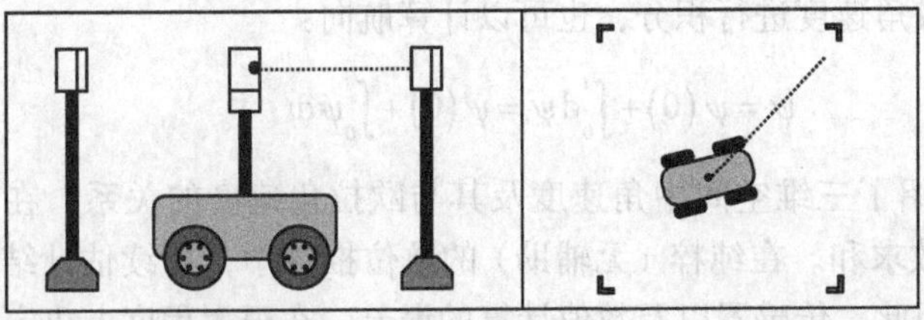

图 6-14　**激光三角测量导航**：旋转激光头发射光束，并由测量反射器反射

该系统可以实现厘米级的修正精度，同时聚焦光束允许路标之间的距离达到 50 米或以上。此方案不能提供高度信息，因此地板必须足够平坦以使光束能击中反射器。

类似的基于声呐的设计方案被用于水下场合。此外，针对室外应用的雷达导航系统也被开发出来——这样的系统能够在无法探测到激光的恶劣天气和多尘条件下工作。 384

仅利用摄像头来识别视场内的可识别（并且可测量）特征，也可以实现三角方位测量。对于该方案，全向摄像机可能是最适合的。同时，反射器和光源与摄像头的配合使用能提高系统的可靠性。如果是用安装在机器人本体上的摄像机对环境进行成像，而不是环境中的摄像机对机器人成像，往往可以得到更高的方位测量精度。

2. 无线电三边测量

通过全向发射脉冲波束并测量其返回时间，利用上述方案也可以实现基于距离的三边测量。虽然无法确定波束具体是哪个反射器返回的，但是如果与航位推算方法相结合，就可以利用一些优秀的数据跟踪关联技术来解决这种模糊性问题。

在实际应用中，无线电导航系统往往把发射源安装在路标上，以便为在指定区域中运行的多台车辆提供服务，同时避免无线电干扰问题。在这种应用中，最简单的一种方案是，同步发射器在所有方向上同时发射信号。车辆上的接收器与每个发射器的距离不同，因而接收到信号的时间也不同，该时差正好对应着双曲线导航中所用的距离差。

时间同步精度要到纳秒量级，才能使定位精度达到 30 厘米左右。在 LORAN-C 海洋无线电导航系统中，次级发射器会等待接收主发射器的信号，然后在一个固定的延迟时间后，再发射它们自己的信号。以这种方式，信号本身被用于同步发射器。因为主发射器是共享的，所以两个次级发射器的不同延迟信号就足以产生两个双曲线约束。LORAN-C 于 2010 年在北美退役，已经被 GPS 取代，但是这种专用的无线电导航系统在特殊情况下仍可能具有一定的优势。

6.1.5　航位推算法

与位姿修正技术一样，*航位推算法*也很古老。在看不到陆地的情况下，第一位在航线上标记位置，并估算船只坐标的水手，使用的就是航位推算法。我们将用该术语描述所有对微分项进行积分运算，以获得所关注状态的方法。

位置可以根据位置微分的观测值来推算：

$$\vec{\boldsymbol{r}} = \vec{\boldsymbol{r}}(0) + \int_0^t \mathrm{d}\vec{\boldsymbol{r}} = \vec{\boldsymbol{r}}(0) + \int_0^t \vec{\boldsymbol{v}}\,\mathrm{d}t \tag{6.16}$$

位置也可以根据速度或者加速度的观测值来估计：

$$\vec{\boldsymbol{r}} = \vec{\boldsymbol{r}}(0) + \int_0^t \left[\vec{\boldsymbol{v}}(0) + \int_0^t \vec{\boldsymbol{a}}\,\mathrm{d}t\right]\mathrm{d}t = \vec{\boldsymbol{r}}(0) + \vec{\boldsymbol{v}}(0)t + \int_0^t\int_0^t \vec{\boldsymbol{a}}\,\mathrm{d}t\mathrm{d}t \tag{6.17}$$

同样，对角度微分或角速度进行积分，也可以计算航向：

385
$$\psi = \psi(0) + \int_0^t \mathrm{d}\psi = \psi(0) + \int_0^t \dot{\psi}\,\mathrm{d}t \tag{6.18}$$

2.5.3 节详细介绍了三维空间中角速度及其与欧拉角速度的关系。在实际使用中，上述连续积分表现为离散求和。在纯粹（无辅助）的航位推算中，后续估计结果保留了上一次估算中的所有误差，因此，传感器以及数值计算的误差，在很大程度上决定了系统性能。

1. 针对里程计的经典示例

航位推算法的数学原理与控制或仿真中运动预测的数学原理类似，甚至相同。当前，我们将注意力集中在通过观测线速度和角速度，来获得位置和方向的航位推算过程。我们把该过程称为*里程计*，但是这个术语是从汽车工程借用（并修改）来的，因为其原始定义仅局限于用车轮转动圈数来测量行驶距离。一个更理想的术语应该是*里程航位推算*。

在应用航位推算的所有实例中，下述形式的方程起着决定性作用：

$$\dot{\underline{\boldsymbol{x}}}(t) = \underline{\boldsymbol{f}}\left[\underline{\boldsymbol{x}}(t), \underline{\boldsymbol{u}}(t), \underline{\boldsymbol{p}}\right]$$

与通常一样，其中状态 $\underline{\boldsymbol{x}}(t)$ 取决于输入 $\underline{\boldsymbol{u}}(t)$ 和参数 $\underline{\boldsymbol{p}}$。在里程计中，我们可以直接或间接地观测输入。此时，观测值 $\underline{\boldsymbol{z}}(t)$ 将满足如下形式：

$$\underline{\boldsymbol{z}}(t) = \boldsymbol{h}\left[\underline{\boldsymbol{x}}(t), \underline{\boldsymbol{u}}(t), \underline{\boldsymbol{p}}\right]$$

我们的注意力将主要集中在平面运动上，因为对于下面的分析而言，它已经足够难了。三维空间中的航位推算，可以用本书第4章提供的地形匹配模型来实现。我们还假设名义上不存在车轮打滑。不过，可以把打滑看作后续分析中的一种误差，而且可以在需要的时候把打滑的显式模型加到系统中。

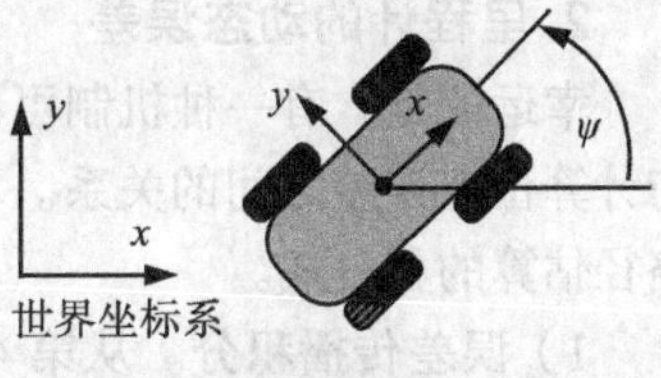

图 6-15 **里程计坐标系**。要估计的状态是机器人的位姿，在零初始条件时，机器人坐标系与世界坐标系对齐

有必要对集中典型情况进行区分。现在，我们假定车辆沿着车体朝向移动（如图6-15所示）。并不是所有的车辆都是这样移动的，不过我们已经知道了如何对这些车辆进行建模。

以下小节定义了里程计的三种重要类型，它们的区别在于航向角的计算方式。

1）**直接航向**。如果能够直接观测航向，如利用罗盘来测量，那么车辆的动力学模型可以表示为：

$$\frac{\mathrm{d}}{\mathrm{d}t}\begin{bmatrix} x(t) \\ y(t) \end{bmatrix} = \begin{bmatrix} v(t)\cos\psi(t) \\ v(t)\sin\psi(t) \end{bmatrix} \tag{6.19}$$

在这个模型中，航向不是一个状态量，因为不需要通过积分来获得它。因此，状态向量和输入向量分别为：

$$\underline{\boldsymbol{x}}(t) = \begin{bmatrix} x(t) & y(t) \end{bmatrix}^{\mathrm{T}} \quad \underline{\boldsymbol{u}}(t) = \begin{bmatrix} v(t) & \psi(t) \end{bmatrix}^{\mathrm{T}}$$

观测模型很简单：

$$\underline{\boldsymbol{z}}(t) = \underline{\boldsymbol{u}}(t) = \begin{bmatrix} v(t) & \psi(t) \end{bmatrix}^{\mathrm{T}}$$ 386

通常，根据上下文，输入可以是命令信号、指令观测或者实际运动的反馈信号。

2）**积分航向**。从传感器，例如陀螺仪，获得航向的速度观测值，则车辆的动力学模型可以表示为：

$$\frac{\mathrm{d}}{\mathrm{d}t}\begin{bmatrix} x(t) \\ y(t) \\ \psi(t) \end{bmatrix} = \begin{bmatrix} v(t)\cos\psi(t) \\ v(t)\sin\psi(t) \\ \omega(t) \end{bmatrix} \tag{6.20}$$

其中，状态向量和输入向量分别为：

$$\underline{\boldsymbol{x}}(t) = \begin{bmatrix} x(t) & y(t) & \psi(t) \end{bmatrix}^{\mathrm{T}} \quad \underline{\boldsymbol{u}}(t) = \begin{bmatrix} v(t) & \omega(t) \end{bmatrix}^{\mathrm{T}}$$

观测方程也同样非常简单。

3）**差动航向**。第4章介绍了积分航向的一个重要特例，其中，在没有陀螺仪的情况下，两个车轮的转速差对航向速度提供了约束（如图6-16所示）。虽然状态方程与上面的情况相同，但观测方程变为：

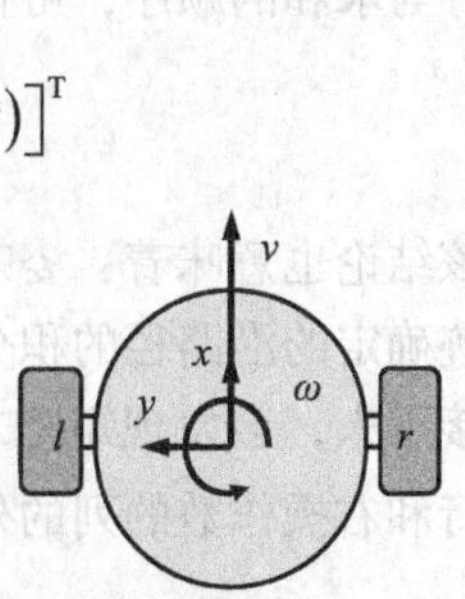

图 6-16 **差分航向里程计**。左、右车轮的转速差决定了车体角速度

$$\begin{bmatrix} v_r(t) \\ v_l(t) \end{bmatrix} = \begin{bmatrix} 1 & W \\ 1 & -W \end{bmatrix} \begin{bmatrix} v(t) \\ \omega(t) \end{bmatrix} \tag{6.21}$$

或者

$$\underline{z}(t) = H\underline{u}(t)$$

2. 里程计的动态误差

幸运的是，有一种机制可以像位姿修正中的雅可比矩阵一样，用于表达里程计检测误差与计算位姿误差之间的关系。不过，由于里程计模型是微分方程，所以相关矩阵是沿待跟踪路径估算的积分式。

387 1）**误差传播积分**。从第4章可知，向量的叠加积分可以表示任意系统的线性化或“扰动”动力学方程的通解。如果将输入扰动 $\delta\underline{u}(\tau)$ 解释为传感器误差，那么输出扰动 $\delta\underline{x}(t)$ 就表示计算姿态的误差。换句话说，航位推算法中的系统误差根据向量叠加积分传播：

$$\delta\underline{x}(t) = \boldsymbol{\Phi}(t,t_0)\delta\underline{x}(t_0) + \int_{t_0}^{t}\boldsymbol{\Gamma}(t,\tau)\delta\underline{u}(\tau)\mathrm{d}\tau \tag{6.22}$$

类似地，在第5章中已经介绍了，当把高斯白噪声加到系统输入上时，将得到一阶方差由矩阵叠加积分给定的输出状态。如果我们把有噪声输入解释为方差为 $\boldsymbol{Q}(\tau)$ 的传感器随机误差，那么计算姿态中对应的随机误差将具有由矩阵叠加积分给出的方差 $\boldsymbol{P}(t)$：

$$\boldsymbol{P}(t) = \boldsymbol{\Phi}(t,t_0)\boldsymbol{P}(t_0)\boldsymbol{\Phi}^{\mathrm{T}}(t,t_0) + \int_{t_0}^{t}\boldsymbol{\Gamma}(t,\tau)\boldsymbol{Q}(\tau)\boldsymbol{\Gamma}^{\mathrm{T}}(t,\tau)\mathrm{d}t \tag{6.23}$$

需要注意的重点问题是，最后一个公式给出的位姿误差并不是单次实验就能得到的误差值；而是把相同的实验重复很多次，才会得到的位姿误差的方差。

2）**输入转移矩阵**。我们将 $\boldsymbol{G}(\tau)$ 定义为系统误差分布矩阵，将 $\boldsymbol{L}(\tau)$ 定义为随机噪声分布矩阵。转移矩阵与合适的分布矩阵的乘积被称为输入转移矩阵，它不是一个标准术语：

$$\boldsymbol{\Gamma}(t,\tau) = \boldsymbol{\Phi}(t,\tau)\boldsymbol{G}(\tau) \qquad \boldsymbol{\Gamma}(t,\tau) = \boldsymbol{\Phi}(t,\tau)\boldsymbol{L}(\tau)$$

基于上述两个积分，该矩阵决定了系统误差和随机误差在里程计中的传播。下文将对这一原理进行研究。

3）**误差矩**。我们可以看到 $\boldsymbol{\Gamma}(t,\tau)$ 的列的积分，以及其列的外积的积分，是典型的误差传播模式。首先需要注意，乘积 $\boldsymbol{\Gamma}\delta\underline{u}$ 可以理解为矩阵各列的加权和。其特例为：

$$\boldsymbol{\Gamma}\delta\underline{u} = \sum_i \underline{\gamma}_i \delta u_i$$

其中 $\underline{\gamma}_i$ 是矩阵 $\boldsymbol{\Gamma}(t,\tau)$ 的第 i 列，元素 δu_i 为单个输入误差源。将上式代入方程（6.22），并交换积分与求和的顺序，可得：

$$\delta\underline{x}(t) = \boldsymbol{\Phi}(t,t_0)\delta\underline{x}(t_0) + \sum_i\left[\int_{t_0}^{t}\underline{\gamma}_i\delta u_i\mathrm{d}\tau\right] \tag{6.24}$$

该结论也意味着：姿态的总误差是每个输入误差源的贡献的总和，这些贡献就是由被跟
388 踪轨迹确定的沿路径的积分或矩。

接下来，会发现矩阵二次型 $\boldsymbol{\Gamma}\boldsymbol{Q}\boldsymbol{\Gamma}^{\mathrm{T}}$ 可以解释为矩阵的加权和，其中每个矩阵都是左操作数的行和右操作数的列的外积。其特例是：

$$\boldsymbol{\Gamma}\boldsymbol{Q}\boldsymbol{\Gamma}^{\mathrm{T}} = \sum_i\left(\underline{\gamma}_i\underline{\gamma}_j^{\mathrm{T}}q_{ij}\right)$$

其中 $\underline{\gamma}_i\underline{\gamma}_j^{\mathrm{T}}$ 项是输入转移矩阵的两个指定列的外积，而 q_{ij} 是输入误差源的个体协方差。

将上式代入方程（6.23）中，并交换积分与求和的顺序，可得：

$$\boldsymbol{P}(t)=\boldsymbol{\Phi}(t,t_0)\boldsymbol{P}(t_0)\boldsymbol{\Phi}^{\mathrm{T}}(t,t_0)+\sum_i\sum_j\left[\int_{t_0}^{t}\left(\underline{\gamma}_i\underline{\gamma}_j^{\mathrm{T}}q_{ij}\right)\mathrm{d}\tau\right] \tag{6.25}$$

同样的解释也适用于矩的和，只不过这里的矩是矩阵值。如果输入误差源为常量，那么可以按字面意思，把矩理解为轨迹的几何特性，如专栏 6.4 中所列。

专栏 6.4　里程计中的误差传播

里程计系统产生的姿态误差取决于被跟随路径。里程计中的传感器系统误差会导致位姿系统误差，其幅度是传感器误差的加权叠加。权重值是以向量值表示的、输入转移矩阵的列的线积分：

$$\delta\underline{\boldsymbol{x}}(t)=\boldsymbol{\Phi}(t,t_0)\delta\underline{\boldsymbol{x}}(t_0)+\sum_i\delta u_i\left[\int_{t_0}^{t}\underline{\gamma}_i(t,\tau)\mathrm{d}\tau\right]$$

同样，里程计中的传感器随机误差引起位姿随机误差，其协方差是传感器协方差的加权叠加。权重值是以矩阵值表示的、输入转移矩阵的列形成的向量外积矩阵的线积分：

$$\boldsymbol{P}(t)=\boldsymbol{\Phi}(t,t_0)\boldsymbol{P}(t_0)\boldsymbol{\Phi}^{\mathrm{T}}(t,t_0)+\sum_i\sum_j q_{ij}\left[\int_{t_0}^{t}\underline{\gamma}_i(t,\tau)\underline{\gamma}_i^{\mathrm{T}}(t,\tau)\mathrm{d}\tau\right]$$

4）**误差动态特性的数值计算**。当不能用封闭形式表达转移矩阵时，可以按照 4.5.6 节第 6 点的论述进行数值计算。对于系统误差，将扰动输入代入非线性动力学方程，再减去非扰动输入，就可以获得完整非线性解。而对线性化动力学方程进行积分，可以获得一个近似解。 389

对于随机误差，需要用蒙特卡罗方法获得非线性解，该方法的计算量很大。对线性方差方程进行数值积分可获得近似解，该方法对多数实际应用来说，已经足够了。

3. 应用实例：积分航向里程计中的误差传播

本小节将阐述在这种情况下，如何用路径矩来表征误差的动态特性。积分航向里程计可由如下系统方程描述：

$$\frac{\mathrm{d}}{\mathrm{d}t}\begin{bmatrix}x(t)\\y(t)\\\psi(t)\end{bmatrix}=\begin{bmatrix}v(t)\cos\psi(t)\\v(t)\sin\psi(t)\\\omega(t)\end{bmatrix}$$

在 4.4.4 节第 1 点中推导了完全驱动型轮式移动机器人的线性化动力学方程。上述系统是没有横向速度输入的特殊情况。因而，转移矩阵和输入转移矩阵分别为：

$$\boldsymbol{\Phi}(t,\tau)=\begin{bmatrix}1&0&-\Delta y(t,\tau)\\0&1&\Delta x(t,\tau)\\0&0&1\end{bmatrix}\qquad\boldsymbol{\Gamma}(t,\tau)=\begin{bmatrix}c\psi(t)&-s\psi(t)&-\Delta y(t,\tau)\\s\psi(t)&c\psi(t)&\Delta x(t,\tau)\\0&0&1\end{bmatrix}$$

对于没有横向速度输入的情况，必须将矩阵 $\boldsymbol{\Gamma}(t,\tau)$ 的第二列删除。回顾 4.4.4 节第 1 点中有关历史记录点位移的定义：

$$\Delta x(t,\tau)=\left[x(\tau)-x(t)\right]\qquad\Delta y(t,\tau)=\left[y(\tau)-y(t)\right]$$

1）**误差传播**。将这些矩阵代入方程（6.22）的通解，就得到了积分航向里程计的系统误差传播的通解：

$$\delta\underline{\boldsymbol{x}}(t)=\begin{bmatrix}1 & 0 & -y(t)\\ 0 & 1 & x(t)\\ 0 & 0 & 1\end{bmatrix}\delta\underline{\boldsymbol{x}}(0)+\int_0^t\begin{bmatrix}c\psi & -\Delta y(t,\tau)\\ s\psi & \Delta x(t,\tau)\\ 0 & 1\end{bmatrix}\begin{bmatrix}\delta v(\tau)\\ \delta\omega(\tau)\end{bmatrix}\mathrm{d}\tau \tag{6.26}$$

390 该结果的直观解释如图 6-17 所示。

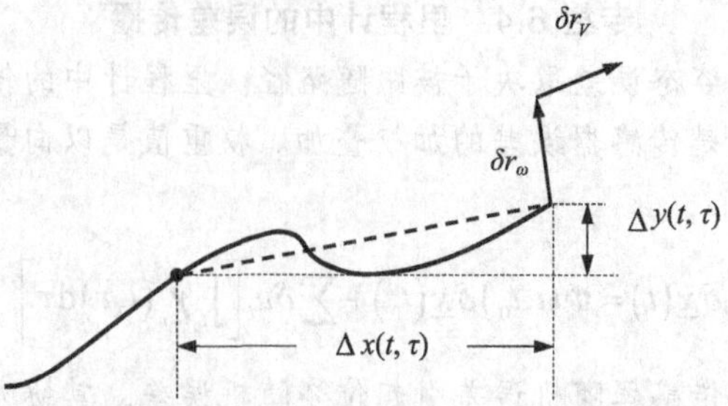

图 6-17 **叠加积分**。矢量叠加积分考虑所有已发生的误差，将其影响映射到当前时刻，再把所有误差结果叠加在一起。向量 $\delta\vec{r}_v$ 和 $\delta\vec{r}_\omega$ 是由 τ 时刻线速度和角速度误差引起的误差增量

把 τ 时刻的输入系统误差，与其在时刻 t 的后续影响相关联的矩阵如下：

$$\mathrm{d}\begin{bmatrix}\delta x(t)\\ \delta y(t)\\ \delta\psi(t)\end{bmatrix}=\begin{bmatrix}c\psi & -\Delta y(t,\tau)\\ s\psi & \Delta x(t,\tau)\\ 0 & 1\end{bmatrix}\begin{bmatrix}\delta v(\tau)\\ \delta\omega(\tau)\end{bmatrix}\mathrm{d}\tau$$

因此，该问题的解只是把整个历史时间内的输入误差的影响，简单地叠加到当前位姿误差上。以矩形式表示的解积分为：

$$\delta\underline{\boldsymbol{x}}(t)=\underline{\boldsymbol{IC}}_d+\int_0^t\underline{\gamma}_v(\tau)\delta v\mathrm{d}\tau+\int_0^t\underline{\gamma}_\omega(\tau)\delta\omega\mathrm{d}\tau$$

其中

$$\underline{\boldsymbol{IC}}_d=\begin{bmatrix}1 & 0 & -y(t)\\ 0 & 1 & x(t)\\ 0 & 0 & 1\end{bmatrix}\delta\underline{\boldsymbol{x}}(0)\qquad \begin{aligned}\underline{\gamma}_v(\tau)&=\begin{bmatrix}c\psi & s\psi & 0\end{bmatrix}^{\mathrm{T}}\\ \underline{\gamma}_\omega(\tau)&=\begin{bmatrix}-\Delta y(t,\tau) & \Delta x(t,\tau) & 1\end{bmatrix}^{\mathrm{T}}\end{aligned}$$

以矩形式表示的完整结果是：

$$\delta\underline{\boldsymbol{x}}(t)=\underline{\boldsymbol{IC}}_d+\int_0^t\begin{bmatrix}c\psi\\ s\psi\\ 0\end{bmatrix}\delta V\mathrm{d}\tau+\int_0^t\begin{bmatrix}-\Delta y(t,\tau)\\ \Delta x(t,\tau)\\ 1\end{bmatrix}\delta\omega\mathrm{d}\tau \tag{6.27}$$

现在考虑随机误差。积分航向里程计中的随机误差传播的通解是：

$$\boldsymbol{P}(t)=\boldsymbol{IC}_s+\int_0^t\begin{bmatrix}c\psi & -\Delta y(t,\tau)\\ s\psi & \Delta x(t,\tau)\\ 0 & 1\end{bmatrix}\begin{bmatrix}\sigma_{vv} & \sigma_{v\omega}\\ \sigma_{v\omega} & \sigma_{\omega\omega}\end{bmatrix}\begin{bmatrix}c\psi & -\Delta y(t,\tau)\\ s\psi & \Delta x(t,\tau)\\ 0 & 1\end{bmatrix}^{\mathrm{T}}\mathrm{d}\tau$$

其中，初始条件的影响表示为：

$$\boldsymbol{IC}_s=\begin{bmatrix}1 & 0 & -y(t)\\0 & 1 & x(t)\\0 & 0 & 1\end{bmatrix}\begin{bmatrix}\sigma_{xx}(0) & \sigma_{xy}(0) & \sigma_{x\psi}(0)\\\sigma_{xy}(0) & \sigma_{yy}(0) & \sigma_{y\psi}(0)\\\sigma_{x\psi}(0) & \sigma_{y\psi}(0) & \sigma_{\psi\psi}(0)\end{bmatrix}\begin{bmatrix}1 & 0 & -y(t)\\0 & 1 & x(t)\\0 & 0 & 1\end{bmatrix}^{\mathrm{T}}$$

如 6.1.5 节第 2 点第 3 小点中所定义的，以矩形式表示的通解为：

$$\boldsymbol{P}(t)=\boldsymbol{IC}_s+\int_0^t\left[\boldsymbol{\Gamma}_{v\omega}(\tau)+\boldsymbol{\Gamma}_{\omega v}(\tau)\right]\sigma_{v\omega}\mathrm{d}\tau+\int_0^t\boldsymbol{\Gamma}_{vv}(\tau)\sigma_{vv}\mathrm{d}\tau+\int_0^t\boldsymbol{\Gamma}_{\omega\omega}(\tau)\sigma_{\omega\omega}\mathrm{d}\tau$$

其中，对特定的外积矩阵，定义了下列表示符号： 391

$$\boldsymbol{\Gamma}_{vv}(\tau)=\begin{bmatrix}c\psi\\s\psi\\0\end{bmatrix}\begin{bmatrix}c\psi\\s\psi\\0\end{bmatrix}^{\mathrm{T}}=\begin{bmatrix}c^2\psi & c\psi s\psi & 0\\c\psi s\psi & s^2\psi & 0\\0 & 0 & 0\end{bmatrix}$$

$$\boldsymbol{\Gamma}_{v\omega}(\tau)=\boldsymbol{\Gamma}_{\omega v}^{\mathrm{T}}(\tau)=\begin{bmatrix}c\psi\\s\psi\\0\end{bmatrix}\begin{bmatrix}-\Delta y\\\Delta x\\0\end{bmatrix}^{\mathrm{T}}=\begin{bmatrix}-c\psi\Delta y & c\psi\Delta x & c\psi\\-s\psi\Delta y & s\psi\Delta x & s\psi\\0 & 0 & 0\end{bmatrix}$$

$$\boldsymbol{\Gamma}_{\omega\omega}(\tau)=\begin{bmatrix}-\Delta y\\\Delta x\\1\end{bmatrix}\begin{bmatrix}-\Delta y\\\Delta x\\1\end{bmatrix}^{\mathrm{T}}=\begin{bmatrix}\Delta y^2 & -\Delta x\Delta y & -\Delta y\\-\Delta x\Delta y & \Delta x^2 & \Delta x\\-\Delta y & \Delta x & 1\end{bmatrix}$$

假设不相关输入 $\sigma_{v\omega}=0$，以矩形式表示的完整结果为：

$$\boldsymbol{P}(t)=\boldsymbol{IC}_s+\int_0^t\begin{bmatrix}c^2\psi & c\psi s\psi & 0\\c\psi s\psi & s^2\psi & 0\\0 & 0 & 0\end{bmatrix}\sigma_{vv}\mathrm{d}\tau+\int_0^t\begin{bmatrix}\Delta y^2 & -\Delta x\Delta y & -\Delta y\\-\Delta x\Delta y & \Delta x^2 & \Delta x\\-\Delta y & \Delta x & 1\end{bmatrix}\sigma_{\omega\omega}\mathrm{d}\tau \tag{6.28}$$

2）**误差模型**。如果希望从上述方程中得到具体结果，就需要确定输入误差和跟随轨迹。令系统误差模型为关于速度的比例常数误差（编码器）和关于角速度的偏移常数误差（陀螺仪）：

$$\delta v=\delta v_v\times v$$
$$\delta\omega=\mathrm{const}$$

其中的符号为：

$$\delta v_v=\frac{\partial}{\partial v}(\delta v)$$

令随机误差模型是与距离相关的关于线速度的随机游动，以及关于角速度的常协方差。

$$\sigma_{vv}=\sigma_{vv}^{(v)}|v|\qquad\sigma_{\omega\omega}=\mathrm{const}\qquad\sigma_{v\omega}=0$$

现在，此系统误差模型沿任意轨迹的通解为：

$$\delta\underline{\boldsymbol{x}}(t)=\underline{\boldsymbol{IC}}_d+\delta v_v\int_0^s\begin{bmatrix}c\psi\\s\psi\\0\end{bmatrix}\mathrm{d}s+\delta\omega\int_0^t\begin{bmatrix}-\Delta y\\\Delta x\\1\end{bmatrix}\mathrm{d}\tau$$

假设各输入误差互不相关，则此误差模型沿任意轨迹的随机误差的协方差的通解为：

$$\boldsymbol{P}(t)=\boldsymbol{IC}_s+\sigma_{vv}^{(v)}\int_0^s\begin{bmatrix}c^2\psi & c\psi s\psi & 0\\c\psi s\psi & s^2\psi & 0\\0 & 0 & 0\end{bmatrix}\mathrm{d}s+\sigma_{\omega\omega}\int_0^t\begin{bmatrix}\Delta y^2 & -\Delta x\Delta y & -\Delta y\\-\Delta x\Delta y & \Delta x^2 & \Delta x\\-\Delta y & \Delta x & 1\end{bmatrix}\mathrm{d}\tau$$ 392

需要特别注意的是，矩积分现在只是被跟随轨迹的形状的函数。为了计算出结果，必须确定轨迹。

3）**阐释**。上述两个结果包含了很多信息。为了简单起见，忽略初始条件，首先需要注意的是，关于速度比例误差的响应并不依赖于路径，因为矩可以以下述封闭形式计算：

$$\delta\underline{r}(t)=\delta v_v\int_0^s\begin{bmatrix}c\psi\\ s\psi\end{bmatrix}\mathrm{d}s=\delta v_v\begin{bmatrix}x(t)\\ y(t)\end{bmatrix}=\delta v_v\underline{r}(t) \tag{6.29}$$

其中位置向量是 $\underline{r}(t)=\begin{bmatrix}x(t) & y(t)\end{bmatrix}^{\mathrm{T}}$。直观而言，这样的误差只是成比例缩放整个路径。这中间隐含的重要信息是，速度比例误差的影响在原点处退化到了一阶。

现在考虑系统对陀螺仪偏差的响应：

$$\delta\underline{x}(t)=\delta\omega\int_0^t\begin{bmatrix}-\Delta y\\ \Delta x\\ 1\end{bmatrix}\mathrm{d}\tau=\delta\omega\int_0^t\begin{bmatrix}-\left[y(\tau)-y(t)\right]\\ \left[x(\tau)-x(t)\right]\\ 1\end{bmatrix}\mathrm{d}\tau=\delta\omega t\begin{bmatrix}y(t)-\bar{y}(t)\\ -\left(x(t)-\bar{x}(t)\right)\\ 1\end{bmatrix}$$

航向误差与时间呈线性关系：$\delta\psi(t)=\delta\omega t$。位置误差则较为复杂。其影响与时间以及相对被称为驻留质心的点的偏差成正比。驻留质心的定义如下：

$$\bar{\rho}(t)=\begin{bmatrix}\bar{x}(t)\\ \bar{y}(t)\end{bmatrix}=\frac{1}{t}\int_0^t\begin{bmatrix}x(\tau)\\ y(\tau)\end{bmatrix}\mathrm{d}\tau$$

此点类似于平面曲线的质心，不同之处在于它是用时间而不是以弧长来权衡的。它表示某种特定意义下整个轨迹的中心。据此，可以给出陀螺仪偏差对位置误差的影响：

393 $$\delta\underline{r}(t)=\delta\underline{\omega}t\times\left[\underline{r}(t)-\bar{\rho}(t)\right] \tag{6.30}$$

其中向量 $\delta\underline{\omega}$ 指向平面外，乘积 $\delta\underline{\omega}t$ 是陀螺仪偏差对经历时间积分而得到的航向角偏差。于是，由陀螺仪偏差导致的误差正交于到驻留质心的连线，而且在返回到驻留质心时退化为一阶。

忽略初始条件和相关性，并且将协方差的对角线排列成一个向量，那么随机速度误差的影响可由下式给出：

$$\begin{bmatrix}\sigma_{xx}\\ \sigma_{yy}\\ \sigma_{\psi\psi}\end{bmatrix}=\sigma_{vv}^{(v)}\int_0^s\begin{bmatrix}c^2\psi\\ s^2\psi\\ 0\end{bmatrix}\mathrm{d}s=\sigma_{vv}^{(v)}\int_0^s\begin{bmatrix}c\psi\mathrm{d}x\\ s\psi\mathrm{d}y\\ 0\end{bmatrix}$$

在这种情况下，微分 ds 是无符号的，并且被积函数恰好也如此。显然，位置协方差矩阵的迹由下式给出：

$$\sigma_{rr}=\sigma_{xx}+\sigma_{yy}=\sigma_{vv}^{(v)}\int_0^s\left[c^2\psi+s^2\psi\right]\mathrm{d}s=\sigma_{vv}^{(v)}s \tag{6.31}$$

由此，位置误差的总协方差与走过的距离成正比，而与路径的形状无关。进一步的分析表明：协方差椭圆主轴的方向与运动的主方向一致。

再次忽略初始条件和相关性，并且将协方差对角线排列成一个向量，于是陀螺仪随机误差的影响可由下式给出：

$$\begin{bmatrix}\sigma_{xx}\\ \sigma_{yy}\\ \sigma_{\psi\psi}\end{bmatrix}=\sigma_{\omega\omega}\int_0^t\begin{bmatrix}\Delta y^2\\ \Delta x^2\\ 1\end{bmatrix}\mathrm{d}\tau=\sigma_{\omega\omega}\int_0^t\begin{bmatrix}\left[y(\tau)-y(t)\right]^2\\ \left[x(\tau)-x(t)\right]^2\\ 1\end{bmatrix}\mathrm{d}\tau$$

航向方差与时间呈正比：$\sigma_{\psi\psi}=\sigma_{\omega\omega}t$。位置方差则更复杂。矩阵的迹可由下式给出：

$$\sigma_{rr}=\sigma_{xx}+\sigma_{yy}=\sigma_{\omega\omega}\int_0^s\left[\Delta x^2+\Delta y^2\right]\mathrm{d}\tau$$

注意：

$$\left[x(\tau)-x(t)\right]^2=x^2(t)-2x(t)x(\tau)+x^2(\tau)$$

因此，整个方差包含三项：

$$\sigma_{xx}=\sigma_{\omega\omega}\left\{x^2(t)\int_0^t\mathrm{d}\tau-2x(t)\int_0^t\left[x(\tau)\right]\mathrm{d}\tau+\int_0^t\left[x^2(\tau)\right]\mathrm{d}\tau\right\}$$

如果选择驻留质心作为原点，那么中间积分将消失，于是仅保留：

$$\sigma_{xx}=\sigma_{\omega\omega}t\left\{x_{\bar{\rho}}^{2}(t)+\frac{1}{t}\int_0^t\left[x_{\bar{\rho}}^{2}(\tau)\right]\mathrm{d}\tau\right\}$$

采取同样的方法对 σ_{yy} 进行推导，可以得到驻留质心相对坐标系中表达的总方差：

$$\sigma_{rr}=\sigma_{\omega\omega}t\left\{r_{\bar{\rho}}^{2}(t)+\frac{1}{t}\int_0^t\left[r_{\bar{\rho}}^{2}(\tau)\right]\mathrm{d}\tau\right\}$$

现在定义驻留半径平方如下：

$$\rho_{\bar{\rho}}^{2}(t)=\frac{1}{t}\int_0^t\left[r_{\bar{\rho}}^{2}(\tau)\right]\mathrm{d}\tau$$

这是距驻留质心距离的平方关于时间的平均值。陀螺仪随机误差影响的综合结果如下所示：

$$\sigma_{rr}=\sigma_{\omega\omega}t\left[r_{\bar{\rho}}^{2}(\tau)+\rho_{\bar{\rho}}^{2}(t)\right] \tag{6.32}$$ 394

其中，一个分量来自于距驻留质心瞬时半径的平方，而另一个分量来自于半径平方的平均值。这些结论都总结于专栏 6.5 中。

专栏 6.5 积分航向里程计中的误差传播

积分航位里程计的定义是，根据线速度和角速度观测值，利用航位推算法确定位置和方向的过程。对于该系统，如果速度测量存在比例误差、角速度测量存在偏移误差，则误差传播如下所示：

$\delta\underline{r}(t)=\delta v_v\underline{r}(t)$ 速度比例误差的影响与位置向量成正比，且与路径形状无关。

$\delta\psi(t)=\delta\omega t$ 与陀螺仪偏置误差相关的航向误差随着时间线性增长。

$\delta\underline{r}(t)=\delta\underline{\omega}t\times[\underline{r}(t)-\bar{\rho}(t)]$ 由陀螺仪偏置误差导致的位置误差与时间和到驻留质心的半径成正比，且垂直于该半径。

如果速度测量值包含与距离成正比的随机误差、陀螺仪测量值包含随机噪声，那么误差传播如下所示：

$\sigma_{rr}=\sigma_{vv}^{(v)}s$ 总位置协方差与运行路程成正比，且与路径形状无关。

> $\sigma_{\psi\psi} = \sigma_{\omega\omega} t$　陀螺仪噪声引起的航向方差随着时间线性增长。
>
> $\sigma_{rr} = \sigma_{\omega\omega} t[r_{\rho}^{-2}(t) + \rho_{\rho}^{-2}(t)]$　由陀螺仪噪声引起的位置方差与时间成正比，同时也与距离驻留质心的半径平方的瞬时值和平均值成正比。

4）**感悟**。里程计误差展示了很多有趣的表现。对输入误差的响应总是各误差源瞬时值的和（与路径相关）。对于初始条件（初始姿态误差）的响应总是与路径无关。这两个性质来源于微分方程。

里程计的系统误差与距离不成正比，至少在与航向正交的方向上是如此。几个误差源的影响将在轨迹的特殊点处弱化为一阶。如果理解错误，则该特性有可能会使人忽略误差的影响。

对于速度比例误差而言，会导致错误的路径尺度，但是形状是正确的——所以尽管存在尺度误差，封闭路径的估计将仍然是封闭的。陀螺仪偏置误差的影响在路径的驻留质心消失。每条路径都有一个驻留质心，但对称的路径只有一个。

陀螺仪随机偏置误差的影响并不是单调递增的。该影响与瞬时驻留半径的相关性表明，
395 返回驻留质心将会减少，但不会完全消除所有的累积误差。

6.1.6　实际航位推算系统

后面将要详细介绍的惯性导航是一种非常有效的航位推算方式。不过，惯性导航系统需要另外采购，而里程计则在构建机器人系统时就已经有了。无论采用哪种方式，其共同的实现策略都是在卡尔曼滤波器的投影步中执行航位推算方程。

航向误差通常决定了里程计系统的长时性能。高质量的陀螺仪成本可控，通常比任何基于轮速差来测量航向的方案更有优势。不过，仍然需要根据轮速来获取车体线速度。当车轮转速相对较高时，计算频率和数值积分的复杂度变得非常重要。龙格－库塔法不难实现，而且比欧拉法的精度更高。然而，车轮滑移的影响会使这种精确的数学方法无法使用，除非能够对车轮的实际滑移很好地建模。

描述车轮和车辆运动学关系的通用数学方法已经在第4章中给出。车轮可以是被动的，也可以是主动的；而主动轮可以是转向型或驱动型，或两者兼而有之。对车轮转向角的观测大致等于对路径曲率的观测。如果观测值的数量超过最少所需数量，则车辆本体运动将是超定的，此时，就需要某种优化方法来生成估计值。

除了传感器误差以外，未建模的车轮滑移是系统模型内含的误差。无论如何，车轮都存在变形，因为车轮与地面的接触区域不是单纯的离散点。由于变形使得车轮接触点移到了车轮的法线之外，所以对航位推算而言，它改变了车辆的有效尺寸。可以利用本书第4章介绍的系统辨识技术对里程计进行标定，以获得车轮半径、轴距、轮距等的最佳估计。

6.1.7　参考文献与延伸阅读

本章内容基于Kelly的两篇论文；Bowditch关于导航的资料是三角测量相关内容的来源；Borenstein的论文和Chong的论文为航位推算的相关内容提供了启发。

[1] J. Borenstein and L. Feng, Correction of Systematic Odometry Error in Mobile Robots, in *Proceedings of the International Conference on Intelligent Robots and Systems*, Pittsburgh, PA, August 5–9, 1995.

[2] Nathaniel Bowditch, *The American Practical Navigator*, Bethesda, MD, National Imagery and Mapping Agency, 2002.

[3] K. S. Chong and L. Kleeman, Accurate Odometry and Error Modelling for a Mobile Robot, *Proceedings of International Conference on Robotics and Automation*, Albuquerque, New Mexico, April 1997.

[4] A. Kelly, Linearized Error Propagation in Vehicle Odometry, *The International Journal of Robotics Research*, Vol. 23, No. 2, pp. 179–218, 2004.

[5] A. Kelly, Precision Dilution in Mobile Robot Position Estimation, in Proceedings of Intelligent Autonomous Systems, Amsterdam, 2003.

[6] George M. Siouris, *Aerospace Avionic Systems*, Academic Press, 1993. 396

6.1.8 习题

1. 卡尔曼滤波中位置线角度的影响

假设使用测距仪来定位环境中的特征。对于该特殊测距仪，相对于距离的不确定度而言，光束角度的不确定度可以忽略不计。考虑如下协方差矩阵，它们分别对应着三个路标位置的观测值，且观测值已转换到全局坐标系中：

$$\boldsymbol{C}_1=\begin{bmatrix}100 & 0\\ 0 & 1\end{bmatrix}\quad \boldsymbol{C}_2=\begin{bmatrix}100 & 0\\ 0 & 1\end{bmatrix}\quad \boldsymbol{C}_3=\begin{bmatrix}1 & 0\\ 0 & 100\end{bmatrix}$$

根据卡尔曼滤波的协方差更新公式（即含有单位观测矩阵的线性观测），综合 $\boldsymbol{C}_1$ 和 $\boldsymbol{C}_2$。然后再综合 $\boldsymbol{C}_1$ 与 $\boldsymbol{C}_3$。绘制等效椭圆以表示各原始矩阵及组合后的综合结果。

对同一路标的不同观测的角度的影响，是如何自动地被卡尔曼滤波缩放的？该角度对等概率椭圆主轴的长度有多大的影响？

回答这个问题需要下列矩阵等式：

$$\boldsymbol{A}=\begin{bmatrix}a & b\\ c & d\end{bmatrix}\quad \boldsymbol{A}^{-1}=\left(\frac{1}{ad-cb}\right)\begin{bmatrix}d & -b\\ -c & a\end{bmatrix}$$

2. 辅助航位推算中的不确定性

假设某里程计的精度是 1/100 英里，但是另一个传感器能够每一英里提供一个标记。针对这种把高度精确的英里标记检测信息与状态航位推算相结合的情况，绘制出在 5 英里范围内，状态的预期不确定性大小与距离的关系图。

3. 一维误差动态特性

使用基于转移矩阵的里程计误差传播建模过程，计算随机游动误差的动态特性和积分的随机游动。积分的随机游动是一种加速度为白噪声的系统。该系统的速度是白噪声的一重积分，因此是随机游动。该系统的位置是白噪声的二重积分，因此是积分的随机游动。用加速度输入驱动动力学系统（微分方程），然后计算源于加速度恒值方差的位置和速度方差。

令系统状态向量为 $\underline{x}(t)=\begin{bmatrix}x(t) & v(t)\end{bmatrix}^{\mathrm{T}}$，输入“向量”为 $u(t)=[a(t)]$，系统动力学方程由下式给出：

$$\frac{\mathrm{d}}{\mathrm{d}t}\begin{bmatrix}x(t)\\ v(t)\end{bmatrix}=\begin{bmatrix}v(t)\\ a(t)\end{bmatrix}$$

计算该系统的转移矩阵，然后利用矩阵卷积积分求其封闭解。 397

4. 双曲线导航

考虑如下图所示的四信标正方形布局的双曲线导航系统：

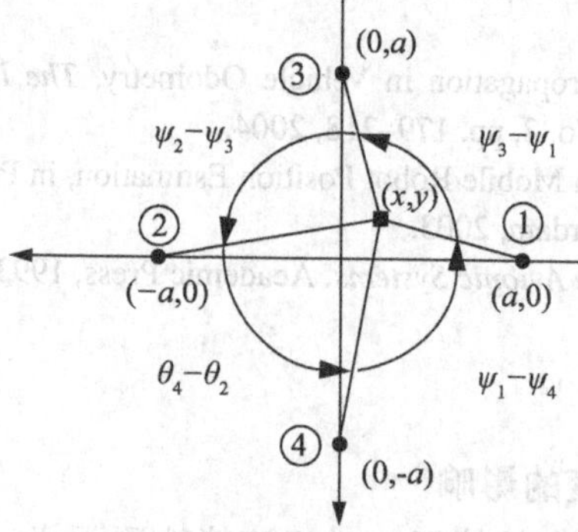

我们知道，在双曲线导航中，可以直接测量到两个不同路标的距离差（比如说，通过相位差表示）。因此，每对路标可产生一个测量结果。上图所示的几何形状是用来确定平面位置的最简单情况。

（i）假设当前位置是 $\underline{x}=[x\ \ y]^{\mathrm{T}}$，测量结果 $\underline{z}=[(r_2-r_1)(r_4-r_3)]^{\mathrm{T}}$ 是根据水平路标对和竖直路标对得到的距离差，请证明：反应该布局的（逆）精度因子可由下式给出：

$$\left|\frac{\partial \underline{z}}{\partial \underline{x}}\right|=\sin(\psi_4-\psi_2)+\sin(\psi_3-\psi_1)+\sin(\psi_1-\psi_4)+\sin(\psi_2-\psi_3)$$

$$\left\|\boldsymbol{H}^{-1}\right\|=s\psi_{42}+s\psi_{31}+s\psi_{14}+s\psi_{23}$$

其中，角度 ψ_i 指的是从路标 i 到当前位置的射线与 x 轴之间的夹角。

（ii）原点的精度因子是多少？那么沿任意方向的无限远处呢？

（iii）如果路标在一般位置（随意定位），逆精度因子的结构将如何变化？

6.2　用于状态估计的传感器

本节将介绍用于移动机器人关节和姿态估计的传感器。传感器可分为三类：关节传感器、场传感器和惯性传感器。关节传感器用于测量机器人机构的角度和位移。与之相对的，是测量相对于地面的姿态的传感器，例如罗盘和倾角仪，其信号来源于地球的场（磁场和万有引力场）。惯性传感器，例如加速度计和陀螺仪，则基于惯性原理。

6.2.1　关节传感器

398 虽然关节传感器对机械手至关重要，但是对移动机器人而言，它们却没有那么重要。在运动控制领域，有多种不同类型的传感器。编码器、旋转变压器、同步感应器、霍尔传感器、线性差动变压器（LVDT）和位置敏感器件（PSD）。

本小节将介绍最常用的车轮旋转传感器——光电编码器的基本原理。编码器可以测量车轮或者驱动轴的转动，以实现运动控制或导航。此外，它们也常用于扫描或指向型传感器的姿态或检测头角度测量。

1. 光电编码器

光电编码器（如图 6-18 所示）可感测传感器转轴的旋转，其基本原理是机械式的光线遮断器。在机构的旋转部分上，安装有一个光栅（一个在圆周上均匀分布着透光栅格的玻璃板）。栅格在一个固定安装的光源（发光二极管）前旋转，从而使对侧的光电探测器（光电二极管）间断性地受光（接收光发射器的光源）和遮光，于是光栅的每个孔就会产生一个脉冲。

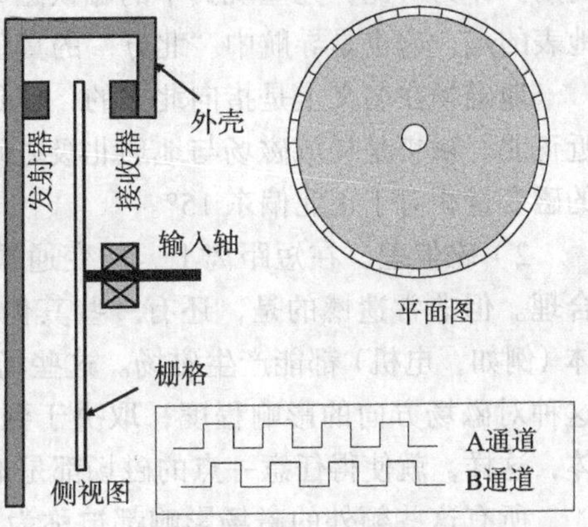

图 6-18 **光电编码器**。当转轴旋转时，通过圆盘孔的光线就不断闪烁，外部信号处理电路对闪烁脉冲进行计数，从而指示旋转位置

接口电路对来自探测器的脉冲进行计数，然后输出总旋转角度的测量值。在移动机器人领域，通常使用所谓的*正交编码器*。在这种传感器中，第二对发射 / 接收器的位置相对第一对存在 1/4 孔宽度的周向偏移量。这一对检测单元将产生第二个脉冲信号，该信号相对于第一个信号存在 90° 相位差。由此，可将分辨率提高 4 倍，而且能够根据这两组脉冲流的相位关系判断运动方向。此类传感器的分辨率一般为每转 1000 ～ 10 000 脉冲（ppr）。

在测量车轮转动时，通常不需要用高精度转角测量，因为车轮总会在地面上打滑。如果为实现电机控制而利用编码器信号作为反馈，则一定要注意，安装在电机轴上的编码器无法检测到齿轮箱中的轮齿间隙。在这种情况下，在齿轮箱输出轴上再安装一个编码器是一种解决方案。

2. 绝对编码器

在需要知道检测传感器朝向的场合，知道传感器的绝对角度通常非常重要。图 6-18 中是一种典型的*增量编码器*。它不能给出绝对转角，而仅能反映角度的变化。当传感器断电后，存储在计数器中的运动信息将丢失。能够使其输出绝对转角的唯一方法是：在启动时，驱动它转动到关节的物理起始位置。如果不能或很难做到这一点，则需要用到绝对编码器。

在码盘上刻上 n 个同心狭缝环，并在径向布置 n 对发射 / 接收器，这样的编码器就可以实现精度高达 n 位的绝对角度测量。现有的绝对编码器精度可高达 26 位。有几种方法可以将增量编码器变为绝对编码器。例如，有些利用每圈出现一次的索引脉冲，有些则在断电时保存其自身状态。

3. 直线编码器

编码器同样可用于测量直线运动。在编码器转轴上绕上一根细线，就组成了可测量线位移的*拉线编码器*。当然，也可以用齿轮齿条机构将旋转编码器转换为直线编码器。 399

6.2.2 环境场传感器

1. 罗盘和磁力计

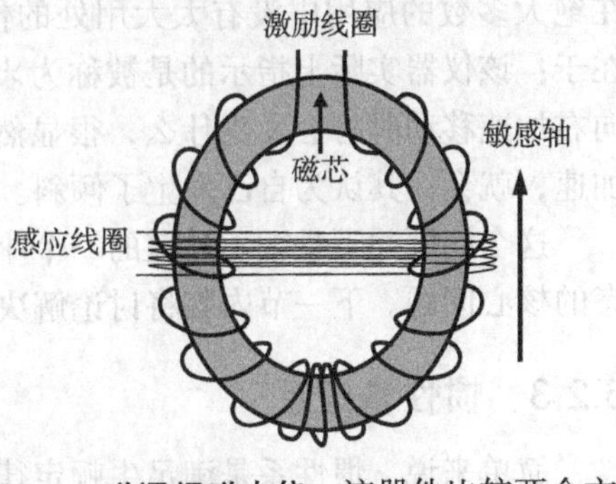

图 6-19 **磁通门磁力仪**。该器件比较两个方向上使磁芯饱和所需驱动电流的差。该电流与周围环境的场成正比。使用三个这样的传感器可以测量得到三维空间中的磁场矢量

*磁罗盘*可测量环境磁场的方向，这类装置通常以*磁力计*的形式搭载在移动机器人上。该磁力计可测量一个或多个方向上的局域磁场的大小（如图 6-19 所示）。

1）**地磁场**。地核导电流体的流动被认为是产生全球弱磁场的原因，其强度量级约为1高斯。作为对比，儿童玩具中的磁铁磁场都可以高达几百高斯。*地理北极*是地球自旋轴穿过地表的点，这也是导航中“北方”的真正定义。

地磁场在名义上是指向北方的，但是地球的磁北极与真正的北方向并不一致，甚至不接近正北。*磁变*是局域磁场与地理北极之间的夹角，其变化幅度大得惊人。例如，美国东海岸的磁变量相对于正北偏东15°。

2）**磁偏差**。在短距离上，磁变通常相当小。因此使用磁力仪来测量航向的变化似乎很合理。但非常遗憾的是，还有一些其他的影响因素增加了这样做的难度。磁性金属和电磁体（例如，电机）都能产生磁场。这些场与周围环境的地磁场叠加，改变了磁场方向。而且，这种对磁场方向的影响程度，取决于到干扰源头的距离。此外，有些干扰源来自机器人本体，这样，就使得任意一点的磁场都是地球固有磁场与机器人自身磁场的向量和。

所有这些额外的磁场影响都被称为*罗盘偏差*（或*自差*）。偏差的复杂性是一方面，而更主要问题在于，这种偏差随时间不断变化，而且难以预测。对用于导航的任意形式的场，可
400 预测是最基本的要求。环境磁场由于无法满足此要求，而很少用于移动机器人。磁力计偶尔会被用于辅助其他设备，如陀螺仪，但只有在这些传感器的误差已经非常大的时候，磁力计才能发挥作用。

2. 水平仪

水平仪是一种理论上能够指示重力方向的仪器（如图6-20所示）。例如，一种能够测量悬垂质量块摆角的摆动装置，通过摆角反映重力方向。

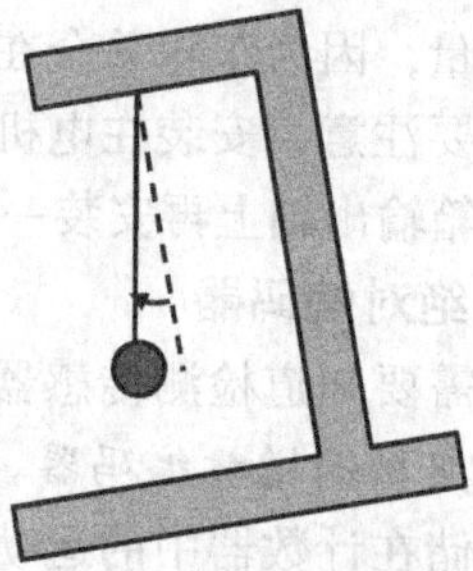

图6-20 **摆式水平仪**。该装置中的质量块会在重力作用下偏摆，测量偏向角即可确定姿态。将一对此类装置正交安装，就可以测量俯仰角和横滚角

这种廉价装置的带宽大约在2Hz量级。这意味着当变化速率超过此频率后，它们不能准确反映姿态角。具有更快响应速度的装置使用了*再平衡回路*，以防止传感器对输入的响应过于剧烈。在此类装置中，伺服回路可以阻止运动，而阻止运动所需的力又为测量另一个可能运动提供了条件。

虽然其原理既简单又完美，但是水平仪是另一种在绝大多数的应用中没有太大用处的传感器。其问题在于：该仪器实际上指示的是被称为*比力*的量，而并非万有引力的方向。想象一下如果仪器向右加速移动时将会发生什么，很显然它对加速也很敏感。因此使用这类仪器的机器人仅仅加速，就会让其认为自己发生了倾斜。

这个问题并不是微不足道的一个小问题，它涉及使用惯性传感器无法很好地测量运动状态的核心问题。下一节内容将讨论解决这一问题所需的背景知识，以实现惯性导航。

6.2.3 惯性参考系

简单来说，惯性系是满足牛顿定律的参考系。这种参考系指任何不相对于恒星旋转，而且在万有引力作用下可以自由运动的参考系。这是物理学家提出并通过实验验证的物理定律表述。它与数学没有太大关系，尽管我们可以用数学方法有效操纵它。所有牛顿定律仅仅在惯性参考系下成立。对著名的牛顿第二定律$f = ma$，有两点需要强调：首先，构成f的各种作用力包括接触（静电）力、万有引力、核力以及电磁力，自然界不再存在其他种类的力。

加速度 a 为惯性加速度。只有在惯性参考系中的观察者才能根据牛顿第二定律观察运动，所以在该定律中，必测量惯性加速度。 401

1. 表征力

回顾方程（4.14）描述的基本加速度变换：

$$\vec{a}_o^f = \vec{a}_o^m + \vec{a}_m^f + 2\vec{\omega}_m^f \times \vec{v}_o^m + \vec{\alpha}_m^f \times \vec{r}_o^m + \vec{\omega}_m^f \times \left[\vec{\omega}_m^f \times \vec{r}_o^m\right] \tag{6.33}$$

物体相对于移动参考系的加速度：

$$\vec{a}_o^m = \vec{a}_o^f - \left(\vec{a}_m^f + 2\vec{\omega}_m^f \times \vec{v}_o^m + \vec{\alpha}_m^f \times \vec{r}_o^m + \vec{\omega}_m^f \times \left[\vec{\omega}_m^f \times \vec{r}_o^m\right]\right) \tag{6.34}$$

现在假设“固定”参考系 f 是惯性系。于是，$\vec{a}_o^f$ 表示物体 o 的惯性加速度，而且由运动观察者观测到的加速度还包括圆括号内的四项。这些项是本该由运动观察者观测到的加速度的实际组成部分。然而，因为只有 $\vec{a}_o^f$ 可以用所受的外界作用力来解释，剩余的其他几项则被认为与表征力相关联，它们又被称作科里奥利力和离心力等，但它们并非实际的作用力。运动观察者观测到的加速度是真实的，而表征力却并不真实存在。

只有坚持在非惯性参考系中使用牛顿第二定律的时候，才需要用到这种魔术般的力。无论如何，这看上去似乎是一个糟糕的办法。但实际问题是观察者，或者更具体地说是传感器，通常无法自己选择参考系。它们仅仅测量该测的量。如果它们的运动影响到测量结果，那就需要找到某种方法对这些影响进行补偿。

现在，需要重点考虑的问题如下：首先，地球表面并不是一个惯性参考系，因为它每天绕其地轴自转一次；其次，惯性传感器仅对惯性参考运动有响应。对于在地球表面运动且使用惯性传感器测量加速度的机器人，测量不到相对于地面的加速度。因此，为了测量相对地面的运动，需要针对表征力对加速度测量值进行补偿。

2. 非惯性地球固定参考系

假设位于赤道的桌子上有一个砖块，有两个不同的观察者在学习牛顿定律（如图 6-21 所示）。其中一个观察者相对地球固定不动，从他的角度来看，砖块所受的重力被桌面的支反力抵消。

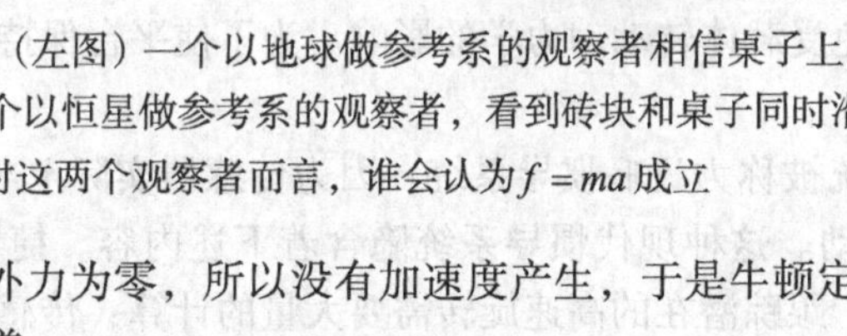

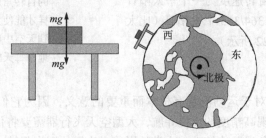

图 6-21　**实际作用力**。（左图）一个以地球做参考系的观察者相信桌子上的砖块是静止不动的；（右图）另一个以恒星做参考系的观察者，看到砖块和桌子同时沿巨大的圆周轨迹每天旋转一周。对这两个观察者而言，谁会认为 $f = ma$ 成立 402

由于砖块所受的合外力为零，所以没有加速度产生，于是牛顿定律显然是成立的。以地球做参考系的观察者写道：

$$\sum \vec{F} = \vec{R} + m\vec{g} = 0 \tag{6.35}$$

反之，相对恒星固定不动的观察者悬停在地球上方，从北极轴向下俯视，观测到桌子以恒定的速度转动。从他的角度来看，支反力和重力不能相互抵消，它们之间一定存在差值，只有这样才能解释使砖块保持圆周运动的加速度：

$$\sum \vec{F} = \vec{R} + \vec{G} = m\vec{a} \tag{6.36}$$

此例精确地说明了这个问题。除非实际作用力不同，否则对于每个观察者，两个公式都不成立，而实际上真实的作用力是相同的。以恒星为参考系的观察者的观点是正确的。因为牛顿定律在以恒星为参考系的观察者身上成立，而在以地球为参考系的观察者身上不成立。如果桌子在地球赤道上，两个力之间的差值必然为 $\Omega^2 R$，其中 Ω 为地球的转动角速度，而 R 为地球的半径。它的计算结果为 3.5 milli-g ⊖，这个值看上去很小，但我们会发现，如果把它关于时间两次积分后就不小。对于以地球作为参考系的观察者，我们会发现 $m\vec{g}$ 并不单纯是地球作用在质量块上的万有引力，实际上 $m\vec{g} = \vec{G} - m\vec{a}$。因此，从这个角度看，上述两个公式是一样的。

"常量" $\vec{g}$ 实际上既非常量，也不完全与实际作用力相关联。它包括由地球旋转产生的离心表征力。因此，如果合理解释 $\vec{g}$，公式（6.35）也是正确的。而 $m\vec{g}$ 被解释为一种实际作用力时，公式（6.35）就不是牛顿第二定律的直接表达，而是在隐藏了表征力（取决于纬度）影响的情况下，重写了公式（6.36）。在绝大多数情况下这些影响都可以忽略不计，但并非所有情况都可忽略。

地球自转的影响。在地球表面上安装的敏感元件可以轻易检测到它以恒星为固定参考系的自转。如果用三轴陀螺仪替代砖块，陀螺仪将会测量到地球绕当地水平面内指北轴的旋转速度，该轴与地球自转轴平行。通过减去地球转速实现对陀螺仪输出的补偿，就能获得陀螺仪相对于地球的旋转速度。

从恒星看，地球的自转速度为一个平太阳日一圈，而一个恒星日是 364/365 个太阳日（比太阳日短 4 分钟）(如图 6-22 所示)。

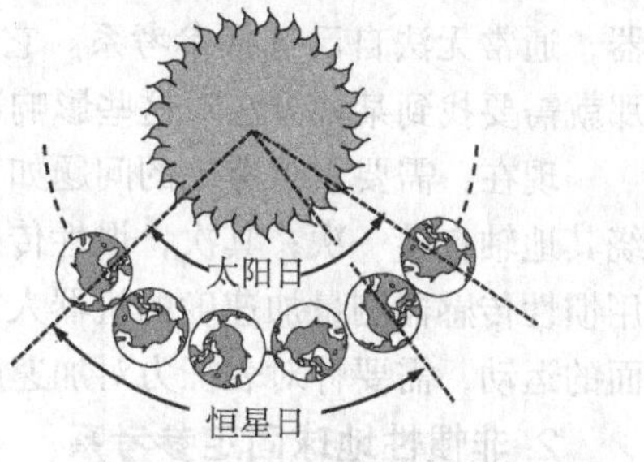

图 6-22　**恒星日**。与太阳日相比，恒星日稍微短一些。由于地球绕太阳做圆周运动，所以从恒星上看，地球每天的自转角度必须略大于 360 度，这样才能使太阳在每天的同一时刻回到天空中的同一位置。箭头表明了地球每天的运动情况

6.2.4　惯性传感器

加速度计和陀螺仪对于运动测量有根本而重要的意义，因为它们构成了惯性导航的基
403 础。几十年前，为了实现高精度的惯性导航，大型空天飞行器需要将传感器安装在稳定的平台上，从而使敏感器件免受载体转动动力学的影响。为了使平台保持水平所需要的旋转角度也是载体转角的测量值。

但是，现代惯导系统被称为捷联惯导系统，因为传感器实际上与载体结构固定在一起，并经历与载体相同的运动。这种现代惯导系统隐含着下述内容。捷联式系统不需要稳定平台，因此可以做得更小；跟踪潜在的高速旋转需要大量的计算；传感器也需要较高的动态范围；一些现代传感器利用再平衡回路来增强动态范围。本节将简要讨论几种低成本小型捷联

⊖ 该单位表示重力加速度的千分之一。——译者注

式传感器。它们最有可能用于移动机器人。

1. 惯性传感器的性能指标

在工程上，经常关注惯性传感器的下述特性：精度、环境影响、成本、鲁棒性以及尺寸。

1）**精度**。常用的传感器性能模型如下所示：

$$f_{\text{meas}}=kf_{\text{true}}+b+w_{\text{noise}} \tag{6.37}$$

其中包含的重要性能参数为：*比例因子* k，*偏差* b 以及*噪声* w_{noise}。处理噪声的最好办法就是将其取平均，所有的最优估计系统都把其作为一种基本运算。我们之前已经看到，如何利用阿伦方差图揭示惯性传感器的基本噪声特性，其技术指标则被称为角度随机游动（用于陀螺仪）以及速度随机游动（用于加速度计）。

2）**偏差和比例因子**。偏差和比例因子误差的定义可以进一步细化为两个部分：容易补偿的部分和不易补偿的部分。*初始偏置*指传感器第一次通电时的偏置量值，它可以进一步细化为恒定分量和随机分量。*偏置重复度*指初始偏置的变化量。对于必须执行特定初始化过程的系统而言，它非常重要。*运行偏置稳定度*指使用过程中的随机变化。它可能比偏置重复度小，其原因在于，比方说，运行时的温度比开机温度更稳定。

*偏置稳定度*指的是，当传感器模型最优时，可能出现的最佳的运行偏置变化量。上述所有偏置的变化量也可以定义为比例因子误差，而且都可以表示成关于温度或者时间的函数。

3）**带宽、线性度和动态范围**。传感器的*带宽*指的是输入信号幅值的衰减值为 3dB(分贝）时的频率（如图 4-30 所示）。它会经常与*更新率*混淆。更新率仅表示每单位时间内来自于接口电路的数据帧数量。

比例因子误差指的是输入－输出模型曲线斜率不正确的情况；而*非线性度*是衡量该曲线的形状与直线的差异程度（如图 5-2 所示）。非线性度经常表示为这种偏离直线的最大偏差（传感器校准曲线与拟合直线之间）除以满量程输出值，有时以百万分之一（ppm）的形式表示。*饱和*是非线性的一种极端形式，当输入信号超出传感器的动态范围时就会出现这种情况。 404

4）**对准和交叉耦合**。通常情况下，每个测量轴都会对名义上与其垂直的输入信号存在稍许敏感度。这种现象可能是由于封装、单轴对准误差造成的，或者有可能是装置本身的固有误差。

5）**环境敏感性**。对各种外界环境影响因素，包括温度、冲击和振动，惯性传感器都非常敏感。术语 *g 个偏置*指的是陀螺仪对加速度的敏感度。*交叉耦合误差*指的是，传感器被设计成对沿某一轴线的运动敏感，而它对与该轴垂直方向的运动也有一定的敏感度。

2. 加速度计

对砖块放在桌子上的例子来说（如图 6-21 所示），情况稍微有一些复杂。如果用一个加速度计替换桌子上的砖块，那么它将测不出来上文所述的 3.5 milli-g。从本质上来说，它的测量结果就是 1g，因为“加速度计”实际上测的并不是加速度。为了获得传感器相对于地面的加速度值，需要采用下文所述的较为复杂的补偿方式。

1）**工作原理**。所有加速度计的工作原理都是测量一个小质量块的相对位移，而该质量块则通过弹性的、粘性阻尼或电磁约束件安装在器件外壳上（如图 6-23 所示）。传感器会返回一个与质量块位移成比例的信号。通常，质量块仅有一个直线或转动自由度。

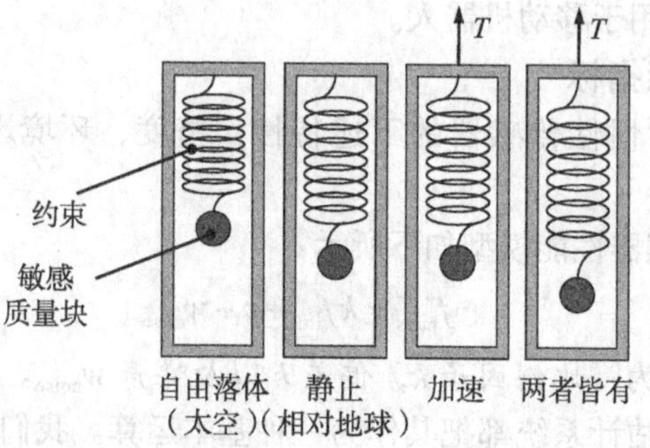

图 6-23　**加速度计原理**。在空中，传感器在重力作用下自由下落，不产生任何输出；当在地面上处于静止状态或在太空以 1g 的加速度向上运动时，传感器产生 1g 的输出；当在地面附近以 1g 的加速度向上运动时，传感器产生 2g 的输出

2）**比力**。弹性约束件指示的偏移量直接受*弹簧张力*的影响——该张力是对器件敏感轴方向上的加速度和重力的矢量和的响应。针对该质量块，写出牛顿第二定律：

$$\vec{T}+\vec{W}=m\vec{a}^i \tag{6.38}$$

其中 $\vec{a}^i$ 为惯性加速度，$\vec{W}$ 为敏感质量块的重量。解出弹性件施加的作用力，并将其除以检测块质量，得：

$$\vec{t}=\frac{\vec{T}}{m}=\vec{a}^i-\frac{\vec{W}}{m} \tag{6.39}$$

这里特意没有代入经典等式 $\vec{W}=m\vec{g}$，其中 $\vec{g}$ 为"重力加速度"，因为我们希望更细致地理解这一替换。

用施加的非重力作用力 $\vec{T}$ 除以质量得到的 $\vec{t}$，被称为*比力*。特别需要注意的是，输出的比力包括局部万有引力 $\vec{W}$ 的幅值。上述方程是一个矢量和，其中重力的符号是反向的，因
405 为根据爱因斯坦等效原理，指向下的万有引力场等效于方向向上的加速度。

3）**MEMS 加速度计**。MEMS（微机电系统）技术的发展在过去十年中突飞猛进，并取得巨大进步。MEMS 惯性传感器将半导体设计制造原理应用于微观机械系统的构建，这些系统通过振动和偏转实现对运动的检测。MEMS 加速度计技术已经发展得相当成熟，根据设计原理可分为几种类别。其中一种容易理解的设计是平面移动（横向）质量块（如图 6-24 所示）。在该设计中，敏感质量块安装在挠曲件上。挠曲件在加速度作用下会发生弯曲，导致梳齿间隙的变化，从而使所有梳齿之间的总电容发生改变。

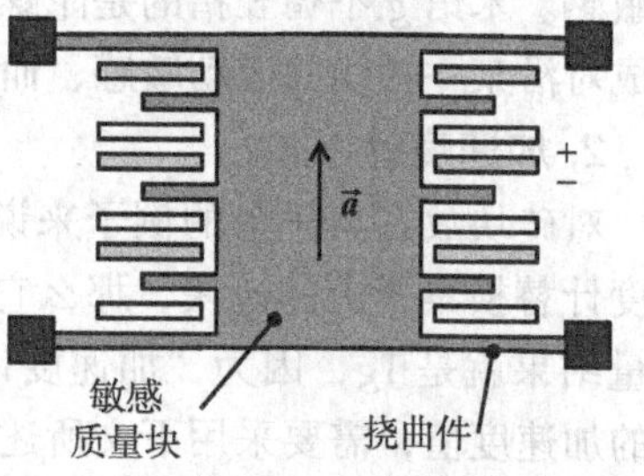

图 6-24　**平面 MEMS 加速度计**。通过安装大量梳齿，增加装置的净电容。作用力引起弹性件的挠曲变形，导致梳齿间隙也发生变化

在基于该原理的振动型加速度计中，敏感质量块在晶片平面内振荡，而外部加速度的作用可以转换为敏感器件谐振频率的变化。当前，此类传感器的偏置幅度大约为 1mg，噪声密度大约为 10mg/rt-Hz。随着技术的进步，比上述性能更好的传感器已经通过了实验验证。

3. 陀螺仪

陀螺仪（角运动检测装置）是测量角速度的传感器，其所遵循的物理定律使它们只能相对于惯

性参考系进行测量。跟加速度计一样，陀螺仪使用的检测技术也多种多样。

1）**机械陀螺仪**。最基础的陀螺仪，或陀螺，方案是原始机械陀螺仪——一个旋转的转子。转子是一个具有旋转对称性的质量块。依据角动量守恒定律使自转轴在惯性空间中保持固定不变，就需要这种几何对称特征。不对称物体的自然转动状态是翻滚，而非自旋。

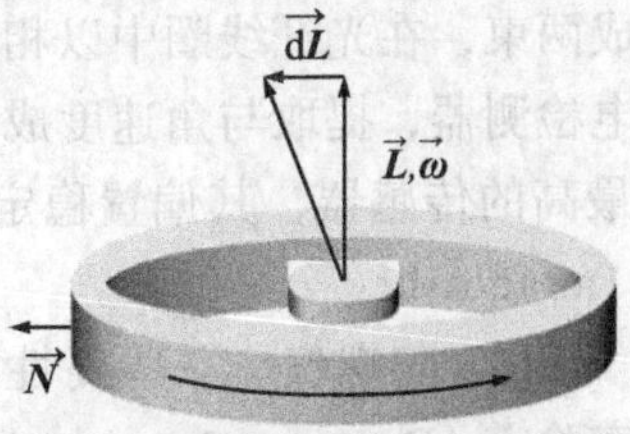

图 6-25 **陀螺进动性原理**。对垂直于输入轴的外力矩的响应是：绕与这两个轴正交的第三个轴的旋转。在图中所示情况下，陀螺仪将绕垂直指向纸面外的轴旋转

自旋轴的刚度特性引出了名为进动的第二个特性。它决定了陀螺仪如何响应试图转动其自转轴的外力矩（如图 6-25 所示）。 406

针对旋转转子应用欧拉方程：

$$\vec{N}=\frac{\mathrm{d}\vec{L}^i}{\mathrm{d}t}=\frac{\mathrm{d}\left(\boldsymbol{I}^i\vec{\omega}\right)}{\mathrm{d}t}$$

其中 $\vec{N}$ 是外力矩；$\vec{L}^i$ 是相对于惯性空间的角动量；$\boldsymbol{I}^i$ 是在惯性参考系中表示的惯性张量；$\vec{\omega}$ 是转子的角速度。如图所示，该公式意味着动量 $\mathrm{d}\vec{L}^i$ 的任何变化，以及由此产生的角速度的任何变化，都必须与外力矩 $\vec{N}$ 方向一致（对于对称物体）。这也意味着，转子对垂直于自转轴的外力矩的响应是，使产生一个轴线与自旋轴和外力矩都正交的旋转角速度。

2）**动力调谐陀螺仪**。机械陀螺仪经过数十年的发展及工程改进，减少了漂移率，提高了可靠性，延长了使用寿命。一种常用于移动机器人的机械陀螺仪是动力调谐陀螺仪（DTG）。这些陀螺仪与上面介绍的裸转子类似，但它用两对柔性轴构成万向节来支撑转子。万向节能够绕一个转轴相对转子转动。当万向节的转动速度达到特定值时，柔性轴的刚度基本上可忽略不计。此时，该装置工作于接近无摩擦、无挠度的理想转子支撑状态。动力调谐陀螺仪在第一代捷联惯性系统中获得了非常成功的应用。它们成本低、体积小（体积仅仅为几立方厘米）、坚固耐用，其偏置稳定性小于 1°/hr，角度随机游走（ARW）约为 0.1°/rt-hr。甚至能够制造出偏置稳定性低至 0.01°/hr 的此类传感器。

3）**光学陀螺仪**。现代光学陀螺仪可分为两大类：速率偏频激光陀螺和光纤陀螺。两者都基于萨格纳克（Sagnac）效应测量原理：它把两束反向旋转运行的光混合在一起，以提取与角速度成正比的信号（如图 6-26 所示）。实际上，当设备绕其敏感轴转动时，绕一个方向旋转的光子走过较长的路径，而绕另一个方向旋转的光子走过较短的路径。当把两束光混合，而且其干涉被有效放大后，就能观测到干涉现象。

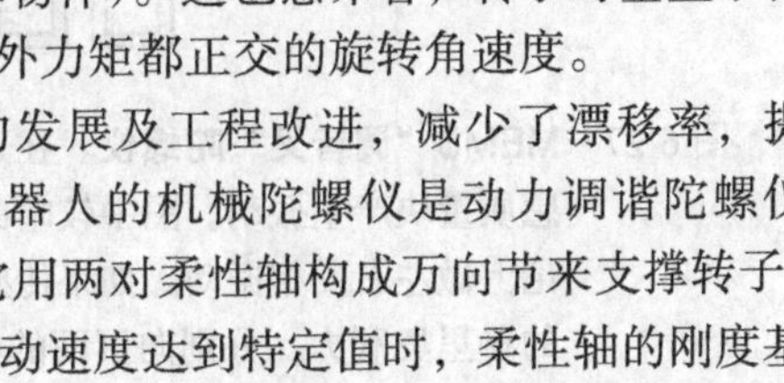

图 6-26 **光纤陀螺仪**。两束光绕光纤线圈反向旋转很多圈后，被混合在一起。萨格纳克效应会引起相移，该相移被线圈中的圈数放大

在速率偏频激光陀螺（RLG）中，光束行进的“环”用激光介质填充，环本身也是激光束。当两束激光结合在一起时，产生与角速度成比例的拍频。RLG 是一种昂贵的高性能传感器。 407

光纤陀螺仪（FOG）即光纤角速度传感器，是一种简单、价格适中、耐用的传感器。对于绝大多数移动机器人应用来说，其性能已经足

够好了，以至于在某些场合很难说出不用它们的理由。激光二极管产生调制光信号，该光信号被分成两束，在光纤线圈中以相反方向分别传播。两束光信号在出口处被重新混合，再被送给光电检测器，提取与角速度成正比的相位差。目前，光纤陀螺仪也许是移动机器人搭载的性能最高的传感器，其偏置稳定性量级大约为 1°/hr，同时角度随机游走非常低，其量级大约为 1mrad/rt-hr。

4）**MEMS 陀螺仪**。一些高性能的 MEMS 陀螺仪应用了梳状驱动音叉原理，该技术由德雷珀实验室（Draper Laboratory）开发，并已授权给多家制造商（如图 6-27 所示）。MEMS 陀螺仪的基本原理是使敏感质量块在一个方向产生速度，然后检测当传感器旋转时，由科里奥利力在垂直方向上引起的运动。当然，传感器外壳内的敏感质量块不可能移动很长距离，因此实际装置中的质量块是做正弦振动。

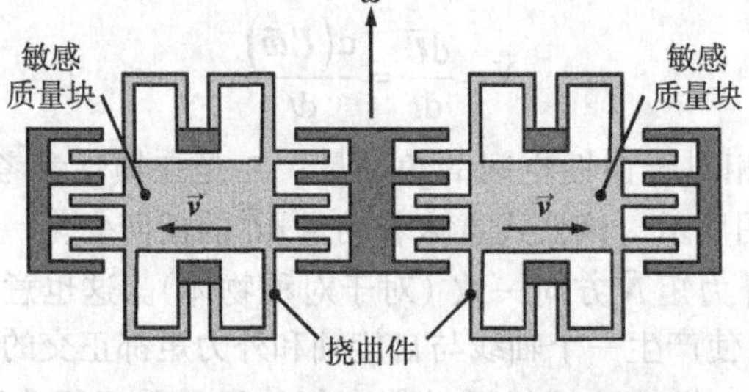

图 6-27　**MEMS“调音叉”陀螺仪**。在这种情况下，梳齿起到微型静电电动机的作用，驱动敏感质量块产生振动。图中较暗的区域相对于仪器外壳是固定不动的，而较亮的区域理论上做左右反相振动。如果传感器绕页面中的垂直轴旋转，则两个质量块会由于派生的科里奥利力，分别向页面的内和外方向振动。在每个质量块中上下分布的电容板，可以检测质量块脱离平面（垂直于硅片衬底方向）的运动

根据方程（4.14）中的科里奥利加速度项，可以得出如下结论：从运动的传感器本体参考系的角度看，作用在平动敏感质量块 m 上的表征力为：

$$f_{\text{cor}} = m\left(2\vec{\omega}_m^f \times \vec{v}_o^m\right) \tag{6.40}$$

如果质量块的平动由正弦力驱动，那么任何绕正交轴的旋转都将产生另一个正交的正弦运动。之所以使用音叉这一称谓，就是因为所用的两个敏感质量块在科里奥利力的驱动下做精确的反向振动。

可以利用电容或压电（石英陀螺仪）原理感应派生运动。感应信号被进一步解调以获得转
408 速。目前，战术级陀螺仪具有量级为 1°/hr 的偏置稳定性，其角度随机游走大约为 0.1°/rt-hr。

4. 惯性测量单元

惯性测量单元（IMU）是一种把加速度计和陀螺仪布置在紧凑封装中的装置，以便同时测量所有三个方向上的直线运动和角运动。对于在高低不平的崎岖地面上运行的车辆，通常需要 IMU 来测量其姿态。理论上，利用三个陀螺仪检测载体相对于导航坐标系的角速度信号，就足以确定方向；而利用加速度计指示重力方向，被证明是一种消除姿态累积误差的重要方法。

一些误差来源是 IMU 布局所特有的。IMU 敏感轴的布置不可能绝对完美，因此在有些场合需要关注对准误差。同样，IMU 在车辆上的安装位置和方向也需要很好地标定。方向对于感知数据的处理非常重要；而 IMU 的线速度和加速度与车辆本体线速度和加速度一般

不相等，除非 IMU 正好在车体坐标系的原点上，但这通常不可能或不便于实现。

综合了上述传感器特点的小型而廉价的 IMU 变得越来越普遍。许多 IMU 配备了计算机通信接口。在 20 世纪 90 年代，一种很小的、完全基于石英组件的 IMU 就发布了。用户软件的开发推动了具有串行数据接口的小型低性能 IMU 的发展。

现在的小型 IMU，通过组合平面型和离面型传感器，或者把不同传感器按照三维布局安装在一起，实现对三轴信号的灵敏检测。目前已经能够生产包含三个陀螺仪的单个芯片，以及三个加速度计的单个芯片。即便现在还没有，在不久的将来，在单个芯片上开发出完整的 IMU 也是必然能实现的。

6.2.5 参考文献与延伸阅读

Bornstein 的文章专注于机器人传感器。Barbour 的论文提供了关于惯性传感器的最新信息。Dyer 的论文全面调研了各种传感器，其中包括现代惯性传感器。Kissell 的论文为过程控制仪表提供了实例。El-Sheimy 的论文也许是最早使用阿伦方差来表征 MEMS 传感器性能的。IEEE 相关标准如下所示：

[7] N. Barbour, Inertial Navigation Sensors, NATO RTO Lecture Series-232, Advances in Navigation Sensors and Integration Technology, Oct. 2003.

[8] J. Bornstein, H. R. Everett, and L. Feng, Where Am I? Sensors and Methods for Autonomous Mobile Robot Positioning, University of Michigan Report, 1996.

[9] Stephen A. *Dyer, Survey of Instrumentation and Measurement,* Wiley, 2001.

[10] N. El-Sheimy, H. Hou, and X. Niu, Analysis and Modeling of Inertial Sensors Using Allan Variance," *IEEE Transactions on Instrumentation and Measurement,* Vol. 57, No. 1, pp. 140–149, 2008.

[11] Thomas E. Kissell, *Industrial Electronics: Applications for Programmable Controllers, Instrumentation and Process Control, and Electrical Machines and Motor Controls, 3/E,* Prentice-Hall, 2003.

[12] IEEE Std 952-1997, Guide and Test Procedure for Single Axis Interferometric Fiber Optic Gyros, IEEE, 1997, p. 63. 409

6.2.6 习题

1. 加速度计

加速度计被螺栓固定在电梯地板上。开始时，电梯处于静止状态，加速度计的输出为 1g。在如下所示的几种情况下，请描述传感器输出的大小：

(i) 电梯在重力作用下无摩擦自由落体。

(ii) 电梯在重力作用下在空中加速运动，直至达到其最高速度。

(iii) 电梯以最高速度做恒速运动。

2. 萨格纳克效应

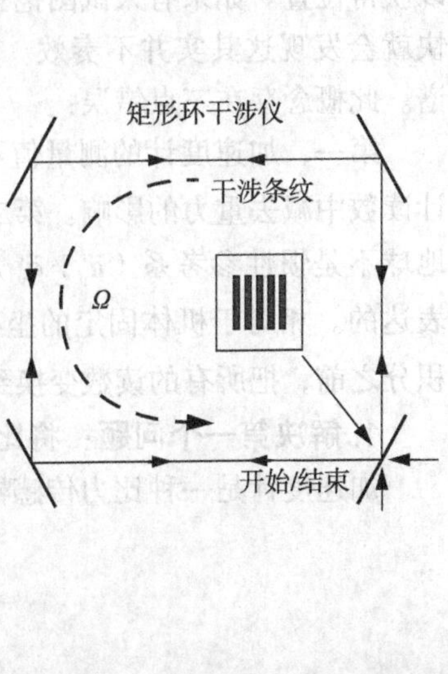

虽然对惯性平移的光学测量不可能实现（可参见著名的迈克尔逊 – 莫利（Michelson-Morely）实验），但是，一个自相矛盾的现象是，对惯性旋转的光学测量却是可实现的。光学陀螺仪所依据的萨格纳克效应非常小，所以在找到将其效应放大的方法之前，它一直被认为是一种

学术探索。光学陀螺仪的工作原理是：对于两个反向旋转的相干光束，环形干涉仪的物理旋转将使它们产生明显的路程差。

可以通过三种直观的方法来理解这种效应：路程差、渡越时间差或多普勒频移。任何一种方法都会使两个光束产生相对相移，它们在飞越环路后被重新组合，进而产生干涉现象。虽然需要爱因斯坦的相对论来更好地理解这一类传感器，但是根据路程差的直观推导，已经能够给出正确答案。针对以 1°/s 的速度旋转、半径为 0.1m 的光纤环路，请证明：萨格纳克效应会产生大约 1/100nm（1×10^{-11}m）的路程差。一张纸大约有 1000 万个“百分之一纳米(厘纳米)”厚!

6.3 惯性导航系统

6.3.1 引言

惯性导航对在崎岖地形上行驶的移动机器人来说至关重要。移动机器人需要知道自身的姿态，不仅为了安全，更是为了正确处理传感器数据。根据等效原理，我们知道当加速度计
410 （水平仪）加速时，就不能正确测量姿态，因此需要对表征力进行补偿。无论何种情况，计算表征力都需要陀螺仪，因为表征力取决于角速度。如果用于姿态估计的传感器套件中有加速度计和陀螺仪，如何把它们的输出值提取出来用于实现惯性导航，就变成了一个软件问题。沿着这个思路，就能把针对此问题的简单思路转化成完整的惯性解决方案。

惯性导航的优点非常有意义。因为它不需要任何辅助设施，所以适用于各种不限航程的任务。在重力已知的任何位置，包括整个太阳系范围内，都可以使用惯性导航技术。它能抵抗外界干扰，因为它无须外部通信；同时它还有极佳的隐身（保密）特性，因为它不发射任何信号。这个很容易就能知道自己位置的“盒子”是一项令人印象深刻的技术，特别是与需要在全球建设基础设施的卫星导航进行比较时。

惯性导航的缺点也是航位推算法的缺点。惯性导航需要初始条件，但是获得这些条件并不总是那么容易。此外，在没有其他传感器辅助时，惯性导航的误差将随时间无限增大。本节内容将根据第一原理，推导惯性导航的数学原理，并给出一个简单的估计系统。

6.3.2 惯性导航的数学原理

惯性导航的基本思想是测量运动车辆在三个正交方向上的加速度，再关于时间积分两次以获得位置。如果有人试图把三个加速度计固定在车辆上，再对它们的输出做两次积分，很快就会发现这其实并不奏效。不仅如此，人们还会吃惊地发现这个天真的想法错得多么离谱。此概念存在三点错误：

第一，加速度计的测量值不正确。因为比力并不是加速度（$\vec{f} \neq \vec{a}$），所以必须从加速度计读数中减去重力的影响。第二，相对于错误参考系的比力的加速度分量会被观测到。因为地球不是惯性参考系（$\vec{a}_v^i \neq \vec{a}_v^e$），所以必须去除表征力。第三，加速度是在错误的坐标系中表达的。相对于机体固定的坐标系，对于地球来说却并不固定（${}^v\vec{a}_e^v \neq {}^e\vec{a}_e^v$）。因此，必须在积分之前，把所有的读数变换到地球固定坐标系下。接下来的几页将依次解决这些问题。

1. 解决第一个问题：将比力转换为加速度

加速度计是一种比力传感器，因为标定过的约束力对应着弹簧力（这不是作用于质量块

上的合外力)。解方程(6.39),可以得到以比力和重力表示的惯性加速度:

$$\vec{a}^i = \frac{\vec{T}}{m} + \frac{\vec{W}}{m} = \vec{t} + \vec{w} \tag{6.41}$$

411

这样,如果重力已知,比力就被转换成了惯性加速度,接下来就可以对其进行积分。在车辆的每个位置都需要清楚重力场强度。惯性导航只有当重力场已知的(或已经知道其影响很小)情况下才可用。否则,重力将与惯性加速度相混淆。例如,垂直放在桌子上的加速度计会"认为"自身正以 1g 的加速度向上运动。

2. 解决第二个问题:去除表征力

安装有传感器的运动车辆相当于运动参考系。如上文所述,在这样的捷联惯性导航方案中,由于地球和车辆的旋转,加速度计将受到表征力的影响。本质上,惯性导航方程就是把上述比力方程代入方程(4.14),而得到的加速度变换。

这里需要注意的参考系一共有三个。惯性参考系,用 i 表示,位于地球的中心,相对于恒星系不旋转。地球参考系,用 e 表示,也位于地球的中心,但它与地球一起同步旋转。车辆本体参考系,用 v 表示,位于惯性测量单元(IMU)中加速度计三元组的中心位置,并与它们一起旋转。

假设 $\vec{r}_v^x$、$\vec{v}_v^x$ 和 $\vec{a}_v^x$ 分别是相对于参考系 x 测量的车辆位置、速度和加速度向量。我们将用公式表示转换方程,以便在地球参考系中对这些量进行积分。

对车体参考系中的值积分,更适合在全球范围内移动的车辆,因为获得纬度和经度相对比较容易。本书第 4 章的方程(4.14)为:

$$\vec{a}_o^f = \vec{a}_o^m + \vec{a}_m^f + 2\vec{\omega}_m^f \times \vec{v}_o^m + \vec{\alpha}_m^f \times \vec{r}_o^m + \vec{\omega}_m^f \times \left[\vec{\omega}_m^f \times \vec{r}_o^m\right] \tag{6.42}$$

令对象参考系 o 等同于车辆本体参考系 v;移动参考系 m 等同于地球参考系 e;令固定参考系 f 等同于惯性参考系 i。于是,有 $\vec{a}_m^f = \vec{a}_e^i = 0$ 和 $\vec{\alpha}_m^f = \vec{\alpha}_e^i = 0$ 成立,完成参考系名称替换后可得:

$$\vec{a}_v^i = \vec{a}_v^e + 2\vec{\omega}_e^i \times \vec{v}_v^e + \vec{\omega}_e^i \times \left[\vec{\omega}_e^i \times \vec{r}_v^e\right] \tag{6.43}$$

令地球相对于惯性空间的恒定转速为 $\vec{\omega}_e^i = \vec{\Omega}$,并将相对于地球参考系的加速度移动到方程的左侧,得:

$$\vec{a}_v^e = \vec{a}_v^i - 2\vec{\Omega} \times \vec{v}_v^e - \vec{\Omega} \times \left(\vec{\Omega} \times \vec{r}_v^e\right) \tag{6.44}$$

将比力方程(方程(6.41))代入,可得:

$$\vec{a}_v^e = \vec{t} - 2\vec{\Omega} \times \vec{v}_v^e + \vec{w} - \vec{\Omega} \times \left(\vec{\Omega} \times \vec{r}_v^e\right) \tag{6.45}$$

$\vec{w} - \vec{\Omega} \times (\vec{\Omega} \times \vec{r}_v^e)$ 项即为重力,该量用 $\vec{g}$ 表示,后面会详细讨论。如下所示是车辆运动方程最便捷的表达形式之一。我们将把它作为惯性导航方程。 412

$$\vec{a}_v^e = \left(\frac{d\vec{v}_v^e}{dt}\right)_e = \vec{t} - 2\vec{\Omega} \times \vec{v}_v^e + \vec{g} \tag{6.46}$$

聚焦信息 6.1 惯性导航:第 1 部分

这是惯性导航基本方程。比力减去了重力和科里奥利力。

上式中的量 $\vec{a}_v^e = (d\vec{v}_v^e)/dt|_e$ 表示 $\vec{v}_v^e$ 的导数,$\vec{v}_v^e$ 由地球固定参考系中的观察者观测得到。

这个导数必须是相对地球固定参考系的，这样才能对其进行积分。

对方程（6.46）进行积分，可以获得我们所关注的量。该方程只有在地球参考系（意思是相对于地球固定的任何坐标系）中进行积分才有效：

$$\vec{v}_v^e = \int_0^t \left[\vec{t} - 2\vec{\Omega} \times \vec{v}_v^e + \vec{g} \right] dt\,|_e + \vec{v}_v^e(t_0) \qquad \vec{r}_v^e = \int_0^t \vec{v}_v^e dt\,|_e + \vec{r}_v^e(t_0) \tag{6.47}$$

聚焦信息 6.2 惯性导航：第 2 部分

对加速度进行两次积分，先得到速度，再得到位置。

运算符号 $\int dt\,|_x$ 的意义与 $d/dt\,|_x$ 相反。正如向量微分减去有限向量产生一个差分量，向量积分加上一个差分量得到一个有限向量。向量的求和与求差可以在任意坐标系中计算。然而，只有导数 $(d\vec{v}_v^e)/dt\,|_e$ 才是 $\vec{a}_v^e$，而且只有积分 $\int \vec{v}_v^e dt\,|_e$ 才得到 $\vec{r}_v^e$。

给定地球的加速度模型得到重力 $\vec{g}$，给定地球的恒星坐标系自转速度 $\vec{\Omega}$，由加速度计读取的比力 $\vec{t}$，并且给定初始位置 $\vec{r}_v^e(t_0)$ 和初始速度 $\vec{v}_v^e(t_0)$ 后，求解上述方程，就可以得到待求的位置和速度。

1）**惯性导航的向量公式**。上述方程式减去了离心力和科里奥利力，然后结合初始条件，执行两次积分运算（如图 6-28 所示）。

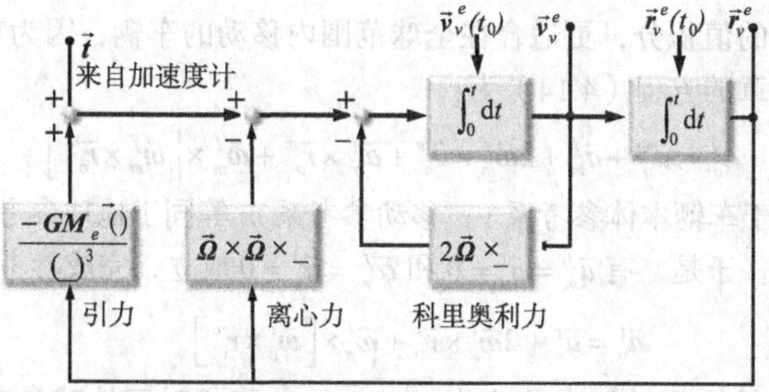

413 图 6-28 **惯性导航**。用不依赖于坐标系的术语来阐述基本惯性导航方程

2）**重力和万有引力**。*重力*的定义是，使测试质量块相对于地球保持不动，需要对单位质量施加的力。然而，*万有引力*指由牛顿万有引力定律表示的与相互作用的物体的质量成正比的力：

$$\vec{W} = \frac{\vec{w}}{m} = -\left[\frac{GM_e}{\left|\vec{r}_v^e\right|^3} \vec{r}_v^e \right]$$

从地球自转轴观察，固定在地球表面上的物体会受到离心力的作用。由于这种表征力的作用，位于地球表面中纬度地区的铅锤并不指向地球中心，而是略微偏向赤道（如图 6-29 所示）。

因此，重力与纬度相关，并且它还取决于地球的精确形状和质量分布。由于这个原因，使用正确的局地重力值非常重要，而局地重力值可以

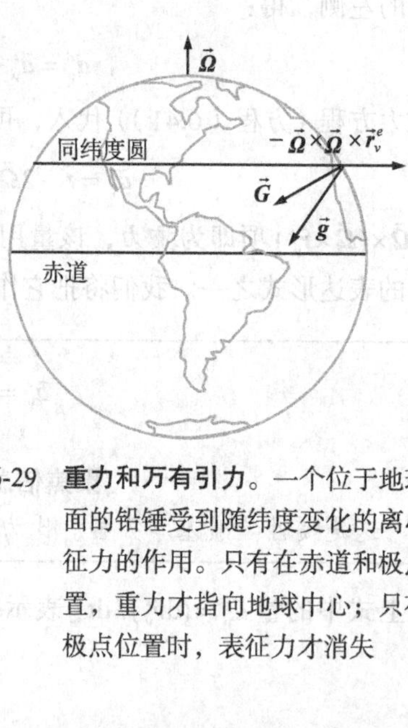

图 6-29 **重力和万有引力**。一个位于地球表面的铅锤受到随纬度变化的离心表征力的作用。只有在赤道和极点位置，重力才指向地球中心；只有在极点位置时，表征力才消失

根据表格或公式获得。

3. 解决第三个问题：采用坐标系

为了对运动方程进行积分，所有向量都必须在地球固定坐标系中表示。虽然向量 $\vec{g}$ 和 $\vec{\Omega}$ 是地球坐标系中的已知量，但是向量 $\vec{t}$ 和 $\vec{\omega}$ 则是在车体坐标系中测量的。惯性导航系统使用陀螺仪测量车辆本体角速度，然后将其进行积分以获得方向信息的惯性导航系统，就需要转换坐标系。相关计算需要以 500Hz 或更快的速度进行。

1）**欧拉角**。基于本书第 2 章的方程（2.74），可以得到一种计算欧拉角的简单方法：

$$\begin{bmatrix}\phi\\ \theta\\ \psi\end{bmatrix}=\int_0^t\begin{bmatrix}\dot\phi\\ \dot\theta\\ \dot\psi\end{bmatrix}\mathrm{d}t+\begin{bmatrix}\phi\\ \theta\\ \psi\end{bmatrix}_0=\int_0^t\begin{bmatrix}c\phi & 0 & s\phi\\ t\theta s\phi & 1 & -t\theta c\phi\\ -\dfrac{s\phi}{c\theta} & 0 & \dfrac{c\phi}{c\theta}\end{bmatrix}\begin{bmatrix}\omega_x\\ \omega_y\\ \omega_z\end{bmatrix}\mathrm{d}t+\begin{bmatrix}\phi\\ \theta\\ \psi\end{bmatrix}_0 \tag{6.48}$$

被积函数中的精确变换取决于欧拉角的约定顺序，而上述公式假定采用 $z-x-y$ 序列。 414
稍后将定义如下矩阵，将车体坐标系中的角速度转换为欧拉角速度：

$$\Re_v^n=\begin{bmatrix}c\phi & 0 & s\phi\\ t\theta s\phi & 1 & -t\theta c\phi\\ -\dfrac{s\phi}{c\theta} & 0 & \dfrac{c\phi}{c\theta}\end{bmatrix} \tag{6.49}$$

2）**方向余弦矩阵**。另一种方法是利用旋转矩阵 $\boldsymbol{R}_v^e$ 来完成变换。为了生成方向余弦矩阵，即从车辆坐标系到导航坐标系的旋转矩阵，可以根据本书第 2 章中的方程（2.81），进行下述计算过程：

$$\begin{aligned}&\delta\underline{\boldsymbol{\Theta}}=\underline{\boldsymbol{\omega}}\delta t \qquad \delta\Theta=|\delta\underline{\boldsymbol{\Theta}}|\\ &f_1(\delta\Theta)=\frac{\sin\delta\Theta}{\delta\Theta} \qquad f_2(\delta\Theta)=\frac{(1-\cos\delta\Theta)}{\delta\Theta^2}\\ &\boldsymbol{R}_{k+1}^k=\boldsymbol{I}+f_1(\delta\Theta)[\delta\underline{\boldsymbol{\Theta}}]^\times+f_2(\delta\Theta)\left([\delta\underline{\boldsymbol{\Theta}}]^\times\right)^2\\ &\boldsymbol{R}_{k+1}^n=\boldsymbol{R}_k^n\boldsymbol{R}_{k+1}^k\end{aligned} \tag{6.50}$$

聚焦信息 6.3　约当方位更新

这是一种直接根据角速度，用方向余弦矩阵完成方位更新的机制。它准确且非常有效。

3）**姿态四元数**。根据本书第 2 章介绍的方程（2.133），以四元数形式表示的姿态，也可以等效地根据角速度直接实现方位更新：

$$\begin{aligned}&\delta\underline{\boldsymbol{\Theta}}=\underline{\boldsymbol{\omega}}\delta t \qquad \delta\Theta=|\delta\underline{\boldsymbol{\Theta}}|\\ &\tilde{q}_{k+1}^k=\cos\delta\Theta[\boldsymbol{I}]+\sin\delta\Theta\left[\left({}^\times[\tilde{\omega}_b]\right)/|\vec{\omega}_b|\right]\\ &\tilde{q}_{k+1}^n=\tilde{q}_{k+1}^k\tilde{q}_k^n\end{aligned} \tag{6.51}$$

4）**地球自转速度补偿**。对于辅助数据的更新频率而言，如果地球自转速度 $\vec{\boldsymbol{\Omega}}$ 的影响很重要，那么就需要对上述计算进行强化。具体办法就是，把地球自转速度从地球固定坐标系转换到车体坐标系中，然后从检测到的角速度中减去地球速度：

$${}^{v}\underline{\boldsymbol{\omega}}_{v}^{e} = {}^{v}\underline{\boldsymbol{\omega}}_{v}^{i} - \boldsymbol{R}_{e}^{v}\boldsymbol{R}_{i}^{e}\boldsymbol{\Omega}_{e}^{i}$$

如果所用地球固定坐标系 e 位于当地水平面，则地球速度的表达式取决于纬度，这借由 $\boldsymbol{R}_i^e$ 实现。该变换也取决于方位角（偏航角），但是绕当地垂直方向的分量往往是唯一重要的分
415 量，而且这个分量独立于方位角。无论怎样，姿态都可以通过加速度计检测的重力来确定。

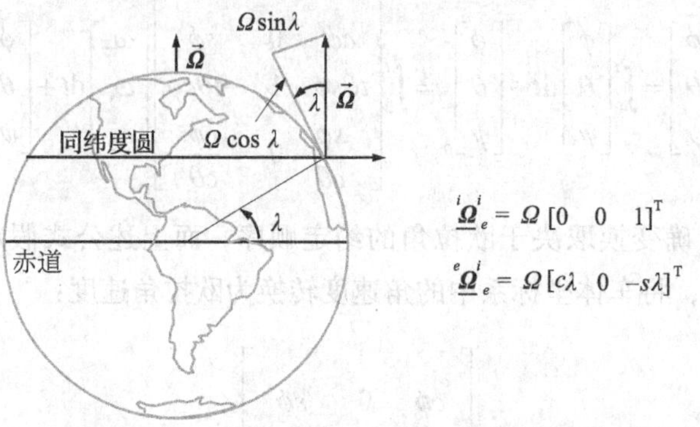

图 6-30　**地球自转速度补偿**。图中给出了地球自转速度在地球中心坐标系，以及在切平面内北 / 东 / 下（NED）坐标系（即当地水平坐标系）中的表达式。如果没有其他辅助数据可用，为了获得精确结果，那么在局部垂直方向上的投影就是必须移除的分量

5）**位置和速度**。于是，惯性导航方程可表示为：

$$\underline{\boldsymbol{v}}_{v}^{e} = \int_{0}^{t}\left[\boldsymbol{R}_{v}^{e}\underline{\boldsymbol{t}} + \boldsymbol{g} - 2\boldsymbol{\Omega}\times\underline{\boldsymbol{v}}_{v}^{e}\right]\mathrm{d}t + \underline{\boldsymbol{v}}_{v}^{e}(t_0) \tag{6.52}$$

位置可根据速度进行计算，具体如下：

$$\underline{\boldsymbol{r}}_{v}^{e} = \int_{0}^{t}\underline{\boldsymbol{v}}_{v}^{e}\mathrm{d}t + \underline{\boldsymbol{r}}_{v}^{e}(t_0) \tag{6.53}$$

这两种状态更为精确的计算方法可以参考 Savage 的著作 [14] 和 [15]。

6.3.3　惯性导航中的误差和辅助系统

惯性导航很少单独使用，因为它仍然是一种航位推算法，理论上其误差会无限扩大。如果使用了除 IMU 之外的其他传感器，称为辅助传感器，那么该系统就称为*辅助惯性导航系统*。无辅助传感器的惯性导航称为*自由惯性导航*。本节将介绍惯性导航系统（Inertial Navigation System，INS）中存在的各种误差。

1. 自由惯性模式下的误差传播

我们会很自然地质疑导航方程中的所有修正项是否都有必要，因为有些修正项的幅值非常小。但是相对于直觉所认为地，它们确实是有必要的。因为惯性导航系统中使用的加速度双重积分对加速度的微小误差极端敏感。

对一辆在赤道上向东行驶的车辆，当前速度为每秒 10 米，加速度为 0.1g，表 6-2 给出
416 了惯性导航方程中每一项的大小。

表 6-2 导航方程各项的量值

项目名称	表达式	标称值
比力	$\vec{t}$	0.1g
万有引力	$\vec{g}$	1.0g
离心力	$\vec{\Omega}\times\vec{\Omega}\times\vec{r}_v^e$	$3.5\times10^{-3}g$
科里奥利力	$2\vec{\Omega}\times\vec{v}_v^e$	$1.5\times10^{-4}g$

表面上看，似乎最后两项都可忽略不计。然而，由于积分过程是加速度乘以时间的平方，那么在1小时后，看上去可忽略不计的科里奥利力将产生大约9.5千米的累积位置误差。同样，如果车辆连续行驶一个小时，那么表面上可忽略不计的离心力项将产生220千米的累积位置误差。此外，上述这些影响还没有考虑地球本身每小时15°的自转角速度。陀螺仪能够测量出这一转动，而运动轨迹的弯曲度可以根据纬度进行计算。

当飞机和潜艇一类的运载工具在全球范围内移动时，其惯性导航系统必须对地球表面的曲率和重力向量的偏摆进行建模，因为在跨越地球表面时，它们产生了大幅的偏移。在自由惯性导航模式下，可以证明：如果把重力看作关于位置的函数并重新进行计算，误差增长率就从时间的平方转化为周期为84分钟的振荡模式。因此，它是稳定的，并且能够限制水平误差。该效果的代价是，它对垂直误差不稳定，并将其转化为非常不希望看到的指数增长形式。对于行程有限的运载工具，如认为局部地球表面是平坦的移动机器人，二次误差模型就足够了。

2. 辅助惯性导航模式

在实际使用中，上述各补偿项的重要程度，与系统中使用的其他辅助传感器以及精度要求密切相关。额外的辅助传感器通常能够消除累积误差，但是在卫星导航等辅助传感器无法使用的情况下，能够在尽可能长的时间内、尽量减小姿态误差就非常有价值。

当然，加速度计和陀螺仪的精度并不理想。当前，偏差量为1milli-g的加速度计和偏置为10°/小时的陀螺仪很常见。这意味着即便进行了补偿，传感器误差可能仍然存在，并使得实际使用效果很差。因此，我们仍然需要利用辅助传感器来消除这些误差的影响。

与移动机器人应用相关的辅助定位传感器包括：卫星导航（GPS）、路标以及所有其他形式的地图辅助定位设备。速度检测辅助传感器包括：里程计、轮速/跟随速度和零速更新传感器（Zupts）。Zupts是当系统知道它是静止时，会产生模拟的零速度值——即使其他传感器仍认为机器人在运动。

移动机器人一般都配备有某种形式的里程计，因此通常能够偶尔执行零速更新。这些辅助方式都可以限制速度误差的大小，并解决传感器偏差。速度辅助测量的最终效果是将自由惯性导航的动态误差特性转换为里程计的动态误差特性。因此，6.1.5节介绍的用于里程计系统的分析方法，同样适用于速度辅助惯性导航系统。 417

3. 初始化

当GPS或其他基于地图的位姿修正方法有效时，获取初始位置就很容易。然而在通常情况下，惯性导航系统的初始化并不是一件容易实现的事情。对于移动机器人，相对于局部水平参考系执行导航，通常来说已经足够了。此时，初始位置通常可以作为参考系坐标原点，即初始位置被定义为坐标原点。即便全局位置未知，也需要给系统提供纬度值。一旦知道了纬度，就可以根据椭球模型确定重力。不过，如果知道经度值，就会得到更精确的重力值。

知道局部重力值之所以非常重要的原因之一，就是为了计算初始姿态。获得正确的重力值需要用到与纬度相关的离心项的正确值。姿态误差和加速度计偏置，都会导致加速度计估计值与实际值之间出现偏差。启动偏置量级在 milli-g 的加速度计，对应着毫弧度（10^{-3} 弧度）级的姿态误差。因此，如果加速度偏置很小，就可以获得理想的初始姿态。需要准确的局部重力值的第二个原因是：重力值相对于地球参考系，而 z 向加速度计的误差则相对于车体坐标系。于是，当车辆姿态变化时，重力误差就表现为在车体坐标系内移动的加速度计误差。

除非需要考虑地球自转速度项，是否知道相对于北的绝对偏航角（北偏角）就不重要，所以，通常可以将其设为零。如果不利用一系列的位姿修正来推算，北偏角的初始值就很难确定。如果绝对北偏角很重要，从理论上来说，可以在系统静止时，对陀螺仪的输出进行平均，进而根据地球自转速度在车辆坐标系中的投影计算绝对偏航角。然而，对于这个处理过程而言，陀螺仪的性能一般都不够理想。因为只有当陀螺仪的启动偏置比地球自转速度小很多的时候，才能得到该问题的正确解。

4. 惯性导航系统的卡尔曼滤波

卡尔曼滤波算法一被发明，就迅速在导航领域获得了应用。用于惯性导航系统的经典滤波公式包括：陀螺仪和加速度计的误差状态以及惯性导航系统的位置、速度和方位状态。

在这个公式中，使用常规的位姿修正方法可以解决所有传感器的偏差问题。甚至常规的零速更新（zupts）或速度测量，也可以消除卡尔曼滤波中加速度计和姿态陀螺仪的部分或全部误差。不过，在充足的动态条件下，利用辅助速度信息，只能使方位角陀螺仪偏置可观测。

惯性导航系统滤波器的经典公式是反馈补偿形式，不过，我们将使用具有确定输入和误差状态的更为直接的扩展卡尔曼滤波。

1）**状态模型**。状态向量共包含 15 个元素，可分为如下所示的 5 个子向量：

$$\underline{x} = \left[\underline{\Psi} \quad \delta^v\underline{\omega}^n \quad {}^n\underline{r} \quad {}^n\underline{v} \quad \delta^v\underline{f}\right]^V \tag{6.54}$$

418 对于矩阵 $\boldsymbol{M}$，符号 $\boldsymbol{M}^V$（大写的 V）表示矩阵 $\boldsymbol{M}$ 的每一列分别构成一个列向量；$\underline{\Psi}$ 表示欧拉角向量；${}^n\underline{r}$ 是位置向量；${}^n\underline{v}$ 是车辆相对于导航坐标系速度向量。另外两个向量分别表示陀螺仪和加速度计的误差状态 $\delta^v\underline{\omega}$ 和 $\delta^v\underline{f}$。因为传感器是捷联的，所以它们在车体坐标系中表达。更确切地说，这两个子向量都位于 IMU 坐标系，只不过我们假定 IMU 与车体坐标系的轴线一致。

前面推导的导航方程构成了卡尔曼滤波的系统模型。这里，把导航坐标系的原点定义为惯性导航系统启动时的位置。把加速度计和陀螺仪考虑为跟踪高频运动的确定性输入信号，于是输入信号为 $\underline{u} = \left[{}^v\underline{\omega} \quad {}^v\underline{f}\right]^V$。

执行系统模型后，误差估计形成了 $f(\underline{x},\underline{u})$ 中的 $\underline{x}$ 部分，将误差估计从惯性传感器读数中减去，生成 $\underline{u}$ 部分。系统微分方程由方程（6.55）给出。注意，方程中的 $\Re_v^n$ 与 $\boldsymbol{R}_v^n$ 是完全不同的两个矩阵。

$$\dot{\underline{x}} = \begin{bmatrix} \Re_v^n\left({}^v\underline{\omega} - \delta^v\underline{\omega} - \boldsymbol{R}_n^v\,{}^n\underline{\Omega}\right) \\ \underline{0} \\ \underline{v} \\ \boldsymbol{R}_v^n\left({}^v\underline{f} - \delta^v\underline{f}\right) - 2\,{}^n\underline{\Omega} \times {}^n\underline{v} + {}^n\underline{g} \\ \underline{0} \end{bmatrix} \tag{6.55}$$

2）**线性化**。系统雅可比矩阵如方程（6.56）所示。$\partial\underline{\boldsymbol{\Psi}}/\partial\underline{\boldsymbol{\Psi}}$ 雅可比项可忽略地球自转速度这一项，因为它会使表达式变得复杂。$\partial\dot{\underline{\boldsymbol{\Psi}}}/\partial\underline{\boldsymbol{\Psi}}$ 和 $\partial^{n}\dot{\underline{v}}/\partial\underline{\boldsymbol{\Psi}}$ 都可以按如下方式计算：把恒定向量 ${}^{v}\dot{\underline{\boldsymbol{\Psi}}}$ 和 ${}^{v}\dot{\underline{v}}$ 与包含 $\underline{\boldsymbol{\Psi}}$ 的坐标变换矩阵相乘，然后对所得向量进行微分运算。

$$\boldsymbol{F}=\begin{bmatrix} \dfrac{\partial\dot{\underline{\boldsymbol{\Psi}}}}{\partial\underline{\boldsymbol{\Psi}}} & -\Re_{v}^{n} & 0 & 0 & 0 \\ 0 & 0 & 0 & 0 & 0 \\ 0 & 0 & 0 & \boldsymbol{I} & 0 \\ \dfrac{\partial^{n}\dot{\underline{v}}}{\partial\underline{\boldsymbol{\Psi}}} & 0 & 0 & -2\,{}^{n}\underline{\boldsymbol{\Omega}}^{\times} & -\boldsymbol{R}_{v}^{n} \\ 0 & 0 & 0 & 0 & 0 \end{bmatrix} \tag{6.56}$$

为了建立确定性输入与扰动的关系，针对确定性输入 $\left[{}^{v}\underline{\boldsymbol{\omega}}\quad {}^{v}\underline{\boldsymbol{f}}\right]^{V}$ 和误差状态 $\left[\delta\,{}^{v}\underline{\boldsymbol{\omega}}\quad \delta\,{}^{v}\underline{\boldsymbol{f}}\right]^{V}$ 序列，按它们的顺序定义输入雅可比矩阵：

$$\boldsymbol{G}=\begin{bmatrix} \Re_{v}^{n} & 0 & 0 & 0 \\ 0 & 0 & \boldsymbol{I} & 0 \\ 0 & 0 & 0 & 0 \\ \boldsymbol{R}_{v}^{n} & 0 & 0 & 0 \\ 0 & 0 & \boldsymbol{I} & 0 \end{bmatrix}$$

3）**不确定性传播**。在此基础上，不确定度的传播方程为： 419

$$\boldsymbol{P}_{k+1}=\boldsymbol{\Phi}_{k}\boldsymbol{P}_{k}\boldsymbol{\Phi}_{k}^{\mathrm{T}}+\boldsymbol{G}_{k}\boldsymbol{Q}_{k}\boldsymbol{G}_{k}^{\mathrm{T}}$$

其中 $\boldsymbol{Q}_{k}$ 是一个对角矩阵，其元素是 4 个扰动的方差大小：

$$\boldsymbol{Q}_{k}=\operatorname{diag}\left[\sigma_{\underline{\omega}}^{2}\quad \sigma_{\underline{f}}^{2}\quad \sigma_{\delta\underline{\omega}}^{2}\quad \sigma_{\delta\underline{f}}^{2}\right]^{V}\Delta t$$

针对惯性导航系统的卡尔曼滤波公式也适用于视觉里程计[16]的相关应用。

6.3.4 应用实例：简单的里程计辅助姿态航向基准系统

姿态航向基准系统（AHRS）是惯性导航系统的一种退化形式，它们所使用的大部分组件相同。姿态导航基准系统通常仅用于指示方向。如果没有姿态陀螺仪，则可以把对地速度输入与方位角陀螺仪信号一起使用，以补偿加速度计的表征力。该装置的一个简单版本由一个测量姿态的捷联式双轴加速计和一个测定航向的光纤陀螺仪组成。

在该方案中，因为难以区分加速度与重力，所以姿态也难以确定。不过，一个可行的解决方案是，利用额外的对地速度信息，估计作用于加速度计的瞬时惯性力，然后将其从传感器读数中减去，从而得到在车体坐标系中表示的重力。把测得的重力向量转换成已知的对地重力向量，就可以确定车辆的姿态。

1. 车体坐标系中表达的导航方程

首先回顾基本的惯性导航方程（方程（6.46））：

$$\vec{\boldsymbol{a}}_{v}^{e}=\left(\frac{\mathrm{d}\vec{\boldsymbol{v}}_{v}^{e}}{\mathrm{d}t}\right)_{e}=\vec{\boldsymbol{t}}-2\vec{\boldsymbol{\Omega}}\times\vec{\boldsymbol{v}}_{v}^{e}+\vec{\boldsymbol{g}}$$

为了实现姿态航向基准系统，需要在车体坐标系中表达该基本微分方程，这样就不需要知道车辆的方位。根据科里奥利方程：

$$\left(\frac{\mathrm{d}\vec{v}_v^e}{\mathrm{d}t}\right)_v = \left(\frac{\mathrm{d}\vec{v}_v^e}{\mathrm{d}t}\right)_e + \vec{\omega}_v^e \times \vec{v}_v^e$$

定义车辆捷联角速度（由陀螺仪测量）如下：

$$\vec{\omega} = \vec{\omega}_v^i = \vec{\omega}_v^e + \vec{\omega}_e^i = \vec{\omega}_v^e + \vec{\Omega}$$

420 将上式代入惯性导航方程，得到下面公式，该式可以在车体坐标系中进行积分：

$$\left(\frac{\mathrm{d}\vec{v}_v^e}{\mathrm{d}t}\right)_v = \vec{t} - \left(\vec{\omega} + \vec{\Omega}\right) \times \vec{v}_v^e + \vec{g} \tag{6.57}$$

聚焦信息 6.4　姿态航向基准系统测量模型

该模型给出了一个可在车体坐标系而不是地球坐标系中积分的量。这对于捷联检测来说是完美的。

$(\mathrm{d}\vec{v}_v^e / \mathrm{d}t)_v$ 项是由相对车体固定的观察者计算的 $\vec{v}_v^e$ 导数。在对其进行积分运算后，得到的结果也在车体坐标系中表示。对于惯性导航系统，可以接着把速度转换到地球坐标系，然后进行积分得到所需结果。但是在这里，对于此结论我们有另外一种用途。

相对于本场合中出现的车辆转向速度，地球的自转速度 $\vec{\Omega}$ 可忽略不计，于是方程变为：

$$\left(\frac{\mathrm{d}\vec{v}_v^e}{\mathrm{d}t}\right)_v = \vec{t} - \vec{\omega} \times \vec{v}_v^e + \vec{g} \tag{6.58}$$

移项后，可求解出重力：

$$\vec{g} = \left(\frac{\mathrm{d}\vec{v}_v^e}{\mathrm{d}t}\right)_v - \vec{t} + \vec{\omega} \times \vec{v}_v^e$$

对于捷联检测，如果已知在车体坐标系表示的车辆速度，并且假设速度 $\vec{v}_v^e$ 和角速度 $\vec{\omega}$ 分别是沿车体坐标系 x 轴和 z 轴的量，则上式中等号右侧的所有向量都是已知量。对车体坐标系中的速度向量（即里程表的时间导数）进行数值微分，可获得 $(\mathrm{d}\vec{v}_v^e / \mathrm{d}t)_v$。当车体坐标系中的速度恒定不变时，该项为零；但是当向前加速时，该项就能捕捉到加速计上的响应。这一点已在前面介绍过，同时它也是导致水平仪无法实用的原因。同样，如果车辆正在转弯，科里奥利项就能捕捉到摆锤的横向摆动，该项也能由加速计测到。在车体坐标系中，可写出公式：

$$\boldsymbol{R}_w^v\, {}^w\underline{\boldsymbol{g}} = \frac{\mathrm{d}\left({}^v\underline{v}_v^e\right)}{\mathrm{d}t} - \underline{t} + {}^v\omega \times {}^v\underline{v}_v^e = {}^v\underline{\boldsymbol{g}}_{\mathrm{meas}}$$

坐标系 w 是当地水平坐标系，它与车辆有相同的偏航角。这样，旋转矩阵 $\boldsymbol{R}_w^v$ 仅取决于姿态。

2. 解算姿态

421 由于在世界坐标中 $\underline{\boldsymbol{g}}$ 是已知的，所以利用上一个表达式可以求解出包含在旋转矩阵中的姿态角。将车体坐标系转换为 w 坐标系的旋转矩阵为：

$$\boldsymbol{R}_v^w = \mathrm{Roty}(\theta)\mathrm{Rotx}(\phi) = \begin{bmatrix} c\theta & 0 & s\theta \\ 0 & 1 & 0 \\ -s\theta & 0 & c\theta \end{bmatrix} \begin{bmatrix} 1 & 0 & 0 \\ 0 & c\phi & -s\phi \\ 0 & s\phi & c\phi \end{bmatrix} = \begin{bmatrix} c\theta & s\theta s\phi & s\theta c\phi \\ 0 & c\phi & -s\phi \\ -s\theta & c\theta s\phi & c\theta c\phi \end{bmatrix}$$

其转置可实现反向转换，于是，车体坐标系中的重力表达式为：

$$^v\underline{\boldsymbol{g}}_{\text{meas}} = \boldsymbol{R}_w^v\, {}^w\underline{\boldsymbol{g}} = \begin{bmatrix} g_x \\ g_y \\ g_z \end{bmatrix} = \begin{bmatrix} c\theta & 0 & -s\theta \\ s\theta s\phi & c\phi & c\theta s\phi \\ s\theta c\phi & -s\phi & c\theta c\phi \end{bmatrix} \begin{bmatrix} 0 \\ 0 \\ g \end{bmatrix} = g \begin{bmatrix} -s\theta \\ c\theta s\phi \\ c\theta c\phi \end{bmatrix}$$

因此，车辆姿态为：

$$\tan\theta = s\theta / c\theta = -g_x \Big/ \left(\sqrt{g_y^2 + g_z^2}\right)$$
$$\tan\phi = s\phi / c\phi = g_y / g_z$$

如果 z 轴方向没有安装加速计，我们可以用下式：

$$g^2 = g_x^2 + g_y^2 + g_z^2$$

将其代入，可得：

$$\tan\theta = -g_x \Big/ \left(\sqrt{g_y^2 + g_z^2}\right) = -g_x \Big/ \left(\sqrt{g^2 - g_x^2}\right)$$
$$\tan\phi = g_y / g_z = g_y \Big/ \left(\sqrt{g^2 - g_x^2 - g_y^2}\right)$$

3. 解算偏航角

如果姿态已知，就可以对偏航陀螺仪在本地垂直方向的分量积分，来尝试确定偏航角度。不过，让我们回顾一下方程（2.74）：

$$\begin{bmatrix} \dot{\phi} \\ \dot{\theta} \\ \dot{\psi} \end{bmatrix} = \begin{bmatrix} \omega_x + \omega_y s\phi t\theta + \omega_z c\phi t\theta \\ \omega_y c\phi - \omega_z s\phi \\ \omega_y \dfrac{s\phi}{c\theta} + \omega_z \dfrac{c\phi}{c\theta} \end{bmatrix} = \begin{bmatrix} 1 & s\phi t\theta & c\phi t\theta \\ 0 & c\phi & -s\phi \\ 0 & \dfrac{s\phi}{c\theta} & \dfrac{c\phi}{c\theta} \end{bmatrix} \begin{bmatrix} \omega_x \\ \omega_y \\ \omega_z \end{bmatrix}$$

据此，偏航角速度由下式给出：

$$\dot{\psi} = \frac{s\phi}{c\theta}\omega_y + \frac{c\phi}{c\theta}\omega_z$$

在姿态角已知的情况下，偏航角速度的计算似乎需要两个陀螺仪。在大横滚角情况下，横滚角 $s\phi$ 幅值的影响很大。此时车辆 y 轴趋于铅锤，于是绕 y 轴的旋转（ω_y）投影会到偏航角速度上。

然而，似乎只用一个陀螺仪和两个加速度计就应该能够估计航向，因为它们多少都与三个正交旋转有关。从上述变换的逆（可参见方程（2.73）），可以得到 ω_y： 422

$$\begin{bmatrix} \omega_x \\ \omega_y \\ \omega_z \end{bmatrix} = \begin{bmatrix} \dot{\phi} - s\theta\dot{\psi} \\ c\phi\dot{\theta} + s\phi c\theta\dot{\psi} \\ -s\phi\dot{\theta} + c\phi c\theta\dot{\psi} \end{bmatrix} = \begin{bmatrix} 1 & 0 & -s\theta \\ 0 & c\phi & s\phi c\theta \\ 0 & -s\phi & c\phi c\theta \end{bmatrix} \begin{bmatrix} \dot{\phi} \\ \dot{\theta} \\ \dot{\psi} \end{bmatrix}$$

上式的第二行为：

$$\omega_y = c\phi\dot{\theta} + s\phi c\theta\dot{\psi}$$

将其代入 $\dot{\psi}$ 的表达式：

$$\dot{\psi} = \frac{s\phi}{c\theta}\left(c\phi\dot{\theta} + s\phi c\theta\dot{\psi}\right) + \frac{c\phi}{c\theta}\omega_z = \left(\frac{s\phi}{c\theta}c\phi\dot{\theta} + s\phi s\phi\dot{\psi}\right) + \frac{c\phi}{c\theta}\omega_z$$

整理同类项：

$$\dot{\psi}\left(1 - s^2\phi\right) = \dot{\psi}\left(c^2\phi\right) = \frac{s\phi}{c\theta}c\phi\dot{\theta} + \frac{c\phi}{c\theta}\omega_z$$

因此，如果对俯仰角进行微分运算，就可以确定偏航角速度：

$$\dot{\psi} = \frac{s\phi}{c\theta c\phi}\dot{\theta} + \frac{1}{c\theta c\phi}\omega_z$$

在离散时间内，我们只需要对俯仰角进行差分运算：

$$\Delta\psi = \left(\frac{1}{c\theta c\phi}\right)\left(s\phi\Delta\theta + \omega_2\Delta t\right)$$

该结果基于如下假设：角速度的主要分量沿车体坐标系的 z 轴方向。

6.3.5　参考文献与延伸阅读

关于惯性导航有很多好的著作。Titterton 等著的新书就很好；Savage 发表的两篇论文清楚地论述了导航算法的实现方法；本书介绍的欧拉角公式是来源于 Tardiff 的论文。

[13] D. H. Titterton and J. L. Weston, *Strapdown Inertial Navigation Technology,* 2nd ed., AIAA, 2004.

[14] Paul G. Savage, Strapdown Inertial Navigation Integration Algorithm Design Part 1: Attitude Algorithms, *Journal of Guidance, Control, and Dynamics,* Vol. 21, No. 1, January–February 1998.

[15] Paul G. Savage, Strapdown Inertial Navigation Integration Algorithm Design Part 2: Velocity and Position Algorithms, *Journal of Guidance, Control, and Dynamics,* Vol. 21, No. 2, March–April, 1998.

[16] J. P. Tardiff, M. George, M. Laverne, A. Kelly, A. Stentz, *A New Approach to Vision Aided Inertial Navigation,* IEEE/RSJ International Conference on Intelligent Robots and Systems,
423 pp. 4161–4168, 2010.

6.3.6　习题

1. 原始惯性导航

假设一辆车在赤道上并处于静止状态，通过对加速度计读数积分获得车辆的位置信息。使用正确的局部重力值，但忽略惯性导航方程中的离心力项，计算一分钟后所观测到的位置误差的大小，以千米为单位。

2. 惯性导航的简单误差分析

惯性导航系统中的许多误差，以 84 分钟的舒勒（Schuler）周期振荡。请根据第一原理计算这一行为。仅考虑单个误差源——加速度计偏差。以向量形式表示的基本导航方程——用比力表示惯性加速度，其中 $\vec{a}$ 为加速度计读数，$\vec{g}$ 为重力加速度：

$$\vec{a} = \frac{\mathrm{d}^2}{\mathrm{d}t^2}\vec{r} = \vec{t} + \vec{g} \tag{6.59}$$

接下来应用扰动分析技术。假设检测的比力存在扰动误差，研究其对系统输出的影响。令 $\delta\vec{t}$ 为比力误差，并假设其引起计算位置误差为 $\delta\vec{r}$，重力误差为 $\delta\vec{g}$，将原变量进行如下替换：

$$\vec{t}_i = \vec{t}_t + \delta\vec{t} \qquad \vec{r}_i = \vec{r}_t + \delta\vec{r} \qquad \vec{g}_i = \vec{g}_t + \delta\vec{g} \tag{6.60}$$

其中，下标 i 和 t 分别表示观测值和实际值。将其代入原始方程，并消去原始项，得：

$$\frac{\mathrm{d}^2}{\mathrm{d}t^2}\delta\vec{r} = \delta\vec{t} + \delta\vec{g} \tag{6.61}$$

这是一个微分方程，可以表示误差从加速度计到位置和万有引力的传播。然而，万有引力取决于位置。

$$\vec{g} = -\frac{GM}{r^3}\vec{r} = -\frac{GM}{(\vec{r}\cdot\vec{r})^{3/2}}\vec{r} \tag{6.62}$$

把方程（6.62）关于半径求全微分，将其代入方程（6.61），将坐标系置于地球中心，并考虑如下参考轨迹 $x = y = 0$ 并且 $z = r = \boldsymbol{R}$。证明：水平误差以舒勒周期振荡，而垂直误差以指数形式增长。

3. 卡尔曼滤波

基于公式（6.58）前两行，以及公式（2.73）的最后一行，写出适用于前面介绍的姿态航向基准系统的卡尔曼滤波公式。

4. 惯性导航滤波

计算方程（6.56）所需的雅可比矩阵 $\partial\underline{\boldsymbol{\Psi}}/\partial\underline{\boldsymbol{\Psi}}$ 以及 $\partial^n\dot{\underline{\boldsymbol{v}}}/\partial\underline{\boldsymbol{\Psi}}$。 424

6.4 卫星导航系统

6.4.1 引言

卫星导航是对惯性导航系统很好的补充，因为它能够对地球上任意位置的运动载体，提供周期性的坐标修正。卫星导航被称为“下一个通用工具”——其可用性、质量和覆盖范围与电力系统和电话类似。卫星导航技术虽然相对较新，但它已经彻底改变了包括航运业、测绘业，甚至所有能源工业在内的许多行业。

目前在轨运行的有两个独立、完整的导航卫星群。GPS 卫星由美国国防部研发。格洛纳斯（GLONASS）卫星由苏联发射。在本文撰写之际，欧洲、日本、中国和印度也在研发卫星导航系统。从我们关注的用途看，GPS 和 GLONASS 这两者实际上发挥着相同的作用。许多导航系统同时使用这两组卫星。为了简明扼要，本节只介绍 GPS。

GPS 信号以及使用信号的方法有很多。其定位精度从毫米到几十米不等，这取决于多种因素，包括接收机成本、所使用的信号类型、可接收的卫星信号、车辆动力学以及是否有增强系统等。

6.4.2 工作原理

在地球轨道上运行的卫星群，发送能够覆盖整个地球表面的微弱信号。小型无线电接收机接收卫星发送的信号，并且在无须发送任何信息的情况下，就可以计算出它们自己的全球坐标。这种架构对同时运行的接收机的数量没有任何限制。虽然使用信号的设备需要购买，但GPS信号可以免费使用。

1. 卫星和地面站

GPS卫星星座由24颗（或者更多）卫星组成，它们在6个直径为11 000英里的不同圆形轨道上运行（如图6-31所示）。卫星的运动在每个恒星日准确重复两次。

可见卫星数量是决定GPS是否可用的一个主要因素。通常来说，高于地平线10°的卫星才可见。在不存在建筑物遮挡的情况下，至少有4颗可见的卫星能
425 够进行信号覆盖。

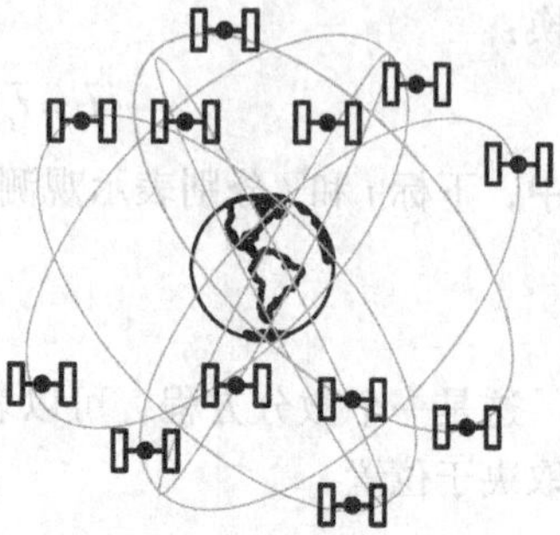

图6-31 **GPS卫星群。共计24颗卫星运行于6个不同的圆形轨道上**

目前，正在运行的地面站有11个，还有更多的地面站正处于筹备规划中。多数地面站作为GPS接收机从所有卫星收集数据，并将数据传输到主控制站。主控制站对收集到的数据进行处理，计算出精确的卫星轨道和时钟数据。时钟数据和轨道数据修正完后，其结果就会从其中的三个地面站重新传输回卫星。卫星最后将数据发送给所有接收机，这样整个系统就能保持高精度。

2. 信号

GPS信号是调制载波信号。指定民用载波为L1（频率为1575.42MHz，波长为19cm）和L2（频率为1227.60MHz，波长为24cm）。有三种分别被称为C/A码、Y码和导航信号的调制信号。其中前两者是伪随机噪声（PRN）码，这种代码用于模拟随机数，但这些随机数实际上是可预测的。PRN码可用于小型天线甚至手持式接收器。

粗码（C/A）在L1频段上，它基本上是一个1023位的二进制数。此二进制数对每个卫星都是唯一的，且每毫秒重传一次。所用的特定代码具有很弱的互相关性，因此很容易把一颗卫星同另一颗区分开来。

传输更远并且精度更高的Y码，在两种载波上都有，专门用于军事用途。同时使用两种载波使得大气延迟可测。卫星飞行路径信息被称为*星历数据*。导航信息包括给传输卫星的系统时间、精确的星历数据，以及给其他接收机的精度稍低的星历数据。

3. 接收机的工作

把GPS接收机最基本的工作进行代码相关，以恢复伪距时间延迟。每个接收机在内部复制卫星PRN码，以便将它们与接收到的信号进行匹配。通过这种方式，系统就像在根据实际发送时间已知且可识别的无线电信号设置手表。信号相关度是延迟时间的函数，并且在正确的延迟下达到峰值。GPS时间系统是如此准确，以至于接收机本身就可以作为精确的时间或频率标准使用。

6.4.3 状态测量

GPS接收机能够同时接收到来自多颗卫星的信息。这些卫星的作用就像是快速移动的已知的路标，但它们的位置却是可预测的，而且精度非常高。

1. 位置测量

接收机的工作原理是：测量自身到4颗或更多颗可见卫星的距离，然后根据这些信息进行三边测量。我们可以直观地想象：在每颗相关的卫星周围，都以测量距离为半径画一个

圆，而接收机则位于圆与圆相交的交点处。为了保证系统能准确地预测其位置，卫星也定期传送它们自身的位置。 426

距离的测量结果是无线电波的速度乘以*渡越时间*——信号离开卫星并到达接收机所需的时间。我们接下来会看到，波速和渡越时间都不是完全已知的量。

2. 时间测量

渡越时间的测量必须非常准确，因为无线电以光速传播。信号从卫星传输到接收机，需要的时间大约为 68 毫秒。然而，对最基础的 GPS 接收机而言，45 纳秒量级的时间误差就会产生 15 米的位置误差。一秒钟的时钟误差将导致相当于到月球的距离误差！

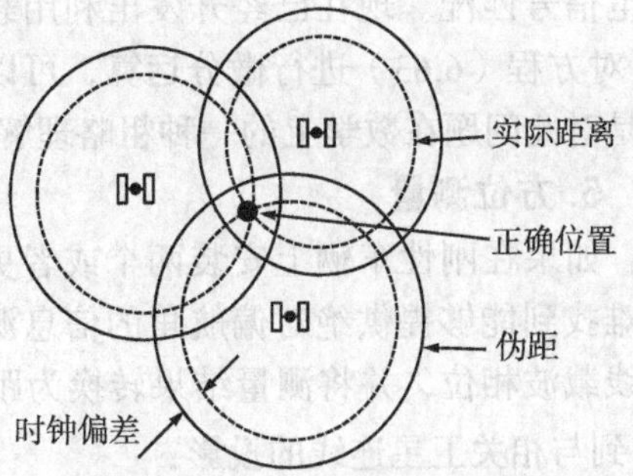

图 6-32　**GPS 伪距和时钟偏差**。时钟偏差是所有伪距中的公共误差。当时钟偏差消除后，所有的圆就相交于同一个点

卫星用的是非常精确的铯振荡器原子钟。这些原子钟与 GPS 地面站的时间同步精度接近纳秒级。而接收机的时钟中用的是低廉的晶体振荡器，因此它们非常不准确。这种时钟误差会导致距离测量误差，因此测量的距离称为伪距（如图 6-32 所示）。

GPS 采用了一种巧妙的技术，来避免在每个接收机中安装昂贵的高精度时钟。由于卫星同步到纳秒级，而接收机的时钟误差存在于所有的测距计算中，这样，*用户时钟偏差*就是第四个未知量。因此，接收机需要跟踪至少 4 颗卫星才能实现位置修正。图 6-32 说明了在二维空间中的等效情况。在这种情况下，通常需要两个距离来修正位置，而时钟偏差可以用第三个伪距来求解。

描述三边测量约束的方程相当简单：

$$
\begin{aligned}
r1 &= \sqrt{(x-x1)^2+(y-y1)^2+(z-z1)^2}+c\Delta t \\
r2 &= \sqrt{(x-x2)^2+(y-y2)^2+(z-z2)^2}+c\Delta t \\
r3 &= \sqrt{(x-x3)^2+(y-y3)^2+(z-z3)^2}+c\Delta t \\
r4 &= \sqrt{(x-x4)^2+(y-y4)^2+(z-z4)^2}+c\Delta t
\end{aligned}
\tag{6.63}
$$

聚焦信息 6.5　基本 GPS 测量模型

伪距是受到时钟误差影响的、到卫星的笛卡儿距离。

3. 波速预测和测量

虽然光的传播速度在真空中是常数，但如果在介质中传播，光速则会发生改变（减慢）。对于 GPS，在大气条件下的波速偏差非常重要，需要给予足够重视。目前，有两种确定波速的方法：第一种方法，用大气延迟数学模型来预测有效波速，卫星会广播延迟模型系数；第二种方法，通过观测两个不同频率信号的（与频率相关）差分延迟，可以测量大气效应。如果已知延迟与频率的关系，就可以计算绝对延迟。 427

4. 速度测量

原则上存在多种用 GPS 测量速度的方法，但精度最高的方法是测量信号的多普勒频移。测量到的频移与距离的变化率（距离关于时间的导数）成比例。它取决于卫星的运行速度、由地球自转引起的地表速度以及车辆在地球上的行驶速度。

尽管这听起来很难，但事实上每个 GPS 接收机都必须搜索时间延迟和频移，才能与无线电信号匹配。现在已经开发出利用载波相位变化率来测量速度的系统，其精度可达 1cm/s。对方程（6.63）进行微分运算，可以把 4 个距离变化率的观测值转换为地心笛卡儿速度，这是对此问题在数学上的一种粗略理解。

5. 方位测量

如果在刚性车辆上安装两个或者更多的天线，就可以提取方位信息（如图 6-33 所示）。很难找到能够提供绝对偏航角的信息源，因此这成为 GPS 一个非常重要的用途。通过测量天线载波相位，并将测量结果转换为距离差，就可以测量偏航角。距离差 $\Delta\rho$ 等于天线距离 Δr 到与相关卫星连线的投影：

$$\Delta\rho = \Delta r\cos\theta$$

如果能够观察到三颗不同的卫星，那么每一颗卫星都能提供天线距离向量到不同轴线的投影。于是，根据最终获得的三个线性方程，就可以求解地心坐标系下的距离向量 Δr。

$$\begin{aligned}\Delta\rho_1 &= \Delta r\cos\theta_1 = \left(\overline{\Delta\boldsymbol{r}}\cdot\vec{\boldsymbol{r}}_1\right)/\left|\vec{\boldsymbol{r}}_1\right| \\ \Delta\rho_2 &= \Delta r\cos\theta_2 = \left(\overline{\Delta\boldsymbol{r}}\cdot\vec{\boldsymbol{r}}_2\right)/\left|\vec{\boldsymbol{r}}_2\right| \\ \Delta\rho_3 &= \Delta r\cos\theta_3 = \left(\overline{\Delta\boldsymbol{r}}\cdot\vec{\boldsymbol{r}}_3\right)/\left|\vec{\boldsymbol{r}}_3\right|\end{aligned} \qquad \begin{bmatrix}\hat{r}_{1x} & \hat{r}_{1y} & \hat{r}_{1z} \\ \hat{r}_{2x} & \hat{r}_{2y} & \hat{r}_{2z} \\ \hat{r}_{3x} & \hat{r}_{3y} & \hat{r}_{3z}\end{bmatrix}\begin{bmatrix}\Delta x \\ \Delta y \\ \Delta z\end{bmatrix} = \begin{bmatrix}\Delta\rho_1 \\ \Delta\rho_2 \\ \Delta\rho_3\end{bmatrix}$$

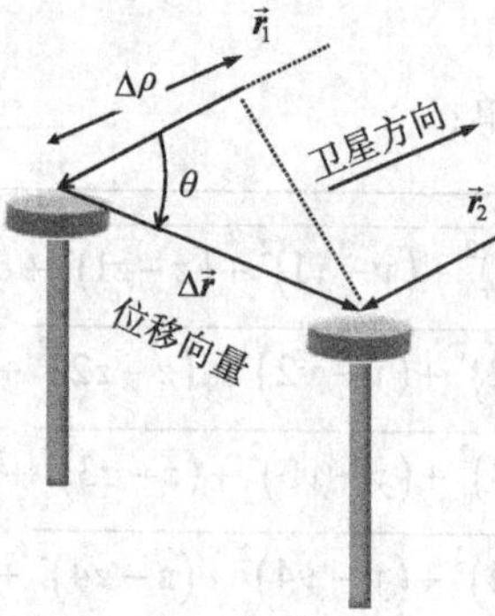

图 6-33 **GPS 方位测量**。根据两个天线之间的距离差，可以计算出天线连线与到卫星连线之
428 间夹角的余弦

6. 大地坐标系

用什么坐标系表达地球上的位置，这个话题复杂且历史久远。从我们的用途来看，只要知道用于 GPS 的非常方便的（x，y，z）坐标系，即 WGS-84 地心地球固定坐标系（ECEF）就够了，如图 6-34 所示。该坐标系的原点在地球的质心位置（这样很容易表达卫星轨道），其 z 轴指向地理北极方向（即与地球的自转轴重合）。赤道在与地球自转轴垂直的平面上，其中心是坐标系原点。

ECEF 坐标系的 x 轴穿过格林尼治子午线（其经度定义为 0°），并从非洲加纳南部的大西洋赤道上穿过地表。用右手规则可确定 y 轴，它经过新加坡西部印度洋赤道上的 90° 东子午线。

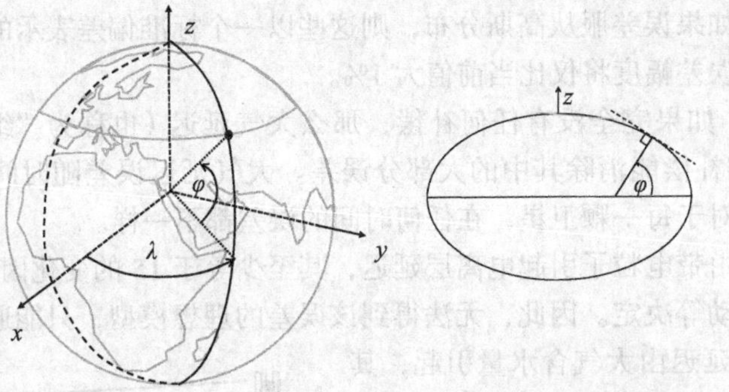

图 6-34　**WGS-84 ECEF 坐标系和地理纬度**。椭球体符合地球的实际形状，且纬度按图示重新定义

此外，卫星位置通常用经度和纬度表示。虽然地球名义上是一个球体，但它的极点半径比赤道半径短 21 千米。为此，在 WGS-84 标准中定义了一个参考椭球体，即利用一个扁平的球体来近似地球形状。对于参考椭球体，经度定义不变，而纬度则是局部地表垂线与赤道平面的夹角（如图 6-34 所示）。

对该坐标，纬度 – 经度 – 高度与 ECEF 坐标系之间的关系为：

$$
\begin{aligned}
x &= \left(R_n + h\right)\cos\varphi\cos\lambda \\
y &= \left(R_n + h\right)\cos\varphi\sin\lambda \\
z &= \left(\left(1-e^2\right)R_n + h\right)\sin\varphi
\end{aligned}
\tag{6.64}
$$

聚焦信息 6.6　经纬度变换到 WGS-84 的 ECEF

这些公式把纬度和经度变换到 ECEF 坐标系中，以计算伪距。

其中 h 为在椭球面上表达的高度；e=0.081 819 191 是椭圆的离心率；R_n 是以地理经度定义的经度曲率半径： 429

$$
R_n = \frac{a}{\sqrt{1-\left(e\sin\varphi\right)^2}} \tag{6.65}
$$

其中，$a = 6378.137\text{km}$ 是地球的赤道半径。

6.4.4　性能参数

GPS 需要直视卫星，才能接收到信号，所以它在森林树荫中的效果不好，而在地下或水下则完全不能使用。在高层建筑物周围 GPS 也往往不可靠，正如许多在市区开车的司机已经发现的那样。

1. 误差来源

由于接收机最初观测到的是伪距，GPS 的误差分析首先从伪距的误差开始。如表 6-3 所示，其中给出了不同误差源引起的典型伪距误差值。

为了将这些误差转换为位置误差，应以均方根差（rms）的形式将它们相加，并且需要乘以 4 ～ 6

表 6-3　伪距误差来源（1σ）

误差来源	标称值
大气延迟	4 米
卫星时钟和星历	3 米
多路径	1 米
接收机电路和车辆动力学	1 米
总计	5.2 米（标称）

的几何精度因子。如果误差服从高斯分布，则这些以一个标准偏差表示的误差，乘以另外一个因子3所得到的误差幅度将仅比当前值大1%。

1）**大气延迟**。如果完全没有任何补偿，那么大气延迟（也称为“组”延迟）可以高达30米，不过，基础补偿能消除其中的大部分误差。大气延迟误差随时间以及接收机和卫星的位置变化，因此对于每一颗卫星，在任何时间的误差都不一样。

组延迟中包含由带电粒子引起电离层延迟，其至少等于15的变化因子，由时间、纬度、仰角和太阳磁场活动等决定。因此，无法得到该误差的理想模型，只能通过测量来消除。而组延迟中的对流层延迟由大气含水量引起，其变化因子随仰角在10倍范围内变化，不过该延迟的有效建模较容易获得。

2）**多路径**。当卫星信号经反射，通过非直视路径到达接收机时，就会出现多路径误差。如图6-35所示，在这种情况下，路径长度的变化由下式给出：

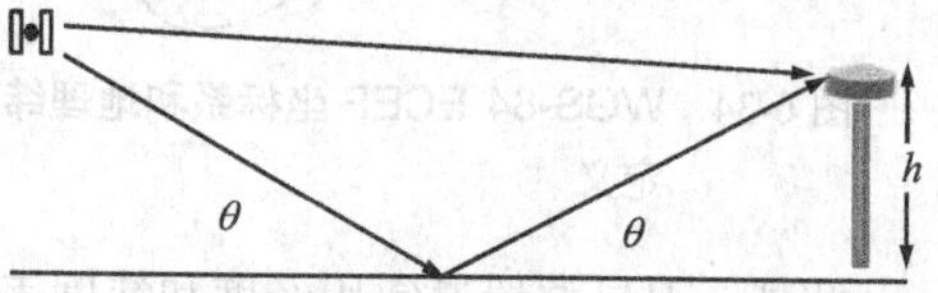

图6-35　**GPS多路径误差**。接收到沿两个不同路径到达的相同信号，会在天线处产生相消干涉

430

$$\Delta L = c\Delta t \approx 2h\sin\theta$$

次级信号因多走了部分路径，而与直视信号异相，从而干扰破坏了直视信号。多路径误差在大面积水域表面上非常显著，不过，它通常只引起不超过1米的伪距误差。当天线靠近反射表面时，误差更加明显。

3）**几何精度因子**。本章的前面部分已经讨论了距离三边测量的几何精度因子。GPS测量的几何精度因子通常在4～6之间变化，但是在极点附近时，由于所有卫星都在地平面上，会导致几何精度因子值高达20。前面说过，伪距误差值乘以几何精度因子，才转换为位置误差值。这样，表6-3中5米的伪距误差可能对应20～30米甚至更大的一倍标准差（即σ）。

2. 精度测量

关于GPS精度的定义很多，这使得解释其精度指标成了一个棘手的问题。它既可以在二维平面也可以在三维空间中定义，可以包含也可以不包含几何精度因子。还需要用到统计方法，为了明白每个数字的含义，还必须理解各种辅助信息源、微分辅助、区域增强、车辆动力学和平均值。

在二维平面中，距离均方根差（drms）表示二维定位精度，其精度量值指的是径向误差的标准偏差（沿x轴和y轴水平误差的向量和）。同样，双倍距离均方根差（2drms）就是距离均方根差的两倍。误差幅值的68%应该小于均方根差，测量值的95%应小于双倍距离均方根差。

圆概率误差（CEP）是相对于均值的偏差圆，它平均包含了1/2的误差分布点。

$$\text{CEP} \approx 0.83 \times \text{DRMS} \tag{6.66}$$

误差包括水平、垂直和球概率误差（SEP）。这里，多数定义都假设误差是无偏的，并服从高斯分布。否则，必须对精确度和准确度加以区分，以解释偏差。

当对不同接收机进行比较时，知道一次追踪了多少颗卫星很重要，因为追踪的卫星数量越多，误差越小。同样重要的是，要了解正在处理的信号内容以及信号处理方式。有关运行模式的详细内容如下文所述。

6.4.5　运行模式

接收机能以多种不同方式处理 GPS 信号。选择哪种方式，需要在平均时间、准确度以及运行距离之间做权衡。通过长时间取平均值，可以消除多数误差。虽然这种方法在测量场合是可行的，但它对移动机器人的适用性有限。除非机器人正在静止状态下观测路标或其他一些感兴趣的特征。 431

1. 编码和无编码模式

伪随机噪声（PRN）码相关是 GPS 最基本、精度最低的工作模式。其更新频率可以达到几赫兹，而精度则取决于所用的具体编码。相关处理对应的误差与 PRN 码的脉冲波长有关。其中 C/A 码的脉冲波长为 300 米；P 码的量级较小，其脉冲波长为 30 米。

无编码工作模式搜索载波信号 L1（波长为 19 厘米）和 L2（波长为 24 厘米）的相位。因为它们的波长比 PRN 脉冲小三个数量级，所以相对精度可以达到厘米量级。

2. 码相位差分 GPS

主要的误差源与大气延迟、时钟数据和星历数据有关。

差分 GPS 作为一种提高 GPS 定位精度的技术，利用了这样一个事实：在地球表面，彼此非常接近的两个接收机，它们之间的大气延迟基本相同（如图 6-36 所示）。当然，在地球的任何一个地方，星历数据和卫星时钟数据都是一样的。如果其中一个接收机（也称为*参考机或基站*）的位置是已知的（或认为它处于原点位置），就可以计算出 GPS 解中的误差，并可将该结果发送给附近的任意移动接收机。然后，移动接收机只需将误差从其解中减去，就能提高它的运行精度。

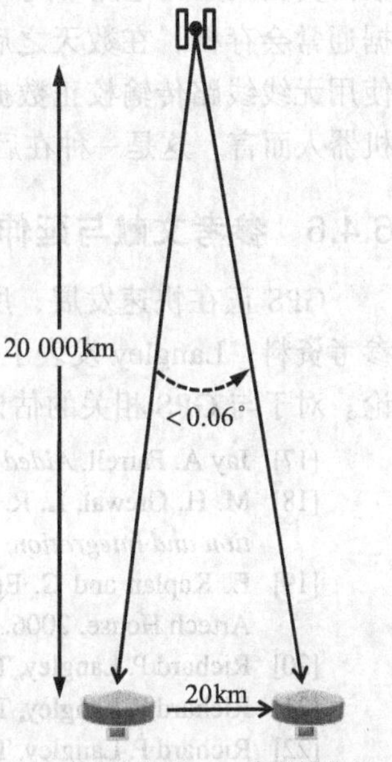

图 6-36　**差分 GPS 几何。**两个接收机之间的夹角非常小，因此大气效应是相似的 432

不过，更理想的方案是，由于单颗卫星的伪距误差对两个接收机而言是一样的，所以可以根据参考位置计算。为了获得最高精度，参考接收机应该是一个“全视角”接收机，能够为视野内的每一颗卫星计算伪距误差。然后，移动接收器可以据此消除它正在跟踪的任何一颗卫星的伪距误差。在距离参考接收机 1000 英里的位置，该校正都有效。在搜索 C/A 码的同时，传送伪距误差，可以在 20 千米的范围内实现 3 ～ 5 米的测量精度。

如果实时运行差分 GPS，就需要无线通信线路来传送校正信号。这种校正信号也可能被遮挡。在这种情况下，可以使用无线电中继器来（重新）传输校正信号。对实时应用来说，如果校正数据到达移动站的时间超过 60 秒，精度就会衰减。

3. 载波相位差分 GPS

如果基站和接收机都搜索载波相位，那么基站也可以发送其测量到的相位值。利用该数据，移动接收机就可以跟踪卫星的载波相位。这种技术被称为实时动态（RTK）GPS。该技术可以使相对基站的距离检测达到 2 厘米及二百万分之一（ppm）（每 10 千米误差 2 厘米）的精度量级。

4. GPS 增强

基于码相位的 GPS 校正技术可用于远程测距，而且还可以在参考基站之间进行插值处理。于是，利用基站为大范围内的用户提供校正信息成为可能。现在，已经有许多这样的校正服务可用。

广域增强系统（WAAS）是美国联邦航空局研发并建设的用于空中导航的系统，它通过解决广域差分 GPS 的数据通信问题，来提高 GPS 定位精度，以供飞机使用。它使用基站网络来计算校正数据，并且每隔几秒钟将计算出的校正信息发送给通信卫星。然后这些卫星将收到的所有更新数据重新传输到整个美国大陆。欧洲的同类系统称为 EGNOS。

有些增强系统是私营的，例如 STARFIRE 和 STARFIX。其供应商收取相应数据的使用费。这些系统可以实现 5 厘米量级的精度。

利用连续运行参考基站（CORS），还可以通过互联网、无线电和手机数据网络等途径传输 GPS 校正信息。到 2010 年为止，这些基站的数量达到了 1500 个或者更多，其中绝大多数由美国国家大地测量局（NGS）运营。这些基站不间断地运行，为公众提供数据。这些数据通常会存档，在数天之后仍然可用。存档的数据可以让用户在获取原始 GPS 数据后，不使用无线线路传输校正数据，也能够计算出高精确度的位置（在延迟之后）。因此，对移动机器人而言，这是一种在后处理中计算地面真实运动数据的绝佳方法。

6.4.6　参考文献与延伸阅读

GPS 正在快速发展，所以首选的是最新的参考文献。Kaplan 的书是一本新出版的全面参考资料；Langley 发表了一些容易理解的 GPS 权威论文。Strang 的著作提供所需的数学理论。对于与 GPS 相关的估计问题，请参阅 Farrell 的著作或 Grewal 的著作。

[17] Jay A. Farrell, *Aided Navigation*, McGraw-Hill, 2008.
[18] M. H. Grewal, L. R. Weill, and A. P. Andrews, *Global Positioning Systems, Inertial Navigation and Integration,* Wiley, 2001.
[19] E. Kaplan and C. Egardy, eds., *Understanding GPS: Principles and Applications,* 2nd ed., Artech House, 2006.
433 [20] Richard P. Langley, The Mathematics of GPS, *GPS World,* pp. 45–50, July 1991.
[21] Richard P. Langley, Time, Clocks, and GPS, *GPS World,* pp. 38–42, Nov. 1991.
[22] Richard P. Langley, The Mathematics of GPS, *GPS World,* pp. 45–50, July 1991.
[23] Richard P. Langley, Why Is the GPS Signal So Complex?, *GPS World,* pp. 56–59, May 1990.
[24] Gilbert Strang and Kai Borre, *Linear Algebra,* Geodesy and GPS, SIAM 1997.

6.4.7　习题

1. PRN 码相关性

生成一个 26 位长度的二进制数随机序列。把该序列向左和向右移动几位后，计算其自相关性（相对于自身的偏移）。在计算对应信号值的乘积时，将“0”表示为“−1”。观察零偏移时的曲线锐度。

用多种不同信号重复上述计算过程。在信号中添加一些数字噪声（翻转几位），并观察峰值位置对噪声的鲁棒性。用更长的代码序列和更高的噪声进行以上实验。

2. 基于非线性最小二乘法的 GPS 解

2011 年 8 月 16 日周二的夜间 9 时 41 分，你正在地球坐标系（纬度 – 经度 – 高度分别为：40.363，−79.867，234 米）中的匹兹堡。你可以观测到当前匹兹堡上空可视的 4 颗

NAVSTAR GPS 卫星，如下所示。

位于匹兹堡上空的 GPS 卫星

卫星编号	纬度（deg）	经度（deg）	高度（km）	临近区域
38	48.25	−49.72	19 948	加拿大的圣约翰
56	53.53	−84.33	20 270	加拿大的蒙彼拿
64	18.11	−91.38	20 125	墨西哥的比亚埃尔莫萨
59	20.9	−118.73	20 275	墨西哥的拉巴斯

请利用公式（6.64），确定你自己以及每颗卫星本身的地心地固坐标（ECEF），然后计算出到 4 颗卫星的实际距离，以便解决后续问题。你所处的位置应为（856 248.27，−4 790 966.00，4 108 931.67）。现在，通过在所有的方向上增加 5 千米修改你在 ECEF 中的坐标，人为创建一个 GPS 修正问题。基于这一初始估计（误差为 5 千米），请计算根据卫星位置所预测的伪距，用户时钟偏差估计为 +15 微秒（相当于大约 5 千米）。计算中使用真空中的光速。根据这些不正确的初始坐标和时钟差形成状态的初始估计。被破坏的伪距形成了测量结果。

接下来，解决车载 GPS 在启动时需要克服的问题。将方程（6.63）相对于假想的初始状态 $(x, y, z, \Delta t)$ 线性化，并执行一次或多次非线性最小二乘迭代。通过单次迭代，就应该能将美国匹兹堡、麦基斯波特的坐标恢复到 1 米（3 纳秒）的精度。 434

控　制

控制是将意图转化为行动的过程。通过控制，不仅可以让机器人在所处环境中移动，而且能够使探测头、机械臂、夹持器和工具等协同动作。在控制问题中，动力学模型不仅被用于分析，而且在机器人精确运行中的作用也是显而易见的（图 7-1）。

图 7-1　**Kiva 系统载货机器人单元**。该机器人将货物从配送中心送给订单分拣员。事实证明：在该系统中，控制器的前馈环节对其性能非常重要

7.1　经典控制

控制系统的主要目的是向硬件层提供必要的输入，从而产生所需要的运动。本节将介绍在本书的第 1 章中初次提到的反应式自主层的实现方法。

7.1.1　引言

在移动机器人中使用控制器㊀主要基于以下原因：

- 实际硬件部分的最终输出是力、能量和功率，然而我们通常获知的信息是位置和速
435 度等，需要控制器将这两者关联起来。
- 检测装置观测系统的行为，而控制器利用观测信息可以减少扰动，甚至为优化运动而改变系统的动力学特性。
- 系统模型可以将粗略的运动描述细节化，以便完成所需运动。

如图 7-2 所示为控制器通用方框图，我们所关心的大部分情况都包含在其中。

1. 控制器信号

如图 7-2 所示，其中 y_r 被称为参考信号，它表示希望被控系统做什么；而输出信号 y 表示系统正在从事的任务。信号 u 为输入——是系统输入向量中能够控制的分量；而 u_d 代表扰动——是无法控制的系统输入分量。例如，摩擦和风都属于扰动。

㊀ 这里指控制模型和算法。——译者注

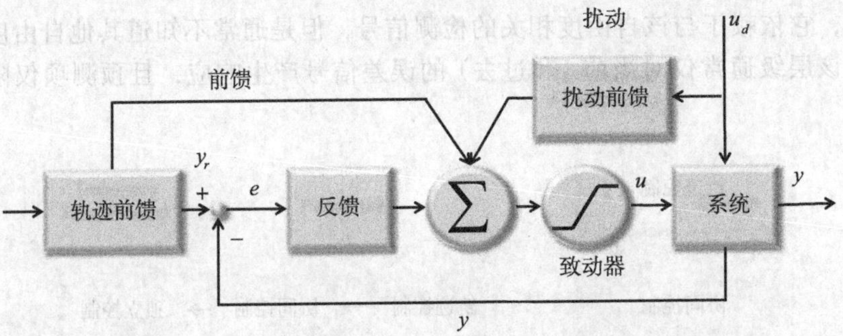

图 7-2　**通用控制器框图**。该图概括了控制器的大部分内容

致动器可能通过施加力或控制燃料流速来驱动系统，无论采用何种方式，它都会改变系统的运动状态。致动器符号里有一个限幅曲线，它表示输出被以某种方式限定在一定的幅值范围内。

差值 $e=y_r-y$ 被称为*误差信号*。需要注意公式中两者的先后顺序。在控制系统中，符号的颠倒可能将导致灾难性的严重后果，因此将符号设定正确，并且有应对错误发生的安全保障措施，是非常重要的两点。

2. 控制器要素

当输入到控制器中的参考信号不随时间变化时，称其为*设定点*，该控制器称为*调整器*；而努力跟踪随时间变化的参考信号的控制器被称为*伺服器*。

术语*反馈控制*是指：通过测量某系统的响应，主动补偿该系统相对于期望行为偏差的技术。使用反馈控制的原因有很多，而且几乎全都会在实际应用中遇到。总的来说，反馈可以降低下面所有因素对系统行为的不良影响。

- 参量变化
- 模型误差
- 非预期的输入（扰动） 436

反馈也可以改善系统的瞬时行为，以及降低测量噪声的影响。

另外两个需要注意的是前馈分量，它们是预测要素，用来预测系统对于给定输入或测量出的扰动的响应。这些预测值可用来改善系统行为。以下几节将详细介绍与图 7-2 中的反馈和前馈相关的内容。

*控制变量*与参考信号是同一个概念。在移动机器人中，被控量可能对应着改变机器人身体形状的关节运动或机器人的整体运动。关节变量的例子包括车轮速度、转向角度、节流阀、制动器以及传感器的平移 / 翻转机构。这类控制基于机器人内部的关节运动预测或反馈。整体运动作为变量的例子包括机器人整体位姿与速度。这类控制取决于机器人底盘的运动预测或反馈。

3. 控制器层级

复杂系统中的大多数实际控制器都采用层级结构。可以为移动机器人定义一个层级结构的控制器。虽然现在没有一个统一的层级结构，但图 7-3 包含有关层级结构的大部分概念。在执行中，每一层级都向其直接下属层级发送参考信号（指令），而向其上属层级回馈一个复合反馈。

1）**独立控制**。独立控制层也被称为单输入单输出（SISO）层。该层级关注于单自由度运动的控制，它依赖于与该自由度相关的检测信号，但是通常不知道其他自由度的运动情况。此外，该层级通常仅对当前（和过去）的误差信号产生响应，且预测项仅限于误差的求导。

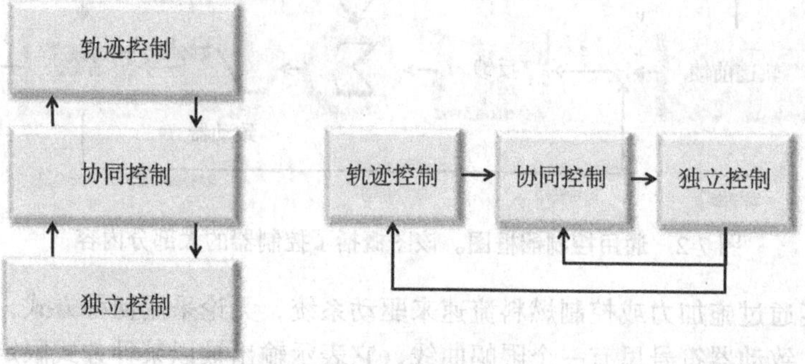

图 7-3　**控制器层级。**左图：高层级向低层级发送参考信号。右图：等价方框图是一个级联结构

这一层级的控制器直接与致动器相连，例如发动机节流阀、电动机、液压阀。控制器计算出的输出量通常需要标定，以将其映射到制动器所需的驱动量。在控制器运算中，可能需
437 要使用基本运动学变换实现简单的坐标转换。各种经典控制方法足以实现独立控制层。

2）**协同控制。**协同控制层也被称为多输入多输出（MIMO）层级或多变量控制。该层级实现车辆作为一个实体的瞬时运动控制。协同控制层力求使独立控制轴保持一致与同步，这样它们的合成效果就是整个车体的预期行为。这需要用到多个组件生成的复合反馈信息，并对指令和反馈进行多重变换。状态空间现代控制方法经常用于协同控制层的实现。

利用 4.2 节中介绍的方法，通过控制四个车轮的速度来控制车体的线速度与角速度，就是协同控制器的一个实例（如图 7-4 所示）。为了获得状态误差向量，四个车轮的反馈被转换成线速度和角速度反馈。

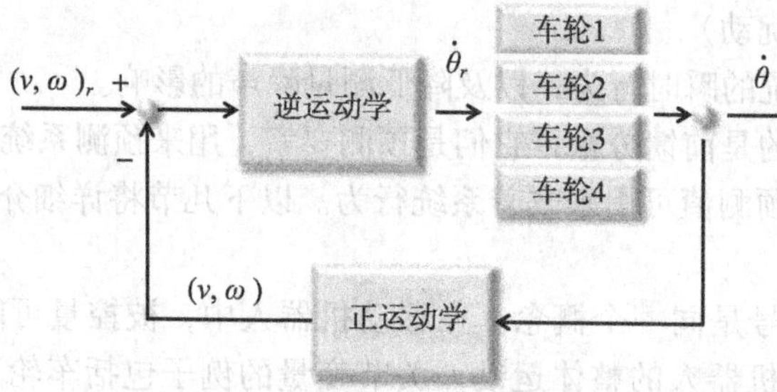

图 7-4　**轮式移动机器人的协同控制。**通过控制四个车轮来产生预期的线速度和角速度。每个车轮的速度伺服系统独立运行

3）**轨迹控制。**轨迹控制层关注的是一段时间内的完整轨迹，并控制机器人沿该轨迹运动。它通常需要测量和预测机器人相对于环境的运动状态。此类实例包括：操纵机器人到指定位姿；驱动机器人沿某条指定路径运行；或者基于感知信号推算目标位置，实现对前导车辆或者道路的跟踪。该层中经常使用的是前馈与最优控制方法。利用感知来理解环境是轨迹控制之上的层级，属于自主感知领域。

4. 对控制器的需求

不同的控制问题可能会有不同的需求，其性质决定了控制器设计。如果需要移动一段精

确的距离或移动到某一精确的位置，那么位置控制可能是最好的实现方法。有时到达精确的终点位置至关重要。对于有些问题，在可操作性降低或极度受限的情况下，因为终止状态预先已经决定了路径，所以无法对路径进行控制。有时只有终点的部分坐标值必须精确满足。

有时，跟随一条指定路径非常重要。在某些情况下，在路径（沿轨迹）方向上的误差分量可以忽略不计，只有与路径方向正交的误差分量——轨迹偏离误差非常重要。此时，可以使用解耦控制方法，其中速度控制独立于轨迹偏离误差。

速度控制通常用于实现多个临时位置间的车体运动。然而，在诸如草坪养护或地面清洁等过程中，速度控制非常重要，因为作业质量取决于速度的控制精度。 438

7.1.2 虚拟弹簧阻尼系统

举一个简单的例子，假设需要通过施加外力来控制质量块的位置。该系统的运动与控制输入的关系由下述微分方程决定：

$$\ddot{y}=u(t) \tag{7.1}$$

4.4.1 节第 7 点介绍的弹簧质量阻尼系统有一个优点：系统的稳态响应与所施加的输入之间存在清晰的映射关系。对于一个无约束质量块，如果想驱使系统到达某最终状态 y_{ss}，并不存在一个显而易见的方法来确定控制输入 $u(t)$（时间函数）。

确定控制输入的一种方法是：对质量块的位置 $y(t)$ 和速度 $\dot{y}(t)$ 进行测量，并据此设计人为约束。根据测量结果，可计算出如下所示形式的输入：

$$u(t)=\frac{f}{m}-\frac{c_c}{m}\dot{y}-\frac{k_c}{m}y \tag{7.2}$$

其中被代入计算的两个系数是虚拟弹性系数 k_c 和虚拟阻尼 c_c。将该方程代入方程（7.1），便获得了弹簧质量阻尼系统的方程：

$$\ddot{y}+\frac{c_c}{m}\dot{y}+\frac{k_c}{m}y=\frac{f}{m} \tag{7.3}$$

该系统如图 7-5 所示。这种通过增加传感器来测量系统行为的过程，被称为反馈控制。根据习惯，通常将方程（7.1）称为开环系统，将方程（7.3）称为闭环系统。

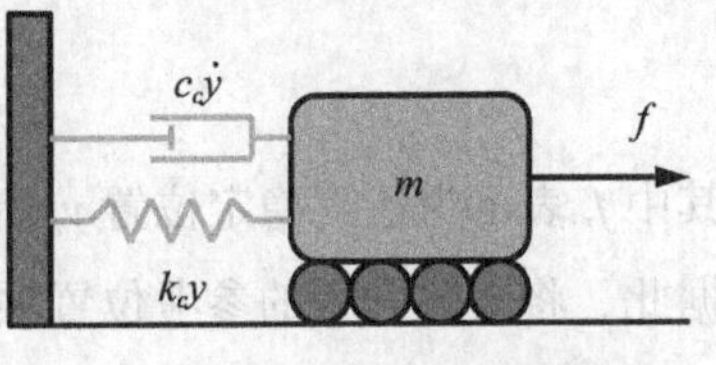

图 7-5　**计算意义上的弹簧质量阻尼系统。**施加的作用力受到虚拟弹簧和阻尼器的反抗

该闭环系统将与弹簧质量阻尼系统的表现完全一样，它将稳定在方程（4.125）中推导出的 f/k 的终止状态。起初，f/m 项会超过其他两项，因为 y 和 $\dot{y}$ 都很小。但是当系统开始移动后，虚拟阻尼器将开始“制动”；随着系统相对初始点距离的增大，虚拟弹簧的回复力也逐渐增加。当速度为零时，阻尼器将不再施加任何作用力。此时，在某一特定的平衡位置，虚拟弹簧力与施加的作用力会抵消，系统将停止在目标位置。

1. 稳定性

上述系统的极点与实际系统的极点相同：

$$s=\omega_0\left(-\zeta\pm\sqrt{\zeta^2-1}\right)$$

一般而言，方程的根是复数，解为指数形式。根的虚部引起振荡行为，而根的实部符号 439

的正、负，决定了系统振幅随时间推移是上升还是下降。因此在一般情况下，非强迫系统的解为阻尼正弦曲线。如果根的实部为负数，振荡会随着时间的推移而消失，系统便被认为是稳定的；否则振荡的幅度会不受限制地增大，系统便被认为是不稳定的。

对于上述虚拟弹簧质量阻尼系统，其稳定条件要求 $\zeta\omega_0 > 0$，即机械系统的阻尼系数 c 的符号为正。直观而言，这意味着只要摩擦力与运动方向相反，在没有时变力（随时间变化的力）作用的情况下，该机械系统将趋于稳定。

2. 极点配置

现在考虑要求改变一个实际弹簧质量阻尼系统运动状态的情况，系统状态由下述控制输入决定：

$$\ddot{y}+\frac{c}{m}\dot{y}+\frac{k}{m}y=u(t) \tag{7.4}$$

与前述方法类似，在系统中添加位置与速度传感器，令控制输入为：

$$u(t)=\frac{f}{m}-\frac{c_c}{m}\dot{y}-\frac{k_c}{m}y \tag{7.5}$$

然后将方程（7.5）代入微分方程（7.4），得到：

$$\ddot{y}+\frac{(c+c_c)}{m}\dot{y}+\frac{(k+k_c)}{m}y=\frac{f}{m} \tag{7.6}$$

可以看到，方程（7.6）与方程（7.3）形式上一致。对系统施加了控制输入后，可以使我们能够根据需要，调整反馈控制系统中的增益。不同的增益量可以使缓变系统变快、快速系统变慢，或者甚至使不稳定系统变为稳定系统。

3. 坐标误差与动力学

在方程（7.3）中，为了与实际弹簧的情况一致，将坐标 y 定义为距离原点的偏差。然而，将坐标值转换为相对于预期位置的显式偏差，通常便于在控制系统中理解和使用。简单来说，可将误差信号定义为参考位置 y_r ⊖ 与当前位置之间的差值：

$$e(t)=y_r(t)-y(t)$$

将当前位置及其微分上式代入方程（7.3）中，可得：

$$[\ddot{y}_r-\ddot{e}]+\frac{c_c}{m}[\dot{y}_r-\dot{e}]+\frac{k_c}{m}[y_r-e]=\frac{f_r}{m}$$

其中 f_r 表示为达到稳定位置 y_r 所施加的作用力。对于参考位置为常值的情况，有 $\ddot{y}_r=\dot{y}_r=0$。据此，将上述方程的参考位置项 y_r 移到方程的右侧，可得：

440

$$[-\ddot{e}]+\frac{c_c}{m}[-\dot{e}]+\frac{k_c}{m}[-e]=\frac{f_r}{m}-\frac{k_c}{m}[y_r]$$

但是根据方程（7.3），当参考位置为常值，那么 $f_r-k_c y_r=0$。因此上式右侧为零，同时在方程的左、右侧同时乘以 −1，可得：

$$\ddot{e}+\frac{c_c}{m}\dot{e}+\frac{k_c}{m}e=0$$

因此，对目标位置为常值的系统，以误差值表达的系统状态微分方程，与非强迫阻尼振荡器相同。这样看来，在误差坐标系下设计的控制输入，可以与根据方程（7.5）计算的控制输入一样，对系统产生相同的效果。在误差坐标系下，构造控制输入：

⊖ 即目标位置。——译者注

$$u(t) = \frac{c_c}{m}\dot{e} + \frac{k_c}{m}e \tag{7.7}$$

将上式代入方程（7.1），从而得到：

$$\ddot{y} = \frac{c_c}{m}\dot{e} + \frac{k_c}{m}e = \frac{c_c}{m}[\dot{y}_r - \dot{y}] + \frac{k_c}{m}[y_r - y]$$

因为 $\dot{y}_r = 0$，$k_c y_r = f_r$，所以上述方程可进一步化简为：

$$\ddot{y} + \frac{c_c}{m}\dot{y} + \frac{k_c}{m}y = \frac{f_r}{m} \tag{7.8}$$

该方程与方程（7.3）相同。至此，我们已经证明：利用位置和速度的测量值，可以在误差坐标系中实现对无约束质量系统的位置控制，使其行为与阻尼振荡器相同。

7.1.3　反馈控制

方程（7.7）可以用更常用的约定符号重写如下：

$$u(t) = k_d\dot{e} + k_p e \tag{7.9}$$

其中，常量 k_d 被称为*微分增益*，其对应的控制项起到虚拟阻尼器的作用；常量 k_p 被称为*比例增益*，其对应的控制项起到虚拟弹簧的作用。给定一个参考位置 y_r，该控制器利用测量结果计算误差信号及其微分。如果系统输入的参考位置为常值，该控制器将驱动系统到达参考位置 y_r。

可以使用如图 7-6 所示的框图，直观表示该控制器原理。

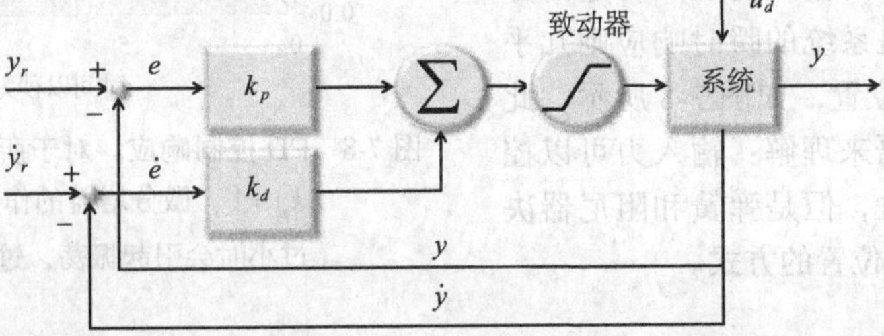

图 7-6　PD 控制框图。该系统的行为如同含有虚拟弹簧和阻尼器的阻尼振荡器，获得对阶跃输入 y_r 的稳态响应

该框图中出现了控制器的第二个输入，即参考状态的微分 $\dot{y}_r$，可用它来计算误差的微分。如果该输入能通过测量得到，就可用；否则，可以根据 $y(t)$ 的测量值计算得到误差信号 $e(t)$，再对其进行微分得到。 441

该系统在频域内的等价框图如图 7-7 所示。

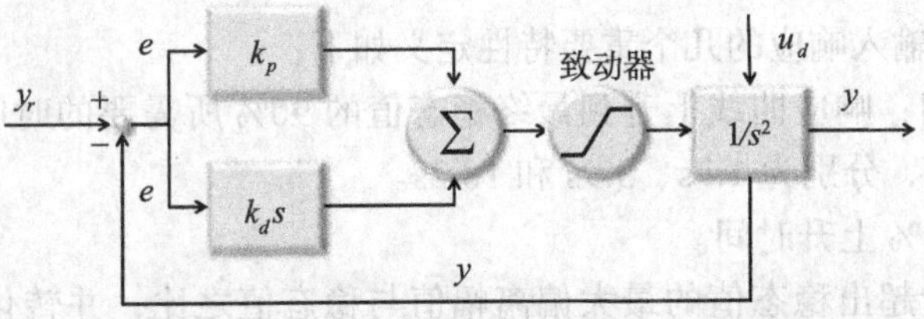

图 7-7　频域内的 PD 控制框图。该图与频域中的图 7-6 等价

系统的闭环传递函数为：

$$T(s)=\frac{H}{1+GH}=\frac{\left(1/s^2\right)\left(k_d s+k_p\right)}{1+\left(1/s^2\right)\left(k_d s+k_p\right)}=\frac{k_d s+k_p}{s^2+k_d s+k_p}$$

根据方程（7.7），对于单位质量：

$$k_d=2\zeta 2\omega_0 \qquad kp=\omega_0^2$$

因此振荡参数与增益存在如下所示的关系：

$$\omega_0=\sqrt{k_p} \qquad \zeta=\frac{k_d}{2\sqrt{k_p}} \tag{7.10}$$

闭环极点为：

$$s=-\zeta\omega_0\pm\omega_0\sqrt{\left(\zeta^2-1\right)}=-\frac{k_d}{2}\pm\frac{1}{2}\sqrt{\left(k_d^2-4k_p\right)} \tag{7.11}$$

当 $k_p=1$，$k_d=2$ 时，有 $\zeta=1$，此时系统处于临界阻尼状态。在这种情况下，系统有两个相等的实数根，在 $x=-1$ 处有两个极点。在此控制器作用下，质量块将在大约 5 秒钟后移动到指定的参考位置，如图 7-8 所示。

正如我们已经看见的，极点决定了振荡频率和阻尼大小，同时它们也决定了系统的稳定性或不稳定性。此外需要注意的是，尽管前面设计的输入会以其特定的方
442 式驱动系统，但是系统的瞬时响应则几乎完全取决于极点位置，如图 7-8 所示。此现象可用机械术语来理解：输入力可以控制系统的停止位置，但是弹簧和阻尼器决定着系统到达最终位置的方式。

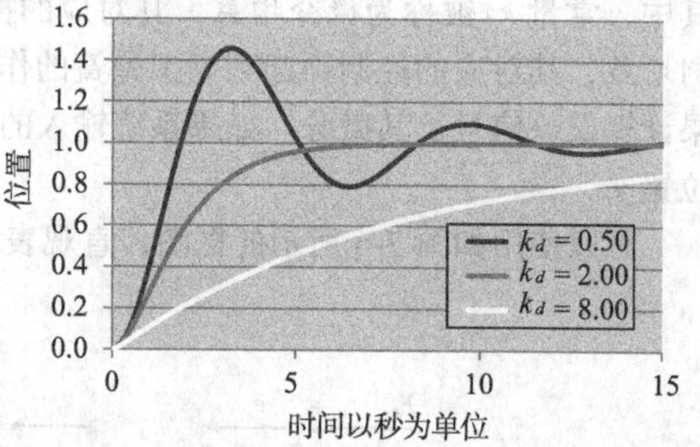

图 7-8　**PD 控制响应**。对于所有这三种情况都有 $k_p=1$。微分增益的作用就像一个阻尼器，过小时会引起振荡，过大时将使响应变慢

1. 根轨迹

已知上述极点的显式表达式，且 k_p=1，当微分增益 k_d 发生变化时，便可以在复平面内绘制出极点的轨迹。如图 7-9 所示，当 k_d=0 时，极点位于虚轴上的 ±1 位置。在这里，由于缺少阻尼，该系统表现为完全振荡。随着 k_d 的增加，虚部（即振荡频率）减小，而实部在负方向变得越来越大，表示阻尼增加。当 $k_d=2$ 时，极点在实轴的 −1 处重合，这里就是临界阻尼点。之后，随着微分增益的增大，两个极点在实轴上沿相反方向运动。沿实轴向右运动的根轨迹只有当 $k_d=\infty$ 时，才会回到原点。

2. 工作特性

控制系统对阶跃输入响应的几个重要特性定义如下：

- 90% 上升时间：响应曲线上升到最终稳态值的 90% 所需要的时间。对于如图 7-8 所示的三个响应，分别为 1.7s、3.9s 和 18.2s。
- 时间常数：63% 上升时间。
- 超调量：是指超出稳态值的最大偏离幅值与稳态值之比，并转化为百分制表示。第一个响应的超调量为 45.7%，其余两个响应的超调量均为零。

- **2% 过渡时间**：是指系统稳定到最终值的上下 2% 区间所经历的最短时间。通常该值为时间常数的 4 倍。
- **稳态误差**：指的是系统从一个稳态过渡到新的稳态的过程中，当所有瞬态响应结束后，系统的残余误差。

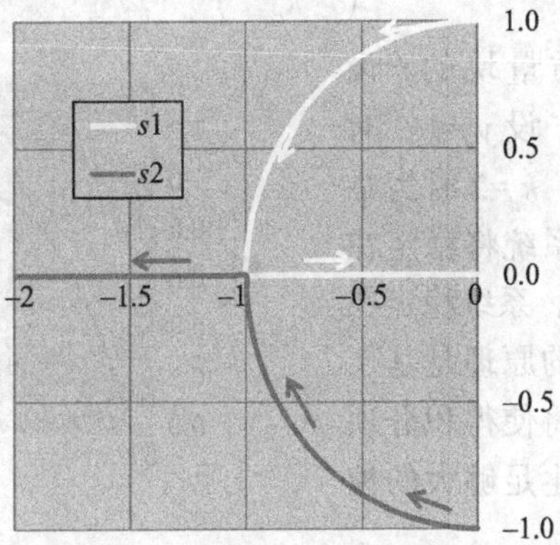

图 7-9　PD 根轨迹图的绘制。当微分增益发生变化时，系统的两条根轨迹如图中所示

3. 微分项的若干问题

微分项会放大噪声，如果误差信号的信噪比较低，将导致系统不稳定。在这种情况下，对微分信号进行低通滤波是一种明智的方法，这样可以消除超出实际系统响应能力的频率信号。在图 7-6 中，假定可以测量系统的速度，这样就无须对误差进行微分运算。实际应用中，如果能够用这种传感器，这当然是一个好的方案。请注意，既然 $e(t)=y_r(t)-y(t)$，那么有 $\dot{e}(t)=\dot{y}_r(t)-\dot{y}(t)$。 443

因此，如果速度输入与位置保持一致（即速度的确是参考位置的导数），而且传感器确实测量出了速度，那么就可以用速度误差来等价位置误差的导数。

4. PID（比例 – 积分 – 微分）控制

PD 控制器中的比例项用于对误差信号的当前值做出反应。类似地，微分项用于对预测的后续误差做出反应，因为一个正的误差变化率表示误差正在逐步增大。既然 P 和 D 单元可解释为对当前和后续误差的反应，那么很自然地想知道误差的历史记录是否有用。结果证明它确实有作用，并且其结论已经众所周知。

> **专栏 7.1　PID 控制器**
>
> PID 控制器是工业自动化中的主力。它并不需要系统模型，因为该控制器仅仅根据误差信号即可得到控制输入：
>
> $$u(t)=k_d\dot{e}+k_p e+k_i\int e(t)\mathrm{d}t$$
>
> 该闭环系统的行为取决于被控制系统的具体情况。

常数 k_i 被称为**积分增益**。积分增益在可能存在稳态误差的情况下会起作用。

假设质量块停在一个粗糙的表面上，因此存在较小的静摩擦力 f_s。于是，方程（7.8）变为：

$$\ddot{y}+\frac{c_c}{m}\dot{y}+\frac{k_c}{m}y=\frac{f_r+f_s}{m} \tag{7.12}$$

摩擦力的作用方向与施加的作用力方向相反，对应的稳态解为：

$$y_{ss}=\left(\frac{f_r+f_s}{k_c}\right)$$

如图 7-10 所示，令单位质量块的 f_s 设定为 0.5，并且与图 7-8 一样，设 y_d=1。对于无积分闭环的情况，当 k_p=1、k_d=2 时为临界阻尼状态。如果 k_i=0，那么系统将稳定在 y_{ss}=1.05 的位置；而当 k_i=0.2 时，系统稳定在 y_{ss}=1.0 的位置。这一目标实现的原理是基于这样的事实：符号不变的误差将使得积分项随时间持续增大，直到最终产生足够大的控
444 制力以克服摩擦力。

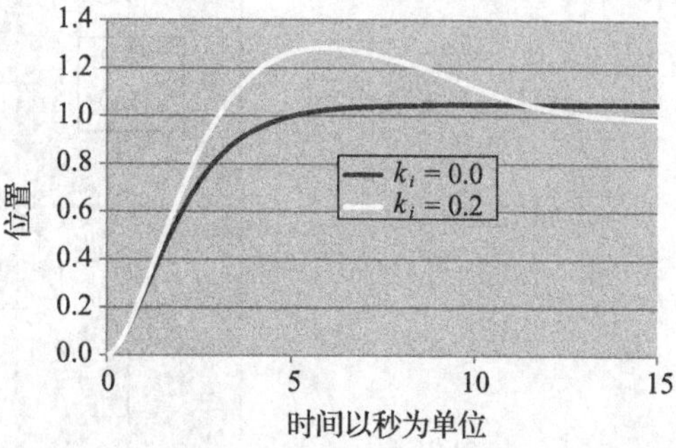

图 7-10　**引入摩擦力的 PID 控制器响应。**系统中的摩擦力阻止了 PD 控制器收敛至正确的稳态值。控制器中积分项的引入解决了这一问题

在此例中，当 k_i=0.2 时，该闭环系统在 5 秒后上升达到大致正确的输出位置，与 PD 闭环系统一样，如图 7-11 所示。

与该系统等效的频域框图如图 7-12 所示。

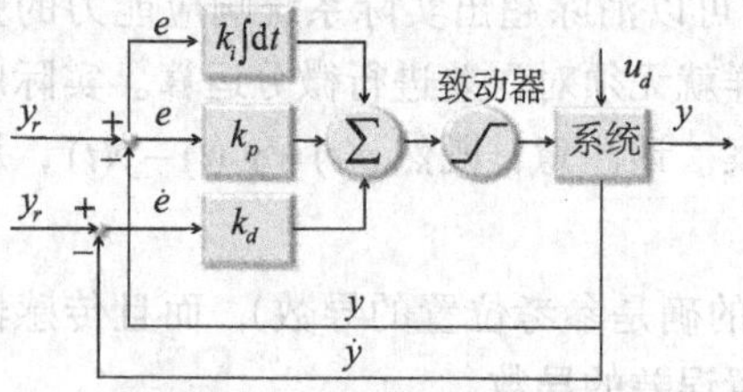

图 7-11　**PID 控制器框图。**在 PD 控制器中加入了一个积分环节得到 PID 控制器，它也可以消除稳态误差

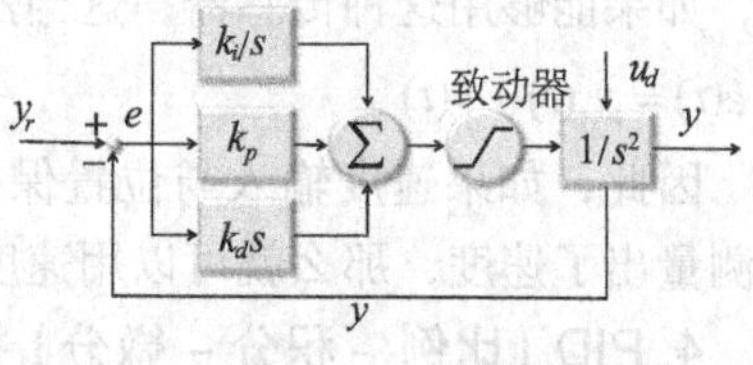

图 7-12　**频域内的 PID 控制器框图。**图 7-11 在频域内的等效框图

其闭环传递函数为：

$$T(s)=\frac{H}{1+GH}=\frac{(1/s^2)(k_ds+k_p+k_i/s)}{1+(1/s^2)(k_ds+k_p+k_i/s)}=\frac{k_ds^2+k_ps+k_i}{s^3+k_ds^2+k_ps+k_i}$$

5. 关于积分项的若干问题

积分项的不断累加会达到饱和。通常建议对积分项设定一个上限，否则随着时间的推
445 移，积分项有可能使致动器输出最大值。例如，反馈传感器信号线缆的断裂会导致积分值增长到无穷大，从而使控制器一直对系统施加最大控制力，因为系统的输出变化根本没有被测量到。实际上，对 PID 控制器的三个分项设定幅值上限并进行监控，是维持系统良好状态的有效方法。这样，不仅可以监测非指令意外动作，而且还可以在发生故障时，通过切断致动器电源以关闭系统。

6. 级联控制

另一种典型的控制结构是级联控制。一个简单的例子是位置 – 速度级联回路（如图 7-13

所示）。有时，用户不得不使用这种结构配置，因为被控设备在其基础设计中就包含了速度环。通常内部速度环的运行速度比外部位置环要快得多，但这并不是必需的。当速度误差比位置误差减小得更快时，这种控制结构就具有优势。

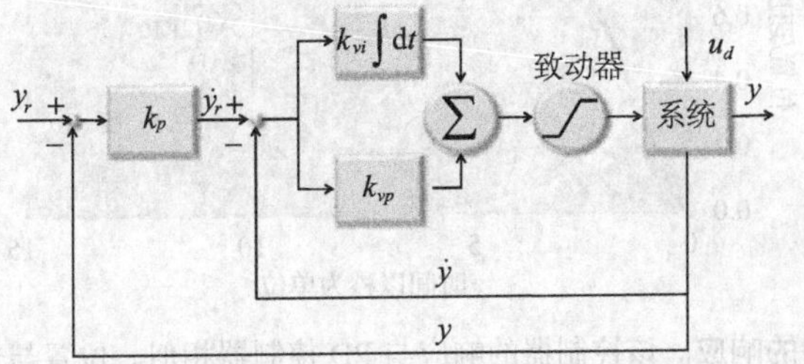

图 7-13　**位置－速度级联控制器**。位置回路的输出转变成为速度回路的输入

该系统的频域等效框图如下所示。

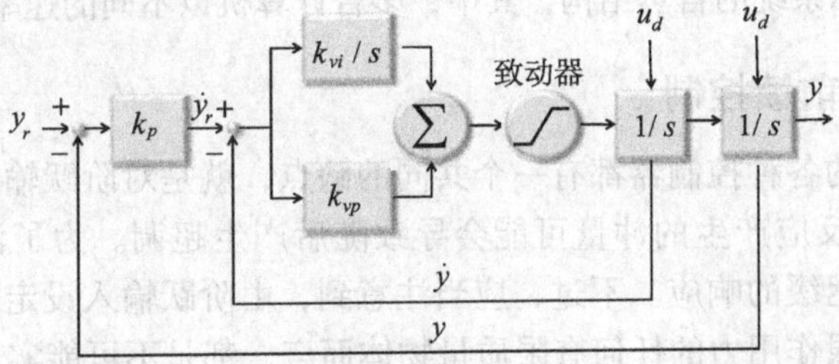

图 7-14　**频域内的位置－速度级联控制器**。这是图 7-13 在频域内的等效框图

内部速度环的闭环传递函数为：

$$T_v(s)=\frac{H_v}{1+G_vH_v}=\frac{(1/s^2)(k_{vp}s+k_{vi})}{1+(1/s^2)(k_{vp}s+k_{vi})}=\frac{k_{vp}s+k_{vi}}{s^2+k_{vp}s+k_{vi}}$$

因此外部位置环（回路）的闭环传递函数为：

$$T(s)=\frac{H}{1+GH}=\frac{(1/s)k_pT_v(s)}{1+(1/s)k_pT_v(s)}=\frac{k_p\left[k_{vp}s+k_{vi}\right]}{s^3+k_{vp}s^2+\left[k_{vi}+k_pk_{vp}\right]s+k_pk_{vi}}$$ 446

对于 $k_{vi}=0$，上式可进一步化简为：

$$T(s)=\frac{k_pk_{vp}}{s^2+k_{vp}s+k_pk_{vp}}$$

对于 $k_{vp}=2$，$k_p=0.5$，在 -1 位置处有两个相等的极点：

$$s=\frac{-k_{vp}\pm\sqrt{k_{vp}^2-4k_pk_{vp}}}{2}=\frac{-2\pm\sqrt{4-4}}{2}=-1$$

因此，在此条件下，该系统为临界阻尼系统，它与之前讨论过的 PD、PID 闭环系统（如图 7-15 所示）完全一致，能够到达目标位置。

对于前面介绍的任意一种控制器而言，系统到达目标位置的快慢主要由施加在质量块上力的最大值决定。在上述例子中，增益的取值使最大作用力为单位值。当然，如果增益增大，施加的作用力也会成比例增大，质量块的加速和减速就会同比例增加，也会以较快的速度到达目标位置。

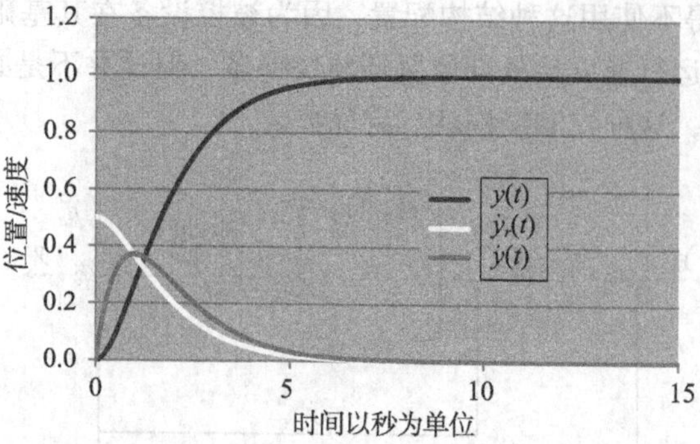

图 7-15　**级联控制器的响应**。该控制器的响应与 PD 控制器相似。位置与速度绘制在同一个竖直轴上

很多移动机器人的控制系统都采用级联控制器，因为级联控制器中的回路是层级结构。层级结构正好符合实际系统的自然结构，其中，多台计算机以不同的速率运行多种控制算法。

7.1.4　参考模型和前馈控制

到目前为止介绍的各种控制器都有一个共同的缺点，就是对阶跃输入产生的误差有非常强烈的初始反应。该反应产生的冲量可能会导致随后产生超调。为了消除超调，似乎只能减小增益，接受更为迟缓的响应。不过，应当注意到，由阶跃输入设定的系统位置的瞬时跳变，对于被施加了有限作用力的任何有限质量物体而言，都是不可能实现的目标响应。

1. 参考模型控制

当参考轨迹包含上述不可行运动时，计算一条新的参考轨迹是有利的。该参考轨迹有相同的终止位置，但是它包含了可行的或者至少是“较为不可行”的运动。阶跃输入告知系统需要到达的目标位置，但是系统并不能完全按照阶跃指令运行，而该输入条件也没有提供如
447 何到达目标位置的指导信息。

换一个角度看，如果系统能够沿一条多少相对可行的轨迹运动到目标位置，那么就更有利于对其工作性能进行优化。这个简单的方法使得提高增益、改善响应速度成为可能。这种方法可以看作生成了一个新的参考输入，或者是认为使用了一个参考系统模型，该模型的响应更为合理（如图 7-16 所示）。

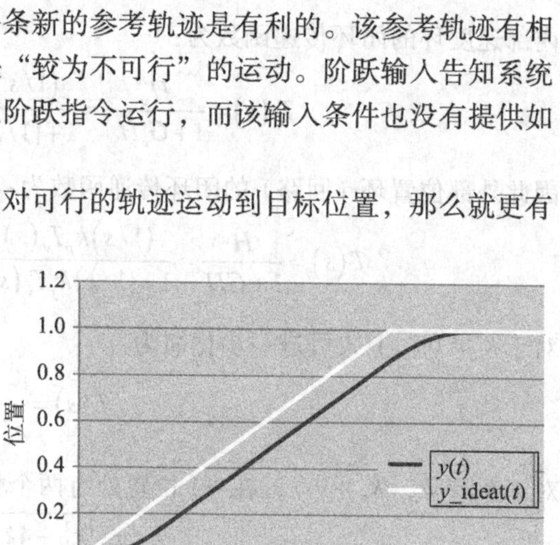

图 7-16　**参考模型控制器**。该控制器试图追踪一个理想系统的响应，这个理想系统在 2 秒后直接到达目标。控制器使用了比例速度控制（当 $k_d=10$ 时为非零项）。该控制器的响应速度是前面 PID 控制器对阶跃输入响应速度的两倍

在这种控制形式中，反馈回路中的误差是相对于新的参考轨迹计算的。在如下所示的示例中，参考轨迹是一个以固定速度直接运动到目标的位置斜坡。尽管该轨迹也是不可行的，但是其可行性优于阶跃轨迹。

常用的参考模型是梯形速度控制曲线图。当速度与加速度都存在最大极值时，会使用该模型。

2. 单纯反馈控制的局限性

尽管 PID 和级联控制结构在所有实际使用的系统中占有很大比例，但是仅仅使用反馈控制仍然存在下列几种严重局限。

1）**对误差的延迟响应**。尽管准确地预测反馈控制系统中的多数误差是完全有可能的，但是纯粹的反馈系统也必须等到误差出现，然后才能对其做出响应。例如在伺服器中，当参考输入增大时，如果控制信号没有立即得到提高，那么就会导致在后续的每次迭代中系统输出都偏低。

2）**耦合响应**。在纯反馈控制中，对扰动（以及模型误差和噪声）的响应和对参考信号的响应，都根据相同的方法——误差反馈来计算。然而，正如我们在参考模型控制中看见的那样，将对参考信号的响应与对误差的响应分开处理会非常有效。在之前的例子中，位置斜坡曲线是对阶跃输入的响应，而比例速度伺服器是对误差的响应。

3. 前馈控制

术语前馈控制的引入，是为了将其与反馈控制区分开。所有出现在控制器输出信号中，且没有涉及控制系统检测量的项，都属于前馈项。前馈项可能包含对其他信息的测量值——例如扰动，或者有可能仅与系统模型有关而根本没有使用任何测量结果。 448

很显然，我们感兴趣的参考轨迹是速度最快的那个。很容易证明之前介绍的那些反馈控制器并不是最优的。例如，开环控制可以很容易地将质量块以更快的速度移动到目标位置（事实上所用的时间为 2 秒，而不是 5 秒），而且，它可以在无超调的情况下完成控制任务。

在之前的单位质量的例子中，对于零初始条件，且施加恒定作用力的情况下，质量块的位置由下式确定：

$$y(t)=\frac{1}{2}\left(\frac{f}{m}\right)t^2$$

如果可施加力的最大值为$f_{\max}$，运动到位置y_r所需的时间为：

$$t=\sqrt{2\frac{m}{f_{\max}}y_r}$$

但是，如果在整个过程中施加的力都是最大值，质量块在参考位置将有非常高的速度并发生超调。为了在参考位置停下，施加的作用力在轨迹的中点位置必须改变方向——也就是在半程位置。

$$t_{\text{mid}}=\sqrt{\frac{m}{f_{\max}}y_r}$$

对于单位质量块，采用与前面反馈控制器示例中相同的力最大值$f_{\max}=1$，可以很容易知道$t_{\text{mid}}=1$。于是，完整的开环控制输入为：

$$u_{bb}(t)=\begin{bmatrix} f_{\max} & t<t_{\text{mid}} \\ -f_{\max} & t_{\text{mid}}<t<2t_{\text{mid}} \\ 0 & \text{其他} \end{bmatrix} \tag{7.13}$$

该控制器的响应如图 7-17 所示。

目标位置在 2 秒后到达，并且没有超调！当我们面对这样的结果时，似乎有理由怀疑反馈的价值。从这个角度看，反馈表现不佳，并不能迅速消除误差，也可能不稳定，并且还需要额外的传感器。既然如此，究竟为什么我们还要煞费苦心地使用反馈呢？ 449

答案是：反馈也具有其不可替代的功能。反馈确实能够消除那些前馈无法去除的误差。例如，如果上述前馈控制中的质量块有少许质量偏差，或者在系统中存在抵抗外力的摩擦（没有在模型中考虑），这些因素将使质量块在目标位置之前或之后停止，并一直停在那儿。

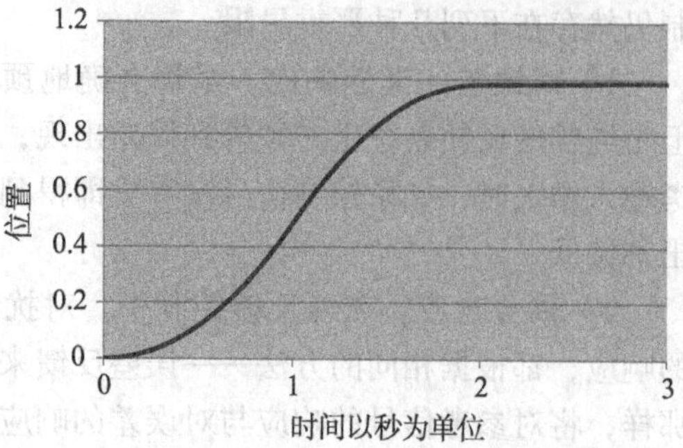

图 7-17　Bang-Bang 控制器响应。该控制器在正确的时间区间，首先沿正方向然后沿反方向，对系统精确地施加最大作用力，使系统尽可能快地到达目标位置，并且没有超调

4. 带有反馈调节的前馈控制

理想情况下，控制器反馈部分的输出应该尽可能小，并且其作用应该仅仅用于消除偏离预期响应轨迹的误差。与之相对的是，理想情况下的前馈项应该是预先算好的输入，使系统根据最佳有效模型可以精确地跟随参考轨迹。这些目标的实现涉及下面三个步骤：

- 重新配置控制器以生成参考轨迹。
- 执行生成轨迹。
- 消除反馈中出现的所有误差。

请注意，参考模型控制的例子是一个速度保持恒定的参考轨迹。致动器是力执行器，因此该轨迹的稳定状态阶段不需要前馈力。一般而言，在没有反馈的情况下，需要一个显式的前馈项来产生参考轨迹。这种前馈控制器包含两个组成部分：

- 轨迹发生器指定参考轨迹。
- 参考模型跟随器生成前馈输入来执行参考轨迹。这通常要用到对参考轨迹的微分计算。

例如，最优参考轨迹（利用方程（7.13）中的输入）计算如下：

$$y_r(t)=\int_0^t\int_0^t u_{bb}(t)\mathrm{d}t\mathrm{d}t \tag{7.14}$$

可以将其提供给反馈控制器，用于计算控制器测量结果距参考轨迹之间的偏差，并将该偏差作为实际跟踪误差。然而，请注意，如果这样做，PD 控制器就变成了：

$$e(t)=y_r(t)-y(t)$$
$$u(t)=u_{fb}(t)=k_p e(t)+k_d\dot{e}(t)$$

其中 $u_{fb}(t)$ 表示来自反馈的输入。当 t=0 时，误差为零，计算出的控制量为零，因此系统将根

450 本不会运动。可见，该控制器仅在跟踪误差不为零时会生成信号，因此它不能执行参考轨迹。

为了产生沿参考轨迹的运动，我们需要加入前馈项 $u_{bb}(t)$，且该项不受误差的影响。该项完全基于时间来计算驱动系统所需的控制量：

$$u(t)=u_{bb}(t)+u_{fb}(t)=\begin{bmatrix} f_{\max} & t<t_{\mathrm{mid}} \\ -f_{\max} & t_{\mathrm{mid}}<t<2t_{\mathrm{mid}} \\ 0 & \text{其他} \end{bmatrix}+k_i\int_0^t e(t)\mathrm{d}t+k_d\dot{e}(t) \tag{7.15}$$

请注意，前馈项 $u_{bb}(t)$ 与测量结果或者误差（取决于测量结果）无关，因此，无论系统状态如何该项都会存在。反馈项用来监控系统状态，以试图消除跟踪误差。当存在摩擦时，该控制器的响应如图 7-18 所示，其中摩擦力为控制器输出作用力的 10%。

5. 参考模型的轨迹生成

根据参考模型计算预期响应轨迹的问题涉及模型动力学的逆变换。例如，如何将质量块驱动到某一指定位置，可以认为是生成系统控制输入轨迹 $u(t)$ 的问题。对控制输入进行两次积分运算，应当可以将质量块驱动到预期的终点状态位置 y_r，并且同时使其速度和加速度都为零。也就是，假设零初始条件下，对于下式，需要求解控制输入轨迹 $u(t)$ 和终止时间 t_f。

$$y_r\left(t_f\right)=\int_0^{t_f}\int_0^{t_f}\ddot{y}\left(u\left(t\right),t\right)\mathrm{d}t\mathrm{d}t=y_f$$
$$\dot{y}_r\left(t_f\right)=\ddot{y}_r\left(t_f\right)=0 \qquad (7.16)$$

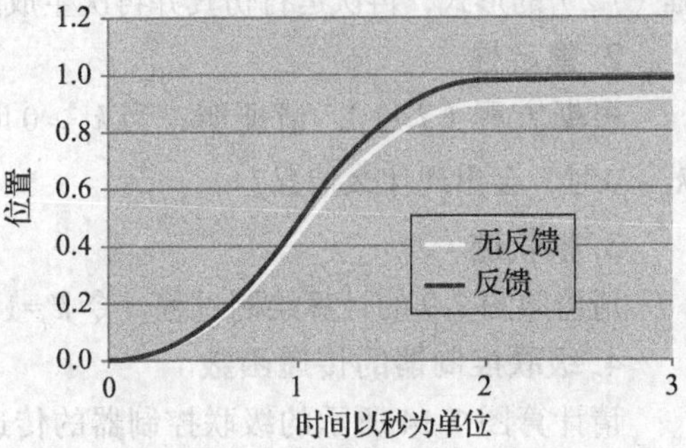

图 7-18 **带有反馈调节的 Bang-Bang 控制器响应**。在与图 7-17 完全相同的开环（前馈）项基础上，该控制器增加了反馈调节，以克服较大的摩擦力

该问题被称为*轨迹生成*问题，所有满足模型的轨迹都是*可行的*。请注意，如果 y、$\dot{y}$ 或者 $\ddot{y}$ 中的任意一个是已知的时间函数，那么另外两个量就可通过微分或积分运算得到。一旦这三个量都已知，输入 $u(t)$ 便可以通过系统模型确定。在本书后续介绍转向控制的内容时，我们将讨论求解轨迹生成问题的方法。 451

6. 反馈与前馈

接下来讨论反馈控制和前馈控制的相对优缺点。如表 7-1 所示，这两种控制方法相辅相成、互为补充，它们之间的关系如同状态估计中的航位推算法与三角测量。

表 7-1 反馈与前馈

	反馈	前馈
消除不可预知的误差与扰动	(+) 是	(−) 否
消除可预测的误差与扰动	(−) 否	(+) 是
在误差和干扰起作用前，消除其影响	(−) 否	(+) 是
需要系统模型	(+) 否	(−) 是
影响系统稳定性	(−) 是	(+) 否

7.1.5 参考文献与延伸阅读

Dorf 等撰写的关于经典控制理论的书已经流行了 30 年，现在已经再版至第 12 版；Ogata 的书因面向初学者揭示了控制系统的奥秘而获得高度赞誉；Zeigler 等人发表的论文提出了一种调整 PID 闭环系统的著名蔡格勒 – 尼古拉斯（Zeigler-Nichols）方法。

[1] Richard Dorf and Robert Bishop, *Modern Control Systems,* 12th ed., Prentice Hall, 2011.

[2] K. Ogata, *Modern Control Engineering,* 4th ed., Pearson, 2002.

[3] J. G. Ziegler and N. B. Nichols, Optimum Settings for Automatic Controllers, *Transactions of the ASME*, Vol. 64, pp. 759–768, 1942.

7.1.6 习题

1. 计算弹簧和阻尼

使用你最喜欢的编程环境实现对一个单位质量块 m 对施加作用力 $u(t)$ 后响应的一维有

限差分模型。在模型中根据 $u(t)$ 获得 $y(t)$，仅需要一个简单的二重积分。将输入改写成方程（7.2）的形式，再次运行仿真并再次生成图 7-8，并说明如何使用反馈来调整系统动力学。

2. 稳定性

根据方程（7.11），请证明：当 $k_p \geqslant 0$ 时，阻尼振荡 PD 回路的稳定条件是 $k_d \geqslant 0$。当 $k_p < 0$ 时，会出现什么情况？

3. 根轨迹

452 请仿照图 7-9 的计算绘制过程，令 $k_d=1$，请绘制出当 k_d 从 0 变化到 2 时的根轨迹图。

4. 级联控制器的传递函数

请计算图 7-14 所示的级联控制器的传递函数 $T(s)$（在假设 $k_{vi}=0$ 之前的）推导过程的具体细节。这项任务有挑战性，实现起来具有一定的难度。

7.2 状态空间控制

状态空间控制，也被称为现代控制，是一种揭示和检查系统状态，并将系统状态向量作为一个整体单元来进行控制的技术。从这样的角度来解决控制问题有很大优势（如图 7-19 所示）。

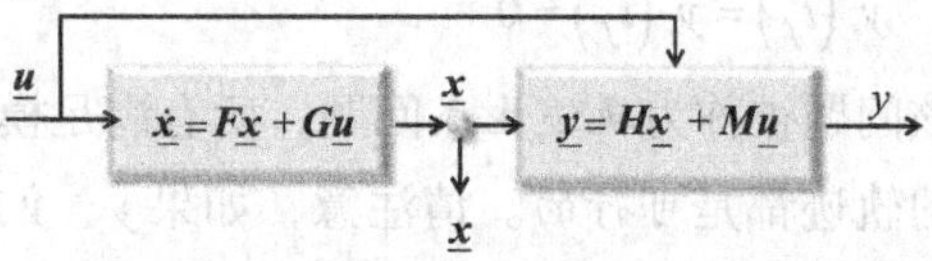

图 7-19 **状态空间**。假设整个系统状态，至少对于理论分析而言，都是有效的，输出向量 $\underline{y}$ 包含了状态的测量值

7.2.1 引言

我们已经在方程（4.135）中见过线性形式的状态空间方程。

$$\begin{aligned}\dot{\underline{x}}(t) &= F(t)\underline{x}(t)+G(t)\underline{u}(t)\\ \underline{y}(t) &= H(t)\underline{x}(t)+M(t)\underline{u}(t)\end{aligned} \tag{7.17}$$

令 $\underline{x}$ 为 $n\times 1$，$\underline{u}$ 为 $r\times 1$ 且 $\underline{y}$ 为 $m\times 1$，根据矩阵的乘法法则，即可确定上式中所有矩阵的大小。从控制的角度来看这些方程，就是要解决何种输入 $\underline{u}(t)$ 能产生预期行为的问题。

1. 能控性

在控制领域，最基本的问题可能就是系统是否能够按预期方式运行。对于一个控制系统，如果对于任意初始状态 $\underline{x}(t_1)$，都存在一个控制函数 $\underline{u}(t)$，可驱动系统在有限时间内到达任意终止状态 $\underline{x}(t_2)$，那么称该系统完全能控。如果对于任意时刻 t_1，上述的时间间隔 t_2-t_1 能够取无限小，那么称系统全部能控。

对于时不变系统，矩阵 $\boldsymbol{F}$ 和 $\boldsymbol{G}$ 都与时间无关，且 $\boldsymbol{F}$ 为 $n\times n$，$\boldsymbol{G}$ 为 $n\times r$，当且仅当下列 $n\times nr$ 矩阵满秩时，系统全部能控：

$$\boldsymbol{Q}=\left[\boldsymbol{G}\,|\,\boldsymbol{FG}\,|\,\boldsymbol{FFG}\,|\cdots\boldsymbol{F}^{n-1}\boldsymbol{G}\right]$$

该条件包括了以下情况：矩阵 $\boldsymbol{F}(t)$ 和 $\boldsymbol{G}(t)$ 确实随时间变化，而矩阵 $\boldsymbol{Q}$ 仅在孤立的时间点上
453 不满秩。

2. 能观性

对于系统的任意初始状态 $\underline{x}(t_1)$，如果都可以根据系统在有限时间间隔 $[t_1,t_2]$（其中 $t_2>t_1$）内的输入函数 $\underline{u}(t)$ 和输出函数 $\underline{y}(t)$，完全确定该初始状态，那么称系统为完全能观的。对于任意时刻 t_1，如果时间间隔 t_2-t_1 可以取无限小，那么称该系统为全部能观。

对于时不变系统，其中的矩阵 $\boldsymbol{F}$ 和 $\boldsymbol{H}$ 与时间无关，且 $\boldsymbol{F}$ 为 $n\times n$，$\boldsymbol{H}$ 为 $m\times n$ 矩阵，当且仅当下列 $mn\times n$ 矩阵是满秩的，该系统全部能观：

$$\boldsymbol{P}=\begin{bmatrix}\boldsymbol{H}\\ \boldsymbol{HF}\\ \boldsymbol{HFF}\\ \vdots\\ \boldsymbol{HF}^{n-1}\end{bmatrix}$$

该条件包括以下情况：矩阵 $\boldsymbol{F}(t)$ 和 $\boldsymbol{H}(t)$ 确实随时间变化，而矩阵 $\boldsymbol{P}$ 仅在孤立的时间点上不满秩。

7.2.2　状态空间反馈控制

在状态空间中有两种反馈控制律。第一种反馈控制律使用系统状态，也被称为*状态反馈*；而第二种反馈控制律使用输出，也被称为*输出反馈*。也许有人会说只有后者在实际应用中有意义，人们关心的只是输出信号，因为从概念角度而言，只有输出是可访问的。然而，有时人们可能测量整个系统状态或者重构系统状态，因此全状态反馈仍然是一种非常重要的特殊情况。

1. 状态反馈

状态反馈控制律的形式如下：

$$\underline{\boldsymbol{u}}(t)=\boldsymbol{W}\underline{\boldsymbol{v}}(t)-\boldsymbol{K}\underline{\boldsymbol{x}}(t)$$

其中 $v(t)$ 是闭环系统中新的参考输入（假定它至少含有与 $\underline{\boldsymbol{u}}$ 相同的行数），它通过前馈控制模型 $\boldsymbol{W}$ 起作用。假设增益矩阵 $\boldsymbol{K}$ 恒定不变。

将上式代入系统方程，则得到新的线性系统：

$$\begin{aligned}\dot{\underline{\boldsymbol{x}}}&=[\boldsymbol{F}-\boldsymbol{GK}]\underline{\boldsymbol{x}}+\boldsymbol{GW}\underline{\boldsymbol{v}}\\ \underline{\boldsymbol{y}}&=[\boldsymbol{H}-\boldsymbol{MK}]\underline{\boldsymbol{x}}+\boldsymbol{MV}\underline{\boldsymbol{v}}\end{aligned}$$

这在形式上与原系统相同，但是方程中的所有矩阵都已经发生了变化（如图 7-20 所示）。很容易证明：如果矩阵 $\boldsymbol{W}$ 是满秩的，那么系统的能控性保持不变。能观性可能会被改变，且如果 $\boldsymbol{H}$=$\boldsymbol{MK}$ 成立，能观性甚至有可能完全丧失。 454

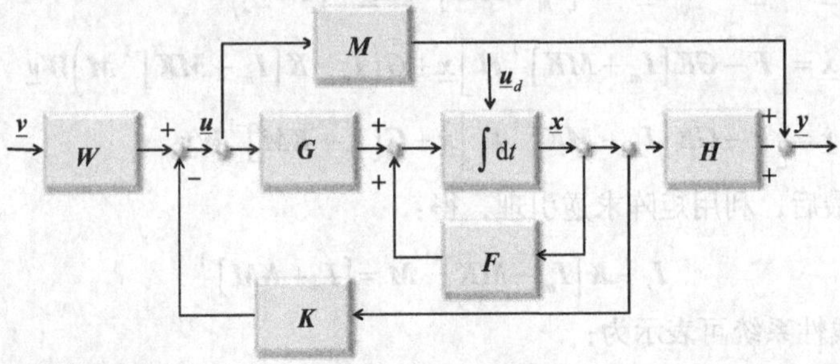

图 7-20　**状态反馈**。状态被反馈回来，并与前馈项结合，形成新的系统输入

2. 状态反馈的特征值配置

在状态空间表示中，极点配置问题又称为*特征值配置*。一般来说，稳定性问题和系统行

为取决于新的动力学矩阵 $\boldsymbol{F}-\boldsymbol{GK}$ 的特征值。新的特征方程为：

$$\det(\lambda\boldsymbol{I}-\boldsymbol{F}+\boldsymbol{GK})=0$$

可以证明：如果初始系统是能控的，就可以藉由常量、实数值和增益矩阵 $\boldsymbol{K}$ 来任意设置系统的特征值。这与前面介绍的虚拟阻尼振荡器的情况类似。如果增益能够独立决定特征多项式的各个系数，那么就可任意确定多项式的形式及其根。

3. 输出反馈

输出反馈控制律的形式如下：

$$\underline{\boldsymbol{u}}(t)=\boldsymbol{W}\underline{\boldsymbol{v}}(t)-\boldsymbol{K}\underline{\boldsymbol{y}}(t)$$

其中 $v(t)$ 是闭环系统中新的参考输入（假设它至少含有与 $\underline{\boldsymbol{u}}$ 相同的行数），它通过前馈控制模型 $\boldsymbol{W}$ 起作用（如图 7-21 所示）。假设增益矩阵 $\boldsymbol{K}$ 恒定不变。

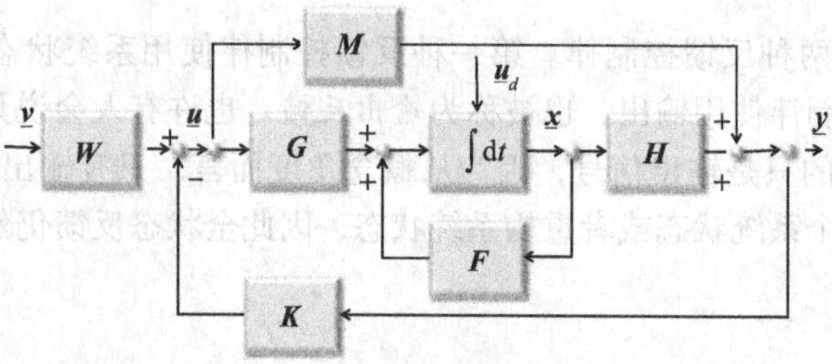

455　图 7-21　**输出反馈**。输出被反馈回来并与前馈项结合，从而形成新的系统输入

于是，输出方程变为：

$$\underline{\boldsymbol{y}}=\boldsymbol{H}\underline{\boldsymbol{x}}+\boldsymbol{M}\underline{\boldsymbol{u}}$$

$$\underline{\boldsymbol{y}}=\boldsymbol{H}\underline{\boldsymbol{x}}+\boldsymbol{M}\left(\boldsymbol{W}\underline{\boldsymbol{v}}-\boldsymbol{K}\underline{\boldsymbol{y}}\right)$$

$$\underline{\boldsymbol{y}}\left[\boldsymbol{I}_m+\boldsymbol{MK}\right]=\boldsymbol{H}\underline{\boldsymbol{x}}+\boldsymbol{MW}\underline{\boldsymbol{v}}$$

$$\underline{\boldsymbol{y}}=\left[\boldsymbol{I}_m+\boldsymbol{MK}\right]^{-1}\left[\boldsymbol{H}\underline{\boldsymbol{x}}+\boldsymbol{MW}\underline{\boldsymbol{v}}\right]$$

其中 $\boldsymbol{I}_m$ 为 $m\times m$。

状态方程变为：

$$\dot{\underline{\boldsymbol{x}}}=\boldsymbol{F}\underline{\boldsymbol{x}}+\boldsymbol{G}\left(\boldsymbol{W}\underline{\boldsymbol{v}}-\boldsymbol{K}\underline{\boldsymbol{y}}\right)$$

$$\dot{\underline{\boldsymbol{x}}}=\boldsymbol{F}\underline{\boldsymbol{x}}+\boldsymbol{G}\left(\boldsymbol{W}\underline{\boldsymbol{v}}-\boldsymbol{K}\left[\boldsymbol{I}_m+\boldsymbol{MK}\right]^{-1}\left[\boldsymbol{H}\underline{\boldsymbol{x}}+\boldsymbol{MW}\underline{\boldsymbol{v}}\right]\right)$$

$$\dot{\underline{\boldsymbol{x}}}=\left[\boldsymbol{F}-\boldsymbol{GK}\left[\boldsymbol{I}_m+\boldsymbol{MK}\right]^{-1}\boldsymbol{H}\right]\underline{\boldsymbol{x}}+\boldsymbol{G}\left(\boldsymbol{I}_r-\boldsymbol{K}\left[\boldsymbol{I}_m+\boldsymbol{MK}\right]^{-1}\boldsymbol{M}\right)\boldsymbol{W}\underline{\boldsymbol{v}}$$

$$\dot{\underline{\boldsymbol{x}}}=\left[\boldsymbol{F}-\boldsymbol{GK}\left[\boldsymbol{I}_m+\boldsymbol{MK}\right]^{-1}\boldsymbol{H}\right]\underline{\boldsymbol{x}}+\boldsymbol{G}\left[\boldsymbol{I}_r+\boldsymbol{KM}\right]^{-1}\boldsymbol{W}\underline{\boldsymbol{v}}$$

其中 $\boldsymbol{I}_r$ 为 $r\times r$。最后，利用矩阵求逆引理，得：

$$\boldsymbol{I}_r-\boldsymbol{K}\left[\boldsymbol{I}_m+\boldsymbol{MK}\right]^{-1}\boldsymbol{M}=\left[\boldsymbol{I}_r+\boldsymbol{KM}\right]^{-1}$$

总之，新的线性系统可表示为：

$$\dot{\underline{\boldsymbol{x}}}=\left[\boldsymbol{F}-\boldsymbol{GK}\left[\boldsymbol{I}_m+\boldsymbol{MK}\right]^{-1}\boldsymbol{H}\right]\underline{\boldsymbol{x}}+\boldsymbol{G}\left[\boldsymbol{I}_r+\boldsymbol{KM}\right]^{-1}\boldsymbol{W}\underline{\boldsymbol{v}}$$

$$\underline{\boldsymbol{y}}=\left[\boldsymbol{I}_m+\boldsymbol{MK}\right]^{-1}\left[\boldsymbol{H}\underline{\boldsymbol{x}}+\boldsymbol{MW}\underline{\boldsymbol{v}}\right]$$

这在形式上与原系统相同，但是当然，方程中的所有矩阵都已经发生了变化。很容易证明：

如果 $\boldsymbol{W}$ 为满秩，且 $[\boldsymbol{I}_r+\boldsymbol{KM}]^{-1}$ 也是满秩，那么系统的能控性保持不变。与状态反馈不同，系统的能观性不发生任何变化。

4. 输出反馈的特征值配置

稳定性问题和系统行为一般归结于新动力学矩阵 $\boldsymbol{F}-\boldsymbol{GK}[\boldsymbol{I}_m+\boldsymbol{MK}]^{-1}\boldsymbol{H}$ 的特征值。可以证明：如果初始系统完全能控，且矩阵 $\boldsymbol{H}$ 为满秩，那么只有 m 个系统特征值可以任意配置，其中 m 为 $\underline{y}$ 的长度。

5. 观测器

上一结论间接地告诉我们一种方法：可以利用输出反馈来配置系统的所有极点。如果开环系统是能观测的，那么输出反馈系统也是能观测的。在这种情况下，可以根据输出来重构状态向量。下面详细讨论怎样实现这一点。

如果上述假设成立，读者可能会想：重构的系统状态是否可以代替输出，将输出反馈转化为状态反馈。确实，情况就是这样。用于状态重构的系统被称为**观测器**（如图 7-22 所示）。 456

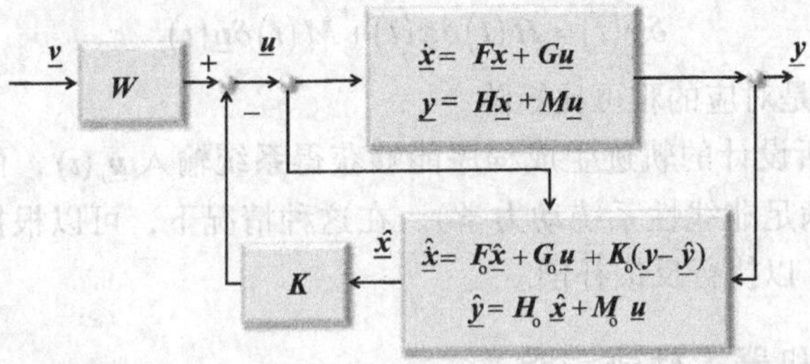

图 7-22　**重构状态反馈**。观测器用来重构系统状态，同时将输出反馈转化为状态反馈

如图 7-22 所示，观测器是系统的副本，其中既包含了系统的动力学，也有输入和输出。假定观测器基于状态估计产生输出估计，如下所示：

$$\hat{\underline{y}}=\boldsymbol{H}_{\rm o}\hat{\underline{x}}+\boldsymbol{H}_{\rm o}\underline{u}$$

观测器动力学模型由包含一个附加的输入项——输出预测误差驱动：

$$\frac{\rm d}{{\rm d}t}\hat{\underline{x}}=\boldsymbol{F}_{\rm o}\hat{\underline{x}}+\boldsymbol{G}_{\rm o}\underline{u}+\boldsymbol{K}_{\rm o}\left(\underline{y}-\hat{\underline{y}}\right)$$

其中 $\boldsymbol{K}_{\rm o}$ 为某一待定增益矩阵。如果观测器动力学矩阵 $\boldsymbol{F}_{\rm o}$ 和 $\boldsymbol{G}_{\rm o}$ 与系统的动力学矩阵完全相同，那么可以使用系统的实际动力学方程减去上式，从而可得：

$$\frac{\rm d}{{\rm d}t}\left(\underline{x}-\hat{\underline{x}}\right)=\boldsymbol{F}\left(\underline{x}-\hat{\underline{x}}\right)-\boldsymbol{K}_{\rm o}\left(\underline{y}-\hat{\underline{y}}\right)$$

很显然，该方程为线性系统形式，其“状态”是重构状态中的误差，其“输出”为输出中的误差。输出中的误差应该已知，因为 $\hat{\underline{y}}$ 可根据预测状态得到，而根据定义，$\underline{y}$ 显然是来自传感器的已知信号。

显然，观测器与控制器具有相同的数学形式，我们可以在观测器中探寻 $\hat{\underline{x}}$ 的误差是否“能控”。如果该误差全部能控，在理论上就意味着可以在任意短的时间内使状态估计等同于状态本身。而在实际应用中，由于测量过程不是连续的，而且测量结果和矩阵都不会绝对正确，所以解的收敛速度较慢，且不是最优解。

许多移动机器人经常用到重构状态反馈，因为不是所有的状态都可测量。例如，位置和方向状态有时只能通过对线速度和角速度的积分运算得到。卡尔曼滤波器就是一种观测器。

6. 非线性状态空间系统的控制

考虑到绝大多数机器人都是非线性系统，读者可能会好奇前面介绍的线性系统理论与之
457 有何联系。实际上，就像我们在数值分析方法和状态估计中看到的那样，可以将非线性系统线性化处理从而得到线性模型，因此线性模型是非常有用的工具。

带有反馈调节的前馈控制技术也被称为二自由度设计。前馈环节生成的控制输入可以使系统以开环运行来跟踪参考轨迹，而反馈用于补偿干扰等因素。该技术也可用于非线性系统：

$$\dot{\underline{x}}(t)=\underline{f}\left(\underline{x}(t),\underline{u}(t)\right)$$
$$\underline{y}(t)=\underline{h}\left(\underline{x}(t),\underline{u}(t)\right)$$

在前面我们已经见过上述系统可以关于参考轨迹 $\underline{x}_r(t)$ 线性化，得到线性化的误差动力学方程：

$$\delta\dot{\underline{x}}(t)=\boldsymbol{F}(t)\delta\underline{x}(t)+\boldsymbol{G}(t)\delta\underline{u}(t)$$
$$\delta\underline{y}(t)=\boldsymbol{H}(t)\delta\underline{x}(t)+\boldsymbol{M}(t)\delta\underline{u}(t)$$

其中 $\boldsymbol{F}$、$\boldsymbol{G}$、$\boldsymbol{H}$、$\boldsymbol{M}$ 都是对应的雅可比矩阵。

当前，我们假定所设计的轨迹生成程序能够获得系统输入 $\underline{u}_r(t)$，而该输入可以产生可行的参考轨迹（能够满足非线性系统动力学）。在这种情况下，可以根据线性误差动力学来配置状态空间控制器，以执行反馈补偿。

7.2.3　应用实例：机器人轨迹跟踪

本节将状态空间控制的概念应用到如何驱动移动机器人跟踪指定路径的问题。

1. 机器人轨迹表示

接下来，有必要将机器人的整体运动表示为一个连续向量值信号。为了避免在后续内容中出现不必要的重复，本节将列出适用于不同情况的两种表示形式。

令在二维平面空间内移动的机器人车体的状态向量为 $\underline{x}=[x\quad y\quad \psi]^{\mathrm{T}}$。那么，其状态空间轨迹将表示为向量值函数 $\underline{x}(t)$。同时，假定机器人的输入 $\underline{u}=[\kappa\quad v]^{\mathrm{T}}$ 为曲率与速度。因为轨迹可由该输入确定，所以这是轨迹的第一种表示形式。假设机器人的速度总是指向基体坐标系的前方，该系统的非线性状态空间模型已知，其微分和积分表达式分别如下所示：

$$\frac{\mathrm{d}}{\mathrm{d}t}\begin{bmatrix}x\\y\\\psi\end{bmatrix}=\begin{bmatrix}\cos\psi\\\sin\psi\\\kappa\end{bmatrix}v\qquad\begin{bmatrix}x(t)\\y(t)\\\psi(t)\end{bmatrix}=\begin{bmatrix}x(0)\\y(0)\\\psi(0)\end{bmatrix}+\int_0^t\begin{bmatrix}\cos\psi\\\sin\psi\\\kappa\end{bmatrix}v\mathrm{d}t \tag{7.18}$$

458 状态向量的微分可以根据模型微分方程中右侧的各元素计算得到。此外，还可以将向量值函数的自变量从时间变为移动距离，将方程（7.18）除以速度可得：

$$\frac{\mathrm{d}\underline{x}}{\mathrm{d}t}\Big/v=\frac{\mathrm{d}\underline{x}}{\mathrm{d}t}\Big/\frac{\mathrm{d}s}{\mathrm{d}t}=\frac{\mathrm{d}\underline{x}}{\mathrm{d}s} \tag{7.19}$$

于是，系统动力学方程也可以表示如下：

$$\frac{\mathrm{d}}{\mathrm{d}s}\begin{bmatrix}x\\y\\\psi\end{bmatrix}=\begin{bmatrix}\cos\psi\\\sin\psi\\\kappa\end{bmatrix}\qquad\begin{bmatrix}x(s)\\y(s)\\\psi(s)\end{bmatrix}=\begin{bmatrix}x(0)\\y(0)\\\psi(0)\end{bmatrix}+\int_0^s\begin{bmatrix}\cos\psi\\\sin\psi\\\kappa\end{bmatrix}\mathrm{d}s \tag{7.20}$$

这是轨迹的第二种表示形式，其中，车体线速度输入已经消掉。这是曲线的一种隐式表达形式：曲线的形状都由唯一的输入参数——曲率确定。这一特性被称为平面曲线基本定理。曲率可以被认为是关于距离的某一特定函数。

如果沿时间轨迹出现速度为零的情况，在计算机中完成从基于时间到基于距离的微分显式变换时可能有问题。针对此种情形，可以等机器人再次移动后，再进行计算，这样就可以消除奇点。

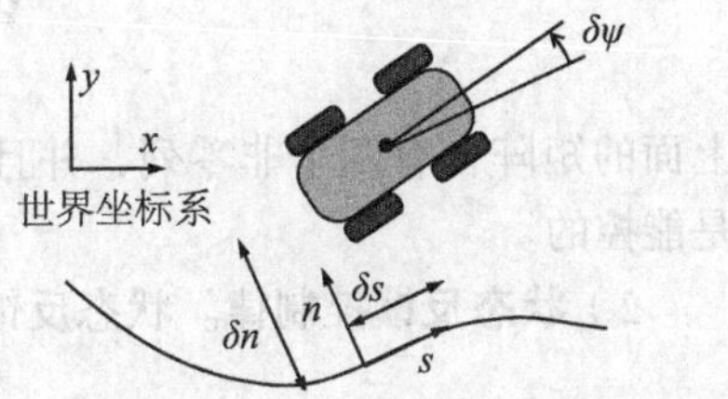

图 7-23　**轨迹跟踪**。对于在二维平面空间内运行的车辆，全状态反馈意味着测量 x 和 y 以及航向误差

2. 应用实例：机器人轨迹跟踪

假设轨迹生成器已经产生了一个参考轨迹 $\left[\underline{\boldsymbol{u}}_r(t), \underline{\boldsymbol{x}}_r(t)\right]$。再进一步假设，系统输出等同于状态（也就是说，假设我们可以检测 $\left[x\ y\ \psi\right]^{\mathrm{T}}$），这样，输出方程就可忽略不计。

1）**线性化与能控性**。根据线性化方程（7.18），系统的线性化动力学方程可表示为：

$$\frac{\mathrm{d}}{\mathrm{d}t}\begin{bmatrix}\delta x\\ \delta y\\ \delta\psi\end{bmatrix}=\begin{bmatrix}0 & 0 & -vs\psi\\ 0 & 0 & vc\psi\\ 0 & 0 & 0\end{bmatrix}\begin{bmatrix}\delta x\\ \delta y\\ \delta\psi\end{bmatrix}+\begin{bmatrix}c\psi & 0\\ s\psi & 0\\ \kappa & v\end{bmatrix}\begin{bmatrix}\delta v\\ \delta\kappa\end{bmatrix} \tag{7.21}$$

如图 7-23 所示，将上式变换到基体坐标系将简化后续推导过程。将方程（7.21）乘以 459
旋转矩阵，可从世界坐标系变换到基体坐标系：

$$\begin{bmatrix}c\psi & s\psi & 0\\ -s\psi & c\psi & 0\\ 0 & 0 & 1\end{bmatrix}\begin{bmatrix}\delta\dot{x}\\ \delta\dot{y}\\ \delta\dot{\psi}\end{bmatrix}=\begin{bmatrix}c\psi & s\psi & 0\\ -s\psi & c\psi & 0\\ 0 & 0 & 1\end{bmatrix}\begin{bmatrix}0 & 0 & -vs\psi\\ 0 & 0 & vs\psi\\ 0 & 0 & 0\end{bmatrix}\begin{bmatrix}\delta x\\ \delta y\\ \delta\psi\end{bmatrix}+\begin{bmatrix}c\psi & s\psi & 0\\ -s\psi & c\psi & 0\\ 0 & 0 & 1\end{bmatrix}\begin{bmatrix}c\psi & 0\\ s\psi & 0\\ \kappa & v\end{bmatrix}\begin{bmatrix}\delta v\\ \partial\kappa\end{bmatrix}$$

$$\begin{bmatrix}c\psi & s\psi & 0\\ -s\psi & c\psi & 0\\ 0 & 0 & 1\end{bmatrix}\begin{bmatrix}\delta\dot{x}\\ \delta\dot{y}\\ \delta\dot{\psi}\end{bmatrix}=\begin{bmatrix}0 & 0 & 0\\ 0 & 0 & v\\ 0 & 0 & 0\end{bmatrix}\begin{bmatrix}\delta x\\ \delta y\\ \delta\psi\end{bmatrix}+\begin{bmatrix}1 & 0\\ 0 & 0\\ \kappa & v\end{bmatrix}\begin{bmatrix}\delta v\\ \partial\kappa\end{bmatrix} \tag{7.22}$$

现在，在基体坐标系中定义位置和速度扰动，可得：

$$\delta\underline{\boldsymbol{x}}(t)=\boldsymbol{R}\delta\underline{\boldsymbol{s}}(t)=\begin{bmatrix}c\psi & -s\psi & 0\\ s\psi & c\psi & 0\\ 0 & 0 & 1\end{bmatrix}\begin{bmatrix}\delta s\\ \delta n\\ \delta\psi\end{bmatrix}\qquad \delta\dot{\underline{\boldsymbol{x}}}(t)=\boldsymbol{R}\delta\dot{\underline{\boldsymbol{s}}}(t)=\begin{bmatrix}c\psi & -s\psi & 0\\ s\psi & c\psi & 0\\ 0 & 0 & 1\end{bmatrix}\begin{bmatrix}\delta\dot{s}\\ \delta\dot{n}\\ \delta\dot{\psi}\end{bmatrix}$$

其中 δs 和 δn 分别表示沿机器人瞬时运动方向的误差（沿迹误差）以及垂直于该方向的偏差（航迹偏差）。将其代入方程（7.22），可得：

$$\begin{bmatrix}\delta\dot{s}\\ \delta\dot{n}\\ \delta\dot{\psi}\end{bmatrix}=\begin{bmatrix}0 & 0 & 0\\ 0 & 0 & v\\ 0 & 0 & 0\end{bmatrix}\begin{bmatrix}\delta s\\ \delta n\\ \delta\psi\end{bmatrix}+\begin{bmatrix}1 & 0\\ 0 & 0\\ \kappa & v\end{bmatrix}\begin{bmatrix}\delta v\\ \delta\kappa\end{bmatrix} \tag{7.23}$$

上式因旋转矩阵相互抵消，而成为恒等式。出现速度 v 是因为：由航向误差 $\delta\psi$ 带来的航迹偏差率 $\delta\dot{n}$ 与速度成正比。当速度是常量时，该系统是线性时不变系统。该结论可表示如下：

$$\delta\dot{\underline{\boldsymbol{s}}}(t)=\boldsymbol{F}(t)\delta\underline{\boldsymbol{s}}(t)+\boldsymbol{G}(t)\delta\underline{\boldsymbol{u}}(t)$$

其中

$$\underline{s}=\left[s \quad n \quad \psi\right]^{\mathrm{T}}$$

能控性的判断基于矩阵 $\boldsymbol{Q}=[\boldsymbol{G}|\boldsymbol{FG}|\boldsymbol{FFG}]$。在新坐标系中：

$$\boldsymbol{Q}=\begin{bmatrix} 1 & 0 & 0 & 0 & 0 & 0 \\ 0 & 0 & \kappa v & v^2 & 0 & 0 \\ \kappa & v & 0 & 0 & 0 & 0 \end{bmatrix}$$

上面的矩阵含有四个非零列，并且至少有三列指向不同的方向（互不相关）。因此，该系统是能控的。

2）**状态反馈控制律**。状态反馈控制定律可表示为如下所示的形式：

460

$$\delta\underline{\boldsymbol{u}}(t)=-\boldsymbol{K}\delta\underline{\boldsymbol{s}}(t)$$

其中 $\boldsymbol{K}$ 为 2×3 矩阵。为了简化推导过程，选择三个非零增益，这是基于以下直观考虑：转向可以消除航迹偏差和航向误差；速度可以消除沿迹误差。为此，设：

$$\boldsymbol{K}=\begin{bmatrix} k_s & 0 & 0 \\ 0 & k_n & k_\theta \end{bmatrix}$$

设定反馈控制量：

$$\begin{bmatrix} \delta v \\ \delta\kappa \end{bmatrix}=-\begin{bmatrix} k_s & 0 & 0 \\ 0 & k_n & k_\psi \end{bmatrix}\begin{bmatrix} \delta s \\ \delta n \\ \delta\psi \end{bmatrix}=-\begin{bmatrix} k_s(\delta s) \\ k_n(\delta n)+k_\psi(\delta_\psi) \end{bmatrix}$$

总控制包括了前馈项和反馈项：

$$\underline{\boldsymbol{u}}(t)=\underline{\boldsymbol{u}}_r(t)+\delta\underline{\boldsymbol{u}}(t)=\underline{\boldsymbol{u}}_r(t)-\begin{bmatrix} k_s & 0 & 0 \\ 0 & k_n & k_\psi \end{bmatrix}\begin{bmatrix} \delta s \\ \delta n \\ \delta\psi \end{bmatrix} \tag{7.24}$$

聚焦信息 7.1　二自由度路径跟踪器

由方程（7.23）可知，因为航向误差会导致航迹偏差的增大或者减小，所以航向偏差实质上是航迹偏差的变化率。基于此，可认为该控制相当于对沿迹误差进行比例控制，而对航迹偏差进行 PD 控制。

3）**行为**。通过给系统添加不同的控制环节，然后观测系统行为，可以理解控制器的作用。首先，开环控制器仅仅是执行参考曲率轨迹。如图 7-24 所示，初始位姿误差不会被消
461 除，而机器人完成的路径大概会有一个正确的形状。

当车体落后于预期位置时，速度反馈项的作用仅仅是加速。如果忽略这一项，系统将允许存在沿轨迹的速度误差，而尽力消除其他误差。由此，重新设计一个基于观测距离的参考轨迹是理想的办法，可得：

$$u_r(s)=\kappa(s_{\text{measured}})$$

该控制率将试图使机器人在路径的当前位置沿所需的期望曲率运行，而不管机器人的运动是超前或者滞后于预定计划。

如果反馈项中只包含航向，则实际路径将会在必要时发生变化，以满足正确的航向，但是垂直于路径的航迹偏差不会被清除；而再加入航迹偏差项则会消除所有误差。

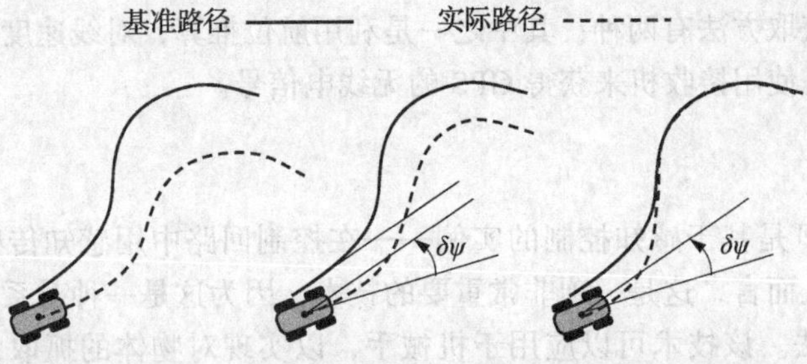

图 7-24　**路径跟踪器行为**。图示包含三种情况：（左图）开环并没有对误差进行补偿；（中图）航向补偿修正了航向角，但是并没有修正位置误差；（右图）位姿补偿试图消除所有的误差

4）**特征值配置**。闭环扰动系统动力学矩阵为：

$$\boldsymbol{F}-\boldsymbol{GK}=\begin{bmatrix}0&0&0\\0&0&v\\0&0&0\end{bmatrix}-\begin{bmatrix}1&0\\0&0\\\kappa&v\end{bmatrix}\begin{bmatrix}k_s&0&0\\0&k_n&k_\psi\end{bmatrix}=-\begin{bmatrix}k_s&0&0\\0&0&-v\\\kappa k_s&vk_n&vk_\psi\end{bmatrix}$$

其特征多项式为：

$$\det(\lambda\boldsymbol{I}-\boldsymbol{F}+\boldsymbol{GK})=\begin{vmatrix}\lambda+k_s&0&0\\0&\lambda&-v\\\kappa k_s&vk_n&\lambda+vk_\psi\end{vmatrix}$$

$$\det(\lambda\boldsymbol{I}-\boldsymbol{F}+\boldsymbol{GK})=(\lambda+k_s)(\lambda)(\lambda+vk_\psi)+(vk_n)(v)(\lambda+k_s)$$

$$\det(\lambda\boldsymbol{I}-\boldsymbol{F}+\boldsymbol{GK})=(\lambda+k_s)(\lambda^2+\lambda vk_\psi+k_nv^2)$$

$$\det(\lambda\boldsymbol{I}-\boldsymbol{F}+\boldsymbol{GK})=(\lambda^3+\lambda^2(vk_\psi+k_s)+\lambda(k_nv^2+vk_sk_\psi)+v^2k_sk_n)$$

因为特征值取决于系数，而所有的系数都可以通过改变增益来独立调节，所以可以根据需要将特征值配置在任意位置。

5）**增益**。曲率控制可以消除航迹偏差和航向误差；而速度控制可以消除沿迹误差。下面，将两个与曲率相关的增益与特征长度 L 相关联：

$$k_n=\frac{2}{L^2}\qquad k_\psi=\frac{1}{L}$$

根据定义 $\kappa=\mathrm{d}\psi/\mathrm{d}s$，因此，可以设计控制项 $\delta\kappa_\psi=k_\psi(\delta\psi)=\delta\psi/L$，它表示一段定曲率的曲线，当机器人沿该曲线行进一段距离 L 后，即可消除航向误差。此外，如果机器人偏转角为 $\mathrm{d}\psi$，则当机器人运行 L 距离后，将产生横向位移偏差：$\delta n=L\mathrm{d}\psi$。为此，设计控制项 $\delta\kappa_n=k_n(\delta n)=2\delta n/L^2$，使机器人在 L 位置处旋转幅值大小为 $2\delta n/L$ 的角度，以消除航迹偏差。因为机器人在 L 段内的平均航向偏角为所需校正偏角值的一半，所以引入了系数 2。增 462
益 k_s 在一段时间 $\tau_s=1/k_s$ 后再用来消除速度误差。利用这些常识可以设置合理的增益值。

这个简单的例子也表明了，移动机器人的某些特定应用场合对观测器的典型需求。用以计算路径跟踪误差的测量值[⊖]通常不容易直接得到。测量机器人的线速度或角速度则较为常用，相对也比较简单，但是测量位置和方位需要做更多的工作。

⊖ 一般指位置和航向。——译者注

位置和航向的获取方法有两种：其中之一是利用航位推算，对线速度和角速度进行积分运算；而另外一种是使用接收机来获得 GPS 的无线电信号。

7.2.4 感知控制

视觉伺服系统[5]是基于感知控制的实例——在控制回路中用感知传感器来形成误差信号。对于移动机器人而言，这是一项非常重要的技术，因为这是一种对系统位姿误差产生高质量反馈信号的方法。该技术可以应用于机械手，以实现对物体的抓取；也可以应用于移动机器人，以便在所关注的对象的可视范围内移动，例如，一个用来给机器人充电的电源插座。

在有些情况下，传感器处于运动状态，就像安装在叉车前部的传感器一样。还有另外一些情况，传感器处于固定不变的静止状态，用于观察机器人的运动。例如，安装在天花板上，用于定位移动机器人的相机。在有些情况下，摄像机和物体两者同时处于运动状态。例如，跟随人，或者在马路上跟随其他汽车的移动机器人，或安装在机器人身体上用于精确定位机械手爪的传感器。在上述所有情况中，重要的共同特征是：误差可测，且机器人运动的部分自由度可控，以减小误差。

1. 误差坐标系

如图 7-25 所示，一种方法是将当前图像（不论是颜色、强度或距离）与参考图像相对比以获得图像空间中的误差。参考图像定义了如果机器人处于理想的正确位姿，将会看到的具体内容。

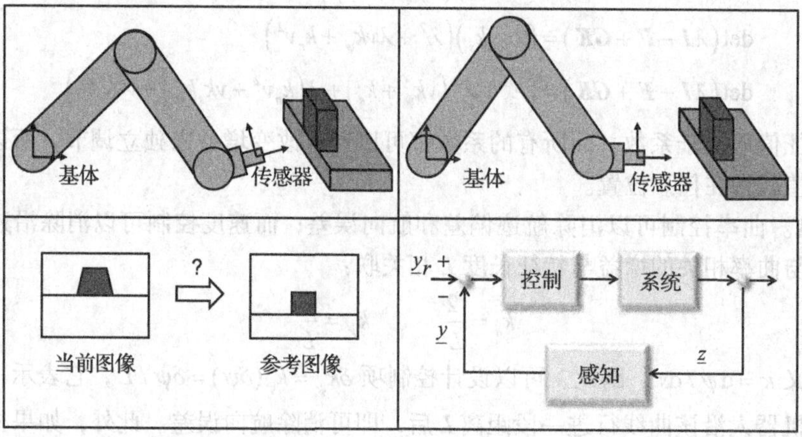

图 7-25 **基于图像的视觉伺服控制系统**。这是一个用于机械手的移动型传感器构型。传感器是一个摄像机，用于获取图像空间中的误差

463

在有些情况下，当前图像中的像素可以直接与参考图像中的像素进行比对。然而在实际应用中，更有可能的情况是，将图像中各种特征的图像坐标，例如，角点或者线段，与视场中的对象模型进行比较，从而获得误差。

另一种方法是：利用图像显式地计算传感器相对于视场中对象的位姿，如图 7-26 所示。这样，就可以在位姿坐标系中，直接计算出传感器当前位置与其理论位置之间的误差。接下来，对于机械手而言，就可以利用逆运动学计算，来确定所需的关节转角。而对移动机器人，则可以利用轨迹生成器产生参考轨迹，以供控制器跟随。

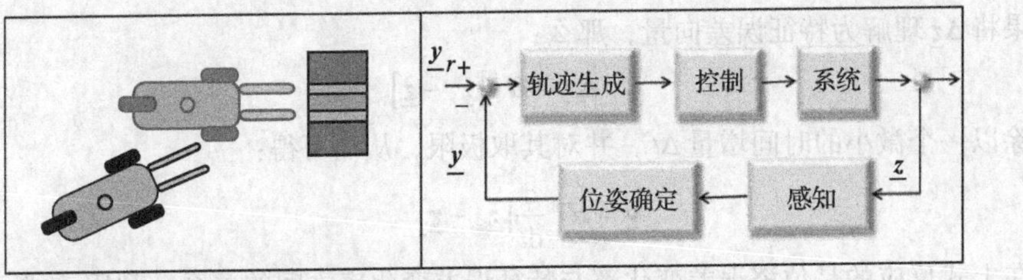

图 7-26 **基于位姿的视觉伺服控制系统**。这是用于移动机器人的移动型传感器构型。传感器可以是一个激光雷达，用于获取位姿空间中的误差

当然，在具体实现的过程中，调用轨迹生成之前，应当先将传感器位姿误差变换为机器人本体的位姿误差。

2. 视觉伺服系统

本节将介绍有关基于特征的视觉伺服器的部分细节，但是这里忽略了详细的系统动力学描述，而采用了一种基本的几何方法。本书后续的第 9 章将介绍位姿确定、视觉跟踪、图像一致性等相关的细节内容。

无论在哪种坐标系中表示误差，如果使用基于特征的方法，都必须确保当前图像与参考图像中各个对应特征的一致性。因此，传感器的运动会使误差测量过程内含一个视觉跟踪问题，即图像坐标系中特征运动的跟踪问题。特征匹配是使图像中的某点与模型或参考图像中相应点配对的过程。准确无误的特征匹配是视觉反馈控制的一个基本假设。

3. 成像模型

令 $\underline{z}$ 表示 $m \times 1$ 维特征坐标向量（它代表的可能是摄像机图像中的 $n/2$ 个点）；令 $\underline{x}$ 为我们感兴趣的 $n \times 1$ 维位姿，其中 $n \leqslant 6$ 。根据摄像机投影模型 $h(\_)$ ，以及目标对象（特征所属）相对于传感器的位姿，能预测可观测特征 $\underline{z}$ ：

$$\underline{z} = \underline{h}\left(\underline{x}(t)\right) \tag{7.25}$$ 464

要确定机器人位姿，则 $\underline{h}$ 对 $\underline{x}$ 应施加至少 n 个独立约束。因此 $m \geqslant n$ ，并假设 $\underline{h}$ 的雅可比矩阵非奇异。

参考图像或者特征向量 $\underline{z}_r$ 必须人为指定，或者从录制的参考图像中获得。系统的目标是使得特征误差 $\underline{z}_r - \underline{z}$ 为零，从而使系统到达与参考图像相对应的参考位姿（车辆本体）或构型（机械手）$\underline{x}_r$ 。

4. 控制器设计

方程（7.25）关于时间的微分为：

$$\dot{\underline{z}} = \left(\frac{\partial h}{\partial \underline{x}}\right)\left(\frac{\partial \underline{x}}{\partial t}\right) = \boldsymbol{H}(t)\underline{v}(t) \tag{7.26}$$

其中的观测雅可比矩阵 $\boldsymbol{H}$ 在本书中被称为关联矩阵 [4]。它将传感器测量的目标速度（位姿向量的微分）与图像中的特征速度相关联。根据定义，很显然它也将位姿的微小变化与特征位置的微小变化关联起来：

$$\Delta\underline{z} = \boldsymbol{H}\Delta\underline{x} \tag{7.27}$$

比如，可以用左广义逆矩阵 $\boldsymbol{H}^+$ 来求解上式：

$$\Delta\underline{x} = \boldsymbol{H}^+\Delta\underline{z}$$

如果将 $\Delta\underline{z}$ 理解为特征误差向量，那么：

$$\Delta\underline{\boldsymbol{x}} = \boldsymbol{H}^{+}\left[\underline{z}_r - \underline{z}\right]$$

将上式除以一个微小的时间增量 Δt，并对其取极限，从而可得：

$$\underline{\boldsymbol{v}} = \boldsymbol{H}^{+}\frac{\mathrm{d}}{\mathrm{d}t}\left[\underline{z}_r - \underline{z}\right] \tag{7.28}$$

现在上式反应的是位姿误差变化率与特征误差变化率之间的关系，利用该式可以消除系统的位姿误差。假设希望在 τ（或者 $1/\lambda$）秒内，用一个不变的指令速度 $\underline{\boldsymbol{v}}$ 使位姿误差变为零，那么可将特征误差变化率设为：

$$\frac{\mathrm{d}}{\mathrm{d}t}\left[\underline{z}_r - \underline{z}\right] = -\frac{\left[\underline{z}_r - \underline{z}\right]}{\tau} = -\lambda\left[\underline{z}_r - \underline{z}\right]$$

将上式代入方程（7.28）中，并对其重新整理可得：

$$\underline{\boldsymbol{v}}_c = -\lambda\boldsymbol{H}^{+}\left[\underline{z}_r - \underline{z}\right] \tag{7.29}$$

聚焦信息 7.2　视觉伺服控制系统

这是一个只有增益 $\boldsymbol{K}_p = \lambda = 1/\tau$ 的比例控制器，它可以使观测特征误差以指数形式变
465 为零。

将控制方程（7.29）代入方程（7.26），从而获得闭环系统动力学方程：

$$\dot{\underline{z}} = \boldsymbol{H}\underline{\boldsymbol{v}}_c(t) = -\lambda\boldsymbol{H}\boldsymbol{H}^{+}\left[\underline{z}_r - \underline{z}\right] \tag{7.30}$$

因为特征误差为 $\underline{\boldsymbol{e}} = \underline{z}_r - \underline{z}$，对于恒定不变的参考图像，可以写出：

$$\dot{\underline{\boldsymbol{e}}} = \frac{\mathrm{d}}{\mathrm{d}t}\left[\underline{z}_r - \underline{z}\right] = \dot{\underline{z}}$$

将上式代入方程（7.30），可以得到关于特征误差向量 $\underline{\boldsymbol{e}}$ 和系统动力学矩阵 $\boldsymbol{A}$ 的误差动力学方程：

$$\dot{\underline{\boldsymbol{e}}} = \dot{\underline{z}} = -\lambda\boldsymbol{H}(t)\boldsymbol{H}(t)^{+}\left[\underline{z}_r - \underline{z}\right] = \boldsymbol{A}(t)\underline{\boldsymbol{e}}$$

如前所述，该系统的稳定性取决于其时变矩阵的特征值。对于能收敛至一个解的系统，所有特征值的实部在整个轨迹上都必须为负数。另一个重要的条件是应存在广义逆矩阵，因此 $\boldsymbol{H}^{\mathrm{T}}\boldsymbol{H}$ 不能是奇异的。

7.2.5　转向轨迹生成

本节将讨论一种相对简单，但是能够生成移动机器人参考轨迹的方法。我们通常从设计转向函数的角度来考虑该问题，不过还存在一个等效但是相对更加简单的方法，就是设计速度函数。本节将关注转向轨迹的生成问题。

设计一种能驱动机器人到指定位置的精确开环控制方法，非常具有实用性（如图 7-27 所示）。正如之前看到的，通常需要为控制器提供一个机器人可行参考信号，从而将系统对实际误差的响应与预期的特定运动解耦。因为绝大多数轮式机器人都是欠驱动的，所以经常会出现机器人不能直接转向而“指向”某一特定目标位置的情况。就像如图 7-27 所示的叉车轨迹显示的那样，根据非完整约束理论，车辆必须先向右转，然后才能最终实现一个相对初始方向左转的目标位姿。

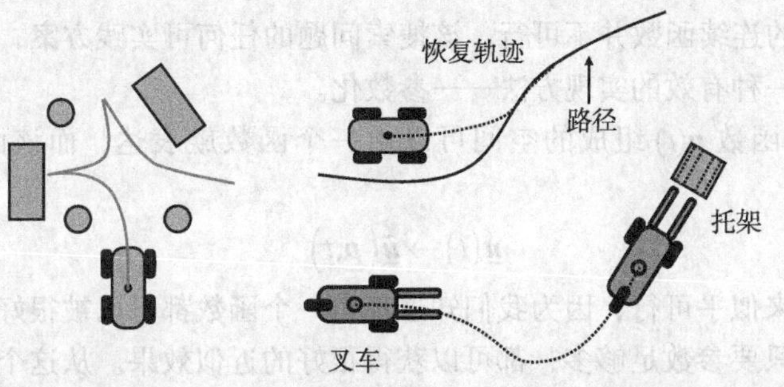

图 7-27　**轨迹生成的实际应用**。（上图）在高速路径跟踪问题中，校正轨迹使机器人以正确的航向与曲率重新回到正确的路径上；（左图）精准的操控使机器人能够在杂乱无章的空间中顺利转向；（下图）为了举起托架，叉车必须准确到达正确的位置与朝向，然后沿零曲率轨迹行驶

466

1. 问题特点

根据轨迹生成的字面含义，可以将其理解为如何生成一个完备的控制函数 $\underline{\boldsymbol{u}}(t)$，以应对某一指定的状态轨迹 $\underline{\boldsymbol{x}}(t)$。在很多应用场合，术语路径与轨迹通常可以互换，但是在这里需要对它们加以区分。在移动机器人学中，路径仅仅是描述运动线路的几何图形，而不包含运动的速度信息。

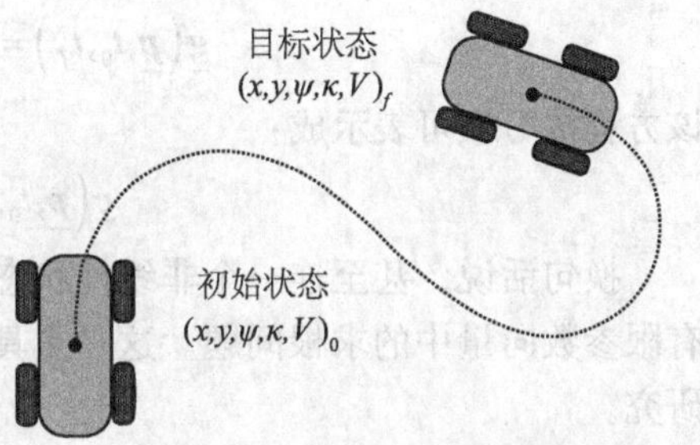

图 7-28　**轨迹生成问题**。初始与最终的目标状态已知，问题是要找出满足所有这些约束条件、系统动力学和输入限制条件的控制输入

轨迹生成问题可以认为是一种已知两点边界值，求解连续函数的问题。典型的边界条件就是通常我们最为关注的约束条件：从某一指定开始位置到某一指定结束位置（如图 7-28 所示）：

$$\underline{\boldsymbol{x}}(t_0) = \underline{\boldsymbol{x}}_0 \quad \underline{\boldsymbol{x}}(t_f) = \underline{\boldsymbol{x}}_f \tag{7.31}$$

系统动力学也是一种约束：

$$\dot{\underline{\boldsymbol{x}}} = f(\underline{\boldsymbol{x}}, \underline{\boldsymbol{u}}) \tag{7.32}$$

尽管每个 $\underline{\boldsymbol{u}}(t)$ 都可以生成某一特定 $\underline{\boldsymbol{x}}(t)$，这可以通过对动力学方程积分来实现。但是，还有很多 $\underline{\boldsymbol{x}}(t)$ 可能并不存在与其相对应的 $\underline{\boldsymbol{u}}(t)$。出现这种情况的原因可能是数学上无解、物理特性方面的原因或者实际功率限制等。如果对于给定的 $\underline{\boldsymbol{x}}(t)$，不存在一个对应的 $\underline{\boldsymbol{u}}(t)$，那么该状态轨迹就被称为是不可行的。

令轨迹是对一段时间间隔内的运动的描述：它可以是对一段时间内的状态向量（状态轨迹）的描述 $\{\underline{\boldsymbol{x}}(t) \mid t_0 < t < t_f\}$；甚至也可以是对一段时间内的控制输入（输入轨迹）的描述 $\{\underline{\boldsymbol{u}}(t) \mid t_0 < t < t_f\}$。

上述这两种形式都可以用这样的形象化表示：想象有一条轨迹线，然后用一个带箭头的向量在空间内沿该轨迹移动。在前馈控制系统中，第一种形式表示提供给反馈控制器的参考轨迹；而第二种形式表示直接传递给控制器输出的前馈控制信号。

2. 公式化的求根问题

读者在阅读本节时可能需要回去参考 7.2.3 节第 1 点的内容。在计算机中搜索关于所有

可能输入信号 $\underline{\boldsymbol{u}}(t)$ 的连续函数并不可行。该搜索问题的任何可实践方案，都必须用到某种逼
467 近方法。这里介绍一种有效的实现方法——参数化。

假设所有输入函数 $\underline{\boldsymbol{u}}(t)$ 组成的空间可以由一个函数族表达，而该函数族由若干参数确定。

$$\underline{\boldsymbol{u}}(t) \to \underline{\tilde{\boldsymbol{u}}}\left(\underline{\boldsymbol{p}},t\right) \tag{7.33}$$

这种方法看起来似乎可行，因为我们知道任意一个函数都可以被很好地近似，例如，利用截断泰勒级数，只要参数足够多，都可以获得很好的近似效果。从这个角度说，由泰勒展开系数组成的全部向量空间，就是对全部连续函数空间的一个很好的近似。

于是，由于输入完全由各参数决定，而状态完全由输入决定，所以系统的动力学方程变为：

$$\underline{\dot{\boldsymbol{x}}}(t) = \underline{\boldsymbol{f}}\left[\underline{\boldsymbol{x}}\left(\underline{\boldsymbol{p}},t\right),\underline{\tilde{\boldsymbol{u}}}\left(\underline{\boldsymbol{p}},t\right),t\right] = \underline{\tilde{\boldsymbol{f}}}\left(\underline{\boldsymbol{p}},t\right) \tag{7.34}$$

而边界条件变为：

$$\underline{\boldsymbol{g}}\left(\underline{\boldsymbol{p}},t_0,t_f\right) = \underline{\boldsymbol{x}}(t_0) + \int_{t_0}^{t_f} \underline{\tilde{\boldsymbol{f}}}\left(\underline{\boldsymbol{p}},t\right)\mathrm{d}t = \underline{\boldsymbol{x}}_b \tag{7.35}$$

该方程按习惯可表示成：

$$\underline{\boldsymbol{c}}\left(\underline{\boldsymbol{p}},t_0,t_f\right) = \underline{\boldsymbol{g}}\left(\underline{\boldsymbol{p}},t_0,t_f\right) - \underline{\boldsymbol{x}}_b = 0 \tag{7.36}$$

换句话说，甚至连一个非线性状态空间系统的动力学求逆问题，都可以很容易变换成在有限参数向量中的求根问题。这一点具有非常重要的意义，我们将从几个方面对该问题进行研究。

3. 转向轨迹生成

现在考虑一个具体问题：生成一条转向轨迹。对于该问题，用关于移动距离 s 的曲率函数 $u(\underline{\boldsymbol{p}},s) \to \kappa(\underline{\boldsymbol{p}},s)$ 来表示轨迹会非常方便。令移动距离的初始值为 0，那么未知量可以化简为：

$$\underline{\boldsymbol{q}} = \left[\underline{\boldsymbol{p}}^{\mathrm{T}} \quad s_f\right]^{\mathrm{T}}$$

上式中的 s_f 表示终点距离，也可以将其视为一个未知量。

应该清楚一点：如果输入 $\kappa(\underline{\boldsymbol{p}},s)$ 有 n 个参数，通过调整这些参数，就可以满足 n 个约束条件。在所有可能的有参数函数中，多项式曲率函数很早就被用于移动机器人学，而最简单的多项式就是常量。计算通过目标点的单一常曲率圆弧 $\boldsymbol{\kappa}(s)=a$，并不是一件很复杂的事情（如
468 图 7-29 所示）。

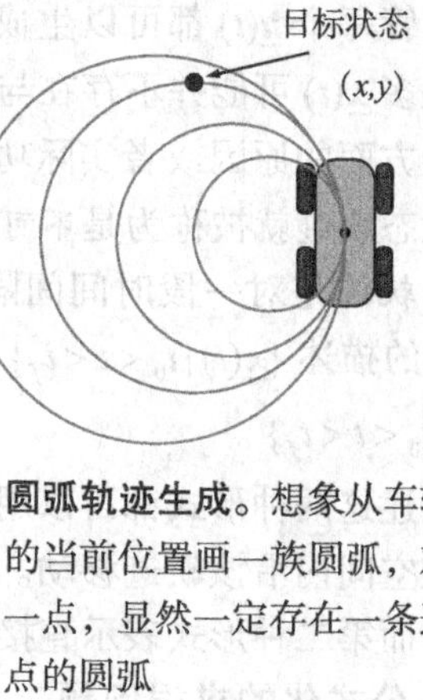

图 7-29 **圆弧轨迹生成**。想象从车辆所处的当前位置画一族圆弧，对任意一点，显然一定存在一条通过该点的圆弧

请注意，在圆弧轨迹生成问题中，一旦选定了目标点的位置，那么 a 和 s_f 就唯一确定了。此时，机器人的最终朝向和曲率均取决于最终位置，而完全不是我们可以控制的。如果希望将两点用两段半径相等的圆弧连接起来，那么需要用三个参数 (a, s_1, s_2) 以满足三个约束条件。这样的轨迹被命名为基本 *s* 曲线。

历史上非常著名的一条曲线是*回旋曲线*，其表示形式为：

$$\kappa(s)=a+bs \tag{7.37}$$

回旋曲线的曲率是仅与移动距离有关的线性函数。该曲线在复平面内的表示被称为考纽螺线（如图 7-30 所示）。

一条回旋曲线有三个自由度 (a,b,s_f)，但仍然不能满足绝大多数移动机器人轨迹的需求。令状态向量包含位置、方位和曲率。可见，为了实现最终姿态，必须满足五个约束条件。如果把初始位置和朝向映射成系统的原点。那么，剩下的其余约束条件应该包括初始曲率 $\kappa(0)=\kappa_0$，还有完整终止状态 $\underline{x}(s_f)=\begin{bmatrix}x_f & y_f & \psi_f & \kappa_f\end{bmatrix}$。

因此，所需的轨迹曲线至少应比回旋曲线多两个参数，才能够满足五个约束条件的要求。为此，可以简单地将两个回旋曲线连在一起。换个角度考虑，三次曲率多项式也是一条有五个自由度的曲线 (a,b,c,d,s_f)：

$$\kappa(s)=a+bs+cs^2+ds^3 \tag{7.38}$$

这类函数（包含了圆弧和回旋曲线的特殊情况）被称为*多项式螺旋线*。这是表示轨迹的一个不错选择，因为它结构紧凑简洁，并且还极具普遍性。根据泰勒余项定理，一个多项式只要足够长，就可用来表示我们所感兴趣的任意输入。如图 7-31 所示，一个三次多项式螺旋线可以驱动到平面中的任意一个位置。

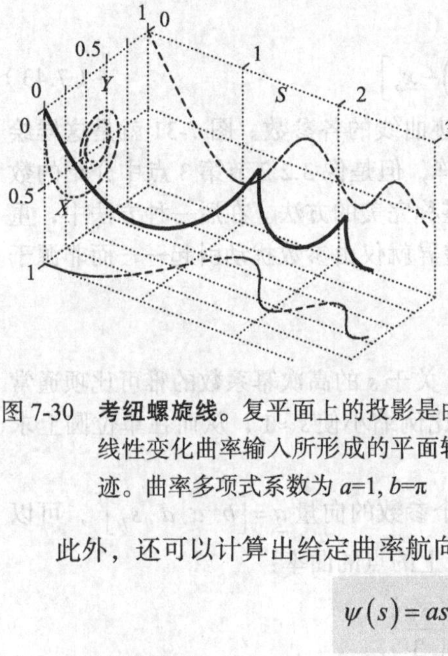

图 7-30　**考纽螺旋线**。复平面上的投影是由线性变化曲率输入所形成的平面轨迹。曲率多项式系数为 $a=1$, $b=\pi$

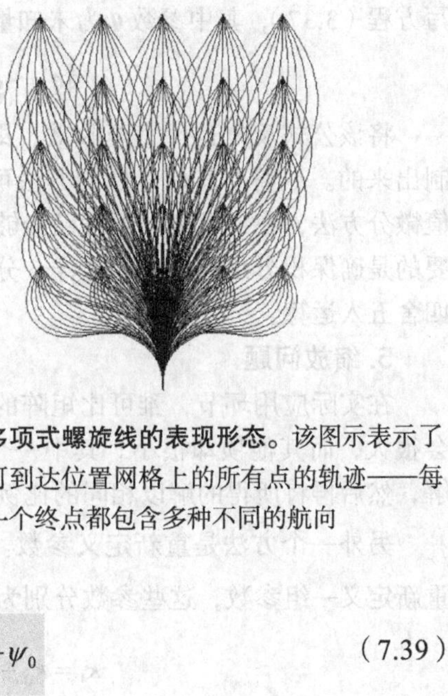

图 7-31　**多项式螺旋线的表现形态**。该图示表示了可到达位置网格上的所有点的轨迹——每一个终点都包含多种不同的航向 469

此外，还可以计算出给定曲率航向的封闭解析解：

$$\psi(s)=as+\frac{b}{2}s^2+\frac{c}{3}s^3+\frac{d}{4}s^4+\psi_0 \tag{7.39}$$

4. 数值公式

再次重复如下，需要 5 个约束条件以满足 $(\kappa_0,x_f,y_f,\psi_f,\kappa_f)$。可以简单地令 $a=\kappa_0$，来满足初始曲率约束。其余的 4 个参数可以表示为：

$$\underline{q}=\begin{bmatrix}b & c & d & s_f\end{bmatrix}^{\mathrm{T}} \tag{7.40}$$

现在，我们有如下所示的 4 个方程来满足剩余的 4 个参数：

$$\kappa(\underline{q}) = \kappa_0 + bs_f + cs_f^2 + ds_f^3 = \kappa_f$$

$$\psi(\underline{q}) = \kappa_0 s_f + \frac{b}{2}s_f^2 + \frac{c}{3}s_f^3 + \frac{d}{4}s_f^4 = \psi_f$$

$$x(\underline{q}) = \int_0^{s_f} \cos\left[\kappa_0 s + \frac{b}{2}s^2 + \frac{c}{3}s^3 + \frac{d}{4}s^4\right] \mathrm{d}s = x_f \tag{7.41}$$

$$y(\underline{q}) = \int_0^{s_f} \sin\left[\kappa_0 s + \frac{b}{2}s^2 + \frac{c}{3}s^3 + \frac{d}{4}s^4\right] \mathrm{d}s = y_f$$

聚焦信息 7.3 轨迹生成问题转化为求根问题

驱动车辆到达目标状态这一基本问题，可以归结为求解这些预期参数 $\underline{q} = \begin{bmatrix} b & c & d & s_f \end{bmatrix}^{\mathrm{T}}$ 的积分代数方程组。

这些方程中有一些是积分方程，无法得到封闭解析解。但是，它仍然还是一组可以用如下形式表示的非线性方程组：

$$\underline{c}(\underline{q}) = \underline{g}(\underline{q}) - \underline{x}_b = 0 \tag{7.42}$$

其中 $\underline{x}_b = \begin{bmatrix} x_f & y_f & \psi_f & \kappa_f \end{bmatrix}$。很显然，这是一个可以用牛顿法进行求解的求根问题。如下重写方程（3.37），其中参数 $\underline{q}$ 为未知量：

$$\Delta\underline{q} = -\underline{c}_{\underline{q}}^{-1}\underline{c}(\underline{q}) = -\underline{c}_{\underline{q}}^{-1}\left[\underline{g}(\underline{q}) - \underline{x}_b\right] \tag{7.43}$$

将该公式反复迭代直至收敛，即可计算出预期轨迹曲线的各参数。图 7-31 就是这样绘制出来的。尽管有其他奇妙的方法可以计算雅可比矩阵，但是像 3.2.2 节第 3 点中介绍的数值微分方法，在通常情况下就已经够用，甚至是一种堪称完美的方法。在后一种方法中，重要的是确保积分足够准确。这样，分子中导数的计算差异就仅由参数扰动引起——而非源于
470 四舍五入运算。

5. 缩放问题

在实际应用环节，雅可比矩阵的缩放是一个问题。关于 s 的高次幂系数的雅可比项通常会很大，而其他项却很小。其中一个方法是将曲线按比例缩小使 $s \approx 1$，从而在单位圆上求解，然后再将所得的解以相同的比例放大回去。

另外一个方法是重新定义参数。对于一个含有 4 个参数的向量 $\underline{q} = \begin{bmatrix} b & c & d & s_f \end{bmatrix}^{\mathrm{T}}$，可以重新定义一组参数，这些参数分别为等间距分布在路径上的点的曲率：

$$\kappa_1 = \kappa_0 + b\left(\frac{s_f}{3}\right) + c\left(\frac{s_f}{3}\right)^2 + d\left(\frac{s_f}{3}\right)^3$$

$$\kappa_2 = \kappa_0 + b\left(\frac{2s_f}{3}\right) + c\left(\frac{2s_f}{3}\right)^2 + d\left(\frac{2s_f}{3}\right)^3$$

$$\kappa_3 = \kappa_0 + b(s_f) + c(s_f)^2 + d(s_f)^3$$

这三个方程的逆解可以有解析解。在更为一般的情况下，该方法可生成一组将曲率与原参数相关联的方程。

$$\underline{\boldsymbol{\kappa}}=\begin{bmatrix}\kappa_1\\ \kappa_2\\ \kappa_3\\ s_f\end{bmatrix}=\begin{bmatrix}\kappa_0\\ \kappa_0\\ \kappa_0\\ 0\end{bmatrix}+\begin{bmatrix}\left(\frac{s_f}{3}\right) & \left(\frac{s_f}{3}\right)^2 & \left(\frac{s_f}{3}\right)^3 & 0\\ \left(\frac{2s_f}{3}\right) & \left(\frac{2s_f}{3}\right)^2 & \left(\frac{2s_f}{3}\right)^3 & 0\\ \left(s_f\right) & \left(s_f\right)^2 & \left(s_f\right)^3 & 0\\ 0 & 0 & 0 & 1\end{bmatrix}\begin{bmatrix}b\\ c\\ d\\ s_f\end{bmatrix}=\underline{\boldsymbol{\kappa}}_0+\boldsymbol{S}\underline{\boldsymbol{q}}$$

上式中矩阵的逆可以用数值方法求解。简单地将下式代入牛顿法中，即可用新的参数 $\underline{\boldsymbol{\kappa}}$ 来进行迭代计算了。

$$\underline{\boldsymbol{c}}_{\underline{\boldsymbol{\kappa}}}=\frac{\partial\underline{\boldsymbol{c}}}{\partial\underline{\boldsymbol{\kappa}}}=\frac{\partial\underline{\boldsymbol{c}}}{\partial\underline{\boldsymbol{q}}}\frac{\partial\underline{\boldsymbol{q}}}{\partial\underline{\boldsymbol{\kappa}}}=\frac{\partial\underline{\boldsymbol{c}}}{\partial\underline{\boldsymbol{\kappa}}}\boldsymbol{S}^{-1}$$

6. 扩展

上述通过对系统运动学方程求逆而得到的公式，有很强的通用性。如果动力学模型是一个三维空间的地形跟随模型，算法将按照新的动力学模型工作。在没有扰动和模型误差时，它会使车辆沿连绵起伏的丘陵行驶并准确地在最终的预期状态停止。在实际应用场合，地形表面可能没有一个解析表达式，这意味着动力学模型必须用到数值积分。

将多条轨迹连接起来，对其施加连续约束，然后求解系统复合参数向量的相关方程组，其原理简单而易于实现。当轨迹长度超出数值计算的稳定极限时，该方法将非常有用。生成速度轨迹的方法与之类似，只不过它用到了描述车辆速度随输入和地形而变化的模型。

7.2.6　参考文献与延伸阅读

Chaumette 和 Hutchinson 发表的论文提供了关于视觉伺服的教程资料；Corke 的整本著作致力于该学科的相关研究；Wonham 的论文第一次证明：任意能控系统的闭环特征值，都可以通过使用状态反馈任意配置；Davis 在论文中也作了类似的证明：*m* 个极点可以通过输出反馈进行配置；关于转向轨迹生成的相关内容，直接参考了 Nagy 等人发表的论文。本书受益于 Horn 的早期研究论文，还有来自于 Kanayama 等发表的国际会议论文的灵感启发。 471

[4] F. Chaumette and S. Hutchinson, Visual Servo Control, Part I: Basic Approaches, *IEEE Robotics and Automation Magazine,* Vol. 13, No. 4, pp. 82–90, December 2006.

[5] P. Corke, *Visual Control of Robots: High Performance Visual Servoing,* John Wiley & Sons, New York, 1996.

[6] E. J. Davison, On Pole Assignment in Linear Systems with Incomplete State Feedback, *IEEE Transactions on Automatic Control,* Vol. 15, No. 15, pp. 348–351, 1970.

[7] B. K. Horn, The Curve of Least Energy, *ACM Transactions on Mathematical Software,* Vol. 9, No. 4, pp. 441–460, 1983.

[8] S. Hutchinson, G. D. Hager, and P. Corke, Visual Servoing: A Tutorial. *IEEE Transactions on Robotics and Automation,* Vol. 12, No. 5, pp. 651–670, 1996.

[9] Y. Kanayama and B. Hartman, Smooth Local Planning for Autonomous Vehicles, in *Proceedings of International Conference on Robotics and Automation,* 1989.

[10] B. Nagy and A. Kelly, Trajectory Generation for Car-Like Robots Using Cubic Curvature Polynomials, Field and Service Robots 2001 (FSR 01), Helsinki, Finland, 2001.

[11] W. M. Wonham, On Pole Assignment in Multi-Input Controllable Linear Systems, *IEEE Transactions on Automatic Control,* Vol. 12, pp. 660–665, 1967.

7.2.7　习题

1. 圆弧与回旋曲线的轨迹生成

假设一个移动机器人控制器只能提供圆弧轨迹，它将驱动车辆按给定曲率运行，行驶某一特定距离后停止。请写出沿一条圆弧到达某个点时所需要的曲率（左转为正）和有向距离（后向为负）的公式。（提示：复习一下当圆心不在原点位置时的圆方程，还有角度测量时的弧度定义。）考虑退化情况和奇异性，思考机器人车辆转向轮是如何转动的，根据其工作原理来阐释车辆后退时曲率的符号；无论向前行驶还是向后行驶，如果机器人车轮的转向轮角度相同，那么曲率的符号保持不变。请绘制一个表格以表示曲率的符号与长度的符号如何随着终点的两个坐标 (x, y) 符号的变化而变化（所有4种情况）。

2. 回旋曲线轨迹的正解

圆弧轨迹是常量型平凡曲率“多项式”：

$$\kappa = a$$

472 在实际应用中，使用圆弧轨迹通常要求满足以下假设：在轨迹的起始位置，机器人处于停止状态，并且机器人能够在开始移动前改变运动曲率。请注意：如果使用圆弧轨迹，那么在到达目标点时机器人的朝向不可控——因为它已经由位置预先确定了。解决该问题的一个办法是增加一个参数，以获得该缺失的朝向自由度，也就是利用“回旋曲线”轨迹——其表示形式为：

$$\kappa = a + bs$$

同时，假设机器人在轨迹的初始与结束位置都处于停止状态，这样就不必约束初始或者终止曲率（即机器人停止时，车轮也可以转向以改变曲率）。在这样的假设条件下，该回旋曲线就成为具有一定实用性的可行轨迹。

为了求出能够到达终点位姿（位置与航向）的回旋曲线，请列出必须满足的一个多项式和两个积分方程。很多著名数学家的观点是：这些积分不能以封闭形式进行积分运算，所以不要浪费时间尝试求解。放弃求解该问题的同时，应该注意到：正是由于在曲率方程中增加了一项（由圆弧变成回旋曲线），才使得问题由平凡变成了不可能。因此该问题必须用数值分析的方法进行求解。

7.3　预测控制的优化与建模

本章首先对变分优化的理论结果进行了综述，这也为本书后续的很多内容奠定了理论基础。反馈控制的基础已经在前面的几个章节中介绍过。其中，我们认识到了可行参考轨迹的价值，而且我们还探讨了一种生成参考轨迹的方法。如果在线运行参考轨迹生成器，它通常会产生一个解，该解从当前时刻开始，预测未来某个有限时间内的状态轨迹。正如扰动前馈一样，预测在误差发生之前就具备去除误差的能力。这也就意味着，可以自由选择输入以产生所期望的输出，而不用管可预测扰动。

除了“Bang-Bang”控制这一最为简单的情况，之前关于控制的讨论还没有解决如何生成最优参考输入这一问题。对于控制问题，确实存在很多用于计算最优输入的方法。当预测控制与最优控制的理念相互融合时，便创造了一个非常智能的系统。在某种意义上，该系统就像能够仔细考虑行动的后果，然后再做出正确的后续行动决策。

7.3.1　变分法

变分优化是参数优化问题的一种泛化推广，它以求解整个未知函数（通常是关于时间的函数）的形式构建问题。当我们注意到移动机器人在空间中的运动是一个关于时间的函数时，就很清楚变分优化与移动机器人的关联。这一类问题具有与参数优化问题相同的所有问题，同时又引入了更多的新问题。非常特别的是，解函数有时必须满足约束条件才被认为是可行的。同时，目标函数可能是凸函数，也可能不是。如果目标函数不是凸函数，那么求解方法就不得不应对局部极小值的求解问题，而对全局最小值的搜索将变得更加复杂。 473

搜寻某特定解函数的问题可以以最优化问题的形式来构建。考虑如下所示的最优化问题：

$$\begin{aligned}&\text{最小化：}_{\underline{\boldsymbol{x}}(t)} \quad \boldsymbol{J}\left[\underline{\boldsymbol{x}},t_f\right]=\phi\left(\underline{\boldsymbol{x}}\left(t_f\right)\right)+\int_{t0}^{t_f} L\left(\underline{\boldsymbol{x}},\dot{\underline{\boldsymbol{x}}},t\right)\mathrm{d}t \\ &\text{满足：}\underline{\boldsymbol{x}}\left(t_0\right)=\underline{\boldsymbol{x}}_0;\quad \underline{\boldsymbol{x}}\left(t_f\right)=\underline{\boldsymbol{x}}_f \quad \text{当 } \phi\left(\underline{\boldsymbol{x}}\left(t_f\right)\right)\text{ 不存在时}\end{aligned} \tag{7.44}$$

上述问题包含很多变量。其中，一个重要的变量——弧长 s 代替了时间 t。同时，该问题表示的是对最优路径而不是对轨迹的搜索。

目标函数由两部分组成。*末端代价函数* $\phi\left[x(t_f)\right]$ 将代价与终止状态联系起来，而积分项（称为*拉格朗日算子*）计算了整个轨迹的代价。优化问题的第二行限定了边界条件。如果将终止状态认定为边界条件，那么终点代价就是固定不变的常量，也就不再需要此项。在有些移动机器人应用中，两个边界条件都不存在。

实际上，标量值目标函数 $\boldsymbol{J}\left[\underline{\boldsymbol{x}},\ t_f\right]$ 并不是一个纯粹意义上的函数，而是一个自变量为函数的函数，这样的函数被称为*泛函*。其标记符号 $\boldsymbol{J}\left[\underline{\boldsymbol{x}},\ t_f\right]$ 中的方括号有时用来表示泛函。$\boldsymbol{J}$ 之所以是一个泛函，是因为它基于一个定积分。

对于确定的 t_0 和 t_f 值，函数 $L(x)=\sin(x)$ 的积分会产生某一确定数值，而 $L(x)=ax^2+bx+c$ 会得到一个不同的数值。确实，甚至函数 $L(x)=ax^2+bx+c+1$ 也将得到一个不同的数值，因此 $\boldsymbol{J}$ 也取决于用来确定函数 L 的所有参数。

1. 欧拉－拉格朗日方程

提出的优化问题是对未知函数的探索与求解。事实证明：任意求解该问题的方法必须满足一个特定的微分方程，该微分方程隐式地定义了未知函数。

假设已经找到了一个解 $\underline{\boldsymbol{x}}^*(t)$。为了研究在该解的邻域内泛函的行为，考虑在该解中添加一个微小扰动 $\delta\underline{\boldsymbol{x}}(t)$（在本文中被称为*变分*）。考虑在该扰动函数作用下计算得到的 $\boldsymbol{J}$ 的评估值：

$$\boldsymbol{J}\left[\underline{\boldsymbol{x}}^*+\delta\underline{\boldsymbol{x}}\right]=\phi\left(\underline{\boldsymbol{x}}^*\left(t_f\right)\right)+\int_{t_0}^{t_f} L\left(\underline{\boldsymbol{x}}^*+\delta\underline{\boldsymbol{x}},\dot{\underline{\boldsymbol{x}}}^*+\delta\dot{\underline{\boldsymbol{x}}},t\right)\mathrm{d}t$$

假设 ϕ 不存在，我们将要求依然满足初始点和终止点的边界约束条件，从而：

$$\underline{\boldsymbol{x}}^*(t_0)+\delta\underline{\boldsymbol{x}}(t_0)=\underline{\boldsymbol{x}}_0 \qquad \underline{\boldsymbol{x}}^*\left(t_f\right)+\delta\underline{\boldsymbol{x}}\left(t_f\right)=\underline{\boldsymbol{x}}_f$$

这也表示扰动在两个端点（即初始点和终止点）处必须消失，我们必须有： 474

$$\delta\underline{\boldsymbol{x}}\left(t_0\right)=\underline{\boldsymbol{0}} \qquad \delta\underline{\boldsymbol{x}}\left(t_f\right)=\underline{\boldsymbol{0}}$$

如果 ϕ 出现在目标函数中，第二组条件将不复存在。现在，我们可以通过使用关于 $\underline{\boldsymbol{x}}$ 和 $\dot{\underline{\boldsymbol{x}}}$ 的一阶泰勒级数展开来逼近 L：

$$L\left(\underline{\boldsymbol{x}}^*+\delta\underline{\boldsymbol{x}},\dot{\underline{\boldsymbol{x}}}^*+\delta\dot{\underline{\boldsymbol{x}}},t\right)\approx L\left(\underline{\boldsymbol{x}}^*,\dot{\underline{\boldsymbol{x}}}^*,t\right)+L_{\underline{\boldsymbol{x}}}\left(\underline{\boldsymbol{x}}^*,\dot{\underline{\boldsymbol{x}}}^*,t\right)\delta\underline{\boldsymbol{x}}+L_{\dot{\underline{\boldsymbol{x}}}}\left(\underline{\boldsymbol{x}}^*,\dot{\underline{\boldsymbol{x}}}^*,t\right)\delta\dot{\underline{\boldsymbol{x}}}$$

那么扰动目标函数变为：

$$\boldsymbol{J}\left[\underline{\boldsymbol{x}}^*+\delta\underline{\boldsymbol{x}}\right]=\phi\left(\underline{\boldsymbol{x}}^*\left(t_f\right)\right)+\int_{t_0}^{t_f}\left(L(.)+L_{\underline{\boldsymbol{x}}}(.)\delta\underline{\boldsymbol{x}}+L_{\dot{\underline{\boldsymbol{x}}}}(.)\delta\dot{\underline{\boldsymbol{x}}}\right)\mathrm{d}t$$

这里使用了缩写 $(.)=(\underline{x}^*,\underline{\dot{x}}^*,t)$。请注意，上式的第三项可以使用分部积分法，这是因为：

$$\int_{t_0}^{t_f}\left(L_{\underline{\dot{x}}}(.)\delta\underline{\dot{x}}\right)\mathrm{d}t=L_{\underline{\dot{x}}}(.)\delta\underline{x}\Big|_{t_0}^{t_f}-\int_{t_0}^{t_f}\left(\frac{\mathrm{d}}{\mathrm{d}t}L_{\underline{\dot{x}}}(.)\delta\underline{x}\right)\mathrm{d}t$$

基于边界条件，上式中的首项为零。扰动目标函数现在可以写成（其中的较小项 $L(.)\delta t$ 可忽略不计）：

$$J\left[\underline{x}^*+\delta\underline{x}\right]=\phi\left(\underline{x}^*(t_f)\right)+\int_{t_0}^{t_f}L(.)\mathrm{d}t+\int_{t_0}^{t_f}\left(L_{\underline{x}}(.)-\frac{\mathrm{d}}{\mathrm{d}t}L_{\underline{\dot{x}}}(.)\right)\delta\underline{x}\mathrm{d}t$$

特别需要注意的是，现在 $\delta\underline{x}$ 在第二个被积函数中是一个公因子。这与如下所示的方程相同：

$$J\left[\underline{x}^*+\delta\underline{x}\right]=J\left[\underline{x}^*\right]+\int_{t_0}^{t_f}\left(L_{\underline{x}}(.)-\frac{\mathrm{d}}{\mathrm{d}t}L_{\underline{\dot{x}}}(.)\right)\delta\underline{x}\mathrm{d}t \tag{7.45}$$

现在，为了令 $J\left[\underline{x}^*\right]$ 在函数空间 $\underline{x}^*$ 中的“点”处成为局部最小值，方程（7.45）中的积分项必须消失变为一阶。因为 $\delta\underline{x}(t)$ 是关于时间的一个任意可行函数，所以被积函数可以消失，唯一途径只有：

$$L_{\underline{x}}(.)-\frac{\mathrm{d}}{\mathrm{d}t}L_{\underline{\dot{x}}}(.)=0 \tag{7.46}$$

聚焦信息 7.4　欧拉 – 朗格朗日方程

方程（7.44）中提出的优化问题的任意解都必须满足该向量微分方程（必要条件）。该方程的求解满足边界条件 $\underline{x}(t_0)=\underline{x}_0$ 与 $\underline{x}(t_f)=\underline{x}_f$（当目标函数中不存在 $\phi(\underline{x}(t_f))$ 时）的约束。

2. 横截性条件

475 对于移动机器人中的很多问题，t_f 为任意的。另外，这个问题通常以关于弧长 s 的导数表示，而路径长度 s_f 则是任意的。在这些情况下，还必须添加泛函 J 关于 t_f（或者 s_f）的平稳性条件。这些量都是参量而不是函数，因此直接用一个简单的参数导数作为必要条件：

$$\frac{\mathrm{d}}{\mathrm{d}t_f}J\left[\underline{x},t_f\right]=\left[\dot{\phi}\left(\underline{x},(t)\right)+L\left(\underline{x},\underline{\dot{x}},t\right)\right]_{t=t_f}=0 \tag{7.47}$$

上式被称为横截性条件。

3. 应用实例：拉格朗日动力学

拉格朗日动力学可表述为对最小作用量轨迹的搜索，是用来寻找最小作用量轨迹的。作用量是一个关于运动“轨迹”的泛函，最小作用量原理也被称作拉格朗日动力学最基本的原理。系统的作用量被定义为（物理意义上的）拉格朗日算子对时间的积分，拉格朗日算子定义可表示为：

$$L\left(\underline{x},\underline{\dot{x}},t\right)=T-U$$

其中 T 为动能，而 U 是势能。欧拉 – 拉格朗日方程为：

$$\frac{\mathrm{d}}{\mathrm{d}t}L_{\underline{\dot{x}}}\left(\underline{x},\underline{\dot{x}},t\right)=L_{\underline{x}}\left(\underline{x},\underline{\dot{x}},t\right)$$

对于在空间中正在运动的质点，其动能为：

$$T = \frac{1}{2}\underline{\dot{x}}^{\mathrm{T}} m \underline{\dot{x}}$$

其重力势能为：

$$U = -m\boldsymbol{g}^{\mathrm{T}}\underline{x}$$

假设势能不存在，那么拉格朗日的偏导数为：

$$L_{\underline{\dot{x}}}\left(\underline{x},\underline{\dot{x}},t\right) = m\underline{\dot{x}} \qquad L_{\underline{x}}\left(\underline{x},\underline{\dot{x}},t\right) = m\underline{g}$$

因此，欧拉－拉格朗日方程是：

$$m\underline{\ddot{x}} = m\underline{g}$$

这就是牛顿第二运动定律，该定律表示物体将朝重力场的中心方向降落。

7.3.2　最优控制

最优控制问题是变分法的泛化推广。在最优控制问题里，拉格朗日算子不依赖于状态 $\underline{x}$ 及其时间微分 $\underline{\dot{x}}$，而取决于状态 $\underline{x}$ 和输入向量 $\underline{u}$。假设我们能够在某种程度上控制系统的各输入量，进而控制系统的行为，那么系统状态与输入之间存在的关系就是我们熟悉的系统状态空间模型。 476

为了实现上述目的，最优控制问题可以表示为如下所示的波尔扎形式：

$$\begin{aligned}
&\text{最小化：}_{\underline{x}(t)} \quad J\left[\underline{x},\underline{u},t_f\right] = \phi\left(\underline{x}\left(t_f\right)\right) + \int_{t_0}^{t_f} L\left(\underline{x},\underline{u}\right)\mathrm{d}t \\
&\text{满足：}\quad \underline{\dot{x}} = f\left(\underline{x},\underline{u}\right); \quad \underline{u} \in \boldsymbol{U} \\
&\qquad\quad \underline{x}\left(t_0\right) = \underline{x}_0; \quad \underline{x}\left(t_f\right) = \underline{x}_f\left(\text{当}\,\phi\left(\right)\text{不存在时}\right);\ \text{任意}\ t_f
\end{aligned} \tag{7.48}$$

聚焦信息 7.5　波尔扎形式的最优控制问题

在很多情况下，机器人面临的基本问题——确定目标位置以及如何到达目标位置的问题——都归结于最优控制问题。

状态和输入都是关于时间的函数。在这一问题中包含很多变量：目标函数包含了两个组成部分；终点代价函数 $\phi\left[x(t_f)\right]$ 将代价与终止状态相关联；而积分项（也被称为拉格朗日算子）计算到达终止状态的轨迹代价。

方程（7.48）中的第二行以及第三行明确了约束条件。这些约束条件至少包括系统状态空间动力学和边界条件。有时，终止状态被限制在状态空间中某一特定的可达区域范围内。如果将终止状态定为边界条件，那么终点代价函数就变成固定不变的常量，也就不再需要此项。而在有些移动机器人轨迹规划问题中，上述两个条件都不存在。此时，输入 $\underline{u}(t)$ 同样仅局限于某许可输入集 $\boldsymbol{U}$ 中。

1. 最小值原理

可用于求解最优控制问题的方法之一是最小值（或最大值）原理 [20]，由 Pontryagin 和他的同事们共同提出。与求解受约束参数最优化问题相类似，可以定义如下所示的标量值哈密顿（Hamiltonian）函数：

$$H\left(\underline{\lambda},\underline{x},\underline{u}\right)=L\left(\underline{x},\underline{u}\right)+\underline{\lambda}^{\mathrm{T}}f\left(\underline{x},\underline{u}\right) \tag{7.49}$$

时变向量 $\lambda(t)$ 被称为共态向量。正如符号所示，该向量的作用与拉格朗日乘子的功能类似。最小值原理规定：在最低代价轨迹上，哈密顿函数取得对于任意有效控制的最小可能值：

$$H\left(\underline{\lambda}^{*},\underline{x}^{*},\underline{u}^{*}\right)\leqslant H\left(\underline{\lambda}^{*},\underline{x}^{*},\underline{u}\right);\quad \underline{u}\in U \tag{7.50}$$

当 $\underline{u}$ 不受任何约束条件限制时，通过令哈密顿函数恒定，全局最优（必要且充分）条件可以被局部（必要）条件代替。哈密顿函数本身来源于对古典变分法的引申，其结论可还原
477 为欧拉方程。基于与上文中介绍的欧拉－拉格朗日方程类似的求导运算，可以推导出最优一阶条件。在最小值原理中，存在最优解 $\left(\underline{x}^{*},\underline{u}^{*}\right)$ 的必要条件为：$\lambda(t)$ 存在并满足下式：

$$\begin{aligned}
&\dot{\underline{x}}=\frac{\partial H}{\partial \underline{\lambda}}=f\left(\underline{x},\underline{u}\right)\\
&\dot{\underline{\lambda}}^{T}=-\frac{\partial H}{\partial \underline{x}}=-L_{\underline{x}}\left(\underline{x},\underline{u}\right)-\lambda^{\mathrm{T}}f_{\underline{x}}\left(\underline{x},\underline{u}\right)\\
&\frac{\partial}{\partial \underline{u}}H\left(\underline{\lambda},\underline{x},\underline{u}\right)=\underline{0}\\
&\underline{x}\left(t_0\right)=\underline{x}_0\quad \underline{x}\left(t_f\right)=\underline{x}_f\quad \lambda\left(t_f\right)=\phi_{\underline{x}}\left(\underline{x}\left(t_f\right)\right)
\end{aligned} \tag{7.51}$$

聚焦信息 7.6　最优控制的欧拉－拉格朗日方程

这就是欧拉－拉格朗日方程组的形式，该方程组构成了前述最优控制问题的必要条件。

在这种情况下，该方程组也被称为欧拉－拉格朗日方程组。它对于任意终止时刻的横截性条件是：

$$\frac{\mathrm{d}}{\mathrm{d}t_f}J\left[\underline{x},t_f\right]=\left[\dot{\phi}\left(\underline{x}(t)\right)+\boldsymbol{\lambda}^{\mathrm{T}}f\left(\underline{x},\underline{u}\right)+L\left[\underline{x},\dot{\underline{x}}\right]\right]_{t=t_f}=0 \tag{7.52}$$

最小值原理引申出一组联立耦合微分方程组。利用数值程序可以求解这些方程组。最初的状态与最终的共态都受边界条件的约束，因此这是一个两点边值问题。

2. 动态规划

动态规划是最优化理论中的一个重要成果，它从一个略有不同的角度看待最优控制问题。动态规划试图寻求的并非状态轨迹，而是一种从终止点逐段向初始点方向寻找最优策略的方法，进而生成所有可能初始状态的代价函数的最优值。最优化原理（如专栏 7.2 所示）是动态规划的基础。

专栏 7.2　最优化原理

贝尔曼（Bellman，美国数学家，美国科学院院士）创始的动态规划方法源于最优化原理，其具体内容为：

- 最优决策具有这样的性质：无论初始状态和初始决策如何，对于由第一个决策引起的状态而言，接下来的其他所有决策必须构成最优策略。

该描述反映了一个显而易见的事实，即对于整个问题的最优解决方案必须由第一步和剩

余问题的最优解组成。

3. 价值函数

定义一个价值函数，也被称为最小代价函数或者最优回报函数，即 $V\left[\underline{x}(t_0),t_0\right]$，该函数等同于从 $\underline{x}(t_0)$ 开始直到到达预期终止状态的最优路径代价： 478

$$V\left(\underline{x}(t_0),t_0\right)=\boldsymbol{J}^*[\underline{x},\underline{u}]=\min_{\underline{u}}\{\boldsymbol{J}[\underline{x},\underline{u}]\}=\min_{\underline{u}}\left\{\phi\left[x(t_f)\right]+\int_{t_0}^{t_f}L(\underline{x},\underline{u},t)\mathrm{d}t\right\} \tag{7.53}$$

在本书的后续部分，我们将会发现最优控制 $\underline{u}^*(t)$ 可以从价值函数中得到，当然 $\underline{u}^*(t)$ 也取决于初始状态。由此产生的控制 $\underline{u}^*(\underline{x},t)$ 可以表示为反馈控制律的形式。相比之下，根据最小值原理计算得到的是开环控制形式的解，只有当系统在不偏离指定轨迹的情况下，它才是最优的。

4. 哈密顿 – 雅可比 – 贝尔曼方程

对于连续集的最优化问题，利用最优化原理可获得一个描述最优轨迹的微分方程。考虑这样一个问题：在最优路径开始段以及 Δt 的短时间间隔内，应该用何种控制策略？根据最优化原理，必然有：

$$V\left[\underline{x}(t),t\right]=\min_{\underline{u}}\left\{V\left[\underline{x}(t+\Delta t),t\right]+L(\underline{x},\underline{u},t)\Delta t\right\} \tag{7.54}$$

用语言描述就是，在某一任意时刻 t 时的价值函数，必须等于在时刻 $t+\Delta t$ 时的值加上从 $\underline{x}(t)$ 运动到 $\underline{x}(t+\Delta t)$ 的代价，控制要使这两者的和为最小。方程右侧的内部可以用泰勒级数展开式重写：

$$V\left[\underline{x}(t+\Delta t),t+\Delta t\right]=V\left[\underline{x}(t),t\right]+V_{\underline{x}}\left[\underline{x}(t)\right]\Delta\underline{x}+\dot{V}\left[\underline{x}(t),t\right]\Delta t$$
$$V\left[\underline{x}(t+\Delta t),t+\Delta t\right]=V\left[\underline{x}(t),t\right]+V_{\underline{x}}f(\underline{x},\underline{u},t)\Delta t+\dot{V}\left[\underline{x}(t),t\right]\Delta t$$

将上式代入方程（7.54）中，可得：

$$V\left[\underline{x}(t),t\right]=\min_{\underline{u}}\left\{V\left[\underline{x}(t),t\right]+V_{\underline{x}}f(\underline{x},\underline{u},t)\Delta t+\dot{V}\left[\underline{x}(t),t\right]\Delta t+L(\underline{x},\underline{u},t)\Delta t\right\}$$

很显然根据定义，$V\left[\underline{x}(t),t\right]$ 既不依赖于 $\underline{u}$ 也不依赖于 $\dot{V}$。这些都可以移出到最小化符号外面，因此可以将方程两侧的 $V\left[\underline{x}(t),t\right]$ 消掉，Δt 趋向于零时剩余其他各项中的 Δt 也消掉，经过化简后，最终只有：

$$\dot{V}\left[\underline{x}(t),t\right]=\min_{\underline{u}}\left\{V_{\underline{x}}f(\underline{x},\underline{u},t)+L(\underline{x},\underline{u},t)\right\} \tag{7.55}$$

聚焦信息 7.7　哈密顿 – 雅可比 – 贝尔曼（HJB）方程

这个方程表示了在连续时间情况下的最优化原理，是一个偏微分方程。它在右侧指定了一个目标函数，当目标函数为最小时，便获得了价值函数的时间导数。我们在运动规划中使用的所有算法都源于 HJB 方程的离散时间形式。

有时，将最小化的目标函数表示为哈密顿函数是非常方便的：

$$\boldsymbol{H}(\underline{x},\underline{u},V,t)=V_{\underline{x}}f(\underline{x},\underline{u},t)+L(\underline{x},\underline{u},t)$$ 479

显然，向量 $V_{\underline{x}}$ 在变分法中起着共态向量的作用，这次也不例外，而且这不是偶然，因为在最优轨迹上，有：

$$V_{\underline{x}}\left[\underline{x}^{*}(t),t\right]=\underline{\lambda}^{*}(t)$$

当 $\underline{u}$ 不受约束时，我们可以将目标函数对 $\underline{u}$ 取微分，从而得到如下所示的微分方程：

$$H_{\underline{u}}\left(\underline{x},\underline{u},V,t\right)=V_{\underline{x}}f_{\underline{u}}\left(\underline{x},\underline{u},t\right)+L_{\underline{u}}\left(\underline{x},\underline{u},t\right)=0 \tag{7.56}$$

其中的边界条件由方程（7.48）产生：

$$V\left[\underline{x}(t_f),t_f\right]=\phi\left(\underline{x}(t_f)\right) \tag{7.57}$$

5. 应用实例：线性二次型最优控制（LQR）

最优控制中的一个著名结论就是，必须要用优化二次目标函数的形式，来实现对线性系统的控制。在驱动系统趋近零终止状态的过程中，必须使控制强度和中间状态幅值保持在可接受的范围内。考虑如下线性系统：

$$\dot{\underline{x}}=\boldsymbol{F}(t)\underline{x}+\boldsymbol{G}(t)\underline{u}$$

该线性系统的初始状态为 $\underline{x}_0$，控制目标是驱使系统在终止时刻逼近状态 $\underline{x}_f=\underline{0}$。其对应的二次目标函数可表示如下：

$$J\left[\underline{x},\underline{u},t_f\right]=\frac{1}{2}\underline{x}^{\mathrm{T}}(t_f)\boldsymbol{S}_f\underline{x}(t_f)+\frac{1}{2}\int_{t_0}^{t_f}\left(\underline{x}^{\mathrm{T}}\boldsymbol{Q}(t)\underline{x}+\underline{u}^{\mathrm{T}}\boldsymbol{R}(t)\underline{u}\right)\mathrm{d}t \tag{7.58}$$

其中 $\boldsymbol{S}_f$ 和 $\boldsymbol{Q}(t)$ 都是半正定的，且 $\boldsymbol{R}(t)$ 为正定的。消除上述方程对时间的依赖性后，哈密顿方程可表示为：

$$H=\frac{1}{2}\left(\underline{x}^{\mathrm{T}}\boldsymbol{Q}\underline{x}+\underline{u}^{\mathrm{T}}\boldsymbol{R}\underline{u}\right)+\underline{\lambda}^{\mathrm{T}}\left(\boldsymbol{F}\underline{x}+\boldsymbol{G}\underline{u}\right)$$

根据方程（7.51），对应的欧拉 – 拉格朗日方程为：

$$\dot{\underline{\lambda}}=-\frac{\partial H^{\mathrm{T}}}{\partial\underline{x}}=-\boldsymbol{Q}\underline{x}-\boldsymbol{F}^{\mathrm{T}}\underline{\lambda}$$

$$\frac{\partial}{\partial\underline{u}}H\left(\underline{\lambda},\underline{x},\underline{u}\right)=\boldsymbol{R}\underline{u}+\boldsymbol{G}^{\mathrm{T}}\underline{\lambda}=\underline{0}$$

根据上式中的第二个方程可得：

$$\underline{u}=-\boldsymbol{R}^{-1}\boldsymbol{G}^{\mathrm{T}}\underline{\lambda} \tag{7.59}$$

将方程（7.59）代入状态空间模型，并重复使用上式中的第一个方程可得：

480

$$\begin{bmatrix}\dot{\underline{x}}\\\dot{\underline{\lambda}}\end{bmatrix}=\begin{bmatrix}\boldsymbol{F} & -\boldsymbol{G}\boldsymbol{R}^{-1}\boldsymbol{G}^{\mathrm{T}}\\-\boldsymbol{Q} & -\boldsymbol{F}^{\mathrm{T}}\end{bmatrix}\begin{bmatrix}\underline{x}\\\underline{\lambda}\end{bmatrix} \tag{7.60}$$

其边界条件为：

$$\underline{x}(t_0)=\underline{x}_0\qquad\underline{\lambda}(t_f)=\phi_{\underline{x}}\left(\underline{x}(t_f)\right)=\boldsymbol{S}_f\underline{x}(t_f)$$

因此，欧拉 – 拉格朗日方程可化简为线性两点边值问题。卡尔曼[15]利用一种称为扫描法的方法解决了这一问题。对于任意的 t_f 值，终端边界约束必须有效，因此终端边界约束必须始终成立。从而可以写出：

$$\underline{\lambda}(t) = S(t)\underline{x}(t) \tag{7.61}$$

将方程（7.61）代入方程（7.60）的第二部分可得：

$$\dot{\underline{\lambda}} = \dot{S}\underline{x} + S\dot{\underline{x}} = -Q\underline{x} - F^{\mathrm{T}}S\underline{x}$$

现在，由方程（7.60）的第一部分代替 $\dot{\underline{x}}$，并再次使用方程（7.61）可得：

$$\dot{S}\underline{x} + S\left(F\underline{x} - GR^{-1}G^{\mathrm{T}}\lambda\right) = -Qx - F^{\mathrm{T}}S\underline{x}$$
$$\dot{S}\underline{x} + S\left(F\underline{x} - GR^{-1}G^{\mathrm{T}}S\underline{x}\right) = -Qx - F^{\mathrm{T}}S\underline{x}$$
$$\left(\dot{S} + SF + F^{\mathrm{T}}S - SGR^{-1}G^{\mathrm{T}}S + Q\right)\underline{x} = \underline{0}$$

因为 $\underline{x}(t) \neq \underline{0}$，所以可以得出以下结论：

$$-\dot{S} = SF + F^{\mathrm{T}}S - SGR^{-1}G^{\mathrm{T}}S + Q \tag{7.62}$$

方程（7.62）所表示的矩阵微分方程被称为里卡蒂（Ricatti）方程。我们已经在卡尔曼滤波中 P 的不确定性传递方程中见过该方程的离散时间形式。因为除 S 以外，其他所有矩阵都是已知的，所以可以根据其终止边界条件 $S(t_f) = S_f$，通过时间后向积分（或者“扫描”）来计算矩阵 S。一旦 $S(t_0)$ 已知，初始共态 $\lambda(t_0)$ 根据初始状态 $\underline{x}(t_0)$ 以及 $\underline{\lambda}(t_0) = S(t_0)\underline{x}(t_0)$ 确定，那么就可以通过对耦合欧拉–拉格朗日方程的前向积分求解状态轨迹。

通常，我们更加感兴趣的最优状态反馈控制也已经推导得到。一旦 $S(t)$ 已知，我们可以代入方程（7.59）中的 $\underline{\lambda}$ 来获得最优控制：

$$\underline{u} = -R^{-1}G^{\mathrm{T}}\underline{\lambda} = R^{-1}G^{\mathrm{T}}S\underline{x} \tag{7.63}$$

聚焦信息 7.8　LQR 问题的最优控制

这是在状态和控制活动的二次代价函数下，将系统驱动到终止状态的最优方法。

尽管在实际应用中，这似乎与将系统驱动到零状态并不相关，但是利用上述结论确实可以很容易驱动系统到其他任意位置。此外，LQR 的解也适用于反馈调节，它可以提供最优线性反馈，从而增强非线性系统的开环控制。 481

7.3.3　模型预测控制

在后面我们将会发现，从本质上而言，移动机器人需要预测模型来达成规划的目的。当模型合适时，它们也可以用于预测控制。基于使用系统模型以预测待选输入效果的控制方法，被称为模型预测控制法。在一般情况下，预测仅在一段被称为预测时域的短时间周期内进行。在这个有限的时间范围内通常会计算最优解。这种方法的一个优点是：可以在线改变模型和控制器以适应不同的工作情况。

1. 滚动时域控制

在滚动时域控制中，最优控制问题以迭代方式在线求解。在每一个计算步，从时刻 t_k 开始，在被称为控制时域的短时间周期内，执行控制 $\underline{u}^*(.)$，然后再以上一个时刻获得的状态 $\underline{x}(t_{k+1})$ 为起始状态，开始一个新的最优控制问题求解过程。

滚动时域控制采用滚动式的有限时域优化策略，已经成功应用在工业过程控制领域，控制一些相对较慢的过程。然而，当系统动态变化相对较快、非线性或对稳定性要求苛刻时，使用这种控制方法可能会变得更加复杂。滚动时域控制与移动机器人的避障尤为相关。在移动机器人的工作场合，感知传感器的有限测量范围与车辆运行速度等因素结合，生成了在一定范围内有效的时域和空间视野，而一旦超出该范围，机器人就对周边环境状态知之甚少。

反向最优控制的一个重要结论表明：在一定条件下，任何形如 $\underline{\boldsymbol{u}}=\boldsymbol{K}\underline{\boldsymbol{x}}$ 的状态反馈控制，都能以滚动时域最优控制器的形式，通过选择适当的代价函数来实现。

$$\boldsymbol{J}\left[\underline{\boldsymbol{x}},\underline{\boldsymbol{u}},t_f\right]=\frac{1}{2}\underline{\boldsymbol{x}}^{\mathrm{T}}\left(t_f\right)\boldsymbol{S}_f\underline{\boldsymbol{x}}\left(t_f\right)+\frac{1}{2}\int_{t_0}^{t_f}\left(\underline{\boldsymbol{x}}^{\mathrm{T}}\boldsymbol{Q}(t)\underline{\boldsymbol{x}}+\underline{\boldsymbol{u}}^{\mathrm{T}}\boldsymbol{R}(t)\underline{\boldsymbol{u}}\right)\mathrm{d}t$$

在更为一般的情况下，代价函数可以表示为：

$$\boldsymbol{J}\left[\underline{\boldsymbol{x}},\underline{\boldsymbol{u}},t_f\right]=V\left(\underline{\boldsymbol{x}}_f,\underline{\boldsymbol{u}}\right)+\frac{1}{2}\int_{t_0}^{t_f}L\left(\underline{\boldsymbol{x}},\underline{\boldsymbol{u}}\right)\mathrm{d}t$$

众所周知，滚动时域控制系统的稳定性，在很大程度上取决于时域 t_f-t_0 的长短和终点代价 $V\left(\underline{\boldsymbol{x}}_f,\underline{\boldsymbol{u}}\right)$ 的特性。在理想情况下，终点代价是一个无限时域问题的价值函数，在这种情况下，可以在一定程度上确保系统的稳定性。

2. 基于模型预测的路径跟踪

当前误差是已经存在的误差，如果这些误差能够反映当前还未出现的后续误差，那么尝
482 试消除这些误差才会有用。7.2.3 节第 2 点介绍的反馈控制器就存在这样一个问题：当前时刻机器人在路径的右侧，因此机器人可能决定左转；但是恰巧机器人发现后续路径将转向右边，在这种情况下，即便不做调整，机器人都会回到路径上。此时，左转实际上会增大航迹偏差。很显然，在这种情况下对未来误差进行预测会是一种很好的方法。

在路径跟踪中，如果全程都能获知预期路径形状的显式表达，就能够以一种更具预测性的方式计算校正曲率。也就是可以预测未来在某点将出现的位置误差，于是可以在当前时刻发出曲率校正指令，来防止后续误差的出现（如图 7-32 所示）。

1）**以航迹偏差为目标，无模型**。形式最简单的模型预测控制，就是计算车辆前方单个点 $\underline{\boldsymbol{x}}_f$ 处的目标函数：

$$\boldsymbol{J}\left[\underline{\boldsymbol{x}},\underline{\boldsymbol{u}},t_f\right]=V\left(\underline{\boldsymbol{x}}_f,\underline{\boldsymbol{u}}\right)=\left(x\left(t_f\right)-x_f\right)^2+\left(y\left(t_f\right)-y_f\right)^2$$

$$t_f=L/v$$

其中 v 表示当前的车辆运行速度；$\left(x_f,y_f\right)$ 是当前路径上距预测终止状态的最近点；L 是机器人到该终止状态的线段长度（如图 7-32 所示）。

如果控制局限于常曲率弧 $u_\kappa(t)=\mathrm{const}$，那么最优控制就是使车辆转过夹角 $\delta\psi$ 的曲率 u_κ，夹角 $\delta\psi$ 是车辆当前朝向与车辆质心到路径上前向点连线之间的夹角。

$$u^*_\kappa=\delta\psi/L \tag{7.64}$$

其中，量 $1/L$ 的作用类似比例增益。而该控制器也可以看作一种反馈控制器，其中表示修正航向变化量的 $\delta\psi$，被视为车辆当前的航向误差。实际上，前向距离 L 的整定比较困难。当 L 太大时，将导致跟随

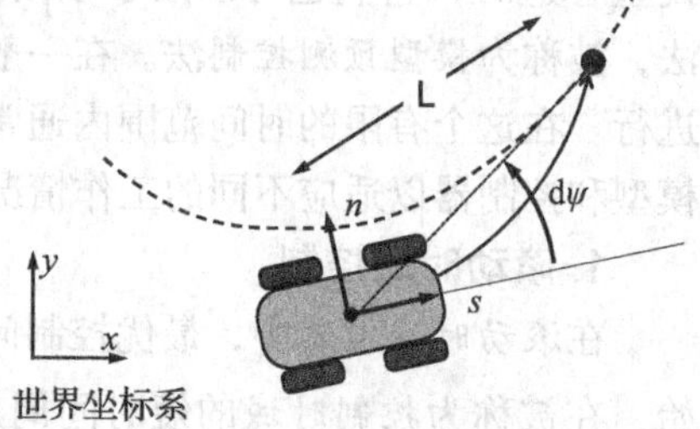

图 7-32　**纯追击式路径跟踪**。在所有可能的常曲率轨迹中，在限定距离上与路径相交的轨迹最优

效果很差；当L过小时，系统很容易变得非常不稳定。

2）**以航迹偏差为目标，基于模型预测生成轨迹。**导致不稳定的一个原因是当给出的跟随参考轨迹不可行时，方向控制器将产生过度补偿。为增强上述控制器的稳定性，可以转而使用一种基于模型的预测方法，以根据延迟和速度限制，来预知转向控制响应（如图 7-33 所示）。一个简单的方法是对所有可能的指令曲率空间进行采样，对转向控制的响应进行建模，然后选择使目标函数取最小值的样本。 483

3）**以位姿误差作为目标，生成模型预测轨迹。**使用航迹偏差作为目标存在的一个明显的问题是：车辆有可能以错误的航向到达正确的前置点，因此随之而来的必然是紧接其后出现的跟随误差。解决该问题的一个方法是使用 7.2.5 节第 3 点介绍的轨迹生成器，生成一个可行的能够到达前方下一点的轨迹，并且在终止位置具有正确的航向和曲率。该方法如图 7-34 所示。

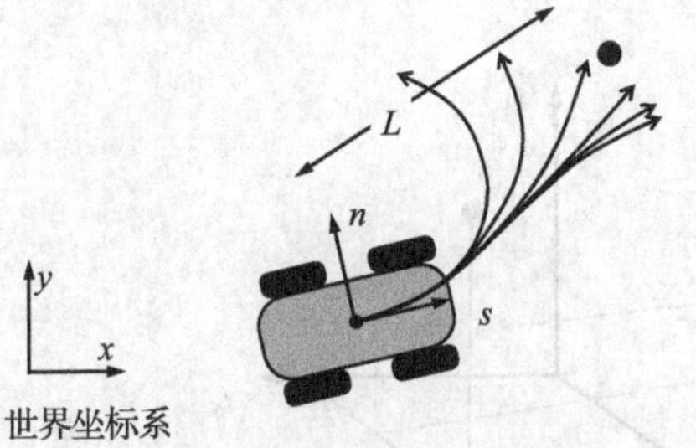

图 7-33 **利用采样模型预测路径跟踪。使用转向响应模拟器，来选择具有最小预测航迹偏差的输入**

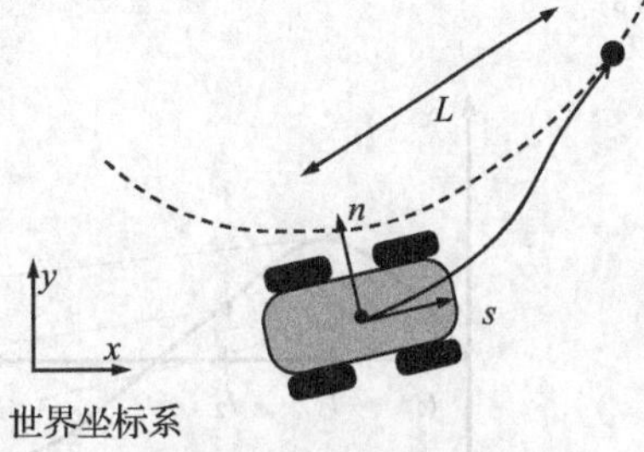

图 7-34 **轨迹生成路径跟踪。使用转向响应模拟器，来选择具有最小预测航迹偏差的输入**

这一问题可以用两种方法表达。如果轨迹生成器可以用来精确获取前置状态 $\underline{\boldsymbol{x}}_f$，那么该系统是一个前馈滚动时域控制器。而当系统动力学不能及时获得前置状态时，后一种方法将具有较为理想的鲁棒性。在这种情况下，系统是一个滚动时域模型预测控制器，其目标函数为：

$$\boldsymbol{J}\left[\underline{\boldsymbol{x}},\underline{\boldsymbol{u}},t_f\right]=V\left(\underline{\boldsymbol{x}}_f,\underline{\boldsymbol{u}}\right)=\delta\underline{\boldsymbol{x}}_f^{\mathrm{T}}\boldsymbol{S}\delta\underline{\boldsymbol{x}}_f$$
$$\delta\underline{\boldsymbol{x}}_f=\underline{\boldsymbol{x}}\left(t_f\right)-\underline{\boldsymbol{x}}_f$$
$$t_f=L/v$$

即使是这种方法也存在一些问题。其中最为明显的一种情况是：它会抄近路。因为它并不关注在预测前置点之前出现的所有预测误差。该问题可以通过在目标函数中添加积分环节加以改善。

7.3.4 求解最优控制问题的方法

求解最优控制问题的方法之一是使用动态规划方法。在该方法中，会生成一个最优回报函数，然后沿该函数从初始状态到终止状态的梯度来找到最优轨迹。在实际应用中，经常将 HJB 方程的离散形式积分，获得所谓的*贝尔曼方程*，以确定最优回报函数。动态规划问题经常是通过*逆向归纳法*来反向递推求解，从终止状态按时间序列反向移动，最终逆推至初始状态。

484 后续关于运动规划的讨论大部分都基于动态规划，因此我们将在用到这种求解方法的地方进行详细讨论。本节接下来将专注于通过调整目标函数与约束条件，来求解最优控制问题的各种方法。不出意外的是，目前可用的基本求解技术有两种，它们与参数优化问题的两种基本求解方法非常相似：直接将目标函数最小化，或者通过找到一个平稳点来间接实现。

1. 函数空间的优化

1）**样本空间与希尔伯特空间**。最优控制问题是对未知函数的探求。函数空间是所有可能的特定类型函数的集合。典型的控制函数表现为如 $u:\Re \to \Re^m$ 所示的形式，它们将标量的时间 t 映射到实值多元 m 维向量 $\underline{u}$ 上。也就是说，在特定条件下，函数空间中的任意一个函数可以与无限维向量空间——希尔伯特空间——中的一点相关联（如图 7-35 所示）。

将最优控制问题形象化的一个非常有效的方法是：想象控制和状态轨迹这两者都是这种无限维空间中的点。一旦读者接受了这个观点，最优控制与参数最优化之间的关系将变得更为清晰。

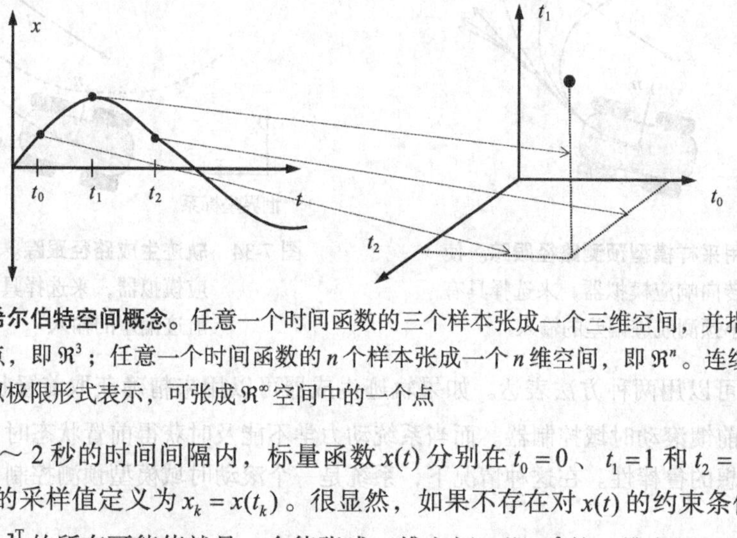

图 7-35　**希尔伯特空间概念**。任意一个时间函数的三个样本张成一个三维空间，并指向其中一点，即 $\Re^3$；任意一个时间函数的 n 个样本张成一个 n 维空间，即 $\Re^n$。连续函数 $x(t)$ 以极限形式表示，可张成 $\Re^\infty$ 空间中的一个点

考虑在 0 ~ 2 秒的时间间隔内，标量函数 $x(t)$ 分别在 $t_0=0$ 、 $t_1=1$ 和 $t_2=2$ 时刻取三个样本。将 $x(t)$ 的采样值定义为 $x_k=x(t_k)$ 。很显然，如果不存在对 $x(t)$ 的约束条件，那么向量 $\underline{x}_2=\begin{bmatrix}x_0 & x_1 & x_2\end{bmatrix}^{\mathrm{T}}$ 的所有可能值就是一个能张成三维空间，即 $\Re^3$ 的三维向量。随着点 $\underline{x}_2$ 在该三维空间中的变化，它对应的采样值所描绘的连续时间函数也将变为另外一个函数。例如，点沿 t_1 轴的移动将增大 x_1 的值，这样显然会对应一个新的函数。

可以把一个连续函数 $x(t)$ 理解为，它对相邻样本的相对位置变化设置了天然的约束条件。反过来看，如果在 2 秒内选择了 201 个采样点，那么向量 $\underline{x}_{201}=\begin{bmatrix}x_0 & x_1 & \cdots & x_{200}\end{bmatrix}^{\mathrm{T}}$ 张成一个 201 维空间，即 $\Re^{201}$ 。当 $n\to\infty$ 时取极限，我们发现向量 $\underline{x}_\infty$ 张成一个 $\Re^\infty$ 空间，它与函数空间等价，即每一个连续函数都与 $\Re^\infty$ 空间中的某一特定点存在一一对应的关系。我们有时会简单地将时间函数表示为函数空间中的一个“点”来引用这个概念。在时间上采样只是生成 $\Re^\infty$ 空间中某点的一种表示方法。在 $\Re^\infty$ 空间中，函数任意无穷级数的系数能够形成同
485 样有效的点表示。

2）**凸性与采样**。一旦有了函数空间的概念，就可以将任意一个函数看作一个很长的参数向量，这样参数优化中的许多重要概念在最优控制中都可以继续使用。凸性问题更是这一问题的核心特例。目标函数是泛函，它有可能跟普通函数一样，是非凸的。如果目标泛函存在一个以上的局部最小值，那么仅仅利用局部方法很难找到全局最小值。

3）**连续体与采样方法**。连续体优化方法的优点是可以以任意密度搜索局部区域，同时，可以根据目标函数和约束函数的导数中所提供的信息来优化搜索过程。然而，假定的初始估计函数（“点”）通常将引向某一特定的局部最小值，而不是全局最小值。

因此，用一种智能的方法进行采样，以获得多个不同的初始估计十分重要。采样方法以额外的计算量为代价，可以降低陷入局部最小值问题的相对可能性。如果函数空间中的极小值十分密集，那么该方法也会失效。

一种有效的组合式方法是，从若干初始估计中搜索连续体。该方法精确计算函数空间中很多位置的局部极小值，以发现全局最优解。

2. 直接法：有限差分

*直接法*直接将目标函数最小化。在参数优化问题中，就是对目标函数运用梯度下降或牛顿法。在这种情况下，意味着沿函数空间中的某梯度方向，对初始估计函数进行连续变化，也意味着沿着所获得的任意有限自由度集合，改变另一个无限维向量。

有限差分是一种非常基本的方法。我们用 N 个等间距采样 $\underline{\boldsymbol{u}}(k)$ 取代 $\underline{\boldsymbol{u}}(t)$，边界条件可简单表示为 $\underline{\boldsymbol{x}}(0)=\underline{\boldsymbol{x}}_0$。于是，动力学模型可转换成一个微分方程：

$$\underline{\boldsymbol{x}}(k+1)=\underline{\boldsymbol{x}}(k)+f\left(\underline{\boldsymbol{x}}(k),\underline{\boldsymbol{u}}(k)\right)\Delta t$$

目标函数变为：

$$\boldsymbol{J}=\phi\left(\underline{\boldsymbol{x}}(n)\right)+\sum_{k=0}^{N-1}L\left(\underline{\boldsymbol{x}}(k),\underline{\boldsymbol{u}}(k),k\right)\Delta t$$

这是一个参数最优化问题，其中控制向量历史 $\underline{\boldsymbol{u}}(.)$ 构成了 Nm 个未知量，并且在状态向量历史 $\underline{\boldsymbol{x}}(.)$ 中有 Nn 个自由度。对于 $n>m$，还存在优化的空间。目标函数受到由边界条件与离散系统模型给出的等式约束条件的制约。给定输入 $\underline{\boldsymbol{u}}(.)$ 的初始估计，可以通过对系统模型的积分得到 $\underline{\boldsymbol{x}}(.)$。然后，就可以计算求出泛函 $\boldsymbol{J}$。利用 $\boldsymbol{J}$ 相对于 $\underline{\boldsymbol{u}}(.)$ 的数值微分，可以使用梯度下降法，在获得 $\underline{\boldsymbol{u}}(.)$ 梯度下降方向的同时，保持 $\underline{\boldsymbol{x}}(.)$ 恒定不变；然后沿下降方向变动 $\underline{\boldsymbol{u}}(.)$，再反复迭代。此外，还有更多的可用技术，其中包括一些基于确定共态序列 $\underline{\boldsymbol{\lambda}}(k)$ 的间接方法，这些方法在文献 [13] 中都有介绍。 486

3. 间接法：打靶法

*间接法*可以找到满足必要条件的解。参数优化问题的基本思路是，线性化、通过令导数为零得到非线性方程组，最后联立求解。在这种情况下，需要求解欧拉－拉格朗日方程组——一组联立的带有边界条件的微分方程。而打靶法是用离散化的数值迭代方法，求含边界条件的常微分方程在离散点上的近似解。

如果确定了第 n 阶非强制常微分方程的所有初始条件，就完全确定了解在时间域上的变化。同样，如果一共有 n 个边界条件，其中有一些边界条件作用于起始点，而其余的边界条件作用于终点，就会得到唯一解。因此，如果想要最优化成为可能，就必须使一些边界条件不确定。必须至少有两个（一般有无穷多个）控制函数能满足所施加的边界条件。在这种情况下，设计目标函数的目的就是能在其中选择最理想的控制函数。

采用这种思路的方法之一是*打靶法*（如图 7-36 所示）。此方法类似于大炮瞄准，通过搜索待定初始条件，来获得满足微分方程和终端约束条件的解。如果存在多个可行解，通常从中可以找到其中的最优解。

4. 惩罚函数法

惩罚函数优化法也可以用于变分优化。该方法不去直接满足约束条件，而是将约束转换为代价函数。一般来说，它能降低问题的阶数，获得更为简单、有效的表达式。将其用于最优控制情况下的一个最简单的例子就是，用端点代价函数 $\phi\left[x(t_f)\right]$ 代替终端边界条件。

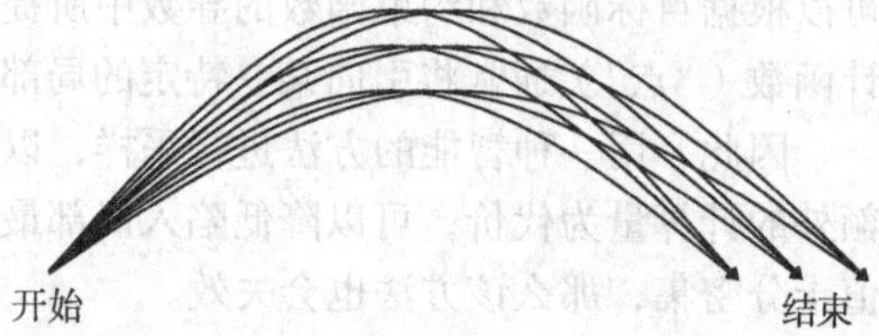

图 7-36 **打靶法**。这种方法可用于求解边值问题，通过搜索初始条件来确定满足最终边界值的解。如果找到了多个可行解，选择其中的最优解作为满足条件的最终解

7.3.5 参数化最优控制

本节建立在7.2.5节第2点和第3点内
487 容的基础上，其中介绍了在轨迹生成中轨迹的参数化表示方法。从广义上讲，这些方法与微分方程中的待定系数法，以及求解最优控制问题的瑞利–里兹（Rayleigh-Ritz）法相关。

1. 变换为约束优化

现在，考虑将最优控制问题转化为有限长度参数向量的最优化问题。请回顾本章7.2.5节第2点介绍的内容，由所有输入组成的空间可以变换为依赖于参数向量 $\underline{\boldsymbol{p}}$ 的形式，即

$$\underline{\boldsymbol{u}}(t)\rightarrow\underline{\tilde{\boldsymbol{u}}}\left(\underline{\boldsymbol{p}},t\right) \tag{7.65}$$

于是，系统动力学变为：

$$\underline{\dot{\boldsymbol{x}}}(t)=\underline{\boldsymbol{f}}\left[\underline{\boldsymbol{x}}\left(\underline{\boldsymbol{p}},t\right),\underline{\boldsymbol{u}}\left(\underline{\boldsymbol{p}},t\right),t\right]=\underline{\tilde{\boldsymbol{f}}}\left(\underline{\boldsymbol{p}},t\right) \tag{7.66}$$

而边界条件变为：

$$\underline{\boldsymbol{g}}\left(\underline{\boldsymbol{p}},t_0,t_f\right)=\underline{\boldsymbol{x}}(t_0)+\int_{t_0}^{t_f}\underline{\tilde{\boldsymbol{f}}}\left(\underline{\boldsymbol{p}},t\right)\mathrm{d}t=\underline{\boldsymbol{x}}_b \tag{7.67}$$

在通常情况下，上式也可表示为：

$$\underline{\boldsymbol{c}}\left(\underline{\boldsymbol{p}},t_0,t_f\right)=\underline{\boldsymbol{g}}\left(\underline{\boldsymbol{p}},t_0,t_f\right)-\underline{\boldsymbol{x}}_b=0 \tag{7.68}$$

性能指标变为：

$$\tilde{\boldsymbol{J}}\left(\underline{\boldsymbol{p}},t_f\right)=\tilde{\phi}\left(\underline{\boldsymbol{p}},t_f\right)+\int_{t_0}^{t_f}\tilde{L}\left(\underline{\boldsymbol{p}},t\right)\mathrm{d}t \tag{7.69}$$

现在，整个最优控制问题已变成了一个受约束的参数优化问题：

$$\text{最小化：}_{\underline{\boldsymbol{p}}}\quad\tilde{\boldsymbol{J}}\left(\underline{\boldsymbol{p}},t_f\right)=\tilde{\phi}\left(\underline{\boldsymbol{p}},t_f\right)+\int_{t_0}^{t_f}\tilde{L}\left(\underline{\boldsymbol{p}},t\right)\mathrm{d}t \tag{7.70}$$

$$\text{满足：}\underline{\boldsymbol{c}}\left(\underline{\boldsymbol{p}},t_0,t_f\right)=0;\ \text{任意}\,t_f$$

2. 参数变化的一阶响应

求解非线性方程的标准方法就是线性化。为了实现数值求解，必须对目标函数和约束条件进行线性化。

注意偏导数具有如下性质：

$$\frac{\partial}{\partial \underline{p}}(\dot{\underline{x}})=\frac{\partial}{\partial \underline{p}}\left(\frac{\partial \underline{x}}{\partial t}\right)=\frac{\partial}{\partial t}\left(\frac{\partial \underline{x}}{\partial \underline{p}}\right) \tag{7.71}$$ 488

即时间导数的参数雅可比矩阵等同于参数雅可比矩阵的时间导数。因此，我们可以将系统动力学方程 $\dot{\underline{x}}(t)=\underline{\tilde{f}}(\underline{p},t)$ 对各参数进行微分运算，从而可得：

$$\frac{\partial}{\partial \underline{p}}\dot{\underline{x}}(t)=\left[\frac{\partial \dot{\underline{x}}}{\partial \underline{p}}\right]=\boldsymbol{F}(\underline{p},t)\frac{\partial \underline{x}}{\partial \underline{p}}+\boldsymbol{G}(\underline{p},t)\frac{\partial \underline{u}}{\partial \underline{p}} \tag{7.72}$$

其中，常规系统的雅可比矩阵定义如下：

$$\boldsymbol{F}=\frac{\partial \dot{\underline{x}}}{\partial \underline{x}}=\frac{\partial \underline{f}}{\partial \underline{x}} \qquad \boldsymbol{G}=\frac{\partial \dot{\underline{x}}}{\partial \underline{u}}=\frac{\partial \underline{f}}{\partial \underline{u}}$$

现在，对该辅助微分方程进行积分运算，可以计算出终止状态的雅可比矩阵：

$$\frac{\partial \underline{x}_f}{\partial \underline{p}}=\int_{t_0}^{t_f}\left[\boldsymbol{F}(\underline{p},t)\frac{\partial \underline{x}}{\partial \underline{p}}+\boldsymbol{G}(\underline{p},t)\frac{\partial \underline{u}}{\partial \underline{p}}\right]\mathrm{d}t \tag{7.73}$$

在实际应用中，对方程（7.67）中的积分式求微分更直接一些。目标函数同样也可以取微分：

$$\frac{\partial}{\partial \underline{p}}\tilde{J}(\underline{p})=\frac{\partial}{\partial \underline{p}}\tilde{\phi}(\underline{p},t_f)+\int_{t_0}^{t_f}\left\{\frac{\partial}{\partial \underline{x}}L(\underline{p},t)\frac{\partial \underline{x}}{\partial \underline{p}}+\frac{\partial}{\partial \underline{u}}L(\underline{p},t)\frac{\partial \underline{u}}{\partial \underline{p}}\right\}\mathrm{d}t \tag{7.74}$$

这些结论都是莱布尼兹准则的不同表示形式——积分的导数等同于导数的积分。

3. 必要条件

为方便起见，通常将独立变量由时间变成距离。令初始距离 s_0 为零，并将最终距离加到参数向量中，有：

$$\underline{q}=\left[\underline{p}^{\mathrm{T}},s_f\right]^{\mathrm{T}} \tag{7.75}$$

现在，问题可以表示为：

$$\begin{aligned}&\text{最小化：}_{\underline{q}} \quad J(\underline{q})=\tilde{\phi}(\underline{q})+\int_{t_0}^{s_f}L(\underline{q})\mathrm{d}s\\&\text{满足：}\ \underline{c}(\underline{q})=0;\ \text{任意}s_f\end{aligned} \tag{7.76}$$

正如前面已经介绍过的那样，解决该问题需要借助拉格朗日算子。定义哈密顿（在受约束优化问题中被称为拉格朗日函数：

$$\boldsymbol{H}=(\underline{q},\underline{\lambda})=\boldsymbol{J}(\underline{q})+\underline{\lambda}^{\mathrm{T}}\underline{c}(\underline{q}) \tag{7.77}$$ 489

令函数中有 p+1 个参量（包括 s_f 在内）和 n 个约束（边界条件）。约束下最优的必要条件为：

$$\begin{aligned}&\frac{\partial}{\partial \underline{q}}\boldsymbol{H}(\underline{q},\underline{\lambda})=\frac{\partial}{\partial \underline{q}}\boldsymbol{J}(\underline{q})+\underline{\lambda}^{\mathrm{T}}\frac{\partial}{\partial \underline{q}}\underline{c}(\underline{q})=\underline{\boldsymbol{0}}^{\mathrm{T}} \quad p+1\text{个方程式}\\&\frac{\partial}{\partial \underline{\lambda}}\boldsymbol{H}(\underline{q})=\underline{c}(\underline{q})=\underline{\boldsymbol{0}} \qquad n\text{个方程式}\end{aligned} \tag{7.78}$$

这是一组 $n+p+1$ 个联立方程组，$\underline{\boldsymbol{q}}$ 和 $\underline{\boldsymbol{\lambda}}$ 中共有 $n+p+1$ 个未知量。根据方程（3.67）中受约束牛顿法的导数，马上可得如下迭代表达式：

$$\begin{bmatrix} \frac{\partial^2 \boldsymbol{H}}{\partial \underline{\boldsymbol{q}}^2}(\underline{\boldsymbol{q}},\underline{\boldsymbol{\lambda}}) & \frac{\partial}{\partial \underline{\boldsymbol{q}}}\underline{\boldsymbol{g}}(\underline{\boldsymbol{q}})^{\mathrm{T}} \\ \frac{\partial}{\partial \underline{\boldsymbol{q}}}\underline{\boldsymbol{g}}(\underline{\boldsymbol{q}}) & 0 \end{bmatrix} \begin{bmatrix} \Delta \underline{\boldsymbol{q}} \\ \Delta \underline{\boldsymbol{\lambda}} \end{bmatrix} = \begin{bmatrix} -\frac{\partial}{\partial \underline{\boldsymbol{q}}}\boldsymbol{H}(\underline{\boldsymbol{q}},\underline{\boldsymbol{\lambda}})^{\mathrm{T}} \\ -\underline{\boldsymbol{g}}(\underline{\boldsymbol{q}}) \end{bmatrix} \tag{7.79}$$

聚焦信息 7.9　参数化最优控制的牛顿迭代

通过将输入参数化，最优控制问题可以转化为一个受约束优化问题，从而可以使用数值方法进行求解。

确定 $\underline{\boldsymbol{q}}$ 与 $\underline{\boldsymbol{\lambda}}$ 的初始估计值后，每一次迭代都会产生一个新的下降方向。沿该方向可以不断更新这两个量，直到实现收敛为止。

4. 应用实例：使用参数最优控制的路径跟踪

在 7.3.3 节第 2 点的路径跟踪示例中，我们提到过：加上一个积分环节能削弱机器人抄近路的趋势。如果仅仅使用控制域内的前置点，车辆将会直接驶向该点，如图 7-37 所示。

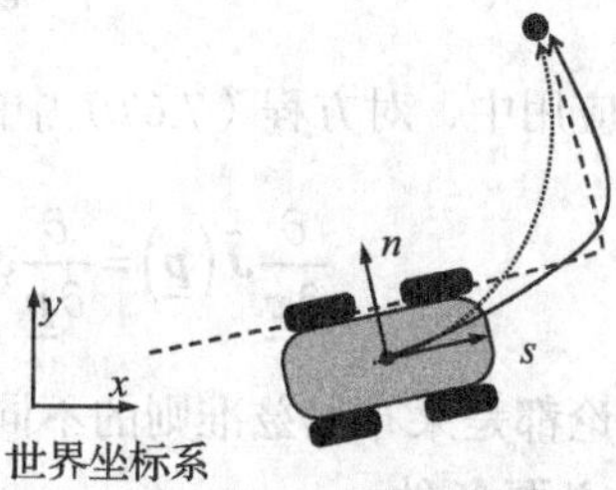

图 7-37　**参数化最优控制路径跟踪。**目标函数中的积分项避免了在目标函数中只有端点代价时产生抄近路（用虚弧表示）的现象。从原理上说，参数化搜索空间允许搜索所有可能的输入——由此获得了与不可行路径（虚线）最接近的结果（实线）

在目标函数中添加一个积分项，便可得到：

$$\boldsymbol{J}\left[\underline{\boldsymbol{x}},\underline{\boldsymbol{u}},t_f\right] = \delta\underline{\boldsymbol{x}}_f^{\mathrm{T}}\boldsymbol{S}\delta\underline{\boldsymbol{x}}_f + \int_{t_0}^{t_f}\delta\underline{\boldsymbol{x}}^{\mathrm{T}}(t)\boldsymbol{Q}\delta\underline{\boldsymbol{x}}(t)\mathrm{d}t$$
$$\delta\underline{\boldsymbol{x}}(t) = \underline{\boldsymbol{x}}(t) - \underline{\boldsymbol{x}}_{\mathrm{path}}(t)$$
$$t_f = L/v$$

该控制公式可以转化为参数化形式，用于求解与期望路径具有最佳匹配效果的任意形状的可行轨迹。它还直接增加了一个（参数化的）速度控制项，来调整机器人运行速度以满足路径跟踪时的时间要求。该速度控制项可以根据三维空间地形信息，以及系统驱动模型来设计。

5. 应用实例：自适应时域路径跟踪

对上述方法可以进行如下改进：在不限制终止时间 t_f 的条件下，利用精确轨迹生成器获
490 得前置点的采样值。然后，用预测时域优化目标函数。该目标函数的设计原则是：在激进的控制策略与因没有尝试主动控制而导致的综合航迹偏差之间进行权衡。

$$\boldsymbol{J}\left(\underline{\boldsymbol{x}},\underline{\boldsymbol{u}},t_f\right) = \delta\underline{\boldsymbol{x}}_f^{\mathrm{T}}\boldsymbol{S}\delta\underline{\boldsymbol{x}}_f + \int_{t_0}^{t_f}\left(\delta\underline{\boldsymbol{x}}^{\mathrm{T}}(t)\boldsymbol{Q}\delta\underline{\boldsymbol{x}}(t) + \underline{\boldsymbol{u}}^{\mathrm{T}}(t)\boldsymbol{R}\underline{\boldsymbol{u}}(t)\right)\mathrm{d}t$$
$$\delta\underline{\boldsymbol{x}}(t) = \underline{\boldsymbol{x}}(t) - \underline{\boldsymbol{x}}_{\mathrm{path}}(t) \quad \text{任意}t_f$$

此例对应的边界条件是函数而不是常量，不过最优控制理论仍然适用于此种情况。该方法的效果如图 7-38 所示。

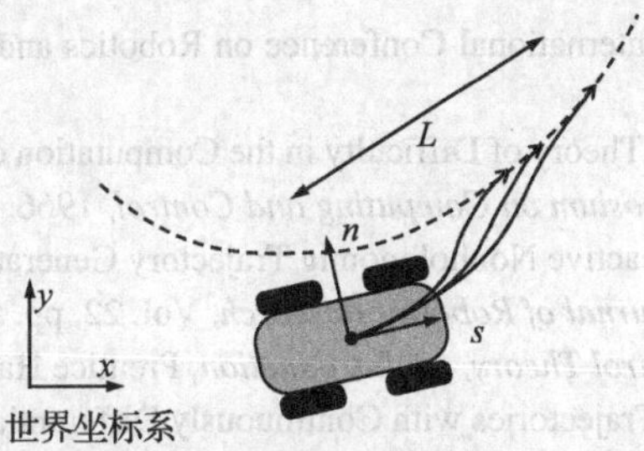

图 7-38　**自适应时域路径跟踪。**对自适应时域的采样被用于目标函数的优化，该目标函数在能量控制强度与综合航迹偏差之间做权衡

6. 应用实例：复杂指令的模型预测跟随

当然在有些情况下，例如在杂乱环境中运行时，目标轨迹由于需要改变方向等原因，在平面中是不连续的。不过，如果把这样的指令序列用时间或距离来参数化时，就不存在不连续问题。假设需要跟随三条因方向改变而被分割开的轨迹（如图 7-39 所示）。

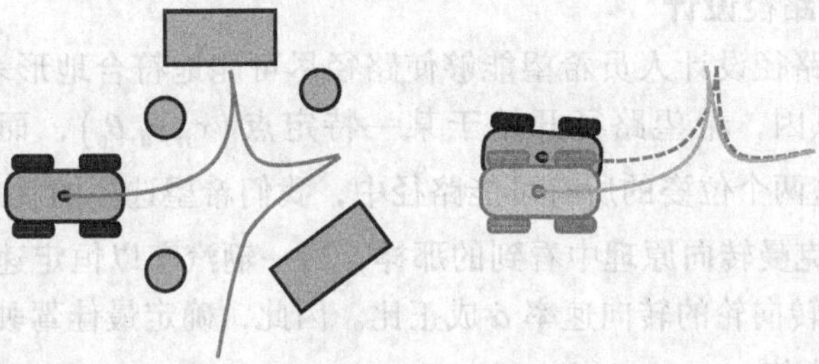

图 7-39　**复杂指令跟随。**（左图）需要复杂的三步操作指令来实现转向，以避开障碍物；（右图）操作指令序列的参数向量相互衔接，以解决复杂问题。控制器正是通过速度的不连续变化来优化响应 491

不同的参数选择产生对应的轨迹，如下所示：

$$\underline{x}(t) = \underline{x}(t_0) + \int_0^{t_1} f\left(\underline{x}, \underline{u}\left(\underline{p}_1, t\right)\right) \mathrm{d}t \qquad (t_0 < t < t_1)$$

$$\underline{x}(t) = \underline{x}(t_1) + \int_{t_1}^{t_2} f\left(\underline{x}, \underline{u}\left(\underline{p}_2, t\right)\right) \mathrm{d}t \qquad (t_1 < t < t_2)$$

$$\underline{x}(t) = \underline{x}(t_2) + \int_{t_2}^{t_3} f\left(\underline{x}, \underline{u}\left(\underline{p}_3, t\right)\right) \mathrm{d}t \qquad (t_2 < t < t_3)$$

通过将三个参数向量连接成一个向量，可以找到最优解。该最优解可评估包括方向变化在内的三个操作指令在执行过程中所产生的误差。

7.3.6　参考文献与延伸阅读

下列参考文献包括了 Bellman 的书，还有 Pontryagin 等人共同著写的原创著作；Bryson 等推出的两本书对最优控制的理论与实践都提供了非常理想的参考教程；本书介绍的有关参数化最优控制的内容直接基于 Kelly 等人的研究；本书也深受 Fernandez 等发表的论文和 Reuter 的研究的灵感启发。

[12] Arthur E. Bryson and Yu-Chi Ho, *Applied Optimal Control,* Taylor and Francis, 1975.
[13] Arthur E. Bryson, *Dynamic Optimization,* Addison-Wesley, 1999.
[14] C. Fernandes, L. Gurvits, and Z. X. Li, A Variational Approach to Optimal Nonholonomic

Motion Planning, IEEE International Conference on Robotics and Automation, pp. 680–685, Sacramento, 1991.

[15] R. E. Kalman, Towards a Theory of Difficulty in the Computation of Optimal Controls, in *proceedings 1964 IBM Symposium on Computing and Control,* 1966.

[16] A. Kelly and B. Nagy, Reactive Nonholonomic Trajectory Generation via Parametric Optimal Control, *International Journal of Robotics Research,* Vol. 22, pp. 583–601, 2003.

[17] D. E. Kirk, *Optimal Control Theory, An Introduction*, Prentice Hall, 1970.

[18] J. Reuter, Mobile Robot Trajectories with Continuously Differentiable Curvature: An Optimal Control Approach, in *Proceedings of the IEEE/RSJ Conference on Intelligent Robots and Systems,* Victoria, BC, Canada, 1998.

[19] R. E. Bellman, *Dynamic Programming,* Princeton University Press, Princeton, NJ, Dover, 2003.

[20] L. S. Pontryagin, V. G. Boltyanskii, R. V. Gamkrelidze, and E. F. Mishchenko, *The Mathematical Theory of Optimal Processes* (translated from Russian), Wiley-Interscience, 1962.

7.3.7 习题

1. 基于变分法的路径设计

为了降低代价，路径设计人员希望能够使路径尽可能地符合地形表面的自然特征。例如，可能出于某种原因，希望路径开始于某一特定点(x_0,y_0,θ_0)，而结束于另一特定点
492 (x_f,y_f,θ_f)。在连接这两个位姿的所有可能路径中，我们希望选择的就是最易于行驶的路径形状。正如我们在阿克曼转向原理中看到的那样，当一辆汽车以恒定速度在马路上行驶时，曲率κ_s的梯度大概与转向轮的转向速率$\dot{\alpha}$成正比。因此，确定最佳驾驶路径的一个方法是，使转向率的积分取最小值：

$$\text{最小化: } \boldsymbol{J}\left[\underline{\boldsymbol{x}},s_f\right]=\int_{s_0}^{s_f}\left(\kappa_s\right)^2\mathrm{d}s$$

$$\text{满足: } \underline{\boldsymbol{x}}\left(s_0\right)=\underline{\boldsymbol{x}}_0;\quad \underline{\boldsymbol{x}}\left(s_f\right)=\underline{\boldsymbol{x}}_f$$

该系统的状态变量为$\underline{\boldsymbol{x}}=\begin{bmatrix}x & y & \theta & \kappa\end{bmatrix}$。请证明：用欧拉－拉格朗日方程优化的最优路段曲线为回旋曲线——其曲率随弧长线性变化。

2. 积分器的最优控制

假设一个一维系统以一定速度（也就是$\dot{x}(t)=u(t)$）由$x(t_0)=0$开始，被驱动到$x(t_1)=1$。对于一个不受任何约束限制的$u(t)$，利用最小值原理，按如下性能评价标准，确定最优控制与最优轨迹：

$$\boldsymbol{J}=\frac{1}{2}\int_{t_0}^{t_f}\left(x^2+u^2\right)\mathrm{d}t$$

7.4 智能控制

本节将开始介绍图1-9中感知自主层的相关内容。智能控制指的是能感知机器人周围环境的控制方法。一旦有了感知周围环境的能力，自然就要求能预测机器人自身与被感知的环境因素之间的相互作用。如同经典控制，智能控制需要考虑动力学知识。像运动规划那样，智能控制需要与预测结合，同时也可能要用到各种搜索方法，以评价不同选项。

显然，智能控制也可以用最优化方法来公式化。从根本上而言，对任何事情，我们都有

多种完成方式可供选择，而每种选择都存在优、缺点。智能控制问题与轨迹生成很像，也可以用相似的方式公式化。不过在智能控制中，我们将把环境因素纳入约束条件与目标函数中。

7.4.1 引言

智能控制是机器人学的一个根本诉求。在这里，我们假设环境仅为部分已知，所以必须在移动过程中对环境进行感知。这些客观因素对智能控制的公式化表述有全局性地显著影响。 493

1. 智能预测控制

实际传感器的局限性以及机器人的运动，需要我们寻求这样一种控制方法：同时具备感知、预测和反应能力。对该结论的基本描述可总结如下：

- 感知：系统必须能够感知，因为机器人必须测量外部环境中的重要信息。
- 预测：机器人的延时和惯性意味着动作的执行需要时间。因此，一旦机器人开始移动，就有必要预测机器人运动可能产生的各种结果，以便正确推断后果。由于类似的原因，也需要预测场景中其他运动物体的行为。
- 反应：因为预测仅在短时间内有效；同时，传感器的测量范围有限，且环境中的物体可能相互遮挡。

机器人只能感知它们当时所处环境，而一旦发生移动，信息将很快过时。机器人对环境的感知频率应该足够高。这样，机器人才能及时了解当前情况并做出反应。

通用智能控制回路。通用智能控制器按顺序执行下列任务：

- 在对运动进行精确预测的前提下，考虑“所有”或多种在空间中穿行的行为选项。
- 对每一个选项，考虑机器人外轮廓与环境中的物体发生接触的可能性。
- 排除那些“确定”或“可能”会引起破坏或导致任务失败的选项。
- 如果还有剩余选项，则从中选择最适合执行的一个，执行并返回第一步。
- 否则，执行预定义的异常行为反应。

很显然，上述过程很容易用模型预测控制（MPC）的形式表示。我们知道，MPC 就是定期执行有限预测的最优控制算法。下一小节将介绍最优控制公式，本节的其他部分将阐释很多应用细节。

2. 最优控制公式

在优化术语里，每种可能的动作（如路径、轨迹、操作指令等）$x(t)$ 都有与之对应的某种相对优点、效用或代价 $\boldsymbol{J}$。例如，相对于温和的转向，猛然刹车需要尽量避免；有些路径可能会通往机器人的目的地，而有些则不然。更为普遍的是，我们可能会基于以下要素对路径进行评估：风险等级、预测的跟随或速度误差，或者与目标位置的接近程度。

也可以用待选运动对硬性约束的满足程度，来作为评估条件。可以把障碍物标记为禁区（禁止区域）$x(t) \notin \boldsymbol{O}$，如果机器人遍历该区域便违反了约束条件。其他重要约束包括运动的可行性（满足 $\underline{\dot{x}} = f(\underline{x}, \underline{u}, t)$），以及无论在任何时候都要保持的侧倾稳定性与偏航稳定性。 494

在简单的公式表示中，可以给每个运动赋予代价 / 功效评分，并将“不与障碍物碰撞”设为约束条件。不过，通常情况下，还有很多其他因素也有必要表示为目标 / 代价函数或者约束条件。在非结构化环境中，可以用区域遍历的代价函数 $L(\underline{x}, \underline{u}, t)$ 来表示障碍，而不是约束。此外，还可以把机器人是否在目标位置 $\underline{x}(t_f)\in \boldsymbol{G}$ 结束运动定义为约束，以此对可选运动进行评估。

1）**最优控制公式**。我们可以将上述描述表示成最优控制问题的形式：

$$
\begin{aligned}
&\text{优化：}\boldsymbol{J}\left[\underline{\boldsymbol{x}},t_f\right]=\phi\left(\underline{\boldsymbol{x}}_f\right)+\int_{t_0}^{t_f}L\left(\underline{\boldsymbol{x}},\underline{\boldsymbol{u}},t\right)\mathrm{d}t\\
&\text{满足：}\underline{\boldsymbol{x}}(t_0)\in \boldsymbol{S} \qquad \underline{\boldsymbol{x}}\left(t_f\right)\in \boldsymbol{G}\\
&\qquad\quad \dot{\underline{\boldsymbol{x}}}=f\left(\underline{\boldsymbol{x}},\underline{\boldsymbol{u}},t\right) \qquad \underline{\boldsymbol{u}}\in \boldsymbol{U}\\
&\qquad\quad \underline{\boldsymbol{x}}(t)\notin \boldsymbol{O}
\end{aligned}
\tag{7.80}
$$

集合 $\boldsymbol{S}$（通常为单个元素）定义了可能的起始状态；$\boldsymbol{G}$ 为目标集合；集合 $\boldsymbol{U}$ 定义了所有的可行输入；而集合 $\boldsymbol{O}$ 是与障碍物发生冲突的状态集合。我们通常只关心路径的形状，因此距离是比时间更加有用的一个参数——以 $\underline{\boldsymbol{x}}(s)$ 表示如下：

$$
\begin{aligned}
&\text{优化：}\boldsymbol{J}\left[\underline{\boldsymbol{x}},s_f\right]=\phi\left(\underline{\boldsymbol{x}}_f\right)+\int_{s_0}^{s_f}L\left(\underline{\boldsymbol{x}},\underline{\boldsymbol{u}},s\right)\mathrm{d}s\\
&\text{满足：}\underline{\boldsymbol{x}}(s_0)\in \boldsymbol{S} \qquad \underline{\boldsymbol{x}}\left(s_f\right)\in \boldsymbol{G}\\
&\qquad\quad \dot{\underline{\boldsymbol{x}}}=f\left(\underline{\boldsymbol{x}},\underline{\boldsymbol{u}},s\right) \qquad \underline{\boldsymbol{u}}\in \boldsymbol{U}\\
&\qquad\quad \underline{\boldsymbol{x}}(s)\in \boldsymbol{O} \qquad \underline{\boldsymbol{u}}\in \boldsymbol{U}
\end{aligned}
\tag{7.81}
$$

这种情况下，目标函数中的积分为线性积分。当路径以离散形式表达时，机器人沿路径运行的效果，通常使用代价求和的方式来评价。上述线性积分就把这种求和的方法与连续优化理论联系了起来。

2）**在目标函数中体现任务**。目标函数的作用是产生适当的行为，同时授予较低层级以权限，来决策所要执行的具体动作。“任务”的不同含义会赋予智能控制器不同层级的权限。有时，目标是使机器人持续沿某一特定路径运行。这样，机器人就有两个选项可供选择——继续前进或者停止运动。目前，工厂中运行的自动导引车（AGV）就以这种方式运行。有时，可能又要求机器人能够调节速度。跟随行为就是这种情况的一个特例。

对于需要机器人尽快返回指定路径的情况，可能就要求它具有避障的能力。有时，可能会要求机器人到达一系列指定的路标（有可能是按顺序排列），但是，会赋予机器人在不同路标间规划路径的所有权利。还有些情况，可能会要求机器人遍历一个区域（例如，割草），
495 甚至寻找、远离或者追赶某物。

3）**多目标**。当希望机器人同时达成多个目标时，就需要一些机制来打破目标之间的关联或从中做出选择。显然，这里可能存在两个目标相互冲突的情况。为了解决此问题，一种方法是对多个目标进行独立评估，并选择一个目标，允许该目标能时刻影响机器人的行为。但这种方法在有限循环中可能会失效，因为当追求第二个目标时，可能会取消已执行的、试图实现第一个目标的工作，反之亦然。

考虑以路径跟随为目标，同时需要避障的情况。如果把“路径通常是安全的”作为已知先决条件，可能就会采用前述构架。该策略的一种简单实现方案是：执行必要的精确路径跟随行为，如果遇到禁区，就以剧烈的反应行为来避开障碍物。

而另一种办法是：把避障行为作为一个不等式约束，即作为一个安全阈值。这样，控制过程在选择效用值最高的行为（路径跟踪）的同时，将在一定程度上兼顾安全性指标

（避障）。

除了冲突，多个目标之间可能会以其他方式相互干扰。例如，避障行为通常会引起很大的路径跟踪误差，这会导致路径跟踪的不稳定或者计算结果不收敛。

7.4.2 评价

本节将研究如何计算被积函数 $L(\underline{x},\underline{u},s)$ 及其在方程（7.81）中的积分。现在，假设该被积函数表示与离散障碍物之间的碰撞代价，或在代价空间中的遍历代价。接下来，令 $\underline{x}(s)$ 表示便于评价障碍物干涉或遍历代价的任意坐标。不论在何种情况下，与机器人在某位置相关的代价，通常取决于机器人在空间中所占的全部体积——因为机器人的任何部分都可能发生碰撞。

对于用二值方式表达的障碍物，$L[\underline{x}(s)]$ 的计算涉及体积（或面积）求交运算：

$$L\left[\underline{x}(s)\right]=\bigcap_{V}\left\{o(x,y,z)\cap v(x,y,z)\right\} \tag{7.82}$$

该运算符号试图表示在机器人的整个体积空间进行求交运算。o 表示障碍物的二值空间，v 指的是机器人本体的二值空间。对于代价空间的情况，$L[\underline{x}(s)]$ 的计算涉及体积（或面积）代价积分：

$$L\left[\underline{x}(s)\right]=\int_{V}c(x,y,z)\mathrm{d}V \tag{7.83}$$

其中 c 表示代价空间。

1. 构型代价

按照字面意义，障碍是对运动的阻碍。它并不一定会使机器人停止运动——而是阻碍其运动。障碍可以是我们熟悉的词汇，例如，台阶、难以攀爬或者不易下行的斜坡；即便没有几何约束，但是冰面或泥泞的地面也会使机器人的驱动变得难以完成；机器人可能难以通过密集障碍区（如遍布茂密树枝），因为此时机器人正面受到与运动方向相反的作用力。 496

尽管把障碍看作一个空间区域会比较方便，但是，机器人与障碍之间相互作用的细节，取决于机器人本体的哪些部位闯入或跨上了障碍：

- 点危险：机器人的任何构成部分都不能越过高度超过 20 英尺（1 英尺 =0.3048 米）的树。
- 车轮危险：车轮不能越过一个洞——但是底盘可以。
- 位姿危险：如果车辆的航向与斜坡的坡度方向垂直，那么它可能存在侧翻的危险，但是如果车辆的航向与斜坡的坡度方向平行（即当车辆沿斜坡上行或下行时），那么它将不会发生侧翻。

尽管我们认识到，障碍表示问题比对区域进行简单的标记要复杂得多，但是，在接下来的讨论中，我们仍然假设该近似有效。

在代价域中，构型代价的基本计算可以用体积积分，体积积分有时也被称为代价卷积。在计算中，必须考虑机器人本体的宽度和长度尺寸（如图 7-40 所示）。更一般地来看，高度尺寸也很重要，因为在工厂、库房、林区以及家庭（如餐桌）等环境中，都存在悬空的突出障碍物。

当所处环境已知且静态时，可以在机器人车辆离线状态下，对代价域进行预先卷积计算，以便提高实际使用效率。

2. 状态代价

很多需要避免的危险情况并不仅仅由车体位姿决定。例如，翻车的趋势与横向加速度相关，而与障碍物的碰撞作用力至少跟速度有关。为了更准确地表达代价函数 $L(\underline{x},\underline{u},s)$，本节将其考虑为全部状态 $\underline{x}$ 的函数。

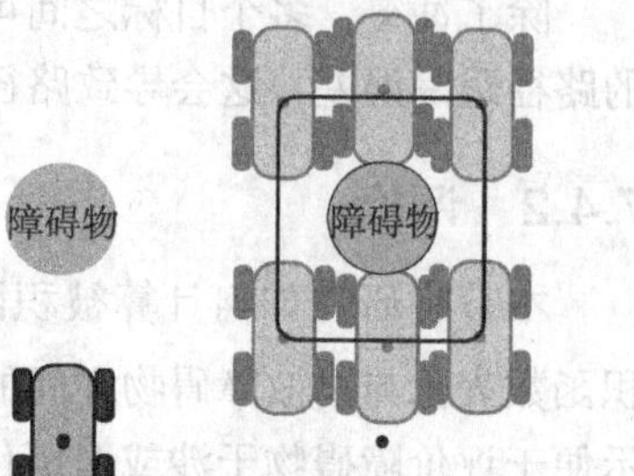

图 7-40　**代价卷积。** 因为机器人都会占据一定体积，所以相对而言，它与障碍物发生相互作用时的参考点覆盖区域大于障碍物

1）**与状态相关的危险类型。** 比障碍更一般的概念是危险。危险是使机器人可能无法完成任务的任意情形或运动状态。它包括：

- 失控：当车辆打滑，失去偏航角速度控制能力时，就发生了偏航失稳。当上陡坡而牵引力不足或下陡坡而刹车失灵时，车辆就会出现滑移。
497
- 离地：沿纵向轴（滚转）或横向轴（俯仰）的倾覆可能暂时或永久性地使车体失去车轮驱动力。飞离地面会引起车轮彻底离地。托底是指悬架与路面的接触，这可能造成车轮永久离地。车辆前轮陷入洞中（负障碍）也会引起托底。
- 丧失牵引力：潮湿或结冰的路面会引起车轮异常打滑。淤陷区是指机器人有意或无意地驶入，之后却无法自行离开的区域。
- 碰撞：与障碍之间的相互作用会导致车辆的损毁。车轮可能会在正面或侧面发生碰撞。车辆的正面、侧面以及悬架也有可能与物体发生碰撞。
- 风险：未经评估的情形也有风险，因为它们是未知的。驶上未经探测和充分标记的地形是一种冒险的行为。

2) **危险空间。** 尽管用标量表示障碍代价很容易，但是复杂的环境和灵活的操作可能需要一种更加精确的方法。很多情况下，多种危险会同时出现。在某瞬时，计算机器人处于某状态的代价必须同时综合考虑多种因素。因此，定义一个多维危险空间是有用的，该危险空间中的每一个轴与某一特定的危险状况相对应。

如图 7-41 所示，我们可以想象当车辆在任务空间中运动时，某一特定危险向量的端点将扫过危险空间。

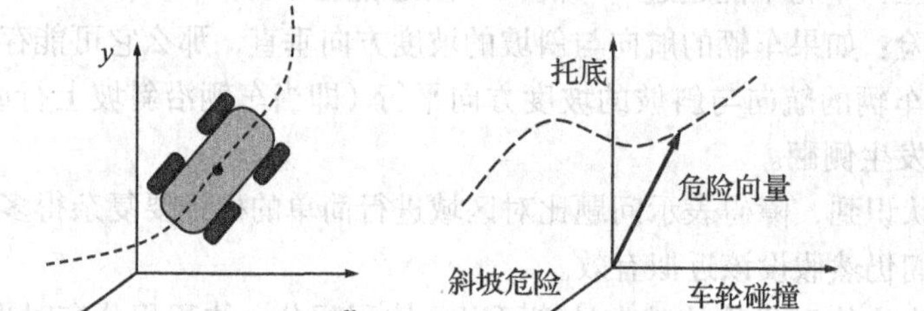

图 7-41　**状态危险空间的映射。** 任意状态的空间轨迹都会引发一个相关的危险空间轨迹

3）**统一危险单位。** 为了使在不同轨迹间进行选择这件事有意义，设计者需要确定一个统一的单位系统，使其或多或少能与环境条件的恶劣程度相对应。在有些情况下，可能存在

公认的幅值度量单位。例如，可以合理地认为当俯仰角为 20° 时，其严重性是俯仰角为 10° 时的两倍，30° 则是可以允许的俯仰角上限。在有斜坡的情况下，必要时可以用稳定裕度来表示加速度的附加影响。

一旦危险空间中所有维度的单位都归一化，那么危险向量的长度就变得非常有意义。统一维度单位的最终目的，是在各种不同可能中做出正确的选择。例如，如果 20° 的俯仰角比车辆悬架与地形表面之间存在 5cm 的间隙更恶劣，那么机器人应该选择有托底风险的路径，而不是穿越有斜面的路径。 498

3. 路径代价

一旦沿某条轨迹或路径的所有构型和状态都有对应的代价，就可以用最优控制公式沿轨迹或路径长度的积分来计算它们的代价。

聚焦信息 7.10 路径代价

候选路径的代价计算可归结为对代价域 $L(\underline{\boldsymbol{x}},\underline{\boldsymbol{u}},s)$ 的线积分：

$$J\left[\underline{\boldsymbol{x}},s_f\right]=\phi\left(\underline{\boldsymbol{x}}_f\right)+\int_{s_0}^{s_f}L\left(\underline{\boldsymbol{x}},\underline{\boldsymbol{u}},s\right)\mathrm{d}s \tag{7.84}$$

方程（7.84）中的第一项表示轨迹末端的位置代价，这可能是通往最终目标的剩余路径的估计代价。

为了生成正确的行为，整个空间中的代价必须一致。这样，才能够实现机器人主动选择正确行为的目的。最终，$L(\underline{\boldsymbol{x}}(s))$ 表示单位距离的代价，它可能是以能量或风险为单位，并且与所处的状态 $\underline{\boldsymbol{x}}(s)$ 有关。如果某路径的平均代价是 $L=11$，那么系统甚至会选择一条平均代价为 $L=1$ 的 10 倍长度的路径来代替短路径。

4. 用于目标和约束的模型

为了计算一条路径的代价，我们需要计算位于路径上的每个点（状态、构型）的代价。评价约束的有效性也需要考虑如何将机器人构型纳入计算模型。为了进行计算，需要对环境和车辆进行建模。这些模型可用在目标函数和约束条件的表达式中（如表 7-2 所示）。

表 7-2 模型应用

	用于生成运动的特性	用于约束的特性	用于目标函数的特性
车辆模型	状态（用于运动预测）	车辆体积（用于碰撞约束）	能耗，车轮打滑，机动性
环境模型	地形或机械特性	障碍物体积（用于碰撞约束）	接近障碍物

7.4.3 表达

本节将介绍在智能控制器中，计算目标函数和约束条件所需的数学表达方法。智能控制器需要将场景信息，转化为能够实现有效决策的公式表达。将原始环境传感器信息转化成为场景模型，属于感知系统的任务范畴。感知系统的相关内容将在本书的第 8 章介绍。在本节中，我们将使用由感知系统生成的环境模型，与车辆状态和运动的数学表达相结合，来评价候选运动的相对优点及可选运动的风险。 499

1. 运动的数学表达

在智能控制中，需要用特定的数据结构来表达运动，以便对其进行评价。本节将介绍这部分涉及的一些重要内容。

1）**运动约束**。有些运动约束，例如有限曲率或者曲率变化率，可以在运动学上表示为：

$$\left|\kappa(s)\right| < \kappa_{\max} \qquad \left|\dot{\kappa}(s)\right| < \dot{\kappa}_{\max} \tag{7.85}$$

但很多时候，运动约束只能表示为微分方程的形式，因为它们不能被积分：

$$\underline{\dot{x}} = f\left(\underline{x}, \underline{u}, t\right) \tag{7.86}$$

有时，为了便于计算，会对运动施加一些人为的限制条件。例如，对于差动转向机器人，控制器可能只搜索直线和转向点。满足这些约束条件的路径被称为可行路径，而其他路径则被称为不可行路径。

2）**路径和轨迹的数学表达**。有时我们会区分以时间和空间来参数化的运动表达。我们称 $\underline{x}(t)$ 为轨迹，而 $\underline{x}(s)$ 为路径。至少有两个选项可以表达运动：分别是历史输入 $\underline{u}(t)$ 或相关状态轨迹 $\underline{x}(t)$。选择每一种表达形式都可以列出一长串理由。其中，历史输入是最基本的一种，因为从本质上说，它总是可行的；而状态轨迹则比较方便在世界坐标系中表示。其他选择都是这两种选项的特殊情况。曲率 κ_k 序列只是历史输入 $\underline{u}(t)$ 的采样，而网格或路标 $\left(x_k, y_k\right)$ 的有序序列都是 $\underline{x}(s)$ 的采样形式。

3）**运动表示的简洁性与完整性**。简洁又完整的路径表示是很有价值的。简洁的表示不仅可以使处理器与计算机的通信数据量最小，而且可以形成一种机制以向控制器提供更多的信息，而不仅仅是当前的预期输入或状态。例如，为了实现最优化，预测控制器需要知道未来轨迹。简洁的运动表示也可以使处理效率提高，因为更改路径只需要修改更少的内容。

有些情况下，将轨迹的数学表达离线存储也是非常重要的。对于 AGV 而言，回旋曲线、直线和圆弧都是常见的轨迹形状库。复杂的形状总是可以用一系列较为简单的曲线近似代替，但是如果能用单一的基本元素表达更多的任意运动就更具优势（如图 7-42 所示）。

当用轨迹来做规划时，如果所用的数学表达能表示所有可行运动时，对最优解的搜索才
500 是一个完整搜索。如果表达不完整，则有可能导致行为不智能。例如，在避障中（一种短期规划形式），对安全轨迹的搜索在理想情况下必须包含所有可能运动（如图 7-42 所示），否则在某些特殊场景下控制器有可能找不到显而易见的解决方案。

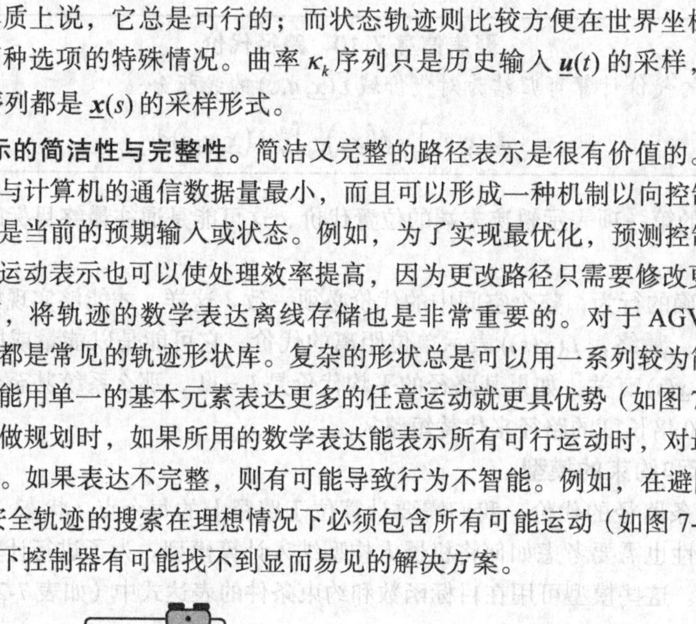

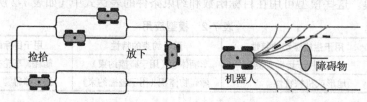

图 7-42　**路径表示的简洁性和完整性**。（左图）AGV 导引线可以表示为一系列轨迹而不是大量点或位姿的集合；（右图）避障并保持在道路上的问题可以解决——但是它的解并不在由弧线构成的空间中，而只有复合的转弯（先向左转，然后向右转）才能起作用

对于一辆汽车，曲率多项式是转向输入的简洁且（几乎）完整的数学表达实例。速度或加速度输入可以用类似的方式表示。

2. 构型的数学表达

代价计算有时需要知道车辆所占的体积或面积大小。当环境已知且为静态时，可以用代价域或覆盖某特定坐标范围的区域或子集，来表示障碍物。这样，就可以提前计算机器人与障碍物的体积交集，从而降低障碍干涉的计算代价。

一个对象的构型是对象上各点在期望固定参考坐标系中的位置描述。构型空间或 C- 空

间指对象的所有构型空间。通俗来讲，C-空间[22]可以被看作一个能够完全确定机器人构型的广义坐标集合。

1）**C-空间障碍**。在运动规划与控制中，C-空间经常被与工作空间作比较。工作空间仅仅是三维笛卡儿坐标系中所有的点构成的空间。一辆车可以表示为C-空间中的一个构型点，而在工作空间中这辆车则占据一定体积，这就是两者最关键的区别。在概念上，可以检查C-空间中每个点的对应构型是否与障碍物冲突，如果存在冲突，那么就将该点定义为一个C-空间障碍的组成部分。这样做就将评价一个体运动问题转化为评价一个点运动问题。这样，就可以把优化问题表述为在C-空间中的路径属性，而不是在任务空间中扫过的体积。

2）**C-空间维度**。一般情况下，确定机器人构型所需的变量数量就是C-空间的维度。为了获得C-空间的维度：

- 首先将构成目标的每个刚体的空间自由度的数量相加；
- 然后，施加关节约束和接触约束（包括地形跟随）。 501

而在具体形式上，径向对称性会影响各质点位置的确定，但是它们不会影响机器人扫掠体积的计算或障碍干涉检查。因此，在存在径向对称的情况下，坐标系的实际维度会小于C-空间的维度。例如，车轮的旋转角与它是否和物体碰撞无关，因此不管车轮转角的大小是多少，它所占的体积不变。该降维空间称为*体积C-空间*（如图7-43所示）。

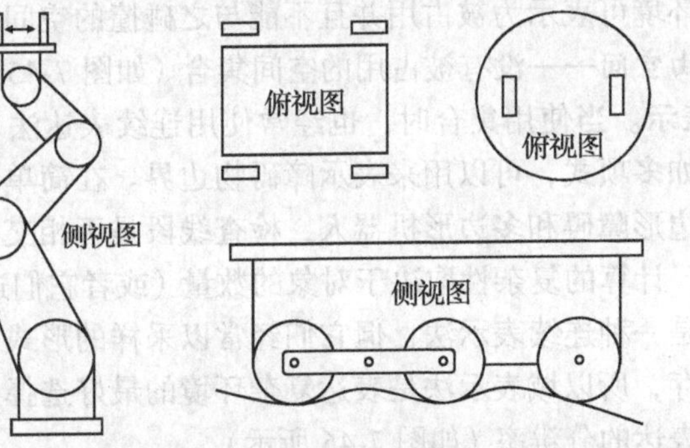

图7-43 **体积C-空间的维度**。由于关节和对称性，需要通过一定的分析来确定体积C-空间的维度。从图中的机械手顺时针方向看，确定上述4个机器人的构型，需要的维度分别为5、3、2和5

路径碰撞检查的计算复杂度与体积C-空间的维度和障碍的复杂度都有关。因此，有时用近似的对称形状（比如圆形）来模拟机器人，可以减小空间维度。

3. 环境表示

如果选定了候选路径上的一个点作为研究对象，并且机器人构型也确定了，那么，在计算代价时接下来需要考虑的就是环境模型了。本节将介绍如何设计数学表达，来表示环境中被占用位置的代价。评价环境的数学表达设计优劣的一些比较重要的依据包括：代价和空间维度的动态范围、内存需求、干涉计算效率和代价梯度信息的有效性。

1）**集合和域的表示**。首先需要做一个最基础和重要的选择：将环境的各种相关信息表示为集合（例如，区域或目标物体）还是域。集合表达形式将把标签或索引映射到空间区域，例如“障碍”。通常，代价（或二元障碍标志）以显式或隐式的形式与每个区域相关联，并且代价在该区域中是一致的。集合中的元素可以是以点值或区域值的形式表示，但是无论用何种方式，如果要计算机器人与环境的体积交集，都必须能够推算出集合中每个元素的位置和形状。形状信息可以记录为体积或边界。当环境结构简单时，集合表示法效率会很高。例如，障碍物及其位置和半径的简单列表可以有效地表示运动物体。

相反，域表达法将空间中的点映射到标签或直接映射到代价。这种表示方法使用覆盖空间范围的栅格（数组）数据，其中每一个元素记录了代价以及其他可能有用的信息（例如，高度）。空间中的每一
502 个点都有一个相关的代价或标签（如图 7-44 所示）。当需要以高分辨率表达一个较大区域时，栅格表示法可能需要大量的内存。

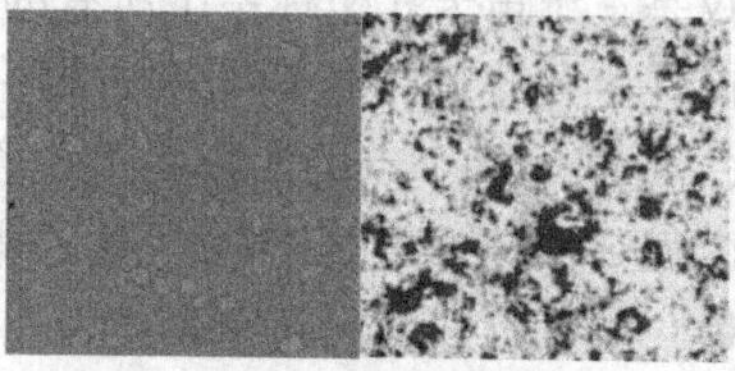

图 7-44　**集合与域的表示**。左图：一组多边形障碍物可以存储为一系列“边”的列表；右图：一个标量代价域可以用一个数组存储

2）**形状表示**。对于机器人和空间中的离散对象（例如家具），一般使用外部边界表示（B-reps）法，而不用基于内部特性的区域（体积）表示法。毕竟，大多数传感器都是测量物体表面。当体积有交集时，边界不可能没有交集，所以这两种表示法都可以用来做干涉检测。在运动仿真规划中，贯穿深度与体积干涉的作用相同，都可以衡量备选运动的可接受程度。

3）**障碍与自由空间**。计算碰撞（形状干涉）所需的最基本的信息是体积信息。不管使用体积还是表面区域，最好是将障碍物或自由空间以显式表示，而其余部分以隐式表示。在占用空间表示法中，环境可表示为被占用并且不能与之碰撞的空间子集。有时，最好既表示占用空间，又表示自由空间——没有被占用的空间集合（如图 7-45 所示）。

4）**采样与连续表示**。当使用集合时，也经常使用连续表达法表示对象。举例来说，一系列的简单曲线，比如多项式，可以用来表示障碍物边界。在简单环境中，连续表达法非常有效，例如，对于多边形障碍和多边形机器人，检查线段是否相交，可以有效进行碰撞检测
503 计算。在该表示法中，计算的复杂性取决于对象的数量（或者它们边界的边数）。

尽管域在概念上是一种连续表示法，但它们经常以采样的形式表达。由于复杂环境的连续表示会占用过多内存，所以域表示法是表达复杂环境的最好选择。在这种情况下，计算复杂度通常取决于环境表达的分辨率（如图 7-46 所示）。

图 7-45　**占用和自由空间的双重表示**。不同情况下选用不同的表示法，效果会更加理想

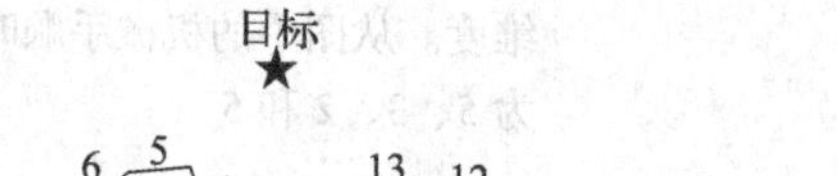

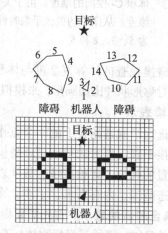

图 7-46　**连续表示与采样表示的比较**。上图：检查线段相交的速度很快。下图：边界在常规数组中表示为被占用的单元格

5）**层级结构与四叉树**。在采样表示中，计算复杂度取决于分辨率，于是，引导我们考虑只有在必要时才表示具体细节。减少内存占用的一种有效方法是被称为四叉树的分层网格（三维空间中是八叉树）。四叉树是一种树状数据结构，其每一个节点上有四个子区块。树的节点表示分为已填充、未填充和部分填充三种情况。每个层级中，只有部分填充的节点才会包含对其进行详细表示的子节点（如图 7-47 所示）。

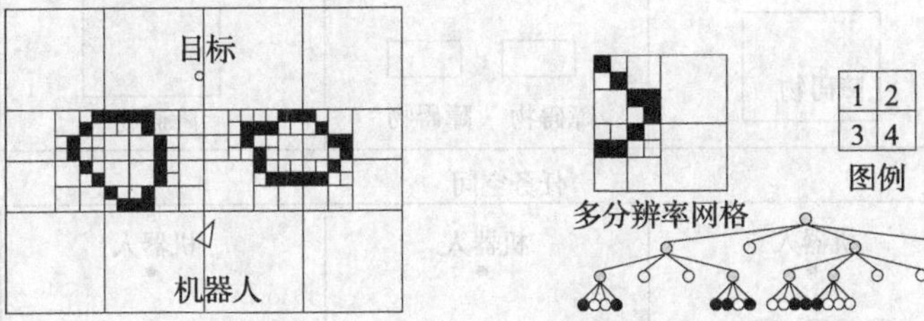

图 7-47　**四叉树表示**。（左图）如图 7-46 所示，其中完整的网格共需要 24 × 36=864 个单元格，而使用这种方法只需要 8+5+13+21=47 个单元格。（右图）四叉树由包含已填充、未填充以及部分填充单元的树构成。只有部分填充的单元才有子节点

4. 派生的空间表示

在确定了几何形状或代价信息的基本数学表达之后，就可以派生出其他的有用信息。这样做的目的是一次就把派生信息计算出来，而不是在每次碰撞检查时都计算。

1）**势场**。势场作为一种特殊的向量场，也被称为位场或梯度场。目标位置产生引力，而障碍产生斥力[21]，可以这样推导出障碍势场。控制可以根据当前位置（即沿梯度方向）的势场推导出来。在势场引起的虚拟力的作用下，点会沿着势场梯度的指向运动。

近似场将到任意障碍边界的最小距离与空间中的每个点相关联。位于障碍物内部的点可以设为负值。这种情况下，沿着梯度方向运动，将使一个点远离碰撞（如图 7-48 所示）。 504

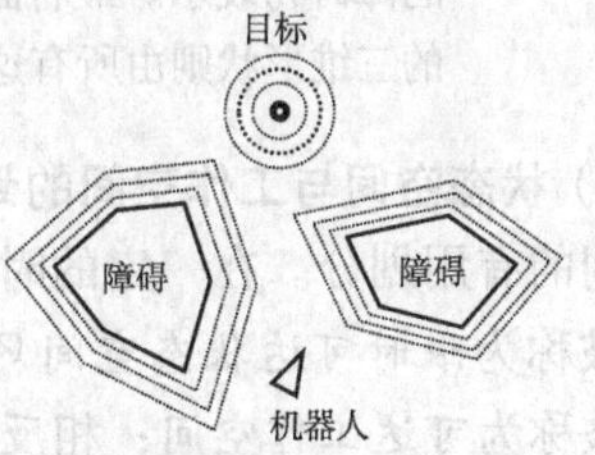

图 7-48　**势场和近似场**。目标点的吸引势场和起始点的排斥势场，可以引导一个点向目标运动。此外，到最近的障碍物表面的距离可以用作另一个派生的排斥势场，其梯度方向将引导点避开障碍物

导航函数[23]是一个特殊场，它的梯度始终指向到目标的最优解的方向。这些都是很多运动规划算法的副产物。

2）**沃罗诺伊（Voronoi）图**。沃罗诺伊图（可参见图 10-11）作为一种空间分割算法，是另一种有用的派生表示法[24]。它可以看作一个由近似场的局部极小值形成的子空间。沃罗诺伊图中的点是两个或多个障碍物间的等距点，它们不会离任何障碍物更近，因此在某种意义上，这些点构成了通过空间的最安全路径。

3）**C- 空间障碍**。当环境是已知的静态环境，并且障碍物以离散形式表示时，环境中障碍物的边界可以离线变换为 C- 空间中的等效障碍物边界。

对于位于障碍物边界上的每一个点，计算可能与该点发生接触的每个机器人构型。这些构型点的集合就构成 C- 空间障碍物边界（如图 7-49 所示）。

所有这些点的集合形成相应的 C- 空间障碍物边界。C- 空间障碍物综合反映了机器人形

状和障碍物形状的特性。在 C- 空间中，可以通过查询机器人基准点是否位于 C- 空间障碍物内部，来检测碰撞。

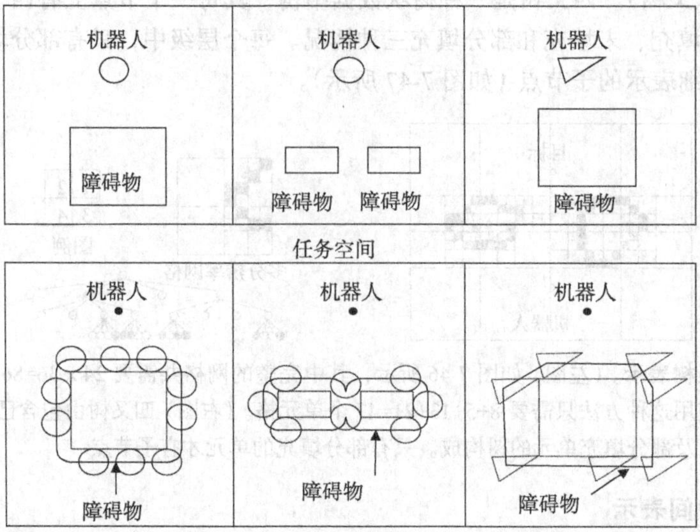

图 7-49　**C- 空间障碍物**。对已知给定的机器人与障碍物，通过某种滑动接触可以获得 C- 空间的障碍物表示。最右面是 C- 空间中，机器人航向取某个定值时的切面；而 C- 空间中的三维形状则由所有这些切面的集合构成

4）**状态空间与工作空间的划分**。与 C- 空间中的障碍表示法类似，也存在状态空间和工作空间的有用划分。在一定的时间长度内，至少能用一个输入函数 $\boldsymbol{u}(t)$ 到达的所有状态的集
505 合，被称为*限时可达状态空间*[25]。在工作空间中，车辆的某一部分可以到达的所有点的集合，被称为*可达工作空间*；相反，工作空间中无法避开的点的集合被称为*确定工作空间*；而上述两个集合之间的差为*可回避工作空间*。可回避工作空间中的障碍物可以避开，而那些位于确定工作空间中的障碍物是无法避开的。

例如，对汽车而言，在零曲率初始状态且前进速度非常低的情况下，如果转向是唯一可行的避障轨迹，上述的这些区域如图 7-50 所示。

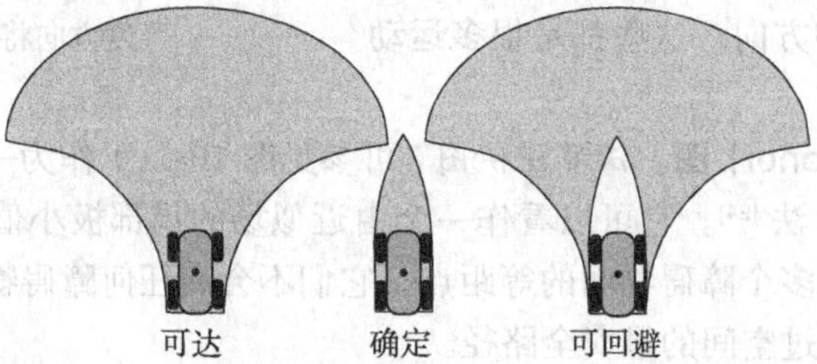

图 7-50　**确定运动与工作空间的划分**。（中图）车辆一定会通过确定区域内的点；（左图）在所有可能的预测情况下，车辆的某一部分都会经过这个空间；（右图）可回避区域内的点仍然可以避开，也就是说，至少存在一种选项可使车辆不经过这个空间

对所有可能的避障轨迹，包括后退，原则上都可以画出这样的示意图。从避障问题的角度看，就是要保证确定工作空间中的所有区域都不与障碍物相交。

与此相关的概念是状态空间中的不可避免碰撞区。它是机器人所有初始状态的一个集合，从该集合中的任意状态出发，必然导致机器人进入障碍物区域[26]。为了计算不可避免碰撞区，需要对障碍物上的所有点，求解系统关于时间的后向微分方程，来确定所有可能的控制都会导致机器人与某障碍物碰撞（产生交集）的那些状态。

5）**将风险和不确定性纳入表达式**。在系统中考虑不确定性，通常会提高系统的性能，而且可以在数学表达中有限地纳入不确定性。不确定性的部分来源包括：

- 危险评价不准确；
- 机器人相对于障碍物的定位不正确；
- 运动控制可能没有达到预期目的。

上述因素暗示的意思是，如果预测离障碍越近，风险就会越高。降低风险的可能方法包括：在连续代价域中评估碰撞时，有意放大机器人的尺寸；把工作空间或 C- 空间中的二值障碍区域等效放大，也可以实现相同的目的；可以对代价域滤波，使代价函数以相似的方式模糊化。由于姿态误差、车轮滑转等因素导致的空间不确定性的幅值大小，可以用前面介绍的方法进行预测。 506

7.4.4　搜索

正如前面讨论的，智能控制问题的解仍然是一个从多种选项中选取最优项的过程。本节将考虑如何在实际应用中计算有效解的问题。

在理想情况下，搜索过程应考虑到所有选项，但是因为搜索空间是一个连续域，所以在有限时间内这样做是不可行的。典型的做法是，对任意搜索过程生成一系列离散样本，然后在全部约束条件下对所有样本进行测算，计算出其对应的目标函数的值。设计该采样过程时，需要考虑很多因素。

1. 采样、离散化和松弛法

使所有的可能轨迹空间可视化的一个方法是：考虑所有可能输入 $\underline{\boldsymbol{u}}(t)$ 的空间。实际使用中，搜索该函数空间的方法包括：离散采样和参数化；而松弛法无论是单独使用或结合采样，都非常有效。

1）**输入离散化与参数化**。首先考虑输入的离散化，并假设输入是曲率和速度。假设对目标函数向后计算 40 个时间步 Δt，离散后的信号幅度分为 10 个等级。如果对输入信号的时间导数不存在任何约束限制，那么仅仅对于曲率信号幅度，就会有 10^{40} 个不同的值；速度信号幅度也存在同样数量的值。为了体会这个数字有多大，可以试想一下：宇宙的年龄为 434×10^{15} 秒。即使把相邻时间的幅值变化限制在一个等级内，仍有 $10\times3^{39}=405\times10^{16}$ 个不同信号。很显然，这种离散化处理方式只适用于较少的时间步和信号等级。

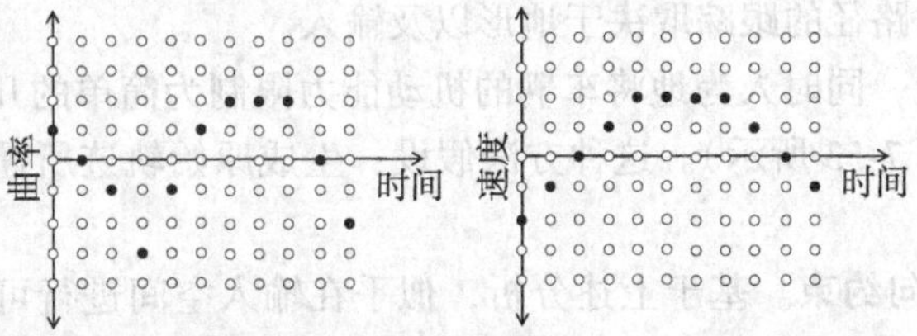

图 7-51　**输入离散化**。如果将时间和信号幅值都离散化，那么差异信号的可能数目将会非常大

而用于参数化处理中的大量选项可以按照样条曲线或其他常用曲线来获得。确定某信号

拟合曲线参数的一个简单方法是：使用它们的泰勒级数近似估计输入信号，并在级数的系数空间中进行搜索。该方法在之前介绍轨迹生成时曾经使用过。通过将系数离散化，可以生成所需要的曲线样本。

2）**采样与松弛法**。采样方法的优势是，最终解不必然收敛到同样的局部极小值；但是
507 当障碍物分布密集或目标函数有很多局部极小值时，采样法的效率会非常低。相反，路径松弛法可以利用梯度信息进行更为高效的搜索，但是只能找到最近的局部极小值。在复杂应用场景中，对多个初始估计进行采样，然后提供给松弛法程序计算，是一个好的方法。

2. 约束排序

在人工智能中，当搜索过程中需要满足多个约束时，可以用*排序启发规则*来确定以什么顺序施加约束。在有些情况下，一种顺序可能要比另一种更高效。通常，首先施加极限约束会更高效，因为它仅需一步而不是两步就排除了更多的选项。

在智能控制中，由于同样存在多种约束的情况，所以也需要求解类似的问题。两种最常见的约束是可通过性（避障）与可行性（满足动力学模型）。如果按顺序施加这些约束，那么存在两种选择：

- 寻找可通过路径，然后再检查可行性。
- 寻找可行路径，然后再检查可通过性。

上述顺序关系到如何选择表示运动方案的坐标系。在输入空间中可以很容易找到可行轨迹，而在状态空间中可以很容易找到可通过轨迹。

1）**搜索坐标**。在状态空间 $\underline{\boldsymbol{x}}(t)$ 中构建轨迹，然后尝试计算与之对应的输入 $\underline{\boldsymbol{u}}(t)$，这个过程并不总是那么容易，有时甚至是不可能实现的。输入 $\underline{\boldsymbol{u}}(t)$ 往往并不存在，因为状态空间的可行子空间相对比较小（如图 7-52 所示）。

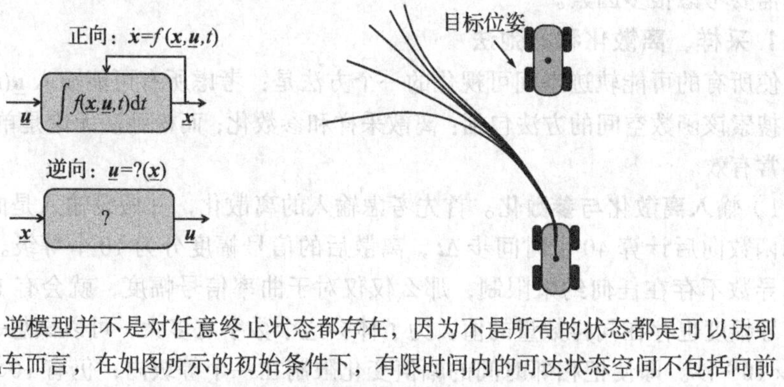

图 7-52　**逆模型**。逆模型并不是对任意终止状态都存在，因为不是所有的状态都是可以达到的。对汽车而言，在如图所示的初始条件下，有限时间内的可达状态空间不包括向前行驶，因为方向盘（转向柱）的转动也需要时间

一般而言，车辆对路径的跟踪取决于地形以及输入。

如果车辆移动缓慢，同时人为地将车辆的机动能力限制为简单的几何基元时，动力学有时可以忽略不计（如图 7-53 所示）。这种方法假设：生成原始轨迹所需的输入能够达到足够
508 的精度。

2）**环境约束与导向约束**。基于上述分析，似乎在输入空间进行可选项的采样是一个好办法，因为可行性是一个强限制性的极限约束。不过，有时在状态空间中表示的某些特定约束，比动力学可行性甚至具有更强的限制性。当机器人跟踪道路（或任意形状的指定路径）移动时，只搜索与公路保持一致的轨迹会很有效，因为在输入空间中均匀抽样可能只能得到

很少、甚至没有合适的选项[27]。这种方法能聚焦于搜索并减少无效计算。

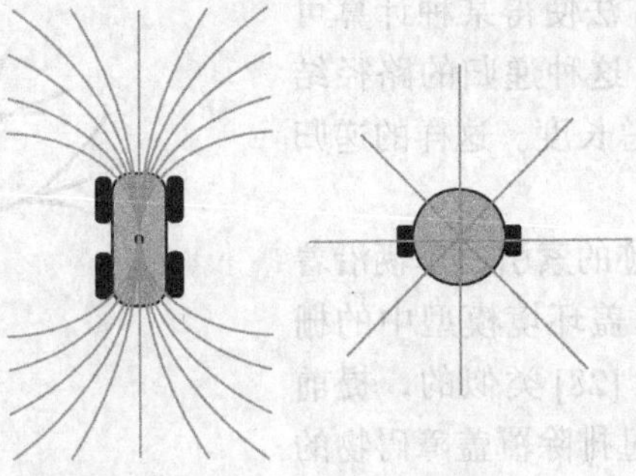

图 7-53　**在状态空间中表示可选运动**。几乎所有的车辆都可以考虑仅采用圆弧轨迹驱动。采用差速转向的车辆可以利用原地转向和直线运动的组合运行

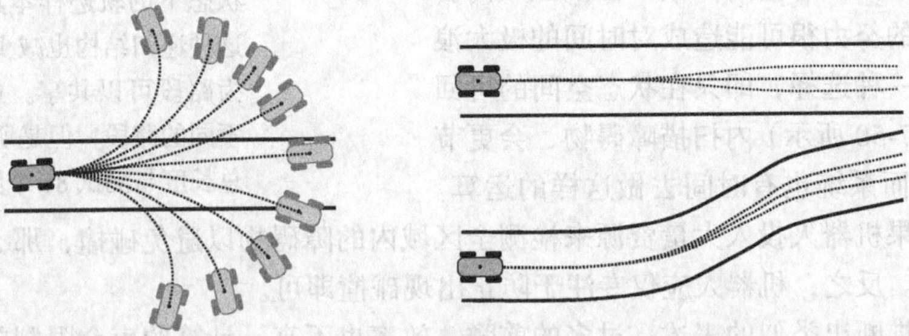

图 7-54　**路径约束**。有时，为了遵从或利用环境结构而人为限制可操作性是有价值的。右图：按曲率均匀抽样不会产生有效路径；左图：对道路上的端点进行采样产生了多条有效的可选路径

该搜索可以这样进行，首先在道路上沿前进方向以等距离抽样，然后使用轨迹生成器计算系统动力学模型的逆解。因为道路是按驾驶需要设计的，所以在这种情况下，存在解的可能性很大。

道路或路径可以被认为是在状态空间中表示的先验引导信息，同时，也可能存在其他形式的引导信息。例如，由全局路径规划器提供的导航函数。在这种情况下，可采用类似的方法，沿着导航函数的梯度方向进行路径采样（如图 7-55 所示）。

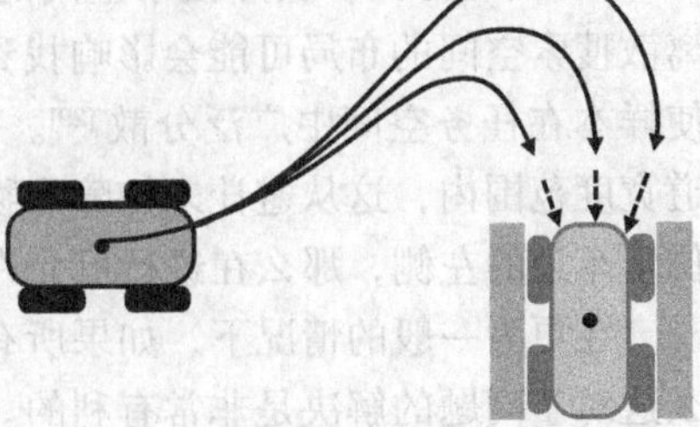

图 7-55　**导航函数导向**。该走廊十分狭窄，最终使得只有那些终端位姿在一个很小的区域范围内的 509
轨迹，才能使车辆通过

3. 高效搜索

只要搜索被组合约束高度限制，例如路径约束、复杂环境或动力学约束的组合，能够满足所有约束条件的轨迹数量会越少，此时，搜索的效率的重要性就越突出。虽然上述讨论尝试在本质上能够满足约束条件的子空间中进行搜索，但是可用于加速搜索过程本身的其他方法却相对较少。

1）**降低效果**。下述几个观点可以说明情况并不如图 7-51 所示的那样糟糕。首先，随着输入频率的提高，任何实际系统的频率响应都会导致不同的输入产生几近相同的输出，因此，在某些点进行更多的采样并没有什么意义，至少在输入空间表示时是这样。其次，环境的表示分辨率总是有限的，因此没有明显差异的轨迹将有可能产生相同的结果。再次，真正

的最优解通常并不是必需的，当找到一个足够理想的解时，搜索过程便可以终止。

2）**计算重用**。有一些方法使得某种计算可重复使用。如图 7-56 所示，这种递归的路径结构可以大大减少待测轨迹的总长度。这样的递归结构也适用于动态规划。

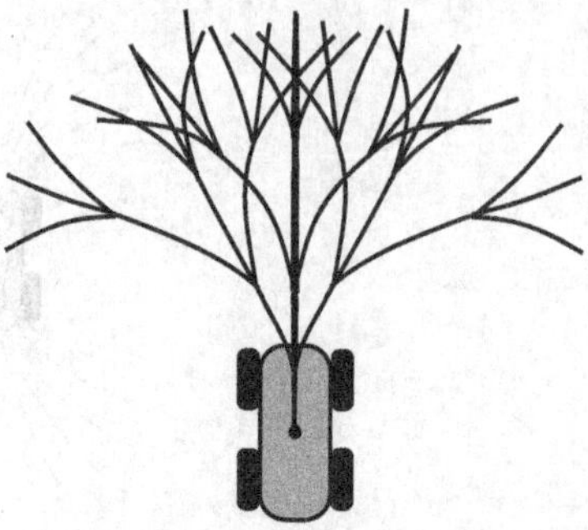

图 7-56　**递归输入离散化**。深度和分支数均为 3 的输入树，构成了零初始条件状态下的轨迹样本集合。请注意，这种递归结构也减少了计算量，因为路段可以共享。虽然只有 39 个不同的路段，但是所有不同路径的总长度与测试 81 个路段等效

另一种方法记录所有轨迹的索引，车辆沿着这些轨迹运行扫过的痕迹覆盖环境模型中的栅格。这一想法使用了与文献 [28] 类似的，提前计算好的查找表。于是，通过排除覆盖障碍物的轨迹，就可以在环境模型中搜索出可通过轨迹。

3）**探索确定运动**。如果要求机器人以高速通过指定的大范围状态空间区域，在该区域内尝试搜索障碍物的努力很可能造成对时间的极大浪费。如果有另一种选择，即只在状态空间的可回避区域（如图 7-50 所示）内扫描障碍物，会更节省计算资源，而系统也有时间去做这样的运算。换句话说，如果机器人投入大量资源来检测全区域内的障碍物以避免碰撞，那么反而可能会
510
导致碰撞发生。反之，机器人应仅专注于防止出现碰撞即可。

我们可以推断出类似的表述：过多的前瞻，效率也不高。计算约束会限制前瞻性，即在空间或时间中向前延伸预测的程度。只有紧迫的危险才必须进行评估，而不那么迫切的危险可以在以后再行评估。因此，只需要在某一特定有限时域内，扫描可回避区域即可。

4. 搜索空间设计

在智能控制中得到的所有测试样本总体构成搜索空间。本节将介绍一些其他的对比权衡和一些可取的特性。

1）**相互分离**。实际搜索空间的连续性导致了这样的结论：完全搜索是不可能的，但是离散搜索空间的布局可能会影响找到允许解的可能性。在缺少任何其他信息的情况下，最好使样本在任务空间中广泛分散[29]。例如，如图 7-54 所示，样本按一定的间距均匀分布在车道宽度范围内，这从避让未知障碍物的观点上来看，效果是最优的。相反，如果所有样本都位于车道的左侧，那么在进行可允许性测试检查时，该位置的障碍将会排除所有选项。

在更为一般的情况下，如果所有样本都分布在满足所有约束条件的运动空间范围内，那么这对于问题的解决是非常有利的。对于前面介绍的在道路上运行的示例，这很容易使用轨迹生成器实现。当不存在这样的引导约束时，如图 7-56 所示出搜索空间，与等效数量的恒定曲率指令相比，提供了一种更为理想的选择。终端姿态具有三个自由度，而一段圆弧只有两个自由度，因此车辆的最终航向完全取决于最终位置。换句话说，如果成功避开障碍物的唯一路径是 S 形曲线，那么在基于圆弧的搜索空间中可能永远也无法找到。

2）**完整性**。在足够高的频率情况下，对圆弧线进行测试看起来似乎是一种行之有效的搜索方法，因为任何曲线都可以通过短圆弧得到很好的近似。然而，因为车辆运行的动量，要求其轨迹在未来的一段时间内也是安全的。无法确保沿一条不安全轨迹运行了一半的过程中，随后能够发现另外一条安全轨迹（如图 7-57 所示）。

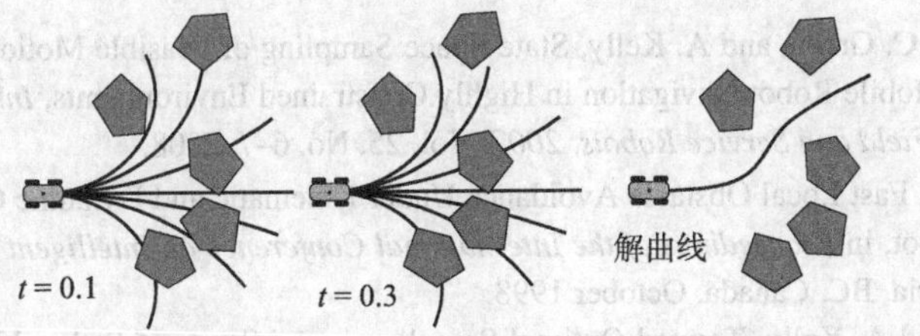

图 7-57 **不完全搜索**。尽管存在 S 形曲线解，但是通过快速搜索圆弧的方式并不能生成该解。(左图) 没有一条圆弧线在车辆的整个轨迹长度范围内是完全安全的，因此车辆减速停下来；(中图) 再次搜索，在它的整个轨迹长度范围内仍然不存在安全的圆弧线；(右图) 如果在初始搜索空间中存在 S 形曲线，那么它将被选中执行 511

3）**用鲁棒持久性控制不确定性**。由于未建模延迟、其他模型误差或各种干扰因素等的存在，使控制不可能得到完美执行。因此不能很好地预测未来的机器人状态，因此，如果搜索空间相对稀疏且随着时间的推移缺乏持久性，那么具有较小误差容限的解很有可能将会在未来的搜索空间中消失（如图 7-58 所示）。

这个问题未必像看起来那样严重。虽然机器人行驶通过狭窄走廊所需承担的风险是一定存在的，但是将搜索空间固定于地面，而不是机器人上的简单装置将可以产生想要的持续解。每一次新的搜索迭代都从最近的预期状态，而不是从实际状态开始。当根据实际的机器人位置生成轨迹时，控制错误被忽略，且搜索空间也移动到一个新的位置；当根据机器人的预期位置生成轨迹时，初始控制误差便不为零，且较低层级的控制会继续尝试，以试图排除那些导致误差出现的干扰因素。使用该方法的一种特殊情况就是，一旦机器人靠近，便根据如图 7-56 所示的搜索空间中的下一个分叉点，重新对路径进行规划。

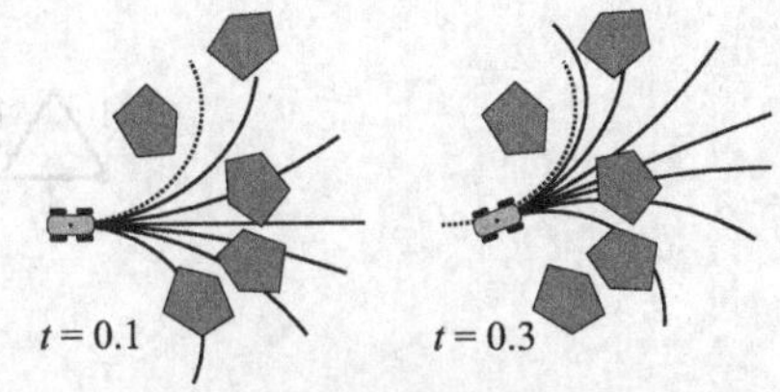

图 7-58 **非鲁棒控制**。在第二次迭代中，车辆已经漂移到预定路径的右侧。基于机器人实际姿态得到一组新的测试轨迹集合，其中已不再包含解

实现鲁棒性的另一个方法是松弛法。如果初始搜索空间可以发生轻微变形以避开障碍物，便很有可能会重新生成一个更为早期的解。

7.4.5 参考文献与延伸阅读

本章内容参考并引用了如下所示的参考书目和相关的论文等文献资料：

[21] O. Khatib, Real-Time Obstacle Avoidance for Manipulators and Mobile Robots, *IEEE International Conference on Robotics and Automation,* Vol. 5, No. 1, pp. 90–8, 1985.

[22] T. Lozano Perez, Spatial Planning: A Configuration Space Approach, IEEE *Transaction on Computers,* Vol. 100, No. 2, 1983.

[23] E. Rimon and D. E. Koditschek, Exact Robot Navigation Using Artificial Potential Functions, *IEEE Transaction on Robotics and Automation,* Vol. 8, No. 5, pp. 501–517, 1992.

[24] H. Choset, and J. Burdick, Sensor-Based Exploration: The Hierarchical Generalized Voronoi Graph. *The International Journal of Robotics Research,* Vol. 19, pp. 96–125, February 2000.

[25] P. Soueres, J.-Y. Fourquet, and J.-P. Laumond, Set of Reachable Positions for a Car, IEEE *Transactions on Automatic Control,* Vol. 39, No. 8, pp. 1626–1630, 1994.

[26] S. M. LaValle and J. J. Kuffner, Randomized Kinodynamic Planning, *International Journal Robotics Research,* Vol. 20, No. 5, pp. 378–400, May 2001.

[27] T. Howard, C. Green, and A. Kelly, State Space Sampling of Feasible Motions for High Performance Mobile Robot Navigation in Highly Constrained Environments, *International Symposium on Field and Service Robots, 2007.* Vol. 25, No. 6–7, 2008.

512 [28] C. Schlegel, Fast Local Obstacle Avoidance Under Kinematic and Dynamic Constraints for a Mobile Robot, in *Proceedings of the International Conference on Intelligent Robots and Systems,* Victoria, BC, Canada, October 1998.

[29] C. Green and A. Kelly, Toward Optimal Sampling in the Space of Paths, *13th International Symposium of Robotics Research,* 2007.

7.4.6 习题

1. 构形空间

根据如下图所示的两个多边形，请绘制出构形空间障碍。假设其中位于左侧的多边形是移动的，而位于右侧的多边形处于静止状态。使用左下角点作为三角形的代表点，请给出用于描述 C- 空间障碍的多边形的每条边的边长；将三角形旋转 90° 后，再重复上述步骤。

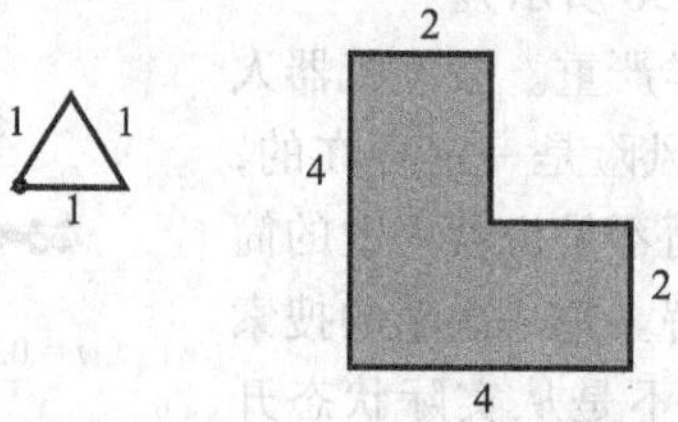

2. 路径分离

使用你最喜欢的电子表格或编程环境，要求证明：避障的成功性取决于搜索路径的相互分离。请基于如下所示表格中的回旋曲线参数，生成两组长度为 10m 的 9 条路径：

表 1　圆弧

	1	2	3	4	5	6	7	8	9
a	−0.2	−0.15	−0.1	−0.05	0.0	0.05	0.1	0.15	0.2
b	0.0	0.0	0.0	0.0	0.0	0.0	0.0	0.0	0.0

表 2　回旋曲线

	1	2	3	4	5	6	7	8	9
a	−0.2	−0.2	−0.13	−0.05	0.0	0.05	0.13	0.2	0.2
b	0.0	0.05	0.0	0.0	0.0	0.0	0.0	−0.05	0.0

对于每一组路径，在 $0<x<10$ 并且 $-7.5<y<7.5$ 的范围内，在随机位置生成 50 个单位半径大小的障碍，并确定在每一组的 9 条路径轨迹中，是否至少存在一条不与任何障碍物相交的路径轨迹？对于每组路径做 10 次，并记录在随机障碍物区域中找到一条安全路径的平均成功率。请绘制出这些路径集合，以观察它们之间存在的区别，并试着解释你所得到的
513 结论。

第 8 章 感 知

本节主要介绍用于实现感知自主层的理论，其概念在第 1 章有粗略介绍。感知是在观测的基础上理解环境的过程，也通常是一个模型构建的过程。本节依次对模型进行解释、完善或扩展。虽然定位技术使机器人的移动成为可能，但是环境感知能够使系统对外界激励产生智能响应——即便环境与所有预设情况都不同。通常，只有基于感知，机器人才能自然地表现出足够智能的行为。在第 10 章，我们将发现对未来的预测有时也很有必要。

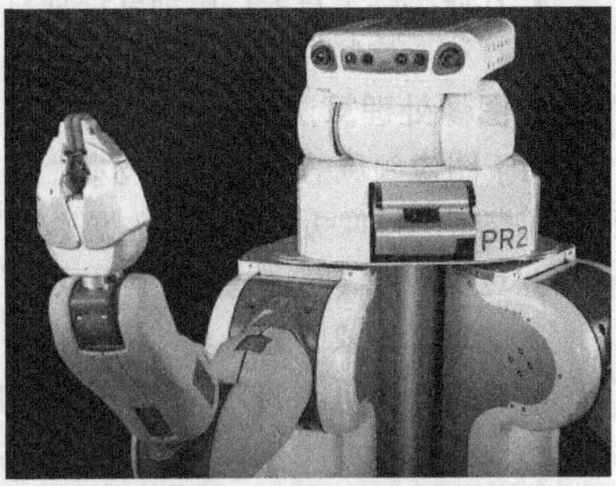

图 8-1　Willow Garage 公司的 PR2 机器人。PR2 机器人主体部分安装了一台激光雷达，头部安装有一套结构光系统，前臂处安装有摄像头，手指位置也安装了传感器

感知是一个快速发展的领域，因为该技术在机器人学之外也得到了广泛应用。由于篇幅所限，而且现在已经有很多专注于感知的教科书，所以本章只介绍最基本、最适用于移动机器人的感知内容。 514

8.1 图像处理算子与算法

感知与状态估计有很多共同之处。区别仅在于状态估计用于估计机器人状态，而感知估计用于估计环境。状态估计倾向于处理随时间变化的信号，而感知则往往处理随空间变化的信号。

状态估计通常会用到下面几种数学工具：

- 运动学：表达机器人固体坐标系之间，或者机器人与其相对运动物体之间的运动变换关系。
- 概率与统计：表示不同输出结果的发生概率。
- 移动参考系：为了认知理解和利用惯性传感器的数据。

机器人感知至少要用到前两种数学方法，此外，还要利用信号处理来抑制噪声、增强图像边缘、匹配和校准信号以及其他很多工作。

从数学角度看，图像是一个关于图像坐标的场——从向量到标量或向量的映射。灰度图像可以用图像强度函数 $I(x, y)$ 表示；彩色图像可以用向量值颜色函数 $\boldsymbol{I}(x, y)$ 表示；而深度图像可以用距离函数 $R(x, y)$ 表示。摄像头和成像测距传感器可以被配置为一维或二维信号的形式，但通常不使用一维摄像头。当然，在上述所有情况中，信号里的位置坐标 (x, y) 和幅值 I（或 R）都是离散量。

8.1.1　计算机视觉算法分类

有大量计算机视觉算法在移动机器人中得到了很好的应用，但是本书无法对其一一介绍。在本书中出现的算法分为以下三类：

- 图像处理：对像素进行操作，而不关心它们代表什么意义。图像处理算法往往在像素或像素窗口的级别上直接对原始输入数据进行运算，包括在图像中创建和处理任意几何形状。
- 计算机视觉几何：专注于推断几何形状和运动、构建模型或地图的算法。这些算法侧重于理解空间位置关系、场景中物体的定位以及传感器和物体之间的相对运动。
- 计算机视觉语义：识别或推理自然物体或场景要素，以及试图理解或解释场景内容的算法。这些算法倾向于利用人工智能与机器学习等技术来实现物体识别与场景理解。

1. 图像处理算法

用于图像领域的信号处理技术，通常被称作图像处理。我们主要处理外观数据（源自各种不同类型的摄像头）或几何数据（源自图像测距传感器）。部分重要算法包括：

515
- 边缘检测（高通滤波）：提取图像数据的空间导数，以这种方式找到的“边缘”通常能定义对象的边界。
- 平滑（低通滤波）：滤除图像中的“噪声”，该操作对于那些对噪声敏感的算法非常有用。
- 图像分割：提取出图像中的连接区域，这些区域通常对应着场景中的对象。
- 特征检测：提取线、感兴趣点、角点等特征信息，这些特征可用于表示房间内的（任意）路标、角点等，对位置估计和校正非常有用的信息。
- 光流：近似表示图像中部分或全部像素的速度。

本章的后续部分将对这些算法进行详细介绍。

2. 计算机视觉几何

计算机视觉几何算法在最基本的图像处理之上，做进一步的处理。其部分重要算法包括：

- 形状推理：尽管有很多方法可用于形状推理，但目前最重要的算法还是计算机立体视觉。
- 特征跟踪：跟踪图像间的点、线、角点等的位置变化，来推测表观运动。
- 视觉里程计：当传感器在基本静止的场景中运动时，特征跟踪可用来推测传感器运动。
- 从运动恢复结构（SFM）：此算法可以同时推断形状和运动。当用摄像头作传感器时，视觉里程计和 SFM 很相似。

第9章将对这些算法进行详细介绍。

3. 计算机视觉语义

计算机视觉算法在基本的图像处理和计算机视觉几何之外，再进行一些额外的处理。它往往包括先验知识、复杂的概率模型或搜索过程，或两者兼有。一些重要的算法包括：

- 像素分类：将每一个像素分配到例如道路、岩石、灌木、草地、黄色油漆等的“类”中，显然这对路径跟踪时的道路选择、避障时的障碍物识别都非常有用。
- 对象检测：搜索场景以探测指定对象的一个或多个实例。

- **对象识别**：为多种目的对对象进行分类或标记，对象类型可以是人、其他机器人、垃圾或者路标等。
- **障碍物探测**：根据通行难度或对车辆运动的阻碍程度，对场景中的物体或区域进行分类和评估。
- **位置识别**：基于先前的经验标记传感器位置。
- **场景理解**：解释场景中的内容或行为，以提取其中的语义信息。

第 9 章将对大多数的这些算法进行详细介绍。 516

8.1.2　高通滤波算子

接下来将回到上一小节介绍的第一个大类别——图像处理算法，并讨论边缘和特征检测、滤波以及图像分割等专题。

*高通滤波算子*能增强信息中的高频信号，并抑制低频信号。当高频信号是我们关注的主要信息时，就要用到高通滤波。但如果噪声中也包含高频信息时，那么噪声也会被高通滤波算子放大。

1. 一维空间的一阶导数

一阶导数能辨别出图像数据的局部变化。如果某区域中的点属于某个信号或图像中的一维轮廓，我们就称该区域为*边缘*。在实际应用中，信号处理通常指处理离散信号，因此求导算子采用*有限差分算子*的形式。

对于任意信号 $y(x)$，其*前向差分算子*与*后向差分算子*不同，比较如下：

$$\left.\frac{\mathrm{d}y}{\mathrm{d}x}\right|_{\mathrm{fwd}} \sim \frac{y(x+\Delta x)-y(x)}{\Delta x} \qquad \left.\frac{\mathrm{d}y}{\mathrm{d}x}\right|_{\mathrm{bwd}} \sim \frac{y(x)-y(x-\Delta x)}{\Delta x} \tag{8.1}$$

*中心差分算子*定义为前向差分算子与后向差分算子之和的一半：

$$\left.\frac{\mathrm{d}y}{\mathrm{d}x}\right|_{\mathrm{cen}} = \frac{1}{2}\left[\left.\frac{\mathrm{d}y}{\mathrm{d}x}\right|_{\mathrm{fwd}} + \left.\frac{\mathrm{d}y}{\mathrm{d}x}\right|_{\mathrm{bwd}}\right] = \frac{y(x+\Delta x)-y(x-\Delta x)}{2\Delta x} \tag{8.2}$$

该算子及其他算子，可以用作用于图像中的每个像素点的标量加权数组来可视化（如图 8-2 所示）。

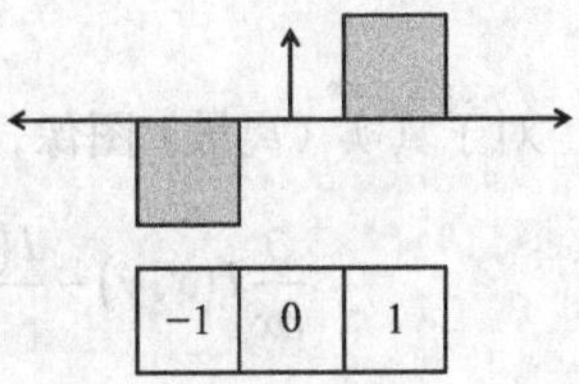

图 8-2　**中心差分掩膜**。利用中心差分掩膜可以计算图像中的每一个像素的梯度

2. 图像掩膜算子

标量加权向量（或数组）$\boldsymbol{m}(x)$ 有多种称谓，如*模具*、*模板*、*内核*或*掩膜*。我们可以把掩膜简单地看作另一个标量场。有些时候，掩膜甚至也可能是其他信号或图像。在一阶导数的情况下，掩膜算子是从基本数学算子推导出的抽象信号。一阶导数掩膜是一个 1×3 的数组。在后面，我们会遇到其他大小的数组，比如 3×3 。掩膜的大小被称为*模板*。在通常情况下，掩膜或函数的模板指的是非零区域的大小。 517

对指定像素应用该算子的过程，就是对离散信号 $y(i)$ 处处执行*向量点积运算*：

$$y'(i) = \sum_{k\in\{-1,0,1\}} m(k)\,y(i+k) \tag{8.3}$$

在信号 $y(i)$ 中，对掩膜为 1×3 的数组算子，由信号位置 $i-1$、i、$i+1$ 组成的区域被称为信号 i 的*邻域*。将掩膜作用到像素的邻域时，每个掩膜都暗含一个默认条件——掩膜的每个单元都与图像中的特定像素相关联。

对于二维掩膜，则执行矩阵的点积运算——元素与元素相乘，然后将所有乘积相加。如果将掩膜中的所有权重都归一化处理，使权重和为 1。此时，输出信号的幅值与输入信号相当。否则，就可能需要对输出信号进行二次滤波，以调整输出比例。有时，如果输出比例与信号自身相关，则也需要做二次滤波。

当在实现过程中，需要用输出信号覆盖输入信号的存储内容时，必须注意：一定要避免在输入正在使用的过程中就对其进行覆盖操作。实现这项目标的一种常用方法就是将输出信号存储在一个单独的数据结构中，直到所有的输入信号都处理完毕为止。

3. 应用实例：一维测距数据的一阶导数

如图 8-3 所示，是一个激光雷达提供的高度数据，该传感器稍微向下指向有人行道的城市道路。

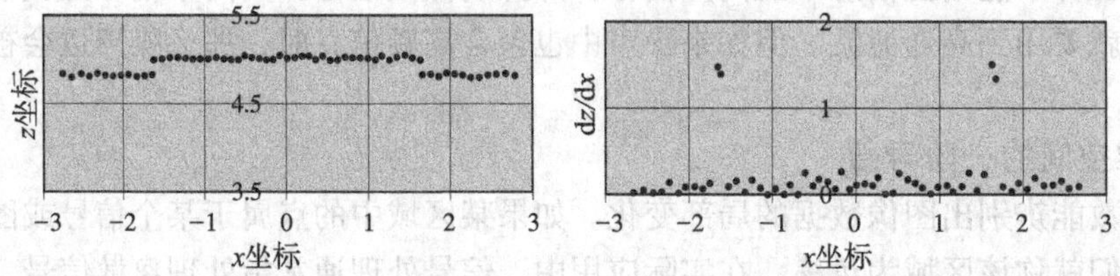

图 8-3　**道路边缘探测**。由于 1.0cm 的噪声干扰远低于 10cm 的测距数据边缘，所以测距数据的下降及随后的上升都很容易发现。（左图）路面高度；（右图）导数幅值

自动城市公交可能希望通过该信息来判断人行道上是否有行人。测距数据的边缘指明了人行道高于路面的位置，根据边缘就可以探测出人行道。对右图所示的测距数据，使用中心差分方法可以从中探测出各边缘。显然图示道路的宽度大约为 3.6 个单位长度。

4. 二维光强数据的一阶导数

对二维图像，任意一点光强 $I(x, y)$ 的梯度可由如下向量表示：

518
$$\nabla I(x,y)=\frac{\partial}{\partial x}I(x,y)\hat{i}+\frac{\partial}{\partial y}I(x,y)\hat{j} \tag{8.4}$$

对于真实（离散）图像，可以对每个分量应用有限差分来近似该算子：

$$\frac{\partial}{\partial x}I(x,y)\sim\frac{I(x+\Delta x,y)-I(x,y)}{\Delta x}\quad\frac{\partial}{\partial y}I(x,y)\sim\frac{I(x,y+\Delta y)-I(x,y)}{\Delta y} \tag{8.5}$$

梯度图像可以理解为一个导数图像，可以用 $\partial I(x, y)/\partial x$ 和 $\partial I(x, y)/\partial y$ 这两个分量图像可视化表达。或者用一个幅值图像和一个角度图像来表达。对二维图，一个著名的中心差分算子是索贝尔（Sobel）算子。如图 8-4 所示给出了一个实例。

索贝尔算子是一个 3×3 模板，它生成一个向量值输出。更复杂的边缘检测算法 [10] 会搜索梯度方向上一阶导数的局部最大值。下一节我们将介绍另一种图像边缘检测方法。

5. 一维数据的二阶导数

二阶导数的作用至少体现在两个方面。当二阶导数为零时，一阶导数（边缘）取局部最大值（或最小值）。此外，信号的二阶导数包含了除均值（偏差）和均值线性偏差（标度）之外的所有信息，所以该算子生成的图像在一定程度上具有光照不变性。

−1	0	1
−2	0	2
−1	0	1

$\frac{\partial}{\partial x} I(x,y)$

1	2	1
0	0	0
−1	−2	−1

$\frac{\partial}{\partial y} I(x,y)$

图 8-4　**索贝尔算子**。索贝尔算子或许是最简单实用的边缘检测器。右图是厨房场景的索贝尔算子输出。输出图像的每个像素是输入图像中对应像素的近似梯度幅值。图像中出现的垂直边缘可用于定位

对离散信号，可以用二次差分来计算二阶导数，即一阶差分的差分。基于之前的定义，二阶导数可以表示如下：

$$\frac{\mathrm{d}^2 y}{\mathrm{d}x^2} \sim \frac{1}{\Delta x}\left[\left.\frac{\mathrm{d}y}{\mathrm{d}x}\right|_{\mathrm{fwd}} - \left.\frac{\mathrm{d}y}{\mathrm{d}x}\right|_{\mathrm{bwd}}\right] \tag{8.6}$$

上式可以进一步展开为：

$$\begin{aligned}\frac{\mathrm{d}^2 y}{\mathrm{d}x^2} &\sim \frac{1}{\Delta x}\left[\frac{y(x+\Delta x)-y(x)}{\Delta x} - \frac{y(x)-y(x-\Delta x)}{\Delta x}\right] \\ \frac{\mathrm{d}^2 y}{\mathrm{d}x^2} &\sim \frac{y(x+\Delta x)-2y(x)+y(x-\Delta x)}{(\Delta x)^2}\end{aligned} \tag{8.7}$$

上式可以表示为一个 1×3 的掩模向量 [1　−2　1]（如图 8-5 所示）。 519

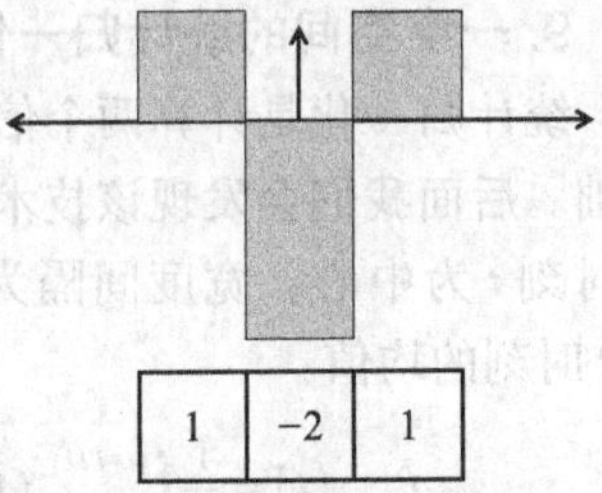

图 8-5　**二阶差分掩膜**。在信号中处处应用二阶差分掩膜，可计算 x 方向的二阶导数

6. 大模板的二阶导数

请注意，一阶求导算子是一个左负右正的奇函数；而二阶求导算子为偶函数，其三个峰值中，两端为正，中间为负。掩膜算子的大小可以任意定义，而它们通常不是奇函数就是偶函数。大模板的二阶求导算子可以看作从一个宽高斯中减去一个窄高斯，即高斯差（如图 8-6 所示）。

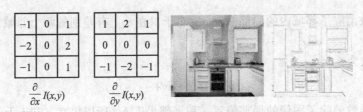

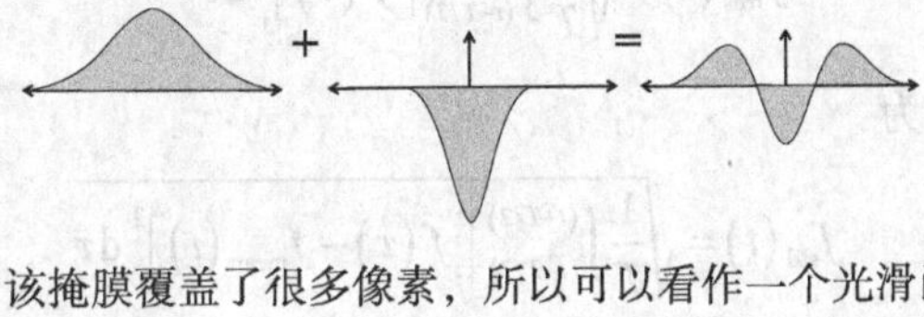

图 8-6　**高斯差分核**。该掩膜覆盖了很多像素，所以可以看作一个光滑函数。它可以在宽高斯范围内执行二阶求导

7. 导数用于强鲁棒的图像比对

注意到，如果在领域原点对 $y(x)$ 进行泰勒级数展开：

$$y(x) = a + bx + \frac{1}{2}cx^2 + \frac{1}{3!}dx^3 + \cdots$$

那么，其一阶导数为：

$$y'(x) = b + cx + \frac{1}{2}dx^2 + \cdots$$

因此，一阶导数消除了邻域内的局部偏置 a。对于仅在 a 上有差别的两个邻域，它们的一阶导数相等。

其二阶导数为：

$$y''(x) = c + dx + \cdots$$

520 因为二阶导数消除了图像的局部偏置 a 和局部尺度 b，所以仅在 a 和 b 上不同的两个邻域有相同的二阶导数。这在比对两个光强不同的图像块时非常有用。

8. 二维平面的二阶导数

一些多维空间的二阶导数非常重要。首先，考虑一个空间标量信号 $z(x,y)$ 的海瑟矩阵，如下所示：

$$\frac{\partial^2 z}{\partial \underline{x}^2} = \begin{bmatrix} \partial^2 z / \partial x^2 & \partial^2 z / \partial x \partial y \\ \partial^2 z / \partial x \partial y & \partial^2 z / \partial y^2 \end{bmatrix} \tag{8.8}$$

该矩阵的迹被称作拉普拉斯算子（标量）。对空间标量信号，它也被定义为：

$$\nabla^2 z = \frac{\partial^2 z}{\partial x^2} + \frac{\partial^2 z}{\partial y^2} \tag{8.9}$$

该算子可以看作两个二阶差分核的代数和，而这两个二阶差分和以相互垂直的角度作用在中心像素上。该算子对应的掩膜如图 8-7 所示。

0	1	0
1	−4	1
0	1	0

图 8-7 **拉普拉斯掩膜**。在图像的每个位置应用该掩膜，可计算图像中任意像素的海瑟矩阵的迹，也被称为拉普拉斯算子

9. 一维空间的统计归一化

统计归一化是计算两个信号之间归一化相关性的基础。后面我们会发现该技术对信号匹配很重要。在以时刻 t 为中心、宽度间隔为 T 的区间内，求信号 f 在 t 时刻的均值：

$$f_{\text{mean}}(t) = \frac{1}{T} \int_{(t-T/2)}^{(t+T/2)} f(\tau) \mathrm{d}\tau \tag{8.10}$$

该信号在此间隔内的均方根为：

$$f_{\text{rms}}(t) = \sqrt{\frac{1}{T} \int_{(t-T/2)}^{(t+T/2)} \left[f(\tau) \right]^2 \mathrm{d}\tau} \tag{8.11}$$

信号的标准偏差定义为：

521 $$f_{\text{std}}(t) = \sqrt{\frac{1}{T} \int_{(t-T/2)}^{(t+T/2)} \left[f(\tau) - f_{\text{mean}}(t) \right]^2 \mathrm{d}\tau} \tag{8.12}$$

于是，归一化信号（在定义的时间间隔 T 内）可以定义为：

$$\tilde{f}(t) = \frac{f(t) - f_{\text{mean}}(t)}{f_{\text{std}}(t)} \tag{8.13}$$

10. 图像求和符号

接下来将实际使用离散变量的求和符号来代替连续积分。在图像处理中，会经常用到双重求和。为了避免使用看起来过于复杂的双重求和符号，在哑指标 i 以 0 为中心，并在定义的间隔 h 内对称分布时，使用如下简写形式来表示求和运算：

$$\sum_{i \in h} f = \sum_{i=-h/2}^{i=h/2} f \tag{8.14}$$

在图像或矩阵中，对于不同的点，一般用字母 x、i、u 及 w 表示水平（列）坐标；类似的，用字母 y、j、v 及 h 表示竖直（行）坐标。

11. 二维平面空间的统计数据归一化

在二维离散图像中，可以在 $w \times h$ 大小的矩形邻域上定义局部均值：

$$\mu(x, y) = \frac{1}{wh} \sum_{i \in w} \sum_{j \in h} I(x+i, y+j) \tag{8.15}$$

同样，该邻域的方差可定义为：

$$\sigma^2(x, y) = \frac{1}{wh-1} \sum_{i \in w} \sum_{j \in h} \left\{ I(x+i, y+j) - \mu(x, y) \right\}^2 \tag{8.16}$$

而邻域方差的算术平方根即为标准偏差：

$$\sigma(x, y) = \sqrt{\sigma^2(x, y)} \tag{8.17}$$

归一化图像可定义为：

$$\tilde{I}(x, y) = \frac{I(x, y) - \mu(x, y)}{\sigma(x, y)} \tag{8.18}$$

在与输入图像像素对应的每个像素位置，归一化输出图像的值，都是其相对局部领域均值的归一化偏差值。该运算消除了偏置（均值），然后通过邻域平均偏差（即标准偏差）调整相对均值的偏差的比例。如果分母很小，该算法的效果不理想。不过，在需要信号校准和匹配的场合，通常不会对一个没有变化的信号进行匹配。该算子会突出图像的“纹理”或者“边缘”（如图 8-8 所示）。 522

图 8-8 **归一化**。同二阶导数类似，归一化算子消除了图像中绝大部分的偏差和灰度差，而只强调局部变化。原图（左图）中明亮和黑暗的区域被消除了（右图）

8.1.3 低通算子

对信号使用低通滤波算子是为了增强低频信息，同时抑制高频信息。当对信号中的低频信息感兴趣时，就会用到低通滤波算子。当信号中存在高频噪声干扰，低通滤波算子会倾向于抑制高频信息。正如我们在估计那一章看到的那样，只是加上与不相关随机噪声生成的随机数，就能得到一个含有更少噪声的和。类似的，在信号处理中，求导运算可以增强高频信息，反之，积分运算则会增强低频信息，因此低通算子更接近于积分运算。

1. 均值滤波

最简单的高频滤波方法就是用围绕该点的邻域均值代替其实际值。对宽度为三个像素的算子，其掩膜看起来如图 8-9 所示。一些非常高效的重复计算方法（参考 8.1.8 节第 3 题）可以来计算遍历整个信号（或者图像）的均值。如果希望利用变尺度掩膜对一幅图像进行多次滤波，那么通常可以定义一个递归图像“金字塔”。该金字塔是一系列输出图像的集合，它的每一层都只有下一层的一半大。上一层是下一层的滤波输出，输入图像中的每个 2×2 的邻域都被替换成输出图像中的一个像素。

2. 高斯滤波

上面介绍的均值滤波对掩膜窗口中的每个点赋予相同的权重。直观上，对接近邻域中心的信号值赋予更高的权重，效果可能会更好。为此，我们会选择使用类似高斯分布的掩膜（如图 8-10 所示）。注意，到目前为止我们所介绍的算子都具有如下特性：积分算子是单峰
523 偶函数（即严格的局部极大值）；一阶导数为双峰奇函数；二阶导数为三峰偶函数。

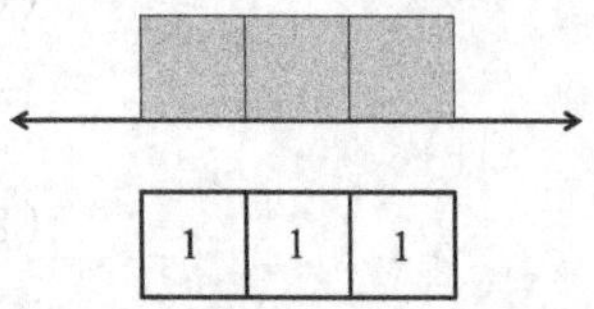

图 8-9　**均值滤波掩膜（方框滤波）**。该掩膜在信号处理中经常使用，用于计算信号中每个点的局部均值

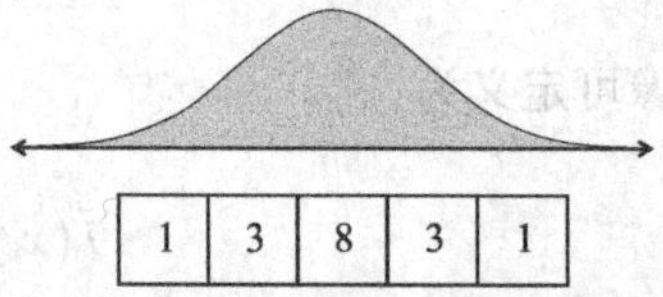

图 8-10　**高斯掩膜**。在信号中处处应用此掩膜，可以得到图像每个像素点的局部均值，其中的数值仅作为说明

8.1.4　信号和图像匹配

图像处理中的另一个基本运算是信号匹配。信号匹配具有广泛的用途：

- 检测。判断一个对象的实例是否在图像中出现。
- 识别。给图像中的对象打上正确的名称标签。
- 配准 / 拼接。将两张局部图像拼接在一起以生成一幅大型图像。
- 跟踪。确定已知区域因视差或运动而引起的位移。

信号匹配的数学表达式与掩膜运算非常相似。

1. 卷积

两个信号 $f(t)$ 和 $g(t)$ 的*卷积*正式的定义是：函数 $f(t)$ 与 $g(t)$ 的反射和偏移结果的积分，其数学表达式如下：

$$(f*g)(t)=\int_0^t f(\tau)g(t-\tau)\mathrm{d}\tau \tag{8.19}$$

卷积的经典定义是从 $-\infty$ 到 ∞ 区间内的积分，但是在实际使用中，函数 $g(t)$ 的支持域区间通常是有限的，所以我们只在其支撑域范围进行积分，也能得到正确的结果。

当虚拟积分变量 τ 的取值范围为 $0\sim t$ 时，函数 $f(\tau)$ 的样本以一般积分的方式获得。但另一个被积函数 $g(t-\tau)$ 生成的却是其参数从 $t\sim 0$ 变化的 $g(\tau)$ 的样本。因此，函数 $g()$ 是反向采样的。这样，一种等价的操作是：把它关于过原点的垂直轴镜像，再以相同方向采样（如图 8-11 所示）。

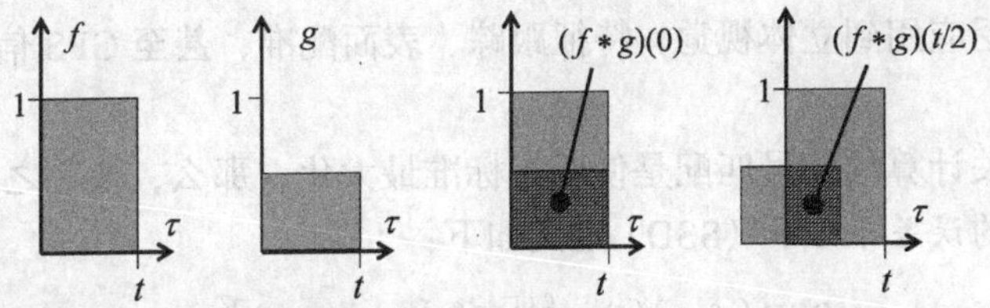

图 8-11 **卷积**。两个函数在 t 时刻的卷积，是它们重叠区域面积的乘积

524

2. 相关计算

卷积运算在信号的傅里叶分析中非常重要，而在机器人领域，这一术语通常表示一种更为直接的前向运算，即相关计算。相关计算无须让函数 $g(t)$ 镜像。在前面的随机过程中，我们知道了自相关和互相关。两个信号的互相关定义为，在某时间间隔内它们的积的积分：

$$(f \times g)(t) = \int_0^t f(\tau) g(t+\tau) \mathrm{d}\tau \tag{8.20}$$

跟卷积一样，两个信号的相关计算也是一个关于 t 的函数。它与图像处理的关系是：其中的 $g()$ 是算子掩膜，而 $f()$ 是操作数或者图像。函数变量 t（在空间域中沿 x 或 y 方向）的变化相当于在图像上移动算子，而 τ 在取值极限内的变化对应着在掩膜中的移动。

积分即是将图像 $f()$ 与相对应的算子权重 $g()$ 相乘，再将它们的乘积累加。根据之前的讨论，我们知道，把上述掩膜作用于一幅图像的机理，就是计算图像中每一个点与该掩膜的相关性。

3. 二维空间的相关性

根据公式（8.18）中的归一化定义，归一化信号的相关计算可以定义为如下积分形式：

$$\left(\tilde{f} \times \tilde{g}\right)(t) = \int_0^t \tilde{f}(\tau) \tilde{g}(t+\tau) \mathrm{d}\tau \tag{8.21}$$

对于连续二维图像，该积分可以表示为一个二重积分：

$$\left(\tilde{f} \times \tilde{g}\right)(x, y) = \iint f(u, v) g(x+u, y+v) \mathrm{d}u \mathrm{d}v \tag{8.22}$$

对于离散二维图像，（二重）积分又可以表示为双重求和的形式：

$$\left(\tilde{\boldsymbol{F}} \times \tilde{\boldsymbol{G}}\right)(x, y) = \frac{1}{wh} \sum_{i \in w} \sum_{j \in h} \tilde{\boldsymbol{F}}(i, j) \tilde{\boldsymbol{G}}(x+i, y+j) \tag{8.23}$$

掩膜也可以是图像的一部分。上述形式的公式常被用来对两幅图像中的区域进行相互匹配，即搜索 (x, y) 的区域以获得最佳匹配（如图 8-12 所示）。

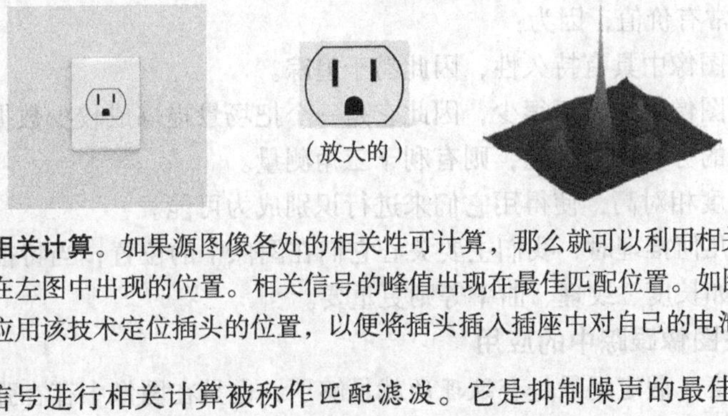

图 8-12 **模板相关计算**。如果源图像各处的相关性可计算，那么就可以利用相关计算找到中间图像在左图中出现的位置。相关信号的峰值出现在最佳匹配位置。如图所示，机器人可以应用该技术定位插头的位置，以便将插头插入插座中对自己的电池充电

525

与待寻精确信号进行相关计算被称作匹配滤波。它是抑制噪声的最佳有效方法。因此，

匹配滤波已经被广泛应用到立体视觉、特征跟踪、表面配准，甚至 GPS 信号处理等领域。

4. 误差和

如果说基于相关计算的信号匹配是使匹配标准最大化，那么，换言之，它也使误差最小化。两个信号之间的*误差平方和*（SSD）定义如下：

$$\mathrm{SSD}(f,g)(t)=\int_0^t\left[f(\tau)-g(t+\tau)\right]^2\mathrm{d}\tau \tag{8.24}$$

对于离散二维图像，上式可以表示为：

$$\mathrm{SSD}(\boldsymbol{F},\boldsymbol{G})(x,y)=\frac{1}{wh}\sum_{i\in w}\sum_{j\in h}\left[\tilde{\boldsymbol{F}}(i,j)-\tilde{\boldsymbol{G}}(x+i,y+j)\right]^2 \tag{8.25}$$

该运算可以看作两幅图像之间残差的平方，或者是两个面之间体积平方，也可以看作两个以向量信号之间或矩阵图像之间的欧氏距离。有时也以*绝对误差和*（*差的绝对值*）的积分作为上式的首选替代：

$$\mathrm{SAD}(f,g)(t)=\int_0^t\left|f(\tau)-g(t+\tau)\right|\mathrm{d}\tau \tag{8.26}$$

对于离散二维图像，上式可表示为：

$$\mathrm{SAD}(\boldsymbol{F},\boldsymbol{G})(x,y)=\frac{1}{wh}\sum_{i\in w}\sum_{j\in h}\left|\tilde{\boldsymbol{F}}(i,j)-\tilde{\boldsymbol{G}}(x+i,y+j)\right| \tag{8.27}$$

可以证明，最小化 SSD 等价于相关最大化。

8.1.5　特征检测

特征也被称为“兴趣”点，指的是图像中有区分度且具有某种特定功能的点、曲线或者区域。通常，特征被作为一种语义压缩形式，用以提取图像中的有用信息，并对其做最简要的表达。术语“特征”在本书中被广泛使用，包括：

- 图像中纹理明显的点；
- 图像中直线的交点；
- 距离图像中的大曲率点；
- 图像中类似边缘、直线、形状的区域；
- 距离图像中的等曲率区域；
- 声呐数据中的等深度区域。

边缘检测与（点）特征检测问题密切相关。在这两类问题中，我们都希望在图像中找到
526 信号不连续性位置。相反，区域通常都是某局部特征不发生任何变化的位置。

提取的特征非常有价值，因为：

- 特征在连续图像中具有持久性，因此易于追踪。
- 相对来说，图像中的特征很少，因此它是一个把场景提炼成较少数据的好方法。
- 如果特征点的分布比较理想，则有利于三角测量。
- 特征的区分度相对高，使得用它们来进行识别成为可能。

当特征被用于几何推理时，我们主要关心它们在图像中的位置；当特征被用于分类和识别时，特征属性，如长度、纹理、曲率等则更重要。

1. 特征检测在图像跟踪中的应用

对运动推理而言，假定场景是*有纹理的*就足够了，也是在图像中存在强度快速变化的区

域。用于运动推理的常用图像压缩方法是，聚焦于图像中有丰富纹理的位置（如图 8-13 所示），而有些算法可以找到这些位置。

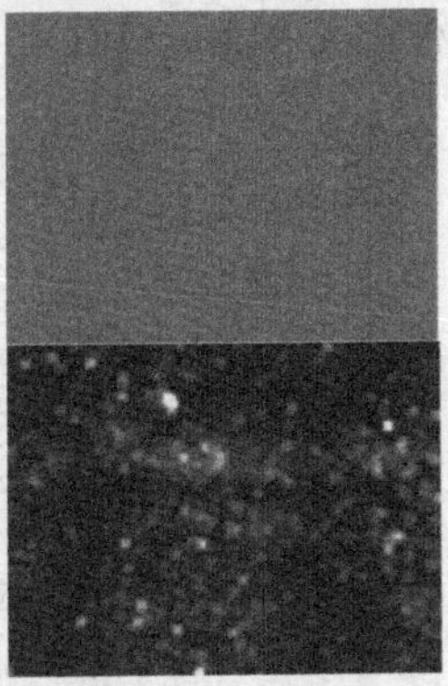

图 8-13 **纹理赋分**。下图中的亮点表示的是上图中强纹理区域，而上图中的线性特征并没有引起强烈响应

接下来研究哈里斯（Harris）角点和边缘检测器[11]。用 ∇x 和 ∇y 表示图像中任意一点沿 x、y 方向的强度梯度。该检测器评估每个像素的纹理时，先要在该像素的邻域内，计算其梯度向量的加权协方差（$w(x,y)$ 表示权重）。

$$\boldsymbol{H}=\begin{bmatrix}\sum w(x,y)\nabla x\nabla x & \sum w(x,y)\nabla x\nabla y\\ \sum w(x,y)\nabla x\nabla y & \sum w(x,y)\nabla y\nabla y\end{bmatrix} \tag{8.28}$$

该矩阵的特征值表示沿两个主要变化方向上的平均加权梯度幅值的大小。在两个特征值中，如果只有一个比较大，那么表示该区域是一条边缘；如果两个特征值都比较大，那么该区域就是一个“角点”——尽管它也有可能是在两个方向上都有高频成分的像素阵列。图 8-13 中导出图像的强度与其特征值的乘积成正比。当然，这种方法通常也可检测实际角点（如图 8-14 所示），因为实际环境中的角点具有双向纹理。 527

图 8-14 **哈里斯角点检测器**。哈里斯“角点”检测器可以识别出沿两个方向都有较大梯度的特征。这些特征在图像之间通常较为稳定，特别适合用于匹配和跟踪

在实际使用中，出于效率考虑通常不计算特征值，而按下述公式计算标量：

$$R=\det(\boldsymbol{H})-k\cdot\mathrm{Trace}(\boldsymbol{H})^2 \tag{8.29}$$

其中 $k\sim 0.05$。据此可计算出整幅图像的 R 值。图像中 R 值较大且为局部最大值的点，就可以被认为是角点。如果图像中某点的 R 值比该点周围邻域中所有其他点的 R 值都大，就可确定这个点具有局部最大值。图 8-14 就是按照这种原理生成的图像。其中，梯度用索贝尔算子计算、权重由单位标准偏差高斯加权函数获得。

2. 提取测距数据中的角点

激光雷达在室内场景中（如图 8-15 所示）的扫描数据包含很多直角。这些直角特征可用于计算机器人自身的运动（视觉里程计）或基于地图的导航。

一种简单的边缘（角点）检测方法是基于曲率计算。当环境主要由直线构成时，这种方法特别有效。但是，简单地求解领域像素端点连线的反正切，并不总能反映场景中真实角度

的测量结果。如果存在由物体边界引起的大距离的连续变化，就说明可能存在边缘被遮挡的
528 情况。这种情况可能对应着虚假表面，也可能是真实表面。

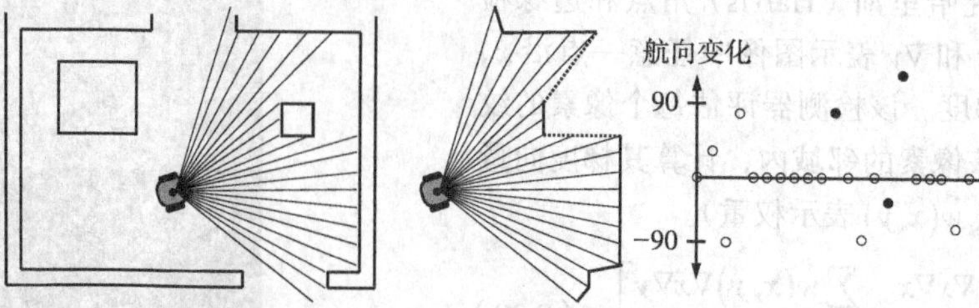

图 8-15　**室内场景的激光雷达扫描**。激光雷达扫描的平面数据包含了丰富的几何形状信息，而被遮挡的边缘（虚线边缘）会产生错误的曲率。

8.1.6　区域处理

另一类算法主要处理双重边界区域——这些区域有相对一致的特性。特征具有位置属性，并可能还有方向属性，而区域则具有几何形状属性。一些比较知名的算法如下：

- 分割：提取有某种相似性的像素区域。多数情况下（在强度图像和距离图像中），这些区域通常对应着场景中的对象。
- 生长与细化：即图像区域的缩小或扩大，可以有效滤除小的噪声干扰。
- 分裂与合并：可搜寻对目标对象的关键描述。此外，这也是针对给定类型物体，找出其最大可能性的理想方法。
- 中轴变换与烧草（Grassfire）算法：包含一系列高效算子，可以搜寻任意结构形状的骨架和距离轮廓。
- 矩与尺度不变性计算：把图像区域抽象成具有尺度不变性且有时具有透视变换不变性的若干子区域。这些计算提供了一种便于通过比较形状进行对象识别的准则。
- 直方图与阈值：通过统计计算找到不同像素类别之间的自然边界，这样就将一副图像缩减为少数的可能“颜色块”。

1. 分割：外观图像

计算机视觉中著名的“bolb 着色”算法找出图像中像素分量“相似”的区域[1]。这里的“颜色”不是实际颜色，而是区域的区分标签。对外观图像，有一种非常快速的算法可以一次遍历整幅图像，例如，按照从左往右、自上而下的方式进行遍历（如算法 8.1 所示）。在运算过程中，在第三个 if 语句中，算法会判定最初被认为不同的两个区域，实际上连在一起。该操作会生成多个同颜色对。第二遍执行该操作系列，会创建多个等值类，并为每一区域分配一种唯一的颜色。

算法 8.1　二值 blob 着色。该算法能够在二值图像中快速找到 4 个值为 1 的四连通区域

```
algorithm colorBlobs(image f)
k ← 1 // initial color
scan all pixels left-right, top-bottom
    if (f(X_c) = 0) continue
    else if(f(X_u) = 1 and f(X_l) = 0)
        color(X_c) ← color(X_u)
    else if(f(X_l) = 1 and f(X_u) = 0)
```

```
07          color(X_c) ← color(X_l)
08      else if(f(X_l) = 1 and f(X_u) = 1)
09          color(X_c) ← color(X_u)
10          color(X_l) equivalent to color(X_u)
11      else if(f(X_l) = 0 and f(X_u) = 0)
12          color(X_c) ← k
13          k ← k + 1
14      endif
15   endscan
16   return
```

	Xu
X1	Xc

这种检测像素是否相似的相似度检测算法可以检测任何信息（距离、夹角、系数），并且该方法很容易推广至 8 位（非二值）图像。

2. 形状检测

blob 着色利用形状描述算子可以检测形状。下面是一个简单的例子。如果环境能够工程化，就能够在场景中设置基准点，以利于目标识别和定位。这些基准可以被用作标定装置的特征、导航系统的返航位置标记或机器人充电接口标志等。

反光胶带是一种非常有效的基准。如果被与摄像头平齐的光线照射，反光胶带会很容易辨别。在这种情况下，它们会很亮，于是仅利用图像阈值就能够被找到（如图 8-16 所示）。

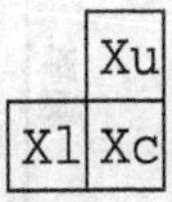

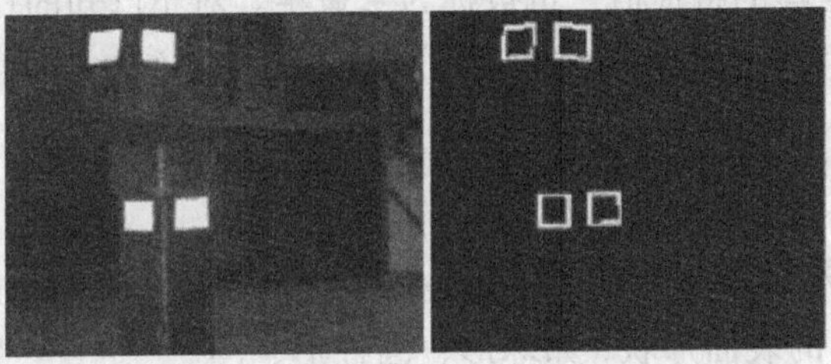

图 8-16 **反光基准**。在这里，利用方形反光胶带，可以找到零件货架支撑腿。为了堆放货架，需要把支撑腿对齐

当利用 blob 着色算法找到了上图的 4 个高亮区域，区域的矩就可以作为一种很好的形状描述算子集：

$$
\begin{array}{ccc}
I_x = \sum x & I_y = \sum y & \\
I_{xx} = \sum x^2 & I_{xy} = \sum xy & I_{yy} = \sum y^2
\end{array}
\tag{8.30}
$$

这些矩的特定组合具有尺度、平移和旋转不变性。因此，无论它们在场景和图像中的任何位置，都能被有效地找到。详细信息请参考文献 [3]。

3. 直方图

图像颜色值直方图（如图 8-17 所示）对于图像增强是一个很有效的工具。它可以调整图像亮度，或者可以使图像均衡化。而对于图像识别，它也是一种非常理想的工具。矩把区域形状提炼成几个数字，而直方图可以把像素值提炼成几个向量。如果先将图像分成等尺度的子图，然后再计算其直方图，就可以用程序描述颜色值的空间变化。通常，直方图也可用于距离图像。

4. 分割：二维距离图像

以曲率作为相似度测量[9]的基础，形成了最早也最为简单的距离图像分割方法。通常，我们喜欢的图像特性表示方法应具备这样的特点：对亮度、尺度、畸变、透视等具有不变

性。曲率不会因视角而变化，所以在距离图像中它是一种理想的识别方法。

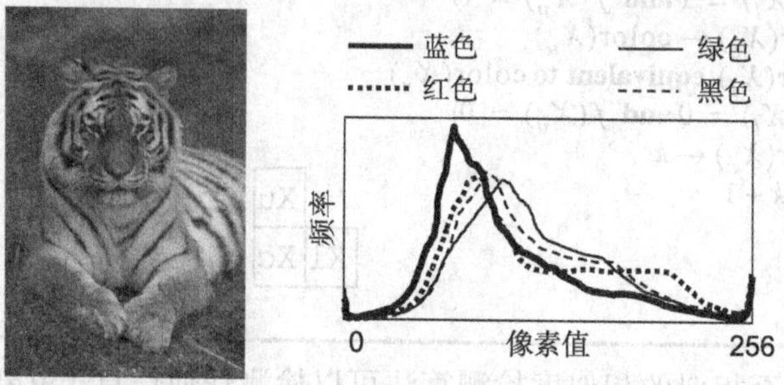

图 8-17 **图像直方图**。像素值分布是图像识别的强大工具

假设有一个表面区块，可以用如下形式的方程表示：

$$z=z(x,y) \tag{8.31}$$

海瑟矩阵是二维空间中标量场的二阶导数，回顾其在公式（8.8）中的定义：

$$\frac{\partial^2 z}{\partial \underline{x}^2}=\begin{bmatrix} \partial^2 z/\partial x^2 & \partial^2 z/\partial x\partial y \\ \partial^2 z/\partial x\partial y & \partial^2 z/\partial y^2 \end{bmatrix} \tag{8.32}$$

令 κ_1、κ_2 为海瑟矩阵的特征值，也被称为*主曲率*。对于已知的任意曲面，这两个量分别表示该曲面上沿任意方向的最大曲率和最小曲率。*平均曲率*和*高斯曲率*分别定义如下：

$$H=\frac{\kappa_1+\kappa_2}{2} \qquad G=\kappa_1+\kappa_2 \tag{8.33}$$

以 $(0,+,-)$ 表示这两个量的符号，则 $(0,+,-)$ 的 9 种可能组合对应着 9 种不同的表面形状（如球形、圆柱形、马鞍形等）。可以认为特征值本身就构成一个平面。该平面可以划分成不同区域，从而使不同的表面彼此区分开。利用该技术可以很容易地将一本书与管道（如图 8-18 所示）或足球等物体区分开来。

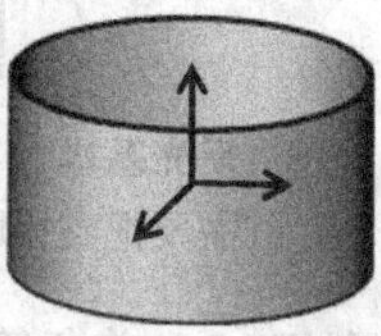

图 8-18 **圆柱体的主曲率**。最大曲率为径向曲率，最小曲率为纵向曲率

5. 分割：一维距离图像

当距离图像中包含多个物体时，首先尝试将图像分割成若干块，会有助于问题的解决。分裂与合并算法 [12] 是解决此类问题的多种好方法之一。
531 下面针对一组简单的一维距离扫描数据，考虑如何应用该算法（如图 8-19 所示）。

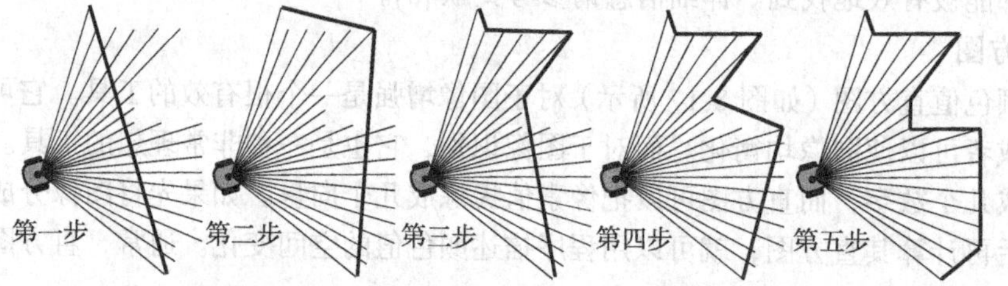

图 8-19 **分裂与合并**。使用该算法可以快速找到场景中的线条与角点

该算法开始时用一条线段连接起点和终点。然后在每次迭代中，都在偏离初始线段最远的中间点处，对线段进行分割。重复循环此过程，直到满足终止条件为止。在有些情况下，

需要对两条邻线进行合并。

6. 其他图像处理算法

计算机视觉这一学科本身就有很多相关教材，因此，希望在一本关于移动机器人学的书中介绍所有有价值的材料是不可行的。本节刻意避免讨论一些图像处理的核心算法，诸如形态学算法、图像压缩算法、颜色模型、光流等其他算法。感兴趣的读者可以查阅参考文献以获得相关知识。

8.1.7 参考文献与延伸阅读

Ballard 的书是一本经典的计算机视觉专业教科书，其中涵盖了本节介绍的部分图像处理算法；Forsyth 等的书是一本相对较新且更为全面的计算机视觉书籍；Shapiro 等的书和 Jain 等的书不仅介绍了图像处理的内容，而且也包含了三维视觉的内容；Forsyth 等的书是相对较新且内容比较全面的教材。关于图像处理方面在时间上要早于计算机视觉。Gonzalez 所著的书是图像处理领域非常经典的一本书。这方面的教材很多，例如 Petrou 所著的面向学生的书；Snyder 所著的书是图像分析与模式识别领域新近发行的一本书，本节有多处参考引用了该书内容。

1. 参考书目

[1] D. Ballard and C. Brown, *Computer Vision,* Prentice Hall, 1982.
[2] D. Forsyth and J. Ponce, *Computer Vision – A Modern Approach,* Prentice Hall, 2003.
[3] R. C. Gonzalez and P. Wintz, *Digital Image Processing,* 2nd ed., Addison-Wessley, 1987.
[4] R. Jain, R. Kasturi and B. Schunck, *Machine Vision,* McGraw-Hill, 1995.
[5] A. Low, *Introductory Computer Vision and Image Processing,* McGraw-Hill, 1991.
[6] M. Petrou and P. Bosdogianni, *Image Processing: The Fundamentals,* Wiley Interscience, 1999.
[7] L. Shapiro and G. Stockman, *Computer Vision,* Prentice Hall, 2001.
[8] W. E. Snyder and H. Qi, *Machine Vision,* Cambridge University Press, 2004. 532

2. 参考论文

[9] P. J. Besl and R. C. Jain, Segmentation through Variable-Order Surface Fitting, *Transactions on Analysis and Machine Intelligence,* Vol. 10, No. 2, pp. 167–192, 1988.
[10] J. Canny, A Computational Approach To Edge Detection, *IEEE Transactions on Pattern Analysis and Machine Intelligence,* Vol. 8, No. 6, pp. 679–698, 1986.
[11] C. Harris and M. Stephens, A Combined Corner and Edge Detector, Fourth Alvey Vision Conference, pp. 147–151, 1988.
[12] S. L. Horowitz, and T. Pavlidis, Picture Segmentation by a Tree Traversal Algorithm, *Journal of the Association of Computing Machinery,* Vol. 23, No. 2, pp. 368–388, April 1976.

8.1.8 习题

1. 图像处理

每位机器人领域的专家都应该至少不止一次地编写过一些用于图像处理的代码，现在请使用你喜爱的编程环境，实现索贝尔边缘检测算子和高斯平滑滤波。

2. 信号匹配

请证明：最小化两个信号间差的平方和（SSD）等效于最大化相关性。

3. 方盒滤波

对一个一维信号，假定对其从左到右应用方盒滤波算子。从本质上讲，随着掩膜从左到右逐步移动，该算法先从前一次的和中减去掩膜移动前最左侧的像素值，然后再加上移动后位于最右侧的像素值。在这种技术中，任意尺度的算子都需要相同的处理次数。不重复利用计算结果而直接使用该基本算子，需要的计算量与掩膜尺度成正比。

这种方法也可以推广到二维空间。如上所述，*方盒滤波*相当于前面介绍过的有效均值滤波的二维版本。它利用两个通道处理整幅图像：第一个通路是计算每一个像素的 $S(i,j)$。其中，$S(i,j)$ 为行索引、列索引都小于当前像素的所有像素的值之和；第二个通路根据 $S(i,j)$ 计算输出图像 $O(i,j)$，而不对其进行覆盖。请绘图说明：

（i）为什么 $S(i,j)$ 表示三个矩形区域的像素值之和？对输入图像进行栅格扫描，如何根据之前计算得到的三个 $S(i,j)$ 值来计算出 $S(i,j)$？

（ii）对于输入图像中围绕像素 (i,j) 的窗口，如何根据窗口四个角对应的 $S(i,j)$ 值，计算输出 $O(i,j)$？

4. 可分离算子

如果一幅二维算子可以分解成两个连续的一维形式算子（通常希望采用低维运算），那么这个二维图像算子为*可分离算子*。高斯滤波使用如下模板实现分离：

$$f(x,y)=\mathrm{e}^{-\left(x^2/\sigma_x^2+y^2/\sigma_y^2\right)}$$

请利用二重积分的性质证明：二维高斯滤波是可分离的。模板需要具备什么性质才能是
533 可分离的呢？

8.2　非接触传感器的物理特性及原理

感知传感器可以分为三大类：接触传感器、非接触传感器和惯性传感器。本节主要介绍用于机器人感知的非接触传感器（本书也称之为*辐射类传感器*）的工作原理。利用非接触传感器可以为算法提供数据（例如，视频），也可以利用它们实现自主移动机器人的建模、地图构建、对象识别、跟踪与操控等。

8.2.1　非接触传感器

非接触传感器可以在不发生接触的情况下，为机器人提供基本的感知能力，以描述其周围的可观测区域（也称*场景*）。有时接触会带来危险，因为环境中可能存在障碍物。尽管并非总是如此，有些情况下感测物体的外观能比触觉感知（接触）获得更丰富的信息。

在非接触传感器的数据处理上，存在严重困难。有时，它需要很大的计算量。即便计算量的问题能够得到解决，而真正意义上的*感知*，即正确理解数据的含义，也常常超出我们现有的能力，就像复制真正的智能所面临的问题一样。

机器人也可以像生物那样，从周围环境发射的信号中受益。因为太阳照亮了地球，所以很多生物进化出了眼睛。同人类以及其他生物体一样，必要时机器人也可以发射信号。无论在哪种情况下，都必须了解辐射信号传播的复杂性，这样才能理解为什么很多传感器不能以理想的方式工作。

1. 非接触传感器的分类

根据工作方式不同，非接触传感器可以进一步分为两大类：*主动式传感器*和*被动式传感器*。主动式传感器可以主动向外界辐射能量；而被动式传感器则被动地感测环境辐射。成像

传感器本身可以产生一个向量数据或数组数据；而非成像传感器只能生成单个数据。扫描传感器可以主动设定各感测原件的方向——以便能够合成一个宽的有效视野；而非扫描传感器自身不能主动改变指向。扫描是一种把非成像传感器转变为成像传感器的基本机制。对于此类传感器，由于执行扫描需要时间，所以并没有一个形成“图像”的真正的投影过程。

一些传感器通过测量颜色、灰度甚至红外强度等形式来表征对象外观。另一些传感器则测量接近度或距离。接近（近程）传感器通过二值探测器来检测视野中是否有目标。测距（或距离）传感器可以测量出至被测对象或场景元素之间的距离值。形状这一术语在计算机视觉中有特定含义——表示相对距离或者比例距离。 534

2. 测距传感器分类

测距传感器在机器人领域非常重要，它可以进一步分为如下传感器[20]，包括声呐、雷达、超声波、激光雷达传感器——也称为雷达或激光雷达。这些测距传感器的本质区别在于其所使用的辐射信号类型。声、光及其他形式的电磁波在很多重要方面表现出巨大的差别。

非接触传感器本质上只对辐射波的密度、相位、频率等特性敏感，所以它们通常内置复杂的电子电路，来从更基础的信号中获取距离值。这也为另一种划分测距传感器的方法提供了依据。我们可以根据飞行时间原理进行测距，也可以通过三角测量原理及其相关概念进行测距（如图 8-20 所示）。飞行时间测距法属于主动测量，而三角测量既可以用于主动测量，也可以用于被动测量。

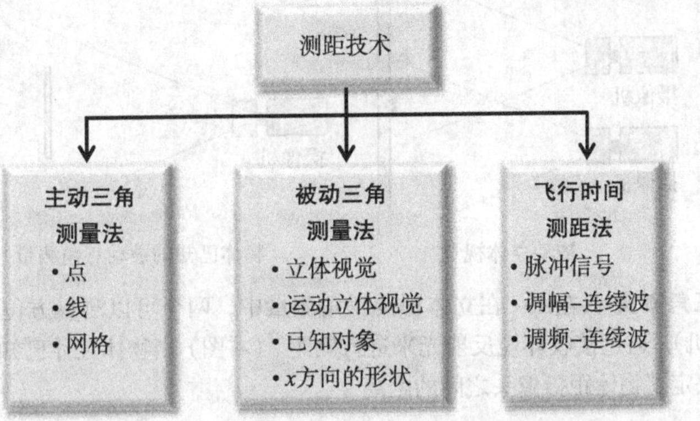

图 8-20　**测距方法分类**。主流测距方法可以定义为这三类

下一节对很多可选测距技术方案的细节进行概述。

8.2.2　测距技术

本节介绍部分现有测距技术的原理及应权衡的因素。

1. 三角测量

三角测量一般会涉及三角形的求解问题。在立体视觉三角测量中，被测量的对象或被测点作为三角形的一个顶点，而两个摄像头的光心构成三角形的另两个顶点。这里涉及如何根据两个独立视场中成像点的视差或位移，进行距离的反向转换计算。两个光心间的距离被称作基线，测距精度与基线长度成线性关系。

立体视觉三角测量会面临遮挡问题。场景的三维结构可能会导致在某摄像头视场中被纳入计算的可见点，在另一个摄像头视场中被遮挡而不可见。如果发生这种情况，就不可能实现测距。在测距精度和遮挡问题之间存在一个重要的权衡：增加基线长度可以提高测距精度，但却会使图像中的被遮挡部分增加。相反，如果减小基线长度直至其接近于零，那么就
535 几乎不存在由于遮挡引起的图像点丢失问题，但是测距精度会变得非常差。

在已知物体的三角测量中，因为物体的形状已知，所以只有物体相对传感器的位姿（包括距离在内）为未知。而物体的每一个可识别图像点都将对物体的位姿产生约束，因此，可以通过少数几个相关点计算出物体的位姿。

在使用摄像机时经常会用到术语三角测量技术，因为其本质上是用来测量角度的。如果已经通过传感器得到了距离，可以使用术语三边测量技术，它与三角测量有相同的约束适用条件。

1）**被动三角测量**。被动三角测量需要感测环境信号，这也意味着，如果周围环境不具备足够的环境信号源（例如，在夜间或有阴影时），就不能完成被动三角测量。被动三角测量在实际应用中遇到的主要问题是，如何确定两个摄像头视场之间或一个摄像头视场与模型之间的匹配点。

在立体三角测量中，第二重要的问题是权衡基线长度（如图 8-21 所示）。基线长度的增加将导致两个视角间的透视失真变大，而这种失真会让斜面在一幅图像中的像素块更难与另一幅图像中的对应像素块匹配。

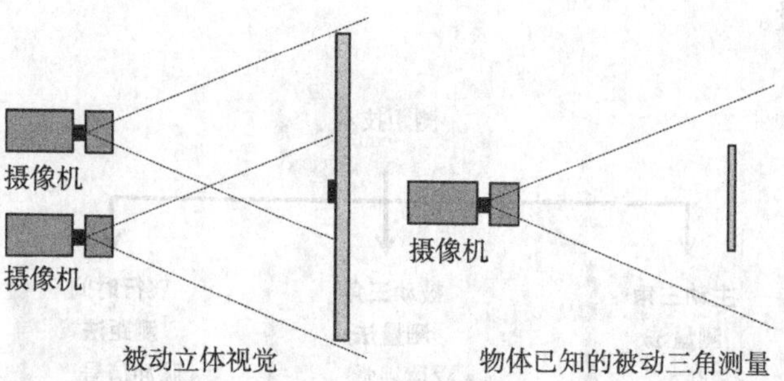

图 8-21　**被动三角测量**。（左图）在立体视觉三角测量中，两个可以测量方位的独立感测元件（摄像机），通过接收环境反射光来进行测距。（右图）当物体尺寸已知时，物体的投影尺寸决定了物体距摄像头之间的距离

为了实现图像匹配，被动三角测量通常假设场景图像中有足够的信号变化——通常被称作“纹理”。简单地说，如果整个场景都是一个颜色，就无法进行匹配。

2）**主动三角测量**。主动三角测量利用特定机理主动发射某种特定的而非任意的能量。这种能量必须可以被传感器识别。结构光法是一种比较常用的方法。它把特定的激光通过投影仪投射到场景中的物体及背景表面，然后由摄像头采集其成像信息（如图 8-22 所示），从而根据光信号的变化来计算物体的位置和深度等信息。该方法有多种光源形式可以选择，包括点、线、网格及多种编码模式。

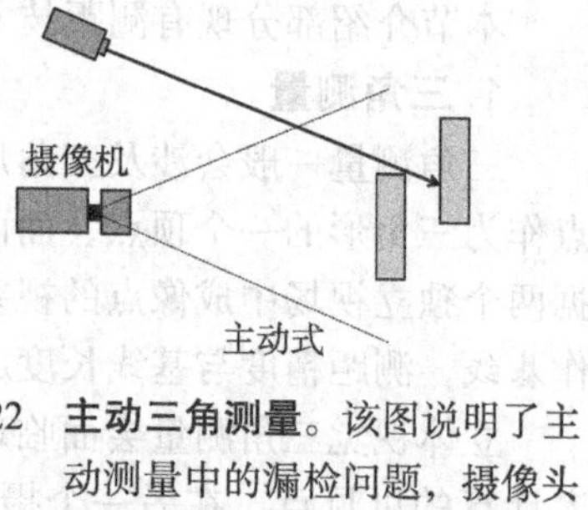

图 8-22　**主动三角测量**。该图说明了主动测量中的漏检问题，摄像头看不到被遮挡物体的反射光

主动三角测量系统一个最明显的缺陷就是干扰。对于声呐、雷达、激光雷达等传感器，机器人会很容易接收到由其他主动传感器发射的信号。这样就会使得测距读数在本质上具有随机性。此外，安全

因素（激光信号对于人眼必须是无害的）限制了发射光的能量级。有限的能量限制了信噪比（信号与噪声的比例）。为此，富有创新精神的设计师们试图通过其他方法改善这个问题。536

2. 飞行时间测距法

飞行时间（TOF）测距技术的发射信号和接收信号走相同的路径，所以不存在漏检问题。当然，场景中仍然可能存在物体的相互遮挡现象，从而导致部分物体不可见。该技术的主动发射特性避免了一系列问题，但是正如我们将看到的，简化外部接口的代价是信号处理复杂度的提升。

与三角测量相比，TOF 测距精度实质上与距离本身无关。这种测距方法自带信号发射源，这使得它对环境信号相对不敏感，但是这也使它很容易受其他传感器的干扰。

1）**脉冲飞行时间测距法**。这种测距方法通过发射一个非常短的能量信号脉冲，并测量该信号返回所需要的时间来实现测距（如图 8-23 所示）。当然，如果使用光信号，因为光的传播速度为 30cm/ns，所以为了达到 1cm 的测距误差，就必须要求处理电路的响应达到惊人的 10 ～ 30 皮（微微）秒。因此，电路处理速度限制了 TOF 系统的测距分辨率。不过，距离分辨率为 1cm 的 TOF 系统已经实用化，对绝大多数的机器人应用场合，其性能完全能够满足需求。

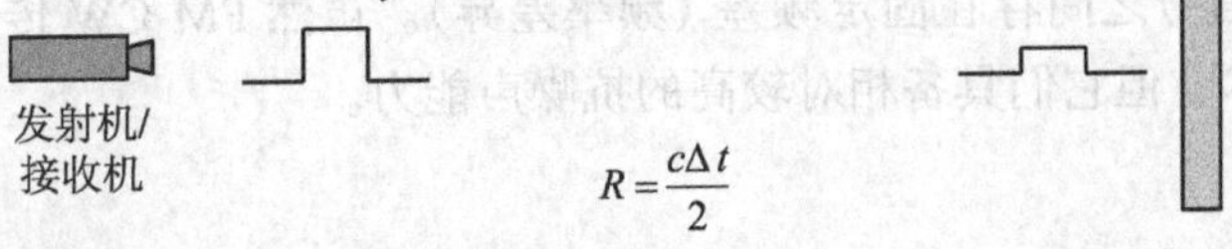

图 8-23　**飞行时间测距法**。飞行时间测距法最简单的形式就是，测量能量脉冲信号从发射直到被环境中物体反射回来，走过的总距离的一半

2）**AM-CW 调制**。调幅连续波（AM-CW）传感器持续发射调幅载波，然后将之与返回信号混合，再测量两个信号之间的相位差。当信号被表面反射后，反射波的相位会随距离发生连续变化（如图 8-24 所示）。

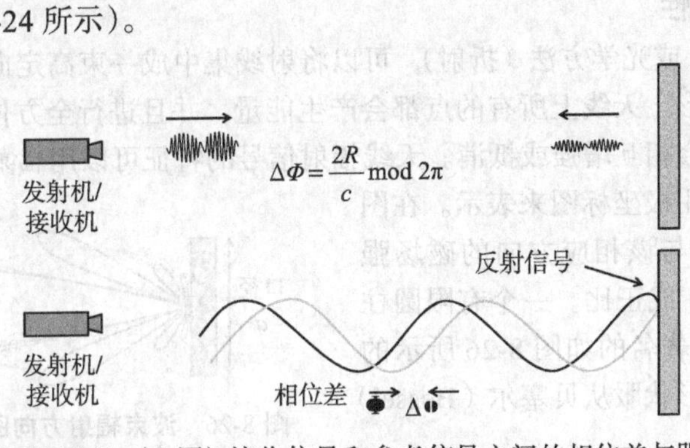

图 8-24　**AM-CW 调幅测距**。（上图）接收信号和参考信号之间的相位差与距离成正比。（下图）波相位在反射边界呈连续变化

传感器与反射面之间的距离正比于接收信号和参考信号之间的相位差，而所有基于相位的测量都受限于相位模糊问题。在 GPS 术语中，这被称为整周模糊度。也就是说，相位差仅能反映实际相位差减去所有整半波长后，剩余部分对应的距离。AM-CW 只能确定半个波长单位内对应的距离。537

利用多个调制频率可以解决整周模糊度问题。而另一种比较简单的方法是，将调制波长设计为最大所需测量距离的两倍。不过，由于距离分辨率与调制波长正比，所以需要对测距分辨率进行权衡。

3）FM-CW（调频）测距。调频连续波（FM-CW）传感器持续发射调频载波，然后将之与返回信号混合（如图 8-25 所示）。当返回信号与参考信号混合时，会产生与被测物距离成正比的拍频。

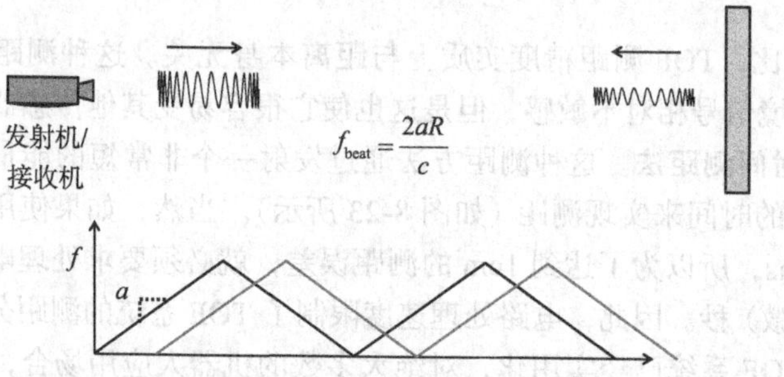

图 8-25　FM-CW 测距。当返回信号与参考信号相混合时，产生与距离成正比的拍频

538 图中展示了线性频率调制信号，简称线性调频信号。很显然，两个信号之间的相位差说明发射信号和接收信号之间存在固定频差（频率差异）。虽然 FM-CW 传感器会涉及大量的电子和信息处理技术，但它们具备相对较高的抗噪声能力。

8.2.3　辐射信号

常规传感器的许多缺陷，都可以追溯到物理原理和工程实现中更基础和难以克服的问题。不论是主动式传感器还是被动式传感器，当接收到辐射信号时，其返回信号的特性取决于多种因素，包括：发射波束和天线、传播介质或物体材料、环境辐射、不同尺度的几何条件以及传感器或物体运动等的特性。

1. 波束与天线特性

利用天线（干扰）或光学方法（折射），可以将射线集中成一束高定向性波束。天线利用干扰效应实现波束成形。天线上所有的点都会产生能量，并且进行全方位发射，而各个点辐射源发射的信号之间会相互增强或抵消。天线辐射信号的特征可以用**辐射方向图**来描述。

辐射方向图可以用极坐标图来表示。在图中，任意方向的极径与该相应方向的磁场强度（或接收机灵敏度）成正比。一个有限圆柱对称天线会产生一个著名的如图 8-26 所示的辐射方向图，其特征形状服从贝塞尔（Bessel）函数。

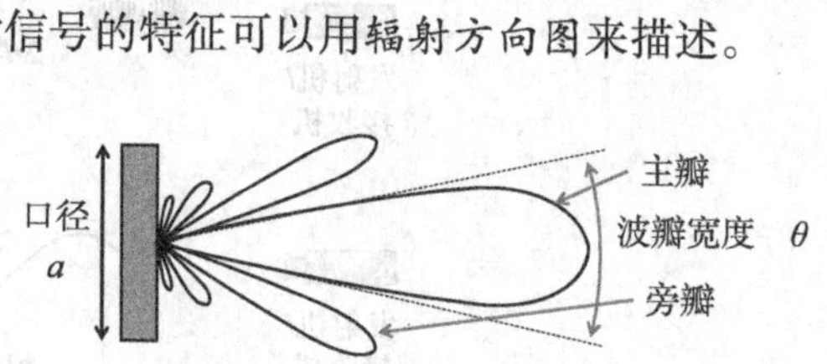

图 8-26　**波束辐射方向图**。如图所示为圆形天线的辐射方向侧视图。此图为极坐标图，显示了沿每个方向的发射功率

在实际使用中，波瓣宽度定义为功率密度下降到最大值的某一比例时的中心偏离角度。窄波束通常具有较高的**指向性**，这是其一大优点，意味着其增益较高，而且大部分能量集中在某一特定方向。角分辨率是一个关于波瓣宽度的函数，窄波束通常具有更加理想的角分辨率。

使用衍射理论可以证明：没有波束能够比**衍射极限**更窄，而衍射极限由口径 a、波瓣宽

度 θ、波长 λ 共同确定。

$$\sin\theta = \frac{\lambda}{2a} \tag{8.34}$$

聚焦信息 8.1 衍射极限

这就是为什么天线那么大，而波束是那么宽的原因。使用较大的天线或较短的波长可以减小波瓣宽度，不过，在实际应用中，两者都受限于一定的范围。 539

可以利用传感器的运动来合成大口径效应。但如果要降低波长，就要承受更高的频率和更大的衰减带来的代价。

2. 对象与介质的物理特性

固体、液体、气体之间的差别对本节的内容没有太大影响。被测对象就是简单的固体介质。而介质的属性会对包括波速、折射、能量衰减、吸收与释放等在内的多种现象产生影响。当辐射波穿过两种介质间的交界面时，一部分能量可能在介质交界面处发生反射，而另一部分能量则可能穿过第二种介质或者被该介质吸收。

1）**波速**。对于包括光波在内的电磁辐射信号，其波速取决于介电常数 ε 和磁导率 μ：

$$c_{\text{light}} = \frac{1}{\sqrt{\mu\varepsilon}} \tag{8.35}$$

在液体或气体中，声速取决于体积弹性模量 B（液体刚度的量度）与密度 ρ：

$$c_{\text{sound}} = \sqrt{\frac{B}{\rho}} \tag{8.36}$$

光速在空气中仅损失了 0.03%，但在水中损失了 31%，所以光在空气中的传播速度比在水中更快。相反，声音在空气中的传播速度大约为 345m/s，但在水中的传播速度可达 1500m/s，所以声音在空气中的传播速度大约为在水中传播速度的 5 倍。

上面提到的每一种介质属性都取决于其他因素。如声速在很大程度上取决于温度，当温度变化 100℃时，声速变化超过 15%。声速的变化会影响传感器飞行时间的校准精度。

如果上面提到的介质属性与波长相关，则不同介质会导致波的传播路径发生弯曲，这种现象被称作波的*频散*。回顾斯奈尔折射定律（如图 8-29 所示），该定律说明了当一束光线穿过具有不同波速的两种介质的交界面时，光线是如何弯曲的，这就是棱镜的工作原理。

2）**衰减**。专业术语*衰减*是指由介质对信号的吸收与散射的组合效应。吸收与散射都会削弱沿某指定方向传播的能量。期望信号的衰减固然是不好的，而噪声及非期望信号的衰减却是一件好事。

介质通常以单位长度的固定比例吸收信号，因此衰减量与距离呈指数关系。辐射强度指的是物体表面单位面积通过的辐射通量。如果 I_0 表示入射强度，α 表示吸收系数，那么对于电磁辐射和声波，在任意距离 γ 处的辐射密度可以用比尔–朗伯（Beer-Lambert）定律表示： 540

$$I(r)=I_0 e^{-\alpha r} \tag{8.37}$$

上述关系如图 8-27 所示。

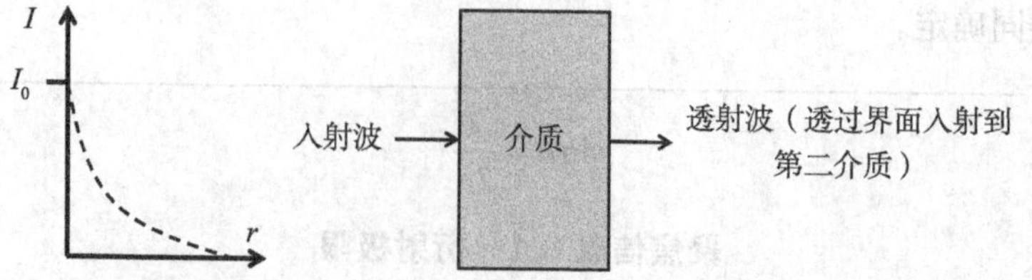

图 8-27　**介质中影响衰减的因素**。衰减通常与穿过介质的深度呈指数关系

吸收系数与材料属性有关。例如，电磁辐射在导电介质中的导电率 σ：

$$\alpha = c\sigma\mu = \sigma\sqrt{\frac{\mu}{\varepsilon}}$$

声波在水和空气中传播时，随着频率的增加，其吸收也迅速增加。这就是雾笛声音如此低沉的原因。此外，空气相对湿度越高，声音被吸收的比例也会更高。

3）**传导与穿透性**。吸收与传导特性间接地决定了有多少能量会被反射传回传感器。如果入射到表面的绝大部分能量被吸收或透射过去，那么传感器将接收不到回波信号。软性材料往往会吸收入射声波的大部分能量。很多材料对于雷达和光波是透明的，这既可能是问题，也可能是优点。到底是利是弊，取决于具体的应用环境。例如，如果雷达可以透过草地和灌木丛观察到地形表面，就非常有利于解决路径规划问题。

对于标准垂直入射情况，用 E 表示电场强度振幅、p 表示压力幅值，那么电磁波或声波的透射分量 K_t 和反射分量 K_r 可以通过下列四个关系式给出（如图 8-28 所示）。

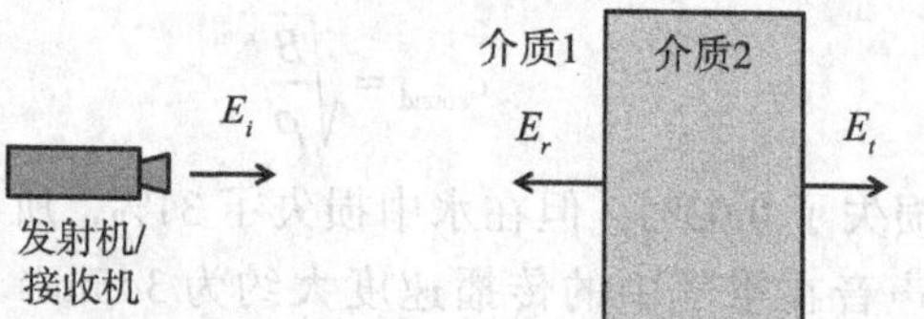

$$(K_r)_\perp = \left[\frac{E_r}{E_i}\right]_\perp = \left[\frac{\mu_2 c_2 - \mu_1 c_1}{\mu_2 c_2 + \mu_1 c_1}\right] \qquad K_r = \left[\frac{p_r}{p_i}\right] = \left[\frac{\rho_2 c_2 - \rho_1 c_1}{\rho_2 c_2 + \rho_1 c_1}\right]$$

$$(K_t)_\perp = \left[\frac{E_t}{E_i}\right]_\perp = \left[\frac{2\mu_2 c_2}{\mu_2 c_2 + \mu_1 c_1}\right] \qquad K_t = \left[\frac{p_t}{p_i}\right] = \left[\frac{2\rho_2 c_2}{\rho_2 c_2 + \rho_1 c_1}\right]$$

图 8-28　**反射与透射**。入射能量通过两种介质交界面的反射比（反射能量与入射能量之比）与透射比（透射能量与入射能量之比）取决于这两种介质的材料属性，电磁辐射和声波
541 都属于这种情况

4）**反射与折射**。斜射到某表面的光波会出现反射与折射现象，著名的斯奈尔定律对此进行了描述。参考图 8-29，反射定律可表示为：

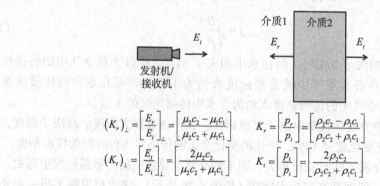

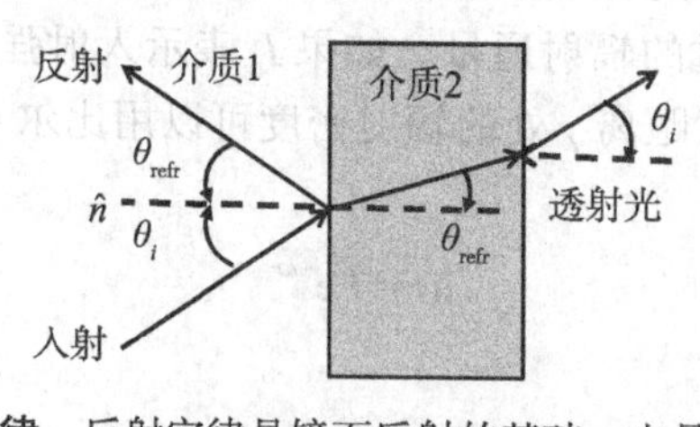

图 8-29　**斯奈尔定律**。反射定律是镜面反射的基础，也是棱镜与透镜的基础

$$\theta_i = \theta_{\mathrm{rfle}} \tag{8.38}$$

上式中的角度是相对于入射表面法线方向的测量角度。

光线在两种介质交界面处的折射角，取决于光线在两种介质中传播的相对速度。折射率定义如下：

$$n = \frac{c_{\mathrm{reference}}}{c_{\mathrm{medium}}} \tag{8.39}$$

那么折射定律为：

$$n_i \sin\theta_i = n_{\mathrm{refr}} \sin\theta_{\mathrm{refr}} \tag{8.40}$$

根据公式（8.39）可以推出：

$$\frac{\sin\theta_i}{c_i} = \frac{\sin\theta_{\mathrm{rfra}}}{c_{\mathrm{rfra}}} \tag{8.41}$$

该定律对电磁辐射和声波都适用。电磁辐射的参考速度通常指的是在真空中的传播速度（而声音不能在真空中传播）。反射波和折射波，以及入射光线和入射表面法向量都位于同一个平面内。

3. 几何条件

辐射信号在环境中传播会受到多种几何条件的影响，主要包括传感器与目标对象的相对位姿，以及各种尺度下的表面几何条件。

1）**距辐射源的距离**。辐射波在空间中会沿各个方向传播能量，但是根据能量守恒定律，辐射波在全向传播过程中，会存在不同程度的“衰减”。考虑一种最简单的点辐射源，它既可以是一个发射信号的主动传感器，也可能是一个反射或透过能量的小块表面。参见图 8-30，如图所示为一个发射功率为 P_0 的点发射源，它的部分能量会持续穿过靠近发射源的小块表面 A。 542

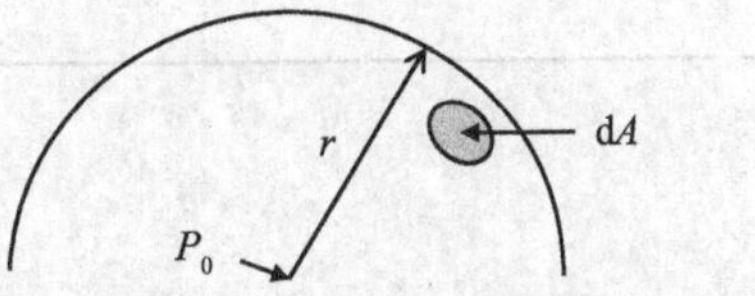

图 8-30　**辐射强度变化与距传感器距离的关系**。穿过小块表面 dA 的能量取决于半径和小表面的面积

强度 I 是单位面积上穿过的能量。如果该表面为球面，并且能量在各个方向的发射强度相等，那么可以求出：

$$P_0 = \int_A I dA = IA = 4\pi r^2 I \tag{8.42}$$

因此半径 r 处的辐射强度为：

$$I(r) = \frac{P_0}{4\pi r^2} \tag{8.43}$$

根据能量守恒，可知功率下降为 $1/r^2$。对于电磁辐射和声波，因为功率与幅值的平方成正比，所以幅值下降为 $1/r$。

2）**角度的轴对称性**。方向性强（高度集中）的辐射源发射的波束集中在一个狭窄范围内，有些主动传感器往往会有明显的主方向，镜面反射的反射方向往往也是高度集中的。图 8-31 以声呐传感器探测固体对象为例，其中传感器发射并接

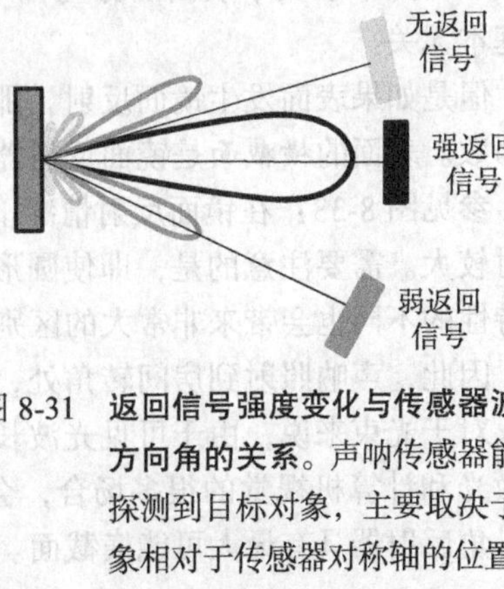

图 8-31　**返回信号强度变化与传感器波束方向角的关系**。声呐传感器能否探测到目标对象，主要取决于对象相对于传感器对称轴的位置

收反射能量。位于传感器对称轴上的固体物，将把大部分能量反射回传感器，位于第一旁瓣上的物体也会返回信号。但奇怪的是，位于在旁瓣之间零辐射区域的物体几乎完全没有返回信号。

3）**微观表面几何特性**。波束可能在物体表面发生镜面反射，也可能发生漫反射（如图 8-32 所示），实际表面在一定程度上往往同时存在这两种类型的反射。理想的漫反射镜，无论波束入射角多大，在整个反射半球内的反射信号强度都是均匀的，这种反射器被称作龙勃（Lambertian）反射器。

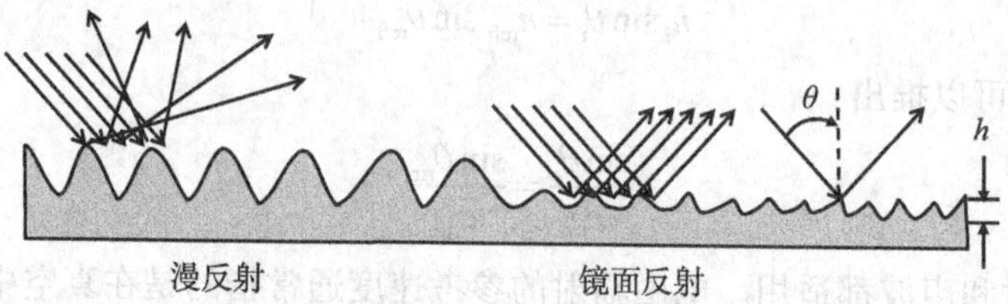

图 8-32 **反射强度变化与表面粗糙度的关系**。当表面粗糙度的值低于瑞利（Rayleigh）准则限定值时，反射类型由漫反射变成镜面反射。

当表面粗糙度值的量级与波束的波长接近时将发生镜面反射。镜面反射的准确判据也与
543 入射角有关，这一判据被称作瑞利（Rayleigh）准则。

$$h < \frac{\lambda}{8\sin\theta} \tag{8.44}$$

聚焦信息 8.2 瑞利准则

这一简短的物理学准则公式解释了为什么 GPS 信号（波长为 20cm）会在海洋和大型建筑物上发生镜面反射，而声呐信号则几乎可以在所有人造表面发生镜面反射。

对于光线来说，该准则解释了为什么房间里的所有人都可以看到墙上激光笔的指示光点。但是在斜射到光滑镜面时，激光线则被反射走了，从而没有光线返回到观察者。激光雷达传感器可能在闪烁的黑冰表面上效果不好，但在粗糙的高反光积雪表面上却工作良好。

4）**宏观（物体）表面几何特性**。宏观物体的表面几何特性也会影响返回信号的强度。对表面上的一小块区域而言，其上的入射能量取决于沿辐射源方向到该区域的投影面积（投影面积的大小取决于表面的方向）。如果表面发生漫反射，反射回传感器的能量则与表面方向基本无关。

但是如果表面发生镜面反射，那么表面反射回的能量则是一个与表面几何特性相关的复杂函数。表面的横截面是镜面反射器的有效区域，它表征的反射能量与实际表面相等。

参见图 8-33：在镜面反射情况下，圆形物体的横截面相对较小，而直角物体的横截面则相对较大。需要注意的是，即使圆形物体与直角物体的尺寸相同、材料相同，仅仅是表面几何特性的不同也会带来非常大的区别。

因此，声呐照射到房间转角处，会发生直角反射器效应，而光学反光带也是基于这个原理。对于光束来说，由于可见光波长很小，所以可产生角反射效果的转角尺度也很小。在使用激光和计算机视觉的很多场合，会有意设置角反射器。因为所有的入射能量都同轴返回，所以角反射器具有最大可能横截面。

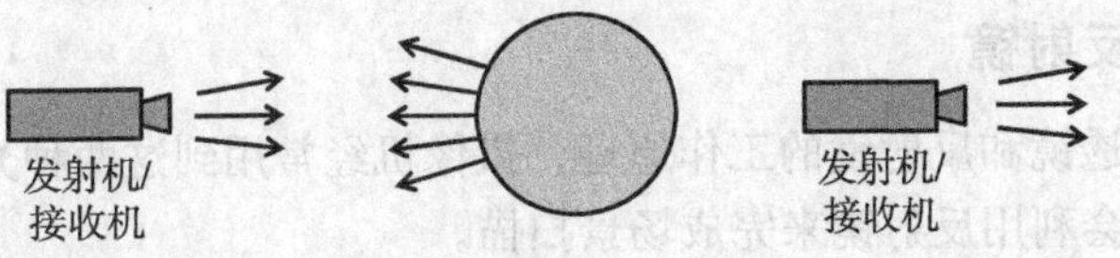

图 8-33 **物体的横截面**。在镜面反射情况下，圆形物体的横截面很小，而直角物体的横截面很大。图中二者的投影面积相同

5）**宏观（场景）的表面几何特性**。在镜面反射情况下，整个场景的表面几何特性非常重要，有时候返回能量会因场景表面几何关系的影响而产生一定程度的增强或减弱（如图 8-34 所示）。具有理想性能的反射镜有可能被性能不佳的反射镜挡住，或者两个呈直角分 544
布的表面之间有可能产生非常强的多路径返回的回波信号。在后一种情况下，之所以出现这种结果有可能是因为一个物体置于介于两个表面之间的某一位置而导致多路径返回问题。

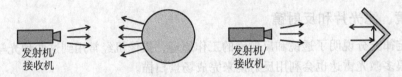

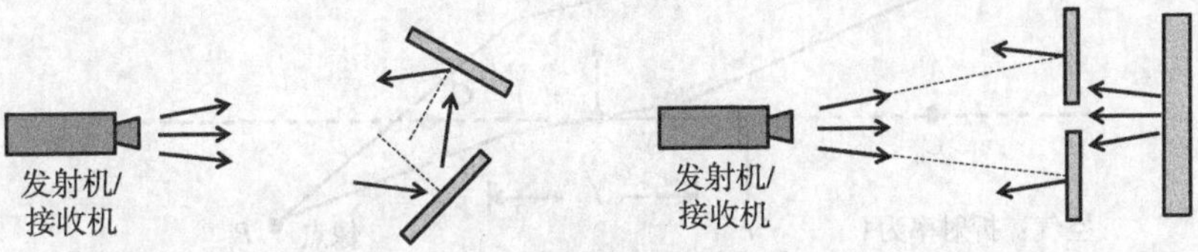

图 8-34 **场景表面几何特性的影响**。场景中物体之间的表面几何关系的影响甚至有可能使返回信号增强（多路径），也有可能使返回信号减弱（信号被遮挡）

4. 传感器运动

对移动机器人来说，任何传感器移动效应都非常重要。其中最普遍的问题可能就是，需要知道当收到一个移动中的传感器的数据时，传感器的位置在哪儿。这就要求同时读取感知传感器和导航传感器的数据，或者以亚毫秒级的精度标记两种传感器数据的读取时间。

有时，传感器的原生速度会干扰它的正常工作。旋转式声呐传感器（或安装在做旋转运动的机器人上的传感器）会因接收头的旋转，而使其无法接收到返回光束。而在另一些时候，传感器的原生速度就是我们关注的被测量。比如著名的多普勒效应既是实现速度测量（例如，在地面测速雷达中）的原理，也是期望传感器静止不动的目标跟踪系统中的一大干扰因素。

5. 环境辐射信号

对于被动式传感器，当环境辐射信号强度不足时，需要在机器人上安装一个发射源（如头灯）。对摄像机来说，此类问题可能不易察觉。例如，如果场景中除阴影区外的其他区域非常明亮，那么阴影区就很难成像。相反，如果图像中只有部分区域非常明亮，那么即便最廉价的摄像机也会表现很好。一天之中尤其是清晨或者日暮时，太阳光照强度差别很大，而这通常也是影响成像问题的一个因素。

不同工作模态的传感器有时也会受不同环境辐射的干扰。例如，声呐对周边环境中的超声源很敏感；而红外激光测距传感器对太阳光很敏感（太阳光在红外波段非常明亮）；当然雷达对各种无线电源都非常敏感，而且现在无线电辐射源越来越多。有时候，传感器正是因为接收到来自其他干扰源的信号而产生误识别。这会导致传感器的保真度产生退化，而且很难定位干扰源。当安装有同一种主动式传感器的多台机器人在同一区域运行时，就有可能出现这种相互干扰的问题。

8.2.4 透镜、滤光片和反射镜

斯奈尔定律充分说明了透镜和反射镜的工作原理，摄像机经常用到这两种光学装置，部
545 分雷达以及很多激光雷达也会利用反射镜来完成场景扫描。

1. 薄透镜

透镜是一种光的透射与折射装置——通常情况下是为了使进入透镜的光线发散或聚焦。摄像机通过一个被称为光圈的区域收集光线，然后将光线会聚至传感器阵列。透镜的工作原理基于斯奈尔折射定律。在很久以前笛卡儿曾发现：对于由两个球面构成的透镜，由物点发出的所有光线通过透镜外表面后都会聚至位于透镜后方的像点位置处，如图 8-35 所示。

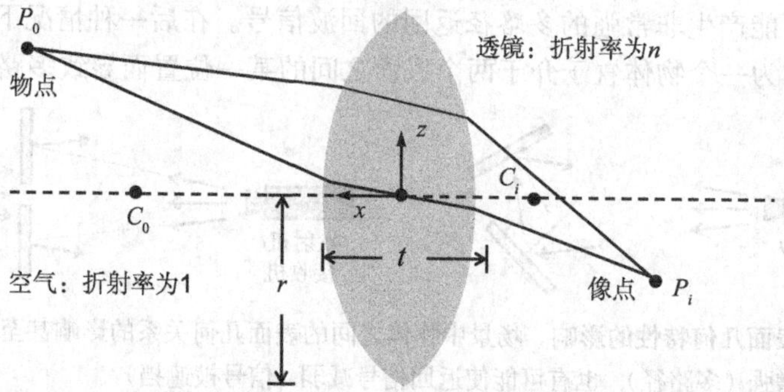

图 8-35　**笛卡儿磨镜者公式示意图**。该凸透镜由两个具有不同曲率半径的球面构成，C_i 表示位于物体一侧球面的曲率中心等

物体坐标点（物点）和图像点（像点）之间的关系表示如下：

$$\frac{1}{x_{po}}-\frac{1}{x_{pi}}=(n-1)\left(\frac{1}{x_{Co}}-\frac{1}{x_{Ci}}\right) \tag{8.45}$$

请注意，上式中 $x_{po}>0$、$x_{pi}<0$。该公式只适用于薄透镜（透镜的厚度相对于像点 x_{pi} 和物点 x_{po} 距离而言比较小），而且光线是与光轴的夹角很小的近轴光线（与图像和物体距离相比，当透镜半径非常小时成立）。

显然当物点移动时，像点也会随之移动。如图 8-36 所示，*像方焦点* F_i 指的是位于无穷远处的物体产生的像点。如果 P_0 位于无穷远处，那么从 P_0 发出通过中心 O 的光线将水平进入透镜而且不会发生任何偏移，所以焦点会落在光轴上。将 $x_{po}=\infty$ 代入上式将得到如下结果：

$$\frac{1}{x_{Fi}}=-(n-1)\left(\frac{1}{x_{Co}}-\frac{1}{x_{Ci}}\right) \tag{8.46}$$

聚焦信息 8.3　磨镜者公式

对于一个由两个不同曲率半径的球面所构成的透镜，如图所示图像的焦点（像方焦点）是由位于无穷远处的物体产生的。

同样，*物方焦点* F_o 是对应于无穷远处像点的物体位置点（物点）。

546
$$\frac{1}{x_{Fo}}=(n-1)\left(\frac{1}{x_{Co}}-\frac{1}{x_{Ci}}\right) \tag{8.47}$$

二者具有相同的数值，该值被称为焦距 f，但由于它们可以出现在透镜的任意一侧，所以用相反的符号表示。将公式（8.46）代入公式（8.45），可以得到薄透镜对位于无穷远处物点的变换关系式：

$$\frac{1}{x_{Po}}-\frac{1}{x_{Pi}}=\frac{1}{f} \tag{8.48}$$

聚焦信息 8.4　薄透镜公式

通过该公式我们可以确定与一个物点对应的像点位置，在有些公式中 x_{Pi} 表示一个正值，由此需要将公式中的减号（−）变为加号（+）。我们之所以在摄像机上使用透镜，是因为透镜可以会聚大量光线，并且可以控制光线照射到一个具有正确几何关系的小型传感器上，并在该传感器上成像。

我们现在可以使用已经掌握的焦距以及位于无穷远处的点的相关知识，以理解不在无穷远处的物体的图像形成过程，如图 8-36 所示。

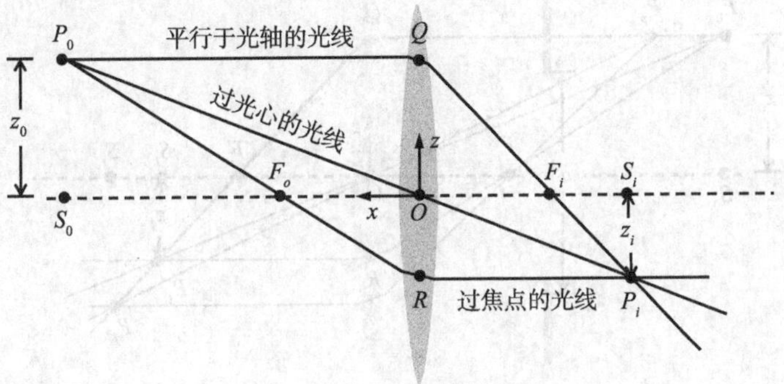

图 8-36　**图像缩放**。透镜产生的图像不仅被成比例缩放，而且还是倒立的

平行光线从物点发出后平行于光轴传播。如果物点位于无穷远处，就会投射出同样的平行光，且经透镜折射后会聚到图像焦点。中心光线从物点发出后，直接通过透镜的光心。对于薄透镜，光线不会偏转，而是继续沿直线传播。平行光线与中心光线相交于像点位置。为了说明在图像侧确已形成了图像，假定有*焦点光线*从像点发出，且平行于光轴传播回透镜。可以看到，此光线将被折射并通过物方焦点（入射光束一侧的焦点，即距透镜原点一个焦距的位置），最后到达物点。

对于三角形 P_iRO 和 P_oQO，根据相似三角形定理可得：

$$\frac{z_i}{x_{S_i}}=\frac{z_o}{x_{S_o}} \tag{8.49}$$

547

因此放大倍数，即图像尺寸和物体实际大小的尺寸之间的比例为：

$$M=\frac{z_i}{z_o}=\frac{x_{S_i}}{x_{S_o}} \tag{8.50}$$

对于三角形 P_iF_iO 和 P_iQP_o，也可以写成如下形式：

$$\frac{z_i}{z_o-z_i}=\frac{x_{F_i}}{x_{S_o}}=\frac{-f}{x_{S_o}} \tag{8.51}$$

上式化简可得：

$$\frac{z_i}{z_o}=\frac{f}{f-x_{S_o}}=\frac{-f}{x_{S_o}-f}\approx\frac{-f}{x_{S_o}+f} \tag{8.52}$$

因为 $x_{S_o}\gg f$，所以如果我们希望消除图像倒置，可以用 $-z_i$ 代替上式中的 z_i。

$$\frac{z_i}{z_o}=\frac{f}{x_{S_o}+f} \tag{8.53}$$

该公式与 2.6.1 节第 1 点介绍的摄像机模型完全相同。有一点需要注意，第 2 章图形中的 y 对应此处的 x，所以这里的透镜公式等效于曾在第 2 章使用过的齐次变换。

显然，当物点靠近或远离透镜时，物点的成像位置即像点，也将靠近或远离透镜。然而，如果需要对在不同距离上的多个物点进行成像，是不可能在所有像点位置放置摄像机传感器阵列（像平面）的。如图 8-37 所示，如果将传感器置于位置 S_i，那么物点 P_p 将形成模糊图像；然而如果将传感器放置在位置 S_j，那么物点 P_o 就会形成模糊图像。

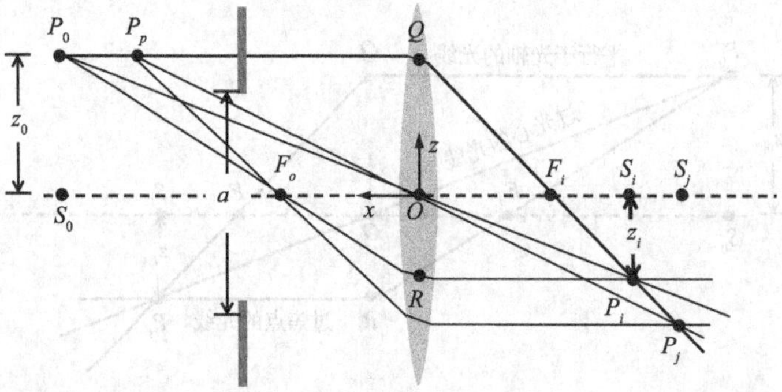

图 8-37　**景深与光圈示意图**。在同一时刻对 P_o、P_p 两点，只能对其中一个实现完美对焦，调整光圈将影响景深

548 物点在像平面上的模糊图像被称为该点的弥散圆。对于一个给定尺寸的弥散圆（可能是一个像素），在聚焦像平面的前 / 后都会对应一个像平面位置。这种具有给定弥散圆半径的最远和最近像平面位置差，被称为透镜的景深。

透镜的焦距越短景深越大（视场也将增大），但是这种增加是以更多的透镜畸变为代价的。透镜畸变会使像平面中图像中心附近的直线产生向外弯曲（桶形畸变）或向内弯曲（枕形畸变）。

透镜光圈指容许光线进入透镜的圆孔的半径大小。减小光圈会增加景深，但是这以减少投射到像平面的光线为代价。

2. 滤光片

滤光片是一种只容许照射到它上面的部分光线通过的装置。一种形式的滤光片是在玻璃中加入化合物，从而使其能够吸收不需要的无用光；另外一种形式则是反射不需要的无用光，并通过所需要的光线。滤光片的透射曲线图以波长函数的形式表示可透射光线。基本滤光片只容许某一个频段的波通过，而阻止所有其他频段的波通过。

对于彩色 CCD 摄像机通常会安装一个红外滤光片，以获得逼真的色彩效果。这种滤波片可以阻止传感器对近红外光线产生响应。在室外机器人的应用场合，可能会用到红外光线的感测，所以有时会去掉红外滤光片。

贝叶斯滤光片阵列是多数单芯片摄像机的标准组件。这种以单个像素大小的微小元件组成的阵列，仅允许指定颜色的光通过并投射到基板感测元件。

3. 反射镜

反射镜可以弯曲或扭曲摄像机或光源的视场，所以利用镜面反射可以解决一些复杂问题。镜面反射的简单用法，就是用一个平面镜使摄像机视场转动一个固定角度。通过这种方法可以解决没有空间安装一个或多个摄像机的问题。它还可以使摄像头隐藏在外壳里，以免损坏；它也可以使多个摄像头的视场发生弯曲，使它们看起来就像是从同一个点发出的。如果驱动平面反射镜运动起来，就可以实现激光雷达的激光束和光电二极管口径的扫描运动。

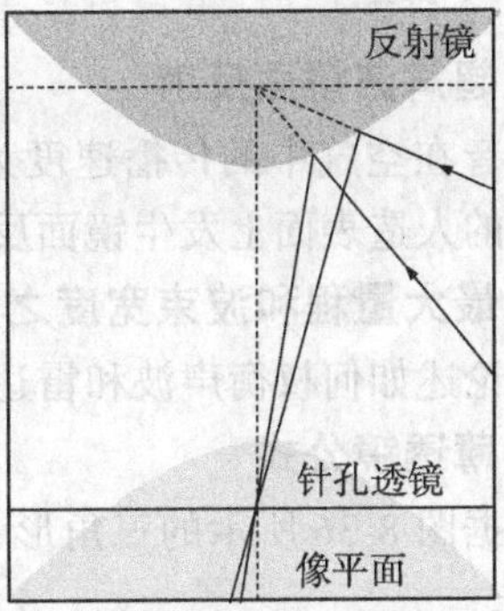

图 8-38 **由双曲面镜构成的全向反射镜**。对于如图所示的对称区域，入射光线照射到镜面上，然后通过针孔透镜在像平面形成一个图像，其中针孔必须安装在双曲面的第二个焦点位置处

一个特别有意思的用法，是利用凸面镜将标准摄像头视场转换成全景视场。在这类应用中，理想情况下，所有光线都应该聚焦在单个投影中心。符合这一约束条件的镜面必须满足一个特殊的微分方程[13]。满足该约束的一种镜面形状是半个双叶双曲面（如图 8-38 所示）。 549

在有些应用中特别希望能够得到全景视场。如果机器人需要经常改变方向，就要用到头部后面的眼睛。所有视觉定位技术都能受益于全景视场。在视觉里程计中，利用全景视场可以很容易地区分旋转运动和平移运动。

利用全向镜面反射，能够合成完整的柱面全景图像甚至视频（如图 8-39 所示）。

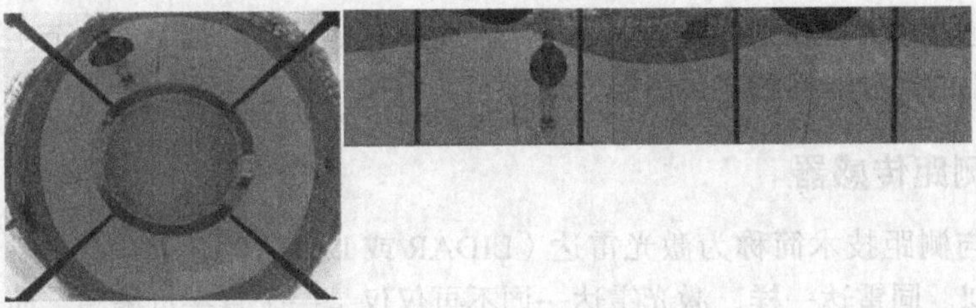

图 8-39 **全景图像**。利用反射镜几何模型，可以把左侧的原始图像翘曲成上图所示的柱面全景图像

8.2.5 参考文献与延伸阅读

Baker 等的论文讨论了用于全景成像的镜面反射技术。Smith 的论文是测距传感器信号处理方面的权威文献。Barklay 的书介绍了表面粗糙度的瑞利准则；Halliday 等的著作为相关主题，包括透镜，提供了阅读资料。Ulaby 的书是非常理想的关于波的传播和天线的参考信息资源。

[13] S. Baker and S. K. Nayar, A Theory of Catadioptric Image Formation, in *Proceedings of the 6th International Conference on Computer Vision*, Bombay, India, IEEE Computer Society, 1998.

[14] Les Barklay, ed., *Propagation of Radio Waves*, 2nd ed., Institution of Engineering and Technology, 1996. 550

[15] D. Halliday, R. Resnick, and J. Walker, *Fundamentals of Physics,* Wiley, New York, 1997.
[16] P. Probert Smith, Active Sensors for Local Planning in Mobile Robotics, *World Scientific Series in Robotics and Intelligent Systems,* Vol. 26, World Scientific Publishing Company, 2001.
[17] F. Ulaby, *Fundamentals of Applied Electromagnetics,* Prentice Hall, 2010.

8.2.6 习题

1. 超声波镜面反射

声音在空气中的传播速度为 340m/s，请说明：一个频率为 50kHz 的声呐信号能够在绝大多数的人造表面上发生镜面反射。

2. 最大量程和波束宽度之间的平衡

请论述如何权衡声波和雷达天线的最大量程与波束宽度。

3. 薄透镜公式

根据图 8-36 所示的三角形 $F_i QO$ 和三角形 $F_i P_i S_i$ 及公式（8.50），从几何角度推导薄透镜公式。

8.3 感知传感器

机器人必须在能够感知环境信息的前提下，才能对周围环境做出智能响应。而机器人感知环境是通过感知传感器实现的，所以传感器对机器人至关重要。传感器设计工程本身就是一门学科，不过基于第 7 章介绍的背景知识，我们仍然可以从用户的角度来体会传感器的一些重要特性。

普通的传感器通常用以感测外观（包括红外和紫外线波长）或距离。此外，还有一些更复杂的传感器，包括：探地雷达（或许可以用来找出地下埋藏的地雷）、环境音（用来感知交通噪音或人类声音）或化学传感器（感测气味）。

实际的传感器通常仅在某些场合表现良好，而在其他场景则较差。本节主要介绍在移动机器人中最常用的部分非接触式传感器。

8.3.1 激光测距传感器

激光探测与测距技术简称为激光雷达（LIDAR 或 LADAR），其中第二个缩写 LADAR 与 RADAR 类似。同雷达一样，激光雷达一词不再仅仅是一个首字母缩写，而成为一个专用术语。激光雷达除了具备主动式传感器的所有优点外，还有较高的距离和角度分辨率。此外由于激光雷达通常工作在窄频带，所以其接收机可以设计为拒绝接收阳光，从而免受太阳光干扰。

激光雷达通常是一种单点测距传感器，它基于前面介绍的飞行时间原理实现测距（TOF、AM、FM）。现在，有很多激光雷达通过多传感器阵列与扫描装置的组合设计实现一维和二维的扫描测量。

1. 原理

551 独立的激光测距仪由一个发射激光线的激光二极管和一个接收返回信号的光电二极管组成。光电二极管是一种可以产生光电效应的半导体器件。当指定频段的光入射到一个敏感半导体结上时，电子就会因光子的激发而释放，通过感测电子产生的电流，就可以探测进入的光子信号。

对于激光二极管，可以认为它是利用光学振荡器来产生激光束。该光学振荡器包括两个部分：光正反馈器和频率滤波器。就半导体激光二极管而言（如图 8-40 所示），这种正反馈来自高于基态原子的光子受激发射现象：在某特定频率光子的作用下，一个空穴与一个电子重组，产生另一个同样的光子。

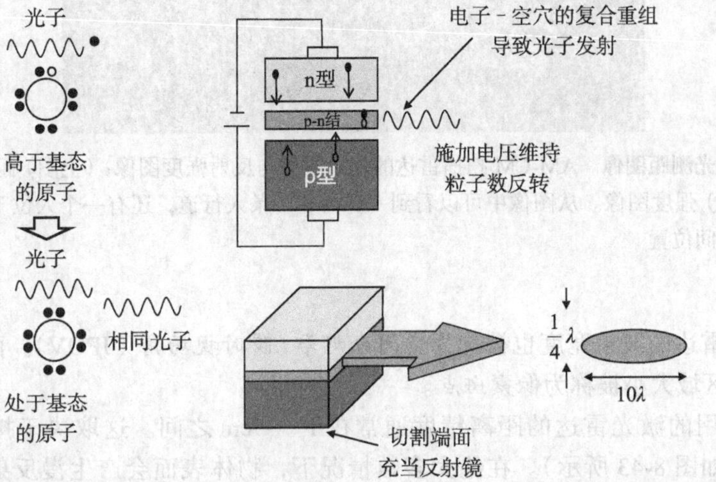

图 8-40 **激光二极管的工作原理**。（左图）受激发射：一个光子引起另外一个光子的发射；（右图）半导体激光器（激光二极管）：该器件的切割端面充当反射镜

受激发射只能用粒子数反转来维持，即高基态原子数大于基态原子数，而外加电压提供维持该状态所需的能量。之所以会产生频率滤波的效果，是因为只有那些满足空腔谐振条件的光子能够免受破坏性干扰的影响。

在半导体中，元器件的切割端面充当产生激光腔的反射镜。这样产生的光束不是圆形的，也没有很好地成形，所以会用光学准直系统来改善光束形状。激光雷达通常使用红外波段，因此这些波束对于肉眼不可见。

2. 信号处理

现在的激光雷达绝大多数是脉冲型或者调幅型。也有调频型，但很少见。理论上，激光雷达在收到环境中第一个反射面返回信号的时刻，“标记时间”并计算距离。但是当环境为局部透明时，同一束激光的返回信号可能产生多个距离读数（如图 8-41 所示）。在有灰尘或烟雾的环境中，有必要记录多个返回值，因为第一个返回值很可能是空气中的杂质产生的。大致而言，红外波接近可见光，因此，如果这些遮蔽物对人来说能够看透，那么激光雷达同样也可以。不过，判断传感器读数对应着云团还是其后的物体，这是一个信号处理问题。

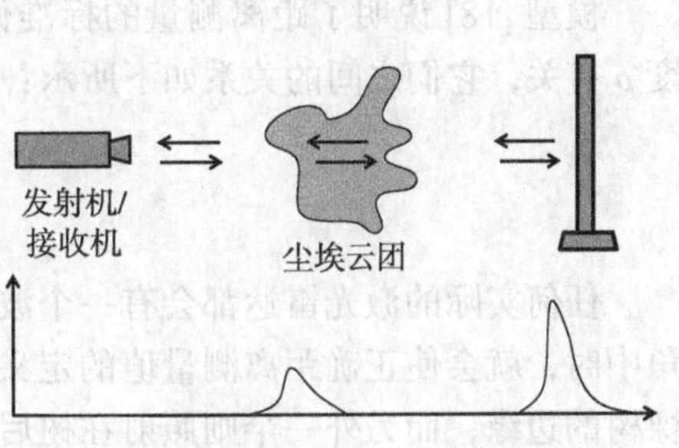

图 8-41 **多脉冲的处理**。介质的每一次变化都会产生一个返回信号。在这里，尘埃云团与坚硬表面各自产生了一个距离读数

552

图 8-42 所示是一种典型的二维激光雷达扫描图。多数设备在返回距离值的同时还会返回信号强度值。该信号值有很多潜在用途，如不确定性估计、地形分类、目标识别及提高精度等。

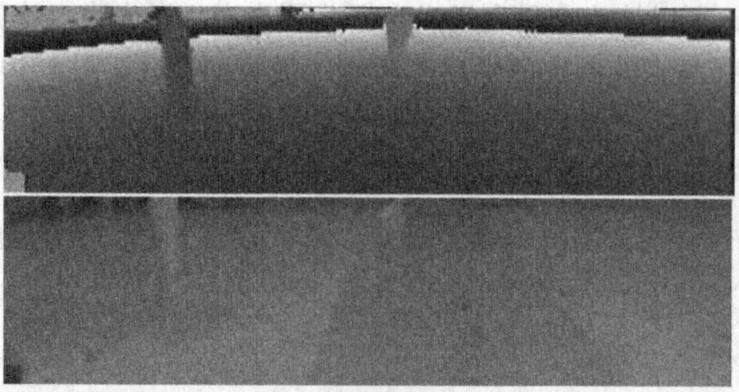

图 8-42 **激光测距图像**。AM-CM 扫描雷达的测距图像与反射强度图像：（上图）距离图像；（下图）强度图像。从图像中可以看到一棵树和一条人行道，还有一个人位于图像的上方中间位置

3. 性能

扫描激光雷达的波束宽度也被称为*空间分辨率* / *瞬时视场角*（IFOV）。而场景中被激光束瞬时照射的区域大小被称为*像素斑点*。

机器人使用的激光雷达的距离精度通常在 1 ～ 5cm 之间。这取决于接收的信号辐射的量与形式（如图 8-43 所示）。在绝大多数情况下，物体表面会产生漫反射。入射角度越大，像素斑点的分布范围就越大。而大的分布范围导致返回信号强度降低，也意味着低的信噪比。

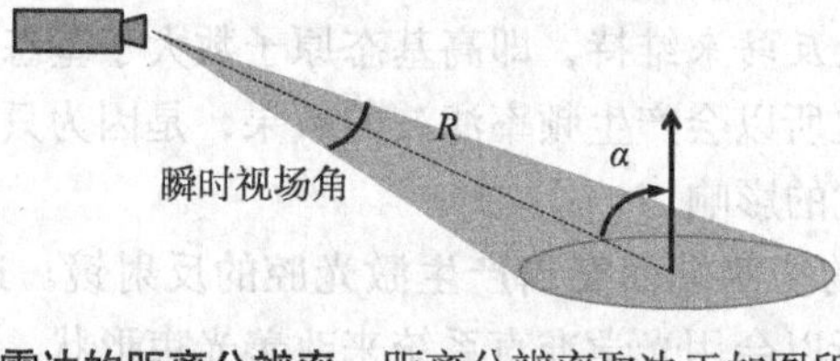

553 图 8-43 **激光雷达的距离分辨率**。距离分辨率取决于如图所示的几何关系

模型 [18] 说明了距离测量的标准偏差 σ_R 与激光波长 λ、入射角度 α、测量距离 R 和密度 ρ 有关，它们之间的关系如下所示：

$$\sigma_r \propto \frac{\lambda \cdot R^2}{\rho \cdot \cos\alpha} \tag{8.54}$$

任何实际的激光雷达都会有一个波束宽度。而这就意味着当有物体边缘出现在瞬时视场角中时，就会使正确距离测量值的定义变得含糊不清。想象一下，如果波束的一半照射在一棵树的边缘，而另外一半则照射在树后面的地面上，就不存在正确的距离值。而距离的平均值却指的是这二者之间位于半空中的一个点。在这种情况下，最好选择就是将这些不准确的超常距离值作为异常点剔除掉。

激光波束会在某些表面发生镜面反射，而导致接收机几乎接收不到任何返回能量。一个简单的判定原则是，如果表面非常光亮，那么该表面对红外光就很可能是一个镜面。在不违反用眼安全规定的前提下，通常希望信号强度能够尽可能地高，这样的设计要求虽然重要，但是却会进一步增加精密元器件的制造难度。最大可能测量距离在很大程度上取决于被测物的表面反射率。波束宽度（也称为*散度*）的范围一般为 0.1mrad ～ 10mrad。理论上说，它与光点大小无关，但实际使用中却的确有关。通常，激光雷达距离分辨率的量级为厘米。

4. 优缺点

随着距离的增加，激光雷达的测距精度只是略有下降。而误差的增大，多数是因为反射能量的降低和反射面的朝向不好。这种由硬件保证的高测距精度，使我们有可能以很小的计算量就能提取环境形状。虽然激光雷达的性能对周围环境光的依赖性不强，但是特别明亮的环境光，在一定程度上会使其性能略有下降。有些激光雷达可以在有中度灰尘、烟雾以及雾气弥漫的情况下正常工作。

绝大多数激光雷达系统采用的是物理扫描装置。这意味着必须设计复杂的扫描机构，并且扫描机构运动的测量精度必须达到波束宽度的几分之一。角度分辨率受限于最小波束宽度；而最小波束宽度则需要保证反射能量达到可探测的量值。此外，为了产生精确测量结果，对表面的最小反射率也有要求。白纸的表面反射率接近 100%；原木材以及混凝土在 25% 左右；沥青为 15% 左右；而黑色橡胶则低到 2%。

5. 激光雷达扫描实现

典型的测距模块由发射机、接收机、光学准直系统、信号发生电路、放大器、时间测量单元等组成。基于飞行时间的测距模块设计框图如图 8-44 所示。

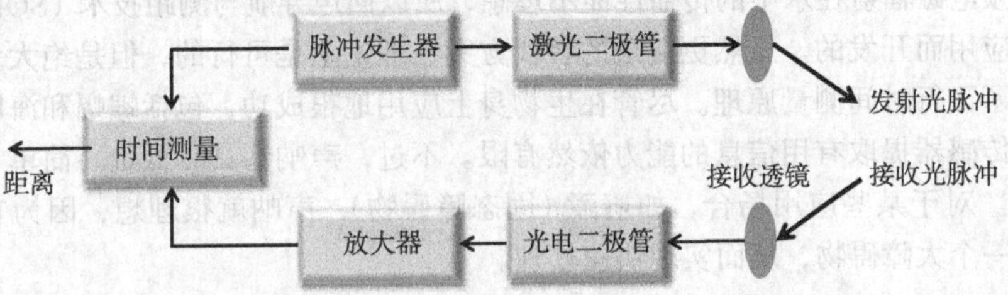

图 8-44 **飞行时间激光测距仪**。该装置由一对激光二极管 / 光电二极管、一个时钟和一些光学元器件组装而成

扫描机构可以沿一个或两个方向进行扫描。在实现扫描的方式上，有些设备通过摆动镜面实现，而另一些则利用旋转镜面。一种简单的扫描机构采用了一维方位角连续旋转方式（如图 8-45 所示）。在角分辨率上，每 0.5° 一个测距点是典型情况。在本书撰写之际，现有激光雷达的角分辨率从一周 360 个测距点，到最多 64 行乘以 3600 列个测距点都有；而其测量速率则从每秒产生 2000 ～ 500 000 个测距点不等。 554

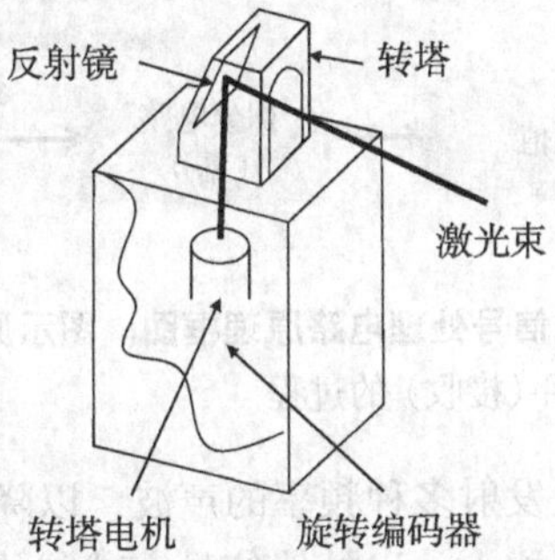

图 8-45 **气旋激光测距仪**。一台可实现完整周向视场测量的简单定制设备

6. 其他激光雷达

最近出现了还能够感知场景中测量点颜色的彩色激光雷达。这样的传感器能够提升机器

人理解环境的能力。这种定制型的传感器，其硬件由摄像机和激光雷达组成，并且对测距点和彩色像素之间的映射关系进行了标定。这种集成装置采用了与激光束同轴的单个 RGB 像素单元。目前，扫描型彩色激光雷达难以在低光照条件下工作。这是因为激光接收孔的扫描速度非常快，从而使被动彩色传感器仅能够采集到极少量的环境光。

闪光型激光雷达已经在空中地形测绘中得到了使用。目前，这种激光雷达的尺寸已经设计得足够小，完全可以在机器人上使用。这些传感器投射出宽波束的激光雷达"闪光"光束，能照亮整个场景。而场景中的物体将这些光线反射回接收机，并由传感器的智能像素阵列进行处理。此类雷达通常采用 CMOS 相机，因为这样能方便地把处理单元与每个像素相关联。

同接收可见光的摄像机一样，这类激光雷达（唯一的一类）也不会发生运动失真。同时，它们也可以使用摄像机的典型光学器件来改变图像的几何特征。但遗憾的是，其闪光能量高度分散，导致回波中的信号强度很低。这就降低了设备的抗噪声能力，使得这类激光雷达的室外应用受限，而在室内也仅能对几米的距离成像。

8.3.2 超声波测距传感器

由于高频电磁辐射在水中的传播性能不理想，所以回声导航与测距技术（SONAR）最初
555 是面向水下应用而开发的。虽然更复杂的替代方案在理论上是可行的，但是绝大多数的商用声呐都采用了飞行时间测量原理。尽管在生物身上应用地很成功，包括蝙蝠和海豚，但是机器人从声呐传感器提取有用信息的能力依然有限。不过，声呐却具有低价、简单、轻量和低功耗等优点。对于某些应用场合，如避障（固态障碍物），声呐就很理想，因为它用单次测量就能判定一个大障碍物，从而实现快速处理。

1. 原理

声呐装置依据压电换能器的原理工作。它就像扬声器和麦克风那样，在发射阶段将电能转换成声音，而在接收时又能够将声音转换成电能。图 8-46 所示的功能框图中，只有在脉冲发射完成且探头瞬态震动消失后，才会使能输入放大器。

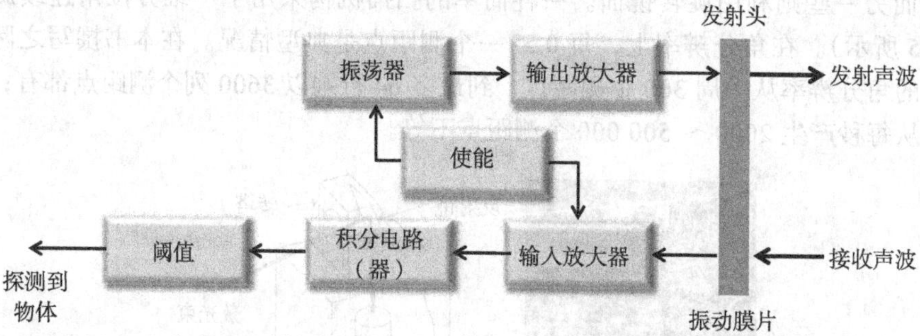

图 8-46 **声呐测距仪信号处理电路原理框图**。图示原理框图表明了信号流输出到振动膜片（发射），再返回（接收）的过程

不少超声波测距仪发射多种频率的声波，以降低信号之间的干扰。而输入放大器的增益可以设定为随时间不断增大，以补偿信号衰减与传输（R^2）损耗。利用该技术，可以使探测目标的信号触发阈值固定。

2. 性能

声呐传感器的使用难点主要由镜面反射、多路径反射、宽波束、波速慢、旁瓣、衰减、

大盲区、最大量程衰减以及环境干扰等引起。声呐使用的超声波波长范围使其能够在多数人造物体表面发生镜面反射，因此，可以认为室内环境由很多声音反射镜面构成。返回信号的强度取决于声波入射角的大小。只有在正入射（入射角为 0°）且比波束宽度小的方位角度范围内，才能将大部分能量反射回发射器。有时，房间转角也会反射旁瓣。

图 8-47 展示了声呐传感器在标准室内环境中获得的典型声呐扫描图。位于房间转角的直角通常会产生较强的返回信号，从而表现出很小的测距误差。而在其他位置，声波在墙面发生镜面反射，导致机器人以为没有墙存在；有时候特殊的几何形状还会引发多路径反射，从而使机器人误认为物体在房间外的某一位置。这类误差通常包括与系统位姿相关的误差和随机误差两部分。累计随传感器移动而采集的多次测量结果，是消除部分系统误差的一种潜在有效方法。 556

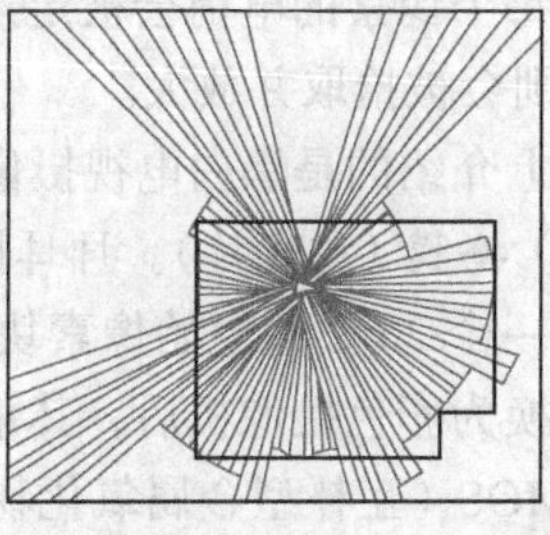

图 8-47 **典型声呐扫描图**。声呐失真是一个在现实中无法改变的事实。在如图所示的房间内部，所有转角位置都被测量到了，但是测距值偏小。该图来源于第 9 章的参考文献 [24]

声呐信号随距离的衰减率约为 3dB/ft，如果测量 20ft 远的物体，就要求传感器的动态量程为 60dB。由于传感器和电路分时使用的原因，声呐存在一个最小探测距离——*盲区距离*。通常，探头在阻尼下停止振动需要消耗 1ms，而激励脉冲宽度又占 1ms，这样会导致最长 60cm 的盲区距离。测量频率由声速与最大测距量程共同决定。对于 20m 的最大测距量程，测量频率就是 8Hz。角度分辨率取决于主瓣宽度，通常为 5° ～ 15°。

声呐的测距精度主要取决于校准后的声速值。声音的传播速度 c（以 m/s 为单位）是关于温度 T（以℃为单位）的函数，可由下式确定：

$$c=331.4+0.607T \tag{8.55}$$

显然，当温度 T 的变化超过 60° 时，声速 c 将变化 3.6m/s 或 10%。基于飞行时间原理的测距精度还受载波波长的影响，因为探测器被触发的时刻，对应着接收信号幅值的最大值时刻。然而，返回信号的强度由波束能量决定，而波束能量通常受实际环境中几何形状的影响。此外，低角度分辨精度也会附带引起较差的测距精度，比如，经常会产生圆的转角。在测量较远距离时，声音脉冲的传播与衰减导致信噪比下降，也会影响测距精度。

3. 实现

机器人使用的商用声呐传感器的超声波频率在 50 ～ 60kHz 之间，对应的波长变化范围为 0.5 ～ 1cm。因此，相对而言绝大多数人造表面都是光滑的。这些传感器的最小测距距离可低至 0.25m，而最大测距距离可以到 20m；它们的波束宽度范围在 5° ～ 15°。 557

8.3.3 可见光摄像机

数码摄像机是计算机视觉的主要传感器，也是机器人的一种重要感知传感器。作为一种被动传感器，摄像机最重要的特点是依赖于环境光。但是因为人类也存在同样的局限性，所以我们在潜意识中通常认为机器人不能在黑暗环境中看见东西是可以接受的。目前，摄像机主要使用的两种相互竞争的技术是：CCD 与 CMOS 传感器。

1.（CCD 与 CMOS）工作原理

CCD（电荷耦合器件）摄像机同太阳能电池阵列一样，也是基于*光电效应*原理。摄像机通过开启快门将感光元器件（被称为图像元素或*像素*）阵列暴露在环境光下，通常曝光时间非常短。每个像素被光子撞击后都会释放电子，这些释放的电子会被存储在各个像素的电容器中。每个像素的电荷会被定期转移至一个特定的电容器中，而该电容器的电压（与电荷成正比）则会被拾取并放大。

以上介绍的是黑白电视摄像机的工作原理，而彩色 CCD 摄像机通常在 CCD 上使用*拜耳*（Bayer）掩膜（滤光片）。拜耳掩膜相当于一个只能透过红色、蓝色或绿色光线的小滤光片，结果每一个 2×2 的原始像素块被转换为一个红色像素、一个蓝色像素和两个绿色像素。在将其变换为彩色摄像机后，其角分辨率会降至原来的一半。

CMOS（互补型金属氧化物半导体）摄像机技术与集成电路使用相同的生产工艺。这样就使得将信号调理和计算功能直接融入感测元器件成为一种可能。为了适应 CMOS 附加的噪声，可能增加需要信号调理电路。这在某种程度上限制了像素密度的提高。不过，百万级像素的 CMOS 阵列现在也很常见。

2. 光学与敏感器件的控制特性

摄像机的被动属性使得用来收集和聚焦入射光的光学设备非常重要。只有掌握了多种光学知识，才能对光学设备做出正确选择。自动增益控制（AGC）能调整输出与输入信号之间的电控比率，使整幅图像中的输出电平基本保持恒定。当把这些图像给人看时，该特性很有意义；但如果把图像给计算机用，则弊大于利。

*自动光圈*镜头通过调整光学特性来维持图像亮度。镜头的虹膜是一个通过调整光圈来控制透镜进光量的可调节膜片。这与增益控制的原理类似。但是虹膜可以直接改变入射到传感器阵列的光线亮度，因此并没有放大噪声。*视频驱动自动光圈*测量原始视频信号的图像亮度并驱动光圈，而*直接驱动自动光圈*则容许光圈由外部控制。相反，*电子光圈*可以通过调整快门速度，而不是光圈的大小来模拟自动光圈镜头。因此，电子光圈控制传感器收集光线需要调节的是时间，而不是光圈面积的大小。

3. 接口特性

558 在移动车辆上应用立体视觉时，两个摄像机快门的同步性能是一个关键特性。为了实现与激光雷达的数据关联，或者仅仅为了得到准确的位姿标签，需要利用外部触发控制摄像机在精确的瞬间拍摄图像。

虽然多数图像是数字量，但是摄像机有时也会提供模拟吸纳后输出。而模拟量必须通过数模转换电路变成数字量才能供机器人使用，所以这种情况越来越少见了。最新的摄像机接口标准有 CameraLink（2Gbps）、IEEE 1394（火线，100 ～ 3200Mbps）和通用串行总线（USB）2.0（48Mbps）。此外也可以使用千兆以太网接口。

扫描图像生成串行数据流的方法有两种。早期的*隔行扫描*标准是从电视机派生出来的。它将图像分割成两部分，其中奇数行（较低的“域”）的捕获时间比偶数行滞后 1/60s。更现代的单行非交错变量法被称作*逐行扫描*。它使用单一域存储数据，更适用于高精度场合。

4. 性能

CCD 摄像机的量子效率为 70%，因此 CCD 摄像机可以对 70% 的入射光线做出响应。相比之下，摄影胶片的量子效率仅为 2%，所以 CCD 摄像机对于天文学和夜视场景尤其有效。摄像机的响应特性可以用响应曲线来表征，它是响应关于波长的函数。

摄像机的最低照度是当增益最大且镜头光圈完全打开时，获得 50% 或 100% 的视频输出电平所需的最低光照水平。通常以勒克斯（Lux）作为照明测量单位，它是一种度量被照表面的光强度的 SI（为国际单位制符号）计量单位。通常，乡村夜间的最低照明度为 1，探照灯在石头建筑物上的照明度为 60，欧洲阴暗的下午的照明度为 10 000，天气晴朗时赤道地区照明度可高达 80 000。

信噪比（S/N）指的是在指定点，期望信号与噪音信号的实时幅值比，其单位通常为分贝（decibel）。当图像的信噪比为 60 时，可以认为图像没有噪声；而当图像的信噪比为 50 时，表示存在少量的明显噪声。

与 CMOS 摄像机相比，CCD 传感器往往具有较高的动态范围和更理想的信噪比。传感器响应度是单位输入光能对应的信号输出值。CMOS 传感器往往比 CCD 摄像机响应度略好、捕获速度则明显更快。此外，由于只有晶体管在导通和截止状态之间切换时，CMOS 才消耗能量，所以它具有低功耗的特性。

像素密度以图像中水平和竖直方向像素的数量来表示，它不仅决定了图像视野的大小，也决定了表示图像中画面细节逼真度的图像分辨率。像素密度的标准值有：640 × 480（VGA、电视）、800 × 600（SVGA）、1024 × 768（XVGA）、1280 × 960（1M 像素）和 2048 × 1536（3M 像素）。

5. 光照与运动问题

多数现有摄像机要求的最低光照强度为 0.05 勒克斯。在夜间使用摄像机时，通常会因为信噪比过低而无法正常工作。即使在白天，动态范围较低的摄像机也很难观测有阴影和亮斑的场景：阴影和明亮区域的细节信息可能会丢失。不过，已有新型高动态范围（HDR）摄像机可以显著缓解这一问题。 559

用于补偿照明强度随时间的变化的技术包括：归一化算法，但是会降低信噪比；自动增益控制，它会导致噪声被放大；降低快门速度的电子光圈，但是它会致使运动点模糊。如果能用自动光圈，它会是一种更有效的补偿方法。

过度曝光指的是图像中某些高亮度区域，将电荷溢出到其边界外的相邻像素。CMOS 传感器从原理上来说不会发生过度曝光现象；而 CCD 图像则可能被穿过整幅图像的条纹所破坏，例如，黑暗场景中出现的明亮光线。

当摄像机采集快照图像时，由于场景中摄像机或物体的运动，会导致运动模糊现象。高速快门有助于改善该问题。隔行扫描摄像机实际上捕获的是不同时刻的两个视场，所以它还容易发生场间模糊。在一些应用中可以忽略其中一个视场数据来避免这个问题。许多 CMOS 摄像机带有卷帘快门，这有可能会导致一帧图像出现从上向下传递的运动模糊现象。

8.3.4 中远红外波长摄像机

电磁谱的红外区域指波长大于（频率低于可见光）可见光波长，但小于（微波）无线电波（频率高于无线电波）的区域。硅基图像传感器（CCD 和 CMOS）对可见光及波长达 1200nm 的近红外光（NIR）同样敏感。因此，简单地去掉可见光摄像机中滤除红外光波的红外截止滤光片，就可以得到对近红外光敏感的摄像机。反之，给摄像机加上红外滤波片，而只容许红外光到达传感器阵列，就可以得到只包含近红外光的图像。

如表 8-1 所示，红外（IR）波段包含波长最接近可见光的电磁波。由于历史的原因，中红外（MIR）、远红外（FIR）摄像机通常也被称为前视红外（FLIR）摄像机。硅基图像传感

器对中红外和远红外能量不敏感，所以需要使用包含 HgCdTe（碲镉汞）、InSb（锑化铟）和
560 硅化铂在内的特殊材料，才能制成 FLIR。

表 8-1 近红外电磁谱

红外区域	nm（10^{-9} m）	红外区域	nm（10^{-9} m）
紫外线	< 430	近红外光	750 ～ 1 300
蓝光	430 ～ 500	中红外光	1 300 ～ 3 000
绿光	520 ～ 565	远红外光	3 000 ～ 14 000
红光	625 ～ 740	微波	14 000 ～ 3×10^8

1. 原理

可见光摄像机基于光电效应原理，而红外摄像头则基于*光热效应*——通过吸收光来产生热量。这就是广为人知的电磁辐射探测器的工作原理，其可探测的波长范围从远红外到亚毫米级不等。

*热辐射测定器*是一种测量热能（或全部能量）的装置。它通常至少包含两个组件：一个是灵敏度较高的温度计——通常是一个*热敏电阻*（由半导体制成，其阻值随温度迅速变化，且与温度有确定关系）；另外一个是能够吸收入射红外能量的大截面吸收器。在工作时，该器件首先吸收入射红外辐射能量，于是吸收器的温度迅速上升，并被测量。热量会缓慢排放至热池（吸热部件），使上述过程能够重复进行（如图 8-48 所示）。

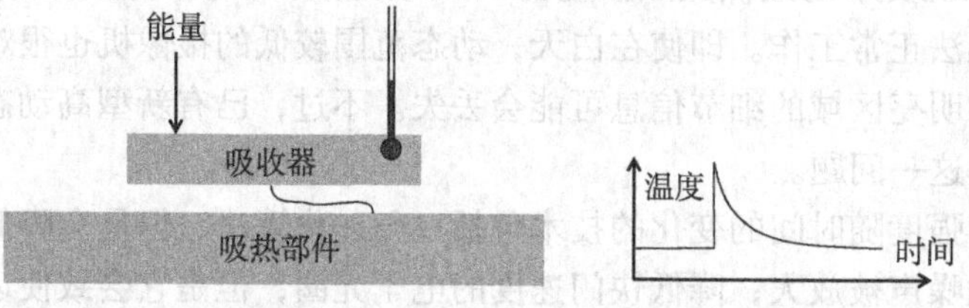

图 8-48 **热辐射测定器的工作原理**。吸收器接收入射能量，温度随之上升，升温幅度与吸收的能量大小成正比，可以用灵敏度较高的温度计测量上升的温度

*微热辐射计*是在 20 世纪 80 年代在一个微机电系统（MEMS）项目中研发出来的。微热辐射计利用精密硅加工技术制造一个热容量非常小的隔热结构。由此类探测器组成的阵列被称为*焦平面阵列*（FPA）。

理想情况下，对于很小的热辐射变化，吸收器和热敏电阻都将随之发生较大的温度和阻值变化。微热辐射计使用的是制冷传感器还是非制冷传感器，是对其进行分类的一个重要因素。对于制冷传感器，一个很小的温度变化都将引起很大的阻值变化，所以它往往具有更高的灵敏度。不过，制冷器件的封装尺寸大、功耗高。而非制冷系统则很紧凑且功耗低。

2. 优缺点

由于红外摄像头依靠感知场景中物体发出的热量（而不是靠反射环境光）实现成像，所以能够在相对黑暗的环境中工作。这是红外摄像头最吸引人的一个特性（如图 8-49 所示）。

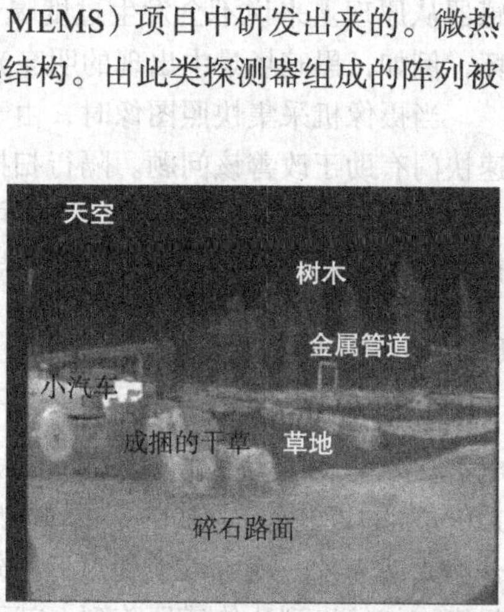

图 8-49 **热成像**。图示为非制冷型远红外摄像头在完全黑暗的环境中采集的红外图像

多数情况下，人们更关注辐射热源（如车辆、人等）。通常，红外图像也可以区分出环境中的非生命物质和活体植物（因为存在叶绿素）。

多数红外摄像头都安装了卷帘快门（跟CMOS摄像机一样），所以它们同样也存在运动模糊问题。绝大多数摄像装置的曝光时间都设在100毫秒范围内，这是引起运动模糊的第二个原因（这样会损失图像中的纹理）。当整个场景中的所有对象的温度都相同时，这种根据热对比度对图像区域进行处理的感知算法将面临一定的困难。与可见光摄像头相比，红外摄像头的分辨率通常相对较低。如果需要测量温度（而不是感知红外强度），那么必须不断校准才能获取准确温度。 561

3. 实现

中远红外波段摄像头的灵敏度可以达到0.02°C，并且其动态范围可高达2000°C。这种摄像头可以以50Hz的频率生成640×480分辨率的图像，而图像合成的时间可变。其专用镜头的视场角可以达到40°。通常，此类摄像头的体积大约为4000cm³，重量大约为4kg。其每个像素单元灵敏度可以到14bit，但最低有效位可能只反映了噪声。

8.3.5　雷达

无线电探测和测距技术（RADAR）要早于声呐和激光雷达。它也可以用在移动机器人上，来构建低分辨率地图、检测障碍物和导航。

1. 原理

雷达的基本工作原理与声呐、激光雷达相似。虽然可以使用脉冲TOF系统，但由于FM-CW雷达的电路更简单，所以更常用。FM-CW雷达不仅能够测量目标对象的运动速度，还能够测量距离。特别说明：如果光速为c，中心频率为f_o、调制频率为f_m、扫描的上下拍频分别为f_{b1}和f_{b2}、最大频率偏差为Δf，则目标对象的距离和速度可以分别表示为：

$$R=\frac{(f_{b1}+f_{b2})c}{8f_m\Delta f}\qquad V=\frac{(f_{b2}-f_{b1})c}{4f_o}\tag{8.56}$$

562

2. 性能

雷达系统的性能存在与声呐类似的问题：经常出现镜面反射和多路径问题；相对较宽的波束会导致距离与角分辨率较低。但雷达和声呐一样，也能够迅速感知大型障碍物。

角分辨率取决于波束宽度。雷达的波束宽度通常为10°～15°，但是一些毫米波雷达的波束宽度较窄，只有2°～3°。对于TOF雷达，其距离分辨率主要受限于脉冲宽度。大的脉冲宽度信号更容易产生和探测，但是会限制分辨率的下限。对于FM-CW雷达，其距离分辨率取决于解决拍频微小变动问题的能力。这就需要一个非常稳定的线性电压控制振荡器（VCO）和一个低噪声接收机。

频率是最重要的雷达参数，因为它影响穿透性、分辨率和物理天线的尺寸大小（如表8-2所示）。较高的频率以及相应更短的波长能获得更高的距离和角分辨率，以及更紧凑的小型化外形尺寸。不过，小尺寸的代价就是穿透性的降低，如表8-2所示。

表8-2　雷达性能与频率

参数	300MHz/1m	30GHz/1cm
穿透固体	一些	无
穿透叶簇	优	无

（续）

参数	300MHz/1m	30GHz/1cm
穿透灰尘/雾	优	一些
波束宽度（小天线）	大	小
分辨率下限	不好	优

对于已知横截面面积的物体，雷达接收机信号强度可由雷达方程计算。令 P_t 表示发射功率，G 表示天线增益，A_e 表示天线口径，σ 表示雷达截面积，$S_{\min}$ 表示最小可探测信号，那么对于距离为 R 处的一个物体，接收机接收信号的平均功率为：

$$P_r = \frac{P_t G A_e \sigma}{\left[4\pi R^2\right]^2} \tag{8.57}$$

聚焦信息 8.5　雷达方程

接收功率随距离（四次幂）的增大而降低，且接收功率取决于天线口径、物体横截面积和发射功率。

如果 $P_{\min}$ 是雷达可以探测到的最小功率信号，那么目标对象的最大可探测距离 R 可以用下式求解：

$$R_{\max} = \left(\frac{P_t G A_e \sigma}{\left[4\pi\right]^2 P_{\min}}\right)^{1/4} \tag{8.58}$$

目标对象的反射功率取决于雷达散射截面和介电比这两种属性。介电常数体现了材料存
563 储或传递电荷的能力。当该属性不连续时，雷达将发生反射。信号返回比与两种介质的介电常数比成正比。空气、土壤、玻璃、橡胶的介电常数小于 4、水的介电常数为 80、金属的介电常数为 10 000。因此雷达在探测以金属材质为主的汽车时，能够正常工作。但是绝大多数的自然场景不含金属，所以在这种情况下雷达的返回信号往往与含水量的变化有关，人体组织可以返回足够的可探测信号。

3. 优缺点

雷达能够完成很多其他传感器不擅长的工作，例如，雷达具备很强的穿透能力，可以穿透厚重的气体屏障，因此它是一种适用于雾霾和全天候气象条件的传感器。此外雷达还可以穿透土壤，获取埋在地下的金属物体信息，因此探地雷达适用于探测金属矿藏以及其他掩埋于地下的金属物体。相比于激光雷达传感器（光学），雷达传感器（天线）的鲁棒性更强。

但是与激光雷达相比，雷达的角分辨率和距离分辨率相对都要差一些。与声呐传感器类似，雷达的探测和辨别能力主要取决于目标表面朝向和材质。如果目标的几何形状比较复杂，那么将可能出现多路径问题。与其他可替代传感器相比，雷达的天线相对较大。

4. 实现

汽车的先进巡航控制系统和盲点监控都需要使用雷达，所以汽车工业的快速发展也推动了雷达的研发和生产。这些系统的成本相对较低而且性能可靠，结实耐用。典型汽车雷达的工作频率为 10 GHz；相对波束宽度为 30°；距离精度范围大约为：±3cm～1m；最大测距范围大约为 20～120m。雷达波束方向可由金属反射镜面旋转来控制。

8.3.6 参考文献与延伸阅读

Everett 的书提供了移动机器人专用传感器的全面综述；Besl 的书是专注于距离成像的早期著作；Webster 的书介绍了声呐、雷达，还涵盖更多其他主题；De Silva 著写的书是另一本深受欢迎的介绍传感器的参考图书；Hornberg 的书详细介绍了 CCD 和 CMOS 摄像机的工作原理；Rogalski 的书详尽地介绍了辐射热测定器。

[18] P. J. Besl, *Range Imaging Sensors,* General Motors Research Publication, GMR-6090, General Motors Research Laboratories, Warren, MI, 1988.

[19] C. W. de Silva, *Sensors and Actuators,* CRC Press, 2007.

[20] H. R. Everett, *Sensors for Mobile Robots,* A. K. Peters, 1995.

[21] Alexander Hornberg, ed., *Handbook of Machine Vision,* Wiley, 2006.

[22] Antonio Rogalski, *Fundamentals of Infrared Detector Technologies,* CRC Press, 2009.

[23] J. Fraden, *AIP Handbook of Modern Sensors, Physics, Design, and Applications,* American Institute of Physics, 1993.

[24] J. G. Webster, *The Measurement, Instrumentation, and Sensors Handbook,* CRC Press, 1999. 564

8.3.7 习题

1. 光圈与波束宽度

在干扰理论中，波的幅值满足叠加原则，而波的能量（幅值的平方）则不满足。波束是通过这种干涉现象形成的。对于二维空间中一个长度为 a（光圈）的线波源，两个相位差为 180° 的波可以完全抵消。根据波的这些特性，请推导波长、光圈及距波源距离远大于光圈的波束宽度之间的关系。

2. 激光雷达测量带宽

通常情况下，移动机器人上使用的激光雷达所需的最大探测距离约为 20m。但是为了保证测量的可靠性，雷达会一直等到 100m 远处可能存在的物体返回信号之后，才发射一个新的脉冲信号。单个脉冲的测量精度大约可以达到 8mm，通过对 4 次采样脉冲取平均，可以使噪声降低一半至 4mm。请计算最大可能测量频率。

8.4 几何级与语义级计算机视觉概述

本节将介绍一些移动机器人中非常重要的高级视觉算法。

8.4.1 像素级分类

分类是指为了把物品归入特定类别，而对其进行标记的问题。像素级分类指的是把图像中的每一个像素关联到某一类。其最简单的形式就是所有类都不存在交集。适用于移动机器人的分类实例包括：路 / 无路、植被 / 矿物 / 动物 / 人造物、危险 / 无危险。

构建一个分类器包括学习和操作两个阶段。在学习阶段，需要对已标注的数据实例进行处理，以获得将测试数据正确划分到指定类别的最佳规则。在操作阶段，则依据前期已学习好的规则，将分类器应用于新数据，并对其分配标签。

参考文献 [28] 介绍了模式分类的数学方法。接下来我们将介绍两个简单的方法。每个像素都会与某种属性或“特征”相关。这些特征可以简单到像素的红、绿、蓝三原色的值，也可以是根据像素邻域计算得到的属性。通常会对图像进行预处理以去除阴影的影响，或者使颜色归一化以消除照明光亮度的影响。一种简单实现方法是计算颜色空间中的单位向量：

565 $$\text{单位像素}=\frac{\text{红色值（对应的像素值）}+\text{绿色值}+\text{蓝色值}}{\sqrt{\text{红色值（对应的像素值）}^2+\text{绿色值}^2+\text{蓝色值}^2}} \tag{8.59}$$

颜色空间的变换有很多，包括YIQ、HSV、YCbCr等，它们都有自己的优点。通常，可以用一个多维向量来表示特征；而分类则基于如下假设：所关注的类别对应着不同的特征向量，在所有这些特征向量构成的空间中，能够找到相应的图像区域。例如，在图8-50中，已经训练了一个将绿色与柔软植被相关联、将棕褐色与硬质植物相关联、灰色同土路相关联的分类器。

图8-50　**区别于植被的土路**。该分类器可以用于路径追踪算法

1. 分类器的训练

在监督学习中，对图像中的像素进行标记（可以在该类区域周围绘制一个方框来表达），获得由输入和分类器的期望输出共同组成的训练实例。该数据被用以确定类的特性。表示方法类的方法之一，是平均特征向量与协方差矩阵（如图8-51所示）。

2. 决策面

定义了一组类之后，人们就会针对图像中的每一个像素提出一些实际的问题。例如，该像素属于X类的概率是多大？此像素最有可能属于哪个类别？

一种直观而又吸引人的像素分类方法，是计算该像素相对于每个类的均值的马哈拉诺比斯（Mahalanobis）距离（MD，也称马氏距离），然后选择与其最接近的类作为分类器输出（如图8-52所示）。

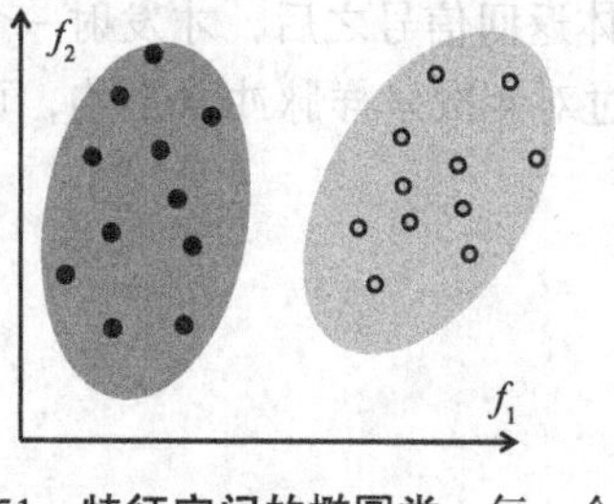

图8-51　**特征空间的椭圆类**。每一个特征都对应某一个有意义的类

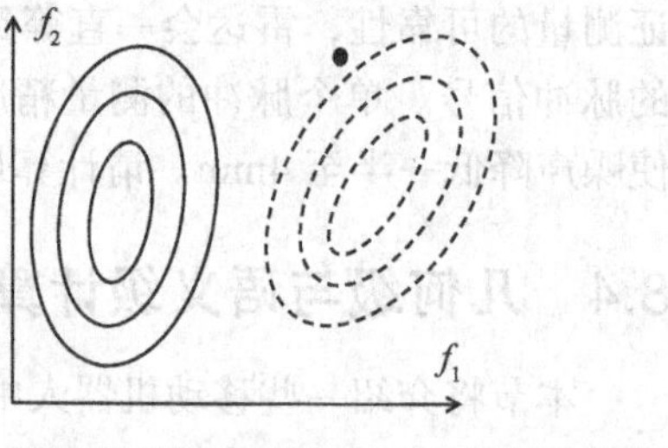

图8-52　**常量马氏距离的轮廓**。图中所示的像素点显然更接近右侧类的第三个轮廓

马氏距离的定义为：

566 $$d^2=(\underline{\boldsymbol{x}}-\underline{\boldsymbol{m}})^{\mathrm{T}}\boldsymbol{S}^{-1}(\underline{\boldsymbol{x}}-\underline{\boldsymbol{m}}) \tag{8.60}$$

其中$\underline{\boldsymbol{x}}$为特征向量；$\underline{\boldsymbol{m}}$是该类（样本）的平均特征向量；$\boldsymbol{S}$指该类（样本）的协方差矩阵。该距离是相对于均值的偏差，该均值根据各方向的标准偏差进行了归一化处理。

马氏距离的计算涉及矩阵与向量相乘，也就是需要对每个待测类计算向量点积。如果计算量太大，则可以使用下面这种相对简单的表面决策方法。

3. 菲舍尔（Fisher）线性判别法

在二维空间中，决策面就是一条直线，它把特征空间中的点以最佳的方式划分成两个点簇。对于一个新的点，就可以依据它在直线的哪一侧来确定它的类别。

令 $\underline{\boldsymbol{m}}_1$、$\underline{\boldsymbol{m}}_2$ 分别代表两个点集的均值，令 $\underline{\boldsymbol{S}}_1$、$\underline{\boldsymbol{S}}_2$ 分别表示每个点集的散布矩阵：

$$\boldsymbol{S}_i = \sum_{i=1,\, n_i} \left(\underline{\boldsymbol{x}} - \underline{\boldsymbol{m}}_i\right)$$

令 $\boldsymbol{S}_W = \boldsymbol{S}_1 + \boldsymbol{S}_2$ 表示样本的类内散度，它是全部数据的分散程度的度量。定义下述矩阵：

$$S_B = \left(\underline{\boldsymbol{m}}_1 - \underline{\boldsymbol{m}}_2\right)\left(\underline{\boldsymbol{m}}_1 - \underline{\boldsymbol{m}}_2\right)^{\mathrm{T}} \tag{8.61}$$

该矩阵的秩表示类间散度，它衡量不同类之间的分离程度。

$\underline{\boldsymbol{w}}^*$ 表示能够使下述目标函数最大化的方向：

$$J\left(\underline{\boldsymbol{w}}\right) = \frac{\underline{\boldsymbol{w}}^{\mathrm{T}} \boldsymbol{S}_B \underline{\boldsymbol{w}}}{\underline{\boldsymbol{w}}^{\mathrm{T}} \boldsymbol{S}_W \underline{\boldsymbol{w}}} \tag{8.62}$$

该方向也是使类间散度与类内散度的比值取最大值的方向。

这是一个求解广义特征值问题，其解如下所示：

$$\underline{\boldsymbol{w}}^* = \boldsymbol{S}_W^{-1}\left(\underline{\boldsymbol{m}}_1 - \underline{\boldsymbol{m}}_2\right) \tag{8.63}$$

聚焦信息 8.6 费舍尔判别式

这是特征空间中对两个类进行最佳区分的方向。

567

现在，为了对某像素分类，需要计算该数据点的如下线性变换：

$$g\left(\underline{\boldsymbol{x}}\right) = \underline{\boldsymbol{w}}^{*\mathrm{T}}\, \underline{\boldsymbol{x}} + w_0 \tag{8.64}$$

其中 w_0 表示使 $g(\underline{x}) > 0$ 成立的 $\underline{\boldsymbol{w}}^{\mathrm{T}}\underline{\boldsymbol{x}}$ 的阈值。超过该阈值就选择类 2，反之则选择类 1。如图 8-53 所示，如果 w_0 位于与两个点集的马氏距离相等的 w 轴上的一个点，那么必须满足：

$$\frac{x - m_1}{s_1} = \frac{x - m_2}{s_2} \tag{8.65}$$

求解 x，即计算 w_0，得到如下最终结果：

$$w_0 = \frac{\left(\dfrac{m_1}{s_1} + \dfrac{m_2}{s_2}\right)}{\left(\dfrac{1}{s_1} + \dfrac{1}{s_2}\right)} \tag{8.66}$$

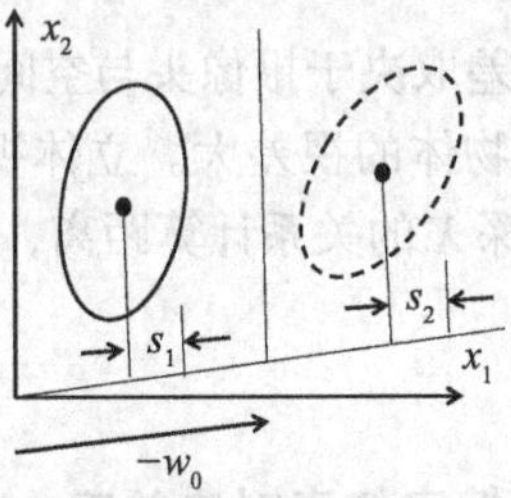

图 8-53 **菲舍尔线性判别**。菲舍尔线性判别法主要用于确定对点簇进行最佳分类的方向 $\underline{\boldsymbol{w}}$

8.4.2 计算立体视觉

接下来要讨论的内容，能够根据一个已知物体在摄像头中的图像，确定物体的距离以及物体的姿态。不过，有时还需要测量未知物体的几何形状。因此，更一般性的问题是计算一幅稠密的距离图像——从图像中的每个像素，到与之对应的最近成像表面的直线距离。目前，虽然有多种方法可实现测距，但最常用的方法是计算立体视觉和结构光。结构光法利用一个主动光源和一个摄像头，对每一个距离像素进行三角测量。这种方法相对简单，所以在此不对其进行讨论。立体视觉是一种首选的被动距离图像计算方法（即不需要发射任何能量）。立体视觉测距可以应用于图像中的某些特征点（稀疏立体视觉），也可以应用于整幅图像中的所有点（稠密立体视觉）。

1. 工作原理

568 立体视觉通常使用两个摄像头（即双目立体视觉），如果使用两个以上的摄像头，整体性会有明显提升。接下来介绍两个摄像头视场平行（无交点）的情况。计算立体视觉的工作原理与很多高等动物用双眼来感测距离的原理相同。如图8-54所示，两个摄像头之间的偏移量使得同一个空间物体在每个摄像机中的成像位置略有不同。

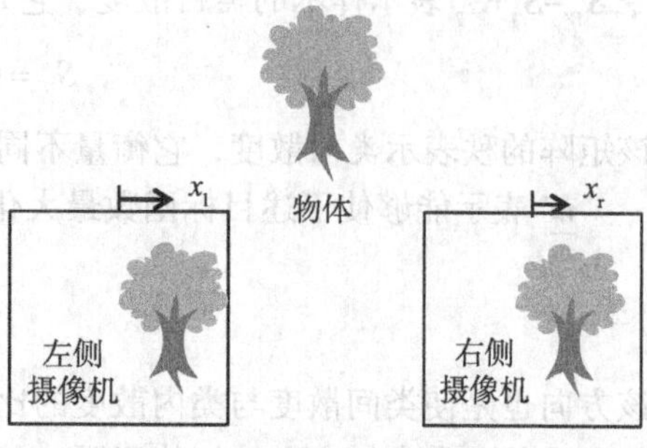

图 8-54 **立体三角测量**。视差 $d = x_l - x_r$ 指同一个物体在两个摄像头中成像位置的差

从几何学上看，在右侧图像中，与左侧图像中某像素点对应的点，一定在右侧图像中一条被称为极线的直线上。立体校正指的是左、右图像中相对应的两个点必须在同一条极线上。为了提高计算效率，工程上中通常会让极线与一个或两个图像中的行或列平行。任意一对匹配点在左、右两幅图像中的图像坐标差被称为该点对的视差：

$$d = x_l - x_r$$

视差取决于摄像头与空间物体之间的距离。根据5.1.3节第10点的推导可知，近处物体比远处物体的视差大。立体视觉利用几何中的相似三角形原理，根据视差 d、焦距 f 和基线 b 与景深 X 的关系计算距离，其关系式如下：

$$X = \frac{bf}{d} \tag{8.67}$$

2. 搜索像素对应关系

立体视觉中最难计算的部分，就是算出参考图像的每个点在另外一幅图像（非参考图像）中的匹配点。后面假设左侧图像为参考图像，右侧是待搜索匹配的图像。现在假设：对图像中的每一个像素及其周围的有限邻域，计算归一化相关性，并以此作为相似性的判定依据。匹配算法通常只需要在右侧图像中的有限视差范围内搜索匹配点。对于左侧图像中的每个像素，匹配算法在右侧图像中沿极线对点集（即视差范围）进行搜索，从而找到最佳匹配点。通常情况下，对所有可能的视差计算相关性来进行穷举搜索。

对于参考图像中的每一个像素，相关曲线的最大值对应最优视差估计，以 d^* 表示，如图8-55所示。

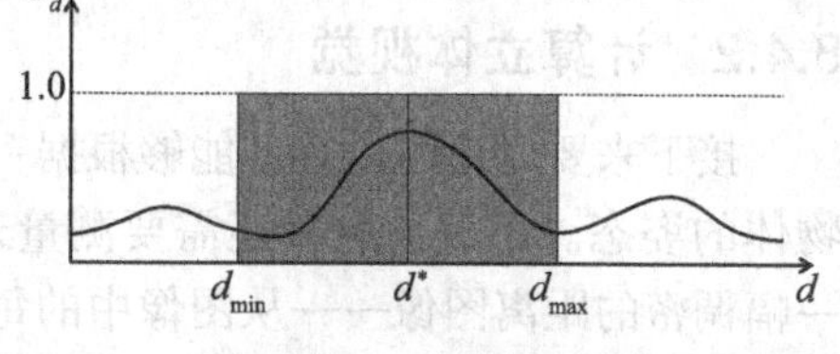

图 8-55 **视差搜索**。如果以相关性作为相似度的测度标准，那么全局相关性最大的点即为最佳匹配位置点

找到两幅图像像素之间的匹配关系后，立体视觉系统可以用公式（8.67）计算出左侧图像中每个像素的深度值。据此得到的深度图像，提供了

569 从图像像素到最近场景表面上对应点之间的距离。

3. 匹配点

对于一些根本不对应但实际上看起来很相似的区域，可能会出现伪匹配。当出现重复性纹理时，如图 8-55 所示，其相关性曲线可能出现多个峰值。图像噪声、镜头失真、较差的标定，以及很多其他误差源都可能导致相关性计算不可靠。

当场景表面与像平面不平行时，透视收缩会引起两幅图像中的对应区域呈现不同的几何形状。由于相关窗口之间的视差梯度不为零，左侧图像中的正方形通常与右侧图像中的平行四边形相对应。

图 8-56 展示了用倾斜双目同视点技术 [25] 生成的户外场景外观图像，以及相应的立体深度图像。该方法基于地形平坦假设，使右侧图像中的相关窗口产生畸变，由此产生的视差分布图像不仅更加稠密还更准确。

图 8-56 **自然景象的稠密立体视觉图**。（左图）从机器人视角拍摄的峡谷的灰度图像；（中图）方形相关窗口的视差图像；（右图）发生变形的矩形相关窗口的视差图像

4. 优缺点

与其他测距方法相比，立体视觉测距有诸多优点。立体视觉是被动式测量，不需要电源照亮周围场景；摄像机接近瞬时的快门速度能够减轻或消除因传感器运动所导致的图像失真；可见光光学设备价位相对较为低廉，而且质量上乘。例如，可控变焦、自动光圈和全景光学透镜，这几个例子从光学原理上都是可以实现的。

立体视觉的深度分辨率，与深度、实际基线和像素尺度成平方关系。当测距范围超出几米的距离之后，其精度不能与飞行时间法相媲美。与所有的三角测量系统一样，立体视觉对遮挡和视点失真问题非常敏感。如果为了提高距离分辨率而增加基线长度，会加大局部畸变，从而使相关性计算变得更加复杂——进而导致错误的匹配结果和更大的距离误差。两个 570
摄像头很有可能看不到同一场景中的相同部分，而这会导致测距失败。

尽管理论上摄像头的像素密度越高，其角度分辨率也越高，但是由于相关性窗口通常需要包含至少 100 个像素来确保可接受信噪比，所以深度数据的角度分辨率，相对于摄像头本身的表面图像分辨率，其量值会降低一个数量级。对于无纹理或有重复纹理的区域，立体视觉可能不能正常工作。在重叠边缘或比相关性窗口景深更薄的场景图像区域，由于区域的深度不明显，测量结果会难以预测。

一些测距传感器可以直接通过其自身硬件设备获得深度信息，而立体视觉需要高性能处理器才能获取深度数据。与其他测距方法一样，如果空气中的遮蔽物（如灰尘、烟雾）等干扰因素过多，立体视觉也将不起作用，而红外摄像机在一定程度上能免受这种情况的影响。

立体视觉的几个属性都各有优缺点。立体视觉依靠图像中像素到像素的对齐匹配，但这一点很难实现。不过一旦完成匹配，深度数据在本质上就已经与外观数据相对应。当环境光充足时，被动测量很有优势；但当环境光不足时，这种测量方式就会出现问题。在黎明与黄昏的几个小时，户外环境由于阴影效应的影响，立体视觉的工作性能会大幅度下降。在这样的户外环境中，必须使用有效的曝光与增益控制。

5. 数据流

图 8-57 列出了实现立体视觉系统的典型操作流程。为了增强图像纹理，通常对图像进行尺度缩放和光强归一化处理。这可以通过不同的高斯算子、统计归一化或其他类似方法来实现。接下来对图像进行校正——也就是通过图像翘曲来去除镜头畸变，并实现完美的极线对齐。

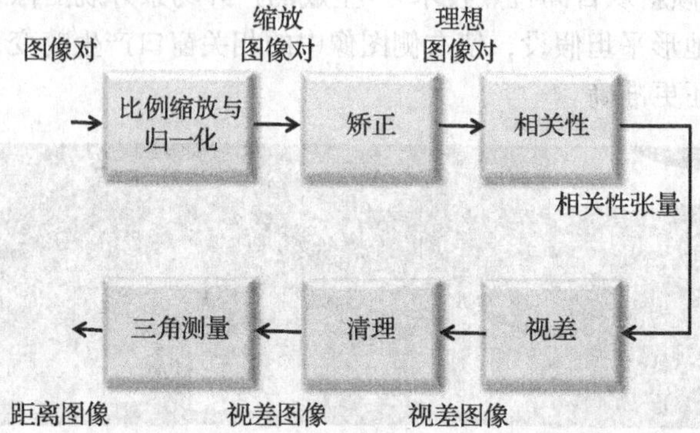

图 8-57　**立体视觉处理**。以上步骤是典型的稠密立体视觉处理流程

在上图所示的所有处理环节中，相关性处理这一步所需的代价最大，所以通常会采用某种方式优化来加速这一步骤。对于通用处理器，可以把右侧图像相对于左侧图像每次移动一个像素，两幅图像之间的相关关系只需一步就可以计算得到。这个计算过程的输出是一个包含三个下标的数组——行、列与视差。

对于任意一组匹配（行、列）对，可以编程求解视差的相关性曲线，进而搜索出相关性取最大的视差。如果相关性的估值足够高且唯一，那么视差值即为可以接受，否则就把该像
571 素标记为距离未知。视差图像中小块的不连续断开区域，往往与错误的结果相对应。必要时可在清理环节对其作删除处理。如果摄像机的各参数已知，就可以通过三角测量计算得到每个像素的场景坐标。

8.4.3　障碍物探测

某些物体和区域会给机器人带来碰撞风险，本节将介绍一些探测它们的方法。机器人能否成功探测出环境中的障碍物，通常取决于环境的复杂程度，例如，探测到办公室里的一张椅子是很容易的，而探测被草丛遮蔽的石块，或是远离测距传感器且后缘被前缘遮挡的深孔，却基本不可能。

确认环境的静态假设也很重要。在静态环境中，只有机器人是唯一运动的物体。但是，如果该假设是错误的，就可能把移动物体添加到环境模型中，从而导致假阳性和假阴性探测结果。发生碰撞的另一个原因，可能仅仅是没有正确预测到移动障碍物的运动情况。

1. 障碍物识别依据

根据不同形式的有效判据，可以推断是否存在障碍物以及它的位置。

1）**与期望值的偏差**。如果能够对环境特性做出强假设，那么相对于假设的微小测量偏差就可以可靠地指示障碍物。如果假设环境地面是平坦的，那么就可以认为所有被测到高于地面的对象都是障碍物。对于所有类型的距离图像，既可以预测期望的距离（或者视差）图像，也可以将距离数据变换到场景图像坐标系。无论是哪种数据，都很容易根据测量值与平

坦地面模型的偏差，来判断和定位障碍物。

2）**占有率 / 存在概率**。另外一种有用的假设是认为环境是空旷的。当环境被看作二维的，而传感器只对墙壁，而非地面和天花板，产生返回数据，就可以用这种方法。在这种情况下，如果预测出机器人与环境之间发生重叠，就可以认为它们发生了空间交叉，即碰撞。

当传感器的分辨率较低时，如声呐、雷达，经常会采用这种方法。在这种情况下，通常会利用贝叶斯或其他相关技术，在二维和三维栅格中，对多个传感器读数进行占用概率的积累。

3）**颜色 / 组成**。很多情况下，颜色和纹理是进行识别障碍物的好途径。例如，高大的绿色物体（树叶）可能比高大的棕褐色物体（树干）更容易被识别为树木。而对于高尔夫球场的割草机器人，可以把探测到的任何与草坪颜色不同的超过几个像素的对象都视为障碍物。此外，为了确保机器人割草机能够顺利通过高尔夫球车的尾部，可能需要识别出泥垢的颜色。 572

在某些被训练为对好坏进行分类的分类器中，颜色和纹理信息的应用则更为普遍。通过这种方式，可以处理更加复杂的情况。在特定环境中，有些障碍物具有可探测的多种光学特征。例如，红外视觉更容易探测到活体植被，而用偏振遥感技术探测不流动的死水则更简单。

4）**密度**。像激光雷达这一类传感器，能沿着激光束的精确指向穿透叶簇，或被遮挡。在三维栅格中，通过统计阻挡激光束与被激光束穿透的栅格单元的相对比例，可以估计（区域）密度（如图 8-58 所示）。

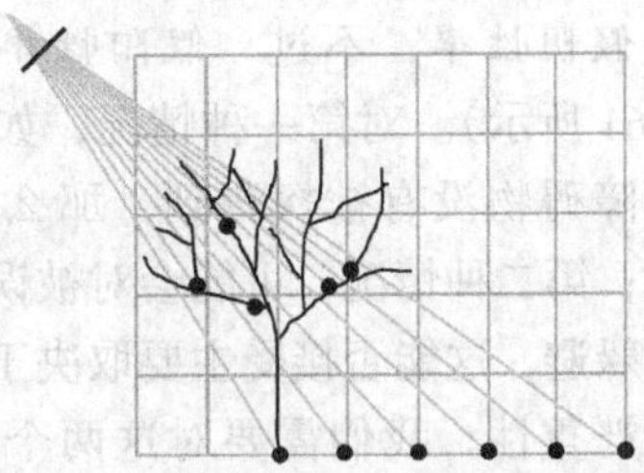

图 8-58 **密度积累**。给定积累时间后，可以很容易估算出稀疏障碍物的平均横截面

当穿过与遮挡比较高时，则栅格单元中很可能有稀疏植被。不过，即便是一片柔软的树叶也足以反射激光束，因此，季节变化因素也应纳入估计方法中加以考虑。

5）**斜率**。在有些情况下，斜率是我们关注的主要特性。尽管斜率是表面中一个点的属性，但是对某一个区域，可以用平面来拟合其中的距离数据，来估算该区域的斜率。大量测距点会累计在栅格单元中，根据栅格单元的散布矩阵，可以计算得到最优拟合平面的斜率。其中一种方法是用一个平面来拟合数据。三维空间中的平面方程为：

$$\frac{a}{d}x+\frac{b}{d}y+\frac{c}{d}z=1 \tag{8.68}$$

其中（a,b,c）表示该平面的法向；d 为平面到原点的最小距离。如果已知三个以上点的坐标，就必须利用左广义逆对该超定系统进行求解。一种更精确的方法是求解散布矩阵的特征值[29]，并证明其中只有两个显著的特征值。这就说明数据代表一个二维平面。如果只有一个大的特征值，则表示数据代表一根细树枝或者电线。

6）**形状**。令人惊讶的是，很少有研究工作谈及这样一个问题，即确定哪些形状是不利于车轮与之碰撞的。

如图 8-59 所示，左边的障碍物相当于一个减速带；而右边的障碍物则可能卡住车轮，在高速时甚至会切断车轮。

7）**类**。在有些情况下，如果知道物体属于某一类（有可能被参数化），就足以断定它是一个障碍物。例如，在森林中，如果感测到地面上的水平圆柱体，那么几乎可以肯定这个圆

柱体是一棵倒下的树木（如图 8-60 所示）。先验概率非常重要。例如，如果圆柱体的半径大
573 于 15 英寸，那么它极有可能是一种刚性结构，而且很可能引起底盘托底。

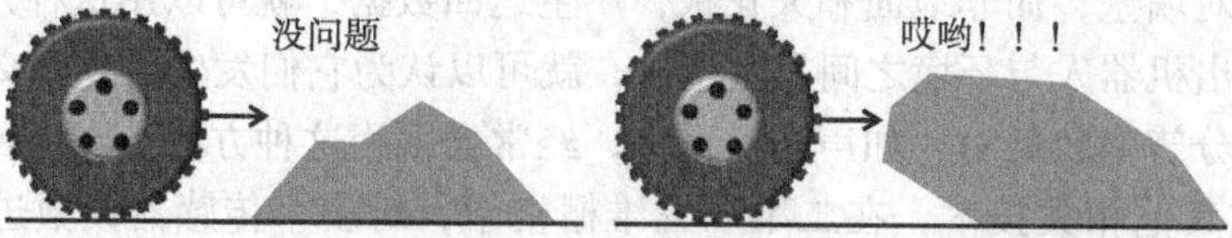

图 8-59 **障碍物形状**。障碍物的形状对于它作为障碍物时的危害性有很大影响

2. 性能

障碍物探测系统的部分性能包括：探测的可靠性、车辆运行的最大速度及处理某些意外情况的能力。

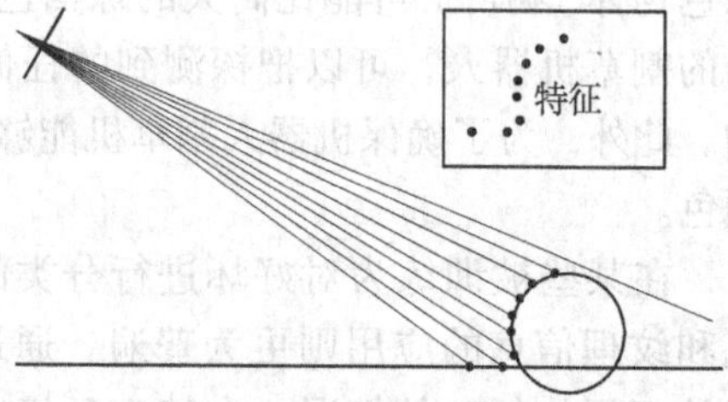

图 8-60 **倒下树木的探测**。倒下的树木大多为圆形结构，如果在大量的邻近扫描数据中多次出现该特征，它就很可能是一棵树

1）**可靠性**。障碍物探测系统最重要的属性是假阴性率，不过，假阳性率也很重要（如图 8-61 所示）。对第一种情况，如果一个真实存在的障碍物没有被探测到，那么将有可能发生碰撞；第二种情况，可能会对被误探测的障碍物进行躲避，这能否接受主要取决于误测概率及后果的严重性。我们需要对这两个比率进行相互权衡。为了降低假阴性率，可以调整算法以探测到更多的障碍物，但这样通常会增加假阳性率。

障碍物探测系统设计的一个关键问题是，这个系统的取向应该是乐观的还是悲观的。乐观的
574 系统会假设未知区域是安全的，而悲观的系统则恰恰相反。在这两种情况下，不确定性估计不失为一种明智之举。如果一个物体的密度、高度等属性都不能充分确定，那么可以认为它是一个障碍物。良好的不确定性建模是提高算法基本性能的一种方法。

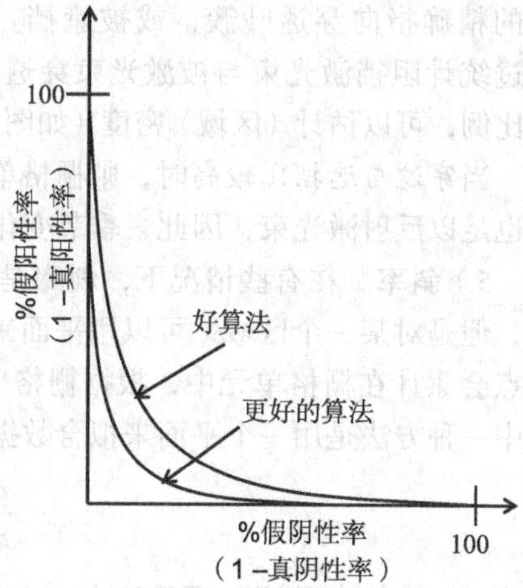

图 8-61 **障碍物探测的权衡**。如果检出障碍物阈值设置得很低，就很少出现假阴性结果，而假阳性结果却会更多

2）**车辆速度**。障碍探测也属于实时性问题。虽然在做出决策以前，可能有时间用于数据处理以积累证据，但这些时间可能不够用。通常只有当车轮距离障碍物非常接近的时候，才能获得最为理想的可用判据，但是此时几乎没有时间做出反应。

对任何系统来说，设计得过于保守，会导致它根本不能运动。虽然在这种情况下它肯定不会撞到任何障碍物，但它也完全没有任何用处。障碍物探测的可靠性，通常是关于必须检出障碍物的距离的函数。如果车辆在最大探测距离上探测到障碍物时必须停止运动，那么这种情况就对应着车辆的速度上限。

3）**意外障碍物**。在有些情况下，障碍物探测会变得极其困难。例如下一个转角周围的

障碍物可能不可见，植被可能会遮挡住岩石或其他致命危险物，还有一些通常看来是障碍物的物体，却无法被传感器探测到。一种意外障碍物的情况是所谓的*负障碍物*。在距离数据中，负障碍物的前部边缘遮挡了大部分可以确定它是负障碍物的信息。例如，要检出支撑机器人的地面上的孔洞，只有依靠那些孔洞里没有被探测到的信息。在这里，我们发现缺失的信息也是一个线索，它表示缺少了支撑机器人的实体。

如图 8-62 所示，除非缓坡上的一个像素投射到传感器中，否则机器人无法区分前方是一个缓坡还是一个断崖。于是，机器人很可能应该以相当慢的速度向前移动！

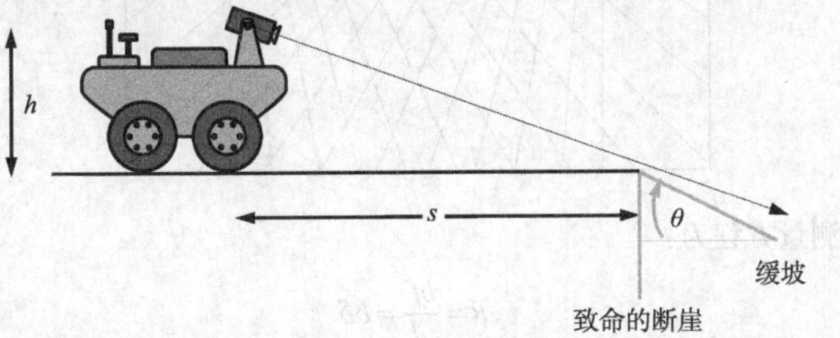

图 8-62 **模糊边缘探测**。无论传感器的分辨率如何，除非传感器距离足够近，否则无法确定是 30° 缓坡还是 90° 断崖

即便是车轮大小的负障碍物，也可能使车辆失效。一个非常小的突起物就可能遮挡住位于其测距阴影范围内的车轮大小的孔洞。人类可能是通过分析和更高级的智慧来应对这些情况。在遇到不确定的情况时，我们会慢下来；而在适当的时候我们会假设前方没有负障碍物(例如在绝大多数保养良好的道路上)。 575

8.4.4 参考文献与延伸阅读

Ebner 介绍了颜色归一化标准和关于色彩恒常性的更为复杂的方法。Duda 讲述了菲舍尔线性判据和其他更好的分类方法。Hebert 和 Roberts 的论文给出了探测斜坡型障碍物的例子。

[25] P. Burt, L.Wixson, and G. Salgian, Electronically Directed “Focal” Stereo, *Proceedings of the Fifth International Conference on Computer Vision,* pp. 94–101, June 1995.

[26] Marc Ebner, *Color Constancy,* Wiley, 2007.

[27] Olivier Faugeras, *Three-Dimensional Computer Vision: A Geometric Viewpoint,* MIT Press, 1993.

[28] Richard O. Duda, Peter E. Hart, and D. G. Stock, *Pattern Classification,* Wiley, 2001.

[29] Martial H. Hebert, SMARTY: Point-Based Range Processing for Autonomous Driving, *Intelligent Unmanned Ground Vehicles,* Martial H. Hebert, Charles Thorpe, and Anthony Stentz, ed., Kluwer Academic Publishers, 1997.

[30] J. Roberts and P. Corke, Obstacle Detection for a Mining Vehicle Using a 2-D Laser, in *Proceedings of the Australian Conference on Robotics and Automation,* 2000.

8.4.5 习题

1. 立体视觉测距分辨率

与激光雷达相比，立体视觉的主要性能局限是它的分辨率。下图说明摄像机的分辨率是如何随距离变化的。

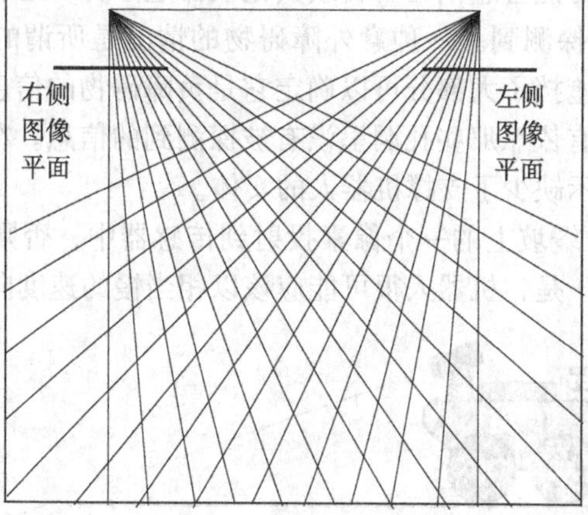

基本的三角测量方程为：

$$R=\frac{bf}{d}=b\delta$$

其中，R为距离，f为焦距，b为基线长度，d为视差。我们定义归一化视差为（以弧度为单位）：

$$\delta=\frac{d}{f}$$

对三角测量方程进行微分，并说明立体视觉测距分辨率以二次方的形式随距离变化。推
576 导交叉测距的分辨率公式，并绘制出基线长度为1m、视野为90°、像素宽为1024的图像。

2. 立体视觉的复杂性

请说明立体视觉的复杂性与图像中的行数、列数以及搜索匹配的视差数量成正比关系。

3. 理论误检率

假设台阶障碍物的高度超过5cm，障碍物探测器就一定会返回正确值。利用边缘概率，给出一种计算假阴性率的方法。即当台阶小于5cm时，探测到障碍物的概率是多大？假设条件传感器模型$p(z|x)$已知，其中z代表探测的高度、x代表真正的高度。

4. 与速度相关的分辨率

系统只有准确地探测到障碍物，才能很好地实现避障。无论如何，障碍物探测的可靠性都与传感器的角度分辨率相关。请考虑下图传感器视野中出现障碍物的情景。

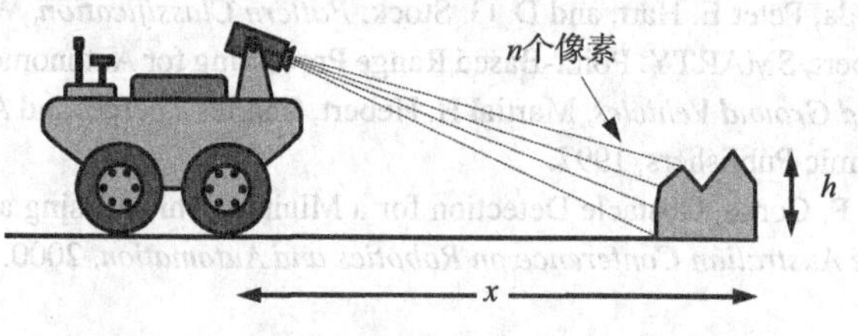

障碍物高度为h。理想情况下，障碍物会沿某方向投射到n个像素上。一般来说，传感器的角度分辨率可用下式来定义：

$$\delta=\frac{\left\lfloor h/x(V)\right\rfloor}{n}$$

其中，传感器距离x是车辆速度的函数。目前的传感器技术可以达到如下角度分辨率：

传感器技术及其角度分辨率

传感器	分辨率（毫弧度）
激光测距传感器	3（常用）
立体视觉	80
雷达	10 000

用刹车距离公式替代 x，并绘制所需的角度分辨率与速度的关系曲线。装备各种传感器的机器人，其最快的可靠速度是多少？

5. 边缘探测

机器人在平坦地面上行驶，其前方地形瞬间过渡成一个可以通过的 30° 缓坡（如图 8-62 所示），其斜面位于缓坡边缘的探测阴影范围内。如果传感器高度为 h，请推导在多远的位置上，机器人能够分辨出前方是断崖还是斜坡。把此最远发现距离作为停车距离（反应距离 + 制动距离），根据速度计算所需要的反应时间。请解释为何会出现负反应时间，以及机器人的最大安全速度。如何缓解这个问题？ 577~578

第 9 章

定位和地图构建

感知与定位通常相互依赖。当构建地图时，需要建立环境模型，并将感知与定位相结合，以便将地图的各个部分放置在彼此之间相对正确的位置。在使用地图定位时，机器人根据它实际所看到的内容，与期望将要看到的内容进行匹配，从而确定其自身的位置。在这种情况下，定位取决于感知。更为复杂的方法可以在构建地图的同时，根据所构建的地图进行
577 定位（图 9-1）。

578 本章将介绍关于环境地图构建和使用的多个方面的内容。机器人需要在自身位置不确定的条件下，在完全未知的环境中创建地图，同时许多移动机器人需要使用某种地图进行自主定位和导航，才能有效运作。当机器人需要精确的绝对位姿时，就需要地图。而当机器人被告知需要到达某一特定位置坐标，或者机器人需要根据它在二次地图中的位置，获得并利用环境信息时，就需要知道自己的精确位姿。

图 9-1 **火星探测车**。两辆火星探测车勇气号和机遇号已经在火星表面行驶了将近 30 千米。在撰写本书之际，机遇号仍然在运行，视觉测距竟然成为探测车在火星表面的细粒火星土壤进行有效驱动的一项关键技术

如果定位不够准确，那么采集在不同时间和地点生成的数据是一种明智之举。这是一个比定位或地图构建更为基本的操作。它实现了一致性地图构建和优化运动干涉估计这两个目标。出于这个原因，地图构建、数据匹配和自主移动这三
579 个主题将在本章一并介绍。

9.1 表示和问题

9.1.1 引言

地图构建就是创建地图的过程。从本书的目的而言，地图的定义就是：对环境位置观测的原始或已处理数据，实现长期存储的任意一种数据结构。这些观测值可以是由机器人自身传感器、其他机器人的传感器，或者多个机器与人的组合系统携带的传感器，在过去任意时刻采集的数据。

当地图包含处理过的数据时，它就具备了传感器融合的功能，而非仅仅存储数据。地图暗含的信息，超出了当前可见和可测量的内容，也超出了算法程序体现的假设。地图允许机器人访问这些记忆信息，来预测传感器读数（用于导航）或者与环境的相互作用（用于路径规划）。

地图可以赋予位置某些特性（例如代价域），或将位置与物体（例如，一系列的路标或障

碍物）关联，但多数情况下，我们感兴趣的是地图代码以某种形式包含的空间信息。地图的终极用途之一是定位（如图 9-2 所示）。此类地图使得机器人能够预测传感器读数，并将其与实际读数比较，然后利用差值来减小对应的位姿误差。这种地图可以以路标列表或者测距传感器扫描数据列表的形式来存储。

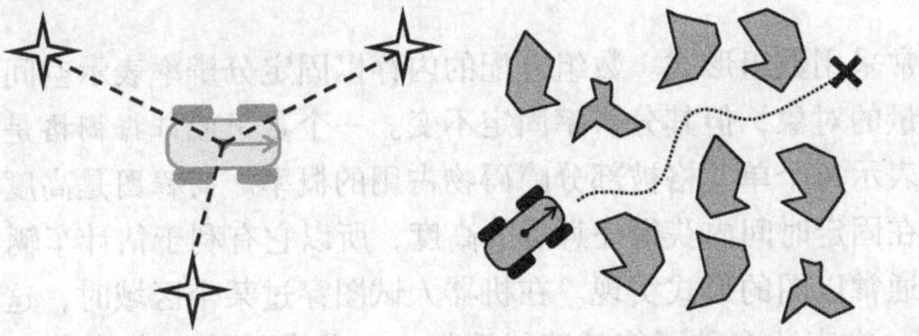

图 9-2 **地图**。（左图）定位地图把路标位置、墙壁形状等信息编码存储。这些信息有助于机器人确定自身位置。（右图）规划地图把障碍位置、地面高程、体积密度或遍历代价 / 风险等信息编码存储

另一种形式的地图是运动规划地图。这种地图的作用是使机器人能够预测与环境的相互作用，即预测如果机器人决定运动到某一特定位置，将会出现的情况。此类地图可以以二维平面或三维空间栅格的形式，或者障碍物位置、道路列表的形式进行存储。不过，地图信息的编码方法有更多选项，具体内容参见下文。

9.1.2 表示

影响地图数据结构设计方案的决定要素有很多，本书仅介绍其中的部分要素。 580

1. 坐标系概述

其中一种决定要素，与那些更方便或更高效从而更容易被采纳的机器人操作有关。这也是我们选择在哪个坐标系中表达观测数据时，需要考虑的因素。常见的选择包括固定在车辆上或地面上的图像空间（方位角、仰角），或笛卡儿坐标系。

现在考虑如何表达移动中的机器人周围环境里的障碍物。车辆本体坐标系便于估计障碍物与机器人的距离；而地面固定坐标系则有利于规划运动（如图 9-3 所示）。

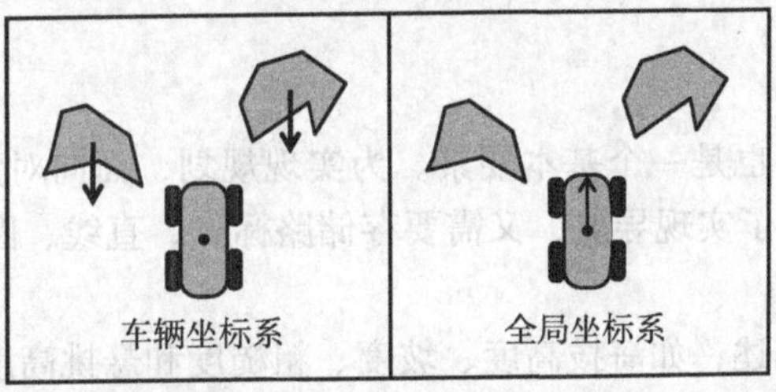

图 9-3 **障碍物地图的坐标系选择**。如果障碍物存储在车辆本体坐标系中，那么就可以直接得到障碍物与小车之间的距离，但当机器人移动时，所有障碍物的位置信息必须实时更新；如果障碍物表示在地面固定坐标系中，那么当机器人运动时，只有机器人的位置需要更新，但此时机器人与障碍物之间的距离需要通过计算得到

2. 对象、图和场

至少存在三种常见却截然不同的环境表示方法。对象图能够清晰地表示已知的分散实体

及其已知信息。与之相对，场图能够清晰表达所有空间，以及空间中每一小块的已知信息。而拓扑图仅表示机器人的移动路径网络。实践中，也经常综合使用上述方法。

对象表示法（例如，如图 9-2 所示）通常以列表的形式实现。这种表示法能够有很高的分辨率，但是对象越多，需要的内存也越大。障碍物列表或路标列表正是这种表示法的典型实例。

场表示法通常采用数组形式。数组分配的内存以固定分辨率表示空间区域。这种表示法能够表示任意数量的对象，但其分辨率固定不变。一个占用或证据栅格是一个数组。程序给该数组赋值，来表示每个单元格被部分障碍物占用的概率。高程图是高度数据的采样场。根据高程图，可以在固定时间内获得任意点的高度，所以它有利于估计车辆姿态。

拓扑表示法通常以图的形式实现。在机器人试图穿过某个区域时，这种表示方法提供了一种高效的机制，来表达多种可能的路线选择。一些高效的搜索技术可以从图中导出搜索

581 树，从而找到从图中的一个位置到达另一个位置的路径。

3. 采样问题和缺失部分

之所以会想到采用数组表示地图，是因为绝大多数成像传感器的输出数据都是这样表达的。由于坐标变换的非线性，在这种表示法中应用坐标变换时，会导致采样问题（如图 9-4 所示）。

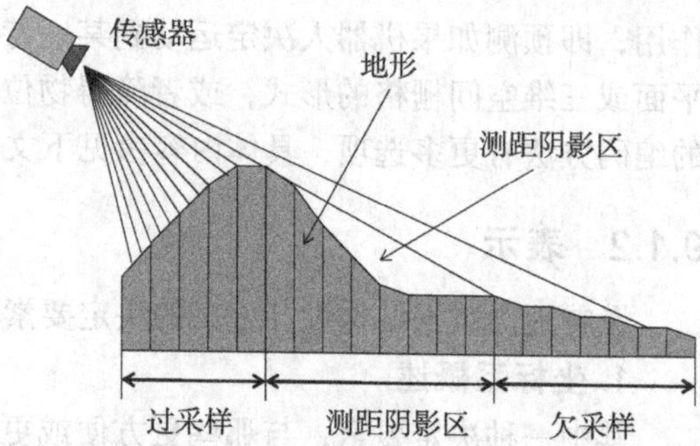

图 9-4　**采样问题**。传感器坐标系中的均匀采样，很难对应到对象坐标系中

作为一种距离图像，深度图像把深度与方位坐标中的每个潜在点相关联。当把深度图像转化为高程图时，会出现高密度区和低密度区。有时，甚至还会出现一些根本没有数据，从而被称作测距阴影，或更一般的称呼缺失部分的区域。缺失部分是由于传感器看不到遮挡物后面造成的，所以这是一个基础问题。

相反，如果以深度地图的形式存储数据，就可以避免把数据投影到水平面时可能造成的信息失真。不过，这又会导致难以计算某特定点的高度。可见，每种坐标系的选择都需要进行权衡。

4. 语义概述

什么信息应该被储存也是一个基本要素。为实现规划，面向对象的地图可以存储墙壁、家具或障碍物等信息；为了实现导航，又需要存储路标点、直线、图像块或其他特征。采样地图可以储存如下信息：

- 地形的几何形状描述，如海拔高度、坡度、粗糙度和悬挑高度。
- 地形的机械特性描述，如柔软度 / 压缩性、摩擦系数和密度（草丛和灌木丛的密度低）。
- 地形分类描述，如树木繁茂的地形、坎坷崎岖的岩质路面、高草丛密布地形，深海地形或浅水地带。
- 风险描述，如遍历代价、信息量（如：测距阴影中包含的内容很少）。
- 策略描述，如相对威胁、覆盖率或某位置的通信效果。

5. 元信息概述

另一个重要的考量因素是，为了使用数据而对数据进行处理或简化的程度。例如，经过深度处理而被赋予了语义的数据，用起来会很高效。然而，如果该语义是在积累了全部证据之前就获得的，那么它也可能是程序产生的一个不正确乃至无法回溯的错误解释。反之，保存原始传感器读数常常意味着高内存消耗和处理代价，但是，它至少使我们能够对数据的初步解释进行重新评估。 582

地图中也可以存储大量的系统维护信息，例如，每个数据片段的时间（*时标*：时间标记的简称）或者位置（*位置标记*）或者与相关数据的来源（例如，传感器）。此外，当程序利用地图生成用于运动规划的搜索树时，地图还可以存储全局规划算法中用到的后向指针。如果想了解有关运动规划后向指针的更多信息，请参阅本书第 10 章介绍的相关内容。

6. 不确定性

把不确定信息也纳入地图存储的每类数据中，是一个明智的做法。举一个简单的例子：用于高度估计的标准差，或计算单元格的占用概率。在追踪离散对象时，最好将不确定性信息与对象的当前位置以及预测位置相关联。当路标的位置为未知量时，可以用程序计算和存储它们的协方差信息。利用离散分布的概念，可以对一组地形类别的当前信度函数进行编程计算。

9.1.3 定时和运动问题

当车辆或部分场景处于运动状态时，在很多问题中都需要精确计时，以及把运动对象从非运动对象中分离开。

1. 运动模糊

当机器人处于运动状态并且数据的时间标签不准确时，根据传感器感知数据构建的地图经常会失真。而当机器人停止运动时，这种*运动模糊误差*就会消失，所以这是一种难以检测的实时误差源。一个经典的例子就是，机器人在某处撞到了一个障碍物，但是检查地图却发现机器人在之前就已经知道有障碍物。然而，当机器人做决策时，它可能并未掌握障碍物的准确位置，由此导致与障碍物的碰撞。

时间标签（或者位姿标签）通常被用来同步感知数据流和定位数据流，进而消除这些误差。为了添加时间标签，可以读取同步时钟，然后在每一个位姿和观测数据帧的后面附加采集时间。对于位姿标签，可以利用内含残余延时模型的位姿估计系统，建立该系统与观测数据连接，也能够得到近乎准确的观测数据时间标签。低延时的实现方法是，在读取感知数据的瞬间，触发位姿估计系统中断，然后在获取位姿数据后同步数据流。

角度测量通常是最重要的，尤其当车辆快速旋转时，系统精度对计算出的时间标签尤为敏感。如果想要对 20 米远的物体进行精度为 20 厘米的准确定位，当机器人转速超过 0.01 弧度时，几分之一秒的定时误差将会产生很大的影响。不过，如果地图精度要求不高，有些误差可忽略不计。 583

对激光扫描雷达传感器的延迟现象进行建模是一项挑战。对于由俯仰运动平台发射并以 120Hz 频率进行扫描的激光束，难以精确评测该激光束的绝对高度。如图 9-5 所示方位角数据的延迟影响也很大。对前视红外（FLIR）相机和 CMOS 相机而言，运动模糊不是什么问题。对 CCD 相机来说，运动模糊通常也不是问题，除非光照条件需要较慢的快门同时运动速度非常快。

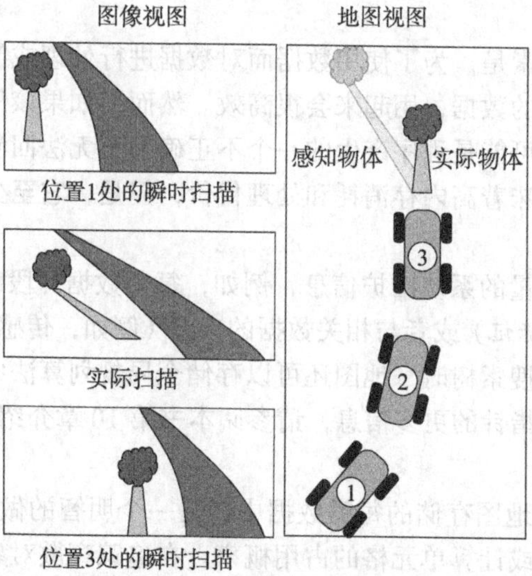

图 9-5 **运动模糊**。即使在获取一帧数据的时间内，如果没有考虑到传感器、车辆姿态和航向变化的累积效应，其影响也非常严重。在这个例子中，雷达传感器自上而下扫描，只有树干根部的位置是正确的，所以机器人有可能直接驶向树木

2. 重影

当环境中的物体处于运动状态时，会出现运动模糊问题。当“静态环境”这一假设不成立，数据时间不断积累，那么运动物体就会在地图中留下痕迹。如果想要得到只有静态场景的地图，就需要用到一些去除移动对象的方法。当传感器视野中有运动的人或车辆，或者一辆车跟在另一辆车的后面时，就会出现这个问题。在这种情况下，非常重要的是既能看到前面的车辆，又不把它视为障碍物。

3. 运动对象的检测与跟踪

当被探测对象是运动中的障碍物时，为了避开它们，就必须预测其运动。如果地图中只包含运动物体，就可以利用跟踪算法来更新确定性栅格（如图 9-6 所示）。该算法用观测值刷新位置估计，用运动模型计算两次测量之间不确定性的增长。

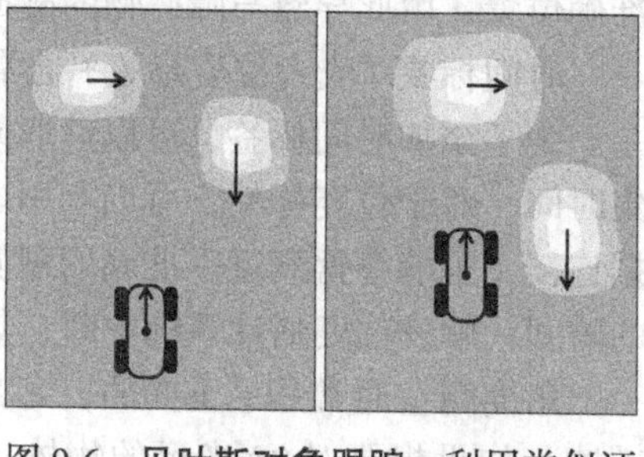

图 9-6 **贝叶斯对象跟踪**。利用类似证据栅格这样的概率表示法，可以很自然地表示与移动障碍物相关的运动和概率传播

当地图中包含的不仅仅是移动的物体时，利用背景消除技术可以区分运动物体。这种方法的基本思想是把两幅图像作对比，并假设有较大差异的像素区域对应着运动对象。如果车辆也处于运动状态，就需要鉴别出由于车辆运动造成的合理差异。在地面固定坐标系中计算图像差异，是一种获得车辆运
584 动信息的方法。

9.1.4 定位的相关问题

定位数据永远都不会完美，因此，对机器人的一项基本要求就是，能够应对不理想的定位。当机器人不能确定其自身位置和方向时，那么它通过传感器获得的物体位置，就会变得更加不确定。本节对建图中主要的定位问题进行了概述。

1. 定位漂移和局部一致性

随着时间和距离的推移，航位推算法的误差不断累积。这一事实对任何类型的航位推算法都适用，无论它是基于车轮编码器、陀螺仪或任何视觉里程计。如果仅仅基于航位推算法来获得用于创建地图的位姿解，那么航位推算法中解的漂移将导致观测对象的失真，并在地图中产生错位。尽管航位推算误差有其特殊性，但是不管怎样，两个被测对象之间位置偏差的错位，总是随着机器人前后两次看到它们时，机器人位置变化或时间间隔的变大而增加。因此，如果机器人能够在非常短的时间内，观测到局部区域内的所有对象，那么地图往往是*局部一致的*。

2. 数据老化和全局不一致

相反，如果机器人在两个时刻观测到了同一个物体，那么位姿的累积误差就会在地图上物体第一次被观测的位置附近，产生该物体的第二个假副本。

更一般的情况是，当机器人回到曾到过的位置时，将新、旧数据综合在一起，会导致所有物体在地图中都有一个稍微错位的副本（如图 9-7 所示）。*权衡累积/失真*是传感器数据融合中的关键要素。如果能够对数据进行正确地对准或关联，那么更多证据的积累往往会减少噪声；而一旦对准失败，误差将急剧增大。

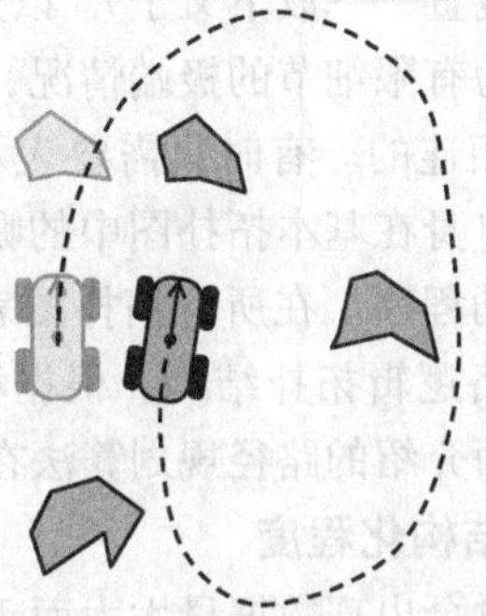

图 9-7　**全局不一致**。当基于有漂移的观测估计（如：只使用航位推算法）来构建地图时，把同一区域的非连续视图合并在一起，会导致地图不一致。如图所示，机器人已返回到它开始运动的真正位置，但是它的位姿估计出现了偏移。航向和位置误差导致同一对象在地图中产生重影 585

减小不一致性的一种有效方法是，在一定时间或者前进一定距离之后删除地图中的物体。这种方法并非一直可行。但是，如果地图的唯一用途只是为了理解局部环境，以实现避障或路径跟踪等智能控制，那么这就是一种有效的方法。

实现这一想法的有效方法是*数据老化*，即在某一时间/距离窗之后，人为地隐藏数据。这需要从两个方面来实现。首先，由于数据并没有显式删除，因此需要一种机制，使得这些较早的历史数据对地图查询请求不可见；其次，当试图把新数据与更早的数据进行融合时，必须首先删除较早的历史数据。

3. 回环、回访和插入

在规划地图中，重复数据可能是一个问题，然而在导航地图中，可能存在的重复数据却代表了一种非常有用的情况。虽然图 9-7 所示的问题是由于位姿解出现漂移引起的，但也可以把它看作解决位姿漂移问题的方法。如果机器人能够认出它曾经到过的位置（可能是因为物体是唯一的，并且可识别），即解决*回访识别问题*，那么就可以消除累积的位姿误差。于是，深色的机器人就会意识到它与浅色的机器人位于相同的位置。

尽管数据的短期存储可以避免出现不一致性，但是长期存储才是在地图中正确“闭合”大型回路所需要的。如果机器人可以存储长期的数据，那么它就可以遍历一个规模很大的区域，这对于大地图来说是必需的。大型地图也有其自身的问题，这些问题将在后续部分加以讨论。一个比回访问题具有更大难度的问题是*地图插入*。这是一个基于地图确定机器人初始位置的问题——该地图甚至有可能是由其他运载工具（例如，飞机），基于不同的观测方法构建的。

9.1.5 结构概述

地图的大小（从任何意义上而言）和存储量的大小，都是非常重要的决定因素。此处典型的权衡折中与计算机中有限的可用内存有关。实现最终存储较大区域的唯一方法是降低分辨率，或者使用更为一般的说法，即降低细节表示的精细程度。通常情况下，图像的分辨率越高，其中包含的像素就越多，图像就越清晰，同时，它也会增加文件占用的存储空间。

1. 结构分析

当需要表示一个空间区域时，必须确定需要采用二维平面，还是三维空间表示。底层的数据结构可以是二维的矩形单元数组或者三维的体积元素数组——也称为*体素*，它是用于三
586 维空间分割的最小单位。虽然绝大多数规模较大的地图，是在二维平面内表达的自上而下的投影图像，但是在复杂环境中或情况下，三维空间的表示则是必需的，例如，机器人必须判断它是否可能与悬垂的突出物发生碰撞，或者是否需要调整自身构型（即降低叉车中的叉子所处的位置——放下叉子），以避开障碍物。

作为有限细节的极端情况，*拓扑地图*在忽略细节的同时，可以很容易确定环境中的哪些部分是相连的。有时只需要表示连通性（如交通标志或十字路口的网络），而机器人也只需要知道自身在基本拓扑图中的哪一条边上。可以用指令注释这些边，创建基于位置或事件驱动的运动程序。在所有拓扑图表示方法中，一种重要的分类就是环型和非环型（即树型）这两种网络逻辑拓扑结构。根据稠密数据进行网络拓扑推理，可能并不容易，但是我们会发现：后面介绍的路径规划算法在创建搜索树时，必须完成这个过程。

2. 结构化程度

有时会出现数据量太大而无法存储在内存中的情况，有几种方法可以处理这个问题。可以把地图从磁盘缓存到随机存取存储器（RAM）中，此时，大部分地图信息都保存在磁盘上，而仅将小块数据高效地移入或移出随机存取存储器。*滚动地图*会持续向车辆运动的相反方向对数据进行移位操作，直到数据移位跳转到结束，并被删除为止（如图9-8所示）。*叠加地图*使用一个多维的环形缓冲区，以不断重复使用相同的内存，同时始终将车辆与邻域数据相关联。在这种情况下，只有当数据被覆盖时才会被成功删除。不过，需要用前面介绍的数据老化过程进行特殊处理，以确保在机器人行驶经过之后，原有的历史数据不会出现在机器人前方的地图中。

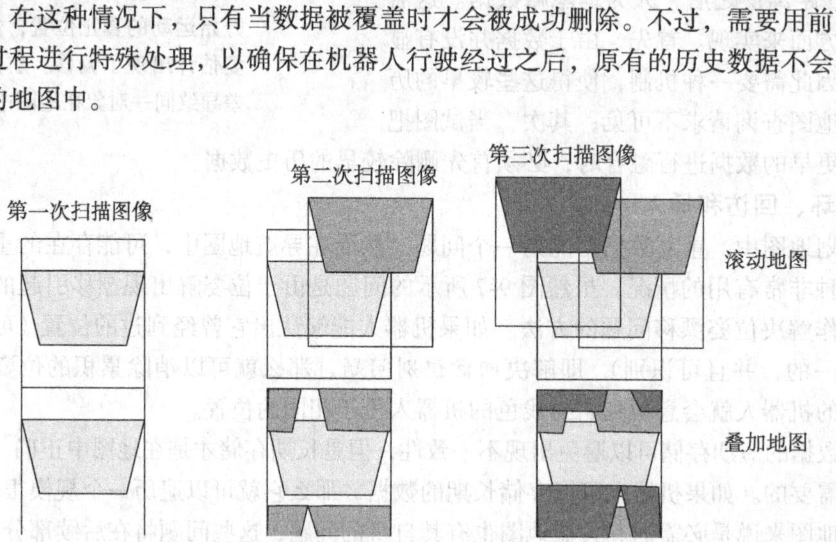

图 9-8 **滚动和叠加地图**。叠加地图不断重复使用相同的内存；滚动地图要求将数据进行移位操作，以解释运动，任何“跳转到结束”的内容都会被删除

叠加地图虽然复杂，但是其内存使用效率和计算效率都很高。

3. 层级结构

层级结构表示法允许在多个概念层级上进行多重推理，这对于支持更加复杂的行为非常 587
有必要。以一个具有 3 个层级的地图为例，最高层级即第 3 层，是拓扑结构，该层级对环境中的主要路径，或者至少是那些应该（或可以）访问的主要节点，进行编码。

结构的第 2 层级包含一个存储有代价字段的数组。该数组表示一个几平方千米的区域，用于规划从一个节点到下一个节点的路径。它甚至可以详细到对城市中的所有街道进行编码。结构的第 1 层级既可以作为一个局部规划地图使用，也可以起定位地图的作用。该层级可以是一个机器人周围物体的三维空间表示。

4. 层

除了层级结构，对同一空间区域维持多个冗余表达，而不是将它们合并在一起，将非常有用。这样做的一个例子是，将多机器人系统的表达彼此分开，以支持可变加权、空间标记或用另一个机器人系统来对准多机器人系统的机制。

一个很好的例子就是维持一个包含经处理的卫星图像，或飞机数字地形高程数据（DTED）的地图层；以及另一个包含由地面机器人采集的地形数据层。一旦机器人发现某些特定的感知特征，可能与卫星图像中的树木匹配，它就能立刻清楚地知道在周围数百公里的距离范围内，所有树木的具体位置。

9.1.6 应用实例：无人地面车辆的地形地图

本节将给出一个为实现障碍物探测和避障，而进行地图构建的示例。假定设计的车辆以相对较高的速度行驶，穿过粗糙不平的地形表面。车辆具有重心低、胎面宽、较为理想的牵引力和离地间隙等特点。车辆上安装的感知传感器是一个激光扫描雷达，其技术参数和安装方式如图 9-9 所示。

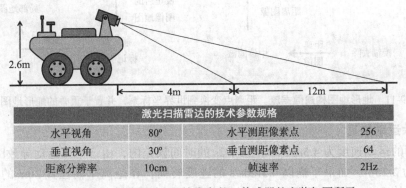

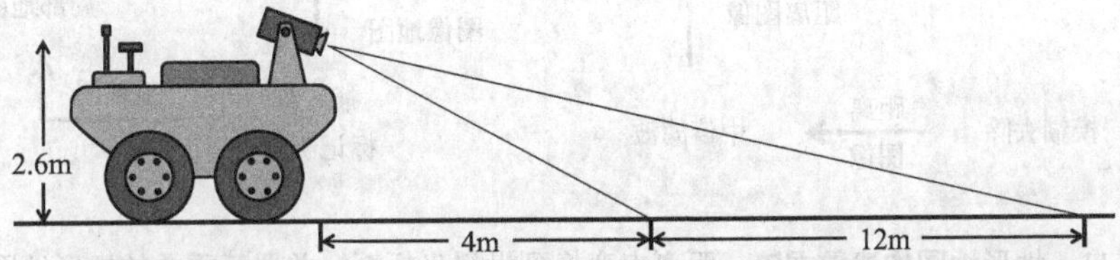

激光扫描雷达的技术参数规格			
水平视角	80°	水平测距像素点	256
垂直视角	30°	垂直测距像素点	64
距离分辨率	10cm	帧速率	2Hz

图 9-9　**传感器安装方式和技术参数**。传感器的安装如图所示

已经为该机器人指定了以经纬度表示的导航点路标，机器人的任务就是按顺序来访问这
些导航点，并构建其遍历地图。 588

1. 距离图像和地形地图

地形表面的高程图（通常简称为地形地图），可以表示车辆运行的支撑面 $z(x, y)$。它是由车辆在一边行驶、一边决策如何运动到下一个导航路标点的过程中实时构建的。该表示法隐含的假设是：在崎岖的地形表面上，不存在任何悬垂的突出障碍物，因此该假设对每个位

置只关联一个高度。

在地形地图中，在每一个20厘米×20厘米的栅格单元内，累积了落在其中的激光测量点的均值和方差。其中的均值用于高度估计，而方差则用于提供不确定性估计。当然，如果有垂直表面落在栅格单元中，那么“方差”将主要用于表征测量点的高度跨度。

AM-CW激光雷达的调制波长为64英尺（ft）。距离数据以数据块的形式提供给系统，每一数据块对应于扫描机构的一次垂直扫描。典型的距离图像如图9-10所示。

图9-10 **典型的距离图像和地形地图**。（左图）距离图像：强度与64英尺的距离模数成正比；（右图）如果自上而下看，在地形地图中相同的数据，其强度与高度成正比。很显然，在山丘的后面有一个距离阴影

这样的图像并不一定对应着传感器的某一个位置，因为在扫描过程中，传感器可能会做大幅运动。

2. 软件数据流

最繁重的计算任务是对每秒产生的3.2万个测距点进行坐标变换。每一个雷达像素都有其自身坐标，需要把它先从图像（极）坐标系变换到传感器坐标系，再变换到车辆本体坐标系，最后变换到世界坐标系（如图9-11所示）。

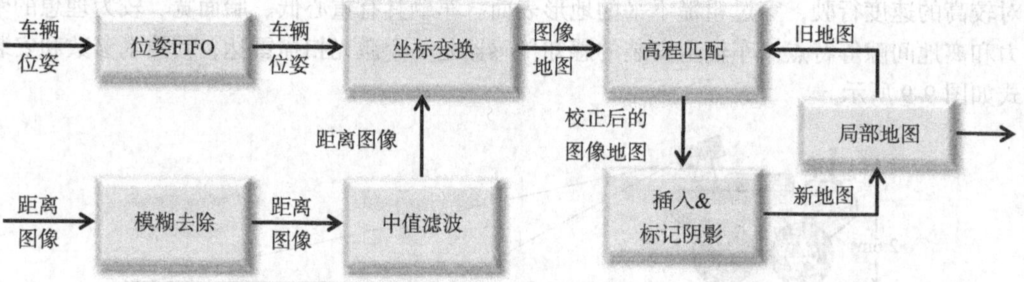

589 图9-11 **地形地图构建数据流**。距离点变换到世界坐标系，并置于重叠的地形地图中

3. 消除运动失真

当车辆的运动速度为4.5m/s时，在1/2s的时间误差内，由于平移运动导致距离像素的定位误差为2.25m。如果车辆以0.5rads/s的速度转向，在距离车辆位置20m的测距点上，误差则高达约5m。因此，要实现1cm的距离误差，就要求计时精度为1ms。利用高速扫描激光雷达构建精确地形地图时，需要对每一个待处理的距离像素测距点进行精确定时。

利用位姿FIFO队列，可以消除运动失真。在此队列中，位姿估计系统产生的车辆位姿信息被以200Hz的频率存储，实现即时记录。时钟与GPS秒脉冲信号同步。在获取数据时，位姿和每个测距扫描线最左边的像素点都用时间标签实时标记。

当把距离像素测距点的坐标变换到世界（地面固定）坐标系时，抽取最左边像素的时间标记，并据此从位姿FIFO队列中获取该像素点之前和之后的车辆位姿，然后插值获得该距离像素对应的精确车辆位姿。

4. 高度漂移

如果在使用过程中 INS-GPS 姿态估计系统丢失 GPS 信号，即便时间很短，也会导致明显的高度漂移。如果不消除这种影响，在地图中每一帧图像的最低高度扫描线上，就会出现一个明显的重影“台阶”。为了解决这个问题，可以将输入数据的高度与地图中已有数据的高度进行比较，从而计算出最佳拟合的垂直偏移量。

假设位姿漂移是向上的，单次垂直扫描过程中所发生的漂移会导致地面地形高度小幅下降。扫描自上而下进行，所以位于远处的数据先被测量，因此其高度会有所降低。假定在激光束完成一次垂直扫描的几分之一秒（不到一秒）内，漂移率为恒定不变的常量，就可以消除这种漂移。

5. 采样问题

当车辆运行的地形表面不平坦时，采样问题的严重程度会增加。对这种情况的解决办法是：在距离图像中，按列从下向上对距离数据进行处理。在距离图像的每一列，对成对的距离像素进行处理。把两个测距像素点放入地形地图中的单元格中，同时将它们的高度值与该单元中已有数据融合。然后，在地图中，对这两个端点之间连线上的任意单元格，都赋予一个伪距离测量值，以表示该单元格高度的上限。利用这种方法，对距离阴影和欠采样区域的处理就一致了（如图 9-12 所示）。

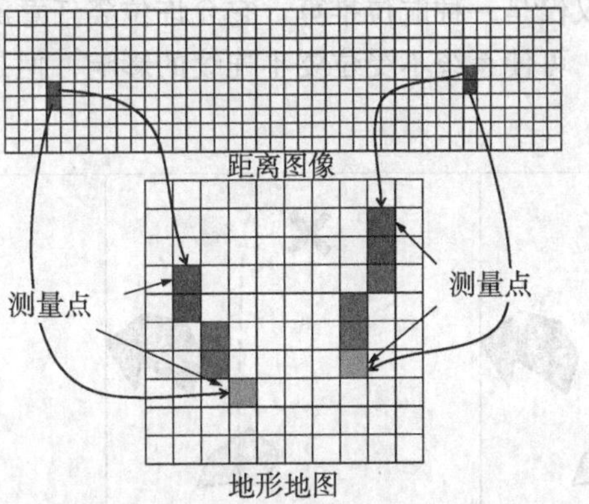

图 9-12　**内插**。按列处理距离图像中的相邻像素对。在地图中，位于两个端点连线上的缺失数据通过插值获得

6. 计算稳定性

在为车辆配置传感器时，通常会使大部分距离数据落在靠近车辆的区域。当计算能力不足时，对临近车辆的数据有意不做处理，会是一种合理的选择。首先，现在的临近区域已经在之前被机器人从远处观测过；其次，如果在之前机器人发现无法穿越它，机器人就应该已经避开它了；再次，即便是在当前时刻机器人刚发现无法穿越它，那机器人也来不及做出响应；最后，不处理近处的部分图像，可以实现提高感知的更新率，为避障算法提供更多计算次数，从而提高性能。从机器人的角度来看，为补偿某些错误而花费太多的处理代价，实际上反而会导致错误的发生。 590

但是，图像中靠下的区域并不一定就对应着离车辆更近的数据。例如，当机器人爬山时，图像中靠上的区域是天空，地形只出现在图像中靠下的区域。对于该问题的最佳解决方案是：只对图像中在最小和最大距离之间的像素进行处理。毕竟，距离数据是对数据的直接测量，它们表示了与车辆之间的距离。如果传感器的高度相对于距离来说比较小，那么距离及其在地平面上的投影之间的关系可用一个微小角度的余弦表示。

最后一个假设是，距离值随仰角单调增加。即在图像的一列中，越靠近上面的像素值，其对应的距离越远。对于低起伏地形表面，这是一个有效假设，所以它与地形地图的选择一致。基于该假设，可以按列对测量数据进行处理：跳过低于最小期望距离的所有像素点，然后处理数据，直到遇到最大值为止（如图 9-13 所示）。

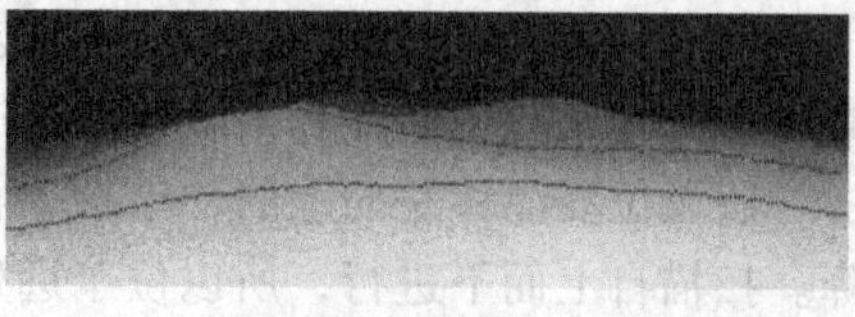

图 9-13　**计算图像稳定性**。通过仅处理必要的距离数据窗口，来避开远端的欠采样区域和附近的过采样区域。通常情况下，需要处理的图像区域远低于图像总数据的 10%

7. 双重位姿估计

此外，位姿估计可能导致的另一类问题是位姿修正不连续。例如，当 GPS 信号丢失，然后重新获取该信号时，姿态解会跳回至一个更为准确的位置，同时消除了航位推算累积误差。然而，当使用类似激光雷达这样的扫描传感器时，一旦出现这种*位姿跳动*，成像对象就会被分

591 成两部分。

该问题的一种解决方案是，以“平滑性”为优化原则，来计算第二个位姿估计。从本质上讲，这种*局部位姿*估计仅仅是一种航位推算。它允许位姿任意漂离全局位姿估计给定的正确解。这种方法足够强大，可使系统不受位姿不连续的影响，但是它需要改变整个系统设计（如图 9-14 所示）。

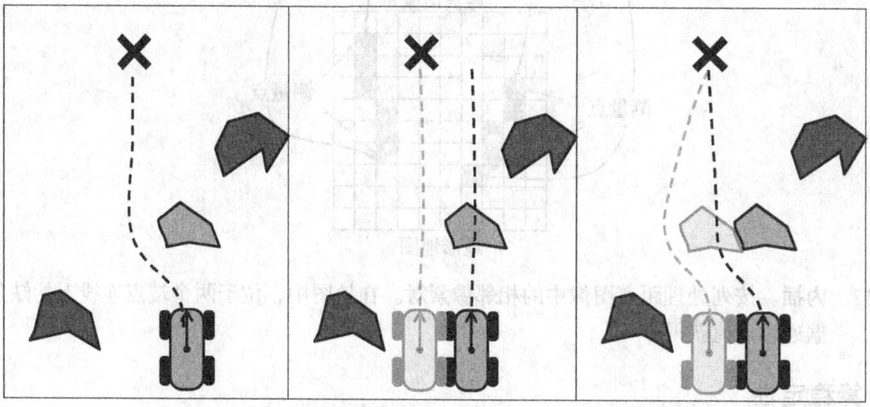

图 9-14　**双重地图和位置估计**。先验地图中提供了颜色较深的障碍物，而颜色较浅的障碍物需要通过感知探测，且无法预料。（左图）机器人打算向左转弯，以避开感测到的障碍物；（中图）发现障碍物之后，GPS 出现一个跳动，导致机器人认为其自身已经向左运动。现在机器人打算直行。但实际上，如果机器人没有感知到障碍物，它会与障碍物相撞；（右图）机器人把感测到的障碍物存储在局部地图中，该局部地图根据局部位姿估计来感知构建。两次感知的结果都会定时复制到全局地图中，而规划系统认为障碍物也移动了，所以机器人会（正确地）继续向左转弯

尽管运动控制、感知、构建局部地图等使用局部位姿，但较高水平的路径规划和跟踪系统会利用全局位姿，来准确地获得路标点。对局部和全局地图数据所做的任何数据融合，都必须关注局部位姿估计的漂移值。

9.1.7 参考文献与延伸阅读

本节的大部分内容是基于 Kelly 发表的两篇论文这两篇论文专注于在自然地形表面上运行的机器人。Buehler 著写的书提供了很多有趣的算法，用于在有车辆往来的路面上行驶。Howard 的书介绍了行星探测机器人实现智能化所需的许多方面知识。

[1] M. Buehler et al., ed., The *DARPA Urban Challenge: Autonomous Vehicles in City Traffic,* 1st ed., New York, Springer-Verlag, 2009.

[2] Ayanna Howard and Ed Tunsel, eds., *Intelligence for Space Robotics,* TSI Press, 2006.

[3] A. Kelly, et al., Toward Reliable Off-Road Autonomous Vehicles Operating in Challenging Environments, *The International Journal of Robotics Research,* Vol. 25, No. 5–6, pp. 449–483, June 2006.

[4] A. Kelly, A. Stentz, Rough Terrain Autonomous Mobility – Part 2: An Active Vision, Predictive Control Approach, *Autonomous Robots,* Vol. 5, pp. 163–198, 1998. 592

9.1.8 习题

地图失真

（i）根据传感器的最大探测距离和车辆的运行速度，推导出一个简单的方程，该方程可以给出成像激光测距仪所需的帧频。用文字阐述整个推导过程。假设图像没有重叠，同时满足瞬时数字化和平移速度恒定条件。

（ii）请任意提出一种合理的方法，来确定表示环境的栅格的分辨率。

（iii）已知表示环境的栅格具有某特定分辨率，请对车辆运行速度与位置估计所需的数据更新率之间的关系进行讨论。

（iv）请提出一种评测扫描激光测距仪的图像失真度的方法，这种失真来源于测距仪的距离像素帧不能实现瞬时捕获、车辆的运行速度不为零，以及定位系统的更新间隔。假设机器人做零曲率运动，且定位系统更新没有插值。

9.2 视觉定位和运动估计

与上一节内容介绍的已知机器人位姿的地图构建不同，本节将考虑三个相关的问题：基于地图的机器人定位，基于图像的物体位置测量和基于图像的运动测量。其中，后两个问题可以结合起来实现地图构建。

9.2.1 引言

感知传感器可用于探测和构建地图以及物体建模，也可估计传感器运动，其中所涉及的方法都可以用如图 9-15 所示的通用构架来表示。 593

在这里，我们将所有感知传感器显示的内容都称为图像，把真实环境称为场景，以便与地图或对象模型的表示形式有所区别，这会非常有用。在本节中，我们用符号 $\underline{\rho}$ 表示传感器、机器人和物体的姿态；继续用 x 表示图像中的坐标；字母 O、S 和 W 分别表示固连于视场中的物体、传感器和地面的坐标系。当然，传感器只是相对于它自己的坐标系来进行测量。但是，我们会假设安装在机器人本体上的传感器的位姿是已知的，因此，无论在哪个坐标系中，定位了传感器就等同于定位了机器人。

1. 经典问题

有了上述的约定符号，现在我们就可以介绍与视觉定位相关的所有经典问题。

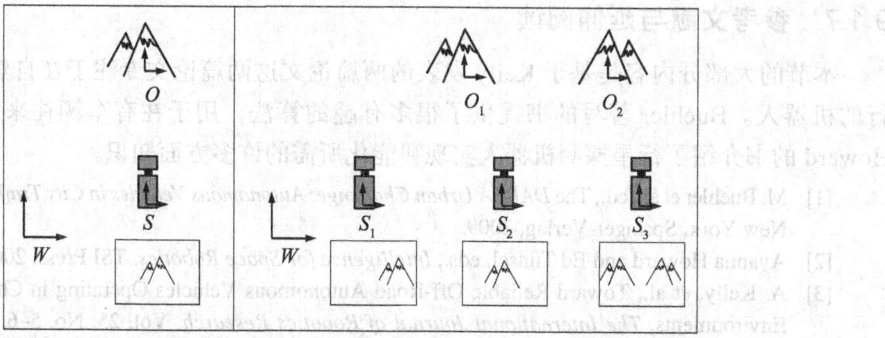

图 9-15　**总体构架**。视觉定位、构建地图和运动估计的大部分内容可以用这幅总体构架图解释，虽然图中用的是一个相机，但是这些原理适用于所有的感知传感器。（左图）传感器 – 物体 – 世界坐标系的位姿形成三角形结构；（右图）传感器在不同位置获得的图像表示在传感器的下方

1）**地图构建**。构建地图的问题就是确定 $\underline{\rho}_O^W$ 的问题。传感器不能直接测量 $\underline{\rho}_O^W$，但它们却很可能能够测量 $\underline{\rho}_O^S$。如果测量出了 $\underline{\rho}_O^S$，并且机器人的位姿已知，那么构建地图的最简单方式就是利用下列组合算子：

$$\underline{\rho}_O^W = \underline{\rho}_S^W * \underline{\rho}_O^S$$

2）**定位**。机器人的定位问题就是确定 $\underline{\rho}_S^W$ 如果不知道机器人的位姿，但 $\underline{\rho}_O^W$ 为已知量，那么就说明我们有了一幅地图。于是，机器人的定位可以通过下式实现：

$$\underline{\rho}_S^W = \underline{\rho}_O^W * \underline{\rho}_S^O$$

3）**视觉运动估计**。如果物体和机器人在世界坐标系中的位姿 $\underline{\rho}_O^W$ 和 $\underline{\rho}_S^W$ 都是未知量，那么在位姿网络图（可参见 2.7 节）中，就没有边与世界坐标系相连，于是就无法相对于世界坐标系进行定位。不过，测量传感器相对于图像中物体的运动，却仍然是可能的。随着机器人的运动，如果能够在两幅分离图像中观察到同一个物体，则：

$$\underline{\rho}_{S2}^{S1} = \underline{\rho}_{O1}^{S1} * \underline{\rho}_{S2}^{O1}$$

4）**同步定位和地图构建（SLAM）**。当机器人和所有物体相对于世界坐标系都是未知的，此时，我们仍然可以利用一个任意设定的原点来实现地图构建。例如，如果另一个物体 O_2 传感器的第二位置被观测到，我们就能够以 O_1 为原点来定位 O_2：

$$\underline{\rho}_{O2}^{O1} = \underline{\rho}_{S1}^{O1} * \underline{\rho}_{S2}^{S1} * \underline{\rho}_{O2}^{S2}$$

这同样适用于后续观察到的物体。把两个位姿组合起来，以定位第二个物体 O_2，说明这是
594 一个误差累积的过程。

专栏 9.1　定位与地图构建

定位与地图构建的经典问题可以表示为单个移动传感器的两个位姿与两个不同物体的位姿组合，具体如下所示：

> 地图构建：$\underline{\rho}_O^W = \underline{\rho}_S^W * \underline{\rho}_O^S$
>
> 定位：$\underline{\rho}_S^W = \underline{\rho}_O^W * \underline{\rho}_S^O$
>
> 视觉运动估计：$\underline{\rho}_{S2}^{S1} = \underline{\rho}_{O1}^{S1} * \underline{\rho}_{S2}^{O1}$
>
> SLAM（同步定位与地图构建）：$\underline{\rho}_{O2}^{O1} = \underline{\rho}_{S1}^{O1} * \underline{\rho}_{S2}^{S1} * \underline{\rho}_{O2}^{S2}$
>
> 由于机器人坐标系相对于传感器坐标系的关系已知，也可以用 $R1$、$R2$ 分别替代上式中的 $S1$、$S2$。

5）**一致性地图构建**。现在，保证地图一致性的关键问题就是：在经过明显的误差累积之后，如果机器人返回并第二次观察到同一个物体（例如 O_2）时，会出现什么情况。机器人可能不会认为这个 O_{100} 与 O_2 是同一个物体，并且实际上肯定会有：

$$\underline{\rho}_{O2}^{O1} \neq \underline{\rho}_{100}^{O1}$$

为了解决这个问题，必须将上述物体识别为同一个（也称为*回访问题*），同时，从 $\underline{\rho}_{S2}^{S1}$ 到 $\underline{\rho}_{S100}^{S99}$ 的位姿序列必须调整，以使它们与 O_2 的位置一致。关于一致性地图构建的问题将在 9.3 节加以讨论。

2. 视觉定位

*视觉定位*是将机器人所看到的内容，与其根据地图或某种模型预测到的内容相比较的过程。根据此定义，甚至 GPS 也是一种视觉定位系统，其传感器为一个多通道雷达，而地图是卫星在轨道上的位置。

1）**图像形成**。虽然在讨论卡尔曼滤波时，已经详细介绍了激光雷达图像数据的预测过程，但却没有涉及相机图像的形成过程。假设有一个对象模型，同时模型上有几个可识别的特殊点。模型上的点在模型坐标系中是已知的，所以，第一步是将这些点从模型坐标系变换到传感器坐标系。因此，如果模型对象相对于传感器的位姿 $\underline{\rho}_O^S$ 已知，那么点在模型坐标系与传感器坐标之间的变换为：

$$\underline{X}^s = T_O^S\left(\underline{\rho}_O^S\right)\underline{X}^m \tag{9.1}$$ 595

如果用 zxy 欧拉角来表示这个位姿，那么我们就可以用方程（2.56）表示该变换：

$$\begin{bmatrix} x \\ y \\ z \\ 1 \end{bmatrix}^s = \begin{bmatrix} c\psi c\theta & (c\psi s\theta s\phi - s\psi c\phi) & (c\psi s\theta c\phi + s\psi s\phi) & u \\ s\psi c\theta & (s\psi s\theta s\phi + c\psi c\phi) & (s\psi s\theta c\phi - c\psi s\phi) & v \\ -s\theta & c\theta s\phi & c\theta c\phi & w \\ 0 & 0 & 0 & 1 \end{bmatrix} \begin{bmatrix} x \\ y \\ z \\ 1 \end{bmatrix}^m$$

该变换所使用的各个参数称作外参数。现在，为了得到点在像平面上的具体位置，我们利用相机投影矩阵 $\boldsymbol{P}$：

$$\underline{x}_i = \boldsymbol{P}\underline{X}^s \tag{9.2}$$

可以用方程（2.82）表示相机变换：

$$\begin{bmatrix} x_i \\ y_i \\ z_i \\ w_i \end{bmatrix} = \begin{bmatrix} 1 & 0 & 0 & 0 \\ 0 & 0 & 0 & 0 \\ 0 & 0 & 1 & 0 \\ 0 & \frac{1}{f} & 0 & 1 \end{bmatrix} \begin{bmatrix} x_s \\ y_s \\ z_s \\ 1 \end{bmatrix}$$

该变换使用的各个参数称作内参数。在通常情况下，更为详细的模型会包含缩放和径向失真信息。

因此，从物体上的任意一点坐标，到该点在相机图像中的位置坐标的总变换，可由下式确定：

$$\underline{x}_i = \boldsymbol{P}\underline{\boldsymbol{X}}^s = \boldsymbol{P}\boldsymbol{T}_o^s\left(\underline{\boldsymbol{\rho}}_O^S\right)\underline{\boldsymbol{X}}^m = \boldsymbol{T}\left(\underline{\boldsymbol{\rho}}_O^S\right)\boldsymbol{X}^m = \underline{\boldsymbol{h}}\left(\underline{\boldsymbol{\rho}}_O^S, \underline{\boldsymbol{X}}^m\right) \tag{9.3}$$

聚焦信息 9.1　相机测量模型和图像生成

在通常情况下，我们将传感器模型称作 $h\left(\underline{\boldsymbol{\rho}}_O^S, \underline{\boldsymbol{X}}^m\right)$。但是有时我们也用 $\boldsymbol{T}\left(\underline{\boldsymbol{\rho}}_O^S\right)$ 表示传感器模型，以此强调它也是一个齐次变换，因为它本身是两个齐次变换的乘积。请注意，$\boldsymbol{P}$ 和 $\boldsymbol{T}$ 都不是刚体变换。方程（9.2）的计算结果必须除以 w_i，以得到实际的像素坐标。

2）**物体定位**。接下来，考虑相对于传感器定位物体的问题。当然，如果传感器相对于物体的位姿可测量，那么，也可以等价地认为传感器可相对于物体定位。如果物体的图像包含足够信息，那么就有可能计算出相对位姿。

该问题的基本表示，可以从我们熟悉的、多了几个参数的测量关系开始：

$$\underline{\boldsymbol{z}}(\underline{\boldsymbol{x}}) = \underline{\boldsymbol{h}}\left(\underline{\boldsymbol{x}}, \underline{\boldsymbol{\rho}}_O^S, \underline{\boldsymbol{Z}}\right) \tag{9.4}$$

其中，$\underline{\boldsymbol{Z}}$ 表示物体模型；函数 $\underline{\boldsymbol{h}}$ 表示图像形成的过程，且该函数取决于物体和传感器之间的
596 相对位姿 $\underline{\boldsymbol{\rho}}_O^S$；我们还需要知道模型的哪些部分是可见的；测量向量 $\underline{\boldsymbol{z}}$ 表示任意形式的图像。为了实现定位，图像通常会包含相对丰富的信息。这些信息可以是 640×480 的彩色像素，也可以是包含 1024 个距离值、在 180° 方位角内均匀分布的激光雷达扫描数据。

符号 $\underline{\boldsymbol{z}}(\underline{\boldsymbol{x}})$ 是为了清楚地表明：图像是一种有明确结构定义的信号。进一步，用 $\underline{\boldsymbol{x}}$ 表示某图像空间中的坐标，而信号值 $\underline{\boldsymbol{z}}$ 在图像空间内不断变化。例如，$\underline{\boldsymbol{x}}$ 可以表示彩色图像中的行和列坐标，而 $\underline{\boldsymbol{z}}$ 表示红、绿和蓝颜色空间中的像素值。

现在，关键点是物体模型也可以表示为用一组坐标定义的信号。如果 $\underline{\boldsymbol{X}}$ 表示场景中三维空间的点，那么就可以用 $\underline{\boldsymbol{Z}}(\underline{\boldsymbol{X}})$ 表示把颜色分配给场景中的每一个点（至少是可见表面上的每个点）。所有基于感知的定位，都是依据图像和场景坐标可通过低维变换相互关联的事实。而一旦该变换已知，则全部图像都可以根据模型来预测。简而言之，这就是计算机图形学：在模型给定的情况下，一旦相机的位姿已知，我们就可以合成图像。不过，这一原理也适用于其他传感器。

例如，考虑有一个彩色相机，假设从场景坐标系到图像坐标系的转换为矩阵 $\boldsymbol{T}$，而该矩阵仅取决于相对位姿 $\underline{\boldsymbol{\rho}}_O^S$：

$$\underline{x}=\boldsymbol{T}\left(\underline{\rho}_{O}^{S}\right)\underline{\boldsymbol{X}} \tag{9.5}$$

将上式代入方程（9.4）等号的右侧，可得：

$$\underline{z}(\underline{x})=\underline{z}\left[\boldsymbol{T}\left(\underline{\rho}_{O}^{S}\right)\underline{\boldsymbol{X}}\right]=\underline{\boldsymbol{Z}}(\underline{\boldsymbol{X}}) \tag{9.6}$$

换句话说，成像过程是将信号（即一些信息）从场景中的一个点变换为它在图像中的对应点。如果我们已知实现坐标系变换的成像模型 $\boldsymbol{T}\left(\underline{\rho}_{O}^{S}\right)$，同时也已知模型 $\underline{\boldsymbol{Z}}(\underline{\boldsymbol{X}})$ 的具体内容，也就是物体的外观（即每一处位置所对应的颜色），该成像过程就可以预测。这些信息告诉我们什么颜色应该放到图像中什么位置。在更为一般的情况下，信息可以是距离，或者是除了色彩之外其他任何信息。同时，其坐标映射也可以是非线性的（即失真），这取决于传感器的各个参数（例如，焦距）。

3）**基本的方法与问题**。有两种基本的视觉定位方法。第一种方法是来源于信号对准。这里，在模型（或地图）已知的情况下，求解能重现预测图像的位姿 $\underline{\rho}_{O}^{S}$：

$$\underline{z}_{\text{pred}}(\underline{x})=\underline{h}\left(\underline{x},\underline{\rho}_{O}^{S},\underline{\boldsymbol{Z}}\right) \tag{9.7}$$

第二种方法基于坐标（或特征的坐标函数）对准。

$$\underline{x}_{\text{pred}}=\boldsymbol{T}\left(\underline{\rho}_{O}^{S}\right)\underline{\boldsymbol{X}} \tag{9.8}$$

如果已知足够多的场景和图像点（$\underline{x}_k$，$\underline{\boldsymbol{X}}_k$）对，那么位姿或整个变换都可以计算出来。在求解该问题时，可以预见到一系列问题。第一组问题是*数据关联*。如果把部分图像与部分场景配对，如何才能确定图像和场景的哪些特征是相互对应的？这个问题被称为图像*匹配*问题。 597

第二组问题与需要求解的方程的性质有关。用于解释图像的位姿是否是唯一的？是否存在一个初始位姿估计？传感器数据的质量如何？有多少时间和计算能力可用？我们将求解正确位姿的过程称为*对准*。

我们在本书的最优估计部分，已经遇到并解决了一些此类问题。在本质上，对这些问题的求解所运用的数学原理都是一样的。在最后的分析中，我们会发现，这两种方法相当于测量关系的逆转。

4）**应用实例：定位货盘**。在机器人技术中，一个经典的物体定位例子，就是物料搬运机器人寻找待拾取物体。如图 9-16 所示，展示了机器人通过对叉孔的识别和定位，从而确定货盘位置。

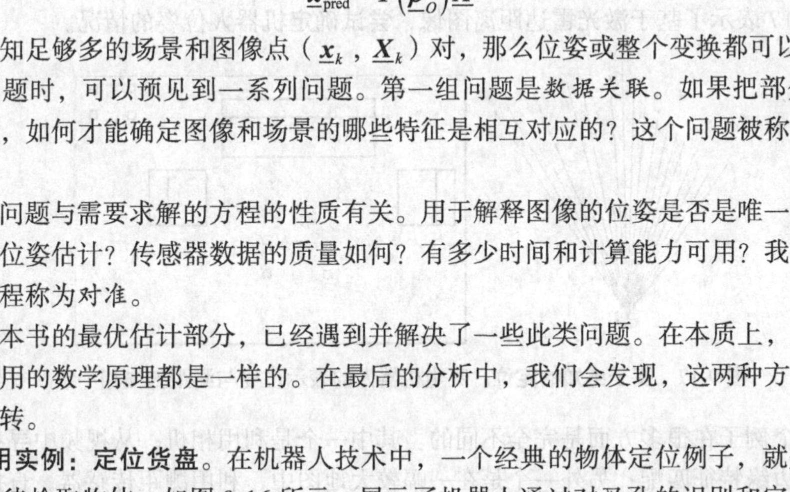

图 9-16 **边缘检测以确定叉孔位置**。（左图）包含货盘的原始图像；（中图）所有已检测到的边缘；（右图）确定叉孔位置

在这个例子中，系统首先将图像简化为一组强度边缘（即图像最基本的特征）集合，然

后再将这些边缘与要搜索的叉孔模型进行匹配。

5）**机器人定位**。物体相对于传感器的定位问题，以及传感器相对于地图的定位问题，这两者有相同的数学表达模型。能否识别出物体上足够多的组成要素，以产生足够多的约束，等价于能否识别出环境中足够多的路标。对于机器人定位的情况，预测测量采用如下所示形式的方程：

$$\underline{\boldsymbol{z}}_{\text{pred}}\left(\underline{\boldsymbol{x}}\right)=\underline{\boldsymbol{h}}\left(\underline{\boldsymbol{x}},\underline{\boldsymbol{\rho}}_{S}^{W},\underline{\boldsymbol{Z}}\right) \tag{9.9}$$

其中 $\underline{\boldsymbol{Z}}$ 表示地图（可以是物体位姿 $\underline{\boldsymbol{\rho}}_{O}^{W}$ 的列表），同时，前面例子里的位姿 $\underline{\boldsymbol{\rho}}_{O}^{S}$ 被 $\underline{\boldsymbol{\rho}}_{S}^{W}$ 代替。从根本上而言，根据图像进行定位，就是确定传感器必须在什么位置，才能发现它现在观测到的对象的问题。更确切地说，通过反转测量关系可以确定位姿 $\underline{\boldsymbol{\rho}}_{S}^{W}$，这样也就对图像 $\underline{\boldsymbol{z}}$ 做出了解释。

6）**应用实例：根据激光雷达占用栅格实现机器人定位**。地图和图像的数据结构可能存在非常大的差别。例如，建筑物的地图可以采用占用栅格（一个二进制数的数组）来表示，而激光雷达图像则以距离向量表示。在这种情况下，可能不会显式生成预测图像。在绝大多数情况下，这个问题可以得到解决。只要我们能够找到测量对准误差的方法，使该误差在期
598 望位姿有所降低。

如图 9-17 表示了基于激光雷达距离图像，尝试确定机器人位姿的情况。

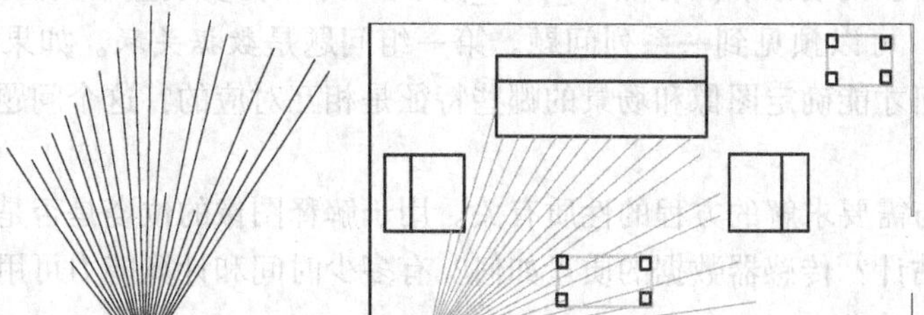

图 9-17　**基于感知的定位**。吸尘机器人的表示位姿与测距扫描相一致

上述两个例子在很多方面是完全不同的。其中一个是利用相机，从视频中寻找有限远的对象，实现边缘特征匹配；另外一个是在一幅较大地图中，利用测距传感器，直接把距离信息与各个表面做匹配，以此来求解位姿。虽然这两者在数学模型和具体实现上存在本质的不同，但都可以借助更通用的构架形式来理解。

3. 视觉运动估计

即便没有地图，通过传感器图像之间的校正匹配，仍然可以解决结构（物体的位姿）和相对运动的估计问题。如果一个物体出现在两幅图像中，实际上也意味着存在从一幅图像到另外一幅图像的映射。这里的关键问题是：对传感器而言，场景到图像的变换矩阵是否是可逆的。如果变换矩阵可逆，那么各图像的坐标可以通过下述变换的逆变换进行关联：

$$\underline{\boldsymbol{x}}_2=\boldsymbol{T}\left(\underline{\boldsymbol{\rho}}_{O}^{S2}\right)\underline{\boldsymbol{X}}=\boldsymbol{T}\left(\underline{\boldsymbol{\rho}}_{O}^{S2}\right)\boldsymbol{T}^{-1}\left(\underline{\boldsymbol{\rho}}_{O}^{S1}\right)\underline{\boldsymbol{x}}_1=\boldsymbol{T}\left(\underline{\boldsymbol{\rho}}_{O}^{S1},\underline{\boldsymbol{\rho}}_{O}^{S2}\right)\underline{\boldsymbol{x}}_1$$

这种从图像到图像的变换又可以由图像之间的信号对准，或特征匹配来确定。不过，与视觉定位相比，这个问题可能更简单。因为图像中的信号不需要根据地图进行预测。在通常情况下，上述关系可以重新表示为传感器相对位姿的形式：

$$\underline{x}_2 = T\left(\underline{\rho}_O^{S1}, \underline{\rho}_O^{S2}\right)\underline{x}_1 = T\left(\underline{\rho}_{S1}^{S2}\right)\underline{x}_1$$

如果已知的特征匹配足够多，那么就可以确定相对位姿。有时，在图像坐标系中，上述从图像到图像的变换可以表示为关于位姿的函数：

$$\underline{x}_2 = T_S\left(\underline{\rho}_{S1}^{S2}\right)\underline{x}_1 = T_I\left(\underline{\rho}_{I1}^{I2}\right)\underline{x}_1$$

这说明从传感器到传感器的位姿，可以从图像到图像的位姿 $\underline{\rho}_{S1}^{S2} = f\left(\underline{\rho}_{I1}^{I2}\right)$ 推导得出。一 599
旦计算出场景的相对运动，那么计算中用到的场景对象的位姿便已知，于是，就可以把这些对象有选择地纳入地图数据结构中。视觉运动估计（决定 $\underline{\rho}_{S2}^{S1}$）与视觉目标定位（决定 $\underline{\rho}_O^{S2}$）相结合，也能让系统实现地图构建。

4. 基本算法

前述讨论明确了三种基本的、用于定位和运动估计的计算机视觉算法。

- 第一种算法是：在两幅图像中对准信号，以恢复未知位姿或者变换。其中的一个信号被测量，而另外一个信号可以被测量或者预测。
- 第二种算法是：匹配特征点以创建对应关系，以恢复未知位姿或者变换。其中的一组特征被测量，另外一组特征可以被测量或者预测。
- 第三种算法是：根据图像中的一组相对位姿计算场景中的一组相对位姿。

在前两种情况中，如果第二幅图像被观测，未知位姿或者变换就隐含在从图像到图像的关系中。在有些情况下，这个问题可以用等效的从场景到场景的关系进行说明。同样，如果第二幅图像是根据一个模型或者地图预测得到的，那么未知位姿或者变换就隐含在从图像到场景的关系中。场景中与图像相关的坐标系，可能是一个对象模型或者是一幅地图。

为了确定从图像到场景的变换，或从场景到场景的变换，如果需要对图像的形成过程进行建模，就要考虑所有的信号失真或变换的非线性。不然，算法就要在从图像到图像变换中解决失真问题。基于上述基本算法，本节的其他部分将介绍与信号对准和特征匹配相关的技术，以及最优位姿搜索技术。

9.2.2 定位和运动估计的信号对准

本节及下一节将介绍有关视频和距离图像对准的内容。信号对准是视觉定位最基本的工具。为了使两个信号保持一致而需要进行的变换，可以指明我们所关注的空间关系。当位置的不确定性低到可以用穷举搜索来对准变换时，往往会使用信号对准。当信号中包含的信息量相对较少时，也倾向于使用信号对准。在这种情况下，检测匹配特征可用的基础数据可能非常少，因此，需要充分利用原始信号中的所有信息。

1. 基于信号的目标函数

定义预测信号：

$$\underline{z}_{\text{pred}}\left(\underline{x}, \underline{\rho}, \underline{Z}\right) = \underline{h}\left(\underline{x}, \underline{\rho}, \underline{Z}\right)$$

其中的 $\underline{Z}$ 可以表示地图、对象模型或者一到多个先验图像序列；而 $\underline{\rho}$ 表示希望确定的某个位 600
姿。这里的核心问题是求解可以使观测信号与预测信号对准的位姿。在模型 $\underline{h}$ 中有可能存在某些系统误差，而在测量结果中则存在噪声。因此，审慎的做法是：将该问题表示为优化问题而不是求根问题。假设观测图像 $\underline{z}_{\text{obs}}$ 与基于位姿估计 $\underline{\rho}$ 的预测图像之间存在如下残差：

$$\underline{r}\left(\underline{x},\underline{\rho},\underline{Z}\right)=\underline{z}_{\text{obs}}\left(\underline{x}\right)-\underline{z}_{\text{pred}}\left(\underline{x},\underline{\rho},\underline{Z}\right) \tag{9.10}$$

根据信号域的全部子集或者部分子集的信号残差的平方和，可以获得一个标量目标函数，然后将位姿求解问题变换为，在图像坐标系下，对某一特定时间窗口 W 内的位姿进行计算的非线性最小二乘问题：

$$\underline{\rho}^{*}=\arg\min\left[f\left(\underline{\rho}\right)=\frac{1}{2}\sum_{\underline{x}\in W}\underline{r}^{\mathrm{T}}\left(\underline{x},\underline{\rho},\underline{Z}\right)\underline{r}\left(\underline{x},\underline{\rho},\underline{Z}\right)\right] \tag{9.11}$$

为方便表达，可以把 $\underline{z}_{\text{obs}}\left(\underline{x}\right)$ 以及其他所有信号中关于全部 $\underline{x}$ 的元素，按照预先设置且方便使用的顺序纳入一个向量中。可以用下标 $\underline{x}$ 来指明这一点：

$$\underline{z}_{\text{obs}}=\operatorname{vec}_{\underline{x}}\left[\underline{z}_{\text{obs}}\left(\underline{x}\right)\right] \qquad \underline{z}_{\text{obs}}=\operatorname{mat}_{\underline{x}}\left[\underline{z}_{\text{obs}}\left(\underline{x}\right)\right]$$

$$\underline{z}_{\text{pred}}\left(\underline{\rho},\underline{Z}\right)=\operatorname{vec}_{\underline{x}}\left[\underline{z}_{\text{pred}}\left(\underline{x},\underline{\rho},\underline{Z}\right)\right] \qquad \underline{z}_{\text{pred}}\left(\underline{\rho},\underline{Z}\right)=\operatorname{mat}_{\underline{x}}\left[\underline{z}_{\text{pred}}\left(\underline{x},\underline{\rho},\underline{Z}\right)\right]$$

这样就可以使用前面的很多方法。基于该变换，非线性最小二乘问题变得非常简单：

$$\underline{\rho}^{*}=\arg\min\left[f\left(\underline{\rho}\right)=\frac{1}{2}\underline{r}^{\mathrm{T}}\left(\underline{\rho},\underline{Z}\right)\underline{r}\left(\underline{\rho},\underline{Z}\right)\right]$$

当然，如果图像中的部分信息比其他部分更可信，且适用于极大似然表示，也可以在残差中引入权重矩阵。如果测量模型很容易求逆（如同距离数据一样），也可以在场景坐标系中计算残差。无论在哪种情况下，都可以用互相关来替代残差平方进行优化计算：

$$\underline{\rho}^{*}=\arg\max\left[f\left(\underline{\rho}\right)=\underline{z}_{\text{obs}}^{\mathrm{T}}\underline{z}_{\text{pred}}\left(\underline{\rho},\underline{Z}\right)\right] \tag{9.12}$$

在这里，优化的目标是最大化。对于视频而言，建议首先将两幅图像进行标准化处理，以消除偏差和比例变化。

2. 像平面中的视频信号对准

图 9-18 给出了一个简单例子，其中，需要在一个较小区域内，对单色图像进行水平和垂直（$\underline{\rho}$ 是二维的）方向的穷举搜索，以确定图像搜索区域内与模板 $\underline{z}_{\text{obs}}\left(\underline{x}\right)$ 最匹配的位置。相关表面的峰值位置就是最佳的对准位置。

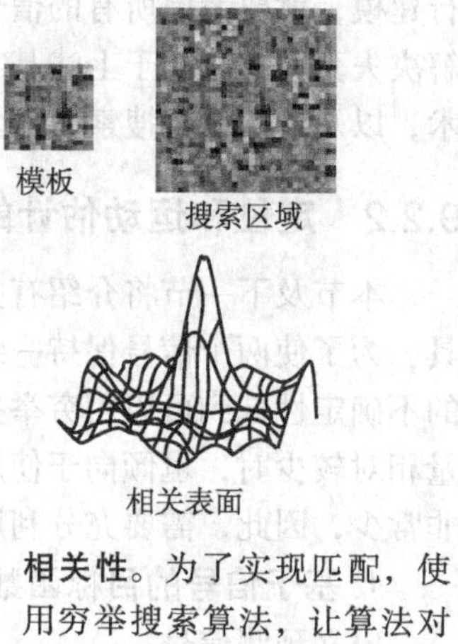

图 9-18　**相关性**。为了实现匹配，使用穷举搜索算法，让算法对一个小区域进行彻底搜索

针对由于运动引起透视失真的情况，通过引入扭曲（失真）函数和梯度信息，可以把这种简单的方
601 法泛化，使其仍然能够完成图像对准 [16]。我们把扭曲变换函数定义为 $\underline{T}\left(\underline{x},\underline{p}\right)$，该函数中引入了参数向量 $\underline{p}$。最小化的求解过程不仅要针对位姿，还要针对该扭曲参数进行优化计算。

在上例中，扭曲仅表示（刚体）平移：

$$\underline{y}\left(\underline{x},\underline{p}\right)=\underline{T}\left(\underline{x},\underline{p}\right)=\begin{bmatrix}x+p_1\\y+p_2\end{bmatrix}$$

也可以使用更为复杂的扭曲，例如仿射扭曲。现在，可以把像素残差定义为：

$$\left(\underline{x},\underline{p},\underline{Z}\right)=\underline{z}_{\text{obs}}\left(\underline{x}\right)-\underline{z}_{\text{pred}}\left(\underline{x},\underline{p},\underline{Z}\right)=\underline{z}_{\text{obs}}\left(\underline{x}\right)-\underline{Z}\left[\underline{y}\left(\underline{x},\underline{p}\right)\right]$$

其中 $\underline{\boldsymbol{Z}}$ 表示另外一幅图像。就像在任意时间点对采样信号进行比较的情况一样，也需要两个测量图像样本之间进行插值，从而在它们之间产生一个信号值。这里的 $\underline{\boldsymbol{y}}(\underline{\boldsymbol{x}},\underline{\boldsymbol{p}})$ 不一定是整数值。

使用上面定义的 vec 运算符对信号进行向量化处理，从而得到：

$$\underline{\boldsymbol{p}}=\arg\min\left[f(\underline{\boldsymbol{p}})=\frac{1}{2}\underline{\boldsymbol{r}}^{\mathrm{T}}(\underline{\boldsymbol{\rho}},\underline{\boldsymbol{Z}})\underline{\boldsymbol{r}}(\underline{\boldsymbol{\rho}},\underline{\boldsymbol{Z}})\right] \tag{9.13}$$

这是一个非线性最小二乘问题，通过给出扭曲参数 $\underline{\boldsymbol{p}}_0$ 的某些初始估计，可以使用本书第 3 章介绍的算法进行求解。

3. 应用实例：汽车车道跟踪

从车辆相对于道路进行左右定位的角度来看，无论对道路外观的隐含想法还是显式模型，都会把车道线在图像中的位置作为一幅地图来考虑。对于户外机器人，应用感知最早的实例之一就是：用视频图像来估计汽车在道路或车道上的横向位置。这些应用都是为了定位而预测图像的绝佳范例。这项工作的动机是：仅仅在美国，每年就有大约 15 000 人死于车辆偏离车道而引发的事故 [22]。

在这个例子中（如图 9-19 所示），为了 602
保证汽车在道路上行驶，算法以一种创造性的方式对图像进行扭曲变换。虽然可以认为扭曲是已知的，但它仍然是求解过程中的重要组成部分，因为它使信号匹配其他工作变得相对简单。利用穷举法，算法对对准位姿进行彻底搜索。

图 9-19　**交通中的道路跟踪**。如何才能编写出一个发现车道线的计算机程序

当算法的一次迭代估算出了横向偏移量，就可以利用转向信息和道路曲率来预测下一幅图像。如果穷举搜索可行，可能就没必要进行预测。无论在任何情况下，只要计算出了车道偏移量，就可以据此进行车道偏离预警，或者车辆自动转向的视觉伺服。

利用参考文献 [9] 中提供的一种简单方法，可以同时跟踪车道线的方向和曲率。对图像中的多个小块区域进行扭曲变换，以消除预期的曲率和横向偏移量，对图像列进行求和，然后对信号和进行边缘检测，就在车道标线位置获得了增强的边缘（如图 9-20 所示）。

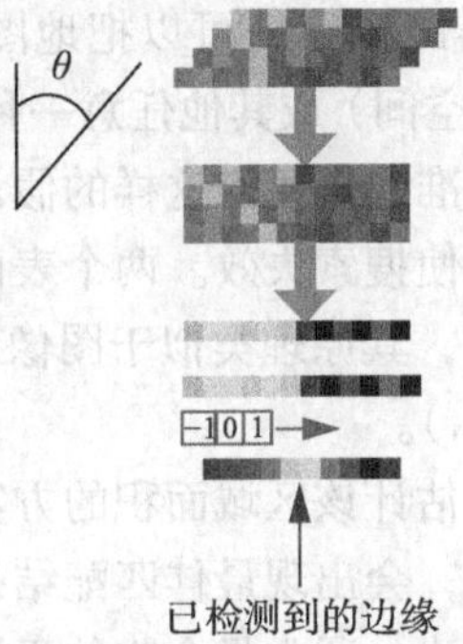

图 9-20　**根据强预测进行的边缘检测**。基于预期的边缘方向和曲率，对几列数据进行扭曲变换。然后，对边缘进行有效滤波。滤波可以很简单，比如对列求和并对求和结果进行边缘检测

后来的很多方法通过反转相机的透视映射，将该思想扩展应用于视场内更大的道路区域。这样的自动驾驶系统 [19] 曾经横穿美国，共计行驶了 2850 英里（如图 9-21 所示）。现在让我们考察这样一幅图像，它由一个稍向下倾斜的相机拍摄。对于平坦地

形，图像中的梯形对应着一个宽度恒定的区域。同时，该区域向前延伸一个随速度调整的固定长度。提取该区域中的像素并重新排列，以生成道路的合成俯视图。

603 与道路曲线对应的俯视图的各列的和有明显的边缘，基于此假设，可以设计一种测试方法来确定道路曲线。然后将各列的和与已知的强度分布曲线进行对准，以确定车道的横向偏移量。与之类似的方法已用于实验型农业机器人 [20]。用距离数据也可以实现道路跟踪。在矿区，出入口墙面的距离图像被用来控制 LHD（铲运机，用于装载拖运倾卸作业）[10]。

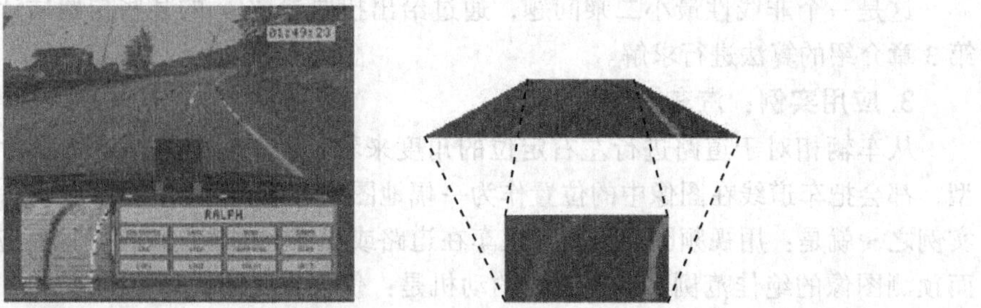

图 9-21　**车道跟踪器**。(左图) 对需要关注的梯形区域进行采样，以减少数据处理；(右图) 反转透视映射

4. 其他形式的地图

在机器人位姿空间 $\underline{h}(\underline{\rho})$ 内的任何可感知对象，都可以作为地图。如果把执行第一次路径跟踪时遇到的特征，按照空间序列进行存储，就可以使视觉里程计变成视觉定位系统。研究人员利用道路的激光雷达强度特征以及工厂地面的视频图像，验证了定位算法。根据到建筑物墙面距离的数据构建的地图，对随机器人移动而产生的新数据，可以实现高效信号对准。此外，利用闪烁激光雷达产生航测数字高程图，也可以与地面移动机器人的距离数据实现匹配。此外，还把建图传感器和导航传感器的工作模式相融合。例如，把激光雷达检测到的建筑物垂直面与卫星视频图像中的边缘相匹配。

5. 距离图像中表面几何形状的对准

距离数据本身就包含了几何特性。如果希望从信号中分离出特征，就需要付出额外的努力。与图像对准等效的是曲线对准或表面对准。对准可以在图像坐标系或者场景坐标系中进行。如图 9-17 所示，可以把地图或者模型（如果有）处理成线段（二维平面）、小的多边形平面（三维空间）或其他任意一种几何表面表示形式。

表面对准通常基于这样的假设，即所涉及的两个表面基本没有失真，即便有失真，其程度也不至于使搜索失效。两个表面之间所围面积的大小，是对它们之间不重合以及错位程度的一种度量，其原理类似于图像对准中的强度残差（如图 9-22 所示）。

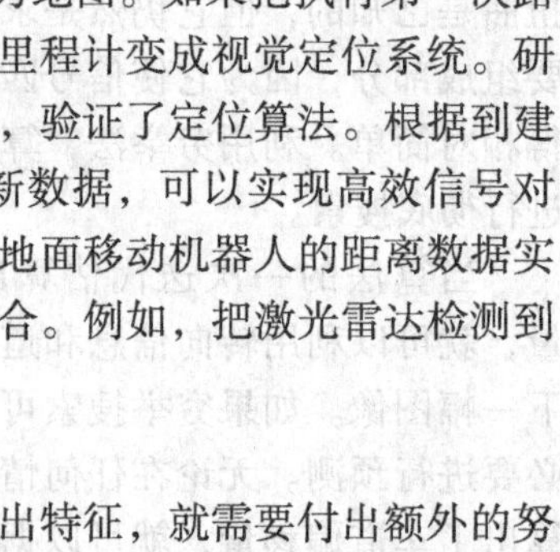

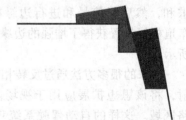

图 9-22　**两次激光雷达扫描的残差**。两次扫描数据曲线之间的面积能够用来度量误差

可用于估计该区域面积的方案有几种。当该区域的面积为零时，会出现最佳匹配结果。不过，针对该区域应用下降算法，通常只会收敛于最近的局部最小值，因
604 此初始估计必须充分接近最优值。

上面介绍的对准过程可以在场景坐标系中进行，但是直接对距离信号进行对准也是一种有效的方法 [8]。为了估计不重合区域的面积，可以在极坐标中，利用两条

曲线之间多条投影线段长度的总和来表示曲线之间的对准误差，其基本算法如图 9-23 所示。

把第二次扫描（图像）中每一个点都变换到第一次扫描的初始坐标系中。对于那些落在第一次扫描视野范围外的点可忽略不计。计算剩下的点相对于第一次扫描数据的距离残差。对第一个图像进行插值处理，会提高收敛速度，而且配准效果更理想。

当光线到表面的入射角接近 90° 时（如图 9-24 所示），这种投影关联法会产生不正确的匹配结果。

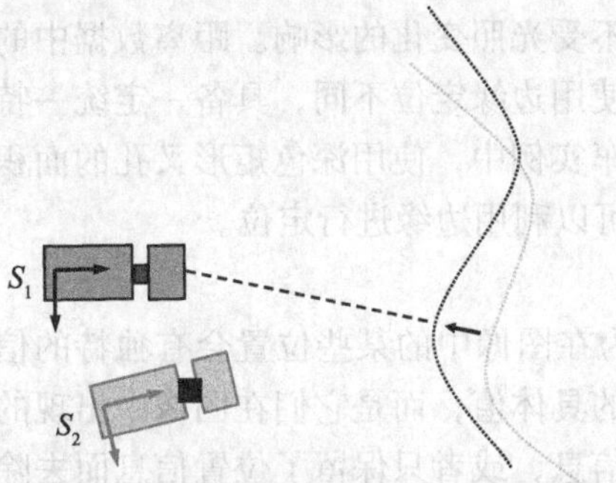

图 9-23 **在图像坐标系中匹配距离数据**。浅色曲线上的每一个点都对应着深色曲线上一个等效投影点

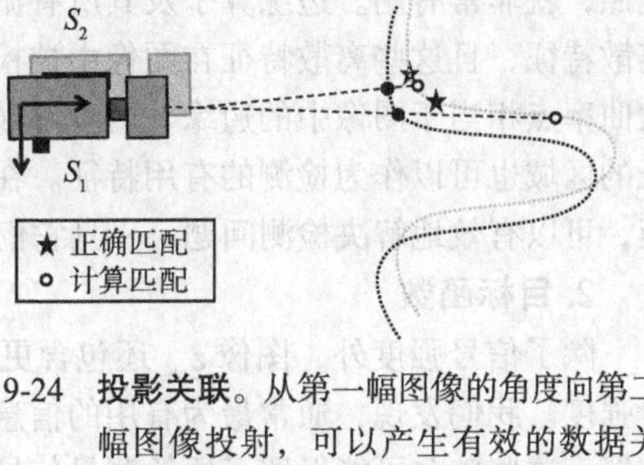

图 9-24 **投影关联**。从第一幅图像的角度向第二幅图像投射，可以产生有效的数据关联。当两次扫描之间的偏差很小，且光线到表面的入射角也较小时，该关联接近准确。当光线到表面的入射角接近 90° 时，投影关联将产生较大误差

可以把此问题表述如下：应当注意在投影方位角上临近的两个点，在场景中不一定是临近点。如果沿局部表面的法线方向建立投影关联，会在一定程度上改善上述问题。无论在哪种情况下，任何形式的临近检测都不能确保所选的测试点对，都能与实际场景完全匹配。当成像表面光滑时，使用表面匹配是合适的。但有时两个表面上的局部几何特征很突出且清晰可辨。605
此时，只需要对局部的大曲率或者相似曲率进行成对匹配，就能提高计算效率和鲁棒性。另外，根据定义，在不正确的匹配中，最近点关系不是对称的。如果注意到这种不对称性，就会发现前述错误匹配情况。这些想法趋向于基于特征的数据关联，后一节将介绍相关内容。

9.2.3 用于定位和运动估计的特征匹配

我们会发现信号对准方法避开了数据关联问题，因为它默认在一次迭代中，两个信号在同一位置处的数据是一致的。当把完整的测量图像 $\underline{z}_{\text{obs}}$ 与完整的预测图像 $\underline{z}_{\text{pred}}$ 进行配准时，就是把全部的测量信号（矢量或图像）与全部的预测信号在各个元素的层面上进行比较。在图像和距离数据中，当位姿误差很小，或者当穷举搜索匹配可行时，这种方法可能是有效的。不过，更简练的数据关联方法可以改善计算能力、收敛半径、收敛速度和计算精度。

将需要对准的信号简化为特征后，由此获得的计算优势也将伴随着显而易见的代价。这就是在计算机视觉中被称为*对应问题*的数据关联问题。在前面关于吸尘机器人的例子中，假设在一个（新的）特征地图中存储了房间内所有角点的位置 $\underline{\boldsymbol{X}}_k$。在使用地图时，首先提取距离图像中的距离图像角点 $\underline{\boldsymbol{x}}_k$；然后在位姿空间中进行搜索，使测量特征和预测特征达到最佳的对齐状态，即可获得该问题的解。

1. 分割和特征

当利用车轮编码器这样的内部传感器测量运动时，测量关系通常是欠定的。然而，当使

用外部观测数据时，这种关系又会是超定的。图像中包含的信息，比约束有六自由度的机器人位姿所需要的信息，可能要多得多。此外，如果图像中没有什么有价值的信息，那么为了节省计算量，有可能需要忽略其中的大部分内容。无论如何，明智的做法应该是将图像简化为一些有用的子集，并进一步把这些子集简化成最有用的形式。

理解这个过程的一种思路是将信号最大化，或者使代价函数中的局部最小值处尽可能地锐化。例如，相机的图像取决于环境光强，而这通常不受控制，因此简化图像，使其独立于光照，就非常有用。边缘算子及其所有派生算子，可以有效地将相机图像大幅缩减为较少的离散特征，且这些离散特征在图像中被检测出的位置也不受光照变化的影响。距离数据中的大曲率点相当于图像中的边缘，两者都被称为特征。与使用边缘定位不同，具备一定统一特征的区域也可以作为检测的有用特征。在前面介绍的叉车实例中，使用深色矩形叉孔的面积
606 矩，可以有效地解决检测问题。一旦它们被检测到，就可以利用边缘进行定位。

2. 目标函数

除了信号强度外，图像 $\underline{z}_{\text{obs}}$ 还包含更多的信息，因为在图像中的某些位置会有独特的信号强度。我们发现，通常最为有用的信息并非信号强度的具体值，而是它们在图像中出现的位置。这些特征可能保留了原始测量信号的部分或全部信息，或者只保留了位置信息而去除了其他所有信息。例如，对于图 9-17 所示的吸尘机器人，它可能遍历了世界坐标系下起居室内所有的角点位置 $\underline{\boldsymbol{X}}_k$，而其测量模型则仅在机器人坐标系中生成了相同角点的位置 $\underline{\boldsymbol{x}}_k$：

$$\underline{\boldsymbol{x}}_k = \underline{\boldsymbol{h}}\left(\boldsymbol{\rho}, \underline{\boldsymbol{X}}_k\right) \tag{9.14}$$

我们在 5.3.4 节第 6 点已经对该测量模型进行了非常详细的推导。有时，在工程实现上，系统有意把具有高信噪比的特征放在场景中，用于检测和定位。例如，激光扫描传感器或者全向相机，可能只记录相对于场景中布置的反射器的角度。

3. 特征属性

为便于实现正确关联，还可以根据信息的类型赋予特征参数。对一个以坐标 $\underline{\boldsymbol{X}}_k$ 为特征的场景，除坐标信息以外，还可以存储相关场景位置或者对象具有的其他属性 $\underline{\boldsymbol{Z}}_k$。理想情况下，具有相关特征的对象，会将其自身的特征信息编码在它们生成的数据中。这样的例子包括：无线射频识别（RFID）标签，当被查询时，会返回它们自身的识别信息；激光雷达反射器，含有直线条形码，用于编码它们自身的识别信息；相机基准标记，由二维条形码组成（如图 9-25 所示）。

图 9-25 **工程化的特征**。当这些工程化的特征被感测到的时候，会提供自己的唯一标识。（左图）相机基准标记；（右图）无线射频识别（RFID）标签

可以通过图像中的邻近信号 $\underline{z}_k$ 获取特征属性，以实现信号的特征匹配。可以存储点特征周围的像素区块，或者哈里斯角点的特征值。在距离数据中，可以存储主曲率或者旋转图像 [13]。总的来说，基本的方法就是提供额外的信息，以利于消除两个特征之间的歧义。不过，如下文所述，有时候很难消除这种模棱两可的情况。

4. 典型特征和目标函数

在进行特征匹配时，会出现一系列新的问题，它涉及如何从对应关系中提取信息。严格地说，特征并非真正的观测，而是一种伪观测，因为只有信号本身才反映真正的观测结果。

不过，总的来说，仍然可以针对特征构建残差：

$$\underline{\boldsymbol{r}}_k\left(\underline{\boldsymbol{\rho}},\underline{\boldsymbol{X}}_k\right)=\underline{\boldsymbol{x}}_k-\underline{\boldsymbol{h}}\left(\underline{\boldsymbol{\rho}},\underline{\boldsymbol{X}}_k\right) \tag{9.15}$$ 607

为方便起见，可以将所有的残差和模型特征整理到一个单独的向量中，并去掉下标 k：

$$\underline{\boldsymbol{r}}\left(\underline{\boldsymbol{\rho}},\underline{\boldsymbol{X}}\right)=\underline{\boldsymbol{x}}-\underline{\boldsymbol{h}}\left(\underline{\boldsymbol{\rho}},\underline{\boldsymbol{X}}\right) \tag{9.16}$$

而代价函数可以采用包括残差范数在内的任意有效形式：

$$\underline{\boldsymbol{\rho}}^*=\arg\min\left[f\left(\underline{\boldsymbol{\rho}}\right)=\frac{1}{2}\underline{\boldsymbol{r}}^{\mathrm{T}}\left(\underline{\boldsymbol{\rho}},\underline{\boldsymbol{X}}\right)\underline{\boldsymbol{r}}\left(\underline{\boldsymbol{\rho}},\underline{\boldsymbol{X}}\right)\right]$$

当这些特征为激光雷达射线的端点或者彩色图像中的点时，可以简单地在任意坐标系中计算对应点之间的距离。不过，还可以将图像中的点与模型中的直线相匹配或将线段之间彼此相互匹配，或者还存在其他更多的匹配形式。这些匹配方式都很有价值。在建立对应关系时，重要的是形成观测值 $\underline{\boldsymbol{x}}_k$，以生成对代价函数有用的、合适数量的自由度。否则，问题的解会不正确。

有关平面匹配的一些例子如图 9-26 所示，在三维空间中，会存在更多的可能性。如果在与特征固联的坐标系中表示观测公式，使所需计算的距离与坐标轴保持一致，就会简化观测公式。在这种情况下，可以生成位姿雅可比矩阵（见 2.7 节）来线性化约束，同时可以合理地去除某些行，而只保留其中的有效约束。另一种可选方法是计算完整雅可比矩阵与沿感兴趣方向的单位向量的点积。该方向向量表示在与雅可比矩阵相同的坐标系中，所得结果为沿设定方向的方向导数。

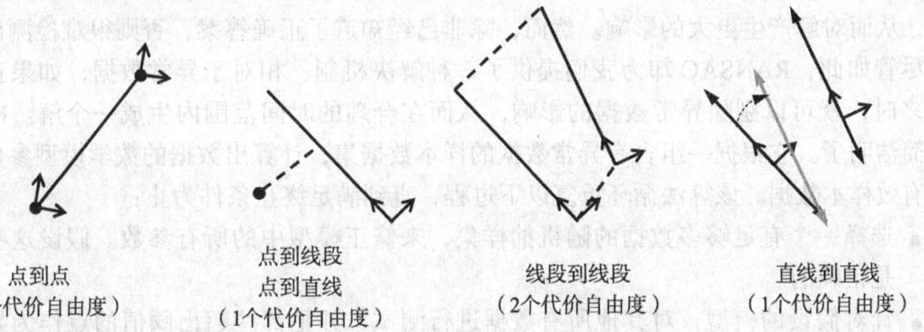

图 9-26　**平面特征匹配**。不同配对类型产生不同维度的残差。如果模型坐标系与如图所示的特征固联，那么观测结果在特征坐标系中的表示就很方便

5. 关联搜索

当存在多个预测特征和观测特征时，我们需要知道预测特征与观测特征之间的对应关系，以估计它们是如何排列的。如果图像中有 n 个特征，地图中有 m 个候选对象且 $m>n$。那么，对于第一个图像特征，地图中就存在 m 个选项可与之匹配，接下来就有 $m-1$ 个选项可与第二个图像特征匹配，依此类推，所以，在一般情况下，存在很多可能的关联关系。然而，机器人位姿只有很少的几个自由度需要被约束。因此，只需要非常少的无噪声特征关联 608 就可以实现对位姿的完整约束。数据关联问题和位姿确定问题是耦合的。机器人位姿信息限制了可能存在的关联关系，而反过来，数据关联信息也约束了机器人的位姿。

根据对位姿了解程度的不同，存在不同的数据关联方法。数据关联问题的方法包括：

- 丰富度：特征拥有大量且区分度足够的附加属性，把它们区别开来。条形码就是这种情况的一个例子。
- 位姿估计：如果位姿已经被很好地约束，就可能在位姿空间内，从位姿解附近的一个位姿上进行低分辨率的搜索，因而关联就变得相对容易。
- 空间隔离：如果特征在图像坐标系中间隔较远，那么就可以把观测特征与图像坐标系中距离最近的预测特征相匹配。
- 一致性：如果相同类型的特征足够多，那么数据关联的生成和测试方法就都有效。
- 限定性：问题已经被充分限定，以至于即使在不正确匹配情况下，它也会收敛（局部）。我们已经在信号对准部分使用过这种方法。

这里有几个问题，可能使对关联求解进一步复杂化。场景中自遮挡的部分会带来图像的部分缺失问题。这意味着在视野中本应可见的特征消失了，而这却并非由于它位于其他物体之后。此外，与透视成像有关的失真和信息损失，可能使我们难以记录有用的特征属性。

6. RANSAC

RANSAC（随机抽样一致性的缩写简称）是实现数据关联的一种重要算法[11]。当数据集合包含一些偏离正常范围很远、无法适用数学模型的异常数据（即数据集中含有噪声）时，RANSAC 非常有效。*异常数据*（outlier）是由某种原因产生的非有效数据，应该被忽略。与之相反，*正确数据*（inlier）指的是有效数据。如果在视觉场景中有两个恰好很接近又有几乎相同的几何形状或外观的区域，我们很容易设想到，在视觉数据关联中会发生不正确的特征关联。

异常数据有可能破坏优化结果的准确性，因为与正确数据相比，异常数据将导致较大的误差，从而对解产生更大的影响。然而，除非已经知道了正确答案，否则很难检测出异常数据。尽管如此，RANSAC 却为我们提供了一种解决机制：相对于异常数据，如果正确数据足够多时，就可以剔除异常数据的影响，从而在合理的时间范围内生成一个解。RANSAC 算法简洁明了。它根据一组含有异常数据的样本数据集，计算出数据的数学模型参数，进而得到有效样本数据。该算法循环重复以下过程，直到满足终止条件为止：

- 选择一个有足够多数据的随机抽样集，来修正模型中的所有参数。假设这些数据都是正确的。
- 609 针对假设的模型，对其他所有数据进行测试，并把那些超出阈值的点作为异常数据剔除掉。
- 根据所有的正确数据对模型进行重新估计。
- 如果正确数据量 > 最小正确数据量，则计算模型对正确数据的匹配度，如果所得模型最优，就把它记录下来。

在经过一定次数的迭代后，或者已经达到足够理想的匹配度时，就可终止该算法的运行。为满足特定程序需要，可能要调整正确数据的初始测试阈值和最小数据量。

像平面内刚体运动的 RANSAC 示例。RANSAC 经常用于计算机视觉，在图像的点关联计算中非常有效（如图 9-27 所示）。通常可用于关联的点很多，而适用于某种模型的点则很少。假设有 16 个可用于匹配的特征点，一旦在像平面中实现了对准，就可以获得位姿。在这里只有 3 个自由度待定，而只需要两个正确数据就可以得到正确结果。如果数据中存在 50% 的异常数据，那么在两个样本集中选出两个正确数据的概率为 25%，因此一般而言，平均仅需抽取 4 个随机样本，就可以确定正确模型。

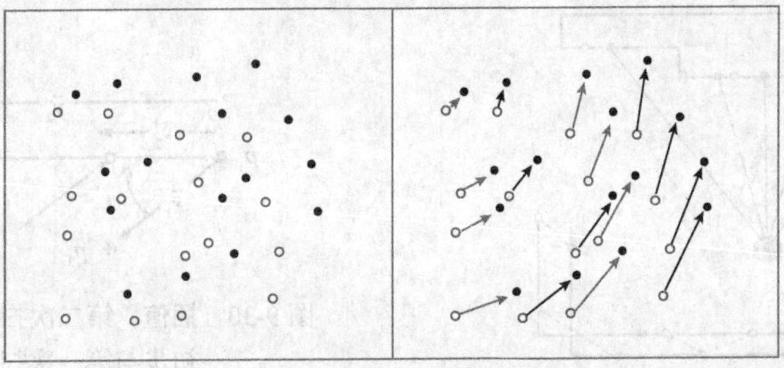

图 9-27 RANSAC。(左图)与待定平面刚体变换有关的两组数据集，其中包括 50% 的异常数据；(右图)为找到正确数据(以颜色较深的箭头表示)及其相关变换，RANSAC 算法平均需要 4 次迭代

7. 最近距离数据点关联

假设最近匹配是正确的，这样可以解决一类匹配问题。迭代最近点(ICP)算法[7]就是利用这种最近邻关联的思路，使一组距离数据与其他距离数据或表面对准。该算法将距离图像中的每一个点，与需要对准的距离图像或者表面上的最近点(以笛卡儿直角坐标表示)相关联(如图 9-28 所示)。

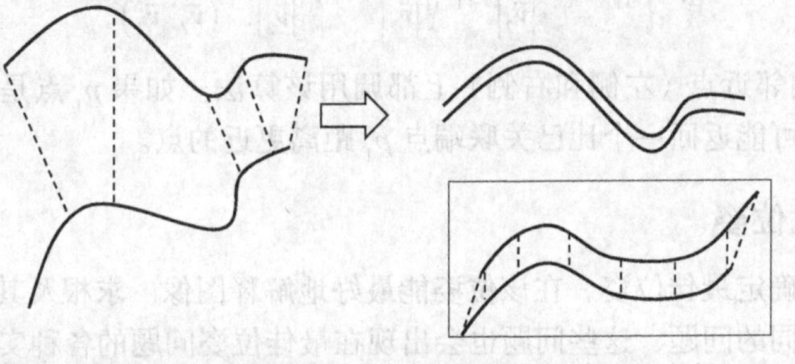

图 9-28 最近点关联。(左图)底部曲线上的点与顶部曲线上的最近点相匹配；(插图)当曲线只有部分重合时，在曲线的端点位置将出现不正确匹配

如果直接实现关联计算，则需要 n^2 次运算，因此对大型数据集来说，计算代价很大。 610
显然，关联只会在出现重合的区域内，但是通常情况下，重合区域却未知。除非提前多做一些预处理，否则即使根本不存在关联，ICP 也会找出一个。这里，最根本的问题是："最近"并非总是表示一种"对应关系"。针对该问题的缓解措施之一是统计关联的长度，然后据此评测需要去除哪些数据，从而消除异常数据。

实现从距离数据到距离数据的匹配时，数据的插值非常重要(如图 9-29 所示)。缺少插值会将不正确的要素引入代价函数中，导致局部最小值出现在其他位置，而不是正确的对准位置。出现这种情况的根本原因是：点与点之间出现不正确且不一致的关联关系，因此算法最终将错误的点对应到了一起。相比之下，最近点关联在测量表面间法向距离的同时，允许沿切向运动。

图 9-30 展示了一种在线段上找到某点的最近点的简便算法。如果向量 $\vec{v}_1$ 和 $\vec{v}_2$ 的点积为正，则在从点 p_1 到 p_2 的直线上存在与点 p_3 距离更近的点。计算最近点的条件是：

$$\vec{v}_1 \cdot \vec{v}_2 > 0 \tag{9.17}$$

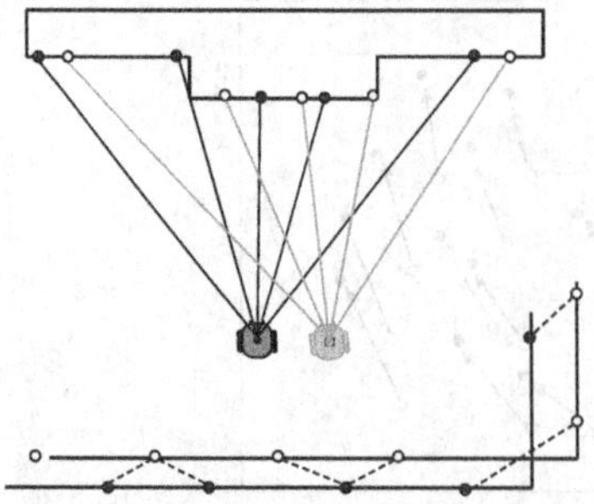

图 9-29 **插值的重要性**。当在距离扫描值之间进行匹配时，插值至关重要。（上图）两次扫描中的测距点几乎肯定是不对齐的；（下图）将离散的距离样本进行相关联，从而形成切向运动代价

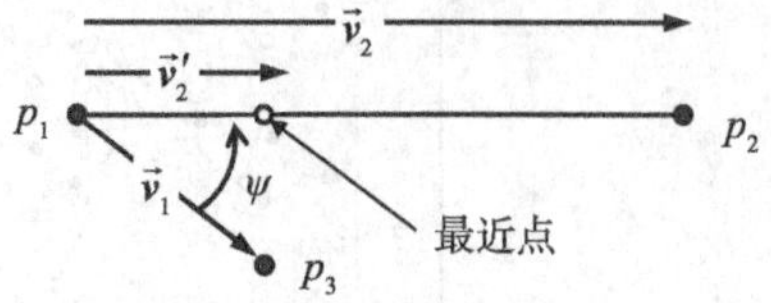

图 9-30 **插值**。第二次扫描的测量点 p_3 已经初步与第一次扫描的点 p_1 关联。与点 p_1 相比，点 p_2 与点 p_3 之间的距离更远，否则最初就会选择点 p_2。如果向量 v_1 和 v_2 的点积为正，那么从点 p_1 到点 p_2 的直线上的某一点与点 p_3 之间的距离更为接近

如果该条件为真，那么向量 $\vec{v}_2'$ 指向一个新点，它由从 $\vec{v}_1$ 到 $\vec{v}_2$ 的投影的端点给出，该投影公式为：

611

$$\vec{v}_2' = |\vec{v}_1|\cos\psi\,\frac{\vec{v}_2}{|\vec{v}_2|} = |\vec{v}_1|\frac{|\vec{v}_2|}{|\vec{v}_2|}\cos\psi\,\frac{\vec{v}_2}{|\vec{v}_2|} = \frac{(\vec{v}_1\cdot\vec{v}_2)}{(\vec{v}_2\cdot\vec{v}_2)}\vec{v}_2 \tag{9.18}$$

在点 p_1 的两侧邻近点（左侧和右侧）上都调用该算法。如果 p_1 点是一个内角点，那么它的两侧邻近点都可能返回一个比已关联端点 p_1 距离更近的点。

9.2.4 搜索最优位姿

本节讨论如何确定最佳位姿，在该位姿能最好地解释图像。求根及其派生的最小化问题会引出各种难度不同的问题，这些问题也会出现在最佳位姿问题的各种实例中。

如果位姿的初始估计不准确，或者根本不存在，那么就没有什么依据使我们能够在几种潜在解决方案中进行区分和选择。例如，在激光雷达数据中，房间中的每一个转角看上去可能都完全相同。在机器人移动并提取到足够多的唯一位置标记信息以前，可能根本就没有明确的解决方案。用算法术语表示，代价（残差平方）曲面上可能有多个局部极小值，而且它们可能都有近似的代价值。我们把这种最难的问题称作*位姿确定*。当有一个足够接近最优位姿的初始位姿估计时，就可以用梯度信息搜索最优位姿，我们称该问题为*位姿优化*。当机器人在移动状态，并且有测量或其他辅助运动估计手段时，我们称该问题为*位姿追踪*。

1. 位姿确定

位姿确定问题也被称作*位姿插入*，因为它把机器人插入地图中的某一正确位置。该问题的视觉处理部分通常被称为*位置识别*。对移动中的传感器来说，寻找第一个位姿比找到后续若干位姿难度要大得多，因为后续的每个位姿都可以用前一个位姿作为初始估计。这一现象对汽车中装有 GPS 导航系统的读者来说并不陌生。建立与卫星之间的初始绑定需要一定的时间。位姿确定相当于视觉版的卫星绑定过程。

作为一种全局最小值搜索问题，能够解决此类问题的所有数值分析方法都可能被用到。假设梯度信息不足以解决这个问题，那么抽样也许可行。在使用这种方法时，要尝试大量的初始估计值 $\underline{\rho}_k$，并计算与每一个初始估计值最接近的局部极小值。因为位姿优化实际上是

一个有噪声的求根问题，残差应该很小。只要采样足够密集，并且噪声足够小，那么就可以找到全局最小值。

不过，如果已知地图或对象模型，就意味着可以用传感器数据恢复模型，即便不能重建模型，也根据测量模型 $\underline{h}(\underline{\rho}, \underline{X}_k)$ 预测测量结果。在两种情况下，都可以离线处理和生成从位姿到图像的映射，从而对位置识别问题进行预求解。

当地图及位姿不确定区域足够小时，查找表法可以作为一种有效的解决手段。此时，算法对机器人位姿进行密集采样，估算位姿与观测之间形成的测量关系，然后对其进行离线反转计算，把结果以一系列（$\underline{z}_k, \underline{\rho}_k$）或（$\underline{x}_k, \underline{\rho}_k$）对的形式存在一个表中。与每幅图像或特征集对应的位姿解并不能直接从表中读取，除非算法存储了所有可能出现的图像。相反，这里的图像被降采样处理，而成为低分辨率的关键帧。 612

例如，如果以特定的分辨率，对吸尘机器人在房间中的所有位置和方位进行采样，那么针对每个位置预测得到的距离图像，都可以作为与观测距离图像进行快速匹配的基础。而与距离图像最佳匹配对应的机器人位姿采样，则可以作为局部搜索的初始估计。视频图像的内容通常足够丰富，使得算法可以根据一幅图像的内容，就能够对位姿进行明确识别。当查找表中的图像太多，而又需要进行快速检查时，可以单独构造一个分类器，以便对它们进行更加高效的搜索，而不是用穷举法对所有的可能性进行逐一比较。

应用实例：利用方位数据进行位置识别。考虑下述情况，一辆自动驾驶车辆利用激光扫描方位传感器对自身进行定位。该车辆在一个有 4 个反射基准点的区域内运行，4 个基准点排列成菱形（如图 9-31 所示）。该车辆的位置插入问题可描述为：首先对 4 个方位基准进行一次扫描，大致确定机器人所处的位置，作为导引算法的初始值，然后开始导引定位。这样具有对称性的环境配置意味着：对任意一次给定的扫描，都存在 4 种可能解。不过，在这里我们假设已知车辆的前进方向在向东 45° 角范围内。

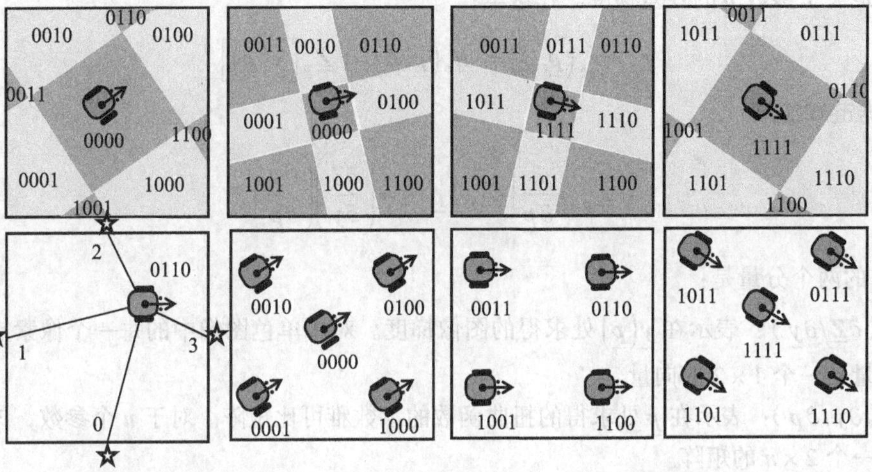

图 9-31　**AGV 插入查找表**。（左下图）扫描 4 个方位将产生一个二进制数，数位位置如图所示。把各方位按逆时针方向，相对于 0°、90°、180° 和 270°，分别定义为正值或负值。一个正的方位在二进制数的对应数位上产生一个 1；（上图）把空间按 4 个不同的运动朝向进行分割；（右下图）只会出现 14 个关键值，图中还表示了与每一个关键值对应的形心位姿

首先，用程序对机器人的位置和方位分别以 1cm 和 1° 的分辨率进行离线采样。对于每一个位姿，生成模拟测量结果，并将这些测量结果转换成二进制数。相对于机器人前进的方向，超过（−45°）的第一个方位，其返回值作为该二进制数的最高有效位。位数与其他方位的关系按逆时针方向排列。

这个过程将每次扫描简化为一个 4 位的二进制数，该二进制数作为关键值，形成一个查找表。名义上存在 16 个可能的关键值，但是不会出现数字 5（0101）和数字 10（1010）的情况。针对 16 个关键值，利用程序离线计算出与每个关键值相关联的全部位姿的形心。这样就获得了一个包含 16 个位姿的列表。该列表是一个简单的查找表，用于支持快速的位置
613 识别。在使用该 16 位姿列表时，需要先进行一次扫描，计算出其关键值，然后利用与该关键值对应的位姿形心，作为下降算法的初始估计值，进行位姿优化估计。

为了使该过程正常工作，查找表中必须具有足够多的位姿，以确保每一次扫描的初始估计值都位于正确扫描位姿的收敛半径范围内。可以离线测试是否满足条件，如果 16 个关键值不够用，可以简单地每一个方位分配两位，形成 8 位数的关键值和 256 个形心位姿。

2. 位姿优化

如果存在有效的初始估计，假定它与目标位姿足够接近，我们就可以利用梯度信息进行位姿优化。通过对测量模型的线性化处理，可以把位姿优化问题作为迭代优化问题来进行求解。

1）**目标线性化**。位姿优化的第一步是将目标函数线性化。在对准信号中，设计的扭曲函数依赖于参数 $\underline{p}$，而不是位姿 $\underline{\rho}$。

在非线性最小二乘公式中，回顾方程（3.61）可知：（未加权）牛顿步具有如下形式：

$$\Delta\underline{p} = -\left[\underline{r}_{\underline{p}}{}^{\mathrm{T}}\underline{r}_{\underline{p}}\right]^{-1}\underline{r}_{\underline{p}}{}^{\mathrm{T}}\underline{r}\left(\underline{p}\right) \tag{9.19}$$

其中 $\underline{r}_{\underline{p}}$ 是关于参数 $\underline{p}$ 的残差梯度。在这里：

$$\underline{r}_{\underline{p}} = \underline{r}_{\underline{p}}\left(\underline{p},\underline{Z}\right) = -\underline{h}_{\underline{p}}\left(\underline{p},\underline{Z}\right) = -\underline{Z}_{\underline{p}}\left[\underline{y}\left(\underline{p}\right)\right] \tag{9.20}$$

根据链式法则：

$$\underline{Z}_{\underline{p}} = \frac{\partial}{\partial\underline{p}}\left\{\underline{Z}\left(\underline{y}\left(\underline{p}\right)\right)\right\} = \left(\frac{\partial Z}{\partial\underline{y}}\right)\left(\frac{\partial\underline{y}}{\partial\underline{p}}\right)$$

$\underline{Z}_{\underline{p}}$ 的两个分量是：

- $(\partial\underline{Z}/\partial\underline{y})$：表示在 $\underline{y}\left(\underline{p}\right)$ 处求得的图像梯度。对于单色图像中的每一个像素点，该分量是一个 1×2 的向量。
- $(\partial\underline{y}/\partial\underline{p})$：表示在 $\underline{p}$ 处求得的扭曲函数的参数雅可比矩阵。对于 n 个参数，该分量是一个 $2\times n$ 的矩阵。

在计算机视觉中，该算法 [21] 利用一个技巧而形成了一个有名的变体，即直接求解扭曲函数的更新，而不是对扭曲函数的各个参数进行更新。需要特别注意的是，当对信号进行对准时，图像梯度将出现在测量雅可比矩阵中。

在特征匹配的情况下，牛顿步为：

$$\Delta\underline{\rho} = -\left[\underline{r}_{\underline{\rho}}{}^{\mathrm{T}}\ \ \underline{r}_{\underline{\rho}}\right]^{-1}\underline{r}_{\underline{\rho}}{}^{\mathrm{T}}\underline{r}\left(\underline{\rho}\right)$$

其中 $\underline{r}_{\underline{\rho}}$ 是关于各参数的残差梯度。参照方程（9.16），位姿梯度为：

$$\underline{r}_{\underline{\rho}} = \underline{r}_{\underline{\rho}}\left(\underline{\rho}, \underline{X}\right) = -\underline{h}_{\underline{\rho}}\left(\underline{\rho}, \underline{X}\right) \qquad (9.21)$$ 614

雅可比矩阵 $\underline{h}_{\underline{\rho}}\left(\underline{\rho}, \underline{X}\right)$ 将特征的图像坐标变化与传感器位姿的变化相关联。在对准信号的情况下，雅可比矩阵 $\partial \underline{y}/\partial \underline{p}$ 与 $\underline{h}_{\underline{\rho}}\left(\underline{\rho}, \underline{X}\right)$ 非常相似。我们在之前的卡尔曼滤波中已经见过这种雅可比矩阵。以前没有涉及的新内容是：用于对准信号的图像梯度，以及作为优化问题的公式表示方法。请注意，对于一个未知位姿，牛顿步采用如下形式：

$$\Delta\underline{\rho} = -\left[\underline{r}_{\underline{\rho}}^{\mathrm{T}} \quad \underline{r}_{\underline{\rho}}\right]^{-1} \underline{r}_{\underline{\rho}}^{\mathrm{T}} \underline{r}\left(\underline{p}\right) = \left[\underline{h}_{\underline{\rho}}^{\mathrm{T}} \quad \underline{h}_{\underline{\rho}}\right]^{-1} \underline{h}_{\underline{\rho}}^{\mathrm{T}} \underline{r}\left(\underline{\rho}\right)$$

当然上式是方程（9.21）的左广义逆解。与卡尔曼滤波的另外一个不同之处在于，通常情况下这些方程实际上都是超定的，因此不需要利用状态协方差矩阵来获得足够的约束条件以求解系统问题。

2）**应用实例：货盘定位**。当视频用于定位对象时，通常使用特征来抵消许多颇具难度的问题。例如透视效果问题，它包括随距离而变化比例关系、近大远小的形状畸变。三维效果的一个基本问题是，空间物体的不同侧面看起来可能很不一样。物体变形引发的自由度可能比相机的运动自由度更多。在三维空间中，只需要图像中的三个点以及这三个点在场景中的对应位置，就可以约束刚体的 6 个自由度。这种“n 点”视角问题的研究已经很充分 [12]。

针对原来在图 9-16 中描述的寻找叉孔的简单情况，这个例子给出了更多的细节。该问题可以简化成一个二维平面问题，所以它是一个很好的例子。在平面内，一个位姿的求解只需要 1−1/2 个点的对应关系。此例需要确定从图像到场景的位姿，而非从图像到图像的位姿。

图 9-32　**边缘模板**。作为标记货盘的信号，4 个垂直边缘的尺寸和间距应大致正确。通过快速扫描每一列的边缘强度，可以获得具有正确空间布局的 4 条强边缘

该系统用叉孔宽度与叉孔间距之间的比例（与缩放比例的大小无关）这一几何特征来表示货盘模型，因为在透视成像变换中，它是一个不变的量。该系统还利用了这样一个事实，即（垂直叉孔）边缘在图像中的方位一致，且边缘一定会在图像中深色和浅色的结合处（如图 9-32 所示）。

假定已经找到了 4 条边缘，然后把注意力集中在寻找货盘相对于相机的位置（如图 9-33 所示）。采用与图 5-36 中定义的测距仪坐标系相同的方式，来定义相机坐标系。 615

令字母 m 表示用以确定叉孔几何形状的模型坐标系，用字母 s 表示传感器。在相机坐标系中，一旦已知场景中的点（d 表示检测点坐标系），测量模型其实很简单：

$$y_d^i = \left(f y_d^s\right) / x_d^s \qquad (9.22)$$

其中 y_d^i 显然与方位角 α 的正切成正比。相对于场景坐标 $\underline{r}_d^s = \left[x_d^s \quad y_d^s\right]^{\mathrm{T}}$，表示该关系的雅可比矩阵为：

$$\boldsymbol{H}_{sd}^{id} = \frac{\partial y_d^i}{\partial \underline{r}_d^s} = \left[-\frac{f y_d^s}{\left(x_d^s\right)^2} \quad \frac{f}{x_d^s}\right] \qquad (9.23)$$

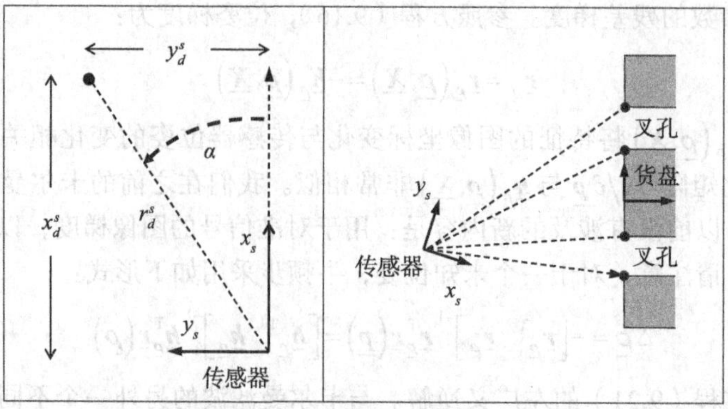

图 9-33　**相机几何参数与场景的关系。**相机传感器测量的是指向场景中各点的方位角的正切值。相机对 4 条垂直边缘进行成像，以约束货盘在相机坐标系中的位姿

接下来，我们需要建立到固联于货盘的模型坐标系的变换，其雅可比矩阵为：

$$\underline{\boldsymbol{r}}_d^s = \boldsymbol{T}_m^s\left(\underline{\boldsymbol{\rho}}_m^s\right) \times \underline{\boldsymbol{r}}_d^m \tag{9.24}$$

如果我们为 4 个特征点中的每一个特征点都附加一个坐标系，那么就可以清楚地发现，所讨论的雅可比矩阵是一个复合左位姿雅可比矩阵，因此可以立即写出：

$$\boldsymbol{H}_{sm}^{sd} = \frac{\partial \underline{\boldsymbol{\rho}}_d^s}{\partial \underline{\boldsymbol{\rho}}_m^s} = \begin{bmatrix} 1 & 0 & -\left(s\psi x_d^m + c\psi y_d^m\right) \\ 0 & 1 & \left(c\psi x_d^m - s\psi y_d^m\right) \\ 0 & 0 & 1 \end{bmatrix} = \begin{bmatrix} 1 & 0 & -\left(y_d^s - y_m^s\right) \\ 0 & 1 & \left(x_d^s - x_m^s\right) \\ 0 & 0 & 1 \end{bmatrix} \tag{9.25}$$

只使用上式中的前两行：

616

$$\boldsymbol{H}_{sm}^{sd} = \frac{\partial \underline{\boldsymbol{r}}_d^s}{\partial \underline{\boldsymbol{\rho}}_m^s} = \begin{bmatrix} 1 & 0 & -\left(s\psi x_d^m + c\psi y_d^m\right) \\ 0 & 1 & \left(c\psi x_d^m - s\psi y_d^m\right) \end{bmatrix} = \begin{bmatrix} 1 & 0 & -\left(y_d^s - y_m^s\right) \\ 0 & 1 & \left(x_d^s - x_m^s\right) \end{bmatrix} \tag{9.26}$$

假设初始值为 $\underline{\boldsymbol{\rho}}_m^s$，则全解（即通解）可表示如下：

$$\begin{gathered} \underline{\boldsymbol{r}}_d^s = \boldsymbol{T}_m^s\left(\underline{\boldsymbol{\rho}}_m^s\right) * \underline{\boldsymbol{r}}_d^m \\ y_d^i = \left(f\, y_d^s\right) / x_d^s \\ \boldsymbol{H}_{sm}^{id} = \left(\frac{\partial y_d^i}{\partial \underline{\boldsymbol{\rho}}_m^s}\right) = \left(\frac{\partial y_d^i}{\partial \underline{\boldsymbol{\rho}}_d^s}\right)\left(\frac{\partial \underline{\boldsymbol{\rho}}_d^s}{\partial \underline{\boldsymbol{\rho}}_m^s}\right) = \boldsymbol{H}_{sd}^{id}\boldsymbol{H}_{sm}^{sd} = \begin{bmatrix} -\frac{f\, y_d^s}{\left(x_d^s\right)^2} & \frac{f}{x_d^s} \end{bmatrix} \begin{bmatrix} 1 & 0 & -\left(y_d^s - y_m^s\right) \\ 0 & 1 & \left(x_d^s - x_m^s\right) \end{bmatrix} \end{gathered} \tag{9.27}$$

对于四个特征中的每一个特征，它们的模型坐标 $\underline{\boldsymbol{X}}_k$ 分别是二维平面中的一个点 $\underline{\boldsymbol{r}}_d^m$。预测测量结果 $\underline{\boldsymbol{h}}\left(\underline{\boldsymbol{\rho}}, \underline{\boldsymbol{X}}_k\right) = y_d^i\big|_{\text{pred}}$ 和实际测量结果 $\underline{\boldsymbol{x}}_k = y_d^i$ 是一个标量，该标量取决于从传感器到模型的位姿 $\underline{\boldsymbol{\rho}} = \underline{\boldsymbol{\rho}}_m^s$。此时的雅可比矩阵是一个三维向量。四个测量结果叠加到一起就形成残差：

$$\underline{\boldsymbol{r}}_k\left(\underline{\boldsymbol{\rho}}, \underline{\boldsymbol{X}}_k\right) = \underline{\boldsymbol{x}}_k - \underline{\boldsymbol{h}}\left(\underline{\boldsymbol{\rho}}, \underline{\boldsymbol{X}}_k\right)$$

因此雅可比矩阵为 $\underline{\boldsymbol{h}}_{\rho} = \boldsymbol{H}_{sm}^{id}$，其中包含的信息足以计算下降方向 $\Delta\underline{\boldsymbol{\rho}} = \left[\underline{\boldsymbol{h}}_{\rho}^{\mathrm{T}} \underline{\boldsymbol{h}}_{\rho}\right]^{-1} \underline{\boldsymbol{h}}_{\rho}^{\mathrm{T}} \underline{\boldsymbol{r}}\left(\underline{\boldsymbol{\rho}}\right)$。然后可以对其进行一维线性搜索，循环运行该过程，直到满足收敛条件为止。

3）**其他对象的定位问题**。与上文所介绍的问题类似的问题有很多。这里只列出其中的几个问题：室内机器人寻找并连接充电桩进行充电、足球机器人寻找足球或者其他队友或者农业机器人采摘苹果等。美国国家航空航天局（NASA）已经尝试使用这种技术，来实现卫星捕获和在线更换组件 (LRU)。

如果问题是超定的，则可以将未知的标定参数添加到状态向量中，这样就可以在定位的同时对传感器进行标定。在上例中，由于存在 4 个约束条件，所以还可以求解相机焦距。

3. 位姿追踪

位姿追踪问题的经典说法是*运动估计*。当机器人在两次位姿检测之间有明显的运动时，与机器人相对运动的测量相结合，会更有利。有很多方法可以做到这一点。其中一种是利用冗余的运动检测，例如惯性测量或者里程计探测。另一种方法是利用图像空间中的特征速度，来推导相机速度。再有就是利用特征位置的变化，来确定相机位姿的变化。下面讨论后两种方法。

1）**特征速度**。考虑根据特征速度计算相机速度的问题。我们把方程（9.14）相对于传感器运动进行线性化处理：

$$\Delta \underline{\boldsymbol{x}}_k = \boldsymbol{H}\left(\underline{\boldsymbol{\rho}}, \underline{\boldsymbol{X}}_k\right)\Delta \underline{\boldsymbol{\rho}} \tag{9.28}$$

如果我们希望求得以速度形式表示的结果，可以将上式除以一个很小的 Δt，并对其取极限可得：

$$\dot{\underline{\boldsymbol{x}}}_k = \boldsymbol{H}\left(\underline{\boldsymbol{x}}, \underline{\boldsymbol{\rho}}, \underline{\boldsymbol{Z}}\right)\dot{\underline{\boldsymbol{\rho}}} \tag{9.29}$$ 617

如果存在足够多的特征速度，就可以使用非线性最小二乘法计算出传感器的速度。在最一般的情况下，预测和匹配计算都会用到，位姿追踪回路可采用如图 9-34 所示的形式。

图 9-34 **位姿追踪**。可以基于运动的二次估计，对特征进行预测，然后将相应的特征发送给位姿优化算法，该算法改进对中间运动的估计

还有一种类似的技术可将信号速率与相机速度相关联。如下所示：

$$\Delta \underline{z}\left(\underline{\boldsymbol{x}}\right) = \boldsymbol{H}\left(\underline{\boldsymbol{x}}, \underline{\boldsymbol{\rho}}, \underline{\boldsymbol{Z}}\right)\Delta \underline{\boldsymbol{\rho}} \Rightarrow \dot{\underline{z}}\left(\underline{\boldsymbol{x}}\right) = \boldsymbol{H}\left(\underline{\boldsymbol{x}}, \underline{\boldsymbol{\rho}}, \underline{\boldsymbol{Z}}\right)\dot{\underline{\boldsymbol{\rho}}}$$

2）**应用实例：利用里程计辅助创建和追踪地面栅格**。在此例中，根据参考文献 [14] 提出的车轮里程计辅助法完成特征跟踪。运动车辆的下方安装有一个相机，距地面高度仅 10 厘米，观测方向向下垂直于地面。从某种意义上来说，场景中的几何特性是一种理想状态：不仅表面是标准的，而且地面与相机之间的距离也已知。因为可以控制照明，所以光照也很理想。不过，要从紧贴地面的位置拍摄一大片区域的图像，相机视场必须足够大，因而就需要对图像进行矫正以防失真。为此，可以对一个矩形栅格进行成像，然后求解一个能将实际图像与理想图像中的角点进行精确对准的二次畸变函数（如图 9-35 所示）。利用归一化的互相关技术就能找到这些角点。

每幅图像都会覆盖地板上一块边长 20 厘米的正方向区域。我们的目标是在车辆移动时快速构建一个线性栅格，并最终形成一个可以作为地图使用的全局一致的栅格图像。车辆里程计也被用于测量发生在两幅图像之间的运动。而里程计数据不够精确，无法使图像对准到

一个像素的精度。因此，通过在图像坐标系中进行局部搜索，使图像信号对准，就可以优化
618 两幅连续图像之间的相对位姿。

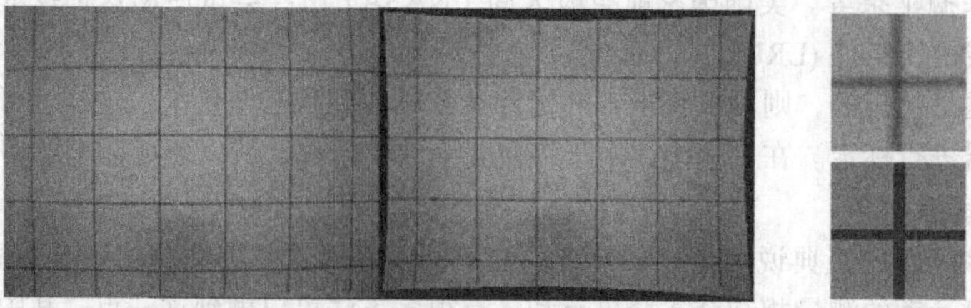

图 9-35 **镜头的畸变校正**。（左图）初始的失真图像；（中图）校正后的图像；（右图）以直线交点位置为中心的一组像素块，以及用于查找像素块的相关模板，直线的线宽大约为一个像素宽

搜索每幅图像中重叠区域，以获得高纹理的点特征。对每个特征，对准算法都会在下一幅图像中的预测位置处，在一个小的矩形窗口进行搜索，找出最大相关点。然后求出位姿误差，该误差最完美地解释了特征点在标称位置与测量位置之间观测位移，也就改善了从图像到图像的位姿（如图 9-36 所示）。

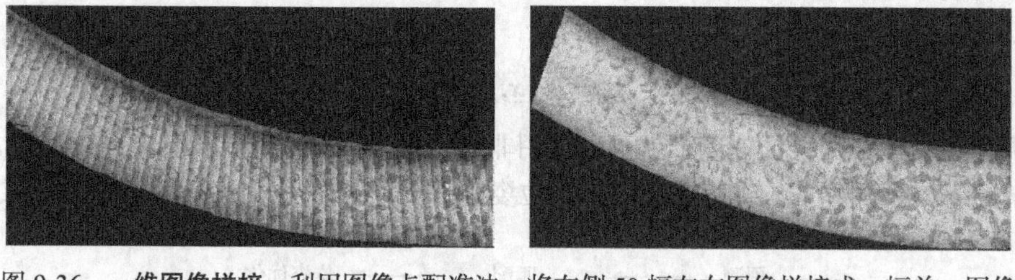

图 9-36 **一维图像拼接**。利用图像点配准法，将左侧 50 幅左右图像拼接成一幅单一图像

根据每一对匹配特征的复合左位姿雅可比矩阵，可写出实现对准的方程（如图 9-37 所示）。这里只用了位姿雅可比矩阵中的位置分量，因为里程计的方位对于对准已足够理想，而较小的方位误差也可以通过特征位移求得：

$$\begin{bmatrix}\Delta a_k^i \\ \Delta b_k^i\end{bmatrix}=\begin{bmatrix}1 & 0 & -\left(b_k^i-b_j^i\right) \\ 0 & 1 & \left(a_k^i-a_j^i\right)\end{bmatrix}\begin{bmatrix}\Delta a_j^i \\ \Delta b_j^i\end{bmatrix} \tag{9.30}$$

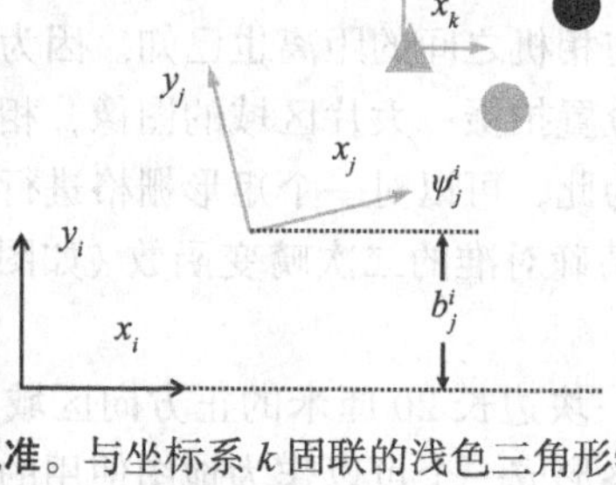

图 9-37 **二维图像中的特征配准**。与坐标系 k 固联的浅色三角形特征需要做微小位移，从而与深色的三角形特征相重合。圆形特征也需要同样的对准操作。坐标系 j 的位姿需要相对于坐标系 i 进行调整，以完成对准

每个方程的左侧可以根据相关曲面峰值对应的位置推导得到，利用左广义逆矩阵对由两个或者更多方程组成的方程组进行求逆，即可计算对准位姿。由于 a_k^i 和 b_k^i 的出现，对于每一个特征而言，雅可比矩阵的各个行会略有不同。

在构建栅格地图时，图像必须重叠，因此需要限制车辆的运行速度。在 10 赫兹的刷新率下，需要把速度限制在 1/10 秒移动图像宽度的 1/2 左右，即 1 米 / 秒。在跟踪一个已知栅格时，使用里程计辅助位置追踪的价值会更为明显。在这种情况下，以 10 赫兹的刷新频率， 619
搜索 1 厘米尺度内由 10 个像素组成的不确定区域，可以成功跟踪许多特征。如果里程计误差是距离的 1%，这就意味着车辆在 1/10 秒的时间内可以移动 10 米的距离，即车辆运行速度为 100 米 / 秒，并且仍然能追踪栅格！如果没有里程计，最大速度将为 1 米 / 秒。

3）**应用实例：视觉里程计**。视觉里程计的基础是当车辆（相机）的位置发生改变时，在传感器读数序列之间会产生对应关系。于是，需要系统求解能解释这种对应关系的运动问题。如果有必要，对相对位姿估计序列进行二次积分，就可以计算出绝对位姿。

上一个例子利用了一个简化版本的视觉里程计来构建栅格。通常情况下，相机的安装状态不可能如此理想，所以算法必须从三维场景的角度来确定帧间运动。有几种方法可以实现这一点。区分不同方法的两个重要特点是：一，特征的深度信息是否可用；二，是否有辅助估计手段（例如，栅格示例中的车轮里程计）。

对基于投影成像原理的传感器而言，如果没有额外的附加信息（如图 9-38 所示），通常无法确定位姿平移量的大小。

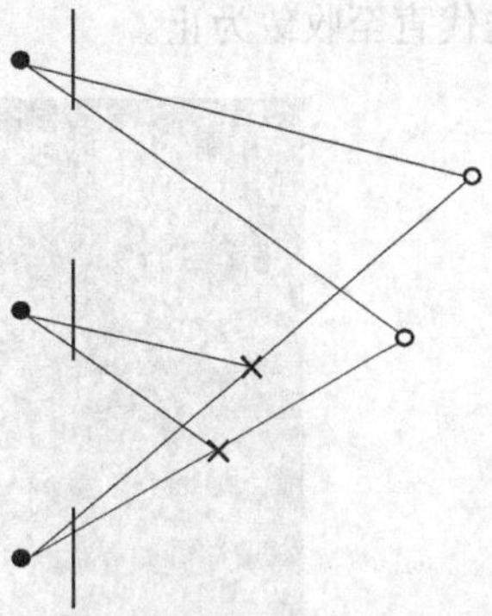

图 9-38 **投影视觉里程计的尺度模糊问题**。在投影检测过程中，深度信息的丢失将导致尺度模糊，特征在两倍深度与两倍平移量情况下的成像是一样的。因为图像完全相同，所以无法判断这两种情况中的哪一种是正确的

在移动机器人的各种应用中，通常使用立体相机（配置两个相机），从而可以根据左右视差测量深度，而运动则根据由运动导致的帧间位移 [17] 来测量。

图 9-39 给出了一种直观的视觉里程计实例，它与前面介绍的栅格视觉里程计的情况类似。

对随运动生成的每一对图像帧，利用特征立体图像计算其深度，然后随着时间的推移跟踪特征的运动。如果能够采用中间运动估计，那么可以在每个新的图像帧中，在特征的预测位置附近，根据相关性进行特征搜索。否则，可以利用相关性或像素差，对每个特征点位置周围的像素区块进行比较，以找到匹配特征。在上述两种情况下，一旦找到匹配关系，剩下的就是位姿优化问题。通过在图像空间中形成残差，而不是设法去对准由立体图像计算出的三维空间点，可以获得更高的位姿精度。

名义上，该问题可以表示为位姿的微小变化（方程（9.28））：

$$\Delta\underline{\boldsymbol{x}}_k = \boldsymbol{H}\left(\underline{\boldsymbol{\rho}}, \underline{\boldsymbol{X}}_k\right)\Delta\underline{\boldsymbol{\rho}}$$ 620

通过迭代，直到找到一个残差数值最小的相对姿态，就可以获得更高的精度。在每两幅图像中，出现相同特征的位置可以分别表示为：

$$\underline{\boldsymbol{x}}_{k1} = \underline{\boldsymbol{h}}\left(\underline{\boldsymbol{\rho}}_1, \underline{\boldsymbol{X}}_k\right)$$
$$\underline{\boldsymbol{x}}_{k2} = \underline{\boldsymbol{h}}\left(\underline{\boldsymbol{\rho}}_2, \underline{\boldsymbol{X}}_k\right)$$

重投影误差可以表示为一个关于相对位姿的函数：

$$\underline{\boldsymbol{r}}_{12}\left(\underline{\boldsymbol{\rho}}_2^1, \underline{\boldsymbol{X}}_k\right) = \underline{\boldsymbol{x}}_{k2} - \underline{\boldsymbol{x}}_{k2} = \underline{\boldsymbol{h}}_{12}\left(\underline{\boldsymbol{\rho}}_2^1, \underline{\boldsymbol{X}}_k\right)$$

如果不能这样表示，我们可以将 $\underline{\boldsymbol{\rho}}_1$ 看作一个已知量，并对 $\underline{\boldsymbol{\rho}}_2$ 进行求解：

$$\underline{\boldsymbol{r}}_{12}\left(\underline{\boldsymbol{\rho}}_2, \underline{\boldsymbol{X}}_k\right) = \underline{\boldsymbol{x}}_{k2} - \underline{\boldsymbol{x}}_{k2} = \underline{\boldsymbol{h}}_{12}\left(\underline{\boldsymbol{\rho}}_2, \underline{\boldsymbol{X}}_k\right)$$

对于这两种情况中任意一种，我们都可以对残差求平方以生成目标函数，然后将其线性化，并迭代直至收敛为止。

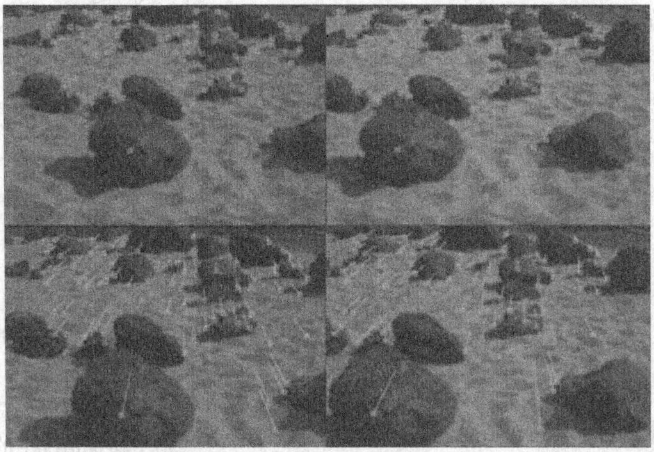

图 9-39 **视觉里程计**。在图像空间中跟踪特征的运动可以连带获得相机在场景中的运动。（左上图）左侧相机检测到的特征；（右上图）右侧相机检测到的特征；（左下图）在左侧相机中检测到的特征位移；（右下图）在右侧相机中检测到的特征位移。上图摘自参考论文 [18]

9.2.5 参考文献与延伸阅读

1. 参考书目

Blake 的书和 Szeliski 的书对位姿恢复和其他基于视觉形式的定位，提供了理想的数学基础理论。

[5] Andrew Blake and Michael Isard, *Active Contours,* Springer, 1998.
[6] R. Szeliski, *Computer Vision, Algorithms and Applications,* Springer, 2011.

2. 参考论文

本章内容的撰写主要参考了下列论文：

[7] P. Besl and N. McKay, A Method of Registration of 3-D Shapes, IEEE *Transactions on Pattern Analysis and Machine Intelligence,* Vol. 14, No. 2, pp. 239–256, 1992.
621
[8] G. Blais, and M. Levine, Registering Multiview Range Data to Create 3D Computer Objects, *Transactions on Pattern Analysis and Machine Intelligence,* Vol.17, No. 8, 1995.
[9] E. D. Dickmanns and A. Zapp. Autonomous High Speed Road Vehicle Guidance by Computer

Vision. In R. Isermann, ed., Automatic Control-World Congress, 1987: Selected Papers from the 10th Triennial World Congress of the International Federation of Automatic Control, pp. 221–226, Munich, Germany, Pergamon, 1987.

[10] E. Duff and J. Roberts, Wall Following with Constrained Active Contours, in *Proceedings of Field and Service Robots,* 2003.

[11] Martin A. Fischler and Robert C. Bolles, Random Sample Consensus: A Paradigm for Model Fitting with Applications to Image Analysis and Automated Cartography, *Communications of the Association of Computing Machinery*, Vol. 24, pp. 381–339, June 1981.

[12] R. Haralick, C. Lee, K. Ottenberg, and M. Nolle. Review and Analysis of Solutions of the Three Point Perspective Pose Estimation Problem, *International Journal of Computer Vision,* Vol. 13, No. 3, pp. 331–356, 1994.

[13] A. Johnson and M. Hebert. Using Spin Images for Efficient Object Recognition in Cluttered 3D Scenes. *IEEE Transactions on Pattern Analysis and Machine Intelligence,* Vol. 21, No. 5, pp. 433–449, May 1999.

[14] A. Kelly, Mobile Robot Localization From Large Scale Appearance Mosaics, *International Journal of Robotics Research,* Vol. 19, No. 11, pp.1104–1125, 2000.

[15] K. C. Kluge and S. Lakshmanan, "A Deformable-Template Approach to Lane Detection," in *Proceedings of the Intelligence Vehicles Symposion,* Sept. 1995.

[16] B. Lucas, and T. Kanade, An Iterative Image Registration Technique with an Application to Stereo Vision, in *Proceedings of the International Conference on Artificial Intelligence,* pp. 674–679, 1981.

[17] David Nistér, Oleg Naroditsky, and James Bergen, Visual Odometry for Ground Vehicle Applications, *Journal of Field Robotics,* Vol. 23, No. 1, pp. 3–20, January 2006.

[18] C. F. Olsen, L. F. Matthies, M. Schoppers, and M. F. Maimone, Robust Stereo Ego-Motion for Long Distance Navigation, In *Proceedings of the Conference on Computer Vision and Pattern Recognition,* 2000.

[19] D.A. Pomerleau and T. Jochem, Rapidly Adapting Machine Vision for Automated Vehicle Steering, *IEEE Expert, Intelligent Systems and Their Applications,* Vol. 11, No. 2, Apr. 1996.

[20] T. Pilarski et. al., The Demeter System for Autonomous Harvesting, *Autonomous Robots,* Vol. 13, No. 1, pp. 9–20, 2002.

[21] H. Y. Shum and R. Szeliski, Construction of Panoramic Image Mosaics with Global and Local Alignment. *International Journal of Computer Vision,* Vol. 16, No. 1, pp. 63-84, 2000.

[22] J. S. Want and R. R. Knipling, Single Vehicle Roadway Departure Crashes: Problem Size Assessment and Statistical Description, *National Highway Traffic Safety Administration Technical Report,* DTNH-22-91-03121.

9.2.6 习题

基于相机的目标定位的位姿灵敏度

9.2.4 节第 2 点中计算的雅可比矩阵 $\partial y_d^i / \partial \underline{\rho}_m^s$，包含了如何使用相机对物体进行精确定位的丰富信息。为了了解这一点，针对单个特征 $\underline{r}_d^m = [0 \quad L]$，写出 $\partial y_d^s / \partial \underline{\rho}_m^s$，该式显式地依赖于对象的偏航角 θ，然后乘以雅可比矩阵。接下来，请注意，$\Delta y_d^i / (f/c\alpha) = \Delta\alpha$ 表示图像中的特征像素位置的变化，请证明：i）当目标对象横跨相机的整个视场时，像素坐标中的深度变化灵敏度最高；ii）像素坐标的横向位置的变化灵敏度与深度变化灵敏度成反比； 622
iii）当相机直接面向目标对象时，目标对象的方位变化灵敏度最低。此外请思考：为什么区分物体的旋转与深度变化是一个简单的问题。

9.3 同步定位与地图构建

表面上似乎不太可能在构建一张地图的同时就使用它，但是实际上，所有形式的视觉跟踪和视觉里程计，在本质上已经做了这项工作。在机器人学领域，这一过程的最常用称谓是 SLAM，即同步定位与地图构建。移动机器人的 SLAM 问题，可描述为：移动机器人在未知环境中从一个未知位置开始移动，其在移动过程中根据位置估计和传感器数据进行自身定位，同时创建增量式地图。该问题的研究已经成为移动机器人定位导航领域的热点，它是实现机器人真正自主移动的关键。而 SLAM 中的一个重点就是所谓的*回环*，即有一段时间没有看到的物体重新出现在眼前的视野之中。当出现这种情况时，就为测量更新提供了一个机会，可以消除自上次发现该位置或物体以来所累积的误差。然而，判断一个回环是否已闭合，可能并不是一件轻而易举的事情；同时，如果存在回环，就可能需要对地图中绝大部分区域进行更新。本节将介绍两个问题：一个是关于更新地图部分区域；而另一个是判定何时应该对地图进行更新。

9.3.1 引言

SLAM 之所以类似于视觉里程计，是因为机器人利用原来的环境特征对自身进行定位，然后利用自身已经更新的位置来定位新的特征。机器人无法利用这种方法确定绝对位置，但是可以利用统计学模型，*去除地图中的大部分不一致性*，即根据机器人的运动预测的特征位置与根据传感器读数推算出的特征位置之间的不一致。

然而，与视觉里程计相比，SLAM 算法更具潜力，因为它同时测量了路标和车辆位置。SLAM 也不同于运动估计，这表现在对当下所见物体的存储深度，以及对生成地图进行表达的可能性。SLAM 会设法记住地图中的几乎所有已经看到的内容，并尽可能地保持地图中所有对象位置的一致性。本小节将介绍两种较为简要的 SLAM 问题解决方案。

测量关系 $\underline{z}_{\text{pred}} = \underline{h}(\underline{\rho}, \underline{Z})$ 构成一个涵盖某一位姿空间的测量预测区域。甚至我们知道的地球磁场和万有引力场的知识也是一种地图，但是我们会把后面的地图表达界定为一种图形，并根据多个重要特性来区分不同的地图表示方法。

1. 重复性

导航地图最基本的特性是它具有将位姿和测量结果相互关联的能力，因此机器人可以把测量结果映射至其位姿。假设根据测量模型可以求解出 $\underline{\rho}$，机器人就能够利用它进行导航。

2. 连续性和一致性

623 导航地图支持生成与位姿有关的连续的预测测量值，这一点通常很重要。如果测量函数是连续的，机器人就可以使用测量雅可比矩阵 $\boldsymbol{H}$ 进行插值，并持续追踪其位置。如果一个地图的创建只使用 GPS，而在地图的构建过程中，坐标在瞬间跳了 20 米，那么地图的连续性就会遭到破坏，由此导致的数据丢失或覆盖将使后续的地图跟踪变得难以实现。

如果在建图的过程中，机器人再次在相同的物理位置遇到一个点，而在该点处，航位推算误差的积累导致该点与前后两个不同的位姿相关联，那么地图也会变得不连续。这样的地图经通常被称为是*不一致的*，而实现地图的全局一致性是一个难题。如果地图是一维空间的或者呈树状结构，使得任意两点之间只存在唯一的一条路径，那么一致性看起来可能并不太重要。另一方面，如果地图有足够的一致性，那么机器人就能够在一个循环封闭的地图中自由移动。

3. 精度

即使是一致性地图，也不一定处处都准确无误。为了在地图中获得应有的正确位姿，而人为地让地图变形，迫使其与某标定基准一致，此时，一致性地图就会变得精确。如果机器人作为一个封闭的信息系统在运行，那么绝对精度可能无关紧要。然而，有些外部数据是相对于外部驱动坐标系，而非创建地图用到的坐标系来标记坐标的，当需要用到这些外部数据时，地图精度就变得重要了。如果一个地图能够与外部系统的数据保持一致，例如，CAD图纸、由另一个位置估计系统产生的导航路线 / 路标，或者由美国地质勘探局提供的数字地形数据，那么就能让机器人利用这些系统的有效数据。

4. 地图质量的实现

上述地图质量的概念与数据关联的关系体现在不同的层级上。如果连续测量的数据能够利用测量对准得到充分关联，那么地图就会变得局部平滑。如果非连续测量的数据能够被充分关联，那么地图将具有全局一致性。

9.3.2 循环构建地图的全局一致性

构建地图所需的数据是由传感器在遍历环境的过程中连续采集得到的。有时需要构建地图的区域是一个大型连通空间区域，比如开阔场地或者房间；而在其他场合，需要构建地图的区域具有某些图形结构，例如公路交通网络、果园中遍布的成行的通道或者建筑物的走廊等。针对构建地图中的循环问题，利用分层方法可完成大学校园规模的地图构建 [26][33]。

本文所介绍的技术可以在线或离线运行，从而实现导航地图的一致性和精度。虽然这些技术和方法适用于所有情况，但对有图形结构的地图更为有效。

假设有一组图像，只要把它们正确地摆在空间中，就能得到一幅有用的地图。它们彼此 624
相互重叠，目标是将它们全部对准，使所有的重叠区域都重合。这种全局一致地图的构建问题，至少包括以下两个重要方面：

- 优化。重叠区域的残差应尽可能小。由于存在失真和特征定位误差，可能无法实现零残差。
- 约束。如果底层位姿网络存在循环，那么它们应该正确闭合，以产生一致地图。

此问题的解决，至少有两种不同的方法。如果问题限定在某一特定世界坐标系中每幅图像的绝对位姿，那么所有图像重叠部分的总残差可以最小化，并且未知量的数量已经为最小（每幅图像一个位姿），因此不需要对它们施加额外约束。

如果该问题以相对位姿表示，即每幅图像都与相邻图像相关，那么总残差同样可以最小化，但是未知量的数量可能比系统固有自由度的数量还要多，因此需要对它们施加额外的约束条件。这里的额外约束条件就是回路方程，这些方程需要利用闭合回路中的相对位姿来消除。

1. 绝对位姿表示

假设向量 $\underline{\rho}_m^w$ 包含表示图像 m 相对于世界坐标系 w 的位姿。在世界坐标系中，特征的位置 $\underline{r}^w$ 可以根据图 9-40 所示的方式进行预测：

重叠区域的残差，可以由描述同一特征的两个不同位置的偏差来获得，而特征的这两个位置可根据包含该特征的两幅图像的位姿预测得到：

$$\underline{\boldsymbol{r}}^w = \boldsymbol{T}_m^w(\underline{\boldsymbol{\rho}}_m^w)\underline{\boldsymbol{r}}^m$$

$$\begin{bmatrix} x^w \\ y^w \\ 1 \end{bmatrix} = \begin{bmatrix} c\psi & -s\psi & a \\ s\psi & c\psi & b \\ 0 & 0 & 1 \end{bmatrix} \begin{bmatrix} x^m \\ y^m \\ 1 \end{bmatrix}$$

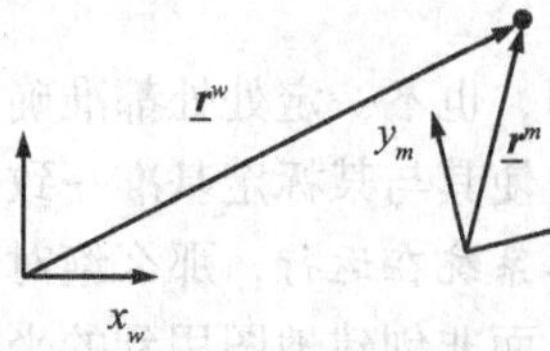

图 9-40　**根据绝对位姿求解特征的位置**。该简图和公式给出了特征在世界坐标系中的位置

$$\underline{\boldsymbol{r}}^w\big|_m = \boldsymbol{T}_m^w\left(\underline{\boldsymbol{\rho}}_m^w\right)\underline{\boldsymbol{r}}^m \quad \underline{\boldsymbol{r}}^w\big|_k = \boldsymbol{T}_k^w\left(\underline{\boldsymbol{\rho}}_k^w\right)\underline{\boldsymbol{r}}^k$$
$$\underline{\boldsymbol{r}} = \underline{\boldsymbol{r}}^w\big|_m - \underline{\boldsymbol{r}}^w\big|_k = \boldsymbol{T}_m^w\left(\underline{\boldsymbol{\rho}}_m^w\right)\underline{\boldsymbol{r}}^m - \boldsymbol{T}_k^w\left(\underline{\boldsymbol{x}}_k^w\right)\underline{\boldsymbol{r}}^k = h_m\left(\underline{\boldsymbol{\rho}}_m^w\right) - h_k\left(\underline{\boldsymbol{\rho}}_k^w\right) \tag{9.31}$$

如果对每个图像重叠区域中的每一个特征都能够写出这样的方程，那么方程组将具有如下形式：

$$\underline{\boldsymbol{r}} = h_1\left(\underline{\boldsymbol{x}}\right) - h_2\left(\underline{\boldsymbol{x}}\right) = h\left(\underline{\boldsymbol{x}}\right) \tag{9.32}$$

625 其中，$\underline{\boldsymbol{x}}$ 包含待融合成一致地图的所有图像的绝对位姿（相对于世界坐标系）。然而在实际中，该方程组仅仅被称作规范自由度的三个自由度对施加了欠约束。因此，即便不改变观测点，整个图像集合也可以在平面内刚性移动。把某幅图像的位置固定，并将其从未知量中去除，即可解决此问题，否则方程组的系数矩阵为奇异的。

2. 相对位姿表示

反之，也可以基于相对位姿来表示地图。假设向量 $\underline{\boldsymbol{\rho}}_m^k$ 代表的位姿描述了图像 m 坐标原点相对于图像 k 坐标原点的关系。与图像 m 中的特征相对应的坐标系 k 中的特征的位置，可以通过图 9-41 所示的方式加以预测。

$$\underline{\boldsymbol{r}}^k\big|_m = \boldsymbol{T}_m^k(\underline{\boldsymbol{\rho}}_m^k)\underline{\boldsymbol{r}}^m$$

$$\begin{bmatrix} x^k \\ y^k \\ 1 \end{bmatrix} = \begin{bmatrix} c\psi & -s\psi & a \\ s\psi & c\psi & b \\ 0 & 0 & 1 \end{bmatrix} \begin{bmatrix} x^m \\ y^m \\ 1 \end{bmatrix}$$

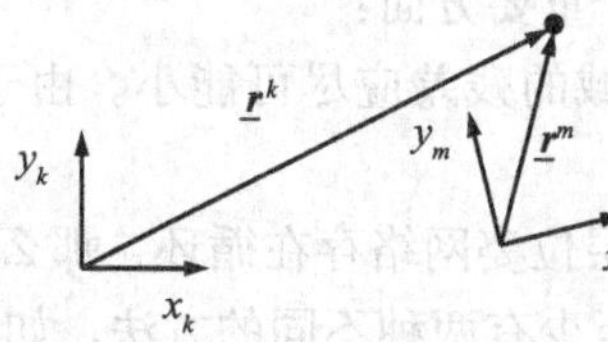

图 9-41　**根据相对位姿求解特征的位置**。该简图和公式给出了特征在某相邻图像坐标系中的位置

同样，重叠区域的残差，可以由描述同一特征的两个不同位置的偏差来获得，而特征的这两个位置可根据包含该特征的两幅图像的位姿预测得到：

$$\underline{\boldsymbol{r}} = \underline{\boldsymbol{r}}^k - \underline{\boldsymbol{r}}^k\big|_m = \underline{\boldsymbol{r}}^k - \boldsymbol{T}_m^k\left(\underline{\boldsymbol{\rho}}_m^k\right)\underline{\boldsymbol{r}}^m = \underline{\boldsymbol{z}} - h\left(\underline{\boldsymbol{\rho}}_m^k\right)$$

如果对每个图像重叠区域中的每一个特征都能够写出这样的方程，那么方程组将具有如下形式：

$$\underline{\boldsymbol{r}} = \underline{\boldsymbol{z}} - h\left(\underline{\boldsymbol{x}}\right) \tag{9.33}$$

其中，$\underline{\boldsymbol{x}}$ 包含待融合成一致性地图的全部图像的相对位姿形式。

于是，上述两种情况都化简成了一种包含绝对或相对位姿的状态向量的观测。

3. 无约束优化

当残差为零时，地图就绝对一致。当残差取最小值时，地图就最一致。将最小残差问题表述为非线性最小二乘问题的方法是：

$$\text{最小化}:_{\underline{x}} \quad f(\underline{x}) = \frac{1}{2}\underline{r}(\underline{x})^{\mathrm{T}}\underline{r}(\underline{x}) \tag{9.34}$$

所需的雅可比矩阵与线性观测器所用的一样：

$$\Delta\underline{\boldsymbol{r}} = \boldsymbol{H}\Delta\underline{\boldsymbol{x}} \tag{9.35}$$ 626

其中，$\underline{\boldsymbol{r}}$ 是全部重叠残差中各残差的复合向量，$\Delta\underline{\boldsymbol{x}}$ 表示所有图像的复合状态向量的变化值，$\boldsymbol{H}$ 为整个系统的复合雅可比矩阵。在极端情况下，向量 $\Delta\underline{\boldsymbol{x}}$ 会有多达 10 000 个元素，而向量 $\Delta\underline{\boldsymbol{z}}$ 甚至可能更多。

对于构建地图这类特定问题，可能不需要求解真正的最小值。我们可以接受小残差假设，并通过对左广义逆的单次迭代来"求解"方程（9.35）。这里，我们尝试用状态向量中的误差，来阐释所有的残差：

$$\underline{\boldsymbol{r}} = \boldsymbol{H}\Delta\underline{\boldsymbol{x}} \tag{9.36}$$

4. 满足相对位姿的约束

绝对位姿是欠约束的，除非去除其中的一个位姿；而利用相对位姿则会引起一致性问题，因为忽略了更多的约束。假定存在 R 个不同的相对位姿，它们与 n 幅图像集合中的图像对之间存在对应关系，则

$$R = \sum_i i = 1 + 2 + \cdots + n = \frac{n(n+1)}{2}$$

因此，如果状态向量包含的相对位姿数量超过 $n-1$ 个，那么状态向量有可能变得不一致。这样的一个系统是欠约束的，因为所有的相对位姿都不独立。

应该对状态向量中的各个元素施加内在的一致性约束，其形式为：

$$\underline{\boldsymbol{g}}(\underline{\boldsymbol{x}}) = \underline{\boldsymbol{b}} \tag{9.37}$$

这些与回环相关的约束条件将在下面介绍。这些约束条件与特征残差完全分离。对于给定的失真和特征定位误差，不能保证最小特征残差会产生一个能满足这些约束条件的状态向量——除非把这些约束作为显式的强制约束。

1）**回环约束：稀疏情况**。由于传感器的探测距离有限和环境遮挡（如图 9-42 所示）等原因，绝大多数移动机器人的地图构建问题会对相对位姿产生稀疏约束。只有对两个不同位置的传感器视野中的共同对象才能生成约束。而有限的距离意味着只有较少的对象可以为两个视野所共有。当发生回环时——由于在其中插入了一长段运动，而在时间上分离的两个视野中出现同一个对象——也需要约束方程。

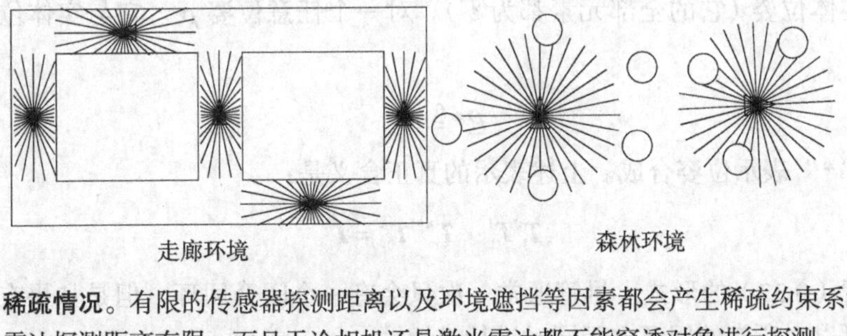

图 9-42 **稀疏情况**。有限的传感器探测距离以及环境遮挡等因素都会产生稀疏约束系统。激光雷达探测距离有限，而且无论相机还是激光雷达都不能穿透对象进行探测

在稀疏环境下，约束方程相对较少，而使用相对位姿能得到计算效率高的公式表达。在利用相对位姿来表示几何形状时，我们可以接受一些附加（冗余的）自由度，并用类似方程（9.37）的形式来单独表达对它们施加的约束。

2）**满足强制约束的位姿变形**。对一致性地图构建而言，重要的是再次思考多种先验决
627 策，来消除定位漂移的影响。从相对位姿的角度来思考，该问题会变得相对容易一些。假设我们有 n 个相对位姿，把 n+1 个坐标系中的每一个，按顺序与其前一个坐标系相关联。

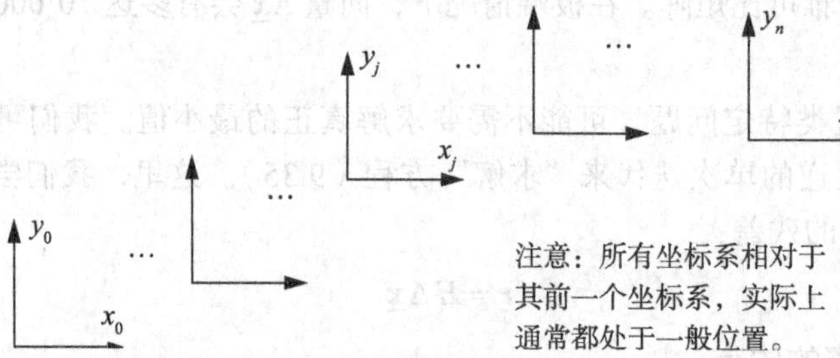

y_0
x_0
y_j
x_j
y_n
x_n
注意：所有坐标系相对于其前一个坐标系，实际上通常都处于一般位置。

图 9-43 **位姿序列扭曲的设置**。多个相对位姿顺序组合在一起，产生坐标系 0 ~ n 的整体相对位姿

再进一步假设：第一个坐标系相对于最后一个坐标系的关系，肯定存在某种程度的误差。位姿序列变形问题是通过改变所有的中间位姿，而校正复合位姿 $\underline{\rho}_n^0$。我们需要一个表达式，来说明每一个自由度的微小变化如何影响最后一个坐标系相对于第一个坐标系的位姿。

我们可以按照本书第 2 章介绍的内复合位姿雅可比矩阵的形式写出全微分方程：

$$\Delta\underline{\rho}_n^0 = \left[\frac{\partial \underline{r}_n^0}{\partial \underline{\rho}_1^0} \cdots \frac{\partial \underline{r}_n^0}{\partial \underline{\rho}_n^{n-1}}\right]\begin{bmatrix}\Delta\underline{\rho}_1^0 \\ \vdots \\ \Delta\underline{\rho}_n^{n-1}\end{bmatrix} \tag{9.38}$$

这是一个欠定系统，可以用右广义逆方法进行求解：

$$\Delta\underline{\rho} = \boldsymbol{J}^{\mathrm{T}}\left[\boldsymbol{J}\boldsymbol{J}^{\mathrm{T}}\right]^{-1}\Delta\underline{\rho}_n^0 \tag{9.39}$$

628 该公式可迫使地图遵守某外部标定准则，以确定物体应该处的位置。它的一个特例是最相关，即当位姿 $\underline{\rho}_n^0$ 与一个应该闭合的回环相关联时，我们应有如下约束：

$$\underline{\rho}_1^0 * \underline{\rho}_2^1 \cdots \underline{\rho}_n^{n-1} * \underline{\rho}_0^n = \underline{\mathbf{0}} \tag{9.40}$$

其中 $\underline{\mathbf{0}}$ 表示实体位姿（它的全部元素都为零）。对一个任意位姿 $\underline{\rho}$，它与实体位姿合成将产生初始位姿：

$$\underline{\rho} * \underline{\mathbf{0}} = \underline{\rho} \tag{9.41}$$

其中运算符“*”表示位姿合成。上述表示的真正含义是：

$$\boldsymbol{T}_1^0\boldsymbol{T}_2^1\cdots\boldsymbol{T}_n^{n-1}\boldsymbol{T}_0^n = \boldsymbol{I} \tag{9.42}$$

这是方程（9.37）的形式。尽管通常一次只会有一个闭合回环，但是如果有多个回环发生闭合，也可以对所有的回环方程同时进行求解。

在很多情况下，由于初始数据的局部光滑程度很好，以至于只需执行强制回环即可——而没有必要最小化地图残差。另一方面，对于大型稀疏问题，最小残差所需的额外计算是微不足道的。

5. 约束优化

我们也可以同时执行优化和施加约束[34]。该问题的公式化描述是同时满足方程（9.34）和方程（9.37）：

$$\text{最小化：} f(\underline{x}) = \frac{1}{2} r(\underline{x})^{\mathrm{T}} r(\underline{x}) \qquad (9.43)$$

$$\text{约束条件：} \underline{g}(\underline{x}) = \underline{b}$$

反之，也可以把残差 $z(\underline{x}) = \underline{b} - \underline{g}(\underline{x})$ 添加到特征残差 $f(\underline{x})$ 的后面，并以某种特定方式进行加权，这样，求得的解也会减少约束残差。这是求解该问题的*惩罚函数法*。

6. 应用实例：用地面栅格图像作为地图

AGV 导航系统是基于地面图像的一致栅格地图来设计的。本章前面已经介绍过依次对准所获图像的原理。当构建地图的车辆跟随的导航路径包含回环时，由于里程计误差的积累，回环无法正确闭合。然而使用上述技术，可以将数千幅图像拼接形成一个一致性地图（如图 9-44 所示）。

7. 应用实例：大型激光雷达地图

对短期运动计算和建筑物墙壁地图构建，激光雷达扫描匹配是一种非常有效的技术[31]。安装在杂货店里的移动自助服务终端，可以帮助顾客找到所需要的商品。它基于由大约 10 000 629
幅图像生成的杂货店激光雷达地图来实现导航。雷达数据会产生大量的重叠区域，以及非常密集的系数矩阵。不过，仅在通道尽头出现了重要的回环。对序列图像进行对准，而只对主要回环进行求解，即可产生如图 9-44 所示的结果。

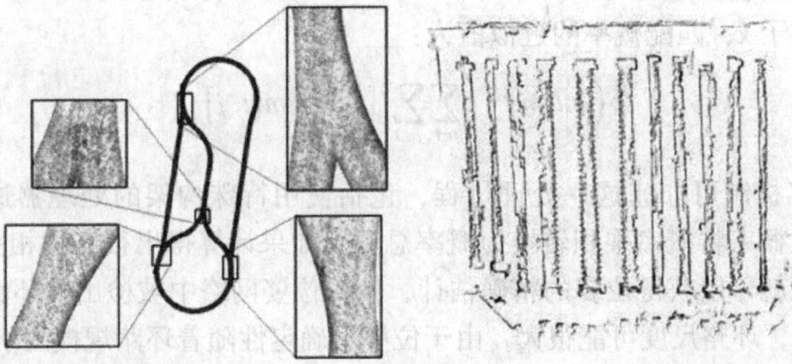

图 9-44 **全局一致图像网络**。（左图）成千上万幅图像拼接成一个一致性地图，其中只涉及三个回环约束；（右图）经过几秒钟的计算以后，10 000 幅雷达激光图像呈现出全局一致性，还有更多的回环需要闭合

9.3.3 回访检测

上一节介绍的方法可以用来构建一个在线 SLAM 系统，前提是系统可以在线识别出它已经返回到一个以前曾经光顾过的位置。这就是*回访问题*，而该问题也是 SLAM 的核心。近年来，针对该问题，已经发展出了一些有效的解决方案。本节内容将对其中的两种方法进行总结。

1. 问题

因为都没有用来初始化系统的训练阶段，所以回访问题与非监督对象识别很相近。一般来说，回访问题中的许多挑战与对象识别有关。其中之一是将与某位置相关的数据简化为一个特征标识，该特征标识足够小以便于快速比较，而且足够清晰，使其能够被可靠识别。如果允许离线进行位置识别，那么这种权衡就没有那么大的难度了。

无论什么解决方案，似乎都不得不把每一幅图像与之前所有的历史图像进行检测，以查看是否存在匹配关系。随着需要匹配的规模越来越大，问题的难度也会变得越来越大。位置估计及其不确定性可用来减少匹配的搜索量。

如果多个实际位置看起来都是一样的（存在歧义），那么就存在另一个增加问题难度的因素。在这种情况下，当把一幅图像与位置标签相比对时，如果它不够独特，那么就需要把它与邻域的整个子地图进行匹配。

630 对该问题而言，使用不变特征的重要性与在对象识别中一样。在视频图像中，当沿四个主方向中的任意一个穿过十字路口时，在前置相机中都产生完全不同的建筑物侧面图像。在这种情况下，全向检测会有帮助，因为在沿一个方向移动的过程中，它至少可以能同时观测到所有的方向。

2. 应用实例：激光雷达回访

在室内场景中，环境的二维空间表示就足以满足多种应用场合的需要，而平面激光雷达传感器可有效检测物体。水平扫描的激光雷达可感测墙面和家具，进而构建地图。随着机器人的运动，把最新数据与先前构建的地图定时地进行比较，可以对之前刚刚在视野中出现过的局部场景进行检测。假设用概率栅格来表示地图。它是一个栅格单元数组 $m(i, j)$，其中存储了各栅格被反射激光的物体所占用的概率。

检测回访的一个简单方法是：当机器人穿过位姿不确定区域内时，把最新的一些扫描数据转换为局部地图 $l(i, j)$，然后确定该局部地图与永久地图的关联关系 [29]（如图 9-45 所示）。对于某特定比例因子 k，匹配概率的近似值为：

$$p\left(\rho|l,m\right)=k\sum_{i\in I}\sum_{j\in J}l\left[\rho,i,j\right]m\left[i,j\right]$$

目前，有很多机制可加速这一处理过程，包括使用特殊构架的处理器进行图像相关计算，以及利用对数概率将概率乘积转换为概率总和。如果计算得出很高的相关性，那么激光雷达扫描匹配算法就可以获得位姿的精确估计，使得位姿网络中被检出的环路发生闭合。

在户外环境中，环路尺度可能很大，由于位姿不确定性随着环路规模的不断扩大而增加，而导致无法完成图像的相关性计算。在这种情况下，与前述信号匹配方法相比，基于特征的方法更适用。激光雷达数据具有这样的性质，即尽管对几何形状的采样密度依赖于距离，但几何形状本身则与距离无关。因此，对局部几何形状的描述是视点不变特征的一种理想选择。

631 下面这种方法已经成功地证明，它能在几十千米的范围内发挥良好的作用 [25]。首先对激光雷达扫描数据进行处理，从而找出被称作关键点的特征，当从不同位置观察同一区域时，可以反复发现这些特征。例如，室外的高曲率点等效于房间内的各转角。针对每个关键点的所有邻近点，计算（距关键点的距离）加权直方图，来确定这些点的共同表面法线方向，作为所有近邻点的共同法线方向。

因为可以从扫描数据中反复提取关键点的位置和方向，所以这些关键点就建立了一个局部坐标系统。一旦找到一个关键点，就将其周围的正方形区域转换成一个栅格，然后计算每个落入该栅格中的点的二阶矩。把这种二阶矩作为描述子，与新输入数据的关键点描述子进行比较，来尝试检测回环。

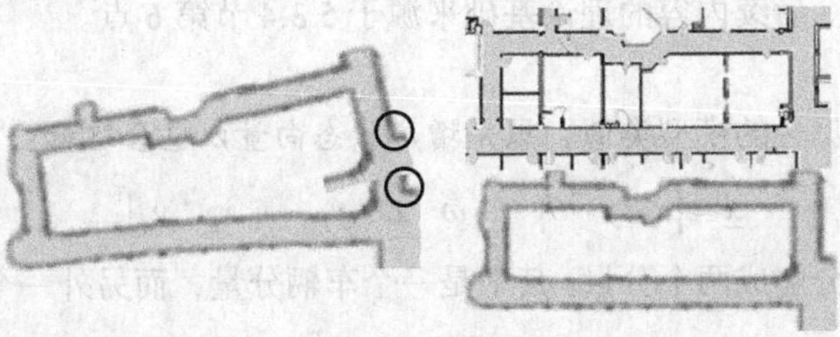

图 9-45 **与检测回环相关的概率栅格**。（左图）当机器人返回至其起始位置，最新数据与地图之间的相关性计算会生成匹配关系；（右图）地面规划图和正确的地图。该图来自于参考论文 [28]

3. 应用实例：视频信息的回访

与距离数据相比，虽然视频数据通常包含更加丰富的信息，但视频识别在很多方面存在更大的难度。在相机图像中，物体的尺寸大小取决于相机到物体之间的距离，同时，相机图像还受物体的透视投影几何形状以及环境光强等因素的影响。

不过，近几年，在设计不受缩放比例、旋转和光照强度等影响的特征方面，已经取得了很大的进展。*尺度不变特征变换*（SIFT）是一个最新的例子 [30]。它首先找到关键点的位置和方向，然后从局部邻域提取一个描述子向量，从而将图像简化为一组最显著的特征。

移动机器人通常不需要 SIFT 中的所有不变特征，因为其方位通常基本上都是固定的，而且在多次访问时，机器人到特征的距离也不会发生太大变化。一种非常有效的方法是使用哈里斯角点检测算子来定位关键点 [27]，然后使用 SIFT 描述子对信号内容进行编码。针对特征周围的 $n \times n$ 个像素区块的 $k \times k$ 数组（如图 9-46 所示，其中的 $k = 2$ 且 $n = 4$），以方向直方图（每个直方图有 8 个方向）的形式计算得到 SIFT 描述子。当 $k = 4$ 时，可得到一个 $16 \times 8 = 128$ 维的特征向量。

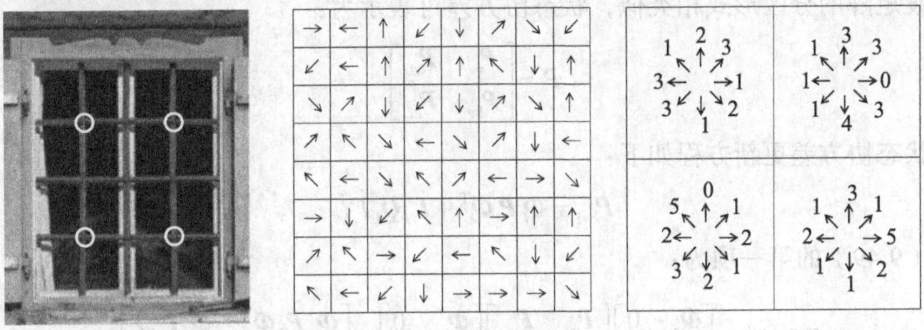

图 9-46 **位置识别的 SIFT 特征**。哈里斯角点检测算子能检测到许多角点，包括如上图所示的 4 个角点，然后计算特征周围区域的沿梯度方向的直方图，获得 SIFT 描述子，上图给出了描述一个 4×4 像素区块梯度直方图的 2×2 数组

9.3.4 离散路标的 EKF SLAM

现在我们考虑离散路标而非图像的情况。本节将介绍一种基于路标点的扩展卡尔曼滤波

632 （EKF）SLAM[32]。在此，我们只需要简要地讨论这个主题。因为我们已经在前面以预备知识的形式，对多数相关内容作过详细介绍。一般情况下，我们假设传感器可以同时测量到地标的方位和距离，不过对于那些只能测量方位或者只能测量距离的传感器，其对应的 SLAM 原理实际上非常相似。后续内容的理论基础来源于 5.3.4 节第 6 点。

1. 系统模型

系统模型与之前见过的模型类似，只是增广状态向量以包含路标：

$$\underline{x}=\begin{bmatrix}x & y & \theta & v & \omega & x_1 & y_1 & \cdots & x_n & y_n\end{bmatrix}^{\mathrm{T}} \tag{9.44}$$

我们将状态向量分解成两个分量：其中是一个车辆分量，而另外一个是路标分量。因此：

$$\underline{x}=\begin{bmatrix}\underline{x}_v^{\mathrm{T}} & \underline{x}_L^{\mathrm{T}}\end{bmatrix}^{\mathrm{T}} \tag{9.45}$$

下标 v 和 L 分别用于后续关联矩阵。然后，系统动力学用下列方程加以增广，这些方程表明地标是固定的：

$$\dot{\underline{x}}_L=\frac{\mathrm{d}}{\mathrm{d}t}\left(\begin{bmatrix}x_1 & y_1 & \cdots & x_n & y_n\end{bmatrix}\right)^{\mathrm{T}}=\underline{\boldsymbol{0}} \tag{9.46}$$

根据上述过程推导出的过渡矩阵，在对角线上包含有表示路标处于静止状态的附加矩阵。很显然，也可以用移动物体代替静止不动的路标，只不过在这里就变成了对它们进行预测运动追踪。

2. 状态协方差传播

严格地说，路标的不确定性不一定随时间推移而不断增加。可以把一个恒定的微小过程噪声添加到矩阵 $\boldsymbol{P}$ 而不是矩阵 $\boldsymbol{Q}$ 中，因为在每次循环时，矩阵 $\boldsymbol{Q}$ 的所有元素都会被加到矩阵 $\boldsymbol{P}$ 中。不过，如果系统存在偏差，出于实际考虑，也可以在矩阵 $\boldsymbol{Q}$ 中添加一个小的生长因子。协方差的更新可以非常高效——当路标的数量很大时，这一点尤为重要。过渡矩阵为：

$$\boldsymbol{\Phi}=\begin{bmatrix}\boldsymbol{\Phi}_{vv} & 0\\ 0 & \boldsymbol{I}\end{bmatrix} \tag{9.47}$$

与过渡矩阵的分区形式相类似，状态协方差可表示为：

$$\boldsymbol{P}=\begin{bmatrix}\boldsymbol{P}_{vv} & \boldsymbol{P}_{vL}\\ \boldsymbol{P}_{Lv} & \boldsymbol{P}_{LL}\end{bmatrix} \tag{9.48}$$

回顾状态协方差更新方程如下：

633

$$\boldsymbol{P}_{k+1}^{-}=\boldsymbol{\Phi}_k\boldsymbol{P}_k\boldsymbol{\Phi}_k^{\mathrm{T}}+\boldsymbol{\Gamma}_k\boldsymbol{Q}_k\boldsymbol{\Gamma}_k^{\mathrm{T}} \tag{9.49}$$

方程（9.49）的第一项为：

$$\boldsymbol{\Phi}_k\boldsymbol{P}_k\boldsymbol{\Phi}_k^{\mathrm{T}}=\begin{bmatrix}\boldsymbol{\Phi}_{vv} & 0\\ 0 & \boldsymbol{I}\end{bmatrix}\begin{bmatrix}\boldsymbol{P}_{vv} & \boldsymbol{P}_{vL}\\ \boldsymbol{P}_{Lv} & \boldsymbol{P}_{LL}\end{bmatrix}\begin{bmatrix}\boldsymbol{\Phi}_{vv}^{\mathrm{T}} & 0\\ 0 & \boldsymbol{I}\end{bmatrix}=\begin{bmatrix}\boldsymbol{\Phi}_{vv}\boldsymbol{P}_{vv}\boldsymbol{\Phi}_{vv}^{\mathrm{T}} & \boldsymbol{\Phi}_{vv}\boldsymbol{P}_{vL}\boldsymbol{I}\\ \boldsymbol{I}\boldsymbol{P}_{Lv}\boldsymbol{\Phi}_{vv}^{\mathrm{T}} & \boldsymbol{I}\boldsymbol{P}_{LL}\boldsymbol{I}\end{bmatrix} \tag{9.50}$$

其中的每个元素分别为：

$$\underset{(n\times n)}{\boldsymbol{P}_{vv}}=\underset{(n\times n)}{\boldsymbol{\Phi}_{vv}}\underset{(n\times n)}{\boldsymbol{P}_{vv}}\underset{(n\times n)}{\boldsymbol{\Phi}_{vv}^{\mathrm{T}}}\qquad \underset{(n\times m)}{\boldsymbol{P}_{vL}}=\underset{(n\times n)}{\boldsymbol{\Phi}_{vv}}\underset{(n\times m)}{\boldsymbol{P}_{vL}}$$

当路标的数量很大时，这种分区形式的效率会比方程（9.49）得到数量级的提升。

过程噪声分布的第二项可分区表示为：

$$\boldsymbol{\Gamma}=\begin{bmatrix}\boldsymbol{\Gamma}_{vv} & 0\\ 0 & \boldsymbol{I}\end{bmatrix}$$

过程噪声为：

$$\boldsymbol{Q}=\begin{bmatrix}\boldsymbol{Q}_{vv} & 0\\ 0 & 0\end{bmatrix}$$

方程（9.49）中的第二项为：

$$\boldsymbol{\Gamma}_k\boldsymbol{Q}_k\boldsymbol{\Gamma}_k^{\mathrm{T}}=\begin{bmatrix}\boldsymbol{\Gamma}_{vv} & 0\\ 0 & \boldsymbol{I}\end{bmatrix}\begin{bmatrix}\boldsymbol{Q}_{vv} & 0\\ 0 & 0\end{bmatrix}\begin{bmatrix}\boldsymbol{\Gamma}_{vv}^{\mathrm{T}} & 0\\ 0 & \boldsymbol{I}\end{bmatrix}=\begin{bmatrix}\boldsymbol{\Gamma}_{vv}\boldsymbol{Q}_{vv}\boldsymbol{\Gamma}_{vv}^{\mathrm{T}} & 0\\ 0 & 0\end{bmatrix}$$

该计算完全与路标的数量无关。完整的分区状态协方差更新方程为：

$$\begin{aligned}\boldsymbol{P}_{vv}&=\boldsymbol{\Phi}_{vv}\boldsymbol{P}_{vv}\boldsymbol{\Phi}_{vv}^{\mathrm{T}}+\boldsymbol{\Gamma}_{vv}\boldsymbol{Q}_{vv}\boldsymbol{\Gamma}_{vv}^{\mathrm{T}}\\ \boldsymbol{P}_{vL}&=\boldsymbol{\Phi}_{vv}\boldsymbol{P}_{vL}\end{aligned}\tag{9.51}$$

3. 测量模型

测量模型已在本书的第 5 章介绍过，但为了方便起见，在此处再重复一遍：

$$\begin{aligned}&\underline{\boldsymbol{r}}_d^s=\boldsymbol{T}_b^s*\boldsymbol{T}_w^b\left(\underline{\boldsymbol{\rho}}_b^w\right)*\boldsymbol{T}_m^w\left(\underline{\boldsymbol{r}}_m^w\right)*\underline{\boldsymbol{r}}_d^m\\ &\underline{\boldsymbol{z}}_{\text{sen}}=f\left(\underline{\boldsymbol{r}}_d^s\right)=\begin{bmatrix}a\tan\left(y_d^s/x_d^s\right)\\ \sqrt{\left(x_d^s\right)^2+\left(y_d^s\right)^2}\end{bmatrix}\\ &\boldsymbol{H}_x^z=\left(\frac{\partial\underline{\boldsymbol{z}}}{\partial\underline{\boldsymbol{\rho}}_d^s}\right)\left(\frac{\partial\underline{\boldsymbol{\rho}}_d^s}{\partial\underline{\boldsymbol{\rho}}_d^b}\right)\left(\frac{\partial\underline{\boldsymbol{\rho}}_d^b}{\partial\underline{\boldsymbol{\rho}}_b^w}\right)=\boldsymbol{H}_{sd}^z\boldsymbol{H}_{bd}^{sd}\boldsymbol{H}_x^{bd}\\ &\boldsymbol{H}_{wm}^z=\left(\frac{\partial\underline{\boldsymbol{z}}}{\partial\underline{\boldsymbol{\rho}}_d^s}\right)\left(\frac{\partial\underline{\boldsymbol{\rho}}_d^s}{\partial\underline{\boldsymbol{\rho}}_d^b}\right)\left(\frac{\partial\underline{\boldsymbol{\rho}}_d^b}{\partial\underline{\boldsymbol{\rho}}_d^w}\right)\left(\frac{\partial\underline{\boldsymbol{\rho}}_d^w}{\partial\underline{\boldsymbol{\rho}}_m^w}\right)=\boldsymbol{H}_{sd}^z\boldsymbol{H}_{bd}^{sd}\boldsymbol{H}_{wd}^{bd}\boldsymbol{H}_{wm}^{wd}\end{aligned}\tag{9.52}$$

634

4. 高效实现

对于 SLAM，经常会有一个数据帧中只观测到数百个路标中的一个或少数几个路标的情况。分区能够再次提高该处理过程的效率。

1）**不确定性预测**。再次使用扩展卡尔曼滤波中的卡尔曼增益方程：

$$\boldsymbol{K}_k=\boldsymbol{P}_k^-\boldsymbol{H}_k^{\mathrm{T}}\left[\boldsymbol{H}_k\boldsymbol{P}_k^-\boldsymbol{H}_k^{\mathrm{T}}+\boldsymbol{R}_k\right]^{-1}$$

把一个单独的测量值结合到状态估计中，则矩阵 $\boldsymbol{R}$ 为一个标量：

$$\boldsymbol{R}=[r]$$

把测量投影到几个含有非零系数的状态上，那么预测测量的不确定性为：

$$\boldsymbol{H}_k\boldsymbol{P}_k^-\boldsymbol{H}_k^{\mathrm{T}}$$

例如，假设矩阵 $\boldsymbol{H}$ 中有两个非零元素，可将其重写为各自投影到一个状态上的两个矩阵之和：

$$\boldsymbol{H}=\boldsymbol{H}_1+\boldsymbol{H}_2$$

于是，不确定性变成：

$$\left(\boldsymbol{H}_1+\boldsymbol{H}_2\right)\boldsymbol{P}_k^-\left(\boldsymbol{H}_1+\boldsymbol{H}_2\right)^{\mathrm{T}}=\boldsymbol{H}_1\boldsymbol{P}_k^-\boldsymbol{H}_1^{\mathrm{T}}+\boldsymbol{H}_2\boldsymbol{P}_k^-\boldsymbol{H}_1^{\mathrm{T}}+\boldsymbol{H}_1\boldsymbol{P}_k^-\boldsymbol{H}_2^{\mathrm{T}}+\boldsymbol{H}_2\boldsymbol{P}_k^-\boldsymbol{H}_2^{\mathrm{T}}$$

由于 $\boldsymbol{P}$ 的对称性，上式中的第二项和第三项互逆。这一结论表明：有 4 个分量矩阵可用于协方差更新，且这些矩阵的形式都非常简单。假设测量值是标量，如果矩阵 $\boldsymbol{H}_1$ 中有 s 个元素为非零量，而矩阵 $\boldsymbol{H}_2$ 中有 t 个元素是非零量，那么下列 4 个表达式都是标量：

$$\boldsymbol{H}_1\boldsymbol{P}_k^-\boldsymbol{H}_1^{\mathrm{T}}=\boldsymbol{P}_{ss}$$

$$\boldsymbol{H}_2\boldsymbol{P}_k^-\boldsymbol{H}_1^{\mathrm{T}}=\boldsymbol{H}_1\boldsymbol{P}_k^-\boldsymbol{H}_2^{\mathrm{T}}=\boldsymbol{P}_{st}$$

$$\boldsymbol{H}_1\boldsymbol{P}_k^-\boldsymbol{H}_1^{\mathrm{T}}=\boldsymbol{P}_{tt}$$

在存在 m 个非零系数的更一般情况下，矩阵 $\boldsymbol{P}$ 中有 m 个对角元素和 $m\,(m-1)$ 个非对角元素（其系数为 2），将这两部分相加，则总计算成本为 m^2 次。

与直接使用矩阵乘法相比，这种计算更加有利。如果在状态向量中存在 n 个元素，那么 $\boldsymbol{p}_k^-\boldsymbol{H}_k^{\mathrm{T}}$ 需要 n^2 次运算来生成一个列向量，而计算 $\boldsymbol{H}_k\boldsymbol{P}_k^-\boldsymbol{H}_k^{\mathrm{T}}$ 的积需要额外的 n 次运算，因此总共需要 $n(n+1)$ 次运算。如果 $m<<n$ 成立，那么上述技术就值得我们为之付出努力。

635　2）**卡尔曼增益**。根据上述结论，计算卡尔曼增益所需要的计算为：

$$\boldsymbol{P}_k^-\boldsymbol{H}_k^{\mathrm{T}}=\boldsymbol{P}_k^-\left(\boldsymbol{H}_1+\boldsymbol{H}_2\right)^{\mathrm{T}}$$

根据之前的分析，该计算需要为矩阵 $\boldsymbol{p}_k^-$ 添加第 s 列和第 t 列，这是一个 n 阶运算。对于个 m 非零系数，其运算代价为 mn，而一个简单的矩阵乘法需要 n^2 次运算。

3）**不确定性传递**。矩阵的不确定性传递需要计算 $\boldsymbol{K}(\boldsymbol{HP})$。如果矩阵 $\boldsymbol{H}$ 中有 m 个非零元素，那么矩阵 $\boldsymbol{HP}$ 的乘积是一个行向量，这可以通过 mn 个运算，而非 n^2 个运算（通过添加矩阵 $\boldsymbol{P}$ 中的 m 个相关行）完成估计。矩阵 $\boldsymbol{K}(\boldsymbol{HP})$ 的乘积是一个外积，假设两个向量都是完全填充的，则需要进行 n^2 次运算。

最后一步是计算 $\boldsymbol{P}=\boldsymbol{P}-\boldsymbol{K}(\boldsymbol{HP})$，这需要 n^2 次运算，除非我们有 $\boldsymbol{K}(\boldsymbol{HP})$ 中非零元素的显式列表，列表项（i, j）是那些 $\boldsymbol{K}_i$ 和 $(\boldsymbol{HP})_j$ 都不为零的对。这两个向量都是根据矩阵 $\boldsymbol{P}$ 的各行或各列的总和推导出来的，因此，除非有不相关状态，向量中将不存在非零元素。

9.3.5　应用实例：激光反射器的自动探测

本小节介绍一些在 SLAM 的具体应用中通常会出现的实际问题。在最一般的情形下，基于点路标的 SLAM 需要探测路标并对其进行跟踪。根据测量向量的维度大小，通常需要对新路标进行一到两次测量，以获得路标的位置估计。为了确认路标位置，建议多观测几次。

工厂的 AGV 通常使用激光导航系统，该系统利用特意安装的反射器作为路标。可以用一个称作全站仪的设备或其他方法预先测量这些反射器的位置。但是一般来说，对工厂而言最好能避免测量这项支出。事实证明：如果给定两个路标的精确位置，那么，其余的路标都可以由 SLAM 自动定位至厘米级精度。

我们可以做到驱动机器人在工厂内的运动，并同时利用激光导航系统自身来探测反射器的位置。我们假设事先已经知道路标的数量及其大致分布位置。

1. 初始化

SLAM 可以出测量路标网络的形状，但无法测量路标在空间中的绝对位置。可以证明：在生成地图中路标的不确定性受限于初始条件的不确定性。换句话说，地图的定位误差绝对不会比机器人初始位置的误差更好。

有几种方法可以处理这种情况。一种方法是：利用机器人的初始位置作为原点。当工厂里的其他物品相对于建筑物坐标系的位置已知时，这种方法可能行不通。作为替代，如果能够从预先测定的路标位置中提取三个强约束，那么就可以相对准确地确定地图的其他部分。如果没有这样的约束条件，还可调整任意两个路标的不确定性，分别把它们作为原点和 x 轴方向（假设它们之间的距离可以精确测量），然后让所有其他路标相对于它们进行定位。这样的处理将有助于问题的解决。图 9-47 中的例子，采用的就是这种处理方法。 636

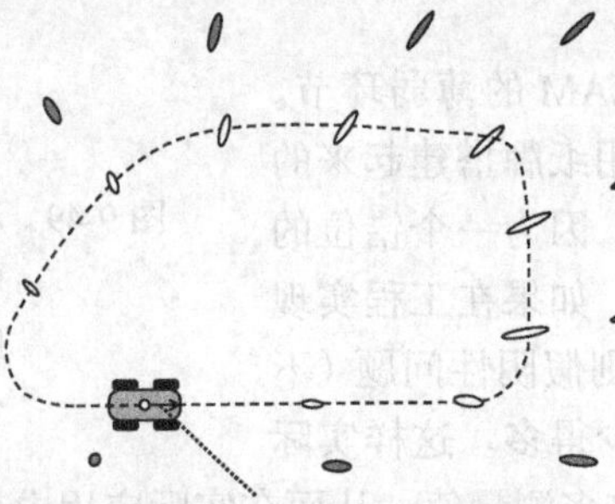

图 9-47　SLAM 中的误差相关。在仅能测量方向的 SLAM 中，由于无法测量相对于路标的距离，所以距离定位的精度很差。当机器人靠近路标点时，其自身位姿在测量方向上的不确定性类似于周围路标点的不确定性。位姿误差和路标误差随着距初始位置距离的增加而增大

当认为两个路标点已知时，在 $\boldsymbol{P}$ 矩阵中获得的相关性就如图 9-47 一样直接可见。实际上，每一个路标的不确定性与其被机器人看到时，机器人的不确定性是一样的，在指向原点的直线方向上不确定性略有增加；而在原点位置处，由于观测到两个明确已知的路标点，所以机器人的位置很精确。

2. 数据关联

一般情况下，尤其是只能观测方位时，机器人很难在收到回波时，判定信号是由哪个反射器反射的。测量关联的合理性检测应该包括判定路标的反射面是否朝向机器人，但仅此还不够。可以在任意两个反射器之间定义一条直线，而机器人最终应该在这条直线上。

当把发生重叠的不确定性椭圆投射到传感器空间（方位）时，可能会无法获得读数之间的明确关联关系，因而也就无法确定路标点的位置（如图 9-48 所示）。

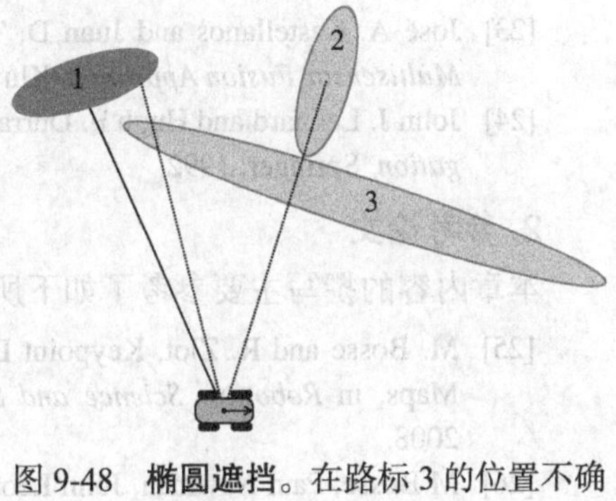

图 9-48　椭圆遮挡。在路标 3 的位置不确定的情况下，就无法定位图中的路标 2

不过，在第 5 章中讨论的校验增益技术能够有效地解决模糊性问题或判定问题无解。后面的例子简单地忽略了这样的测量。

3. 角度调整

对于只测量方位的传感器，当机器人从一个狭窄的视角范围内观测反射器时，无法很好地确定反射器沿激光方向的位置。不过，沿激光方向定位精确的丧失，并不会对机器人的位姿产生负面影响。因为激光导航系统仅对反射器的方位进行测量，而方位并不随反射器沿激 637

光线方向的位置变化而变化（如图 9-49 所示）。

换句话说，不敏感性使得系统难以确定路标沿某特定方向上的位置，而它也同样使机器人的位置对其不敏感。敏感性的这两个方面，如同一枚硬币的两个面，各有利弊。只有当机器人在大跨度的视角变化中，观测到距离不正确的反射器时，才能很好地校正反射器距离。

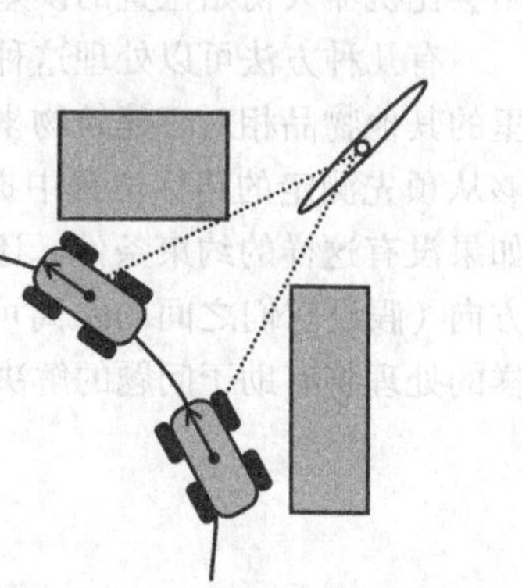

图 9-49 **不良的观测条件**。如果从路标能够观察到的车辆位置之间的角度跨度很小，那么对路标的精确定位的能力就会降低

4. 脆弱性

数据关联是卡尔曼滤波 SLAM 的薄弱环节。其整个算法可以被比喻成一座用纸牌搭建起来的房屋，像空中楼阁一样不可靠，因为一个错位的正相关就可能导致发散。不过，如果在工程实现中，提高观测器的刷新频率，则假阴性问题（不使用本可以使用的数据）就会少得多。这样实际系统会表现得保守，并排除了许多测量值，从而在实际应用中变得很鲁棒。

我们知道卡尔曼滤波中的误差被认为是*无偏差的*。因此，任意规模的系统误差都会导致滤波发散。时间延迟、尺寸不正确、车轮半径以及许多其他影响因素都会引起系统误差，从而导致偏差的出现。系统工程设计的部分工作就是确定这些误差的主要来源，从而预先消除这些误差源，或者作为系统运行的一部分，专门设计过滤器来识别它们。

9.3.6 参考文献与延伸阅读

1. 参考书目

Leonard 的书或许是最早介绍有关机器人地图构建的书籍——它专注于使用声呐进行探测。Castellanos 著写的书提供了更现代的利用激光和相机感测的技术。

[23] José A. Castellanos and Juan D. Tardós, *Mobile Robot Localization and Map Building: A Multisensor Fusion Approach,* Kluwer, 1999.

[24] John J. Leonard and Hugh F. Durrant-Whyte, *Directed Sonar Sensing for Mobile Robot Navigation,* Springer, 1992.

638

2. 参考论文

本章内容的撰写主要参考了如下所示的这些论文：

[25] M. Bosse and R. Zlot, Keypoint Design and Evaluation for Place Recognition in 2D Lidar Maps, in *Robotics: Science and Systems Conference, Inside Data Association Workshop,* 2008.

[26] M Bosse, Paul Newman, John Leonard, and Seth Teller, Simultaneous Localization and Map Building in Large-Scale Cyclic Environments Using the Atlas Framework, *International Journal of Robotics Research,* Vol. 23, No. 12, pp. 1113–1139, Dec. 2004.

[27] M. Cummins and P. Newman, Probabilistic Appearance Based Navigation and Loop Closing, In *Proceeding of the IEEE International Conference on* Robotics and Automation, 2007.

[28] J.S. Gutmann and K. Konolige, Incremental Mapping of Large Cyclic Environments, In *IEEE International Symposium on Computational Intelligence in Robotics and Automation,* pp. 318–325, 1999.

[29] Kurt Konolige, Markov Localization Using Correlation, In *Proceedings of the International Joint Conference on Artificial Intelligence (IJCAI),* 1999.

[30] D. G. Lowe, Object Recognition from Local Scale-Invariant Features, In *International Conference on Computer Vision,* Vol. 2, pp. 1150–1157, 1999.

[31] F. Lu and E. Milios, Globally Consistent Range Scan Alignment for Environment Mapping, *Autonomous Robots*, Vol. 4, No. 4, pp. 333–349, April 1997.

[32] M. W. M. G. Dissanayake, P. Newman, S. Clark, H. F. Durrant-Whyte and M. Csorba, A Solution to the Simultaneous Localization and Map Building (SLAM) Problem, *IEEE Transactions on Robotics and Automation,* Vol. 17, No. 3, pp. 229–241, June 2001.

[33] S. Thrun and M. Montemerlo, The Graph SLAM Algorithm with Applications to Large-Scale Mapping of Urban Structures, *International Journal of Robotics Research,* Vol. 25, no. 5–6, pp. 403–429, May 2006.

[34] R. Unnikrishnan, and A. Kelly, A Constrained Optimization Approach to Globally Consistent Mapping, in *Proceedings of the International Conference on Intelligent Robots and System,* 2002.

9.3.7 习题

SLAM 的有效路标

推导一个浮点运算（触发器）公式，计算 $\boldsymbol{C}=\boldsymbol{AB}$，其中 $\boldsymbol{C}$ 为 $m\times n$，$\boldsymbol{A}$ 为 $m\times 1$，$\boldsymbol{B}$ 为 $l\times n$。基于该结论，请证明：对于 5 种车辆状态和 200 个路标，方程（9.50）所需的计算处理量比方程（9.49）的第一项要少 1000 倍。 639

第 10 章

运动规划

本章将介绍第 1 章首次提到过的审慎自主层级的实现方法。运动规划关注的是对某项具体任务进行决策，而决定到达哪个目标位置只是其中的一个特例。运动规划的核心是预测模型，它将候选行为映射至相应的结果。同样重要的是运动规划的搜索机制，因为在任意时间点，往往存在很多可替代的其他行为需要评估。

规划器针对未来将出现的未知状况，在一定程度上进行前瞻性预测。在预测未来的计算代价与系统的运算性能之间，存在一个重要的权衡折中问题。对于机器人而言，除了感知以外，它的运动规划行为留给我们的印象最为深刻。在一个给定的足够准确的环境模型中，现在的运动规划技术能够在相对较短的时间内，及时解决那些令我们人类望而生畏的极具挑战性的难题。（图 10-1）

图 10-1 **破碎机机器人**。破碎机机器人曾在美国各地的军事基地进行了为期数年的测试。该机器人的规划器基于 D* 算法，在相距几公里的两个路标点之间的自然地形上定时规划路径

10.1 引言

运动规划的相关过程包括*深思熟虑*和*预测*，并且常常伴随着*优化*。这些过程对应的含义分别如下所示：

640 • 深思熟虑：考虑未来将发生的许多可能的动作序列；

• 预测：预测每个序列的结果；

• 优化：基于某种可能的相对优点，选择一个相对最优路径。

对于实际应用的机器人，路径规划总是由负责规划实现的*执行*元件完成。规划过程是仅用来产生响应式反应的响应过程的逆过程。响应式反应过程利用感测手段来决定现在应该做什么，而规划过程利用预测模型来决定现在和以后应该做什么。规划实际上需要相应的模型来实现预测，因为感知未来是无法实现的。

规划关注的是如何产生需要执行的动作行为序列。在通常情况下，它不考虑时间问题。规划的补充是*调度安排*，这涉及各个动作行为发生的序列和时间，但通常没有明确的空间考虑。*任务规划*致力于为实现更大的目标而生成动作序列的问题，如组装化油器；而*运动规划*关注的是空间运动的产生问题。

运动规划有很多种。*路径规划*能够产生一条从给定位置 A 到给定位置 B 的路径。然而*全覆盖遍历规划*则设法仅仅一次就能够光顾空间中的所有位置，例如修剪草坪。*物理搜索*是

一个过程，其目标的定义不是一个确定的位置，而是一个事件。如果搜索到的目标对象并没有处于移动状态，那么两次光顾相同的空间位置有可能不起任何作用。包括侦察在内的这类问题充满较多变数，多智能体编队系统的运动规划也是如此。

10.1.1 路径规划简介

本章专注于最基本的运动规划问题——路径规划。我们已经讨论了较短时间范围内的路径规划——局部规划，避障和轨迹生成都属于*局部路径规划*问题。本章将讨论更长时间范围内的路径规划，我们称之为*全局路径规划*。

通常，全局路径规划技术“看起来”远远超出了感知视野的范围——在此范围内，当前感知系统能够进行有效感测。这种情况意味着需要使用环境模型（地图），而考虑到有限的内存，模型描述的详细程度又常常受到限制。事实表明，在时间和空间上更加深入地展望未来，会带来另一个重要影响：基于这种规模的环境拓扑结构将更加复杂。例如，为了避开在接下来一公里中遇到的障碍物，会存在相对较多的方法让机器人来回穿梭以实现避障；但从传感器的角度来看，为了避开一棵大树可能只有两种方法，即向左转和向右转。

1. 与预测相关的权衡

预测是规划和响应之间的一个根本区别，预测执行的深入程度是规划系统的一个重要属性。在规划中，展望未来以探明更远的前景，对应于对搜索树进行更深层次的搜索，为此我们称之为*前瞻深度*。进行高深度规划最基本的理由之一，就是为了避免做出灾难性决策。就像我们的日常生活体验一样，对未来进行相对长远的思考规划具有重大意义。如图 10-2 所示，它表明了前瞻性预测有助于机器人更好地避开位于其右侧的箱形峡谷。 641

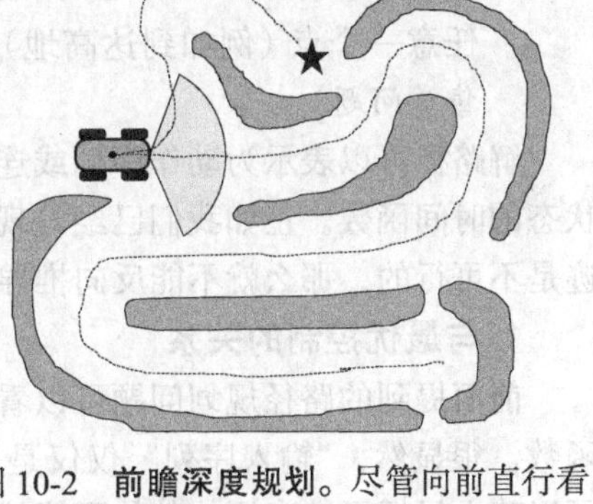

图 10-2 **前瞻深度规划**。尽管向前直行看起来似乎更容易，但对地图深入的前瞻性预测将告知机器人正确的答案：向左移动

然而，如果机器人做出的预测越多，它就将付出越大的时间代价来进行决策。规划通常是一个相当大的挑战，因为其整个处理过程可能非常密集，所以我们经常会在设法保留其深度搜索能力的同时权衡其他因素。

通过使用经简化的假设条件，可以大量减少处理需求，但是以这种方式做出的决策出错的可能性更大。这是对两种可能性的一种权衡折中：一种是由于缺乏深谋远虑而导致错误决策的可能性，另外一种是由不精确的思维方式所引起的错误决策的可能性。同之前一样，这是在有限计算资源的约束条件下，需要做出选择的目标取舍问题：是选择快速解答，还是选择获取理想答案？

2. 运动规划的预测模型

第三个值得关注的权衡折中问题是预测精度。模型很少是完美无缺的，并且随着机器人对未来的研究越来越深入，预测结果也变得相对越来越不准确。有些时候，预测结果是如此不准确，以至于没有增加任何价值。

要预测移动机器人动作行为的后果，通常需要相关实体的模型。这些模型包括：机器人模型（空间体积模型、质量属性模型、运动学模型、动力学模型），环境模型（边坡模型、可通过性全覆盖遍历模型、风险模型），以及相关的对象模型（占有率模型、形状模型、运动模型）。此外，还需要在这些实体之间建立潜在的交互作用模型。这些模型需要包含重量支撑、牵引力、碰撞、遍历代价等方面的考虑因素。

10.1.2 路径规划的系统阐述

对于路径规划，有待考虑的备选可替代方案是空间内的候选通过路径。所考虑的路径通常必须满足一组约束条件：

- 从一个（或几个状态中的一个）可能的启动状态开始：$\underline{\boldsymbol{x}}(t_0)\in \boldsymbol{S}$，其中 $\boldsymbol{S}$ 为一组启动状态。
- 避免任何与障碍物存在交叉（即相撞）的状态，即 $\underline{\boldsymbol{x}}(t_0)\notin \boldsymbol{O}$，其中的 $\boldsymbol{O}$ 表示一组与障碍物有交叉（即相撞）的状态。能够避免上述状况的路径被称为*可接受路径*，而那
642 些不能避免上述状况的路径被称为*不可接受路径*。
- 当到达一个（或多个目标状态中的一个，或全部目标状态）可能的目标状态时，结束路径规划：$\underline{\boldsymbol{x}}(t_f)\in \boldsymbol{G}$，其中 $\boldsymbol{G}$ 表示一组目标状态。或许问题可归结为寻找其中的一个点（*钢琴搬运工问题*，即当障碍物和机器人都是多面体的时候），到达多个点中的任意一个点（例如到达高地），或者访问一次旅行中的所有点（TSP 问题，即*旅游销售员问题*）。

解路径可以表示为动作序列或连续输入的时间函数，或者可以表示为状态序列或者连续状态的时间函数。正如我们已经发现的，状态通常能够根据输入推导得出，但是如果状态轨迹是不可行的，那么就不能反向推导出输入。

1. 与最优控制的关系

前面提到的路径规划问题可以看作一个最优控制问题。该问题在本质上是寻找一个未知函数。很显然，“输入序列”仅仅是一个控制输入，机器人将根据其动力学指令移动，并且可以建立目标函数来评估其他可能的等效备选方案，以便从中选出最优项。

至少在路径规划问题中，我们会假定终端约束（如目标状态）已经处于适当位置，尽管这在局部规划方法中不太常见。与其他用途的优化算法一样，约束可以转换为惩罚代价。在运动规划中，经常会使用全覆盖遍历代价，而非采用绝对“禁行”区域来对待障碍物。

2. 路径规划的必要条件

通常情况下，我们希望路径规划具备如下所示的部分或全部属性：

- 可靠性：找到的每一个解都是正确的解决方案。可靠性至少表现在两个方面：可行性和可允许性。
  - 可行性：找到的每一个解都应满足运动约束条件（车辆模型）。
  - 可允许性：找到的每一个解与障碍物都没有交叉（即相撞）。
- 完备性：完备性表现在如下两个方面：
  - 如果存在任意一个解决方案，它将被找到。
  - 如果不存在任意的解决方案，路径规划将报告求解失败。
- 最优性：如果存在多个解，那么将生成其中的最优解。

实现上述目标的任意一种组合，往往会以牺牲计算效率为代价。

10.1.3 无障碍运动规划

如果没有动态约束，也不存在障碍物，最优规划就显得无关紧要了。当不存在动态约束时，只需要在起始点和终止点之间画一条直线，那么问题便可以解决。对于移动机器人而言，因为几乎总是存在动态约束条件的限制，所以在一般情况下，无障碍运动规划问题的解决难度非常大[2]。无障碍情况下的解具有非常重要的意义，因为当有障碍物存在时，可以把该解作为一种启发式方法，来表示最优的可能情况。在必须认真对待状态空间模型的情况下，最优轨迹往往由极值控制组成。本节将讨论如下两个实例。 643

1. 杜宾车

该车辆仅能向前行驶，并且能够以允许的任意曲率转向某特定的最大曲率值[4]。结果表明：当在其运动方向上不存在障碍物约束时，它能够达到任意的允许终点位姿。然而存在障碍物时，情况就不一样了。两个位姿间最短路径的最优控制问题如下：

$$
\begin{aligned}
&\text{最小化：} \boldsymbol{J}[\underline{\boldsymbol{x}},\underline{\boldsymbol{u}}]=\int_0^{s_f}\mathrm{d}s=s_f\\
&\text{其中：} \underline{\boldsymbol{x}}=\begin{bmatrix}x & y & \theta\end{bmatrix}^{\mathrm{T}}\ \underline{\boldsymbol{u}}=\begin{bmatrix}\kappa & u\end{bmatrix}^{\mathrm{T}}\\
&\text{约束条件：} \frac{\mathrm{d}\underline{\boldsymbol{x}}}{\mathrm{d}s}=\begin{bmatrix}\cos\theta\\ \sin\theta\\ \kappa\end{bmatrix}u \qquad \begin{matrix}\underline{\boldsymbol{x}}(s_0)=\underline{\boldsymbol{x}}_0;\ \underline{\boldsymbol{x}}(s_f)=\underline{\boldsymbol{x}}_f\\ u=1;|\kappa|\leqslant\kappa_{\max}\end{matrix}
\end{aligned}
\tag{10.1}
$$

其中，约定符号 $\underline{\boldsymbol{u}}$ 表示整个控制向量，而常量 u 只表示速度，目标函数仅仅是整个路径的总长度。在参考书目 [3] 中已经证明，任意两种位姿之间的最优路径都具有如下两个属性：

- 最多由三部分组成。
- 其中的每一部分都是一个基元运动，可由下列三种曲率之一的曲率圆弧表示。即 $\kappa=-\kappa_{\max}$ 或者 $\kappa=0$ 或者 $\kappa=\kappa_{\max}$。

我们可将这三种几何路径的运动基元简称为 R（右向）、S（直行）、L（左向）。然后也可以证明：最优轨迹一定是如下所示的六种可能形式之一，这六种可能形式分别为 LRL、RLR、LSR、RSR、LSR 和 RSL。

解通常可以图解方式直观地推导得到，通过围绕起始和结束位姿绘制半径最小的圆，可以搜索产生最短路径的可行连接图元（圆弧或直线）(如图 10-3 所示)。

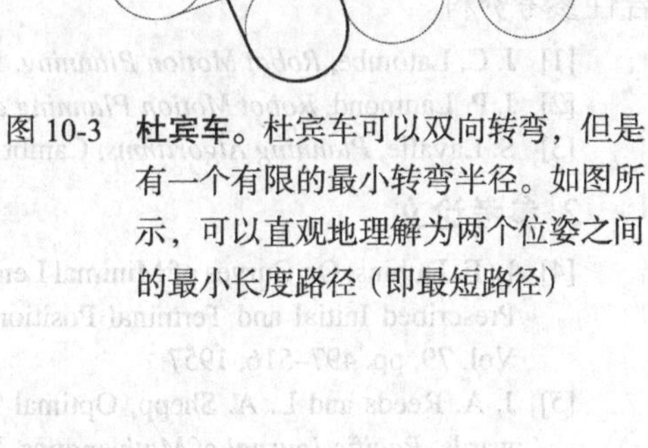

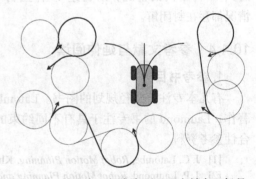

图 10-3 **杜宾车。**杜宾车可以双向转弯，但是有一个有限的最小转弯半径。如图所示，可以直观地理解为两个位姿之间的最小长度路径（即最短路径） 644

考虑到解决方案的已知结构，一种求解方法是：为上述六种情况中的每一种情况分别设置一个参数优化问题，这六种情况中的参数为三个未知长度（其中有些参数也可以为零）。

例如，我们可以将 LSR 的情况表示为：

$$
\boldsymbol{J}[\underline{\boldsymbol{x}},\underline{\boldsymbol{u}}]=\int_0^{s_1}\mathrm{d}s\Big|_L+\int_{s_1}^{s_1+s_2}\mathrm{d}s\Big|_S+\int_{s_1+s_2}^{s_1+s_2+s_3}\mathrm{d}s\Big|_R=s_f
$$

该积分就是它们的积分限的函数，因此可简写为：

$$J\left[\underline{\boldsymbol{x}},\underline{\boldsymbol{u}}\right]=s_f=f\left(s_1,s_2,s_3\right)$$

2. 里兹－薛普车

该车辆与杜宾车很相似，只是它能够向前和向后行驶。由此可见，在没有障碍物约束其运动的情况下，该车辆可以达到任意的终点位姿。

两个位姿之间最短路径的最优控制问题可表示为：

$$\begin{aligned}&\text{最小化：}\boldsymbol{J}\left[\underline{\boldsymbol{x}},\underline{\boldsymbol{u}}\right]=\int_0^{s_f}\mathrm{d}s=s_f\\&\text{其中：}\underline{\boldsymbol{x}}=\left[x\ y\ \theta\right]^{\mathrm{T}}\ \underline{\boldsymbol{u}}=\left[\kappa\ u\right]^{\mathrm{T}}\\&\text{约束条件：}\frac{\mathrm{d}\underline{\boldsymbol{x}}}{\mathrm{d}s}=\begin{bmatrix}\cos\theta\\\sin\theta\\\kappa\end{bmatrix}u\quad\begin{aligned}&\underline{\boldsymbol{x}}\left(s_0\right)=\underline{\boldsymbol{x}}_0;\underline{\boldsymbol{x}}\left(s_f\right)=\underline{\boldsymbol{x}}_f\\&u\in\{1,-1\}\left|\kappa\right|\leqslant\kappa_{\max}\end{aligned}\end{aligned}\tag{10.2}$$

在参考论文 [5] 中，证明了最优解仍然可以由直线或极值曲率圆弧的分段路径组成（如图 10-4 所示）。除了杜宾车的上述六种情况以外，里兹－薛普车还有十种由四个运动基元组成的解：LRLR、RLRL、LRSR、RLSL、LRSL、RLSR、LSLR、RSRL、RSLR，LSRL。此外还存在由五个运动基元组成的两种情况的解，分别为 LRSLR 和 RLSRL。对每一种解决方案而言，原则上速度既可以为正值也可以为负值，但是其中的很多种情况都可以排除，最终得到总共 46 种不同的情况，所有这 46 种控制
645 情况都存在封闭解。

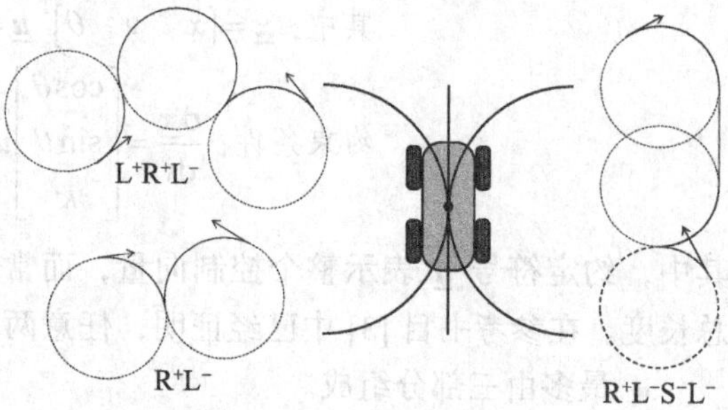

图 10-4　**里兹－薛普车**。里兹－薛普车是一种既可以向前也可以向后行驶的杜宾车

10.1.4　参考文献与延伸阅读

1. 参考书目

有几本专注于路径规划的图书。Latombe 著写的书大概是第一部致力于运动规划方面的著作；Laumond 的书专注于具有不同约束的规划问题。Lavalle 的书为我们提供了最新的综合性参考资料。

[1] J. C. Latombe, *Robot Motion Planning,* Kluwer Academic Publishers, Boston, MA, 1991.
[2] J. P. Laumond, *Robot Motion Planning and Control,* Springer-Verlag, New York, 1998.
[3] S. Lavalle, *Planning Algorithms,* Cambridge University Press, 2006.

2. 参考论文

[4] L. E. Dubins, On Curves of Minimal Length with a Constraint on Average Curvature, and with Prescribed Initial and Terminal Positions and Tangents, *American Journal of Mathematics,* Vol. 79, pp. 497–516, 1957.
[5] J. A. Reeds and L. A. Shepp, Optimal Paths for a Car that Goes Both Forwards and Backwards, *Pacific Journal of Mathematics,* Vol. 145, No. 2, 367–393, 1990.
[6] H. Sussmann and G. Tang, Shortest Paths for the Reeds-Shepp Car: A Worked Out Example of the Use of Geometric Techniques in Nonlinear Optimal Control, Technical Report SYNCON 91-10, Dept. of Mathematics, Rutgers University, Piscataway, NJ, 1991.

10.1.5 习题

杜宾车

实现杜宾解，并将平面划分为若干区域，在这些区域中，对于初始航向为零，且终止航向为 π，解决方案都采用相同的形式。

10.2 全局路径规划的表示与搜索

通过学习上一节的内容，我们可以发现路径规划在本质上是一个最优控制问题，且这种方法甚至可以应用于无障碍路径规划问题。本节将介绍在遇到障碍物时解决路径规划问题的经典方法。

回顾求解最优控制问题的两种基本方法，其中包括改变初始估计（或通过改变参数实现）的松弛法，或应用于哈密顿 – 雅可比 – 贝尔曼（HJB）方程的动态规划法。

我们已经成功地将松弛法应用于轨迹生成问题，甚至也用于轨迹规划问题，对杜宾车中的多个基元的排序使用的就是松弛法。而松弛法通常用于局部规划问题，来自动态规划的技术更常用于全局规划中以处理较大规模的问题。导致处理方法发生改变的关键因素在于，目标函数中存在许多需要避开或者加以考虑的障碍物。

10.2.1 连续运动规划

连续运动规划与轨迹生成中使用的连续统方法不同。在连续运动规划中，问题是按照决策序列（选择在不同状态之间进行转换的行为）来决定的，这些决策逐步确定解决问题的路径。对于无障碍运动规划的情况，可能的路径序列数量足够小，以至于对所有的序列都能够进行详尽的检查。但是，当障碍物的数量很多时，我们会发现可选方案太多，从而无法进行彻底检查。 646

1. 为何不使用连续体方法

考虑如图 10-5 所示的路径规划问题。同伦类路径是一组具有相同的起始点和终止点的多条路径集合，它们可以连续地将一条路径变形成另外一条路径，而不会与障碍物有交叉（即相撞）。在该图中，具有四个这样的类，这四个类可以分别表示为 LR、RL、LL 和 RR。其中第一个字母表示位于第一个障碍物的一侧（左侧或右侧：即 L 或 R）的路径，第二个字母表示位于第二个障碍物的一侧的路径。由于这种符号表示仅仅是一个两位的二进制数，所以不难看出，如果一条直线路径上排列着 n 个这样的障碍物，那么将存在 2^n 个同伦类，并且如果障碍物分布于整个平面空间，那么情况将变得更加复杂。

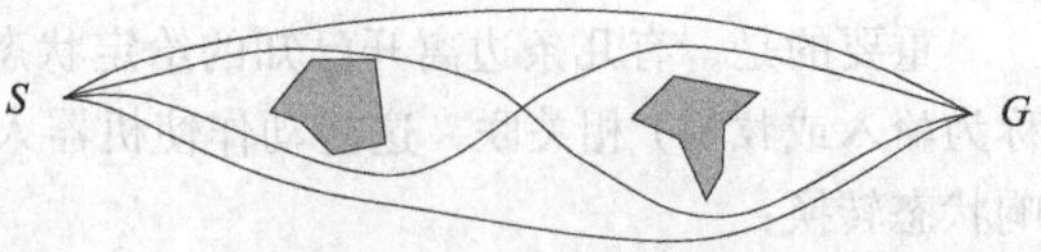

图 10-5 **连续体搜索中的局部极小值。**在存在两个障碍物的空间中，四种可能的非循环路径的形状从同伦角度而言是完全不同的。它们可以分别表示为 LR、RL、LL 和 RR，其中的 L 表示避开左侧的障碍物，R 表示避开右侧的障碍物

一种基于梯度信息的松弛法会缓慢地使路径发生变形，而逐步趋向局部解。如果松弛技术中使用的代价函数将障碍物当作约束来处理，那么通过变形来缩短路径将最终导致路径触碰到障碍物，从而违反约束条件。在这种情况下，在寻找最短路径的过程中，目前还不清楚如何从一个类过渡到另外一个类——越过障碍物可能并不会降低目标函数。因此看起来似乎

所有的类都必须使用松弛法。

另一方面，如果在代价函数中处理障碍物，那么每个同伦类路径可能会有不同的局部极小值，并且必须对它们进行再次搜索。在松弛法中，能够确保每一个可能决策序列都被尝试的系统处理过程，对于找到最优解是很有必要的。

当需要检查的选项很少时，尽管穷举搜索仍然不失为一种可行方法，但事实证明，动态规划是利用递归进行此类搜索的一种更有效的方法。使用这种方法可以找到最优解，而不需
647 要直接考虑每一个可能的同伦类情况。鉴于这个原因，在包含多个约束条件或多个局部最小值的障碍物的情况下，它已经成为解决问题的首选方法。

2. 搜索空间的离散化

连续体中所有可能路径的空间都是无限的，不过松弛法在每次迭代中，通过跳转到离散的相邻路径来对这个无限集合进行采样。离散型动态规划，正如在运动规划中所使用的那样，搜索一组有限的路径集，将这些路径编码在一个嵌入状态空间（是一个子集）的图中。于是，连续体空间的路径规划问题可简化归结为图搜索问题。

这里的图被称为*搜索图*（如图10-6所示），它是连续搜索空间中的一个离散子集。图中的各个节点分别与机器人的不同状态相关联，图中的每一个状态 $\underline{x}$ 可以看作连续状态空间 X 中的一个状态分量。在离散路径规划中，术语*状态空间*比动态规划与控制具有更加广泛的意义。它可能确实是机器人的工作空间（如 $\begin{bmatrix}x & y\end{bmatrix}^T$）、构型配置空间（如 $\begin{bmatrix}x & y & \theta\end{bmatrix}^T$）或者实际的动态系统状态空间（如 $\begin{bmatrix}x & y & \theta & V & \omega\end{bmatrix}^T$）。这种离散状态可以呈规则或不规则排列。

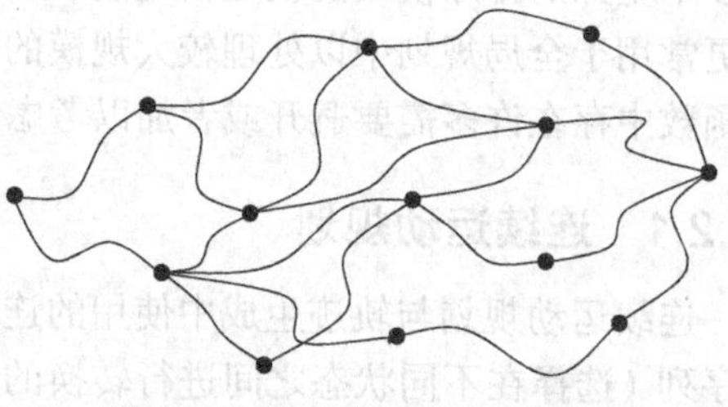

图10-6　**嵌入图**。基于它们定义的离散状态和变换，形成嵌入在空间中的图结构

重要的是，有几条边离开已知的给定状态，从而连接到其他状态。图中的边与*动作*（也称为*输入*或*控制*）相关联，这些动作使机器人在两个不同的状态之间移动。每个动作都会影响状态转换：

$$x_{k+1} = f\left(x_k, u\right) \tag{10.3}$$

任意状态的可操作动作都是从动作空间 $U(\underline{x})$ 中选择的，这通常取决于状态。

可以设计组成图的边，以便于在*最优规划*中进行必要的代价计算。可以认为每一个边都具有某一特定长度，或者更一般地说，表示与遍历该边相关的某种特定代价。通过这种方式，最优路径很容易定义为图中的最小代价路径。

也可以设计组成图的边，以便于在*可接受的规划器*中，针对与障碍物交叉的情况进行必要的计算。针对离散型不可遍历障碍物情况，需要尽快将与它们有交叉的边（更一般地说，将导致机器人与它们相撞）从图中移除。此后，只对图中可允许的运动进行编程搜索，并忽略障碍物。如果在搜索程序中把障碍物以代价的形式进行编码，那么这些边就不能被移除。

还可以把组成图的边设计为符合可行规划时必须满足的动态约束条件。这样，每一条可行边都被编程为机器人可能的实际运动（满足运动学、非完整、动力以及一些其他约束
648 条件）。

通常情况下，可以在图中先只施加一个约束，或既不施加可允许约束，也不施加可行约

束，而在处理的第二阶段再修正初步解，使其符合这些约束条件的限制。有时候，为实现最优控制目标，可以设计算法让机器人尝试执行一些不可行路径，以尽可能获得最理想的效果。

3. 序贯决策过程的路径规划

搜索图可以被用来定义决策序列，其主要思想是探寻到达目标节点的边的排列顺序，从而最终形成一条路径。如果规划目标是从某一指定节点出发到达一个目标点，那么，这样的一个*序贯决策过程*，就等同于之前在离散搜索空间中表示的路径规划问题。它是一种用于随机或不确定动态系统的最优化决策方法。作为序贯决策过程的路径规划算法，称为*序贯规划算法*。

给定一个已知的待搜索的图，那么最基本的路径规划问题就可以由一个明确的初始状态 $\underline{\boldsymbol{x}}_s$ 和目标状态 $\underline{\boldsymbol{x}}_g$ 来指定。该问题是找到一个边序列，或者一个等效的状态序列，当对它们进行序贯遍历时，能够将开始状态连接到目标状态。上述定义的变体可以包括多目标甚至多种可能初始状态的情况，而且有些变体还允许指定一个初始区域和目标区域，而非初始状态和目标状态。

作为最低要求，在遇到每一个状态点时，我们都至少需要若干使搜索能继续进行的可选项，其中的每一个选项都对应着过渡到一个新状态（如图 10-7 所示）。每一个决策都会考虑若干条边，而这些边则定义了*路径段*（在动作执行的过程中所遵循的连续轨迹），然后将该路径段作为候选路径的一小部分。路径规划通过将路径段序列相连接，并使其有序组合在一起，使得规划能持续进行。这样一个路径段序列就有可能产生一个解。在搜索过程中，对每一个路径段都会进行碰撞检查，或者以其他方式对其进行优势评估。

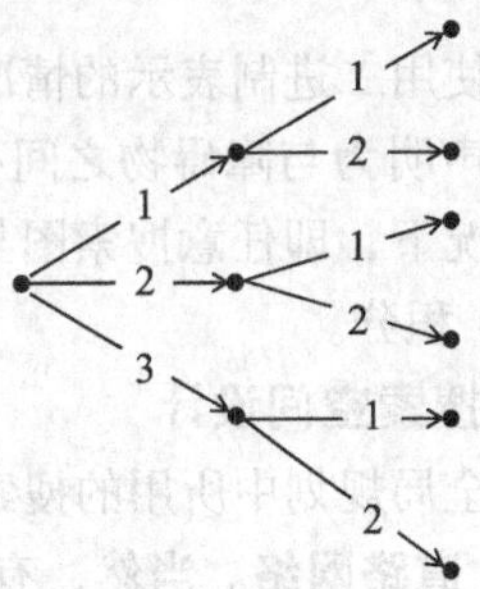

图 10-7 **序贯决策过程。在遇到每一个状态点时，都存在一些如何继续进行的可选项，其中每一个选项对应着过渡到一个新状态** 649

请注意，图 10-7 所示的树结构的生成过程，其复杂程度与树的深度呈指数关系。如果每个决策都有 n 项选择，那么在树的深度 d 处将有 d^n 个节点，每一级新节点的数量是其上一级节点数量的 n 倍。

4. 世界模型、C- 空间和搜索图

为了在工作空间中表示障碍物或更为普通的代价域，将工作空间的体积划分为若干小的单元格是非常有用的。在每个单元格内编码障碍物占用信息（二进制数），或者更一般的代价信息（仅取实数值）。无论哪种情况，这种表示方法都是用单元栅格的形式，记录已经处理过的感知数据的一种自然方式。重要的是单元栅格要足够小，以充分区分障碍物之间的差别，以便做出正确决策。

这样的世界模型通常是为了评估路径代价或碰撞而定义的。但是障碍物信息可以很自然地表示为机器人工作空间内的一个域，而碰撞检查（或构型配置代价）必须计算出机器人所占用的空间体积。对于静态已知环境，建议最好将工作空间世界模型转换为 C- 空间世界模型，否则，需要对每条路径所生成的机器人占用空间区域进行约束条件计算。

在机器人运动模型非常简单（不管实际运动简单与否）的情况下，我们可以根据世界模型推导出搜索图，甚至也可以对两者使用相同的数据结构（如图 10-8 所示）。

在这种情况下，状态可以用栅格单元的中心来标识，而边则通常隐含在过渡函数中，并且在内存中并没有对其进行显式表示。该过程将搜索图合并到世界模型中。小的栅格单元的优势是能够更为理想地逼近任意路径，但为此付出的代价是导致路径规划中较高的计算负荷。

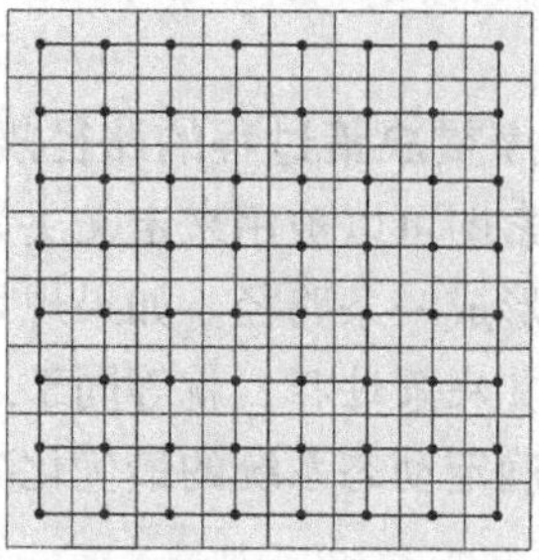

图 10-8 **来自世界模型的搜索图**。可以根据栅格导出一个常规的图结构，因为栅格事实上会产生一个网络，所以基于网络定义的任何算法都可以在栅格上实现

上述过程也可以反过来处理，即将世界模型合并到搜索图中。当环境为静态时，可以一次性计算完边的代价，之后在路径规划中就不再需要世界模型。无论环境是否处于静态，如果这些状态位于栅格单元的中心位置，代价计算就可按如下方式进行。当从一个栅格单元移动到一个位置紧邻的栅格单元时，图结构中的每条边各遍历两个栅格单元的一半宽度。因此，如果用 $c[]$ 表示代价，同时还存在从任一栅格单元 x_j 到另一个栅格单元 x_k 的一条边，那么，与边相关联的代价可计算为如下所示的线（性）积分：

$$c\left[e_{jk}\right]=\int_{x_j}^{x_k}c\left[x\right]\mathrm{d}s=\frac{1}{2}\left(c\left[x_j\right]+c\left[x_k\right]\right)\Delta s$$

650 在使用二进制表示的情况下，如果所涉及的任意一个栅格单元中都存在障碍物，那么该边将被声明为与障碍物之间存在交叉。上述示例假设代价区域已经转换到 C- 空间。在更一般的情况下，即任意搜索图与世界模型的表示无关，这种情况的路径代价仍然可定义为一个线（性）积分。

5. 搜索空间设计

在全局规划中所用的搜索空间设计存在多种选项，本节将介绍几种更为明确的选项。

1）**道路网络**。当然，有时特意将环境设计成有一组道路集的图结构形式，并且运动车辆需要在这些道路上行驶。我们驾驶汽车行驶的道路确实是这样的结构，而且许多使用移动机器人的工厂的情况也是如此。对于服务机器人，许多建筑物的走廊也构成各种各样的道路网络。在很多工厂，这些导引路径（即“机器人的运行路径”）也经常被清楚地标示出来，这样就可以提醒人们不要在这些通道上逗留，以避开机器人。

2）**工作空间栅格**。点阵是对应栅格的一种特殊情况，用于表示状态的规则（对称）排列。这种规则的状态排列，自然会导致一组常见的动作行为，这些动作可在每个状态下重复。一组常见的重复的边集合，可以很容易避免存储整个图结构。这有助于在路径规划过程中根据需要对其进行详细说明。

把每个栅格单元与其相邻的栅格单元连接起来，即可获得边。在平面栅格的情况下，有两种明确的选择可将一个栅格单元同与其紧邻的另一个栅格单元相连接——表示为四连通和八连通。在第一种四连通的情况下，边沿着东、西、南、北四个主要方向发散分布；而对于八连通，则在第一种情况的基础上，再加上四种沿对角线方向的分布。

请注意，搜索图必须近似表示那些存在于图结构中的所有可能路径。在一般情况下，对于一个矩形的状态数组，在一个四连通或者八连通的栅格连接边中所生成的路径会不太理想，因为这样的图形不能表示如下情况：一条与任意一个主要方向成 22.5° 角的直线方向。当然，为了实现这一目的，可以把一个栅格单元同与其间隔达两个单元的邻近栅格单元进行连接（如图 10-9 所示）。然而，正如我们已经发现的那样，离开一个栅格单元的边的数量会显著影响路径规划的代价。因此，对于使用多大规模的邻域来生成边，存在非常严格的实际限制。

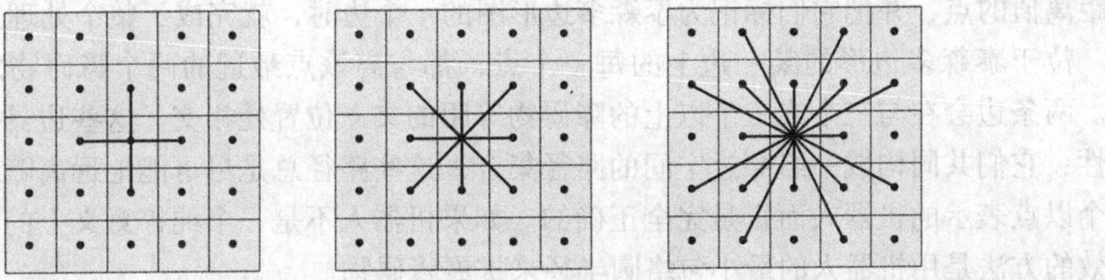

图 10-9 **栅格中的单元连通性**。一个单元可以通过边来连通 4、8、16 个或者更多邻接的单元。请注意，在最后一种情况下，第二个环路中只有一半数量的栅格单元与中心位置的栅格单元相连通。那些缺失的边可以通过再次重复已有的边来构成。路径规划自然会这样设计，因此不需要对其进行显式表示 651

3）**状态栅格**。假设所使用的状态是在构型空间中采样获得的，则可表示为 $\begin{bmatrix} x & y & \theta \end{bmatrix}^T$。然后，对某一栅格而言，要求离开该栅格边的航向（前进方向）必须与进入该边的航向相同，就可以强制保证搜索图中航向的连续性 [17]。体现这个思想的一个简单示例是杜宾车栅格。如果将不同状态之间的平移间距设置为车辆转弯半径的最小值，如图 10-10 所示，那么当车辆行驶到对角线方向的邻域时，其航向会旋转 90° 角。

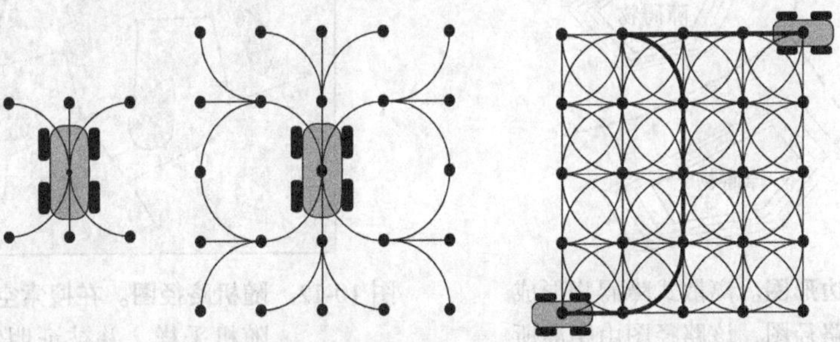

图 10-10 **杜宾车的点阵**。仔细选择不同状态之间的空间间距，使其与车辆的最小转弯半径相一致。图结构中的每一个点（右图）对应一组中的四个不同状态，其中的主要航向分别为 90°、180°、270° 和 360°。在全覆盖遍历车辆运行过程中的不同状态时，通过这种方法定义边，可以确保航向的连续性。图中表示出了车辆从左下角向右上角移动时的航向连续解，车辆在图结构的右上方以相反方向行驶

状态栅格可以定义为连续的速度、曲率等。我们可以使用相同的方法，为任意车辆提供一个轨迹发生器。这种方法的主要优点在于，能够只对搜索图中的可行运动进行编码。在节点位置处，由于其状态的连续性程度较高，往往趋向于完全可行。例如，运动航向连续性能够防止车辆的瞬间转向，但可以允许曲率的瞬时变化。

规则栅格点阵的对称性，使得可以预先计算与每一条边有交叉的世界模型栅格单元。同时，该技术与 C- 空间障碍物区域的表示具有相似的性能优势——两者仅执行一次交叉计算。

4）**泰森多边形（Voronoi）图**。在二元代价域或离散型障碍物中，可以从世界模型中派生出一种特殊的图，称为泰森多边形图 [11]。这些图易于在二维（2D）平面中进行可视化表示。这里的图指的是，与两个或两个以上障碍物的表面距离相等的所有点的集合。

此图可以根据一个称为距离变换的运算自动生成。想象存在一组多边形障碍物，然后令波前以恒定速度从边界向外发散（如图 10-11 所示）。无论在任意时刻，所有波前的点都与产生它们的边等距。最终波前相交，并在泰森多边形图上生成一个点。当获得了所有具有相同距离值的点，并把它们标记为泰森多边形图的一个边时，就完成了整个处理过程。

位于泰森多边形的某一边上的每一个点，都与离该点最近的两个障碍物之间的距离相等。两条边会在与三个或三个以上的障碍物等距的交点位置处相交。这些边具备一种有用的属性：它们共同构成一组穿过空间的路径集合，这些路径总是尽可能地远离障碍物。这对于一个以点表示的机器人而言是完全正确的。如果机器人不是一个纯粹意义上的点，那么一种
652 有效的方法是用机器人的最小包络圆半径来扩展障碍物。

5）**随机路径图（PRM）**。高维搜索空间中的路径规划方法，往往会避免对状态空间进行规则采样，而更倾向于随机抽样。其中会用到的一种方法是随机路径图 [14]。最初的算法是在构型空间中定义的，但很容易发现如何把它推广到一个动态状态空间。在 C- 空间随机采样来获得允许构型，然后利用轨迹生成器或其他局部规划方法，将每一个允许状态连接至它的某些邻域（可能是 KNN，即 k 最近邻分类算法，或全部位于某一特定的半径范围内）。这样，该过程便能生成一个图（如图 10-12 所示），其中的初始状态和目标状态都可以用局部规划方法，以类似方式连接到图中。

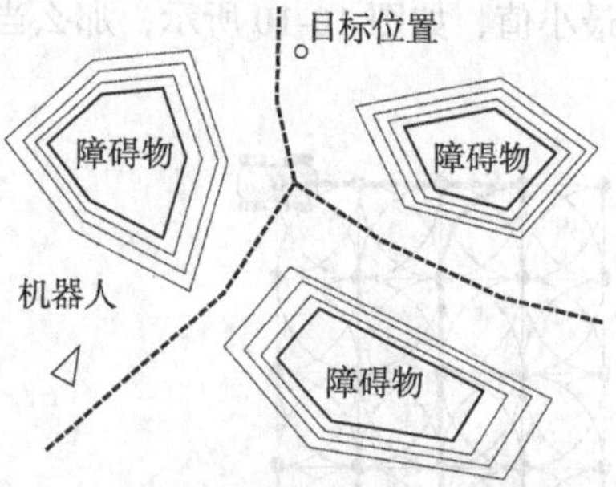

图 10-11 **泰森多边形图**。离散式障碍物形成了一个路径图，该路径图由距离所有障碍物最远的点组成

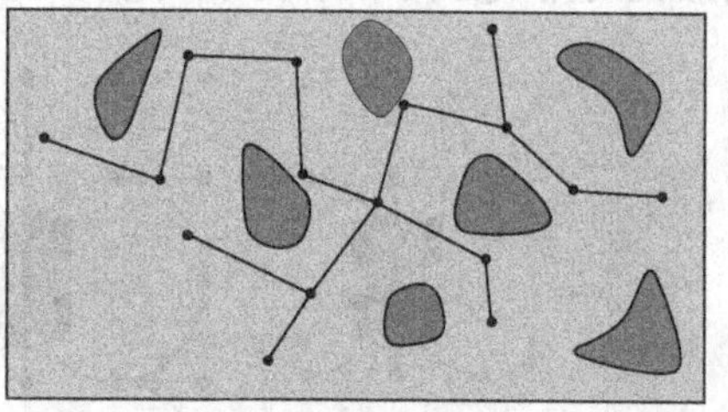

图 10-12 **随机路径图**。在搜索空间中进行状态的随机采样，并被证明它们是可允许状态，然后通过局部连接以产生图结构

10.2.2 最优搜索的重要创意

前面介绍的序贯运动规划可简化为对图结构的搜索。结果证明，这种图结构是循环式的，并且在循环图中的有些节点对之间存在不止一条路径。因此，很有必要对不同的路径选项进行评估，而且存在一些巧妙的方法可以有效地进行这种评估。

1. 最优化原理

最优化原理 [10] 适用于一类称为序贯（也称为马尔可夫）决策过程（SDP）的问题。当把该原理用于求解 SDP 问题的算法时，该算法就被称为动态规划。动态规划所处理的问题是一个多阶段决策问题，最优化原理是动态规划的基础，其具体内容可参见专栏 7.2。

对最优化原理的直观理解是，通常由初始状态开始，通过对中间阶段决策的选择，到达终止状态。这些决策形成了一个决策序列，同时确定了完成整个过程的一条行动路线（通常是求最优行动路线），于是整个问题的解一定由每个子问题的最优解组成。因此，如果从匹兹堡到芝加哥的最优路径途经托莱多，就必须确保如下情形：最优路径中，从托莱多到芝加

哥的这部分一定也是最优的。该论断很容易用反证法来证明。 653

考虑如图 10-13 所示一个序贯决策过程。从起始节点开始，老鼠必须首先选择 3 个节点中的任意一个，然后再在 2 个或 3 个节点中任选一个。为了能够顺利吃到奶酪，共存在 7 条可能路径，其中每条路径都由 3 条边构成。

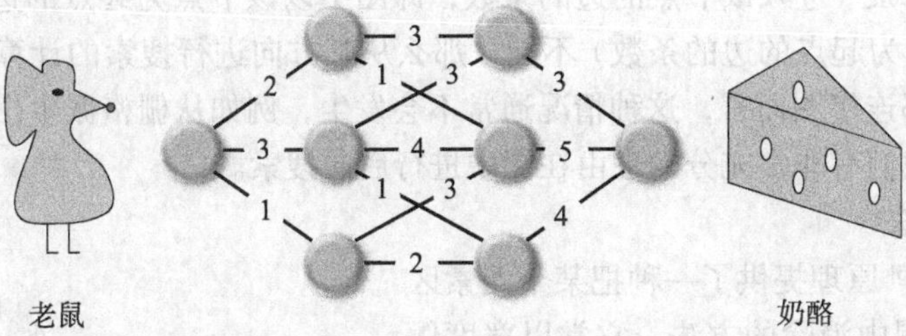

图 10-13 **动态规划**。如果老鼠掌握了动态规划方法，它可以非常高效地解开这一迷宫，并能够顺利找到通往奶酪的最短路径。边注释表示每条边的遍历代价。共存在 7 条可能路径，其中的每条路径都由 3 条边构成。枚举遍历不同路径的代价共需要 21 次运算，但是如果使用动态规划方法解决该问题仅需 13 次运算

应用实例：反向遍历。为了解决此问题，从目标（奶酪）开始进行反向遍历，以寻求最优路径（见图 10-14）。在每一个节点位置，考虑每一条前向边，以及选择该边作为唯一路径的隐含代价，并选择其中最理想的一条边。然后，把每一个节点到目标的最佳路径代价标记为该节点的代价。在此过程中，同时记录从该节点沿前进方向指向下一个节点的*后向指针*，以表示选择这条边。为了方便，可以利用图结构中的各节点来存储“当前最优代价”，以及记录序贯决策结果的后向指针。在该处理过程中，针对每个含后向指针的节点，所有能到达它的更长路径都被隐蔽地舍弃了。这也是反向遍历算法之所以如此高效的秘密所在。

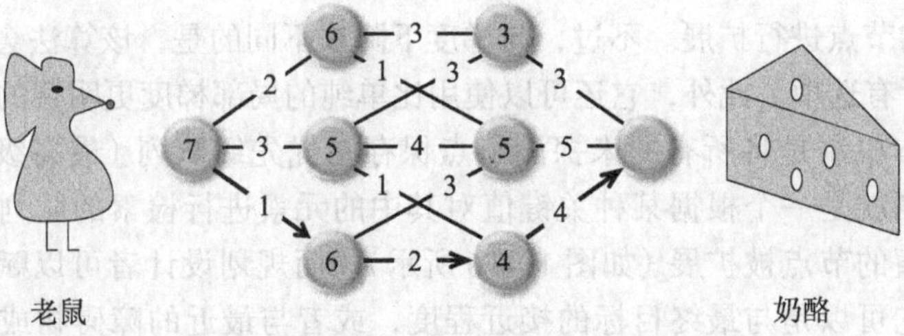

图 10-14 **使用反向遍历法求最优解**。状态节点中的数字表示从该状态到最终目标的最优代价

请注意，在对图结构进行遍历的过程中，同时构造了一个*局部扩展树*。之所以称它是局部的，是因为它只包括那些当前在搜索过程中遇到的节点。我们将此树称为搜索树，以此将其与它的派生搜索图区分开来。这两种结构包含相同的节点，但它们的组成边却具有不同的含义。在搜索树中，边是有方向性的；而在搜索图中的情况通常并非如此。在搜索树中，从任意一个节点到根节点（即最终目标）的单一路径都是最优路径。这些路径在算法的进行过程中以递归方式被构建。每一条新的最优子路径都由其他子路径组成，而这些子路径只包含一条相对更短的边。对于大规模的图结构，这种递归方法与一些较为简单的可选替代方法相比，效率要高得多。树的生长过程称为*节点扩展*。节点扩展时，会把所有在搜索图中与该节点相连的节点添加到搜索树中（如果这些节点之前没有在树中的话）。 654

从起始节点到目标节点（即奶酪）进行搜索，并记录从起始位置开始的最优路径，也会得到相同的结果。理论上，从起始节点到目标节点搜索路径的任意一种算法，都可以通过交换 S（起始节点）和 G（目标节点）标签，来获得一条反向路径——我们并不关心路径生成的顺序，而只关注路径执行的顺序。

如果节点的入度（进入该节点的边的条数，即图中以该节点为终点的边的数量）与节点的出度（以该节点为起点的边的条数）不同，那么从某方向进行搜索的计算量可能比另一个方向小。对于局部连接图而言，这种情况通常不会发生，例如从栅格派生出来的图。不过稍后我们会发现，我们有非常充分的理由在图中进行后向搜索。

2. 分支限界法

分支限界法[15]原理提供了一种把某个搜索区域整个从待选范围中消除的方法。它常以宽度优先或最小代价优先的方式搜索问题的解空间树。该方法基于两个概念：一个是分割搜索空间（分支）的机制，另一个是快速计算节点处解的质量边界的机制。

在图 10-15 中，搜索算法需要确定两点间的最短路径。随着搜索树的扩展，算法不断计算解路径的最大值和最小值边界。在有些情况下，某节点（C）的最优解也劣于另一个节点（B）的最差解。如图所示，可以安全地去除节点（C），而不会牺牲最优性。

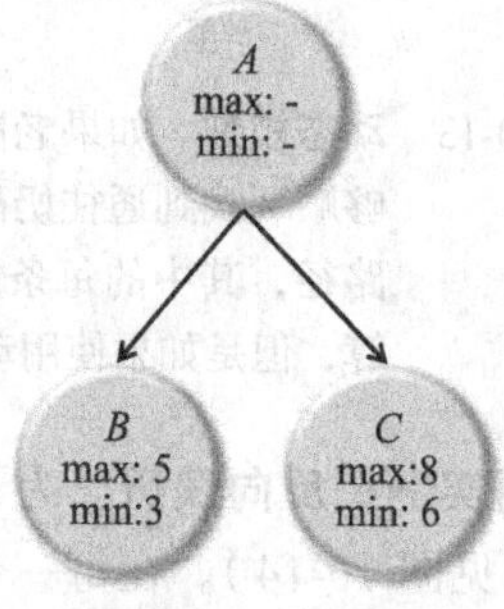

图 10-15 **分支限界法**。由于节点 B 最糟糕的情况也优于节点 C 的最优情况，因此，节点 C 永远不需要被扩展

3. 贪婪最佳优先搜索

贪婪最佳优先搜索算法[16]是对独断策略的一种程序实现。它与梯度下降法类似，总是对距离目标最近的节点进行扩展。不过，与梯度下降法不同的是，该算法会系统性地尝试有限搜索空间中的所有选项。此外，它还可以使用比单纯的局部梯度更明智的评价函数。

该算法的基本机制是将所有的未探测节点保存在优先级队列（最高级先出）中。我们知道，优先级队列就是一个根据某种关键值对其中的元素进行检索的队列。在搜索树生长时，只有最有价值的节点被扩展（如图 10-16 所示）。而规划设计者可以赋予“有价值”任何需要的含义。它可以是与最终目标的接近程度，或者与最近的障碍物或其他对象之间的
655 距离。

4. 策略存储

递归公式使路径规划能够被动态编程，这意味着所有子问题也能够自动计算求解。搜索树是一种用于求解大量子问题的有效编程思路。在其具体编程实现中，则利用后向指针来为每个节点指定接下来往哪儿走。在图 10-14 中，我们会发现，当搜索完成后，从每一个节点到目标节点（即奶酪）的最优路径都被编码在后向指针中。

当搜索空间有限时，一种可用的策略就是：对生成树进行持续扩展，直到搜索图中的每个节点都得到处理为止。因为，一旦完成此项工作，树结构中就存储了从每一个可能的起始节点到目标节点的最优解决方案。

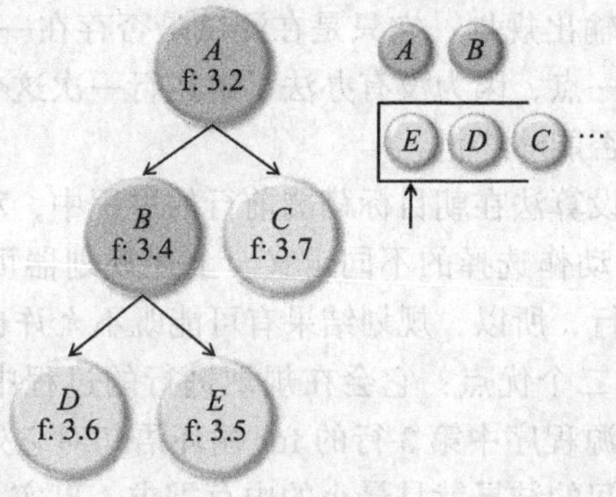

图 10-16 **贪婪最佳优先搜索**。从优先级队列中移除节点 A，并扩展产生节点 B 和节点 C。因为节点 B 的关键值更小，所以它先于节点 C 被移除并扩展，进而产生节点 D 和节点 E。因为节点 E 的关键值最小，所以在优先级队列中，节点 E 在节点 D 之前，节点 D 在节点 C 之前。节点 E 排在优先队列中的第一个，因此也是下一步即将被移除和扩展的节点

10.2.3 一致代价序贯规划算法

当网络中的所有边具有相同的代价时，规划问题要相对简单一些。不过，这种情况也已经足够有价值，值得我们为其寻找巧妙的解决方案。本节将按照从最简单到最复杂的顺序，介绍一种重要的序贯规划算法的实现过程，最终得到一种计算效率高、效果最优，并且能够在搜索时对搜索图的变化做出实时快速响应的算法。

只要按照下述顺序进行学习，即便是一位没有经验的读者，如果想要掌握运动规划算法，也能够很容易地实现，因为每一种新算法都只是对之前算法的局部微小改动。于是，每一种算法都可以将其之前的算法看作一种简化的特殊情况。因此，当最后一种算法实现时，几乎不需要它之前的任何其他算法。在后续过程中，基本上不需要删除代码，所以这里的算法描述既是自学教程，也是一种编写真正的路径规划器的方法。

1. 漫游运动规划器

算法 10.1 展示的可能是基于图结构定义的最简规划算法：

算法 10.1　最简规划器算法。该规划器将毫无目标地在搜索空间漫游。它能否到达目标位置，以及何时能够到达，都完全取决于运气

```
00    algorithm wanderPlanner ()
01        x ← x_s
02        while (true)
03            for some (u ∈ U(x))
04                x ← f(x, u)
05                if(x = x_g) return success
06            endfor
07        endwhile
08        return
```

该规划器的一个优点是：它仍然在图结构上。然而，即使没有障碍物的存在，它也不一定朝目标所在方位移动，因此，该规划器的效率显然不高。它甚至不是一个规划器，因为它

不记忆任何信息，所以无法输出规划。它只是在测试是否存在一条通往目标的路径。然而，它甚至都不能很好地做到这一点，因为没有办法了解运行一次这个程序需要多长时间才能终止，或者无法知道该程序是否能够终止。

在本节的后续部分，假设算法在朝目标蹒跚前行的过程中，利用参数来记忆遇到的状态序列，从而形成规划。根据动作选择的不同定义，上述规划器可能不会去检查是否避开障碍，动作本身也可能并不可行，所以，规划结果有可能既不允许也不可行。

此外，该规划器还有第二个优点：它会在规划进行的过程中发现搜索空间的结构，而不需要预先指定。可以认为源程序中第3行的for循环语句对它处理的每一个节点进行了*扩展*。这种特殊的隐式搜索空间的结果就是最小的内存需求。事实上，无论真实搜索空间的规模有多大，上述算法都使用相同的常数存储器。然而，我们会发现，这样的少内存形式与其说是一种优点，还不如说是一个问题。

在仅利用局部信息来求解的策略中，该规划器是最简单的。举例来说，即便待选动作会更倾向于目标方向（*梯度下降*），或避开附近的障碍物（*可能区域*），算法仍然不能保证在合理的时间内找到解，甚至根本找不到解，所以，这样的算法也仍然不完整。最后，由于该规划器在本质上是随机搜索的，所以它会找到一条随机路径，而不是最优路径，因此它并不是最优的。因为它不具备最优性、完备性、可允许性，并且不可行，所以这是一个非常糟糕的规划器！

2. 系统运动规划器

657 前述规划器使用最小内存，其后果是：规划器不会存储机器人之前曾经光顾过的任何一个位置。这样的基本“规划器”甚至没有办法防止生成一个包含循环的路径。在多数包含正的边代价的实际应用中，包含循环的路径比去除了循环的同一条路径代价更高（如图10-17所示）。即便不存在上述情况，如果规划器允许包含一个循环路径，那么它事实上也允许执行无限次循环。在某些系统性搜索方式下，规划器甚至永远不会终止搜索。

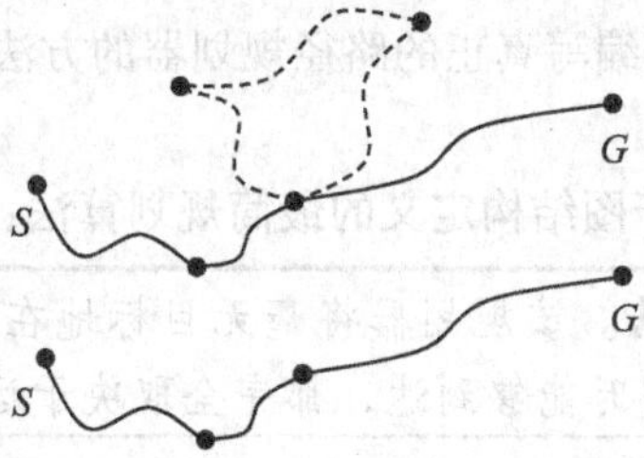

图10-17　**路径循环**。（上图）包含一个循环的路径；（下图）在绝大多数情况下，去除循环的路径规划是最理想的

在执行策略中避免产生循环的最简单方法是：记住已经访问过的每个状态，然后防止重复访问。下面的规划器（如算法10.2所示）把已访问过的状态分为两个集合，通常称为“开放”（OPEN）和“关闭”（CLOSED），它们在伪代码中被简写为O和C。所有已访问过的状态不是O中，就是在C中。集合O的一个功能是标记出已访问状态的边界状态，从它们出发能访问到新的未访问状态。相对而言，该状态的显式集合是高效的。当该集合为空时，能够让程序很容易检测到规划器失效。源程序第4行进行移除操作，使得集合O没有包含所有已访问状态。

算法 10.2 系统规划器。该规划器会产生搜索图的生成树，直到遇到目标，程序终止运行。如果不存在通往目标的路径，在访问过所有可达节点之后，程序返回规划失败

```
00  algorithm spanningTree(x_s, x_g)
01  O.insert(x_s)
02  x_s.parent ← null
03  while (O ≠ Ø)
04      x ← O.remove( )
05      C.insert(x)
06      if (expandNodeST(x)) return success
07  endwhile
08  return failure
```

源程序第 6 行调用节点扩展函数，将指定状态的所有未访问邻域都纳入集合 O，并检测是否到达目标。算法 10.3 是节点扩展程序的第一个版本。

算法 10.3 系统规划器的节点扩展。指定状态的所有未访问邻域都被放入集合 O 队列中

```
00  algorithm expandNodeST(x)
01  for each (u ∈ U(x))
02      x_next ← f(x, u)
03      if(x_next = x_g)
04          x_next.parent ← x; return success
05      else if (x_next ∉ O && x_next ∉ C)
06          x_next.parent ← x
07          O.insert(x_next)
08      endif
09  endfor
10  return failure
```

我们在源程序的第 2 行对状态 $\underline{x}$ 进行扩展。状态 $\underline{x}$ 被定义为任意状态 $\underline{x}_{\text{next}}$ 的父状态。源程序中的第 4 行和第 6 行记录该信息。这样在搜索到目标位置时，算法可以提取路径。在此处记录动作也是有用的，除非根据给定的状态转换能够很容易判定动作。

该算法只允许任意状态存在唯一的父状态。任何单亲属性的图遍历算法都会产生一个生成树（此处称之为*搜索树*），因此，它可以被描述为一种在搜索过程中实现严格遍历的树遍 658
历方法。

在这样的树结构中，根节点是初始状态。其他每一个节点都包含一个对其父状态的引用。父状态是在遍历树结构时，从该节点到根节点的路径上所遇到的节点。因此，一旦找到目标节点，这些父节点指针就生成了通往目标节点的路径（以相反顺序）。

请注意，避免循环需要付出的代价是内存。对大型规划问题，集合 O 能轻易地消耗大量内存。对状态的显式存储，包括集合 C 在内，也需要相当大的内存。如果将该状态是否被访问过的信息存储在状态自身的数据结构中，那么，程序会运行得更快，也更节省内存。在这种情况下，不需要集合 C 的显式列表。该规划器在有限区域内具有完备性，因为每种可到达的状态最终都会被搜索到，并且每一个被访问的状态都有一条通向它自身的路径。

3. 最优运动规划器

前述规划器尽管是完整的，但并不最优的。接下来，我们假设将最优路径定义为最短路径。在这里，我们考虑边的代价一致或无加权，于是，一条路径的长度可用该路径所包含的边的数量来度量。生成能够到达目标位置的最短路径的简单方法是：首先生成路径长度仅含一条边的所有路径，然后生成路径长度包含两条边的所有路径，依此类推，直至遇到目标节点为止。第一次遇到目标节点时，到达该位置的路径长度一定是最短的。因为在此之前，到任意位置的所有可能的较短路径都已经被检查过了，但它们没有一个能够到达目标节点。

这种针对离起始节点最近的未访问节点进行连续扩展的方法被称为波前最优原理。在图结构中，如果路径长度以单位边的数量来度量，那么这种方法实现起来非常简单。为了对集合 O 中的元素进行排序，将其替换为 FIFO 队列。FIFO 队列中的节点遵照从队列前面移除、从队列后面插入的规则。其相应的节点扩展算法如算法 10.4 所示。

算法 10.4 最优规划器的节点扩展。指定状态的所有未访问邻域都被置于一个 FIFO 队列的末尾

```
00   algorithm  expandNodeBF(x)
01   for each (u ∈ U(x))
02       x_next ← f(x, u)
03       if(x_next = x_g)
04           x_next . parent ← x ; return success
05       else if (x_next ∉ O && x_next ∉ C)
06           x_next . parent ← x
07           O.insertLast(x_next)
08       endif
09   endfor
10   return failure
```

算法最优性的关键是 FIFO 队列 O。状态从队列的后面添加（如算法 10.4 所示），而从队列的前面移除（如算法 10.5 所示）。其结果是，算法根据节点扩展的次数，也即到达节点所需的边的数量，对状态进行处理。

算法 10.5 宽度优先最优规划器。该规划器为搜索图生成一个生成树，并生成通往目标的边数最少的路径（即"最短路径"）。如果路径不存在，它返回搜索失败信息。这里假定边代价一致

```
00   algorithm  breadthFirst(x_s, x_g)
01   O.insertLast(x_s)
02   x_s . parent ← null
03       while (O ≠ ∅)
04       x ← O.removeFirst()
05       C.insert(x)
06       if (expandNodeBF(x)) return success
07   endwhile
08   return failure
```

第一次遇到某节点时，把它置于集合 O 队列中，于是该节点被标记为已访问状态。算法 10.4 程序的第 5 行对该状态进行了检测，这样就不会发生通过一个更长路径后再次遇到它的情况。因此，置于集合 C 中的每一个节点，都包含返回到已计算的初始状态的最优路径。

该算法被称为宽度优先搜索。当生成的图结构被用于矩形栅格，就是所谓的野火法 [10]，因为其前沿扩展的方式类似于火灾。无论允许对角移动（八连通）或不允许（四连通），野火法在栅格中都能产生正确的动作行为。即便去除节点扩展程序中第 5 行的循环预防措施，以及相关的基础结构（CLOSED，集合 C），该算法甚至也能产生正确的答案，只不过会付出搜索不相关循环路径的代价。

　　如果把 FIFO 队列转换为 LIFO 队列（堆栈），则该算法称为深度优先搜索。作为图论中的经典算法，深度优先算法沿树的深度遍历所有节点。该算法会尽可能深入地搜索树的分支，并在遇到一个不存在子节点的节点时，沿树结构往回搜索至树的起始节点（"回溯"）。深度优先搜索可以递归实现，这样，编程语言可隐式管理所用堆栈。如上所述，对于规划而言，深度优先算法并没有提供很大的帮助，但是一种叫作迭代加深的深度优先变体，在平衡处理时间和占用内存上非常有效。

660

10.2.4　加权序贯规划

　　到目前为止，只要将路径的"长度"定义为遍历该路径所需的边的数量，我们就能够实现系统化的最优搜索。在更为一般的情况下，图结构中的每条边都有一个对应的正的长度（或代价）值，而任意一条路径的代价，都可以认为是其所有组成边的代价的总和。事实证明：几个简单的加法运算就可以让宽度优先搜索适用于这种情况。

　　现在考虑三种状态：初始状态 $\underline{x}_s$，目标状态 $\underline{x}_g$，从初始状态 $\underline{x}_s$ 到目标状态 $\underline{x}_g$ 的某一特定路径上的任意状态 $\underline{x}$。接近代价是一个有用的概念，我们用 $g(\underline{x}_s, \underline{x})$ 表示，或者简单地记为 $g()$，是连接从初始状态 $\underline{x}_s$ 到任意状态 $\underline{x}$ 的路径长度或代价。相应地，离开代价以 $h(\underline{x}_s, \underline{x}_g)$ 表示，或者简单地记为 $h()$。它是连接任意状态 $\underline{x}$ 到目标状态 $\underline{x}_g$ 的路径长度或代价。

1. 最优加权序贯规划器

　　如果我们把 $g()$ 的值与各状态相关联，并且按照接近代价 $g()$ 的值排序形成一个 FIFO 优先级队列，那么就可以继续使用波前法原理。如果边的代价是非负的，路径的接近代价 $g()$ 将随长度单调增加，而置于集合 O 中的状态，一定要比被扩展而生成它们的节点的代价更大。更进一步，根据定义，当从上述队列中移除一个状态时，总是会得到队列中的最低代价状态。于是，被扩展的各状态的代价也会单调增长。通过在算法中增加优先级队列，以及其他几项改动，该算法就演变成迪杰斯特拉（Dijkstra）算法 [12]（如算法 10.6 所示）。

算法 10.6　用于最优加权图搜索的迪杰斯特拉算法。该规划器为搜索图产生生成树，同时得到前往目标点位置的最小代价路径。如果该路径不存在，它会发送搜索失败的报告

```
00    algorithm Dijkstra(x_s, x_g)
01        x_s.g ← 0
02        O.insertSorted(x_s, x_s.g)
03        x_s.parent ← null
04        while(O ≠ ∅)
05            x ← O.removeFirst()
06            C.insert(x)
07            if(x = x_g) return success
08            expandNodeDijkstra(x)
```

```
09      endwhile
10   return failure
```

661 与一致代价的情况不同，这里不要求添加到队列中的状态代价单调增长，因为边代价是任意正数。这也意味着，当把节点插入队列集合 O 的时候，它们的表面代价可能不是最优的，因为它们可能是先从代价相对较高的边搜索到的。

而另一方面，当从队列的前端移除一个节点时，通过归纳法可以证明，不会存在通往该节点的更短路径。因此，对目标状态的校验被放到了程序的第 7 行，这样就有效地延迟了成功声明，直到目标状态到达优先级队列的前面为止。

节点的 g 值根据边代价以及其他节点的 g 值计算（如算法 10.7 所示）。其最终结果是把从起始节点到当前节点的最优路径上的所有边代价累积求和。这里需要着重关注的是，这种计算是随着树结构的不断扩展而逐步完成的。实现这一点的直接方法是：将 g 值存储在某处（有可能就是节点本身），这样就不必在每次需要接近代价时，重新计算 g 值。

算法 10.7　累计接近代价。图结构中任意一个节点的 g 值，来自于其父节点以及将该节点与父节点相连接的边的代价

```
00   algorithm calcG(x, x_parent)
01   g ← x_parent.g + edgeCost(x, x_parent)
02   return g
```

该算法的节点扩展部分如算法 10.8 所示。

算法 10.8　迪杰斯特拉规划器的节点扩展。指定状态的未访问邻域被置于优先级队列中

```
00   algorithm expandNodeDijkstra(x)
01   for each (u ∈ U(x))
02      x_next ← f(x, u)
03      gnew = calcG(x_next, x)
04      if(x_next ∉ O && x_next ∉ C)
05         addToODijkstra(x_next, x, gnew)
06      else if (x_next ∈ 0 && gnew < x_next.g)
07         O.remove(x_next)
08         addToODijkstra(x_next, x, gnew)
09      endif
10   endfor
11   return
```

对于任意一个状态，当它已在 O 队列中时，也有可能为它找到一条更短的路径（如图 10-18 所示）。程序中的 6 ～ 8 行正是处理这种情况。其中，父节点指针被重新定向至代价较低的父节点，并更新接近代价。由于代价发生了变化，必须在队列中为该状态重新安排位置。为此，可采用伪代码所示的方法：移除并重新插入状态。

在优先级队列中添加新节点的过程中，应当参考 g 值（如算法 10.9 所示）。而 g 值的大
662 小取决于插入节点时利用的父节点。

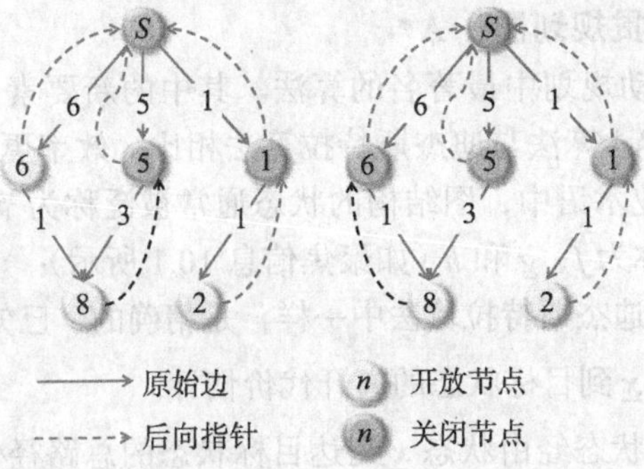

图 10-18 **需要更新后向指针**。g() 的值显示在节点中。(左图) 当扩展代价为 6 的左节点时，代价为 8 的节点找到一条新的路径 (代价为 7)；(右图) 更新后向指针，以反映从起始节点到该节点的新的最优路径，其代价降至 7

算法 10.9 在迪杰斯特拉算法中添加边界。此例程计算节点的优先级，并将其置于 O 队列中。节点在置于 O 队列以前，它可能已经从 O 队列中被移除，也可能没有

```
algorithm addToODijkstra(x, x_parent, g)
x.g ← g
O.insertSorted(x, g)
x.parent ← x_parent
return
```

因此，在有加权边的情况下保持最优搜索，会涉及一些额外的要素：队列排序，从队列中移除某状态后才进行目标节点测试，允许对同一状态进行多次访问并求解节点代价。所有这些为保持一般性而做的操作都需要付出额外代价。在插入过程中对队列进行排序，以及测试某状态是否处于队列中，所需的计算量都非常大。

现在，已经介绍完了宽度优先算法和迪杰斯特拉算法。值得注意的是，在节点扩展方面，迪杰斯特拉算法比宽度优先搜索算法更加有效，即使在边代价相等的情况下也是如此。这得益于它遵循等代价曲线，而不是等深度曲线。如图 10-19 所示，其中示出了对于相同问题所对应的边界 (OPEN 列表) 形状的差异。图 10-19 还将表明，使用下面将要讨论的 A* 算法，甚至可以获得更高的效率。

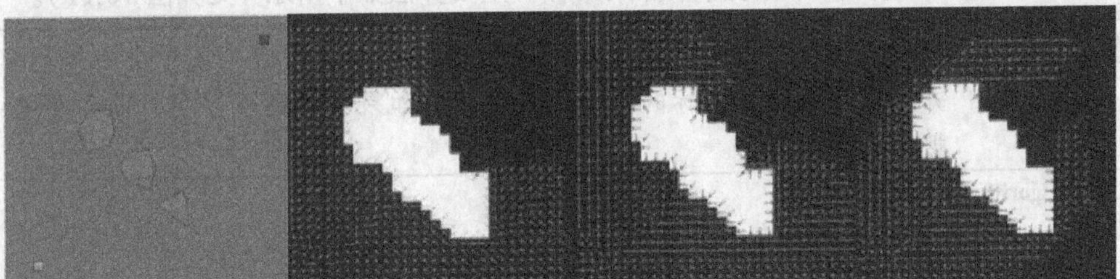

图 10-19 **所有算法的搜索边界**。(最左图) 此规划问题是找到从左下方到右上方的路径，而且在目标和起始位置之间存在障碍物。而迪杰斯特拉算法 (左数第三个) 比宽度优先搜索算法 (左数第二个) 所需扩展的节点更少；A* 算法 (最右图) 扩展的节点则比迪杰斯特拉算法少。在各边权重相同的情况下，所有算法都产生相同的解，但它们的求解效率却不一样 663

2. 启发式最优加权序贯规划器：A*

A*算法[13]或许是运动规划中最著名的算法。其中的新要素是：一个新的关键值。由于引入了离开代价函数，A*算法与迪杰斯特拉算法相比，效率更高、访问的状态更少。在图论和人工智能（AI）专业术语中，图结构的状态通常被泛称为节点。在 A*算法中，每一个节点存储三个值，分别称为 f、g 和 h（如聚焦信息 10.1 所示）：

- $g(\underline{x})$ 与前面介绍的迪杰斯特拉算法中一样，是精确的、已知的、最优的接近代价。
- $\hat{h}(\underline{x})$ 指的是从状态 $\underline{x}$ 到目标状态的离开代价估计。
- $\hat{f}(\underline{x})$ 指的是从初始状态经由状态 $\underline{x}$ 到达目标状态的总路径代价估计（它基于 $\hat{h}(\underline{x})$ 计算得到）。

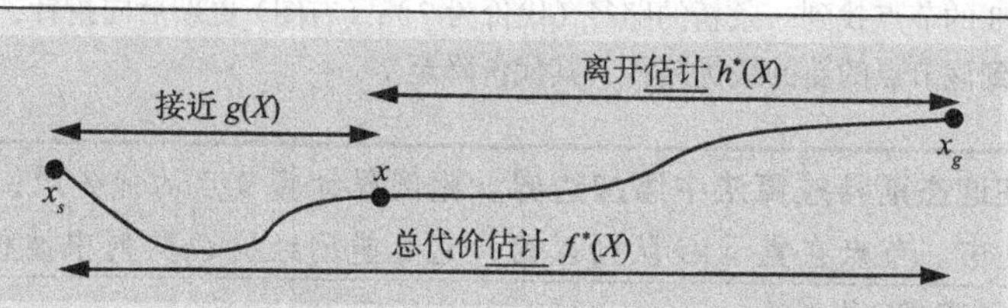

聚焦信息 10.1　A* 算法中的代价定义

对每一个状态 x，都定义了相对于初始状态 x_s 和目标状态 x_g 的三个代价。

代价估计 $\hat{f}(\underline{x})$ 按照如下公式计算：

$$\hat{f}(\underline{x}) = g(\underline{x}) + \hat{h}(\underline{x}) \tag{10.4}$$

代价估计算法的详细说明，见算法 10.10。

算法 10.10　A* 代价函数。 函数 f 包括已知的 g 值以及从当前状态到目标的代价估计值

```
00   algorithm calcF(x,g)
01     f ← g + calcH(x)
02   return f
```

在 A*算法中，优先级队列根据 $\hat{f}$ 而不是 g 来排序。这种变化使得算法在搜索到目标之前，总是按照最低总代价估计的顺序来探索路径。主要算法如下所示（见算法 10.11）。

算法 10.11　启发式最优加权图搜索的 A* 算法。 该规划器将为搜索图产生一个生成树，并生成一条通往目标的最小代价路径。如果该路径不存在，也会发送一份搜索失败的报告

```
00   algorithm Astar(x_s, x_g)
01     x_s.g ← 0; x_s.f ← calcF(x_s, 0)
02     O.insertSorted(x_s)
03     x_s.parent ← null
04     while (O ≠ ∅)
05       x ← O.removeFirst()
06       C.insert(x)
07       if(x = x_g) return success
08       expandNodeAstar(x)
```

```
endwhile
return failure
```

这里的节点扩展算法共有三种情况，如算法 10.12 所示。就像迪杰斯特拉算法一样，当找到通往开放节点的更理想路径时，那么其后向指针必须更新，以指向一个新的最优父节点。不过，这里还需要找到一个通往关闭节点的更理想路径。因为节点的关闭是根据 $f()$ 而不是 $g()$。这同样意味着它的后向指针必须更新，以指向一个新的最优父节点。此外，经过更新后的节点，其所有的下游代价必须更新。这项处理可在算法中完成，只需将节点重新放回至 O 表即可。

算法 10.12　A* 算法的节点扩展。将给定状态的所有未访问邻域都置于一个优先级队列中

```
algorithm expandNodeAstar(x)
for each (u ∈ U(x))
  x_next ← f(x, u)
  gnew ← calcG(x_next, x)
  fnew ← calcF(x_next, gnew)
  if(x_next ∈ O &&  fnew < x_next·f)
      O.remove(x_next)
      addToOAstar(x_next, x, fnew, gnew)
  else if (x_next ∈ C &&  fnew < x_next·f)
      C.remove(x_next)
      addToOAstar(x_next, x, fnew, gnew)
  else
      addToOAstar(x_next, x, fnew, gnew)
  endif
endfor
return
```

然后，在下一个执行步中移除该节点，而且其后续节点代价将以类似方式更新（如图 10-20 所示）。 665

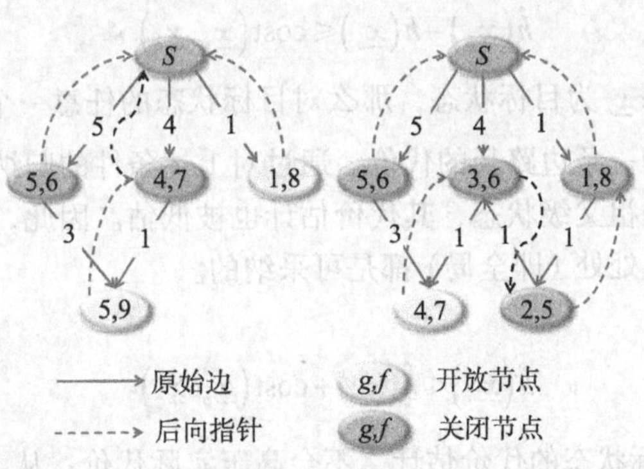

图 10-20　**需要路径更新**。如图所示，节点处的值表示为（g，f）。（左图）总代价为 8 的右节点扩展，生成一个新的节点（代价为 5），然后继续扩展；（右图）这一扩展产生了一条通往中心节点的代价为 6 的新路径，原通往中心节点的路径代价为 7。更新中心节点的后向指针，以反映一条从起始节点到该节点之间的新最优路径，其代价降至 6，同时它的子节点的代价也从 9 降至 7。如果 C 表中的各个节点是最优的，那么就需要这么复杂

将节点置于 O 表的程序现在存储了两个代价（如算法 10.13 所示）。存储 g 值，是为了便于下游节点计算其自身的 g 值；存储 f 值，是为了记住在 O 集合中插入节点的代价值。

算法 10.13　**在 A* 算法中扩展边界**。该程序在 O 队列中放置一个节点。在 A* 算法中，当把节点置于 O 队列之前，可能需要先从 O 或 C 队列中移除该节点，也可能不需要

```
00   algorithm addToOAstar(x, x_parent, f, g)
01       x.g ← g
02       x.f ← f
03       O.insertSorted(x, f)
04       x.parent ← x_parent
05       return
```

---

3. 启发式的可采纳性

当启发式算法中的 $\hat{h}(\underline{x})$ 没有高估真实离开代价时，就认为它是可采纳的——这是表示确保避障的一个术语，不过此处与避障无关。一个重要的事实是：对于所有的状态 $\underline{x}$，当 $\hat{h}(\underline{x})$ 都是可采纳的，A* 算法就是最优的。

为了说明上述结论的正确性，可以考察这种情况：当把目标节点从队列中移除时，因为 $\hat{h}(\underline{x}_{\text{goal}}) = 0$，所以 $\hat{f}(\underline{x}_{\text{goal}}) = g(\underline{x}_{\text{goal}})$ 成立。此时，从目标返回至起点的某条路径已经编码在后向指针中，且它的实际代价由其 f 值准确给出。因为 O 队列是基于 f 进行排序，我们就能知道，经由留在 O 队列中的任意节点，到达目标的路径（欠）估计总（f）代价，甚至远高于目标点代价。如果我们知道任何新加到 O 队列中的节点的总代价总是更大，那么就可以推论出：当前路径为最优。我们会发现，新节点总是有更高的代价。

4. 启发式的一致性

如果启发式算法在局部是可采纳的，那么我们就认为该算法具有一致性。假设扩展一个父状态 $\underline{x}_p$，以产生一个子状态 $\underline{x}_c$。如果满足下列条件，我们就可以说启发式 $\hat{h}(\underline{x})$ 并没有高估这两者之间的边代价：

$$\hat{h}(\underline{x}_p) - \hat{h}(\underline{x}_c) \leqslant \text{cost}(\underline{x}_p, \underline{x}_c) \tag{10.5}$$

在这种情况下，如果 $\underline{x}_c$ 为目标状态，那么对目标状态的任意一个父状态而言，$\hat{h}(\underline{x}_p)$ 都不会高估通往目标状态的一条边路径的代价。通过对上述条件的归纳，可以类推：与目标状态相对应的每一个可能的祖父级状态，其代价估计也被低估。因此，一致的启发式算法不仅在局部是可采纳的，而且处处（即全局）都是可采纳的。

重新整理条件如下：

$$\hat{h}(\underline{x}_p) \leqslant \hat{h}(\underline{x}_c) + \text{cost}(\underline{x}_p, \underline{x}_c) \tag{10.6}$$

即从 $\underline{x}_p$ 直接通往目标状态的代价估计，不会高于实际代价：从 $\underline{x}_p$ 状态到 $\underline{x}_c$ 状态的代价 $(\underline{x}_p, \underline{x}_c)$，加上从那里继续到达目标状态的代价。这就是众所周知的三角不等式，而满足该不等式的启发式方法被称为度量。

上述条件的另一种写法：

$$\hat{h}(\underline{x}_c) \geqslant \hat{h}(\underline{x}_p) - \mathrm{cost}(\underline{x}_p, \underline{x}_c) \tag{10.7}$$

如果我们在上式的两端同时加上 $g(\underline{x}_c)$，并重新整理，可得：

$$g(\underline{x}_c) + \hat{h}(\underline{x}_c) \geqslant g(\underline{x}_c) - \mathrm{cost}(\underline{x}_p, \underline{x}_c) + \hat{h}(\underline{x}_p) = g(\underline{x}_p) + \hat{h}(\underline{x}_p) \tag{10.8}$$

即在对树结构进行搜索时，如果启发式算法能够保持一致性，那么从任意一个父节点运动至其任意一个子节点时，总代价估计一定是单调的：

$$\hat{f}(\underline{x}_c) \geqslant \hat{f}(\underline{x}_p) \tag{10.9}$$

基于此，单调这一专业术语可以与一致性互换。对该一致性结论加以扩展，会发现它也表征节点从 O 队列中退出的时间顺序。这会从另一个方面证明，该启发式算法是单调的。

5. 一致性启发式总代价的单调性

现在考虑一下，当从优先级队列中移除节点 $\underline{x}_p$，将其扩展获得子节点，再将子节点返回队列时，会发生什么情况。所有将要被移除的节点，一定都是父节点被移除时队列中代价较高的节点，或者是它们的子节点，或 $\underline{x}_p$ 的一个子节点。如果子节点的边代价总是正值，并且启发式是一致的，那么所有子节点的代价都会高于它们的父节点，因此，之后将要被移除的任意节点的估计总代价 $\hat{f}(\underline{x})$ 都不会低于 $\underline{x}_p$ 被移除时的估计代价。也就是说，从优先级队列中退出的那些节点的总估计代价 $\hat{f}(\underline{x})$，在时间上也一定是单调的。 667

因此，一个一致的启发式还意味着：A* 节点扩展算法程序第 8 行中的条件永远都不会发生，并且节点永远不需要从 C 队列集合移动到 O 队列集合。这也意味着，当节点从 O 队列集合被移除时，它们是最优的，也就是说，它们返回至起始节点的最短路径已经被计算出来，并且 f 和 g 值都是最优的。特别的，当目标从 O 队列被移除时，它就是最优的。

虽然所有一致的启发式方法都是可采纳的，但并非所有可采纳的启发式都具有一致性，所以一致性是更强的最优性必要条件。无论怎样实现 A* 节点扩展算法，最好保留程序第 8 行中的条件判断。这不仅是出于上述原因，也因为它能够识别软件缺陷。当然，也有一些情况下，为了提高效率，会特意使用一些不可采纳的启发式方法。

6. 明智的和优势的启发式

当 A* 算法终止运行时，目标节点从 O 队列集合中移除，并且 O 队列集合中的所有其他节点都具有较高的 $\hat{f}(\underline{x})$ 值。此时，与目标节点关联的 $\hat{f}(\underline{x})$ 值是最优路径的实际代价，也可以表示为 $f^*(\underline{x}_{\mathrm{start}})$。对于单调启发式算法，我们知道：总估计代价低于最优解决方案代价的每一个节点，都已经从 O 队列集合中被移除，同时，它也已经被扩展。

考虑两种不同的启发式：$\hat{h}_1(\underline{x})$ 和 $\hat{h}_2(\underline{x})$。假设对于搜索空间中的所有状态，如果 $\hat{h}_1(\underline{x}) > \hat{h}_2(\underline{x})$ 成立，并且这两种启发式都是可采纳的，那么我们可以说 $\hat{h}_1(\underline{x})$ 比 $\hat{h}_2(\underline{x})$ 更具优势，或者说使用 $\hat{h}_1(\underline{x})$ 的算法比使用 $\hat{h}_1(\underline{x})$ 的算法更加明智。

最优解的代价并非取决于启发式，但是有较低估计代价的节点的数量却取决于启发式。任意一个节点的 $g(\underline{x})$ 值也独立于启发式。因此对于 $\hat{h}_1(\underline{x}) > \hat{h}_2(\underline{x})$ 这种情况，在当使用 $\hat{h}_2(\underline{x})$ 时，就意味着更大范围的 $g(\underline{x})$ 值，即更多的节点，能满足条件 $\hat{f}(\underline{x}) \leqslant f^*(\underline{x}_{\mathrm{start}})$。因此基于 $\hat{h}_2(\underline{x})$ 的算法会扩展所有基于 $\hat{h}_1(\underline{x})$ 的算法而扩展的节点——同时，不同启发式方法的差异度会决定多扩展节点的数量。

这两种极端的情况非常有意思。如果 $\hat{h}(\underline{x})=0$ 成立，则搜索被称为无导引或盲目（即动态规划）搜索。在这种情况下，可能会扩展更多完全没有必要的状态。相反，如果 $\hat{h}(\underline{x})=\hat{h}^*(\underline{x})$（表示到达目标节点的实际最优代价）成立，那么对于没有必要的那些状态，A* 算法根本不对其进行扩展（如果通过选择较小的 h 来求解 f）。对启发式方法而言，实际场景中未知障碍物的存在，以及处理子节点时未知的正确顺序，都意味着这种完美情况在实际中很少实现。

如果存在几种可采纳的启发式方法，它们的最大值也是可采纳的，那么就要选择更明智的，除非它们完全相同。因此，如果 $\hat{h}_1(\underline{x})$ 和 $\hat{h}_2(\underline{x})$ 不同，并且是可采纳的，那么：

$$\hat{h}_3(\underline{x})=\max\left[\hat{h}_1(\underline{x}),\hat{h}_2(\underline{x})\right] \tag{10.10}$$

668 更为明智。使用该规则的一个很好的例子是这样一种启发式方法，它基于最小单元代价可行边的长度，以及两状态之间不可行的直线的实际代价。我们也可以证明：如果 $\hat{h}_1(\underline{x})$ 和 $\hat{h}_2(\underline{x})$ 具有一致性，那么 $\hat{h}_3(\underline{x})$ 也具有一致性。

7. 完美启发式

至少在没有障碍物存在的情况下，我们可以预先计算出 A* 算法中的完美启发式。当机器人车辆模型必须满足微分约束条件时（绝大多数都满足），这样的启发式方法可能比不同位置之间的一条直线更实用。启发式可以基于连接两个状态的最小长度曲线。这需要将每单位长度的最小代价乘以长度，从而将长度转换成相应的代价。

对于四连通的和八连通的单元栅格，可以使用简单的算法，计算其完美启发式。在更为复杂的情况下，规划算法本身可以在没有障碍物的世界模型中执行，来计算启发式。对于具有最小转弯半径的运动车辆，里兹－薛普解通常也是一种有用的启发式。

无障碍解的长度可以存储在查找表中，这些表根据目标节点和起始节点之间的相对位置和方向来索引。如果表格的大小不足以覆盖所有情况，那么确保在查找表边界上启发式的一致性，可能就会成为一个问题。

在车辆可操纵性受限时，可以在没有约束的情况下，依据求解规划问题来计算其启发式。例如，在一个八连通栅格中求解该问题，会低估受限机动性车辆的实际代价，但这确实说明了障碍物的存在。

可以将可行的无障碍启发式与不可行的障碍感知启发式结合起来，从而产生一种新的启发式，这种新的启发式具有更多的信息，并且更加明智，但仍然是可采纳的。不过，这种复合启发式的一致性可能是一个问题。

10.2.5 序贯运动规划的实现

本节介绍实现序贯运动规划器的一些高层设计问题。路径规划器要用到外部环境表示，以及车辆运动模型。它们还要实现管理搜索过程的数据结构——搜索图和搜索树，本节将介绍这些数据结构的一些设计问题。

1. 车辆

根据边代价函数的性质，可能需要对车辆的不同特性进行建模。在最简单的情况下，需要对车辆的体积及位姿建模，以计算它在每个点沿图的边所占的体积。在复杂地形表面上，为了防止出现托底现象，车辆的最小离地间隙应能够使底盘避开地形表面突起，此时，就

需要了解车辆下方体积的细节。为了避免与低矮的门栏或树枝发生碰撞，可能还需要知道高度。 669

另一个问题是车辆的机动性。边的设计可能会要求符合真实运动，也可能不会。但是，如果有这样的要求，就需要利用车辆动力学模型来产生运动。

2. 障碍物地图与代价地图

表达环境模型有两个选项：离散障碍物，称为*障碍物地图*；栅格形式的代价区域（也称为*代价地图*）。离散障碍物可能会对位姿、大小、几何形状，甚至运动属性进行编码表达。代价地图可以将连续代价值，或二进制代价值存储在普通的栅格模板中，以数组的形式来实现。通常，代价地图更常用，但在简单地表达移动对象时，离散障碍物可能更好。综合两种思想的混合表示法可能也是一种理想的方法。在代价区域表示法中，整个外部环境被划分为多个小的有限区域，或者若干小的正方形单元格，而遍历代价则存储在每个单元格中。在非结构化环境下，产生代价信息所需的计算可能极其复杂。一种方法是将感知数据累积到三维工作空间的体积表示中，并据此导出其在二维平面中的代价表示。一个这样的三维表示是栅格化的*点云*，三维空间中的体素可以存储机器人检测到的激光雷达数据点的统计数据信息。

为了在交叉、碰撞或重叠等计算中提高效率，通常需要对环境模型进行空间搜索。在已有环境先验（相对于规划查询）模型的情况下，根据在规划时赋予模型的值，就足以判定是应该将其全部预加载到内存中，还是缓存到磁盘中。

代价地图也可以基于 C- 空间（又称可视图空间）进行定义，不过在两种情况下，机器人构型代价本质上都是定义在 C- 空间中的量——因为机器人的旋转会改变其在工作空间中的占用体积。在离散障碍物表达情况下，可以定义 C- 空间障碍物，而构型代价值可以直接从 C- 空间代价地图读取。对连续代价区域的工作空间表达，也可以计算等效的构型代价，并据此来确定当车辆占据环境中的某位姿时，可能与之重合的栅格单元集合。

一旦计算出了构型代价，那么路径代价计算就变成了沿 C- 空间路径对构型代价的线性积分。在二值代价的情况下，在某一路径上遇到某个障碍物，就意味着整条路径都处于发生碰撞状态。当由于机器人移动、环境的不确定性或出现新信息等情况，而导致代价地图随时间不断发生变化时，预先计算一段路径或构型代价也不会节省任何工作量，因此可以替换为在工作空间中直接进行计算。

3. 搜索图

正如我们所看到的，路径规划通常根据搜索图来构造搜索树。搜索图通过显式边或隐式边连接各个不同*状态*（这些状态都具有位置和方向等属性）。状态的基本功能是对空间坐标进行编码，以此来生成邻域，并评估与障碍物 / 代价地图之间的交叉情况。组成搜索图的边用于表示运动，并且图结构的每一条边都有相关的遍历代价。边的表达可包含执行运动的细节，或者隐含该信息。例如，栅格中的每一个单元格在所有四个主要方向上都分别有一个邻域，而这些知识可以在代码本身中而不是在数据中表示。在图结构中，任意两个状态之间的边代价是每一条边基于代价地图的线积分。 670

当障碍物不被机器人的任何部分占用时，可以从搜索图中去除穿过它们的所有边，形成拓扑表达。执行此操作的另一种方法是：在搜索树中生成邻域时，删除进入障碍物的边。

搜索图空间采样不需要与代价地图空间采样相匹配。代价地图采样需要解决一些小的障碍物，而搜索图空间采样需要区分往复运动。

由于在执行规划时，路径的解可能只穿过一小部分区域。针对这种大部分规划空间永远不会被涉及的情况，一种潜在的理想方法是用延迟方式为搜索图分配内存（仅当需要时）。

当搜索图是对称的（重复结构），一种简单的思路是设计一个为给定状态生成邻域（父节点和子节点）的函数，它根据需要仅生成部分搜索图。这样，就不需要对搜索图进行预计算。这里，重要的是能够在空间中高效地找到占据指定位置的状态。按空间索引的数据结构（比如数组）可以实现这一点。如果状态编码包含除位置信息之外的其他信息，可以在第一次引用状态时再创建它，这样能实现内存延迟分配。

4. 搜索树

从概念上讲，搜索树数据结构中的规划器节点与搜索图结构中的状态，这两者是完全不同的实体。规划器节点需要存储 A* 算法中例如 f、g 和 h 值这样的一般管理信息，以便管理搜索。此外，它还存储后向指针以辅助提取规划路径。通常情况下，对于遇到的每一个状态，都至少需要一个与之相对应的搜索树节点，因此将它们放在一起可以简化存储器的内存管理。搜索树是在搜索过程中根据定义生成的，因此不需要预先分配。同样，搜索树的节点也可以在需要时创建。

5. 列表和队列

O 队列要么是 FIFO 队列，要么是此处介绍的算法中的优先级队列。因此，它至少必须是一个序列（列表，有序集合）。在绝大多数情况下，高效排序非常重要。在 A* 算法中，优先级队列的效率非常重要。

从各方面看，C 表都不需要排序，因此它可以作为一个集合来表示。为了提高对从属关系的测试效率，在每个搜索树节点中存储标志，以记录其状态是开放的、还是关闭的或者未
671 曾访问，这对问题的解决非常有益。这样会让从属关系的测试无须付出很高代价。因为对 C 集合唯一需要的操作就是从属关系测试，所以如果使用节点标志，就不需要显式数据结构。

10.2.6　参考文献与延伸阅读

1. 参考书目

除了上一节参考的几本书籍以外，Rich 等著写的书，还有 Russel 等著写的书作为计算机科学的教材，很好地介绍了有关搜索的基础知识。本书的运动规划部分几乎没有变化地采用了其中介绍的方法。

[7] R. E. Bellman, *Dynamic Programming,* Princeton University Press, 2003.

[8] E. Rich and K. Knight, *Artificial Intelligence,* 2nd ed., McGraw-Hill Science/Engineering/Math, 1991.

[9] S. Russel and P. Norvig, *Artificial Intelligence: A Modern Approach,* Prentice Hall, 1998.

2. 参考论文

本节内容参考了如下所示的 8 篇论文：

[10] H. Blum, A Transformation for Extracting New Descriptors of Shape, *Models for the Perception of Speech and Visual Form.* MIT Press, pp. 362–380, 1967.

[11] H. Choset and J. Burdick. Sensor-Based Exploration: The Hierarchical Generalized Voronoi Graph, *The International Journal of Robotics Research* February 2000, Vol. 19, pp. 96–125, 2000.

[12] E. W. Dijkstra, A Note on Two Problems in Connexion with Graphs, *Numerische Mathematik,* Vol. 1, pp. 269–271, 1959.

[13] P. E. Hart, N. J. Nilsson, and B. Raphael, A Formal Basis for the Heuristic Determination of

Minimum Cost Paths. *IEEE Transactions on Systems Science and Cybernetics,* Vol. 4, No. 2, pp. 100–107, 1968.

[14] L. E. Kavraki, P. Svestka, J. C. Latombe, M. H. Overmars, Probabilistic Roadmaps for Path Planning in High-Dimensional Configuration Spaces, *IEEE Transactions on Robotics and Automation,* Vol. 12, No. 4, pp. 566–580, 1996.

[15] A. H. Land and A. G. Doig, An Automatic Method for Solving Discrete Programming Problems, *Econometrica,* Vol. 28, pp. 497–520, 1960.

[16] Pearl, J. (1984). *Heuristics: Intelligent Search Strategies for Computer Problem Solving.* Addison-Wesley, 1984.

[17] M. Pivtoraiko, R. Knepper, A. Kelly, Differentially Constrained Mobile Robot Motion Planning in State Lattices. *Journal of Field Robotics,* Vol. 26, No. 3, pp. 308–333, 2009.

10.2.7 习题

完美启发式

一种完美启发式是在没有障碍物存在的情况下，在某一特定的搜索空间中，寻找最有效（通常为最短）路径的一种解决方案。写出适用于四连通和八连通栅格的完美启发式算法；写出适用于正六边形栅格的完美启发式算法。 672

10.3 实时全局运动规划：在未知的动态环境中的移动

10.3.1 引言

显然，前面介绍过的路径规划方法都假设环境已知。尽管建筑平面布局图、道路交通网络和空中航拍影像常常可为我们所用，而且用处很大，但它们一般并没有提供足够的可用信息。这样的先验地图信息对于避障或其他详细运动规划而言，通常不够精确，而且经常出现几何形状不准确或数据老化问题。即使所有这些问题都不存在，环境中移动的实体，包括人、动物、车辆和其他机器人等，都不会被表示在这些已经构建好的地图中。

就我们的目标而言，可以对未知动态环境以类似的方式进行处理，因为动态环境是部分未知的。尽管这种环境中的路径规划问题相当复杂，但是已经有了一些非常绝妙的方法来处理它。运用本节介绍的技术，可以创造出令人难以置信的工作性能。如果基于正确的地图，运动规划系统的工作性能将有可能超越人类的能力。相反，一个（通常缺乏远见的）机器人在环境中导航时，必须不断对环境进行感测，此时，它处理问题的低效程度也同样令人吃惊。

本节介绍的规划技术旨在处理以下难题。在实际场景中，有时会遇见部分问题，而有时则会遭遇全部问题：

- 实时性：当机器人移动时，用于决策该做什么的时间有限，所以，如果需要新的运动规划，就要快速获得结果。
- 未知环境：当环境部分未知时，持续了解环境的唯一方法就是移动，所以，如果需要新的运动规划，那么必须每次都从不同的位置开始。
- 不确定的动态环境：即使环境是“已知”的，它的表达也可能由于不确定性因素或动态变化而发生改变。
- 机器人运动：除非机器人返回至先前曾访问过的位置，否则机器人的运动可能使大量的搜索树变得毫无用处。

1. 未知环境中的实时运动规划

本章讨论的是收集数据、运动规划以及执行问题。这些问题呈现出不同程度的并行且持续状态。一个常见的场景是机器人持续产生并执行某规划，直到它到达某点。在该处，机器人根据其传感器探测结果，获得了在生成初始规划时并不了解的信息。此时，机器人生成一个新规划，再重复上述过程。

一个关键问题是机器人是否必须或保持某种程度上的运动连续性。有时候最好停下来想一想，因为更多的规划时间可以更充分地利用已有信息。而在其他时候，在环境中多进行四处移动来搜集更多的信息，可能会更加理想。在有些情况下，为了快速到达目标位置，机器
673 人需要持续移动。此时，每当发现新的信息就停止移动，并不是一个理想选择。当我们认为地图一直是不准确的时候，这一点就表现得更明显，因为机器人在每一个检测周期都会发现一些新的东西。

环境的未知和对运动持续性的愿望，产生了对实时路径规划的需求，因为机器人需要移动，才能掌握更多信息，从而快速结合新获得的信息来保持移动状态。在未知环境中，机器人在明确最终结果之前，通常不得不采取行动。

显然，有时一条信息就会产生重要影响。如果一个机器人正在一边运动一边了解周围环境，它可能会突然发现其正在努力跟随的道路已经被挡住了。反之，它也有可能发现一条在初始地图中并不存在的捷径。无论是哪种情况，快速制定新的路径规划，都能使机器人保持继续移动状态。

不难发现，随着机器人掌握的信息更多，它会不断地改变其意图，这并不是一种反常现象。如果机器人在每次观察一个区域时，都能对该区域的恶劣状况有更多了解，那么它就可能持续改变策略，并尝试在别处取得进展（如图 10-21 所示）。

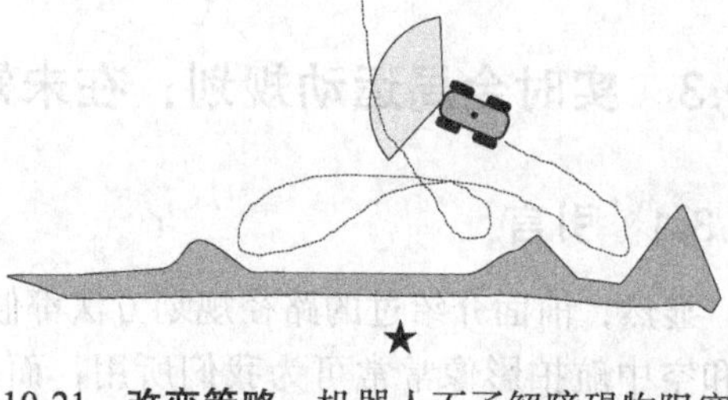

图 10-21 **改变策略**。机器人不了解障碍物阻塞的程度。它向左转尽量避开障碍物，并发现向左转在更远的位置也存在障碍物。然后，它尝试右转，并在较远的位置又发现障碍物的存在，然后决定再向左转。如果规划器在设计时就假设障碍物很少，那么机器人就会重复这种行为，直到完全明确障碍物的分布

2. 不确定环境

真实传感器的最大探测距离有限，并且性能不完善。所有这些现实因素会导致一种持续的、不完善的探测行为，而未知环境却依然未知。感知的不确定性是另一个层次的问题，因为系统的性能可能会从效率低下变为完全不收敛。例如，假设一个机器人曾经感测到的“此路不通（即死胡同）”信号，而这实际上是由于一阵尘土或一大群昆虫而造成的瞬时错觉。在这种情况下，系统可能会做出一个具有潜在灾难性的错误决策：转向掉头，并永远不再回头。如果这种感知失败的频率足够高，那么机器人就会在一个想象的天然迷宫或人为迷宫中漫无目的地四处徘徊，而永远无法实现其最终目标。

当然，地图和传感器永远都不是完美的，而且在许多引人注目的应用场合，机器人的工作空间通常都存在一些移动物体。因此，在任何一种实际场景下，机器人都不得不在还没有被完美感知的未知环境中移动，而上述所有挑战都会立刻出现在机器人面前。本章的其余部分将介绍 4 种基本方法，用于应对在千米级尺度范围内进行实时运动规划的挑战，这 4 种方

法分别是深度有限搜索、实时搜索、规划修正和分层规划。

10.3.2 有限深度搜索

在有些情况下，甚至在计算出估计结果之前，机器人就必须采取行动。这种情况要么是因为没有时间来完成计算，要么是因为有限（通常总是如此）的有效感知距离。在这种情况下，该问题便转换成为一个如何最优地利用有效计算能力和现有信息的问题。 674

解决这种局限性的方法之一是限定规划域，即生成的搜索树的深度，进而在随后获得部分规划的情况下，尽可能做出最优决策。我们会发现这种有限深度路径规划方法，为"搜索"这一术语赋予了新的含义。因为对于机器人而言，在它四处游荡，并试图找到通往目标的路径的过程中，搜索是否终止取决于真实环境和行为。

1. 完全反应式规划

最简单的有限深度搜索使用一种完全反应式的被动策略，它只根据局部可见信息简单计算要执行的操作。它不会动态构建地图，因为该策略假设没有时间对地图进行搜索。这种方法是规划的对立面，并且只在有限的情况下才有效。

一种很自然的实现方法是：首先考虑能够穿过视野中的环境的多个选项，然后从目标搜索的角度，以看起来"有价值"的方式选择其中一个选项。这是前面已经介绍的最简单的路径规划器的一个版本，只不过这里是通过机器人来实现，同时补充考虑了避障和相对目标的偏移量。

当环境中的障碍物非常少时，这有可能是一种有效的方法。不过，我们很容易构建一种能够使该方法陷入混乱的环境，如图 10-22 所示，因为环境（超出感知视野）的全局结构，会导致机器人认为远离目标是成功的唯一途径。

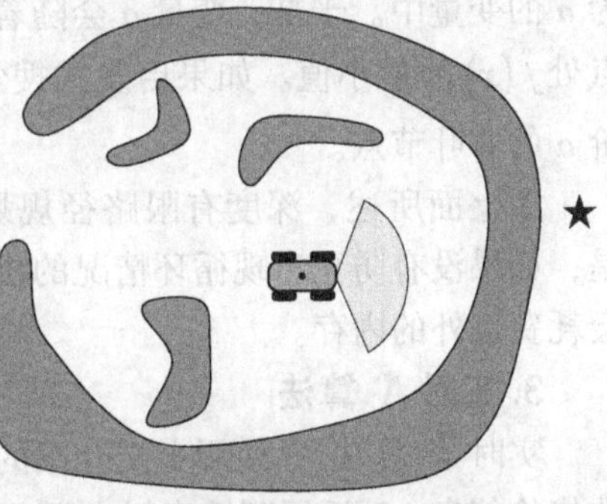

图 10-22　**完全反应式路径规划器。如果没有存储器，机器人将很难找到通往目标的路径。朝向目标运动的指示偏差会使情况更加恶化，因为正确的答案是暂时远离目标**

在任何情况下，记住在 C 表中实际已经访问过的状态集合，可能是至关重要的。因为，除非由于传感器数据或算法改变而引发某些随机选项，否则重新访问先前已访问过的状态会导致封闭循环，之后机器人将计算并执行相同的操作。这个过程与机器人第一次处于该状态时相同；然后，机器人将再次重复整个路径，并第三次访问该状态，周而复始。

2. 有限深度的路径规划

从上一个例子可见，在搜索树中进行更加深入的搜索看来是明智之举。其出发点是，如果机器人能够通过仿真在它周围的障碍中进行路径搜索，那么它就没有必要真正地执行搜索行为。有限深度路径规划的实施与滚动时域预测控制是一致的。其基本思想是：在搜索树中（通过仿真）以某一前向有限深度进行搜索，选择要跟踪的边，沿着边进行运动（在实际环境中），然后循环重复该过程。 675

一种实现上述思想的方法是进行有界深度搜索，具体如下：首先计算一个启发式 $\hat{h}(\underline{x})$，估计到达目标所需的剩余代价，然后将最优子代价向上传递给树，从而确定搜索图的边，该边是通往搜索树最佳叶节点（该节点为位于深度极限处的层节点，它没有子节点）的第一步

（如图 10-23 所示）。

当然，机器人可以执行多个搜索边，甚至执行所有能够到达最优叶节点的边，但这有可能是不明智的。如果路径在超出最初搜索深度边界一个边的深度处被阻塞了，那么对所有搜索路径进行尝试的机器人不会发现这个问题，直到它已经到达那里而路径已被阻塞。*最小允诺原则*[21]只执行机器人路径的一个边，然后再次规划至有限的深度。通过这种方式，每一个动作都能从尽可能多的深思熟虑中获益，且搜索的视野范围随机器人一起向前移动。

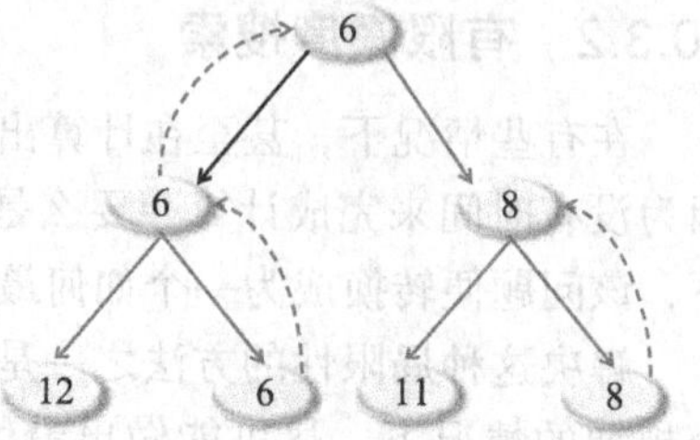

图 10-23 **前向搜索**。根据最佳子节点，叶节点的启发值在搜索树中向上传递，从而找到通向最佳子节点第一步的边

当一条路径的代价与树的深度等效时，将路径简单规划至某一固定深度是合理的。但是，如果各个动作行为有不同的代价（而在代价地图中也确实如此），那么最好采用在 A* 算法建模之后的总代价启发式，以便捕获到达搜索树中叶节点的代价信息。替代固定深度的另一种方法是将接近代价 $g(x)$ 规划至某一特定前沿值。不管在哪种情况下，由于搜索的目标旨在产生具有最低 $\hat{f}(x)$ 值的叶节点，所以可以使用 *α- 剪枝*对搜索树进行修剪，以减少需要进行评估的节点范围，从而提高搜索效率。一旦生成了第一个叶节点，就将其 $\hat{f}(x)$ 值存储在一个名称为 α 的变量中。于是，变量 α 会随着其他叶节点的产生而不断得以更新，以记录在任意叶节点处 $\hat{f}(x)$ 的最小值。如果启发式搜索在深度上是单调的，那么就能够避免扩展任何超出代价 α 的非叶节点。

如上面所述，深度有限路径规划器比反应式规划器更加明智，并能提供更多信息。但是，如果没有防止出现循环情况的机制，该规划器仍然不能保证找到目标，而这些机制总是会耗费额外的内存。

3. 实时 A* 算法

实时 A* 算法[21]使用上文介绍的有界深度搜索过程，以最优子节点的方式，将全部路径
676 的代价信息（f）返回到搜索树中根节点（根为当前的状态）的邻域。在树的后向移动搜索中，任意节点的代价，都等于其所有子节点代价的最小值加上到达该子节点的边的代价值。实际上，每个节点都将其代价值设为已经被搜索过的最佳路径的代价值。这些代价值可以认为是经由搜索结果获得的每个节点的启发式，同时也是经计算得出的叶节点启发式 $\hat{h}(x)$。

现在，利用上述更为明智的启发式，获得总路径代价 $f = g + \hat{h}$，并据此对当前状态的当前邻域的各个边进行计算，然后再执行通往最优邻域的边。完成此操作之后，紧接着将次优选项的总路径代价存储到刚刚空出的状态启发式中。如果机器人不得不返回至该状态时，它就表示最优已知（备用）路径代价。当机器人到达邻域，即该领域被占用后，规划器再次进行有界深度搜索，循环重复该过程，直到找到目标为止。

如果机器人通过另外一条与上次离开时不同的路径，回到之前曾经访问过的状态，该算法必须使搜索树的代价信息保持一致。只有这种情况得到了正确处理，算法才能变得完整——保证最终会找到目标。这种在从移动到移动的过程中，对搜索树里的信息进行存储和修复的概念，可以扩展到更加高效的级别。这将在下面关于规划修正的部分中介绍。

10.3.3 实时方法

随着可用计算资源的增加，实时运动规划结果的质量也会不断提高。有些方法可以随时终止，而另一些方法在得到结果之前，需要确保一定的计算时间或数据资源。许多运动规划方法都要求其特异性的初始化计算不能被中断。

在传感器视野有限并缺少地图的情况下，有限深度搜索方法可能是合理的。但如果有合理的精确地图信息可用，那么实时方法可能会更好，因为它们可以在机器人接近目标之前，就找到通往目标的路径。从这个角度而言，实时方法都是增量式的，因为每次路径规划迭代，都在某种程度上对前面的规划结果进行了改进。

略加思考，我们就能发现几种实时规划方法。在利用基本穷举搜索法执行当前规划的同时，可在另一个独立线程中运行一个新的规划。在使用有界深度搜索时，可以利用二次迭代将搜索树向更深的一层或多层进行扩展。通常情况下，节点的数量随树深度的增加呈指数级增长，因而计算需求会随着深度的增加而迅速提高。在很多时候，这种方法并不可行。不过，有限深度搜索方法存在这样一种变体，它先在目标周围定义一个半径，然后执行搜索，直至找到位于目标半径范围内的第一个节点。在随后的迭代中，算法逐渐减少半径大小，直至到达目标为止。

1. 膨胀启发式

当我们考虑启发式方法的运行时间和明智性之间的关系时，为了快速生成一个理想答案，而不是以较慢的速度生成一个最优解，于是在 A* 算法中有意使用不可采纳的启发式方法，就会变得合理了。这种策略使算法能够更加迅速地将搜索引导至更有价值的方向。如果启发式被一个因子 $1+\varepsilon$ 膨胀了，其中 $\varepsilon>0$，那么这个算法就被称为（常量）*加权* A* 算法，或者是 WA* 算法。对于 WA* 算法而言，如果初始启发式是可采纳的，那么可以证明生成的解为 *ε- 可采纳的*。即所产生的任何解的总代价不会超出最优代价的 $1+\varepsilon$ 倍。该思想最初在文献 [23] 中被提出。 677

实时算法可以基于加权 A* 算法来实现。在第一次迭代中，可以使用一个大的膨胀因子，在随后的迭代中则对其进行缩减，进而得到更优解。在实际应用中，这种方法是可行的。不过，在开始下一次迭代之前，丢弃前一次迭代中完成的所有工作，却可能是一种浪费。我们已经知道有一些方法可以重用以前的迭代结果，在随后的两节中将介绍相关内容。

2. 继续搜索

文献 [19] 指出，即便把目标从 O 队列中移除，也没有必要让 WA* 算法停止搜索。对于非采纳启发式而言，搜索到的通往目标的第一条路径不必是最优的，但如果只要允许 WA* 算法继续执行，那么最终将生成最优的和许多的其他路径。对于那些代价值高于当前已搜索过的最低路径代价的节点，*α- 剪枝法*可以避免对它们进行扩展，从而降低搜索工作量。

3. 奇异扩展

我们已经发现，如果启发式不一致，A* 可能需要对节点进行多次扩展。然而事实证明，即使节点仅扩展一次，也能满足 $1+\varepsilon$ 的次优约束。ARA*[22] 技术维护一个名为 INCONS 的不一致节点列表。该列表包含那些应当处于 C 状态，但是又需要在给定的规划迭代中被多次重新扩展的节点。不过，ARA* 并没有对这些节点进行重新扩展，而是在迭代开始之前，将 INCONS 中的节点移至 O 队列中，从而将重新扩展延迟到下一次规划迭代中。

10.3.4 规划修正方法：D* 算法

在规划计算完成后，实时方法通常不会显式地处理，机器人运动或代价变化问题。由于第二次规划的搜索树通常与第一次没有本质上的不同，因此，似乎可以对第一个规划解进行微小的局部修改，来产生第二个规划解。这就是规划修正方法的基本思路。

D* 算法最初在 [25] 中提出。后来，在论文 [20] 中介绍了一种 D* 算法的简化版本，该简化版算法更易于理解，不过这两种算法的基本原理相同。本节把这两种算法都称为 D*，并介绍一种简化版本 D* 算法。书中有意重构了该版本，以使其与前面介绍过的其他算法相
678 似。本书中的简化版本与原始论文的一个主要区别在于，它把机器人位置称为“目标”状态，以便与前面的所有算法保持一致。基于下述原因，论文 [20] 将搜索过程指向的节点称为初始状态。

栅格本质上就是一个隐式图结构，所以，D* 算法既可以应用于栅格也可以用于图。在栅格中，通常将连续代价值与单元格相关联，并将两个参与运算的单元的平均代价作为它们之间隐式边的代价。而在图结构中，代价则直接与边关联。

在机器人开始执行规划问题时，D* 算法会首先生成一个初始解。之后，机器人持续执行初始规划，直至获得新信息为止。例如，机器人可能发现，原本假定畅通无阻的一条路径被阻塞了，或相反。新的信息可表示为图结构或代价域中代价的变化，这些变化的原因，可能是真实情况改变了，也可能是机器人的知识状态变化了。无论哪种情况，D* 算法都能够在获取新信息后，有效地重新规划一个到达目标节点的新解决方案。这就是该算法的关键能力。

1. 搜索树的维护

对本小节内容而言，有必要再次明确*搜索图*与*搜索树*的区别，这很重要。搜索图指的是将它们与相邻或邻近状态相连接的所有状态和边。在搜索图中，经过来自已知给定状态的边能够到达的所有状态，被称为该状态的*相邻*状态。而搜索树则是一个后向指针数据结构，该数据结构对搜索图的生成树进行编码。对于搜索树的某一已知给定状态，在它之上的通往根（初始）节点的路径上的状态被称为*先祖*，而在它之下的通往目标节点的路径上的状态被称为*后代*。在搜索树中，任意一个节点的直接先祖是其*父节点*，而它的直接后代为其*子节点*。每个节点有零个或多个子节点，没有父节点的节点称为根节点，而每一个非根节点有且只有一个父节点。

尽管搜索图中的边以及搜索树都内含遍历代价，但是仍然可以在节点中存储从根节点到该节点所经历的边序列的代价。这样，讨论节点和边的代价才有意义，不过我们要清楚它的前提是：节点可存储边序列代价。因此，节点代价指的是从该节点通往根节点的路径的估计总代价（f）值，而边代价指的是从一个节点到另一个节点之间的通过代价。

与实时 A* 算法中维护的节点列表不同，D* 算法会记住从一个规划周期到下一个规划周期的整个搜索树，并且随着新信息的获取，持续对搜索树进行维护和修正。当一个规划周期（称为*查询*）完成后，目标节点已经可以加入到 C 表中，同时搜索树中从起始节点到目标节点的路径也已经是最优的。对于一个一致启发式方法，C 表中的所有其他节点也是最优的，这也意味着它们到达根节点的路径最优。O 表中的信息仍然处于待优化状态，但是我们已经知道，初次查询获得的解决方案并没有经过这些节点，因此没有对它们进行进一步的研究。

1）**A* 算法的父子关系竞争**。如果搜索图的一个或多个边的代价值发生变化，可以逐步更新搜索树中的策略，来修正通向目标节点的规划。在边发生变化后，如果只是在新的搜索

图中重新运行 A* 算法（目的是为了生成新的搜索树），那么，就意味着修正规划会对前面已生成的搜索树进行最低限度地修改，从而生成新的搜索树。我们把这种假想的第二次运动 A* 算法称为虚拟重运行（如图 10-25 所示）。 679

这里需要重点指出并希望被认识到的关键不同之处在于：虚拟重运行中，仍然处于 O 状态的节点，将与 C 表中的节点竞争成为父节点。当节点 N 在 O 表中，它就位于搜索的前沿。它进入列表时，会有一个处于 C 状态的父节点 P_1，其代价值为 $f_{P_1}(N)=P_1.g+c(P_1,N)+N.h$。尽管 N 在 O 表中，但是仍然可能在 O 表中找到可被移除的另一个节点 P_2，从其扩展到节点 N 的总代价会更低。也就是说，尽管根据单调性，存在 $f(P_1)<f(P_2)$，但连接节点 N 到节点 P_2 的边仍然有可能使得 $f_{P_2}(N)<f_{P_1}(N)$ 成立。这正是算法 10.12 程序中第 5 行要测试的条件。当节点 N 从 O 表中被移除时，竞争结束，同时其最理想的父节点已经被选中。此时，节点 N 是最优的，并且在由它扩展生成的新邻域节点的父节点竞争中占有优势。

2）**边代价变化的影响**。通过上述对 A* 算法机制的分析，可以把搜索树修正理解为：如果搜索树的边代价发生变化，需要重新运行 A* 算法，那么子节点的竞争方式将有怎样的不同。考虑某一任意节点 N，当其边代价发生变化时，其父节点出现变更的情况（如图 10-24 所示）。针对边代价发生变化的情况，我们定义一个变量，其值等于：当更改发生后，节点的最佳可能 g 值。

$$\text{rhs}(X)=\min_{Y\in \text{neighbors}(x)}\left[g(Y)+c(X,Y)\right] \tag{10.11}$$

其中 $c()$ 表示边代价。该量实际上执行了一种单步前瞻预测。当 $g(N)\neq \text{rhs}(N)$ 时，该节点被认为是不一致的。

如果边代价变小，那么 $f(N)$ 可能降低，因为 $g(N)$ 会降低。我们把这看作 N 代价降低的一种情况。前面已介绍过：当把节点置于 O 表时，A* 算法把节点用过的 g 值存储在节点自身。下面，我们把该存储值称为 $g(N)$。当 $g(N)>\text{rhs}(N)$ 时，则称节点 N 为超一致相容节点，这意味着节点 N 的当前 g 值太高了。在 A* 算法虚拟重运行中，当我们使节点 N 满足一致性后，节点 N 在搜索图中的任意一个相邻节点，都有可能采用 N 作为它们的新的父节点。如果这样做了，那么它们自身的代价以及它们所有后代节点的代价也都会降低（如图 10-24 所示）。

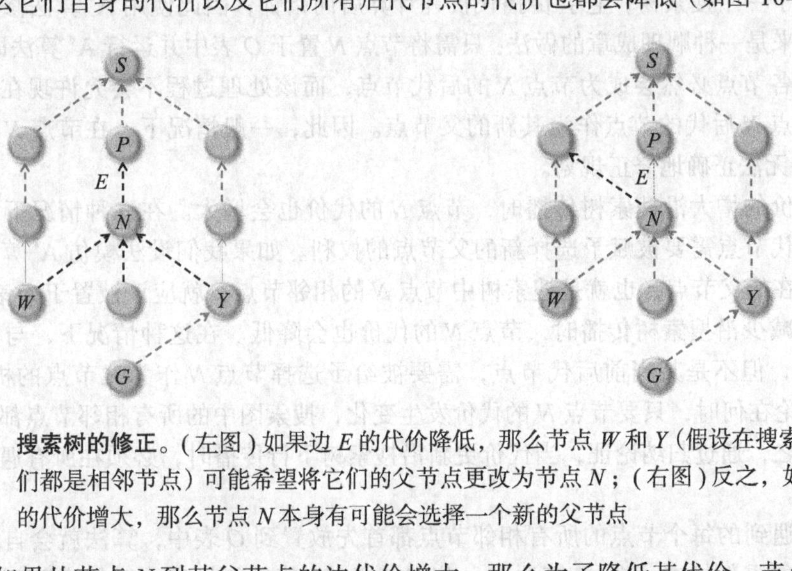

图 10-24 **搜索树的修正**。（左图）如果边 E 的代价降低，那么节点 W 和 Y（假设在搜索图中它们都是相邻节点）可能希望将它们的父节点更改为节点 N；（右图）反之，如果边 E 的代价增大，那么节点 N 本身有可能会选择一个新的父节点 680

相反，如果从节点 N 到其父节点的边代价增大，那么为了降低其代价，节点 N 可能需要选择一个新的父节点。无论节点 N 是否更换父节点，其代价都会增大，因此我们将这种情况称为 N 代价增大的一种情况。当 $g(N)<\mathrm{rhs}(N)$ 时，称节点 N 为欠一致性节点，这意味着它当前的 g 值太低。节点代价的增大有可能将导致它的一些子节点采用新的父节点。无论子节点的代价是否变化，节点 N 代价的增加必然会传导给它的所有先祖节点，而任意一个先祖节点都有可能因此而选择一个新的父节点，以改善其代价。

总而言之，当节点的代价增大时，在虚拟重运行的过程中，节点有可能会丢失其后继节点。当节点代价降低时，该节点有可能获得后代。在任何一种情况下，代价的变化都一定会沿搜索树进行传播。实际上，D^* 算法运行的操作方式是：将所有不一致节点都置于 O 表中，并沿搜索树传播相关的代价变化。当检测到搜索树中的代价变化时，算法将启动该流程，如图 10-25 所示。代价发生变化的节点都会被置于 O 表中，它们有如下文介绍的特殊索引关键码（优先级）。

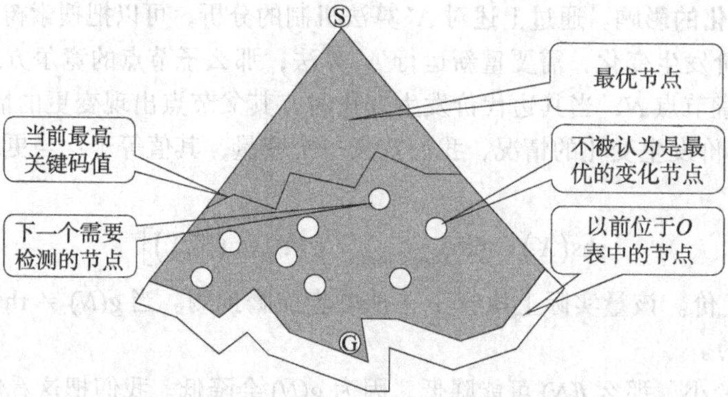

图 10-25　**多重代价变动**。某个变化节点的最大关键码值决定了搜索树中的代价阈值。在此阈值以上的所有节点都不需要进行任何更改；而在此阈值以下的所有节点，都必须按照自上而下的顺序进行处理，从而完成一个规划周期的树结构修正

3）**代价变化的传播**。假设节点 N 的代价发生了变化，需要进行规划修正。显然，A^* 算法已经构建了一个搜索树，它会传播代价并计算后向指针，因此使用 A^* 算法修正节点 N 处的规划看起来是一种顺理成章的做法：只需将节点 N 置于 O 表中并运行 A^* 算法即可。然而，以此处理的各节点必然会成为节点 N 的后代节点，而该处理过程不会允许现在的后代节点选择不是节点 N 后代的节点作为其新的父节点。因此，一般情况下，在节点 N 处重新运行 A^* 算法，将无法正确地修正规划。

当边代价的增大沿搜索树传播时，节点 N 的代价也会增大。在这种情况下，节点 N 的当前直系后代节点需要被赋予选择新的父节点的权利。如果我们设法模仿 A^* 算法的工作方式，那些潜在的父节点，也就是搜索树中节点 N 的相邻节点，就应该被置于 O 表中。此外，当边代价的减少沿搜索树传播时，节点 N 的代价也会降低。在这种情况下，与节点 N 相邻的那些节点，但不是其当前后代节点，需要被给予选择节点 N 作为父节点的机会。因此，
681 规则是：无论在何时，只要节点 N 的代价发生变化，搜索图中的所有相邻节点都需要重新检查。总而言之，通过归纳论证，当代价更新沿搜索树下行传播时，必须在所有遇到的节点处重复该过程。

如果把遇到的每个节点的所有相邻节点都首先放置到 O 表中，算法就会自动启动对所有相邻节点的重新检查。在 A^* 算法中，节点基于其 f 值进行排序。对任意队列而言，该值

都被称为索引关键码。D*算法使用的关键码略有不同，具体如下所述。本文提供了D*的节点扩展算法，如算法10.14所示。请注意，在该算法中，updateVertex()例程的工作原理，与之前算法中将节点置于O表的例程相似。只不过在规划修正中，只有当需要修复时，节点才被置于O表中。

算法 10.14 D*节点扩展。指定状态的所有未访问相邻节点都被置于优先级队列中

00	**algorithm** expandNodeDstar(x)
01	**if**($x.g > x.$rhs)
02	$x.g \leftarrow x.$rhs
03	**for each** ($u \in U(x)$)
04	$x_{\text{next}} \leftarrow f(x, u)$
05	updateVertex(x_{next})
06	**endfor**
07	**else**
08	$x.g \leftarrow \infty$
09	**for each** ($u \in U(x)$)
10	$x_{\text{next}} \leftarrow f(x, u)$
11	updateVertex(x_{next})
12	**endfor**
13	updateVertex(x)
14	**endif**
15	**return**

无论在什么情况下，被扩展节点的所有相邻节点都会得到更新。如果节点本身是过一致的，那么仅仅需要修正其 g 值；如果节点本身是欠一致的或一致的，那么其 g 值将被设置为无穷大，并得到更新。我们在后面很快会发现，这样做会将节点的索引关键码值变更为，当它是一致的情况下应该拥有的关键码值。它仍然有可能需要修正，不过关键码值决定了它何时能被修正。

另一个微妙之处就是，节点 N 及其相邻节点置于 O 表的方式。当 A* 算法初始化并虚拟重运行之后，有两件事确认会发生。第一，节点 N 会拥有一个来自于其相邻节点的父节点；第二，节点 N 将有来自于其相邻节点的零个或多个子节点。如果节点 N 的代价提高，那么当其沿搜索树下行传播之后，其子节点的代价也将会增大。然而，如果这些子节点拥有重新选择新的父节点的机会，那么，在新的父节点退出 O 表时，必须保证这些子节点在 O 表中。这意味着必须根据它们之前（而不是增加的）的代价，将其置于 O 表中。相反，如果节点 N 的代价降低，那么节点 N 就应该能够接受更多的子节点。为了实现这一点，必须根据节点 N 的新（已降低的）代价，把它放入 O 表中，以此来确保它先于子节点退出 O 表。

看来在重新生成搜索树时，节点需要有一个新的索引关键码值，而该值等于节点原有代价和新代价中较小的那一个，这正是 D* 算法计算节点优先级的方式。

4）扩散多重代价变化至终止。由于上面介绍的修复算法有可能会重新生成一个规模较大的子树，对搜索图中每一条变化的边都运行该算法，必定会付出相当高昂的代价。在理想情况下，可以基于上面定义的新代价索引关键码，将所有发生变化的节点及其相邻节点都置于 O 表中，然后以一种高效的代价变化传播方式重新运行 A* 算法，沿着路径逐步满足代价和后向指针的变化，直到满足某一特定终止条件为止。这也正是 D* 算法的工作原理。

利用前面已经定义的函数，在 D* 中计算最小代价路径的主要算法会非常简单（如算法 10.15 所示）。该算法只是从 O 表中提取节点并将其扩展，直至队列为空，或者满足终止条件为止。

当目标节点从 O 表中被移除时，A* 算法终止运行。而在 D* 算法中，很显然在某些情况下，目标节点可能永远不会被置于 O 表中。因为事实证明：处理后的变化结果与通往目标节点的初始最优路径无关。再次考虑虚拟重运行过程中将要发生的情况，可以得到一个更一般的条件。如果目标节点不在 O 表中，那么算法最终会达到一种状态：要么 O 表为空，要么从 O 表中移除的节点的代价高于目标代价。如果属于第一种情况，那么程序将自然终止运行；在第二种情况下，修正后的传导波前沿将通过目标。接下来，没有必要对这些变动进行进一步处理，因为那些仍然置于 O 表中的节点，由于其代价太高，故不可能位于通往目标节点的最优路径上。这在本质上就是原始 A* 算法的终止条件，只不过该条件与从 O 表中移除目标节点同时发生。在实际应用中，为了满足舍入误差的需要，以稍微高于目标代价的代价来终止程序的运行可能非常重要。

算法 10.15　D* 规划修正的主循环。主循环会一直运行，直至变化传导波的前沿通过目标节点，并且目标是一致的为止

```
algorithm computeOptimalPath()
  while (f[O.peek()] < f(x_g)   or   x_g.g ≠ x_g.rhs)
    x ← O.removeFirst()
    expandNodeDstar(x)
  endwhile
  return
```

5）**路径提取**。到目前为止，还没有讨论过后向指针。D* 算法中的路径提取可以以类似 A* 算法的方式完成。每次计算一个新的节点 rhs() 值时，都会生成一个指向父节点的后向指针，从而生成该节点的最小 g 值。当路径修正完成以后，新的解就已经被编码在后向指针中了。

6）**初始运行**。D* 是一种规划修正算法，因此就必须回答初始规划从何而来的问题。事
683 实证明：通过“修正”一个空的规划，就能产生第一个路径规划（如算法 10.16 所示）。

算法 10.16　D* 算法的第一个路径规划。设置 D* 算法，让它“修正”一个空的规划，就可以产生第一个路径规划

```
algorithm initializeDstar(x_s, x_g)
  x_s.rhs ← 0
  O.insertSorted(x_s, calcKey(x_s))
  x_s.parent ← null
  computeOptimalPath()
  return
```

2. 机器人运动

到目前为止，我们对算法的介绍集中在随时间推移而不断变化的边代价上，而回避了当机器人移动时应该怎么做这一棘手问题。如果机器人在移动，就意味着搜索的物理起始节点已经移动了。我们知道 $g(X)$ 需要存储在节点中，因此，它隐含的意思就是，随着机器人的移动，搜索树中存储的所有节点里的 $g(X)$ 值都不准确了。自然，每次当机器人移动时，都

必须对搜索树中的所有节点进行实时更新。这的确是一个非常糟糕的消息，因为事实上，规划修正的目的正是为了避免这种代价高昂的遍历运算。本小节将揭示 D* 避免这种复杂计算的巧妙方法。

1）**搜索方向**。D* 算法与前述规划器不同的地方在于，它反转了规划方向，从目标的真实位置反向朝着机器人的位置进行规划。这种反转有两个非常好的理由。首先目标是静止不动的，而机器人则在运动状态。反向搜索方向意味着到达起始节点（实际的目标节点）的代价是 $g(X)$，而并非 $h(X)$。这样，在机器人移动过程中，节点的 g 值将保持正确，除非发现了导致必须重新计算节点 g 值的代价变化。

其次，由边代价更新引起的搜索树的变化必须传导至搜索树的叶节点。在搜索树中，从变化的边到机器人的变化深度（以及在世界坐标系中的距离），会比从变化的边到目标的变化深度（或距离），要小几个数量级。因此在实际应用中，将目标节点作为搜索树的根节点，会使问题的解决高效很多（如图 10-26 所示）。 684

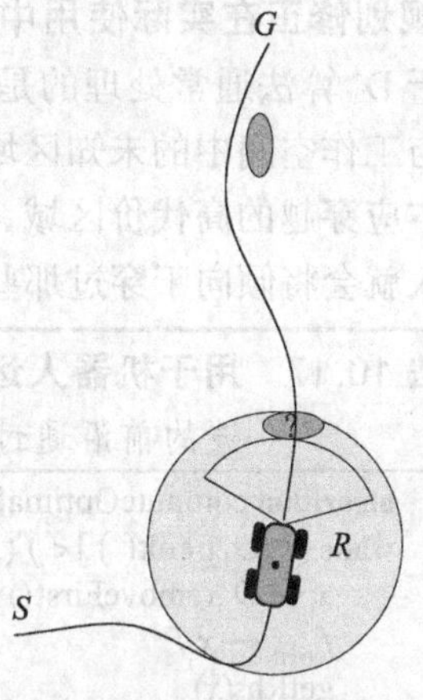

图 10-26 **D* 算法的搜索方向**。目标距离很有可能超出传感器测距范围几个数量级。这就意味着从目标向机器人方向进行搜索，对规划修正而言会更加高效

2）**机器人运动**。现在考虑节点代价启发式的后半部分。对于反向搜索方向，正确的启发式值 $h(X) = h(X, \text{Robot})$ 的确会随着机器人的移动而改变。假设机器人从节点 N_1 移动到节点 N_2，然后检测到它自节点 N_1 开始移动时，发生第一次代价变化。代价的变化会导致节点被放置到 O 表中。但由于搜索树是根据上一个规划周期保存下来的，所以当前处于 O 表中的节点，是根据机器人的不同位置来排序。笼统地说，我们至少需要保证：当前位于 O 表中的节点，是根据机器人的新位置计算的新启发式来进行排序的。一种简单的解决思路是对 O 队列进行重新排序，但也可以根据下面介绍的方法，采用一种懒惰的方式进行重新排序——根据需要修复节点优先级。

O 表中的节点需要根据可采纳的启发式进行排序——低估其实际代价。从已经位于 O 表中的某一任意节点 N 的角度来看，最糟糕的情况是机器人沿着从节点 N_2 到节点 N_1 的连线方向，直接朝节点 N 移动。在这种情况下，节点 N 的启发式需要减去 $h(N_1, N_2)$，以保持可采纳性。如果 O 表中所有节点的索引关键码的启发式部分，都减去这一最糟糕的变化，那么它们的启发式将仍然保持低估状态，从而使得产生的任何规划保持最优。

下一个技巧是要注意到：如果对搜索树中的每个索引关键码都加上或减去相同的数值，那么所有节点的相对代价将保持不变，也就不需要在 O 表中对节点进行重新排序。实际上，我们甚至可以避免更新索引关键码，因为我们会发现，可以让新增到 O 表中的节点加上 $h(N_1, N_2)$，而不是从 O 表中当前节点中减去它。为此，对于这个将要被加到新节点索引关键码中的量，我们把它定义为关键码修正因子 k_m。于是，新增到 O 表的新节点的代价可按下式计算：

$$f(X) = g(X) + h(X) + k_m \tag{10.12}$$

如果机器人又从节点 N_2 移动到节点 N_3，那么在把节点 N_3 生成的新节点放入 O 表以前，就应该给 k_m 的当前值加上新增量 $h(N_2, N_3)$。关键码修正因子 k_m 是单调递增的。有一点需要特别重视：当把节点置于 O 表时，应该冻结其当时的索引关键码。这样，当查询 O 表中节点的索引关键码时，查询返回的应该是节点在插入时的索引关键码。对于随后发生的机器人运动，那些已经在 O 表中的节点将不会得到更新。

这样，在当前位置修改索引关键码，算法只需要做最小的变化就可以适应机器人运动。该方法就是：当把节点从 O 表中移除时，简单地检查它的索引关键码是否是错的，如果是，则将其放回 O 表即可。这一变化体现在规划修复的主函数中（如算法 10.17 所示）。

3. 规划修正在实际使用中的注意事项

由于 D* 算法通常处理的是代价域，而不是离散型障碍物，因此在实际应用中，就需要把代价与工作空间中的未知区域相关联。如果未知区域的代价异常低，那么机器人就不会通过那些本应穿越的高代价区域，而将倾向于探索未知区域；如果未知区域的代价异常高，那么机器人就会将倾向于穿过那些它本应当避开的高代价区域。

685

算法 10.17　用于机器人运动的 D* 算法规划修正主循环。主循环一直运行，直到变化波的前沿通过目标节点，且目标是一致的

```
00    algorithm computeOptimalPath()
01    while (f [O.peek( )]< f(x_g)   or    x_g.g ≠ x_g.rhs)
02        x ← O.removeFirst()
03        f_old ← x.f
04        getRhs(x)
05        if(f_old < calcKey(x_s))
06            O.insertSorted(x,calcKey(x))
07        else
08            expandNodeDstar(x)
08        endif
09    endwhile
10    return
```

在实时规划系统中，一个较为重要的系统性问题是位姿估计的质量。障碍物或者更通用的代价，在世界模型中的位置，是根据有误差的机器人位姿估计来计算的。这会导致各种反常的系统故障。例如，基于（先验或生成的）地图的机器人规划路线，可能会发现自己正设法穿过植被区域，而其旁边就是完美的路面。这是因为位姿估计（或地图）产生了横向移动，而感知系统也没有识别出这条道路。

此外，如果地图是准确的，而位姿估计出现瞬时错误，那么系统就可能在地图中的不同位置放上两个相同的障碍物，从而导致某区域中的唯一路径被关闭，或者使机器人产生错误的幻觉，认为某个致命的障碍物消失了。

在车辆本体坐标系中定义一个与之一起运动的搜索图，是一种有效的局部规划方法。然而，对于规划修正非常重要的一点是：除非发生某些变化，否则在从一次规划迭代到下一次的过程中，搜索图的边代价保持不变。由于相对于机器人固定的所有边都可能随机器人的运动发生变化（当它们扫过障碍物时），所以这样的搜索图并不利于规划修正。

D* 算法的运行时间因需要处理的变化的数量而不同。当发现一个重大变化时，可能会导致规划修正操作的时间异乎寻常得长。在最糟糕的情况下，当计算完成前，机器人可能不得不停止移动。研究人员已经开发出了可以减轻这种影响的实时 D* 算法。

10.3.5 分层规划

对于以千米为单位的大规模问题，前述的所有技术可能仍然远远不够。此时，求助于分层级规划的思想是一种非常有效的方法。在此处使用该术语，表示规划问题可以在多个概念层级上进行，以抑制细节（在可能的情况下）并节省计算量。细节层级随环境的复杂性、相对机器人的距离、时间、机器人状态等因素而变化。

环境模型和搜索图都可以用不同的细节层级表示。首先考虑环境模型。表示代价单元格的高分辨率栅格可以简化成可用的较低分辨率栅格、一组多边形障碍物、一组有固定半径的点障碍物，或用单个标量表示不在地图当前区域的区域代价。 686

搜索图由连接各个不同状态节点的边构成。它可以通过增加状态的区分度来简化细节。状态的维度也可以简化。例如，一个包括速度、曲率、位置和航向的状态空间为五维空间。如果把曲率和速度这样的高阶导数从搜索空间中去除，那么就可以大大减少内存以及计算工作量。与之类似，搜索图节点的出度直接决定了搜索树指数增长率中的指数，因此，如果从节点发出的边的数量减少了，那么就可以减小整个搜索图的规模大小。

1. 规划器的层级结构

当然，分层规划的字面意思是规划器具有层级结构。关于这个主题存在许多不同的变体。此处考虑两个规划器：假设其中一个规划器在相对更具“全局性”的意义上进行操作，而另一个规划器在局域范围内运行。全局规划器可以基于理想地图离线运行；它也可以基于较低保真度的地图在线运行；或者它甚至可以是一个人，来指示被称为路标的子目标序列。

在该方案中，局部规划器会尽量遵循全局规划，同时也会利用局域感知和有较高保真度的空间和运动模型，以避开障碍物，或避免可能没有被全局规划器所了解的一些其他问题。整个系统可以设计成一个最优控制器，其中的代价函数应该不建议偏离全局规划，同时将避障作为一种约束来处理。或者，局部规划器可以计算路径中机器人附近区域的代价，而全局规划器用于计算其他剩余部分（而不是使用信息相对不足的启发式方法）的代价。

尽管这种方法在良好的工作环境中有其自身的优势，但总体上仍会遇到一些固有的失效模式（如图 10-27 所示）。当全局规划中存在缺陷，比如，一个无法预见的路障，那么如果可以请求全局规划器对路径进行重新规划，就有可能解决该问题；如果不能要求全局规划器对路径进行重新规划，那么局部规划器也可能无法找到可替代路径，因为此功能最初就因计算原因而被分配给了全局规划器。因此，离线生成的全局规划总是具有一定的风险。 687

当全局规划导致的问题规模超出了局部规划的修正能力时，将会出现更严重的失效问题。如果全局规划生成的路径在其长度方向的某位置是不可行的，那么一旦机器人到达该位置，局部规划将无法执行不可行的部分，而一些显而易见的补救措施都存在一定程度的缺陷。首先，局部规划器可以设法改变路径，使之趋向可行，但该规划可能会与障碍物有交叉。其次，局部规划器可以尝试通过偏离全局规划来寻找一条可替代路径，

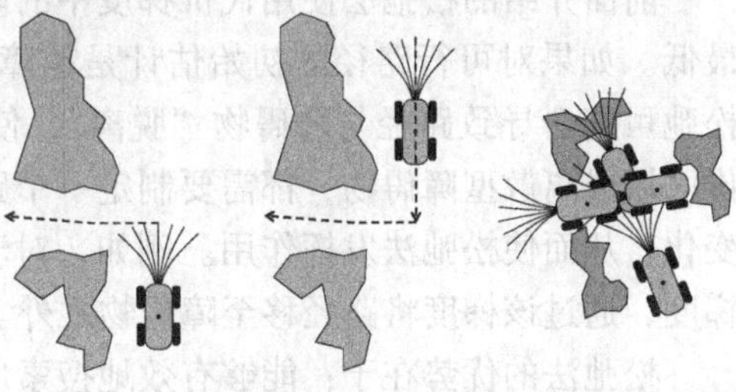

图 10-27 **层级规划器失灵**。（左图）全局规划（虚线）不可行，局部规划器不能急转弯；（中图）错过了转弯之后，全局规划器希望机器人再次进行尝试；（右图）一种可行的多点转向是走出迷宫的唯一方法

但全局规划器有可能引导机器人返回至同一位置，除非局部规划器在某一特定（未知）的时间段内对其忽略不计。再次，局部规划器可能没有能力再次找到另一条可替代路径。

2. 累计保真度

一种更理想的方法可能是：在机器人周围使用一个高保真区域（与机器人一起移动），而对超出该区域的环境则降低保真度，但是用单一规划器在这种复合表示法中进行搜索[24]。从某种意义上而言，有界深度搜索正是这样一种技术。在这种技术中，低保真度区域指的是搜索树末端之外的其他区域，在这些区域使用启发式计算。启发式方法可以认为是一种假定没有障碍物存在的简化世界模型。

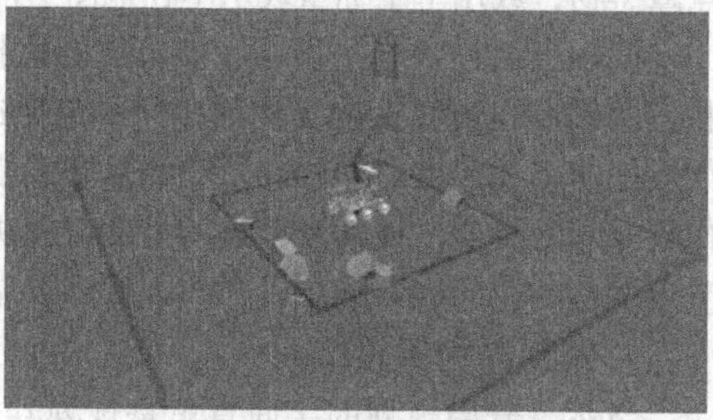

图 10-28　**累计保真度运动规划器**。这个用于火星探测器的规划器，在机器人附近使用不可行状态栅格，超出此范围之外使用可行状态栅格，在其最外围使用启发式方法。这些包含不同细节的区域随机器人一起移动

举一个例子，在机器人附近区域使用动态的可行搜索图，在该区域之外，将环境表达降级为栅格，或者是一个启发式（如图 10-28 所示）。这种架构是一种改进。因为当感知揭示了重要的新信息时，规划器现在能够在充满困难的区域找到一条新路径。如果搜索空间中的低保真度区域所包含的边，是高保真度区域中边的子集，那么就可以确保在一定距离处生成的规划都是可行的，同时所需计算量更少。当机器人到达任意给定位置时，它可能会决策采用另一种替代方案，但至少通过该区域的初始路径仍然是一个可选项。

3. 使用松弛法的序贯运动规划

与无障碍情况相对的，是在障碍物非常密集时进行运动规划。这种情况也可以从分层规划方法中受益。当机器人运动区域内的障碍物分布非常密集时，对状态空间的任何固定采样，都可能产生频繁与障碍物交叉的节点与边。例如，考虑一片密集的巨石场，在这里机器
688 人几乎无法适应巨石林立的环境。尽管在一个有规律的采样搜索途中，有可能找到通过该区域的一条路径，它也可能并不是非常理想。如果节点和边都可以随处移动到巨石之间的空间中，就会非常理想。

前面介绍的松弛法使用代价梯度中的附加信息使路径发生变形，从而使其局域代价趋向最低。如果对可行路径的初始估计是越障（即穿过各种障碍物或高代价区域），那么路径的松弛可能会导致路径与障碍物“脱离”，使之进入障碍物之间的空隙中。无论环境模型是代价区域或离散型障碍物，都需要制定一个路径代价函数，该函数随着路径的变形而不断发生变化，从而使松弛法发挥作用。例如，对于离散型障碍物而言，可以使用渗透度来生成一个梯度，通过该梯度将路径移至障碍物之外。

松弛法的优势在于：能够有效地搜索所有路径序列，而缺点是只能在局部进行搜索。可以首先生成低代价初始路径，然后利用使用松弛法将其变形为局部（在路径空间中）最小代价。基于此概念，可以获得一种混合方法。不过，这也可能出现这样的情况，即连续解与初始解不在同一个同伦类中，而且初始解是松弛的。尽管可能没有办法确保在连续解集中找到真正的解决方案，但较为谨慎的做法是松弛多个属于不同的同伦类的初始估计。

上述分析使我们期望能够自动产生多个具有不同同伦类的路径，以满足松弛。一种方法是进行双向搜索，从初始节点和目标节点这两个方向持续运行，直到两个搜索树在多个不同

的分离位置处相连接。这样，连接图中的每一个点都具有一条可选路径，可以到达搜索树中编码的初始节点和目标节点。同时，这些内部点的样本会生成由障碍物引发的所有同伦类的采样。

10.3.6 参考文献与延伸阅读

1. 参考书目

Choset 等著写的书是另一本也涉及 D* 算法的著作。

[18] H. Choset, K. M. Lynch, S. Hutchinson, G. Kantor, W. Burgard, L. E. Kavraki, and S. Thrun, *Principles of Robot Motion: Theory, Algorithms, and Implementations,* MIT Press, 2005.

2. 参考论文

本章的内容撰写参考了如下所示的 7 篇论文：

[19] E. Hansen and R. Zhou, Anytime Heuristic Search, *Journal of Artificial Intelligence Research,* Vol. 28, pp. 267–297, 2007.

[20] S. Koenig and M. Likhachev, Fast Replanning for Navigation in Unknown Terrain, *IEEE Transactions on Robotics,* Vol. 21, No. 3, pp. 354–363, 2005.

[21] R. Korf, Realtime Heuristic Search, *Artificial Intelligence,* Vol. 42, Nos. 2–3, pp. 189–211, March 1990.

[22] M. Likhachev, G. Gordon, and S. Thrun, ARA*: Anytime A* with Provable Bounds on Sub-Optimality, in *Advances in Neural Information Processing Systems,* MIT Press, 2003.

[23] I. Pohl, Heuristic Search Viewed as Path Planning in a Graph, *Artificial Intelligence*, Vol. 1, No. 3, pp. 193–204, 1970.

[24] M. Pivtoraiko and A. Kelly, Graduated Fidelity: Differentially Constrained Motion Replanning Using State Lattices with Graduated Fidelity, *IROS*, 2008.

[25] A. Stentz, The Focussed D* Algorithm for Real-Time Replanning, Proceedings of IJCAI-95, August 1995.

10.3.7 习题

加权 A* 算法

证明加权 A* 算法是 ε- 可采纳的。即如果一个可采纳的启发式被因子 $1+\varepsilon$ 膨胀后，产生一个新的启发式 $h'(X)=(1+\varepsilon)h(X)$，请证明：计算结果的代价最多为最优解的 $1+\varepsilon$ 倍。 689~690

索　引

索引中的页码为英文原书页码，与书中页边标注的页码一致。

D

G

N

O

Q

R

S

W

Z

推荐阅读

人工智能：原理与实践

作者：（美）查鲁·C. 阿加沃尔 译者：杜博 刘友发 ISBN：978-7-111-71067-7

本书特色

本书介绍了经典人工智能（逻辑或演绎推理）和现代人工智能（归纳学习和神经网络），分别阐述了三类方法：

基于演绎推理的方法，从预先定义的假设开始，用其进行推理，以得出合乎逻辑的结论。底层方法包括搜索和基于逻辑的方法。

基于归纳学习的方法，从示例开始，并使用统计方法得出假设。主要内容包括回归建模、支持向量机、神经网络、强化学习、无监督学习和概率图模型。

基于演绎推理与归纳学习的方法，包括知识图谱和神经符号人工智能的使用。

神经网络与深度学习

作者：邱锡鹏 ISBN：978-7-111-64968-7

本书是深度学习领域的入门教材，系统地整理了深度学习的知识体系，并由浅入深地阐述了深度学习的原理、模型以及方法，使得读者能全面地掌握深度学习的相关知识，并提高以深度学习技术来解决实际问题的能力。本书可作为高等院校人工智能、计算机、自动化、电子和通信等相关专业的研究生或本科生教材，也可供相关领域的研究人员和工程技术人员参考。

推荐阅读

机器人建模和控制

作者：[美] 马克 · W. 斯庞（Mark W. Spong） 赛斯 · 哈钦森（Seth Hutchinson） M. 维德雅萨加（M. Vidyasagar）
译者：贾振中 徐静 付成龙 伊强 ISBN：978-7-111-54275-9 定价：79.00元

本书由Mark W. Spong、Seth Hutchinson和M. Vidyasagar三位机器人领域顶级专家联合编写，全面且深入地讲解了机器人的控制和力学原理。全书结构合理、推理严谨、语言精练，习题丰富，已被国外很多名校（包括伊利诺伊大学、约翰霍普金斯大学、密歇根大学、卡内基-梅隆大学、华盛顿大学、西北大学等）选作机器人方向的教材。

机器人操作中的力学原理

作者：[美]马修 · T. 梅森（Matthew T. Mason） 译者：贾振中 万伟伟
ISBN：978-7-111-58461-2 定价：59.00元

本书是机器人领域知名专家、卡内基梅隆大学机器人研究所所长梅森教授的经典教材，卡内基梅隆大学机器人研究所（CMU-RI）核心课程的指定教材。主要讲解机器人操作的力学原理，紧抓机器人操作中的核心问题——如何移动物体，而非如何移动机械臂，使用图形化方法对带有摩擦和接触的系统进行分析，深入理解基本原理。

推荐阅读

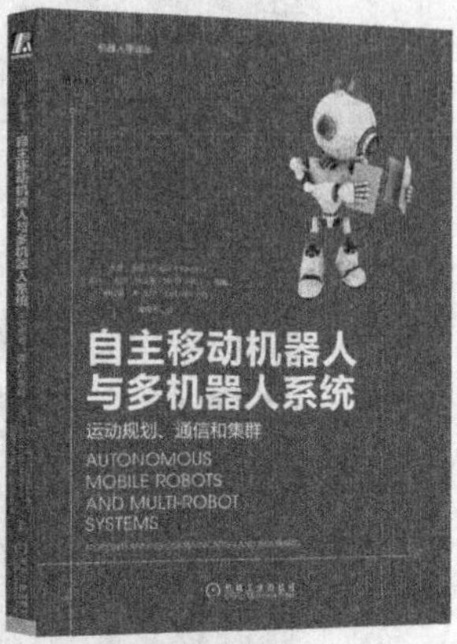

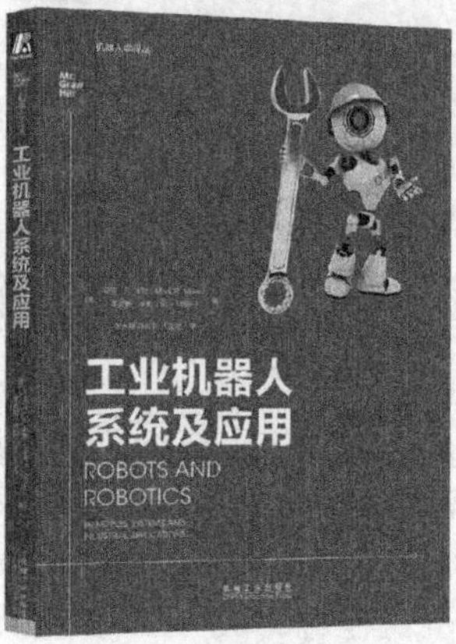

机器人学导论（原书第4版）

作者：[美] 约翰 J. 克雷格 ISBN：978-7-111-59031 定价：79.00元

现代机器人学：机构、规划与控制

作者：[美] 凯文・M.林奇 等 ISBN：978-7-111-63984 定价：139.00元

自主移动机器人与多机器人系统：运动规划、通信和集群

作者：[以] 尤金・卡根 等 ISBN：978-7-111-68743 定价：99.00元

移动机器人学：数学基础、模型构建及实现方法

作者：[美] 阿朗佐・凯利 ISBN：978-7-111-63349 定价：159.00元

工业机器人系统及应用

作者：[美] 马克・R. 米勒 等 ISBN：978-7-111-63141 定价：89.00元

ROS机器人编程：原理与应用

作者：[美] 怀亚特・S. 纽曼 ISBN：978-7-111-63349 定价：199.00元